国家科学技术学术著作出版基金资助出版

现代物理基础丛书·典藏版

微分几何入门与广义相对论

(上册·第二版)

梁灿彬　周　彬　著

科学出版社

北　京

内 容 简 介

本书(上册)共10章。前5章讲授微分几何入门知识，第6章以此为工具剖析狭义相对论，第7~10章介绍广义相对论的基本内容。本书强调低起点(大学物理系本科2~3年级水平)，力求化难为易，深入浅出，为降低难度采取了多种措施。

本书适用于物理系高年级本科生、研究生和物理工作者，特别是相对论研究者。不关心相对论而想学习近代微分几何的读者也可把本书前5章作为入门阶梯。

图书在版编目(CIP)数据

微分几何入门与广义相对论. 上册/梁灿彬，周彬著. 2版. —北京：科学出版社，2006

（现代物理基础丛书·典藏版）

ISBN 978-7-03-016460-5

I. 微… II. ①梁… ②周… III. ①微分几何—研究生—教材 ②广义相对论—研究生—教材 IV. ① O186.1 ② O412.1

中国版本图书馆CIP数据核字(2005)第133232号

责任编辑：胡 凯 刘凤娟/责任校对：钟 洋

责任印制：赵 博/封面设计：陈 敬

科学出版社出版

北京东黄城根北街16号

邮政编码：100717

http://www.sciencep.com

三河市春园印刷有限公司印刷

科学出版社发行 各地新华书店经销

*

2000年4月北京师范大学出版社第一版

2006年1月第 二 版 开本：720 × 1000 1/16

2024年11月第二十四次印刷 印张：28 3/4

字数：557 000

定价: 148.00 元

(如有印装质量问题, 我社负责调换)

第二版前言

本书第一版(上册)自2000年出版以来，逐渐受到国内理论物理(特别是广义相对论)学界的关注、重视和好评，加之印数不大，两年后便已售罄. 出书后，我持续不断地以本书为教材给博、硕士研究生和本科生开课，至今已经五遍. 其中，除了在北京师范大学之外，还应邀给清华大学基础科学班(本科生)以及中国科学院数学与系统科学研究院的博、硕士研究生开课. 中科院的课还吸引了中科院的其他院所以及11所高等学校(含北京大学和清华大学)的数十名研究生和本科生旁听. 在看到本书对于推广这一学科起到重要作用的同时，我也发现了书中的少数错误、许多不足以及大量有待改进和补充之处，逐渐写成了一个面目一新的再版初稿. 这一再版初稿吸收了我的许多同行和学生的宝贵意见和建议，他们主要是(以姓氏汉语拼音为序)：曹周键、韩慕辛、邝志全、马永革、王志、吴小宁、杨学军、张昊、张红宝、周彬、周美珂，其中贡献最为突出的是曹周键、邝志全、张红宝、周彬. 通过与周彬博士的多次讨论，我发现他的数理修养既博又深，逻辑思维缜密，对书中涉及的(以及本书以外的)大量数理问题有比较清晰、深刻、准确的理解，是一位不可多得的优秀青年物理工作者. 为了进一步提高写作质量，我在再三考虑后决定邀请周彬作为第二作者参与本书的修订工作，并取得他的同意. 近5个月来的密切合作已经证明这是一个正确的决定，我认为周彬对修订工作作出了重要而杰出的贡献.

我要特别感谢对写作本书有重要帮助的两位朋友，第一位是美国国家科学院院士、芝加哥大学教授 Robert Wald 先生，他不但是我步入本领域的优秀启蒙导师，而且对我回国后的教学和写作工作不断提供无私帮助. 第二位是中科院数学所的邝志全研究员，他不仅审阅过本书的不少章节并提出过许多十分宝贵的意见和建议，而且在与我的无数次讨论中以他对问题所特有的深刻思考和领悟使我受益殊深.

本书分上下两册，两册的基本内容已在第一版前言中做过介绍. 第二版的修订工作主要有两大方面：①对全书原有内容做了全面细致的改写；②增补了若干新的内容. 上册的主要增补内容有 Vaidya 度规和 Kinnersley 度规、共轭点、嵌入图及暗能量等，下册的主要增补内容有纤维丛理论及其物理应用、常曲率空间及 de Sitter 和反 de Sitter 时空等. 虽然第二版在内容的深度和广度上都有所增加，但尽力降低难度的写书宗旨和风格不变，初学者可以只学习书中最基本的入门性内容. 全书既可作为研究生课教材(上册还可作为本科二年级以上的选修课教材)，也可作为相对论工作者的参考读物. 不从事相对论工作的物理工作者也可把上册前 5 章及上下册的某些章节和附录(例如李群和李代数及纤维丛理论)作为微分几何的入门读物.

为了适应不同程度读者的需要，本书内容分为必读和选读两大部分. 各章还配有为数不少的习题. 关于必读、选读部分以及习题的使用建议已详于第一版的前言中.

在广义相对论中经常遇到冗长的公式，采用几何单位制(其中 $c=1$，$G=1$)可使公式大为简化. 本书也不例外. 为帮助读者掌握几何制与非几何制之间的转换，我们专门写了一个附录(附录 A).

本书作者衷心感谢李惕碚院士、陆埮院士、郭汉英研究员、刘辽教授、赵峥教授、刘润球研究员、马永革副教授、杨学军教授、田贵花教授以及许多同行和读者对本书第二版出版的关心和支持，也感谢第一版广大读者对本书的关心和厚爱. 限于作者水平，第二版中肯定还存在错误和不足，恳请同行和读者不吝指正.

梁灿彬

2005 年 4 月于北京师范大学

第一版前言

笔者从 1981 年起在美国芝加哥大学相对论组任访问学者两年. 出国前, 由于种种原因, 我对广义相对论只略知皮毛, 对其必备的数学工具——近代微分几何——所知则近乎为零. 得益于芝加哥大学相对论组浓郁的学术气氛, 更由于 Wald 教授(我的导师)和 Geroch 教授的悉心指导, 我很快就对这一领域产生了浓厚兴趣. 作为教师, 我在回国前就萌发出一种强烈冲动, 要把这两年学到的东西尽可能教给我的学生. 回国后立即开出了第一门研究生课《微分几何与广义相对论》, 接着又陆续开出几门后续课程, 并曾应邀到外地讲课. 十数年来的讲稿后来成为写作本书的蓝本. 回顾这 10 多年, 我其实是边教边学, 尽力加深对所教内容的理解. 遇到百思不解的问题, 我还会向我的良师益友 Wald 教授(或 Geroch 教授)写信求教, 每次都收到热情回信, 信中的精辟见解常常使我茅塞顿开. 物理学工作者初次接触近代微分几何时的常见感觉是"抽象难懂", 不得其门而入. 我想也许我能在减轻难度方面对他们有所帮助. 首先, 当时我也是个刚学不久的人, 对入门时的困难有切身感受; 其次, 我过去的教学经验也许在降低难度方面可以派上用场. 降低难度不但成为我十多年来教学工作的一种自我追求, 而且也成为本书写作的一个努力方向. 为了降低难度, 往往不惜耗费笔墨详加解说, 这是本书篇幅较大的一个重要原因.

近代微分几何不但对学习广义相对论至关紧要, 而且对物理学(乃至工程学)的许多分支都有重要应用价值. 许多物理工作者从自身专业的国际学术会议和大量文献中发现近代微分几何对深入搞好本专业研究已日渐必需, 却苦于找不到学习这门学问的入门途径. 北京师范大学物理系的领导较早认识到近代微分几何对物理工作者的重要性, 鼓励和支持我从 1995 年开始把我的第一门研究生课《微分几何与广义相对论》下放为高年级本科选修课(约 70 学时). 该课的一半以上课时用于从零开始讲授微分几何的入门知识(相当于本书前 5 章), 所余课时的一半以上用于介绍如何以微分几何为工具剖析业已学过的狭义相对论(相当于本书第 6 章), 最后才介绍一点广义相对论的入门知识(相当于本书第 7 章的一部分). 实践表明, 喜欢抽象思维、学过微积分学以及线性代数基本知识的物理系本科生只要花出足够时间听课、复习和完成作业(平均每周约 5 题), 就可在期末考试中取得及格以上的成绩. 我还深感欣慰地发现部分本科生(含二年级生)竟然能进入"心领神会"的美妙境界并产生浓厚兴趣. 他们还继续选学笔者所开的后续研究生课程(包括本书从第 7 章§7.4 起的全部内容), 而且表现出色.

本书分上、下两册. 上册共有 10 章, 前 5 章从零开始讲授微分几何入门知识,

第 6 章剖析狭义相对论，后 4 章介绍广义相对论的基本内容. 虽然前 5 章在选材和写法上适当照顾到相对论的需要，但不从事相对论工作的物理工作者也可把它作为微分几何的入门读物. 下册将介绍广义相对论的进一步内容(侧重于整体分析，例如时空的整体因果结构、渐近平直时空、引力坍缩、Kerr-Newman 黑洞、时空的 3 + 1 分解以及广义相对论的拉氏和哈氏形式)及其所需的进一步数学工具(例如共形变换及李群和李代数). 全书既可作为研究生课教材(上册还可作为本科高年级选修课教材)，也可作为相对论工作者的参考读物.

为了适应不同程度读者的需要，本书内容分为必读和选读两大部分. 必读部分用宋体排印，选读部分则排成楷体，并用[选读]和[选读完]字样标出. 必读部分的内容自成体系，不会由于略去选读内容而影响后续必读内容的学习. 各页的脚注(如果有的话)与选读内容类似. 初次学习的读者最好略去全部选读和脚注内容.

本书各章都配有为数不少的习题. 习题的难易程度十分悬殊. 最难的习题在题号前标有*号. 这是指题目本身的难度最大，与所需内容是否涉及选读内容无关. 题号前标有~号的题是笔者向读者推荐的比较基本的习题，其中有很易的题，也有较难的题. 为了降低难度，对多数较难题都给了提示. 如果时间实在不够，也可在~号题中挑选部分题目完成. 完全不做习题而一章一章读下去的做法似乎也未尝不可，不过很可能在读到稍后章节时发现前面根基不稳，难于继续稳步前进.

限于笔者的数理修养以及对本书所涉专业方向的理解水平，书中大小错误和不妥之处一定不少. 作为尽量减少错误和不妥的一个重要措施，笔者请了为数众多的专家、同行和学生分别阅读本书初稿的部分章节，他们是：(以姓氏汉语拼音为序. 有**号者为教授或研究员，有*号者为副教授或副研究员.) 敖滨、曹周键、戴陆如、戴宪新、高长军、高思杰、贺晗、胡波、*黄超光、**邝志全、**刘辽、李晓勤、马永革、南俊杰、**裴寿镛、**强稳朝、沈华、*田清钧、*田晓岑、王波波、吴金闪、吴小宁、**杨孔庆、**俞允强、*杨学军、张红宝、张芃、周彬、朱宗宏. 以上诸君对所读的部分章节都提出过许多意见和建议，其中很大一部分非常宝贵. 笔者要特别感谢对写作本书有重要帮助的两位朋友，第一位是芝加哥大学的 Wald 教授，他不但是笔者步入本领域的优秀启蒙导师，而且对笔者回国后的教学和写作工作不断提供无私帮助. 他的力作《General Relativity》是本书的最重要参考文献. 第二位是中科院数学所的邝志全研究员，他不仅审阅过本书的不少章节并提出过许多十分宝贵的意见和建议，而且在与笔者的无数次讨论中以他对问题所特有的深刻思考和领悟使笔者受益殊深. 笔者还要感谢北京师范大学物理系刘辽教授和大连理工大学物理系桂元星教授，他们的推荐使本书得以纳入北京师范大学出版社的出版计划并获得出版社的财政支持. 感谢赵峥教授和王永成教授对本书的写作和出版的密切关心和大力支持. 感谢北京师范大学出版社李桂福编审对本书出版的积极支持与帮助. 感谢北京市教委对本书写作和出版的立项资助, 也感谢北京师范大学出版社提供的财政支持.

梁灿彬

2000 年 2 月于北京师范大学

目　　录

第1章　拓扑空间简介

§1.1　集 论 初 步

确切地指定了的若干事物的全体叫一个集合(set)，简称集．集中的每一事物叫一个**元素**(element)或**点**(point)．若 x 是集 X 的元素，则说“x 属于 X”，并记作 $x \in X$．符号 $\notin$ 则代表“不属于”．有两种表示集合的方法，一种是一一列出其元素，元素间用逗号隔开，全体元素用花括号括起来，如

$$X = \{1，4，5.6\}$$

表示由实数 1，4 及 5.6 构成的集．另一种表示法是指出集中元素的共性，如

$$X = \{x \mid x \text{ 为实数}\}$$

表示 X 是全体实数的集合(这一特定集的通用记号为 $\mathbb{R}$)，而

$$X = \{x \in \mathbb{R} \mid x > 9\}$$

则表示全体大于 9 的实数的集合．

不含元素的集叫**空集**(empty set)，记作 $\varnothing$．

定义 1　若集 A 的每一元素都属于集 X，就说 A 是 X 的**子集**(subset)，也说 A 含于 (is contained in) X 或 X 含(contains) A，记作 $A \subset X$ 或 $X \supset A$．规定 $\varnothing$ 是任一集合的子集．A 称为 X 的**真子集** (proper subset)，若 $A \subset X$ 且 $A \neq X$．集 X 和 Y 称为**相等的** (记作 $X = Y$)，若 $X \subset Y$ 且 $Y \subset X$．

注 1　子集定义的更确切表述本应是“集 A 叫集 X 的子集，当且仅当 A 的每一元素都属于 X”．但为方便起见，凡在定义中的“若”或“当”都是“当且仅当”之意.

本书用 $:=$ 代表“定义为”，用 $\equiv$ 代表“恒等”或“记作”，例如 $C \equiv A - B$ 的含义是“把 $A-B$ 记作 C”．采用这两个符号无非是为增加明确性，都换成等号也无妨.

定义 2　集合 A，B 的并集、交集、差集和补集定义为:

并集(union) $A \cup B := \{x \mid x \in A \text{ 或 } x \in B\}$.

交 集 (intersection) $A \cap B := \{x \mid x \in A,\ x \in B\}$ (条件“$x \in A, x \in B$”是“$x \in A$ 且 $x \in B$”的简写，下同．).

差集(difference) $A - B := \{x \mid x \in A,\ x \notin B\}$ (数学书常把差集记作 $A \backslash B$ 或 $A \sim B$，本书一律记作 $A-B$．).

若 A 是 X 的子集，则 A 的**补集**(complement) $-A$ 定义为 $-A := X-A$.

定理 1-1-1　以上集运算服从如下规律:

交换律 $A\cup B=B\cup A,\quad A\cap B=B\cap A$.

结合律 $(A\cup B)\cup C=A\cup(B\cup C),\quad (A\cap B)\cap C=A\cap(B\cap C)$.

分配律 $(A\cap B)\cup C=(A\cup C)\cap(B\cup C),\quad (A\cup B)\cap C=(A\cap C)\cup(B\cap C)$.

De Morgan 律 $A-(B\cup C)=(A-B)\cap(A-C), A-(B\cap C)=(A-B)\cup(A-C)$.

证明 作为例子，我们证明 De Morgan 律的第二式(其他各律由读者自证). 为此只须证明等式两边互相包含.

(A) 设 $x\in A-(B\cap C)$，则 $x\in A,\ x\notin B\cap C$. 后者导致 $x\notin B$ 或 $x\notin C$. $x\in A$ 与 $x\notin B$ 结合得 $x\in A-B$；$x\in A$ 与 $x\notin C$ 结合得 $x\in A-C$，故 $x\in(A-B)\cup(A-C)$，因而

$$A-(B\cap C)\subset(A-B)\cup(A-C).$$

(B) 设 $x\in(A-B)\cup(A-C)$，则 $x\in A-B$ 或 $x\in A-C$. 前者导致 $x\in A$，$x\notin B$；后者导致 $x\in A,\ x\notin C$. 两者结合得 $x\in A,\ x\notin B\cap C$，故 $x\in A-(B\cap C)$，因而

$$(A-B)\cup(A-C)\subset A-(B\cap C).$$ □

定义 3 非空集合 X，Y 的**卡氏积**(Cartesian product) $X\times Y$ 定义为

$$X\times Y := \{(x,y)\,|\,x\in X, y\in Y\}.$$

就是说，$X\times Y$ 是这样一个集合，它的每一元素是由 X 的一个元素 x 和 Y 的一个元素 y 组成的一个有序对 (x,y). 多个(有限个①)集合的卡氏积可类似地定义，例如

$$X\times Y\times Z := \{(x,y,z)\,|\,x\in X, y\in Y, z\in Z\},$$

而且还规定卡氏积满足结合律，即 $(X\times Y)\times Z=X\times(Y\times Z)$.

例 1 $\mathbb{R}^2 := \mathbb{R}\times\mathbb{R}$，$\mathbb{R}^n := \mathbb{R}\times\cdots\times\mathbb{R}$ (共 n 个 $\mathbb{R}$). 既然 $\mathbb{R}^2$ 的元素是由两个实数构成的有序对，这两个实数就称为该元素的**自然坐标**. 类似地，$\mathbb{R}^n$ 的每一元素有 n 个自然坐标. 可见 $\mathbb{R}^n$ 是天生就有坐标的，但其他集合则未必. 利用自然坐标可给 $\mathbb{R}^n$ 的任意两个元素定义距离的概念.

定义 4 $\mathbb{R}^n$ 的任意两个元素 $x=(x^1,\cdots,x^n)$，$y=(y^1,\cdots,y^n)$ 之间的**距离** $|y-x|$ 定义为 $$|y-x| := \sqrt{\sum_{i=1}^{n}(y^i-x^i)^2}.$$

本书从下段开始经常使用数学记号 $\forall$ (代表"对任一")和 $\exists$ (代表"存在")，请熟习.

定义 5 设 X，Y 为非空集合. 一个从 X 到 Y 的**映射**(map)(记作 $f: X\to Y$)是一个法则，它给 X 的每一元素指定 Y 的唯一的对应元素. 若 $y\in Y$ 是 $x\in X$ 的对应元素，就写 $y=f(x)$，并称 y 为 x 在映射 f 下的**像**(image)，称 x 为 y 的**原像**(或**逆像**，即 inverse image). X 称为映射 f 的**定义域**(domain)，X 的全体元素在映射

① 无限多个集合的卡氏积也可定义，但已超出本书范围.

f 下的像的集合(记作 $f[X]$)称为映射 $f: X \to Y$ 的**值域**(range). 映射 $f: X \to Y$ 和 $f': X \to Y$ 称为**相等的**，若 $f(x) = f'(x)\ \forall x \in X$.

注 2　通常也把 $y = f(x)$ 写成 $f: x \mapsto y$. 请注意 $\mapsto$ 与 $\to$ 的区别：$f: X \to Y$ 中的 $\to$ 表示 f 是从 X 到 Y (集合到集合)的映射；而 $f: x \mapsto y$ 中的 $\mapsto$ 则表示 $x \in X$ 在映射 f 下的像是 y (元素到元素).

注 3　设 $A \subset X$，则 A 的元素在 f 下的像组成的子集记作 $f[A]$，即

$$f[A] \equiv \{y \in Y \mid \exists x \in A \text{ 使 } y = f(x)\} \subset Y.$$

例 2　普通微积分中的单值函数 $y = f(x)$ 就是一个由 $\mathbb{R}$ (或其子集)到 $\mathbb{R}$ 的映射.

注 4　从 $\mathbb{R}^2$ 到 $\mathbb{R}$ 的映射给出一个二元函数，因为 $\mathbb{R}^2$ 中每点由两个实数(自然坐标)描写. 同理，从 $\mathbb{R}^n$ 到 $\mathbb{R}^m$ 的映射给出 m 个 n 元函数.

定义6　映射 $f: X \to Y$ **叫一一的**(one-to-one)，若任一 $y \in Y$ 有不多于一个逆像(可以没有). $f: X \to Y$ **叫到上的**(onto)，若任一 $y \in Y$ 都有逆像(可多于一个).[①]

注 5　① f 为到上映射的充要条件是值域 $f[X] = Y$. ②若 f 为一一映射，则存在逆映射 $f^{-1}: f[X] \to X$. 然而，不论 $f: X \to Y$ 是否有逆，都可定义任一子集 $B \subset Y$ 在 f 下的"逆像" $f^{-1}[B]$ 为

$$f^{-1}[B] := \{x \in X \mid f(x) \in B\} \subset X.$$

注意，这里的"逆像"是 X 的子集而不是 X 的元素. 例如，如果 X 有(且仅有)两个元素 x 和 x' 在 f 作用(即映射)下的像都是 $y \in Y$，则虽然逆映射 $f^{-1}: Y \to X$ 不存在，但把 y 看作 Y 的独点子集(即 $\{y\}$)时 $f^{-1}[\{y\}]$(简记作 $f^{-1}[y]$)仍有意义，含义为 $f^{-1}[y] = \{x, x'\} \subset X$.

定义 7　$f: X \to Y$ 称为**常值映射**，若 $f(x) = f(x')\quad \forall x, x' \in X$.

定义 8　设 X, Y, Z 为集，$f: X \to Y$ 和 $g: Y \to Z$ 为映射，则 f 和 g 的**复合映射** $g \circ f$ 是从 X 到 Z 的映射，定义为 $(g \circ f)(x) := g(f(x)) \in Z\quad \forall x \in X$，见图 1-1.

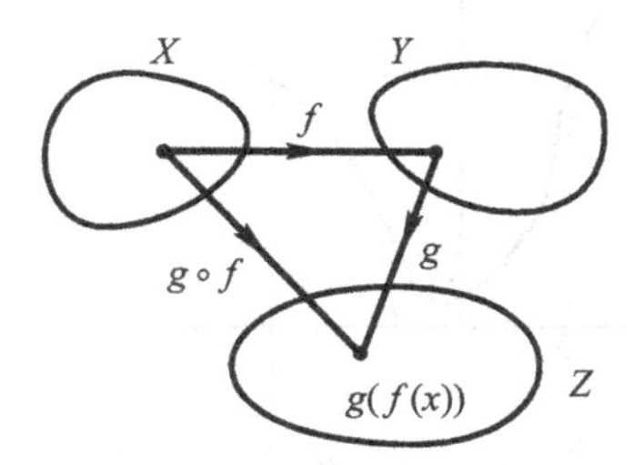

图 1-1　复合映射 $g \circ f$

注意，先执行 f 后执行 g

① 不少数学书把本书的一一和到上映射分别叫**单射**(injection)和**满射**(surjection)，把既是单射又是满射的映射叫**一一映射**[又称**双射**(bijection)]. 于是它们的一一映射强于本书的一一映射.

注 6 若 $X=Y=Z=\mathbb{R}$，则复合映射 $g\circ f$ 就是熟知的一元复合函数.

若 X 和 Y 是一般的集合，对 X 与 Y 之间的映射只能提出"一一"和"到上"这两个要求；但若 X 和 Y 还指定了某种结构，则往往可对 $f:X\to Y$ 提出更多要求，例如可要求 $f:\mathbb{R}\to\mathbb{R}$ 是连续的甚至光滑的. 一元函数 $f:\mathbb{R}\to\mathbb{R}$ 的连续性在微积分中早有定义("ε-δ 定义")，重述如下：①称 f 在 x 点连续，若 $\forall\varepsilon>0\quad\exists\,\delta>0$ 使得当 $|x'-x|<\delta$ 时有 $|f(x')-f(x)|<\varepsilon$；②称 f 在 $\mathbb{R}$ 上连续，若它在 $\mathbb{R}$ 的任一点连续. 这一定义依赖于 $\mathbb{R}$ 中任二元素的距离概念(对 $\mathbb{R}$ 而言距离就是坐标之差)，似乎无法推广到没有距离定义的两个集合之间的映射. 然而细想发现，ε-δ 定义可用开区间概念(而无需距离概念)重新表述如下：设 $X=Y=\mathbb{R}$，映射 $f:X\to Y$ 叫做连续的，若 Y 中任一开区间的"逆像"都是 X 的开区间之并(或是空集). 这一表述与通常的 ε-δ 表述的等价性可从图 1-2 得到启发(这里无意给出证明)：图(a)的映射 $f:X\to Y$ 按 ε-δ 定义为连续，与此相应，Y 中任一开区间 (a,b) 的逆像为开区间 $(a',\ b')$；图(b)的映射连续，与此相应，Y 中任一开区间 (a,b) 的逆像为开区间 $(a',\ b')$ 与 $(b'',\ a'')$ 之并；图(c)的映射 $f:X\to Y$ 在 $c'\in X$ 处不连续，与此相应，在 Y 中存在开区间 $(a,\ b)$，其"逆像" $f^{-1}[(a,\ b)]=(a',\ c']\subset X$ 不是开区间，也不是开区间之并. 以上讨论从一个侧面说明"开区间之并"这一概念的用处：可以定义映射 $f:\mathbb{R}\to\mathbb{R}$ 的连续性. 其实这一概念还有很多用处，因此往往有必要推广到除 $\mathbb{R}$ 外的集合 X. 为方便起见，把 $\mathbb{R}$ 的任一可以表为开区间之并的子集(连同空集 $\varnothing$)称为开子集. 为把开子集概念推广到任意集合 X，应先找出 $\mathbb{R}$ 的开子集的本质的、抽象的(因而可以推广的)性质. 它们是：(a) $\mathbb{R}$ 和空集 $\varnothing$ 都是开子集；(b) 有限个开子集之交仍是开子集；(c) 任意个开子集之并仍是开子集. 把这三个性质推广，就可给任意集合 X 定义开子集概念. 定义了开子集的

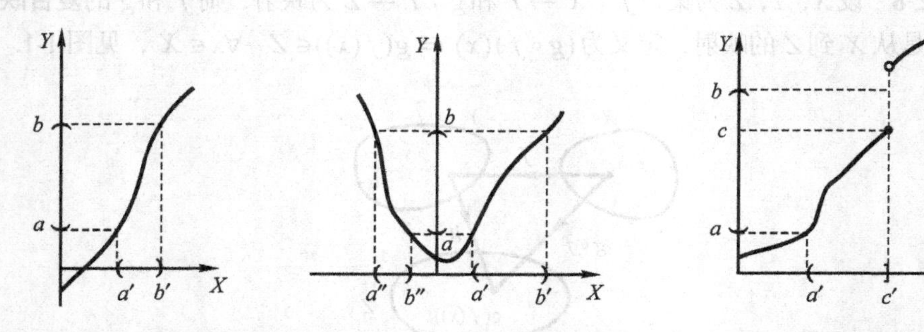

(a) f 续续，任一开区间 $(a,\ b)$ 的逆像是开区间 $(a',\ b')$.　(b) f 续续，任一开区间 $(a,\ b)$ 的逆像是开区间之并 $(a',b')\cup(b'',a'')$.　(c) f 在 $c'\in X$ 不连续，存在开区间 $(a,\ b)$，其逆像 $(a',\ c']$ 不是开区间之并.

图 1-2　用开区间表述连续性

曲线代表映射 $f:X\to Y$

集合叫拓扑空间. 由开子集概念出发又可定义许多概念并证明许多定理，从而发展为一门完整丰富的学科分支——点集拓扑学. §1.2 和§1.3 两节将对拓扑空间的最基本内容做一介绍.

§1.2　拓 扑 空 间

如§1.1 末所述，$\mathbb{R}$ 的子集分为开子集和非开子集两大类(任一子集要么是开的，要么是非开的. 不要把非开子集称为闭子集. 根据后面要讲的闭子集定义，子集可以不开不闭，也可以既开又闭.). 开子集具有上述(a)、(b)、(c)三个性质. 对任意非空集合 X 也可用适当方式指定其中的某些子集是开的，其他为非开的. 为使这种指定有用，我们约定任何指定方式都要满足 3 个要求：(a) X 本身和空集 $\varnothing$ 为开子集；(b) 有限个开子集之交为开子集；(c) 任意个(可以有限个也可以无限个)开子集之并为开子集. 对同一集合，满足这 3 个要求的指定方式常常是很多的. 例如，设 X 为任意集合，可以指定 X 及 $\varnothing$ 为开子集，其他子集都为非开. 这当然满足上述三要求，其特点是开子集最少，只有两个. 然而也可采用另一种极端的指定，即指定 X 的任意子集都是开子集. 不难看出这种指定也满足上述三要求. 上述两种指定虽然未必有太多用处，但它们至少能说明满足上述三要求的指定方式不止一种. 我们说，每种满足上述三要求的指定给集合 X 赋予了一种附加结构，称为拓扑结构. 对定义了拓扑结构的集合可以指着它的任一子集问："这是开子集吗?"答案非"是"即"否"，泾渭分明. 反之，对没有定义拓扑结构的集合，这样的问题毫无意义. 定义了拓扑结构的集合 X 的全体开子集也组成一个集合，称为 X 的一个拓扑(topology)，记作 $\mathscr{T}$ (是 topology 为首字母的花体大写). 用 $\mathscr{P}$ 代表由 X 的全体子集组成的集合(如图 1-3)，则 X 的任一开子集 O 和任一非开子集 V 都是 $\mathscr{P}$ 的元素. X 的全体开子集组成 $\mathscr{P}$ 的一个子集 $\mathscr{T}$ (注意，它不是 X 的子集)，它就是 X 的拓扑. 请注意符号 $\subset$ 同 $\in$ 的区别：$O\subset X$ 只表明 O 是 X 的子集，而 $O\in\mathscr{T}$ 则表明 O 是 X 的开子集. 以上铺垫有助于理解如下用数学语言表述的定义.

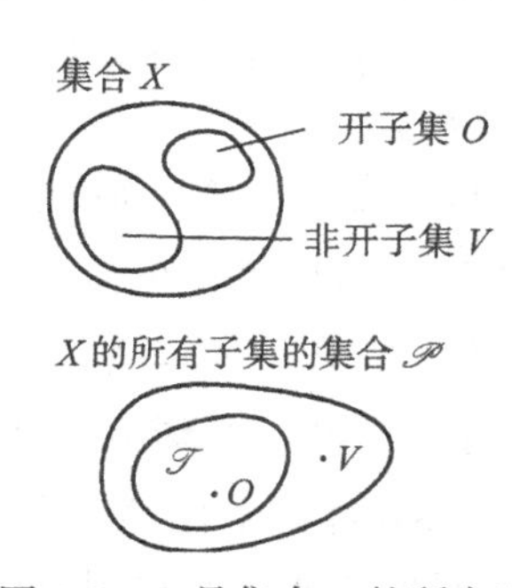

图 1-3　$\mathscr{P}$ 是集合 X 的所有子集的集合. X 的任何子集(如 O, V)都是 $\mathscr{P}$ 的元素. $\mathscr{T}$ 是 $\mathscr{P}$ 的这样一个子集，其中每一元素(如 O)是 X 的一个开子集

定义 1　非空集合 X 的一个**拓扑**(topology) $\mathscr{T}$ 是 X 的若干子集的集合，满足：

(a) $X,\varnothing\in\mathscr{T}$ ；

(b) 若 $O_i\in\mathscr{T}$， $i=1,2,\cdots,n$ ，则 $\bigcap_{i=1}^{n}O_i\in\mathscr{T}$ (其中 $\bigcap_{i=1}^{n}O_i$ 代表这 n 个 O_i 之交)；

(c) 若$O_\alpha \in \mathscr{T}\ \forall\alpha$，则$\bigcup_\alpha O_\alpha \in \mathscr{T}$（$O_\alpha \in \mathscr{T}$后加$\forall\alpha$表示每一个$O_\alpha$都属于$\mathscr{T}$，而且$O_\alpha$的个数没有限制. $\bigcup_\alpha O_\alpha \in \mathscr{T}$ 表示所有O_α之并属于$\mathscr{T}$.).

定义 2　指定了拓扑$\mathscr{T}$的集合X称为**拓扑空间**(topological space). 拓扑空间X的子集O称为**开子集**(简称**开集**)，若$O \in \mathscr{T}$.

对同一集合X可定义不同拓扑$\mathscr{T}$(满足定义 1 的$\mathscr{T}$可以很多). 设$\mathscr{T}_1$和$\mathscr{T}_2$都是X的拓扑，则X的子集A可能满足$A \in \mathscr{T}_1$，$A \notin \mathscr{T}_2$，即A对$\mathscr{T}_1$而言(用$\mathscr{T}_1$衡量)是开集而对$\mathscr{T}_2$而言不是开集. 可见$\mathscr{T}_1$和$\mathscr{T}_2$把X定义为两个不同的拓扑空间. 为明确所选拓扑起见，可用$(X, \mathscr{T})$代表拓扑空间. 于是$(X, \mathscr{T}_1)$和$(X, \mathscr{T}_2)$代表不同拓扑空间，虽然它们的"底集"都是X. 在明确选定一个拓扑后也可只用X代表拓扑空间.

对给定的具体集合X，应选哪个拓扑使之成为一个拓扑空间？这取决于X的自身性质以及我们关心哪些方面的问题. 例如，对集合$\mathbb{R}^n$，在通常关心的大多数问题中都选所谓的通常拓扑为拓扑(见下面的例 3).

例 1　设X为任意非空集合，令$\mathscr{T}$为X的全部子集的集合，则它显然满足定义 1 的三条件，故构成X的一个拓扑，叫**离散拓扑**(discrete topology).

例 2　设X为任意非空集合，令$\mathscr{T} = \{X, \varnothing\}$，则它显然满足定义 1 的三条件，故构成$X$的一个拓扑，叫**凝聚拓扑**(indiscrete topology). 凝聚拓扑是元素最少的拓扑，而离散拓扑是元素最多的拓扑.

例 3

(1) 设$X = \mathbb{R}$，则$\mathscr{T}_{\mathrm{u}} := \{$空集或$\mathbb{R}$中能表为开区间之并的子集$\}$称为$\mathbb{R}$的**通常拓扑**(usual topology).

(2) 设$X = \mathbb{R}^n$，则$\mathscr{T}_{\mathrm{u}} := \{$空集或$\mathbb{R}^n$中能表为开球之并的子集$\}$称为$\mathbb{R}^n$的**通常拓扑**，其中，**开球**(open ball)定义为$B(x_0, r) := \{x \in \mathbb{R}^n \mid |x - x_0| < r\}$，$x_0$称为球心，$r > 0$称为半径. $\mathbb{R}^2$中的开球亦称**开圆盘**，$\mathbb{R}$中的开球就是开区间.

不难验证(1)和(2)中的$\mathscr{T}_{\mathrm{u}}$满足定义 1 的三条件. 根据上述定义，$\mathbb{R}$中任一开区间用$\mathscr{T}_{\mathrm{u}}$衡量都是开集. 然而，原则上也可选其他拓扑使$\mathbb{R}$成为不同于$(\mathbb{R}, \mathscr{T}_{\mathrm{u}})$的拓扑空间. 例如，若以凝聚拓扑衡量，则除$\mathbb{R}$及$\varnothing$外都不是开集；反之，若以离散拓扑衡量，则$\mathbb{R}$中任一子集(包括闭区间和半闭区间)都是开集. 今后在把$\mathbb{R}^n$看作拓扑空间时，如无声明就是指$(\mathbb{R}^n, \mathscr{T}_{\mathrm{u}})$.

例 4　设$(X_1, \mathscr{T}_1)$和$(X_2, \mathscr{T}_2)$为拓扑空间，$X = X_1 \times X_2$（即X是X_1与X_2的卡氏积)，定义X的拓扑为

$$\mathscr{T} := \{O \subset X \mid O \text{ 可表为形如 } O_1 \times O_2 \text{ 的子集之并，} O_1 \in \mathscr{T}_1,\ O_2 \in \mathscr{T}_2\}, \qquad (1\text{-}2\text{-}1)$$

则$\mathscr{T}$称为X的**乘积拓扑**(product topology).

[选读 1-2-1]

不难把乘积拓扑的定义从两个拓扑空间推广到有限多个拓扑空间．但应说明一点：设 $X = X_1 \times X_2 \times X_3$，则 X 既可理解为 $(X_1 \times X_2) \times X_3$，也可理解为 $X_1 \times (X_2 \times X_3)$．令 $X_{12} \equiv X_1 \times X_2$，以 $\mathscr{T}_{12}$ 代表其乘积拓扑，便可给集合 $X = X_{12} \times X_3$ 定义乘积拓扑，记作 $\mathscr{T}$．再令 $X_{23} \equiv X_2 \times X_3$，以 $\mathscr{T}_{23}$ 代表其乘积拓扑，又可给集合 $X = X_1 \times X_{23}$ 定义乘积拓扑，记作 $\mathscr{T}'$．还可仿照式(1-2-1)直接给 $X = X_1 \times X_2 \times X_3$ 定义乘积拓扑 $\tilde{\mathscr{T}}$ 如下：

$$\tilde{\mathscr{T}} := \{O \subset X \mid O \text{ 可表为形如 } O_1 \times O_2 \times O_3 \text{ 的子集之并}, \\ O_1 \in \mathscr{T}_1,\ O_2 \in \mathscr{T}_2,\ O_3 \in \mathscr{T}_3\}.$$

可以证明 $\tilde{\mathscr{T}} = \mathscr{T}' = \mathscr{T}$，即对 $X = X_1 \times X_2 \times X_3$ 的乘积拓扑的 3 种定义殊途同归，因此不会出现含糊情况．对有限多个拓扑空间也有类似结论．一个简单的例子是 $\mathbb{R}^n = \mathbb{R} \times \cdots \times \mathbb{R}$，还可证明这样定义出的乘积拓扑与例 3 中用开球定义的拓扑一致．

[选读 1-2-1 完]

例 5　设 $(X, \mathscr{T})$ 是拓扑空间，A 为 X 的任一非空子集．把 A 看作集合，当然也可指定拓扑(记作 $\mathscr{S}$，是 S 的花体)使 A 成为拓扑空间，记作 $(A, \mathscr{S})$．由于 A 是 X 的子集，我们希望 $\mathscr{S}$ 与 $\mathscr{T}$ 有尽量密切的联系．如果 $A \in \mathscr{T}$，问题很简单，只须定义 $\mathscr{S} := \{V \subset A \mid V \in \mathscr{T}\}$．然而，如果 $A \notin \mathscr{T}$，按上述定义就有 $A \notin \mathscr{S}$，违背定义 1 的条件(a)．因此 $\mathscr{S}$ 的上述定义不合法．一个巧妙的定义是

$$\mathscr{S} := \{V \subset A \mid \exists O \in \mathscr{T} \text{ 使 } V = A \cap O\}. \qquad (1\text{-}2\text{-}2)$$

由上式可以证明即使 $A \notin \mathscr{T}$ 也有 $A \in \mathscr{S}$，而且 $\mathscr{S}$ 满足定义 1 的其他条件(见习题)．这样定义的 $\mathscr{S}$ 叫做 $A(\subset X)$ 的、由 $\mathscr{T}$ 导出的**诱导拓扑**(induced topology)．以后在把 $(X, \mathscr{T})$ 的子集 A 看作拓扑空间时，如无声明都指 $(A, \mathscr{S})$，其中 $\mathscr{S}$ 是由 $\mathscr{T}$ 诱导的拓扑．$(A, \mathscr{S})$ 称为 $(X, \mathscr{T})$ 的**拓扑子空间**(topological subspace)．

下面的例子有助于加深对诱导拓扑的理解．$\mathbb{R}^2$ 中以 x_0 为心的单位圆周 S^1 定义为 $S^1 := \{x \in \mathbb{R}^2 \mid |x - x_0| = 1\}$．设 $A \subset \mathbb{R}^2$ 是 S^1，由于它不能表为 $\mathbb{R}^2$ 中的开球之并(一条线窄到装不下任何开圆盘)，A 用 $\mathbb{R}^2$ 的 $\mathscr{T}_u$ 衡量不是开的．用式(1-2-2)给 A 定义诱导拓扑 $\mathscr{S}$，则不但 A 用 $\mathscr{S}$ 衡量是开的，而且，设 V 是 A 中的任意一段(不含首末两点)，如图 1-4 的粗线所示，则虽然 V 用 $\mathscr{T}_u$ 衡量不是开集，用 $\mathscr{S}$ 衡量却是开的，因为存在开圆盘 $O \in \mathscr{T}_u$ 使 $V = A \cap O$．

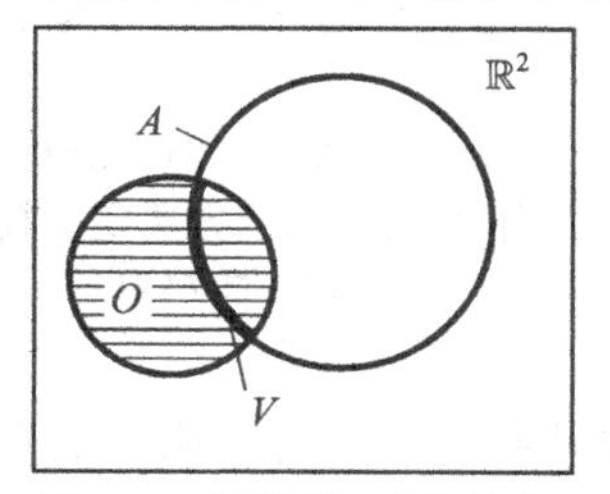

图 1-4　粗线段(不含端点)是 A 的子集 V，因 V 可看作 $O \in \mathscr{T}_u$ 与 A 之交，由式(1-2-2)可知 $V \in \mathscr{S}$

利用开集概念可对拓扑空间之间的映射定义连续性．下面给出两个等价的连续定义，等价性的证明留作习题．

定义3a 设 $(X, \mathscr{T})$ 和 $(Y, \mathscr{S})$ 为拓扑空间．映射 $f: X\to Y$ 称为**连续的**(continuous)，若 $f^{-1}[O]\in\mathscr{T}$ $\forall O\in\mathscr{S}$ [$f^{-1}[O]$的定义见§1.1 注 5 之②].

定义3b 设 $(X, \mathscr{T})$ 和 $(Y, \mathscr{S})$ 为拓扑空间．映射 $f: X\to Y$ 称为**在点** $x\in X$ **处连续**，若 $\forall$ 满足 $f(x)\in G'$ 的 $G'\in\mathscr{S}$，$\exists$ $G\in\mathscr{T}$ 使 $x\in G$ 且 $f[G]\subset G'$．$f: X\to Y$ 称为**连续**，若它在所有点 $x\in X$ 上连续.

注 1 不难看出，若 $X=Y=\mathbb{R}$，$\mathscr{T}=\mathscr{S}=\mathscr{T}_{\mathrm{u}}$，定义 3b (因而定义 3a)就回到 ε-δ 定义.

定义4 拓扑空间 $(X, \mathscr{T})$ 和 $(Y, \mathscr{S})$ 称为**互相同胚**(homeomorphic to each other)，若 $\exists$ 映射 $f: X\to Y$，满足(a) f 是一一到上的；(b) f 及 f^{-1} 都连续.[①] 这样的 f 称为从 $(X, \mathscr{T})$ 到 $(Y, \mathscr{S})$ 的**同胚映射**，简称**同胚**(homeomorphism).

普通函数 $y=f(x)$ 的连续性和可微性用 C^r 表示，其中 r 为非负整数，C^0 代表连续，C^r 代表 r 阶导函数存在并连续，C^∞ 代表任意阶导函数存在并连续[称为**光滑**(smooth)]．虽然用开集概念可以巧妙地把 C^0 性推广到拓扑空间之间的映射，但 $r>0$ 的 C^r 性则不能．事实上，对拓扑空间之间的映射的最高要求已体现在同胚的定义中．同胚映射 $f: X\to Y$ 不仅在 X 和 Y 的点之间建立了一一对应的关系，而且还在 X 的开子集与 Y 的开子集之间建立了一一对应的关系，因而一切由拓扑决定的性质都可"全息"地被 f "携带"到 Y 中．因此，从纯拓扑学角度看，两个互相同胚的拓扑空间就"像得不能再像"，可以视作相等.

例 6 任一开区间 $(a, b)\subset\mathbb{R}$ 与 $\mathbb{R}$ 同胚(证明留作习题).

例 7 圆周 $S^1\subset\mathbb{R}^2$ 配以诱导拓扑(由 $\mathbb{R}^2$ 的 $\mathscr{T}_{\mathrm{u}}$ 诱导)可看作拓扑空间．它与 $\mathbb{R}$ 是否同胚？乍看以为可用图 1-5 定义从 S^1 到 $\mathbb{R}$ 的同胚映射 f，然而点 $a\in S^1$ 无像，故 f 不是从 S^1 到 $\mathbb{R}$ 的映射．不难证明 $f: (S^1-\{a\})\to\mathbb{R}$ 是同胚映射，可见挖去一点的圆周与 $\mathbb{R}$ 同胚．然而 S^1 却与 $\mathbb{R}$ 非同胚，§1.3(选读)在定理 1-3-8 后将给出简洁证明，其中用到§1.3 要讲的"紧致"概念．要点是：① S^1 紧致而 $\mathbb{R}$ 非紧致；②紧致子集在连续映射下的像仍紧致．①、②结合使 S^1 与 $\mathbb{R}$ 不能同胚.

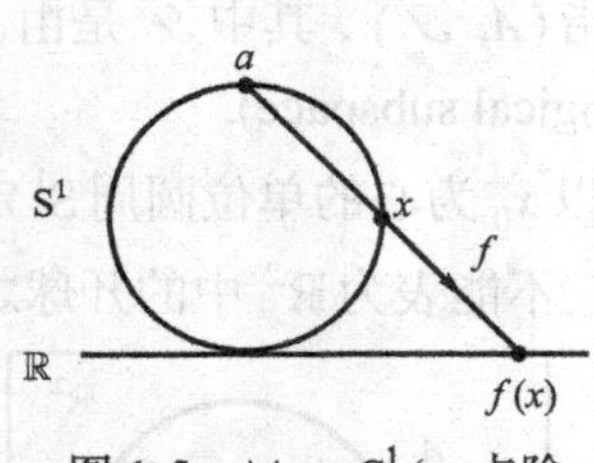

图 1-5 $\forall x\in S^1$ (a 点除外)都可用图示方法定义其在 $\mathbb{R}$ 的像 $f(x)$

例 8 考虑欧氏平面上的一个圆和一个椭圆(均指圆周)．用欧氏几何眼光看，两者当然不同．在欧氏几何中有距离概念，圆和椭圆就是用距离定义的．但从纯拓扑学的角度看，$(\mathbb{R}^2, \mathscr{T}_{\mathrm{u}})$ 是拓扑空间，圆 S^1 和椭

① 有余力的读者试举例说明的确存在其逆不连续的一一到上的连续映射(提示：用离散和凝聚拓扑).

圆 E 是 $\mathbb{R}^2$ 的两个子集：S^1, $E\subset\mathbb{R}^2$. 可用 $\mathscr{T}_u$ 给 S^1 及 E 分别定义诱导拓扑使成两个拓扑空间 $(S^1, \mathscr{S}_{S^1})$ 及 $(E, \mathscr{S}_E)$. 可以证明(直观上不难相信)存在同胚映射 $f:(S^1, \mathscr{S}_{S^1})\to(E, \mathscr{S}_E)$ ，所以从纯拓扑眼光看两者完全一样. 反之，若把 S^1 剪一缺口，其产物将与 $\mathbb{R}$ 同胚，因而与 S^1 和 E 有不同拓扑. 如果把 $\mathbb{R}^2$ 想像为一张橡皮膜并对其进行变形操作，则膜上的曲线将随之变形. 但是，只要不剪不粘，则曲线变形前后互相同胚. 因此拓扑学又被通俗地称为“橡皮膜上的几何学”. 拓扑学不同于欧氏几何学，重要区别就是它没有距离概念. 初看这种连距离都谈不上的学问不会有多大用处，其实不然. 一个简单例子是电路问题. 图 1-6(a)和(b)虽然从欧氏几何看有很大差别，但从电路角度看则全同. 反之，若把图(b)中任一支路剪断[成为图(c)]，从电路看就十分不同. 这与拓扑学关心的角度一样. 事实上，拓扑学对复杂电路(网络)的研究很有用，形成了“网络拓扑学”这一小小的应用分支.

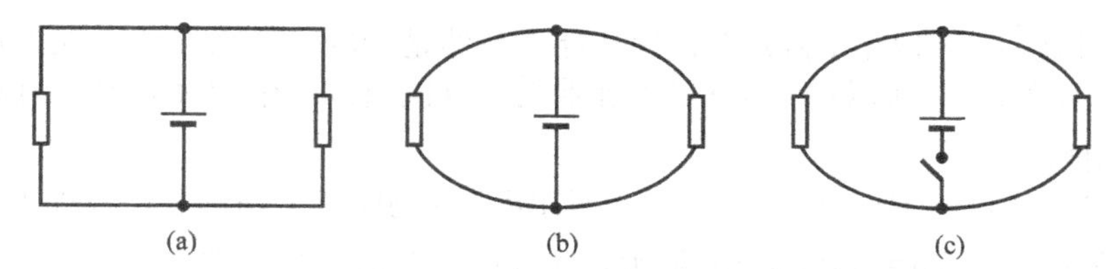

图 1-6　从电路或拓扑学角度看，图(a)与(b)全同，图(b)与(c)不同. 从几何学看则不然

定义5　$N\subset X$ 称为 $x\in X$ 的一个**邻域**(neighborhood)，若 $\exists O\in\mathscr{T}$ 使 $x\in O\subset N$. 自身是开集的邻域称为**开邻域**.

注 2　设 $X=\mathbb{R}$ ，$N=[a, b]$ ，则 N 按定义 5 是 x 的邻域，当且仅当 $a<x<b$. 请特别注意“擦边”情况：若 $x=a$ ，则 N 并非 x 的邻域，因为 $\mathbb{R}$ 不存在开集 O 使 $x\in O\subset N$. 直观地说，要使 $[a, b]$ 是 x 的邻域，x 在 $[a, b]$ 中应有“左邻右舍”. 而 $x=a$ 的任何“左邻”都不属于 $[a, b]$ ，故 $[a, b]$ 不应是 $x=a$ 的邻域. 可见定义 5 在一定程度上反映了这一直观要求. 另请注意如下的微妙例子：在拓扑空间 $[0,\infty)\subset\mathbb{R}$ 中，$[0,1)$ 是 0 的开邻域，$[0,1]$ 是 0 的邻域.

定义5′(子集的邻域)　$N\subset X$ 称为 $A\subset X$ 的一个**邻域**，若 $\exists O\in\mathscr{T}$ 使 $A\subset O\subset N$.

定理1-2-1　$A\subset X$ 是开集，当且仅当 A 是 x 的邻域 $\forall x\in A$.

证明

(A) 设 A 为开，则 $\forall x\in A$, $\exists A\in\mathscr{T}$ 使 $x\in A\subset A$ ，故由定义 5 知 A 是 x 的邻域.

(B) 设 A 是 x 的邻域 $\forall x\in A$ ，令 $O=\bigcup\limits_{x\in A}O_x$ (O_x 是定义 5 中满足 $x\in O_x\subset A$ 的

$O_x \in \mathscr{T}$)，则 $O = A$ (读者试补证这一等式)，又由定义 1 (c) 知 $O \in \mathscr{T}$，故 $A \in \mathscr{T}$，即 A 为开集. □

定义6　$C \subset X$ 叫**闭集**(closed set)，若 $-C \in \mathscr{T}$.

定理1-2-2　闭集有以下性质：

(a) 任意个闭集的交集是闭集；

(b) 有限个闭集的并集是闭集；

(c) X 及 $\varnothing$ 是闭集.

证明　不难由定义 1，6 及 De Morgan 律得证. □

可见任何拓扑空间 $(X, \mathscr{T})$ 都有两个既开又闭的子集，即 X 和 $\varnothing$.

定义7　拓扑空间 $(X, \mathscr{T})$ 称为**连通的**(connected)，若它除 X 和 $\varnothing$ 外没有既开又闭的子集.

例 9　设 A 和 B 是 $\mathbb{R}$ 的开区间，$A \cap B = \varnothing$ (请自画图)，以 $\mathscr{T}$ 代表由 $\mathbb{R}$ 的通常拓扑在子集 $X \equiv A \cup B$ 上的诱导拓扑，则拓扑空间 $(X, \mathscr{T})$ 的既开又闭的子集除 X 和 $\varnothing$ 外还有 A 和 B (A 和 B 在诱导拓扑下自然是开的，又因 A 和 B 互为补集，故又都是闭的.)，所以 $(X, \mathscr{T})$ 是不连通的. 这同自画图中的 A 和 B 在直观上互不连通相吻合[①].

设 $(X, \mathscr{T})$ 为拓扑空间，$A \subset X$. 分别定义 A 的闭包、内部和边界如下：

定义8　A 的**闭包**(closure) $\bar{A}$ 是所有含 A 的闭集的交集，即

$$\bar{A} := \bigcap_{\alpha} C_\alpha, \qquad A \subset C_\alpha, \qquad \text{且 } C_\alpha \text{ 为闭}.$$

定义9　A 的**内部**(interior) $\mathrm{i}(A)$ 是所有含于 A 的开集的并集，即

$$\mathrm{i}(A) := \bigcup_{\alpha} O_\alpha, \qquad O_\alpha \subset A, \qquad O_\alpha \in \mathscr{T}.$$

定义10　A 的**边界**(boundary) $\dot{A} := \bar{A} - \mathrm{i}(A)$，$x \in \dot{A}$ 称为**边界点**. $\dot{A}$ 也记作 ∂A.

定理1-2-3　$\bar{A}$，$\mathrm{i}(A)$ 及 $\dot{A}$ 有以下性质：

(a) ① $\bar{A}$ 为闭集，② $A \subset \bar{A}$，③ $A = \bar{A}$ 当且仅当 A 为闭集；

(b) ① $\mathrm{i}(A)$ 为开集，② $\mathrm{i}(A) \subset A$，③ $\mathrm{i}(A) = A$ 当且仅当 $A \in \mathscr{T}$；

(c) $\dot{A}$ 为闭集.

证明　(a)、(b)易证. (c)的证明如下：$X - \dot{A} = X - [\bar{A} - \mathrm{i}(A)] = (X - \bar{A}) \cup \mathrm{i}(A)$，其中最后一步用到习题 2 的结论. 因 $\bar{A}$ 为闭，故 $X - \bar{A}$ 为开，加之 $\mathrm{i}(A)$ 为开，故 $X - \dot{A}$ 为开，因而 $\dot{A}$ 为闭. □

下面的定义在§1.3 全节以及第 2 章开始时要用到：

定义11　X 的开子集的集合 $\{O_\alpha\}$ 叫 $A \subset X$ 的一个**开覆盖**(open cover)，若

---

① 与直观感觉更一致的是称为“弧连通”的概念，它与连通概念有微妙差别(见§5.2 的第一个脚注).

$A\subset\bigcup_{\alpha}O_{\alpha}$. 也可说$\{O_{\alpha}\}$覆盖$A$.

§1.3　紧致性[选读]

定义1　设$\{O_{\alpha}\}$是$A\subset X$的开覆盖(open cover). 若$\{O_{\alpha}\}$的有限个元素构成的子集$\{O_{\alpha_1},\cdots,O_{\alpha_n}\}$也覆盖$A$，就说$\{O_{\alpha}\}$有**有限子覆盖**(finite subcover).

定义2　$A\subset X$叫**紧致的**(compact)，若它的任一开覆盖都有有限子覆盖.

例1　设$x\in X$，则独点子集$A\equiv\{x\}$必紧致.

证明　设$\{O_{\alpha}\}$是A的任一开覆盖，则$\{O_{\alpha}\}$中至少存在一个元素(记作O_{α_1})满足$x\in O_{\alpha_1}$. 于是$\{O_{\alpha_1}\}$(作为$\{O_{\alpha}\}$的子集)是$A\equiv\{x\}$的开覆盖，故$\{O_{\alpha}\}$有有限子覆盖. □

例2　$A\equiv(0,1]\subset\mathbb{R}$不是紧致的.

证明　以$\mathbb{N}$代表自然数集，则$\{(1/n,\ 2)\mid n\in\mathbb{N}\}$是$A$的开覆盖，它没有有限子覆盖. □

类似地，$\mathbb{R}$中任一开区间或半开区间都非紧致.

例3　$\mathbb{R}$不是紧致的(证明留作习题).

定理1-3-1　$\mathbb{R}$的任一闭区间都紧致.

证明　略. □

注1　不要以为闭集一定紧致(就连$\mathbb{R}$中也有非紧致闭集，读者试举一例.). 紧性与闭性有密切联系，但不等价，其关系体现在以下两定理中.

为讲述定理1-3-2，先补充以下定义.

定义3　拓扑空间$(X,\mathscr{T})$叫$\mathbf{T_2}$**空间**或**豪斯多夫空间**(Hausdorff space)，若

$\forall x,\ y\in X,\ x\neq y,\ \exists\ O_1,\ O_2\in\mathscr{T}$　使　$x\in O_1,\ y\in O_2$　且　$O_1\cap O_2=\varnothing$.

注2　常见的拓扑空间(如$\mathbb{R}^n$)都是T_2空间. 凝聚拓扑空间是非T_2空间的一例. Hawking and Ellis(1973)P.13~14给了一个更“靠近实用”的例子.

定理1-3-2　若$(X,\mathscr{T})$为T_2空间，$A\subset X$为紧致，则A为闭集.

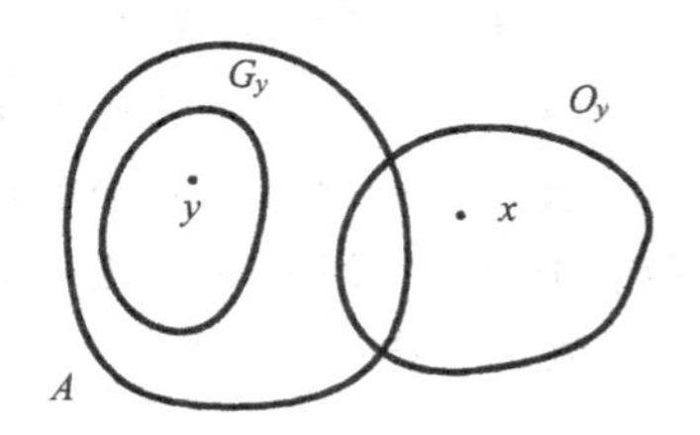

图1-7　定理1-3-2证明用图

证明　当$A=\varnothing$时定理显然成立，故以下设$A\neq\varnothing$. 只须证明$X-A\in\mathscr{T}$，为此只须证明$\forall x\in X-A$，$\exists\ O\in\mathscr{T}$使$x\in O\subset X-A$(见定理1-2-1). 因X为T_2空间，故给定x后，$\forall y\in A,\ \exists\ O_y,G_y\in\mathscr{T}$使$x\in O_y,\ y\in G_y$且$O_y\cap G_y=\varnothing$(见图1-7). y走遍A便给出两个子集的集合$\{G_y\mid y\in A\}$和$\{O_y\mid y\in A\}$. 易见$\{G_y\mid y\in A\}$是A的开覆

盖. A 的紧致性保证它必含有限子覆盖$\{G_{y_1},\cdots,G_{y_n}\}$. 令$O\equiv O_{y_1}\cap\cdots\cap O_{y_n}$，便有：①$O\in\mathscr{T}$；②$x\in O$；③$O\cap A=\varnothing$(证明留作练习)，即$O\subset X-A$. 于是由定理 1-2-1 知$X-A\in\mathscr{T}$，故$A$为闭. □

定理 1-3-3　若$(X,\mathscr{T})$为紧致且$A\subset X$为闭集，则A为紧致.

证明　因A为闭，故$X-A$为开. 设$\{O_\alpha\}$为A的任一开覆盖，则$\{O_\alpha,X-A\}$是X的一个开覆盖(此处用到A为闭集). X为紧致使$\{O_\alpha,X-A\}$存在有限子覆盖$\{O_1,\cdots,O_n;X-A\}$，于是$\{O_1,\cdots,O_n\}$覆盖A，从而$\{O_\alpha\}$有有限子覆盖. □

定义 4　$A\subset\mathbb{R}^n$叫**有界的**(bounded)，若$\exists$开球$B\subset\mathbb{R}^n$使$A\subset B$.

定理 1-3-4　$A\subset\mathbb{R}$为紧致，当且仅当A为有界闭集.

证明

(A) 设A为紧致. (a)因$\mathbb{R}$为T_2空间，由定理 1-3-2 知A是闭集. (b)$\{(-n,n)|n\in\mathbb{N}\}$是$A$的开覆盖，$A$的紧致性保证此开覆盖存在有限子覆盖$\{(-1,1),(-2,2),\cdots,(-m,m)\}$，即$A\subset(-1,1)\cup(-2,2)\cup\cdots\cup(-m,m)=(-m,m)$，可见$A$有界.

(B) 设A为有界闭集. 有界性保证$\exists M\in\mathbb{R}$使$A\subset[-M,M]$. 由定理 1-3-1 知$[-M,M]$作为$(\mathbb{R},\mathscr{T}_u)$的子集为紧致. 令$C\equiv[-M,M]$，以$\mathscr{S}$代表$\mathscr{T}_u$在$C$上的诱导拓扑，则可证$(C,\mathscr{S})$也为紧致(练习). 把$(C,\mathscr{S})$看作定理 1-3-3 中的$(X,\mathscr{T})$，注意到$A\subset C$为闭集，便知$A$为紧致.① □

定理 1-3-5　设$A\subset X$紧致，$f:X\to Y$连续，则$f[A]\subset Y$紧致.

证明　设$\{O_\alpha\}$是$f[A]$的任一开覆盖. f的连续性保证$f^{-1}[O_\alpha]$为开，故$\{f^{-1}[O_\alpha]\}$是A的开覆盖. 因A紧致，故存在有限子覆盖$\{f^{-1}[O_1],\cdots,f^{-1}[O_n]\}$，于是$\{O_1,\cdots,O_n\}$便是$\{O_\alpha\}$的有限子覆盖. 因此$f[A]$紧致. □

由定理 1-3-5 可得推论：同胚映射保持子集的紧致性.

定义 5　在同胚映射下保持不变的性质称为**拓扑性质**(topological property)或**拓扑不变性**(topological invariance).

例 4　紧致性、连通性和T_2性都是拓扑性质. 有界性不是拓扑性质，例如开区间(a,b)同胚于$\mathbb{R}$，但前者有界而后者无界. 由此还可看出长度也不是拓扑性质.

数学分析中有个熟知定理：闭区间上的连续函数必在该区间上取得其最大值和最小值. 下述定理是这一定理的推广.

定理 1-3-6　设X紧致，$f:X\to\mathbb{R}$连续，则$f[X]\subset\mathbb{R}$有界并取得其最大值和最小值.

---

① 严格说来，为了从定理 1-3-3 得出A为紧致的结论，应把该定理略加推广成为(其证明与原定理类似)：设C是拓扑空间$(X,\mathscr{T})$的紧致子集，$A\subset C$且A是$(X,\mathscr{T})$的闭子集，则A必紧致.

证明　这是定理 1-3-4 和 1-3-5 的推论. □

定理 1-3-7　设 $(X_1, \mathscr{T}_1)$，$(X_2, \mathscr{T}_2)$ 紧致，则 $(X_1 \times X_2, \mathscr{T})$ 紧致($\mathscr{T}$ 为 $\mathscr{T}_1$ 和 $\mathscr{T}_2$ 的乘积拓扑).

证明　略. □

定理 1-3-8　$A \subset \mathbb{R}^n$ 紧致，当且仅当它是有界闭集.

证明　这是定理 1-3-7 及前面定理的推论($\mathbb{R}^n$ 是 n 个 $\mathbb{R}$ 的卡氏积). □

简单应用举例　考虑$(\mathbb{R}^2, \mathscr{T}_u)$. 设 S^1 是 $\mathbb{R}^2$ 中的任一圆周，易见它是有界闭集，于是由定理 1-3-8 知它为紧致. 由定理 1-3-5 知连续映射保紧致性，而 $\mathbb{R}$ 及其任一开区间都不紧致，可见 S^1 不可能与 $\mathbb{R}$ 或其任一开区间同胚. 类似地，由定理 1-3-1、1-3-5 知 $\mathbb{R}$ 中任一闭区间都不可能与 $\mathbb{R}$ 或其任一开区间同胚.

定义6　映射 S：$\mathbb{N} \to X$ 叫 X 中的**序列**(sequence).

注 3　通常把序列记作 $\{x_n\}$，其中 $x_n \equiv S(n) \in X$，$n \in \mathbb{N}$. $\{x_n\}$ 其实就是 X 中编了次序的一串点.

定义7　$x \in X$ 叫序列 $\{x_n\}$ 的**极限**(limit)，若对 x 的任一开邻域 O 存在 $N \in \mathbb{N}$ 使 $x_n \in O \quad \forall n > N$. 若 x 是 $\{x_n\}$ 的极限，就说 $\{x_n\}$ **收敛**于 x.

定义8　$x \in X$ 叫序列 $\{x_n\}$ 的**聚点**(accumulation point)，若 x 的任一开邻域都含 $\{x_n\}$ 的无限多点.

注 4　x 为 $\{x_n\}$ 的极限 $\Rightarrow x$ 为 $\{x_n\}$ 的聚点，但反之不一定.

下述定理中有一条件涉及“第二可数”概念. 元素个数有限的集称为**有限集**，否则称为**无限集**. 对有限集总可将其元素编号以便一个一个地数，所以有限集一定是可数集(countable set). 但无限集也不一定不可数，例如 $\mathbb{N}$ 就是可数的无限集. 有限集比无限集简单，可数无限集比不可数无限集简单. 拓扑空间 $(X, \mathscr{T})$ 称为**第二可数的**(second countable)，若 $\mathscr{T}$ 存在可数子集 $\{O_1, \cdots, O_K\} \subset \mathscr{T}$ 或 $\{O_1, \cdots\} \subset \mathscr{T}$ 使得任一 $O \in \mathscr{T}$ 可被表为 $\{O_1, \cdots, O_K\}$ [或 $\{O_1, \cdots\}$]的元素之并. 例如，$(\mathbb{R}^n, \mathscr{T}_u)$ 是第二可数的，因为 $\mathscr{T}_u$ 有这样的可数子集(它的每个元素 O_i 是一个开球，球心的每个自然坐标都是有理数，半径也是有理数.)，使得任一 $O \in \mathscr{T}_u$ 可被表为该子集的元素之并.

定理1-3-9　若 $A \subset X$ 紧致，则 A 中任一序列都有在 A 内的聚点. 反之，若 X 为第二可数且 $A \subset X$ 中任一序列都有在 A 内的聚点，则 A 紧致.

证明　略. □

习　题

~1. 试证 $A - B = A \cap (X - B)$，$\forall A, B \subset X$.

~2. 试证 $X - (B - A) = (X - B) \cup A$，$\forall A, B \subset X$.

~3. 用“对”或“错”在下表中填空：

f : $\mathbb{R}\to\mathbb{R}$	是一一的	是到上的
$f(x)=x^3$		
$f(x)=x^2$		
$f(x)=\mathrm{e}^x$		
$f(x)=\cos x$		
$f(x)=5$, $\forall x\in\mathbb{R}$		

~4. 判断下列说法的是非并简述理由：

(a) 正切函数是由 $\mathbb{R}$ 到 $\mathbb{R}$ 的映射；

(b) 对数函数是由 $\mathbb{R}$ 到 $\mathbb{R}$ 的映射；

(c) $(a,b]\subset\mathbb{R}$ 用 $\mathscr{T}_u$ 衡量是开集；

(d) $[a,b]\subset\mathbb{R}$ 用 $\mathscr{T}_u$ 衡量是闭集.

~5. 举一反例证明命题“ $(\mathbb{R},\mathscr{T}_u)$ 的无限个开子集之交为开”不真.

~6. 试证§1.2 例 5 中定义的诱导拓扑满足定义 1 的 3 个条件.

7. 举例说明 $(\mathbb{R}^3,\mathscr{T}_u)$ 中存在不开不闭的子集.

~8. 常值映射 $f:(X,\mathscr{T})\to(Y,\mathscr{S})$ 是否连续?为什么?

~9. 设 $\mathscr{T}$ 为集 X 上的离散拓扑，$\mathscr{S}$ 为集 Y 上的凝聚拓扑，

(a) 找出从 $(X,\mathscr{T})$ 到 $(Y,\mathscr{S})$ 的全部连续映射；

(b) 找出从 $(Y,\mathscr{S})$ 到 $(X,\mathscr{T})$ 的全部连续映射.

~10. 试证定义 3a 与 3b 的等价性.

11. 试证任一开区间 $(a,b)\subset\mathbb{R}$ 与 $\mathbb{R}$ 同胚.

12. 设 X_1 和 X_2 是 $\mathbb{R}$ 的子集，$X_1\equiv(1,2)\cup(2,3)$ ，$X_2\equiv(1,2)\cup[2,3)$. 以 $\mathscr{T}_1$ 和 $\mathscr{T}_2$ 分别代表由 $\mathbb{R}$ 的通常拓扑在 X_1 和 X_2 上的诱导拓扑. 拓扑空间 $(X_1,\mathscr{T}_1)$ 和 $(X_2,\mathscr{T}_2)$ 是否连通?

13. 任意集合 X 配以离散拓扑 $\mathscr{T}$ 所得的拓扑空间是否连通?

~14. 设 $A\subset B$ ，试证(a) $\overline{A}\subset\overline{B}$ ；提示：$A\subset B$ 表明 $\overline{B}$ 是含 A 的闭集. (b) $\mathrm{i}(A)\subset\mathrm{i}(B)$.

~15. 试证 $x\in\overline{A}\Leftrightarrow x$ 的任一邻域与 A 之交集非空. 对 $\Rightarrow$ 证明的提示：设 $O\in\mathscr{T}$ 且 $O\cap A=\varnothing$ ，先证 $A\subset X-O$ ，再证(利用闭包定义) $\overline{A}\subset X-O$.

16. 试证 $\mathbb{R}$ 不是紧致的.

第 2 章　流形和张量场

§2.1　微 分 流 形

物理学离不开背景空间. 例如，牛顿力学和电动力学研究 $\mathbb{R}^3$ 中的物体和电磁场随时间的演化，统计物理和哈密顿理论经常用到相空间，狭义相对论的时空以 $\mathbb{R}^4$ 为背景等. 通俗地说，这些空间都是“连续”的而不是由分立的点构成的. 广义相对论的时空也是一个“连续的 4 维空间”，它局部地看像 $\mathbb{R}^4$，但不一定就是 $\mathbb{R}^4$. 然而“连续”一词意义尚不明确. 微分流形(简称流形)就是带有微分结构的各种“连续空间”的准确提法. $\mathbb{R}^n$ 是最简单的 n 维流形. 粗略地说，微分流形是带有微分结构的拓扑空间，局部地看像 $\mathbb{R}^n$，整体上看可以不同于 $\mathbb{R}^n$. 准确定义如下：

定义1　拓扑空间 M 称为 ***n* 维微分流形**(*n*-dimensional differentiable manifold)，简称 n 维流形，若 M 有开覆盖 $\{O_\alpha\}$，即 $M=\bigcup\limits_\alpha O_\alpha$ (见§1.2 定义 11)，满足(a)对每一 O_α $\exists$ 同胚 $\psi_\alpha : O_\alpha \to V_\alpha$ (V_α 是 $\mathbb{R}^n$ 用通常拓扑衡量的开子集)；(b)若 $O_\alpha \cap O_\beta \neq \varnothing$，则复合映射 $\psi_\beta \circ \psi_\alpha^{-1}$(见图 2-1)是 C^∞(光滑)的.①

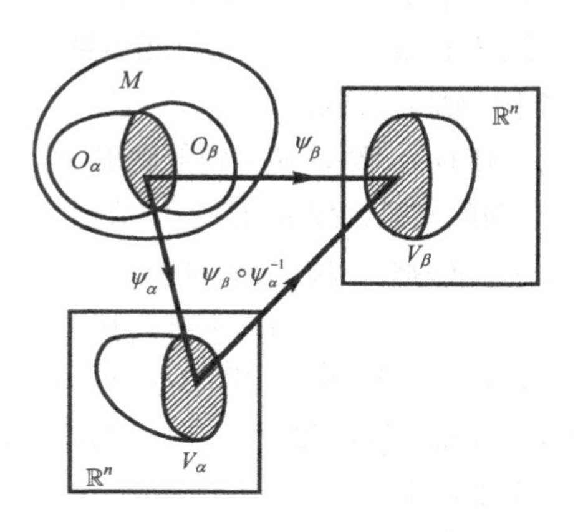

图 2-1　流形定义用图

$\psi_\beta \circ \psi_\alpha^{-1}$ 是 ψ_α^{-1} (先)和 ψ_β (后)的复合映射

---

①　定义1是光滑流形的一般定义. 本书(以及通常在物理中)涉及的流形 M 还满足以下附加条件：作为拓扑空间，M 是 Hausdorff 的和第二可数的(均见§1.3). 今后谈到流形都指这种流形.

注 1　① $\psi_\beta \circ \psi_\alpha^{-1}$ 是从 $\psi_\alpha[O_\alpha \cap O_\beta] \subset \mathbb{R}^n$ 到 $\psi_\beta[O_\alpha \cap O_\beta] \subset \mathbb{R}^n$ 的映射. 因 $\mathbb{R}^n$ 的每点有 n 个自然坐标，故 $\psi_\beta \circ \psi_\alpha^{-1}$ 提供了 n 个 n 元函数(参见§1.1 注 4). 所谓 $\psi_\beta \circ \psi_\alpha^{-1}$ 是 C^∞ 的，就是指这每一个 n 元函数都是 C^∞ 的(n 元函数的 C^∞ 性在微积分中早有定义). [①] ②设 $p \in O_\alpha$，则 $\psi_\alpha(p) \in \mathbb{R}^n$，故 $\psi_\alpha(p)$ 点有 n 个自然坐标. 很自然地把这 n 个数称为 p 点在映射 ψ_α 下获得的**坐标**. M 作为拓扑空间，其元素本来一般没有坐标，但作为流形，M 中位于 O_α 内的元素(点)就可通过映射 ψ_α 获得坐标. 若 $O_\alpha \cap O_\beta \neq \varnothing$，则 $O_\alpha \cap O_\beta$ 内的点既可通过 ψ_α 又可通过 ψ_β 获得坐标，这两组坐标一般不同. 我们说 (O_α, ψ_α) 构成一个(局域)**坐标系**(coordinate system)，其**坐标域**(coordinate patch)为 O_α；(O_β, ψ_β) 构成另一坐标系，其坐标域为 O_β. 于是 $O_\alpha \cap O_\beta$ 内的点至少有两组坐标，分别记作 $\{x^\mu\}$ 和 $\{x'^\nu\}$ ($\mu, \nu = 1, \cdots, n$). 由映射 $\psi_\beta \circ \psi_\alpha^{-1}$ 提供的、体现两组坐标之间关系的 n 个 n 元函数

$$x'^1 = \phi^1(x^1, \cdots, x^n), \quad \cdots, \quad x'^n = \phi^n(x^1, \cdots, x^n)$$

就称为一个**坐标变换**(coordinate transformation). 定义 1 条件(b)保证坐标变换中的函数关系 $x'^\mu = \phi^\mu(x^1, \cdots, x^n)$ 都是 C^∞ 的. 为方便起见也常称 $\{x^\mu\}$ 为坐标系，虽然从 $\{x^\mu\}$ 中看不出坐标域的范围. 物理学家也常把 $x'^\mu = \phi^\mu(x^1, \cdots, x^n)$ 记作 $x'^\mu = x'^\mu(x^1, \cdots, x^n)$.

定义 2　坐标系 (O_α, ψ_α) 在数学上又叫**图**(chart)，满足定义 1 条件(a)、(b)的全体图的集合 $\{(O_\alpha, \psi_\alpha)\}$ 叫**图册**(atlas). 条件(b)又称**相容性**(compatibility)**条件**，因此说一个图册中的任意两个图都是相容的.

例 1　设 $M = (\mathbb{R}^2, \mathscr{T}_u)$. 选 $O_1 = \mathbb{R}^2$，$\psi_1 =$ 恒等映射(即像与逆像重合的映射)，则 $\{(O_1, \psi_1)\}$ 便是只含一个图的图册，故 $\mathbb{R}^2$ 是 2 维流形，而且是能用一个坐标域覆盖的流形，称为**平凡**(trivial)**流形**. 根据这个图册，$\mathbb{R}^2$ 中每点的坐标就是它作为 $\mathbb{R}^2$ 的元素天生就有的自然坐标. $\mathbb{R}^2$ 的点当然也可用其他坐标(如极坐标)描述. 其实这无非是选择与图 (O_1, ψ_1) 相容的另一个图 (O_2, ψ_2)，其中 ψ_2 把 $p \in O_2$ 映为 $\psi_2(p) \in \mathbb{R}^2$，再把 $\psi_2(p)$ 的自然坐标称为 p 点的新坐标而已. 但应注意坐标域 O_2 未必能包括 $\mathbb{R}^2$ 的全体点(例如极坐标).

同理可知 $\mathbb{R}^n$ 是 n 维平凡流形.

例 2　设 $M = (S^1, \mathscr{S})$，其中 $S^1 := \{x \in \mathbb{R}^2 \mid |x - o| = 1\}$ 是以原点 o 为心的单位圆周，$\mathscr{S}$ 是 $\mathbb{R}^2$ 的 $\mathscr{T}_u$ 在 S^1 上诱导的拓扑. 由于 S^1 与 $\mathbb{R}$ 并不同胚(见§1.2 例

---

① 定义1的流形是**光滑流形**的简称. 把条件(b)的 C^∞ 改为 C^r (r 为含零自然数)就成为 C^r 流形的定义.

7)，把 $(\mathrm{S}^1, \mathscr{S})$ 定义为流形的任何图册不能只含一个图. 设 x^1, x^2 是 $\mathbb{R}^2$ 的自然坐标，O_1^+，O_1^-，O_2^+，O_2^- 是如下定义的“开半圆”：$O_i^+ = \{(x^1, x^2) \in \mathrm{S}^1 \mid x^i > 0\}$，$O_i^- = \{(x^1, x^2) \in \mathrm{S}^1 \mid x^i < 0\}$，$i=1, 2$，则 $\{O_i^\pm\}$ 可覆盖 S^1. 定义从 $O_i^\pm$ 到 $\mathbb{R}$ 的开区间 $(-1, 1)$ 的同胚映射 $\psi_i^\pm$ 为如下的“投影映射”：$\psi_1^\pm((x^1, x^2)) = x^2$，$\psi_2^\pm((x^1, x^2)) = x^1$，则易证(习题)开半圆交叠区满足相容性条件，可见 S^1 是 1 维流形. 其实，只用含有两个图的图册就可覆盖 S^1，有余力的读者可自行证明.

例 3　设 $M = (\mathrm{S}^2, \mathscr{S})$，其中 $\mathrm{S}^2 := \{x \in \mathbb{R}^3 \mid |x - o| = 1\}$ 是以原点 o 为心的单位球面，$\mathscr{S}$ 是 $\mathbb{R}^3$ 的 $\mathscr{T}_\mathrm{u}$ 在 S^2 上诱导的拓扑. 仿照上例的方法，用 6 个开半球面覆盖 S^2，并定义从每个开半球面到 $\mathbb{R}^2$ 的相应开圆盘的同胚映射[Wald(1984)]，通过证明交叠区满足相容性条件就可证明 S^2 是 2 维流形. 也可证明只用两个图即可覆盖 S^2. 地球表面可看作 S^2，它局部看来像 $\mathbb{R}^2$，你从北京市地图($\mathbb{R}^2$)无法看出人类生存在一个球面上. 反之，地球仪则清楚地告诉你，地球表面整体而言不是 $\mathbb{R}^2$.

设图册 $\{(O_\alpha, \psi_\alpha)\}$ 把拓扑空间 M 定义为一个流形，则此图册中的任意两个图自然是相容的. 但也可用另一图册 $\{(O'_\beta, \psi'_\beta)\}$ 把同一个 M 定义为流形，这时有两种可能：①这两个图册互不相容，即存在 O_α 和 O'_β 使 $O_\alpha \cap O'_\beta \neq \varnothing$，且在 $O_\alpha \cap O'_\beta$ 上 ψ_α 与 ψ'_β 不满足定义 1 条件(b)，这时就说这两个图册把 M 定义为两个不同的微分流形，并说这两个图册代表两种不同的**微分结构**(对微分结构的概念须逐渐体会，不要求一步到位.)；②这两个图册是相容的，这时就说它们把 M 定义为同一个微分流形(只有一种微分结构). 为方便起见，不妨把 $\{(O_\alpha, \psi_\alpha); (O'_\beta, \psi'_\beta)\}$ 看成一个图册. 更进一步，索性把所有与 (O_α, ψ_α) 相容的图都放到一起造出一个最大的图册. 今后说到 M 是一个流形时，总是默认已选定某一最大图册作为微分结构. 这使我们可以进行任意坐标变换.

微分流形与拓扑空间的重要区别是前者除有拓扑结构外还有微分结构，因此两个流形之间的映射不但可谈及是否连续，还可谈及是否可微，乃至是否 C^∞. 设 M 和 M' 是两个流形，维数依次为 n 和 n'，$\{(O_\alpha, \psi_\alpha)\}$ 和 $\{(O'_\beta, \psi'_\beta)\}$ 依次为两者的图册，$f: M \to M'$ 是一个连续映射(见图 2-2). $\forall p \in M$，任取坐标系 (O_α, ψ_α) 使 $p \in O_\alpha$ 及坐标系 (O'_β, ψ'_β) 使 $f(p) \in O'_\beta$，则 $\psi'_\beta \circ f \circ \psi_\alpha^{-1}$ 是从 $V_\alpha \equiv \psi_\alpha[O_\alpha]$ (也可能是从 V_α 的一个开集)到 $\mathbb{R}^{n'}$ 的映射，因此相应于 n' 个 n 元函数，它们的 C^r 性可用以定义 $f: M \to M'$ 的 C^r 性.

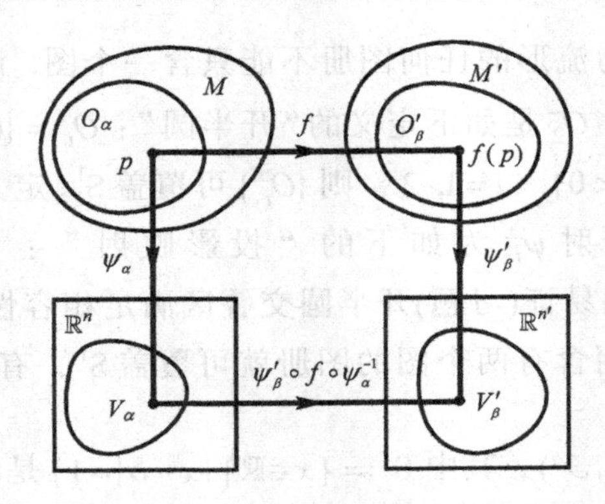

图 2-2　映射 $\psi'_\beta \circ f \circ \psi_\alpha^{-1}$ 对应于 n' 个 n 元函数，其 C^r 性用以定义 f 的 C^r 性

定义 3　$f: M \to M'$ 称为 **C^r 类映射**，如果 $\forall p \in M$，映射 $\psi'_\beta \circ f \circ \psi_\alpha^{-1}$ 对应的 n' 个 n 元函数是 C^r 类的.

注 2　由于同一图册中各图相容，上述定义与坐标系 (O_α, ψ_α) 及 (O'_β, ψ'_β) 的选择无关.

定义 4　微分流形 M 和 M' 称为**互相微分同胚**(diffeomorphic to each other)，若 $\exists f: M \to M'$，满足(a) f 是一一到上的；(b) f 及 f^{-1} 是 C^∞ 的. 这样的 f 称为从 M 到 M' 的**微分同胚映射**，简称**微分同胚**(diffeomorphism).

注 3　①微分同胚是对流形间的映射可以提出的最高要求(若流形上还有附加结构则当别论)，互相微分同胚的流形可以视作相等. ②两流形互相微分同胚的必要条件是维数相等. ③定义 1 对 $\psi_\alpha: O_\alpha \to V_\alpha$ 的要求是同胚而不是微分同胚，因微分同胚是流形间的关系，而当时尚无流形概念. 但讲完定义 4 后自然要问：把定义 1 的 O_α 和 V_α 看作流形，ψ_α 是否微分同胚？答案是肯定的，有余力的读者可自行证明. 由此可进一步体会"流形 M 局部看来像 $\mathbb{R}^n$"的含义.

映射 $f: M \to M'$ 的一个重要而简单的特例是 $M' = \mathbb{R}$ 的情况. 这时 M 的每点对应着一个实数，于是有如下定义：

定义5　$f: M \to \mathbb{R}$ 称为 **M 上的函数**(function on M)或 **M 上的标量场**(scalar field on M). 若 f 为 C^∞ 的，则称为 **M 上的光滑函数**. M 上全体光滑函数的集合记作 $\mathscr{F}_M$，在不会混淆时简记为 $\mathscr{F}$. 今后在提到函数而不加声明时都是指光滑函数.

例 4　$\mathbb{R}^3$ 中位于 q 点的点电荷的电势是流形 $M \equiv \mathbb{R}^3 - \{q\}$ 上的光滑函数.

例 5　坐标系 (O, ψ) 的第 μ 坐标 x^μ 是定义在 O 上的光滑函数，有兴趣的读者可证明它满足光滑函数的定义.

函数 $f: M \to \mathbb{R}$ 与坐标系 (O, ψ) 结合可得一个 n 元函数 $F(x^1, \cdots, x^n)$，因为 n

个坐标决定 O 中唯一的点 p，而由 $f: M \to \mathbb{R}$ 可得唯一的实数 $f(p)$. 然而 f 与另一坐标系 (O', ψ') 结合将给出另一 n 元函数 $F'(x'^1, \cdots, x'^n)$，函数关系 F 和 F' 不同，因为 $F = f \circ \psi^{-1}$ 而 $F' = f \circ \psi'^{-1}$. 可见与函数 $f: M \to \mathbb{R}$ 相应的多元函数(指函数关系)是坐标系依赖的. 应注意区分函数(标量场) f 和它与坐标系结合而得的多元函数 F.

设 M, N 为流形，则它们必为拓扑空间，故 $M \times N$ 也是拓扑空间. 不难利用 M, N 的流形结构把 $M \times N$ 进一步定义为流形[见 Wald(1984)P.13]. 设 M, N 的维数分别为 m, n，则 $M \times N$ 的维数是 $m+n$，即 $\dim(M \times N) = \dim M + \dim N$.

§2.2　切矢和切矢场

2.2.1　切矢量

先复习线性代数中矢量空间(即线性空间)的定义.

定义 1　实数域上的一个**矢量空间**(vector space)是一个集合 V 配以两个映射，即 $V \times V \to V$ [叫**加法**(addition)]及 $\mathbb{R} \times V \to V$ [叫**数乘**(scalar multiplication)]，满足如下条件：

(a) $v_1 + v_2 = v_2 + v_1$，$\forall v_1, v_2 \in V$；

(b) $(v_1 + v_2) + v_3 = v_1 + (v_2 + v_3)$，$\forall v_1, v_2, v_3 \in V$；

(c) $\exists$ 零元 $\underline{0} \in V$ 使 $\underline{0} + v = v$，$\forall v \in V$；

(d) $\alpha_1(\alpha_2 v) = (\alpha_1 \alpha_2) v$，$\forall v \in V$，$\alpha_1, \alpha_2 \in \mathbb{R}$；

(e) $(\alpha_1 + \alpha_2) v = \alpha_1 v + \alpha_2 v$，$\forall v \in V$，$\alpha_1, \alpha_2 \in \mathbb{R}$；

(f) $\alpha(v_1 + v_2) = \alpha v_1 + \alpha v_2$，$\forall v_1, v_2 \in V$，$\alpha \in \mathbb{R}$；

(g) $1 \cdot v = v$，$0 \cdot v = 0$，$\forall v \in V$.

注 1　由此 7 条可推出：$\forall v \in V \ \exists u \in V$ 使 $v + u = \underline{0}$. 约定把 u 记作 $-v$.

今后也常把 V 的零元简写作 0，即符号 0 既代表 $0 \in \mathbb{R}$ 又代表 $\underline{0} \in V$，读者应能根据行文或等式自我识别.

从代数上看，满足定义 1 的任一集合都叫矢量空间，其中任一元素都叫矢量. 设 p 是 3 维欧氏空间的一点，V_p 是从 p 出发的各种方向和长度的直线段(箭头 $\vec{v}$)的集合，定义两箭头的加法为按平行四边形法则求合箭头，定义数乘 $\alpha\vec{v}$ ($\forall \alpha \in \mathbb{R}$，$\vec{v} \in V_p$)为保持箭头方向(在 $\alpha < 0$ 时则取反方向)而把长度改为 $|\alpha|$ 倍的操作，则 V_p 按定义 1 就是一个矢量空间，故从 p 点出发的每一箭头是一个矢量. 我们希望把这种矢量概念推广到任意流形 M，即希望给 M 的任一点 p 定义无数个矢量，使它们的集合构成 p 点的矢量空间. 由于“直线段”、“方向”和“长度”

对一般流形没有(或尚无)定义，用箭头定义矢量的做法不能直接推广至一般流形. 为了推广，应抓住箭头的本质的、便于推广的特性. 设 $\vec{v}$ 是 $\mathbb{R}^3$ 中任一点 p 的一个箭头，则对 $\mathbb{R}^3$ 上的任一 C^∞ 函数 f 就可沿 $\vec{v}$ 求方向导数，这导函数在 p 点的值是一个实数. 可见 $\vec{v}$ 是一个把 f 变为实数的映射. 以 $\mathscr{F}_{\mathbb{R}^3}$ 代表 $\mathbb{R}^3$ 上所有光滑函数的集合，则 $f\in\mathscr{F}_{\mathbb{R}^3}$，故 $\vec{v}$ 是从 $\mathscr{F}_{\mathbb{R}^3}$ 到 $\mathbb{R}$ 的映射，即 $\vec{v}:\mathscr{F}_{\mathbb{R}^3}\to\mathbb{R}$. 由于求方向导数的操作有线性性并满足莱布尼茨律，我们终于找到箭头 $\vec{v}$ 的本质的、便于推广的特性：它是一个从 $\mathscr{F}_{\mathbb{R}^3}$ 到 $\mathbb{R}$ 的、满足莱布尼茨律的线性映射. 推广到任意流形 M 的任意点 p，便有如下定义：

定义 2　映射 $v:\mathscr{F}_M\to\mathbb{R}$ 称为**点 $p\in M$ 的一个矢量**(vector)，若 $\forall f,\ g\in\mathscr{F}_M$，$\alpha,\beta\in\mathbb{R}$ 有

(a) (线性性) $v(\alpha f+\beta g)=\alpha v(f)+\beta v(g)$；

(b) (莱布尼茨律) $v(fg)=f|_p\, v(g)+g|_p\, v(f)$，其中 $f|_p$ 代表函数 f 在 p 点的值，亦可记作 $f(p)$.

注 2　因 f 和 g 是 M 上的函数，故 fg 也是 M 上的函数，它在 M 的任一点 p 的值定义为 $f(p)$ 与 $g(p)$ 之积.

[选读 2-2-1]

定理 2-2-1　设 $f_1, f_2\in\mathscr{F}_M$ 在点 $p\in M$ 的某邻域 N 内相等，即 $f_1|_N=f_2|_N$，则对 p 的任一矢量 v 有 $v(f_1)=v(f_2)$.

证明　先证两个引理.

引理 1　若 $f\in\mathscr{F}_M$ 是零值函数，即 $f|_p=0\ \forall p\in M$，则对 p 点的任一矢量 v 有 $v(f)=0$.

引理 1 证明　$\forall g\in\mathscr{F}_M$ 有 $f+g=g$，由 v 作用的线性性得

$$v(g)=v(f+g)=v(f)+v(g),$$

故 $v(f)=0$.　□

引理 2　若 $f\in\mathscr{F}_M$ 在 $p\in M$ 的某邻域 N 内为零，即 $f|_N=0$，则对 p 点的任一矢量 v 有 $v(f)=0$.

引理 2 证明　令 $h\in\mathscr{F}_M$ 满足 $h|_{M-N}=0,\ h|_p\neq 0$，则 $fh|_M=0$，由引理1可得 $v(fh)=0$. 另一方面，由莱布尼茨律又得 $v(fh)=f|_p\, v(h)+h|_p\, v(f)=h|_p\, v(f)$，故 $h|_p\, v(f)=0$. 注意到 $h|_p\neq 0$，便有 $v(f)=0$.　□

现在就可证明定理 2-2-1. 令 $f\equiv f_1-f_2$，则 $f|_N=0$，由引理2知 $v(f)=0$. 另一方面，由线性性又知 $v(f)=v(f_1-f_2)=v(f_1)-v(f_2)$，于是 $v(f_1)=v(f_2)$.　□

注 3　定义2规定 p 点的矢量 v 只能作用于 $f\in\mathscr{F}_M$. 若函数 f 只在点 $p\in M$ 的邻域 $U(\neq M)$ 上有定义，即 $f\in\mathscr{F}_U$，$f\notin\mathscr{F}_M$，则 $v(f)$ 无意义. 然而总可找到 $\bar{f}\in\mathscr{F}_M$

及 p 的邻域 $N\subset U$ 使 $\bar{f}|_N = f|_N$，因而可把 $v(f)$ 定义为 $v(\bar{f})$. 虽然对同一 f 有无数满足上述要求的 $\bar{f}$，但定理 2-2-1 保证 $v(\bar{f})$ 对所有 $\bar{f}$ 都一样. 所以用 $v(\bar{f})$ 给 $v(f)$ 下定义合法. 这一结论很有用. 例如，设 (O,ψ) 是 M 的一个坐标系，则第 μ 坐标 x^μ 是 O 上(而非 M 上)的函数，但仍可合法地谈及 O 的任一点 p 的矢量 v 对 x^μ 的作用，即 $v(x^\mu)$ 有意义.

[选读 2-2-1 完]

根据定义 2，要定义 p 点的一个矢量只须指定一个从 $\mathscr{F}_M$ 到 $\mathbb{R}$ 的、满足条件(a)、(b)的映射，就是说，指定一个对应规律(法则)，根据这一规律，每一 $f\in\mathscr{F}_M$ 对应于一个确定的实数. 因为这种映射很多，所以 p 点有很多(无限多)矢量. 例如，设 (O,ψ) 是坐标系，其坐标为 x^μ，则 M 上任一光滑函数 $f\in\mathscr{F}_M$ 与 (O,ψ) 结合得 n 元函数 $F(x^1,\cdots,x^n)$，借此可给 O 中任一点 p 定义 n 个矢量，记作 X_μ(其中 $\mu=1,\cdots,n$)，它(们)作用于任一 $f\in\mathscr{F}_M$ 的结果 $X_\mu(f)$ 定义为如下实数

$$X_\mu(f) := \left.\frac{\partial F(x^1,\cdots,x^n)}{\partial x^\mu}\right|_p, \qquad \forall f\in\mathscr{F}_M, \tag{2-2-1}$$

其中 $\partial F(x^1,\cdots,x^n)/\partial x^\mu|_p$ 是 $\partial F(x^1,\cdots,x^n)/\partial x^\mu|_{(x^1(p),\cdots,x^n(p))}$ 的简写. 今后也把 $\partial F(x^1,\cdots,x^n)/\partial x^\mu$ 简写为 $\partial f(x^1,\cdots,x^n)/\partial x^\mu$ 或 $\partial f(x)/\partial x^\mu$ 甚至 $\partial f/\partial x^\mu$，读者应能认出 $\partial f/\partial x^\mu$ 中的 f 代表 n 元函数 $F(x^1,\cdots,x^n)$ 而非标量场 f. 于是式(2-2-1)可简写为

$$X_\mu(f) := \left.\frac{\partial f(x)}{\partial x^\mu}\right|_p, \qquad \forall f\in\mathscr{F}_M. \tag{2-2-1'}$$

定理 2-2-2　以 V_p 代表 M 中 p 点所有矢量的集合，则 V_p 是 n 维矢量空间(n 是 M 的维数)，即 $\dim V_p = \dim M \equiv n$.

证明

(A) 按以下三式分别定义加法、数乘和零元，不难验证 V_p 满足定义 1，故为矢量空间.

(1) $(v_1+v_2)(f) := v_1(f)+v_2(f)$，$\forall f\in\mathscr{F}_M$，$v_1, v_2\in V_p$；

(2) $(\alpha v)(f) := \alpha\cdot v(f)$，$\forall f\in\mathscr{F}_M$，$v\in V_p$，$\alpha\in\mathbb{R}$；

(3) 定义零元 $\underline{0}\in V_p$ 满足 $\underline{0}(f)=0$，$\forall f\in\mathscr{F}_M$.

(B) 任选坐标系使坐标域含 p，则式(2-2-1)定义了 p 点的 n 个矢量 X_μ，$\mu=1,\cdots,n$. 欲证它们线性独立. 设有 n 个实数 $\alpha^\mu(\mu=1,\cdots,n)$ 使 $\alpha^\mu X_\mu = \underline{0}$(本书采用爱因斯坦惯例，即重复指标代表对该指标求和，$\alpha^\mu X_\mu$ 是 $\sum\limits_{\mu=1}^{n}\alpha^\mu X_\mu$ 的简写.)，

由于坐标 $x^\nu(\nu=1,\cdots,n)$ 可看作坐标域上的函数，上式两边作用于 x^ν 应得相同结果. 根据零元 $\underline{0}$ 的定义[本证明(A)的(3)]，右边作用结果为

$$\underline{0}(x^\nu)=0\;; \tag{2-2-2a}$$

左边作用结果则为

$$\alpha^\mu X_\mu(x^\nu)=\alpha^\mu \partial x^\nu/\partial x^\mu|_p=\alpha^\mu\delta^\nu{}_\mu=\alpha^\nu\,, \tag{2-2-2b}$$

其中第一步用到式(2-2-1)，$\delta^\nu{}_\mu$ 的含义为 $\delta^\mu{}_\nu\equiv\begin{cases}1, & \mu=\nu\;;\\ 0, & \mu\neq\nu\;.\end{cases}$ 对比式(2-2-2a)和(b)的两边，...

(2-2-2-b)可知 $\alpha^\nu=0,\ \nu=1,\cdots,n$. 因而 $X_1,\cdots,X_n$ 线性独立，可见 $\dim V_p\geqslant n$.

(C) 证明 $\forall\, v\in V_p$ 有

$$v=v^\mu X_\mu\,, \tag{2-2-3}$$

其中

$$v^\mu=v\,(x^\mu)\,. \tag{2-2-3'}$$

[这是最难的一步，证明见 Wald(1984)P.16.]式(2-2-3)表明 V_p 的任一元素都可用 n 个 X_μ 线性表出，式(2-2-3′)说明表出系数就是以 v 作用于 x^μ 所得的实数. (B)和(C)结合表明 $\{X_1,\cdots,X_n\}$ 是 V_p 的一个基底，因而 $\dim V_p=n$. □

定义3　坐标域内任一点 p 的 $\{X_1,\cdots,X_n\}$ 称为 V_p 的一个**坐标基底**(coordinate basis)，每个 X_μ 称为一个**坐标基矢**(coordinate basis vector)，$v\in V_p$ 用 $\{X_\mu\}$ 线性表出的系数 v^μ 称为 v 的**坐标分量**(coordinate components).

定理 2-2-3　设 $\{x^\mu\}$ 和 $\{x'^\nu\}$ 为两个坐标系，其坐标域的交集非空，p 为交集中的一点，$v\in V_p$，$\{v^\mu\}$ 和 $\{v'^\nu\}$ 是 v 在这两个系的坐标分量，则

$$v'^\nu=\left.\frac{\partial x'^\nu}{\partial x^\mu}\right|_p v^\mu\,, \tag{2-2-4}$$

其中 x'^ν 是两系间坐标变换函数 $x'^\nu(x^\sigma)$ 的简写.

证明　先求 p 点的两组坐标基矢 $\{X_\mu\}$ 和 $\{X'_\nu\}$ 的关系. 由 X_μ 的定义可知 $\forall f\in\mathscr{F}_M$ 有

$$X_\mu(f)=\left.\frac{\partial f(x)}{\partial x^\mu}\right|_p,\qquad X'_\nu(f)=\left.\frac{\partial f'(x')}{\partial x'^\nu}\right|_p,$$

其中 $f(x)$ 和 $f'(x')$ 是由标量场 $f:M\to\mathbb{R}$ 分别同坐标系 $\{x^\mu\}$ 和 $\{x'^\nu\}$ 结合而得的 n 元函数 $f(x^1,\cdots,x^n)$ 和 $f'(x'^1,\cdots,x'^n)$ 的简写. 设 q 是两坐标域交集内的任一点，则标量场 f 在 q 点的值 $f|_q$ 满足 $f|_q=f(x(q))=f'(x'(q))$，简记为 $f(x)=f'(x')$. 另一方面，每一 x'^ν 又是 n 个 x^μ 的函数(坐标变换关系)，简记为 $x'^\nu=x'^\nu(x)$，故

$f(x)=f'(x'(x))$. 于是

$$X_\mu(f)=\left.\frac{\partial f'(x'(x))}{\partial x^\mu}\right|_p=\left(\frac{\partial f'(x')}{\partial x'^\nu}\frac{\partial x'^\nu}{\partial x^\mu}\right)_p=\left.\frac{\partial x'^\nu}{\partial x^\mu}\right|_p X'_\nu(f)\ ,\qquad \forall f\in\mathscr{F}_M .$$

上式表明映射 X_μ 和 $(\partial x'^\nu/\partial x^\mu)|_p\, X'_\nu$ 相等，即

$$X_\mu=\left.\frac{\partial x'^\nu}{\partial x^\mu}\right|_p X'_\nu . \tag{2-2-5}$$

所以 $v=v^\mu X_\mu=v'^\nu X'_\nu$ 可表为

$$v^\mu\left.\frac{\partial x'^\nu}{\partial x^\mu}\right|_p X'_\nu=v'^\nu X'_\nu .$$

因 $\{X'_\nu\}$ 中的 n 个基矢彼此线性独立，故得式(2-2-4). □

式(2-2-4)称为**矢量**(的分量)**变换式**，许多书籍采用此式作为矢量定义.

下面介绍曲线及其切矢的定义.

定义 4　设 I 为 $\mathbb{R}$ 的一个区间，则 C^r 类映射 $C: I\to M$ 称为 M 上的一条 C^r 类的**曲线**(curve). 今后如无声明，"曲线"均指光滑(C^∞类)曲线. 对任一 $t\in I$，有唯一的点 $C(t)\in M$ 与之对应(见图 2-3). t 称为曲线的**参数**(parameter).

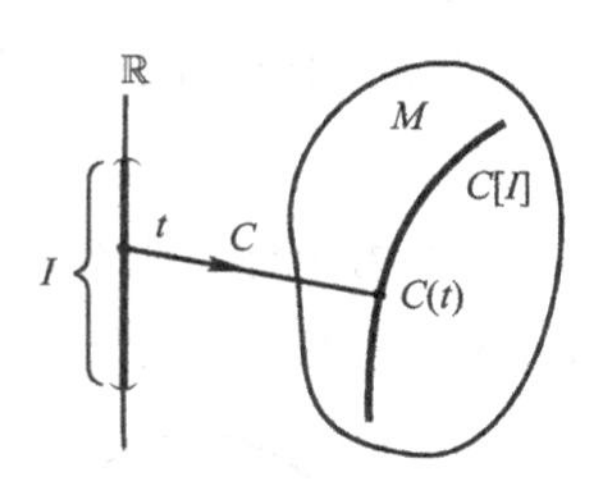

图 2-3　映射 $C: I\to M$ 称为 M 中的曲线

注 4　此处的曲线与直观的曲线概念有密切联系，但也有差别. 直观的曲线往往是指上述映射 $C: I\to M$ 的像，即 M 的子集 $C[I]$(见图 2-3)，并且不提及参数. 上述定义的曲线则是指映射本身，是"带参数的曲线".[①] 设映射 $C: I\to M$ 和 $C': I'\to M$ 的像重合(见图 2-4)，则直观上往往认为它们是同一曲线，但只要 C 和 C' 是不同映射，根据定义 4，它们就是不同曲线. 不过在大多数情况下可以说 C 和 C' 是"同一曲线"的两种参数化，准确地说，曲线 $C': I'\to M$ 称为曲线 $C: I\to M$ 的**重参数化**(reparametrization)，若 $\exists$ 到上映射 $\alpha: I\to I'$，满足(a) $C=C'\circ\alpha$；(b)由 α 诱导的函数 $t'=\alpha(t)$ 有处处非零的导数. 解

① 但也存在这样的曲线映射 $C: I\to M$，其像竟然铺满整个 M，很不像直观上的曲线.

释：由 $C = C' \circ \alpha$ 得

$$C(t) = C'(\alpha(t)) = C'(t'), \qquad \forall t \in I .$$

映射 α 的到上性保证 $C'[I'] = C[I]$，即两曲线映射有相同的像. [①]

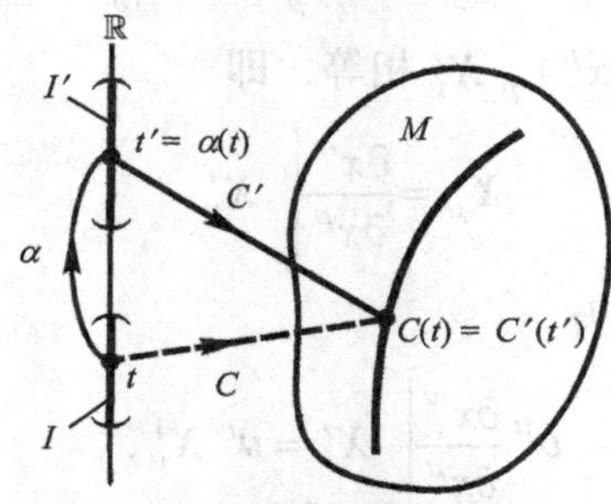

图 2-4　曲线的重参数化

注 5　①曲线 C 的像也常记作 $C(t)$ (而不是 $C[I]$)，以表明曲线的参数为 t . 应注意，若 t 为某一具体值(“死的”)，则 $C(t)$ 只代表曲线像中的一点；只当把 t 理解为“可跑遍 I ”时(“活的”)，$C(t)$ 才代表曲线的像. 往往也把曲线的像简称为曲线，读者应能根据行文分辨“曲线”一词是指映射还是其像. ②设 (O,ψ) 是坐标系，$C[I] \subset O$ ，则 $\psi \circ C$ 是从 $I \subset \mathbb{R}$ 到 $\mathbb{R}^n$ 的映射，相当于 n 个一元函数 $x^\mu = x^\mu(t)$ ，$\mu = 1, \cdots, n$. 这 n 个等式称为曲线的**参数方程**或**参数表达式**或**参数式**. 一个简单例子是 $\mathbb{R}^2$ 中以原点为心的单位圆周，其在自然坐标系中的参数式为 $x^1 = \cos\ t$ ，$x^2 = \sin\ t$.

定义 5　设 (O,ψ) 为坐标系，x^μ 为坐标，则 O 的子集

$$\{p \in O \mid x^2(p) = 常数, \cdots, x^n(p) = 常数\}$$

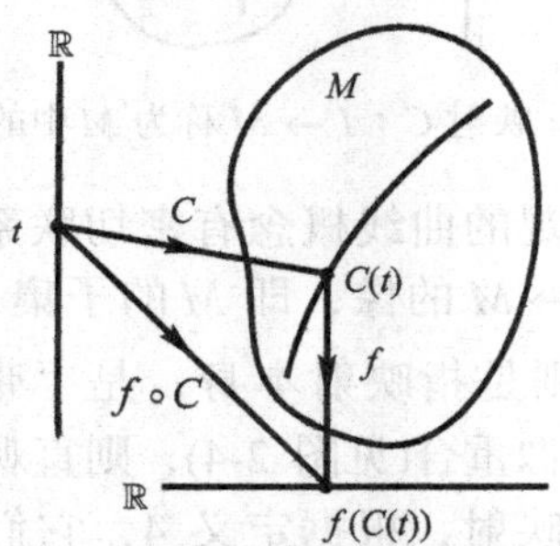

图 2-5　M 上函数 $f: M \to \mathbb{R}$ 与曲线 C 结合得映射 $f \circ C : I \to \mathbb{R}$，即一元函数 $f(C(t))$

可看成以 x^1 为参数的一条曲线(的像)(改变 $x^2, \cdots, x^n$ 的常数值则得另一曲线)，叫做

① α 满足条件(b)保证 α 有一一性，加上到上性便知 C 也是 C' 的重参数化.

x^1 **坐标线**(coordinate line). x^μ **坐标线**可仿此定义.

例 1　在 2 维欧氏空间中，笛卡儿系 $\{x, y\}$ 的 x 及 y 坐标线是互相正交的两组平行直线，极坐标系 $\{r, \varphi\}$ 的 φ 坐标线是以原点为心的无数同心圆，r 坐标线是从原点出发的无数半直线.

现在讨论曲线的切矢. 直观的想法认为曲线上一点有无限多个彼此平行的切矢. 但若把曲线定义为映射(“带参数的曲线”)，则一条曲线的一点只有一个切矢. 定义如下：

定义6　设 $C(t)$ 是流形 M 上的 C^1 曲线，则线上 $C(t_0)$点的切于 $C(t)$ 的**切矢**(tangent vector) T 是 $C(t_0)$ 点的矢量，它对 $f \in \mathscr{F}_M$ 的作用定义为

$$T(f) := \left.\frac{\mathrm{d}(f \circ C)}{\mathrm{d}t}\right|_{t_0}, \qquad \forall f \in \mathscr{F}_M . \tag{2-2-6}$$

注 6　① $f: M \to \mathbb{R}$ 是 M 上的函数(标量场)，不是什么一元函数，但与曲线 $C: I \to M$ 的结合 $f \circ C$ 便是以 t 为自变数的一元函数[也可记作 $f(C(t))$，见图 2-5.]. 在不会混淆的情况下，$\mathrm{d}(f \circ C)/\mathrm{d}t$ 也可简写为 $\mathrm{d}f/\mathrm{d}t$. ② $C(t_0)$ 点切于 $C(t)$ 的切矢 T 也常记作 $\partial/\partial t|_{C(t_0)}$，于是式(2-2-6)也可写成

$$\left.\frac{\partial}{\partial t}\right|_{C(t_0)}(f) := \left.\frac{\mathrm{d}(f \circ C)}{\mathrm{d}t}\right|_{t_0} = \left.\frac{\mathrm{d}f(C(t))}{\mathrm{d}t}\right|_{t_0}, \qquad \forall f \in \mathscr{F}_M . \tag{2-2-6$'$}$$

例 2　x^μ 坐标线是以 x^μ 为参数的曲线，由式(2-2-1)定义的 p 点的坐标基矢 X_μ 就是过 p 的 x^μ 坐标线的切矢，故也常记作 $\partial/\partial x^\mu|_p$，于是式(2-2-1′)又可表为

$$\left.\frac{\partial}{\partial x^\mu}\right|_p (f) := \left.\frac{\partial f(x)}{\partial x^\mu}\right|_p \qquad \forall f \in \mathscr{F}_M . \tag{2-2-6$''$}$$

可见符号 $\partial f/\partial x^\mu$ 既可理解为 $\partial F(x^1,\cdots,x^n)/\partial x^\mu$ [见式(2-2-1)]，又可理解为坐标线的切矢 $\partial/\partial x^\mu$ 对标量场 f 的作用.

定理 2-2-4　设曲线 $C(t)$ 在某坐标系中的参数式为 $x^\mu = x^\mu(t)$，则线上任一点的切矢 $\partial/\partial t$ 在该坐标基底的展开式为

$$\frac{\partial}{\partial t} = \frac{\mathrm{d}x^\mu(t)}{\mathrm{d}t}\frac{\partial}{\partial x^\mu}, \tag{2-2-7}$$

就是说，曲线 $C(t)$ 的切矢 $\partial/\partial t$ 的坐标分量是 $C(t)$ 在该系的参数式 $x^\mu(t)$ 对 t 的导数.

证明　练习. □

定义 7　非零矢量 $v, u \in V_p$ 称为**互相平行的**(parallel)，若 $\exists \alpha \in \mathbb{R}$ 使 $v = \alpha u$.

由定义 6 可知曲线的切矢依赖于曲线的参数化，一条曲线 $C(t)$ 的一点 $C(t_0)$ 只有一个切于 $C(t)$ 的切矢. 直观上之所以认为曲线上一点有无数(互相平行的)切矢，

是因为把曲线理解为映射的像而不是映射本身(把无数个有相同的像的曲线映射“简并化”为一条曲线). 下面的定理表明，若两条曲线 C 和 C' 的像相同，则它们在任一像点的切矢互相平行.

定理 2-2-5　设曲线 $C':I'\to M$ 是 $C:I\to M$ 的重参数化，则两者在任一像点的切矢 $\partial/\partial t$ 和 $\partial/\partial t'$ 有如下关系

$$\frac{\partial}{\partial t}=\frac{\mathrm{d}t'(t)}{\mathrm{d}t}\frac{\partial}{\partial t'},\tag{2-2-8}$$

其中 $t'(t)$ 是由映射 $\alpha:I\to I'$ (见注 4)诱导而得的一元函数，即 $\alpha(t)$.

证明　任一 $f\in\mathscr{F}_M$ 分别与 C 和 C' 结合诱导出一元函数 $f(C(t))$ 和 $f(C'(t'))$，简记为 $f(t)$ 和 $f'(t')$. 设 $t\in I$ 在 $(C'^{-1}\circ C)$ 映射下的像为 t'，则 $f(t)=f'(t'(t))$ (如图 2-6)，故

$$\frac{\partial}{\partial t}(f)=\frac{\mathrm{d}f(t)}{\mathrm{d}t}=\frac{\mathrm{d}f'(t'(t))}{\mathrm{d}t}=\frac{\mathrm{d}f'(t')}{\mathrm{d}t'}\frac{\mathrm{d}t'}{\mathrm{d}t}=\frac{\partial}{\partial t'}(f)\frac{\mathrm{d}t'}{\mathrm{d}t}=\left(\frac{\mathrm{d}t'}{\mathrm{d}t}\frac{\partial}{\partial t'}\right)(f),\quad\forall f\in\mathscr{F}_M,$$

因而有式(2-2-8). □

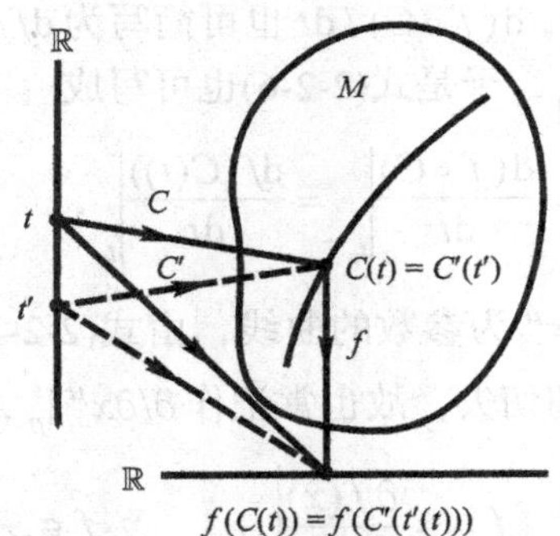

图 2-6　定理 2-2-5 证明用图

由定义 6 可知，$\forall p\in M$，若指定任一曲线 $C(t)$ 使 $p=C(t_0)$，则 V_p 中必有一元素可被视为该曲线在 $C(t_0)$ 点的切矢. 现在问：指定 V_p 中任一元素 v，可否找到过 p 的曲线，其在 p 点的切矢是 v？答案是肯定的：这种曲线不但存在，而且很多(图 2-7 是直观表示). 例如，任选坐标系 $\{x^\mu\}$ 使 p 含于其坐标域内，则以

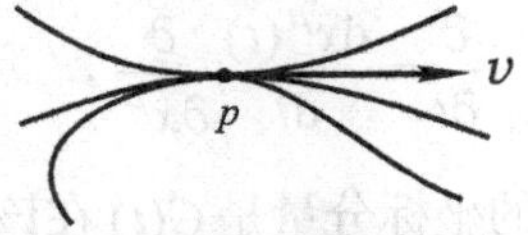

图 2-7　p 点的矢量 v 是许多曲线的共同切矢

$x^\mu(t)=x^\mu|_p+v^\mu t$ 为参数式的曲线便是所需曲线，其中 v^μ 是 v 在该系的坐标分量.

综上所述，V_p 中任一元素可视为过 p 的某曲线的切矢，因此 p 点的矢量亦称

切矢量(tangent vector)，V_p 则称为 p 点的**切空间**(tangent space).

2.2.2　流形上的矢量场

定义 8　设 A 为 M 的子集. 若给 A 中每点指定一个矢量，就得到一个定义在 A 上的**矢量场**(vector field).

例 3　非自相交曲线 $C(t)$ 上每点的切矢构成 $C(t)$ (看作 M 的子集)上的一个矢量场.

设 v 是 M 上的矢量场，f 是 M 上的函数，则 v 在 M 的任一点 p 的值 $v|_p$ 将按定义 2 把 f 映射为一个实数 $v|_p(f)$，它在 p 点跑遍 M 时构成 M 上的一个函数 $v(f)$. 因此，矢量场 v 可视为把函数 f 变为函数 $v(f)$ 的映射.

定义 9　M 上的矢量场 v 称为 **C^∞ 类(光滑)的**，若 v 作用于 C^∞ 类函数的结果为 C^∞ 类函数，即 $v(f)\in\mathscr{F}_M$，$\forall f\in\mathscr{F}_M$. v 称为 **C^r 类的**，若 v 作用于 C^∞ 类函数得 C^r 类函数.

今后如无声明，“矢量场”均指光滑(C^∞)矢量场.

例 4　(1)坐标基矢 $\{X_\mu\equiv\partial/\partial x^\mu\}$ 构成坐标域上的 n 个光滑矢量场，叫**坐标基矢场**. (2) $\mathbb{R}^3$ 中位于 q 点的点电荷的静电场强 $\vec{E}$ 是流形 $M\equiv\mathbb{R}^3-\{q\}$ 上的光滑矢量场.

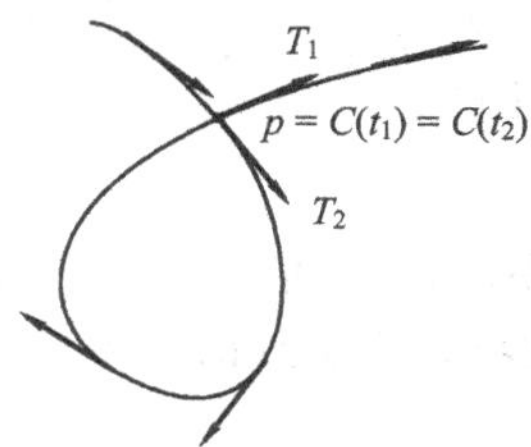

图 2-8　自相交曲线 $C[I]$ 上一点 p 有两个切矢 T_1 和 T_2，但仍可谈及沿曲线(映射) C 的切矢场

[选读 2-2-2]

若 $C: I\to M$ 是自相交曲线，即 $\exists\ t_1,t_2\in I$ 使 $C(t_1)=C(t_2)\equiv p\in M$，则 p 点有两个切矢，故不能说切矢是定义在 $C(t)$ (指映射 C 的像)上的矢量场. 然而可定义**沿曲线**(指映射 C)**的矢量场**(vector field along C)的概念[可参见 Spivak(1970) Vol.II, P.247; Sachs and Wu(1977)P.36~37.]，它是指每一 $t\in I$ 对应于一个 $v\in V_{C(t)}$ 的映射，其定义域是 I 而不是 M 的子集 $C[I]$，因此这矢量场可记作 $v(t)$. 对图 2-8 的情况，“曲线 $C[I]$ 上的切矢场”和“曲线 $C[I]$ 在 p 点的切矢”的提法都无意义，但“沿曲线 C 的切矢场” $T(t)$ 有意义，并可分别谈及曲线 C 在 t_1 点的切矢 $T(t_1)$ (即图中 T_1)和 C 在 t_2 点的切矢 $T(t_2)$ (即图中 T_2). 本书往往笼统地提到“曲线 $C(t)$ 上

的矢量场”，对自相交曲线其实是指沿曲线 C 的矢量场． **[选读 2-2-2 完]**

定理 2-2-6　M 上矢量场 v 是 C^∞ (或 C^r)类的充要条件是它在任一坐标基底的分量 v^μ 为 C^∞ (或 C^r)类函数.

证明　练习. □

设 v 为 M 上的光滑矢量场，则 $v(f)\in\mathscr{F}_M,\forall f\in\mathscr{F}_M$. 若 u 为 M 上另一光滑矢量场，则 $u(v(f))\in\mathscr{F}_M$. 但函数 $u(v(f))$ 未必等于 $v(u(f))$，于是有如下定义:

定义10　两个光滑矢量场 u 和 v 的**对易子**(commutator)是一个光滑矢量场 $[u,v]$，定义为

$$[u,v](f):=u(v(f))-v(u(f)),\qquad \forall f\in\mathscr{F}_M. \tag{2-2-9}$$

注 7　上式是对易子 $[u,v]$ (作为矢量场)的定义式，它在每点 $p\in M$ 的值 $[u,v]|_p$ (作为 p 点的矢量，即从 $\mathscr{F}_M$ 到 $\mathbb{R}$ 的映射)的定义应理解为

$$[u,v]|_p(f):=u|_p(v(f))-v|_p(u(f))\qquad \forall f\in\mathscr{F}_M. \tag{2-2-9'}$$

要确信上式定义的 $[u,v]|_p$ 是 p 点的矢量，还应证明(习题)它满足定义 2 的两个条件.

定理 2-2-7　设 $\{x^\mu\}$ 为任一坐标系，则 $[\partial/\partial x^\mu,\partial/\partial x^\nu]=0$，$\mu,\nu=1,\cdots,n$.

证明　设 $f(x)$ 是 f 与该坐标系相结合而得到的 n 元函数，由微积分学的

$$\frac{\partial}{\partial x^\mu}\frac{\partial}{\partial x^\nu}f(x)=\frac{\partial}{\partial x^\nu}\frac{\partial}{\partial x^\mu}f(x)$$

立即得证. □

定理 2-2-7 表明任一坐标系的任意两个基矢场都互相对易.[①]

定义 11　曲线 $C(t)$ 叫矢量场 v 的**积分曲线**(integral curve)，若其上每点的切矢等于该点的 v 值.

定理 2-2-8　设 v 是 M 上的光滑矢量场，则 M 的任一点 p 必有 v 的唯一的积分曲线 $C(t)$ 经过[满足 $C(0)=p$](“唯一”应理解为“局部唯一”，见选读 2-2-3.).

证明　任取一坐标系 $\{x^\mu\}$，坐标域含 p. 设待求积分曲线的参数表达式为 $x^\mu=x^\mu(t)$，则由式(2-2-7)知 $x^\mu(t)$ 满足如下的一阶常微分方程组

$$\frac{\mathrm{d}x^\mu(t)}{\mathrm{d}t}=v^\mu(x^1(t),\cdots,x^n(t)),\qquad \mu=1,\cdots,n,$$

---

① 反之，设 $X_1,\cdots,X_n$ 是点 $p\in M$ 的某邻域 N 上的 n 个处处线性独立的 C^∞ 矢量场，且

$$[X_\mu,X_\nu]=0,\qquad \mu,\nu=1,\cdots,n,$$

则必存在坐标系 $\{x^\mu\}$，其坐标域 $O\subset N$ 含 p，且在 O 上有 $X_\mu=\partial/\partial x^\mu$，$\mu=1,\cdots,n$. 这一定理的证明提示见 Wald (1984)第 2 章习题 5. 完整证明可参阅 Spivak(1970) Vol.I，P.219~220.

其中v^μ是v在该坐标基底场的分量，是$x^1,\cdots,x^n$的已知函数. 由微积分学可知这组方程在给定初始条件$x^\mu(0)$ ($\mu=1, \cdots, n$)下存在唯一解. 给定p点就是给定初始条件，即$x^\mu(0)=x^\mu|_p$，故必有唯一解$x^1(t),\cdots,x^n(t)$，这n个函数确定的曲线就是待求的积分曲线. 还应证明所得曲线与所选坐标系无关，留给读者完成. □

[选读 2-2-3]

定理 2-2-8 中的“唯一”应理解为“局部唯一”. 设你找到v的一条积分曲线$C:(a,b)\to M$，且$0\in(a,b)$，$C(0)=p$，你的朋友总可选取含 0 的较小区间$(a',b')\subset(a,b)$并定义新曲线$C':(a',b')\to M$为$C'(t)=C(t)\quad\forall t\in(a',b')$. 映射$C'$与$C$的定义域不等，故$C'\neq C$. 在这个意义上说，过$p$点的积分曲线并不唯一. 然而，$C$不过是$C'$的延拓，两者在局部上相同，只要把“唯一”理解为“局部唯一”，定理 2-2-8 就成立.

谈到延拓，自然要问：是否总可把积分曲线C的定义域由区间(a,b)延拓至全$\mathbb{R}$？答案是否定的. 以下的简单例子有助于理解. 定义曲线$C:\mathbb{R}\to\mathbb{R}^2$为$C(t):=(0,t)\in\mathbb{R}^2\quad\forall t\in\mathbb{R}$. 这一曲线映射的像就是$\mathbb{R}^2$中的$x^2$坐标轴. 不难看出这是矢量场$\partial/\partial x^2$的过$(0,0)$点的积分曲线. 如果把$\mathbb{R}^2$的“上半部”挖去，把所余部分取作流形$M$，明确地说，把$M$定义为$M:=\{(x^1,x^2)\in\mathbb{R}^2|x^2<1\}$，则映射$C$在$t\geqslant 1$处无像，其定义域只是开区间$(-\infty,1)$而非$\mathbb{R}$. 这一定义域不能再延拓，所以映射$C:(-\infty,1)\to M$称为$M$上矢量场$\partial/\partial x^2$的不可延(inextendible)积分曲线. 于是定理 2-2-8 又可表为：

定理 2-2-8′　设v是M上的光滑(其实C^1已足够)矢量场，则M中任一点p必有v的唯一的不可延积分曲线$C(t)$经过[满足$C(0)=p$].　**[选读 2-2-3 完]**

下面要用到群论的初步知识，故补充如下定义(关于李群和李代数的理论详见中册附录 G)：

定义12　一个**群**(group)是一个集合 G 配以满足以下条件的映射$G\times G\to G$(叫**群乘法**，元素g_1和g_2的乘积记作g_1g_2)：

(a) $(g_1g_2)g_3=g_1(g_2g_3)$，$\forall g_1,g_2,g_3\in G$；

(b) $\exists$**恒等元**(identity element)$e\in G$ 使 $eg=ge=g$，$\forall g\in G$；

(c) $\forall g\in G,\exists$**逆元**(inverse element)$g^{-1}\in G$使$g^{-1}g=gg^{-1}=e$.

对称性在物理学中有重要意义，群论是研究对称性的有力工具. 如果某一对象在某一变换下不变，就说它具有该变换下的对称性. 以图 2-9 为例，考虑带电面上的一个动点，它沿x(或y)轴平移. 由于动点的电荷面密度σ在平移时不变，我们说σ具有沿x(和y)轴的平移对称性. 更明确地说，σ沿x轴的平移对称性是指函数$\sigma(x,y,z)$满足

$$\sigma(x,y,z)=\sigma(x+a,y,z)\,,\qquad \forall a\in\mathbb{R}\,,\tag{2-2-10}$$

其中
$$x\mapsto x+a,\qquad y\mapsto y,\qquad z\mapsto z\tag{2-2-11}$$

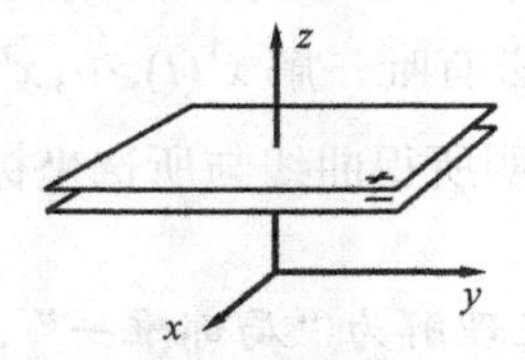

图 2-9　平板电容器的电荷分布具有沿 x 和 y 轴的平移对称性

所代表的点变换称为沿 x 轴的一个**平移**(translation). 设 G 是沿 x 轴的所有平移的集合，则 G 中的元素由实数 a 表征，记作 $\phi_a\in G$. 把 $p\equiv(x,y,z)$ 和 $q\equiv(x+a,y,z)$ 看作 $\mathbb{R}^3$ 的点，则变换式(2-2-11)相当于映射 $\phi_a:\mathbb{R}^3\to\mathbb{R}^3$ [满足 $\phi_a(p)=q$]，而且是微分同胚映射. 再者，对 G 用下式定义群乘法

$$\phi_a\phi_b:=\phi_{a+b}\ ,\qquad \forall\,\phi_a,\phi_b\in G\,,\tag{2-2-12}$$

则 G 构成群(ϕ_0 是恒等元， ϕ_{-a} 是 ϕ_a 的逆元.). 这个群的无限多个元素可用实数 a 表征，因此称 a 为**参数**，称 G 为**单参数群**(one-parameter group). 又因每一群元 $\phi_a\in G$ 都是 $\mathbb{R}^3$ 上的一个微分同胚，故又称 G 为 $\mathbb{R}^3$ 上的**单参微分同胚群**. 为帮助读者理解一般流形上单参微分同胚群的定义，先做一点铺垫. 设 M 是流形，则 $\mathbb{R}\times M$ 是比 M 高一维的流形(见§2.1 末段). 设 ϕ 是从 $\mathbb{R}\times M$ 到 M 的映射(即 $\phi:\mathbb{R}\times M\to M$),则它能把一个实数 $t\in\mathbb{R}$ 和一个点 $p\in M$ 变为一个点 $\phi(t,p)\in M$. 也可形象地说 ϕ 是一部机器，记作 $\phi(\cdot,\cdot)$，有两个输入槽，一旦输入原料 $t\in\mathbb{R}$ 和 $p\in M$ 就给出产品 $\phi(t,p)\in M$. 如果只输入 $t\in\mathbb{R}$ ，则得半成品 $\phi(t,\cdot)$，这也是一部机器，再输入 $p\in M$ 后便给出产品 $\phi(t,p)\in M$. 通常把 $\phi(t,\cdot)$ 简记作 ϕ_t ，即 $\phi_t:M\to M$. 另一方面，如果在 $\phi(\cdot,\cdot)$ 中先输入 $p\in M$ ，便得半成品 $\phi(\cdot,p)$ ，这也是一部机器，有待输入的是 $t\in\mathbb{R}$. 通常把 $\phi(\cdot,p)$ 简记作 ϕ_p ，即 $\phi_p:\mathbb{R}\to M$.

定义13　C^∞ 映射 $\phi:\mathbb{R}\times M\to M$ 称为 M 上的一个**单参微分同胚群**(one-parameter group of diffeomorphisms)，若

(a) $\phi_t:M\to M$ 是微分同胚 $\forall\,t\in\mathbb{R}$;

(b) $\phi_t\circ\phi_s=\phi_{t+s}$ ，$\forall\,t,s\in\mathbb{R}$.

注 8　集合 $\{\phi_t|\ t\in\mathbb{R}\}$ 是以复合映射为乘法的群，各群元 ϕ_t 是从 M 到 M 的微分同胚映射， ϕ_0 是恒等元[由定义13(b) 知 $\phi_t\circ\phi_0=\phi_t$ ，故 ϕ_0 是恒等映射.]. 所谓 $\phi:\mathbb{R}\times M\to M$ 是 M 上的一个单参微分同胚群，其实是指集合 $\{\phi_t|\ t\in\mathbb{R}\}$ 是一个单参微分同胚群.

设 $\phi:\mathbb{R}\times M\to M$ 是单参微分同胚群，则 $\forall p\in M$ ， $\phi_p:\mathbb{R}\to M$ 是过 p 点的一条光滑曲线[满足 $\phi_p(0)=p$]，叫做这个单参微分同胚群过 p 点的**轨道**(orbit). 把

这条曲线在点 $\phi_p(0)$ 的切矢记作 $v|_p$，便得 M 上的一个光滑矢量场 v. 可见 M 上的一个单参微分同胚群给出 M 上的一个光滑矢量场. 再看逆命题是否成立. 设 v 是 M 上的光滑矢量场，看来 $\forall t\in\mathbb{R}$ 可借用其积分曲线定义从 M 到 M 的微分同胚映射 ϕ_t [$\forall p\in M$，定义 $\phi_t(p)$ 为这样一个点，它位于过 p 的积分曲线上，其参数值与 p 的参数值之差为 t.]. 于是似乎可得到一个单参微分同胚群. 然而可能出现如下问题：某条积分曲线当参数取某些值时像点不存在(人为挖去 M 的某一区域就可造出这种情况)，因此只能说 M 上的一个光滑矢量场给出一个单参微分同胚局部群，见选读 2-2-4.

[选读 2-2-4]

设矢量场 v 过 p 点的积分曲线 C 的参数取值范围不能遍及 $\mathbb{R}$ (见选读 2-2-3 第二段)，即 $\exists t\in\mathbb{R}$ 使 $C(t)$ 不是 M 的点，则正文定义的 ϕ_t 不是从 M 到 M 的映射[至少像点 $\phi_t(p)$ 不存在]，更谈不上从 M 到 M 的微分同胚. 然而可以证明，$\forall p_0\in M$，总可找到 p_0 的开邻域 U 以及 $\mathbb{R}$ 中含 0 的开区间 I，使正文的映射 ϕ 限制在 $I\times U$ 上有意义(即存在映射 $\phi: I\times U\to M$)，具体定义为 $\forall t\in I$，$\phi_t: U\to M$ 是这样的映射，它把任一 $p\in U$ 映为过 p 的积分曲线上与 p 的参数差为 t 的点(读者不妨借选读 2-2-3 第二段的简例理解). 而且，还可证明 $\phi: I\times U\to M$ 有以下性质：

(a) $\forall t\in I$，$\phi_t: U\to\phi_t[U]$ 是微分同胚映射；

(b) 若 $t, s, t+s\in I$ (意指实数 t, s 和 $t+s$ 都在开区间 I 内)，则 $\phi_t\circ\phi_s=\phi_{t+s}$.

这样的 $\{\phi_t\,|\,t\in I\}$ 称为一个**单参微分同胚局部群**(one-parameter local group of diffeomorphisms)或**单参微分同胚族**(one-parameter family of diffeomorphisms).

矢量场称为**完备的**(complete)，若它的每条(不可延)积分曲线的参数取值范围都是 $\mathbb{R}$. 显然，每个完备的光滑矢量场可以生出一个单参微分同胚群. 可以证明，紧致流形上的任一矢量场都是完备的[本选读参考文献：Hawking and Ellis(1973) P.27；Straumann(1984)P.21, 22.]. **[选读 2-2-4 完]**

§2.3 对偶矢量场

定义1 设 V 是 $\mathbb{R}$ 上的有限维矢量空间. 线性映射 $\omega: V\to\mathbb{R}$ 称为 V 上的**对偶矢量**(dual vector). V 上全体对偶矢量的集合称为 V 的**对偶空间**，记作 V^*. ①

注 1 由于 V 上有加法和数乘，对映射 ω 的线性要求有确切含义，即

$$\omega(\alpha v+\beta u)=\alpha\omega(v)+\beta\omega(u),\qquad \forall\, v,\, u\in V,\qquad \alpha,\ \beta\in\mathbb{R}. \tag{2-3-1}$$

例 1 设 V 为全体 2×1 实矩阵的集合，则它在矩阵加法和数乘规则下构成 2

① 今后谈及 V 上的对偶矢量(及张量，见§2.4)时如无声明一律默认 V 是实数域上的有限维矢量空间.

维矢量空间. 以 ω 代表任一 1×2 实矩阵 (c,d)，其对 V 的任一元素 $v=\begin{pmatrix}a\\b\end{pmatrix}$ 的作用可用矩阵乘法定义：

$$\omega(v):=(c,\ d)\begin{pmatrix}a\\b\end{pmatrix}=(ac+bd),$$

结果是一个 1×1 实矩阵，可认同为一个实数 $ac+bd$. 这样定义的映射 $\omega: V\to\mathbb{R}$ 显然是线性的，可见任一 1×2 实矩阵都是 V 上的对偶矢量. 推广可知：若把列矩阵($n\times 1$ 矩阵)看作矢量，则行矩阵($1\times n$ 矩阵)就是对偶矢量.

定理 2-3-1 V^* 是矢量空间，且 $\dim V^*=\dim V$.

证明 对 V^* 定义加法、数乘和零元如下：

$$(\omega_1+\omega_2)(v):=\omega_1(v)+\omega_2(v),\quad \forall\ \omega_1,\ \omega_2\in V^*,\ v\in V;$$

$$(\alpha\omega)(v):=\alpha\cdot\omega(v),\quad \forall\omega\in V^*,\ v\in V,\ \alpha\in\mathbb{R};$$

$$\underline{0}(v):=0\in\mathbb{R},\quad \forall v\in V.$$

不难看出这样的 V^* 是矢量空间. 设 $\{e_\mu\}$ 是 V 的一组基矢，用下式定义 V^* 中的 n 个特别元素 $e^{1*},\cdots,e^{n*}$：

$$e^{\mu*}(e_\nu):=\delta^\mu{}_\nu,\qquad \mu,\nu=1,\ \cdots,\ n. \tag{2-3-2}$$

上式虽只定义了 $e^{\mu*}$ 对 V 中基矢的作用，但因 $e^{\mu*}$ 的作用是线性的，上式实际上定义了 $e^{\mu*}$ 对 V 中任一元素的作用. 现在只须证明 $\{e^{\mu*}\}$ 是 V^* 的一组基矢. 易证 $e^{1*},\cdots,e^{n*}$ 彼此线性独立(练习). $\forall\omega\in V^*$，令

$$\omega_\mu\equiv\omega(e_\mu),\qquad \mu=1,\cdots,\ n, \tag{2-3-3}$$

则易证(习题)

$$\omega=\omega_\mu e^{\mu*}. \tag{2-3-4}$$

(提示：上式是对偶矢量等式，注意到 ω 对 v 的作用为线性，欲证上式只须验证两边作用于任一基矢 e_ν 得同一实数). 式(2-3-4)说明 V^* 中任一元素可用 $\{e^{\mu*}\}$ 线性表出，故 $\{e^{\mu*}\}$ 是 V^* 的一个基底，叫做 $\{e_\mu\}$ 的**对偶基底**. 由是可知 $\dim V^*=\dim V$. □

复习 两个矢量空间叫**同构的**(isomorphic)，若两者间存在一一到上的线性映射(这种映射称为**同构映射**). 两矢量空间同构的充要条件是维数相同.

由于 $\dim V^*=\dim V$，V^* 与 V 当然同构. 同构映射不难找到. 例如，设 $\{e_\mu\}$ 是 V 的一个基底，$\{e^{\mu*}\}$ 是其对偶基底，则由 $e_\mu\mapsto e^{\mu*}$ 定义的线性映射就是一个同构映射. 但 $\{e_\mu\}$ 的选择十分任意，而基底改变后按上述方式定义的同构映射随之而变，故 V^* 与 V 之间不存在一个特殊的(与众不同的)同构映射，除非在 V 上另加结构(见§2.5).

V^* 既然是矢量空间，自然也有对偶空间，记作 V^{**}. 有别于 V 与 V^* 的关系，V

与V^{**}间存在一个自然的、与众不同的同构映射，定义如下：$\forall v\in V$，欲给它自然地定义一个像$v^{**}\in V^{**}$. 因为V^{**}是V^*的对偶空间，v^{**}应是从V^*到$\mathbb{R}$的线性映射. 对它下定义无非是给出一个规律，按照这一规律，每一$\omega\in V^*$对应于唯一的实数$v^{**}(\omega)$. 因为v^{**}有待定义为v的像，所以$v^{**}(\omega)$与v和ω都应有关，而由v和ω构造的最简单的实数就是$\omega(v)$，自然把v^{**}定义为

$$v^{**}(\omega) := \omega(v) \qquad \forall\omega\in V^* . \tag{2-3-5}$$

这个映射$V\to V^{**}$是同构映射(证明留作习题). 这一自然同构关系表明V和V^{**}可视为同一空间(把每一$v\in V$与其像$v^{**}\in V^{**}$认同). 所以，真正有用的是V和V^*，再取对偶(不论多少次)也得不到更多有用的空间[自然同构的准确含义见Spivak(1979)第 7 章习题 6].

定理 2-3-2　若矢量空间V中有一基底变换$e'_\mu = A^\nu{}_\mu e_\nu$ ($A^\nu{}_\mu$无非是新基矢e'_μ用原基底展开的第ν分量)，以$A^\nu{}_\mu$为元素排成的(非退化)方阵记作A，则相应的对偶基底变换为

$$e'^{\mu*} = (\tilde{A}^{-1})_\nu{}^\mu e^{\nu*} , \tag{2-3-6}$$

其中$\tilde{A}$是A的转置矩阵，$\tilde{A}^{-1}$是$\tilde{A}$之逆.

注 2　读者习惯于把矩阵元写作$A_{\nu\mu}$，此处则写作$A^\nu{}_\mu$. 区分上下标的目的是使求和更加明朗(上ν同下ν结合暗示对ν求和)以及区分张量类型(详见§2.4). 然而矩阵运算中重要的只是分清指标的前后(体现为左右). 因此，如果愿意，不妨暂时把所有上标都改为下标，例如把式(2-3-6)写作$e'^*_\mu = (\tilde{A}^{-1})_{\nu\mu} e_\nu{}^*$.

证明　只须证明等式两边作用于e'_α所得结果相同，证明如下：

$$\begin{aligned}(\tilde{A}^{-1})_\nu{}^\mu e^{\nu*}(e'_\alpha) &= (\tilde{A}^{-1})_\nu{}^\mu e^{\nu*}(A^\beta{}_\alpha e_\beta) = A^\beta{}_\alpha (\tilde{A}^{-1})_\nu{}^\mu e^{\nu*}(e_\beta) \\ &= \tilde{A}_\alpha{}^\beta (\tilde{A}^{-1})_\nu{}^\mu \delta^\nu{}_\beta = \tilde{A}_\alpha{}^\nu (\tilde{A}^{-1})_\nu{}^\mu = \delta_\alpha{}^\mu = e'^{\mu*}(e'_\alpha) ,\end{aligned}$$

其中第二个等号用到对偶矢量对矢量的作用的线性性，第三、五个等号分别用到转置矩阵和逆矩阵的定义，第六个等号用到对偶基底的定义式(2-3-2). □

以上属代数范畴，下面回到流形M. 因$p\in M$有矢量空间V_p，故也有$V_p{}^*$. 若在M(或$A\subset M$)上每点指定一个对偶矢量，就得到M(或A)上的一个**对偶矢量场**. M上的对偶矢量场ω叫做**光滑的**，若$\omega(v)\in\mathscr{F}_M$ $\forall$ 光滑矢量场v.

设$f\in\mathscr{F}_M$，我们来说明f自然诱导出M上的一个对偶矢量场，记作$\mathrm{d}f$ (读者熟悉的$\mathrm{d}f$代表函数f的微分. 从微分几何看来，f的微分$\mathrm{d}f$本质上是一个对偶矢量场. 选读 2-3-1 将介绍这一全新理解同经典微积分理解的联系.). 要定义$\mathrm{d}f$只须说明它在M的任一点p的值$\mathrm{d}f|_p\in V_p{}^*$的定义，而要定义$\mathrm{d}f|_p$只须给出它对$p$点任一矢量$v\in V_p$的作用所得的实数，这个实数应与$f$和$v$都有关，而由$f$和$v$能构造的最自然(最简单)的实数便是$v(f)$，因此定义$\mathrm{d}f|_p$为

$$\mathrm{d}f|_p(v) := v(f), \qquad \forall v \in V_p. \tag{2-3-7}$$

由此易证

$$\mathrm{d}(fg)|_p = f|_p(\mathrm{d}g)|_p + g|_p(\mathrm{d}f)|_p. \tag{2-3-8}$$

这正是微分算符 d 所满足的莱布尼茨律.

设(O,ψ)是一坐标系，则第μ个坐标x^μ可看作O上的函数，于是$\mathrm{d}x^\mu$(看作特殊的$\mathrm{d}f$)是定义在O上的对偶矢量场. 设$p\in O$，$\partial/\partial x^\nu$是V_p的第ν个坐标基矢，则由式(2-3-7)知在p点有

$$\mathrm{d}x^\mu\left(\frac{\partial}{\partial x^\nu}\right) = \frac{\partial}{\partial x^\nu}(x^\mu) = \delta^\mu{}_\nu,$$

同式(2-3-2)对比可见$\{\mathrm{d}x^\mu\}$正是与坐标基底$\{\partial/\partial x^\nu\}$对应的**对偶坐标基底**. 上式对$O$的任一点成立，因此，同$\partial/\partial x^\nu$是$O$上的第$\nu$个坐标基矢场类似，$\mathrm{d}x^\mu$是$O$上的第$\mu$个对偶坐标基矢场，$\{\mathrm{d}x^\mu\}$则是$O$上的一个对偶坐标基底场. O上任一对偶矢量场ω可借$\{\mathrm{d}x^\mu\}$展开：

$$\omega = \omega_\mu \mathrm{d}x^\mu, \tag{2-3-9}$$

其中ω_μ称为ω在该系的坐标分量，由式(2-3-3)可得其表达式

$$\omega_\mu = \omega\ (\partial/\partial x^\mu). \tag{2-3-10}$$

定理 2-3-3 设(O,ψ)是一坐标系，f是O上的光滑函数，$f(x)$是$f\circ\psi^{-1}$对应的n元函数$f(x^1,\cdots,x^n)$的简写，则$\mathrm{d}f$可用对偶坐标基底$\{\mathrm{d}x^\mu\}$展开如下：

$$\mathrm{d}f = \frac{\partial f(x)}{\partial x^\mu}\mathrm{d}x^\mu, \qquad \forall f \in \mathscr{F}_O. \tag{2-3-11}$$

证明 只须验证两边作用于任一坐标基矢$\partial/\partial x^\nu$得相同结果，甚易. □

定理 2-3-4 设坐标系$\{x^\mu\}$和$\{x'^\nu\}$的坐标域有交，则交域中任一点p的对偶矢量ω在两坐标系中的分量ω_μ和ω'_ν的变换关系为

$$\omega'_\nu = \left.\frac{\partial x^\mu}{\partial x'^\nu}\right|_p \omega_\mu. \tag{2-3-12}$$

证明 习题. □

[选读 2-3-1]

现在讨论对$\mathrm{d}f$的理解. 先谈经典微积分学. 考虑函数$y=f(x)$. 设自变量x在x_0处有增量Δx时函数y的相应增量为Δy. 如果$f(x)$为线性函数，即$y=ax+b$ (a,b为常数)，则$\Delta y=a\Delta x$，即Δy正比于Δx. 如果$f(x)$为非线性函数，则$\Delta y=a\Delta x+\varepsilon$，其中$a\equiv f'(x_0)$，$\varepsilon\neq 0$. 经典微积分把$a\Delta x$称为函数的微分，记作$\mathrm{d}y$，并证明$\varepsilon$在$\Delta x$趋于零时是比$\Delta x$高阶的无限小. Δx又可记作$\mathrm{d}x$，于是

$dy = f'(x_0)dx$. 然而"无限小的非零量"是一个非常微妙的概念，涉及许多逻辑问题. 莱布尼茨在提出和使用这一概念时曾受到同时代许多数学家的非议[详见克莱因著，李宏魁译(1997)]，至今还有数学家不以为然[例如，可参阅 Spivak(1979) Vol.I. 该书在 P.153 指出"无限小"变化 dx^i 是 nonsense(无意义的东西).]. 我们无意讨论这种微妙问题的是非，只想说明近代微分几何已经对函数的微分 df 赋予了一种不依赖于"无限小非零量"概念的全新解释：df 是意义十分明确的对偶矢量场. 设 $\{x^\mu\}$ 是流形 M 的一个坐标系，坐标域为 O，f 是 M 上的函数，即 $f: M \to \mathbb{R}$，则 f 诱导出一个 n 元函数 $f(x^1, \cdots, x^n)$. 设 $p \in O$，经典微积分企图把 $df|_p$ 说成 p 点的函数值的一个(无限小)增量，但这个增量尚不确定，因为它取决于动点(自变点)从 p 出发"沿什么方向走多远". 既然 p 点的一个矢量 v 反映"从 p 出发沿什么方向走多远"，给定 $v \in V_p$ 便可使 $df|_p$ 真正"成为"一个实数(增量). 既然 $df|_p$ 在给定 v 后能给出一个实数，$df|_p$ 就是从 p 点的切空间 V_p 到 $\mathbb{R}$ 的映射. 为使 $df|_p$ 具有经典微积分中的微分的性质，还应要求这个映射为线性，于是 $df|_p$ 就是 V_p 上的一个对偶矢量，df 就是 O 上的一个对偶矢量场，这是对 df 的最明确和最准确的解释.

物理学家往往对 df 和 Δf 不加区别，喜欢说"$df|_p$ 等于 $f(q) - f(p)$，其中 q 是与 p 无限邻近的点."而且随手在纸上画出 p，q 两点. 其实，p，q 两点一经指定(在图上标出)就不会无限邻近，$f(q) - f(p)$ 就不是无限小量，因而就只能是 Δf 而非 df. 然而，由于物理上常常允许一定的近似，把足够小的 Δf 近似看作 df 的做法不但允许而且往往相当有用. 事实上，设曲线 $C(t)$ 满足 $C(0) = p$，$(\partial/\partial t)|_p = v$，$q = C(\alpha)$ 且 α 足够小，则由式(2-3-7)和(2-2-6′)可知 $df|_p$ 对 αv 作用的结果为

$$df|_p(\alpha v) = \alpha v(f) = \alpha \lim_{\Delta t \to 0} \frac{1}{\Delta t}\{f[C(\Delta t)] - f[C(0)]\}$$

$$\cong \alpha \frac{1}{\alpha}[f(q) - f(p)] = f(q) - f(p) \equiv \Delta f,$$

可见 $df|_p$ (作用于 αv 后)果然近似给出 Δf. 爱因斯坦说过："只要数学规律涉及现实，它们就不是确凿的；只要它们是确凿的，它们就不涉及现实." 作为一本物理书，本书也多处采用以 Δf 近似代替 df 的做法. **[选读 2-3-1 完]**

§2.4　张　量　场

定义 1　矢量空间 V 上的一个 (k, l) **型张量**[tensor of type (k, l)]是一个多重线性映射

$$T: \underbrace{V^* \times \cdots \times V^*}_{k个} \times \underbrace{V \times \cdots \times V}_{l个} \to \mathbb{R}.$$

注 1　T 可比喻为一部机器，有 k 个“上槽”和 l 个“下槽”，只要在上、下槽分别输入 k 个对偶矢量和 l 个矢量，便生产出一个实数，且此实数对每个输入量都线性依赖(多重线性映射的含义).

例 1　(1) V 上的对偶矢量是 V 上的(0, 1)型张量. (2) V 的元素 v 可看作 V 上的(1, 0)型张量[因 v 可被认同为 v^{**}，而 v^{**} 是从 V^* 到 $\mathbb{R}$ 的线性映射.].

今后用 $\mathscr{T}_V(k,l)$ 表示 V 上全体 (k,l) 型张量的集合，于是 $V=\mathscr{T}_V(1,0)$，$V^*=\mathscr{T}_V(0,1)$.

设 $T\in\mathscr{T}_V(1,1)$，则 $T: V^*\times V\to\mathbb{R}$. 但 T 也可看成另一种映射. 因为 $\forall\ \omega\in V^*$，$v\in V$ 有 $T(\omega；v)\in\mathbb{R}$，所以 $T(\omega；\bullet)$是一部只有一个下槽的机器，能把一个矢量线性地变为实数，这表明 $T(\omega；\bullet)$是 V 上的对偶矢量，即 $T(\omega；\bullet)\in V^*$. 给定 T 后，再给一个 $\omega\in V^*$ 便能造出 $T(\omega；\bullet)\in V^*$，故 T 也可看作把对偶矢量 ω 变为对偶矢量 $T(\omega；\bullet)$的映射(而且是线性映射)，即 $T: V^*\xrightarrow[线性地]{} V^*$. 类似地还可把 T 看成 $T: V\xrightarrow[线性地]{} V$. 对同一 $T\in\mathscr{T}_V(1,1)$ 的这 3 种看法是等价的. 为便于陈述，我们称这种把同一张量看成不同映射的做法为“张量面面观”. 能够用“面面观”想问题是用映射定义张量的重要好处之一. 今后将常用到.

定义 2　V 上的 $(k,\ l)$ 和 $(k',\ l')$ 型张量 T 和 T' 的**张量积**(tensor product) $T\otimes T'$ 是一个 $(k+k',\ l+l')$ 型张量，定义如下

$$\begin{aligned}&T\otimes T'(\omega^1,\cdots,\ \omega^k,\ \omega^{k+1},\cdots,\ \omega^{k+k'};\ v_1,\cdots,v_l,\ v_{l+1},\cdots,\ v_{l+l'})\\&:=T(\omega^1,\cdots,\ \omega^k;\ v_1,\cdots,\ v_l)\ T'(\omega^{k+1},\cdots,\ \omega^{k+k'};\ v_{l+1},\cdots,\ v_{l+l'}).\end{aligned}$$

欧氏空间矢量场论中的并矢 $\vec{v}\vec{u}$ 其实就是矢量 $\vec{v}$ 和 $\vec{u}$ 的张量积，只不过略去 $\otimes$ 号.[①]

张量积是否满足交换律？设 $\omega\in V^*$, $v\in V\equiv V^{**}$，则 $v\otimes\omega\in\mathscr{T}_V(1,\ 1)$，$\omega\otimes v\in\mathscr{T}_V(1,\ 1)$. 由定义 2 知 $\forall\mu\in V^*$，$u\in V$ 有 $v\otimes\omega\,(\mu；u)=v\,(\mu)\ \omega\,(u)=\omega\,(u)\,v\,(\mu)=\omega\otimes v\,(\mu；u)$[其中 $v(\mu)$ 应理解为 $v^{**}(\mu)$]，故 $v\otimes\omega=\omega\otimes v$. 但两个矢量(或两个对偶矢量)的张量积在交换顺序后一般成为另一张量，即 $v\otimes u\neq u\otimes v$，$\omega\otimes\mu\neq\mu\otimes\omega$. 例如，欧氏空间的并矢就不满足交换律.

定理 2-4-1　$\mathscr{T}_V(k,\ l)$ 是矢量空间，$\dim\mathscr{T}_V(k,l)=n^{k+l}$.

证明

---

① 类似地，量子力学的 $|\psi\rangle|\phi\rangle$ 也是 $|\psi\rangle$ 和 $|\phi\rangle$ 的张量积，只不过略去 $\otimes$ 号. 但量子力学中 $|\psi\rangle$ 所在的矢量空间是复数域上的无限维矢量空间，比现在讨论的实数域上的有限维矢量空间复杂，详见下册附录 B.

(A) 用自然的方法定义加法、数乘和零元使 $\mathscr{T}_V(k,\ l)$ 成为矢量空间(参见定理 2-3-1 证明的前半部分).

(B) 证明其基矢共 n^{k+l} 个. 以 $n=2, k=2, l=1$ 为例(不难推广至一般情况). 设 $\{e_1,\ e_2\}$ 为 V 的一个基底，$\{e^{1*}, e^{2*}\}$ 为其对偶基底. 只须证明以下 8 个元素构成 $\mathscr{T}_V(2,\ 1)$ 的一个基底：

$$e_1\otimes e_1\otimes e^{1*}, \quad e_1\otimes e_1\otimes e^{2*}, \quad e_1\otimes e_2\otimes e^{1*}, \quad e_1\otimes e_2\otimes e^{2*},$$
$$e_2\otimes e_1\otimes e^{1*}, \quad e_2\otimes e_1\otimes e^{2*}, \quad e_2\otimes e_2\otimes e^{1*}, \quad e_2\otimes e_2\otimes e^{2*}.$$

先证它们线性独立(留作练习)，再证任意 $T\in\mathscr{T}_V(2,\ 1)$ 可表为

$$T=T^{\mu\nu}{}_{\sigma}\, e_\mu\otimes e_\nu\otimes e^{\sigma*}, \tag{2-4-1}$$

其中

$$T^{\mu\nu}{}_{\sigma}=T(e^{\mu*},\ e^{\nu*};\ e_\sigma). \tag{2-4-2}$$

证明留作练习[注意，待证等式(2-4-1)是一个(2, 1)型张量等式]. □

注 2 　$T^{\mu\nu}{}_{\sigma}$ 是张量 T 在基底 $\{e_\mu\otimes e_\nu\otimes e^{\sigma*}\}$ 的分量，简称为 T 在基底 $\{e_\mu\}$ 的分量.

下面介绍张量的另一重要运算，即缩并. 刚才讲过，(1, 1)型张量 T 可看作从 V 到 V 的线性映射，其实它就是线性代数所讲的线性变换. T 在任一基底 $\{e_\mu\otimes e^{\nu*}\}$ 的分量排成的矩阵 $(T^\mu{}_\nu)$ 显然与基底有关，不难证明同一 T 在任意两个基底的分量对应的两个矩阵 $(T^\mu{}_\nu)$ 和 $(T'^\mu{}_\nu)$ 互为相似矩阵，证明如下. 仿照式(2-4-2)得

$$\begin{aligned}T'^\mu{}_\nu&=T(e'^{\mu*};e'_\nu)=T((\tilde{A}^{-1})_\rho{}^\mu e^{\rho*};A^\sigma{}_\nu e_\sigma)=(\tilde{A}^{-1})_\rho{}^\mu A^\sigma{}_\nu T(e^{\rho*};e_\sigma)\\&=(\tilde{A}^{-1})_\rho{}^\mu A^\sigma{}_\nu T^\rho{}_\sigma=(A^{-1})^\mu{}_\rho T^\rho{}_\sigma A^\sigma{}_\nu=(A^{-1}TA)^\mu{}_\nu,\end{aligned} \tag{2-4-3}$$

其中第一、四步用到式(2-4-2), 第二步用到定理 2-3-2, 第三步用到 T 的线性性. 于是有矩阵等式 $T'=A^{-1}TA$ (其中 T'，A，T 都代表矩阵. T 有时代表张量有时代表矩阵，读者应能根据上下文识别.). 可见 T' 与 T 互为相似矩阵. 以 $T'^\mu{}_\mu$ (是 $\sum_{\mu=1}^n T'^\mu{}_\mu$ 的简写)及 $T^\rho{}_\rho$ 分别代表矩阵 T' 和 T 的迹，则由式(2-4-3)易得

$$T'^\mu{}_\mu=(A^{-1})^\mu{}_\rho T^\rho{}_\sigma A^\sigma{}_\mu=A^\sigma{}_\mu(A^{-1})^\mu{}_\rho T^\rho{}_\sigma=\delta^\sigma{}_\rho T^\rho{}_\sigma=T^\rho{}_\rho.$$

这就证明了同一(1, 1)型张量在不同基底的矩阵有相同的迹. 在关心张量时，应该抓住其与基底无关的性质，(1, 1)型张量 T 的迹 $T^\mu{}_\mu$ 就是这样一种性质，通常把它称为 T 的**缩并**(contraction)或**收缩**，暂记作 $\mathrm{C}T$，即

$$\mathrm{C}T:=T^\mu{}_\mu=T(e^{\mu*};e_\mu). \tag{2-4-4}$$

再讨论(2, 1)型张量 T 的缩并. T 可记作 $T(\cdot,\cdot;\ \cdot)$，它有两个上槽和一个下槽，故有两种可能缩并：①第一上槽与下槽的缩并 $\mathrm{C}_1^1T:=T(e^{\mu*},\cdot;\ e_\mu)$；②第二上槽与下槽的缩并 $\mathrm{C}_1^2T:=T(\cdot, e^{\mu*};\ e_\mu)$. 若改用另一基底 $\{e'_\rho\}$ 定义这两种缩并，分别

记作$(C_1^1T)'$和$(C_1^2T)'$，则易证(习题)$(C_1^1T)'=C_1^1T$，$(C_1^2T)'=C_1^2T$. 由“张量面面观”可知C_1^1T和C_1^2T都是(1, 0)型张量，它们在任一基底的分量可用T在该基底的分量表为$(C_1^1T)^\nu=T(e^{\mu*},\ e^{\nu*};\ e_\mu)=T^{\mu\nu}{}_\mu$，$(C_1^2T)^\nu=T^{\nu\mu}{}_\mu$(已略去求和号). 不难推广上述讨论而得出$(k, l)$型张量的缩并定义如下：

定义 3　$T\in\mathscr{T}_V(k, l)$的第i上标($i\leqslant k$)与第j下标($j\leqslant l$)的**缩并**定义为

$$C^i_jT:=T(\cdot,\cdots,\underset{\substack{\uparrow\\ \text{第}i\text{上槽}}}{e^{\mu*}},\cdot,\cdots;\cdot,\cdots,\underset{\substack{\uparrow\\ \text{第}j\text{下槽}}}{e_\mu},\cdot,\cdots)\in\mathscr{T}_V(k-1,\ l-1)\ (\text{要对}\mu\text{求和}). \tag{2-4-5}$$

注 3　①C^i_jT与基底选择无关. ②由式(2-4-5)易见(k, l)型张量的每一缩并都是一个$(k-1, l-1)$型张量. ③联合使用张量积和缩并运算可从原有张量得到各种类型的新张量. 例如，设$v\in V$，$\omega\in V^*$，则$v\otimes\omega$是(1, 1)型张量，而$C(v\otimes\omega)$则是(0, 0)型张量(标量).

后面经常遇到先求张量积再做缩并的运算，其结果可看作张量对矢量(或对偶矢量)的作用. 作为例子，先写出 3 个等式再做证明.

(a)　$$C(v\otimes\omega)=\omega_\mu v^\mu=\omega(v)=v(\omega),\qquad \forall v\in V,\ \omega\in V^*, \tag{2-4-6}$$

(其中v^μ，ω_μ是v，ω在同一基底的分量.)

(b)　$$C_2^1(T\otimes v)=T(\cdot,\ v),\qquad \forall v\in V,\ T\in\mathscr{T}_V(0,\ 2). \tag{2-4-7}$$

(c)　$$C_2^2(T\otimes\omega)=T(\cdot,\ \omega;\ \cdot),\qquad \forall\omega\in V^*,\ T\in\mathscr{T}_V(2,\ 1). \tag{2-4-8}$$

我们只给出式(2-4-7)的证明，其他两式的证明留作练习. 待证的等式(2-4-7)左边的$T\otimes v$是(1, 2)型张量，是一部有 1 个上槽、2 个下槽的机器，可表为$T\otimes v(\cdot;\cdot,\cdot)$，故

$$C_2^1(T\otimes v)=T\otimes v(e^{\mu*};\cdot,\ e_\mu),$$

所以欲证等式(2-4-7)只须证明下式

$$T\otimes v(e^{\mu*};\ \cdot,\ e_\mu)=T(\cdot,\ v). \tag{2-4-7'}$$

而上式是对偶矢量等式，欲证上式只须证明两边作用于任一$u\in V$给出相同实数.

左边作用于$u=T\otimes v(e^{\mu*};u,\ e_\mu)=T(u,e_\mu)\ v(e^{\mu*})$

$$=T(u,e_\mu)\ e^{\mu*}(v)=T(u,e_\mu)\ v^\mu=T(u,v)=\text{右边作用于}u.$$

(其中第四步用到习题 11)，可见式(2-4-7)成立.

除以上三式外还有许多类似等式. 这些等式是如下规律的表现：“T对ω(或v)作用就是先求T与ω(或v)的张量积再缩并”，或者粗略地说，“作用就是先积后并”. 对两个张量先求张量积再缩并的操作常又简称为对它们做缩并，因此上述粗略提法还可简化为“作用就是缩并”.

下面回到流形 M. M 中任一点 p 的切空间 V_p 的全体 (k, l) 型张量的集合自然记作 $\mathscr{T}_{V_p}(k,l)$. 设 $\{e_\mu\}$ 及 $\{e^{\mu*}\}$ 是 V_p 的任一基底及对偶基底，则 T 同样可写成类似于式(2-4-1)的展开式. 若选坐标系 $\{x^\mu\}$ 使坐标域含 p，则可用坐标基矢 $\partial/\partial x^\mu$ 和对偶坐标基矢 $\mathrm{d}x^\mu$ 充当 e_μ 和 $e^{\mu*}$，即把式(2-4-1)改写为

$$T = T^{\mu\nu}{}_\sigma \frac{\partial}{\partial x^\mu} \otimes \frac{\partial}{\partial x^\nu} \otimes \mathrm{d}x^\sigma , \tag{2-4-1$'$}$$

其中坐标分量 $T^{\mu\nu}{}_\sigma$ 仿照式(2-4-2)可表为

$$T^{\mu\nu}{}_\sigma = T(\mathrm{d}x^\mu,\ \mathrm{d}x^\nu;\ \partial/\partial x^\sigma) . \tag{2-4-2$'$}$$

若在流形 M(或 $A \subset M$)上每点指定一个 (k, l) 型张量，就得到 M(或 A)上的一个 (k, l) 型**张量场**. M 上张量场 T 称为**光滑的**，若 $\forall$ 光滑对偶矢量场 $\omega^1, \cdots, \omega^k$ 及光滑矢量场 $v_1, \cdots, v_l$ 有 $T(\omega^1, \cdots, \omega^k;\ v_1, \cdots, v_l) \in \mathscr{F}_M$. 今后如无声明，“张量场”均指光滑(C^∞)张量场.

定理 2-4-2　(k, l)型张量在两个坐标系中的分量的变换关系为(简称**张量变换律**)

$$T'^{\mu_1\cdots\mu_k}{}_{\nu_1\cdots\nu_l} = \frac{\partial x'^{\mu_1}}{\partial x^{\rho_1}} \cdots \frac{\partial x^{\sigma_l}}{\partial x'^{\nu_l}} T^{\rho_1\cdots\rho_k}{}_{\sigma_1\cdots\sigma_l} .$$

证明　练习.　□

注 4　许多教科书采用上式作为张量定义.

§2.5　度规张量场

定义 1　矢量空间 V 上的一个**度规**(metric) g 是 V 上的一个对称、非退化的(0, 2)型张量. 对称是指 $g(v, u) = g(u, v)\ \ \forall v, u \in V$ ，非退化是指 $g(v,u) = 0\ \forall u \in V \Rightarrow v = 0 \in V$.

注 1　这一抽象的非退化性定义与读者熟悉的矩阵的非退化性(行列式非零)有密切联系. 可以证明[见式(2-6-8)后的一段]，若 g 非退化，则它在 V 的任一基底 $\{e_\mu\}$ 的分量 $g_{\mu\nu} \equiv g(e_\mu,\ e_\nu)$ 排成的矩阵也非退化. 反之，若 V 有基底使 g 的分量矩阵非退化，则 g 非退化.

度规很像大家熟悉的内积. 但上述度规 g 与一般内积的区别在于 $g(v, v)$ 可以为负，且 $g(v, v) = 0$ 不意味着 $v = 0$. 今后也常把 $g(v, u)$ 称为 v 和 u 在度规 g 下的内积. 矢量空间 V 一旦定义了度规 g ，其元素的长度及元素间的正交性就可定义如下:

定义2　$v \in V$ 的**长度**(length)或**大小**(magnitude)定义为 $|v| := \sqrt{|g(v,v)|}$. 矢量 $v, u \in V$ 叫**互相正交的**(orthogonal)，若 $g(v, u) = 0$. V 的基底 $\{e_\mu\}$ 叫**正交归一的**(orthonormal)，若任二基矢正交且每一基矢 e_μ 满足 $g(e_\mu,\ e_\mu) = \pm 1$ (不对 μ 求和).

注 2　定义 2 表明度规 g 在正交归一基底的分量满足

$$g_{\mu\nu}=\begin{cases}0, & \mu\neq\nu \\ \pm 1, & \mu=\nu\end{cases}. \tag{2-5-1}$$

因此，度规在正交归一基底的分量排成的矩阵是对角矩阵，且对角元为+1 或–1.

定理 2-5-1　任何带度规的矢量空间都有正交归一基底. 度规写成对角矩阵时对角元中+1 和–1 的个数与所选正交归一基底无关.

证明　略[可参阅 Schutz(1980)P.65~66]. □

定义3　用正交归一基底写成对角矩阵后，对角元全为+1 的度规叫**正定的**(positive definite)或**黎曼的**(Riemannian)，对角元全为–1 的度规叫**负定的**(negative definite)，其他度规叫**不定的**(indefinite)，只有一个对角元为–1 的不定度规叫**洛伦兹的**(Lorentzian). 对角元之和叫度规的**号差**(signature). 相对论中用得最多的是洛伦兹度规和正定度规.

注 3　关于洛伦兹度规，文献中历来有两种不同习惯. 定义 3 反映第一种习惯，在这种习惯中，4 维洛伦兹度规的对角元为(–1，1，1，1)，号差为+2. 在另一种习惯中，洛伦兹度规定义为只有一个对角元为+1 的不定度规，于是 4 维洛伦兹度规的对角元为(1，–1，–1，–1)，号差为–2. 本书采用号差为+2 的习惯.

定义 4　带洛伦兹度规 g 的矢量空间 V 的元素可分为三类：①满足 $g(v,v)>0$ 的 v 称为**类空矢量**(spacelike vector)；②满足 $g(v, v)<0$ 的 v 称为**类时矢量**(timelike vector)；③满足 $g(v, v)=0$ 的 v 称为**类光矢量**(lightlike vector 或 null vector).

注 4　①在号差为–2 的习惯中，类空性和类时性的定义恰好相反：类空矢量定义为 $g(v, v)<0$，类时矢量定义为 $g(v,v)>0$. 但两者并无实质差别：一个矢量在一种号差下为类时则在另一号差下也类时. ②多数读者过去只熟悉正定度规，因此一见 $g(v, v)=0$ 就认为 $v=\underline{0}$ (零元). 然而，若度规是洛伦兹的，则 $g(v, v)=0$ 未必导致 $v=\underline{0}$. 非零的 4 维类光矢量在相对论中有重要地位，例如便于描写电磁波及引力波在 4 维时空中的传播. ③许多汉语文献把 null vector 译为“零矢量”，这容易与矢量空间中唯一的零元混淆(零元当然是 null vector，但反之不然. 一个有洛伦兹度规的矢量空间有无数 null vectors.). 如果一定要用“零”字，最好称为“零模矢量”.

度规 g 是(0,2)型张量，即由 $V\times V$ 到 $\mathbb{R}$ 的双重线性映射，所以 $\forall v,u\in V$ 有 $g(v,u)\in\mathbb{R}$，因而 $g(v,\bullet)\in V^*$. 给定 g 后，再给一个 $v\in V$ 便可造出 $g(v,\bullet)\in V^*$，故 g 可看作由 V 到 V^*的线性映射，即 $g: V\xrightarrow[\text{线性地}]{} V^*$，这是一个同构映射(证明留作习题). 因此，在 V 选定度规后就有了一个自然的、与众不同的从 V 到 V^*的同构映射，我们很自然地用这一映射把 V 与 V^*认同. 小结：无论有无度规，V 都与 V^{**} 自然认同[见式(2-3-5)及其前后]；如果有度规，则 V 与 V^*也自然认同.

下面回到流形 M 上来.

定义 5　M 上的对称的、处处非退化的(0, 2)型张量场称为**度规张量场**.

注 5　本书只关心号差处处一样的度规场.

度规场的一大用处就是定义曲线长度. 先讨论 2 维欧氏空间. 设曲线 $C(t)$在自然坐标系$\{x, y\}$的参数式为 $x = x(t)$, $y = y(t)$，则曲线元段线长的平方 $\mathrm{d}l^2$ [是$(\mathrm{d}l)^2$ 的简写]为

$$\mathrm{d}l^2 = \mathrm{d}x^2 + \mathrm{d}y^2 = [(\mathrm{d}x/\mathrm{d}t)^2 + (\mathrm{d}y/\mathrm{d}t)^2]\,\mathrm{d}t^2 = [(T^1)^2 + (T^2)^2]\,\mathrm{d}t^2 = |T|^2\,\mathrm{d}t^2 ,$$

其中 T 是 $C(t)$的切矢. 由上式得

$$\mathrm{d}l = |T|\,\mathrm{d}t , \tag{2-5-2}$$

于是 $C(t)$的线长为

$$l = \int |T|\,\mathrm{d}t . \tag{2-5-3}$$

上式可推广至带有正定度规场 g 的任意流形 M 上. 设 $C(t)$是 M 上任一 C^1 曲线，T 是其切矢，即 $T \equiv \partial/\partial t$ ，则$|T| = \sqrt{g(T,T)}$ ，故 $C(t)$的线长自然定义为

$$l := \int \sqrt{g(T,T)}\ \mathrm{d}t . \tag{2-5-4}$$

对有洛伦兹度规场 g 的流形 M，在定义线长前应注意曲线的类型. 若 C^1 曲线 $C(t)$各点的切矢都类空，则 $C(t)$**叫类空曲线**. 类似地可定义**类时曲线**和**类光曲线**. 类空和类光曲线的线长仍由式(2-5-4)定义(因此类光曲线的线长恒为零). 注意到类时曲线有 $g(T, T) < 0$ ，其元线长应定义为 $\mathrm{d}l := \sqrt{-g(T,T)}\ \mathrm{d}t$. 于是有如下定义：

定义 6　设流形 M 上有洛伦兹度规场 g,则 M 上的类空、类光及类时曲线 $C(t)$的线长定义为

$$l := \int \sqrt{|g(T,T)|}\,\mathrm{d}t , \qquad \text{其中 } T \equiv \partial/\partial t . \tag{2-5-5}$$

对于从类时转向类空(或相反)的曲线(“不伦不类”的曲线)，线长没有定义. 下面对线长的讨论虽是就洛伦兹度规而言的，但对正定度规也适用(把所有曲线看作类空曲线).

不难证明(习题)曲线的线长与其参数化无关，就是说，曲线重参数化(保持映射的像不变而适当改变参数)不改变线长. 此外，由于线长的定义(定义6)不涉及坐标系，线长当然与坐标系无关. 但是，如果曲线位于坐标系 $\{x^\mu\}$ 的坐标域内，线长也可借助于坐标系计算. 因为

$$g(T,T) = g(T^\mu \partial/\partial x^\mu, T^\nu \partial/\partial x^\nu) = T^\mu T^\nu g(\partial/\partial x^\mu, \partial/\partial x^\nu) = (\mathrm{d}x^\mu/\mathrm{d}t)(\mathrm{d}x^\nu/\mathrm{d}t)\, g_{\mu\nu} ,$$

[最末一步用到“曲线切矢的坐标分量等于曲线在该系的参数式对参数的导数”(定理 2-2-4)，即 $T^\mu = \mathrm{d}x^\mu/\mathrm{d}t$.] 所以元线长

$$\mathrm{d}l = \sqrt{|g_{\mu\nu}\mathrm{d}x^\mu \mathrm{d}x^\nu|} . \tag{2-5-6}$$

引入记号

$$\mathrm{d}s^2 \equiv g_{\mu\nu}\mathrm{d}x^\mu \mathrm{d}x^\nu , \tag{2-5-7}$$

则线长

$$l = \int \sqrt{\mathrm{d}s^2} \text{ (对类空曲线)}, \tag{2-5-8}$$

$$l = \int \sqrt{-\mathrm{d}s^2} \text{ (对类时曲线)}. \tag{2-5-9}$$

记号 $\mathrm{d}s^2$ 在微分几何中经常出现，通常称为**线元**(line element). 对类空曲线，$\mathrm{d}s^2$ 等于元段长 $\mathrm{d}l$ 的平方 $\mathrm{d}l^2$；对类时曲线，$\mathrm{d}s^2$ 等于 $-\mathrm{d}l^2$，因而不是任何实数的平方. 实际上，$\mathrm{d}s^2$ 只是一个由式(2-5-7)定义的记号，对类时曲线它根本不是任何实数的平方[对式(2-5-7)的准确理解见选读 2-5-2]，但因 $\mathrm{d}s^2 \equiv g_{\mu\nu}\mathrm{d}x^\mu \mathrm{d}x^\nu$ 右边含有度规 g 在所涉及的坐标系的全部分量 $g_{\mu\nu}$，从线元表达式可以直接"读出"度规的全体坐标分量. 例如，设 2 维流形上的度规 g 在某坐标系 $\{t, x\}$ 的线元表达式为

$$\mathrm{d}s^2 = -x\,\mathrm{d}t^2 + \mathrm{d}x^2 + 4\mathrm{d}t\mathrm{d}x, \tag{2-5-10}$$

便可读出 g 在该系的分量为 $g_{tt} = -x,\ g_{xx} = 1,\ g_{tx} = g_{xt} = 2$. 可见给定线元(表达式)相当于给定度规场.

设 $C: I \to M$ 是类空或类时曲线，则线上任一点 $C(t)$ 的切矢 T 的长度 $|T|$ 是 t 的函数，可记作 $|T|(t)$. 任意指定线上一点 $C(t_0)$ 作为测量线长的起点，则介于 $C(t_0)$ 点和 $C(t)$ 点的曲线段的线长 $l(t) = \int_{t_0}^{t} |T|(t')\,\mathrm{d}t'$ 是 t 的常增函数，因而 l 也可充当该线的参数，称为**线长参数**. 由 $\mathrm{d}l \equiv \sqrt{|g(T,T)|}\,\mathrm{d}t$ 可知，以线长为参数的曲线切矢满足 $|g(T,T)| = 1$，即有单位长.

定义 7　设流形 M 上给定度规场 g，则 $(M,\ g)$ 叫**广义黎曼空间**[若 g 为正定，叫**黎曼空间**(Riemannian space)；若 g 为洛伦兹，叫**伪黎曼空间**(pseudo- Riemannian space)，物理上叫**时空**(spacetime).①].

下面介绍广义黎曼空间的两个简单而重要的例子，即欧氏空间和闵氏空间.

定义 8　设 $\{x^\mu\}$ 是 $\mathbb{R}^n$ 的自然坐标，在 $\mathbb{R}^n$ 上定义度规张量场 δ 为

$$\delta := \delta_{\mu\nu}\mathrm{d}x^\mu \otimes \mathrm{d}x^\nu, \tag{2-5-11}$$

则 $(\mathbb{R}^n, \delta)$ 称为 ***n* 维欧氏空间**(*n*-dimensional Euclidean space)，δ 称为**欧氏度规**.

上式表明 δ 在自然坐标系的对偶坐标基底 $\{\mathrm{d}x^\mu \otimes \mathrm{d}x^\nu\}$ 的分量为 $\delta_{\mu\nu} = \begin{cases} 0, & \mu \neq \nu, \\ +1, & \mu = \nu, \end{cases}$ 因此，按照式(2-5-7)，欧氏度规在自然坐标系的线元表达式应为 $\mathrm{d}s^2 = \delta_{\mu\nu}\mathrm{d}x^\mu \mathrm{d}x^\nu$. 若 $n = 2$，便有 $\mathrm{d}s^2 = (\mathrm{d}x^1)^2 + (\mathrm{d}x^2)^2$. 这正是熟知的 2 维欧氏空

---

① 准确地说，$(M,\ g)$称为**时空**，若 M 为连通流形，g 为有足够可微程度的洛伦兹度规场.

间的线元表达式. 由式(2-5-11)可知自然坐标基底用欧氏度规衡量是正交归一的，因为由

$$\delta(\partial/\partial x^\alpha,\ \partial/\partial x^\beta)=\delta_{\mu\nu}\mathrm{d}x^\mu\otimes\mathrm{d}x^\nu(\partial/\partial x^\alpha,\ \partial/\partial x^\beta)=\delta_{\mu\nu}\mathrm{d}x^\mu(\partial/\partial x^\alpha)\,\mathrm{d}x^\nu(\partial/\partial x^\beta)$$

易见

$$\delta(\partial/\partial x^\alpha,\ \partial/\partial x^\beta)=\delta_{\alpha\beta}\,. \tag{2-5-12}$$

但满足式(2-5-12)的坐标系未必是自然坐标系. 例如，对 2 维欧氏空间，由自然坐标系按下式定义的坐标系

$$x'=x+a,\qquad y'=y+b\qquad (a,\ b\text{ 为常数}) \tag{2-5-13}$$

的基底 $\{\partial/\partial x',\ \partial/\partial y'\}$ 也满足式(2-5-12)(因而也正交归一). 进一步，不难验证(习题)由以下三式分别定义的 $\{x', y'\}$ 的坐标基底 $\{\partial/\partial x',\partial/\partial y'\}$ 也满足式(2-5-12)：

$$x'=x\cos\alpha+y\sin\alpha,\qquad y'=-x\sin\alpha+y\cos\alpha\quad (\alpha\text{ 为常数}), \tag{2-5-14}$$

$$x'=-x,\qquad y'=y\,, \tag{2-5-15}$$

$$x'=x,\qquad y'=-y\,. \tag{2-5-16}$$

定义 9　n 维欧氏空间中满足式(2-5-12)的坐标系叫**笛卡儿**(Cartesian)**坐标系**或**直角坐标系**. 换句话说，一个坐标系叫笛卡儿系，若其坐标基底用欧氏度规 δ 衡量为正交归一.

注 6　①因式(2-5-12)与(2-5-11)等价，也可说满足式(2-5-11)的坐标系是笛卡儿系. ②自然坐标系当然是笛卡儿系. ③2 维欧氏空间中任意两个笛卡儿系之间的关系只能取式(2-5-13)~(2-5-16)中的一种形式(或它们的复合). 前二种分别称为**平移**和**转动**，后二种的每一种称为**反射**(reflection). ④要分清符号 δ 和 $\delta_{\mu\nu}$. δ 代表欧氏度规，是张量场；而 $\delta_{\mu\nu}$ 则是 δ 在笛卡儿系的分量. 还要注意 δ 在非笛卡儿系的分量不是 $\delta_{\mu\nu}$.

极坐标系 $\{r,\varphi\}$ 是 2 维欧氏空间中非笛卡儿系的一例. 物理书中使用极坐标系时，相应的基底常用 $\{\hat{e}_r,\ \hat{e}_\varphi\}$(顶上加 $\wedge$ 代表单位矢)，它是正交归一的，但却不是极坐标系的坐标基底 $\{\partial/\partial r,\ \partial/\partial\varphi\}$，关键在于 $\partial/\partial\varphi$ 不归一，因 $\delta(\partial/\partial\varphi,\partial/\partial\varphi)=r^2\neq 1$(证明留作练习). 实际上，$\hat{e}_\varphi$ 是对 $\partial/\partial\varphi$ 归一化的产物，即 $\hat{e}_\varphi:=r^{-1}\partial/\partial\varphi$. 可见物理书常用的 $\{\hat{e}_r,\ \hat{e}_\varphi\}$ 不是极坐标系的坐标基底而是与极坐标系相应的正交归一基底.

欧氏空间是最简单的黎曼空间. 下面介绍最简单的伪黎曼空间——闵氏空间. 4 维洛伦兹度规在对角化后的对角元为(−1，1，1，1)，为了突出这个唯一的−1，我们把它所在的行、列记为 0 行 0 列，三个+1 所在行、列分别记为 1，2，3 行和 1，2，3 列. 这种对角矩阵的元素记作 $\eta_{\mu\nu}$(以区别于 $\delta_{\mu\nu}$)，即 $\eta_{00}\equiv -1$，$\eta_{11}\equiv\eta_{22}$

$\equiv \eta_{33} \equiv 1$. 推广到$n$维则有

$$\eta_{\mu\nu} \equiv \begin{cases} 0, & \mu \neq \nu, \\ -1, & \mu = \nu = 0, \\ +1, & \mu = \nu = 1, \cdots, n-1. \end{cases}$$

下面给出闵氏空间的定义.

定义 10 设$\{x^\mu\}$是$\mathbb{R}^n$的自然坐标，在$\mathbb{R}^n$上定义度规张量场η为

$$\eta := \eta_{\mu\nu} \mathrm{d}x^\mu \otimes \mathrm{d}x^\nu, \tag{2-5-17}$$

则$(\mathbb{R}^n, \eta)$称为***n*维闵氏**(Minkowski)**空间**(物理上称为***n*维闵氏时空**)，η称为**闵氏度规**.

由定义 10 可知闵氏度规在自然坐标系的线元表达式为$\mathrm{d}s^2 = \eta_{\mu\nu}\mathrm{d}x^\mu \mathrm{d}x^\nu$. 以$n=4$为例，有$\mathrm{d}s^2 = -(\mathrm{d}x^0)^2 + (\mathrm{d}x^1)^2 + (\mathrm{d}x^2)^2 + (\mathrm{d}x^3)^2$. 这正是熟知的4维闵氏时空的线元(狭义相对论中的元间隔)表达式. 不难证明

$$\eta(\partial/\partial x^\alpha, \partial/\partial x^\beta) = \eta_{\alpha\beta}, \tag{2-5-18}$$

可见自然坐标基底$\{\partial/\partial x^\mu\}$用闵氏度规衡量也是正交归一的(第0坐标基矢归$-1$，其他归$+1$.). 但满足式(2-5-18)的却不一定是自然坐标系. 例如，以2维闵氏空间为例，设$\{t, x\}$是自然坐标，则

$$t' = t + a, \qquad x' = x + b \quad (a,\ b\text{为常数}) \tag{2-5-19}$$

的坐标基底$\{\partial/\partial t', \partial/\partial x'\}$也满足式(2-5-18). 不难验证(习题)，由以下三式分别定义的$\{t', x'\}$系的坐标基底$\{\partial/\partial t', \partial/\partial x'\}$也满足式(2-5-18):

$$t' = t\,\mathrm{ch}\lambda + x\,\mathrm{sh}\lambda, \qquad x' = t\,\mathrm{sh}\lambda + x\,\mathrm{ch}\lambda \quad (\lambda\text{为常数}), \tag{2-5-20}$$

$$t' = -t, \qquad x' = x, \tag{2-5-21}$$

$$t' = t, \qquad x' = -x. \tag{2-5-22}$$

定义 11 n维闵氏空间中满足式(2-5-18)的坐标系叫**洛伦兹**(Lorenzian)**坐标系**或**伪笛卡儿**(pseudo-Cartesian)**坐标系**，也有文献称之为笛卡儿坐标系.

注 7 ①闵氏空间的自然坐标当然是洛伦兹坐标. ②2维闵氏空间中任意两个洛伦兹坐标系之间的关系只能取式(2-5-19)~(2-5-22)中的一种形式(或它们的复合). 第一种称为**平移**，第二种[式(2-5-20)]称为**伪转动**(boost)，后两种的每一种称为**反射**. ③闵氏度规张量η在非洛伦兹坐标基底的分量不等于$\eta_{\mu\nu}$.

[选读 2-5-1]

与平移、转动及伪转动不同，反射是一种“分立”变换. 此外还有另一种“分立”变换，称为**反演**(inversion)，对2维欧氏和闵氏空间分别定义为$x' = -x$，$y' = -y$

和$t'=-t$，$x'=-x$. 与反射不同，反演是关于一个点为对称的. 但反演变换不是独立变换，具体说，$x'=-x$，$y'=-y$是式(2-5-14)在$\alpha=\pi$时的特例，而$t'=-t$，$x'=-x$则可由式(2-5-21)和(2-5-22)复合而成. **[选读 2-5-1 完]**

[选读 2-5-2]

正文中把$\mathrm{d}l^2$解释为曲线元段长度的平方，这只是物理学家惯用的"大众化"理解，其实并不确切. 以欧氏空间的

$$\mathrm{d}l^2=\mathrm{d}x^2+\mathrm{d}y^2 \tag{2-5-23}$$

为例. 如果曲线是直线，式(2-5-23)所表达的实质是

$$(\Delta l)^2=(\Delta x)^2+(\Delta y)^2, \tag{2-5-24}$$

其中Δl是直线上的一段有限长度，Δx和Δy分别是该段的x和y坐标的有限增量. 如果曲线不是直线，式(2-5-24)自然不成立. 直观地想，当元段长度趋于零时总该成立，而$\mathrm{d}l$可看作无限小，因而式(2-5-23)成立. 然而，无论指定多么短的一个元段(只要首末点不重合)，其长度就是确定的实数，就不是无限小，而式(2-5-23)成立的前提是$\mathrm{d}l$(因而$\mathrm{d}x$, $\mathrm{d}y$)为无限小. 我们再次遇到"无限小的非零量"的困惑(见选读 2-3-1). 弯曲空间的$\mathrm{d}l^2$和$\mathrm{d}s^2$当然也有同样问题. 物理学家习惯于用近似手法处理类似问题，他们(含本书正文)写的虽是式(2-5-23)，却把$\mathrm{d}l$, $\mathrm{d}x$和$\mathrm{d}y$等理解为某一非零的确定的小量，其实就是Δl，Δx和Δy，即把式(2-5-23)理解为式(2-5-24). 下面再谈应如何理解微分几何对式(2-5-23)的推广形式，即线元表达式

$$\mathrm{d}s^2=g_{\mu\nu}\mathrm{d}x^\mu\mathrm{d}x^\nu. \tag{2-5-25}$$

既然$\mathrm{d}x^\mu$和$\mathrm{d}x^\nu$都是对偶矢量，其"积"$\mathrm{d}x^\mu\mathrm{d}x^\nu$只能是张量积$\mathrm{d}x^\mu\otimes\mathrm{d}x^\nu$，可见式(2-5-25)右边实为$g_{\mu\nu}\mathrm{d}x^\mu\otimes\mathrm{d}x^\nu$的简写. 然而$g_{\mu\nu}\mathrm{d}x^\mu\otimes\mathrm{d}x^\nu$无非是度规张量$g$在对偶坐标基底的展开式，即

$$g=g_{\mu\nu}\mathrm{d}x^\mu\otimes\mathrm{d}x^\nu. \tag{2-5-26}$$

另一方面，式(2-5-25)左边的$\mathrm{d}s^2$在微分几何中找不到别的解释，其实它无非是g的另一记号！于是发现式(2-5-25)的准确含义原来就是张量等式(2-5-26). 这一理解虽然最准确，却欠大众化，普及的难度很高. 反之，式(2-5-25)之所以如此常用，一个重要原因是$\mathrm{d}l^2$在近似理解中可看作元段长度的平方，而$\mathrm{d}s^2$无非是$\mathrm{d}l^2$(对类空线段)或$-\mathrm{d}l^2$(对类时线段)的代号. 本节正文中许多公式都只能做这种近似理解. 例如，若要坚持微分几何的准确写法，式(2-5-8)就应改写为

$$l=\int\sqrt{g_{\mu\nu}\frac{\mathrm{d}x^\mu}{\mathrm{d}t}\frac{\mathrm{d}x^\nu}{\mathrm{d}t}}\mathrm{d}t, \tag{2-5-8'}$$

其中t为所论曲线的参数. 与式(2-5-8)不同，上式中每一符号都有明确意义，例

如 $\mathrm{d}x^\mu/\mathrm{d}t$ 是曲线切矢的第μ坐标分量，而 $\mathrm{d}t$ 同积分号相配表明积分变元为 t.

[选读 2-5-2 完]

§2.6 抽象指标记号

表示张量的常用方法有两种. 第一种是用不带指标的字母(如 T)代表张量，这有两个缺点：①看不出张量类型；②不易表明哪一上槽与哪一下槽做缩并(前面所用的记号 C^i_jT 是暂时的，在运算中有诸多不便.). 第二种表示法是用分量(如 $T^{\mu\nu}{}_\sigma$)代表张量，用分量服从的等式代表张量服从的等式. 分量等式是数量等式，因此在采用这种表示法的文献中所有等式都是数量等式. 这种表示法可以克服第一种表示法的两个困难，但自身却有一严重缺点：有时由于选用某一(或某类)特殊基底而得到较为简单的分量等式，它只对特殊基底成立，因而不代表张量等式. 我们希望知道哪些等式能够代表张量等式而哪些不能，然而在分量表示法中难以区分. 为了克服这一缺点(同时保留分量表示法的所有优点)，Penrose 首创"抽象指标记号" (the abstract index notation)，要点如下：

1. (k,l) 型张量用带有 k 个上标和 l 个下标的字母表示，上下指标为小写拉丁字母，只表示张量类型，故称**抽象指标**. 例如，v^a 代表矢量，上标 a 与 $\vec{v}$ 中的 → 作用一样(故不能谈及 $a=1$ 或 $a=2$ 的问题)，ω_a 代表对偶矢量，$T^{ab}{}_c$ 代表 $(2,1)$ 型张量，等等. v^b 和 v^a 代表相同的矢量(即矢量 $\vec{v}$)，但写等式时要注意"指标平衡"，例如可以写 $\alpha u^a+v^a=w^a$ 或 $\alpha u^b+v^b=w^b$ 而不可写 $\alpha u^a+v^b=w^a$.

2. 重复上下抽象指标表示对这两个指标求缩并. 例如
$T^a{}_a=T(e^{\mu*};e_\mu)=T^\mu{}_\mu$，$T^{ab}{}_a=T(e^{\mu*},\ \bullet\ ;\ e_\mu)$，$T^{ab}{}_b=T(\bullet,\ e^{\mu*};\ e_\mu)$.

3. 张量积记号省略. 例如，设 $T\in\mathscr{T}_V(2,1)$，$S\in\mathscr{T}_V(1,1)$，则 $T\otimes S$ 写成 $T^{ab}{}_cS^d{}_e$. 在不用指标的张量表示法中，一般来说 $\omega\otimes\mu\neq\mu\otimes\omega$，因为当作用于对象 $(v,\ u)$ 时，ω 是作用于 v 还是 u 的问题由字母的顺序决定[$\omega\otimes\mu$ 的第一字母 ω 作用于 $(v,\ u)$ 的第一字母 v]. 在抽象指标记号中，由于重复上下指标代表缩并，$\omega\otimes\mu\,(v,u)$ 既可写成 $\omega_a\mu_bv^au^b$ 又可写成 $\mu_b\omega_av^au^b$ [都代表 $\omega(v)\mu(u)$]. 既然在这种写法中 $\omega_a\mu_b$ 和 $\mu_b\omega_a$ 的作用对象都是 v^au^b，便有 $\omega_a\mu_b=\mu_b\omega_a$. 就是说，代表张量的字母带着自己的抽象指标可以交换. 张量积顺序的不可交换性体现为 $\omega_a\mu_b\neq\omega_b\mu_a$.

4. 涉及张量的分量时，相应指标用小写希腊字母 μ，ν，α，β 等(正如前面一直用的)，这种指标称为**具体指标**，可以问及 $\mu=1$ 还是 $\mu=2$ 的问题. 张量在基矢上的展开式 $T=T^{\mu\nu}{}_\sigma\,e_\mu\otimes e_\nu\otimes e^{\sigma*}$ 现在写成

$$T^{ab}{}_c = T^{\mu\nu}{}_\sigma (e_\mu)^a (e_\nu)^b (e^\sigma)_c \,, \tag{2-6-1}$$

[$(e^\sigma)_c$ 的抽象下标 c 已表明它是对偶基矢，无须写为 $(e^{\sigma *})_c$.]而 $T^{\mu\nu}{}_\sigma = T(e^{\mu *},\ e^{\nu *};\ e_\sigma)$ 现在写成

$$T^{\mu\nu}{}_\sigma = T^{ab}{}_c (e^\mu)_a (e^\nu)_b (e_\sigma)^c \,. \tag{2-6-2}$$

注意，式(2-6-1)和(2-6-2)的指标(无论抽象的还是具体的)都是“平衡”的．设 $T \in \mathscr{T}_V(0,\ 2)$ ，则 T 应记作 T_{ab} . 令 e_μ 为某基底的第 μ 基矢，则由式(2-4-7)可知 $T(\bullet, e_\mu) = \mathrm{C}^1_2 (T \otimes e_\mu)$ ，而 $T \otimes e_\mu$ 用抽象指标应记为 $T_{ab}(e_\mu)^c$ ，故 $T(\bullet, e_\mu)$ 应记作 $T_{ab}(e_\mu)^b$ ，也可简记作 $T_{a\mu}$ ，即

$$T(\bullet, e_\mu) \equiv T_{ab}(e_\mu)^b \equiv T_{a\mu} \,. \tag{2-6-3}$$

这是既有抽象指标又有具体指标的张量的表达方式，不妨认为 $T_{a1}, \cdots, T_{an}$ 代表 n 个对偶矢量，其中 $T_{a\mu}$ 代表“第 μ 个对偶矢量”．

5. 由“张量面面观”可知，V 上的(1, 1)型张量 $T^a{}_b$ 既可看作从 V 到 V 的线性映射又可看作从 V^* 到 V^* 的线性映射．就是说，$T^a{}_b$ 作用于矢量 $v^b \in V$ 仍为矢量，记作 $u^a \equiv T^a{}_b v^b \in V$ ；$T^a{}_b$ 作用于对偶矢量 $\omega_a \in V^*$ 仍为对偶矢量，记作 $\mu_b \equiv T^a{}_b \omega_a \in V^*$. 其实，由抽象指标也可一望而知 $T^a{}_b v^b$ 和 $T^a{}_b \omega_a$ 分别是矢量和对偶矢量，可见抽象指标记号是“张量面面观”的一种简单而直观的体现．以 $\delta^a{}_b$ 代表从 V 到 V 的恒等映射，即 $\delta^a{}_b v^b := v^a \ \forall v^b \in V$ ，则易见它也是从 V^* 到 V^* 的恒等映射，即 $\delta^a{}_b \omega_a = \omega_b \ \forall \omega_a \in V^*$. 进一步不难证明(练习) $\delta^a{}_b$ 与任一张量缩并的结果是把该张量的上标 b 换为 a (或把下标 a 换为 b)，例如 $\delta^a{}_b T_{ac} = T_{bc}$ ，$\delta^a{}_b T^{cb}{}_e = T^{ca}{}_e$. 设 $\{(e_\mu)^a\}$ 是 V 的基底，$\{(e^\mu)_a\}$ 是其对偶基底，则

$$(e^\mu)_a (e_\mu)^b = \delta^b{}_a \,. \tag{2-6-4}$$

这是(1, 1)型张量等式，证明时只须验证两边作用于任一矢量 v^a 得相同结果(练习)．设 $\{(e_\mu)^a\}$ 是 V 的基底，$\{(e^\mu)_a\}$ 是其对偶基底，则 $\delta^a{}_b$ 在此基底的分量 $\delta^\mu{}_\nu \equiv \delta^a{}_b (e^\mu)_a (e_\nu)^b$ 满足 $\delta^\mu{}_\nu = \begin{cases} +1, (\mu = \nu) \\ 0, (\mu \neq \nu) \end{cases}$. 证明很简单，以 $\delta^1{}_1$ 为例，$\delta^1{}_1 = \delta^a{}_b (e^1)_a \cdot (e_1)^b = (e^1)_a (e_1)^a = 1$. 请注意，即使是洛伦兹号差的情况下也有 $\delta^0{}_0 = +1$.

6. 因度规 $g \in \mathscr{T}_V(0,2)$ ，故应记为 g_{ab} . 设 $v \in V$ ，则 $g(\bullet,\ v) \in V^*$ (见§2.4 例 1 后的一段)．把 g 看作式(2-4-7)的 T，便得 $g(\bullet,\ v) = \mathrm{C}^1_2 (g \otimes v) = \mathrm{C}^1_2 (g_{ab} v^c) = g_{ab} v^b$ ，故 $g(\bullet,\ v)$ 应记作 $g_{ab} v^b$. 又因有度规 g 时 V 与 V^* 在同构映射 $g: V \to V^*$ 下自然认

同，而$g_{ab}v^b \equiv g(\cdot,v)$正是$v^a$在这一映射下的像，故应与$v^a$认同，索性就把$g_{ab}v^b$记作$v_a$(可看作$v_a$的定义). 就是说，虽然在数学上$v^a$与$v_a$是两种不同性质的量(矢量和对偶矢量)，但在应用上两者代表的是同一事物(故都用v表示). 于是常写

$$v_a = g_{ab}v^b . \tag{2-6-5}$$

又由于$g: V \to V^*$是同构映射，其逆映射g^{-1}自然存在. 不难论证g^{-1}是(2, 0)型张量，本应记作$(g^{-1})^{ab}$，但通常都简记为g^{ab}(有上指标就不会与g_{ab}混淆). 根据类似推理，任一$\omega_b \in V^*$在g^{ab}映射下的像为$g^{ab}\omega_b$，索性记作ω^a，以表示与ω_a代表同一事物，于是(见图 2-10)

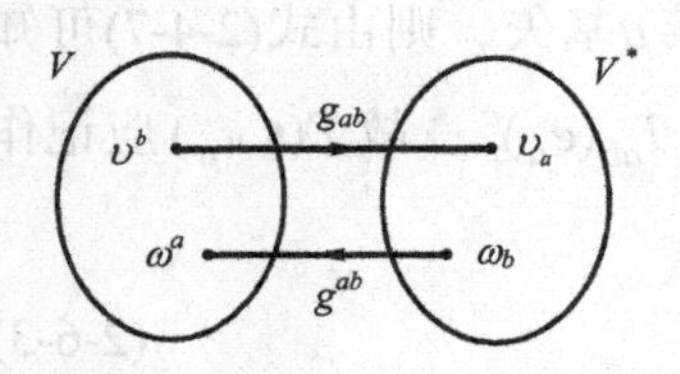

图 2-10 度规g把V和V^*自然认同，从而可升降指标

$$\omega^a = g^{ab}\omega_b . \tag{2-6-6}$$

式(2-6-5)、(2-6-6)表明可用g_{ab}及g^{ab}对上、下指标分别做“下降”和“上升”处理. 这种升降指标操作适用于任何张量中的任何抽象指标. 例如，(1,1)型张量T在抽象指标记号中可表为$T^a{}_b$，所谓用度规对它降指标，其实是用g和T通过张量积及缩并运算求得一个(0,2)型张量$g(\cdot, e_\mu)\otimes T(e^{\mu *};\cdot)$，在抽象指标记号中就把它记作$T_{ab}$，即$T_{ab} \equiv g_{ac}T^c{}_b$.

依次使用式(2-6-6)、(2-6-5)得$\omega^a = g^{ab}\omega_b = g^{ab}(g_{bc}\omega^c)$，$\forall \omega^a \in V$，故

$$g^{ab}g_{bc} = \delta^a{}_c , \tag{2-6-7}$$

其实这是g^{ab}作为g_{ab}的逆映射的必然结果.

设$\{(e_\mu)^a\}$是V的任一基底，$\{(e^\mu)_a\}$是其对偶基底，以$g_{\mu\nu}$和$g^{\mu\nu}$分别代表g_{ab}和g^{ab}在这一基底的分量，则一方面有$\delta^a{}_c = \delta^\mu{}_\sigma (e_\mu)^a (e^\sigma)_c$，另一方面又有

$$\delta^a{}_c = g^{ab}g_{bc} = g^{\mu\nu}(e_\mu)^a(e_\nu)^b g_{\rho\sigma}(e^\rho)_b(e^\sigma)_c = g^{\mu\nu}g_{\nu\sigma}(e_\mu)^a(e^\sigma)_c ,$$

其中第三步是因为$(e_\nu)^b g_{\rho\sigma}(e^\rho)_b = \delta^\rho{}_\nu g_{\rho\sigma} = g_{\nu\sigma}$,故

$$g^{\mu\nu}g_{\nu\sigma} = \delta^\mu{}_\sigma . \tag{2-6-8}$$

上式表明度规g_{ab}在任一基底的分量$g_{\mu\nu}$的矩阵有逆(逆矩阵就是度规g_{ab}之逆g^{ab}在同一基底的分量$g^{\mu\nu}$的矩阵)，因而非退化. 可见g_{ab}的非退化性保证它在任一基底的矩阵$(g_{\mu\nu})$的非退化性. 反之，设存在基底$\{(e_\mu)^a\}$及其对偶基底$\{(e^\mu)_a\}$使$(g_{\mu\nu})$为非退化，则$(g_{\mu\nu})$有逆矩阵$(g^{\mu\nu})$，令$g^{ab} \equiv g^{\mu\nu}(e_\mu)^a(e_\nu)^b$，则由$g^{\mu\nu}g_{\nu\sigma} = \delta^\mu{}_\sigma$易证$g^{ab}g_{bc} = \delta^a{}_c$，可见$g_{ab}$: $V \to V^*$有逆映射g^{ab}，因而非退化(“有逆$\Rightarrow$非退化”的证明留作练习. 提示：g_{ab}: $V \to V^*$有逆表明它是一一映射，而如果g_{ab}退化，则V中除零元外还有$v^a \neq 0$，其像也为$\underline{0} \in V^*$，与一一性矛盾.).

不难看出，用度规及其逆的分量 $g_{\mu\nu}$ 及 $g^{\mu\nu}$ 可对张量分量的上、下具体指标做下降和上升处理. 例如，可把 $g_{\mu\nu}v^\nu$ 写成 v_μ，因为

$$g_{\mu\nu}v^\nu = g_{ab}(e_\mu)^a(e_\nu)^b v^\nu = g_{ab}(e_\mu)^a v^b = v_a(e_\mu)^a = v_\mu .$$

作为抽象指标记号的例子，此处介绍 4 维闵氏度规 η_{ab} 的抽象指标表达式. 闵氏度规的定义式(2-5-17)在抽象指标记号中应表为

$$\eta_{ab} := \eta_{\mu\nu}(\mathrm{d}x^\mu)_a(\mathrm{d}x^\nu)_b ,$$

其中 $\{(\mathrm{d}x^\mu)_a\}$ 是洛伦兹坐标系的对偶基底. 以 $\{t,x,y,z\}$ 代表 $\{x^0,x^1,x^2,x^3\}$，则因为非零的 $\eta_{\mu\nu}$ 只有 $\eta_{00}=-1$，$\eta_{11}=\eta_{22}=\eta_{33}=1$，上式可表为

$$\eta_{ab} = -(\mathrm{d}t)_a(\mathrm{d}t)_b + (\mathrm{d}x)_a(\mathrm{d}x)_b + (\mathrm{d}y)_a(\mathrm{d}y)_b + (\mathrm{d}z)_a(\mathrm{d}z)_b , \tag{2-6-9a}$$

与线元表达式 $\mathrm{d}s^2 = -\mathrm{d}t^2 + \mathrm{d}x^2 + \mathrm{d}y^2 + \mathrm{d}z^2$ 相应. 如果改用球坐标系 $\{t,r,\theta,\varphi\}$，则由

$$x = r\sin\theta\cos\varphi ,\quad y = r\sin\theta\sin\varphi ,\quad z = r\cos\theta$$

不难从式(2-6-9a)导出

$$\eta_{ab} = -(\mathrm{d}t)_a(\mathrm{d}t)_b + (\mathrm{d}r)_a(\mathrm{d}r)_b + r^2(\mathrm{d}\theta)_a(\mathrm{d}\theta)_b + r^2\sin^2\theta\,(\mathrm{d}\varphi)_a(\mathrm{d}\varphi)_b , \tag{2-6-9b}$$

与线元表达式 $\mathrm{d}s^2 = -\mathrm{d}t^2 + \mathrm{d}r^2 + r^2(\mathrm{d}\theta^2 + \sin^2\theta\,\mathrm{d}\varphi^2)$ 相应.

在许多不用抽象指标记号的文献中，4 维时空和 3 维黎曼空间的分量指标分别用希腊字母 μ，ν，…(都从 0 取到 3)和拉丁字母 i，j，k…(都从 1 取到 3). 拉丁字母在本书中本应代表抽象指标，然而为区分 4 维和 3 维的分量指标，我们允许一个例外，即凡涉及 3 维黎曼空间时用拉丁字母中从 i 起的若干字母 i，j，k…充当具体指标(都从 1 到 3)，其他拉丁字母(如 a，b，c 等)仍为抽象指标. 例如 3 维矢量 $\vec{v}$ 可表为 $v^a = v^i(\partial/\partial x^i)^a$ (i 从 1 到 3 取和).

在抽象指标记号中，坐标基矢记作 $(\partial/\partial x^\mu)^a$，对偶坐标基矢记作 $(\mathrm{d}x^\mu)_a$. 用度规 g_{ab} 和 g^{ab} 对前者和后者分别降、升指标，得对偶矢量 $g_{ab}(\partial/\partial x^\mu)^b$ 和矢量 $g^{ab}(\mathrm{d}x^\mu)_b$. 以 ω_a 简记 $g_{ab}(\partial/\partial x^\mu)^b$ 并用对偶坐标基矢展开为 $g_{ab}(\partial/\partial x^\mu)^b = \omega_\nu(\mathrm{d}x^\nu)_a$，两边作用于 $(\partial/\partial x^\sigma)^a$ 后得 $g_{\sigma\mu} = \omega_\sigma$，故

$$g_{ab}(\partial/\partial x^\mu)^b = g_{\mu\nu}(\mathrm{d}x^\nu)_a . \tag{2-6-10a}$$

可见 $g_{ab}(\partial/\partial x^\mu)^b$ 一般不等于 $(\mathrm{d}x^\mu)_a$. 类似可得

$$g^{ab}(\mathrm{d}x^\mu)_b = g^{\mu\nu}(\partial/\partial x^\nu)^a . \tag{2-6-10b}$$

当 $g_{ab} = \delta_{ab}$(欧氏度规)且 $\{x^\mu\}$ 为笛卡儿系时上二式简化为

$$\delta_{ab}(\partial/\partial x^\mu)^b = (\mathrm{d}x^\mu)_a ,\qquad \delta^{ab}(\mathrm{d}x^\mu)_b = (\partial/\partial x^\mu)^a , \tag{2-6-11}$$

当 $g_{ab} = \eta_{ab}$(以 4 维闵氏度规为例)且 $\{x^\mu\}$ 为洛伦兹系时则有

$$\eta_{ab}(\partial/\partial x^0)^b = -(\mathrm{d}x^0)_a\,, \qquad \eta_{ab}(\partial/\partial x^i)^b = (\mathrm{d}x^i)_a\,; \tag{2-6-12a}$$

$$\eta^{ab}(\mathrm{d}x^0)_b = -(\partial/\partial x^0)^a\,, \qquad \eta^{ab}(\mathrm{d}x^i)_b = (\partial/\partial x^i)^a\,. \tag{2-6-12b}$$

其中 $i=1$，2，3，此时 i 不是抽象指标.

张量的上指标和下指标在文献中又常分别称为**逆变指标**(contravariant index)和**协变指标**(covariant index). 相应地，矢量 v^a 和对偶矢量 ω_a 也分别称为**逆变矢量**和**协变矢量**.

张量的对称性可方便地用抽象指标表述如下：

定义 1　$T \in \mathscr{T}_V(0,2)$ 称为**对称的**(symmetric)，若 $T(u,v) = T(v,u)$，$\forall u, v \in V$.

由于 $T(u,\ v) = T_{ab}u^a v^b$，$T(v,\ u) = T_{ab}v^a u^b = T_{ba}u^a v^b$，故在抽象指标记号中 T 为对称的充要条件是 $T_{ab} = T_{ba}$. (0, 2)型张量在抽象指标记号中本来既可记作 T_{ab} 又可记作 T_{ba}，两者代表同一张量. 然而只当 T 为对称张量时才允许写为 $T_{ab} = T_{ba}$，可见用抽象指标写等式时比用它单独表示一个张量时要更为小心. 同理，(1,1)型张量既可表为 $T^a{}_b$，也可表为 $T_b{}^a$，用度规降指标后分别为 $g_{ca}T^a{}_b = T_{cb}$ 和 $g_{ca}T_b{}^a = T_{bc}$. 虽然两者代表同一张量，但只有降指标后为对称张量的(1,1)型张量才允许写为 $T^a{}_b = T_b{}^a$. 在不用度规升降指标时，(k, l)型张量的上、下指标各排各的序，两个上下指标之间没有顺序问题. 因此，如果愿意，(1,1)型张量可写为 T^a_b，(2,1)型张量可写为 T^{ab}_c 等. 然而这种写法在用度规升降指标时出现不确定性. 由于经常要升降指标，本书从一开始就把上下两排指标错开，例如写成 $T^{ab}{}_c$.

以上讨论表明抽象指标记号在形式上与具体指标记号极为相似，这正是抽象指标记号的一大好处：它既可表示张量等式，又保留了具体指标记号的许多优点.

定义 2　(0,2)型张量 T_{ab} 的**对称部分**(记作 $T_{(ab)}$)和**反称部分**(记作 $T_{[ab]}$)分别定义为

$$T_{(ab)} := \frac{1}{2}(T_{ab} + T_{ba})\,, \qquad T_{[ab]} := \frac{1}{2}(T_{ab} - T_{ba})\,,$$

一般地，$(0, l)$型张量 $T_{a_1 \cdots a_l}$ 的对称和反称部分定义为

$$T_{(a_1 \cdots a_l)} := \frac{1}{l\,!}\sum_{\pi} T_{a_{\pi(1)} \cdots a_{\pi(l)}}\,, \tag{2-6-13}$$

$$T_{[a_1 \cdots a_l]} := \frac{1}{l\,!}\sum_{\pi} \delta_{\pi} T_{a_{\pi(1)} \cdots a_{\pi(l)}}\,, \tag{2-6-14}$$

其中 π 代表 $(1, \cdots, l)$ 的一种排列，π(1)是指 π 所代表的那种排列中的第 1 个数字，$\sum\limits_{\pi}$ 代表对各种排列取和，$\delta_\pi \equiv \pm 1$ (偶排列取+，奇排列取−.). 例如

$$T_{(a_1a_2a_3)} = \frac{1}{6}(T_{a_1a_2a_3} + T_{a_3a_1a_2} + T_{a_2a_3a_1} + T_{a_1a_3a_2} + T_{a_3a_2a_1} + T_{a_2a_1a_3})\,,$$

$$T_{[a_1a_2a_3]}=\frac{1}{6}(T_{a_1a_2a_3}+T_{a_3a_1a_2}+T_{a_2a_3a_1}-T_{a_1a_3a_2}-T_{a_3a_2a_1}-T_{a_2a_1a_3}).$$

定义 3　$T\in\mathscr{T}_V(0,l)$ 称为**全对称的**，若 $T_{a_1\cdots a_l}=T_{(a_1\cdots a_l)}$；$T$ 称为**全反称的**，若 $T_{a_1\cdots a_l}=T_{[a_1\cdots a_l]}$.

以上内容(定义 1~3)也适用于$(k,0)$型张量．例如，T 叫全对称的，若 $T^{a_1\cdots a_k}=T^{(a_1\cdots a_k)}$.

注 1　任一(0, 2)型张量可表为其对称和反称部分之和，即 $T_{ab}=T_{(ab)}+T_{[ab]}$，但对 $l>2$ 的 $(0,l)$ 型张量不成立．例如，$T_{abc}\neq T_{(abc)}+T_{[abc]}$，然而 $T_{abc}=T_{(abc)}\Rightarrow T_{[abc]}=0$ [见定理 2-6-2(e)].

定理 2-6-1

(a) 设 $T_{a_1\cdots a_l}=T_{(a_1\cdots a_l)}$，则

$$T_{a_1\cdots a_l}=T_{a_{\pi(1)}\cdots a_{\pi(l)}}\ (\pi\text{代表任一种排列}),\tag{2-6-15}$$

即 $T_{(a_1\cdots a_l)}$ 展开式(共 $l!$ 项)中的每一项都等于 $T_{a_1\cdots a_l}$，例如

$$T_{abc}=T_{(abc)}\Rightarrow T_{abc}=T_{acb}=T_{cab}=T_{cba}=T_{bca}=T_{bac};\tag{2-6-16}$$

(b) 设 $T_{a_1\cdots a_l}=T_{[a_1\cdots a_l]}$，则

$$T_{a_1\cdots a_l}=\delta_\pi T_{a_{\pi(1)}\cdots a_{\pi(l)}},\tag{2-6-17}$$

即 $T_{[a_1\cdots a_l]}$ 展开式中的偶排列项等于 $T_{a_1\cdots a_l}$，奇排列项等于 $-T_{a_1\cdots a_l}$，例如

$$T_{abc}=T_{[abc]}\Rightarrow T_{abc}=-T_{acb}=T_{cab}=-T_{cba}=T_{bca}=-T_{bac}.\tag{2-6-18}$$

对 $(k,0)$ 型(上指标)全对称和全反称张量也有类似结论.

证明　仅以 $l=3$ 为例．l 为其他正整数时证明仿此.

(a)由 $T_{abc}=T_{(abc)}$ 得 $T_{acb}=T_{(acb)}$(后式无非是前式左右两边同时改变抽象指标的结果)，而 $T_{(acb)}=T_{(abc)}$(由 $T_{(abc)}$ 的定义式显见)，故 $T_{acb}=T_{(abc)}=T_{abc}$. 式(2-6-16)右侧其他各等号的证明仿此.

(b) 由 $T_{abc}=T_{[abc]}$ 得 $T_{acb}=T_{[acb]}=-T_{[abc]}=-T_{abc}$. 式(2-6-18)右侧其他等号的证明仿此.　□

今后会经常遇到对带有圆、方括号的指标的运算，下面的定理对许多运算将带来很大方便.

定理 2-6-2

(a) 缩并时括号有“传染性”，即

$$T_{[a_1\cdots a_l]}S^{a_1\cdots a_l}=T_{[a_1\cdots a_l]}S^{[a_1\cdots a_l]}=T_{a_1\cdots a_l}S^{[a_1\cdots a_l]},\tag{2-6-19}$$

对圆括号亦然.

(b) 括号内的同种子括号可随意增删，例如

$$T_{[[ab]c]} = T_{[abc]}\,, \qquad \text{其中} \quad T_{[[ab]c]} \equiv \frac{1}{2}(T_{[abc]} - T_{[bac]})\,. \tag{2-6-20}$$

(c) 括号内加异种子括号得零，例如

$$T_{[(ab)c]} = 0\,, \qquad T_{(a[bcd])} = 0\,. \tag{2-6-21}$$

(d) 异种括号缩并得零，例如

$$T^{(abc)}S_{[abc]} = 0\,. \tag{2-6-22}$$

(e)

$$T_{a_1\cdots a_l} = T_{(a_1\cdots a_l)} \Rightarrow T_{[a_1\cdots a_l]} = 0\,, \tag{2-6-23}$$

$$T_{a_1\cdots a_l} = T_{[a_1\cdots a_l]} \Rightarrow T_{(a_1\cdots a_l)} = 0\,. \tag{2-6-24}$$

对$(k, 0)$型(上指标)全对称和全反称张量也有类似结论.

证明　(a)、(b)、(c)的证明留作练习. (d)是(a)和(c)的推论，(e)是(c)的推论. □

习　题

~1. 试证§2.1 例 2 定义的拓扑同胚映射 $\psi_i^\pm$ 在 $O_i^\pm$ 的所有交叠区上满足相容性条件，从而证实 S^1 确是 1 维流形.

2. 说明 n 维矢量空间可看作 n 维平庸流形.

3. 设 X 和 Y 是拓扑空间，$f: X \to Y$ 是同胚. 若 X 还是个流形，试给 Y 定义一个微分结构使 $f: X \to Y$ 升格为微分同胚.

~4. 设 $\{x, y\}$ 为 $\mathbb{R}^2$ 的自然坐标，$C(t)$是曲线，参数表达式为 $x = \cos t,\ y = \sin t,\ t \in (0, \pi)$. 若 $p = C(\pi/3)$ ，写出曲线在 p 的切矢在自然坐标基的分量，并画图表出该曲线及该切矢.

5. 设曲线 $C(t)$和 $C'(t) \equiv C(2t_0 - t)$ 在 $C(t_0) = C'(t_0)$ 点的切矢分别为 v 和 v'，试证 $v + v' = 0$.

~6. 设 O 为坐标系 $\{x^\mu\}$ 的坐标域，$p \in O,\ v \in V_p,\ v^\mu$ 是 v 的坐标分量，把坐标 x^μ 看作 O 上的 C^∞ 函数，试证 $v^\mu = v(x^\mu)$. 提示：用 $v = v^\nu X_\nu$ 两边作用于函数 x^μ .

7. 设 M 是 2 维流形，(O,ψ) 和 (O',ψ') 是 M 上的两个坐标系，坐标分别为 $\{x, y\}$ 和 $\{x', y'\}$，在 $O \cap O'$ 上的坐标变换为 $x' = x,\ \ y' = y - \Omega x\ (\Omega = \text{常数})$，试分别写出坐标基矢 $\partial/\partial x$，$\partial/\partial y$ 用坐标基矢 $\partial/\partial x'$，$\partial/\partial y'$ 的展开式.

~8. (a) 试证式(2-2-9)的 $[u, v]$ 在每点满足矢量定义(§2.2 定义 2)的两条件，从而的确是矢量场. (b) 设 u, v, w 为流形 M 上的光滑矢量场，试证

$$[[u, v], w] + [[w, u], v] + [[v, w], u] = 0 \quad (\text{此式称为\textbf{雅可比恒等式}}).$$

~9. 设 $\{r, \varphi\}$ 为 $\mathbb{R}^2$ 中某开集(坐标域)上的极坐标，$\{x, y\}$ 为自然坐标，

(a) 写出极坐标系的坐标基矢 $\partial/\partial r$ 和 $\partial/\partial\varphi$ (作为坐标域上的矢量场)用 $\partial/\partial x$，$\partial/\partial y$ 展开的表达式.

(b) 求矢量场 $[\partial/\partial r,\ \partial/\partial x]$ 用 $\partial/\partial x$，$\partial/\partial y$ 展开的表达式.

(c) 令 $\hat{e}_r \equiv \partial/\partial r,\ \hat{e}_\varphi \equiv r^{-1}\partial/\partial\varphi$ ，求 $[\hat{e}_r,\ \hat{e}_\varphi]$ 用 $\partial/\partial x$，$\partial/\partial y$ 展开的表达式.

~10. 设 u, v 为 M 上的矢量场，试证 $[u, v]$ 在任何坐标基底的分量满足

$[u,v]^\mu = u^\nu \partial v^\mu/\partial x^\nu - v^\nu \partial u^\mu/\partial x^\nu$．提示：用式(2-2-3′)和(2-2-3).

~11. 设$\{e_\mu\}$为 V 的基底，$\{e^{\mu *}\}$ 为其对偶基底，$v\in V$，$\omega\in V^*$，试证

$$\omega=\omega(e_\mu)e^{\mu *},\qquad v=e^{\mu *}(v)e_\mu .$$

~12. 试证 $\omega'_\nu=\dfrac{\partial x^\mu}{\partial x'^\nu}\omega_\mu$ (定理 2-3-4).

~13. 试证由式(2-3-5)定义的映射 $v\mapsto v^{**}$ 是同构映射. 提示：可利用线性代数的结论，即同维矢量空间之间的一一线性映射必到上.

~14. 设 C^1_1T 和 $(C^1_1T)'$ 分别是(2, 1)型张量 T 借两个基底 $\{e_\mu\}$ 和 $\{e'_\mu\}$ 定义的缩并，试证 $(C^1_1T)'=C^1_1T$.

*~15. 设 g 为 V 的度规，试证 g：$V\to V^*$ 是同构映射(可参见第 13 题的提示).

~16. 试证线长与曲线的参数化无关.

17. 设 $\{x, y\}$ 是 2 维欧氏空间的笛卡儿坐标系，试证由式(2-5-14)定义的 $\{x', y'\}$ 也是笛卡儿系.

18. 设 $\{t, x\}$ 是 2 维闵氏空间的洛伦兹坐标系，试证由式(2-5-20)定义的 $\{t', x'\}$ 也是洛伦兹系.

~19. (a) 用张量变换律求出 3 维欧氏度规在球坐标系中的全部分量 $g'_{\mu\nu}$. (b) 已知 4 维闵氏度规 g 在洛伦兹系中的线元表达式为 $\mathrm{d}s^2=-\mathrm{d}t^2+\mathrm{d}x^2+\mathrm{d}y^2+\mathrm{d}z^2$，求 g 及其逆 g^{-1} 在新坐标系 $\{t', x', y', z'\}$ 的全部分量 $g'_{\mu\nu}$ 及 $g'^{\mu\nu}$，该新坐标系定义如下：

$$t'=t,\ \ z'=z,\ \ x'=(x^2+y^2)^{1/2}\cos(\varphi-\omega t)\ ,$$

$$y'=(x^2+y^2)^{1/2}\sin(\varphi-\omega t),\ \ \omega=\text{常数},$$

其中 φ 满足 $\cos\varphi=y\,(x^2+y^2)^{-1/2}$，$\sin\varphi=x\,(x^2+y^2)^{-1/2}$．提示：先求 $g'^{\mu\nu}$ 再求 $g'_{\mu\nu}$.

~20. 试证 3 维欧氏空间中球坐标基矢 $\partial/\partial r, \partial/\partial\theta, \partial/\partial\varphi$ 的长度依次为 $1, r, r\sin\theta$.

~21. 用抽象指标记号证明 $T'^\mu{}_\nu=\dfrac{\partial x'^\mu}{\partial x^\rho}\dfrac{\partial x^\sigma}{\partial x'^\nu}T^\rho{}_\sigma$.

22. 以 g 和 g' 分别代表度规 g_{ab} 在坐标系 $\{x^\mu\}$ 和 $\{x'^\mu\}$ 的分量 $g_{\mu\nu}$ 和 $g'_{\mu\nu}$ 组成的两个 $n\times n$ 矩阵的行列式，试证 $g'=|\partial x^\rho/\partial x'^\sigma|^2 g$，其中 $|\partial x^\rho/\partial x'^\sigma|$ 是坐标变换 $\{x^\mu\}\mapsto\{x'^\mu\}$ 的雅可比行列式，即由 $\partial x^\rho/\partial x'^\sigma$ 组成的 $n\times n$ 行列式. 注：本题表明度规的行列式在坐标变换下不是不变量. 提示：取等式 $g'_{\rho\sigma}=(\partial x^\mu/\partial x'^\rho)\,(\partial x^\nu/\partial x'^\sigma)g_{\mu\nu}$ 的行列式.

~23. 设 $\{x^\mu\}$ 是流形上的任一局域坐标系，试判断下列等式的是非：

(1) $(\partial/\partial x^\mu)^a(\partial/\partial x^\nu)_a=g_{\mu\nu}$，其中 $(\partial/\partial x^\nu)_a\equiv g_{ab}(\partial/\partial x^\nu)^b$；

(2) $(\mathrm{d}x^\mu)^a(\mathrm{d}x^\nu)_a=g^{\mu\nu}$，其中 $(\mathrm{d}x^\mu)^a\equiv g^{ab}(\mathrm{d}x^\mu)_b$；

(3) $(\partial/\partial x^\mu)_a=(\mathrm{d}x^\mu)_a$；

(4) $(\mathrm{d}x^\mu)^a=(\partial/\partial x^\mu)^a$；

(5) $v^\mu\omega_\mu=v_\mu\omega^\mu$；

(6) $g_{\mu\nu}T^{\nu\rho}S_\rho{}^\sigma=T_{\mu\rho}S^{\rho\sigma}$；

(7) $v^a u^b = v^b u^a$；

(8) $v^a u^b = u^b v^a$.

24. 设 T_{ab} 是矢量空间 V 上的(0, 2)型张量，试证 $T_{ab} v^a v^b = 0,\ \forall v^a \in V \Rightarrow\ T_{ab} = T_{[ab]}$. 提示：把 v^a 表为任意两个矢量 u^a 和 w^a 之和.

25. 试证 $T_{abcd} = T_{a[bc]d} = T_{ab[cd]} \Rightarrow T_{abcd} = T_{a[bcd]}$.

注 (1) 推广至一般的结论是

$$T_{\cdots a \cdots b \cdots c \cdots} = T_{\cdots [a \cdots b] \cdots c \cdots} = T_{\cdots a \cdots [b \cdots c] \cdots} \Rightarrow T_{\cdots a \cdots b \cdots c \cdots} = T_{\cdots [a \cdots b \cdots c] \cdots} .$$

上式的前提中只有两个等号，关键是 $T_{\cdots [a \cdots b] \cdots c \cdots}$ 和 $T_{\cdots a \cdots [b \cdots c] \cdots}$ 中的指标 b 都在方括号内.

(2) 把前提和结论中的方括号改为圆括号，则推广前后的命题仍成立.

第3章　黎曼(内禀)曲率张量

§3.1　导 数 算 符

欧氏空间有熟知的导数算符$\vec{\nabla}$，它作用于函数(标量场)f得矢量场$\vec{\nabla}f$ (梯度)，作用于矢量场$\vec{v}$ (再求缩并)得标量场$\vec{\nabla}\cdot\vec{v}$ (散度)等. 由于存在欧氏度规δ_{ab}，欧氏空间的矢量v^a与对偶矢量$v_a=\delta_{ab}v^b$自然认同. 现在要把$\vec{\nabla}$推广到任意流形，其上可以没有度规，所以要分清矢量和对偶矢量. 研究发现在推广时$\vec{\nabla}$更像对偶矢量，故应记作∇_a. 其实∇本身是算符，既非矢量也非对偶矢量，所谓把∇看作对偶矢量是指它作用于函数 f 的结果$\nabla_a f$是对偶矢量. 推而广之，∇作用于任一$(k,\ l)$型张量场的结果是$(k,\ l+1)$型张量场. 于是有如下定义：

定义 1　以$\mathscr{F}_M(k,l)$代表流形 M 上全体C^∞的(k,l)型张量场的集合[函数f可看作(0, 0)型张量场(标量场)，故$\mathscr{F}_M(0,0)\equiv\mathscr{F}_M$.]. 映射$\nabla:\mathscr{F}_M(k,\ l)\to\mathscr{F}_M(k,\ l+1)$称为 M 上的(**无挠**)**导数算符**(derivative operator)，[①] 若它满足如下条件：

(a) 具有线性性：

$$\nabla_a(\alpha T^{b_1\cdots b_k}{}_{c_1\cdots c_l}+\beta S^{b_1\cdots b_k}{}_{c_1\cdots c_l})=\alpha\nabla_a T^{b_1\cdots b_k}{}_{c_1\cdots c_l}+\beta\nabla_a S^{b_1\cdots b_k}{}_{c_1\cdots c_l}$$

$$\forall T^{b_1\cdots b_k}{}_{c_1\cdots c_l},\ S^{b_1\cdots b_k}{}_{c_1\cdots c_l}\in\mathscr{F}_M(k,l),\quad \alpha,\ \beta\in\mathbb{R}\ ;$$

(b) 满足莱布尼茨(Leibnitz)律：

$$\nabla_a(T^{b_1\cdots b_k}{}_{c_1\cdots c_l}S^{d_1\cdots d_{k'}}{}_{e_1\cdots e_{l'}})=T^{b_1\cdots b_k}{}_{c_1\cdots c_l}\nabla_a S^{d_1\cdots d_{k'}}{}_{e_1\cdots e_{l'}}+S^{d_1\cdots d_{k'}}{}_{e_1\cdots e_{l'}}\nabla_a T^{b_1\cdots b_k}{}_{c_1\cdots c_l}$$

$$\forall\ T^{b_1\cdots b_k}{}_{c_1\cdots c_l}\in\mathscr{F}_M(k,l),\ S^{d_1\cdots d_{k'}}{}_{e_1\cdots e_{l'}}\in\mathscr{F}_M(k',l')\ ;$$

(c) 与缩并可交换顺序；

(d) $v(f)=v^a\nabla_a f$，　$\forall f\in\mathscr{F}_M,\ v\in\mathscr{F}_M(1,0)$；

(e) 具有无挠(torsion free)性：$\nabla_a\nabla_b f=\nabla_b\nabla_a f$，$\forall f\in\mathscr{F}_M$.

注 1

(1) 条件(c)又可表为$\nabla\circ C=C\circ\nabla$，其中 C 代表缩并. 今后将常写

$$\nabla_a(v^b\omega_b)=v^b\nabla_a\omega_b+\omega_b\nabla_a v^b$$

一类的式子，这就要用到条件(c)，因为上式的导出过程为

---

① $\mathscr{F}(k,l)$可放宽为全体C^1类(k,l)型张量场的集合. 就是说，∇_a可作用于任一C^1类张量场.

$$\nabla_a(v^b\omega_b)=\nabla_a[C(v^b\omega_c)]=C_2^1[\nabla_a(v^b\omega_c)]$$
$$=C_2^1(v^b\nabla_a\omega_c)+C_2^1[(\nabla_a v^b)\omega_c]=v^b\nabla_a\omega_b+\omega_b\nabla_a v^b ,$$

其中第二步用到条件(c).

(2) 条件(d)左边的函数 $v(f)$ 不宜记作 $v^a(f)$，因 $v^a(f)$ 易被误以为矢量场. 这是应写而不写抽象指标的少数例子之一. 对条件(d)可用欧氏空间的 $\vec{\nabla}$ 为例理解. 设 v^a 为欧氏空间中任一矢量场，其在笛卡儿系坐标基底的展开式为

$$v^a=v^1(\partial/\partial x)^a+v^2(\partial/\partial y)^a+v^3(\partial/\partial z)^a ,$$

则它对函数 f 的作用可表为

$$v(f)=v^1(\partial f/\partial x)+v^2(\partial f/\partial y)+v^3(\partial f/\partial z)=\vec{v}\cdot\vec{\nabla}f=v^a\nabla_a f .$$

可见条件(d)是这一性质对任意流形的推广.

(3) 设 ∇_a 是任一导数算符，则由条件(d)易证(练习)

$$\nabla_a f=(\mathrm{d}f)_a ,\quad \forall f\in\mathscr{F}_M , \tag{3-1-1}$$

其中 $(\mathrm{d}f)_a$ 是函数 f 生成的对偶矢量场 $\mathrm{d}f$ [见式(2-3-7)]的抽象指标表示.

(4) 由§2.6 定义 1 可知条件(e)实质上是下式的抽象指标表述：$(\nabla\nabla f)(u,v)=(\nabla\nabla f)(v,u)\ \forall u,v\in\mathscr{F}(1,0)$，亦即 $\nabla\nabla f$ 是个对称的(0, 2)型张量.

(5) 满足条件(a)~(d)而不满足条件(e)的导数算符叫**有挠导数算符**. 广义相对论中只用无挠导数算符. 本书的 ∇_a 在不加声明时一律代表无挠导数算符.

[选读 3-1-1]

本选读与选读 2-2-1 精神一致. 为行文简练，此处把张量场 $T^{b_1\cdots b_k}{}_{c_1\cdots c_l}$ 简记为 T.

定理 3-1-1　设 $T_1,T_2\in\mathscr{F}_M(k,l)$ 在 $p\in M$ 的某邻域 N 内相等，即 $T_1|_N=T_2|_N$，则 $\nabla_a T_1|_p=\nabla_a T_2|_p$.

证明　类似于定理 2-2-1 的证明，留给读者完成. □

注 2　设张量场 T 只在 $p\in M$ 的邻域 $U(\neq M)$ 上有定义，即 $T\in\mathscr{F}_U(k,l)$，$T\notin\mathscr{F}_M(k,l)$. 按照定义 1, ∇_a 只能作用于 M 上的张量场，所以 $\nabla_a T$ 无意义. 然而总可找到 $\bar{T}\in\mathscr{F}_M(k,l)$ 及 p 的邻域 $N\subset U$ 使 $\bar{T}|_N=T|_N$，因而可把 $\nabla_a T$ 定义为 $\nabla_a\bar{T}$. 虽然对同一 T 存在无数满足上述要求的 $\bar{T}$，但定理 3-1-1 保证 $\nabla_a\bar{T}$ 对所有 $\bar{T}$ 一样. 可见用 $\nabla_a\bar{T}$ 给 $\nabla_a T$ 下定义合法. 于是我们说 ∇_a 有**局域性**，它对张量场 T 的作用结果在 p 点的值只取决于 T 在 p 点的一个邻域(多么“小”都可以)上的表现. 读者早已熟知微积分学中对函数的求导有类似性质.

[选读 3-1-1 完]

任何流形必定存在满足定义 1 的导数算符[见陈省身，陈维桓(1983)第四章定理 1.1]. 事实上，导数算符不但存在，而且很多. 下面讨论多到什么程度. 由式(3-1-1)可知任意两个导数算符 ∇_a 和 $\tilde{\nabla}_a$ 作用于同一函数的结果相同，即

$$\nabla_a f = \tilde{\nabla}_a f = (\mathrm{d}f)_a\,, \qquad \forall\, f \in \mathscr{F}_M\,. \tag{3-1-2}$$

可见∇_a与$\tilde{\nabla}_a$的不同只能体现在对非(0, 0)型张量场的作用上．先讨论(0, 1)型张量场(对偶矢量场)．设在点$p\in M$给定一个对偶矢量$\mu_b \in V_p{}^*$，考虑M上的任意两个对偶矢量场$\omega_b, \omega'_b \in \mathscr{F}_M(0,1)$，满足$\omega'_b|_p = \omega_b|_p = \mu_b$ (ω_b和ω'_b称为μ_b在M上的两个延拓)．设∇_a为导数算符，则$\nabla_a\omega'_b|_p$与$\nabla_a\omega_b|_p$一般并不相同．这类似于以下事实：两个一元函数$f(x)$和$f'(x)$在x_0点取值相同[$f'(x_0)=f(x_0)$]并不保证$(\mathrm{d}f'/\mathrm{d}x)|_{x_0} = (\mathrm{d}f/\mathrm{d}x)|_{x_0}$．然而下面要证明，对$M$上任意两个导数算符$\nabla_a$和$\tilde{\nabla}_a$，只要$\omega'_b|_p = \omega_b|_p$就有

$$[(\tilde{\nabla}_a - \nabla_a)\omega'_b]_p = [(\tilde{\nabla}_a - \nabla_a)\omega_b]_p\,,$$

其中$(\tilde{\nabla}_a - \nabla_a)\omega_b$是$\tilde{\nabla}_a\omega_b - \nabla_a\omega_b$的简写．

定理 3-1-2　设$p\in M$，ω_b，$\omega'_b \in \mathscr{F}(0, 1)$满足$\omega'_b|_p = \omega_b|_p$，则

$$[(\tilde{\nabla}_a - \nabla_a)\omega'_b]_p = [(\tilde{\nabla}_a - \nabla_a)\omega_b]_p\,. \tag{3-1-3}$$

证明　只须证明

$$[\nabla_a(\omega'_b - \omega_b)]_p = [\tilde{\nabla}_a(\omega'_b - \omega_b)]_p\,. \tag{3-1-4}$$

设$\Omega_b \equiv \omega'_b - \omega_b$．选坐标系$\{x^\mu\}$使其坐标域含$p$，则$\omega'_b|_p = \omega_b|_p$导致$\Omega_\mu(p)=0$，其中$\Omega_\mu$是$\Omega_b$的坐标分量．于是对$p$点有

$$\begin{aligned}[\nabla_a(\omega'_b - \omega_b)]_p &= [\nabla_a\Omega_b]_p = \{\nabla_a[\Omega_\mu(\mathrm{d}x^\mu)_b]\}|_p \\ &= \Omega_\mu(p)[\nabla_a(\mathrm{d}x^\mu)_b]_p + [(\mathrm{d}x^\mu)_b\nabla_a\Omega_\mu]_p = [(\mathrm{d}x^\mu)_b\nabla_a\Omega_\mu]_p\,,\end{aligned}$$

同理有$[\tilde{\nabla}_a(\omega'_b - \omega_b)]_p = [(\mathrm{d}x^\mu)_b\tilde{\nabla}_a\Omega_\mu]_p$．由式(3-1-2)知$[\nabla_a\Omega_\mu]_p = [\tilde{\nabla}_a\Omega_\mu]_p$，得证．　□

虽然导数$[\nabla_a\omega_b]_p$和$[\tilde{\nabla}_a\omega_b]_p$依赖于$\omega_b$在$p$点的一个邻域内的值，然而定理3-1-2表明$[(\tilde{\nabla}_a - \nabla_a)\omega_b]_p$只依赖于$\omega_b$在$p$点的值，这说明$(\tilde{\nabla}_a - \nabla_a)$是把$p$点的对偶矢量$\omega_b|_p$变为$p$点的(0, 2)型张量$[(\tilde{\nabla}_a - \nabla_a)\omega_b]_p$的线性映射(给定$p$点的任一对偶矢量$\mu_b$，任选对偶矢量场$\omega_b$使它在$p$点的值$\omega_b|_p = \mu_b$，则$[(\tilde{\nabla}_a - \nabla_a)\omega_b]_p$便是$\mu_b$在该映射下的像．)．所以$(\tilde{\nabla}_a - \nabla_a)$在$p$点对应于一个(1, 2)型张量$C^c{}_{ab}$，满足

$$[(\tilde{\nabla}_a - \nabla_a)\omega_b]_p = C^c{}_{ab}\omega_c|_p\,. \tag{3-1-5}$$

因为p点可任选，所以M上两个导数算符∇_a和$\tilde{\nabla}_a$在对ω_b的作用上的差别体现为M上的一个(1, 2)型张量场$C^c{}_{ab}$，即

定理 3-1-3　$\nabla_a\omega_b = \tilde{\nabla}_a\omega_b - C^c{}_{ab}\omega_c\,, \qquad \forall\,\omega_b \in \mathscr{F}(0, 1)\,.$　(3-1-6)

∇_a的无挠性导致张量场$C^c{}_{ab}$的如下对称性：

定理 3-1-4 $C^c{}_{ab}=C^c{}_{ba}$.

证明 令 $\omega_b=\nabla_b f=\tilde{\nabla}_b f$ [用到式(3-1-2)]，其中 $f\in\mathscr{F}_M$，则式(3-1-6)给出 $\nabla_a\nabla_b f=\tilde{\nabla}_a\tilde{\nabla}_b f-C^c{}_{ab}\nabla_c f$. 交换指标 a, b 得 $\nabla_b\nabla_a f=\tilde{\nabla}_b\tilde{\nabla}_a f-C^c{}_{ba}\nabla_c f$. 两式相减，注意到无挠性条件(e)，便有 $C^c{}_{ab}\nabla_c f=C^c{}_{ba}\nabla_c f$. 令 $T^c{}_{ab}\equiv C^c{}_{ab}-C^c{}_{ba}$，则 $\forall f\in\mathscr{F}_M$ 有 $T^c{}_{ab}\nabla_c f=0$，于是 $T^c{}_{ab}$ 在任一坐标基底的分量 $T^\sigma{}_{\mu\nu}=T^c{}_{ab}(\mathrm{d}x^\sigma)_c(\partial/\partial x^\mu)^a(\partial/\partial x^\nu)^b=0$ [其中第二步是因为 $T^c{}_{ab}(\mathrm{d}x^\sigma)_c=T^c{}_{ab}\nabla_c x^\sigma=0$ (把 x^σ 看作 f)]，因而 $T^c{}_{ab}=0$. □

定理 3-1-5 $\nabla_a v^b=\tilde{\nabla}_a v^b+C^b{}_{ac}v^c \qquad \forall v^b\in\mathscr{F}_M(1,0)$. (3-1-7)

证明 设 ω_b 为 M 上任一对偶矢量场，则

$$\nabla_a(\omega_b v^b)=\omega_b\nabla_a v^b+v^b\nabla_a\omega_b=\omega_b\nabla_a v^b+v^b(\tilde{\nabla}_a\omega_b-C^c{}_{ab}\omega_c),$$

其中最后一步用到式(3-1-6). 另一方面，$\tilde{\nabla}_a(\omega_b v^b)=\omega_b\tilde{\nabla}_a v^b+v^b\tilde{\nabla}_a\omega_b$. 而 $\omega_b v^b$ 为标量场，由式(3-1-2)知 $\nabla_a(\omega_b v^b)=\tilde{\nabla}_a(\omega_b v^b)$，故以上两式右边相等，因而得

$$\omega_b\nabla_a v^b=\omega_b\tilde{\nabla}_a v^b+C^c{}_{ab}v^b\omega_c=\omega_b\tilde{\nabla}_a v^b+C^b{}_{ac}v^c\omega_b, \qquad \forall\omega_b\in\mathscr{F}_M(0,1),$$

于是有式(3-1-7). □

用类似方法可以证明 ∇_a 与 $\tilde{\nabla}_a$ 作用于任一(k,l)型张量场 $T^{a_1\cdots a_k}{}_{b_1\cdots b_l}$ 所得结果之差 $\nabla_a T^{a_1\cdots a_k}{}_{b_1\cdots b_l}-\tilde{\nabla}_a T^{a_1\cdots a_k}{}_{b_1\cdots b_l}$ 可表为 $k+l$ 项，每项都含 $C^c{}_{ab}$，与 T 的某一上指标缩并的 k 项前面为 + 号，与 T 的某一下指标缩并的 l 项前面为−号，例如

$$\nabla_a T^b{}_c=\tilde{\nabla}_a T^b{}_c+C^b{}_{ad}T^d{}_c-C^d{}_{ac}T^b{}_d,$$

一般形式见下面的定理：

定理 3-1-6

$$\nabla_a T^{b_1\cdots b_k}{}_{c_1\cdots c_l}=\tilde{\nabla}_a T^{b_1\cdots b_k}{}_{c_1\cdots c_l}+\sum_i C^{b_i}{}_{ad}T^{b_1\cdots d\cdots b_k}{}_{c_1\cdots c_l}-\sum_j C^d{}_{ac_j}T^{b_1\cdots b_k}{}_{c_1\cdots d\cdots c_l}$$

$$\forall T\in\mathscr{F}_M(k,l). \tag{3-1-8}$$

证明 练习. □

定理 3-1-6 表明任意两个导数算符的差别仅体现在一个张量场 $C^c{}_{ab}$ 上. 反之也不难验证，任给一个导数算符 $\tilde{\nabla}_a$ 和一个下标对称的光滑张量场 $C^c{}_{ab}$，由式(3-1-8)定义的 ∇_a 必满足导数算符的全部条件，因而也是一个导数算符. 可见流形上只要有一个导数算符就会有许多导数算符. 选定导数算符 ∇_a 后的流形 M 可记作 (M,∇_a)，它比 M 本身有更多结构(∇_a 提供附加结构)，例如可谈及矢量沿曲线的平移(见§3.2)及 (M,∇_a) 的曲率(见§3.4).

设 $\{x^\mu\}$ 是 M 的一个坐标系，其坐标基底和对偶基底分别为 $\{(\partial/\partial x^\mu)^a\}$ 和 $\{(\mathrm{d}x^\mu)_a\}$. 在坐标域 O 上定义映射 $\partial_a:\mathscr{F}_O(k,l)\to\mathscr{F}_O(k,l+1)$ 如下[仅以 $T^b{}_c\in$

$\mathscr{T}_O(1,1)$ 为例写出]:

$$\partial_a T^b{}_c := (\mathrm{d}x^\mu)_a (\partial/\partial x^\nu)^b (\mathrm{d}x^\sigma)_c \, \partial_\mu T^\nu{}_\sigma , \tag{3-1-9}$$

其中 $T^\nu{}_\sigma$ 是 $T^b{}_c$ 在该坐标系的分量，∂_μ 是对坐标 x^μ 求偏导数的符号 $\partial/\partial x^\mu$ 的简写. 不难验证 ∂_a 满足定义 1 的 5 个条件，可见 ∂_a 是 O 上的一个导数算符. 这是一个从定义起就依赖于坐标系的导数算符，而且只在该坐标系的坐标域上有定义，称为该坐标系的**普通导数**(ordinary derivative)**算符**. 式(3-1-9)表明 $\partial_\mu T^\nu{}_\sigma$ 是张量场 $\partial_a T^b{}_c$ 在该坐标系的分量，所以 ∂_a 的定义亦可表为：张量场 $T^{b_1\cdots b_k}{}_{c_1\cdots c_l}$ 的普通导数 $\partial_a T^{b_1\cdots b_k}{}_{c_1\cdots c_l}$ 的坐标分量等于该张量场的坐标分量对坐标的偏导数 $\partial(T^{\nu_1\cdots\nu_k}{}_{\sigma_1\cdots\sigma_l})/\partial x^\mu$. 由此易见：

(1) 任一坐标系的 ∂_a 作用于该系的任一坐标基矢和任一对偶坐标基矢结果为零，即

$$\partial_a (\partial/\partial x^\nu)^b = 0, \qquad \partial_a (\mathrm{d}x^\nu)_b = 0 . \tag{3-1-10}$$

(2) ∂_a 满足比定义 1 条件(e)强得多的条件，即

$$\partial_a \partial_b T^{\cdots}{}_{\cdots} = \partial_b \partial_a T^{\cdots}{}_{\cdots}, \quad \text{或} \ \partial_{[a}\partial_{b]} T^{\cdots}{}_{\cdots} = 0 ,$$

其中 $T^{\cdots}{}_{\cdots}$ 是任意型张量场.

∂_a 虽可看作 ∇_a 的特例，但其定义依赖于坐标系. 我们把与坐标系(及其他人为因素)无关的那些 ∇_a 称为**协变导数**(covariant derivative)**算符**，∂_a 不在此列.

定义 2　设 ∂_a 是 (M, ∇_a) 上任给的坐标系的普通导数算符，则体现 ∇_a 与 ∂_a 的差别的张量场 $C^c{}_{ab}$ [把 ∂_a 看作式(3-1-6)的 $\tilde{\nabla}_a$]称为 ∇_a 在该坐标系的**克氏符**(Christoffel symbol)，记作 $\Gamma^c{}_{ab}$.

注 3　一般书强调克氏符不是张量，本书及某些书[如 Wald(1984)]却说它是张量. 这没有实质性矛盾，只是克氏符的定义有微妙的不同. 不用抽象指标的书把克氏符定义为与坐标系有关的一堆数，在坐标变换下不服从张量变换律，故不构成张量. 我们一开始就用映射语言把克氏符 $\Gamma^c{}_{ab}$ 定义为张量，但因它与 ∂_a 相应，而 ∂_a 依赖于坐标系，故克氏符是依赖于坐标系的张量(坐标系改变时张量本身要变). 设 ∇_a 是 M 上指定的导数算符，$\{x^\mu\}$ 和 $\{x'^\mu\}$ 是 M 上的两个坐标系，坐标域之交为 U，∇_a 在两系中的克氏符分别为 $\Gamma^c{}_{ab}$ 和 $\bar{\Gamma}^c{}_{ab}$. 作为张量，它们(在 U 中)既可用 $\{x^\mu\}$ 系也可用 $\{x'^\mu\}$ 系求分量，设 $\Gamma^c{}_{ab}$ 在 $\{x^\mu\}$ 和 $\{x'^\mu\}$ 系的分量为 $\{\Gamma^\sigma{}_{\mu\nu}\}$ 和 $\{\Gamma'^\sigma{}_{\mu\nu}\}$ (这两堆数当然满足张量变换律)，$\bar{\Gamma}^c{}_{ab}$ 在 $\{x^\mu\}$ 和 $\{x'^\mu\}$ 系的分量为 $\{\bar{\Gamma}^\sigma{}_{\mu\nu}\}$ 和 $\{\bar{\Gamma}'^\sigma{}_{\mu\nu}\}$ (也满足张量变换律)，但 $\{\Gamma^\sigma{}_{\mu\nu}\}$ 与 $\{\bar{\Gamma}'^\sigma{}_{\mu\nu}\}$ 不满足张量变换律. 而一般书恰恰是把 $\{\Gamma^\sigma{}_{\mu\nu}\}$ 及 $\{\bar{\Gamma}'^\sigma{}_{\mu\nu}\}$ 分别定义为 $\{x^\mu\}$ 系及 $\{x'^\mu\}$ 系的克氏符，自然不构成

张量. 一般书强调“克氏符不是张量”是对的，本书则应强调“克氏符是坐标系依赖的张量”. 读者常问：你们为什么非把克氏符说成张量不可？回答是：只要采用抽象指标并按照上述思路讨论(包括使用“张量面面观”的优雅论辩)，自然要承认反映两个导数算符 ∇_a 与 $\tilde{\nabla}_a$ 之差的 $C^c{}_{ab}$ 是张量. 在 M 指定了一个导数算符 ∇_a 的前提下，选定坐标系就有导数算符 ∂_a，把 ∂_a 看作 $\tilde{\nabla}_a$，则反映 ∇_a 与 ∂_a 之差的 $C^c{}_{ab}$ (此时记作 $\Gamma^c{}_{ab}$)当然是张量. 如果我们不承认 $\Gamma^c{}_{ab}$ 是张量，就是自打嘴巴. 然而与此同时应该强调 $\Gamma^c{}_{ab}$ 是坐标系依赖的张量(有多少个坐标系就有多少个不同的 ∂_a，因而有多少个不同的 $\Gamma^c{}_{ab}$.). 这种强调的实质就是在强调一般书所强调的“克氏符不是张量”. 两种强调只是同一问题的两种提法. 重要的不在于提法而在于充分注意问题的实质，即切记两组分量 $\{\Gamma^\sigma{}_{\mu\nu}\}$ 与 $\{\Gamma'^\sigma{}_{\mu\nu}\}$ 之间不遵守张量变换律.

类似地，设 v^b 是矢量场，则 $\partial_a v^b$ 也是坐标系依赖的张量场. 把 $\partial_a v^b$ 在 ∂_a 所在坐标系展开：

$$\partial_a v^b = (\mathrm{d}x^\mu)_a (\partial/\partial x^\nu)^b \, v^\nu{}_{,\mu} ,$$

$$\text{其中 } v^\nu{}_{,\mu} \equiv \partial_\mu v^\nu \equiv \partial v^\nu/\partial x^\mu \quad \text{(逗号代表求偏导数)},$$

一般书强调 $v^\nu{}_{,\mu}$ 不构成张量，我们说 $\partial_a v^b$ 是坐标系依赖的张量，也是同一问题的两种提法. 说得更具体些，设 ∂_a 和 ∂'_a 分别是坐标系 $\{x^\mu\}$ 和 $\{x'^\mu\}$ 的普通导数算符，则一般有 $\partial_a v^b \neq \partial'_a v^b$ (所以说 $\partial_a v^b$ 是坐标系依赖的张量). 把 $\partial_a v^b$ 和 $\partial'_a v^b$ 在各自坐标基底展开：

$$\partial_a v^b = (\mathrm{d}x^\mu)_a (\partial/\partial x^\nu)^b \, v^\nu{}_{,\mu} , \qquad \partial'_a v^b = (\mathrm{d}x'^\mu)_a (\partial/\partial x'^\nu)^b \, v'^\nu{}_{,\mu} ,$$

$$\text{其中 } v'^\nu{}_{,\mu} \equiv \partial v'^\nu/\partial x'^\mu ,$$

则 $\partial_a v^b \neq \partial'_a v^b$ 导致 $v^\nu{}_{,\mu}$ 与 $v'^\nu{}_{,\mu}$ 之间一般不满足张量分量变换律(也可直接验证，见习题 2). 所以一般书说 $v^\nu{}_{,\mu}$ 不是张量. 至于 $\nabla_a v^b$，则是与坐标系无关的张量，它在坐标系中的分量通常记为 $v^\nu{}_{;\mu}$，即 $\nabla_a v^b = v^\nu{}_{;\mu} (\mathrm{d}x^\mu)_a (\partial/\partial x^\nu)^b$. 由于 $\nabla_a v^b$ 与坐标系无关，$v^\nu{}_{;\mu}$ 满足张量变换律，故一般书说它是张量(其实是张量的分量)，并称之为 v^ν 的**协变导数**(其实是协变导数 $\nabla_a v^b$ 的坐标分量). 类似地，$\nabla_a \omega_b$ 的坐标分量 $\omega_{\nu;\mu}$ 也被称为 ω_ν 的协变导数.

定理 3-1-7　$v^\nu{}_{;\mu} = v^\nu{}_{,\mu} + \Gamma^\nu{}_{\mu\sigma} v^\sigma , \qquad \omega_{\nu\,;\mu} = \omega_{\nu,\mu} - \Gamma^\sigma{}_{\mu\nu} \omega_\sigma ,$　　(3-1-11)

其中 v^ν 及 ω_ν 为任意矢量场和对偶矢量场在任一坐标基底的分量，$\Gamma^\nu{}_{\mu\sigma}$ 是该系的克氏符 $\Gamma^b{}_{ac}$ 在该基底的分量(一般书的说法是“ $\Gamma^\nu{}_{\mu\sigma}$ 是该系的克氏符”，本书后面为简单起见也常用这一说法.).

证明　习题. □

定理 3-1-8　定义 1 的条件(c)等价于

$$\nabla_a \delta^b{}_c = 0\,, \tag{3-1-12}$$

其中 $\delta^b{}_c$ 看作(1, 1)型张量场，其在每点 $p\in M$ 的定义为 $\delta^b{}_c v^c = v^b$, $\forall v^c \in V_p$.

证明[选读]

(A) 设 ∇_a 满足定义 1 的条件(a)~(d)，欲证它满足式(3-1-12). $\forall v^b \in \mathscr{F}_M(1,0)$ 有

$$\nabla_a v^b = \nabla_a(\delta^b{}_c v^c) = \nabla_a[\mathrm{C}(\delta^b{}_c v^d)] = \mathrm{C}[\nabla_a(\delta^b{}_c v^d)]$$

$$= \mathrm{C}(v^d \nabla_a \delta^b{}_c + \delta^b{}_c \nabla_a v^d) = v^c \nabla_a \delta^b{}_c + \delta^b{}_c \nabla_a v^c = v^c \nabla_a \delta^b{}_c + \nabla_a v^b\,,$$

其中 C 代表对指标 c，d 的缩并，第三步用到条件(c)，最末一步用到 $\delta^b{}_c T_a{}^c = T_a{}^b$ $\forall T_a{}^c$. 上式表明 $v^c \nabla_a \delta^b{}_c = 0$ $\forall v^c \in \mathscr{F}(1,0)$，所以 $\nabla_a \delta^b{}_c = 0$.

(B) 设 $\tilde{\nabla}_a$ 满足定义 1 的条件(a), (b), (d)和式(3-1-12)，欲证它满足条件(c). 为此，设 ∇_a 满足条件(a)~(d). 因为定理 3-1-2 的证明不用条件(c)，故式(3-1-6)成立. 定理 3-1-5 的证明要用条件(c)，不能直接应用，但可由 ∇_a 和 $\tilde{\nabla}_a$ 满足的条件证明它仍成立(有余力的读者可作为一个有挑战性的练习)，于是有式(3-1-8). 由此出发，利用 ∇_a 满足条件(c)便可证明 $\tilde{\nabla}_a$ 满足条件(c). □

流形 M 上矢量场对易子 $[u,v]^a$ 的定义无需 M 有附加结构[式(2-2-9)]，但该式的不方便之处在于它不能脱离被作用对象(标量场 f). 现在，在有了导数算符的概念之后，就可借助于随便一个导数算符 ∇_a 写出矢量场对易子 $[u,v]^a$ 的显表达式，见如下定理：

定理 3-1-9　$[u,v]^a = u^b \nabla_b v^a - v^b \nabla_b u^a\,,$ (3-1-13)

其中 ∇_b 是任一无挠导数算符.

证明　$\forall f \in \mathscr{F}$ 有

$$[u,v](f) = u(v(f)) - v(u(f)) = u^b \nabla_b (v^a \nabla_a f) - v^b \nabla_b (u^a \nabla_a f)$$

$$= u^b(\nabla_b v^a)\nabla_a f + v^a u^b \nabla_b \nabla_a f - v^b(\nabla_b u^a)\nabla_a f - u^a v^b \nabla_b \nabla_a f$$

$$= (u^b \nabla_b v^a - v^b \nabla_b u^a)\nabla_a f\,,$$

其中第二步用到导数算符条件(d)，第三步用到条件(b)和(c)，第四步用到无挠性条件(e). 最后，再用一次(d)，即 $[u,v](f) = [u,v]^a \nabla_a f$，便得式(3-1-13). □

注 4　取任一坐标系 $\{x^\mu\}$ 的普通导数算符 ∂_b 作为式(3-1-13)的 ∇_b，便有

$$[u,v]^\mu = (\mathrm{d}x^\mu)_a [u,v]^a = u^\nu \partial_\nu v^\mu - v^\nu \partial_\nu u^\mu\,.$$

此即第 2 章习题 10 的待证命题.

§3.2 矢量场沿曲线的导数和平移

3.2.1 矢量场沿曲线的平移

在流形 M 上选定一个导数算符 ∇_a 后，就有矢量沿曲线平移的概念.

定义1 设 v^a 是沿曲线 $C(t)$ 的矢量场. v^a 称为**沿 $C(t)$ 平移的**[parallelly transported along $C(t)$]，若 $T^b\nabla_b v^a=0$，其中 $T^a\equiv(\partial/\partial t)^a$ 是曲线的切矢.

正如 $T^a\nabla_a f=T(f)$ 可解释为函数 f 沿 T^a [即沿 $C(t)$]的导数那样，$T^b\nabla_b v^a$ 可解释为矢量场 v^a 沿 T^b 的导数(详见 3.2.3 小节). 于是定义 1 也可解释为：v^a 沿 $C(t)$ 平移的充要条件是它沿 T^b 的导数为零.

定理 3-2-1 设曲线 $C(t)$ 位于坐标系 $\{x^\mu\}$ 的坐标域内，曲线的参数式为 $x^\mu(t)$. 令 $T^a\equiv(\partial/\partial t)^a$，则沿 $C(t)$ 的矢量场 v^a 满足

$$T^b\nabla_b v^a=(\partial/\partial x^\mu)^a(\mathrm{d}v^\mu/\mathrm{d}t+\Gamma^\mu{}_{\nu\sigma}T^\nu v^\sigma). \tag{3-2-1}$$

证明 以 ∂_a 代表坐标系 $\{x^\mu\}$ 的普通导数算符，则由式(3-1-7)得

$$\begin{aligned}T^b\nabla_b v^a&=T^b(\partial_b v^a+\Gamma^a{}_{bc}v^c)=T^b[(\mathrm{d}x^\nu)_b(\partial/\partial x^\mu)^a\partial_\nu v^\mu+\Gamma^a{}_{bc}v^c]\\&=T^\nu(\partial/\partial x^\mu)^a(\partial v^\mu/\partial x^\nu)+\Gamma^a{}_{bc}T^b v^c=(\partial/\partial x^\mu)^a[T^\nu(\partial v^\mu/\partial x^\nu)+\Gamma^\mu{}_{\nu\sigma}T^\nu v^\sigma],\end{aligned} \tag{3-2-2}$$

其中 T^ν 是曲线切矢 T^b 的坐标分量. 由式(2-2-7)知 $T^\nu=\mathrm{d}x^\nu(t)/\mathrm{d}t$，故

$$T^\nu(\partial v^\mu/\partial x^\nu)=[\mathrm{d}x^\nu(t)/\mathrm{d}t][\partial v^\mu(x(t))/\partial x^\nu]=\mathrm{d}v^\mu(t)/\mathrm{d}t.$$

代入式(3-2-2)便得式(3-2-1). □

[选读 3-2-1]

有一个问题要讲清楚. 按照选读 3-1-1，$\forall p\in C(t)$，要使 $\nabla_b v^a|_p$ 有意义至少要 v^a 在 p 的一个邻域 U 上有定义. 偏偏 v^a 却只定义在曲线 $C(t)$ 上，而 p 的任一邻域都包含不在 $C(t)$ 上的点，于是式(3-2-1)中的 $\nabla_b v^a$ 并无意义！好在 $\nabla_b v^a$ 只以 $T^b\nabla_b v^a$ 的形式出现在式(3-2-1)中，而 $T^b\nabla_b v^a$ 没有这个问题. 关键在于 $\nabla_b v^a$ 前加上 T^b 表明是对 v^a 沿曲线切向求导，因而只涉及 v^a 在曲线上的值. 下面具体阐明. 把式(3-2-2)在点 $p\in C(t)$ 取值得

$$T^b\nabla_b v^a|_p=(\partial/\partial x^\mu)^a|_p\,[T^\nu(\partial v^\mu(x)/\partial x^\nu)+\Gamma^\mu{}_{\nu\sigma}T^\nu v^\sigma]|_p, \tag{3-2-3}$$

方括号内第一项的 $\partial v^\mu(x)/\partial x^\nu$ 是函数 v^μ 对自变数 x^ν 求导. 求导时 x^ν 的微小改变 Δx^ν 导致以 x^ν 为坐标的点(称为求导动点)离开 p 点. 因 Δx^ν $(\nu=1,\cdots,n)$ 可任取，动点的活动范围是 p 点的一个邻域 U，其中必有不在 $C(t)$ 上的点，它们的 v^μ 值无

意义，因此 $\partial v^\mu(x)/\partial x^\nu$ 本质上就是个无意义量. 为解决问题可在邻域 U 上定义矢量场 $\bar{v}^a$(称为 v^a 的延拓)，只要求它在 $U\cap C(t)$ 上等于 v^a. 现在把 $T^b\nabla_b v^a|_p$ 就定义为 $T^b\nabla_b \bar{v}^a|_p$，即

$$T^b\nabla_b v^a|_p \equiv T^b\nabla_b \bar{v}^a|_p = (\partial/\partial x^\mu)^a|_p\,[T^\nu(\partial\bar{v}^\mu(x)/\partial x^\nu) + \Gamma^\mu{}_{\nu\sigma}T^\nu v^\sigma]|_p\,. \tag{3-2-4}$$

与 $\partial v^\mu(x)/\partial x^\nu$ 不同，$\partial\bar{v}^\mu(x)/\partial x^\nu$ 有明确意义. 然而同一 v^a 有无数延拓 $\bar{v}^a$，如果不同延拓的 $T^b\nabla_b\bar{v}^a|_p$ 不同，则用式(3-2-4)定义 $T^b\nabla_b v^a|_p$ 将毫无意义. 事实上，设 $\bar{v}^a$ 和 $\bar{v}'^a$ 是两个不同延拓，的确有 $\partial\bar{v}^\mu(x)/\partial x^\nu \neq \partial\bar{v}'^\mu(x)/\partial x^\nu$. 然而配上 T^ν 就不再有问题，因为在 p 点有

$$T^\nu\partial\bar{v}^\mu(x)/\partial x^\nu = [\mathrm{d}x^\nu(t)/\mathrm{d}t][\partial\bar{v}^\mu(t(x))/\partial x^\nu] = \mathrm{d}\bar{v}^\mu(t)/\mathrm{d}t$$

$$= \mathrm{d}\bar{v}'^\mu(t)/\mathrm{d}t = T^\nu\partial\bar{v}'^\mu(x)/\partial x^\nu\,,$$

其中关键一步(第三步)是因为 $\bar{v}^\mu(t)$ [由 U 上矢量场 $\bar{v}^a$ 与曲线 $C(t)$ 结合而得的一元函数]等于 $v^\mu(t)$. 结论：$\nabla_b v^a|_p$ 无意义，但 $T^b\nabla_b v^a|_p$ 有意义. **[选读 3-2-1 完]**

定理 3-2-2　曲线上一点 $C(t_0)$及该点的一个矢量决定唯一的沿曲线平移的矢量场.

证明　若存在把整条曲线含于其坐标域内的坐标系，则由式(3-2-1)可知平移定义 $T^b\nabla_b v^a = 0$ 等价于

$$\mathrm{d}v^\mu/\mathrm{d}t + \Gamma^\mu{}_{\nu\sigma}T^\nu v^\sigma = 0, \qquad \mu = 1,\cdots,n\,. \tag{3-2-5}$$

这是关于 n 个待求函数 $v^\mu(t)$ 的 n 个一阶常微分方程(注意 $\Gamma^\mu{}_{\nu\sigma}$ 及 T^ν 均为 t 的已知函数)，而给定 $C(t_0)$点的一个矢量就是给定初始条件 $v^\mu(t_0)$，故有唯一解 $v^\mu(t)$. 读者可用“接力法”把上述证明推广至曲线不能被一个坐标域覆盖的情况. □

设 $p, q\in M$，则 V_p 和 V_q 是两个矢量空间，两者的元素无法比较. 但若有一曲线 $C(t)$联接 p，q，就可用下法定义一个由 V_p 到 V_q 的映射：$\forall v^a\in V_p$，由定理 3-2-2 知在 $C(t)$上有唯一的平移矢量场(其在 p 点的值为 v^a)，它在 q 点的值就定义为 v^a 的像. 注意，这是一个曲线依赖的映射，另选一条联接 p，q 的曲线，v^a 的像可能不同. 然而，无论如何，∇_a 的存在毕竟使原来毫无联系的 V_p 与 V_q 发生了某种联系(虽然曲线依赖)，因此也把 ∇_a 叫做**联络**(connection).

初学者经常提出这样的问题：为什么把 ∇_a 称为导数算符？ 或者说，为什么说这个 ∇_a 是 3 维欧氏空间中熟知的 $\vec{\nabla}$ 在一般流形上的某种推广？ 为什么把 $T^b\nabla_b v^a$ 解释为 v^a 沿 T^b 的导数? 为什么把满足 $T^b\nabla_b v^a = 0$ 的 v^a 称为沿曲线平移的矢量场？为了回答这些问题，还须先讲 3.2.2 小节.

3.2.2 与度规相适配的导数算符

从本章开始至今未涉及度规，只假定 M 上选了一个联络 ∇_a . 如果 M 上还指定了度规 g_{ab}，矢量之间就可谈及内积. 为使平移概念与欧氏空间中熟知的平移一致，应补充以下要求：设 u^a, v^a 为沿 $C(t)$ 平移的矢量场，则 $u^a v_a (\equiv g_{ab}u^a v^b)$ 在 $C(t)$ 上是常数(两个矢量平移时“内积”不变). 设 T^a 为曲线 $C(t)$ 的切矢，则这一要求等价于

$$0 = T^c\nabla_c(g_{ab}u^a v^b) = g_{ab}u^a T^c\nabla_c v^b + g_{ab}v^b T^c\nabla_c u^a + u^a v^b T^c\nabla_c g_{ab} = u^a v^b T^c\nabla_c g_{ab} .$$

上式对所有曲线以及沿它平移的任意两个矢量场 u^a , v^a 成立的充要条件为

$$\nabla_c g_{ab} = 0 . \tag{3-2-6}$$

没有度规时，∇_c 的选择非常任意. 指定度规后，选 ∇_c 时就宜满足附加要求 $\nabla_c g_{ab} = 0$. 下面证明这一要求决定了唯一的 ∇_a .

定理 3-2-3 流形 M 上选定度规场 g_{ab} 后，存在唯一的 ∇_a 使 $\nabla_a g_{bc} = 0$.

证明 设 $\tilde{\nabla}_a$ 为任一导数算符，欲求适当的 $C^c{}_{ab}$ 使它与 $\tilde{\nabla}_a$ 决定的 ∇_a 满足 $\nabla_a g_{bc} = 0$. 由式(3-1-8)有

$$\nabla_a g_{bc} = \tilde{\nabla}_a g_{bc} - C^d{}_{ab} g_{dc} - C^d{}_{ac} g_{bd} = \tilde{\nabla}_a g_{bc} - C_{cab} - C_{bac} .$$

故由 $\nabla_a g_{bc} = 0$ 得

$$C_{cab} + C_{bac} = \tilde{\nabla}_a g_{bc} , \tag{3-2-7}$$

同理有

$$C_{cba} + C_{abc} = \tilde{\nabla}_b g_{ac} , \tag{3-2-8}$$

$$C_{bca} + C_{acb} = \tilde{\nabla}_c g_{ab} . \tag{3-2-9}$$

式(3-2-7)加式(3-2-8)减式(3-2-9)并利用 $C_{cab} = C_{cba}$，得

$$2C_{cab} = \tilde{\nabla}_a g_{bc} + \tilde{\nabla}_b g_{ac} - \tilde{\nabla}_c g_{ab} ,$$

或

$$C^c{}_{ab} = \tfrac{1}{2} g^{cd} (\tilde{\nabla}_a g_{bd} + \tilde{\nabla}_b g_{ad} - \tilde{\nabla}_d g_{ab}) . \tag{3-2-10}$$

这 $C^c{}_{ab}$ 与 $\tilde{\nabla}_a$ 结合而得的 ∇_a 便是方程 $\nabla_a g_{bc} = 0$ 的解. 这必定是唯一解，因若 ∇'_a 也满足 $\nabla'_a g_{bc} = 0$，把 ∇'_a 作为式(3-2-10)中的 $\tilde{\nabla}_a$ 便知反映 ∇_a 与 ∇'_a 差别的 $C^c{}_{ab}$ 为零. □

满足 $\nabla_a g_{bc} = 0$ 的 ∇_a 称为**与 g_{bc} 适配(或相容)的导数算符**. 今后如无声明，在有 g_{ab} 时谈到 ∇_a 都是指与 g_{ab} 适配的导数算符. 可以证明(练习)，$\nabla_a g_{bc} = 0$ 保证 $\nabla_a g^{bc} = 0$ (反之亦然). 这为计算带来很大方便.

例 1 欧氏空间存在无数满足§3.1 定义 1 的导数算符，但与欧氏度规 δ_{ab} 相适配的导数算符只有一个，这就是笛卡儿坐标系 $\{x^\mu\}$ 的普通导数算符 ∂_a (所有笛卡

儿系的∂_a都相同)，因为由δ_{ab}的定义式(2-5-11)得$\partial_c\delta_{ab}=(\mathrm{d}x^\sigma)_c(\mathrm{d}x^\mu)_a(\mathrm{d}x^\nu)_b\partial_\sigma\delta_{\mu\nu}=0$. 对3维欧氏空间，笛卡儿坐标系的$\partial_a$就是普通矢量场论中熟知的$\vec{\nabla}$.

设∇_a与g_{bc}相适配，取$\tilde{\nabla}_a$为任一坐标系的∂_a，则式(3-2-10)的$C^c{}_{ab}$便是∇_a在该坐标系的克氏符$\Gamma^c{}_{ab}$，由该式不难推得$\Gamma^c{}_{ab}$在该系的分量$\Gamma^\sigma{}_{\mu\nu}$的如下表达式:

$$\Gamma^\sigma{}_{\mu\nu}=\frac{1}{2}g^{\sigma\rho}(g_{\rho\mu,\nu}+g_{\nu\rho,\mu}-g_{\mu\nu,\rho})\,, \qquad (3\text{-}2\text{-}10')$$

推导如下：把∂_a看作式(3-2-10)中的$\tilde{\nabla}_a$，则式中的$C^c{}_{ab}$就是$\Gamma^c{}_{ab}$，故

$$\Gamma^c{}_{ab}=\frac{1}{2}g^{cd}(\partial_a g_{bd}+\partial_b g_{ad}-\partial_d g_{ab})\,,$$

$$\begin{aligned}\Gamma^\sigma{}_{\mu\nu}&=\Gamma^c{}_{ab}(\mathrm{d}x^\sigma)_c(\partial/\partial x^\mu)^a(\partial/\partial x^\nu)^b\\&=\frac{1}{2}(\mathrm{d}x^\sigma)_c(\partial/\partial x^\mu)^a(\partial/\partial x^\nu)^b g^{cd}(\partial_a g_{bd}+\partial_b g_{ad}-\partial_d g_{ab})\\&=\frac{1}{2}g^{\sigma\rho}(\partial_\mu g_{\nu\rho}+\partial_\nu g_{\mu\rho}-\partial_\rho g_{\mu\nu})=\frac{1}{2}g^{\sigma\rho}(g_{\nu\rho,\mu}+g_{\mu\rho,\nu}-g_{\mu\nu,\rho})\;.\end{aligned}$$

[倒数第二步用到$\partial_a(\partial/\partial x^\nu)^b=0$.] 利用对称性$\Gamma^\sigma{}_{\mu\nu}=\Gamma^\sigma{}_{\nu\mu}$不难看出这就是式(3-2-10′). 此式与式(3-1-11)结合可方便地求得矢量场v^a和对偶矢量场ω_a的协变导数$\nabla_a v^b$和$\nabla_a\omega_b$的坐标分量$v^\nu{}_{;\mu}$和$\omega_{\nu;\mu}$.

注1　$\Gamma^\sigma{}_{\mu\nu}$既依赖于M上选定的∇_a又依赖于坐标系. 若M有度规g_{ab}，则不加声明时∇_a就是指同g_{ab}适配的导数算符，而"某系的克氏符"就是指这个∇_a在该系的克氏符. 例如，谈到3维欧氏空间中某坐标系的克氏符时，指的就是同欧氏度规相适配的∇_a(即笛卡儿系的∂_a)在该系的克氏符. 一个笛卡儿系的∂_a在任一笛卡儿系的克氏符显然为零. 作为习题，读者试用式(3-2-10′)求出∂_a在球坐标系的全部非零$\Gamma^\sigma{}_{\mu\nu}$.

设$\vec{T}$是3维欧氏空间的矢量场，则$\vec{T}\cdot\vec{\nabla}f$是梯度$\vec{\nabla}f$在$\vec{T}$方向的分量，即$f$沿$\vec{T}$方向的导数. 另一方面，由导数算符条件(d)有$T^a\partial_a f=T(f)$，而右边正是$f$沿$T^a$的导数. 可见$T^a\partial_a f=\vec{T}\cdot\vec{\nabla}f$. 进一步的问题是：$T^b\partial_b v^a$代表什么？答案自然是$v^a$沿$T^a$的导数. 详见3.2.3小节.

3.2.3　矢量场沿曲线的导数与沿曲线的平移的关系

先讨论最简单的特例，即欧氏空间. 欧氏空间有一类特殊坐标系(笛卡儿系)，用它可定义矢量的绝对(非曲线依赖)平移.

定义2　欧氏空间中p点的矢量$\vec{\tilde{v}}$称为q点的矢量$\vec{v}$ **平移**至p点的结果，若两者在同一笛卡儿系的分量相等(注，对某一笛卡儿系为平移则对任意笛卡儿系也

为平移.).

定义 3 欧氏空间中曲线 $C(t)$上的矢量场 $\vec{v}$ 沿线的导数 $\mathrm{d}\vec{v}/\mathrm{d}t$ 定义为

$$\left.\frac{\mathrm{d}\vec{v}}{\mathrm{d}t}\right|_p := \lim_{\Delta t\to 0}\frac{1}{\Delta t}(\tilde{\vec{v}}|_p - \vec{v}|_p) \qquad \forall p\in C(t), \tag{3-2-11}$$

其中 $\tilde{\vec{v}}|_p$ 是把 $\vec{v}|_q$ (q 为 p 在线上的邻点)平移至 p 点的结果，$\Delta t\equiv t(q)-t(p)$. 现在证明 $\mathrm{d}\vec{v}/\mathrm{d}t$ 在抽象指标记号中就是 $T^b\partial_b v^a$ [其中 T^b 是 $C(t)$的切矢，∂_b 是笛卡儿系的普通导数算符.]，为此只须证明两者在笛卡儿系 $\{x^i\}$ 的分量相等：

$T^b\partial_b v^a$ 的第 i 分量 $=(\mathrm{d}x^i)_a T^b\partial_b v^a = T^b\partial_b[(\mathrm{d}x^i)_a v^a] = T^b\partial_b v^i = T(v^i) = \mathrm{d}v^i/\mathrm{d}t$；

[其中第四步用到导数算符条件(d)，第五步用到切矢定义式(2-2-6′).] 另一方面，由式(3-2-11)可知

$$\left.\frac{\mathrm{d}\vec{v}}{\mathrm{d}t}\right|_p \text{的第 } i \text{ 分量} = \lim_{\Delta t\to 0}\frac{1}{\Delta t}(\tilde{v}^i|_p - v^i|_p) = \lim_{\Delta t\to 0}\frac{1}{\Delta t}(v^i|_q - v^i|_p) = \left.\frac{\mathrm{d}v^i}{\mathrm{d}t}\right|_p,$$

[第二步用到定义 2，第三步无非是函数 $v^i(t)$ 的导数的定义.] 对比两式可见

$$\mathrm{d}\vec{v}/\mathrm{d}t = T^b\partial_b v^a. \tag{3-2-12}$$

推广到带任意 ∇_a 的任意流形 M 的任意曲线 $C(t)$，便自然地把 $T^b\nabla_b v^a$ 称为 v^a 沿 T^b[或沿 $C(t)$]的导数. 有时也用记号 $\mathrm{D}v^a/\mathrm{d}t$ 代表这一导数，即

$$\mathrm{D}v^a/\mathrm{d}t \equiv T^b\nabla_b v^a. \tag{3-2-13}$$

然而定义 2 不能推广到带有任意联络 ∇_a 的任意流形 (M, ∇_a). §3.4 将介绍流形的内禀曲率概念(并将看到欧氏和闵氏空间的内禀曲率为零)，§3.5 还将指出只有内禀曲率为零的空间才有绝对的(即与曲线无关的)平移概念. 不过，鉴于欧氏空间中 $\mathrm{d}\vec{v}/\mathrm{d}t=0$ 与 $\vec{v}$ 沿 $C(t)$平移等价[见式(3-2-11)]，可以自然地把 $T^b\nabla_b v^a=0$ 作为 (M, ∇_a) 中曲线 $C(t)$上的矢量场 v^a 的平移定义，这就解释了 3.2.1 小节定义 1 的提出动机(但应特别注意这样定义的平移一般是曲线依赖的). 在这种讲法中，我们是先定义 v^a 沿曲线的导数 $T^b\nabla_b v^a$ 再用它定义 v^a 沿曲线的平移(与欧氏空间的顺序相反). 由于 v^a 沿曲线的导数 $T^b\nabla_b v^a$ 毕竟比较抽象，在有了曲线依赖的平移概念后，借用平移这一术语反过来对 $T^b\nabla_b v^a$ 作一解释是有益的. 这一解释的实质就是式(3-2-11)所表达的含义，见如下定理.

定理 3-2-4 设 v^a 是 (M, ∇_a) 的曲线 $C(t)$上的矢量场，T^b 是 $C(t)$的切矢，p，q 是 $C(t)$上的邻点(见图 3-1)，则

$$T^b\nabla_b v^a|_p = \lim_{\Delta t\to 0}\frac{1}{\Delta t}(\tilde{v}^a|_p - v^a|_p), \tag{3-2-14}$$

其中 $\Delta t\equiv t(q)-t(p)$，$\tilde{v}^a|_p$ 是 $v^a|_q$ 沿 $C(t)$平移至 p 点的结果.

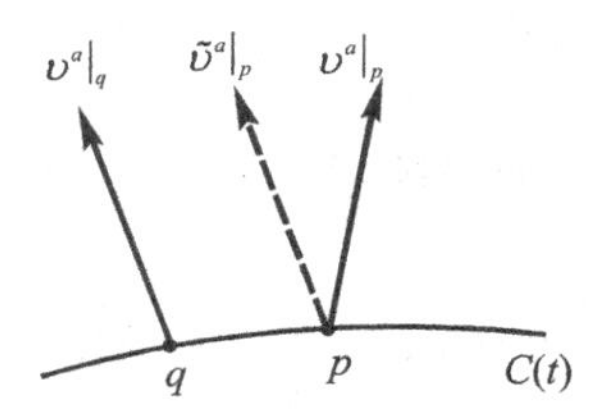

图 3-1　把 $v^a|_q$ 沿曲线平移至 p 点得 $\tilde{v}^a|_p$，便可与 $v^a|_p$ 相减并定义 v^a 沿曲线的导数

证明[选读]　只须证明如下等价命题：

$$T^b\nabla_b v^a|_t = \left.\frac{\mathrm{d}}{\mathrm{d}s}[\psi_{s,t}v(s)]^a\right|_{s=t}\,, \tag{3-2-15}$$

其中 $T^b\nabla_b v^a|_t$ 和 $v^a(s)$ 分别是 $T^b\nabla_b v^a|_{C(t)}$ 和 $v^a(C(s))$ 的简写，$\psi_{s,t}$ 是由矢量空间 $V_{C(s)}$ 到 $V_{C(t)}$ 的平移映射(见图 3-2). 不难证明(习题) $\psi_{s,t}: V_{C(s)} \to V_{C(t)}$ 是同构映射.

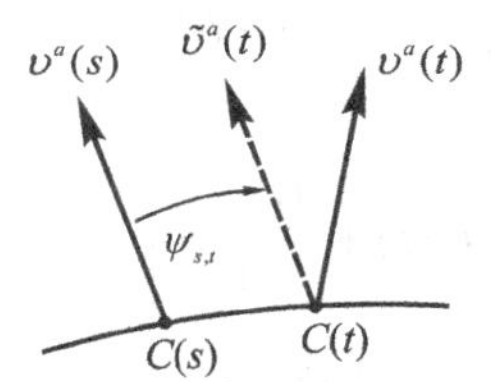

图 3-2　映射 $\psi_{s,t}$ 把 $v^a(s)$ 变为 $\tilde{v}^a(t)$

设 $\tilde{v}^a$ 是由 $v^a(s)$ 决定的沿 $C(t)$ 平移的矢量场，则

$$\tilde{v}^a(t) = [\psi_{s,t}v(s)]^a\,, \tag{3-2-16}$$

$$T^b\nabla_b\tilde{v}^a = 0\,. \tag{3-2-17}$$

式(3-2-16)的坐标分量表述为

$$\tilde{v}^\mu(t) = (\psi_{s,t})^\mu{}_\nu v^\nu(s)\,, \tag{3-2-15'}$$

其中 $(\psi_{s,t})^\mu{}_\nu$ 是矩阵 $(\psi_{s,t})$ 的元素. 式(3-2-17)的坐标分量表述为

$$\frac{\mathrm{d}\tilde{v}^\mu(t)}{\mathrm{d}t} + \Gamma^\mu{}_{\nu\sigma}T^\sigma\tilde{v}^\nu = 0\,.$$

上式又可借助式(3-2-15′)写成

$$\frac{\mathrm{d}}{\mathrm{d}t}[(\psi_{s,t})^\mu{}_\nu v^\nu(s)] + \Gamma^\mu{}_{\nu\sigma}T^\sigma(\psi_{s,t})^\nu{}_\rho v^\rho(s) = 0\,.$$

把上式用于 $t=s$，注意到 $\psi_{s,s}$ 是恒等映射，得

$$\frac{\mathrm{d}}{\mathrm{d}t}(\psi_{s,t})^{\mu}{}_{\nu}\bigg|_{t=s}=-\left(\Gamma^{\mu}{}_{\nu\sigma}T^{\sigma}\right)|_{s}. \tag{3-2-18}$$

另一方面，由定义知$\psi_{t,s}$是$\psi_{s,t}$的逆映射，即$(\psi_{s,t})^{\mu}{}_{\rho}(\psi_{t,s})^{\rho}{}_{\nu}=\delta^{\mu}{}_{\nu}$，故

$$0=\left[\frac{\mathrm{d}(\psi_{s,t})^{\mu}{}_{\rho}}{\mathrm{d}s}(\psi_{t,s})^{\rho}{}_{\nu}\right]_{s=t}+\left[(\psi_{s,t})^{\mu}{}_{\rho}\frac{\mathrm{d}(\psi_{t,s})^{\rho}{}_{\nu}}{\mathrm{d}s}\right]_{s=t}$$

$$=\frac{\mathrm{d}(\psi_{s,t})^{\mu}{}_{\nu}}{\mathrm{d}s}\bigg|_{s=t}+\frac{\mathrm{d}(\psi_{t,s})^{\mu}{}_{\nu}}{\mathrm{d}s}\bigg|_{s=t}. \tag{3-2-19}$$

现在来证式(3-2-15). 此式右边的第μ坐标分量为

$$\begin{aligned}\frac{\mathrm{d}}{\mathrm{d}s}[\psi_{s,t}v(s)]^{\mu}\bigg|_{s=t}&=\frac{\mathrm{d}}{\mathrm{d}s}[(\psi_{s,t})^{\mu}{}_{\nu}v^{\nu}(s)]\bigg|_{s=t}\\&=\frac{\mathrm{d}}{\mathrm{d}s}(\psi_{s,t})^{\mu}{}_{\nu}\bigg|_{s=t}v^{\nu}(t)+(\psi_{s,t})^{\mu}{}_{\nu}|_{s=t}\frac{\mathrm{d}v^{\nu}(s)}{\mathrm{d}s}\bigg|_{s=t}\\&=-\frac{\mathrm{d}}{\mathrm{d}s}(\psi_{t,s})^{\mu}{}_{\nu}\bigg|_{s=t}v^{\nu}(t)+\delta^{\mu}{}_{\nu}\frac{\mathrm{d}v^{\nu}(s)}{\mathrm{d}s}\bigg|_{s=t}\\&=(\Gamma^{\mu}{}_{\nu\sigma}T^{\sigma})|_{t}\,v^{\nu}(t)+\frac{\mathrm{d}v^{\mu}(s)}{\mathrm{d}s}\bigg|_{s=t}\\&=(\Gamma^{\mu}{}_{\nu\sigma}T^{\sigma}v^{\nu})|_{t}+\frac{\mathrm{d}v^{\mu}(s)}{\mathrm{d}s}\bigg|_{s=t}=(T^{b}\nabla_{b}v^{a})^{\mu}|_{t},\end{aligned}$$

其中第三步用到式(3-2-19)，第四步用到式(3-2-18). 上式右边即为式(3-2-15)左边的第μ坐标分量，可见式(3-2-14)成立. □

§3.3　测　地　线

定义1　(M,∇_a)上的曲线$\gamma(t)$叫**测地线**(geodesic)，若其切矢T^a满足$T^b\nabla_b T^a=0$.

注1　①可见测地线的充要条件是其切矢沿线平移. ②$T^b\nabla_b T^a=0$称为**测地线方程**. ③设流形M上有度规场g_{ab}，则(M,g_{ab})的测地线是指(M,∇_a)的测地线，其中∇_a与g_{ab}适配.

设测地线$\gamma(t)$位于某坐标系的坐标域内，则以T^a代替式(3-2-5)的v^a便得

$$\frac{\mathrm{d}T^{\mu}}{\mathrm{d}t}+\Gamma^{\mu}{}_{\nu\sigma}T^{\nu}T^{\sigma}=0,\qquad \mu=1,\cdots,n.$$

设 $x^\nu = x^\nu(t)$ 是测地线 $\gamma(t)$ 的参数式，则 $T^\mu = \mathrm{d}x^\mu/\mathrm{d}t$，故上式可改写为

$$\frac{\mathrm{d}^2 x^\mu}{\mathrm{d}t^2} + \Gamma^\mu{}_{\nu\sigma}\frac{\mathrm{d}x^\nu}{\mathrm{d}t}\frac{\mathrm{d}x^\sigma}{\mathrm{d}t} = 0, \qquad \mu = 1, \cdots, n. \tag{3-3-1}$$

这就是测地线方程的坐标分量表达式.

例 1　欧(闵)氏度规在笛卡儿(洛伦兹)系的克氏符为零，测地线方程(3-3-1)的通解为 $x^\mu(t) = a^\mu t + b^\mu$ (其中 a^μ，b^μ 是常数). 如果把欧(闵)氏空间中在笛卡儿(洛伦兹)系的参数式为 $x^\mu(t) = a^\mu t + b^\mu$ 的曲线称为直线(段)，欧(闵)氏空间的测地线便同义于直线(段). 可见测地线可看作欧氏空间直线概念向广义黎曼空间的推广.

例 2　设 S^2 是 3 维欧氏空间的 2 维球面，以球心为原点建球坐标系，则 3 维欧氏线元为 $\mathrm{d}s^2 = \mathrm{d}r^2 + r^2(\mathrm{d}\theta^2 + \sin^2\theta\mathrm{d}\varphi^2)$. 若元线段躺在 S^2 上，则 $r = R$ (球半径)导致 $\mathrm{d}r = 0$，故球面上的"诱导线元"(称为标准球面线元)为 $\mathrm{d}\hat{s}^2 = R^2(\mathrm{d}\theta^2 + \sin^2\theta\mathrm{d}\varphi^2)$，就是说，3 维欧氏度规 δ_{ab} 在球面 S^2 上诱导出 2 维度规 g_{ab}，其在坐标基底 $\{(\partial/\partial\theta)^a, (\partial/\partial\varphi)^a\}$ 的分量为 $g_{\theta\theta} = R^2$，$g_{\varphi\varphi} = R^2\sin^2\theta$，$g_{\theta\varphi} = g_{\varphi\theta} = 0$. 从式(3-3-1)出发可以证明，以这个度规衡量，球面上的曲线为测地线当且仅当它是大圆弧(并配以适当的参数化).

定理 3-3-1　设 $\gamma(t)$ 为测地线，则其重参数化 $\gamma'(t')$ [$=\gamma(t)$]的切矢 T'^a 满足

$$T'^b\nabla_b T'^a = \alpha T'^a \quad [\alpha \text{ 为 } \gamma(t) \text{ 上的某个函数}]. \tag{3-3-2}$$

证明

$$T^a = \left(\frac{\partial}{\partial t}\right)^a = \left(\frac{\partial}{\partial t'}\right)^a \frac{\mathrm{d}t'}{\mathrm{d}t} = \frac{\mathrm{d}t'}{\mathrm{d}t}T'^a,$$

$$0 = T^b\nabla_b T^a = \frac{\mathrm{d}t'}{\mathrm{d}t}T'^b\nabla_b\left(\frac{\mathrm{d}t'}{\mathrm{d}t}T'^a\right) = \left(\frac{\mathrm{d}t'}{\mathrm{d}t}\right)^2 T'^b\nabla_b T'^a + T'^a\frac{\mathrm{d}t'}{\mathrm{d}t}T'^b\nabla_b\left(\frac{\mathrm{d}t'}{\mathrm{d}t}\right),$$

右边第二项 $= T'^a\dfrac{\mathrm{d}t'}{\mathrm{d}t}\dfrac{\mathrm{d}}{\mathrm{d}t'}\left(\dfrac{\mathrm{d}t'}{\mathrm{d}t}\right) = T'^a\dfrac{\mathrm{d}^2t'}{\mathrm{d}t^2}$，故 $T'^b\nabla_b T'^a = -\left(\dfrac{\mathrm{d}t}{\mathrm{d}t'}\right)^2\dfrac{\mathrm{d}^2t'}{\mathrm{d}t^2}T'^a$. 令

$\alpha \equiv -\left(\dfrac{\mathrm{d}t}{\mathrm{d}t'}\right)^2\dfrac{\mathrm{d}^2t'}{\mathrm{d}t^2}$，得证. □

定理 3-3-2　设曲线 $\gamma(t)$ 的切矢 T^a 满足 $T^b\nabla_b T^a = \alpha T^a$ [α 为 $\gamma(t)$ 上的函数]，则存在 $t' = t'(t)$ 使得 $\gamma'(t')$ [$=\gamma(t)$]为测地线.

证明　习题. □

定义 2　能使曲线成为测地线的参数叫该曲线的**仿射参数**(affine parameter).

注 2　有时也把满足 $T^b\nabla_b T^a = \alpha T^a$ 的曲线叫测地线. 不过，为避免混淆，最好称之为"非仿射参数化的测地线".

定理 3-3-3　若 t 是某测地线的仿射参数，则该线的任一参数 t' 是仿射参数的

充要条件为$t' = at + b$(其中a，b为常数且$a \neq 0$).

证明 习题. □

定理 3-3-4 带联络的流形(M, ∇_a)的一点p及p点的一个矢量v^a决定唯一的测地线$\gamma(t)$，满足

(1) $\gamma(0) = p$；

(2) $\gamma(t)$在p点的切矢等于v^a.

证明 任取一坐标系$\{x^\mu\}$使坐标域含p，则测地线定义等价于式(3-3-1). 把它看作关于n个待求函数$x^\mu(t)$的n个二阶常微分方程，则给定$p \in M$及$v^a \in V_p$就是给定初始条件$x^\mu(0) = x^\mu|_p$及$(\mathrm{d}x^\mu/\mathrm{d}t)|_0 = v^\mu$，故有唯一解. □

注 3 与定理 2-2-8 类似，定理 3-3-4 中的"唯一"也应理解为"局部唯一".

以上讨论未涉及度规. 从现在起设流形M上有度规场g_{ab}. 因为切矢T^a沿测地线平移，而平移矢量的自我"内积"$g_{ab}T^aT^b$为常数，所以$g_{ab}T^aT^b$沿测地线不变号，这表明在g_{ab}为洛伦兹的情况下测地线总可分为类时、类空和类光三大类(不存在"不伦不类"的测地线).

定理 3-3-5 (非类光)测地线的线长参数必为仿射参数.

证明 习题. 提示：先证以仿射参数为参数的测地线切矢长度沿线为常数. □

众所周知，欧氏空间中两点之间直线(段)最短. 现在讨论这一结论在多大程度上适用于带洛伦兹度规的流形(时空).

定理 3-3-6 设g_{ab}是流形M上的洛伦兹度规场，$p, q \in M$，则p，q间的光滑类空(类时)曲线为测地线当且仅当其线长取极值.

注 4 ①本定理也适用于g_{ab}为正定度规的情况[这时曲线的定语"类空(类时)"略去]. ②线长取极值的含义如下：设C是p，q间的类空(类时)曲线，则可对它做微小修改而得到p，q间的与C"无限邻近"的许多类空(类时)曲线. 定理 3-3-6 断定C为测地线的充要条件是其长度在所有这些类空(类时)曲线的长度中取极值. 一元函数$f(x)$取极值的条件是一阶导数为零，然而定理 3-3-6 涉及的长度l(看作"因变量")相应的"自变量"不是实数而是曲线，关心的是从一条曲线变到另一曲线时l的变化，因此l不是一元函数而是泛函. 根据变分理论，l取极值的充要条件是l的变分δl为零.

证明[选读]

我们借用坐标系给出证明. 设$C(t)$是曲线，$x^\mu(t)$是其在某坐标系的参数表达式，$p \equiv C(t_1)$, $q \equiv C(t_2)$，则由式(2-5-6)知道从p到q的线长可用坐标语言表为

$$l = \int_{t_1}^{t_2} \left(g_{\mu\nu} \frac{\mathrm{d}x^\mu}{\mathrm{d}t} \frac{\mathrm{d}x^\nu}{\mathrm{d}t} \right)^{1/2} \mathrm{d}t \,. \tag{3-3-3}$$

[默认 $C(t)$为类空曲线. 若 $C(t)$为类时，则上式括号内应添一负号，对结果并无影响.] 设 $C'(t)$ 为一"无限邻近"类空曲线，其参数式 $x'^{\mu}(t)$ 满足 $x'^{\mu}(t_1)=x^{\mu}(t_1)$，$x'^{\mu}(t_2)=x^{\mu}(t_2)$，且变分 $\delta x^{\mu}(t)\equiv x'^{\mu}(t)-x^{\mu}(t)$ 为"无限小". 这一变分导致 $g_{\mu\nu}$ 和切矢分量 $\mathrm{d}x^{\mu}/\mathrm{d}t$ 的微小改变依次为

$$\delta g_{\mu\nu}\equiv g_{\mu\nu}[x^{\sigma}(t)+\delta x^{\sigma}(t)]-g_{\mu\nu}[x^{\sigma}(t)]=\frac{\partial g_{\mu\nu}}{\partial x^{\sigma}}\delta x^{\sigma}(t)$$

和

$$\delta\left(\frac{\mathrm{d}x^{\mu}}{\mathrm{d}t}\right)\equiv\frac{\mathrm{d}(x^{\mu}+\delta x^{\mu})}{\mathrm{d}t}-\frac{\mathrm{d}x^{\mu}}{\mathrm{d}t}=\frac{\mathrm{d}(\delta x^{\mu})}{\mathrm{d}t},$$

它们又通过式(3-3-3)导致 l 的如下变分：

$$\delta l=\frac{1}{2}\times$$

$$\int_{t_1}^{t_2}\left(g_{\mu\nu}\frac{\mathrm{d}x^{\mu}}{\mathrm{d}t}\frac{\mathrm{d}x^{\nu}}{\mathrm{d}t}\right)^{-1/2}\left[g_{\mu\nu}\frac{\mathrm{d}x^{\mu}}{\mathrm{d}t}\frac{\mathrm{d}}{\mathrm{d}t}(\delta x^{\nu})+g_{\mu\nu}\frac{\mathrm{d}x^{\nu}}{\mathrm{d}t}\frac{\mathrm{d}}{\mathrm{d}t}(\delta x^{\mu})+\frac{\partial g_{\mu\nu}}{\partial x^{\sigma}}(\delta x^{\sigma})\frac{\mathrm{d}x^{\mu}}{\mathrm{d}t}\frac{\mathrm{d}x^{\nu}}{\mathrm{d}t}\right]\mathrm{d}t.$$

由于线长与曲线的参数化无关，可选择最便于计算的参数. 定理 3-3-5 表明，无论曲线原来的参数(暂记作 $\tilde{t}$)如何，总可选新参数 $t=t(\tilde{t})$ 使曲线上每点的切矢长度归一，即 $g_{\mu\nu}\frac{\mathrm{d}x^{\mu}}{\mathrm{d}t}\frac{\mathrm{d}x^{\nu}}{\mathrm{d}t}=1$ (此即线长参数). 再注意到 $g_{\mu\nu}$ 的对称性，上式便简化为

$$\begin{aligned}\delta l&=\int_{t_1}^{t_2}\left[g_{\mu\nu}\frac{\mathrm{d}x^{\mu}}{\mathrm{d}t}\frac{\mathrm{d}}{\mathrm{d}t}(\delta x^{\nu})+\frac{1}{2}\frac{\partial g_{\mu\nu}}{\partial x^{\sigma}}(\delta x^{\sigma})\frac{\mathrm{d}x^{\mu}}{\mathrm{d}t}\frac{\mathrm{d}x^{\nu}}{\mathrm{d}t}\right]\mathrm{d}t\\&=\int_{t_1}^{t_2}\left[\frac{\mathrm{d}}{\mathrm{d}t}\left(g_{\mu\nu}\frac{\mathrm{d}x^{\mu}}{\mathrm{d}t}\delta x^{\nu}\right)-\frac{\mathrm{d}}{\mathrm{d}t}\left(g_{\mu\nu}\frac{\mathrm{d}x^{\mu}}{\mathrm{d}t}\right)\delta x^{\nu}+\frac{1}{2}\frac{\partial g_{\mu\nu}}{\partial x^{\sigma}}(\delta x^{\sigma})\frac{\mathrm{d}x^{\mu}}{\mathrm{d}t}\frac{\mathrm{d}x^{\nu}}{\mathrm{d}t}\right]\mathrm{d}t\\&=\int_{t_1}^{t_2}\left[-\frac{\mathrm{d}}{\mathrm{d}t}\left(g_{\mu\sigma}\frac{\mathrm{d}x^{\mu}}{\mathrm{d}t}\right)+\frac{1}{2}\frac{\partial g_{\mu\nu}}{\partial x^{\sigma}}\frac{\mathrm{d}x^{\mu}}{\mathrm{d}t}\frac{\mathrm{d}x^{\nu}}{\mathrm{d}t}\right](\delta x^{\sigma})\,\mathrm{d}t,\end{aligned}$$

其中最末一步用到 δx^{σ} 在点 $C(t_1)$和 $C(t_2)$为零这一前提. 上式表明 δl 对任选的 δx^{σ} 都为零的充要条件是

$$\begin{aligned}0&=-\frac{\mathrm{d}}{\mathrm{d}t}\left(g_{\mu\sigma}\frac{\mathrm{d}x^{\mu}}{\mathrm{d}t}\right)+\frac{1}{2}\frac{\partial g_{\mu\nu}}{\partial x^{\sigma}}\frac{\mathrm{d}x^{\mu}}{\mathrm{d}t}\frac{\mathrm{d}x^{\nu}}{\mathrm{d}t}\\&=-g_{\mu\sigma}\frac{\mathrm{d}^2x^{\mu}}{\mathrm{d}t^2}-\frac{\partial g_{\mu\sigma}}{\partial x^{\nu}}\frac{\mathrm{d}x^{\nu}}{\mathrm{d}t}\frac{\mathrm{d}x^{\mu}}{\mathrm{d}t}+\frac{1}{2}\frac{\partial g_{\mu\nu}}{\partial x^{\sigma}}\frac{\mathrm{d}x^{\mu}}{\mathrm{d}t}\frac{\mathrm{d}x^{\nu}}{\mathrm{d}t}.\end{aligned}$$

以 $g^{\rho\sigma}$ 缩并上式得

$$
\begin{aligned}
0 &= -\frac{\mathrm{d}^2 x^\rho}{\mathrm{d}t^2} - g^{\rho\sigma}(g_{\mu\sigma,\nu} - \frac{1}{2}g_{\mu\nu,\sigma})\frac{\mathrm{d}x^\mu}{\mathrm{d}t}\frac{\mathrm{d}x^\nu}{\mathrm{d}t} \\
&= -\frac{\mathrm{d}^2 x^\rho}{\mathrm{d}t^2} - \frac{1}{2}g^{\rho\sigma}(g_{\sigma\mu,\nu} + g_{\nu\sigma,\mu} - g_{\mu\nu,\sigma})\frac{\mathrm{d}x^\mu}{\mathrm{d}t}\frac{\mathrm{d}x^\nu}{\mathrm{d}t} \\
&= -\frac{\mathrm{d}^2 x^\rho}{\mathrm{d}t^2} - \Gamma^\rho{}_{\mu\nu}\frac{\mathrm{d}x^\mu}{\mathrm{d}t}\frac{\mathrm{d}x^\nu}{\mathrm{d}t}.
\end{aligned}
$$

上式正是测地线方程的坐标表达式[式(3-3-1)]. □

作为思考题，请读者考虑如果不取 $g_{\mu\nu}\frac{\mathrm{d}x^\mu}{\mathrm{d}t}\frac{\mathrm{d}x^\nu}{\mathrm{d}t}=1$ 将导致怎样的结果.

一元函数 $f(x)$的极值既可为极小[其充分条件为 $f'(x)=0$ ， $f''(x)>0$]，也可为极大[其充分条件为 $f'(x)=0$ ， $f''(x)<0$]，还可既非极小又非极大 [其必要条件为 $f'(x)=0, f''(x)=0$]. 与此类似，线长的极值也有上述三种可能，讨论如下.

先讨论 g_{ab} 为正定度规的情况. 给定 p，q 之间的任一曲线，总可略加修改而得长度更大的曲线，故 p，q 间的曲线长度无极大可言. 设 C 是 p，q 间长度极小的一条曲线，由定理 3-3-6 知它必为测地线. 然而 p，q 间的测地线却未必长度极小，因为极值可以既非极小又非极大. 例如，图 3-3 是一球面，γ_1 和 γ_2 是由南极 s 到北极 n 的两条非常邻近的测地线，γ 是另一测地线，大圆弧 $sand$ 虽是 s 与 d 间的测地线，其长度却并非极小，因其非常邻近的曲线 $sb\cup\gamma$ 比它还短.[①] 测地线 $sand$ 的长度之所以不是极小，关键在于线上有北极点 n，它与南极点 s“共轭”，即存在从 s 到 n 的与测地线 γ_1 “无限邻近”的测地线 γ_2 (“共轭点对”的准确定义见选读 7-6-3). 可以证明，测地线长度取极小值的充要条件是线上不存在共轭点对. 欧氏空间当然没有共轭点对，因此两点之间直线(段)最短.

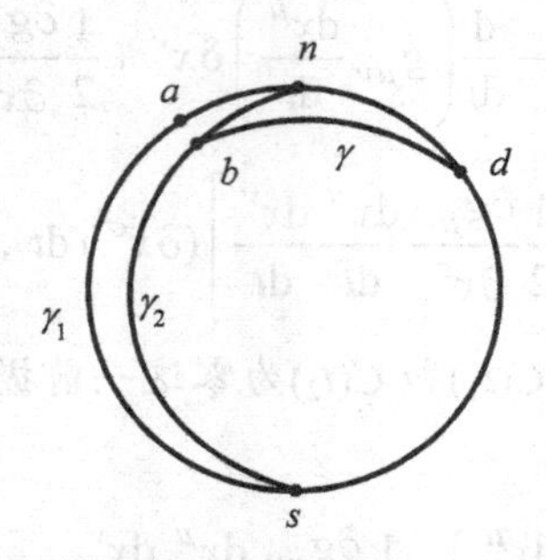

图 3-3　测地线 $sand$ 的长度不取极小值

再讨论 g_{ab} 为洛伦兹度规的情况. 先看闵氏时空这一最简单特例. 前已说过闵

① 曲线 $sb\cup\gamma$ 在 b 点不可微，严格说应在 b 点附近对它“磨光”，磨光后的曲线的长度与 $sb\cup\gamma$ 的长度“要多接近有多接近”.

氏时空中直线与测地线同义．设 p，q 间有类时测地线 γ 相连．它是否为 p，q 间的最短线？否．由于类光曲线长度为零，任一类时曲线 C 都不是最短线，因为总可对它略加修改而成为足够接近类光的类时曲线 C'，其长度小于 C (见图 3-4). 事实上，类时测地线 γ 非但不是最短线，而且是 p，q 间的最长线．以 2 维闵氏时空为例证明(容易推广至任意维闵氏时空)．由于 γ 的参数式 $x^\mu(t)$ 为线性函数，可通过洛伦兹坐标的平移和伪转动[式(2-5-19)、(2-5-20)]选择洛伦兹系 $\{x^0, x^1\}$ 使其 x^0 坐标线与 γ 重合．设 C 是 p，q 间的任一类时非测地线，用许多等 x^0 线把 γ 分成许多元段(见图 3-5)，由闵氏线元表达式

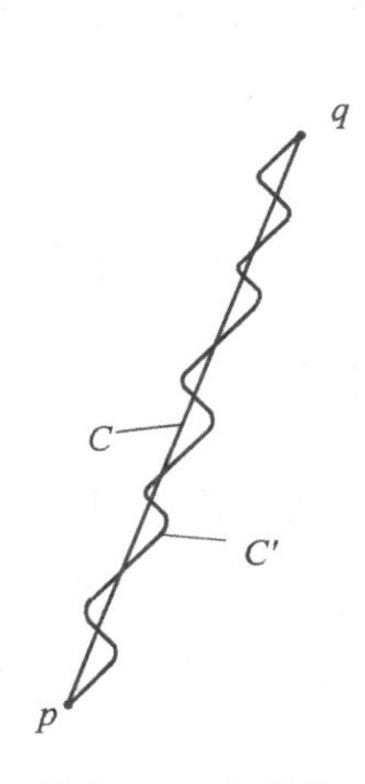

图 3-4　给定 p，q 间的类时线 C，总可找到比它短的邻近类时线 C'

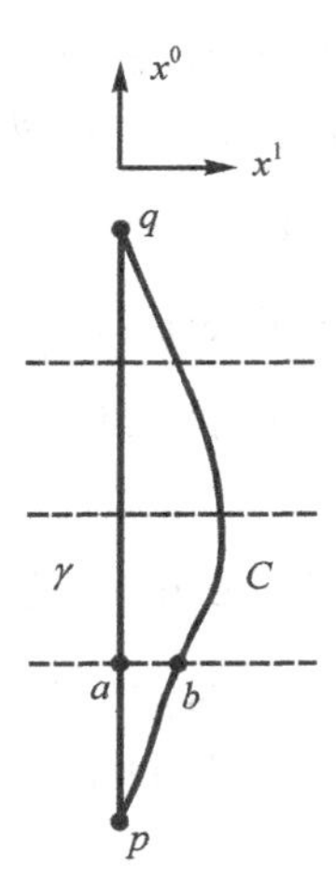

图 3-5　测地线 γ 是 p，q 间最长的类时线

可知元段 pa 和 pb 的线长依次为

$$\mathrm{d}\, l_{pa} = \sqrt{-\mathrm{d}s^2} = \sqrt{-[-(\mathrm{d}\, x^0)^2 + 0]} = \mathrm{d}x^0 \,,$$

$$\mathrm{d}\, l_{pb} = \sqrt{-[-(\mathrm{d}\, x^0)^2 + (\mathrm{d}\, x^1)^2]} < \mathrm{d}\, x^0 = \mathrm{d}\, l_{pa} \,,$$

上述结果也适用于其他任一对元段，可见 $l_\gamma > l_C$，即闵氏时空的类时测地线是最长类时线．换句话说，闵氏时空中两点之间(类时)直线(段)最长．又因为最长线必为测地线，所以对闵氏时空而言，两点间的类时线为最长线的充要条件是它为测地线．再讨论一般时空．设 C 是 p，q 间长度极大的类时线，则由定理 3-3-6 可知它是测地线．然而反过来却未必，因为定理 3-3-6 只保证 p，q 间的类时测地线长取极值，不保证它是极大(当然，由于类光曲线长度为零，它肯定也不是极小．)．可以证明，任意时空中类时测地线长为极大的充要条件是线上不存在共轭点对．小结：对任意时空中有类时联系的两点：①两点间的最长线是类时测地线；②两点

间的类时测地线未必是最长线(对闵氏时空一定是)；③两点间没有最短类时线.

[选读 3-3-1]

用测地线可定义两个有用概念，即广义黎曼空间(M, g_{ab})的指数映射和黎曼法坐标.

$p\in M$ 的**指数映射**(exponential map)是从 V_p(或其子集)到流形 M 的映射，记作

$$\exp_p : V_p\ (\text{或其子集}) \to M ,$$

定义如下：$\forall\, v^a\in V_p$，(p, v^a) 决定唯一的测地线 $\gamma(t)$，选 p 为仿射参数 t 的零点，则 v^a 在 $\exp_p$ 映射下的像定义为测地线上 $t=1$ 的点，即 $\exp_p(v^a) := \gamma(1)$. 设 $\underline{0}$ 是 V_p 的零元. 因为由 $(p,\underline{0})$ 决定的唯一测地线是把 $\mathbb{R}$ (或它的一个区间)的所有点映到 p 点的映射，故 $\exp_p(\underline{0})=p$. 然而，如果从 M 中挖去点 $\gamma(1)$ ，即以 $M-\{\gamma(1)\}$ 为背景流形(见图 3-6)，则 v^a 在 $\exp_p$ 映射下无像. 因此指数映射的定义域可能只是 V_p 的一个子集 $\hat{V}_p$ ，即 $\exp_p : \hat{V}_p \to M$. 图 3-7 表明由 (p, v^a) 和 (p, v'^a) 决定的两条测地线 $\gamma(t)$ 和 $\gamma'(t)$ 交于 q 点. 适当选择 v^a 和 v'^a 的长度可使 $q=\gamma(1)=\gamma'(1)$ ，从而

$$q=\exp_p(v^a)=\exp_p(v'^a) ,$$

可见在这种情况下 $\exp_p$ 不是一一映射. 图 3-6 中由于挖去一点，对 q 点而言就不存在 $u^a\in V_p$ 使 $q=\exp_p(u^a)$ ，可见这种情况下 $\exp_p$ 不是到上映射. 然而可以证明，只要把 $\exp_p$ 的定义域和值域做适当限制，则它不但一一到上，而且是微分同胚. 请看如下定理：

定理 3-3-7 $\forall p\in M$ ，总可在其切空间 V_p(看作 n 维流形)内找到含零元的开子集 $\hat{V}_p$ ，在流形 M 中找到含 p 的开子集 N, 使 $\exp_p : \hat{V}_p \to N$ 是微分同胚映射(见图 3-8).

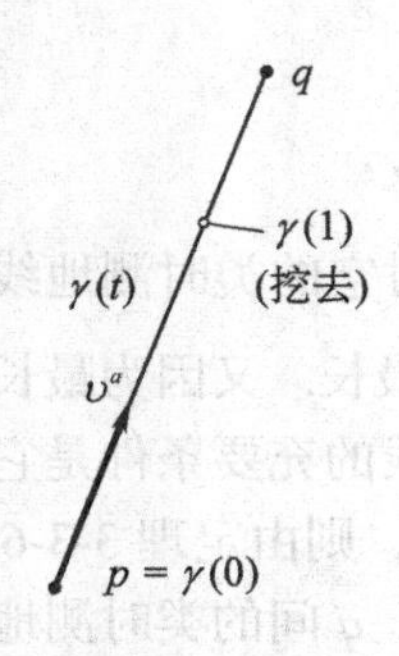

图 3-6 挖去点 $\gamma(1)$ ，则 v^a 在 $\exp_p$ 下无像

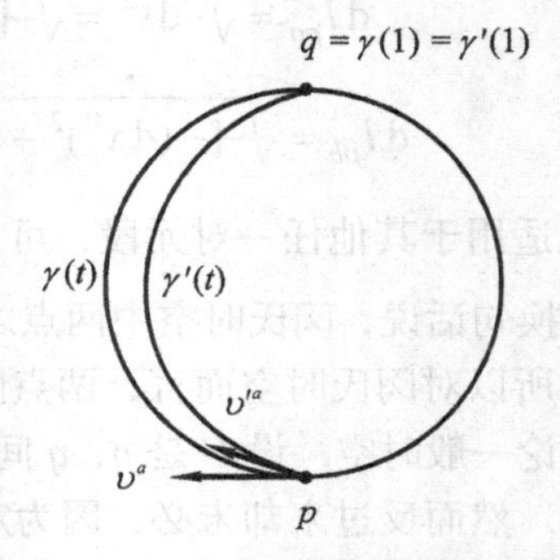

图 3-7 p 与 v^a 和 v'^a 决定的两条测地线交于 q . 选 v^a 和 v'^a 长度使 $q=\gamma(1)=\gamma'(1)$，便可知 $\exp_p$ 不是一一映射

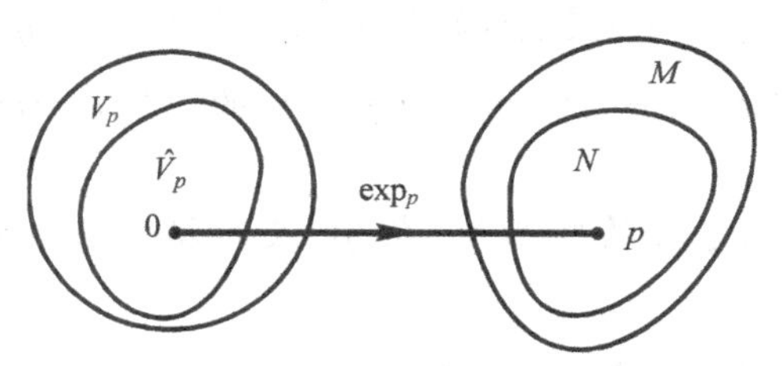

图 3-8　$\exp_p : \hat{V}_p \to N$ 是微分同胚

证明　可参阅 Hawking and Ellis(1973)P.33~34. □

定义 3　$p\in M$ 的邻域 N 称为 p 点的**法邻域**(normal neighborhood)，若 V_p 存在开子集 $\hat{V}_p$ 使 $\exp_p : \hat{V}_p \to N$ 是微分同胚.

利用上述微分同胚指数映射 $\exp_p : \hat{V}_p \to N$ 可在 N 内定义坐标：任选 V_p 的一个基底 $\{(e_\mu)^a\}$，把 $q\in N$ 在 $\exp_p$ 下的逆像 $v^a \equiv \exp_p^{-1}(q)\in \hat{V}_p$ 在此基底的 n 个分量定义为 q 点的 n 个坐标，这样定义的坐标系称为 p 点的**黎曼法坐标**(Riemannian normal coordinate)**系**，其坐标域为 N.

定理 3-3-8　设 (N,ψ) 是 p 点的黎曼法坐标系，则 N 中过 p 的每一测地线 $\gamma(t)$ 在 ψ 映射下的像 $\psi(\gamma(t))$ 是 $\mathbb{R}^n$ 中过原点的直线(见图 3-9).

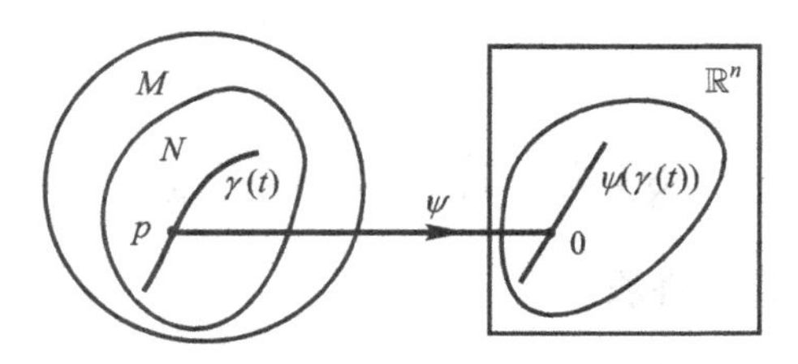

图 3-9　定理 3-3-8 示意

证明　不失一般性，可认为 $p=\gamma(0)$. 记 $v_1{}^a \equiv (\partial/\partial t)^a|_p$，$q_1\equiv\gamma(1)$，则 $q_1=\exp_p(v_1{}^a)$. 设 q 为 $\gamma(t)$ 的任一点，$q\equiv\gamma(t_q)$. 对 $\gamma(t)$ 做重参数化，选新参数 $t'=\alpha^{-1}t$（$\alpha=$ 常数)得测地线 $\gamma'(t')=\gamma(t)$，适当选择常数 α 可使 $\gamma'(1)=q$，故 $q=\exp_p(v^a)$，其中

$$v^a \equiv (\partial/\partial t')^a|_p = [(\partial/\partial t)^a \mathrm{d}t/\mathrm{d}t']_p = \alpha v_1{}^a\ ,$$

于是 q 点的黎曼法坐标值

$$x^\mu(q) = v^\mu = \alpha v_1{}^\mu\ , \tag{3-3-4}$$

(其中 $v^\mu, v_1{}^\mu$ 是 $v^a, v_1{}^a$ 在 V_p 事先选定的基底的分量.) $\gamma'(1)=q$ 表明 q 点的新参数值 $t'_q=1$，配以由 $t'=\alpha^{-1}t$ 导致的 $t'_q=\alpha^{-1}t_q$ 便得 $\alpha=t_q$，故式(3-3-4)成为 $x^\mu(q)=t_q v_1{}^\mu$，

也可表为 $x^\mu(t_q)=\upsilon_1{}^\mu t_q$. 因 q 是 $\gamma(t)$ 的任一点，去掉下标 q 便得 $x^\mu(t)=\upsilon_1{}^\mu t$，注意到 $\upsilon_1{}^\mu=$ 常数，可知以 $x^\mu(t)=\upsilon_1{}^\mu t$ 为参数式的曲线 $\psi(\gamma(t))$ 是 $\mathbb{R}^n$ 中过原点的直线. □

定理 3-3-9 (M, g_{ab}) 的联络 ∇_a 在 p 点的黎曼法坐标系的克氏符满足 $\Gamma^c{}_{ab}|_p=0$.

证明 过 p 点的任一测地线 $\gamma(t)$ 可借 p 点的黎曼法坐标系表为

$$\frac{\mathrm{d}^2x^\mu}{\mathrm{d}t^2}+\Gamma^\mu{}_{\nu\sigma}\frac{\mathrm{d}x^\nu}{\mathrm{d}t}\frac{\mathrm{d}x^\sigma}{\mathrm{d}t}=0\,,\qquad \mu=1\,,\cdots,n.$$

因为黎曼法坐标系 (N,ψ) 把 $\gamma(t)$ 映射为 $\mathbb{R}^n$ 中的直线，有 $\mathrm{d}^2x^\mu/\mathrm{d}t^2=0$，所以

$$\Gamma^\mu{}_{\nu\sigma}\frac{\mathrm{d}x^\nu}{\mathrm{d}t}\frac{\mathrm{d}x^\sigma}{\mathrm{d}t}=0\,,\qquad \mu=1\,,\cdots,n.$$

过 p 点的任一测地线 $\gamma(t)$ 的方程都可表为上式. 以 T^a 代表测地线在 p 点的切矢，则上式给出

$$\Gamma^\mu{}_{\nu\sigma}|_p\,T^\nu T^\sigma=0\,,\qquad \mu=1\,,\cdots,n.$$

对每一 μ 值而言，上式是关于 n 个变量 T^ν 的二次多项式，它对任意 T^ν 成立便导致全部系数为零，即 $\Gamma^\mu{}_{\nu\sigma}|_p$, $\nu,\sigma=1\,,\cdots,n$，因而 $\Gamma^c{}_{ab}|_p=0$. □

[选读 3-3-1 完]

§3.4 黎曼曲率张量

3.4.1 黎曼曲率的定义和性质

导数算符 ∇_a 的无挠性保证 $(\nabla_a\nabla_b-\nabla_b\nabla_a)f=0$，即 $\nabla_a\nabla_b f$ 是个对称的(0, 2)型张量. 把算符 $(\nabla_a\nabla_b-\nabla_b\nabla_a)$ 称为导数算符 ∇_a 的**对易子**(commutator)，则 ∇_a 的无挠性体现为其对易子对函数的作用结果为零. 然而无挠导数算符的对易子对其他型号的张量场的作用结果却未必为零，黎曼曲率张量正是这种非对易性的表现.

定理 3-4-1 设 $f\in\mathscr{F}$, $\omega_a\in\mathscr{F}(0,1)$，则

$$(\nabla_a\nabla_b-\nabla_b\nabla_a)(f\omega_c)=f(\nabla_a\nabla_b-\nabla_b\nabla_a)\,\omega_c\,. \tag{3-4-1}$$

证明 把 $\nabla_a\nabla_b(f\omega_c)$ 和 $\nabla_b\nabla_a(f\omega_c)$ 分别展为 4 项，两者相减，注意到无挠性条件(e)，便得式(3-4-1). □

定理 3-4-2 设 $\omega_c,\omega'_c\in\mathscr{F}(0,1)$ 且 $\omega'_c|_p=\omega_c|_p$，则

$$[(\nabla_a\nabla_b-\nabla_b\nabla_a)\,\omega'_c]|_p=[(\nabla_a\nabla_b-\nabla_b\nabla_a)\,\omega_c]|_p\,. \tag{3-4-2}$$

证明　习题. 提示：利用定理 3-4-1.　□

定理 3-4-2 表明 $(\nabla_a\nabla_b-\nabla_b\nabla_a)$ 是把 p 点的对偶矢量 $\omega_c|_p$ 变为 p 点的(0, 3)型张量 $[(\nabla_a\nabla_b-\nabla_b\nabla_a)\omega_c]|_p$ 的线性映射，做法是：把 $\omega_c|_p$ 任意延拓而得一个定义于 p 点某邻域的对偶矢量场 ω_c，求出 $(\nabla_a\nabla_b-\nabla_b\nabla_a)\omega_c$，再取其在 p 点的值便得映射的像. 定理 3-4-2 保证这个像与延拓方式无关. 于是 $(\nabla_a\nabla_b-\nabla_b\nabla_a)$ 对应于 p 点的一个(1, 3)型张量，叫**黎曼曲率张量**(Riemann curvature tensor)，记作 $R_{abc}{}^d$. 又因 p 点任意，故 $R_{abc}{}^d$ 是张量场. 于是有：

定义 1　导数算符 ∇_a 的**黎曼曲率张量场** $R_{abc}{}^d$ 由下式定义

$$(\nabla_a\nabla_b-\nabla_b\nabla_a)\,\omega_c=R_{abc}{}^d\omega_d\,,\qquad\forall\omega_c\in\mathscr{F}(0,\ 1)\,.\tag{3-4-3}$$

黎曼张量场反映导数算符的非对易性，是描述 (M,∇_a) 的内禀性质的张量场. 只要选定导数算符就可谈及其黎曼张量. 当然，对广义黎曼空间 $(M,\ g_{ab})$ 也可谈及黎曼张量，亦称 g_{ab} 的黎曼张量，是指与 g_{ab} 适配的那个导数算符 ∇_a 的黎曼张量场. 黎曼张量场为零的度规称为**平直度规**(flat　metric). 下面证明欧氏和闵氏度规都是平直度规.

定理 3-4-3　欧氏空间 $(\mathbb{R}^n,\ \delta_{ab})$ 和闵氏空间 $(\mathbb{R}^n,\ \eta_{ab})$ 的黎曼曲率张量场为零.

证明　欧(闵)氏空间任一笛卡儿(洛伦兹)系的普通导数算符 ∂_a 是与 δ_{bc} 适配的那个特定的导数算符. 而

$$(\partial_a\partial_b-\partial_b\partial_a)\omega_c=(\mathrm{d}x^\mu)_a(\mathrm{d}x^\nu)_b(\mathrm{d}x^\sigma)_c(\partial_\mu\partial_\nu\omega_\sigma-\partial_\nu\partial_\mu\omega_\sigma)=0\,,\qquad\forall\omega_c\,,$$

故 ∂_a 的 $R_{abc}{}^d$ 为零.　□

因此欧氏空间和闵氏空间都称为**平直空间**(flat space). 事实上，闵氏空间在许多方面类似于欧氏空间，故又称**伪欧**(pseudo Euclidean)**空间**.

式(3-4-3)反映导数算符作用于对偶矢量场的非对易性. 由此可推知导数算符作用于任意型张量场 $T^{c_1\cdots c_k}{}_{d_1\cdots d_l}$ 的非对易性，即推出用 $R_{abc}{}^d$ 表述 $(\nabla_a\nabla_b-\nabla_b\nabla_a)T^{c_1\cdots c_k}{}_{d_1\cdots d_l}$ 的公式. 我们有以下定理：

定理 3-4-4　$$(\nabla_a\nabla_b-\nabla_b\nabla_a)\upsilon^c=-R_{abd}{}^c\upsilon^d\qquad\forall\upsilon^c\in\mathscr{F}(1,\ 0)\,.\tag{3-4-4}$$

证明　$\forall\omega_c\in\mathscr{F}(0,1)$，有 $\upsilon^c\omega_c\in\mathscr{F}$，故由无挠性条件得

$$0=(\nabla_a\nabla_b-\nabla_b\nabla_a)(\upsilon^c\omega_c)=\nabla_a(\upsilon^c\nabla_b\omega_c+\omega_c\nabla_b\upsilon^c)-\nabla_b(\upsilon^c\nabla_a\omega_c+\omega_c\nabla_a\upsilon^c)$$
$$=\upsilon^c\nabla_a\nabla_b\omega_c+\omega_c\nabla_a\nabla_b\upsilon^c-\upsilon^c\nabla_b\nabla_a\omega_c-\omega_c\nabla_b\nabla_a\upsilon^c\,,$$

从而 $\omega_c(\nabla_a\nabla_b-\nabla_b\nabla_a)\upsilon^c=-\upsilon^c(\nabla_a\nabla_b-\nabla_b\nabla_a)\omega_c=-\upsilon^cR_{abc}{}^d\omega_d=-\omega_cR_{abd}{}^c\upsilon^d$，于是得式(3-4-4).　□

定理 3-4-5　$\forall T^{c_1\cdots c_k}{}_{d_1\cdots d_l}\in\mathscr{F}(k,l)$ 有

$$(\nabla_a \nabla_b - \nabla_b \nabla_a) T^{c_1 \cdots c_k}{}_{d_1 \cdots d_l} = -\sum_{i=1}^{k} R_{abe}{}^{c_i} T^{c_1 \cdots e \cdots c_k}{}_{d_1 \cdots d_l} + \sum_{j=1}^{l} R_{abd_j}{}^{e} T^{c_1 \cdots c_k}{}_{d_1 \cdots e \cdots d_l} . \tag{3-4-5}$$

证明 略. □

定理 3-4-6 黎曼曲率张量有以下性质：

(1) $R_{abc}{}^d = -R_{bac}{}^d$； (3-4-6)

(2) $R_{[abc]}{}^d = 0$ **[循环(cyclic)恒等式]**； (3-4-7)

(3) $\nabla_{[a} R_{bc]d}{}^e = 0$ **[比安基恒等式，比安基(Bianchi)发表于 1902 年]**； (3-4-8)

若 M 上有度规场 g_{ab} 且 $\nabla_a g_{bc} = 0$，则可定义 $R_{abcd} \equiv g_{de} R_{abc}{}^e$，且 R_{abcd} 还满足

(4) $R_{abcd} = -R_{abdc}$； (3-4-9)

(5) $R_{abcd} = R_{cdab}$. (3-4-10)

证明

(1) 由定义显见.

(2) 因 $R_{[abc]}{}^d \omega_d = \nabla_{[a} \nabla_b \omega_{c]} - \nabla_{[b} \nabla_a \omega_{c]} = 2\nabla_{[a} \nabla_b \omega_{c]}$，故欲证式(3-4-7)只须证

$$\nabla_{[a} \nabla_b \omega_{c]} = 0, \qquad \forall \omega_c \in \mathscr{F}(0, 1). \tag{3-4-11}$$

由式(3-1-8)(令其 $\tilde{\nabla}_a = \partial_a$)得

$$\begin{aligned} \nabla_a (\nabla_b \omega_c) &= \partial_a (\nabla_b \omega_c) - \Gamma^d{}_{ab} \nabla_d \omega_c - \Gamma^d{}_{ac} \nabla_b \omega_d \\ &= \partial_a (\partial_b \omega_c - \Gamma^e{}_{bc} \omega_e) - \Gamma^d{}_{ab} \nabla_d \omega_c - \Gamma^d{}_{ac} \nabla_b \omega_d \\ &= (\partial_a \partial_b \omega_c - \Gamma^e{}_{bc} \partial_a \omega_e - \omega_e \partial_a \Gamma^e{}_{bc}) - \Gamma^d{}_{ab} \nabla_d \omega_c - \Gamma^d{}_{ac} \nabla_b \omega_d , \end{aligned} \tag{3-4-12}$$

故

$$\nabla_{[a} \nabla_b \omega_{c]} = \partial_{[a} \partial_b \omega_{c]} - \Gamma^e{}_{[bc} \partial_{a]} \omega_e - \omega_e \partial_{[a} \Gamma^e{}_{bc]} - \Gamma^d{}_{[ab} \nabla_{|d|} \omega_{c]} - \Gamma^d{}_{[ac} \nabla_{b]} \omega_d ,$$

下标 $[ab|d|c]$ 中的 $|d|$ 表明 d 不参与反称化. 注意到 $\partial_a \partial_b \omega_c = \partial_b \partial_a \omega_c$ 和 $\Gamma^e{}_{bc} = \Gamma^e{}_{cb}$，由定理 2-6-2(c)可知上式右边每项都为零.

(3) 欲证式(3-4-8)，只须证 $\omega_e \nabla_{[a} R_{bc]d}{}^e = 0 \quad \forall \omega_e \in \mathscr{F}(0, 1)$，而

$$\begin{aligned} \omega_e \nabla_a R_{bcd}{}^e &= \nabla_a (R_{bcd}{}^e \omega_e) - R_{bcd}{}^e \nabla_a \omega_e \\ &= \nabla_a (\nabla_b \nabla_c \omega_d - \nabla_c \nabla_b \omega_d) - R_{bcd}{}^e \nabla_a \omega_e , \end{aligned}$$

故

$$\begin{aligned} \omega_e \nabla_{[a} R_{bc]d}{}^e &= \nabla_{[a} \nabla_b \nabla_{c]} \omega_d - \nabla_{[a} \nabla_c \nabla_{b]} \omega_d - R_{[bc|d|}{}^e \nabla_{a]} \omega_e \\ &= \nabla_{[a} \nabla_b \nabla_{c]} \omega_d - \nabla_{[b} \nabla_a \nabla_{c]} \omega_d - R_{[bc|d|}{}^e \nabla_{a]} \omega_e . \end{aligned} \tag{3-4-13}$$

为求右边前二项之和，先写出它们去掉方括号的表达式

$$\nabla_a \nabla_b \nabla_c \omega_d - \nabla_b \nabla_a \nabla_c \omega_d = (\nabla_a \nabla_b - \nabla_b \nabla_a) \nabla_c \omega_d = R_{abc}{}^e \nabla_e \omega_d + R_{abd}{}^e \nabla_c \omega_e ,$$

其中第二步用到式(3-4-5). 对下标 a，b，c 做反称化，注意到式(3-4-7)，便有

$$\nabla_{[a}\nabla_b\nabla_{c]}\omega_d - \nabla_{[b}\nabla_a\nabla_{c]}\omega_d = R_{[ab|d|}{}^e\nabla_{c]}\omega_e = R_{[bc|d|}{}^e\nabla_{a]}\omega_e\ ,$$

上式表明式(3-4-13)右边为零，于是 $\omega_e\nabla_{[a}R_{bc]d}{}^e = 0$.

(4) 把式(3-4-5)用于 g_{cd}，由 $\nabla_a g_{cd} = 0$ 得

$$0 = (\nabla_a\nabla_b - \nabla_b\nabla_a)g_{cd} = R_{abc}{}^e g_{ed} + R_{abd}{}^e g_{ce} = R_{abcd} + R_{abdc}\ ,$$

故式(3-4-9)成立.

(5) 留作习题. □

注1 设 $\dim M = n$，则 R_{abcd} 的分量 $R_{\mu\nu\sigma\rho}$ 共有 n^4 个. 但由于满足代数等式(3-4-6)、(3-4-7)、(3-4-9)和(3-4-10)，独立分量数仅为[证明见 Bergmann(1976)P.172~174]

$$N = n^2(n^2-1)/12\ .$$

选定度规后，每个(0, 2)型张量 T_{ab} 对应于一个(1, 1)型张量 $T^a{}_b \equiv g^{ac}T_{cb}$，即矢量空间上的一个线性变换，其在任意基底的分量组成一个矩阵，不同基底对应的矩阵互为相似矩阵，故有相同的迹，其值为 $T^a{}_a = g^{ac}T_{ac}$，称为张量 $T^a{}_b$ 的迹，也称为 T_{ab} 的迹. 类似地，给定(0, 4)型张量 R_{abcd}，原则上可通过缩并得到以下六个“迹”[每个“迹”是一个(0, 2)型张量]: $g^{ab}R_{abcd}$，$g^{ac}R_{abcd}$，$g^{ad}R_{abcd}$，$g^{bc}R_{abcd}$，$g^{bd}R_{abcd}$ 及 $g^{cd}R_{abcd}$. 然而，由于黎曼张量 $R_{abc}{}^d$ 降指标后所得 R_{abcd} 的性质[定理3-4-6 的(1)、(4)、(5)]及 g^{ac} 的对称性，由定理 2-6-2 的(d)易见上述六个缩并中的第一、六个为零；第二、五个相等(理由：$g^{ac}R_{abcd} = g^{ac}R_{badc}$，与 $g^{bd}R_{abcd}$ 实质一样，只因要照顾指标平衡而不写 $g^{ac}R_{abcd} = g^{bd}R_{abcd}$.)；第三、四个相等并等于第二、五个之负，故六个缩并中只有一个独立，例如可取 $g^{bd}R_{abcd} = R_{abc}{}^b$，记作 R_{ac}，称为**里奇张量**(Ricci tensor). 应该强调的是为定义里奇张量无需借用度规，因为 $R_{ac} \equiv R_{abc}{}^b$ 天生就有明确意义. R_{ac} 还可借度规求迹，即 $g^{ac}R_{ac}$，记作 R，称为**标量曲率**(scalar curvature). 由式(3-4-10)易证 $R_{ac} = R_{ca}$. 此外还应掌握 $R_{abc}{}^d$ 的无迹部分，叫外尔张量，定义如下：

定义2 对维数 $n \geqslant 3$ 的广义黎曼空间，**外尔张量**(Weyl tensor)C_{abcd} 由下式定义：

$$C_{abcd} := R_{abcd} - \frac{2}{n-2}(g_{a[c}R_{d]b} - g_{b[c}R_{d]a}) + \frac{2}{(n-1)(n-2)}Rg_{a[c}g_{d]b}\ . \tag{3-4-14}$$

定理 3-4-7 外尔张量有以下性质：

(1) $C_{abcd} = -C_{bacd} = -C_{abdc} = C_{cdab}$，　　$C_{[abc]d} = 0$. 　　(3-4-15)

(2) C_{abcd} 的各种迹都为零，例如 $g^{ac}C_{abcd} = 0$.

证明 练习. □

注2 式(3-4-14)说明 R_{abcd} 是其无迹部分 C_{abcd} 与有迹部分

$$\frac{2}{n-2}(g_{a[c}R_{d]b}-g_{b[c}R_{d]a})-\frac{2}{(n-1)(n-2)}Rg_{a[c}g_{d]b}$$

之和.

定义 3 广义黎曼空间的**爱因斯坦张量** G_{ab} 由下式定义

$$G_{ab}:=R_{ab}-\frac{1}{2}Rg_{ab}. \tag{3-4-16}$$

定理 3-4-8 $\nabla^a G_{ab}=0$ (其中 $\nabla^a G_{ab}\equiv g^{ac}\nabla_c G_{ab}$). (3-4-17)

证明 由比安基恒等式(3-4-8)及(3-4-6)有 $0=\nabla_a R_{bcd}{}^e+\nabla_c R_{abd}{}^e+\nabla_b R_{cad}{}^e$. 指标 a 同 e 缩并得 $0=\nabla_a R_{bcd}{}^a+\nabla_c R_{abd}{}^a+\nabla_b R_{cad}{}^a=\nabla_a R_{bcd}{}^a-\nabla_c R_{bd}+\nabla_b R_{cd}$. 以 g^{bd} 作用得

$$\begin{aligned}0&=g^{bd}\nabla_a R_{bcd}{}^a-g^{bd}\nabla_c R_{bd}+g^{bd}\nabla_b R_{cd}\\&=\nabla_a R_c{}^a-\nabla_c R+\nabla_b R_c{}^b=2\nabla_a R_c{}^a-\nabla_c R.\end{aligned} \tag{3-4-18}$$

故 $\nabla^a G_{ab}=\nabla^a R_{ab}-\frac{1}{2}g_{ab}\nabla^a R=\nabla_a R_b{}^a-\frac{1}{2}\nabla_b R=0$, 其中第二步用到 $R_{ab}=R_{ba}$, 第三步用到式(3-4-18). □

爱因斯坦张量 G_{ab} 及其满足的式(3-4-17)对建立广义相对论的爱因斯坦方程有重要作用, 详见§7.7.

3.4.2 由度规计算黎曼曲率

设 M 上给定度规 g_{ab}, 由 $\nabla_a g_{bc}=0$ 便决定唯一的联络 ∇_a, 因而有黎曼张量 $R_{abc}{}^d$. 常见的问题是已知 g_{ab} 欲求 $R_{abc}{}^d$. 所谓计算某张量, 就是求出它在某基底的分量. 基底分为坐标基底和非坐标基底两大类, 本小节只讲用坐标基底求曲率的方法, 用非坐标基底的方法将在§5.7 和§8.7 介绍.

任选坐标系后, 度规分量 $g_{\mu\nu}$ 便是已知量, 满足 $\nabla_a g_{bc}=0$ 的联络 ∇_a 在此坐标系下的体现就是它在该系的克氏符

$$\Gamma^\sigma{}_{\mu\nu}=\frac{1}{2}g^{\sigma\rho}(g_{\rho\mu,\nu}+g_{\nu\rho,\mu}-g_{\mu\nu,\rho})\ [\text{此即式(3-2-10}')]. \tag{3-4-19}$$

$\Gamma^\sigma{}_{\mu\nu}$ 有三个具体指标, 故 $\{\Gamma^\sigma{}_{\mu\nu}\}$ 含 n^3 个数. 对称性 $\Gamma^\sigma{}_{\mu\nu}=\Gamma^\sigma{}_{\nu\mu}$ 使这 n^3 个数中只有 $n^2(n+1)/2$ 个独立(当 $n=4$ 时有 40 个数独立). 计算的第一步就是从已知的 $g_{\mu\nu}$ 求出全部非零的 $\Gamma^\sigma{}_{\mu\nu}$.

由黎曼张量定义有 $R_{abc}{}^d\omega_d=2\nabla_{[a}\nabla_{b]}\omega_c$, 其中 $\nabla_a\nabla_b\omega_c$ 可借式(3-4-12)表为 6 项(该式共 5 项, 第 5 项的 $\nabla_b\omega_d$ 又可展为两项, 即 $\partial_b\omega_d-\Gamma^e{}_{bd}\omega_e$.), 对每项的指标 a, b 反称化, 注意到 $\partial_{[a}\partial_{b]}\omega_c=0$, $\Gamma^d{}_{[ab]}=\Gamma^d{}_{[(ab)]}=0$, 便得

$$R_{abc}{}^{d}\omega_{d}=2\ (-\Gamma^{e}{}_{c[b}\partial_{a]}\omega_{e}-\omega_{e}\partial_{[a}\Gamma^{e}{}_{b]c}-\Gamma^{d}{}_{c[a}\partial_{b]}\omega_{d}+\Gamma^{d}{}_{c[a}\Gamma^{e}{}_{b]d}\omega_{e})$$
$$=-2\ \omega_{d}\partial_{[a}\Gamma^{d}{}_{b]c}+2\Gamma^{e}{}_{c[a}\Gamma^{d}{}_{b]e}\omega_{d},\quad \forall\omega_{d}\in\mathscr{F}(0,1).$$

故
$$R_{abc}{}^{d}=-2\ \partial_{[a}\Gamma^{d}{}_{b]c}+2\Gamma^{e}{}_{c[a}\Gamma^{d}{}_{b]e}, \tag{3-4-20}$$

其坐标分量为
$$R_{\mu\nu\sigma}{}^{\rho}=\Gamma^{\rho}{}_{\mu\sigma,\nu}-\Gamma^{\rho}{}_{\nu\sigma,\mu}+\Gamma^{\lambda}{}_{\sigma\mu}\Gamma^{\rho}{}_{\nu\lambda}-\Gamma^{\lambda}{}_{\sigma\nu}\Gamma^{\rho}{}_{\mu\lambda}, \tag{3-4-20′}$$

其中$\Gamma^{\rho}{}_{\mu\sigma,\nu}\equiv\partial\Gamma^{\rho}{}_{\mu\sigma}/\partial x^{\nu}$. 由上式又可得里奇张量的坐标分量表达式
$$R_{\mu\sigma}=R_{\mu\nu\sigma}{}^{\nu}=\Gamma^{\nu}{}_{\mu\sigma,\nu}-\Gamma^{\nu}{}_{\nu\sigma,\mu}+\Gamma^{\lambda}{}_{\mu\sigma}\Gamma^{\nu}{}_{\lambda\nu}-\Gamma^{\lambda}{}_{\nu\sigma}\Gamma^{\nu}{}_{\lambda\mu}. \tag{3-4-21}$$

[选读 3-4-1]

若度规 g_{ab} 在某坐标系的分量 $g_{\mu\nu}$ 全部为常数，则其克氏符全部为零($\Gamma^{\sigma}{}_{\mu\nu}=0$)，故由式(3-4-20′)可知其黎曼张量$R_{abc}{}^{d}=0$，因而(至少在该坐标域内)是平直度规. 反之，若已知g_{ab}的$R_{abc}{}^{d}=0$，是否一定存在坐标系使g_{ab}的坐标分量$g_{\mu\nu}$全部为常数？答案是肯定的. 请看如下定理.

定理 3-4-9　度规场g_{ab}是(局域)平直的(即其$R_{abc}{}^{d}=0$)当且仅当存在坐标系使g_{ab}的坐标分量全部为常数.

证明　这一证明在相当铺垫的基础上方可给出，见下册附录 J. □

[选读 3-4-1 完]

[选读 3-4-2]

式(3-4-21)中含有$\Gamma^{\nu}{}_{\nu\sigma}$，其实许多计算都涉及这种“缩并克氏符”. 例如，受3维欧氏空间散度$\vec{\nabla}\cdot\vec{v}$定义的启发，我们定义(M,∇_a)的矢量场v^a的散度为$\nabla_a v^a$(而且还常把$\nabla_a T^{ab}$称为张量场T^{ab}的散度). 因为$\nabla_a v^a=\partial_a v^a+\Gamma^{a}{}_{ab}v^b$，计算散度时也要涉及“缩并克氏符”$\Gamma^{a}{}_{ab}$. 下面推导$\Gamma^{\nu}{}_{\nu\sigma}$的表达式. 由式(3-4-19)得
$$\Gamma^{\mu}{}_{\mu\sigma}=\frac{1}{2}g^{\mu\lambda}(g_{\sigma\lambda,\mu}+g_{\mu\lambda,\sigma}-g_{\mu\sigma,\lambda})=\left(\frac{1}{2}g^{\mu\lambda}g_{\mu\lambda,\sigma}+g^{\mu\lambda}g_{\sigma[\lambda,\mu]}\right)=\frac{1}{2}g^{\mu\lambda}g_{\mu\lambda,\sigma},$$

其中最后一步用到$g^{[\mu\lambda]}=0$. 改写上式为
$$\Gamma^{\mu}{}_{\mu\sigma}=\frac{1}{2}g^{\mu\lambda}\frac{\partial g_{\mu\lambda}}{\partial x^{\sigma}}. \tag{3-4-22}$$

另一方面，由$g_{\mu\lambda}$组成的矩阵的行列式g可借第μ行展开为$g=g_{\mu\lambda}A^{\mu\lambda}$(只对$\lambda$求和，$A^{\mu\lambda}$是$g_{\mu\lambda}$的代数余子式.)，故$\partial g/\partial g_{\mu\lambda}=A^{\mu\lambda}$. 于是由逆矩阵元的表达式$g^{\mu\lambda}=A^{\lambda\mu}/g$有
$$\frac{\partial g}{\partial g_{\mu\lambda}}=gg^{\mu\lambda}. \tag{3-4-23}$$

因 $g_{\mu\lambda}$ 是坐标 x^σ 的函数，故 g 也是，且

$$\frac{\partial g}{\partial x^\sigma}=\frac{\partial g}{\partial g_{\mu\lambda}}\frac{\partial g_{\mu\lambda}}{\partial x^\sigma}=g\,g^{\mu\lambda}\frac{\partial g_{\mu\lambda}}{\partial x^\sigma}\,, \tag{3-4-24}$$

其中最后一步用到式(3-4-23). 式(3-4-22)和(3-4-24)结合给出

$$\Gamma^\mu{}_{\mu\sigma}=\frac{1}{2g}\frac{\partial g}{\partial x^\sigma}=\frac{1}{\sqrt{|g|}}\frac{\partial\sqrt{|g|}}{\partial x^\sigma}\,. \tag{3-4-25}$$

此即“缩并克氏符”表达式. 散度 $\nabla_a v^a$ (作为标量场)可借任意基底求得. 借用坐标基底，由式(3-4-25)和 $\nabla_a v^a=\partial_a v^a+\Gamma^a{}_{ab}v^b$ 易得

$$\nabla_a v^a=\frac{1}{\sqrt{|g|}}\frac{\partial}{\partial x^\sigma}(\sqrt{|g|}\ v^\sigma)\,. \tag{3-4-26}$$

作为应用例子，我们来推导 3 维欧氏空间中矢量场 $\vec{v}$ 的散度 $\vec{\nabla}\cdot\vec{v}$ 在笛卡儿系和球坐标系的表达式. 先把上式改写为

$$\vec{\nabla}\cdot\vec{v}=\nabla_a v^a=\frac{1}{\sqrt{g}}\frac{\partial}{\partial x^i}(\sqrt{|g|}\ v^i)\,. \tag{3-4-27}$$

(1) 对笛卡儿系，$g=1$, $\vec{\nabla}\cdot\vec{v}=\dfrac{\partial v^i}{\partial x^i}=\dfrac{\partial v^1}{\partial x^1}+\dfrac{\partial v^2}{\partial x^2}+\dfrac{\partial v^3}{\partial x^3}$，此即熟知的散度公式.

(2) 对球坐标系，$\sqrt{g}=r^2\sin\theta$，

$$\vec{\nabla}\cdot\vec{v}=\frac{1}{r^2\sin\theta}\frac{\partial}{\partial x^i}(v^i r^2\sin\theta)$$

$$=\frac{1}{r^2\sin\theta}\left[\frac{\partial(v^1r^2\sin\theta)}{\partial r}+\frac{\partial(v^2r^2\sin\theta)}{\partial\theta}+\frac{\partial(v^3r^2\sin\theta)}{\partial\varphi}\right], \tag{3-4-28}$$

其中 v^1，v^2，v^3 是 v^a 在坐标基底 $\{(\partial/\partial r)^a,(\partial/\partial\theta)^a,(\partial/\partial\varphi)^a\}$ 的分量. 然而一般电动力学书所给的公式是用 v^a 在正交归一基底 $\{(e_r)^a,(e_\theta)^a,(e_\varphi)^a\}$ 的分量(记作 v^r,v^θ,v^φ). 注意到

$$(e_r)^a=(\partial/\partial r)^a,\qquad (e_\theta)^a=r^{-1}(\partial/\partial\theta)^a,\qquad (e_\varphi)^a=(r\sin\theta)^{-1}(\partial/\partial\varphi)^a\,,$$

有 $v^1=v^r$, $v^2=r^{-1}v^\theta$, $v^3=(r\sin\theta)^{-1}v^\varphi$，代入式(3-4-27)便得

$$\vec{\nabla}\cdot\vec{v}=\frac{1}{r^2}\frac{\partial(v^r r^2)}{\partial r}+\frac{1}{r\sin\theta}\frac{\partial(v^\theta\sin\theta)}{\partial\theta}+\frac{1}{r\sin\theta}\frac{\partial v^\varphi}{\partial\varphi}.$$

与电动力学书的公式一致.　　**[选读 3-4-2 完]**

§3.5 内禀曲率和外曲率

根据直觉，平面是平直的，曲面是弯曲的. 说得准确些，这“平面”和“曲面”都是指镶嵌在 3 维欧氏空间中的 2 维面(后者例如球面和柱面). 现在问：对给定的 n 维流形，可否也仿照这一思路谈及它是否弯曲？只要它能被镶嵌进 $n+1$ 维流形，就可这样讨论. 把流形镶进高一维流形所定义的曲率叫“外曲率”，有准确定义(详见第 14 章). 3 维欧氏空间中的球面和圆柱面由这一定义求得的外曲率都非零，同直观感觉吻合. 然而本章介绍的黎曼张量却是内禀曲率，它反映流形 M 在指定联络 ∇_a 后的“内禀弯曲性”，无须镶嵌进高一维的流形去判断，与外曲率并不相同[一般而言，(M, g_{ab})中凡是只由 g_{ab} (而不必嵌入高一维流形)决定的性质都称为(M, g_{ab})的**内禀**(intrinsic)**性质**.]. “内禀弯曲性”的“弯曲”一词反映的只是以下三个等价性质，具有这些性质的广义黎曼空间叫弯曲空间.

(1) 导数算符的非对易性，即$(\nabla_a \nabla_b - \nabla_b \nabla_a)\,\omega_c = R_{abc}{}^d \omega_d$，$\forall \omega_d \in \mathscr{F}(0, 1)$，其中非零张量场 $R_{abc}{}^d$ 被用作内禀(黎曼)曲率的定义，见§3.4.

(2) 矢量平移的曲线依赖性

§3.2 讲过，(M, ∇_a) 中两点 p，q 的切空间 V_p 和 V_q 之间存在一个曲线依赖的平移映射：对 p，q 之间的一段曲线，p 点的任一矢量 v^a 决定线上的一个平移矢量场 $\tilde{v}^a$ (满足 $\tilde{v}^a|_p = v^a$)，它在 q 点的值 $\tilde{v}^a|_q$ 就定义为 v^a 的像，或说 $\tilde{v}^a|_q$ 是 v^a 沿线平移至 q 的结果. 对欧氏、闵氏以及所有平直空间，这一平移与曲线无关，因此在谈到“把 p 点的矢量平移到 q 点”时不必说明沿哪条曲线，这种简单性称为平移的绝对性，是人们十分熟悉的(你在谈及把欧氏空间一点的矢量平移到另一点时还用说明沿哪条曲线平移吗?). 然而弯曲空间就不如此简单. 可以证明[见 Wald(1984) P.37~38；Straumann(1984)定理 5.7.]. 内禀曲率 $R_{abc}{}^d$ 非零的充要条件是存在这样的闭合曲线，线上某点的一个矢量沿线平移一周后不复原(所得矢量与原矢量不等)，因此平移同曲线有关(只存在曲线依赖的平移概念). 球面几何为这一现象提供了一个简单而形象的例子：

例 1 由计算知 3 维欧氏空间中的 2 维球面(配以诱导度规)的 $R_{abc}{}^d$ 非零(见习题 13). 图 3-10 表明球面上存在这样的闭合曲线 $abca$(每段都是大圆弧)，矢量沿它平移一周后不复原. 以图中 a 点的矢量 v^a 为例，它是测地线 ab 的切矢，而测地线的切矢沿线平移，故 v^a 平移至 b 点的结果是图中的 u^a，与测地线 bc 的切矢 T^a 正交. 因平移保正交性，故 u^a 平移至 c 点的结果如图的 w^a. w^a 切于测地线 ac，故平移至 a 点所得的 v'^a 也应切于 ac，于是 $v'^a \neq v^a$.

(3) 存在初始平行后来不平行的测地线

图 3-10 中的两条经线是一个直观例子. 准确含义见§7.6.

平直空间的曲率张量场 $R_{abc}{}^d$ 为零，因此不具有以上三个性质中的任一个. 具体地说，①与平直度规适配的导数算符 ∂_a (即笛卡儿或洛伦兹系的普通导数算符)不存在非对易性；②矢量平移同曲线无关，因此可谈及矢量的“绝对平移”；③平行直线永不相交.

内禀曲率与外曲率是不同概念. 例如，3 维欧氏空间中的 2 维圆柱面的外曲率非零而内禀曲率为零. 圆柱面可看作平面上介于两条直线 l_1 和 l_2 之间的部分在两直线认同(粘合)后的结果(见图 3-11). 由于 p 点的 $R_{abc}{}^d$ 的计算只涉及 p 点的一个邻域，p 点的 $R_{abc}{}^d$ 不会因 l_1 和 l_2 的认同而变得非零.

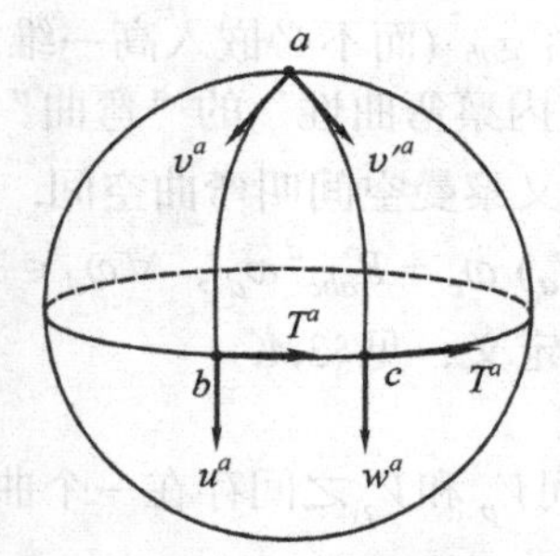

图 3-10　a 点的矢量 v^a 沿球面上闭曲线 $abca$ 平移一周后得 $v'^a \neq v^a$

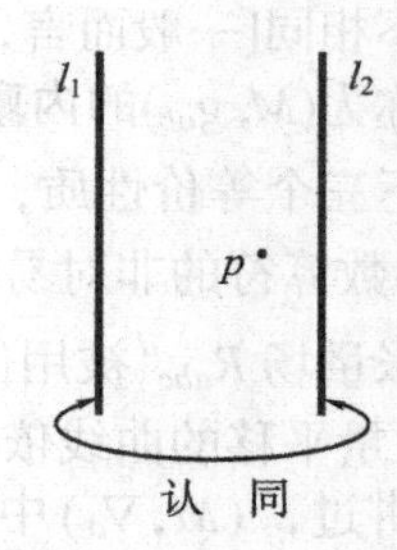

图 3-11　认同 l_1 和 l_2 得柱面

习　题

~1. 放弃 ∇_a 定义中的无挠性条件(e),

(1) 试证存在张量 $T^c{}_{ab}$ (叫挠率张量)使

$$\nabla_a\nabla_b f - \nabla_b\nabla_a f = -T^c{}_{ab}\nabla_c f, \quad \forall f \in \mathscr{F}.$$

提示：令 $\tilde{\nabla}_a$ 为无挠算符，模仿定理 3-1-4 证明中的推导.

(2) 试证 $T^c{}_{ab}u^a v^b = u^a\nabla_a v^c - v^a\nabla_a u^c - [u, v]^c \quad \forall u^a, v^a \in \mathscr{F}(1, 0)$.

~2. 设 v^a 为矢量场，v^ν 和 v'^ν 为 v^a 在坐标系 $\{x^\nu\}$ 和 $\{x'^\nu\}$ 的分量，$A^\nu{}_\mu \equiv \partial v^\nu / \partial x^\mu$，$A'^\nu{}_\mu \equiv \partial v'^\nu / \partial x'^\mu$，试证 $A^\nu{}_\mu$ 和 $A'^\nu{}_\mu$ 的关系一般而言不满足张量分量变换律. 提示：利用 v^ν 与 v'^ν 之间的变换规律.

~3. 试证定理 3-1-7.

4. 用下式定义 $\Gamma^\sigma{}_{\mu\nu}$：$\left(\frac{\partial}{\partial x^\nu}\right)^b \nabla_b \left(\frac{\partial}{\partial x^\mu}\right)^a = \Gamma^\sigma{}_{\mu\nu}\left(\frac{\partial}{\partial x^\sigma}\right)^a$，试证

(a) $\Gamma^\sigma{}_{\mu\nu} = \Gamma^\sigma{}_{\nu\mu}$ (提示：利用 ∇_a 的无挠性和坐标基矢间的对易性.)；

(b) $v^\nu{}_{;\mu} = v^\nu{}_{,\mu} + \Gamma^\nu{}_{\mu\beta}v^\beta$ (注：这其实是克氏符的等价定义.).

~5. 判断是非：

(1) $\nabla_a(\mathrm{d}x^\mu)_b = 0$；

(2) $v^\nu{}_{;\mu} = (\nabla_a v^b)(\partial/\partial x^\mu)^a(\mathrm{d}x^\nu)_b$；

(3) $v^\nu{}_{,\mu} = (\partial_a v^b)(\partial/\partial x^\mu)^a(\mathrm{d}x^\nu)_b$；

(4) $v^\nu{}_{;\mu} = (\partial/\partial x^\mu)^a \nabla_a v^\nu$；

(5) $v^\nu{}_{,\mu} = (\partial/\partial x^\mu)^a \nabla_a v^\nu$.

~6. 设 $C(t)$是 $\{x^\mu\}$ 的坐标域内的曲线，$x^\mu(t)$ 是 $C(t)$在该系的参数表达式，v^a 是 $C(t)$上的矢量场，令 $\mathrm{D}v^\mu/\mathrm{d}t \equiv (\mathrm{d}x^\mu)_a(\partial/\partial t)^b \nabla_b v^a$，试证

$$\mathrm{D}v^\mu/\mathrm{d}t = \mathrm{d}v^\mu/\mathrm{d}t + \Gamma^\mu{}_{\nu\sigma} v^\sigma \mathrm{d}x^\nu(t)/\mathrm{d}t \ .$$

~7. 求出 3 维欧氏空间中球坐标系的全部非零 $\Gamma^\sigma{}_{\mu\nu}$.

8. 设 I 是 $\mathbb{R}$ 的一个区间，$C: I \to M$ 是 (M, ∇_a) 中的曲线，试证 $\forall s, t \in I$，平移映射 $\psi: V_{C(s)} \to V_{C(t)}$ (见图 3-2)是同构映射.

~9. 试证定理 3-3-2、3-3-3 和 3-3-5.

~10. (a) 写出球面度规 $\mathrm{d}s^2 = R^2(\mathrm{d}\theta^2 + \sin^2\theta \mathrm{d}\varphi^2)$ (R 为常数)的测地线方程；(b) 验证任一大圆弧(配以适当参数)满足测地线方程. 提示：选球面坐标系 $\{\theta, \varphi\}$ 使所给大圆弧为赤道的一部分，并以 φ 为仿射参数.

~11. 试证定理 3-4-2.

*12. 试证式(3-4-10).

~13. 求出球面度规(见题 10)的黎曼张量在坐标系 $\{\theta, \varphi\}$ 的全部分量.

14. 求度规 $\mathrm{d}s^2 = \Omega^2(t, x)(-\mathrm{d}t^2 + \mathrm{d}x^2)$ 的黎曼张量在 $\{t, x\}$ 系的全部分量(在结果中以 $\dot{\Omega}$ 和 Ω' 分别代表函数 Ω 对 t 和 x 的偏导数).

15. 求度规 $\mathrm{d}s^2 = z^{-1/2}(-\mathrm{d}t^2 + \mathrm{d}z^2) + z(\mathrm{d}x^2 + \mathrm{d}y^2)$ 的黎曼张量在 $\{t, x, y, z\}$ 系的全部分量.

16. 设 $\alpha(z)$，$\beta(z)$，$\gamma(z)$ 为任意函数，$h = t + \alpha(z)x + \beta(z)y + \gamma(z)$，求度规

$$\mathrm{d}s^2 = -\mathrm{d}t^2 + \mathrm{d}x^2 + \mathrm{d}y^2 + h^2\mathrm{d}z^2$$

的黎曼张量在 $\{t, x, y, z\}$ 系的全部分量.

17. 试证 2 维广义黎曼空间的爱因斯坦张量为零. 提示：2 维广义黎曼空间的黎曼张量只有一个独立分量.

第4章 李导数、Killing场和超曲面

§4.1 流形间的映射

设M、N为流形(维数可不同)，$\phi : M \to N$为光滑映射. 以$\mathscr{F}_M$和$\mathscr{F}_N$分别代表M和N上光滑函数的集合，$\mathscr{F}_M(k,l)$和$\mathscr{F}_N(k,l)$分别代表M和N上光滑$(k,\ l)$型张量场的集合. ϕ自然诱导出一系列映射如下.

定义1 **拉回(pull back)映射**$\phi^* : \mathscr{F}_N \to \mathscr{F}_M$定义为

$$(\phi^* f)|_p := f|_{\phi(p)}, \qquad \forall f \in \mathscr{F}_N,\ \ p \in M,$$

即$\phi^* f = f \circ \phi$，见图4-1.

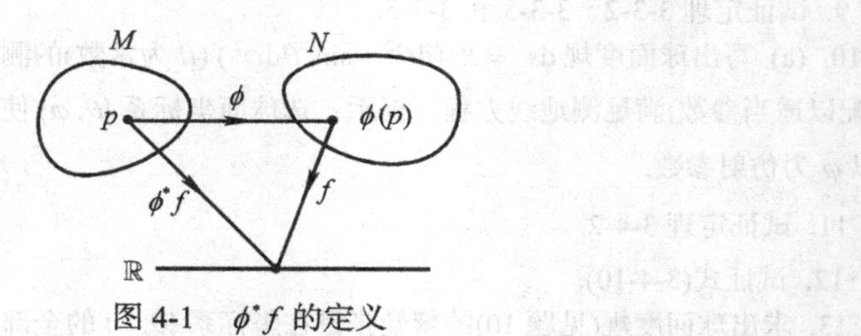

图4-1 $\phi^* f$的定义

由定义1不难证明：

(1) $\phi^* : \mathscr{F}_N \to \mathscr{F}_M$是线性映射，即

$$\phi^*(\alpha f + \beta g) = \alpha\,\phi^*(f) + \beta\,\phi^*(g) \quad \forall f,\ g \in \mathscr{F}_N,\ \ \alpha,\ \beta \in \mathbb{R}.$$

(2) $$\phi^*(fg) = \phi^*(f)\phi^*(g), \qquad \forall f,\ g \in \mathscr{F}_N. \qquad (4\text{-}1\text{-}1)$$

定义2 对M中任一点p可定义**推前(push forward)映射**$\phi_* : V_p \to V_{\phi(p)}$如下：$\forall v^a \in V_p$，定义其像$\phi_* v^a \in V_{\phi(p)}$为

$$(\phi_* v)(f) := v(\phi^* f), \qquad \forall f \in \mathscr{F}_N. \qquad (4\text{-}1\text{-}2)$$

还应证明(习题)这样定义的$\phi_* v^a$满足§2.2 定义2对矢量的两个要求，从而确是$\phi(p)$点的矢量. 许多文献也把ϕ_*称为ϕ的**切映射**.

定理4-1-1 $\phi_* : V_p \to V_{\phi(p)}$是线性映射，即

$$\phi_*(\alpha u^a + \beta v^a) = \alpha\,\phi_* u^a + \beta\,\phi_* v^a, \qquad \forall u^a,\ v^a \in V_p,\ \ \alpha,\ \beta \in \mathbb{R}.$$

证明 习题. □

定理4-1-2 设$C(t)$是M中的曲线，T^a为曲线在$C(t_0)$点的切矢，则$\phi_* T^a \in V_{\phi(C(t_0))}$是曲线$\phi(C(t))$在$\phi(C(t_0))$点的切矢(曲线切矢的像是曲线像的切矢).

证明　习题. 提示：利用曲线切矢定义[式(2-2-6)]. □

定义 3　拉回映射可按如下方式延拓至 $\phi^*: \mathscr{F}_N(0,\ l) \to \mathscr{F}_M(0,\ l)$：$\forall T \in \mathscr{F}_N(0,\ l)$，定义 $\phi^* T \in \mathscr{F}_M(0,l)$ 为

$$(\phi^* T)_{a_1 \cdots a_l}|_p (v_1)^{a_1} \cdots (v_l)^{a_l} := T_{a_1 \cdots a_l}|_{\phi(p)} (\phi_* v_1)^{a_1} \cdots (\phi_* v_l)^{a_l},$$
$$\forall p \in M,\ v_1, \cdots, v_l \in V_p. \tag{4-1-3}$$

定义4　$\forall p \in M$，推前映射 ϕ_* 可按如下方式延拓至 $\phi_*: \mathscr{T}_{V_p}(k,\ 0) \to \mathscr{T}_{V_{\phi(p)}}(k,\ 0)$ [即 ϕ_* 是把 p 点的$(k,\ 0)$型张量变为 $\phi(p)$ 点的同型张量的映射]：$\forall T \in \mathscr{T}_{V_p}(k,0)$，其像 $\phi_* T \in \mathscr{T}_{V_{\phi(p)}}(k,0)$ 由下式定义：

$$(\phi_* T)^{a_1 \cdots a_k} (\omega^1)_{a_1} \cdots (\omega^k)_{a_k} := T^{a_1 \cdots a_k} (\phi^* \omega^1)_{a_1} \cdots (\phi^* \omega^k)_{a_k},$$
$$\forall \omega^1, \cdots, \omega^k \in V^*_{\phi(p)},$$

其中 $(\phi^* \omega)_a$ 定义为 $(\phi^* \omega)_a v^a := \omega_a (\phi_* v)^a \quad \forall v^a \in V_p$.

注 1　定义 2 无非是定义 4 在 $k = 1$ 时的特例. 把标量场称为(0, 0)型张量场，则定义 1 无非是定义 3 在 $l = 0$ 时的特例. 定义 3 表明拉回映射 ϕ^* 能把N上的$(0, l)$型张量场变为 M 上的同型张量场，是场变为场的映射；而根据定义 4，推前映射 ϕ_* 只把 M 中一点 p 的$(k,\ 0)$型张量变为其像点 $\phi(p)$ 的同型张量. 可否将 ϕ_* 延拓为把 M 上的$(k, 0)$型张量场变为 N 上的同型张量场的映射？在一般情况下不能. 以矢量场为例. 关键在于，给定 M 上一个矢量场 v 后，要定义 N 上的像矢量场 $\phi_* v$ 就要对 N 的任一点 q 定义一个矢量，而这势必涉及 q 点的逆像 $\phi^{-1}(q)$ [可比照定义 3 理解. 根据定义 3，ϕ^* 可把 N 上的场 T 变为 M 上的场 $\phi^* T$，而为了定义 $\phi^* T$ 在 M 的任一点 p 的值，自然要用到 T 在 $\phi(p)$ 点的值.]. 如果 ϕ 不是到上映射，则 $\phi^{-1}(q)$ 可能不存在，从而无法用 $\phi^{-1}(q)$ 点的 v 作为式(4-1-2)右边的 v；如果 ϕ 不是一一映射，则逆像 $\phi^{-1}(q)$ 可能多于一点，从而无从确定该用哪一逆像点的 v 作为式(4-1-2)右边的 v. 这暗示，如果 ϕ 只是光滑映射，则 ϕ_* 未必能把场推前为场. 然而，如果 $\phi: M \to N$ 是微分同胚映射，则上述困难不复存在，推前映射 ϕ_* 可看作把 M 上 $(k, 0)$ 型张量场变为 N 上同型张量场的映射，即 $\phi_*: \mathscr{F}_M(k,0) \to \mathscr{F}_N(k,\ 0)$. 再者，由于 ϕ^{-1} 存在而且光滑，其拉回映射 ϕ^{-1*} 把 $\mathscr{F}_M(0,l)$ 映到 $\mathscr{F}_N(0,l)$，这可看作 ϕ 的推前映射 ϕ_*，于是 ϕ_* 又可进一步推广为 $\phi_*: \mathscr{F}_M(k,l) \to \mathscr{F}_N(k,l)$. 例如，设 $T^a{}_b \in \mathscr{F}_M(1,1)$，则 $(\phi_* T)^a{}_b \in \mathscr{F}_N(1,1)$ 定义为

$$(\phi_* T)^a{}_b|_q\, \omega_a v^b := T^a{}_b|_{\phi^{-1}(q)} (\phi^* \omega)_a (\phi^* v)^b, \qquad \forall q \in N,\ \omega_a \in V^*_q,\ v^b \in V_q,$$

其中 $(\phi^* v)^b$ 应理解为 $(\phi^{-1}{}_* v)^b$. 同理，拉回映射也可推广为 $\phi^*: \mathscr{F}_N(k,l) \to \mathscr{F}_M(k,l)$.

推广后的ϕ_*和ϕ^*仍为线性映射，而且互逆.

设$\phi: M\to N$是微分同胚，$p\in M$，$\{x^\mu\}$和$\{y^\mu\}$分别是M和N的局部坐标系，坐标域O_1和O_2满足$p\in O_1, \phi(p)\in O_2$．于是$p\in\phi^{-1}[O_2]$．ϕ为微分同胚保证M和N维数相等，故$\{x^\mu\}$和$\{y^\mu\}$的μ都是从1到n. 微分同胚本是点的变换，但也可等价地看作坐标变换，因为可用$\phi: M\to N$在$\phi^{-1}[O_2]$上定义一组新坐标$\{x'^\mu\}$如下：$\forall q\in\phi^{-1}[O_2]$，定义$x'^\mu(q):=y^\mu(\phi(q))$.可见微分同胚映射$\phi$在$p$的邻域$O_1\cap\phi^{-1}[O_2]$上自动诱导出一个坐标变换$x^\mu\mapsto x'^\mu$．由定理 4-1-2 不难证明$\forall q\in O_1\cap\phi^{-1}[O_2]$有

$$\phi_*[(\partial/\partial x'^\mu)^a|_q]=(\partial/\partial y^\mu)^a|_{\phi(q)}, \tag{4-1-4}$$

由此又可证明

$$\phi_*[(\mathrm{d}x'^\mu)_a|_q]=(\mathrm{d}y^\mu)_a|_{\phi(q)}. \tag{4-1-5}$$

于是对微分同胚映射$\phi: M\to N$就存在两种观点：①**主动观点**(active viewpoint)，它如实地认为ϕ是点的变换[把p变为$\phi(p)$]以及由此导致的张量变换[把p点的张量T变为$\phi(p)$点的张量ϕ_*T]；②**被动观点**(passive viewpoint)，它认为点p及其上的所有张量T都没变，$\phi: M\to N$的后果是坐标系有了变换(从$\{x^\mu\}$变为$\{x'^\mu\}$). 这两种观点虽然似乎相去甚远，但在实用上是等价的. 下面的定理可以看作等价性的某种表现.

定理 4-1-3　$$(\phi_*T)^{\mu_1\cdots\mu_k}{}_{\nu_1\cdots\nu_l}|_{\phi(p)}=T'^{\mu_1\cdots\mu_k}{}_{\nu_1\cdots\nu_l}|_p,\qquad \forall T\in\mathscr{F}_M(k,l), \tag{4-1-6}$$

式中左边是新点$\phi(p)$的新张量ϕ_*T在老坐标系$\{y^\mu\}$的分量，右边是老点p的老张量T在新坐标系$\{x'^\mu\}$的分量.

证明　习题. □

注 2　式(4-1-6)是实数等式，左边是由主动观点(认为点和张量变了而坐标系没变)所得的数，右边是由被动观点(认为点和张量没变但坐标系变了)所得的数. 两边相等就表明两种观点在实用上等价.

例 1　设定理 4-1-3 中的$T^{a_1\cdots a_k}{}_{b_1\cdots b_l}$是矢量$v^a$，令$u^a\equiv\phi_*v^a\in V_{\phi(p)}$，则由式(4-1-6)不难证明

$$u^\mu=v^\nu(\partial x'^\mu/\partial x^\nu)|_p. \tag{4-1-7}$$

[选读 4-1-1]

现在进一步说明主、被动观点的等价性. 设T_{ab}是流形M上的张量场，则它在坐标系$\{x^\sigma\}$的分量$T_{\mu\nu}(x^\sigma)$是坐标x^σ的一组函数. 设有坐标变换$\{x^\sigma\}\to\{x'^\sigma\}$，则$T_{ab}$在$\{x'^\sigma\}$系的分量$T'_{\mu\nu}(x'^\sigma)$是坐标$x'^\sigma$的一组函数. 两组函数一般不同(指函数关系$T_{\mu\nu}$和$T'_{\mu\nu}$不同，至于自变量用什么符号则无所谓.). 要从

函数组$T_{\mu\nu}$出发获得另一函数组$T'_{\mu\nu}$，只须进行坐标变换而不必对流形的点及张量做变换，即无须借助于流形间的映射以及它诱导的对张量的映射. 这可称为获得新函数组$T'_{\mu\nu}$的“被动途径”. 然而，采取如下的“主动途径”也可收到相同效果. 设N是另一流形且存在微分同胚映射$\phi: M \to N$，则$\tilde{T}_{ab} \equiv \phi_* T_{ab}$是$N$上的张量场，且$\tilde{T}_{ab}$在$N$上坐标系$\{y^\sigma\}$的分量$\tilde{T}_{\mu\nu}(y^\sigma)$也是一组函数，其函数关系$\tilde{T}_{\mu\nu}$一般也与$T_{\mu\nu}$不同. 这途径涉及点的变换($\phi: M \to N$)及张量场的变换($\phi_*: T_{ab} \mapsto \tilde{T}_{ab}$)而不涉及坐标变换，这正是主动观点的特征. 为保证殊途同归，即由主、被动途径得到的新函数组$\tilde{T}_{\mu\nu}$和$T'_{\mu\nu}$相同，只须令主动途径中的微分同胚$\phi: M \to N$在M上诱导的坐标变换恰为被动途径中的坐标变换$\{x^\sigma\} \to \{x'^\sigma\}$. 事实上，设$p \in M$，$q \equiv \phi(p) \in N$，则

$$\tilde{T}_{\mu\nu}(y^\sigma(q)) = \tilde{T}_{\mu\nu}|_q = (\phi_* T)_{\mu\nu}|_q = T'_{\mu\nu}|_p = T'_{\mu\nu}(x'^\sigma(p)) = T'_{\mu\nu}(y^\sigma(q)),$$

其中第三、五步分别用到定理 4-1-3 和“$\phi: M \to N$诱导的坐标变换恰为$\{x^\sigma\} \to \{x'^\sigma\}$”的要求. 上式表明$\tilde{T}_{\mu\nu}(y^\sigma) = T'_{\mu\nu}(y^\sigma)$，即函数关系$\tilde{T}_{\mu\nu}$和$T'_{\mu\nu}$相同.

以上只是说明主、被动观点在实用中的等价性的一例，其中关键一步用到定理 4-1-3. 这再次表明此定理是这一等价性的某种体现. **[选读 4-1-1 完]**

[选读 4-1-2]

本选读补充几个有用的定理.

定理 4-1-4 设$\phi: M \to N$为光滑映射，则$\forall T \in \mathscr{T}_N(0,l)$，$T' \in \mathscr{T}_N(0,l')$有

$$\phi^*(T \otimes T') = \phi^*(T) \otimes \phi^*(T'). \tag{4-1-8}$$

证明 请读者补上抽象指标后给出证明. □

定理 4-1-5 设$\phi: M \to N$为光滑映射，则$\forall T \in \mathscr{T}_{V_p}(k,0)$，$T' \in \mathscr{T}_{V_p}(k',0)$有

$$\phi_*(T \otimes T') = \phi_*(T) \otimes \phi_*(T'). \tag{4-1-9}$$

证明 请读者补上抽象指标后给出证明. □

定理 4-1-6 设$\phi: M \to N$是微分同胚，则$\forall T \in \mathscr{T}_M(k,l)$，$T' \in \mathscr{T}_M(k',l')$有

$$\phi_*(T \otimes T') = \phi_*(T) \otimes \phi_*(T'). \tag{4-1-10}$$

注 3 ①上式是N上的张量场等式，而式(4-1-9)只是点$\phi(p) \in N$的张量等式. ②上式的ϕ_*换为ϕ^*也成立，但式中的T和T'应看成N上的张量场，新公式应看作M上的张量场等式.

证明 练习. □

定理 4-1-7 设$\phi: M \to N$是微分同胚，则ϕ_*(及ϕ^*)与缩并可交换顺序.

证明 欲证$\phi_*(CT) = C(\phi_* T)$. 先以M上张量场$T^a{}_b$为例，这时$\phi_*(CT) = C(\phi_* T)$是N上的标量场等式，只须证明它对任一$p \in M$的像点$\phi(p) \in N$

成立. 设 $\{(e_\mu)^a\}$ 和 $\{(e^\mu)_a\}$ 是 p 的一个基底及对偶基底,则 $T^a{}_b = T^\mu{}_\nu (e_\mu)^a (e^\nu)_b$. 由式(4-1-10)得

$$\phi_* T^a{}_b = (\phi_* T^\mu{}_\nu)[\phi_*(e_\mu)^a][\phi_*(e^\nu)_b],$$

故

$$\mathrm{C}(\phi_* T) = (\phi_* T^\mu{}_\nu)[\phi_*(e_\mu)^a][\phi_*(e^\nu)_a].$$

取 $(e_\mu)^a$ 和 $(e^\mu)_a$ 分别为式(4-1-4)的 $(\partial/\partial x'^\mu)^a$ 和式(4-1-5)的 $(\mathrm{d}x'^\mu)_a$，则

$$[\varphi_*(e_\mu)^a][\varphi_*(e^\nu)_a] = (\partial/\partial y^\mu)^a (\mathrm{d}y^\nu)_a = \delta^\nu{}_\mu .$$

(其实可证明对 p 点的任一 $\{(e_\mu)^a\}$ 和 $\{(e^\mu)_a\}$ 都有 $[\phi_*(e_\mu)^a][\phi_*(e^\nu)_b] = \delta^\nu{}_\mu$.) 因而

$$\mathrm{C}(\phi_* T) = (\phi_* T^\mu{}_\nu)\,\delta^\nu{}_\mu = \phi_*(T^\mu{}_\nu \delta^\nu{}_\mu) = \phi_*(T^\mu{}_\mu) = \phi_*(\mathrm{C}T).$$

请读者把这一证明推广到 M 上任意型号的张量场. □

[选读 4-1-2 完]

§4.2 李 导 数

§2.2 末讲过，M 上的一个光滑矢量场 v^a 给出一个单参微分同胚群 ϕ. ① 设 $T^{\cdots}{}_{\cdots}$ 是 M 上的光滑张量场，则 $\phi_t^* T^{\cdots}{}_{\cdots}$ 也是同型光滑张量场，其中 ϕ_t 是单参微分同胚群 ϕ 的一个群元. 这两个张量场在点 $p \in M$ 的值之差 $\phi_t^* T^{\cdots}{}_{\cdots}|_p - T^{\cdots}{}_{\cdots}|_p$ 是 p 点的张量，它与 t 之商 $(\phi_t^* T^{\cdots}{}_{\cdots}|_p - T^{\cdots}{}_{\cdots}|_p)/t$ 在 t 趋于零时的极限可看作张量场 $T^{\cdots}{}_{\cdots}$ 在 p 点的某种导数，于是有以下定义：

定义 1 $$\mathscr{L}_v T^{a_1\cdots a_k}{}_{b_1\cdots b_l} := \lim_{t\to 0}\frac{1}{t}(\phi_t{}^* T^{a_1\cdots a_k}{}_{b_1\cdots b_l} - T^{a_1\cdots a_k}{}_{b_1\cdots b_l}) \tag{4-2-1}$$

称为张量场 $T^{a_1\cdots a_k}{}_{b_1\cdots b_l}$ 沿矢量场 v^a 的**李导数**(Lie derivative)($\mathscr{L}_v$ 中的 v 不写为 v^a，以免误解.).

注 1 因 $\phi_t{}^*$ 为线性映射，故李导数是由 $\mathscr{F}_M(k,l)$ 到 $\mathscr{F}_M(k,l)$ 的线性映射. 由式(4-2-1)及定理 4-1-7 还知 $\mathscr{L}_v$ 同缩并可交换顺序.

定理 4-2-1 $$\mathscr{L}_v f = v(f), \qquad \forall f \in \mathscr{F}. \tag{4-2-2}$$

证明 $\forall p \in M$，设 $C(t)$ 是 ϕ 过 p 点的轨道，$p = C(0)$，则 $\phi_t(p) = C(t)$ 且 $v^a|_p \equiv (\partial/\partial t)^a|_p$ 是 $C(t)$ 在 p 点的切矢(图 4-2)，故

① 若 v^a 不完备，则只能给出单参微分同胚局部群. 本节只涉及局部性质，无须明确区分局部和整体.

$$\mathscr{L}_v f\,|_p = \lim_{t\to 0}\frac{1}{t}(\phi_t^{\ *}f - f)\,|_p = \lim_{t\to 0}\frac{1}{t}[f(\phi_t(p)) - f(p)]$$

$$= \lim_{t\to 0}\frac{1}{t}[f(C(t)) - f(C(0))] = \frac{\mathrm{d}}{\mathrm{d}t}(f\circ C)\,|_{t=0} = v(f)\,|_p\,. \qquad \square$$

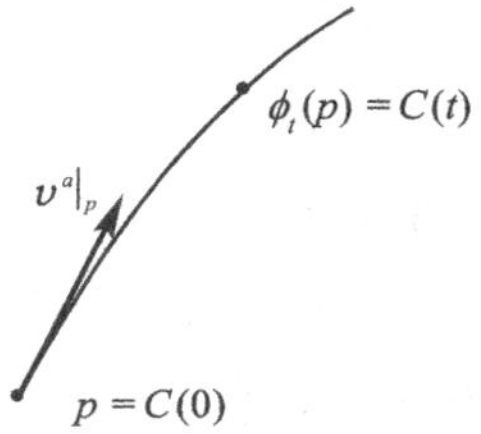

图 4-2　定理 4-2-1 证明用图

下面以 $n = 2$ 为例介绍一种对计算李导数很有用的坐标系．设 $\{x^1, x^2\}$ 为坐标系，则 x^1 坐标线和 x^2 坐标线组成坐标"网格"，欲知坐标域中某点的坐标，只须看它位于网格的哪两条坐标线的交点．求李导数时总要给定矢量场 v^a，可以选定它的积分曲线为 x^1 坐标线(t 充当 x^1)，再相当任意地选定另一组与这组曲线横截(即交点上两线切矢不平行)的曲线作为 x^2 坐标线，这样得到的坐标系称为矢量场 v^a 的**适配坐标系**[①](adapted coordinate system)．换句话说，矢量场 v^a 就是其适配坐标系的第一坐标基矢场，即 $v^a = (\partial/\partial x^1)^a$．以上讨论可推广至任意维流形．

定理 4-2-2　张量场 $T^{a_1\cdots a_k}{}_{b_1\cdots b_l}$ 沿 v^a 的李导数在 v^a 的适配坐标系的分量

$$(\mathscr{L}_v T)^{\mu_1\cdots\mu_k}{}_{\nu_1\cdots\nu_l} = \frac{\partial T^{\mu_1\cdots\mu_k}{}_{\nu_1\cdots\nu_l}}{\partial x^1}. \qquad (4\text{-}2\text{-}3)$$

注 2　上式左边在坐标变换时满足张量变换律而右边则否，故不能改写为张量等式．

证明　仅以 $n = 2, k = l = 1$ 为例(容易推广至一般情况)．因 $\phi_t^{\ *} = (\phi_t^{-1})_* = \phi_{-t*}$，式(4-2-1)在任一坐标系(现在取适配坐标系)的分量式为

$$(\mathscr{L}_v T)^\mu{}_\nu\,|_p = \lim_{t\to 0}\frac{1}{t}[(\phi_{-t*}T)^\mu{}_\nu\,|_p - T^\mu{}_\nu\,|_p] \qquad \forall\, p\in M\,. \qquad (4\text{-}2\text{-}4)$$

令 $q \equiv \phi_t(p)$，因式(4-2-4)只涉及 p 点附近的情况，总可认为 p，q 点都在同一适配坐标域内．对 ϕ_{-t} 而言，q 为老点，p 为新点，故由式(4-1-6)得

$$(\phi_{-t*}T)^\mu{}_\nu\Big|_p = T'^\mu{}_\nu\Big|_q = \left[\frac{\partial x'^\mu}{\partial x^\rho}\frac{\partial x^\sigma}{\partial x'^\nu}T^\rho{}_\sigma\right]_q, \qquad (4\text{-}2\text{-}5)$$

式中 x^σ 为适配(老)坐标，x'^μ 是由 ϕ_{-t} 诱导的新坐标．上式右边涉及新老坐标间的偏导数在 q 点的值，要计算就须找出 q 点的一个小邻域 N 内的坐标变换．$\forall\,\bar{q}\in N$，

① 只要某点的 $v^a \neq 0$，总可在它的一个邻域内定义适配坐标系．

记 $\overline{p} \equiv \phi_{-t}(\overline{q})$. 由适配坐标的定义知 $x^1(\overline{q}) = x^1(\overline{p}) + t$, $x^2(\overline{q}) = x^2(\overline{p})$, 而按定义, ϕ_{-t} 在 $\overline{q}$ 诱导的新坐标则为 $x'^1(\overline{q}) \equiv x^1(\overline{p})$, $x'^2(\overline{q}) \equiv x^2(\overline{p})$, 故 $x'^1(\overline{q}) = x^1(\overline{q}) - t$, $x'^2(\overline{q}) = x^2(\overline{q})$. 因 $\overline{q}$ 为 N 内任一点, 故对 N 有 $x'^1 = x^1 - t$, $x'^2 = x^2$, 求导得 $(\partial x'^\mu / \partial x^\rho)|_q = \delta^\mu{}_\rho$, $(\partial x^\sigma / \partial x'^\nu)|_q = \delta^\sigma{}_\nu$, 于是式(4-2-5)成为 $(\phi_{-t*}T)^\mu{}_\nu|_p = T^\mu{}_\nu|_q$, 代入式(4-2-4)便得 $(\mathscr{L}_v T)^\mu{}_\nu|_p = \partial T^\mu{}_\nu / \partial x^1|_p$. □

由定理 4-2-2 可知 $\mathscr{L}_v$ 满足莱布尼茨律.

定理 4-2-3 $\mathscr{L}_v u^a = [v, u]^a$, $\forall u^a, v^a \in \mathscr{F}(1,0)$, (4-2-6)

或者, 借助于对易子的表达式(3-1-13), 有

$$\mathscr{L}_v u^a = v^b \nabla_b u^a - u^b \nabla_b v^a, \tag{4-2-6'}$$

其中 ∇_a 为任一无挠导数算符.

证明 待证命题是矢量等式, 只须证明它在某一坐标系的分量等式 $(\mathscr{L}_v u)^\mu = [v, u]^\mu$ 成立. 最方便的当然是适配坐标系. 设 v^a 的适配坐标系 $\{x^\mu\}$ 的普通导数算符是 ∂_a, 则

$$[v, u]^\mu = (\mathrm{d}x^\mu)_a [v, u]^a = (\mathrm{d}x^\mu)_a (v^b \partial_b u^a - u^b \partial_b v^a) = v^b \partial_b u^\mu$$
$$= v(u^\mu) = \partial u^\mu / \partial x^1 = (\mathscr{L}_v u)^\mu,$$

其中第三步是因为 $v^a = (\partial/\partial x^1)^a$ 导致 $\partial_b v^a = 0$, 第四步用到导数算符定义的条件(d), 最后一步用到式(4-2-3). □

定理 4-2-4 $\mathscr{L}_v \omega_a = v^b \nabla_b \omega_a + \omega_b \nabla_a v^b$, $\forall v^a \in \mathscr{F}(1,0)$, $\omega_a \in \mathscr{F}(0,1)$, (4-2-7)

其中 ∇_a 为任一无挠导数算符.

证明 习题. 提示: 用定理 4-2-3 及 4-2-1, 后者给出 $\mathscr{L}_v(\omega_a u^a) = v^b \nabla_b(\omega_a u^a)$. □

定理 4-2-5

$$\mathscr{L}_v T^{a_1 \cdots a_k}{}_{b_1 \cdots b_l} = v^c \nabla_c T^{a_1 \cdots a_k}{}_{b_1 \cdots b_l} - \sum_{i=1}^{k} T^{a_1 \cdots c \cdots a_k}{}_{b_1 \cdots b_l} \nabla_c v^{a_i} + \sum_{j=1}^{l} T^{a_1 \cdots a_k}{}_{b_1 \cdots c \cdots b_l} \nabla_{b_j} v^c$$

$\forall T \in \mathscr{F}(k,l)$, $v \in \mathscr{F}(1,0)$, ∇_a 为任一导数算符. (4-2-8)

证明 练习. □

§4.3 Killing 矢量场

本章至此未涉及度规及与之适配的导数算符, 李导数的定义不要求流形 M 有附加结构. 但若 M 上选定了度规场 g_{ab}, 则对微分同胚映射 $\phi: M \to M$ 还可提出

更高的要求，即 $\phi^* g_{ab} = g_{ab}$. 于是有如下定义：

定义1　微分同胚 $\phi: M \to M$ 称为**等度规映射**，简称**等度规**(isometry)，若 $\phi^* g_{ab} = g_{ab}$.

注 1　①等度规映射是特殊的微分同胚映射，其特殊性在于"保度规"性，即 $\phi^* g_{ab} = g_{ab}$. 注意这是张量场的等式，其含义是每点 p 的两个张量 $g_{ab}|_p$ 和 $\phi^* g_{ab}|_p$ 相等. ②由 $\phi^{-1*} \circ \phi^* = (\phi \circ \phi^{-1})^* =$ 恒等映射[见习题 5(c)]易见 $\phi: M \to M$ 为等度规映射当且仅当 $\phi^{-1}: M \to M$ 为等度规映射.

流形 M 上众多矢量场中有一类特殊矢量场，即光滑矢量场. 每一光滑矢量场给出一个单参微分同胚群.① 如果 M 上指定了度规场 g_{ab}，则众多光滑矢量场中还可挑出特殊的一个子类，其中每个矢量场给出的单参微分同胚群是单参等度规群，即每个群元 $\phi_t: M \to M$ 是 M 上的一个等度规映射. 于是有以下定义：

定义 2　(M, g_{ab})上的矢量场 ξ^a 称为 **Killing 矢量场**，若它给出的单参微分同胚(局部)群是单参等度规(局部)群. 等价地(有余力的读者可自证)，ξ^a 称为 Killing 矢量场，若 $\mathscr{L}_\xi g_{ab} = 0$.

定理 4-3-1　ξ^a 为 Killing 矢量场的充要条件是 ξ^a 满足如下的 **Killing 方程**：

$$\nabla_a \xi_b + \nabla_b \xi_a = 0 , \qquad \text{或} \nabla_{(a}\xi_{b)} = 0 , \qquad \text{或} \nabla_a \xi_b = \nabla_{[a}\xi_{b]} .$$

$$(\text{其中} \nabla_a \text{满足} \nabla_a g_{bc} = 0) \tag{4-3-1}$$

证明　$0 = \mathscr{L}_\xi g_{ab} = \xi^c \nabla_c g_{ab} + g_{cb} \nabla_a \xi^c + g_{ac} \nabla_b \xi^c = \nabla_a \xi_b + \nabla_b \xi_a$ ，其中第二步用到式(4-2-8). □

定理 4-3-2　若存在坐标系 $\{x^\mu\}$ 使 g_{ab} 的全部分量满足 $\partial g_{\mu\nu} / \partial x^1 = 0$ ，则 $(\partial/\partial x^1)^a$ 是坐标域上的 Killing 矢量场.

证明　$\{x^\mu\}$ 是 $(\partial/\partial x^1)^a$ 的适配坐标系. 由式(4-2-3)得 $(\mathscr{L}_{\partial/\partial x^1} g)_{\mu\nu} = \partial g_{\mu\nu} / \partial x^1 = 0$ ，故 $\mathscr{L}_{\partial/\partial x^1} g_{ab} = 0$ ，即 $(\partial/\partial x^1)^a$ 为 Killing 矢量场. □

定理 4-3-3　设 ξ^a 为 Killing 矢量场，T^a 为测地线的切矢，则 $T^a \nabla_a (T^b \xi_b) = 0$ ，即 $T^b \xi_b$ 在测地线上为常数.

证明　$T^a \nabla_a (T^b \xi_b) = \xi_b T^a \nabla_a T^b + T^b T^a \nabla_a \xi_b = T^b T^a \nabla_a \xi_b = 0$ ，其中第二步用到测地线定义，第三步用到定理 4-3-1(即 $\nabla_a \xi_b = \nabla_{[a} \xi_{b]}$)及定理 2-6-2(d). □

设 ξ^a ，η^a 是 Killing 矢量场，α，β 是常实数，则由 Killing 方程的线性性知 $\alpha\xi^a + \beta\eta^a$ 也是 Killing 矢量场. 不难看出 M 上所有 Killing 矢量场的集合是个矢

① 不要求矢量场完备. 谈到矢量场的单参微分同胚群时，对非完备矢量场是指其单参微分同胚局部群.

量空间. 还可证明(习题)对易子$[\xi,\eta]^a$也是 Killing 矢量场.

定理 4-3-4 (M, g_{ab})上最多有$n(n+1)/2$个独立的 Killing 矢量场($n \equiv \dim M$), 即M上所有 Killing 矢量场的集合(作为矢量空间)的维数小于等于$n(n+1)/2$.

证明 见 Wald(1984)P.442~443. □

注 2 ①等度规映射可看作一种"保度规"的对称变换, 所以一个 Killing 矢量场代表(M, g_{ab})的一个对称性, 具有$n(n+1)/2$个独立 Killing 矢量场的广义黎曼空间(M, g_{ab})称为最高对称性空间. ②寻找(M, g_{ab})的全体 Killing 矢量场的一般方法是求 Killing 方程的通解. 然而对某些简单的(M, g_{ab})还存在容易得多的方法. 下面仅举数例.

例 1 找出下列广义黎曼空间的全体独立的 Killing 矢量场.

(1) 2 维欧氏空间$(\mathbb{R}^2, \delta_{ab})$. 设$\{x, y\}$为笛卡儿坐标系, 则$ds^2 = dx^2 + dy^2$, 即欧氏度规$\delta_{ab}$在此系中的全部分量为常数, 故由定理 4-3-2 知$(\partial/\partial x)^a$和$(\partial/\partial y)^a$为 Killing 矢量场. 我们相信欧氏空间有最高对称性, 由定理 4-3-4 可知$n=2$时应有 3 个独立的 Killing 场. 果然, 若改用极坐标系, 便有$ds^2 = dr^2 + r^2 d\varphi^2$, 可见欧氏度规$\delta_{ab}$在此系中的全部分量与$\varphi$无关, 所以由定理 4-3-2 可知$(\partial/\partial\varphi)^a$为 Killing 矢量场, 它在笛卡儿系的坐标基底的展开式为$(\partial/\partial\varphi)^a = -y\,(\partial/\partial x)^a + x\,(\partial/\partial y)^a$. 展开系数与坐标有关, 由此不难证明$(\partial/\partial\varphi)^a$独立于前两个 Killing 场. $(\partial/\partial x)^a$和$(\partial/\partial y)^a$的 Killing 性反映 2 维欧氏度规沿x和y轴的平移不变性, $(\partial/\partial\varphi)^a$的 Killing 性表明它有旋转不变性.

(2) 3 维欧氏空间$(\mathbb{R}^3, \delta_{ab})$. 因为$n=3$, 故有 6 个独立 Killing 场, 即$(\partial/\partial x)^a$, $(\partial/\partial y)^a$, $(\partial/\partial z)^a$, $-y\,(\partial/\partial x)^a + x\,(\partial/\partial y)^a$, $-z\,(\partial/\partial y)^a + y\,(\partial/\partial z)^a$和$-x\,(\partial/\partial z)^a + z(\partial/\partial x)^a$. 前 3 个反映 3 维欧氏度规沿$x$, y, z轴的平移不变性; 后 3 个反映它绕z, x, y轴的旋转不变性.

(3) 2 维闵氏空间$(\mathbb{R}^2, \eta_{ab})$. 在洛伦兹坐标系$\{t, x\}$中有$ds^2 = -dt^2 + dx^2$, 故知$(\partial/\partial t)^a$和$(\partial/\partial x)^a$为 Killing 场. 为求第 3 个, 用下式定义新坐标ψ, η:

$$x = \psi \operatorname{ch}\eta, \qquad t = \psi \operatorname{sh}\eta, \qquad 0 < \psi < \infty, \qquad -\infty < \eta < \infty, \tag{4-3-2}$$

闵氏线元可用新坐标表为$ds^2 = d\psi^2 - \psi^2 d\eta^2$. 上式表明$\eta_{ab}$在新坐标系的全体分量与坐标$\eta$无关, 故$(\partial/\partial\eta)^a$也是 Killing 矢量场(其积分曲线是双曲线), 它在洛伦兹坐标基底的展开式为

$$(\partial/\partial\eta)^a = t\,(\partial/\partial x)^a + x\,(\partial/\partial t)^a, \tag{4-3-3}$$

由展开系数与坐标有关可知$(\partial/\partial\eta)^a$与前两个 Killing 场独立. 式(4-3-2)定义的ψ, η的坐标域只是$\mathbb{R}^2$的、由$x > |t|$限定的一个开子集(见图 4-3 的 A 区). 但式(4-3-3)

却在全$\mathbb{R}^2$有定义，而且不难验证$(\partial/\partial\eta)^a$是$\mathbb{R}^2$上的 Killing 矢量场，它在图 4-3 的 A，B 区类时，在 C，D 区类空，在两条 45°斜直线上类光. $t\,(\partial/\partial x)^a + x\,(\partial/\partial t)^a$ 叫做**伪转动** (boost) Killing 矢量场，表明闵氏度规具有伪转动下的不变性，对应于洛伦兹变换(详见定理 4-3-5).

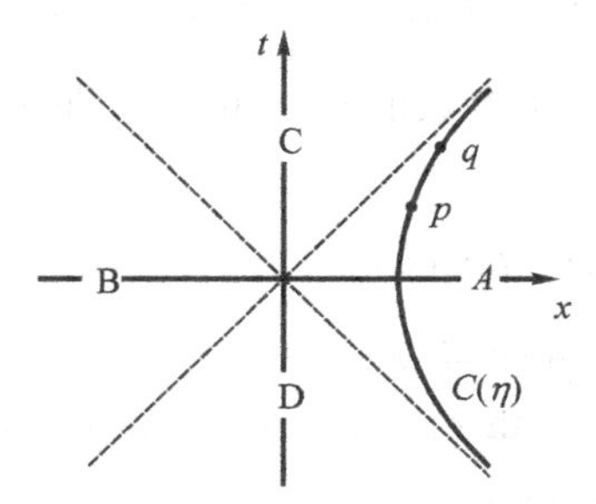

图 4-3　伪转动 Killing 矢量场$(\partial/\partial\eta)^a$在 A，B 区类时，在 C，D 区类空，在两条 45°直线上类光

(4) 4 维闵氏空间$(\mathbb{R}^4, \eta_{ab})$. 因 $n = 4$，故独立的 Killing 场共 10 个，分三组：

(a) 4 个平移$(\partial/\partial t)^a$，$(\partial/\partial x)^a$，$(\partial/\partial y)^a$，$(\partial/\partial z)^a$；

(b) 3 个空间转动

$-y\,(\partial/\partial x)^a + x\,(\partial/\partial y)^a$，$-z\,(\partial/\partial y)^a + y\,(\partial/\partial z)^a$，$-x(\partial/\partial z)^a + z\,(\partial/\partial x)^a$；

(c) 3 个伪转动 $t\,(\partial/\partial x)^a + x\,(\partial/\partial t)^a$，$t\,(\partial/\partial y)^a + y\,(\partial/\partial t)^a$，$t\,(\partial/\partial z)^a + z\,(\partial/\partial t)^a$.

组(a)反映闵氏度规沿 t，x，y，z 轴的平移不变性，组(b)反映它绕 z，x，y 轴的空间旋转不变性，组(c)反映它在 t~x，t~y，t~z 面内的伪转动下的不变性.

定理 4-3-5　设$\{x, t\}$是 2 维闵氏空间$(\mathbb{R}^2, \eta_{ab})$的洛伦兹坐标系，$\phi_\lambda : \mathbb{R}^2 \to \mathbb{R}^2$是伪转动 Killing 场$\xi^a \equiv t(\partial/\partial x)^a + x(\partial/\partial t)^a$对应的单参等度规群的一个群元(即以参数$\lambda \in \mathbb{R}$刻画的那个等度规映射)，则由$\phi_\lambda$诱导的坐标变换$\{x, t\} \mapsto \{x', t'\}$是洛伦兹变换.

注 3　本定理表明伪转动和洛伦兹变换是同一变换的两种(主动与被动)提法. 类似地，欧氏空间的转动 Killing 场$-y\,(\partial/\partial x)^a + x\,(\partial/\partial y)^a$与坐标变换

$$x' = x\cos\alpha - y\sin\alpha\,, \qquad y' = x\sin\alpha + y\cos\alpha$$

也是同一变换的两种提法.

证明　矢量场$\xi^a \equiv (\partial/\partial\eta)^a$的积分曲线的参数方程为$\mathrm{d}x^\mu(\eta)/\mathrm{d}\eta = \xi^\mu$ $(\mu = 0, 1)$. 注意到$\xi^a \equiv t(\partial/\partial x)^a + x(\partial/\partial t)^a$，便得

$$\frac{\mathrm{d}x(\eta)}{\mathrm{d}\eta}=t(\eta)\,,\qquad \frac{\mathrm{d}t(\eta)}{\mathrm{d}\eta}=x(\eta)\,. \tag{4-3-4}$$

$\forall p\in\mathbb{R}^2$，设$C(\eta)$是满足$p=C(0)$的积分曲线，即$x(0)=x_p$，$t(0)=t_p$，则不难证明方程(4-3-4)的特解[即该线的参数式]为

$$x(\eta)=x_p\mathrm{ch}\eta+t_p\mathrm{sh}\eta\,,\qquad t(\eta)=x_p\mathrm{sh}\eta+t_p\mathrm{ch}\eta\,. \tag{4-3-5}$$

设$q\equiv\phi_\lambda(p)$，则q就是$C(\eta)$上参数值$\eta=\lambda$的点，即$q=C(\lambda)$，故由ϕ_λ诱导的新坐标t'和x'满足

$$x'_p\equiv x_q=x_p\,\mathrm{ch}\lambda+t_p\,\mathrm{sh}\lambda\,,\qquad t'_p\equiv t_q=x_p\,\mathrm{sh}\lambda+t_p\,\mathrm{ch}\lambda\,.$$

因p点任意，故可去掉下标p而写成

$$x'=x\mathrm{ch}\,\lambda+t\,\mathrm{sh}\lambda=\mathrm{ch}\,\lambda\,(x+t\,\,\mathrm{th}\,\lambda)\,,\quad t'=t\mathrm{ch}\,\lambda+x\,\mathrm{sh}\lambda=\mathrm{ch}\,\lambda\,(t+x\,\,\mathrm{th}\,\lambda)\,. \tag{4-3-6}$$

令$\upsilon\equiv\mathrm{th}\,\lambda,\ \gamma\equiv(1-\upsilon^2)^{-1/2}=\mathrm{ch}\,\lambda$，则

$$x'=\gamma(x+\upsilon t),\qquad t'=\gamma(t+\upsilon x)\,. \tag{4-3-7}$$

这便是熟知的洛伦兹变换(注意，我们用几何单位制，其中光速$c=1$.). □

[选读 4-3-1]

上述证明中的$C(\eta)$对$\mathbb{R}^2$的任一点p都是完备曲线，即$\eta\in(-\infty,\infty)$. 若p在A或B区，则$C(\eta)$类时；若p在C或D区，则$C(\eta)$类空；若p在45°斜直线上，则$C(\eta)$类光. 最特别的情况是$p=(0,0)$，即p为$\{t,x\}$系的原点，这时$C(\eta)=p$(独点线). 所以每条45°斜直线不是一条积分曲线而是3条积分曲线之并，第一、二条分别是斜直线的上、下半段(不含原点)，第三条则是独点线$\{p\}$. 这3条线的参数范围都是$(-\infty,\infty)$.　**[选读 4-3-1 完]**

由$\mathrm{d}s^2=-\mathrm{d}t^2+\mathrm{d}x^2$和式(4-3-7)易得$\mathrm{d}s^2=-\mathrm{d}t'^2+\mathrm{d}x'^2$，可见伪转动对应的等度规映射诱导的坐标变换把洛伦兹系$\{t,x\}$变为洛伦兹系$\{t',x'\}$. 此结果可推广为如下定理：

定理 4-3-6　设$\{x^\mu\}$是$(\mathbb{R}^n,\eta_{ab})$的洛伦兹坐标系，则$\{x'^\mu\}$也是洛伦兹坐标系的充要条件是它由$\{x^\mu\}$通过等度规映射ϕ: $\mathbb{R}^n\to\mathbb{R}^n$诱导而得.

证明　把η_{ab}记作g_{ab}，其在$\{x^\mu\}$和$\{x'^\mu\}$系的分量分别记作$g_{\mu\nu}$和$g'_{\mu\nu}$.

(A) 设ϕ: $\mathbb{R}^n\to\mathbb{R}^n$是等度规映射(即$\phi^*g_{ab}=g_{ab}$)，$\{x'^\mu\}$是由洛伦兹系$\{x^\mu\}$通过$\phi$诱导而得的坐标系，则$\forall p\in\mathbb{R}^n$有$g'_{\mu\nu}|_p=(\phi_*g)_{\mu\nu}|_{\phi(p)}=(\phi^{-1*}g)_{\mu\nu}|_{\phi(p)}$ $=g_{\mu\nu}|_{\phi(p)}=\eta_{\mu\nu}$，其中第一步用到式(4-1-6)，第三步是由于$\phi$为等度规导致$\phi^{-1}$为等度规，第四步用到$\{x^\mu\}$的洛伦兹性. 上式说明$p$点的$g_{ab}$在$\{x'^\mu\}$系的分量为$\eta_{\mu\nu}$，故$\{x'^\mu\}$为洛伦兹系.

(B) 设 $\{x^\mu\}$ 和 $\{x'^\mu\}$ 都是洛伦兹系，ϕ: $\mathbb{R}^n \to \mathbb{R}^n$ 是与坐标变换 $\{x^\mu\} \mapsto \{x'^\mu\}$ 对应的微分同胚映射，则 $\forall p \in \mathbb{R}^n$ 有 $(\phi^{-1*}g)_{\mu\nu}|_p = (\phi_* g)_{\mu\nu}|_p = g'_{\mu\nu}|_{\phi^{-1}(p)} = \eta_{\mu\nu} = g_{\mu\nu}|_p$，其中第二步用到式(4-1-6)，第三、四步用到 $\{x'^\mu\}$ 和 $\{x^\mu\}$ 的洛伦兹性. 上式表明 $\phi^{-1*}g_{ab} = g_{ab}$，故 ϕ^{-1}(因而 ϕ)是等度规映射. □

注 4 本定理也适用于欧氏空间，只须把洛伦兹系改为笛卡儿系. 可以说等度规映射保持坐标系的洛伦兹(笛卡儿)性.

§4.4 超 曲 面

定义 1 设 M, S 为流形，$\dim S \leqslant \dim M \equiv n$. 映射 $\phi: S \to M$ 称为**嵌入**(imbedding)，若 ϕ 是一一和 C^∞ 的，而且 $\forall p \in S$，推前映射 $\phi_*: V_p \to V_{\phi(p)}$ 非退化[$V_{\phi(p)}$ 是指 $\phi(p)$ 作为 M 的一点的切空间]，即 $\phi_* v^a = 0 \Rightarrow v^a = 0$.

注 1 嵌入的上述条件使 S 的拓扑和流形结构可自然地被带到 $\phi[S]$ 上去，从而使 $\phi: S \to \phi[S]$ 成为微分同胚映射.

定义 2 嵌入 $\phi: S \to M$ 称为 M 的一个**嵌入子流形**(imbedded submanifold)，简称**子流形**. 也常把映射的像 $\phi[S]$ 称为嵌入子流形. 若 $\dim S = n-1$，则 $\phi[S] \subset M$ 称为 M 的一张**超曲面**(hypersurface).

例 1 设 U 是 M 的开子集，把 M 的流形结构限制在 U 上，U 便成为与 M 同维的流形. 把 U 看作定义 1 的 S，令 $\phi: U \to M$ 为恒等映射，则 $U \equiv \phi[U]$ 便是 M 的一个嵌入子流形(同维嵌入).

例 2 设 S 是 $\mathbb{R}^3$ (看作 M)中的单位球面 S^2，则恒等映射 $\phi: S^2 \to \mathbb{R}^3$ 给出 $\mathbb{R}^3$ 的一个嵌入子流形. 注意到 S^2 比 $\mathbb{R}^3$ 低一维，可知 S^2 是 $\mathbb{R}^3$ 的一个超曲面.

[选读 4-4-1]

嵌入子流形 $\phi[S]$ 有两个拓扑，其一是由嵌入自然带来的拓扑(见注 1)，其二是由 M 的拓扑在 $\phi[S]$ (作为 M 的子集)上诱导的拓扑. 这两个拓扑不一定相同. 如果进一步要求它们相同，就对嵌入 $\phi: S \to M$ 提出了更高的要求. 满足这一附加要求的嵌入称为**正则嵌入**[见陈省身，陈维桓(1983).]. Hawking and Ellis(1973)的嵌入指的就是正则嵌入. 设 $S = \mathbb{R}$，$M = \mathbb{R}^2$，则嵌入 $\phi: S \to M$ 是 $\mathbb{R}^2$ 中的光滑曲线. 定义中 ϕ 的一一性不允许嵌入子流形为自相交曲线(例如图 4-4 的 8 字形曲线). 图 4-5 的"任意接近自相交"而不自相交的曲线是不是嵌入子流形？ 答案是：它是嵌入子流形但不是正则嵌入子流形. 本书今后谈到嵌入子流形时，在许多情况下是指正则嵌入子流形. **[选读 4-4-1 完]**

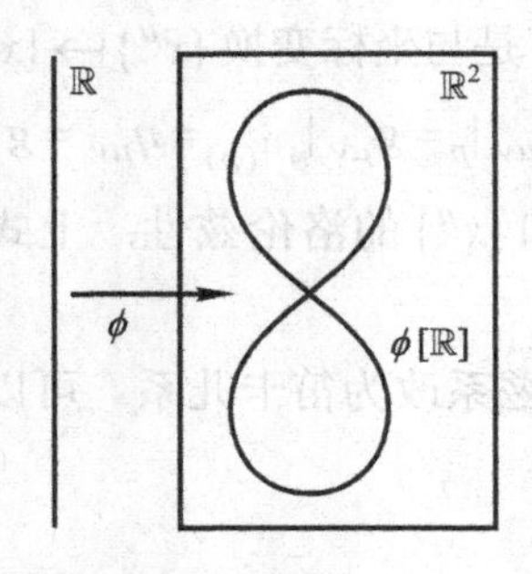

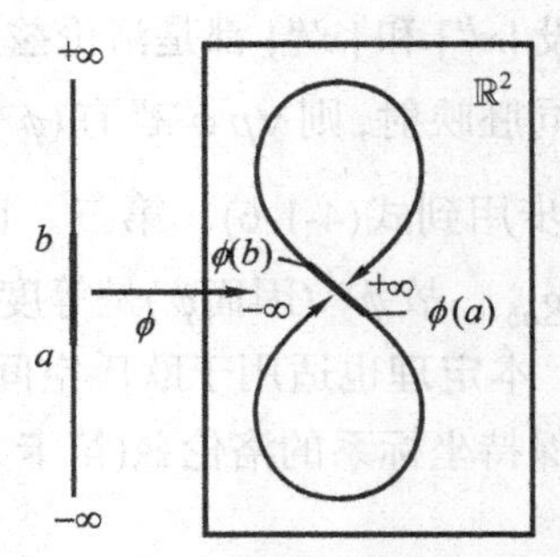

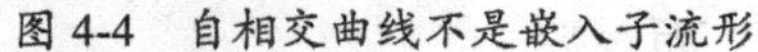
图 4-4　自相交曲线不是嵌入子流形

图 4-5　“任意接近自相交”的曲线是嵌入子流形，但不是正则嵌入子流形

设$\phi[S]$是M的超曲面，$q\in\phi[S]\subset M$．作为M的一点，q有n维切空间V_q．若$w^a\in V_q$是过q且躺在$\phi[S]$上的某曲线的切矢(“躺在”是指曲线每点都在$\phi[S]$上)，则说w^a切于$\phi[S]$．V_q中全体切于$\phi[S]$的元素构成的子集记作W_q．超曲面的定义保证W_q是V_q的$n-1$维子空间．谈到超曲面时自然想到它的法矢．设$\phi[S]$是超曲面，$q\in\phi[S]$，则q点的法矢n^a应定义为与q点所有切于$\phi[S]$的矢量正交的矢量．然而正交性只有在指定度规后才有意义．当M没有度规时，不能定义法矢n^a，但可定义“法余矢”n_a．**余矢**(covector)是对偶矢量的别名．由于对偶矢量作用于矢量给出实数(无需度规)，可定义法余矢如下：

定义 3　设$\phi[S]$是超曲面，$q\in\phi[S]$．非零对偶矢量$n_a\in V_q{}^*$称为$\phi[S]$在q点的**法余矢**(normal covector)，若$n_a w^a=0,\quad \forall w^a\in W_q$．

定理 4-4-1　超曲面$\phi[S]$上任一点q必有法余矢n_a．法余矢不唯一，但q点的任意两个法余矢之间只能差一实数因子．

证明　设$\{(e_2)^a,\cdots,(e_n)^a\}$为$W_q$任一基底，因$\dim V_q=n$，$V_q$必有与$\{(e_2)^a,\cdots,(e_n)^a\}$线性无关的元素，任取其一并记作$(e_1)^a$，则$\{(e_\mu)^a\,|\,\mu=1,\cdots,n\}$为$V_q$的基底，其对偶基底记作$\{(e^\mu)_a\}$．令$n_a=(e^1)_a$，则$n_a(e_\tau)^a=\delta^1{}_\tau=0\ (\tau=2,\cdots,n)$，故$n_a w^a=0\ \ \forall w^a\in W_q$，可见$n_a$为法余矢．若存在$m_a$满足$m_a(e_\tau)^a=0\ (\tau=2,\cdots,n)$，则其在对偶基底$\{(e^\mu)_a\}$的分量$m_\tau=m_a(e_\tau)^a=0\ (\tau=2,\cdots,n)$，因而$m_a=m_1(e^1)_a=m_1 n_a$，即$m_a$与$n_a$只差一因子$m_1$．　□

注 2　非超曲面的嵌入子流形(如3维流形中的曲线)的法余矢没有这样好的唯一性．

[选读 4-4-2]

设x, y, z是$\mathbb{R}^3$的自然坐标，令函数$f\equiv ax+by+cz$(常数a, b, c至少有一个非零)，则$\mathbb{R}^3$中满足方程$f=0$的点便组成$\mathbb{R}^3$中的一个超曲面(平面)．若

$f=x^2+y^2+z^2-a^2$，$a\neq 0$，则方程 $f=0$ 代表另一超曲面(球面)．然而，若 $f=x^2+y^2+z^2$，则只有坐标原点满足 $f=0$，因此 $f=0$ 不代表超曲面．关键在于这时 $\mathrm{d}f|_{f=0}=0$．另一个极端的例子是 $f:\mathbb{R}^3\to\mathbb{R}$ 定义为 $f(p)=0\ \ \forall p\in\mathbb{R}^3$ 的情况．这时满足方程 $f=0$ 的点的子集是 $\mathbb{R}^3$ 自身，所以也不是超曲面．关键仍然在于 $\mathrm{d}f|_{f=0}=0$．推广至 f 是任意流形 M 上光滑函数的情况，可以证明，只要 $\mathrm{d}f|_{f=c}\neq 0$（即 $\nabla_a f|_{f=c}\neq 0$），则 $f=c$(常数)给出 M 中的一个超曲面[详见 D. Chillingworth(1976)P.156~158].

[选读 4-4-2 完]

定理 4-4-2　以 $\phi[S]$ 代表由 $f=$常数 定义的超曲面，设 $q\in\phi[S]$，$\nabla_a f|_q\neq 0$，则 $\nabla_a f|_q$ 是 $\phi[S]$ 在 q 点的法余矢.

证明　只须对任一 $q\in\phi[S]$ 证明 $w^a\nabla_a f=0, \forall\, w^a\in W_q$．因 w^a 总切于过 q 并躺在 $\phi[S]$ 上的某曲线 $C(t)$，故 $w^a\nabla_a f=\dfrac{\partial}{\partial t}(f)=0\quad \forall\, w^a\in W_q$，最后一步是因 f 在 $C(t)$ 上为常数.　□

若 M 上有度规 g_{ab}，则 $n^a\equiv g^{ab}n_b\in V_q$ 与 $\phi[S]$ 的所有矢量正交(因 $g_{ab}n^a w^b=n_b w^b=0, \forall\, w^b\in W_q$)，故 n^a 叫超曲面 $\phi[S]$ 在 q 点的**法矢(**normal vector). 若 g_{ab} 为正定度规(例如 $\mathbb{R}^2$ 嵌入 3 维欧氏空间)，n^a 自然不属于 W_q，即 $n^a\in V_q-W_q$；然而，若 g_{ab} 为洛伦兹度规，n^a 却有可能属于 W_q. 以下就 g_{ab} 为洛伦兹度规的情况进行讨论.

定理 4-4-3　$n^a\in W_q$ 的充要条件为 $n^a n_a=0$.

证明

(A) 设 $n^a\in W_q$，则 n^a 可看作 $n_a w^a=0$ 中的 w^a，故 $n_a n^a=0$.

(B) 由定理 4-4-1 的证明知对任一法余矢 n_a 存在基底 $\{(e_\mu)^a\}$ 使 $(e_2)^a,\cdots,(e_n)^a\in W_q$ 且 $n_a=(e^1)_a$，故 n^a 在该基底的第一分量 $n^1=n^a(e^1)_a=n^a n_a$．因此

$$n_a n^a=0\Rightarrow n^1=0\Rightarrow n^a=\sum_{\tau=2}^{n} n^\tau (e_\tau)^a\in W_q\ .$$　□

例 3　设 $S=\mathbb{R}$，$M=\mathbb{R}^2$，M 上度规 $g_{ab}=\eta_{ab}$，$\phi:\mathbb{R}\to\mathbb{R}^2$ 为嵌入，则 $\phi[\mathbb{R}]$ 是 2 维闵氏时空中的超曲面．设 t，x 为洛伦兹坐标，讨论以下三种有代表性的情况：

(1) $\phi[\mathbb{R}]$ 与 x 轴平行(图 4-6a). $\forall q\in\phi[\mathbb{R}]$，令 $(e_2)^a=(\partial/\partial x)^a$，选

$$(e_1)^a=\alpha\,(\partial/\partial t)^a+\beta\,(\partial/\partial x)^a\text{，}(\alpha,\ \beta\text{ 可为任意实数，但 }\alpha\neq 0\text{．})$$

则不难验证 $(e^1)_a=\alpha^{-1}(\mathrm{d}t)_a$．注意到定理 4-4-1 的证明过程，可知 $(e^1)_a$ 为法余矢 n_a，

相应的法矢为$n^a=\alpha^{-1}g^{ab}(\mathrm{d}t)_b=-\alpha^{-1}(\partial/\partial t)^a$，满足$n^a\notin W_q$且$n_a n^a<0$(即$n^a$为类时).

(2) $\phi[\mathbb{R}]$与t轴平行[见图 4-6(b)]. $\forall q\in\phi[\mathbb{R}]$，令$(e_2)^a=(\partial/\partial t)^a$，选

$$(e_1)^a=\alpha(\partial/\partial t)^a+\beta(\partial/\partial x)^a,\ (\alpha,\ \beta\text{可为任意实数，但}\beta\neq 0.)$$

则$(e^1)_a=\beta^{-1}(\mathrm{d}x)_a$. 取$(e^1)_a$为法余矢$n_a$，相应的法矢为$n^a=\beta^{-1}(\partial/\partial x)^a$，满足$n^a\notin W_q$且$n_a n^a>0$(即$n^a$为类空).

(3) $\phi[\mathbb{R}]$与x轴夹 45°角(按欧氏)[见图 4-6(c)]. $\forall q\in\phi[\mathbb{R}]$，令$(e_2)^a=(\partial/\partial t)^a+(\partial/\partial x)^a$，选$(e_1)^a=\alpha(\partial/\partial t)^a+\beta(\partial/\partial x)^a$，$\alpha\neq\beta$，则$(e^1)_a=(\alpha-\beta)^{-1}[(\mathrm{d}t)_a-(\mathrm{d}x)_a]$. 取$(e^1)_a$为法余矢$n_a$，相应的法矢为

$n^a=(\alpha-\beta)^{-1}g^{ab}[(\mathrm{d}t)_b-(\mathrm{d}x)_b]=-(\alpha-\beta)^{-1}[(\partial/\partial t)^a+(\partial/\partial x)^a]=-(\alpha-\beta)^{-1}(e_2)^a$，满足$n^a\in W_q$且$n_a n^a=0$(即$n^a$为类光). 在这种情况下，超曲面的法矢既与面上所有切矢垂直(法矢定义)，本身又是切矢之一!

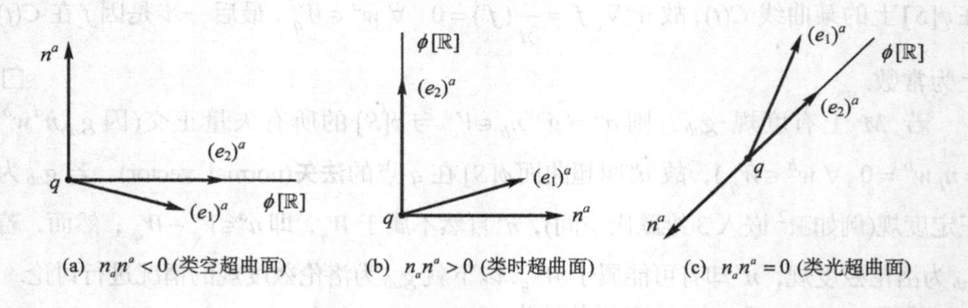

图 4-6　$\mathbb{R}$嵌入$\mathbb{R}^2$的三种情况(t轴竖直向上，x轴水平向右)

定义4　超曲面叫**类空的**，若其法矢处处类时($n^a n_a<0$)；超曲面叫**类时的**，若其法矢处处类空($n^a n_a>0$)；超曲面叫**类光的**，若其法矢处处类光($n_a n^a=0$).

若$n^a n_a\neq 0$，今后谈法矢时都指归一化法矢，即$n^a n_a=\pm 1$.

定义5　设$\phi[S]$是流形M中的嵌入子流形(不一定是超曲面)，$q\in\phi[S]$，W_q是q点切于$\phi[S]$的切空间. W_q的张量h_{ab}叫做由V_q的度规g_{ab}生出的诱导度规(induced metric)，若

$$h_{ab}w_1{}^a w_2{}^b=g_{ab}w_1{}^a w_2{}^b,\qquad \forall w_1{}^a,\ w_2{}^b\in W_q. \tag{4-4-1}$$

诱导度规h_{ab}实质上是把V_q上度规g_{ab}的作用对象限制于W_q的结果. 当$\phi[S]$为类时或类空超曲面时，诱导度规h_{ab}可用其归一化法矢($n^a n_a=\pm 1$)方便地表为

$$h_{ab}\equiv g_{ab}\mp n_a n_b,\qquad (n^a n_a=+1\text{时取}-,\ \ n^a n_a=-1\text{时取}+.) \tag{4-4-2}$$

因为$\forall w_1{}^a,w_2{}^b\in W_q$有$h_{ab}w_1{}^a w_2{}^b=g_{ab}w_1{}^a w_2{}^b\mp n_a w_1{}^a n_b w_2{}^b=g_{ab}w_1{}^a w_2{}^b$，即满足式

(4-4-1). 然而满足式(4-4-1)的 h_{ab} 很多，为什么只能用式(4-4-2)的那个？理由见选读 4-4-3.

[选读 4-4-3]

为便于陈述，设 V_q 为 4 维(因而 W_q 为 3 维). 作为诱导度规(W_q 上的度规)，式(4-4-1)的 h_{ab} 是 W_q 上的张量(3 维张量)，即 $h_{ab}\in\mathscr{T}_{W_q}(0,2)$ (它不能作用于 V_q-W_q 的元素). 但为了便于用 4 维等式演算，我们希望找到一个 4 维的(0, 2)型张量[即 $\mathscr{T}_{V_q}(0,2)$ 的元素]，它能代表 3 维张量 h_{ab}. $h_{ab}\equiv g_{ab}\mp n_a n_b$ 中的 h_{ab} 就是这样的 4 维张量(注意，右边两项都是 4 维张量). 为与式(4-4-1)的 h_{ab} 相区别，暂时把 $h_{ab}\equiv g_{ab}\mp n_a n_b$ 中的 h_{ab} 记作 $\bar{h}_{ab}$. 可以证明 $\mathscr{T}_{V_q}(0,2)$ 的子集 $\mathscr{S}_{V_q}(0,2)\equiv\{T_{ab}\in\mathscr{T}_{V_q}(0,2)\,|\,T_{ab}n^a=0, T_{ab}n^b=0\}$ 与 $\mathscr{T}_{W_q}(0,2)$ 自然同构，因而可以自然认同(详见第 14 章). 易见 $g_{ab}\notin\mathscr{S}_{V_q}(0,2)$ 而 $\bar{h}_{ab}\in\mathscr{S}_{V_q}(0,2)$，且 $\bar{h}_{ab}{w_1}^a{w_2}^b=g_{ab}{w_1}^a{w_2}^b\,\forall {w_1}^a, {w_2}^b\in W_q$，所以可把 $\bar{h}_{ab}$ 认同为 h_{ab}. 还可证明(读者自证) $\mathscr{S}_{V_q}(0,2)$ 中满足式(4-4-1)(因而可充当 h_{ab})的元素只有 $\bar{h}_{ab}$，这就是把 4 维张量 $\bar{h}_{ab}\equiv g_{ab}\mp n_a n_b$ 看作诱导度规的理由. 以后将不在符号上区分 $\bar{h}_{ab}$ 和 h_{ab}.

以上关于(0, 2)型张量的结论还可推广为：$\mathscr{T}_{V_q}(0,l)$ 的子集 $\{T_{a\cdots a_l}\in\mathscr{T}_{V_q}(0,l)\,|\,T_{a\cdots a_l}$ 的任一下标与 n^a 缩并为零$\}$ 与 $\mathscr{T}_{W_q}(0,l)$ 有自然同构关系，因而可自然认同. 这种认同使我们在讨论和书写公式时可用前者的元素代替后者的元素(写成 4 维而非 3 维张量等式)，从而带来许多方便. **[选读 4-4-3 完]**

注 3 式(4-4-2)在 g_{ab} 为正定时也成立(把 $\mp$ 号改为 $-$ 号). 作为练习，读者试写出 3 维欧氏度规 g_{ab} 用球坐标系对偶坐标基底的展开式，并验证球面上诱导度规 $h_{ab}=g_{ab}-n_a n_b$ 同§3.3 例 2 所定义的诱导度规 $\hat{g}_{ab}$ 一致. [提示：球面上的归一化法余矢 $n_a=(\mathrm{d}r)_a$.]

设 $\phi[S]$ 为类时或类空超曲面，$q\in\phi[S]$，h_{ab} 满足式(4-4-2). 令

$$h^a{}_b\equiv g^{ac}h_{cb}=\delta^a{}_b\mp n^a n_b\,, \tag{4-4-3}$$

则 $\forall v^a\in V_q$ 有 $h^a{}_b v^b=v^a\mp n^a(n_b v^b)$，或

$$v^a=h^a{}_b v^b\pm n^a(n_b v^b)\,. \tag{4-4-4}$$

上式代表矢量 v^a 的一种分解(图 4-7)，其中 $\pm n^a(n_b v^b)$ 与法矢 n^a 平行，称为法向分量，$h^a{}_b v^b$ 与法矢 n^a 垂直[因为 $n_a(h^a{}_b v^b)=0$]，称为切向分量(切于 $\phi[S]$ 的分量). $h^a{}_b$ 称为从 V_q 到 W_q 的**投影映射**(projection map).

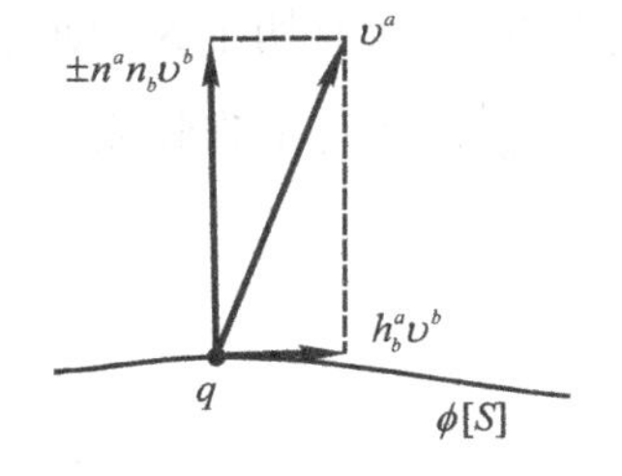

图 4-7　矢量 $v^a\in V_q$ 分解为法向分量 $\pm n^a(n_b v^b)$ 和切向分量 $h^a{}_b v^b\in W_q$

定理 4-4-4　类光超曲面上的诱导“度规”是退化的(因而没有诱导度规).

证明　以 h_{ab} 代表诱导“度规”. 超曲面的类光性导致 $n^a \in W_q$ (见定理 4-4-3), 故 W_q 有非零元素 n^a 使 $h_{ab}n^a w^b = g_{ab}n^a w^b = 0, \forall w^a \in W_q$. 可见 h_{ab} 是 W_q 上的退化张量. □

例 4　设 t, x, y, z 是 4 维闵氏空间 $(\mathbb{R}^4, \eta_{ab})$ 的洛伦兹坐标, r, θ, φ 是与 x, y, z 相应的球坐标, 则 η_{ab} 可用对偶坐标基矢表为

$$\eta_{ab} = -(\mathrm{d}t)_a(\mathrm{d}t)_b + (\mathrm{d}r)_a(\mathrm{d}r)_b + r^2(\mathrm{d}\theta)_a(\mathrm{d}\theta)_b + r^2\sin^2\theta(\mathrm{d}\varphi)_a(\mathrm{d}\varphi)_b . \tag{4-4-5}$$

方程 $t-r=0$ 定义了一个类光超曲面 $\mathscr{S}$, 是以原点为锥顶的圆锥面(见图 4-8). $\forall q \in \mathscr{S} \subset \mathbb{R}^4$ (q 不在锥顶), 有 4 维切空间 V_q 和 3 维切空间(切于 $\mathscr{S}$) $W_q \subset V_q$. 令

$$n^a|_q \equiv (\partial/\partial t)^a|_q + (\partial/\partial r)^a|_q \text{ (以下略去下标 } q\text{)},$$

则 n^a 是 $\mathscr{S}$ 在 q 点的类光法矢, 故 $n^a \in W_q$, 因而 $\{(\partial/\partial\theta)^a, (\partial/\partial\varphi)^a, n^a\}$ 是 W_q 的基底. 现在计算 η_{ab} 在 W_q 上的诱导“度规” h_{ab} 在此基底的分量 $h_{\mu\nu}$.

$$h_{\theta\theta} \equiv h_{ab}(\partial/\partial\theta)^a(\partial/\partial\theta)^b = \eta_{ab}(\partial/\partial\theta)^a(\partial/\partial\theta)^b = r^2,$$

其中第二步用到式(4-4-1), 第三步用到式(4-4-5). 类似地有 $h_{\varphi\varphi} = r^2\sin^2\theta$. 而 $h_{\mu\nu}$ 的第三个对角元(记作 h_{nn})则为

$$h_{nn} \equiv h_{ab}n^a n^b = \eta_{ab}[(\partial/\partial t)^a + (\partial/\partial r)^a][(\partial/\partial t)^b + (\partial/\partial r)^b] = -1+1=0,$$

而且容易验证 $h_{\mu\nu}$ 的所有非对角元为零, 故

$$(h_{\mu\nu}) = \begin{bmatrix} r^2 & 0 & 0 \\ 0 & r^2\sin^2\theta & 0 \\ 0 & 0 & 0 \end{bmatrix},$$

因而 h_{ab} 退化[也说其“号差”为 $(+,+,0)$]. 可见 η_{ab} 在类光超曲面 $\mathscr{S}$ 上无诱导度规. 然而, 令 S 为 $\mathscr{S}$ 与任一等 t 面 $(t>0)$ 之交(是半径为 $r=t$ 的 2 维球面), 以 $\hat{W}_q \subset W_q$ 代表 W_q 中所有切于 S 的元素组成的子空间(见图 4-8), 则 η_{ab} 在 $\hat{W}_q$ 却有诱导度规, 记作 $\hat{h}_{ab}$, 而且不难验证

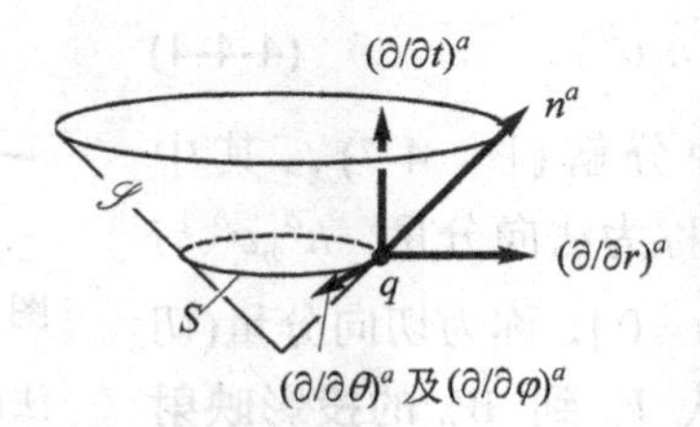

图 4-8　类光超曲面 $\mathscr{S}$ 的诱导“度规”退化

$$\hat{h}_{ab} = r^2(\mathrm{d}\theta)_a(\mathrm{d}\theta)_b + r^2\sin^2\theta(\mathrm{d}\varphi)_a(\mathrm{d}\varphi)_b \,. \tag{4-4-6}$$

读者不难对$(\mathbb{R}^4,\ \eta_{ab})$中由 $t-z=0$ 定义的类光超曲面做类似讨论.

习　题

~1. 试证由式(4-1-2)定义的$(\phi_* v)^a$满足§2.2 定义 2 对矢量的两个要求，从而确是$\phi(p)$点的矢量.

~2. 试证定理 4-1-1、4-1-2 和 4-1-3.

3. 设$\phi: M \to N$为光滑映射，$p \in M$，$\{y^\mu\}$是$\phi(p)$点某邻域上的坐标，试证

$$(\phi_* v)^a = v\,(\phi^* y^\mu)\ (\partial/\partial y^\mu)^a\,, \qquad \forall\, v^a \in V_p\,.$$

4. 设M, N是流形，$\phi: M \to N$是微分同胚，$p \in M$，$q \equiv \phi(p)$，试证推前映射$\phi_*: V_p \to V_q$是同构映射.

5. 设$M,\ N,\ Q$是流形，$\phi: M \to N$和$\psi: N \to Q$是光滑映射.

(a) 试证$(\psi \circ \phi)^* f = (\phi^* \circ \psi^*) f$，$\forall f \in \mathscr{F}_Q$.

(b) 试证$(\psi \circ \phi)_* v^a = \psi_*(\phi_* v^a)$，$\forall p \in M,\ v^a \in V_p$.

(c) 把$(\psi \circ \phi)^*$和$\phi^* \circ \psi^*$都看作由$\mathscr{F}_Q(0,l)$到$\mathscr{F}_M(0,l)$的映射，试证

$$(\psi \circ \phi)^* = \phi^* \circ \psi^*\,.$$

6. 设$\phi: M \to N$是微分同胚，v^a，u^a是 M 上矢量场，试证$\phi_*([v,u]^a) = [\phi_* v, \phi_* u]^a$，其中$[v,u]^a$代表对易子.

~7. 试证定理 4-2-4.

~8. 设$v^a \in \mathscr{F}_M(1,0)$，$\omega_a \in \mathscr{F}_M(0,1)$，试证对任一坐标系$\{x^\mu\}$有

$$(\mathscr{L}_v \omega)_\mu = v^\nu \partial \omega_\mu / \partial x^\nu + \omega_\nu \partial v^\nu / \partial x^\mu\,.$$
提示：用式(4-2-7)并令其∇_a为∂_a.

~9. 设u^a，$v^a \in \mathscr{F}_M(1,\ 0)$，则下式作用于任意张量场都成立

$$[\mathscr{L}_v,\ \mathscr{L}_u] = \mathscr{L}_{[v,u]} \quad (\text{其中}[\mathscr{L}_v,\ \mathscr{L}_u] \equiv \mathscr{L}_v\mathscr{L}_u - \mathscr{L}_u\mathscr{L}_v).$$

试就作用对象为$f \in \mathscr{F}_M$和$w^a \in \mathscr{F}_M(1,\ 0)$的情况给出证明. 提示：当作用对象为$w^a$时可用雅可比恒等式(第 2 章习题 8).

10. 设 F_{ab} 是 4 维闵氏空间上的反对称张量场，其在洛伦兹坐标系$\{t,\ x,\ y,\ z\}$的分量为$F_{01} = -F_{13} = x\rho^{-1}$，$F_{02} = -F_{23} = y\rho^{-1}$，$F_{03} = F_{12} = 0$，其中$\rho \equiv (x^2+y^2)^{1/2}$. 试证$F_{ab}$有旋转对称性，即$\mathscr{L}_v F_{ab} = 0$，其中$v^a = -y\,(\partial/\partial x)^a + x\,(\partial/\partial y)^a$.

11. 设ξ^a是(M, g_{ab})中的 Killing 矢量场，∇_a与g_{ab}适配，试证$\nabla_a \xi^a = 0$.

12. 设ξ^a是(M, g_{ab})中的 Killing 矢量场，$\phi: M \to M$是等度规映射，试证$\phi_* \xi^a$也是(M, g_{ab})中的 Killing 矢量场. 提示：利用习题 5(c)的结论.

13. 设ξ^a，η^a是(M, g_{ab})的 Killing 矢量场，试证其对易子$[\xi,\eta]^a$也是 Killing 矢量场. 注：此结论使得 M 上全体 Killing 矢量场的集合不但是矢量空间，而且是李代数(详见中册附录 G).

14. 设ξ^a是广义黎曼空间(M, g_{ab})的 Killing 矢量场，$R_{abc}{}^d$是g_{ab}的黎曼曲率张量.

(a) 试证 $\nabla_a \nabla_b \xi_c = -R_{bca}{}^d \xi_d$. 注：此式对证明定理 4-3-4 有重要用处. 提示：由 $R_{abc}{}^d$ 的定义以及 Killing 方程(4-3-1)可知 $\nabla_a \nabla_b \xi_c + \nabla_b \nabla_c \xi_a = R_{abc}{}^d \xi_d$. 此式称为第一式. 作指标替换 $a \mapsto b,\ b \mapsto c,\ c \mapsto a$ 得第二式，再替换一次得第三式. 以第一、二式之和减第三式并利用式(3-4-7)便得证.

(b) 利用(a)的结果证明 $\nabla^a \nabla_a \xi_c = -R_{cd} \xi^d$，其中 R_{cd} 是里奇张量.

~15. 验证式(4-3-3)中的 $(\partial/\partial\eta)^a$ 的确满足 Killing 方程(4-3-1).

~16. 找出 2 维欧氏空间中由 $R^a = x(\partial/\partial y)^a - y(\partial/\partial x)^a$ 生出的单参等度规群的任一元素 ϕ_α 诱导的坐标变换.

*17. 设时空(M, g_{ab})中的超曲面 $\phi[S]$ 上每点都有类光切矢而无类时切矢(“切矢”指切于 $\phi[S]$)，试证它必为类光超曲面. 提示：①证明与类时矢量 t^a 正交的矢量必类空[选正交归一基底 $\{(e_\mu)^a\}$ 使 $(e_0)^a = t^a$]；②证明类时超曲面上每点都有类时切矢；③由以上两点证明本命题.

第5章 微分形式及其积分

§5.1 微 分 形 式

先介绍 n 维矢量空间 V 上的“形式”，再讨论 n 维流形 M 上的“微分形式场”.

定义 1 $\omega_{a_1\cdots a_l}\in\mathscr{T}_V(0,l)$ 叫 V 上的 ***l* 次形式**(简称 ***l* 形式**)(l-form)，若

$$\omega_{a_1\cdots a_l}=\omega_{[a_1\cdots a_l]}.$$

为书写方便，有时略去下标而把 l 形式 $\omega_{a_1\cdots a_l}$ 写为 $\boldsymbol{\omega}$.

定理 5-1-1 (a) $\omega_{a_1\cdots a_l}=\omega_{[a_1\cdots a_l]}\quad\Rightarrow\quad$ 对任意基底有 $\omega_{\mu_1\cdots\mu_l}=\omega_{[\mu_1\cdots\mu_l]}$；

(b) $\exists$ 基底使 $\omega_{\mu_1\cdots\mu_l}=\omega_{[\mu_1\cdots\mu_l]}\quad\Rightarrow\quad\omega_{a_1\cdots a_l}=\omega_{[a_1\cdots a_l]}$.

证明 练习. □

定理 5-1-2 设 $\boldsymbol{\omega}$ 为 l 形式，则

(a) $$\omega_{a_1\cdots a_l}=\delta_\pi\omega_{a_{\pi(1)}\cdots a_{\pi(l)}}\,,\tag{5-1-1}$$

[其中 δ_π, $a_{\pi(1)}$,…的含义见式(2-6-14)后的说明.]例如 $\omega_{abc}=-\omega_{acb}=\omega_{cab}=\cdots$；

(b) 对任意基底， $$\omega_{\mu_1\cdots\mu_l}=\delta_\pi\omega_{\mu_{\pi(1)}\cdots\mu_{\pi(l)}}.\tag{5-1-1$'$}$$

证明 (a) 见定理 2-6-1(b)的证明；

(b) 练习. □

由式(5-1-1′)可知，在 l 形式的分量 $\omega_{\mu_1\cdots\mu_l}$ 中，凡有重复具体指标者必为零，例如

$$\omega_{112}=\omega_{133}=\omega_{212}=0.$$

V 上全体 l 形式的集合记作 $\Lambda(l)$. 1 形式其实就是 V 上的对偶矢量，故 $\Lambda(1)=V^*$. 约定把任一实数称为 V 上的 **0 形式**，则 $\Lambda(0)=\mathbb{R}$. l 形式既然是 $(0,l)$ 型张量，自然有 $\Lambda(l)\subset\mathscr{T}_V(0,l)$. 不但如此，还容易证明 $\Lambda(l)$ 是 $\mathscr{T}_V(0,l)$ 的线性子空间，其维数的计算可从定理 2-4-1 关于 $\mathscr{T}_V(k,l)$ 维数的计算得到启发：为求 $\mathscr{T}_V(k,l)$ 的维数可先找一个基底，而为此则要先定义张量积. 然而两个微分形式(作为两个张量)的张量积并非全反称，故不再是微分形式. 但可对全体指标施行全反称操作使之成为微分形式，于是有如下定义：

定义 2 设 $\boldsymbol{\omega}$ 和 $\boldsymbol{\mu}$ 分别为 l 形式和 m 形式，则其**楔形积**(wedge product，简称**楔积**)是按下式定义的 $l+m$ 形式：

$$(\omega\wedge\mu)_{a_1\cdots a_l b_1\cdots b_m}:=\frac{(l+m)!}{l!\,m!}\omega_{[a_1\cdots a_l}\mu_{b_1\cdots b_m]}.\tag{5-1-2}$$

或者说，楔积是满足式(5-1-2)的映射 $\wedge: \Lambda(l)\times\Lambda(m)\to\Lambda(l+m)$.

楔积 $(\omega\wedge\mu)_{a_1\cdots a_l b_1\cdots b_m}$ 亦可记作 $\omega_{a_1\cdots a_l}\wedge\mu_{b_1\cdots b_m}$，也常简记为 $\boldsymbol{\omega}\wedge\boldsymbol{\mu}$.

由定义可知楔积满足结合律和分配律，即 $(\boldsymbol{\omega}\wedge\boldsymbol{\mu})\wedge\boldsymbol{\nu}=\boldsymbol{\omega}\wedge(\boldsymbol{\mu}\wedge\boldsymbol{\nu})$ (因而 $\boldsymbol{\omega}\wedge\boldsymbol{\mu}\wedge\boldsymbol{\nu}$ 有明确意义)和 $\boldsymbol{\omega}\wedge(\boldsymbol{\mu}+\boldsymbol{\nu})=\boldsymbol{\omega}\wedge\boldsymbol{\mu}+\boldsymbol{\omega}\wedge\boldsymbol{\nu}$. 但楔积一般不服从交换律，例如对 1 形式 $\boldsymbol{\omega}$ 和 $\boldsymbol{\mu}$ 有

$$\boldsymbol{\omega}\wedge\boldsymbol{\mu}\equiv\omega_a\wedge\mu_b\equiv(\omega\wedge\mu)_{ab}=2\omega_{[a}\mu_{b]}=\omega_a\mu_b-\omega_b\mu_a$$

和

$$\boldsymbol{\mu}\wedge\boldsymbol{\omega}\equiv(\mu\wedge\omega)_{ab}=2\mu_{[a}\omega_{b]}=\mu_a\omega_b-\mu_b\omega_a,$$

可见对两个 1 形式的楔积有 $\boldsymbol{\omega}\wedge\boldsymbol{\mu}=-\boldsymbol{\mu}\wedge\boldsymbol{\omega}$. 推广至一般情况，设 $\boldsymbol{\omega}$ 和 $\boldsymbol{\mu}$ 分别是 l 和 m 形式，则

$$\boldsymbol{\omega}\wedge\boldsymbol{\mu}=(-1)^{lm}\boldsymbol{\mu}\wedge\boldsymbol{\omega}. \tag{5-1-3}$$

定理 5-1-3　设 $\dim V=n$，则 $\dim\Lambda(l)=\dfrac{n!}{l!\,(n-l)!}$，若 $l\leqslant n$； (5-1-4)

$\Lambda(l)=\{0\}$ (只有零元)，若 $l>n$.

证明　以 $n=3$，$l=2$ 为例. 设 $\{(e_1)^a,(e_2)^a,(e_3)^a\}$ 是 V 的基底，$\{(e^1)_a,(e^2)_a,(e^3)_a\}$ 为其对偶基底, 则 ω_{ab} (作为 V 上的张量)可展开为

$$\begin{aligned}\omega_{ab}=&\,\omega_{11}(e^1)_a(e^1)_b+\omega_{12}(e^1)_a(e^2)_b+\omega_{13}(e^1)_a(e^3)_b\\&+\omega_{21}(e^2)_a(e^1)_b+\omega_{22}(e^2)_a(e^2)_b+\omega_{23}(e^2)_a(e^3)_b\\&+\omega_{31}(e^3)_a(e^1)_b+\omega_{32}(e^3)_a(e^2)_b+\omega_{33}(e^3)_a(e^3)_b.\end{aligned}$$

注意到 $\omega_{11}=\omega_{22}=\omega_{33}=0$，$\omega_{21}=-\omega_{12}$，$\omega_{32}=-\omega_{23}$，$\omega_{13}=-\omega_{31}$，上式成为

$$\begin{aligned}\omega_{ab}=&\,\omega_{12}[(e^1)_a(e^2)_b-(e^2)_a(e^1)_b]+\omega_{23}[(e^2)_a(e^3)_b-(e^3)_a(e^2)_b]+\omega_{31}[(e^3)_a(e^1)_b\\&-(e^1)_a(e^3)_b]=\omega_{12}(e^1)_a\wedge(e^2)_b+\omega_{23}(e^2)_a\wedge(e^3)_b+\omega_{31}(e^3)_a\wedge(e^1)_b.\end{aligned} \tag{5-1-5}$$

可见任一 $\omega_{ab}\in\Lambda(2)$ 可用 $\{(e^1)_a\wedge(e^2)_b,\ (e^2)_a\wedge(e^3)_b,\ (e^3)_a\wedge(e^1)_b\}$ 线性表出. 不难证明花括号中的三个 2 形式彼此线性独立(习题)，故它们构成 $\Lambda(2)$ 的一组基矢，因而 $\dim\Lambda(2)=3$. 读者可把以上讨论推广至 l, n 为任意正整数且 $l\leqslant n$ 的情况，证明任一 l 形式 $\boldsymbol{\omega}$ 可展开为

$$\omega_{a_1\cdots a_l}=\sum_{\mathrm{C}}\omega_{\mu_1\cdots\mu_l}(e^{\mu_1})_{a_1}\wedge\cdots\wedge(e^{\mu_l})_{a_l}, \tag{5-1-6}$$

其中 $\{(e^1)_a,\cdots,(e^n)_a\}$ 为 V^* 的任一基底，$\omega_{\mu_1\cdots\mu_l}$ 是 $\boldsymbol{\omega}$ 在由这一基底构成的 $\mathscr{T}_V(0,l)$ 的基底的分量，即

$$\omega_{\mu_1\cdots\mu_l}=\omega_{a_1\cdots a_l}(e_{\mu_1})^{a_1}\cdots(e_{\mu_l})^{a_l}, \tag{5-1-7}$$

$\sum\limits_{\mathrm{C}}$ 表示对 n 个数 $(1,\cdots,n)$ 中取 l 个的各种组合求和，即 $\Lambda(l)$ 的基底中的矢量共 C_n^l 个，故得式(5-1-4). 至于 $l>n$ 的情况，由定理 5-1-2(b)易见此时任何 $\boldsymbol{\omega}\in\Lambda(l)$ 的全

部分量为零，故 $\Lambda(l)$ 中只有一个元素，即零元：$\Lambda(l)=\{0\}$. □

式(5-1-5)是式(5-1-6)在 $n=3$，$l=2$ 时的特例. 为便于理解，再举一特例：设 $n=4$，$l=3$，则式(5-1-6)表现为

$$\omega_{abc}=\omega_{123}(e^1)_a\wedge(e^2)_b\wedge(e^3)_c+\omega_{124}(e^1)_a\wedge(e^2)_b\wedge(e^4)_c$$
$$+\omega_{134}(e^1)_a\wedge(e^3)_b\wedge(e^4)_c+\omega_{234}(e^2)_a\wedge(e^3)_b\wedge(e^4)_c\,,$$

其中各分量由式(5-1-7)决定，例如 $\omega_{134}=\omega_{abc}(e_1)^a(e_3)^b(e_4)^c$.

[选读 5-1-1]

式(5-1-6)也可表为

$$\omega_{a_1\cdots a_l}=\frac{1}{l\,!}\omega_{\mu_1\cdots\mu_l}(e^{\mu_1})_{a_1}\wedge\cdots\wedge(e^{\mu_l})_{a_l}\ (\text{求和号}\sum_{\mu_1,\cdots,\mu_l}^{n}\ \text{已按惯例略去}). \tag{5-1-6$'$}$$

右边的非零项数等于 n 个数中取 l 个的排列数 $\mathrm{P}_n^l=n!/(n-l)!$，可分为 $\mathrm{C}_n^l=n!/l!\,(n-l)!$ 组，每组含 $l!$项，组内各项相同，除以 $l!$便得 $\mathrm{C}_n^l=n!\,/l!\,(n-l)!$ 项，与式(5-1-6)同.

[选读 5-1-1 完]

下面回到流形 M 上来. 若对 M(或 $A\subset M$)的任一点 p 指定 V_p 上的一个 l 形式，就得到 M(或 A)上的一个 l 形式场("场"字常略去). 1 形式场和 0 形式场分别是对偶矢量场和标量场. M 上光滑的 l 形式场称为 ***l* 次微分形式场**(differential *l*-form)，也简称作 ***l* 形式场或 *l* 形式**.

设 (O,ψ) 为一坐标系，则 O 上的 l 形式场可方便地用对偶坐标基底场 $\{(\mathrm{d}x^\mu)_a\}$ 逐点线性表出. 令式(5-1-6)中的 $(e^\mu)_a$ 为 $(\mathrm{d}x^\mu)_a$，有

$$\omega_{a_1\cdots a_l}=\sum_{\mathrm{C}}\omega_{\mu_1\cdots\mu_l}(\mathrm{d}x^{\mu_1})_{a_1}\wedge\cdots\wedge(\mathrm{d}x^{\mu_l})_{a_l}\,, \tag{5-1-8}$$

其中

$$\omega_{\mu_1\cdots\mu_l}=\omega_{a_1\cdots a_l}(\partial/\partial x^{\mu_1})^{a_1}\cdots(\partial/\partial x^{\mu_l})^{a_l} \tag{5-1-9}$$

是 O 上的函数. 一个重要特例是 $l=n$ 的情况. 因为 $\mathrm{C}_n^l=\mathrm{C}_n^n=1$，式(5-1-8)右边的求和只有一项，即

$$\omega_{a_1\cdots a_n}=\omega_{1\cdots n}(\mathrm{d}x^1)_{a_1}\wedge\cdots\wedge(\mathrm{d}x^n)_{a_n}\,, \tag{5-1-10}$$

简写为

$$\boldsymbol{\omega}=\omega_{1\cdots n}\,\mathrm{d}x^1\wedge\cdots\wedge\mathrm{d}x^n. \tag{5-1-10$'$}$$

上式也可这样理解：M 中任一点 p 的所有 n 形式的集合是 1 维矢量空间，只有一个基矢，可取为 $\mathrm{d}x^1\wedge\cdots\wedge\mathrm{d}x^n|_p$，式(5-1-10′)就是 $\boldsymbol{\omega}|_p$ 用这一基矢的展开式. 注意，展开系数 $\omega_{1\cdots n}$ 对不同点可以不同，因而是坐标域上的函数，也可表为坐标的 n 元函数 $\omega_{1\cdots n}(x^1,\cdots,x^n)$.

我们以 $\Lambda_M(l)$ 代表 M 上全体 l 形式场的集合.

定义3　流形 M 上的**外微分算符**(exterior differentiation operator)是一个映射

d: $\Lambda_M(l) \to \Lambda_M(l+1)$，定义为

$$(\mathrm{d}\omega)_{ba_1\cdots a_l} := (l+1)\nabla_{[b}\omega_{a_1\cdots a_l]}, \tag{5-1-11}$$

其中 ∇_b 可为任一导数算符(因由 $C^c{}_{ab} = C^c{}_{ba}$ 可证对任意 ∇_a 和 $\tilde{\nabla}_a$ 有 $\tilde{\nabla}_{[b}\omega_{\dots]} = \nabla_{[b}\omega_{\dots]}$). 可见在定义外微分之前无须在 M 上指定导数算符(及任何其他附加结构，如度规.).

例 1 §2.3 曾定义过$(\mathrm{d}f)_a$，由式(3-1-1)又知 $(\mathrm{d}f)_a = \nabla_a f$，可见$(\mathrm{d}f)_a$就是 $f \in \Lambda_M(0)$ 的外微分，这正是当时用符号 df的原因.

把 l 形式场 ω 写成对偶坐标基矢的展开式(5-1-8)的一个好处是便于计算 dω，请看如下定理：

定理 5-1-4 设 $\omega_{a_1\cdots a_l} = \sum\limits_{\mathrm{C}} \omega_{\mu_1\cdots\mu_l}(\mathrm{d}x^{\mu_1})_{a_1} \wedge \cdots \wedge (\mathrm{d}x^{\mu_l})_{a_l}$，则

$$(\mathrm{d}\omega)_{ba_1\cdots a_l} = \sum_{\mathrm{C}} (\mathrm{d}\omega_{\mu_1\cdots\mu_l})_b \wedge (\mathrm{d}x^{\mu_1})_{a_1} \wedge \cdots \wedge (\mathrm{d}x^{\mu_l})_{a_l}. \tag{5-1-12}$$

证明 习题. 提示：选该坐标系的普通导数算符 ∂_b 作为式(5-1-11)的 ∇_b. □

定理 5-1-5 $\mathrm{d} \circ \mathrm{d} = 0$.

证明 选任一坐标系的导数算符 ∂_b 作为式(5-1-11)的 ∇_b，便有

$$[\mathrm{d}(\mathrm{d}\omega)]_{cba_1\cdots a_l} = (l+2)(l+1)\partial_{[c}\partial_{[b}\omega_{a_1\cdots a_l]]} = (l+2)(l+1)\partial_{[[c}\partial_{b]}\omega_{a_1\cdots a_l]} = 0,$$

其中第二步用到定理 2-6-2(b)，第三步用到§3.1 的 $\partial_{[a}\partial_{b]}T^{\cdots}{}_{\cdots} = 0$. □

定义 4 设 ω为 M 上的 l 形式场. ω 叫**闭的**(closed)，若 $\mathrm{d}\omega = 0$；ω 叫**恰当的**(exact)，若存在 $l-1$ 形式场 μ 使 $\omega = \mathrm{d}\mu$.

注 1 定理 5-1-5 亦可表述为：若ω是恰当的，则ω是闭的. 然而，要使逆命题成立则还须对流形 M 提出一定要求(略). 平凡流形$\mathbb{R}^n$ 满足这一要求，而流形一定局域平凡，所以对任意流形 M 而言，闭的 l 形式场至少是局域恰当的. 就是说，设ω是流形 M 上的闭的 l 形式场，则 M 的任一点 p 必有邻域 N，在 N 上存在 $l-1$ 形式场 μ 使 $\omega = \mathrm{d}\mu$.

推论 5-1-6 当 $M = \mathbb{R}^2$ 时，定理 5-1-5 及其逆定理给出普通微积分的下述命题：给定函数 $X(x, y)$及 $Y(x, y)$，存在函数 $f(x, y)$使 df = Xdx + Ydy 的充要条件是 $\partial X/\partial y = \partial Y/\partial x$.

证明 由定理 5-1-4 可知 1 形式场 Xdx + Ydy 的外微分为

$$\mathrm{d}(X\mathrm{d}x + Y\mathrm{d}y) = \mathrm{d}X \wedge \mathrm{d}x + \mathrm{d}Y \wedge \mathrm{d}y = \left(\frac{\partial X}{\partial x}\mathrm{d}x + \frac{\partial X}{\partial y}\mathrm{d}y\right) \wedge \mathrm{d}x + \left(\frac{\partial Y}{\partial x}\mathrm{d}x + \frac{\partial Y}{\partial y}\mathrm{d}y\right) \wedge \mathrm{d}y$$

$$= \frac{\partial X}{\partial y}\mathrm{d}y \wedge \mathrm{d}x + \frac{\partial Y}{\partial x}\mathrm{d}x \wedge \mathrm{d}y = \left(\frac{\partial Y}{\partial x} - \frac{\partial X}{\partial y}\right)\mathrm{d}x \wedge \mathrm{d}y. \tag{5-1-13}$$

(A) 若存在函数 f 使 1 形式等式 df = Xdx + Ydy 成立，则由式(5-1-13)得

$$\left(\frac{\partial Y}{\partial x}-\frac{\partial X}{\partial y}\right)\mathrm{d}x\wedge\mathrm{d}y=\mathrm{d}\mathrm{d}f=0\ ,$$

故$\partial X/\partial y=\partial Y/\partial x$.

(B) 若$\partial X/\partial y=\partial Y/\partial x$，则由式(5-1-13)得 $\mathrm{d}(X\mathrm{d}x+Y\mathrm{d}y)=0$，即 1 形式场 $X\mathrm{d}x+Y\mathrm{d}y$ 为闭，于是 $X\mathrm{d}x+Y\mathrm{d}y$ 为恰当，即存在函数f 使 $X\mathrm{d}x+Y\mathrm{d}y=\mathrm{d}f$. □

[选读 5-1-2]

所谓某性质在流形 M 上局域成立，是指$\forall p\in M\ \exists\ p$ 的邻域 N 使该性质在 N 上成立. 重要的是$\forall p\in M$ 都有这样的 N，可见“局域成立”不是只在某个局域成立而在他处不成立.“局域”一词的要害是强调在全流形 M 上(整体地)未必成立. 兹举 3 例以助理解.

1. 常听说“任何流形 M 局域看来都像$\mathbb{R}^n$”，其准确含义就是：M 的任一点 p 都有坐标邻域 O 使得存在同胚 (后又升格为微分同胚) 映射$\psi: O\to\psi[O]\subset\mathbb{R}^n$，可见 O 与$\psi[O]$“像得不能再像”. 总可选 O 使$\psi[O]$同胚于$\mathbb{R}^n$，故 M 局域看来像$\mathbb{R}^n$. 但 M 整体看来未必像$\mathbb{R}^n$，即未必存在从 M 到$\mathbb{R}^n$ 的微分同胚映射.

2. “闭的 l 形式场ω是局域恰当的”是指$\forall p\in M\ \exists\ p$ 的邻域 N，N 上有 $l-1$ 形式场μ使$\omega=\mathrm{d}\mu$. 但 M 上未必存在一个统一的 $l-1$ 形式场μ满足$\omega=\mathrm{d}\mu$.

3. “莫比乌斯带(见图 5-3)局域像 C^2 (柱面)”是指$\forall p\in M\ \exists\ p$ 的开邻域 N 使 N 与 C^2 的一个开子集微分同胚. 但不存在从整条莫比乌斯带到 C^2 的微分同胚映射.

以上 3 例涉及的性质都只局域地成立. 可见分清局域性质与整体性质的重要性.

[选读 5-1-2 完]

§5.2　流形上的积分

先以 3 维欧氏空间$(\mathbb{R}^3,\delta_{ab})$为例. 设$\vec{v}$ 为矢量场，L 为光滑曲线，S 为光滑曲面. 在指定 L 的方向(图 5-1 中箭头)和 S 的法向(图 5-2 中的箭头$\vec{n}$)之前，积分 $\int_L\vec{v}\cdot\mathrm{d}\vec{l}$ 和$\iint_S\vec{v}\cdot\mathrm{d}\vec{S}$ 都只唯一确定到差一个负号的程度. 要完全确定这两个积分就要指定 L 的方向和 S 的法向. 推而广之，计算任意流形上的积分之前应指定该流形的“定向”. 然而并非所有流形都是可定向的.

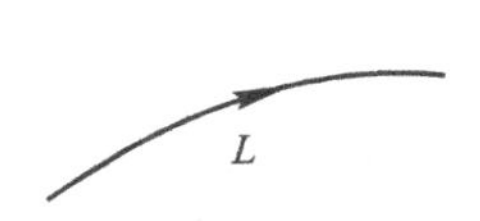

图 5-1 欧氏空间的曲线. 箭头为指定积分方向

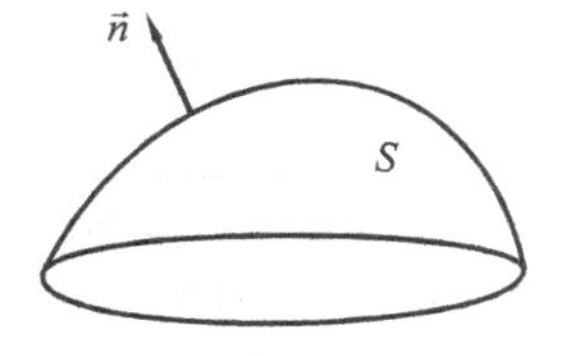

图 5-2　欧氏空间的曲面. $\vec{n}$ 是指定法向

定义1　n 维流形称为**可定向的**(orientable)，若其上存在 C^0 且处处非零的 n 形式场 ε.

例 1　$\mathbb{R}^3$ 是可定向流形，因为其上存在 C^∞ 的 3 形式场 $\varepsilon \equiv dx \wedge dy \wedge dz$，其中 x，y，z 为自然坐标.

例 2　莫比乌斯带(Mobius strip)是不可定向流形(图 5-3).

图 5-3　莫比乌斯带(不可定向流形一例)

定义 2　若在 n 维可定向流形 M 上选定一个 C^0 且处处非零的 n 形式场 ε，就说 M 是**定向的**("已经定向"之意). 设 ε_1 和 ε_2 是两个 C^0 且处处非零的 n 形式场，若存在处处为正的函数 h 使 $\varepsilon_1 = h\varepsilon_2$，就说 ε_1 和 ε_2 给出 M 的同一个**定向**.

注 1　从给出 M 的定向这个角度看，满足 $\varepsilon_1 = h\varepsilon_2$ $(h>0)$ 的 ε_1 和 ε_2 是等价的. 由于 n 维流形 M 上每点的全体 n 形式的集合是 1 维矢量空间[见式(5-1-4)]，任意两个 n 形式场 ε_1 和 ε_2 必有关系 $\varepsilon_1 = h\varepsilon_2$，其中 h 是 M 上的函数. 若 ε_1 和 ε_2 处处非零，则 h 处处非零；若 ε_1 和 ε_2 为 C^0 的，则 h 为 C^0 的. 对连通流形①来说(我们只讨论连通流形)，一个处处非零的连续函数只能处处为正或处处为负. 可见连通流形只能有两种定向.

定义 3　M 上选好以 ε 为代表的定向后，开域 $O \subset M$ 上的基底场 $\{(e_\mu)^a\}$ 叫做以 ε 衡量为**右手的**(right handed)，若 O 上存在处处为正的函数 h 使 $\varepsilon = h(e^1)_{a_1} \wedge \cdots \wedge (e^n)_{a_n}$，其中 $\{(e^\mu)_a\}$ 是 $\{(e_\mu)^a\}$ 的对偶基(否则称为**左手的**). 一个坐标系叫**右(左)手系**，若其坐标基底是右(左)手的.

下面介绍 n 维定向流形 M 上的 n 形式场 ω 的积分. ω 可用对偶坐标基矢的楔形积 $dx^1 \wedge \cdots \wedge dx^n$ 展开为[见式(5-1-10′)]

$$\omega = \omega_{1\cdots n}(x^1, \cdots, x^n)\, dx^1 \wedge \cdots \wedge dx^n\,, \tag{5-2-1}$$

---

①　拓扑空间 $(X, \mathscr{T})$ 称为**连通的**，若它只有两个既开又闭的子集(§1.2定义7)；称为**弧连通的**(arcwise connected)，若 X 的任意两点可被一条在 X 中的连续曲线连接. 流形称为**连通的(或弧连通的)**，若其底拓扑空间是连通的(或弧连通的). 对拓扑空间，弧连通必定连通，但连通不一定弧连通(存在"擦边性"反例). 对流形，弧连通与连通等价[见 Abraham and Marsden(1967)命题 A7.8].

可见每一 n 形式场 ω 在坐标域上给出一个 n 元函数 $\omega_{1\cdots n}(x^1,\cdots,x^n)$，我们就把这个 n 元函数的普通 n 重积分称为 n 形式场 ω 的积分，准确定义如下：

定义 4　设 (O,ψ) 是 n 维定向流形 M 上的右手坐标系，ω 是开子集 $G\subset O$ 上的连续 n 形式场，则 ω 在 G 上的**积分**(integral)定义为

$$\int_G \omega := \int_{\psi[G]} \omega_{1\cdots n}(x^1,\cdots,\ x^n)\ \mathrm{d}x^1\cdots\mathrm{d}x^n. \tag{5-2-2}$$

上式右边是 n 元函数 $\omega_{1\cdots n}(x^1,\cdots,\ x^n)$ 在 $\mathbb{R}^n$ 的开子集 $\psi[G]$ 上的普通积分，[①] 早已有定义.

注 2

(1) 为说明定义 4 的合理性，还应证明 ω 在 G 上的积分与所选右手坐标系无关. 仅以 $n=2$ 为例证明如下，对一般情况的推广由读者完成.

设 (O,ψ) 和 $(O',\ \psi')$ 为右手坐标系，满足 $G\subset O\cap O'$，两系坐标分别记作 x^1，x^2 和 x'^1，x'^2，则

$$\omega=\omega_{12}\,\mathrm{d}x^1\wedge\mathrm{d}x^2=\omega'_{12}\mathrm{d}x'^1\wedge\mathrm{d}x'^2 .$$

令 $\int_G\omega\equiv\int_{\psi[G]}\omega_{12}\,\mathrm{d}x^1\mathrm{d}x^2$，$(\int_G\omega)'\equiv\int_{\psi'[G]}\omega'_{12}\,\mathrm{d}x'^1\mathrm{d}x'^2$，欲证

$$(\int_G\omega)'=\int_G\omega . \tag{5-2-3}$$

由张量变换律知 $\omega'_{12}=\dfrac{\partial x^1}{\partial x'^1}\dfrac{\partial x^2}{\partial x'^2}\omega_{12}+\dfrac{\partial x^2}{\partial x'^1}\dfrac{\partial x^1}{\partial x'^2}\omega_{21}=\omega_{12}\det\left(\dfrac{\partial x^\mu}{\partial x'^\nu}\right)$，其中

$$\det\left(\frac{\partial x^\mu}{\partial x'^\nu}\right)\equiv\begin{vmatrix}\dfrac{\partial x^1}{\partial x'^1} & \dfrac{\partial x^1}{\partial x'^2}\\[2ex] \dfrac{\partial x^2}{\partial x'^1} & \dfrac{\partial x^2}{\partial x'^2}\end{vmatrix}$$

是这个坐标变换的雅可比行列式. 根据多元微积分学的熟知法则，

$$\int_{\psi[G]}\omega_{12}\mathrm{d}x^1\mathrm{d}x^2=\int_{\psi'[G]}\omega_{12}\det(\partial x^\mu/\partial x'^\nu)\ \mathrm{d}x'^1\mathrm{d}x'^2=\int_{\psi'[G]}\omega'_{12}\mathrm{d}x'^1\mathrm{d}x'^2\ , \tag{5-2-4}$$

故式(5-2-3)得证.

然而，如果 $\{x^\mu\}$ 和 $\{x'^\mu\}$ 分别是右、左手系，则 $\det(\partial x^\mu/\partial x'^\nu)<0$，由多元微积分可知式(5-2-4)的第一个等号右边的 $\det(\partial x^\mu/\partial x'^\nu)$ 应改为 $|\det(\partial x^\mu/\partial x'^\nu)|=-\det(\partial x^\mu/\partial x'^\nu)$，故式(5-2-4)变为

$$\int_{\psi[G]}\omega_{12}\mathrm{d}x^1\mathrm{d}x^2=-\int_{\psi'[G]}\omega_{12}\det(\partial x^\mu/\partial x'^\nu)\ \mathrm{d}x'^1\mathrm{d}x'^2=-\int_{\psi'[G]}\omega'_{12}\mathrm{d}x'^1\mathrm{d}x'^2 . \tag{5-2-5}$$

---

① 指 Riemann 或 Lebesgue 积分.

因此，为了定义出同一积分，当$\{x^\mu\}$是左手系时应把$\int_G \omega$定义为

$$\int_G \omega := -\int_{\psi[G]} \omega_{1\cdots n}(x^1,\cdots,x^n)\ \mathrm{d}x^1\cdots \mathrm{d}x^n . \tag{5-2-6}$$

(2) 一个坐标系是右手系还是左手系取决于流形所选的定向，故由式(5-2-2)和(5-2-6)定义的$\int_G \omega$是依赖于由ε所给出的定向的，定向改变后积分变号.

(3) 定义 4 只定义了ω在坐标域内开子集G上的积分. ω在全流形M上的积分$\int_M \omega$可由局部积分"缝合"而成,其定义涉及"单位分解",从略[可参见 Wald(1984)].

设S, M是流形，维数分别是l和$n(>l)$，$\phi: S\to M$是嵌入(见§4.4). 因为$\phi[S]$是l维子流形，当然可谈及其上的l形式场μ的积分(定义 4 适用). 然而，"$\phi[S]$嵌入在M内"的事实导致"$\phi[S]$上的l形式场"具有两种可能含义. 正如"$\phi[S]$上的矢量场"有切于和不切于$\phi[S]$之分那样,"$\phi[S]$上的l形式场"也可分为"切于"和不"切于"$\phi[S]$两种. 准确地说，$\phi[S]$上的l形式场μ称为"切于"$\phi[S]$的，如果$\forall q\in\phi[S]$，$\mu|_q$是W_q(而非V_q)上的l形式(能把W_q的任意l个元素变为一个实数的线性映射). "$\phi[S]$上的l形式场"既可能是"切于"$\phi[S]$的，也可能不是"切于"$\phi[S]$的. 因为谈及l形式场在$\phi[S]$上的积分时是把$\phi[S]$作为独立流形看待的(不顾及它"外面"的情况)，所以只有"切于"$\phi[S]$的l形式场μ的积分才有意义. 不过，既然$\phi[S]$上的、不"切于"$\phi[S]$的l形式场μ是能把每点$q\in\phi[S]$的V_q(而不只是W_q)的任意l个元素变为一个实数的线性映射，而W_q无非是V_q的子空间，只要把μ的作用范围限制在W_q便得到一个"切于"$\phi[S]$的l形式场，我们把它记作$\tilde{\mu}$，并称之为**μ的限制**. 准确说来有如下定义：

定义 5 设$\mu_{a_1\cdots a_l}$是l维子流形$\phi[S]\subset M$上的l形式场. $\phi[S]$(看作脱离M而独立存在的流形)上的l形式场$\tilde{\mu}_{a_1\cdots a_l}$称为$\mu_{a_1\cdots a_l}$在$\phi[S]$上的**限制**(restriction)，若

$$\tilde{\mu}_{a_1\cdots a_l}|_q (w_1)^{a_1}\cdots(w_l)^{a_l} = \mu_{a_1\cdots a_l}|_q (w_1)^{a_1}\cdots(w_l)^{a_l},$$

$$\forall\, q\in\phi[S],\quad (w_1)^a,\cdots,(w_l)^a\in W_q . \tag{5-2-7}$$

今后凡谈及l形式场μ在l维子流形$\phi[S]$上的积分时,一律理解为μ的限制$\tilde{\mu}$的积分，即总把$\int_{\phi[S]}\mu$理解为$\int_{\phi[S]}\tilde{\mu}$.

§5.3 Stokes 定理

3 维欧氏空间的 Stokes 定理

$$\iint_S (\vec{\nabla}\times\vec{A})\cdot \mathrm{d}\vec{S} = \oint_L \vec{A}\cdot \mathrm{d}\vec{l}$$

和 Gauss 定理

$$\iiint_V (\vec{\nabla}\cdot\vec{A})\,\mathrm{d}V = \oiint_S \vec{A}\cdot\vec{n}\,\mathrm{d}S$$

的共性是反映区域上的积分和它的边界上的积分的联系．在介绍一般的 Stokes 定理前，先引入“带边流形”的概念．n 维带边流形的最简单例子是

$$\mathbb{R}^{n-} := \{(x^1,\cdots,x^n)\in\mathbb{R}^n \,|\, x^1 \leqslant 0\},$$

其中 $x^1,\cdots,x^n$ 是自然坐标，由 $x^1=0$ 的所有点组成的子集叫 $\mathbb{R}^{n-}$ 的边界，它本身是个 $n-1$ 维流形(其实就是 $\mathbb{R}^{n-1}$)．推广至一般情况，n **维带边流形**(manifold with boundary) N 与 n 维流形定义相仿，只是把该定义中的 $\mathbb{R}^n$ 改为 $\mathbb{R}^{n-}$，即 N 的开覆盖 $\{O_\alpha\}$ 的每一元素 O_α 都应同胚于 $\mathbb{R}^{n-}$ 的一个开子集，N 中全体被映到 $x^1=0$ 处的点(例如图 5-4 的 p)组成 N 的**边界**，记作 ∂N．请注意 ∂N 是 $n-1$ 维流形；$\mathrm{i}(N)\equiv N-\partial N$ 是 n 维流形．例如，$\mathbb{R}^3$ 中的实心球体 B 是 3 维带边流形，其边界(2 维球面 S^2)是 2 维流形，i(B)则是 3 维流形．

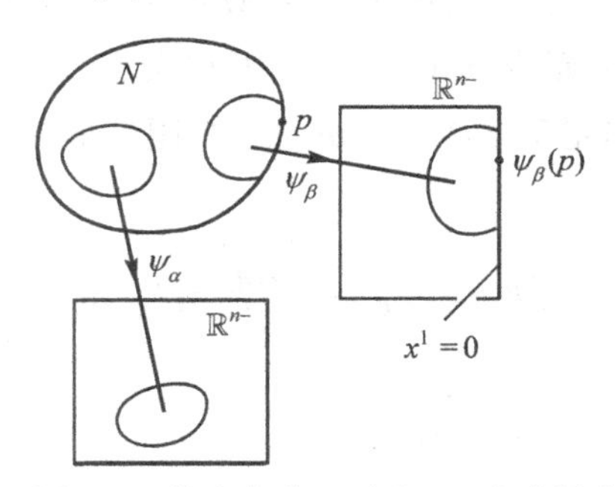

图 5-4　带边流形 N 示意，p 为边界点

定理 5-3-1(Stokes 定理)　设 n 维定向流形 M 的紧致子集 N 是个 n 维带边流形，$\boldsymbol{\omega}$ 是 M 上的 $n-1$ 形式场(可微性至少为 C^1)，则

$$\int_{\mathrm{i}(N)} \mathrm{d}\boldsymbol{\omega} = \int_{\partial N} \boldsymbol{\omega}. \tag{5-3-1}$$

证明　见微分几何教材．　□

注 1　把 M 的定向 $\boldsymbol{\varepsilon}$ 限制在 N 上便得到 N 的定向，仍记作 $\boldsymbol{\varepsilon}$，它在 N 的边界 ∂N (M 中的超曲面)上自然诱导出一个定向，记作 $\bar{\boldsymbol{\varepsilon}}$，是 $\bar{\varepsilon}_{a_1\cdots a_{n-1}}$ 的简写．仅以 $\mathbb{R}^{2-}$ 为例介绍，这时 $M=\mathbb{R}^2$，$N=\mathbb{R}^{2-}$，$\partial N=\{(x^1,x^2)\,|\,x^1=0\}$．设 $\mathbb{R}^2$ (因而 $\mathbb{R}^{2-}$)的定向为 $\varepsilon_{ab}=(\mathrm{d}x^1)_a\wedge(\mathrm{d}x^2)_b$，则 $\{x^1,x^2\}$ 以 ε_{ab} 衡量为右手系．因 $x^1|_{\partial N}=0$，把 x^1 开除后所得的 $\{x^2\}$ 便是 ∂N 的一个坐标系．我们这样定义 ∂N 的诱导定向 $\bar{\varepsilon}_a$，使坐标系 $\{x^2\}$ 以 $\bar{\varepsilon}_a$ 衡量为右手系．选 $\bar{\varepsilon}_a=(\mathrm{d}x^2)_a$ 便可满足这一要求．诱导定向的这个基本要求可以推广到任意带边流形 N [详见 Wald(1984)P.431]．式(5-3-1)左边是 n 形

式场 $\mathrm{d}\boldsymbol{\omega}$ 在 n 维流形 $\mathrm{i}(N)$ (以 $\boldsymbol{\varepsilon}$ 为定向)上的积分，右边是 $n-1$ 形式场 $\boldsymbol{\omega}$ 在 $n-1$ 维流形 ∂N (以 $\bar{\boldsymbol{\varepsilon}}$ 为定向)上的积分.

例 1　设 $\vec{A}$ 是 2 维欧氏空间的矢量场，L 是 $\mathbb{R}^2$ 中的光滑闭合曲线，S 是由 L 包围的开子集(见图 5-5)，x^1，x^2 为笛卡儿坐标，则熟知的 2 维欧氏空间 Stokes 定理(又称 Green 定理)为

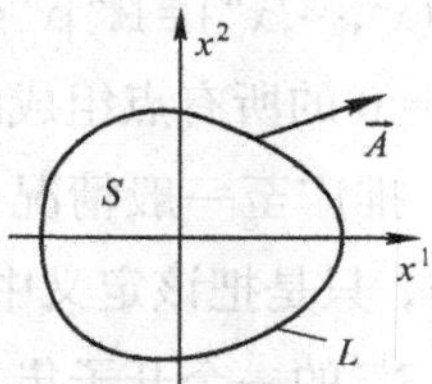

图 5-5　2 维欧氏空间的 Stokes 定理

$$\iint_S (\partial A_2/\partial x^1 - \partial A_1/\partial x^2)\mathrm{d}x^1\mathrm{d}x^2 = \oint_L A_l \mathrm{d}l. \tag{5-3-2}$$

现在说明上式是定理 5-3-1 的特例. 令 $M=\mathbb{R}^2$，则 $S\cup L$ 可充当定理 5-3-1 的 N，其中 S 和 L 分别充当 $\mathrm{i}(N)$和 ∂N . 用欧氏度规 δ_{ab} 把 A^a 变为 1 形式场 $A_a \equiv \delta_{ab}A^b$，则 A_a 可充当定理 5-3-1 的 $\boldsymbol{\omega}$. 把 A_a 用笛卡儿系对偶坐标基矢展开：$\boldsymbol{\omega}=A_a=A_\mu(\mathrm{d}x^\mu)_a$，则

$$\mathrm{d}\boldsymbol{\omega}=\mathrm{d}A_\mu\wedge\mathrm{d}x^\mu=\frac{\partial A_\mu}{\partial x^\nu}\mathrm{d}x^\nu\wedge\mathrm{d}x^\mu=\frac{\partial A_1}{\partial x^2}\mathrm{d}x^2\wedge\mathrm{d}x^1+\frac{\partial A_2}{\partial x^1}\mathrm{d}x^1\wedge\mathrm{d}x^2$$

$$=\left(\frac{\partial A_2}{\partial x^1}-\frac{\partial A_1}{\partial x^2}\right)\mathrm{d}x^1\wedge\mathrm{d}x^2,$$

所以式(5-3-2)左边可表为 $\int_{\mathrm{i}(N)}\mathrm{d}\boldsymbol{\omega}$,即是式(5-3-1)左边的特例. 另一方面,式(5-3-1)右边为 $\int_{\partial N}\boldsymbol{\omega}=\int_{\partial N}\tilde{\boldsymbol{\omega}}$. 选线长 l 为 L 的局部坐标，按式(5-2-1)把 $\tilde{\boldsymbol{\omega}}$ 用坐标基矢展为 $\tilde{\omega}_a=\tilde{\omega}_1(l)(\mathrm{d}l)_a$，两边与 $(\partial/\partial l)^a$ 缩并得

$$\tilde{\omega}_1(l)=\tilde{\omega}_a(\partial/\partial l)^a=\omega_a(\partial/\partial l)^a=A_a(\partial/\partial l)^a=A_l,$$

故 $\tilde{\boldsymbol{\omega}}=A_l\mathrm{d}l$，于是式(5-3-2)右边可写为

$$\oint_L A_l\mathrm{d}l=\int_{\partial N}\boldsymbol{\omega}. \tag{5-3-3}$$

可见式(5-3-2)是式(5-3-1)的特例.

[选读 5-3-1]

式(5-3-3)的推导中有一点要讲清楚. $\int_L\tilde{\boldsymbol{\omega}}$ 的积分域是闭合曲线 L，这是个 1 维非平凡流形，至少要用两个坐标域覆盖，因此应先对每个坐标域做局部积分再“缝合”. 幸好现在可做简单处理：设 L' 是 L 挖去一点所得流形，则它可用一个

坐标域覆盖，但挖去一点不影响积分值，故推导成立.　　**[选读 5-3-1 完]**

以上介绍了微分形式在流形上的积分及有关定理. 为了讲解函数在流形上的积分，§5.4 先介绍体元的概念.

§5.4　体　　元

定义 1　n 维可定向流形 M 上的任一个 C^0 而且处处非零的 n 形式场 $\boldsymbol{\varepsilon}$ 称为一个**体元**(volume element).

注 1　体元与定向的区别在于：若 $\boldsymbol{\varepsilon}_1$ 和 $\boldsymbol{\varepsilon}_2$ 是两个 C^0 且处处非零的 n 形式场，而且有处处为正的函数 h 使 $\boldsymbol{\varepsilon}_1 = h\boldsymbol{\varepsilon}_2$，则 $\boldsymbol{\varepsilon}_1$ 和 $\boldsymbol{\varepsilon}_2$ 代表同一定向，但只要 $\boldsymbol{\varepsilon}_1 \neq \boldsymbol{\varepsilon}_2$，它们就是两个不同体元. 对可定向连通流形，定向只有两个，而体元却有无限多个. 谈及定向流形上的积分和体元时不要求流形上选定度规场，这时体元的选择十分任意(只有一个要求，就是体元与定向相容，即代表体元的 $\boldsymbol{\varepsilon}$ 与代表定向的 $\boldsymbol{\varepsilon}$ 之间的乘子为正.)，没有一个与众不同的体元. 然而，如果流形上给定了度规场 g_{ab}，便存在选择特定体元的自然方法.

先考虑带度规 g_{ab} 的 2 维定向流形. 设 $\varepsilon_{a_1a_2}$ 为任一体元，则 $\varepsilon^{a_1a_2} \equiv g^{a_1b_1} g^{a_2b_2}\varepsilon_{b_1b_2}$ 有意义，且 $\varepsilon^{a_1a_2}\varepsilon_{a_1a_2}$ 是标量场，可借任一基底计算. 我们用正交归一基底. 若 g_{ab} 为正定度规，则

$$\varepsilon^{a_1a_2}\varepsilon_{a_1a_2} = \delta^{\mu_1\nu_1}\delta^{\mu_2\nu_2}\varepsilon_{\nu_1\nu_2}\varepsilon_{\mu_1\mu_2} = \delta^{11}\delta^{22}\varepsilon_{12}\varepsilon_{12} + \delta^{22}\delta^{11}\varepsilon_{21}\varepsilon_{21} = 2(\varepsilon_{12})^2 .$$

若 g_{ab} 为洛伦兹度规，则

$$\varepsilon^{a_1a_2}\varepsilon_{a_1a_2} = \eta^{11}\eta^{22}\varepsilon_{12}\varepsilon_{12} + \eta^{22}\eta^{11}\varepsilon_{21}\varepsilon_{21} = -2(\varepsilon_{12})^2 .$$

推广至带任意度规 g_{ab} 的 n 维流形有

$$\varepsilon^{a_1\cdots a_n}\varepsilon_{a_1\cdots a_n} = (-1)^s n!(\varepsilon_{1\cdots n})^2 ,$$

其中 $\varepsilon_{1\cdots n}$ 是 $\varepsilon_{a_1\cdots a_n}$ 在正交归一基底的分量，s 是 g_{ab} 在正交归一基底的分量中-1 的个数，例如正定度规有 $s = 0$，洛伦兹度规有 $s = 1$. 所谓借用度规选择一个特定的体元，是指规定体元 $\varepsilon_{a_1\cdots a_n}$ 在正交归一基 $\{(e^\mu)_a\}$ 的分量满足如下的简单性要求：

$$\varepsilon_{1\cdots n} = \pm 1 , \tag{5-4-1}$$

即

$$\varepsilon_{a_1\cdots a_n} = \pm(e^1)_{a_1} \wedge \cdots \wedge (e^n)_{a_n} \quad (\text{对正交归一基}), \tag{5-4-2}$$

这相当于要求

$$\varepsilon^{a_1\cdots a_n}\varepsilon_{a_1\cdots a_n} = (-1)^s n! . \tag{5-4-3}$$

满足上式的 $\varepsilon_{a_1\cdots a_n}$ 称为**与度规 g_{ab} 相适配(相容)的体元**. 上式只把体元确定到差一

个负号的程度，加上“体元与定向相容”的要求才确定唯一的体元. 于是式(5-4-2)右边的 + 和 − 号分别对应于右手和左手正交归一基.

小结 涉及积分时，我们只关心可定向流形 M. 首先选好一个定向使 M 成为定向流形. 任一基底的右(左)手性由所选定向规定. 没有度规场 g_{ab} (或其他可资利用的几何结构)时，体元相当任意，但要求与定向相容. 指定 g_{ab} 后，体元 $\varepsilon_{a_1\cdots a_n}$ 由 g_{ab} 以及“体元与定向相容”的要求唯一确定，简称**适配体元**. 今后如无特别声明，在有度规时提到体元都指这个唯一的适配体元.

在 3 维欧氏空间 $(\mathbb{R}^3, \delta_{ab})$ 中任取一个符合直观含义的右手笛卡儿系 $\{x, y, z\}$ 并用 3 形式场 $\boldsymbol{\varepsilon}=\mathrm{d}x\wedge\mathrm{d}y\wedge\mathrm{d}z$ 来指定定向，则 $\{x, y, z\}$ 按§5.2 定义 3 就是以 $\boldsymbol{\varepsilon}$ 衡量的右手系. 把 $\boldsymbol{\varepsilon}=\mathrm{d}x\wedge\mathrm{d}y\wedge\mathrm{d}z$ 与式(5-4-2)对比可知 $\boldsymbol{\varepsilon}$ 是适配体元. 设 G 是 $\mathbb{R}^3$ 的开子集且普通积分 $\iiint_G \mathrm{d}x\,\mathrm{d}y\,\mathrm{d}z$ 存在，则此积分自然代表 G 的体积(按普通微积分学的体积定义). 另一方面，由§5.2 定义 4 可知 3 形式场 $\boldsymbol{\varepsilon}$ 在 $G\subset\mathbb{R}^3$ 上的积分 $\int_G\boldsymbol{\varepsilon}$ 正是 $\iiint_G \mathrm{d}x\,\mathrm{d}y\,\mathrm{d}z$，可见 $\int_G\boldsymbol{\varepsilon}$ 就是 G 的体积. 推广至任意带正定度规 g_{ab} 的定向流形 N，设 $\boldsymbol{\varepsilon}$ 为适配体元，若 $\int_N\boldsymbol{\varepsilon}$ 存在，就称它为 N 的(用 g_{ab} 衡量的)**体积**(对 1, 2 维流形又分别叫**长度**和**面积**). 这可看作把 $\boldsymbol{\varepsilon}$ 称为体元的由来.

定理 5-4-1 设 $\boldsymbol{\varepsilon}$ 为适配体元，$\{(e_\mu)^a\}$ 及 $\{(e^\mu)_a\}$ 为基底及其对偶基底，g 为 g_{ab} 在此基底的分量组成的行列式，$|g|$ 为 g 的绝对值，则(式中+、−号分别适用于右手和左手基底)

$$\varepsilon_{a_1\cdots a_n}=\pm\sqrt{|g|}(e^1)_{a_1}\wedge\cdots\wedge(e^n)_{a_n}\,. \tag{5-4-4}$$

证明[选读] 由式(5-4-3)知 $\boldsymbol{\varepsilon}$ 及 g_{ab} 在所给基底的分量满足

$$(-1)^s n!=\varepsilon^{\mu_1\cdots\mu_n}\varepsilon_{\mu_1\cdots\mu_n}=g^{\mu_1\nu_1}\cdots g^{\mu_n\nu_n}\varepsilon_{\nu_1\cdots\nu_n}\varepsilon_{\mu_1\cdots\mu_n}\,. \tag{5-4-5}$$

上式右边应理解为对 $\mu_1,\cdots,\mu_n$ 及 $\nu_1,\cdots,\nu_n$ 中的每一个都从 1 到 n 求和. 考虑到 $\varepsilon_{\nu_1\cdots\nu_n}$ 和 $\varepsilon_{\mu_1\cdots\mu_n}$ 的全反称性，上述求和简化为对排列的求和. 准确地说，以 $\sum\limits_{\pi(\nu_1\cdots\nu_n)}$ 代表对 1, 2, ⋯, n 的所有排列求和，则

$$\begin{aligned}\text{式(5-4-5)右边}&=\sum_{\pi(\mu_1\cdots\mu_n)}\ \sum_{\pi(\nu_1\cdots\nu_n)} g^{\mu_1\nu_1}\cdots g^{\mu_n\nu_n}\varepsilon_{\nu_1\cdots\nu_n}\varepsilon_{\mu_1\cdots\mu_n}\\&=\sum_{\pi(\mu_1\cdots\mu_n)} g^{\mu_1 1}g^{\mu_2 2}g^{\mu_3 3}\cdots g^{\mu_n n}\varepsilon_{123\cdots n}\varepsilon_{\mu_1\cdots\mu_n}\\&\quad+\sum_{\pi(\mu_1\cdots\mu_n)} g^{\mu_1 2}g^{\mu_2 1}g^{\mu_3 3}\cdots g^{\mu_n n}\varepsilon_{213\cdots n}\varepsilon_{\mu_1\cdots\mu_n}+\cdots.\end{aligned} \tag{5-4-5′}$$

上式右边共有 $n!$ 项. 以 $\hat{\varepsilon}_{\mu_1\cdots\mu_n}$ 代表 Levi-Civita 记号，即

$$\hat{\varepsilon}_{\mu_1\cdots\mu_n} \equiv \begin{cases} +1, & (\text{当}\mu_1\cdots\mu_n\text{是}1,2,\cdots,n\text{的一个偶排列}), \\ -1, & (\text{当}\mu_1\cdots\mu_n\text{是}1,2,\cdots,n\text{的一个奇排列}), \\ 0, & (\text{当}\mu_1,\cdots,\mu_n\text{中有两个相等}), \end{cases}$$

有 $\varepsilon_{\mu_1\cdots\mu_n} = \varepsilon_{123\cdots n}\hat{\varepsilon}_{\mu_1\cdots\mu_n}$. 再把 $\sum\limits_{\pi(\mu_1\cdots\mu_n)}$ 简记为 $\sum\limits_{\pi}$ ，则

式(5-4-5′)右边第一项

$$=(\varepsilon_{123\cdots n})^2\sum_{\pi} g^{\mu_1 1}g^{\mu_2 2}g^{\mu_3 3}\cdots g^{\mu_n n}\hat{\varepsilon}_{\mu_1\mu_2\mu_3\cdots\mu_n} = (\varepsilon_{1\cdots n})^2\det(g^{\mu\nu}),$$

其中 $\det(g^{\mu\nu})$ 代表矩阵($g^{\mu\nu}$)的行列式(最末一步用到行列式的定义). 而

式(5-4-5′)右边第二项

$$\begin{aligned}
&= -\sum_{\pi} g^{\mu_1 2}g^{\mu_2 1}g^{\mu_3 3}\cdots g^{\mu_n n}\varepsilon_{123\cdots n}\varepsilon_{\mu_1\mu_2\mu_3\cdots\mu_n} \\
&= -(\varepsilon_{123\cdots n})^2\sum_{\pi} g^{\mu_1 2}g^{\mu_2 1}g^{\mu_3 3}\cdots g^{\mu_n n}\hat{\varepsilon}_{\mu_1\mu_2\mu_3\cdots\mu_n} \\
&= -(\varepsilon_{1\cdots n})^2\sum_{\pi} g^{\mu_2 2}g^{\mu_1 1}g^{\mu_3 3}\cdots g^{\mu_n n}\hat{\varepsilon}_{\mu_2\mu_1\mu_3\cdots\mu_n} \\
&= (\varepsilon_{1\cdots n})^2\sum_{\pi} g^{\mu_1 1}g^{\mu_2 2}g^{\mu_3 3}\cdots g^{\mu_n n}\hat{\varepsilon}_{\mu_1\mu_2\mu_3\cdots\mu_n} \\
&= (\varepsilon_{1\cdots n})^2\det(g^{\mu\nu}).
\end{aligned}$$

同理可证式(5-4-5′)右边每一项都等于 $(\varepsilon_{1\cdots n})^2\det(g^{\mu\nu})$. 注意到该式右边共有 $n!$ 项，代回式(5-4-5)便得 $(-1)^s n! = (n!)(\varepsilon_{1\cdots n})^2\det(g^{\mu\nu})$，或 $(-1)^s = (\varepsilon_{1\cdots n})^2\det(g^{\mu\nu})$. 矩阵 $(g_{\mu\nu})$ 与 $(g^{\mu\nu})$ 互逆导致 $\det(g^{\mu\nu}) = 1/\det(g_{\mu\nu}) \equiv 1/g$. 代入上式得

$$(-1)^s g = (\varepsilon_{1\cdots n})^2, \qquad \varepsilon_{1\cdots n} = \pm\sqrt{|g|},$$

故有式(5-4-4). □

注 2　对正交归一基底有 $|g| = 1$，故式(5-4-4)回到式(5-4-2).

定理 5-4-2　设 ∇_a 和 ε 分别是与度规相适配的导数算符和体元，则

$$\nabla_b \varepsilon_{a_1\cdots a_n} = 0. \tag{5-4-6}$$

证明　由 $\nabla_b g_{ac} = 0$ 及式(5-4-3)得 $\varepsilon^{a_1\cdots a_n}\nabla_b \varepsilon_{a_1\cdots a_n} = 0$，于是对任一矢量场 v^b 有

$$\varepsilon^{a_1\cdots a_n} v^b \nabla_b \varepsilon_{a_1\cdots a_n} = 0. \tag{5-4-7}$$

因 M 中任一点的 n 形式的集合是 1 维矢量空间，故该点的任意两个 n 形式只能差到一个乘子 h (对不同点 h 可不同)，因此 $v^b\nabla_b \varepsilon_{a_1\cdots a_n} = h\varepsilon_{a_1\cdots a_n}$. 代入式(5-4-7)便给出 $h = 0$，所以 $v^b\nabla_b \varepsilon_{a_1\cdots a_n} = 0$. 因 v^b 为任意矢量场，故 $\nabla_b \varepsilon_{a_1\cdots a_n} = 0$. □

下面要证明关于体元的两个十分有用的等式，为此先要证明下述引理.

引理 5-4-3 $\delta^{[a_1}{}_{a_1}\cdots\delta^{a_j}{}_{a_j}\delta^{a_{j+1}}{}_{b_{j+1}}\cdots\delta^{a_n]}{}_{b_n}=\dfrac{(n-j)!\,j!}{n!}\delta^{[a_{j+1}}{}_{b_{j+1}}\cdots\delta^{a_n]}{}_{b_n}$. (5-4-8)

证明[选读] 只给出主要步骤，每步的证明由读者自补. 先证

$$\delta^{[a_1}{}_{a_1}\delta^{a_2}{}_{b_2}\cdots\delta^{a_n]}{}_{b_n}=\frac{1}{n}\delta^{[a_2}{}_{b_2}\cdots\delta^{a_n]}{}_{b_n},$$

$$\delta^{[a_2}{}_{a_2}\delta^{a_3}{}_{b_3}\cdots\delta^{a_n]}{}_{b_n}=\frac{2}{n-1}\delta^{[a_3}{}_{b_3}\cdots\delta^{a_n]}{}_{b_n},$$

推广至一般为

$$\delta^{[a_j}{}_{a_j}\delta^{a_{j+1}}{}_{b_{j+1}}\cdots\delta^{a_n]}{}_{b_n}=\frac{j}{n-(j-1)}\delta^{[a_{j+1}}{}_{b_{j+1}}\cdots\delta^{a_n]}{}_{b_n}.$$

于是可证

$$\begin{aligned}\delta^{[a_1}{}_{a_1}\cdots\delta^{a_j}{}_{a_j}\delta^{a_{j+1}}{}_{b_{j+1}}\cdots\delta^{a_n]}{}_{b_n}&=\frac{1}{n}\frac{2}{n-1}\frac{3}{n-2}\cdots\frac{j}{n-j+1}\delta^{[a_{j+1}}{}_{b_{j+1}}\cdots\delta^{a_n]}{}_{b_n}\\&=\frac{(n-j)!\,j!}{n!}\delta^{[a_{j+1}}{}_{b_{j+1}}\cdots\delta^{a_n]}{}_{b_n}.\end{aligned}$$ □

定理 5-4-4 (a) $\varepsilon^{a_1\cdots a_n}\varepsilon_{b_1\cdots b_n}=(-1)^s n!\,\delta^{[a_1}{}_{b_1}\cdots\delta^{a_n]}{}_{b_n}$, (5-4-9)

(b) $\varepsilon^{a_1\cdots a_j a_{j+1}\cdots a_n}\varepsilon_{a_1\cdots a_j b_{j+1}\cdots b_n}=(-1)^s(n-j)!\,j!\,\delta^{[a_{j+1}}{}_{b_{j+1}}\cdots\delta^{a_n]}{}_{b_n}$. (5-4-10)

证明 $\varepsilon^{a_1\cdots a_n}\varepsilon_{b_1\cdots b_n}=\varepsilon^{[a_1\cdots a_n]}\varepsilon_{[b_1\cdots b_n]}$ 表明 $\varepsilon^{a_1\cdots a_n}\varepsilon_{b_1\cdots b_n}$ 对全部上标和全部下标都为反称. 不难证明这种(n, n)型张量的集合是 1 维矢量空间，而 $\delta^{[a_1}{}_{b_1}\cdots\delta^{a_n]}{}_{b_n}$ 属于这类张量(因为不难证明 $\delta^{[a_1}{}_{b_1}\cdots\delta^{a_n]}{}_{b_n}=\delta^{[a_1}{}_{[b_1}\cdots\delta^{a_n]}{}_{b_n]}$)，故任何这类张量与 $\delta^{[a_1}{}_{b_1}\cdots\delta^{a_n]}{}_{b_n}$ 只差一个乘子，从而 $\varepsilon^{a_1\cdots a_n}\varepsilon_{b_1\cdots b_n}=K\delta^{[a_1}{}_{b_1}\cdots\delta^{a_n]}{}_{b_n}$. 与 $\varepsilon_{a_1\cdots a_n}\varepsilon^{b_1\cdots b_n}$ 缩并，左边结果为 $(-1)^s n!(-1)^s n!$，右边结果为 $K\varepsilon_{b_1\cdots b_n}\varepsilon^{b_1\cdots b_n}=K(-1)^s n!$，于是 $K=(-1)^s n!$，故得式(5-4-9). 两边分别对前 j 个上、下指标缩并得

$$\begin{aligned}\varepsilon^{a_1\cdots a_j a_{j+1}\cdots a_n}\varepsilon_{a_1\cdots a_j b_{j+1}\cdots b_n}&=(-1)^s n!\,\delta^{[a_1}{}_{a_1}\cdots\delta^{a_j}{}_{a_j}\delta^{a_{j+1}}{}_{b_{j+1}}\cdots\delta^{a_n]}{}_{b_n}\\&=(-1)^s(n-j)!\,j!\,\delta^{[a_{j+1}}{}_{b_{j+1}}\cdots\delta^{a_n]}{}_{b_n}.\end{aligned}$$

(其中最末一步用到引理 5-4-3.) 可见式(5-4-10)成立. □

§5.5 函数在流形上的积分，Gauss 定理

定义 1 设 ε 为流形 M 上的任一体元，f 为 M 上的 C^0 函数，则 **f 在 M 上的积分**(记作 $\int_M f$)定义为 n 形式场 $f\varepsilon$ 在 M 上的积分，即

$$\int_M f := \int_M f\varepsilon. \tag{5-5-1}$$

由定义 1 知函数的积分与体元的选择有关. 只要流形上给定度规，我们约定总是用适配体元来定义函数的积分. 这样，在带度规的定向流形上，函数给定后其积分也就确定. 以 3 维欧氏空间 $(\mathbb{R}^3,\delta_{ab})$ 为例. 设 $\{x,y,z\}$ 为右手笛卡儿系，则 $\boldsymbol{\varepsilon}=\mathrm{d}x\wedge\mathrm{d}y\wedge\mathrm{d}z$ 是适配体元，于是 $(\mathbb{R}^3,\delta_{ab})$ 上的函数 $f:\mathbb{R}^3\to\mathbb{R}$ 的积分按定义为 $\int_{\mathbb{R}^3} f=\int_{\mathbb{R}^3} f\boldsymbol{\varepsilon}$，而右边无非是 3 形式场 $\boldsymbol{\omega}\equiv f\boldsymbol{\varepsilon}$ 的积分，按定义(§5.2 定义 4)，应把 $\boldsymbol{\omega}$ 用右手系对偶基表为式(5-2-1)的形式. 设 f 与笛卡儿系 $\{x,y,z\}$ 结合而得的 3 元函数为 $F(x,y,z)$，则

$$\boldsymbol{\omega}=F(x,y,z)\,\mathrm{d}x\wedge\mathrm{d}y\wedge\mathrm{d}z \quad [\text{此即式(5-2-1)在现在特例下的表现}],$$

故
$$\int f=\int f\boldsymbol{\varepsilon}=\int\boldsymbol{\omega}=\iiint F(x,y,z)\ \mathrm{d}x\ \mathrm{d}y\ \mathrm{d}z\,.$$

如果愿意，也可用(右手)球坐标系 $\{r,\theta,\varphi\}$ 计算. 由线元式 $\mathrm{d}s^2=\mathrm{d}r^2+r^2(\mathrm{d}\theta^2+\sin^2\theta\,\mathrm{d}\varphi^2)$ 可知 $g=r^4\sin^2\theta$，故由式(5-4-4)知 $\boldsymbol{\varepsilon}=r^2\sin\theta\ \mathrm{d}r\wedge\mathrm{d}\theta\wedge\mathrm{d}\varphi$，于是式(5-2-1)用于现在的情况就是 $\boldsymbol{\omega}\equiv f\boldsymbol{\varepsilon}=\hat{F}(r,\theta,\varphi)\,r^2\sin\theta\ \mathrm{d}r\wedge\mathrm{d}\theta\wedge\mathrm{d}\varphi$ [其中 $\hat{F}(r,\theta,\varphi)$ 是由 f 与 $\{r,\theta,\varphi\}$ 结合而得的 3 元函数]，故

$$\int f=\int f\,\boldsymbol{\varepsilon}=\int\boldsymbol{\omega}=\iiint\hat{F}(r,\theta,\varphi)\,r^2\sin\theta\ \mathrm{d}r\,\mathrm{d}\theta\ \mathrm{d}\varphi\,.$$

下面介绍一般形式的 Gauss 定理. 读者熟悉的 Gauss 定理是

$$\iiint_V(\vec{\nabla}\cdot\vec{A})\,\mathrm{d}V=\oiint_S\vec{A}\cdot\vec{n}\,\mathrm{d}S\,. \tag{5-5-2}$$

上式左右两边可分别形象地说成是“函数 $\vec{\nabla}\cdot\vec{A}$ 与体元 $\mathrm{d}V$ 的乘积的积分”和“函数 $\vec{A}\cdot\vec{n}$ 与面元(2 维体元) $\mathrm{d}S$ 的乘积的积分”. 下面分两步证明由 Stokes 定理[式(5-3-1)]可以导出一个公式，它把式(5-5-2)作为特例包括在内. 第一步是导出定理 5-5-1，其左边可看作式(5-5-2)左边的推广.

定理 5-5-1　设 M 是 n 维定向流形，N 是 M 中的 n 维紧致带边嵌入子流形，g_{ab} 是 M 上的度规，$\boldsymbol{\varepsilon}$ 和 ∇_a 分别是适配体元和适配导数算符，v^a 是 M 上的 C^1 矢量场，则

$$\int_{\mathrm{i}(N)}(\nabla_b v^b)\boldsymbol{\varepsilon}=\int_{\partial N}v^b\varepsilon_{ba_1\cdots a_{n-1}}\,. \tag{5-5-3}$$

注 1　上式左边可看作式(5-5-2)左边的推广.

证明　$n-1$ 形式场 $\boldsymbol{\omega}\equiv v^b\varepsilon_{ba_1\cdots a_{n-1}}$ 的外微分 $\mathrm{d}\boldsymbol{\omega}=n\nabla_{[c}(v^b\varepsilon_{|b|a_1\cdots a_{n-1}]})$ 是 n 形式场，其中 ∇_c 可为任意导数算符. N 中任一点的 n 形式的集合是 1 维矢量空间，故该点的两个 n 形式 $\mathrm{d}\boldsymbol{\omega}$ 与 $\boldsymbol{\varepsilon}$ 只差一个因子，即

$$n\nabla_{[c}(v^b\varepsilon_{|b|a_1\cdots a_{n-1}]})=h\varepsilon_{ca_1\cdots a_{n-1}}\,, \tag{5-5-4}$$

其中 h 是 N 上的函数，可求之如下：上式两边与 $\varepsilon^{ca_1\cdots a_{n-1}}$ 缩并，右边得 $(-1)^s hn!$，左边得

$$n\varepsilon^{ca_1\cdots a_{n-1}}\nabla_{[c}(v^b\varepsilon_{|b|a_1\cdots a_{n-1}]})=n\varepsilon^{[ca_1\cdots a_{n-1}]}\nabla_c(v^b\varepsilon_{ba_1\cdots a_{n-1}})$$
$$=n\varepsilon^{ca_1\cdots a_{n-1}}\varepsilon_{ba_1\cdots a_{n-1}}\nabla_c v^b=n(-1)^s(n-1)!\delta^c{}_b\nabla_c v^b=(-1)^s n!\nabla_b v^b,$$

[其中第一步用到定理 2-6-2(a)，从第二步起约定∇_c与g_{ab}适配，从而有$\nabla_b\varepsilon_{a_1\cdots a_n}=0$，第三步用到式(5-4-10).] 故$h=\nabla_b v^b$，$\mathrm{d}\omega=\varepsilon\,\nabla_b v^b$. 于是 Stokes 定理在现在的情况下取式(5-5-3)的形式. □

现在进一步把式(5-5-3)右边改写为同式(5-5-2)右边类似的形式. 由于后者涉及边界 S 上的体元 dS，我们先从∂N的体元谈起. 此处只讨论∂N不是类光超曲面的情况，这时可谈及∂N的归一化法矢 n^a，满足$n^a n_a=\pm1$(见§4.4). N 上的度规g_{ab}在∂N上的诱导度规为$h_{ab}=g_{ab}\mp n_a n_b$[见式(4-4-2)]. 把∂N看作带度规 h_{ab} 的 $n-1$ 维流形，其体元(记作$\hat\varepsilon_{a_1\cdots a_{n-1}}$)应满足两个条件：①与$\partial N$的诱导定向(记作$\bar\varepsilon_{a_1\cdots a_{n-1}}$，见§5.3 注 1)相容；②与度规$h_{ab}$相适配，即

$$\hat\varepsilon^{a_1\cdots a_{n-1}}\hat\varepsilon_{a_1\cdots a_{n-1}}=(-1)^{\hat s}(n-1)!\,,\tag{5-5-5}$$

其中$\hat\varepsilon^{a_1\cdots a_{n-1}}$是用$h^{ab}$对$\hat\varepsilon_{a_1\cdots a_{n-1}}$升指标的结果，$\hat s$是$h_{ab}$的对角元中负数的个数. ∂N上满足这两个条件的体元$\hat\varepsilon_{a_1\cdots a_{n-1}}$称为**诱导体元**. 设 n^b 是∂N的外向单位法矢[以i(N)作为内部，“外向”有明确意义.]，则诱导体元$\hat\varepsilon_{a_1\cdots a_{n-1}}$与 N 上体元$\varepsilon_{ba_1\cdots a_{n-1}}$有如下关系(证明见选读 5-5-1)：

$$\hat\varepsilon_{a_1\cdots a_{n-1}}=n^b\varepsilon_{ba_1\cdots a_{n-1}}\,.\tag{5-5-6}$$

[选读 5-5-1]

现在证明上式的$\hat\varepsilon_{a_1\cdots a_{n-1}}$的确满足诱导体元的两条件. $\forall q\in\partial N$，设$\{(e_\mu)^a\}$是 q 点的右手正交归一基底，满足$(e_1)^a=n^a$，则

$$\varepsilon_{a_1\cdots a_n}=(e^1\wedge\cdots\wedge e^n)_{a_1\cdots a_n}=\pm n_{a_1}\wedge(e^2\wedge\cdots\wedge e^n)_{a_2\cdots a_n}\,.$$

由§5.3 注 1 的精神[详见 Wald (1984)P.431]知道$(e^2\wedge\cdots\wedge e^n)_{a_2\cdots a_n}$可充当点$q\in\partial N$的诱导定向$\bar\varepsilon_{a_2\cdots a_n}$，故

$$\varepsilon_{a_1\cdots a_n}=\pm n_{a_1}\wedge\bar\varepsilon_{a_2\cdots a_n}\text{，也可写为 }\varepsilon_{ba_1\cdots a_{n-1}}=\pm n_b\wedge\bar\varepsilon_{a_1\cdots a_{n-1}}\,.$$

由此易证$\bar\varepsilon_{a_1\cdots a_{n-1}}=n^b\varepsilon_{ba_1\cdots a_{n-1}}$，故由式(5-5-6)知$\hat\varepsilon_{a_1\cdots a_{n-1}}=+1\cdot\bar\varepsilon_{a_1\cdots a_{n-1}}$，所以$\hat\varepsilon_{a_1\cdots a_{n-1}}$与诱导定向$\bar\varepsilon_{a_1\cdots a_{n-1}}$相容，即满足条件①. 作为习题，请读者验证$\hat\varepsilon_{a_1\cdots a_{n-1}}=n^b\varepsilon_{ba_1\cdots a_{n-1}}$也满足条件②，即式(5-5-5). 请注意，条件②只把$\hat\varepsilon_{a_1\cdots a_{n-1}}$确定到差负号的程度[即$\hat\varepsilon_{a_1\cdots a_{n-1}}=-n^b\varepsilon_{ba_1\cdots a_{n-1}}$同样满足式(5-5-5)]，加上条件①才把$\hat\varepsilon_{a_1\cdots a_{n-1}}$完全确定为$n^b\varepsilon_{ba_1\cdots a_{n-1}}$. **[选读 5-5-1 完]**

下面就是把式(5-5-2)作为特例包括在内的一般 Gauss 定理.

定理 5-5-2(Gauss 定理) 设 M 是 n 维定向流形，N 是 M 中的 n 维紧致带边嵌

入子流形，g_{ab} 是 M 上的度规，$\boldsymbol{\varepsilon}$ 和 ∇_a 分别是适配体元和适配导数算符，$\hat{\boldsymbol{\varepsilon}}$ 是 ∂N 上的诱导体元，∂N 的外向法矢 n^a 满足 $n^a n_a = \pm 1$，v^a 是 M 上的 C^1 矢量场，则

$$\int_{i(N)} (\nabla_a v^a)\,\boldsymbol{\varepsilon} = \pm \int_{\partial N} v^a n_a \hat{\boldsymbol{\varepsilon}}.\quad (n^a n_a = +1 \text{ 时取+}，\ n^a n_a = -1 \text{ 时取−.}) \tag{5-5-7}$$

证明　由定理 5-5-1 知只须证明 $\int_{\partial N} v^b \varepsilon_{ba_1\cdots a_{n-1}} = \pm \int_{\partial N} v^a n_a \hat{\boldsymbol{\varepsilon}}$. 令 $\boldsymbol{\omega} = v^b \varepsilon_{ba_1\cdots a_{n-1}}$，注意到§5.2 末关于 $\int_{\phi[S]} \boldsymbol{\omega} \equiv \int_{\phi[S]} \tilde{\boldsymbol{\omega}}$ 的讨论，可知此处的 $\int_{\partial N} v^b \varepsilon_{ba_1\cdots a_{n-1}}$ 是指 $\int_{\partial N} \tilde{\boldsymbol{\omega}}$，故只须证明

$$\tilde{\omega}_{a_1\cdots a_{n-1}} = \pm v^b n_b \hat{\varepsilon}_{a_1\cdots a_{n-1}},\qquad \forall q \in \partial N, \tag{5-5-8}$$

其中 n^a 为 ∂N 的单位外向法矢. 上式两边都是 W_q 上的 $n-1$ 形式，故必有 K 使

$$\tilde{\omega}_{a_1\cdots a_{n-1}} = K v^b n_b \hat{\varepsilon}_{a_1\cdots a_{n-1}}, \tag{5-5-9}$$

于是只须证明 $K = \pm 1$. 设 $\{(e_0)^a = n^a, (e_1)^a, \cdots, (e_{n-1})^a\}$ 是 V_q 的一个右手正交归一基底，用 $(e_1)^{a_1} \cdots (e_{n-1})^{a_{n-1}}$ 缩并上式，右边给出

$$K v^b n_b \hat{\varepsilon}_{12\cdots(n-1)} = \pm K v^b (e^0)_b \hat{\varepsilon}_{12\cdots(n-1)} = \pm K v^0, \tag{5-5-10}$$

[其中第一步用到 $n_b = \pm (e^0)_b$，第二步用到如下事实：由诱导定向 $\bar{\boldsymbol{\varepsilon}}$ 的定义可以证明 $\{(e_0)^a = n^a, (e_1)^a, \cdots, (e_{n-1})^a\}$ 的右手性(用定向 $\boldsymbol{\varepsilon}$ 衡量)保证 $\{(e_1)^a, \cdots, (e_{n-1})^a\}$ 的右手性(用 $\bar{\boldsymbol{\varepsilon}}$ 衡量)，因而 $\hat{\varepsilon}_{12\cdots(n-1)} = 1$.] 另一方面，式(5-5-9)左边缩并结果为

$$\begin{aligned} &\tilde{\omega}_{a_1\cdots a_{n-1}} (e_1)^{a_1} \cdots (e_{n-1})^{a_{n-1}} = \omega_{a_1\cdots a_{n-1}} (e_1)^{a_1} \cdots (e_{n-1})^{a_{n-1}} \\ &= v^b \varepsilon_{ba_1\cdots a_{n-1}} (e_1)^{a_1} \cdots (e_{n-1})^{a_{n-1}} = v^\mu \varepsilon_{\mu 12\cdots(n-1)} = v^0 \varepsilon_{012\cdots(n-1)} = v^0, \end{aligned} \tag{5-5-11}$$

[其中第一步用到式(5-2-7)，第五步用到 $\{(e_0)^a = n^a, (e_1)^a, \cdots, (e_{n-1})^a\}$ 的右手性.]
对比式(5-5-10)和(5-5-11)得 $K = \pm 1$. □

注 2　式(5-5-7)的条件是 n^a 为 ∂N 的外向单位法矢. 把规定改为“当 $n^a n_a = +1$ 时 n^a 朝外向，$n^a n_a = -1$ 时 n^a 朝内向”，则式(5-5-7)右边的 ± 号消失，Gauss 定理改取如下形式

$$\int_{i(N)} (\nabla_a v^a)\boldsymbol{\varepsilon} = \int_{\partial N} v^a n_a \hat{\boldsymbol{\varepsilon}}. \tag{5-5-7'}$$

若 ∂N 为类光超曲面，即 $n^a n_a = 0$，则式(5-5-7')仍成立，但 $\hat{\boldsymbol{\varepsilon}}$ 要按下式定义(证略)：

$$\frac{1}{n} \varepsilon_{a_1\cdots a_n} = n_{[a_1} \hat{\varepsilon}_{a_2\cdots a_n]}.$$

§5.6　对偶微分形式

以 $\Lambda_p(l)$ 代表 $p \in M$ 的全部 l 形式的集合($l \leqslant n$)，则由式(5-1-4)有

$$\dim \Lambda_p(l) = \frac{n!}{l!(n-l)!} = \dim \Lambda_p(n-l).$$

若 M 为带度规 g_{ab} 的定向流形，ε 为适配体元，则可用ε及 g_{ab} 在 $\Lambda_M(l)$ 和 $\Lambda_M(n-l)$ 之间定义一个同构映射如下：

定义 1　$\forall \omega \in \Lambda_M(l)$，定义$\omega$ 的**对偶微分形式**(dual form) ${}^*\omega \in \Lambda_M(n-l)$ 为

$${}^*\omega_{a_1 \cdots a_{n-l}} := \frac{1}{l!} \omega^{b_1 \cdots b_l} \varepsilon_{b_1 \cdots b_l a_1 \cdots a_{n-l}}\,, \tag{5-6-1}$$

其中

$$\omega^{b_1 \cdots b_l} = g^{b_1 c_1} \cdots g^{b_l c_l} \omega_{c_1 \cdots c_l}.$$

注 1　以上定义的$*$称为 Hodge star. 不难看出：① $*: \Lambda_M(l) \to \Lambda_M(n-l)$是同构映射；② $f \in \mathscr{F}_M$ 作为 0 形式场，其对偶形式场按定义为

$${}^*f_{a_1 \cdots a_n} = \frac{1}{0!} f \varepsilon_{a_1 \cdots a_n} = f \varepsilon_{a_1 \cdots a_n}\,,$$

即 ${}^*f$等于与度规适配的体元ε的f倍，因此可以说函数f的积分定义为其对偶形式场的积分. 对上式再取$*$得

$${}^*({}^*f) = {}^*(f\varepsilon) = \frac{1}{n!} f \varepsilon^{b_1 \cdots b_n} \varepsilon_{b_1 \cdots b_n} = (-1)^s f\,.$$

[其中第三步用到式(5-4-3).] 这一结果可推广为如下定理：

定理 5-6-1　$${}^{**}\omega = (-1)^{s+l(n-l)} \omega\,. \tag{5-6-2}$$

证明　习题. □

现在用微分几何观点重新观察早已熟悉的 3 维欧氏空间$(\mathbb{R}^3, \delta_{ab})$上的矢量代数和矢量场论(其中 M 就是 $\mathbb{R}^3$).

(1) 为什么过去从未听说过 1、2 和 3 形式场？首先，利用欧氏度规δ_{ab}可把对偶矢量场ω_a变为矢量场 $\omega^a = \delta^{ab}\omega_b$，从而消除了使用 1 形式场的必要性. 今后在只涉及$(\mathbb{R}^3, \delta_{ab})$时将不再认真区分上下标. 其次，由于 $n = 3$，$\Lambda_M(2)$ 与 $\Lambda_M(1)$ 维数相同并可用同构映射$*: \Lambda_M(2) \to \Lambda_M(1)$ 把 $\omega \in \Lambda_M(2)$ 与 ${}^*\omega \in \Lambda_M(1)$ 认同，从而消除了使用 2 形式场的必要性. 类似地，$\Lambda_M(3)$ 与 $\Lambda_M(0)$ 维数相同并可用同构映射$*: \Lambda_M(3) \to \Lambda_M(0)$ 把 $\omega \in \Lambda_M(3)$ 与 ${}^*\omega \in \Lambda_M(0)$ 认同，而后者(0 形式场)就是$\mathbb{R}^3$上的函数. 可见 3 维欧氏空间的微分形式场都可由函数和矢量场代替.

(2) 现在讨论矢量代数的点乘和叉乘运算. 把矢量 $\vec{A}$ 和 $\vec{B}$ 分别记作 A^a 和 B^b. $\vec{A}$ 和 $\vec{B}$ 的点乘积 $\vec{A} \cdot \vec{B}$ 自然就是 $A_a B^a = \delta_{ab} A^a B^b$，但对叉乘积 $\vec{A} \times \vec{B}$ 如何理解？令

$$\omega_{ab} \equiv A_a \wedge B_b = 2A_{[a}B_{b]} \qquad (\text{其中 } A_a \equiv \delta_{ab}A^b,\ B_b \equiv \delta_{ba}B^a\,.),$$

则

$${}^*\omega_c = \frac{1}{2}\omega^{ab}\varepsilon_{abc} = \varepsilon_{abc} A^{[a}B^{b]} = \varepsilon_{abc} A^a B^b\,, \tag{5-6-3}$$

其中 ε_{abc} 是欧氏度规的适配体元. 设$\{x, y, z\}$为右手笛卡儿坐标系，则其坐标基

底正交归一，由式(5-4-2)可知ε_{abc}在此系的非零分量ε_{ijk}为

$$\varepsilon_{123}=\varepsilon_{312}=\varepsilon_{231}=-\varepsilon_{132}=-\varepsilon_{321}=-\varepsilon_{213}=1\,,$$

可见ε_{ijk}就是熟知的 Levi-Civita 记号．于是$^*\omega_c$在该笛卡儿系的第k分量为

$$^*\omega_k=\varepsilon_{ijk}A^iB^j\,,\qquad k=1,2,3\,. \tag{5-6-4}$$

上式右边正是$\vec{A}\times\vec{B}$按叉乘定义的第k分量$(\vec{A}\times\vec{B})_k$，故$\vec{A}\times\vec{B}$可看作$^*\boldsymbol{\omega}$(准确地说是对偶矢量$^*\boldsymbol{\omega}$对应的矢量)．而$\boldsymbol{\omega}=\boldsymbol{A}\wedge\boldsymbol{B}$，可见对$\vec{A}$和$\vec{B}$求叉积就是先求楔积$\boldsymbol{A}\wedge\boldsymbol{B}$再求其对偶形式，可直观地表达为$\times=*\circ\wedge$．

(3) 再从微分几何看 3 维欧氏空间的矢量场论．如前所述，矢量场论的$\vec{\nabla}$就是与欧氏度规δ_{ab}适配的导数算符∂_a，涉及$\vec{\nabla}$的公式原则上都可用∂_a表出．例如

(a) $\vec{\nabla}f=\partial_a f$；

(b) $\vec{\nabla}\cdot\vec{A}=\partial_a A^a$；

(c) $\vec{\nabla}\times\vec{A}=\varepsilon^{abc}\partial_a A_b$ [推导仿式(5-6-3)]；

(d) $\vec{\nabla}\cdot(\vec{A}\vec{B})=\partial_a(A^aB^b)$；

(e) $\vec{\nabla}\vec{A}=\partial^a A^b$；

(f) $\nabla^2 f=\partial_a\partial^a f$；

(g) $\nabla^2\vec{A}=\partial_a\partial^a A^b$．　(5-6-5)

借用∂_a及抽象指标还可使一些常用公式的推证简化而且理由清晰．仅举二例．

例 1　用∂_a证明

$$\vec{\nabla}\cdot(\vec{A}\times\vec{B})=\vec{B}\cdot(\vec{\nabla}\times\vec{A})-\vec{A}\cdot(\vec{\nabla}\times\vec{B})\,. \tag{5-6-6}$$

证明

$$\vec{\nabla}\cdot(\vec{A}\times\vec{B})=\partial_c(\varepsilon^{cab}A_aB_b)=\varepsilon^{cab}(A_a\partial_cB_b+B_b\partial_cA_a)\,, \tag{5-6-7}$$

而

$$\vec{B}\cdot(\vec{\nabla}\times\vec{A})=B_b(\vec{\nabla}\times\vec{A})^b=B_b\varepsilon^{bca}\partial_cA_a=\varepsilon^{cab}B_b\partial_cA_a\,,$$

$$-\vec{A}\cdot(\vec{\nabla}\times\vec{B})=-A_a(\vec{\nabla}\times\vec{B})^a=-A_a\varepsilon^{acb}\partial_cB_b=\varepsilon^{cab}A_a\partial_cB_b\,,$$

代入式(5-6-7)便得式(5-6-6).　□

例 2　用∂_a证明

$$\vec{\nabla}(\vec{A}\cdot\vec{B})=(\vec{A}\cdot\vec{\nabla})\vec{B}+(\vec{B}\cdot\vec{\nabla})\vec{A}+\vec{A}\times(\vec{\nabla}\times\vec{B})+\vec{B}\times(\vec{\nabla}\times\vec{A})\,. \tag{5-6-8}$$

证明　式(5-6-8)右边第一项$=A_a\partial^aB^b$，　右边第二项$=B_a\partial^aA^b$，

右边第三项$=\vec{A}\times(\varepsilon^{cde}\partial_dB_e)=\varepsilon^{bac}A_a(\varepsilon_{cde}\partial^dB^e)$

$$=2\,\delta^b_{[d}\delta^a_{e]}A_a\partial^dB^e=(\delta^b_d\delta^a_e-\delta^b_e\delta^a_d)A_a\partial^dB^e=A_a\partial^bB^a-A_a\partial^aB^b,$$

同理，

$$右边第四项=B_a\partial^bA^a-B_a\partial^aA^b\,,$$

故

$$式(5\text{-}6\text{-}8)右边=A_a\partial^bB^a+B_a\partial^bA^a=\partial^b(A_aB^a)=\vec{\nabla}(\vec{A}\cdot\vec{B})\,.$$　□

(4) 3 维欧氏空间中的梯度、旋度和散度可用外微分简单表述如下：

定理 5-6-2 设 f 和 $\vec{A}$ 是 3 维欧氏空间的函数和矢量场，则

$$\text{grad}\, f = \text{d}f\,, \quad \text{curl}\,\vec{A} = {}^*\text{d}A\,, \quad \text{div}\,\vec{A} = {}^*\text{d}\,({}^*\!A)\,. \tag{5-6-9}$$

证明 习题. □

$\mathbb{R}^3$ 是平凡流形保证 $\mathbb{R}^3$ 上的闭形式场必恰当(见§5.1 注 1)，再同式(5-6-9)结合便很容易证明(习题) 3 维欧氏空间场论中并不易证的下列熟知命题：

(1) 无旋矢量场必可表为梯度，即

$$\text{curl}\vec{E} = 0 \Rightarrow \exists \text{标量场}\,\phi\,\text{使}\,\vec{E} = \text{grad}\,\phi\,,$$

(2) 无散矢量场必可表为旋度，即

$$\text{d}\,\text{iv}\vec{B} = 0 \Rightarrow \exists \text{矢量场}\,\vec{A}\,\text{使}\,\vec{B} = \text{curl}\vec{A}\,.$$

§5.7 用标架计算曲率张量[选读]

导数算符 ∇_a 的曲率张量 $R_{abc}{}^d$ 的求法有两大类，第一类借用坐标基底场，第二类借用非坐标基底场. 3.4.2 小节已讲过第一类方法，其中关键一步是先求出 ∇_a 借坐标基底场的体现，即克氏符 $\Gamma^\sigma{}_{\mu\tau}$. 本节讨论用非坐标基底场计算 $R_{abc}{}^d$ 的方法. 首先，也要找出 ∇_a 借该基底场的体现. 对给定的导数算符 ∇_a，设 $\{(e_\mu)^a\}$ 是任一基底场，定义域为 $U\subset M$，其第 μ 基矢场 $(e_\mu)^a$ 沿第 τ 基矢场 $(e_\tau)^a$ 的导数 $(e_\tau)^b\nabla_b(e_\mu)^a$ 也是 U 上的矢量场，故可用基底场 $\{(e_\sigma)^a\}$ 展开：

$$(e_\tau)^b\nabla_b(e_\mu)^a = \gamma^\sigma{}_{\mu\tau}(e_\sigma)^a\,, \tag{5-7-1}$$

其中展开系数 $\gamma^\sigma{}_{\mu\tau}$ 称为**联络系数**(connection coefficients)，可看作 ∇_a 借基底场 $\{(e_\mu)^a\}$ 的体现. 坐标基底场的 $\gamma^\sigma{}_{\mu\tau}$ 专记作 $\Gamma^\sigma{}_{\mu\tau}$，不难证明(习题)这组 $\Gamma^\sigma{}_{\mu\tau}$ 正是§3.1 定义的克氏符 $\Gamma^c{}_{ab}$ 在该坐标基底场的分量. 就是说，克氏符的坐标分量可用下式作为等价定义：

$$\left(\frac{\partial}{\partial x^\tau}\right)^b \nabla_b \left(\frac{\partial}{\partial x^\mu}\right)^a = \Gamma^\sigma{}_{\mu\tau}\left(\frac{\partial}{\partial x^\sigma}\right)^a. \tag{5-7-2}$$

式(5-7-1)与对偶基矢 $(e^\nu)_a$ 缩并给出 $\gamma^\sigma{}_{\mu\tau}$ 的显表达式：

$$\gamma^\nu{}_{\mu\tau} = (e^\nu)_a(e_\tau)^b\nabla_b(e_\mu)^a\,. \tag{5-7-3}$$

对给定的 ν，μ 值，τ 可从 1 取到 n，所以 $\{\gamma^\nu{}_{\mu\tau}\,|\,\nu,\mu\text{固定},\tau=1\,,\cdots,\,n\}$ 是 n 个实函数 $\gamma^\nu{}_{\mu 1},\cdots,\gamma^\nu{}_{\mu n}$ 的集合，以它们(加负号)为分量定义的 1 形式 $(\omega_\mu{}^\nu)_a$ 称为 ∇_a 在基底场 $\{(e_\mu)^a\}$ 的**联络 1 形式**(connection 1-form)，简记作 $\omega_\mu{}^\nu{}_a$，即

$$\omega_\mu{}^\nu{}_a := -\gamma^\nu{}_{\mu\tau}(e^\tau)_a\,, \tag{5-7-4}$$

注意，$\omega_\mu{}^\nu{}_a$ 的下标 a 是抽象指标，说明它是 1 形式；μ, ν 是编号指标，标明它是第几个联络 1 形式. 由上式及式(5-7-3)易得

$$\omega_\mu{}^\nu{}_a = -(e^\nu)_c \nabla_a (e_\mu)^c = (e_\mu)^c \nabla_a (e^\nu)_c\,, \tag{5-7-5}$$

其中第一步用到 $(e^\tau)_a(e_\tau)^b = \delta^b{}_a$ [此即式(2-6-4)]，第二步用到莱布尼茨律和对偶基底的定义式 $(e^\nu)_c(e_\mu)^c = \delta^\nu{}_\mu$. 所有联络 1 形式的集合 $\{\omega_\mu{}^\nu{}_a | \mu,\nu = 1, \cdots, n\}$ 可视为 ∇_a 借基底场 $\{(e_\mu)^a\}$ 的体现. 对给定的 ∇_a，原则上可任选一个基底场 $\{(e_\mu)^a\}$，先计算 ∇_a 关于该基底场的全部联络 1 形式 $\omega_\mu{}^\nu{}_a$，再计算其曲率张量. 基底又称**标架**(frame，4 维标架又专称 tetrad.). 在许多情况下标架又专指非坐标基底. 下面介绍嘉当首创的用标架计算曲率的方法.

既然 $\omega_\mu{}^\nu{}_a$ 和对偶基矢 $(e^\mu)_c$ 都是 1 形式，就可去掉抽象下标 a 而分别记作 $\boldsymbol{\omega}_\mu{}^\nu$ 和 $\boldsymbol{e}^\mu$，它们有以下关系：

定理 5-7-1　[嘉当(Cartan)第一结构方程]

$$\mathrm{d}\boldsymbol{e}^\nu = -\boldsymbol{e}^\mu \wedge \boldsymbol{\omega}_\mu{}^\nu\,. \tag{5-7-6}$$

证明　$-(e^\mu)_a \wedge \omega_\mu{}^\nu{}_b = -(e^\mu)_a \wedge [(e_\mu)^c \nabla_b (e^\nu)_c] = -2(e^\mu)_{[a}(e_\mu)^c \nabla_{b]}(e^\nu)_c$

$= -2\delta^c{}_{[a}\nabla_{b]}(e^\nu)_c = -2\nabla_{[b}(e^\nu)_{a]} = (\mathrm{d}e^\nu)_{ab}\,.$　□

现在讨论如何从 $\boldsymbol{\omega}_\mu{}^\nu$ 计算曲率张量 $R_{abc}{}^d$. 令

$$R_{ab\mu}{}^\nu \equiv R_{abc}{}^d (e_\mu)^c (e^\nu)_d\,, \tag{5-7-7}$$

则 $R_{ab\mu}{}^\nu = -R_{ba\mu}{}^\nu$ 表明 $R_{ab\mu}{}^\nu$ 可看作"第 μ，ν 个" 2 形式场并可简记作 $\boldsymbol{R}_\mu{}^\nu$. 由式(5-7-7)知 μ, ν 本是 $R_{abc}{}^d$ 的分量指标(标架分量)，但也可看作 2 形式场 $\boldsymbol{R}_\mu{}^\nu$ 的编号指标(但 $\omega_\mu{}^\nu{}_a$ 中的 μ，ν 却只能看作编号指标). 曲率 2 形式 $\boldsymbol{R}_\mu{}^\nu$ 与联络 1 形式 $\boldsymbol{\omega}_\mu{}^\nu$ 有以下关系：

定理 5-7-2　(嘉当第二结构方程)　$\boldsymbol{R}_\mu{}^\nu = \mathrm{d}\boldsymbol{\omega}_\mu{}^\nu + \boldsymbol{\omega}_\mu{}^\lambda \wedge \boldsymbol{\omega}_\lambda{}^\nu\,.$　(5-7-8)

证明　由式(5-7-7)及 $R_{abc}{}^d$ 的定义得 $R_{ab\mu}{}^\nu = 2(e_\mu)^c \nabla_{[a}\nabla_{b]}(e^\nu)_c$. 而

$$\begin{aligned}(e_\mu)^c \nabla_a \nabla_b (e^\nu)_c &= \nabla_a[(e_\mu)^c \nabla_b (e^\nu)_c] - [\nabla_a (e_\mu)^c]\nabla_b (e^\nu)_c \\ &= \nabla_a \omega_\mu{}^\nu{}_b - [\nabla_a (e_\mu)^d]\delta^c{}_d \nabla_b (e^\nu)_c \\ &= \nabla_a \omega_\mu{}^\nu{}_b - [\nabla_a (e_\mu)^d](e^\lambda)_d (e_\lambda)^c \nabla_b (e^\nu)_c \\ &= \nabla_a \omega_\mu{}^\nu{}_b + \omega_\mu{}^\lambda{}_a \omega_\lambda{}^\nu{}_b\,,\end{aligned}$$

故

$$R_{ab\mu}{}^\nu = 2\nabla_{[a}\omega_\mu{}^\nu{}_{b]} + 2\omega_\mu{}^\lambda{}_{[a}\omega_\lambda{}^\nu{}_{b]} = (\mathrm{d}\omega_\mu{}^\nu)_{ab} + (\omega_\mu{}^\lambda \wedge \omega_\lambda{}^\nu)_{ab}\,, \tag{5-7-8'}$$

此即式(5-7-8). □

注1　式(5-7-6)只对无挠联络成立. 当∇_a有挠时应补一挠率项(见下册附录I).

注2　式(5-7-8)等价于式(3-4-20′), 分别是曲率定义(曲率与联络的关系)在标架和坐标基底的分量表达式.

由第二结构方程可知, 在$\omega_\mu{}^\nu$已经求得的情况下, 只须对$\omega_\mu{}^\nu$求外微分和楔积即可方便地求得$\boldsymbol{R}_\mu{}^\nu$. 若要得到$R_{abc}{}^d$在所选标架的全部分量$R_{\rho\sigma\mu}{}^\nu$, 只须用如下公式求缩并:

$$R_{\rho\sigma\mu}{}^\nu = R_{ab\mu}{}^\nu (e_\rho)^a (e_\sigma)^b. \tag{5-7-9}$$

许多文献用$\boldsymbol{\Omega}_i{}^j$(或$\boldsymbol{\Theta}_i{}^j$), $R_{mni}{}^j$和$\boldsymbol{\theta}^i$分别代表本书的$\boldsymbol{R}_\mu{}^\nu$, $R_{\rho\sigma\mu}{}^\nu$和$\boldsymbol{e}^\mu$(注意, 它们的i, j或a, b都是具体指标), 并写出曲率2形式$\boldsymbol{\Omega}_i{}^j$与曲率张量的标架分量$R_{mni}{}^j$的如下关系:

$$\boldsymbol{\Omega}_i{}^j = \frac{1}{2} R_{mni}{}^j \boldsymbol{\theta}^m \wedge \boldsymbol{\theta}^n,$$

此式用本书符号则应表为

$$\boldsymbol{R}_\mu{}^\nu = \frac{1}{2} R_{\rho\sigma\mu}{}^\nu \boldsymbol{e}^\rho \wedge \boldsymbol{e}^\sigma, \qquad \text{即} \quad R_{ab\mu}{}^\nu = \frac{1}{2} R_{\rho\sigma\mu}{}^\nu (e^\rho)_a \wedge (e^\sigma)_b. \tag{5-7-10}$$

其实这无非是式(5-1-6′)在$l=2$的特例.

如果流形M上除给定∇_a外还给定度规g_{ab}, 而且两者满足适配关系$\nabla_a g_{bc}=0$, 则还可进行以下讨论. 以$g_{\mu\nu}$和$g^{\mu\nu}$分别代表g_{ab}和g^{ab}在所选标架的分量, 即

$$g_{\mu\nu} = g_{ab}(e_\mu)^a (e_\nu)^b, \tag{5-7-11}$$

$$g^{\mu\nu} = g^{ab}(e^\mu)_a (e^\nu)_b, \tag{5-7-12}$$

引进以下两个记号:

$$\text{(a)}\ (e_\mu)_a \equiv g_{ab}(e_\mu)^b, \qquad \text{(b)}\ (e^\mu)^a \equiv g^{ab}(e^\mu)_b, \tag{5-7-13}$$

则有

$$\text{(a)}\ (e^\mu)_a = g^{\mu\nu}(e_\nu)_a, \qquad \text{(b)}\ (e_\mu)^a = g_{\mu\nu}(e^\nu)^a, \tag{5-7-14}$$

为证明上式的(a)式, 只须验证等式两边作用于$(e_\sigma)^a$得相同结果. 为证明(b)式, 只须验证等式两边作用于$(e^\sigma)_a$得相同结果. 留给读者完成.

用g^{ab}和g_{ab}对式(5-7-14)的两式分别升降指标得

$$\text{(a)}\ (e^\mu)^a = g^{\mu\nu}(e_\nu)^a, \qquad \text{(b)}\ (e_\mu)_a = g_{\mu\nu}(e^\nu)_a. \tag{5-7-15}$$

式(5-7-14a)和(5-7-15a)说明基矢的编号ν可用$g^{\mu\nu}$上升, 式(5-7-14b)和(5-7-15b)说明基矢的编号ν可用$g_{\mu\nu}$下降. 类似地也可用$g_{\mu\nu}$对$\omega_\mu{}^\nu{}_a$做降指标处理, 即定义

$$\omega_{\mu\nu a} := g_{\nu\sigma}\omega_\mu{}^\sigma{}_a = g_{\nu\sigma}(e_\mu)^c \nabla_a (e^\sigma)_c \quad \text{(请注意此前}\ \omega_{\mu\nu a}\ \text{并无意义).} \tag{5-7-16}$$

$g_{\mu\nu}$ 为常数(即 $\nabla_a g_{\mu\nu}=0$)的标架称为**刚性标架**(rigid frame). 正交归一标架是最简单的刚性标架. 对于洛伦兹度规，正交归一标架满足 $g_{\mu\nu}=\eta_{\mu\nu}$，为计算带来很大方便(详见节末例题). 广义相对论中还经常使用另一种刚性标架——复类光标架，详见§8.7 和§8.8. 由式(5-7-16)及 $\nabla_a g_{\mu\nu}=0$ 易见下式对刚性标架成立：

$$\omega_{\mu\nu a}=(e_\mu)_b\nabla_a(e_\nu)^b. \tag{5-7-17}$$

定理 5-7-3　对刚性标架有

$$\omega_{\mu\nu a}=-\omega_{\nu\mu a}. \tag{5-7-18}$$

证明　由式(5-7-17)得

$$\omega_{\mu\nu a}=\nabla_a[(e_\mu)_b(e_\nu)^b]-(e_\nu)^b\nabla_a(e_\mu)_b=-(e_\nu)^b\nabla_a(e_\mu)_b=-\omega_{\nu\mu a},$$

其中第二步是由于 $\nabla_a[(e_\mu)_b(e_\nu)^b]=\nabla_a[g_{bc}(e_\mu)^c(e_\nu)^b]=\nabla_a g_{\nu\mu}=0$. □

式(5-7-18)表明，对刚性标架而言，联络 1 形式 $\omega_{\mu\nu a}$ 关于其编号指标μ，ν为反称，这使独立的联络 1 形式的数目从 n^2 (n 是 M 的维数)减为 $n(n-1)/2$ (当 $n=4$ 时只有 6 个独立). $\omega_{\mu\nu a}$ 在所选基底的分量 $\omega_{\mu\nu\rho}\equiv\omega_{\mu\nu a}(e_\rho)^a$ 在计算中的地位类似于坐标基底法的克氏符 $\Gamma^\sigma{}_{\mu\tau}$，也有 n^3 个数，但只有 $n^2(n-1)/2$ 个独立(当 $n=4$ 时只有 24 个独立)，故独立的 $\omega_{\mu\nu\rho}$ 少于独立的 $\Gamma^\sigma{}_{\mu\tau}$ [由下标的对称性可知独立的 $\Gamma^\sigma{}_{\mu\tau}$ 共 $n^2(n+1)/2$ 个]. $\omega_{\mu\nu\rho}$ 称为**里奇旋转系数**(Ricci rotation coefficients).

曲率张量的标架计算法可分为如下三步：(a)选定标架；(b)计算 ∇_a 在所选标架的全部联络 1 形式 $\boldsymbol{\omega}_\mu{}^\nu$；(c)由 $\boldsymbol{\omega}_\mu{}^\nu$ 通过嘉当第二结构方程(5-7-8)计算全部曲率 2 形式 $\boldsymbol{R}_\mu{}^\nu$. 其中第(b)步还须再费笔墨. 由于刚性标架最为常用，我们只介绍用刚性标架时 $\boldsymbol{\omega}_\mu{}^\nu$ 的求法. 借用任一坐标系 $\{x^\mu\}$，引入符号

$$\Lambda_{\mu\nu\rho}\equiv[(e_\nu)_{\lambda,\tau}-(e_\nu)_{\tau,\lambda}](e_\mu)^\lambda(e_\rho)^\tau, \tag{5-7-19}$$

其中 $(e_\nu)_\lambda$ 和 $(e_\mu)^\lambda$ 是 $(e_\nu)_a$ 和 $(e_\mu)^a$ 在坐标系 $\{x^\mu\}$ 的第λ个分量，即

$$(e_\nu)_\lambda\equiv(e_\nu)_a(\partial/\partial x^\lambda)^a,\qquad (e_\mu)^\lambda\equiv(e_\mu)^a(\mathrm{d}x^\lambda)_a,$$

$(e_\nu)_{\lambda,\tau}$ 是 $\partial(e_\nu)_\lambda/\partial x^\tau$ 的简写. 易见 $\Lambda_{\mu\nu\rho}=-\Lambda_{\rho\nu\mu}$，故只有 $n^2(n-1)/2$ 个独立的 $\Lambda_{\mu\nu\rho}$. 由式(5-7-19)求得全部 $\Lambda_{\mu\nu\rho}$ 后可由以下定理直接计算全部 $\omega_{\mu\nu\rho}$.

定理 5-7-4

$$\omega_{\mu\nu\rho}=\frac{1}{2}(\Lambda_{\mu\nu\rho}+\Lambda_{\rho\mu\nu}-\Lambda_{\nu\rho\mu}). \tag{5-7-20}$$

证明　由 ∇_a 的无挠性得克氏符关于下指标的对称性 $\Gamma^\mu{}_{\nu\sigma}=\Gamma^\mu{}_{\sigma\nu}$，故

$$(e_\nu)_{\lambda,\tau}-(e_\nu)_{\tau,\lambda}=(e_\nu)_{\lambda;\tau}-(e_\nu)_{\tau;\lambda},$$

于是式(5-7-19)可改写为

$$\Lambda_{\mu\nu\rho}=[\nabla_a(e_\nu)_b-\nabla_b(e_\nu)_a](\partial/\partial x^\tau)^a(\partial/\partial x^\lambda)^b(e_\mu)^\lambda(e_\rho)^\tau$$
$$=[\nabla_a(e_\nu)_b-\nabla_b(e_\nu)_a](e_\rho)^a(e_\mu)^b=\omega_{\mu\nu\rho}-\omega_{\rho\nu\mu}.$$

由此不难证明式(5-7-20). □

式(5-7-20)是$\omega_{\mu\nu\rho}$的显表达式，易于直接计算. 缺点是算式较多. 在度规有某些对称性时用嘉当第一结构方程往往可更快地求得刚性标架的${\omega_\mu}^\nu$(见例1[解毕]之后). 下面给出求解实例.

例 1　已知时空度规g_{ab}在坐标系$\{t,r,\theta,\varphi\}$的线元表达式为

$$\mathrm{d}s^2=-\mathrm{e}^{2A(r)}\mathrm{d}t^2+\mathrm{e}^{2B(r)}\mathrm{d}r^2+r^2(\mathrm{d}\theta^2+\sin^2\theta\mathrm{d}\varphi^2)\,, \tag{5-7-21}$$

试用正交归一标架计算其全部曲率2形式${\boldsymbol{R}_\mu}^\nu$.

解

(a) 选正交归一标架. 由式(5-7-21)知坐标基矢正交而不归一，因此将其归一化便得正交归一基底，即可选

$$(e_0)^a=\mathrm{e}^{-A}(\partial/\partial t)^a\,,\qquad (e_1)^a=\mathrm{e}^{-B}(\partial/\partial r)^a\,,$$
$$(e_2)^a=r^{-1}(\partial/\partial\theta)^a\,,\qquad (e_3)^a=(r\sin\theta)^{-1}(\partial/\partial\varphi)^a\,, \tag{5-7-22}$$

其相应对偶基矢为

$$(e^0)_a=\mathrm{e}^A(\mathrm{d}t)_a\,,\qquad (e^1)_a=\mathrm{e}^B(\mathrm{d}r)_a\,,$$
$$(e^2)_a=r(\mathrm{d}\theta)_a\,,\qquad (e^3)_a=r\sin\theta(\mathrm{d}\varphi)_a\,, \tag{5-7-23}$$

或者，用g_{ab}对式(5-7-22)降指标得

$$(e_0)_a=-\mathrm{e}^A(\mathrm{d}t)_a\,,\qquad (e_1)_a=\mathrm{e}^B(\mathrm{d}r)_a\,,$$
$$(e_2)_a=r(\mathrm{d}\theta)_a\,,\qquad (e_3)_a=r\sin\theta(\mathrm{d}\varphi)_a\,. \tag{5-7-24}$$

(b) 用式(5-7-19)计算$\Lambda_{\mu\nu\rho}$. 计算时要借用一个坐标系，自然选题目所给的$\{t,r,\theta,\varphi\}$系. 注意到反称关系$\Lambda_{\mu\nu\rho}=-\Lambda_{\rho\nu\mu}$，可先求出全部(6个)独立的$\Lambda_{\mu0\rho}$(即$\Lambda_{001}$，$\Lambda_{002}$，$\Lambda_{003}$，$\Lambda_{102}$，$\Lambda_{103}$，$\Lambda_{203}$.)，再求全部独立的$\Lambda_{\mu1\rho}$，…. 式(5-7-24)表明$(e_0)_\lambda$的非零分量只有$(e_0)_0=-\mathrm{e}^A$，它只是$r$的函数，故$(e_0)_{0,\tau}$的非零元素只有$(e_0)_{0,1}=-A'\mathrm{e}^A$ ($'$代表对r的导数)，于是

$$\Lambda_{\mu0\rho}=[(e_0)_{0,1}-0](e_\mu)^0(e_\rho)^1=-A'\mathrm{e}^A(e_\mu)^0(e_\rho)^1.$$

而$(e_\mu)^0$和$(e_\rho)^1$为零除非$\mu=0$和$\rho=1$，故$\Lambda_{\mu0\rho}$的唯一非零元素为

$$\Lambda_{001}=-A'\mathrm{e}^A(e_0)^0(e_1)^1=-A'\mathrm{e}^A\mathrm{e}^{-A}\mathrm{e}^{-B}=-A'\mathrm{e}^{-B}\,.$$

类似地可知非零的$\Lambda_{\mu\nu\rho}$共有

$$\Lambda_{001}=-\Lambda_{100}=-A'\mathrm{e}^{-B}\,,\qquad \Lambda_{122}=-\Lambda_{221}=-r^{-1}\mathrm{e}^{-B}\,,$$

$$\Lambda_{133}=-\Lambda_{331}=-r^{-1}\mathrm{e}^{-B}, \qquad \Lambda_{233}=-\Lambda_{332}=-r^{-1}\cot\theta .$$

代入式(5-7-20)得非零的 $\omega_{\mu\nu\rho}$ 为(注意反称关系 $\omega_{\mu\nu\rho}=-\omega_{\nu\mu\rho}$)

$$\omega_{010}=-\omega_{100}=-A'\mathrm{e}^{-B}, \qquad \omega_{122}=-\omega_{212}=-r^{-1}\mathrm{e}^{-B},$$

$$\omega_{133}=-\omega_{313}=-r^{-1}\mathrm{e}^{-B}, \qquad \omega_{233}=-\omega_{323}=-r^{-1}\cot\theta ,$$

因而 6 个独立的联络 1 形式 $\boldsymbol{\omega}_{\mu\nu}$ 为

$$\boldsymbol{\omega}_{01}=-A'\,\mathrm{e}^{-B}\boldsymbol{e}^{0}, \qquad \boldsymbol{\omega}_{02}=0, \qquad \boldsymbol{\omega}_{03}=0,$$

$$\boldsymbol{\omega}_{12}=-r^{-1}\mathrm{e}^{-B}\boldsymbol{e}^{2}, \qquad \boldsymbol{\omega}_{13}=-r^{-1}\mathrm{e}^{-B}\boldsymbol{e}^{3}, \qquad \boldsymbol{\omega}_{23}=-r^{-1}\cot\theta\;\boldsymbol{e}^{3}.$$

(c) 用嘉当第二结构方程求曲率 2 形式. 为便于求外微分，把非零的 $\boldsymbol{\omega}_{\mu\nu}$ 改用对偶坐标基矢表出：

$$\boldsymbol{\omega}_{01}=-A'\mathrm{e}^{A-B}\mathrm{d}t, \qquad \boldsymbol{\omega}_{12}=-\mathrm{e}^{-B}\mathrm{d}\theta ,$$

$$\boldsymbol{\omega}_{13}=-\,\mathrm{e}^{-B}\sin\theta\,\mathrm{d}\varphi, \qquad \boldsymbol{\omega}_{23}=-\cos\theta\,\mathrm{d}\varphi .$$

由 $\boldsymbol{\omega}_{\mu}{}^{\nu}=g^{\nu\sigma}\boldsymbol{\omega}_{\mu\sigma}=\eta^{\nu\sigma}\boldsymbol{\omega}_{\mu\sigma}$ 得 $\boldsymbol{\omega}_{0}{}^{i}=\boldsymbol{\omega}_{0i}$，$\boldsymbol{\omega}_{i}{}^{j}=\boldsymbol{\omega}_{ij}\,(i,\ j=1,\ 2,\ 3)$，代入式(5-7-8)不难求得

$$\boldsymbol{R}_{0}{}^{1}=\mathrm{e}^{-2B}(A''-A'B'+A'^{2})\;\boldsymbol{e}^{0}\wedge\boldsymbol{e}^{1}, \qquad \boldsymbol{R}_{0}{}^{2}=r^{-1}A'\,\mathrm{e}^{-2B}\;\boldsymbol{e}^{0}\wedge\boldsymbol{e}^{2},$$

$$\boldsymbol{R}_{0}{}^{3}=r^{-1}A'\mathrm{e}^{-2B}\boldsymbol{e}^{0}\wedge\boldsymbol{e}^{3}, \qquad \boldsymbol{R}_{1}{}^{2}=r^{-1}B'\mathrm{e}^{-2B}\boldsymbol{e}^{1}\wedge\boldsymbol{e}^{2},$$

$$\boldsymbol{R}_{1}{}^{3}=r^{-1}B'\mathrm{e}^{-2B}\boldsymbol{e}^{1}\wedge\boldsymbol{e}^{3}, \qquad \boldsymbol{R}_{2}{}^{3}=r^{-2}(1-\mathrm{e}^{-2B})\boldsymbol{e}^{2}\wedge\boldsymbol{e}^{3}.$$

我们只以计算最长的 $\boldsymbol{R}_{1}{}^{3}$ 为例写出算式：

$$\begin{aligned}\mathrm{d}\boldsymbol{\omega}_{1}{}^{3}&=-\left[\frac{\partial}{\partial r}(\mathrm{e}^{-B}\sin\theta)\,\mathrm{d}r+\frac{\partial}{\partial\theta}(\mathrm{e}^{-B}\sin\theta)\,\mathrm{d}\theta\right]\wedge\mathrm{d}\varphi\\&=\mathrm{e}^{-B}(B'\sin\theta\,\mathrm{d}r\wedge\mathrm{d}\varphi-\cos\theta\,\mathrm{d}\theta\wedge\mathrm{d}\varphi)\\&=r^{-1}B'\mathrm{e}^{-2B}\boldsymbol{e}^{1}\wedge\boldsymbol{e}^{3}-r^{-2}\mathrm{e}^{-B}\cot\theta\,\boldsymbol{e}^{2}\wedge\boldsymbol{e}^{3},\end{aligned}$$

$$\boldsymbol{\omega}_{1}{}^{\lambda}\wedge\boldsymbol{\omega}_{\lambda}{}^{3}=\boldsymbol{\omega}_{1}{}^{2}\wedge\boldsymbol{\omega}_{2}{}^{3}=\boldsymbol{\omega}_{12}\wedge\boldsymbol{\omega}_{23}=r^{-2}\mathrm{e}^{-B}\cot\theta\;\boldsymbol{e}^{2}\wedge\boldsymbol{e}^{3},$$

$$\boldsymbol{R}_{1}{}^{3}=\mathrm{d}\boldsymbol{\omega}_{1}{}^{3}+\boldsymbol{\omega}_{1}{}^{\lambda}\wedge\boldsymbol{\omega}_{\lambda}{}^{3}=r^{-1}B'\,\mathrm{e}^{-2B}\;\boldsymbol{e}^{1}\wedge\boldsymbol{e}^{3}.$$

[解毕]

上例展示了用式(5-7-20)计算联络 1 形式 $\boldsymbol{\omega}_{\mu}{}^{\nu}$ 的过程，下面仍以上例为例介绍用嘉当第一结构方程求 $\boldsymbol{\omega}_{\mu}{}^{\nu}$ 的等价方法. 对式(5-7-23)求外微分，代入嘉当第一方程(5-7-6)得

$$A'\,\mathrm{e}^{-B}\boldsymbol{e}^{1}\wedge\boldsymbol{e}^{0}=-\,\boldsymbol{e}^{1}\wedge\boldsymbol{\omega}_{1}{}^{0}-\boldsymbol{e}^{2}\wedge\boldsymbol{\omega}_{2}{}^{0}-\boldsymbol{e}^{3}\wedge\boldsymbol{\omega}_{3}{}^{0}, \tag{5-7-25a}$$

$$0=-\,\boldsymbol{e}^{0}\wedge\boldsymbol{\omega}_{0}{}^{1}-\boldsymbol{e}^{2}\wedge\boldsymbol{\omega}_{2}{}^{1}-\boldsymbol{e}^{3}\wedge\boldsymbol{\omega}_{3}{}^{1}, \tag{5-7-25b}$$

$$r^{-1}\mathrm{e}^{-B}\boldsymbol{e}^{1}\wedge\boldsymbol{e}^{2}=-\,\boldsymbol{e}^{0}\wedge\boldsymbol{\omega}_{0}{}^{2}-\boldsymbol{e}^{1}\wedge\boldsymbol{\omega}_{1}{}^{2}-\boldsymbol{e}^{3}\wedge\boldsymbol{\omega}_{3}{}^{2}, \tag{5-7-25c}$$

$$r^{-1}\mathrm{e}^{-B}\boldsymbol{e}^{1}\wedge\boldsymbol{e}^{3}+r^{-1}\cot\theta\;\boldsymbol{e}^{2}\wedge\boldsymbol{e}^{3}=-\,\boldsymbol{e}^{0}\wedge\boldsymbol{\omega}_{0}{}^{3}-\boldsymbol{e}^{1}\wedge\boldsymbol{\omega}_{1}{}^{3}-\boldsymbol{e}^{2}\wedge\boldsymbol{\omega}_{2}{}^{3}. \tag{5-7-25d}$$

从原则上说，把 1 形式 $\boldsymbol{\omega}_{\mu}{}^{\nu}$ 用 $\boldsymbol{e}^{\mu}$ 展开(例如 $\boldsymbol{\omega}_{1}{}^{0}=\alpha_{0}\boldsymbol{e}^{0}+\alpha_{1}\boldsymbol{e}^{1}+\alpha_{2}\boldsymbol{e}^{2}+\alpha_{3}\boldsymbol{e}^{3}$)，代入

式(5-7-25)便可求得全部$\omega_\mu{}^\nu$. 然而实际上往往可用简单得多的方法"读出"或猜出正确解. 例如，对$\omega_1{}^0$，$\omega_2{}^0$和$\omega_3{}^0$的如下猜测解自然满足方程(5-7-25a)：

$$\omega_1{}^0 = -A' \mathrm{e}^{-B} e^0 + \alpha_1 e^1 , \qquad \omega_2{}^0 = \omega_3{}^0 = 0 . \tag{5-7-26}$$

把上式代入方程(5-7-25b)得

$$0 = -\alpha_1 e^0 \wedge e^1 - e^2 \wedge \omega_2{}^1 - e^3 \wedge \omega_3{}^1 .$$

上式后两项不含$e^0 \wedge e^1$，故$\alpha_1 = 0$. 由上式似乎可猜$\omega_2{}^1 = \omega_3{}^1 = 0$，但$\omega_2{}^1 = 0$使式(5-7-25c)无法满足，$\omega_3{}^1 = 0$ 使式(5-7-25d)无法满足. 由式(5-7-25c)可猜$\omega_1{}^2 = -r^{-1}\mathrm{e}^{-B}e^2$，由式(5-7-25d)可猜$\omega_1{}^3 = -r^{-1}\mathrm{e}^{-B}e^3$和$\omega_2{}^3 = -r^{-1}\cot\theta e^3$，且易见这一猜测也满足式(5-7-25b, c)，于是猜测解

$$\omega_1{}^0 = -A' \mathrm{e}^{-B} e^0 , \qquad \omega_2{}^0 = \omega_3{}^0 = 0 ,$$

$$\omega_1{}^2 = -r^{-1}\mathrm{e}^{-B} e^2 , \qquad \omega_1{}^3 = -r^{-1}\mathrm{e}^{-B} e^3 , \qquad \omega_2{}^3 = -r^{-1} \cot\theta \ e^3$$

满足嘉当方程，因而是正确答案[与例 1 求解中的(b)的结果同].

至此我们介绍了计算黎曼张量$R_{abc}{}^d$的两种方法：坐标基底法和标架法(特别是正交归一标架法). 两种方法各有优缺点，可根据问题本身以及计算者的熟练程度任择其一. 有人希望集坐标基底法和正交归一基底法于一身，即寻求一个正交归一的坐标基底. 然而这是做不到的，除非g_{ab}为平直度规场. 原因很简单：坐标基底$\{(\partial/\partial x^\mu)^a\}$为正交归一表明$g_{ab} = \eta_{\mu\nu}(\partial/\partial x^\mu)^a(\partial/\partial x^\nu)^b$. 设$\partial_a$是坐标系的普通导数算符，则$\partial_a g_{bc} = 0$，故$\partial_a$就是与$g_{ab}$适配的导数算符，而$\partial_{[a}\partial_{b]}\omega_c = 0 \ \forall \omega_c$，所以$g_{ab}$的$R_{abc}{}^d$为零，即$g_{ab}$平直.

习　题

~1. 在定理 5-1-3 证明中补证$\{(e^1)_a \wedge (e^2)_b, (e^2)_a \wedge (e^3)_b, (e^3)_a \wedge (e^1)_b\}$线性独立.

~2. 设V为矢量空间，$\{(e^1)_a, (e^2)_a, (e^3)_a, (e^4)_a\}$是$V^*$的基底，写出$\omega_a \in \Lambda(1)$，$\omega_{abc} \in \Lambda(3)$和$\omega_{abcd} \in \Lambda(4)$在此基底的展开式，说明展开系数(如$\omega_{12}$)的定义.

~3. 用数学归纳法证明$(\omega^1)_{a_1} \wedge \cdots \wedge (\omega^l)_{a_l} = l!(\omega^1)_{[a_1} \cdots (\omega^l)_{a_l]}$，其中$(\omega^1)_a$，…，$(\omega^l)_a$为任意对偶矢量.

~4. 试证定理 5-1-4.

5. 设ω是 1 形式场，u, v是矢量场，试证$\mathrm{d}\omega(u,v) = u(\omega(v)) - v(\omega(u)) - \omega([u,v])$.等式左边代表$\mathrm{d}\omega$对$u, v$的作用结果，即$(\mathrm{d}\omega)_{ab}u^a v^a$.

~6. 设v^b和$\omega_{a_1\cdots a_l}$分别是流形M上的矢量场和l形式场，试证

(a) $\mathscr{L}_v \omega_{a_1\cdots a_l} = \mathrm{d}_{a_1}(v^b \omega_{ba_2\cdots a_l}) + (\mathrm{d}\omega)_{ba_1\cdots a_l} v^b$.

注：令$\mu_{a_2\cdots a_l} \equiv v^b \omega_{ba_2\cdots a_l}$，则$\mathrm{d}_{a_1}\mu_{a_2\cdots a_l}$是指$(\mathrm{d}\mu)_{a_1a_2\cdots a_l}$.

(b) $\mathscr{L}_v \mathrm{d}\omega = \mathrm{d}\mathscr{L}_v\omega$ (这本身就是一个很有用的命题).

提示：(1) 证(a)时可先证$l = 2$的特例，找到感觉后不难推广至一般情况.

(2) 利用(a)的结果将使(b)的证明变得十分简单.

7. 设 O 是 n 维流形 M 上坐标系 $\{x^\mu\}$ 的坐标域(且 O 同胚于$\mathbb{R}^n$)，ω_a 是 O 上的 1 形式场，试证

$$\partial\omega_\mu/\partial x^\nu = \partial\omega_\nu/\partial x^\mu \ (\mu, \nu = 1, \cdots, n) \text{ 当且仅当存在 } f: O \to \mathbb{R} \text{ 使 } \nabla_a f = \omega_a .$$

提示：仿照 §5.1 推论 5-1-6 的证明.

8. 设 $\{x, y, z\}$ 和 $\{r, \theta, \varphi\}$ 分别为 3 维欧氏空间的笛卡儿坐标系和球坐标系，写出 $\mathrm{d}r \wedge \mathrm{d}\theta \wedge \mathrm{d}\varphi$ 用 $\mathrm{d}x \wedge \mathrm{d}y \wedge \mathrm{d}z$ 的表达式.

~9. 连通流形 M 配以洛伦兹号差的度规场 g_{ab} 叫**时空**(spacetime). 设 F_{ab} 是任意 4 维时空的 2 形式场(第 6 章将看到电磁场张量 F_{ab} 就是一个 2 形式场)，试证

$$\frac{1}{2}(F_{ac}F_b{}^c + {}^*F_{ac}{}^*F_b{}^c) = F_{ac}F_b{}^c - \frac{1}{4}g_{ab}F_{cd}F^{cd} ,$$

其中 ${}^*F_{ac} \equiv ({}^*F)_{ac}$ ，${}^*F_b{}^c = g^{ac}\ {}^*F_{ba}$ (此式对研究电磁场有帮助).

*10. 试证 $\hat\varepsilon_{a_1\cdots a_{n-1}} \equiv \pm n^b \hat\varepsilon_{ba_1\cdots a_{n-1}}$ 是 ∂N 上与诱导度规场 h_{ab} 相适配的体元.

11. 试证定理 5-6-1 和 5-6-2.

~12. 设 x，y，z 是 3 维欧氏空间的笛卡儿坐标，试证

(a) ${}^*\mathrm{d}x = \mathrm{d}y \wedge \mathrm{d}z$;

(b) ${}^*(\mathrm{d}x \wedge \mathrm{d}y \wedge \mathrm{d}z) = 1$.

13. 设 $\{r, \theta, \varphi\}$ 是 3 维欧氏空间的球坐标系，试证 ${}^*\mathrm{d}r = (r^2 \sin\theta)\,\mathrm{d}\theta \wedge \mathrm{d}\varphi$.

14. 设 $\vec{A}$，$\vec{B}$ 为 $\mathbb{R}^3$ 上的矢量场，$\vec\nabla$ 为 $\mathbb{R}^3$ 上与欧氏度规相适配的导数算符，试证

$$\vec\nabla \times (\vec{A} \times \vec{B}) = (\vec{B} \cdot \vec\nabla)\vec{A} + (\vec\nabla \cdot \vec{B})\vec{A} - (\vec{A} \cdot \vec\nabla)\vec{B} - (\vec\nabla \cdot \vec{A})\vec{B} .$$

15. 用微分形式证明 3 维欧氏空间场论中并不易证的下列熟知命题：

(1) 无旋矢量场必可表为梯度；

(2) 无散矢量场必可表为旋度(见§5.6 末).

16. 设 ∇_a 是广义黎曼空间$(M,\ g_{ab})$上的适配导数算符(即 $\nabla_a g_{bc} = 0$)，$\boldsymbol{\varepsilon}$ 是适配体元(即 $\nabla_a \varepsilon_{b_1\cdots b_n} = 0$)，$v^a$ 是 M 上的矢量场，$v_a \equiv g_{ab}v^b$ 是 v^a 相应的 1 形式场，${}^*\boldsymbol{v}$ 是 v_a 的对偶形式场，试证 $(\nabla_a v^a)\boldsymbol{\varepsilon} = \mathrm{d}{}^*\boldsymbol{v}$. 注：这个结论可做如下推广：设 $F_{a_1\cdots a_k}$ 是 k 形式场 $(k \leqslant n)$，简记作 $\boldsymbol{F}$，把 k–1 形式场 $\nabla^{a_k}F_{a_1\cdots a_k}$ 记作 $\mathrm{div}\boldsymbol{F}$，则 ${}^*(\mathrm{div}\boldsymbol{F}) = \mathrm{d}{}^*\boldsymbol{F}$. 电磁场的麦氏方程[式(12-6-2)]就是一例.

17. 试证由式(5-7-2)定义的 $\Gamma^\sigma{}_{\mu\tau}$ 正是 §3.1 定义的克氏符 $\Gamma^c{}_{ab}$ 在式(5-7-2)涉及的坐标基底的分量.

*18. 用正交归一标架分别求第 3 章习题 14~16 所给度规的曲率张量的全部标架分量，并验证所得结果与用坐标基底法求得的曲率张量相同. 为与 $R_{abc}{}^d$ 的坐标分量 $R_{\mu\nu\sigma}{}^\rho$ 区别，在求得 $R_{abc}{}^d$ 的全部标架分量后宜改用符号 $R_{(\mu)(\nu)(\sigma)}{}^{(\rho)}$ 代表标架分量.

第 6 章　狭义相对论

§6.1　4 维表述基础

假定读者已学过狭义相对论．本章的任务是用 4 维几何语言对狭义相对论的基本内容重新表述，以求得一个更清晰、深入和更能抓住本质的认识．此外，学会使用 4 维语言也可为学习以后各章(广义相对论)打下必要基础．

6.1.1　预备知识

物理学研究物理客体(对象)的演化规律．为便于研究，往往使用模型．模型是理想化了的客体．质点、点电荷、带电面等都是模型．

下面介绍今后常用的若干最基础的概念，使用的都是模型语言．

“事件”本是个非常直观的概念. 炸弹爆炸、两车相撞和一声咳嗽都是事件. 任何事件总要占据一定的空间范围并持续一段时间间隔．物理学中的事件概念则是实际事件的模型化，即认为每一事件发生在空间的一点和时间的一瞬．不论是否发生了什么，空间的一点和时间的一瞬的结合就叫一个**事件**(event)．全部事件的集合叫**时空**(spacetime)，故每个事件也叫一个时空点．根据物理直觉，时空应是个“4 维连续体”，但这一提法的准确含义起初并不明朗．后来发现，能把这一提法准确化的数学概念是 4 维流形. 把时空看成 4 维流形(并配以适当的附加结构，例如一个洛伦兹度规)是物理学默认的一个基本出发点(基本假设)．非相对论物理学和狭义相对论物理学假定时空流形是$\mathbb{R}^4$(两者的区别在于$\mathbb{R}^4$上的附加结构，见稍后)；广义相对论物理学则允许时空流形为任意 4 维连通流形.

牛顿力学中的质点是一个模型化概念，是指空间中带有质量的点．由于要讨论相对论，我们把质点概念推广为**粒子**(particle)概念．这里的粒子是模型语言的粒子，与粒子物理学的具体粒子如质子、中子等虽有联系但不相同，是完全没有大小的点．我们把粒子分为两类[见 Synge(1956)]：第一类是有(静)质量的粒子，与质点同义；第二类是无(静)质量的粒子，为方便也常称为光子(photon)．一个粒子的全部历史由一系列事件组成，因此对应于时空中的一条曲线，称为该粒子的**世界线**(world line)．设某人(看作质点)静止于地面，苍蝇绕他做匀速圆周运动[见图 6-1(a)，则两者的世界线示于图 6-1(b) [称为**时空图**(spacetime diagram)]．在时空图中，竖直向上代表时间的流逝，水平方向代表空间．每个水平面代表某一时刻的全空间．从时空图底部开始向上看，就能看到运动(演化)的全过程.

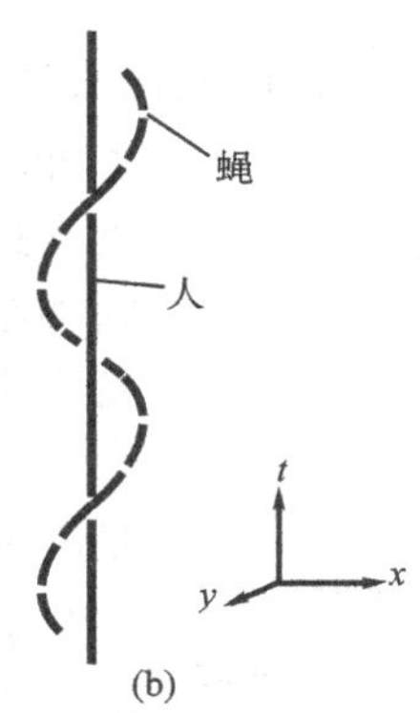

(a)　(b)

图 6-1　人静止于地面，蝇绕人做匀速圆周运动

(a) 空间图；(b) 时空图

进行物理观测的人叫观察者. 通常把观察者模型化，即看成质点，简称**观者**(observer). 为了观测，观者手中应有一个走时准确的钟，叫**标准钟**(standard clock)，该钟的读数称为该观者的**固有时**(proper time)(详见 6.1.4 小节). 推而广之，可认为任一质点都携带一个标准钟，每个质点有自己的固有时. 从数学上看，固有时τ无非是质点世界线的一个特殊参数. 一个观者只能对发生在自己世界线上的事件做直接观测. 为了对全时空(或其中一个开子集)的任何事件进行观测，需要处处设置观者("流动哨")，这种无处不在的观者们就构成一个参考系. 准确地说，无数观者的集合$\mathscr{R}$叫一个**参考系**(reference frame)，若它满足如下条件：时空(或其中一个开子集)中的任一点有且仅有$\mathscr{R}$内的一个观者的世界线经过. 这一抽象定义其实是读者常用的参考系概念的准确化和广义化. 以大家熟悉的"火车系"为例. 想像车内充满乘客(观者)，每人携带一个标准钟并且身上标有 3 个实数(他的空间坐标). 发生在车内的任一事件必定发生在某个观者身上，他便可记录下该事件的时空坐标 t, x, y, z (t 就是他的标准钟的读数，x, y, z 就是他自己的空间坐标.). 虽然火车只有有限大小(长宽高)，但作为模型语言中的概念，"火车系"一词已假定它的观者们充斥于全空间(任一空间点都有一个火车系观者，他们随车而动，即与车内观者相对静止.). 另一方面，"地面系"的观者们当然也充斥于全空间，但他们与火车系的观者们有相对速度. 以许多竖直线代表地面系观者们的世界线，则火车系观者们的世界线便是许多互相平行的斜直线(请读者自己画图). 把这一认识准确化和广义化(允许系内的世界线不互相平行，即允许系内两个观者的距离随时间而变.)，便得到前面关于参考系的一般定义.

6.1.2 狭义相对论的背景时空

所谓狭义相对论的几何表述，其实就是建立一个 4 维模型，使由它得出的各种结论与狭义相对论的原有表述(简称 3 维或 3 + 1 维表述)一致. 第一个问题就是用什么流形、配以什么附加结构作为背景时空. 从物理上看，狭义相对论的每个事件都可用某惯性系的坐标刻画，任一惯性系的坐标 t，x，y，z 的取值范围都从 $-\infty$ 到 ∞. 设 p，q 是 $\mathbb{R}^4$ 中一条曲线上的两邻点(如图 6-2)，它们在物理上就代表两个相邻事件. 根据狭义相对论，描述 p，q 的联系的重要物理量是元间隔，可借用任一惯性坐标系 $\{t, x, y, z\}$ 定义为

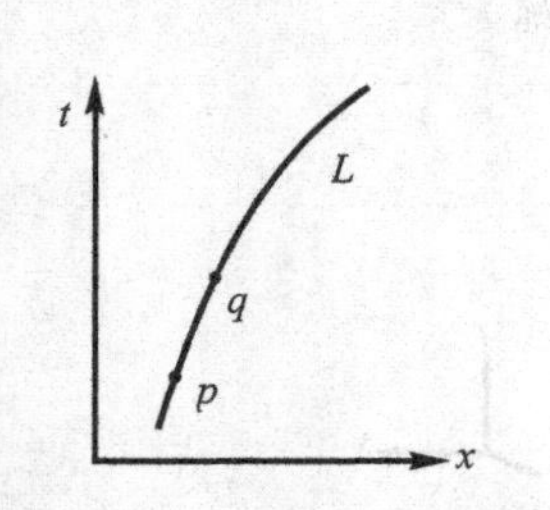

图 6-2　粒子世界线及其元段

$$\mathrm{d}s^2 = -\mathrm{d}t^2 + \mathrm{d}x^2 + \mathrm{d}y^2 + \mathrm{d}z^2 . \tag{6-1-1}$$

[本书用几何单位制，其中光速 $c = 1$(详见附录 A).] 元间隔的一个重要性质是它在从一个惯性系变到另一惯性系时形式不变，即

$$-\mathrm{d}t^2 + \mathrm{d}x^2 + \mathrm{d}y^2 + \mathrm{d}z^2 = -\mathrm{d}t'^2 + \mathrm{d}x'^2 + \mathrm{d}y'^2 + \mathrm{d}z'^2 .$$

(此即“间隔不变性”，可由洛伦兹变换验证.) 这使我们想到了数学上的 4 维闵氏空间：闵氏空间 $(\mathbb{R}^4, \eta_{ab})$ 中的线元可用洛伦兹坐标系 $\{x^0, x^1, x^2, x^3\}$ 表示为

$$\mathrm{d}s^2 = -(\mathrm{d}x^0)^2 + (\mathrm{d}x^1)^2 + (\mathrm{d}x^2)^2 + (\mathrm{d}x^3)^2 , \tag{6-1-1$'$}$$

上式与式(6-1-1)形式相同，而且在从一个洛伦兹系变到另一洛伦兹系时形式不变. 于是可认为物理上的元间隔对应于数学上的闵氏线元，物理上的惯性坐标系对应于数学上的洛伦兹坐标系，狭义相对论的背景时空对应于闵氏空间 $(\mathbb{R}^4, \eta_{ab})$ [所以闵氏空间又称**闵氏时空**. 不妨认为闵氏空间是侧重数学的提法，而闵氏时空是侧重物理的提法.]. 进一步把“对应于”改为“就是”(即认同)，便可以说狭义相对论的背景时空是闵氏时空. 就是说，狭义相对论物理学是研究物理客体在闵氏时空中的演化规律的学问，发生在闵氏时空的任何物理现象都属于狭义相对论物理学范畴.

用惯性坐标系可定义任何粒子的速率. 设 L 为粒子的世界线，p，q 为 L 上两邻点(见图 6-2)，(t_1, x_1, y_1, z_1) 和 (t_2, x_2, y_2, z_2) 分别为 p 和 q 在某惯性系 $\mathscr{R}$ 中的坐标. 令

$$\mathrm{d}t \equiv t_2 - t_1 , \qquad \mathrm{d}x \equiv x_2 - x_1 , \qquad \mathrm{d}y \equiv y_2 - y_1 , \qquad \mathrm{d}z \equiv z_2 - z_1 ,$$

则粒子在 p 时相对于 $\mathscr{R}$ 系的速率定义为

$$u := \frac{\sqrt{\mathrm{d}x^2 + \mathrm{d}y^2 + \mathrm{d}z^2}}{\mathrm{d}t} , \tag{6-1-2}$$

于是由式(6-1-1)可知世界线 L 介于 p，q 之间的线元为

$$\mathrm{d}s^2 = -(1-u^2)\mathrm{d}t^2 . \tag{6-1-3}$$

上式表明 $u=1$ 同 $\mathrm{d}s^2=0$ (线元为类光)等价；$u<1$ 同 $\mathrm{d}s^2<0$ (线元为类时)等价. 因此，狭义相对论的两个重要基本信条——①光子相对于任何惯性系的速率 $u=1$；②质点相对于任何惯性系的速率 $u<1$——便可改用 4 维语言表述如下：

① 光子世界线是(闵氏时空的)类光曲线；

② 质点世界线是(闵氏时空的)类时曲线.

3 维(亦称 3 + 1 维)表述总要借用参考系，上述基本信条的 3 维表述还涉及速率 u 的定义(这些都是人为因素)，不但不如 4 维表述简练自足，而且有时还会被误解. 例如，如果给速率下不同定义(其中有些也颇合理，颇有资格被称为速率.)，“超光速”就可以与上面用黑体字表述的基本信条不相矛盾(“超光速”质点的世界线可以仍是类时曲线)，然而，如果只知道“相对论不许超光速”而不知道按什么定义的速率才不许超光速，就会误以为连这种“超光速”也与相对论相悖(10.2.1 小节将给出一个既“超光速”又不违背相对论的重要例子). 反之，如果竟然发现世界线为类空曲线的质点，就会构成对相对论的重大挑战(曾有报道称天文观测已在这一方面发现某些迹象，尚待探讨.).

6.1.3　惯性观者和惯性系

狭义相对论的基本假设是光速不变原理和狭义相对性原理，后者又包含两个层次的内容：①在所有观者(质点)中存在一类特殊观者，称为**惯性观者**(inertial observer)，他们与其他观者(非惯性观者)有绝对的区别，就是说，在所有观者组成的集合中可以选出一个特殊的子集，其中每个元素都是惯性观者；②各惯性观者平权，不存在特殊的惯性观者，就是说，在由惯性观者组成的子集中不能选出一个(或几个)与众不同的元素，例如不能说哪个惯性观者处于绝对静止状态. 现在讨论惯性观者在数学上的对应对象. 根据 3 维语言的狭义相对论，惯性观者相对于所在惯性坐标系$\{t, x, y, z\}$的速率 $u=0$，因而其世界线重合于该系的一条 t 坐标线. 设 ∂_a 是该系的普通导数算符，则 $\partial_a(\partial/\partial t)^b=0$，故

$$(\partial/\partial t)^a \partial_a (\partial/\partial t)^b = 0 . \tag{6-1-4}$$

注意到惯性坐标系就是洛伦兹坐标系，可知 ∂_a 是与闵氏度规 η_{ab} 相适配的导数算符(满足 $\partial_a\eta_{bc}=0$)，所以式(6-1-4)是闵氏时空的测地线方程，可见任一惯性观者的世界线都是类时测地线. 反之也可证明，给定任一类时测地线 G，总可找到一个洛伦兹坐标系使 G 是该系的一条 t 坐标线，因而代表一个惯性观者. 于是物理上的惯性观者对应于数学上的类时测地线，或说惯性观者的世界线就是类时测地线. 从数学角度看，类时测地线是最特殊而又最简单的一类类时线；从物理角度

看，惯性观者是最特殊而又最简单的一类观者，把惯性观者与类时测地线相对应是很自然的.

既然洛伦兹坐标系的每一 t 坐标线都对应于一个惯性观者，该系的全体 t 坐标线组成的参考系便称为**惯性参考系**，而该坐标系则称为该惯性参考系内的一个**惯性坐标系**. 在不必认真区分参考系和坐标系时，惯性参考系和惯性坐标系又统称**惯性系**. 惯性系的定义域是全时空(整个$\mathbb{R}^4$)，因此亦称整体惯性系. 属于同一惯性参考系的所有惯性观者的世界线是平行测地线；反之，若二惯性观者分属不同惯性参考系(例如前面谈到的火车系和地面系)，则他们的世界线为不平行测地线. 一个质点叫做"自由的"或"做惯性运动的"，若其世界线为测地线.

根据定理 4-3-6，4 维闵氏时空$(\mathbb{R}^4, \eta_{ab})$中洛伦兹系之间的坐标变换对应于$(\mathbb{R}^4, \eta_{ab})$中的等度规映射. 任一等度规映射可由若干基本的等度规映射复合而成，后者又分为"连续"和"分立"两大类，"分立"是指反射和反演，"连续"则又有三种类型[见§4.3 例 1(4)]：(a) 平移，由 4 个独立 Killing 矢量场$(\partial/\partial t)^a$，$(\partial/\partial x)^a$，$(\partial/\partial y)^a$，$(\partial/\partial z)^a$ 表征；(b) 空间转动，由 3 个独立 Killing 矢量场$-y(\partial/\partial x)^a + x(\partial/\partial y)^a$，$-z(\partial/\partial y)^a + y(\partial/\partial z)^a$，$-x(\partial/\partial z)^a + z(\partial/\partial x)^a$表征；(c) 伪转动，由 3 个独立 Killing 矢量场$t(\partial/\partial x)^a + x(\partial/\partial t)^a$，$t(\partial/\partial y)^a + y(\partial/\partial t)^a$，$t(\partial/\partial z)^a + z(\partial/\partial t)^a$ 表征. 今各举一例说明物理意义. (a) 以时间平移为例，由 Killing 场$(\partial/\partial t)^a$对应的单参等度规群诱导而得的坐标变换为$t' = t + a$，$x' = x$，$y' = y$，$z' = z$(常数 a 充当单参群的参数)，物理上对应于把惯性系 $\mathscr{R}$ 内所有观者的标准钟的初始设定值增加数值 a，例如夏时制与普通制的关系就是如此，其中 $a = 1$(小时). (b) 以 x~y 面内的转动为例. 由 Killing 场$-y(\partial/\partial x)^a + x(\partial/\partial y)^a$对应的单参等度规群诱导而得的坐标变换为

$$t' = t, \quad x' = x\cos\alpha - y\sin\alpha, \quad y' = x\sin\alpha + y\cos\alpha, \quad z' = z,$$

$$(\alpha \text{为常数，充当参数．})$$

物理上对应于惯性参考系内部的一个空间坐标转动. (c)以 $t \sim x$ 面内的伪转动为例. 由 Killing 场$t(\partial/\partial x)^a + x(\partial/\partial t)^a$对应的单参等度规群诱导而得的坐标变换为(见定理 4-3-5)

$$t' = \gamma(t - \upsilon x), \quad x' = \gamma(x - \upsilon t), \quad y' = y, \quad z' = z, \tag{6-1-5}$$

其中 υ 为常数(充当参数)，$\gamma \equiv (1 - \upsilon^2)^{-1/2}$. 这在物理上对应于两个惯性系 $\mathscr{R}$ 和 $\mathscr{R}'$ 之间的坐标变换(洛伦兹变换)，该两系空间坐标轴对应同向，$\mathscr{R}'$系相对于 $\mathscr{R}$ 系以速率$|\upsilon|$沿 x 轴正(或负)向匀速平动，两系空间坐标原点在$t = t' = 0$时重合.

平移和空间转动对应的都是同一惯性参考系内的坐标变换. 例如，时间平移变换只是同一惯性参考系内所有观者把自己的标准钟的零点重新设定一下，观者

及参考系没有改变. 又如, 从$\{t, x, y, z\}$出发作一空间旋转后所得新坐标系$\{t'=t, x', y', z'\}$仍是该参考系内的一个惯性坐标系. 可见同一惯性参考系内存在许多不同惯性坐标系, 然而由一个伪转动相联系的两个惯性坐标系却必然分属两个不同惯性参考系, 因为它们的 t 坐标线不同.

6.1.4　固有时与坐标时

观者(质点)的固有时就是他的标准钟的读数. 但若问什么叫标准钟, 则还须追加如下定义:

定义1　一个钟称为**标准钟**或**理想钟**(ideal clock), 若它在自己世界线上任二点 p_1, p_2 的读数 τ_1, τ_2 之差等于该线在 p_1, p_2 之间的线长, 即

$$\tau_2 - \tau_1 = \int_{p_1}^{p_2} \sqrt{-\mathrm{d}s^2}\,. \tag{6-1-6}$$

注 1　若光速 c 不取为 1, 则上式右边应乘以 $1/c$.

注 2　应注意分清与钟有关的两个概念——**走时率**(rate)和**初始设定**(setting). 标准钟只对走时率提出要求(世界线上任意两点的读数差等于线长), 而参考系内的钟同步问题则只涉及初始(零点)设定. 我国曾一度推行夏时制, 规定从某月某日开始"把钟拨快一小时". 这"快"字有可能使人误以为要把走时率提高, 其实只是改变初始设定.

注 3　根据定义 1, 观者的固有时间等于它的世界线长. 至于线上哪一点选作 τ 的零点, 则只涉及初始设定, 在只有一个(或某些)观者的情况下是任意的. 但若考虑一个参考系, 则其中各观者固有时的零点选择就要满足一定要求. 例如, 设 $\mathscr{R}$ 为惯性参考系, G 是其中的一个观者, 任选 $p_0 \in G$ 作为 G 的固有时的零点之后, 以 Σ_0 代表过 p_0 并与所有观者世界线正交的超曲面, 则 $\mathscr{R}$ 系内任一观者 G' 必须选 Σ_0 与自己世界线的交点作为固有时的零点. 这种要求叫做惯性系内的**钟同步**(clock synchronization). 乍看起来可用下法实现同步: 观者 G 在把自己的钟调到指零(事件 p_0)的同时告知 G'"你现在就把钟调到指零". 但是, 由于信号传播需要时间, 若以 q 代表 G' 接到通知的事件, 则 q 必定不在超曲面 Σ_0 上. 如果 G' 执行指令, 即在事件 q 把自己的钟调零, 必然达不到钟同步的要求. 可见钟同步在相对论中是个非平凡过程. 下面介绍一种同步方法. 观者 G 事先告知 G': "你在身上装一面反射镜, 当镜子接收到我发的光时把你的钟调零." 然后 G 在某时刻向 G' 发光(事件 p_1), 它到达 G' 时被反射(事件 p'), 以 p_2 代表 G 收到反射光的事件(见图 6-3). 设 p_0 是 G 世界线上 $p_1 p_2$ 段的中点(以线长衡量), 则 G 只须在该点

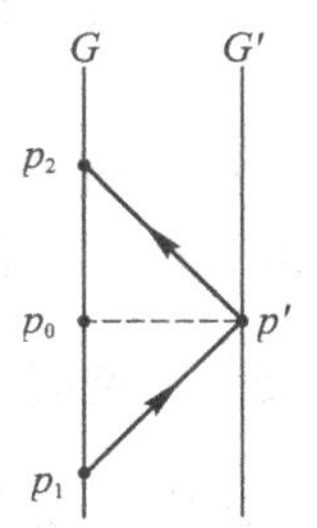

图 6-3　钟同步方法

把自己的钟调零便可使 G' 钟与自己的钟同步. 请注意这一做法用到光速与方向无关(光子走类光测地线)的性质.

注 4 标准钟也是一种模型. 什么样的实际钟可看成标准钟? 实验表明, 原子钟在多数情况下可相当精确地看作标准钟, 生活中的钟通常也可近似看作标准钟. 然而, 任何实际钟都会在某些特殊情况下与标准钟有明显偏离[参见 Misner et al.(1973)P.393, 395; Rindler(1982)P.31.]. 例如, 密切依赖于地球重力加速度的摆钟一旦被带到远离地球的飞船中便将一无是处. 不过这只涉及实验中如何选钟而不妨碍理论上的讨论. 在理论上需要的只是标准钟的概念.

注 5 今后谈到世界线时默认以固有时 τ 为参数, 而固有时间等于线长, 因此其切矢 $(\partial/\partial\tau)^a$ 的长度为 1(见§2.5 定义 7 前一段). 于是应把观者理解为一条有单位切矢的类时曲线.

注 6 光子没有固有时概念(类光曲线线长恒为零), 因此不能充当观者.

设 x^0 是坐标系的类时坐标[即 $\eta_{ab}(\partial/\partial x^0)^a(\partial/\partial x^0)^b<0$], x^1, x^2, x^3 是类空坐标[即 $\eta_{ab}(\partial/\partial x^i)^a(\partial/\partial x^i)^b>0$, $i=1, 2, 3$], 则坐标域中任一点 p 的 x^0 值称为事件 p 在该系的**坐标时**(coordinate time). 惯性系的坐标时叫**惯性坐标时**, 其定义域为全 $\mathbb{R}^4$. 要特别注意坐标时与固有时的以下两点区别: ①固有时只对世界线上的点而言, 脱离世界线就没有固有时概念. 若两条世界线 L_1 和 L_2 交于 p 点, 则 p 点作为 L_1 的一点的固有时可以不同于它作为 L_2 的一点的固有时. 反之, 坐标时与世界线无关, 只要 p 是坐标域中的一点, 就可谈及它在该系的坐标时. ②同一时空点 p 在不同坐标系中可有不同坐标时, 而固有时则与坐标系无关. 下面的命题给出类时曲线上的固有时与惯性坐标时的联系.

命题 6-1-1 设 $L(\tau)$是某质点的世界线, τ 为固有时, t 为惯性系 $\mathscr{R}$ 的坐标时, 则

$$\mathrm{d}t/\mathrm{d}\tau=\gamma_u. \tag{6-1-7}$$

其中 $\gamma_u\equiv(1-u^2)^{-1/2}$, u 是质点相对于 $\mathscr{R}$ 的速率.

证明 仍用图 6-2. 由 $\mathrm{d}\tau=\sqrt{-\mathrm{d}s^2}$ 和式(6-1-3)得 $\mathrm{d}\tau^2=(1-u^2)\mathrm{d}t^2$, 故有式(6-1-7). □

若 $L(\tau)$就是惯性系 $\mathscr{R}$ 中的一条 t 坐标线, 则由式(6-1-2)知 $u=0$, 故由式(6-1-7)知 $\mathrm{d}t=\mathrm{d}\tau$. 可见惯性观者在本惯性系内的坐标时等于自己的固有时.

6.1.5 时空图

研究运动常要画图. 通常的图是空间图, 例如平抛物体的空间轨迹是抛物线. 这种图不含时间因素, 不能反映物体在哪一时刻位于轨迹的哪一点. 时空图可以克服这一缺点, 它用纸面上的点代表事件, 纸面上的线代表粒子在时空中的

运动(过程)，等等．如果只涉及1维运动，可以只画2维时空图．画图时，先任选一惯性系$\mathscr{R}$作基准，并用竖直向上的轴为其t轴(代表时间的流逝)，水平轴为其x轴(见图6-4)．各种沿x轴运动的粒子的世界线都可用图中的曲线表示．例如，t轴代表$\mathscr{R}$系中$x=0$的那个惯性观者G_0的世界线，图中的另一竖直线代表$\mathscr{R}$系中$x=x_1$的那个惯性观者G_1的世界线(竖直表明相对于$\mathscr{R}$系静止)，而图中的点画线则代表光子的世界线．给定任一时刻$\hat{t}$，线上便得一点$(\hat{t},\hat{x})$，其空间坐标$\hat{x}$就反映光子在$\hat{t}$时刻的位置．图6-4中的斜直线G_0'代表什么？由于是斜直线，其x坐标随t坐标线性变化，由式(6-1-2)知它相对于$\mathscr{R}$系的速率为小于1的常数，可见它是做惯性运动的质点．其实，从它是类时直线(测地线)这一事实便知它也是惯性观者，从它过原点的事实可知它是式(6-1-5)涉及的惯性系$\mathscr{R}'$中的$x'=0$的那个惯性观者，亦即$\mathscr{R}'$系的t'轴．从另一侧面也可验证：把$x'=0$代入洛伦兹变换式(6-1-5)得$t=x/v$，可见t'轴是过原点、斜率为$1/v$的直线．$\mathscr{R}'$系的x'轴该怎么画？x'轴满足$t'=0$，代入式(6-1-5)得$t=vx$，可见x'轴是过原点、斜率为v的直线，和t'轴分居点画线的两侧且与该线夹角相等(见图6-5)．这岂非表明x'轴与t'轴互不正交，从而导致$\mathscr{R}'$与$\mathscr{R}$系不平权？其实这是“时空图的欺骗”，是人们习惯于用欧氏度规想问题的结果．事实上，注意到$\{t', x', y', z'\}$也是洛伦兹系，自然有$\eta_{ab}(\partial/\partial t')^a(\partial/\partial x')^b=0$，即$(\partial/\partial t')^a$与$(\partial/\partial x')^b$用闵氏度规衡量是正交的．$\mathscr{R}'$与$\mathscr{R}$系的平权性没有被破坏．当然，画图时一般要先选一个惯性系作基准并把它们的t轴和x轴分别画成竖直和水平，但选哪个系作基准则完全任意．例如，假定选$\mathscr{R}'$系为基准，所得时空图就如图6-6，它虽与图6-5貌似不同，但实质一样．

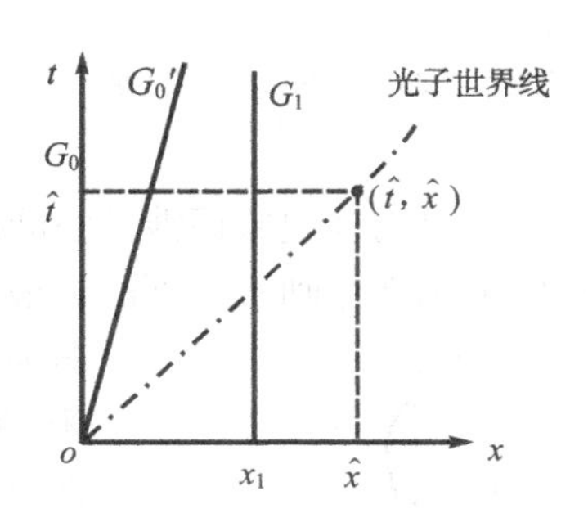

图6-4　以惯性系$\mathscr{R}$为基准的2维时空图

时空图的“欺骗性”不但体现在正交性上，还体现在曲线长度的判断中．设$p=(t,x)$为任一时空点，op是联结o与p的直线段(见图6-7)，其线长按闵氏度规为$l_{op}=\sqrt{|-t^2+x^2|}$，可见双曲线$-t^2+x^2=K$(常数)上各点与o所联直线段等长，例如op与oq等长，尽管直观看来(即按欧氏度规)不等．图6-7中的双曲线称为**校准曲线**.

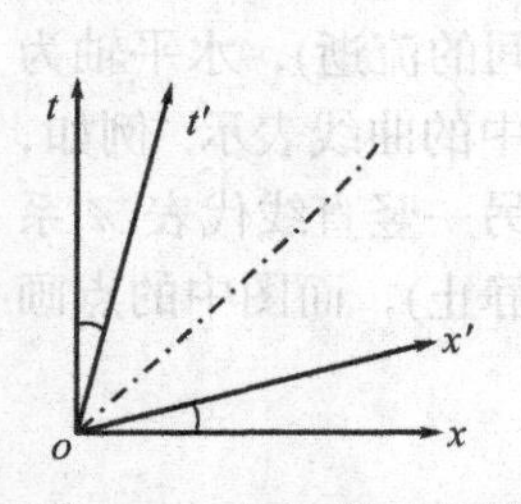

图 6-5 x'与t' 轴对称地分居 45° 直线两侧

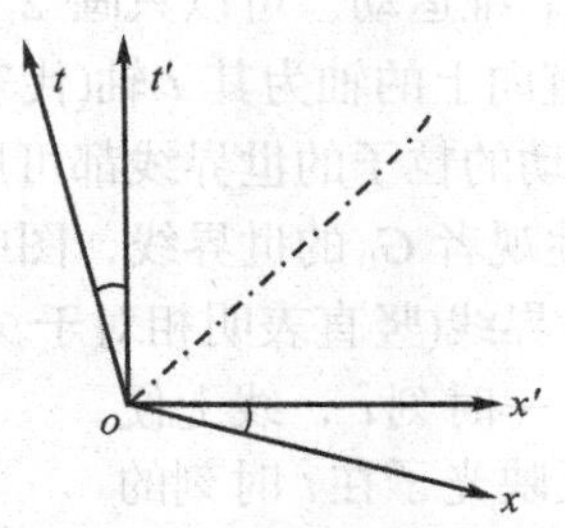

图 6-6 以$\mathscr{R}'$为基准的时空图，与图 6-5 等价

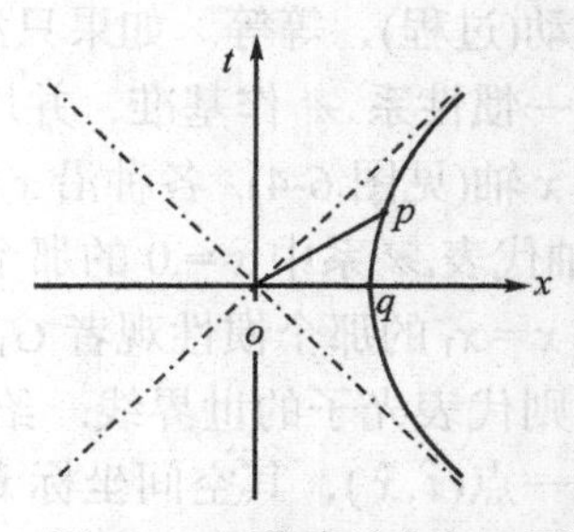

图 6-7 双曲线的点与 o 所联直线长度为常数

如果物理现象还涉及空间的第 2、3 维，以上的 2 维时空图就不够用. 但是，即使采用立体画法，纸面上最多也只能表现 3 维，既然必须用一维代表时间，就只剩两维代表空间，因此 3 维空间势必有一维反映不出来(在图上被“压缩掉”). 幸好许多问题中有一维(甚至两维)不重要，或者问题有一定的对称性，压缩掉一维后仍不丢失实质内容. 以人造卫星绕地球转动为例(见图 6-8). 地球表面本是个 2 维球面，但画图时有一维被压缩掉，所以每个时刻的地球表面由一个圆周(图中的 C)代表. 近似认为地球做惯性运动并以它为画图基准，地面上每点的世界线便都是竖直线，它们构成一个圆柱面，叫做地球表面的**世界面**. 图中的螺旋线则代表卫星的世界线，其倾斜程度反映卫星转动的快慢.

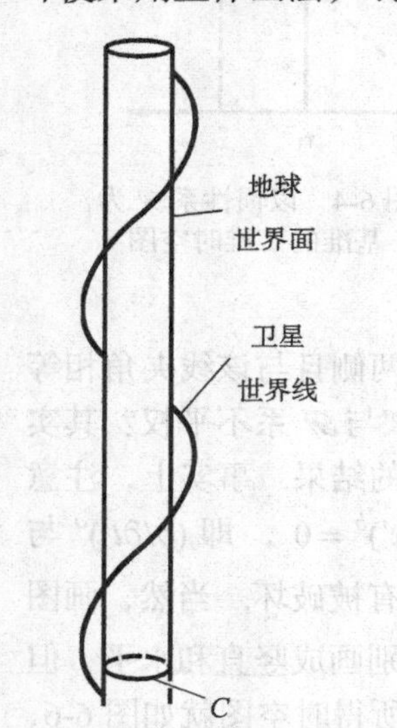

图 6-8 地球世界面(压缩掉一维)和卫星世界线

设$\mathscr{R}$ 是闵氏时空的惯性参考系，则与$\mathscr{R}$ 中所有观者世界线正交的 3 维平面(超平面) Σ_t 上各点有相同 t 坐标，所以称为$\mathscr{R}$ 系的一个同时面(见图 6-9)，代表$\mathscr{R}$ 系在 t 时刻的“全空间”. 设 C 是 Σ_t 上的曲线，则其上任一元段的 $\mathrm{d}t$ 为零，故闵氏线元 $\mathrm{d}s^2=-\mathrm{d}t^2+\mathrm{d}x^2+\mathrm{d}y^2+\mathrm{d}z^2$ 诱导出的线元为 $\mathrm{d}\hat{s}^2=\mathrm{d}x^2+\mathrm{d}y^2+\mathrm{d}z^2$，即欧氏线元. 可见惯性系$\mathscr{R}$ 在任一时刻的空间是 3 维欧氏空间，这正是狭义相对论 3 维表述所默认的. 如果讨论另一惯性系$\mathscr{R}'$，由于它的观者世界线与$\mathscr{R}$ 系的观者世界线互不平行，$\mathscr{R}'$系的同时面与$\mathscr{R}$ 系的同时面自然不同. 这可以看作同时性的相对性的缘由.

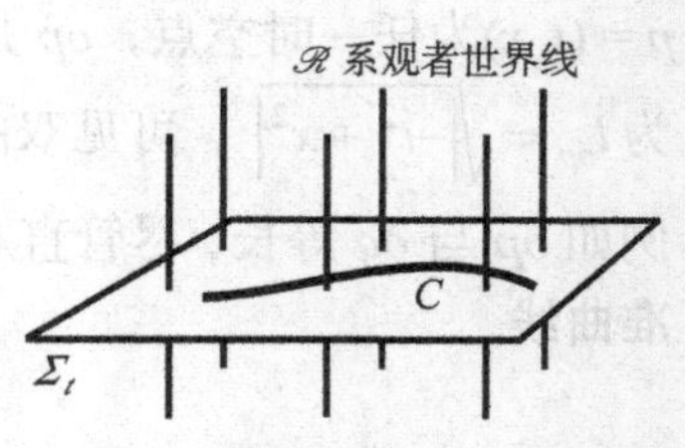

图 6-9 惯性系$\mathscr{R}$ 的同时面

6.1.6　狭义相对论与非相对论时空结构的对比

在非相对论物理学中时间和空间是第一手概念，人人都知道什么是时间和空间. 从历史的角度看，人们先有时间和空间概念，直至相对论创立后才逐渐建立时空概念. 许多人觉得时空不难理解，因为它“无非是时间加空间”. 然而，在相对论中时空是第一手概念，时间和空间则反而是派生的相对概念. “派生”是指只有借助于参考系把时空作“3 + 1”分解才得到时间和空间概念，“相对”是指同一时空存在着许多不同的 3 + 1 分解方案(图 6-5 就代表用参考系$\mathscr{R}$和$\mathscr{R}'$对闵氏时空所做的两种分解). 从 4 维几何的观点看来，相对论与非相对论物理学在时间、空间概念上的差别源于两者时空结构的不同. 非相对论物理学默认时空流形为$\mathbb{R}^4$,并具有某些内禀的附加结构. 其一就是存在一个称为**绝对时间**(absolute time)的光滑函数 $t:\mathbb{R}^4\to\mathbb{R}$，使$\mathbb{R}^4$被分成无限多层，每层是一个等 t 面 Σ_t($\mathbb{R}^4$中的一张超曲面，见图 6-10.)，称为**绝对同时面**(absolute simultaneity surface)，它有 3 维欧氏度规，代表 t 时刻的“整个 3 维空间”(详见选读 6-1-1). 同一 Σ_t 上的所有点代表同时发生于不同地点的事件，不同 Σ_t 上的点代表不同时的事件. 所谓绝对同时，是指不论哪个参考系看来都同时，这与相对论显然不同. 在狭义相对论中，某参考系认为同时的两事件，另一参考系就可能认为不同时. 狭义相对论只有相对同时面. 如果把同时面比喻为扑克牌，就可以说非相对论只有一副扑克牌(与参考系无关，所以说是绝对的)而狭义相对论有无数副扑克牌(取决于参考系，所以说是相对的). 这是两种理论的时空结构的重要区别.

下面再从事件因果联系的角度讨论两种时空结构的区别. 给定事件 $p\in\mathbb{R}^4$ 后，总可把 $\mathbb{R}^4-\{p\}$ 写成 3 个互相无交的子集 M_1，M_2，M_3 之并，即 $\mathbb{R}^4-\{p\}=M_1\cup M_2\cup M_3$，其中

$$M_1\equiv\{q\in\mathbb{R}^4-\{p\}\mid \text{存在先经历事件 } q \text{ 后经历事件 } p \text{ 的观者}\},$$

$$M_2\equiv\{q\in\mathbb{R}^4-\{p\}\mid \text{存在先经历事件 } p \text{ 后经历事件 } q \text{ 的观者}\},$$

$$M_3\equiv\{q\in\mathbb{R}^4-\{p\}\mid \text{不存在既经历事件 } q \text{ 又经历事件 } p \text{ 的观者}\}.$$

非相对论物理学默认子集 M_3 就是过 p 点的绝对同时面 Σ_t(去掉点 p)，而 M_2 和 M_1 则分别是 Σ_t 两侧的“上半个$\mathbb{R}^4$”和“下半个$\mathbb{R}^4$”(见图 6-11)，其物理意义是：若 $q\in M_2$，则说事件 q 发生于 p 的未来；若 $q\in M_1$，则说 q 发生于 p 的过去. 然而在狭义相对论中，由于观者世界线为类时线，M_2 和 M_1 分别是 p 点的未来光锥面(类光超曲面)和过去光锥面所围的子集(但不含光锥面上的点)，M_3 则比图 6-11 的 3 维子流形 Σ_t “大”得多，它包括 M_1 和 M_2 之外的所有点(含光锥面上的点)，见图 6-12.

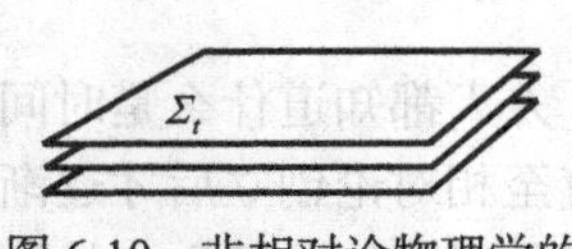

图 6-10 非相对论物理学的绝对同时面

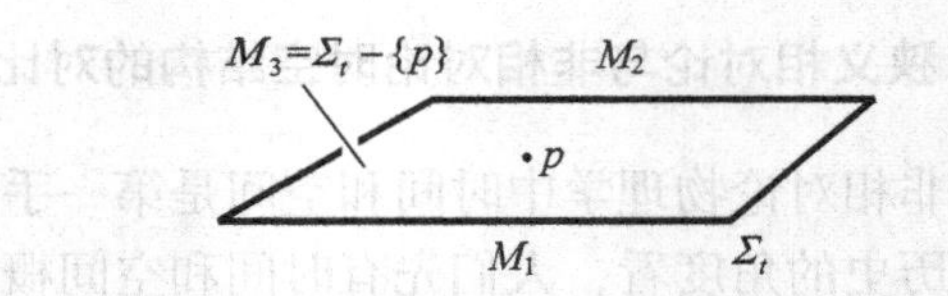

图 6-11 非相对论物理学的时空结构. 过 p 点的绝对同时面是 3 维面，其上、下代表 p 的未来和过去

设 $q \in M_2$，则从 p 到 q 的测地线在 p 点的切矢 T^a 必为类时. 同理，若 $q' \in M_1$，则从 p 到 q' 的测地线在 p 点的切矢 T'^a 也类时. 但 T^a 和 T'^a 在物理上毕竟很不相同：T^a 指向未来而 T'^a 指向过去(见图 6-13). 在相对论中就把 T^a 和 T'^a 分别称为**指向未来**(future directed)**类时矢量**和**指向过去**(past directed)**类时矢量**. p 点的类时矢量要么是指向未来的，要么是指向过去的. 类似地可定义指向未来和指向过去的(非零)类光矢量.

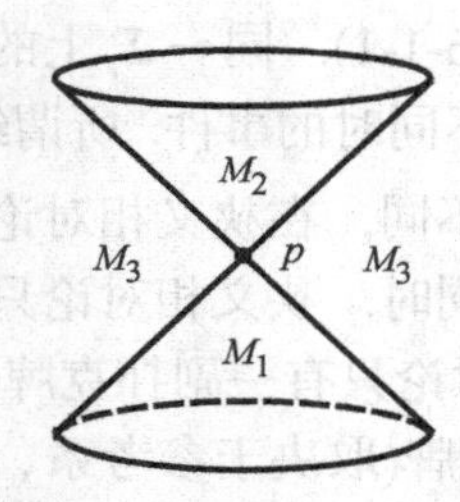

图 6-12 狭义相对论的时空结构. 没有绝对同时面. p 的未来和过去比图 6-11 的对应子集小得多，与 p 无因果联系的子集 M_3 则比图 6-11 的 M_3 大得多

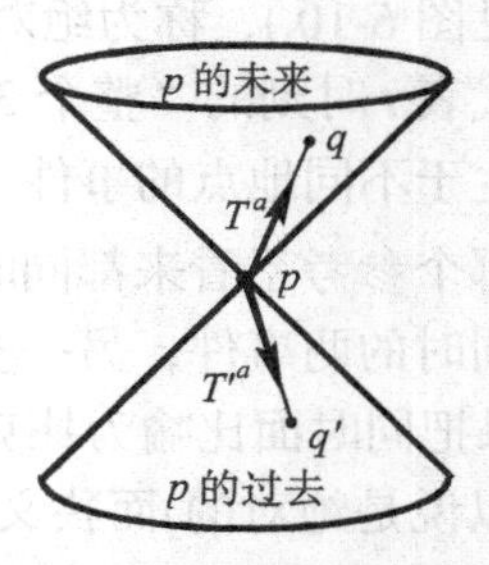

图 6-13 类时矢量 T^a 指向未来而 T'^a 指向过去

[选读 6-1-1]

把狭义相对论和广义相对论物理学与非相对论物理学的时空结构做一对比是很有教益的. 根据广义相对论，引力的实质是 4 维时空的弯曲(详见§7.1). 狭义相对论研究引力不存在(可忽略)时的物理学，因此背景时空是$(\mathbb{R}^4, \eta_{ab})$. 广义相对论研究有引力时的物理学，其背景时空是任意(连通) 4 维流形 M 配以弯曲的度规场 g_{ab}，即(M, g_{ab}). 非相对论物理学背景时空可通过用 4 维语言对牛顿引力论重新表述而得以认识. 按照牛顿引力论，空间的引力场由引力势ϕ描述，它同质量密度μ的关系满足泊松方程

$$\nabla^2 \phi = 4\pi\mu \,. \tag{6-1-8}$$

除引力外不受力的质点叫**自由质点**. 单位质量的自由质点遵从如下的运动方程：

$$\frac{\mathrm{d}^2 x^i}{\mathrm{d}\,t^2} = -\frac{\partial \phi}{\partial x^i}, \qquad i=1,\ 2,\ 3\ , \tag{6-1-9}$$

其中 t 是牛顿绝对时间，x^i 是质点的空间伽利略坐标(即数学上的笛卡儿坐标). 给定初始条件后，式(6-1-9)的解 $x^i(t)$ 可看作空间中以 t 为参数的曲线的参数表达式，该曲线代表该质点的空间运动轨迹. 例如，地面附近斜抛质点的轨迹为抛物线. 嘉当(Cartan)等人把以上事实用几何语言重新表述，要点如下[参见 Misner et al.(1973)第 12 章].

牛顿引力论的背景时空叫**牛顿时空**，由流形$\mathbb{R}^4$及其上的如下附加内禀结构组成：(a)存在一个称为**绝对时间**的、满足适当条件的光滑函数 $t:\mathbb{R}^4\to\mathbb{R}$；(b)在$\mathbb{R}^4$上存在导数算符 ∇_a，它在某特定坐标系 $\{x^\mu\}$ (其中 $x^0\equiv t$)的克氏符满足

$$\Gamma^i{}_{00} = \partial f/\partial x^i, \qquad i=1,\ 2,\ 3\ (f\text{ 为}\mathbb{R}^4\text{ 上某函数}), \qquad \text{其他}\ \Gamma^\mu{}_{\nu\sigma}=0\,. \tag{6-1-10}$$

由这两点出发可做下面的讨论：

(1)绝对时间的存在使时空流形$\mathbb{R}^4$具有一种绝对的“分层(stratification)结构”：$\forall p\in\mathbb{R}^4$，存在一个等 t 面 Σ_t ($\mathbb{R}^4$ 中的超曲面)使 $p\in\Sigma_t$ (见图 6-10)，代表 t 时刻的“整个 3 维空间”，称为一个**绝对同时面**. 事件 p，q 称为同时的，若 $t(p)=t(q)$.

(2)设 $\gamma(\lambda)$ 是牛顿时空中的任一测地线(λ 为仿射参数)，则其在满足式(6-1-10)的坐标系的参数表达式 $x^\mu(\lambda)$ 服从方程组

$$\frac{\mathrm{d}^2 x^\mu}{\mathrm{d}\,\lambda^2} + \Gamma^\mu{}_{\nu\sigma}\frac{\mathrm{d}\,x^\nu}{\mathrm{d}\,\lambda}\frac{\mathrm{d}\,x^\sigma}{\mathrm{d}\lambda} = 0\,, \qquad \mu=0,1,2,3 \tag{6-1-11}$$

令 $\mu=0$，由 $\Gamma^0{}_{\nu\sigma}=0\ (\nu,\sigma=0,1,2,3)$ 便得 $0=\mathrm{d}^2x^0/\mathrm{d}\lambda^2=\mathrm{d}^2t/\mathrm{d}\lambda^2$，因而

$$t=\alpha\lambda+\beta\,, \qquad \alpha,\beta\text{ 为常数}. \tag{6-1-12}$$

上式表明绝对时间 t 可充当任一 $\alpha\neq 0$ 的测地线的仿射参数. 再令式(6-1-11)的 $\mu=i$，由式(6-1-12)及 $\Gamma^i{}_{00}=\partial f/\partial x^i$、$\Gamma^i{}_{jk}=0\ (i,j,k=1,\ 2,\ 3)$ 得

$$\frac{\mathrm{d}^2 x^i}{\mathrm{d}\,t^2} + \frac{\partial f}{\partial x^i} = 0, \qquad i=1,2,3. \tag{6-1-9$'$}$$

与式(6-1-9)对比可知，只要把 f 解释为引力势 ϕ，把 x^i 解释为伽利略坐标，则牛顿时空中以绝对时间 t 为仿射参数的测地线对应于自由质点的世界线.

(3)用式(6-1-10)代入(3-4-20′)和(3-4-21)不难求得 ∇_a 的黎曼张量和里奇张量的坐标分量如下(f 已改为 ϕ)：

$$R_{0i0}{}^j = -R_{i00}{}^j = \frac{\partial^2\phi}{\partial x^i \partial x^j}\,, \qquad \text{其他}\ R_{\mu\nu\rho}{}^\sigma = 0\,, \tag{6-1-13}$$

$$R_{00}=\sum_{i=1}^{3}\frac{\partial}{\partial x^i}\frac{\partial\phi}{\partial x^i}=\nabla^2\phi=4\pi\mu\,,\qquad 其他\,R_{\mu\nu}=0\,. \tag{6-1-14}$$

式(6-1-13)表明牛顿时空并不平直(对比：根据爱因斯坦理论，有引力的时空也不平直.). 然而，∇_a 在每一绝对同时面 Σ_t 上诱导出的导数算符 $\hat{\nabla}_a$ 却是平直的[式(6-1-10)表明 $\Gamma^i{}_{jk}=0,\quad i,j,k=1,2,3$，其相应的 3 维黎曼张量为零.]. 这也可从另一角度印证：当式(6-1-12)的 α 为零时，测地线 $\gamma(\lambda)$ 躺在 $t=\beta$ 的绝对同时面 Σ_β 上，由 $\Gamma^i{}_{jk}=0$ 、式(6-1-11)及 $t=\beta$ 得 $\mathrm{d}^2x^i/\mathrm{d}\lambda^2=0$，从而

$$x^i(\lambda)=\alpha^i\lambda+\beta^i\,,\qquad \alpha^i,\beta^i\,为常数. \tag{6-1-15}$$

这是线性方程组，只要把 x^i 解释为 Σ_β 的笛卡儿坐标，则式(6-1-15)表明 Σ_β 上的测地线为直线. 实际上，只要用 x^i 依下式定义 Σ_β 上的欧氏度规

$$\delta_{ab}=\delta_{ij}(\mathrm{d}x^i)_a(\mathrm{d}x^j)_b\,,$$

则 $\{x^i\}$ 系的普通导数算符 ∂_a 自然满足 $\partial_a\delta_{bc}=0$，其在 $\{x^i\}$ 系的克氏符当然为零，即

$$\Gamma^i{}_{jk}=0,\qquad i,j,k=1,\ 2,\ 3\,.$$

所以 ∂_a 正是前面提到的由 ∇_a 在 Σ_β 上诱导的 $\hat{\nabla}_a$. 可见每一绝对同时面 Σ_t 是一个 3 维欧氏空间，物理上常用的伽利略坐标 x^i 就是该空间的笛卡儿坐标. $\{t,x^i\}$ 亦称 4 维伽利略坐标系.

一个自然的问题是：可否给 $\mathbb{R}^4$ 定义一个与 ∇_a 适配的度规？答案是否定的：只要存在引力，能够找到的"度规"必定退化[上指标"度规"的号差为(0, +, +, +)]. 本选读为没有度规却有导数算符(因而有曲率概念)的流形的物理应用提供了一个实例.

[选读 6-1-1 完]

§6.2 典型效应分析

6.2.1 "尺缩"效应

一个质点在 3 维语言中是空间的一点，在 4 维语言中是时空的一条类时线(世界线). 同理，一把尺子在 3 维语言中是空间的一段直线，在 4 维语言中是一个由尺上各点世界线组成的 2 维面(世界面，见图 6-14). 于是，在 3 维语言中非常明确的尺长概念在 4 维语言中变得含糊：哪条线的线长才是尺长？对熟悉 4 维语言的人来说，尺子本来就不是 1 维的，它是个 2 维对象. 这是一个绝对的对象，与参考系、坐标系以及观者无关. 为什么尺子在普通语言(3 维语言)中是 1 维对象？因为人们站在自己所在参考系的立场上看问题，这种看法一开头就是相对的. 惯

性系$\mathscr{R}$ 的每一同时面 Σ_t 既然代表 t 时刻的全空间，它与尺子世界面的交线自然代表“$\mathscr{R}$ 系测得(认为)的、t 时刻的尺子”，例如 $t=0$ 的同时面与尺子世界面的交线段 oa 便是$\mathscr{R}$ 系在 $t=0$ 时测得的尺子. 设 o，a 点之间的空间坐标差为 Δx，Δy，Δz，则$\mathscr{R}$ 系测得的尺长为 $(\Delta x^2+\Delta y^2+\Delta z^2)^{1/2}$，即直线段 oa 的线长. [既可说是欧氏线长，这时是把 oa 看作 3 维欧氏空间(同时面)上的直线；也可说是闵氏线长，这时是把 oa 看作 4 维闵氏时空中的直线. 同时面上 t 为常数保证了两种看法的一致性.]. 然而同时是相对的，$\mathscr{R}'$系的同时面 $t'=0$ 与同一尺子世界面的交线(直线段 ob)代表“$\mathscr{R}'$系测得的、$t'=0$ 时刻的尺子”，故尺长应为直线段 ob 的线长. 既然 oa 与 ob 是时空中两个不同的直线段，它们不等长就毫不奇怪. 因此，“尺缩”效应显然不是什么“弹性”之类的物理机制在起作用(根本没有任何“收缩”发生)，其本质原因无非是：虽然尺子只有一把(尺子世界面只有一个)，但不同惯性系有不同的同时面导致不同惯性系测到不同的 1 维尺子(1 维尺是相对的)，而不同的 1 维尺有不同尺长当然不足为怪. “尺缩”效应不过类似于“盲人摸象”而已.

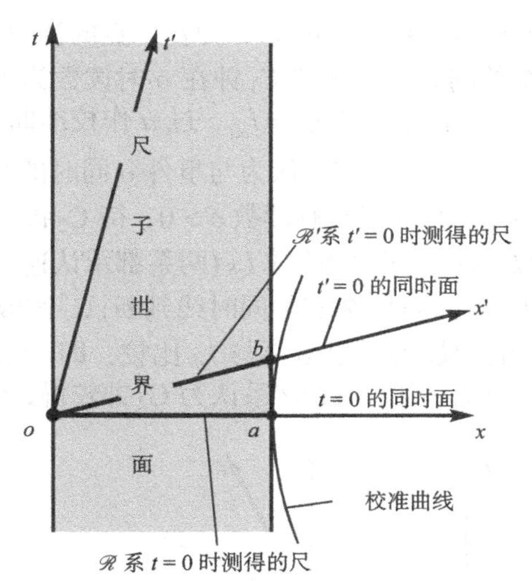

图 6-14　尺子世界面是绝对的，直线段 oa 和 ob 分别是惯性系$\mathscr{R}$ 和$\mathscr{R}'$在 $t=0$ 和 $t'=0$ 时测得的 1 维尺

因$\mathscr{R}$ 系认为尺子静止而$\mathscr{R}'$系认为尺子运动，直线段 oa 和 ob 的线长 l_{oa} 和 l_{ob} 分别是静、动尺长. 所余问题无非是比较 l_{oa} 和 l_{ob}. 直观看来有 $l_{ob}>l_{oa}$，似乎动尺较长！然而这也是时空图的“欺骗”. 过 a 作校准曲线便知 $l_{ob}<l_{oa}$，可见动尺较短. 欲求两者之间的定量关系，只须计算两段线长. 线长是绝对量，计算结果同所选坐标系无关. 为便于比较，我们用同一坐标系(与$\mathscr{R}$ 相应的惯性系$\{t, x, y, z\}$)计算. 注意到 o 点在该系的坐标为(0，0，0，0)，由闵氏线元在该系的表达式得 $l_{oa}=\sqrt{{x_a}^2-0}=x_a$，$l_{ob}=\sqrt{{x_b}^2-{t_b}^2}$. 由式(6-1-5)又知 x' 轴的方程为 $t=vx$，故 $t_b=vx_b$，由图 6-14 可以看出 $x_b=x_a$，代入上式便得 $l_{ob}=\gamma^{-1}x_b=\gamma^{-1}x_a=\gamma^{-1}l_{oa}$. 这正是“尺缩”效应中熟知的定量关系.

6.2.2　“钟慢”效应

考虑惯性系$\mathscr{R}$ 的两个标准钟 C_1，C_2 和惯性系$\mathscr{R}'$的一个标准钟 C'. 三钟的世界线示于图 6-15. 从$\mathscr{R}$ 系看来，C_1，C_2 钟静止而 C'钟运动. 开始时 C'钟与 C_1 钟重合(事件 o)，两钟调成指零. 一段时间后，C'钟与 C_2 钟重合(事件 b). 由“固有时间等于线长”可知 C'钟在 b 点的读数等于 l_{ob}. C_2 钟与 C_1 钟同属$\mathscr{R}$ 系，x 轴是$\mathscr{R}$ 系的同时线，既然 C_1 钟在 o 时读数为零，C_2 钟在 c 时读数也应为零. 故 C_2 钟在 b 时的读数等于 $l_{cb}=l_{oa}$. 过 a 作校准曲线可知 $l_{ob}<l_{oa}=l_{cb}$，故$\mathscr{R}$ 系认为 C'钟(动钟)较慢. 但$\mathscr{R}'$系认为与事件 o 同时的是事件 d (见图 6-16)而非 c. 既然 C_2 钟在 c 指零，在 d 就必有读数 $\delta>0$. 待 C_2 钟运动到与 C' 钟重合时(事件 b)，虽然 C'的读数 l_{ob} 小于 C_2 的读数 l_{cb} (两系都承认这一事实)，但不说明 C' 钟较慢，因在 C'读数为零的同时(按$\mathscr{R}'$的同时线判断) C_2 读数已是δ(C_2 做了“偷跑”)，故应先从 C_2 在 b 的读数 l_{cb} 减去δ再与 l_{ob} 比较，即$\mathscr{R}'$认为应比较 l_{db} 与 l_{ob}. 由过 b 的校准曲线知 $l_{ob}>l_{oe}=l_{db}$，故$\mathscr{R}'$系认为 C_2 钟较慢，仍是动钟较慢. 图 6-17 是以上讨论的 3 维

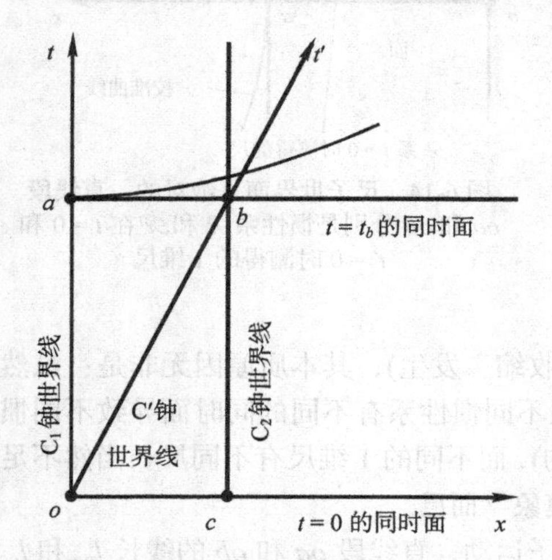

图 6-15　$\mathscr{R}$ 系的钟根据同时面 $t=t_b$ 和 $t=0$ 认为 C'钟较慢

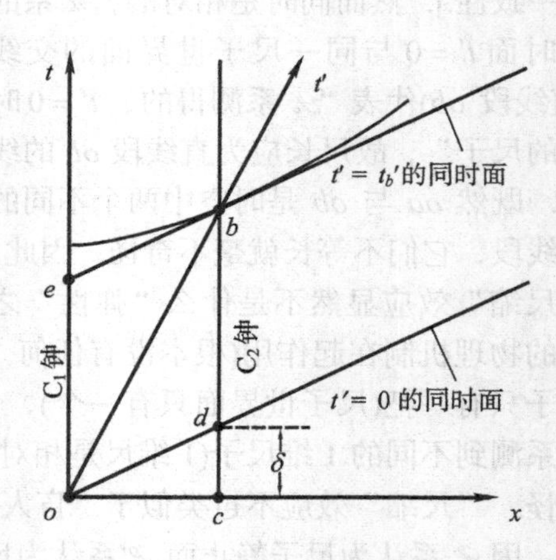

图 6-16　$\mathscr{R}'$系的钟根据同时面 $t'=t'_b$ 和 $t'=0$ 认为 C_2 钟较慢

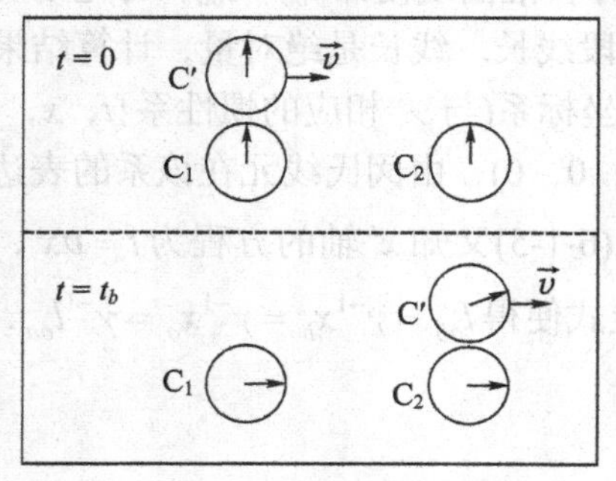

(a)　$\mathscr{R}$ 系看法

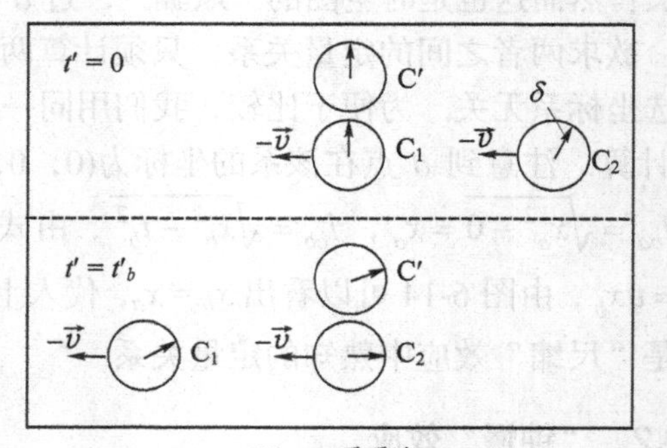

(b)　$\mathscr{R}'$系看法

图 6-17　惯性系$\mathscr{R}$ 和$\mathscr{R}'$的 3 维看法

图示，其中(a)和(b)分别为$\mathscr{R}$和$\mathscr{R}'$系的 3 维看法. 由此可再次看出 3 维看法依赖于参考系，只有时空图以及用 4 维语言的表述才与参考系无关.

仿照动、静尺长定量关系的推导方法，注意到$x_b = v t_b$，不难由图 6-15 求得$\mathscr{R}$系测得的动、静钟所走时间的定量关系为$l_{ob} = \gamma^{-1} l_{oa}$.

以上讨论清楚地表明，同“尺缩”效应中没有任何东西真正收缩一样，“钟慢”效应中也没有任何钟的走时率真正变小(都坚持标准钟的走时率，即读数差等于线长.). 应该强调的是，不同惯性系的标准钟读数的比较(简称“比钟”)方式是多种多样的，不同方式导致不同结果，因此在讨论比钟问题时必须事先明确约定比钟方式的每一细节. 上述“钟慢”效应的比钟方式虽为人们所熟知，却只是众多比钟方式的一种，其特点在于涉及三个钟 C_1，C_2 和 C′，其中两个是同一惯性系内事先经过同步的钟. 如果没有 C_2，虽然同样可从图 6-15 知道$l_{ob} < l_{oa}$，却无从得出“C_1 钟觉得 C′钟慢”的结论，关键在于“觉得”两字无从谈起. 事件 b 不在 C_1 钟的世界线上，C_1 钟不能对它有任何直接感觉. C_1 钟对 b 进行测量的唯一办法是接收从 b 发来的光信号(或其他信号)，而这就涉及光的传播时间所带来的问题(不是不能这样做，而是这样做时必须考虑这一问题.). 其实，借用 C_2 钟得出“C′钟变慢”的结论时就已巧妙地发挥了光信号的“使者”作用，因为在把 C_2 钟与 C_1 钟调整同步时已经用到了光信号(见 6.1.4 小节). 总之，如果不用 C_2 钟，C_1 和 C′就无法用上述方式比钟，或说上述比钟方式没有物理意义. 在只有两钟 C 和 C′时倒是存在很有物理意义的比钟方式. 例如，图 6-18 表示携带 C 钟的观者 G 采取如下办法比钟：他在时刻 a 用左右两眼分别看钟 C 和 C′. 所谓在时刻 a“用右眼看 C′”是指右眼在时刻 a 收到 C′钟在某时刻 e 发来的光(光子从 e 经指向未来类光测地线到 a). 设两钟在 o 时都指零，则 C 钟在 a 点的读数等于l_{oa}，C′钟在 e 点的读数等于l_{oe}. 由于$l_{oe} < l_{oa}$，观者 G 将同样得出“动钟较慢”的结果，区别在于慢的程度比用图 6-15 的方式更甚. 为定量计算慢的程度，可过 e 作水平线交 C 钟世界线于 f(见图 6-19). 令$\tau \equiv l_{oa}$，$\tau' \equiv l_{oe}$，$p \equiv l_{of}$，$q \equiv l_{fa}$，则$l_{ef} = q$. 由$p = \gamma\tau'$(普通钟慢效应的定量关系)以及两钟相对速率 u 的几何表达式$u = q/p$ (C 钟认为 C′钟在时间 p 内的运动距离为 q)易得

$$\tau' = \sqrt{(1-u)/(1+u)}\,\tau . \tag{6-2-1}$$

甚至可以举出这样的比钟方式(见图 6-20)，它导致“动钟较快”！设 C 和 C′钟在 o 点都指零，则观者 G 在时刻 a 用两眼分别看 C 和 C′钟都得负的读数. 由图易见$l_{oa} < l_{oe}$，故 C′钟的读数比 C 钟的读数负得更甚. 于是 G 将认为“动钟较快”. 这个乍听似乎荒谬的结论其实无可非议，它不过是图 6-20 的特定比钟方式的结果. 因此，讨论比钟问题时必须事先说明比钟方式的每一细节，而为此最好先画时空图.

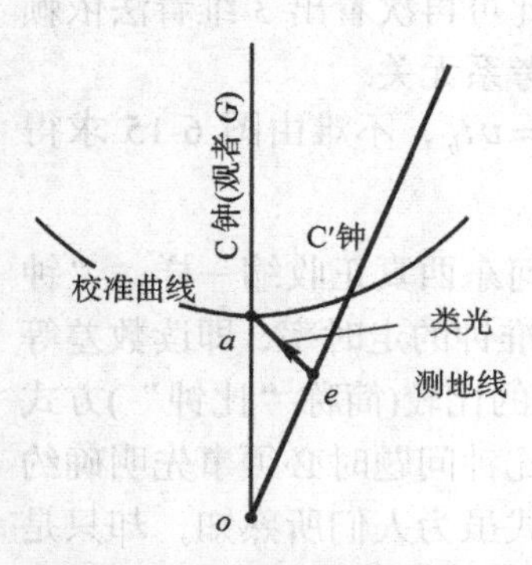

图6-18　G在a时左眼看自己的钟C，右眼看动钟C′，发现动钟更慢

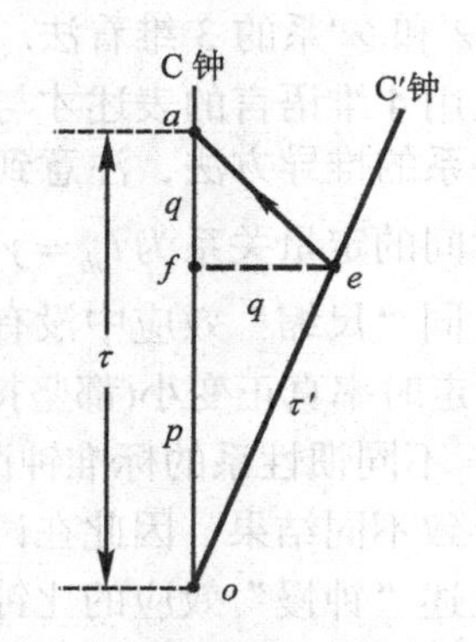

图6-19　求τ′与τ关系的简捷几何方法

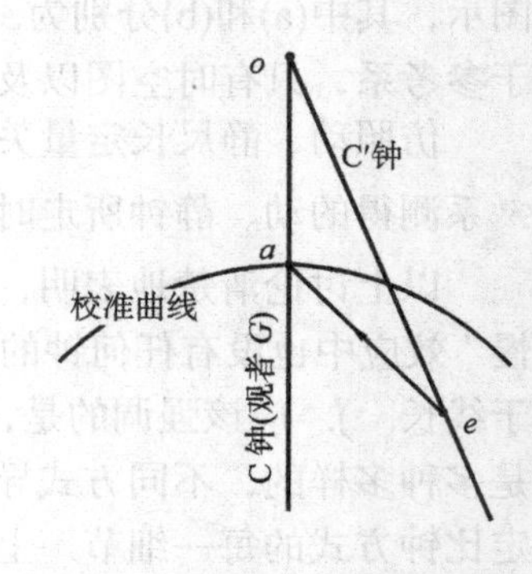

图6-20　G在a时左眼看自己的钟，右眼看C′钟，发现动钟较快

以上各例只涉及 1 维空间. 下面是涉及 2 维空间的一例[郭硕鸿(1995)P.290 题5].

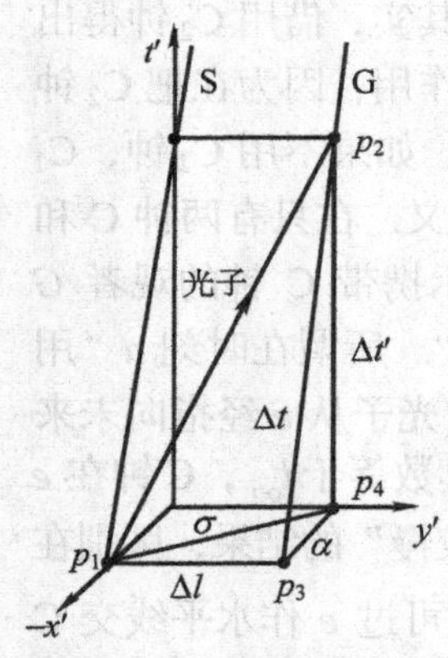

图6-21　例1用时空图

例 1　光源 S 与接收器 G 静止于惯性系$\mathscr{R}$中，两者静止距离为Δl. S-G 装置浸在均匀无限的液体介质(静止折射率为 n)中. 设液体沿垂直于 S-G 连线的方向相对于$\mathscr{R}$以常速率 u 流动，求光讯号从 S 到达 G 所经历的时间 Δt ($\mathscr{R}$系测得).

解　把与液体相对静止的惯性系记作$\mathscr{R}'$. 以$\mathscr{R}'$为基准画 3 维时空图(见图 6-21)，其中 p_1 和 p_2 代表光子从 S 发出和到达 G 的事件，直线段 $p_1 p_2$ 便代表光子的运动过程，$\mathscr{R}$和$\mathscr{R}'$系认为此过程所经历的时间 Δt 和 $\Delta t'$ 分别等于直线段 $p_3 p_2$ 和 $p_4 p_2$ 的闵氏线长(世界线 S 可被选作$\mathscr{R}$系的 t 轴). 直线段 $p_1 p_3$ 的线长显然就是 Δl. 再以σ和α分别代表直线段 $p_1 p_4$ 和 $p_3 p_4$ 的线长，则易见

$\Delta t=\gamma^{-1}\Delta t'$，其中 $\gamma\equiv(1-u^2)^{-1/2}$ (“钟慢”效应)，

$u=\alpha/\Delta t'$　($\mathscr{R}'$认为 G 以速率 u 在 $\Delta t'$ 内走了距离α)，

$\sigma^2=(\Delta l)^2+\alpha^2$ (3 维欧氏空间中的勾股定理)，

$1/n=\sigma/\Delta t'$ (静止介质中光速各向同性，其值为 $1/n$).

联立解得

$$\Delta t=\sqrt{\frac{1-u^2}{n^{-2}-u^2}}\,\Delta l.$$

[解毕]

6.2.3　孪子效应(孪子佯谬)

图 6-22(a)是孪子效应的时空图，两曲线分别是孪生子甲、乙的世界线．甲线为竖直线表明甲守在家中(惯性观者)，乙线为非测地线表明乙外出做太空遨游并返回．p，q 两点分别代表分手和重逢事件．已知分手时两人年龄相等，重逢时年龄是否还等？如果不等，孰大孰小？这无非是甲乙两人介于 p，q 之间的固有时间的比较问题，也就是甲乙两线介于 p，q 之间的线长 $l_{甲}$ 和 $l_{乙}$ 的比较问题．因为闵氏时空中两点间的类时测地线是该两点间类时线的最长者(见选读 3-3-1 前的一段)，所以 $l_{甲} > l_{乙}$，可见重逢时乙比甲年轻．图 6-22(b)是孪子效应的最简单的例子(乙的世界线是两条类时测地线组成的折线)，借助"钟慢"效应的定量计算易见 $l_{甲} = \gamma\, l_{乙} > l_{乙}$．

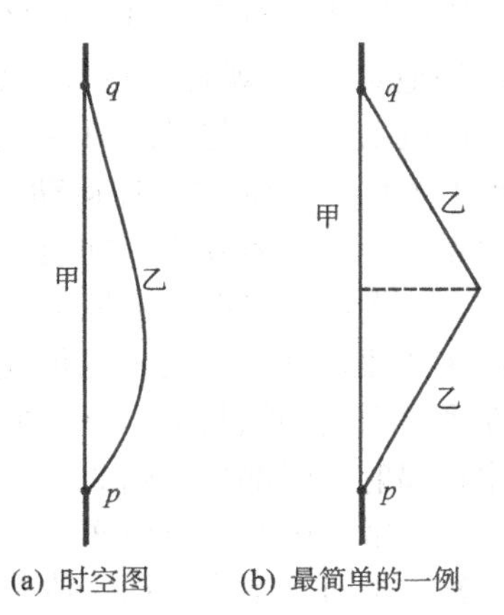

图 6-22 孪子效应

以上就是孪子效应的实质性内容．问题本来就是如此简单．然而，人们在相对论发展的早期对有关问题尚欠深刻认识，孪子效应在一段时间内曾被视为悖论(paradox)．对此的争论竟然迟至 1957~1958 年还曾再掀高潮(虽然若干有识之士早已有清晰理解)，而且文章竟发表在《Nature》、《Discovery》和《Science》等重要刊物上．争论双方以物理学家 McCrea 和物理学家兼哲学家 Dingle 为代表人物．Dingle 认为，根据相对论，一切都是相对的，因此孪子重逢时应有相同年龄．McCrea 则针锋相对地指出，相对论并不认为一切都是相对的，孪子乙有加速而甲没有，正是这一区别导致重逢时年龄不同．随着研究的深入，特别是几何语言的引进，国际相对论界对孪子问题的实质早已取得如本小节开始时所述的共识[例如，可参阅 Sachs and Wu(1977)P.42,43；Wald(1977)P.25,26；Misner et al.(1973)P.167.]．应该特别强调的是，许多人顾名思义地以为"在相对论中一切都是相对的"，这是一种极其有害的误解．

孪子效应已于 1971 年被实验所证实，当然不是对人而是对铯原子钟，有兴趣的读者可参阅 Hafele and Keating(1972)，并完成本章习题 10．

下面再回答几个与孪子佯谬有关的常见问题．

问　"钟慢"效应的结论是对双方平等的：甲钟认为乙钟慢，乙钟认为甲钟慢．为什么孪子效应的结论对双方不平等(谁都认为乙比甲年轻)？

答　因为两种效应的前提不同．在"钟慢"效应中，两个观者都做惯性运动，由于惯性系平权，结论自然对双方平等. 但在孪子效应中有一方不做惯性运动(世界线不是测地线)，否则分手后不会重逢. 这个前提本身就确立了双方的不平等地位，因而结论是一边倒的.

问　孪子效应的结论是做加速运动的兄弟较年轻. 但加速度是相对的，甲认为乙有加速度，乙也认为甲有加速度. 据此，岂非乙会觉得甲较年轻?

答　加速度有 3 维(3 加速)与 4 维(4 加速)之分(详见§6.3). 前者是相对的，后者却是绝对的(与观者、参考系及坐标系等人为因素的选择无关). 而惯性运动和非惯性运动的概念都是绝对的：质点做惯性运动当且仅当其世界线为测地线(与参考系无关！). 当把“加速运动”作为“非惯性运动”的同义语时，“加速”应理解为 4 加速. 故若要用“加速”一词表述孪子效应，则应说“有 4 加速的兄弟较年轻”. 无论谁看都不会说甲有 4 加速，因此不再出现问题. 物理学家已形成习惯：在 3 维语言中，凡提到加速度而又不说明所相对的参考系时，都默认相对于惯性系. 在这种默契下，“做加速运动的兄弟较年轻”及“电荷只当做加速运动时才有辐射”就都是正确的.

问　常听说孪子效应属于广义相对论范畴，只用狭义相对论讲不清楚. 对吗?

答　不对. 本小节第一段不是只用狭义相对论就讲清楚了吗? 认为孪子现象涉及广义相对论的一个原因是：他们为计算乙所经历的时间而选了与乙相应的坐标系. 这是个非惯性系，而他们以为只要涉及非惯性系就属于广义相对论范畴. 我们对此的回答是：①乙所经历的时间就是其世界线长，线长是与坐标系无关的几何量，根本没有必要自找麻烦地用非惯性系计算. ②退一万步说，就算你愿意用非惯性系计算，这也与广义相对论无关. 应该明确广义相对论与狭义相对论的划界标准. 起初人们爱用坐标系划界，只要涉及非惯性系就算涉及广义相对论. 后来认识到用绝对的(与人为选择无关的)时空几何划界会自然(而且优雅)得多. 现在国际相对论界的统一标准是：凡以闵氏时空为背景的物理学都属于狭义相对论物理学，而广义相对论则必涉及弯曲时空(见第 7 章). 讨论任何问题时，一个非常重要而又常遭忽视的步骤是事先明确时空背景，即约定所讨论的物理现象在什么时空中发生. 孪子现象的前提约定是：整个现象发生在闵氏时空中，因此属于狭义相对论范畴(除非事先约定背景时空不是闵氏时空，这意味着引力场不可忽略，见第 7 章.). 不幸的是有人甚至走得更远，误以为加速运动会造成时空弯曲(根据非惯性坐标系的克氏符 $\Gamma^{\mu}{}_{\nu\sigma}$ 不全为零就错误地断言时空弯曲，其实闵氏度规在非惯性系的 $\Gamma^{\mu}{}_{\nu\sigma}$ 不全为零很正常.)，于是非用广义相对论不可. 另一个类似的热门话题是爱因斯坦转盘问题，也常被误以为涉及广义相对论，其实讨论的前提约定也是整个现象(转盘及其上观者的运动)发生在闵氏时空，因此也属于狭义相对论范畴. 分析这问题的最清楚的语言也是几何语言，只是它比孪子问题复杂，详见

第 14 章 § 14.2(中册).

6.2.4　车库佯谬

设汽车与车库静长相等. 汽车匀速进库时，司机想：“动库变短，车放不下.” 司库想：“动车收缩，放下有余.”司机的想法对吗？司库的想法对吗？使用 4 维几何语言便可获得清晰的认识. 为明确并简化问题，设车库并无后墙(其“后墙”只是一条画在地上的直线). 图 6-23 是汽车匀速进库的时空图(画图时可借用校准曲线以保证车和库有相等静长). 由图易见，以司库所在惯性系的同时面衡量，车短于库，放下有余；以司机所在惯性系的同时面衡量，车长于库，不能放下. 两人看法都对，关键是同时性的相对性导致结论的相对性. 不许提出这样的问题：“到底放下还是放不下？”结论的相对性使这种绝对式的问题没有意义，正如在尺缩问题中不许问“到底哪一把尺子较长”一样. 车库有坚硬后墙的情况则要复杂些，基本原则是：车头撞墙(因而停止前进)的信息传到车尾需要时间，只当车尾“获悉”后车尾才停止前进，因而汽车将被压缩到的确在库中装下有余的程度(谁看都装得下). 有兴趣的读者不妨粗略画出整个过程的时空图，并完成习题 11.

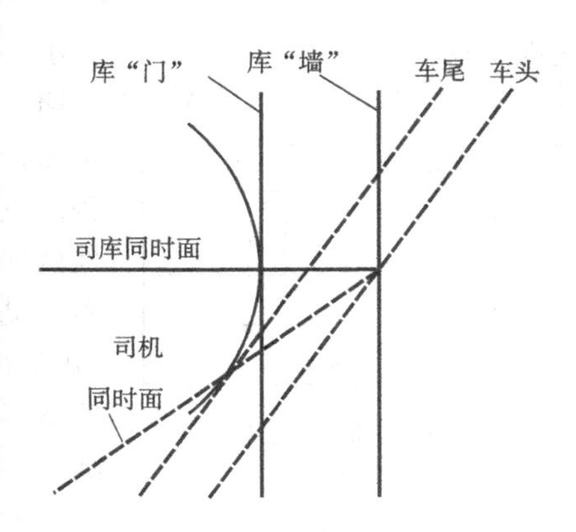

图 6-23　车库佯谬时空图

(无真后墙的情况)

§6.3　质点运动学和动力学

鉴于狭义相对论中动量、能量和质量概念的重要性和微妙性，有必要先对有关问题做一复习.

相对性原理要求物理定律在所有惯性系中有相同形式. 惯性系之间的坐标变换在牛顿力学中是伽利略变换，在狭义相对论中是洛伦兹变换. 因此，相对性原理在牛顿力学中要求物理定律的数学表达式在伽利略变换下不变(称为**伽利略协变性**)，在狭义相对论中则要求物理定律的数学表达式在洛伦兹变换下不变(称为**洛伦兹协变性**). 这是一个很强的“管定律的定律”，凡不具备洛伦兹协变性的定律在被纳入狭义相对论之前都必须修改. 动量守恒律就是突出的一例. 在牛顿力学中，质点的动量 $\vec{p}$ 定义为质量 m 与速度 $\vec{u}$ 的乘积，即 $\vec{p} := m\vec{u}$，所受的力则定义为质点的动量的时间变化率，即 $\vec{f} := \mathrm{d}\vec{p}/\mathrm{d}t$，两者结合得 $\vec{f} = m\mathrm{d}\vec{u}/\mathrm{d}t = m\vec{a}$. 可见，$\vec{f}=m\vec{a}$ 虽然被称为牛顿第二定律，其实只是力的定义，只有同每一具体物理场合下的力的表达式相结合才给出真正的物理定律(例如，在弹簧的情况下同 $\vec{f}=-K\vec{x}$ 结合得 $\mathrm{d}\vec{p}/\mathrm{d}t=-K\vec{x}$，这才是本质上的胡克定律.). 现在从相对性原理的角度考察两个小球的碰撞. 以 $\vec{p}_1$ 及 $\vec{f}_1$ 分别代表球 1 的动量及所受的力(来自球 2)，则 $\vec{f}_1=\mathrm{d}\vec{p}_1/\mathrm{d}t$，类似地有 $\vec{f}_2=\mathrm{d}\vec{p}_2/\mathrm{d}t$. 牛顿第三定律保证 $\vec{f}_1=-\vec{f}_2$，于是 $\mathrm{d}(\vec{p}_1+\vec{p}_2)/\mathrm{d}t=0$，即碰撞时动量守恒. 可见动量守恒是力的定义同牛顿第三定律相结合的产物. 如果从另一惯性系观测同一碰撞过程，则根据由伽利略变换导出的速度变换公式不难看出动量仍然守恒，所以动量守恒有伽利略协变性，满足相对性原理. 然而，在狭义相对论中如果仍然采用动量的牛顿定义，即 $\vec{p}:=m\vec{u}$ ($m=$常数)，则下面的简单例子足以说明动量守恒不具备洛伦兹协变性. 考虑两个全同小球的完全非弹性碰撞. 设在 $\mathscr{R}'$ 系中两球碰前速度等值反向(因而总动量为零)，则由对称性可知碰后速度皆为零(见图 6-24)，表明碰撞过程在 $\mathscr{R}'$ 系中动量守恒. 再从 $\mathscr{R}$ 系考察这一过程. 设球 2 相对于 $\mathscr{R}$ 系静止，则 $\mathscr{R}'$ 系相对于 $\mathscr{R}$ 系的速度等于球 1 碰前相对于 $\mathscr{R}'$ 系的速度 $\vec{v}$，由相对论速度变换公式(见狭义相对论教材)可知球 1 在 $\mathscr{R}$ 系的速率为(暂时保留光速 c，即不取 $c=1$)

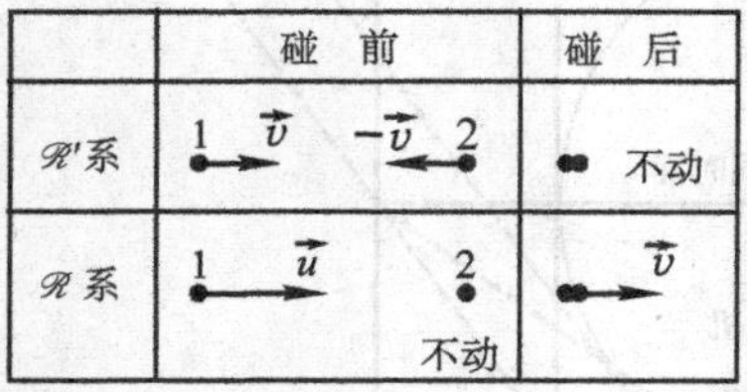

	碰　前	碰　后
$\mathscr{R}'$ 系	1 $\vec{v}$ → 　 ← $-\vec{v}$ 2	●● 不动
$\mathscr{R}$ 系	1 $\vec{u}$ → 　 2 ● 不动	●● $\vec{v}$ →

图 6-24　全同小球的完全非弹性碰撞

$$u=\frac{v+v}{1+v^2/c^2}=\frac{2v}{1+v^2/c^2}. \tag{6-3-1}$$

设两球的牛顿质量皆为 m，则 $\mathscr{R}$ 系测得的两球总动量在碰撞前后各为

$$\text{碰前总动量(大小)}=mu+0=\frac{2mv}{1+v^2/c^2},$$

$$\text{碰后总动量(大小)}=2mv\ \text{(用到牛顿质量守恒律)}.$$

碰撞前后总动量不等，可见动量守恒对 $\mathscr{R}$ 系不成立. 这说明动量守恒不具备洛伦兹协变性，因而不是定律. 这时有两种选择，或者放弃动量守恒，或者通过修改质量和动量定义给动量守恒以洛伦兹协变性. 鉴于守恒律对物理学的重要性，当然选择后者. 为了找到修改思路，先做如下考虑：设质点被恒力加速. 按照牛顿第二定律，只要时间足够长，其速率必将超过光速，与狭义相对论相悖. 为摆脱矛盾，不妨猜测质点的质量在相对论中随速率增大而增大(因为如果这样，质点在恒力下的加速度将越来越小，速率就有望永远达不到光速.). 于是想到这样的修改方案：动量仍定义为质量乘速度，但质量不再是常数而与速率 u 有关，记作 m_u(称为**运动质量**). 现在沿这一思路重新审查图 6-24 中 $\mathscr{R}$ 系的动量守恒问题. 既然碰前球 2 静止而球 1 以速率 u 运动，两者的运动质量应分别为 m_0(称为**静质量**)和 m_u，故

$$碰前总动量(大小) = m_u u + 0 = \frac{2m_u v}{1+v^2/c^2}, \tag{6-3-2}$$

$$碰后总动量(大小) = M_v v, \tag{6-3-3}$$

其中 M_v 代表碰后两球复合体的质量．默认碰撞前后总质量不变，即 $m_u + m_0 = M_v$ (这是很自然的默认，其含义将在稍后阐明.)，则式(6-3-3)成为

$$碰后总动量(大小) = (m_u + m_0)\, v. \tag{6-3-4}$$

对比式(6-3-2)和(6-3-4)可知，为使动量守恒对$\mathscr{R}$ 系成立，必须且只须

$$m_u = m_0 \frac{1+v^2/c^2}{1-v^2/c^2}, \tag{6-3-5}$$

而由式(6-3-1)出发的简单计算表明

$$\sqrt{1-u^2/c^2} = \frac{1-v^2/c^2}{1+v^2/c^2}, \tag{6-3-6}$$

与式(6-3-5)对比便得

$$m_u = \frac{m_0}{\sqrt{1-u^2/c^2}}. \tag{6-3-7}$$

可见只有承认 m_u 随速率 u 按上式变化才能保证图 6-24 的碰撞过程对$\mathscr{R}$ 系有动量守恒．所以狭义相对论中质点的动量应定义为

$$\vec{p} := m_u \vec{u} \quad [其中\ m_u\ 由式(6\text{-}3\text{-}7)定给出]. \tag{6-3-8}$$

通常记 $\gamma_u \equiv (1-u^2/c^2)^{-1/2}$，故动量亦可表为

$$\vec{p} = \gamma_u m_0 \vec{u}, \qquad 简记为\ \vec{p} = \gamma m_0 \vec{u} = m_u \vec{u}. \tag{6-3-9}$$

有了动量定义就可对力下定义．在狭义相对论中仍把质点所受的力 $\vec{f}$ 定义为质点动量的时间变化率：

$$\vec{f} := \mathrm{d}\vec{p}/\mathrm{d}t. \tag{6-3-10}$$

相对性原理要求上式有洛伦兹协变性，这就决定了力在惯性系之间的变换关系(详见狭义相对论教材).

现在介绍质点的能量定义．先仿照牛顿力学用以下两个要求定义质点的动能 E_k：①质点静止($u=0$)时 $E_\mathrm{k}=0$，②动能的时间变率等于力的功率 $\vec{f}\cdot\vec{u}$，由此得

$$\frac{\mathrm{d}E_\mathrm{k}}{\mathrm{d}t} = \vec{f}\cdot\vec{u} = \frac{\mathrm{d}\vec{p}}{\mathrm{d}t}\cdot\vec{u} = \vec{u}\cdot\frac{\mathrm{d}(m_u\vec{u})}{\mathrm{d}t} = m_u\vec{u}\cdot\frac{\mathrm{d}\vec{u}}{\mathrm{d}t} + \vec{u}\cdot\vec{u}\frac{\mathrm{d}m_u}{\mathrm{d}t} = m_u u\frac{\mathrm{d}u}{\mathrm{d}t} + u^2\frac{\mathrm{d}m_u}{\mathrm{d}t}. \tag{6-3-11}$$

其中 $\mathrm{d}m_u/\mathrm{d}t$ 可借式(6-3-7)表示为

$$\frac{\mathrm{d}m_u}{\mathrm{d}t} = \frac{\mathrm{d}}{\mathrm{d}t}\left(\frac{c\, m_0}{\sqrt{c^2-u^2}}\right) = \frac{m_u u}{c^2-u^2}\frac{\mathrm{d}u}{\mathrm{d}t}, \tag{6-3-12}$$

代入式(6-3-11)得

$$\frac{\mathrm{d}E_{\mathrm{k}}}{\mathrm{d}t}=(c^2-u^2)\frac{\mathrm{d}m_u}{\mathrm{d}t}+u^2\frac{\mathrm{d}m_u}{\mathrm{d}t}=c^2\frac{\mathrm{d}m_u}{\mathrm{d}t}. \tag{6-3-13}$$

注意到 $u=0$ 时 $m_u=m_0$ 及 $E_{\mathrm{k}}=0$，对上式积分便得到速率为 u 时的动能

$$E_{\mathrm{k}}(u)=c^2\int_{m_0}^{m_u}\mathrm{d}m=m_u c^2-m_0c^2. \tag{6-3-14}$$

爱因斯坦大胆地把上式右边的 $m_u c^2$ 解释为质点在速率为 u 时的(总)能量(记作 $E=mc^2$，其中 m 是 m_u 的简写.)，于是 m_0c^2 就是质点静止时的能量(记作 $E_0=m_0c^2$，称为质点的**静能**.)，而动能则是总能与静能之差. $E=mc^2$ 表明能量 E 与质量 m(指运动质量 m_u)成正比(称为质能相当性). 在几何单位制中 $c=1$，故 $E=m$，即能量等于质量，而 $E_0=m_0$ 则表明物体即使在静止时也有等于静质量的能量. 这是一份不可思议的巨大能量，一个 $m_0=1\mathrm{g}$ 的物体(约只有一袋方便面质量的 1%)的静能竟达

$$m_0c^2=10^{-3}\times(3\times10^8)^2=9\times10^{13}\ \mathrm{J},$$

大约相当于一个广岛原子弹所释放的能量!

牛顿力学既有质量守恒律，又有能量守恒律. 狭义相对论的情况如何?首先，按 $E=mc^2$ (注意，m 是 m_u 的简写)定义的能量满足能量守恒律. 这应看作理论假设，已取得迄今所有实验的支持. 至于质量是否守恒，则要看你谈的是运动质量 m 还是静质量 m_0. 因为 $E=mc^2$，所以能量 E 守恒也就是运动质量 m 守恒，两者互不独立.① 至于静质量 m_0，则应强调它不服从守恒律. 例如，设静止原子核裂变为两块(都在运动)，以 M，m_1 和 m_2 分别代表原子核以及两个分块的运动质量，则由能量守恒得

$$Mc^2=m_1c^2+m_2c^2. \tag{6-3-15}$$

核在裂变前静止，其运动质量 M 等于静质量 M_0. 以 m_{01}，m_{02}，u_1 和 u_2 分别代表两个分块的静质量和速率，令 $\gamma_1\equiv(1-{u_1}^2/c^2)^{-1/2}$，$\gamma_2\equiv(1-{u_2}^2/c^2)^{-1/2}$，则 $m_1=\gamma_1 m_{01}$，$m_2=\gamma_2 m_{02}$，故式(6-3-15)导致

$$M_0=\gamma_1 m_{01}+\gamma_2 m_{02}>m_{01}+m_{02}, \tag{6-3-16}$$

可见静质量并不守恒! 差额 $\Delta m_0\equiv M_0-(m_{01}+m_{02})$ 称为**质量亏损**(mass defect). 小结：在狭义相对论中，关于动量、能量、静质量和运动质量总共只有两个守恒律，此即动量守恒和能量守恒. 前面在把式(6-3-3)改写为式(6-3-4)时曾默认 $m_u+m_0=M_v$，现在看到此式代表能量守恒. 可见在证明动量 $\vec{p}=\gamma m_0\vec{u}$ 的洛伦兹协变性时需要默认能量守恒.

① 但切莫以为这一“质量守恒律”类似于牛顿力学的质量守恒律. 前者是关于一个物理量(运动质量)的守恒律，后者则反映牛顿的如下信念：物质(matter)是永恒(不灭)的. 今天看来这一信念并不正确，物质(实物)可被“毁灭”——可被转化为辐射，虽然能量不变. 可见能量守恒而物质(实物)并不守恒.

狭义相对论的原始表述存在静质量 m_0、静能 E_0、运动质量 m(即 m_u)和总能 E 四个概念. 然而，关系式 $E=mc^2$ 和 $E_0=m_0c^2$ 表明这 4 个概念中只有两个独立. 事实上，近代文献(科普文献除外)中通常只保留质量和能量两个概念，“质量” m 是指静质量(因只保留一个质量，故无须再冠以“静”字，也不必对 m 再加下标“0”.)，而能量则是指总能 E，与 m 的关系现在是 $E=\gamma mc^2$ [其中 $\gamma\equiv(1-u^2/c^2)^{-1/2}$]. 在这种处理中只有能量守恒律而没有质量守恒律(注意质量亏损). 本书从现在起谈到质量而无特别声明时一律指静质量，并以 m 代表(虽然前面曾用 m 代表运动质量). 因为我们用几何制，所以有 $E=\gamma m$. 经历了狭义相对论发展初期的一些曲折后，爱因斯坦在 1948 年的一次私人通信中写道：“为运动物体引入质量 $M=m(1-v^2/c^2)^{-1/2}$ 的概念并无益处，……除了‘静质量’ m 外最好不引入其他质量概念.”

以上是复习. 从现在起再次回到几何单位制，其中 $c=1$. 在介绍质点运动学和动力学的 4 维表述之前，有必要把 3 维表述中的主要定义和规律罗列于下(式中各量除质量 m 及电荷 q 与观者无关外，都是相对于某惯性系 $\{t, x, y, z\}$ 而言的.)：

质点的 3 速(3 维速度的简称)　$\vec{u}:=\mathrm{d}\vec{r}/\mathrm{d}t$，其中位矢 $\vec{r}\equiv\vec{i}x+\vec{j}y+\vec{k}z$.　(6-3-17)

质点的 3 加速　$\vec{a}:=\mathrm{d}\vec{u}/\mathrm{d}t$.　(6-3-18)

质点的 3 动量　$\vec{p}:=\gamma m\vec{u}$，$\gamma\equiv(1-u^2)^{-1/2}$，$u\equiv|\vec{u}|$.　(6-3-19)

质点的能量　$E:=\gamma m$.　(6-3-20)

质点所受的 3 力　$\vec{f}:=\mathrm{d}\vec{p}/\mathrm{d}t$.　(6-3-21)

3 力 $\vec{f}$ 的功率与受力质点能量的关系　$\vec{f}\cdot\vec{u}=\mathrm{d}E/\mathrm{d}t$.　(6-3-22)

带电质点在电磁场中所受 3 力(洛伦兹力)　$\vec{f}=q(\vec{E}+\vec{u}\times\vec{B})$，　(6-3-23)

其中 q 为质点电量，$\vec{u}$ 为质点 3 速，$\vec{E}$ 和 $\vec{B}$ 分别为电场和磁场.

注 1　①此处的 γ 是 $\gamma_u\equiv(1-u^2)^{-1/2}$ 的简写，而洛伦兹变换式(6-1-5)中的 γ 则代表 $(1-v^2)^{-1/2}$，其中 v 是两个惯性系之间的相对速率，u 则是所论粒子相对于所选惯性系的速率. ②相对论中经常涉及坐标系的变换，因此经常用到“不变量”一词. “不变量”与“守恒量”是不同概念. **守恒量**(conserved quantity)是在物理过程中保持常值(不随时间而变)的量，强调物理过程；**不变量**(invariant)是指不随坐标系、参考系和观者等人为因素而变的量，强调坐标系等的变换. 能量是守恒量而非不变量，(静)质量是不变量而非守恒量，带电粒子的电量则既是不变量又是守恒量.

以上是建筑在某一惯性系基础上的 3 维表述. 下面介绍 4 维表述，同时介绍 4 维语言与 3 维语言的联系.

定义1　质点的**4 维速度(4 速**，4-velocity)U^a 是质点世界线(以固有时 τ 为参数)的切矢，即

$$U^a := (\partial/\partial\tau)^a . \tag{6-3-24}$$

命题 6-3-1　令 $U_a \equiv \eta_{ab}U^b$，则 $U^aU_a = -1$.

证明　固有时是类时曲线的线长参数，而以线长为参数的切矢有单位长(见§2.5).　□

注 2　4 速 U^a 在世界线外无定义.

为观测质点的运动，可选择任一参考系 $\mathscr{R}$. 设 $L(\tau)$是质点的世界线，则对 $L(\tau)$上任一点 p，总有 $\mathscr{R}$ 中的一个观者 G 的世界线经过(见图 6-25)，G 便可对事件 p 进行测量. 以 Z^a 和 U^a 分别代表 G 和 $L(\tau)$在 p 的 4 速. 从物理上不难理解，如果 $Z^a = U^a$，观者 G 会认为质点 L 在 p 时刻静止. 反之，G 会认为质点在 p 时刻有某速度(3 维速度). 为给质点在时刻 p 相对于观者 G 的 3 速下定义，先做如下铺垫.

设想你自己就是观者 G. ①你能直接观测发生在你身上的事件. 如果事件发生在你身外，你当然也可能听见或看见(间接观测)，但这涉及从该事件到你的信号传递(如用声或光)，要花费一定时间，讨论起来较复杂. (在理论方面，狭义相对论中高速物体形象问题就属这一范畴；在实用方面，天文观测都属间接观测.) 理论上最简单、明确、基本的观测是直接观测，即对发生在观者身上(世界线上)的事件的观测，亦称**当时当地观测**(local measurement). 好在参考系由无处不在的观者组成，发生在别处的事件由别处的观者观测便是. ②你在观测发生在你世界线上 p 点的事件时，在某些情况下重要的不是你的整条世界线而只是你在 p 点的 4 速. 这时没有必要强调观者的世界线如何如何，只须给定该世界线在 p 点的切矢 Z^a. 于是可提炼一个更为抽象的概念，称为**瞬时观者**[instantaneous observer，见 Sachs and Wu(1977).]，它由两个要素——p 点及 p 点的一个(指向未来的)类时单位矢 Z^a 构成，记作(p, Z^a). ③你，作为观者，除有时间感(用你的标准钟)外还有空间方向感. 假定你手拿一支短箭，它的任一指向就代表你能感到的一个空间方向. 你在时刻 p (你的世界线 G 的一点)能感到的所有空间矢量的集合 W_p 当然是 3 维的，而 p 作为$\mathbb{R}^4$ 的一点，其切空间 V_p 是 4 维的. W_p 与 V_p 有什么关系？先考虑最简单的情况. 设你是惯性系 $\mathscr{R}$ 内的惯性观者. $\mathscr{R}$ 的同时面就是 $\mathscr{R}$ 在某时刻的 3 维空间，而同时面与该系的所有惯性观者世界线正交，所以你在交点 p 的全部空间矢量都与你在 p 点的 4 速 Z^a 正交，故 W_p 对应于 V_p 中与 Z^a 正交的 3 维子空间. 即

$$W_p = \{w^a \in V_p \mid \eta_{ab}w^aZ^b = 0\} .$$

这一对应也可用于非惯性观者，因为我们关心的只是观者世界线上一点 p 的情况. 图 6-26 用一个小平面代表 W_p，其实这是“无限小”平面. 对 W_p 最准确的理解还是 p 点切空间的子空间，但在图上只能画成小平面. 设 $w^a \in V_p$，当 $w^a \in W_p$ 时，就说 w^a 对观者 G 而言是**空间矢量**(spatial vector). (非零)空间矢量一定是类空矢量，反之不然. 由定义知类空矢量是绝对的(不依赖于观者、参考系或坐标系等人为因

素)，空间矢量则是相对的(取决于观者 4 速 Z^a)．由式(4-4-2)可知 p 点的 η_{ab} 在 W_p 上的诱导度规是 $h_{ab} \equiv \eta_{ab} + Z_a Z_b$，再由式(4-4-4)后的小段可知 $h^a{}_b = \delta^a{}_b + Z^a Z_b$ 是从 V_p 到 W_p 的投影映射，即 $h^a{}_b v^b \in W_p$ 是 $v^a \in V_p$ 在 W_p 上的投影．

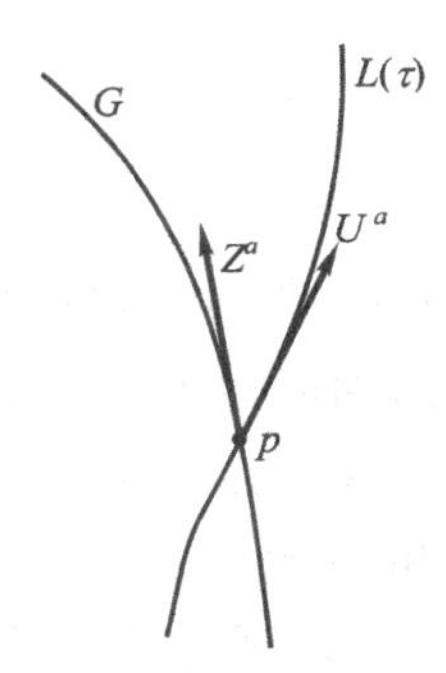

图 6-25　观者 G 与质点 L 交于 p，便可对事件 p 作测量

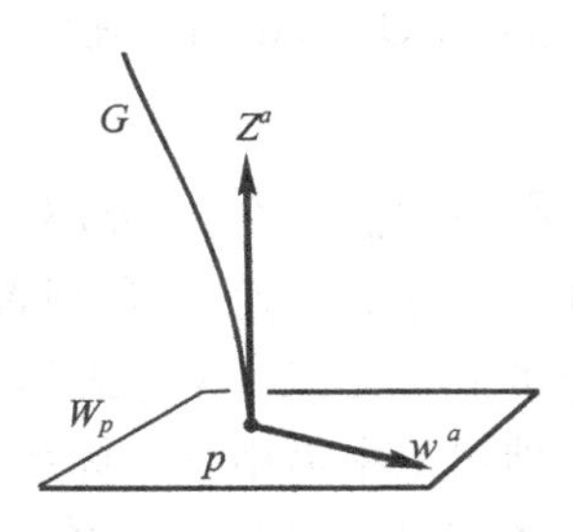

图 6-26　W_p 是 V_p 与 Z^a 正交的 3 维子空间，任一 $w^a \in W_p$ 可看作 G 在 p 时刻的一个空间矢量

设质点世界线 $L(\tau)$与某观者世界线 G 交于 p，我们来讨论 L 在 p 时刻相对于 G 的 3 速．先讨论 $L(\tau)$和 G 都是测地线的情况．令 U^a 和 Z^a 分别为 $L(\tau)$和 G 在 p 点的 4 速(见图 6-27)，$\{t, x^i\}$为惯性观者 G 所在惯性系的坐标，则

$$U^a = \left(\frac{\partial}{\partial \tau}\right)^a = \left(\frac{\partial}{\partial t}\right)^a \frac{\mathrm{d}t}{\mathrm{d}\tau} + \left(\frac{\partial}{\partial x^i}\right)^a \frac{\mathrm{d}x^i}{\mathrm{d}\tau}, \tag{6-3-25}$$

也可表为

$$U^a \mathrm{d}\tau = \left(\frac{\partial}{\partial t}\right)^a \mathrm{d}t + \left(\frac{\partial}{\partial x^i}\right)^a \mathrm{d}x^i = Z^a \mathrm{d}t + \left(\frac{\partial}{\partial x^i}\right)^a \mathrm{d}x^i, \tag{6-3-26}$$

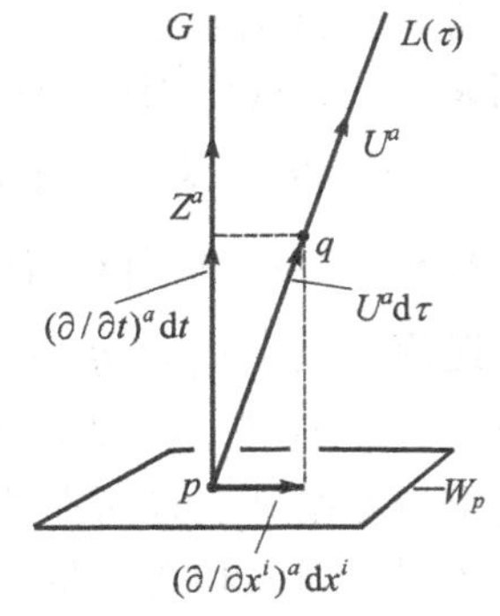

图 6-27　观者 G 测得质点 L 在时间 $\mathrm{d}t$ 内有空间位移 $(\partial/\partial x^i)^a \mathrm{d}x^i$，故 3 速应由式(6-3-27)定义

设 $p = L(\tau_1)$．令 $q \equiv L(\tau_1 + \mathrm{d}\tau)$，则测地线段 pq 代表质点从固有时刻 τ_1 到 $\tau_1 + \mathrm{d}\tau$ 的(“无限小”)过程．对观者 G 而言，这一过程经历的时间为式(6-3-26)的 $\mathrm{d}t$，空间位移则为 $(\partial/\partial x^i)^a \mathrm{d}x^i$，故**质点 L 相对于 G 的 3 速**(亦称 G 测得的 L 的 3 速)应定义为

$$u^a := \left(\frac{\partial}{\partial x^i}\right)^a \frac{\mathrm{d}x^i}{\mathrm{d}t} = \left(\frac{\partial}{\partial x^i}\right)^a \frac{\mathrm{d}x^i/\mathrm{d}\tau}{\mathrm{d}t/\mathrm{d}\tau}. \tag{6-3-27}$$

由式(6-3-25)知$\left(\frac{\partial}{\partial x^i}\right)^a \frac{\mathrm{d}x^i}{\mathrm{d}\tau}$是 U^a 的空间投影，即 $h^a{}_b U^b$，再令 $\gamma \equiv \mathrm{d}t/\mathrm{d}\tau$，则式(6-3-27)可改写为

$$u^a := h^a{}_b U^b / \gamma . \tag{6-3-28}$$

上面引入的γ (即$\gamma \equiv \mathrm{d}t/\mathrm{d}\tau$)也可表为

$$\gamma = -U^a Z_a . \tag{6-3-29}$$

因为$-U^a Z_a = -\eta_{ab} U^a Z^b = -\eta_{\mu\nu} U^\mu (\partial/\partial t)^\nu = -\eta_{00} U^0 (\partial/\partial t)^0 = U^0 = \mathrm{d}t/\mathrm{d}\tau = \gamma$.

注 3　①易见 3 速 u^a 是观者 G 在 p 点的空间矢量(因而也可记作$\vec{u}$)．这是 u^a 应满足的起码要求：3 速既然是 3 维语言的矢量(简称 3 矢)，当然应为空间矢量．②虽然讨论中借用过坐标系，但 u^a 的定义式(6-3-28)同坐标系无关．③设$\mathscr{R}$是惯性观者 G 所在惯性参考系，则式(6-3-28)的 u^a 亦称质点 L 在 p 时相对于$\mathscr{R}$系的 3 速．设$\{t, x^i\}$是$\mathscr{R}$中任一惯性坐标系，则由式(6-3-27)知 3 速在该系的分量为 $u^i = \mathrm{d}x^i/\mathrm{d}t$，注意到式(6-3-17)定义的 $\vec{u}$ 的分量亦为 $u^i = \mathrm{d}x^i/\mathrm{d}t$，可见它同式(6-3-28)定义的 u^a 一致．④ 4 维时空中任一点 p 的 3 矢(例如 u^a)也是 V_p 的元素，因而也是 4 矢，只不过它的时间分量 u^0 为零.

由于式(6-3-28)只涉及 p 点的切空间(只涉及 p 点的“无限小”邻域)，当 $L(\tau)$ 和 G 不是测地线时也适用，于是有如下定义：

定义2　设 $L(\tau)$为任意质点，$p \in L$，则质点相对于任一瞬时观者(p, Z^a)的 **3 速** u^a 由式(6-3-28)定义，其中 $h_{ab} \equiv \eta_{ab} + Z_a Z_b$，$\gamma \equiv -U^a Z_a$．

定义3　质点对瞬时观者的 3 速度矢量 u^a 的长度 $u = \sqrt{u^a u_a}$ 叫质点对该瞬时观者的 **3 速率**，其中 $u_a := \eta_{ab} u^b = h_{ab} u^b$．

注 4　设 $p \in L$，G 为由(p, Z^a)决定的测地线，则质点 L 相对于瞬时观者(p, Z^a)的 3 速率与 L 相对于 G 所在惯性系$\mathscr{R}$的 3 速率[按式(6-1-2)定义]一致. 暂时把 $L(\tau)$放宽为类时、类光和类空曲线，对类时和类空情况，τ 代表线长，对类光情况，τ 代表任一参数，令 $U^a \equiv (\partial/\partial\tau)^a$，仍用式(6-3-28)定义 u^a，则

$$\begin{aligned} u^2 &= h_{ab} u^a u^b = h_{ab} (h^a{}_c U^c)(h^b{}_d U^d)/\gamma^2 = h_{cd} U^c U^d / \gamma^2 \\ &= (\eta_{cd} U^c U^d + Z_c Z_d U^c U^d)/\gamma^2 = (\eta_{cd} U^c U^d + \gamma^2)/\gamma^2 , \end{aligned}$$

上式表明 $u<1 \Leftrightarrow \eta_{cd} U^c U^d < 0$，$u=1 \Leftrightarrow \eta_{cd} U^c U^d = 0$，$u>1 \Leftrightarrow \eta_{cd} U^c U^d > 0$．可见，只要用式(6-3-28)定义 3 速，则相对论基本信条“质点世界线为类时线”可用 3 维语言表述为“质点的 3 速率为亚光速”．

如果瞬时观者(p, Z^a)恰好与被观测粒子的世界线 L 相切，则(p, Z^a)称为该粒子的**瞬时静止观者**(在他看来粒子 L 在 p 时刻静止)，这时由 p 和 Z^a 决定的测地线 G 称为粒子 L 在 p 时刻的**瞬时静止惯性观者**，G 所属的惯性参考系(由图 6-28 中所

有斜直线代表)称为 L 在 p 时刻的**瞬时静止惯性参考系**，该参考系内的任一惯性坐标系称为 L 在 p 时刻的**瞬时静止惯性坐标系**. 瞬时静止惯性系是很有用的概念.

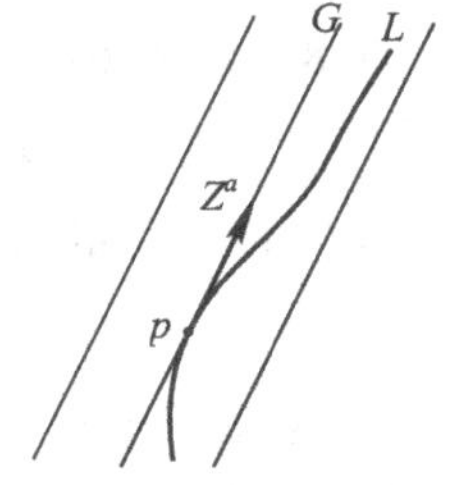

图 6-28　质点 L 在 p 时刻的瞬时静止惯性参考系

命题 6-3-2　质点的 4 速可借瞬时观者(p, Z^a)做 3+1 分解：

$$U^a = \gamma\,(Z^a + u^a)\,, \tag{6-3-30}$$

其中 u^a 为质点相对于瞬时观者的 3 速，$\gamma \equiv -Z^a U_a$.

证明　由式(6-3-28)得

$$\gamma u^a = h^a{}_b U^b = (\delta^a{}_b + Z^a Z_b) U^b = U^a - \gamma Z^a\,,$$

故有式(6-3-30). □

注 5　由式(6-3-30)可知 γu^a 是 U^a 的空间分量. 取惯性系$\{t, x, y, z\}$使$(\partial/\partial t)^a = Z^a$，由式(6-3-30)可知 γZ^a 是 U^a 的时间分量. 故式(6-3-30)又可表为 $U^a = \gamma\,(1, u^a)$，与狭义相对论书上的 $U^\mu = \gamma(c, \vec{u})$ 一致.

注 6　U^a 是绝对的(不依赖于观者或坐标系)，但 U^a 的 3+1 分解却与观者(或坐标系)有关(分解是相对的). 对另一瞬时观者(p, Z'^a)，同一 U^a 可表为 $U^a = \gamma' Z'^a + \gamma' u'^a$，即 U^a 的时间分量 $\gamma' Z'^a$ 和空间分量 $\gamma' u'^a$ 都不同于 γZ^a 和 γu^a.

定义4　设质点的(静)质量为 m，4 速为 U^a，则其 4 **动量**(4-momentum)P^a 定义为

$$P^a := mU^a\,. \tag{6-3-31}$$

命题 6-3-3　质点的 4 动量可借瞬时观者(p, Z^a)做 3+1 分解：

$$P^a = EZ^a + p^a\,, \tag{6-3-32}$$

其中能量 E 和 3 动量 p^a 由式(6-3-20)和(6-3-19)定义.

证明　由定义 4 及式(6-3-19)、(6-3-20)得

$$P^a = mU^a = m(\gamma Z^a + \gamma u^a) = EZ^a + p^a\,.$$ □

注 7　式(6-3-32)说明 3 动量 p^a 和能量 E 分别是 4 动量 P^a 的空间分量和时间分量，后者亦可表为[用 Z_a 缩并式(6-3-32)易得]

$$E = -P^a Z_a\,. \tag{6-3-33}$$

质点的 4 动量 P^a 把两个不同概念——质点的能量和动量——有机地统一为一个物理量，它与观者无关(P^a 是绝对的)，但如何分解为时间分量和空间分量却与观者有关(P^a 的分解是相对的). 如果没有观者在实地观测，则 4 动量仍客观存在，但能量和 3 动量就没有意义. 现在可进一步理解近代文献只保留(静)质量 m 和能量 E 两个概念的原因——它们是不同类型的量. 质点(如电子)的质量 m (正如它的电荷 q)是不变量，从一个侧面反映质点的内禀性质. 质点的能量 E 则还依赖于观者

(不是不变量). 瞬时静止观者测得的能量就是静能，虽与质量等值，但不是同类型量[质量为不变量而静能是观者依赖量(能量)的特殊情形].

注 8 由式(6-3-32)很易推出质量、能量与 3 动量的关系式

$$P^a P_a = (EZ^a + p^a)(EZ_a + p_a) = -E^2 + p^2,$$

其中 p 代表 3 动量的大小. 另一方面，$P^a P_a = mU^a mU_a = -m^2$，于是

$$E^2 = m^2 + p^2, \tag{6-3-34}$$

这正是熟知公式 $E^2 = m^2c^4 + p^2c^2$ 在 $c = 1$ 时的表现.

[选读 6-3-1]

碰撞过程的能量和 3 动量守恒律是经过无数实验验证的理论假设，可用 4 维语言简洁地表述为：碰撞前后总 4 动量不变(4 动量守恒律). 这里的"碰撞"是广义的，包括所有发生在同一时空点的相互作用，参与碰撞的粒子既可以是质点也可以是光子(光子的能量和 3 动量的定义见选读 6-6-3 前)，而且允许碰撞前后的粒子数不同(见图 6-29). 以 P^a，$\bar{P}^a$ 分别代表碰撞前后所有粒子的 4 动量矢量和(对图 6-29 就是 $P^a = P_1{}^a + P_2{}^a$，$\bar{P}^a = P_3{}^a + P_4{}^a + P_5{}^a$.)，则 4 动量守恒律就可表为 $P^a = \bar{P}^a$. 请注意这种矢量等式本身就有洛伦兹协变性，不必再顾忌能量和 3 动量在一个系守恒而在另一系不守恒的问题. 能量和 3 动量分别是 4 动量的"时间分量"和"空间分量"的事实有多方面的重要性. 作为一个例子，我们来证明单从 3 动量守恒律就能推出 4 动量守恒律，从而推出能量守恒律. 先取瞬时观者(p, Z^a)使 Z^a 与 P^a 平行，则 P^a 相对于 Z^a 无空间分量，即 3 动量 $p^a = 0$. 由 3 动量守恒律知 $\bar{p}^a = 0$，即 $\bar{P}^a$ 相对于 Z^a 也无空间分量，故 $\bar{P}^a$ 与 P^a 至多只差一个乘子(记作 σ)：$\bar{P}^a = \sigma P^a$. 取另一瞬时观者 (p, Z'^a) (Z'^a 不再与 P^a 平行)，以 $h'^a{}_b$ 代表 Z'^a 决定的投影映射，则 $\bar{P}^a$ 相对于 Z'^a 的 3 动量 $\bar{p}'^a = h'^a{}_b \bar{P}^b = \sigma h'^a{}_b P^b = \sigma p'^a$，而 3 动量在任意惯性系中守恒(这是关键)保证 $\bar{p}'^a = p'^a$，故 $\sigma = 1$，从而 $P^a = \bar{P}^a$，即 4 动量守恒.

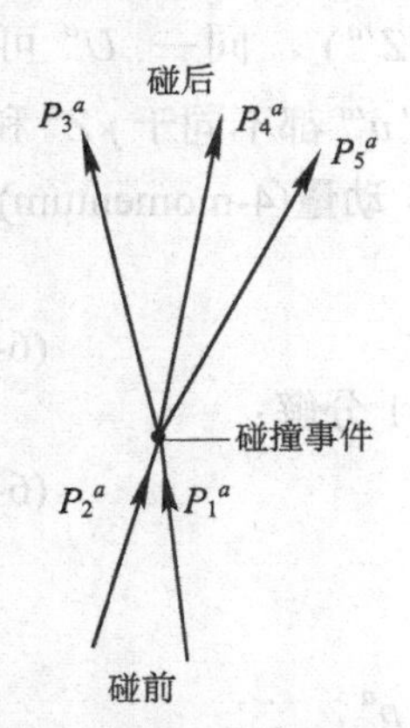

图 6-29 两个粒子碰撞后变成三个粒子

[选读 6-3-1 完]

定义 5 质点的 **4 加速**(4-acceleration)定义为

$$A^a := U^b \partial_b U^a, \tag{6-3-35}$$

其中 U^a 为质点的 4 速，∂_b 是与 η_{ab} 适配的导数算符($\partial_a \eta_{bc} = 0$).

注 9　由定义可知 ① 4 加速是绝对的；② $A^a=0$ 等价于 $U^b\partial_b U^a=0$（世界线为测地线），即质点做惯性运动．可见质点做惯性运动（自由质点）的充要条件是其 4 加速为零．

命题 6-3-4　质点世界线上各点的 4 加速 A^a 与 4 速 U^a 正交，即 $A^a U_a=\eta_{ab}A^a U^b=0$．

证明　习题．提示：利用 $U^b\partial_b(U^a U_a)=2\,U_a U^b\partial_b U^a$．　□

与 3 速 u^a 不同，只用一个观者 G 不足以决定质点 L 的 3 加速，因为要决定 L 在 p 点（G 与 L 线交点）的 3 加速就要比较 L 在 p 点以及 L 线上与 p 紧邻的一点 p' 的 3 速，而后者一般并非 G 与 L 的交点．这一困难可借坐标系克服：可定义 L 在其任一点 p 相对于任一坐标系的 3 加速（"坐标 3 加速"）．最常用的当推 L 相对于惯性坐标系的 3 加速．

定义 6　设质点世界线 $L(\tau)$ 在惯性坐标系 $\{t,x^i\}$ 的参数表达式为 $t=t(\tau)$，$x^i=x^i(\tau)$，则它相对于该系的 **3 加速**定义为

$$a^a:=\frac{\mathrm{d}^2x^i(t)}{\mathrm{d}\,t^2}\left(\frac{\partial}{\partial x^i}\right)^a,\tag{6-3-36}$$

其中 $x^i(t)$ 是 $x^i=x^i(\tau)$ 同 $t=t(\tau)$ 结合而得的函数 $x^i=x^i(t)$（即 L 以 t 为参数的参数式）．

注 10　易见本定义同式(6-3-18)一致．

下面讨论质点的 4 加速 A^a 同它相对于惯性系 $\mathscr{R}$ 的 3 加速 a^a 的关系．

命题 6-3-5　质点的 4 加速 A^a 在惯性系 $\mathscr{R}$ 的分量为

$$A^0=\gamma^4\vec{u}\cdot\vec{a},\qquad A^i=\gamma^2a^i+\gamma^4(\vec{u}\cdot\vec{a})\,u^i,\tag{6-3-37}$$

其中 $\vec{u}$ 和 $\vec{a}$ 分别为质点相对于 $\mathscr{R}$ 系的 3 速和 3 加速，$\gamma\equiv(1-u^2)^{-1/2}$，$u\equiv(\vec{u}\cdot\vec{u})^{1/2}$．

证明　设 $\{(\mathrm{d}x^\mu)_a\}$ 为 $\mathscr{R}$ 系的对偶坐标基，则由 A^a 的定义得

$$\begin{aligned}A^\mu&=A^a(\mathrm{d}x^\mu)_a=(\mathrm{d}x^\mu)_aU^b\partial_bU^a=U^b\partial_b[(\mathrm{d}x^\mu)_aU^a]\\&=U^b\partial_bU^\mu=\mathrm{d}U^\mu/\mathrm{d}\tau=\gamma\,\mathrm{d}U^\mu/\mathrm{d}t\,.\end{aligned}$$

（其中第三步是因为满足 $\partial_a\eta_{bc}=0$ 的 ∂_a 就是洛伦兹系的普通导数算符．）由式(6-3-30)可知 $U^0=\gamma$，$U^i=\gamma\,u^i$，因而

$$A^0=\gamma\mathrm{d}U^0/\mathrm{d}t=\gamma\mathrm{d}\gamma/\mathrm{d}t\,,$$

$$A^i=\gamma\,\mathrm{d}U^i/\mathrm{d}t=\gamma\,\mathrm{d}(\gamma u^i)/\mathrm{d}t=\gamma^2\mathrm{d}u^i/\mathrm{d}t+u^i\gamma\,\mathrm{d}\gamma/\mathrm{d}t=\gamma^2a^i+u^i\gamma\,\mathrm{d}\gamma/\mathrm{d}t\,.$$

再由 $\gamma\equiv(1-u^2)^{-1/2}$ 得 $\mathrm{d}\gamma/\mathrm{d}t=\gamma^3u\mathrm{d}u/\mathrm{d}t=\gamma^3\vec{u}\cdot\vec{a}$，代入上两式便得式(6-3-37)．　□

注 11　自由质点的 $A^a=0$，由式(6-3-37)可知它相对于任一惯性系的 3 加速 $a^a=0$．

命题 6-3-6　质点的 4 加速等于它相对于瞬时静止惯性坐标系的 3 加速．

证明　以 $\vec{u}=0$ 代入式(6-3-37)得证．　□

定义7 质点所受的4力(4-force)定义为

$$F^a := U^b \partial_b P^a \,, \tag{6-3-38}$$

其中 U^a 和 P^a 分别是质点的4速和4动量.

式(6-3-38)也叫质点的相对论运动方程(的4维形式),其实它只是4力的定义,真正的物理定律还须把式(6-3-38)与4力在每一具体情况的表示式结合而得.

注12 我们在本节中只关心质点的(静)质量 m 在运动中保持常数($\mathrm{d}m/\mathrm{d}\tau = 0$)的情况,这时把 $P^a = mU^a$ 代入式(6-3-38)得 $F^a = mA^a$. 然而,如果 m 在运动时变化($\mathrm{d}m/\mathrm{d}\tau \neq 0$),这一结论就不成立,见选读6-3-2.

命题 6-3-7 质点所受4力在惯性坐标系 $\{x^\mu\}$ 的空间分量 $F^i\,(i = 1, 2, 3)$ 等于它所受3力对应分量 f^i 的γ倍,4力的时间分量 F^0 等于3力的功率 $\vec{f}\cdot\vec{u}$ 的γ倍. 即

$$F^i = \gamma f^i, \qquad F^0 = \gamma \vec{f}\cdot\vec{u} \,, \tag{6-3-39}$$

其中$\gamma \equiv (1-u^2)^{-1/2}$, u 是质点对该系的3速$\vec{u}$ 的大小.

证明 $F^\mu = F^a(\mathrm{d}x^\mu)_a = (\mathrm{d}x^\mu)_a U^b \partial_b P^a = U^b \partial_b[(\mathrm{d}x^\mu)_a P^a] = U^b \partial_b P^\mu$.

取μ为 i,注意到式(6-3-32)和(6-3-21),得

$$F^i = U^b \partial_b P^i = \frac{\mathrm{d}p^i}{\mathrm{d}\tau} = \frac{\mathrm{d}p^i}{\mathrm{d}t}\frac{\mathrm{d}t}{\mathrm{d}\tau} = \gamma f^i \,.$$

再取μ为0,注意到式(6-3-32)和(6-3-22),得

$$F^0 = U^b \partial_b P^0 = U^b \partial_b E = \frac{\mathrm{d}E}{\mathrm{d}\tau} = \frac{\mathrm{d}E}{\mathrm{d}t}\frac{\mathrm{d}t}{\mathrm{d}\tau} = \gamma\frac{\mathrm{d}E}{\mathrm{d}t} = \gamma \vec{f}\cdot\vec{u} \,.$$ □

[选读 6-3-2]

我们至今只限于讨论(静)质量为常数($\mathrm{d}m/\mathrm{d}\tau = 0$)的情况,更一般地说,$m$ 在运动中也可能改变,即 $\mathrm{d}m/\mathrm{d}\tau \neq 0$. 例如,考虑静止于惯性系 $\mathscr{R}$ 的一个直流电路中的电阻元件. 电流的焦耳热(也是能量的一种形式)使电阻的静能 mc^2 不断增大,故 $\mathrm{d}m/\mathrm{d}\tau > 0$. 在 $\mathrm{d}m/\mathrm{d}\tau \neq 0$ 的情况下,前面的某些结论需要修改. 例如,

(1) 虽然仍可把 $\vec{f}\cdot\vec{u}$ 称为3力的功率(也有作者认为不应这样称呼),但它不再等于总能的变化率,两者关系现在为

$$\vec{f}\cdot\vec{u} = (\mathrm{d}E/\mathrm{d}t) - \gamma^{-1}c^2(\mathrm{d}m/\mathrm{d}t) \,. \tag{6-3-40}$$

(2) 动能应直接定义为总能γmc^2与静能 mc^2之差,即 $E_\mathrm{k} = (\gamma - 1)\,mc^2$,它不再满足 $\vec{f}\cdot\vec{u} = \mathrm{d}E_\mathrm{k}/\mathrm{d}t$. 事实上,$\mathrm{d}m/\mathrm{d}\tau \neq 0$ 时 $\vec{f}\cdot\vec{u}$ 既不等于 $\mathrm{d}E/\mathrm{d}t$ 也不等于 $\mathrm{d}E_\mathrm{k}/\mathrm{d}t$.

(3) 4力 F^a 仍定义为 $U^b \partial_b P^a$,但 $F^a \neq mA^a$.

(4) 命题6-3-7现在应陈述为

$$F^i = \gamma f^i, \qquad F^0 = \gamma\, \mathrm{d}E/\mathrm{d}t\, (\neq \gamma \vec{f}\cdot\vec{u}) \,. \tag{6-3-41}$$

[选读 6-3-2 完]

为了观测，每个观者除需要标准钟外，往往还要配备一个**3 维标架**. 直观地说，3 标架是由三根单位长的短直杆焊成的、两两互相正交的架子(见图 6-30)，每根直杆代表一个观测方向，它们在每一时刻的指向由该观者选定. 3 标架在数学上被抽象为观者世界线上的三个正交归一空间矢量场$\{(e_i)^a,\ i=1,2,3\}$，“空间”是指它们都与观者的 4 速 Z^a 正交. 于是，连同$(e_0)^a = Z^a$在内，观者世界线上就有四个正交归一矢量场，称为观者的**4 维标架(tetrad)场**，见图 6-31. 今后谈及观者的 4 标架场时如无声明都指右手标架场. 因为参考系由充斥于时空(或其中一个开子集)的无数观者组成，过每一时空点有且仅有一条观者世界线，所以，给定一个参考系后，全时空(或其开子集)就有一个 4 标架场. 任何时空点的任何张量都可用该点的 4 标架作为基底表出. 前面谈到观者时指的是一条类时线，但在某些情况下这还不够，还要补充关于 4 标架的要求，即一个观者是一条定义了 4 标架场的类时线. 对惯性观者的准确定义则是：惯性观者是做惯性运动的无自转观者.“做惯性运动”即世界线为测地线(前面对惯性观者只提过这一要求)，而“无自转”则是对线上的 4 标架场的要求. 直观地说，设甲、乙两人坐在地面的两把椅子上，甲坐普通椅子，乙坐转椅(底座固定于地面)且不停转动，则甲可视为惯性观者而乙不能(他有自转). 请注意，虽然观者概念本身已要求把此二人看成没有大小(于是每人由一世界线代表，而且都是测地线.)，但转与不转涉及的仅是线上各点每一空间基矢的方向沿线是否改变，故仍有明确意义(§7.3 还有更详细的讨论). 例如，设$\mathscr{R}$为惯性坐标系，把其中每一 t 坐标线看作一个观者的世界线，并选惯性坐标基矢为线上的 4 标架场，则直观看来(或按§7.3 的严格定义)他就是无自转的. 平常谈及惯性系中的惯性观者时，一般默认他们都以惯性坐标基矢为 4 标架. 相应地，决定一个瞬时观者的要素除 p 和 Z^a 外，有时还要辅以 3 标架，它们与 Z^a 组成 p 点的正交归一 4 标架$\{(e_\mu)^a\}$，在此情况下一个瞬时观者应表为$(p,\ (e_\mu)^a)$，其中$(e_0)^a = Z^a$. 在不必强调标架时，瞬时观者仍可表为(p, Z^a).

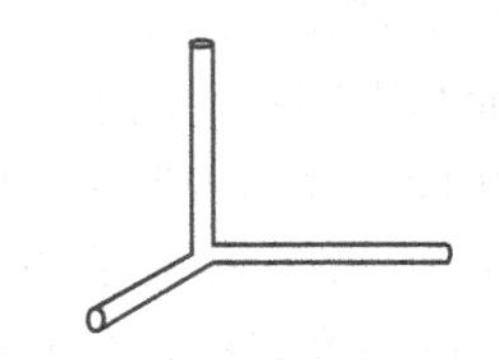

图 6-30　观者的 3 标架(空间图)

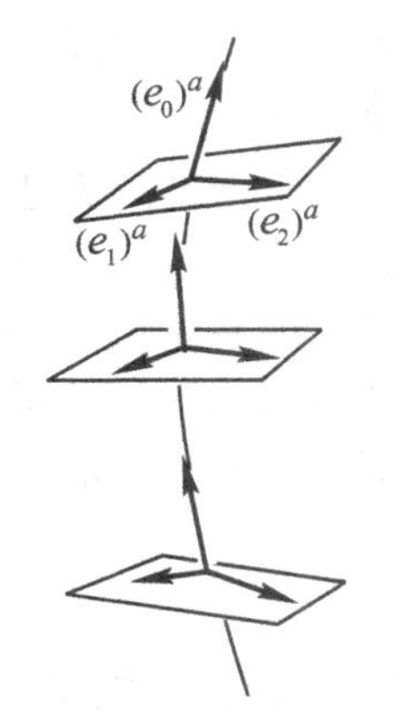

图 6-31 世界线上的 4 标架场

§6.4 连续介质的能动张量

在讨论连续分布的介质(气体、液体、固体、等离子体等)时，我们注意的不是个别粒子的行为而是宏观的统计平均效应，关心的不是个别粒子的质量和动量而是空间每点的能量密度、动量密度、能流密度、动量流密度等. 可见连续介质在许多方面类似于电磁场，可与电磁场统称为**物质场**. 设宏观小体积 V 内的静质量为 m，它相对于某惯性系的 3 速为 $\vec{u}$，则其 3 动量为 $\vec{p}=\gamma m\vec{u}=(E/c^2)\vec{u}$，其中 γ 的意义自明，E 是它的能量. 以 V 除全式便得

$$3\text{动量密度}=\frac{1}{c^2}\text{能量密度}\times\vec{u}=\frac{1}{c^2}\text{能流密度}. \tag{6-4-1}$$

(其中第二步可借如下例子帮助理解：在电磁学中，设 ρ 为电荷密度，$\vec{u}$ 为载流子速度，则电流密度 $\vec{j}=\rho\vec{u}$.) 当取 $c=1$ 时 3 动量密度便等于能流密度.

电磁场的能量密度、动量密度、能流密度(坡印廷矢量)、动量流密度的表达式可在电动力学教科书中找到，其中能流密度等于动量密度的 c^2 倍. 正如质点的能量和 3 动量统一组成 4 动量矢量 P^a 那样，电磁场的这些密度量统一组成一个 (0, 2)型张量 T_{ab}，称为**能动张量**(energy-momentum tensor)，是 4 维闵氏时空的张量场，各种 3 维密度无非是 T_{ab} 的不同分量. 事实上，所有物质场都有自己的能动张量 T_{ab}，它们有以下重要性质和物理意义：

1. $T_{ab}=T_{ba}$.

2. 任何封闭(与外界无相互作用)物质场有 $\partial^a T_{ab}=0$. 下面将看到这正是能量、3 动量和角动量守恒律的体现(角动量守恒律还要求 $T_{ab}=T_{ba}$).

3. 对任意瞬时观者 $(p,(e_\mu)^a)$，$(e_0)^a=Z^a$ 有

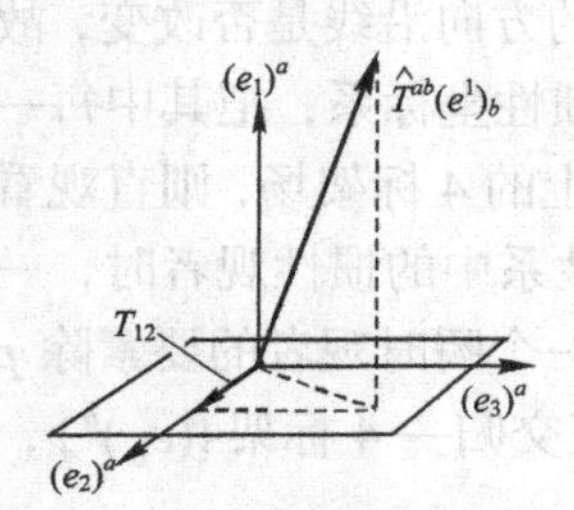

图 6-32　T_{12} 是面元下侧物质对上侧物质的力的第二分量，$\hat{T}^{ab}(e^1)_b$ 是沿 $(e_1)^a$ 方向的 3 动量流密度(见选读).

(a) $\mu\equiv T_{ab}Z^aZ^b=T_{00}$ 是该观者测得的能量密度；

(b) $w_i\equiv -T_{ab}Z^a(e_i)^b=-T_{0i}$ 是该观者测得的 3 动量密度(能流密度)的 i 分量；

(c) $T_{ab}(e_i)^a(e_j)^b=T_{ij}$ 是该观者测得的 3 应力张量(stress tensor)的 ij 分量. 例如，取一个与 $(e_1)^a$ 垂直的空间单位面元(图 6-32 为空间图)，则 T_{12} 等于面元下侧物质对上侧物质的作用力的第 2 分量(见弹性力学教材).

可见能动张量 T_{ab} 是绝对的，而能量密度、3 动量密度……则是相对的.

[选读 6-4-1]

因$\{(e_i)^a\}$正交归一，不难证明$T^{ij}=T_{ij}$. 设$\{(e^\mu)_a\}$为$\{(e_\mu)^a\}$的对偶基底，我们来讨论空间张量$\hat{T}^{ab}\equiv T^{ij}(e_i)^a(e_j)^b$ [或$\hat{T}_{ab}\equiv T_{ij}(e^i)_a(e^j)_b$]的物理意义. 以$\Delta S$代表与$(e_i)^a$ (i为1，2，3中之任一)垂直的空间单位面元，由正文可知

$$T^{ij}=T_{ij}=\Delta S\text{ 一侧物质对他侧物质的力的 } j \text{ 分量}, \tag{6-4-2}$$

因此$\hat{T}^{ab}$应解释为3应力张量. 另一方面，

$$T^{ij}=\hat{T}^{ab}(e^i)_a(e^j)_b=[\hat{T}^{ab}(e^i)_b](e^j)_a=\hat{T}^{ab}(e^i)_b\text{ 的 } j \text{ 分量}. \tag{6-4-3}$$

式(6-4-2)和(6-4-3)结合给出

$$\hat{T}^{ab}(e^i)_b\text{ 的 } j \text{ 分量}=\Delta S\text{ 一侧物质对他侧物质的力的 } j \text{ 分量},$$

故

$$\hat{T}^{ab}(e^i)_b=\Delta S\text{ 一侧物质对他侧物质的作用力}.$$

而作用力无非是被作用者的3动量的变化率，相互作用无非是相互交换3动量，所以

$$\begin{aligned}\hat{T}^{ab}(e^i)_b &= \text{单位时间内沿}(e_i)^a\text{方向穿过与}(e_i)^a\text{垂直的单位面积的3动量}\\ &= \text{沿}(e_i)^a\text{方向的3动量流密度}.\end{aligned}$$

上式中的$(e_i)^a$可以是任意空间方向的单位矢量，所以上式表明沿任一空间方向的3动量流密度都可由$\hat{T}^{ab}$与该方向的单位矢量缩并而得，于是可把$\hat{T}^{ab}\equiv T^{ij}(e_i)^a(e_j)^b$解释为(称为)**3动量流密度张量**. **[选读 6-4-1 完]**

定义1　$W^a:=-T^a{}_bZ^b$叫瞬时观者(p,Z^a)测得的4**动量密度**.

命题6-4-1　瞬时观者$(p,(e_\mu)^a)$，$(e_0)^a=Z^a$测得的4动量密度W^a可做如下分解：

$$W^a=\mu Z^a+w^a, \tag{6-4-4}$$

其中μ和$w^a\equiv w^i(e_i)^a$分别是该观者测得的能量密度和3动量密度，后者是该观者的空间矢量.

证明　W^a在标架$\{(e_\mu)^a\}$上的分量为

$$W^0=W^a(e^0)_a=-T^a{}_bZ^b(-Z_a)=T_{ab}Z^bZ^a=\mu,$$

$$W^i=W^a(e^i)_a=-T^a{}_bZ^b(e^i)_a=-T_{ab}Z^b(e^i)^a=w^i;$$

故　$W^a=\mu(e_0)^a+w^i(e_i)^a=\mu Z^a+w^a$. □

注1　式(6-4-4)与(6-3-32)很像：后者左边为4动量P^a，前者左边为4动量密度W^a，两式都是把4矢量做3+1分解. 但应注意一个区别：4动量P^a与观者无关，而4动量密度W^a却依赖于观者(由定义1知W^a是观者依赖的4矢).

命题 6-4-2 $\partial^a T_{ab}=0 \Rightarrow$ 能量守恒.

证明 设 t, x, y, z 为惯性系$\mathscr{R}$的坐标，令 $Z^a \equiv (\partial/\partial t)^a$，则对 $W^a \equiv -T^a{}_b Z^b$ 求导且缩并得

$$\partial_a W^a = \partial_a(-T^a{}_b Z^b) = -Z^b \partial^a T_{ab} - T^a{}_b \partial_a Z^b,$$

上式右边第一项为零(因 $\partial^a T_{ab}=0$)，第二项也为零[因 $\partial_a Z^b = \partial_a (\partial/\partial t)^b = 0$]，故

$$\partial_a W^a = 0. \tag{6-4-5}$$

因而

$$0 = \partial_\mu W^\mu = \partial_0 W^0 + \partial_i W^i = \partial_0 \mu + \partial_i w^i = (\partial\mu/\partial t) + \vec{\nabla}\cdot\vec{w}. \tag{6-4-6}$$

因为μ和 w^a 分别为$\mathscr{R}$系测得的能量密度和能流密度，上式很像电动力学的连续性方程 $(\partial\rho/\partial t)+\vec{\nabla}\cdot\vec{j}=0$. 仿照由后者得出电荷守恒的推理便知式(6-4-6)导致能量守恒. □

注 2 还可由 $\partial^a T_{ab}=0$ 推出 3 维动量和角动量守恒，因此 $\partial^a T_{ab}=0$ 亦称**守恒方程**.

[选读 6-4-2]

也可用 4 维 Gauss 定理直接由式(6-4-5)导出能量守恒，简述如下：令Ω为$\mathbb{R}^4$中由若干超平面(3 维!)围成的 4 维"长方体"(见图 6-33，图中压缩一维)，即 3 维长方盒子ω(如图 6-34)的世界管(的一段). 由 Gauss 定理及式(6-4-5)得

$$0 = \int_{\partial\Omega} W^a n_a = \int_{\sigma_1} W^a n_a + \int_{\sigma_2} W^a n_a + \int_{\Delta} W^a n_a. \tag{6-4-7}$$

σ_1，σ_2 为Ω的"上、下底"，Δ代表Ω的所有"侧面". 注意到式(5-5-7′)关于$\partial\Omega$的法矢方向的要求，可知σ_1，σ_2及Δ_1(某一侧面)的法矢 n^a 方向如图 6-33，于是

$$\int_{\sigma_1} W^a n_a = \int_{\sigma_1} (\mu Z^a + w^a)\, n_a = \int_{\sigma_1} \mu Z^a Z_a = -\int_{\sigma_1} \mu$$
$$= -E_1 = -(3\text{ 维盒子}\,\omega\text{ 在 }t_1\text{ 时的能量}),$$

其中第一步用到式(6-4-4). 类似地有

$$\int_{\sigma_2} W^a n_a = E_2 = (\omega\text{ 在 }t_2\text{ 时的能量}).$$

另一方面，

$$\int_{\Delta_1} W^a n_a = -\int_{\Delta_1} T_{ab} Z^b (\partial/\partial x)^a = \int_{\Delta_1} w_1 = \int_{\Delta_1} w_1 \hat{\varepsilon},$$

其中 $\hat{\varepsilon}$ 是由 4 维体元 $\varepsilon = \mathrm{d}t\wedge\mathrm{d}x\wedge\mathrm{d}y\wedge\mathrm{d}z$ 在 Δ_1 上诱导的 3 维体元，即

$$\hat{\varepsilon}_{abc} = (\partial/\partial x)^d (\mathrm{d}t)_d \wedge (\mathrm{d}x)_a \wedge (\mathrm{d}y)_b \wedge (\mathrm{d}z)_c = -(\mathrm{d}t)_a \wedge (\mathrm{d}y)_b \wedge (\mathrm{d}z)_c.$$

故 $$\int_{\Delta_1} W^a n_a = -\int_{\Delta_1} w_1\, \mathrm{d}t\wedge\mathrm{d}y\wedge\mathrm{d}z = \int_{\Delta_1} w_1 \mathrm{d}t\,\mathrm{d}y\,\mathrm{d}z = \int_{t_1}^{t_2}\int_{y_1}^{y_2}\int_{z_1}^{z_2} (w_1 \mathrm{d}y\,\mathrm{d}z)\,\mathrm{d}t, \tag{6-4-8}$$

第二个等号后去掉负号是因为$\{t, y, z\}$以$\hat{\varepsilon}=-\mathrm{d}t\wedge\mathrm{d}y\wedge\mathrm{d}z$衡量是左手坐标系. 注意到 w_1 是沿$(\partial/\partial x)^a$方向的能流密度，可知$\int_{y_1}^{y_2}\int_{z_1}^{z_2}(w_1\mathrm{d}y\,\mathrm{d}z)\mathrm{d}t$是 $\mathrm{d}t$ 时间内沿ω侧壁 S_1 流出的能量，故式(6-4-8)右边是在 t_2-t_1 时间中由侧壁 S_1(见图 6-34)向外流出的能量，$-\int_\Delta W^a n_a$是在 t_2-t_1 中通过各侧壁向ω流进的能量，即ω的能量在这段时间内的增量，于是式(6-4-7)表明：

盒子ω的能量在 t_2-t_1 中的增量＝通过各侧壁流进ω的能量.

可见能量守恒.

最后还应说明$\int_{\sigma_1}W^a n_a=-E_1$推证过程中的一个微妙之处. $\int_{\sigma_1}W^a n_a$是$\int_{\sigma_1}(W^a n_a)\hat{\varepsilon}$的简写，其中$\hat{\varepsilon}$是$\sigma_1$上的诱导体元，似应按式(5-5-6)表为$\hat{\varepsilon}_{abc}=n^d\varepsilon_{dabc}$. 但式(5-5-6)的 n^a 是外向单位法矢，与现在(见图 6-33)的 n^a 差一负号，因此$\hat{\varepsilon}$用现在的 n^a 应表为

$$\hat{\varepsilon}_{abc}=-n^d\varepsilon_{dabc}=-(\partial/\partial t)^d(\mathrm{d}t)_d\wedge(\mathrm{d}x)_a\wedge(\mathrm{d}y)_b\wedge(\mathrm{d}z)_c$$
$$=-(\mathrm{d}x)_a\wedge(\mathrm{d}y)_b\wedge(\mathrm{d}z)_c\,,$$

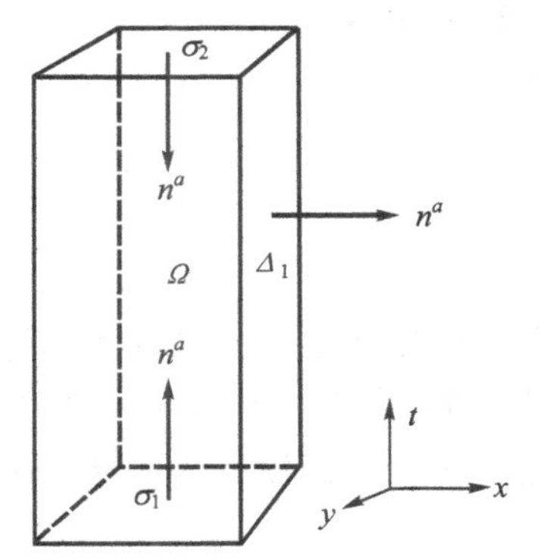

图 6-33　Ω是图 6-34 的 3 维盒子ω的世界管(压缩掉一维)

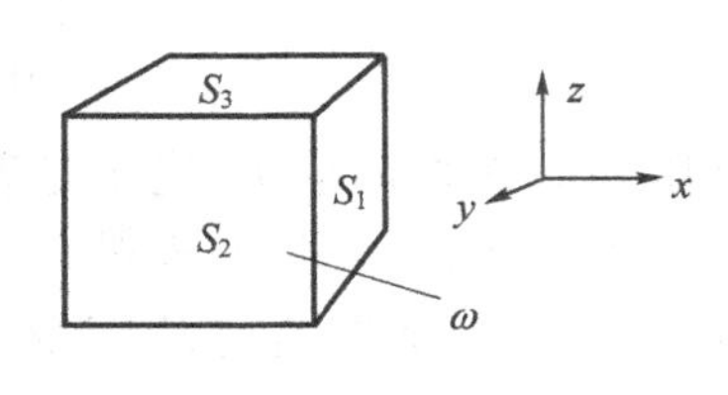

图 6-34　3 维盒子ω(空间图)

说明σ_1上的坐标系$\{x, y, z\}$用$\hat{\varepsilon}$衡量为左手系，因而

$$\int_{\sigma_1}(W^a n_a)\hat{\varepsilon}=-\int_{\sigma_1}\mu\hat{\varepsilon}=\int_{\sigma_1}\mu\,(\mathrm{d}x)_a\wedge(\mathrm{d}y)_b\wedge(\mathrm{d}z)_c$$
$$=\int_{\sigma_1}\mu\,\mathrm{d}x\mathrm{d}y\mathrm{d}z=-E_1\,.$$

[其中第三步是因为$\{x, y, z\}$是左手系，故要用式(5-2-6).] 虽然结论仍是$\int_{\sigma_1}W^a n_a=-E_1$，但应注意中间两次出现负号，是“负负得正”保证了结论不变.

[选读 6-4-2 完]

§6.5 理想流体动力学

定义1 理想流体(perfect fluid)是这样一种物质场，其能动张量可表为

$$T_{ab}=\mu U_a U_b+p(\eta_{ab}+U_a U_b)=(\mu+p)U_a U_b+p\eta_{ab}\,, \tag{6-5-1}$$

其中μ，p 是函数(标量场)，U^a 是矢量场，满足$U^a U_a=-1$，叫理想流体的 **4 速场**.

流体本身可看作一个参考系. 设瞬时观者$(p,\ (e_\mu)^a)$的 4 速$(e_0)^a$满足$(e_0)^a=U^a|_p$，则他相对于流体参考系静止，故称瞬时**静止观者**(rest observer)，但其他参考系认为他随流体一起运动，故$(p,U^a|_p)$也称瞬时**随动观者**或**共动观者**(comoving observer). 对共动观者，

$$T_{ab}(e_0)^a(e_0)^b=T_{ab}U^a U^b=(\mu+p)U_a U_b U^a U^b+p\eta_{ab}U^a U^b=(\mu+p)-p=\mu\,.$$

可见式(6-5-1)中的μ是共动观者测得的能量密度，也叫**固有能量密度**. 以$\{(e_i)^a\}$代表共动观者的 3 标架，由式(6-5-1)得

$$T_{ab}(e_i)^a(e_j)^b=p\eta_{ab}(e_i)^a(e_j)^b=p\delta_{ij}\,,$$

可见共动观者测得的 3 维应力张量的矩阵形式为

$$\begin{bmatrix} p & 0 & 0 \\ 0 & p & 0 \\ 0 & 0 & p \end{bmatrix},$$

即只有压强而无切向应力(这正是普通定义的理想流体的一个重要特征)，而且由$T_{11}=T_{22}=T_{33}=p$和共动观者 3 标架的任意性可知压强是各向同性的. $T_{ab}(e_0)^a(e_i)^b=0$则表明共动观者测得的能流密度为零，因而没有热传导. 这些都是理想流体的重要特征.

对 4 速场U^a的物理意义有必要做一解释. 理想流体是连续介质，而连续介质本身是对粒子的微观离散结构做统计平均处理后所得的模型. 通常把微观足够大而宏观足够小的流体体元称为**流体质点**[见周光炯等(1992) P.15~18]. 式(6-5-1)中的U^a就是所有流体质点的 4 速构成的矢量场. 共动观者就是与某一流体质点相对静止的观者，**共动参考系**(**静止参考系**)就是以U^a为观者 4 速场的参考系. 应注意流体质点与组成流体的微观粒子在概念上的差别. 这一差别对理想气体(ideal gas，是理想流体的一例)表现得尤为突出. 由于频繁碰撞，各气体分子的世界线多处相交，而且分子的 4 速在碰撞时突变，所以各分子的世界线与图 6-35 的曲线显著不同，不要误以为式(6-5-1)中的U^a是某一分子的 4 速. 实际上，把理想气体看作理想流体时已对分子的微观运动做了统计平均处理，U^a是平均后的 4 速场. 考虑一

个在惯性系$\{t, x, y, z\}$中静止的箱子，其中有处于热平衡的理想气体．由于不存在特殊方向，气体分子的平均 3 速为零，因此$U^a = (\partial/\partial t)^a$，其积分曲线就是 t 坐标线，如图 6-36 所示．可见共动观者并非随气体分子而动的观者，而是与箱子相对静止的惯性观者．

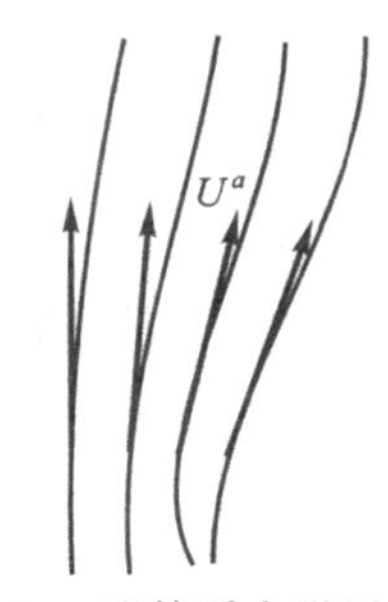

图 6-35　流体质点世界线切矢构成流体 4 速场 U^a

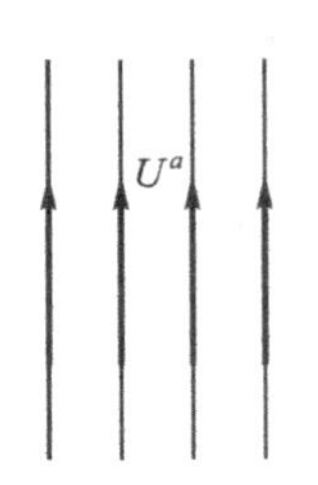

图 6-36　理想气体(作为理想流体)的 4 速场

理想气体的压强 p 与质量密度μ有如下的熟知关系：

$$p = \mu\overline{u^2}/3, \tag{6-5-2}$$

其中 $\overline{u^2}$ 是分子随机运动速率平方的平均．因 $\overline{u^2} \ll c^2$，故$(p/c^2) << \mu$，在 $c=1$ 的单位制中就是 $p << \mu$，即压强很小于密度．这一结论对任何非相对论流体都成立，例如在飓风中 $p/\mu \sim 10^{-12}$，在地心处 $p/\mu \sim 10^{-10}$．然而相对论流体就不同．恒温箱内达到热平衡的电磁辐射(叫**黑体辐射**)可看作极端相对论理想流体的例子，与箱子相对静止的参考系就是流体的静止系(共动系)．箱内辐射相对于此系是各向同性的，因而此系亦称黑体辐射的各向同性参考系．箱内电磁辐射与理想气体有颇多类似之处，可称为**光子气**(photon gas)，其压强 p 与能量密度μ的关系也服从式(6-5-2)(当然推导方法不同)，而且 $\overline{u^2}=1$，故

$$p = \mu/3 . \tag{6-5-3}$$

黑体辐射之所以可看作理想流体，关键在于其光子相对于各向同性参考系有沿各个方向、充分杂乱的随机运动(详见附录 D)．探照灯中射出的光束却不能看作理想流体，因为不存在一个参考系，在它看来这光束是各向同性的．

牛顿力学的理想流体服从两个重要规律，即描述质量密度μ时间变率的连续性方程

$$\frac{\partial\mu}{\partial t} + \vec{\nabla}\cdot(\mu\,\vec{u}) = 0 \ (\text{反映质量守恒}) \tag{6-5-4}$$

和描述 3 速 $\vec{u}$ 的时间变率的欧拉方程(推导见选读 6-5-1)

$$-\vec{\nabla}p = \mu\left[\frac{\partial\vec{u}}{\partial t} + (\vec{u}\cdot\vec{\nabla})\ \vec{u}\right]. \tag{6-5-5}$$

下面介绍这两个规律在相对论理想流体力学的推广. 设理想流体同外界无相互作用, 则其能动张量满足$\partial^a T_{ab}=0$. 由式(6-5-1)得

$$0=\partial^a T_{ab}=U_a U_b \partial^a(\mu+p)+(\mu+p)(U^a\partial_a U_b+U_b\partial_a U^a)+\partial_b p\,. \tag{6-5-6}$$

这是一个 4 矢方程, 可分别在共动观者的时间和空间方向投影. 用U^b与上式缩并得

$$0=U^b\partial^a T_{ab}=-U_a\partial^a(\mu+p)+(\mu+p)(U^bU^a\partial_a U_b-\partial_a U^a)+U^b\partial_b p\,,$$

注意到

$$U^bU^a\partial_a U_b=\frac{1}{2}U^a\partial_a(U^bU_b)=0\quad(因\,U^bU_b=-1=常数),$$

便得

$$U^a\partial_a\mu+(\mu+p)\,\partial_a U^a=0\,. \tag{6-5-7}$$

此即式(6-5-6)在共动观者时间方向的投影. 为求空间投影, 以投影映射$h_c{}^b\equiv\delta_c{}^b+U_cU^b$与式(6-5-6)缩并得

$$(\mu+p)\,U^a\partial_a U_c+\partial_c p+U_cU^b\partial_b p=0\,. \tag{6-5-8}$$

式(6-5-7)、(6-5-8)就是理想流体的相对论运动方程. 压强为零的理想流体叫尘埃(dust). 对尘埃, 式(6-5-8)简化为$U^a\partial_a U_c=0$, 可见尘埃粒子的世界线为测地线. 这是自然的, 因为$p=0$表明粒子不受力. 为得出式(6-5-7)、(6-5-8)的非相对论近似, 选任一惯性系$\{t,x^i\}$并对U^a做 3 + 1 分解[见式(6-3-30)]:

$$U^a=\gamma\,[(\partial/\partial t)^a+u^a]\cong(\partial/\partial t)^a+u^a\,, \tag{6-5-9}$$

其中u^a是流体在该系中的 3 速, $\gamma=-(\partial/\partial t)^a U_a$在非相对论近似下为 1. 把式(6-5-9)代入式(6-5-7), 注意到$p<<\mu$, 得(从现在起略去近似号)

$$0=(\partial/\partial t)^a\partial_a\mu+u^a\partial_a\mu+\mu\,\partial_a u^a=\frac{\partial\mu}{\partial t}+\partial_a(\mu u^a)\,.$$

因u^a是所论惯性系的空间矢量, $\partial_a(\mu u^a)=\partial_i(\mu u^i)=\vec{\nabla}\cdot(\mu\vec{u})$, 故上式即连续性方程(6-5-4). 用$(\partial/\partial x^i)^c$与式(6-5-8)缩并, 注意到式(6-5-9)及$p<<\mu$, 得

$$\begin{aligned}0&=\mu\left[\left(\frac{\partial}{\partial t}\right)^a\partial_a u_i+u^a\partial_a u_i\right]+\left(\frac{\partial}{\partial x^i}\right)^c\partial_c p+u_i\left[\left(\frac{\partial}{\partial t}\right)^b+u^b\right]\partial_b p\\&=\mu\left(\frac{\partial u_i}{\partial t}+u^a\partial_a u_i\right)+\frac{\partial p}{\partial x^i}+u_i\frac{\partial p}{\partial t}+u_iu^j\frac{\partial p}{\partial x^j}\,.\end{aligned}$$

在非相对论情况($u<<1$)下还有$u_i\partial p/\partial t<<\partial p/\partial x^i$和$u_iu^j\partial p/\partial x^j<<\partial p/\partial x^i$, 故上式右边最后两项与$\partial p/\partial x^i$相较可忽略, 写成 3 矢等式即为欧拉方程(6-5-5).

[选读 6-5-1]

学过牛顿流体力学的读者都知道对流体的描述存在拉格朗日和欧拉两种方法[见周光炯等(1992)]，前者着眼于流体质点(质点的空间轨迹称为迹线)；后者着眼于空间点(每一空间点有一流速矢量$\vec{u}$，因而在 3 维空间中有流速矢量场$\vec{u}$，其积分曲线称为流线.). 欧拉描述的一大优点是可在空间上定义流速场. 用 4 维语言可对这两种描述的区别和联系获得更深刻的理解. 在 4 维语言中，流体质点的世界线充满时空的一个开集O($\forall p\in O$有唯一的质点世界线过p). 拉格朗日描述既然着眼于质点，在 4 维语言中就是着眼于世界线，其切矢U^a构成 4 维矢量场. 就是说，拉格朗日描述可自然过渡到 4 维描述. 反之，欧拉描述则是天生的 3 + 1 维描述，因为"空间点"的概念只在 3 + 1 维语言中有意义，一个空间点其实就是所选惯性系$\mathscr{R}$内的一个惯性观者的世界线，例如图 6-37 的 P. $\forall p\in O$，令$u^a|_p$为$U^a|_p$在过p的同时面Σ_t上的投影，便得到O上的空间流速场u^a. u^a对时空点的依赖关系可用$\mathscr{R}$系的惯性坐标t, x^i表为$u^a(t,x^i)$，它在每一同时面Σ_t上的值就是时刻t的欧拉流速矢量场$\vec{u}$. 下面以欧拉方程的推导为例加深理解. 把流体质点想像为一个小立方体，体积为 V. 不难证明质点所受力$\vec{f}$满足$\vec{f}/V=-\vec{\nabla}p$，其中 p 是质点所在处的压强. 设m为质点质量，则

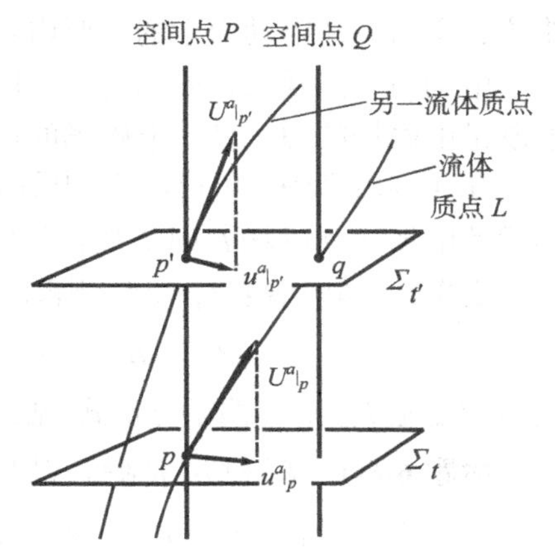

图 6-37　欧拉空间流速场 u^a 的定义

$$-\vec{\nabla}p=\vec{f}/V=\frac{m\mathrm{d}\vec{u}/\mathrm{d}t}{V}=\mu\,\frac{\mathrm{d}\vec{u}}{\mathrm{d}t},\tag{6-5-10}$$

其中$\vec{u}$是质点的 3 速，有两个原因使它随t而变：①每一空间点的 3 速$\vec{u}$可随t而变(图 6-37 中p'和p点的u^a可不同)；②流体质点在运动中可从一个空间点移到另一空间点(图 6-37 的质点L从空间点P移到Q)，移动方式由其轨迹的参数表达式$x^i=x^i(t)$刻画. 以$\vec{u}\,(t,x^i(t))$代表由这两个原因导致的$\vec{u}$对t的依赖，则式(6-5-10)可表为

$$-\vec{\nabla}p=\mu\,\frac{\mathrm{d}\vec{u}}{\mathrm{d}t}=\mu\left[\frac{\partial\vec{u}}{\partial t}+\frac{\partial\vec{u}}{\partial x^i}\frac{\mathrm{d}x^i(t)}{\mathrm{d}t}\right]=\mu\left[\frac{\partial\vec{u}}{\partial t}+(\vec{u}\cdot\vec{\nabla})\,\vec{u}\right].$$

此即欧拉方程(6-5-5).　　**[选读 6-5-1 完]**

§6.6 电 动 力 学

6.6.1 电磁场和 4 电流密度

众所周知，Maxwell 的电磁理论具有“先天的”洛伦兹协变性. 因此，与经典力学和量子力学不同，“非相对论电动力学”并不存在. 本节的任务在于用 4 维语言重新表述电动力学的主要内容.

电动力学涉及的物质场有二：①电磁场；②全体带电质点组成的连续流体. 它们既是电磁场的源，又受电磁场的作用.

在 4 维语言中，电磁场由闵氏时空的 2 形式场 F_{ab}(叫**电磁场张量**)描述. 读者熟悉的电场 $\vec{E}$ 和磁场 $\vec{B}$ 则是观者测量 F_{ab} 得到的两个空间矢量.

定义1　瞬时观者 (p, Z^a) 测得的**电场** E^a 和**磁场** B^a 由下式定义

$$E_a := F_{ab}Z^b, \quad B_a := -{}^*F_{ab}Z^b, \quad (E^a := \eta^{ab}E_b, B^a := \eta^{ab}B_b.) \tag{6-6-1}$$

其中 ${}^*F_{ab}$ 是 F_{ab} 的对偶微分形式(见§5.6)，也是 2 形式场.

命题 6-6-1　E^a 和 B^a 是瞬时观者 $(p, (e_\mu)^a)$，$(e_0)^a = Z^a$ 的空间矢量，且

$$E_1 = F_{10}, \quad E_2 = F_{20}, \quad E_3 = F_{30}; \quad B_1 = F_{23}, \quad B_2 = F_{31}, \quad B_3 = F_{12}. \tag{6-6-2}$$

证明　因 $F_{ab} = F_{[ab]}$，$Z^aZ^b = Z^{(a}Z^{b)}$，${}^*F_{ab} = {}^*F_{[ab]}$，故

$$E_aZ^a = F_{ab}Z^aZ^b = 0, \quad B_aZ^a = -{}^*F_{ab}Z^aZ^b = 0,$$

可见 E^a 和 B^a 是瞬时观者(p, Z^a)的空间矢量. 因

$$E_i = E_a(e_i)^a = F_{ab}Z^b(e_i)^a = F_{ab}(e_0)^b(e_i)^a = F_{i0},$$

故 $E_1 = F_{10}$，$E_2 = F_{20}$，$E_3 = F_{30}$. 又因

$$B_i = B_a(e_i)^a = -{}^*F_{ab}Z^b(e_i)^a = -\frac{1}{2}\varepsilon_{abcd}F^{cd}(e_0)^b(e_i)^a = \frac{1}{2}\varepsilon_{0icd}F^{cd} = \frac{1}{2}\varepsilon_{0ijk}F^{jk},$$

所以 $B_1 = \frac{1}{2}(\varepsilon_{0123}F^{23} + \varepsilon_{0132}F^{32}) = F^{23} = F_{23}$，同理有 $B_2 = F_{31}$，$B_3 = F_{12}$. □

由命题 6-6-1 可知 F_{ab} 在观者的 4 标架 $(e_\mu)^a$ 的分量排成的矩阵为

$$(F_{\mu\nu}) = \begin{bmatrix} 0 & -E_1 & -E_2 & -E_3 \\ E_1 & 0 & B_3 & -B_2 \\ E_2 & -B_3 & 0 & B_1 \\ E_3 & B_2 & -B_1 & 0 \end{bmatrix}. \tag{6-6-3}$$

命题 6-6-2　设惯性系$\mathscr{R}$ 和$\mathscr{R}'$由洛伦兹变换

$$t = \gamma(t' + \upsilon x'), \qquad x = \gamma(x' + \upsilon t'), \qquad y = y', \qquad z = z' \tag{6-6-4}$$

相联系，则两者测同一电磁场 F_{ab} 所得值 $(\vec{E}, \vec{B})$ 和 $(\vec{E}', \vec{B}')$ 有如下关系：

$$\begin{aligned}&E_1'=E_1, \quad E_2'=\gamma(E_2-vB_3), \quad E_3'=\gamma(E_3+vB_2);\\&B_1'=B_1, \quad B_2'=\gamma(B_2+vE_3), \quad B_3'=\gamma(B_3-vE_2).\end{aligned} \tag{6-6-5}$$

证明　习题. □

命题 6-6-3　设 p 点的两个瞬时观者 $(p,(e_\mu)^a)$ 和 $(p,(e'_\mu)^a)$ 的正交归一 4 标架有如下联系：$(e'_2)^a=(e_2)^a$，$(e'_3)^a=(e_3)^a$，则他们测同一电磁场所得值 $(\vec{E}, \vec{B})$ 和 $(\vec{E}', \vec{B}')$ 也有式(6-6-5)的关系，其中 $\gamma\equiv-(e_0)^a(e'_0)_a$.

证明　本命题只涉及 p 点的当地测量，不涉及求导. 选惯性系 $\mathscr{R}$ 使其过 p 点的观者世界线以 $(e_0)^a$ 为 4 速，再选惯性系 $\mathscr{R}'$ 使其过 p 点的世界线以 $(e'_0)^a$ 为 4 速，则 $\mathscr{R}$ 和 $\mathscr{R}'$ 系的关系便为式(6-6-4). 故有式(6-6-5). □

命题 6-6-3 表明式(6-6-5)对任一时空点 p 的任何满足 $(e'_2)^a=(e_2)^a$，$(e'_3)^a=(e_3)^a$ 的两个瞬时观者成立，从而澄清了“式(6-6-5)只对惯性系成立”的误解.

[选读 6-6-1]

命题 6-6-2 和 6-6-3 也可用正交归一标架变换(见图 6-38)来证明. 按式(6-3-30)把瞬时观者 $(p,(e'_0)^a)$ 的 4 速 $U^a\equiv(e'_0)^a$ 相对于瞬时观者 $(p,(e_0)^a)$ 做 3 + 1 分解，得

$$(e'_0)^a=\gamma(e_0)^a+\gamma u^a.$$

因 3 速 u^a 与 $(e_1)^a$ 同向，且 $(e_1)^a$ 归一，故 $u^a=u(e_1)^a$，于是上式成为

$$(e'_0)^a=\gamma(e_0)^a+\gamma u(e_1)^a. \tag{6-6-6}$$

这就是 $(e'_0)^a$ 用正交归一标架 $\{(e_\mu)^a\}$ 的展开式. 再设 $(e'_1)^a$ 的展开式为

$$(e'_1)^a=\alpha(e_0)^a+\beta(e_1)^a \quad (\alpha, \beta\text{ 待定}),$$

由 $\eta_{ab}(e'_1)^a(e'_0)^b=0$ 及 $\eta_{ab}(e'_1)^a(e'_1)^b=1$ 得 $\beta=\gamma$，$\alpha=\gamma u$，故

$$(e'_1)^a=\gamma u(e_0)^a+\gamma(e_1)^a. \tag{6-6-7}$$

式(6-6-6)和(6-6-7)配以 $(e'_2)^a=(e_2)^a$，$(e'_3)^a=(e_3)^a$ 便是两个正交归一标架 $\{(e'_\mu)^a\}$ 与 $\{(e_\mu)^a\}$ 之间的变换关系. 由此易证式(6-6-5). 以 E'_2 为例：

$$E'_2=F'_{20}=F_{ab}(e'_2)^a(e'_0)^b=F_{ab}(e_2)^a[\gamma(e_0)^b+\gamma u(e_1)^b]=\gamma(F_{20}+uF_{21})=\gamma(E_2-uB_3).$$

[选读 6-6-1 完]

电磁场的源是电荷和电流. 在 4 维语言中，连续分布的电荷和电流可看作由大量带电质点组成的尘埃[见 Synge(1956)第 VIII 章§10，第 X 章§7.]. 为简化问题，只讨论所有带电质点同属一类(例如都是电子)的情况，其电荷为 e.[①] 以 U^a 代表这一带电尘埃的 4 速场，则 (p,U^a) 便是 p 点的瞬时共动观者. 设其局部同时面(与 U^a 正交)的小体积 V_0 中有 N 个带电质点，则 $\eta_0=N/V_0$ 就是共动观者测得的

---

① 这一简化并不影响实质. 重要的是它们组成一个粒子流，其 4 速场 U^a 在每一时空点的值就是世界线经过该点的尘埃质点的 4 速，而不像气体分子那样以杂乱无章的方式向四面八方运动.

质点数密度(称为**固有数密度**). 以(p, Z^a)代表 p 点的任一瞬时观者，只要不是共动观者(只要 $Z^a \neq U^a$)，他就觉得质点在运动，即觉得有电流. 设上述 N 个质点在(p, Z^a)的局部同时面(与 Z^a 正交)上所占体积为 V(见图 6-39)，则由"尺缩"效应知 $V_0 = \gamma V$，其中 $\gamma \equiv -Z^a U_a$，所以观者 (p, Z^a) 测得的质点数密度为 $\eta = N/V = \gamma N/V_0 = \gamma\eta_0$，因而 $\rho_0 \equiv e\eta_0$ 及 $\rho \equiv e\eta$ 分别是共动观者(p, U^a)和任意观者(p, Z^a)测得的**电荷密度**，两者关系为 $\rho = \gamma\rho_0$. 设 u^a 为质点相对于(p, Z^a)的 3 速，则 $j^a := \rho u^a$ 为观者(p, Z^a)测得的 **3 电流密度**. 共动观者测得的 3 电流密度为零.

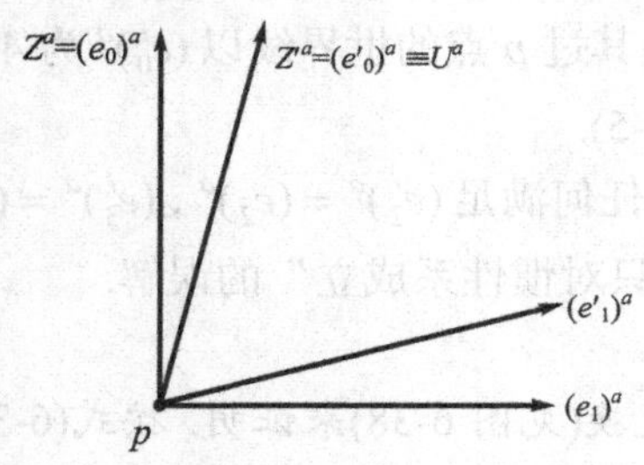

图 6-38　两个正交归一标架的关系

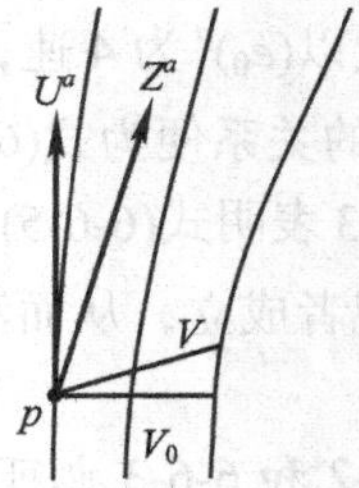

图 6-39　共动观者 U^a 和非共动观者 Z^a 测得体积 V_0 和 V 不同

定义 2　带电粒子流的 **4 电流密度**(4-current density)定义为

$$J^a := \rho_0 U^a. \tag{6-6-8}$$

命题 6-6-4　J^a 可借瞬时观者 $(p, (e_\mu)^a)$ 做如下 3 + 1 分解：

$$J^a = \rho Z^a + j^a. \tag{6-6-9}$$

证明　$J^a = \rho_0 U^a = \rho_0 \gamma (Z^a + u^a) = \rho Z^a + \rho u^a = \rho Z^a + j^a$. □

可见瞬时观者测得的电荷密度ρ和 3 电流密度 j^a 分别是 4 电流密度 J^a 的时间分量 J^0 和空间投影 $h^a{}_b J^b$，上式也可表为

$$\rho = -Z_a J^a, \qquad j^i = J^i.$$

电荷与质量一样是描写带电粒子内禀性质的物理量. 不参与相互作用的带电粒子的电荷保持不变. 当与其他粒子相互作用时，作用前后的总电荷必定相等，这是迄今的所有实验都证实的结果，即众所周知的电荷守恒律. 在 3 维语言电动力学中这一定律被表述为连续性方程：$(\partial\rho/\partial t) + \nabla \cdot \vec{j} = 0$(对任一惯性系). 不难看出其相应的 4 维表述为 $\partial_a J^a = 0$.

6.6.2　麦氏方程

在电动力学教科书中，$\vec{E}$ 和 $\vec{B}$ 的运动方程就是熟知的麦氏方程. 由它们可推出麦氏方程的 4 维形式

$$\partial^a F_{ab} = -4\pi J_b \,, \tag{6-6-10}$$

$$\partial_{[a} F_{bc]} = 0 \,. \tag{6-6-11}$$

在现在的框架中，我们把上两式作为理论的出发点，即假设电磁场张量服从方程(6-6-10)和(6-6-11). 请注意式(6-6-10)已把电荷守恒律包含在内，因为由它可得

$$\partial^b J_b = -(4\pi)^{-1}\partial^b \partial^a F_{ab} = -(4\pi)^{-1}\partial^{(b}\partial^{a)} F_{[ab]} = 0 \,,$$

因而 $\partial\rho/\partial t + \vec{\nabla}\cdot\vec{j} = 0$，此即电荷守恒.

命题 6-6-5　对任一惯性系$\{t, x, y, z\}$，由式(6-6-10)、(6-6-11)可导出 3 维麦氏方程

$$\text{(a)}\ \vec{\nabla}\cdot\vec{E} = 4\pi\rho, \qquad \text{(b)}\ \vec{\nabla}\times\vec{E} = -\frac{\partial\vec{B}}{\partial t},$$

$$\text{(c)}\ \vec{\nabla}\cdot\vec{B} = 0, \qquad \text{(d)}\ \vec{\nabla}\times\vec{B} = 4\pi\vec{j} + \frac{\partial\vec{E}}{\partial t}\,. \tag{6-6-12}$$

其中第一、四式对应于式(6-6-10)，第二、三式对应于式(6-6-11).

注 1　此处采用几何高斯制(见附录 A)，3 维麦氏方程在系数上与常见形式略有区别.

证明　以 δ_{ab} 代表所选惯性系的等 t 面上的(诱导)欧氏度规，$\hat{\partial}_a$ 和 ∂_a 分别代表与 δ_{ab} 和 η_{ab} 适配的导数算符，令 $Z^a \equiv (\partial/\partial t)^a$，注意到空间矢量 E^a 满足 $E_0 = 0$，便有

$$\vec{\nabla}\cdot\vec{E} = \hat{\partial}^a E_a = \partial E^i/\partial x^i = \partial^a E_a = \partial^a (F_{ab} Z^b) = Z^b(-4\pi J_b) = 4\pi\rho \,.$$

此即式(6-6-12a). 再证明式(6-6-12b). 设 $\hat{\varepsilon}_{abc}$ 是等 t 面上与 δ_{ab} 适配的体元，则由式(5-6-5c)知

$$(\vec{\nabla}\times\vec{E})_c = \hat{\varepsilon}^{ab}{}_c\, \hat{\partial}_a E_b \,, \tag{6-6-13}$$

其中的 $\hat{\partial}_a E_b$ 可表为[据式(3-1-9)]

$$\hat{\partial}_a E_b = (\mathrm{d}x^i)_a (\mathrm{d}x^j)_b \hat{\partial}_i E_j = (\mathrm{d}x^i)_a (\mathrm{d}x^j)_b \partial_i E_j \,, \tag{6-6-14}$$

而 $E_0 = 0$ 导致

$$\partial_a E_b = (\mathrm{d}x^\mu)_a (\mathrm{d}x^j)_b \partial_\mu E_j = (\mathrm{d}x^0)_a (\mathrm{d}x^j)_b \partial_0 E_j + (\mathrm{d}x^i)_a (\mathrm{d}x^j)_b \partial_i E_j \,,$$

将上式投影到等 t 面，注意到 $(\mathrm{d}x^0)_a$ 的投影为零，$(\mathrm{d}x^i)_a$ 的投影等于自身，与式(6-6-14)比较得

$$\hat{\partial}_a E_b = h_a{}^d h_b{}^e \partial_d E_e \,. \tag{6-6-15}$$

代入式(6-6-13)，注意到 $\hat{\varepsilon}^{ab}{}_c$ 是空间张量，其投影等于自身，便得

$$(\vec{\nabla}\times\vec{E})_c = \hat{\varepsilon}^{ab}{}_c h_a^d h_b^e \partial_d E_e = \hat{\varepsilon}^{de}{}_c \partial_d E_e \,,$$

故

$$(\vec{\nabla}\times\vec{E})_c=\hat{\varepsilon}^{ab}{}_c\partial_a E_b=\hat{\varepsilon}^{ab}{}_c\partial_a(F_{be}Z^e)=Z^e\hat{\varepsilon}^{ab}{}_c\partial_a F_{be}=-Z^e\hat{\varepsilon}^{ab}{}_c\partial_e F_{ab}-Z^e\hat{\varepsilon}^{ab}{}_c\partial_b F_{ea},$$

其中最后一步用到式(6-6-11)及 F_{ab} 的反称性．而上式右边第二项又等于 $-\hat{\varepsilon}^{ab}{}_c\partial_a(F_{be}Z^e)$，即等于$-(\vec{\nabla}\times\vec{E})_c$，故

$$2\ (\vec{\nabla}\times\vec{E})_c=-Z^e\hat{\varepsilon}^{ab}{}_c\partial_e F_{ab}\,. \tag{6-6-16}$$

设 ε_{abcd} 是与度规 η_{ab} 适配的体元，则由式(5-5-6)知

$$\hat{\varepsilon}_{cab}=Z^d\varepsilon_{dcab}\,, \tag{6-6-17}$$

故式(6-6-16)成为

$$2\ (\vec{\nabla}\times\vec{E})_c=-Z^eZ^d\varepsilon_{dc}{}^{ab}\partial_e F_{ab}=-Z^e\partial_e(\varepsilon_{dc}{}^{ab}F_{ab}Z^d)=-Z^e\partial_e(2\,{}^*F_{dc}Z^d)=-\ 2\,Z^e\partial_e B_c\,.$$

于是

$$(\vec{\nabla}\times\vec{E})_i=\left(\frac{\partial}{\partial x^i}\right)^c(\vec{\nabla}\times\vec{E})_c=-\ Z^e\partial_e B_i=-\frac{\partial B_i}{\partial t},$$

因而

$$\vec{\nabla}\times\vec{E}=-\,\partial\vec{B}/\partial t\,.$$

其他两个麦氏方程的推导留作习题．　□

注 2　对非惯性坐标系，由式(6-6-10)、(6-6-11)推出的方程将有别于通常的 3 维麦氏方程．

[选读 6-6-2]

作为等 t 面上与诱导度规 $h_{ab}=\eta_{ab}+Z_aZ_b$ 相适配的体元，$\hat{\varepsilon}_{cab}$ 只能被确定到差一个负号的程度(见选读 5-5-1 末)，即 $-Z^d\varepsilon_{dcab}$ 同样可被取作 $\hat{\varepsilon}_{cab}$．只有考虑等 t 面的定向之后才能把 $\hat{\varepsilon}_{cab}$ 唯一确定为 $Z^d\varepsilon_{dcab}$．与讨论 Gauss 定理时的情况有所不同，现在不存在一个自然的带边流形 N 使等 t 面可看作 N 的边界 ∂N，因而其法矢 Z^a 无所谓外向或内向，等价地，现在的等 t 面不存在什么诱导定向．我们把 $\hat{\varepsilon}_{cab}$ 写成 $Z^d\varepsilon_{dcab}$ 而非 $-Z^d\varepsilon_{dcab}$ 是出于如下考虑：3 维形式的麦氏方程 $\vec{\nabla}\times\vec{E}=-\partial\vec{B}/\partial t$ 涉及旋度，其成立条件是所选笛卡儿坐标系 $\{x, y, z\}$ 为右手系(否则有 $\vec{\nabla}\times\vec{E}=\partial\vec{B}/\partial t$)，即空间定向要与 $\mathrm{d}x\wedge\mathrm{d}y\wedge\mathrm{d}z$ 相容．注意到 $\varepsilon_{dcab}=(\mathrm{d}t)_d\wedge(\mathrm{d}x)_a\wedge(\mathrm{d}y)_b\wedge(\mathrm{d}z)_c$ 以及 $Z^d=(\partial/\partial t)^d$，便知体元 $\hat{\varepsilon}_{cab}=(\mathrm{d}x)_a\wedge(\mathrm{d}y)_b\wedge(\mathrm{d}z)_c$，正好与所需定向相容．

[选读 6-6-2 完]

6.6.3　4 维洛伦兹力

前已指出，带电质点是电磁场的场源(以 J^a 体现)，它对电磁场 F_{ab} 的影响由式(6-6-10)反映．反之，带电质点也受到电磁场的作用力，即洛伦兹力

$$\vec{f}=q(\vec{E}+\vec{u}\times\vec{B})\,, \tag{6-6-18}$$

其中 q 及 $\vec{u}$ 分别代表质点的电荷及 3 速. 上式与 3 力定义 $\vec{f}=\mathrm{d}\vec{p}/\mathrm{d}t$ 结合便给出带电质点在电磁场中的运动方程(设无其他力)

$$\frac{\mathrm{d}\vec{p}}{\mathrm{d}t}=q(\vec{E}+\vec{u}\times\vec{B})\,. \tag{6-6-19}$$

应该指出，上式自身具有洛伦兹协变性(但不易直接看出)，这也是“麦氏电磁理论天生就有洛伦兹协变性”这一结论的一个表现. 就是说，对另一惯性系 $\mathscr{R}'$，同一质点的运动方程将与式(6-6-19)形式相同，只是与参考系有关的量都要加′，即

$$\frac{\mathrm{d}\vec{p}'}{\mathrm{d}t'}=q(\vec{E}'+\vec{u}'\times\vec{B}')\,. \tag{6-6-19′}$$

应注意，q 无须加 ′，因为质点的电荷是不变量.

命题 6-6-6　设质点的电荷为 q，4 速为 U^a，4 动量为 P^a，则电磁场 F_{ab} 对它的 4 力(叫 **4 维洛伦兹力**)为

$$F^a=qF^a{}_bU^b\quad(\text{其中}\ F^a{}_b\equiv\eta^{ac}F_{cb})\,, \tag{6-6-20}$$

因而只受电磁力的质点的 4 维运动方程为

$$qF^a{}_bU^b=U^b\partial_bP^a\,. \tag{6-6-21}$$

证明　设 p 为带电质点世界线 L 上的任一点，(p, Z^a)是任一瞬时观者，其正交归一 4 标架为 $\{(e_\mu)^a\}$，其中$(e_0)^a=Z^a$. 只须证明式(6-6-20)的 F^a 对该瞬时观者而言的分量 F^i 和 F^0 满足

$$F^i=\gamma f^i\,, \tag{6-6-22}$$

$$F^0=\gamma\vec{f}\cdot\vec{u}\,, \tag{6-6-23}$$

其中 $\gamma=-Z^aU_a$，f^i 是 3 维洛伦兹力 $\vec{f}$ 的第 i 分量，$\vec{u}\equiv u^a$ 是质点相对于(p, Z^a)的 3 速.

由式(6-6-20)得

$$F^a=\gamma qF^a{}_b(Z^b+u^b)=\gamma q(E^a+F^a{}_bu^b)\,, \tag{6-6-24}$$

或

$$F_a=\gamma q\,(E_a+F_{ab}u^b)\,.$$

故

$$F_i=(e_i)^aF_a=\gamma q(E_i+F_{ij}u^j)\,, \tag{6-6-25}$$

如能证明

$$F_{ij}u^j=(\vec{u}\times\vec{B})_i\,, \tag{6-6-26}$$

则由式(6-6-25)及(6-6-18)立即可得 $F_i=\gamma f_i$，即式(6-6-22). 下面证明式(6-6-26).

$$(\vec{u}\times\vec{B})_c=\hat{\varepsilon}_c{}^{ab}u_aB_b=\hat{\varepsilon}_c{}^{ab}u_a(-{}^*F_{bd}Z^d)=\hat{\varepsilon}_c{}^{ab}u_a(-\frac{1}{2}\varepsilon_{bd}{}^{ef}F_{ef}Z^d)=-\frac{1}{2}u^a\hat{\varepsilon}_{cab}\varepsilon^{bdef}F_{ef}Z_d$$

$$=\frac{1}{2}u^a Z^g \varepsilon_{gcab}\varepsilon^{defb}F_{ef}Z_d=\frac{1}{2}(-3!)\,u^a Z^g \delta^{[d}{}_g\delta^e{}_c\delta^{f]}{}_a Z_d F_{ef}=-3u^a Z^g Z_{[g}F_{ca]}$$

$$=-u^a Z^g(Z_g F_{ca}+Z_a F_{gc}+Z_c F_{ag})=F_{ca}u^a-Z_c u^a E_a\,,\qquad(6\text{-}6\text{-}27)$$

其中倒数第二步用到 $F_{ca}=-F_{ac}$，最后一步用到 $Z^g Z_g=-1$，$F_{ag}Z^g=E_a$ 以及 $u^a Z_a=0$. 由式(6-6-27)得

$$(\vec{u}\times\vec{B})_i=(e_i)^c(\vec{u}\times\vec{B})_c=F_{ij}u^j\,,$$

这就是式(6-6-26). 式(6-6-27)右边第二项的存在是必要的，否则右边的时间分量非零，与左边 $(\vec{u}\times\vec{B})_c$ 的空间性相悖. 下面证明式(6-6-23).

$$F^0=(e^0)_a F^a=\gamma q\,(e^0)_a(E^a+F^a{}_b u^b)=-\gamma q\,(e_0)^a F_{ab}u^b=-\gamma q F_{0i}u^i$$

$$=\gamma q E_i u^i=\gamma q\,[E_i+(\vec{u}\times\vec{B})_i]\,u^i=\gamma f_i u^i=\gamma\vec{f}\cdot\vec{u}\,,$$

此即式(6-6-23). 证明中第二步用到式(6-6-24)，第三步用到 $(e^0)_a E^a=0$ 及 $(e^0)^a=-(e_0)^a$，第六步用到 $\vec{u}\times\vec{B}$ 与 $\vec{u}$ 的正交性，第七步用到式(6-6-18). □

6.6.4　电磁场的能动张量

在 3 维形式的电动力学中，电磁场的能量密度、能流密度、动量密度、动量流密度(即应力张量)已有明确定义[见郭硕鸿(1995)第 5 章§7]. 这些 3 维量可由一个 4 维张量(电磁场的能动张量 T_{ab})统一表为

$$T_{ab}=\frac{1}{4\pi}(F_{ac}F_b{}^c-\frac{1}{4}\eta_{ab}F_{cd}F^{cd})\,,\qquad(6\text{-}6\text{-}28)$$

其中 F_{ac} 是电磁场张量. 利用第 5 章习题 9 的结果还可把上式改写成更为对称的形式：

$$T_{ab}=\frac{1}{8\pi}(F_{ac}F_b{}^c+{}^*F_{ac}\,{}^*F_b{}^c)\,,\qquad(6\text{-}6\text{-}28')$$

其中 ${}^*F_{ac}$ 是 F_{ac} 的对偶形式，${}^*F_b{}^c=\eta^{ac}\,{}^*F_{ba}$. 不难验证它具有§6.4 所述能动张量的性质 1 和 3，特别是，选定任一惯性系后，由式(6-6-28′)易得(习题)

$$T_{00}=\frac{1}{8\pi}(E^2+B^2)\,,$$

由式(6-6-28)易得(习题)

$$w_i=-\ T_{i0}=\frac{1}{4\pi}(\vec{E}\times\vec{B})_i,\qquad i=1\,,2\,,3\,,$$

这正是该系惯性观者测电磁场所得的能量密度和能流密度(也等于动量密度). 但对§6.4 中关于能动张量的性质 2 (即 $\partial^a T_{ab}=0$)要做一说明. 当 $J^a=0$ 时(无源电磁场)，由麦氏方程的 4 维形式可证 $\partial^a T_{ab}=0$，即无源电磁场服从能量守恒、动量守恒和角动量守恒律. 但若 $J^a\neq 0$，则由式(6-6-28)表示的 T_{ab} 不满足 $\partial^a T_{ab}=0$ [本章

习题 18(a)]. 这是自然的，因为电磁场与带电质点之间有相互作用，从而要交换能量、动量和角动量[本章习题 18(b)]. 然而，电磁场与带电粒子的总能动张量则仍是守恒的.

6.6.5 电磁 4 势及其运动方程，电磁波

由于 F_{ab} 是 2 形式，用外微分概念可把麦氏方程(6-6-11)改写为 $\mathrm{d}\boldsymbol{F}=0$，即 $\boldsymbol{F}$ 是闭的. 因背景流形为$\mathbb{R}^4$，由§5.1 注 1 可知 $\boldsymbol{F}$ 是恰当的，即在$\mathbb{R}^4$上存在 1 形式场 A_a 使 $\boldsymbol{F}=\mathrm{d}\boldsymbol{A}$，或

$$F_{ab}=\partial_a A_b-\partial_b A_a .$$

定义 3　满足 $\boldsymbol{F}=\mathrm{d}\boldsymbol{A}$ 的 A_a 叫电磁场 F_{ab} 的 **4 势**(4-potential).

给定 $\boldsymbol{F}$ 后，4 势并不唯一. 设 $\boldsymbol{A}$ 是 $\boldsymbol{F}$ 的 4 势，χ 是$\mathbb{R}^4$上任意 C^2 函数，则 $\tilde{\boldsymbol{A}}\equiv\boldsymbol{A}+\mathrm{d}\chi$ 也是 $\boldsymbol{F}$ 的 4 势，因 $\mathrm{dd}\chi=0$. 这就是熟知的规范自由性. 附加条件 $\partial^a A_a=0$ 叫**洛伦兹规范条件**，满足这条件的 A_a 一定存在，因为设 $\partial^a A_a\neq 0$，总可选函数 χ 使 $\tilde{\boldsymbol{A}}\equiv\boldsymbol{A}+\mathrm{d}\chi$ 满足 $\partial^a\tilde{A}_a=0$，为此只须要求 χ 满足 $\partial^a\partial_a\chi=-\partial^a A_a$，注意到

$$\partial^a\partial_a\chi=\eta^{ab}\partial_b\partial_a\chi=-\frac{\partial^2\chi}{\partial t^2}+\frac{\partial^2\chi}{\partial x^2}+\frac{\partial^2\chi}{\partial y^2}+\frac{\partial^2\chi}{\partial z^2},$$

可知 $\partial^a\partial_a\chi=-\partial^a A_a$ 的非零解不但存在，而且甚多.

把 A_a 在任一惯性系 $\{t,x^i\}$ 分解为时间分量和空间分量:

$$A_a=-\phi(\mathrm{d}t)_a+a_a, \tag{6-6-29}$$

则不难证明 ϕ 和 a_a 分别是电磁场 $\boldsymbol{F}$ 的标势和 3 矢势(习题 19).

用 4 势可重新表述麦氏方程. 式(6-6-11)已被 $\boldsymbol{F}=\mathrm{d}\boldsymbol{A}$ 自动满足，式(6-6-10)则可表为

$$-4\pi J_b=\partial^a(\partial_a A_b-\partial_b A_a)=\partial^a\partial_a A_b-\partial_b\partial^a A_a . \tag{6-6-30}$$

其中第二步用到 $\partial^a\partial_b A_a=\eta^{ac}\partial_c\partial_b A_a=\partial_c\partial_b(\eta^{ac}A_a)=\partial_c\partial_b A^c=\partial_b\partial_c A^c=\partial_b\partial^a A_a$. 于是洛伦兹规范下的 A_b 便满足如下的简单方程

$$\partial^a\partial_a A_b=-4\pi J_b . \tag{6-6-31}$$

上式相当于 3 维语言电动力学中关于标势 ϕ 和矢势 $\vec{a}$ 的达朗伯方程(d'Alembert equation)，对无源电磁场则成为波动方程

$$\partial^a\partial_a A_b=0 . \tag{6-6-32}$$

我们关心方程(6-6-32)的、形如 $A_b=C_b\cos\theta$ 的波动解，其中 θ 是实标量场，称为**相位**(phase)；C^b 是非零的常矢量场("常"字是指 $\partial_a C^b=0$)，称为**偏振矢量**(polarization vector). 代入式(6-6-32)得

$$\cos\theta\,(\partial^a\theta)\,\partial_a\theta+\sin\theta\,\partial^a\partial_a\theta=0, \tag{6-6-33}$$

可见，满足

$$(\partial^a\theta)\,\partial_a\theta = 0 \tag{6-6-34}$$

和

$$\partial^a\partial_a\theta = 0 \tag{6-6-35}$$

的 $A_b = C_b\cos\theta$ 是波动方程(6-6-32)的解. 此解有重要理论意义，下面详加讨论. 令 $K^a \equiv \partial^a\theta$，则 K^a 是超曲面 $\mathscr{S} = \{p\in\mathbb{R}^4\,|\,\theta_p = C\}$ (C= 常数)上的法矢场(定理4-4-2). 另一方面，式(6-6-34)表明 $K^aK_a = 0$，故 K^a 是类光矢量场，可见 $\mathscr{S}$ 是类光超曲面. 再者，$K^aK_a = 0$ 还导致

$$0 = \partial_b(K^aK_a) = 2K^a\partial_bK_a = 2K^a\partial_b\partial_a\theta = 2K^a\partial_a\partial_b\theta = 2K^a\partial_aK_b\,, \tag{6-6-36}$$

可见 K^a 的积分曲线是躺在 $\mathscr{S}$ 上的类光测地线. 由式(6-6-35)还知 $\partial^aK_a = 0$.

设 $\{t, x^i\}$ 为任一惯性坐标系，则 K_a 可用其对偶坐标基矢展开：

$$(\mathrm{d}\theta)_a = \partial_a\theta = K_a = K_\mu(\mathrm{d}x^\mu)_a\,.$$

我们只讨论 K^a 为常矢量场($\partial_bK^a = 0$)这一最简单(也最重要)的情况. 这时 K_μ 为常数，上式可被积分而得

$$\theta = K_\mu x^\mu + \theta_0\ (\text{常数}). \tag{6-6-37}$$

借用惯性系 $\{t, x^i\}$ 把 K^a 做 3 + 1 分解：

$$K^a = \omega\,(\partial/\partial t)^a + k^a\,, \tag{6-6-38}$$

其中 k^a 和 $\omega \equiv K^0$ 分别代表 K^a 的空间和时间分量. 再令

$$k_a \equiv \eta_{ab}k^b\,, \qquad k_i \equiv k_a(\partial/\partial x^i)^a\,,$$

则式(6-6-37)在取 $\theta_0 = 0$ 时成为

$$\theta = -\,\omega t + k_ix^i\,, \tag{6-6-39}$$

故 $A_b = C_b\cos\theta$ 现在可表为

$$A_b = C_b\cos(\omega t - k_ix^i)\,. \tag{6-6-40}$$

这同单色平面波的熟知表达式一致，因而可称为**单色平面电磁波**(monochromatic plane wave)，ω 和 k^a 则可分别解释为角频率和 3 维波矢量，于是 K^a 称为 **4 维波矢量**. 设 Σ_0 为惯性系 $\{t, x^i\}$ 在 t_0 时刻的同时面，$S_0 \equiv \mathscr{S}\cap\Sigma_0$ (见图 6-40)，则 S_0 上 θ = 常数，故 S_0 是同时面 Σ_0 上相位相同的点的集合，即 3 维语言中 t_0 时刻的一个波阵面. K_μ 为常数时 $\mathscr{S}$ 是 3 维平面(类光超平面)，S_0 是 2 维平面，故式(6-6-40)的确代表单色平面波. $\mathscr{S}$ 可解释为波阵面 S_0 的世界面，它描述波阵面随时间的演化(波的传播). 设 Σ_1 是 $t_1(>t_0)$ 时刻的同时面，则 $S_1 \equiv \mathscr{S}\cap\Sigma_1$ 就是 t_0 时刻的波阵面 S_0 沿波的传播方向(3 维空间 Σ_0 中与 S_0 正交的方向)在 $t_1 - t_0$ 时间后到达的新平面，且传播速率恰为光速(这是 $\mathscr{S}$ 为类光超曲面的必然结果). $\mathscr{S}$ 的类光法矢 K^a 的积分曲线在 Σ_0 上的投影与 S_0 正交，故可解释为 3 维语言中的光线，于是 K^a 的积分曲线

可看作 4 维语言的光线.

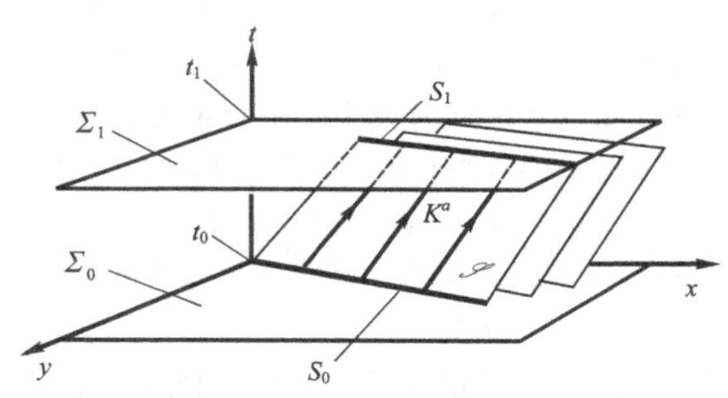

图 6-40　单色平面电磁波. 3 维语言的波阵面 S_0 的世界面是类光超曲面 $\mathscr{S}$，其类光法矢 K_a 的积分曲线代表光子世界线

给定单色平面波后，其 4 波矢 K^a 自然给定(是$\mathbb{R}^4$中的一个常的类光矢量场)，但由式(6-6-38)可知其角频率ω和 3 波矢 k^a 还取决于所选惯性系. 就是说，K^a 是绝对的，而ω及 k^a 则是相对的. 类似地，任一时空点 p 的 K^a 也可借该点的任一瞬时观者 (p, Z^a)分解为

$$K^a = \omega Z^a + k^a \,, \tag{6-6-41}$$

其中

$$\omega = -K^a Z_a \tag{6-6-42}$$

和 k^a 可分别解释为该观者测得的角频率和 3 波矢. 由 4 波矢 K^a 的类光性 $K^a K_a = 0$ 易知ω和 k^a 有如下关系：

$$\omega^2 = k^a k_a = k^2 \,. \tag{6-6-43}$$

用光线(无论 3 维还是 4 维)代替波动概念描述单色平面电磁波的做法称为**几何光学**(geometric optics)**方法**. 然而，单色平面电磁波的条件是 $A_b = C_b \cos\theta$ 中的 C_b 及 $K^a \equiv \partial^a\theta$ 在全时空为常矢量场，这是无法达到的要求，只能是模型语言中的概念. 好在许多有实用意义的电磁波都可在一定的时空范围内近似看作这样的波，因而也可近似地用几何光学方法处理. 考虑这样一类电磁波，其 4 势可表为 $A_b = C_b \cos\theta$，其中 C_b 及 $K^a \equiv \partial^a\theta$ 虽不满足$\partial_a C_b = 0$及$\partial_a K^b = 0$，但其随时空点的变化与相因子$\cos\theta$的变化相比要“慢”得多，不妨说 A_b 是“慢变”振幅 C_b 与“快变”相因子$\cos\theta$之积. 以$\tilde{L}$代表这样一个特征长度，只当时空尺度达到$\tilde{L}$的量级时 C_b 或 K^a 的变化方可被觉察，那么，在一个尺度小于$\tilde{L}$但$\cos\theta$已在其中变了许多周期的时空区域 U 内就可用几何光学方法对这类电磁波做近似处理[用 3 维语言说，就是 U 的空间尺度很大于波长 $\lambda \equiv 2\pi/\omega$ (其中 $\omega \equiv -Z^a K_a$) .]. 满足这一条件的电磁波称为**局域单色平面波**. 几何光学的特点是用光线描述电磁波的传播，这一特点突出了光的粒子性的一面，使得用光子描述光的传播成为可能. 这一描述成为量子电动力学的理论基础，而经典电动力学则可看作量子电动力学在普朗克常数 $h \to 0$ 时的极限情形. 按照这一描述，局域单色平面电磁波可看作由一大群光子组成的光子流，它们有近似相同的 K^a 和 C^a. 光子被想像为类似于普通粒子的粒子，其特别之处在于质量 $m = 0$. 这时关于质点的 4 动量的定义式(6-3-31)不再适用，可改用相应电磁波的 4 波矢 K^a 按下式定义光子的 4 动量 P^a：

$$P^a := \hbar K^a \quad (\text{其中 } \hbar \equiv h/2\pi), \tag{6-6-44}$$

并规定光子世界线是这样的类光测地线，其仿射参数β满足

$$K^a = (\partial/\partial\beta)^a . \tag{6-6-45}$$

于是光子世界线重合于相应电磁波的 4 波矢 K^a 的积分曲线. 在 3 + 1 分解方面，仿照普通粒子，我们把光子 4 动量的时间分量和空间分量分别定义为光子的能量 E 和 3 动量 p^a，即

$$P^a = EZ^a + p^a . \tag{6-6-46}$$

注意到式(6-6-44)，上式与式(6-6-41)对比便得

$$E = \hbar\omega, \qquad p^a = \hbar k^a , \tag{6-6-47}$$

即光子的能量 E 和 3 动量 p^a 分别是相应电磁波的角频率 ω 和 3 波矢 k^a 的 $\hbar$ 倍. 由 $P^a P_a = 0$ 易知光子的能量 E 和 3 动量 p^a 的长度 p 有如下简单关系：

$$E^2 = p^a p_a = p^2 . \tag{6-6-48}$$

[选读 6-6-3]

式(6-6-40)说明 4 势 A_b 以单色平面波的方式传播，由此不难证明其相应于某惯性系$\mathscr{R}$ 的电场 $\vec{E}$ 和磁场 $\vec{B}$ 也以单色平面波的方式传播，并导出 $\vec{E}$ 波和 $\vec{B}$ 波的一些重要性质. 为此，把 $A_b = C_b \cos\theta$ 代入 $F_{ab} = \partial_a A_b - \partial_b A_a$，注意到 $K_a \equiv \partial_a \theta$，得

$$F_{ab} = (C_a K_b - C_b K_a) \sin\theta = 2\, C_{[a} K_{b]} \sin\theta . \tag{6-6-49}$$

利用 A_b 的规范自由性可简化从 F_{ab} 求 E_a 和 B_a 的计算. 选洛伦兹规范 $\partial^b A_b = 0$，与 $A_b = C_b \cos\theta$ 及 $K^a \equiv \partial^a \theta$ 结合得 $K^a C_a \sin\theta = 0$，从而

$$K^a C_a = 0 . \tag{6-6-50}$$

这其实是 A_a 满足洛伦兹规范的等价表述. 再令

$$C'_a = C_a + \alpha K_a \, (\alpha = \text{常数}), \tag{6-6-51}$$

则由 $K^a K_a = 0$ 及式(6-6-49)易见 C'_a 对应的电磁场 $F'_{ab} = F_{ab}$，可见式(6-6-51)只是规范变换[由 $K^a C_a = 0$ 可知式(6-6-51)保证 $K^a C'_a = 0$，所以它其实还是洛伦兹规范内的规范变换.]. 利用 K^a 的时间分量 K^0 的非零性选 $\alpha = -C_0/K_0$ 便有 $C'_0 = 0$，可见总可选择适当规范使偏振矢量 C^a 成为空间矢量. 今后将默认 C^a 是空间矢量这一事实.

以 $Z^a = (\partial/\partial t)^a$ 代表惯性系的第零坐标基矢，则由 $E_a = F_{ab} Z^b$ 和 $B_a = -{}^*F_{ab} Z^b$

可从式(6-6-49)求得

$$E_a = Z^b(C_aK_b - C_bK_a)\sin\theta = -\omega C_a \sin\theta$$

[其中第二步用到C^a的空间性($Z^bC_b=0$)及$\omega=-Z^bK_b$]和

$$B_a = -{}^*F_{ab}Z^b = -\tfrac{1}{2}Z^b\varepsilon_{abcd}F^{cd} = \tfrac{1}{2}\hat{\varepsilon}_{acd}2C^{[c}K^{d]}\sin\theta = \hat{\varepsilon}_{acd}C^ck^d\sin\theta\,,$$

其中$\hat{\varepsilon}_{acd}$是与空间的欧氏度规适配的体元．上二式可用箭头表为

$$\vec{E} = -\omega\vec{C}\sin\theta = \omega\vec{C}\sin(\omega t - k_ix^i)\,, \tag{6-6-52}$$

$$\vec{B} = \vec{C}\times\vec{k}\sin\theta = \vec{k}\times\vec{C}\sin(\omega t - k_ix^i)\,. \tag{6-6-53}$$

因而

$$\vec{B} = \hat{\vec{k}}\times\vec{E}\quad(\hat{\vec{k}}\text{ 代表 }\vec{k}\text{ 方向的单位矢}). \tag{6-6-54}$$

这正是单色平面电磁波的电矢量$\vec{E}$、磁矢量$\vec{B}$和传播方向$\hat{\vec{k}}$的常见关系式．

由于$C_0=0$，条件$K^aC_a=0$现在可改写为$k^aC_a=0$，可见3矢量$\vec{C}$与$\vec{k}$垂直．而由式(6-6-52)又知$\vec{E}$与$\vec{C}$平行，故电场$\vec{E}$与传播方向$\hat{\vec{k}}$垂直，即$\vec{E}$波是横波．由式(6-6-54)则可看出$\vec{B}$既与$\hat{\vec{k}}$又与$\vec{E}$垂直，故$\vec{B}$波也是横波．结论：在单色平面电磁波中$\vec{E}$波和$\vec{B}$波是同频同相的横波，且矢量$\vec{E}$，$\vec{B}$与$\hat{\vec{k}}$有式(6-6-54)的简单关系．

因为$\vec{C}$和$\vec{k}$是常矢量场，式(6-6-52)和(6-6-53)代表线偏振光．若要讨论其他偏振方式，则采用复场的方法较为简便．先把$A_b=C_b\cos\theta$改写为

$$A_b = \mathrm{Re}(C_b\mathrm{e}^{\mathrm{i}\theta})\quad(\mathrm{Re}\text{ 代表“取其实部”})\,, \tag{6-6-55}$$

再把C^a推广至常复矢量场，就会给出更丰富的物理内容．前面关于$K^aC_a=0$的证明以及可选C^a为空间矢量场的论辩在C^a为复时依然有效，因而其后的讨论和结论(包括$\vec{E}$，$\vec{B}$的横波性)仍成立．C^a为复矢量的关键后果是从线偏振光推广至椭圆偏振光．仅以电场$\vec{E}$为例讨论．这时式(6-6-52)应表为

$$\vec{E} = \mathrm{Re}\,[\mathrm{i}\omega\vec{C}\,\mathrm{e}^{-\mathrm{i}(\omega t - k_ix^i)}]\,, \tag{6-6-52$'$}$$

但现在$\vec{C}$为复矢量．令

$$\vec{\varepsilon} \equiv \mathrm{i}\omega\vec{C}\,\mathrm{e}^{\mathrm{i}k_ix^i}\,, \tag{6-6-56}$$

则式(6-6-52′)成为

$$\vec{E} = \mathrm{Re}\,(\vec{\varepsilon}\,\mathrm{e}^{-\mathrm{i}\omega t})\,. \tag{6-6-57}$$

对$\mathscr{R}$系的任一惯性观者G_0，$\vec{\varepsilon}$是固定矢量，$\vec{E}$则随时间t按式(6-6-57)变化，因而矢量(箭头)$\vec{E}$的端点画出一条平面闭合曲线，欲证它为椭圆．将复矢量场$\vec{\varepsilon}$表为实、虚部之和：

$$\vec{\varepsilon} = \vec{\mu} + \mathrm{i}\vec{\nu}\quad(\text{其中 }\vec{\mu},\vec{\nu}\text{ 为实矢量场}), \tag{6-6-58}$$

令β为任一实标量场，定义实矢量场

$$\vec{m} \equiv \vec{\mu}\cos\beta + \vec{\nu}\sin\beta\quad\text{和}\quad\vec{n} \equiv -\vec{\mu}\sin\beta + \vec{\nu}\cos\beta\,, \tag{6-6-59}$$

则

$$\vec{\varepsilon} = \vec{\mu} + \mathrm{i}\,\vec{\nu} = (\vec{m} + \mathrm{i}\,\vec{n})\,\mathrm{e}^{\mathrm{i}\beta}\,. \tag{6-6-60}$$

引入β的好处在于可选择β使$\vec{m}$，$\vec{n}$互相正交，为此只须令β满足

$$\tan 2\beta = \frac{2\vec{\mu}\cdot\vec{\nu}}{\mu^2 - \nu^2}\,, \tag{6-6-61}$$

其中$\mu^2 \equiv \vec{\mu}\cdot\vec{\mu}$，$\nu^2 \equiv \vec{\nu}\cdot\vec{\nu}$，而且设$\mu^2 \geqslant \nu^2$(不失一般性). 式(6-6-60)代入式(6-6-57)给出

$$\vec{E} = \vec{m}\cos(\omega t - \beta) + \vec{n}\sin(\omega t - \beta)\,. \tag{6-6-62}$$

利用$\vec{m}$，$\vec{n}$的正交性可按下列两要求选择惯性参考系$\mathscr{R}$内的惯性坐标系$\{t, x^i\}$：①以G_0为空间坐标原点；②x，y轴分别沿$\vec{m}$和$\vec{n}$方向，则$\vec{E}$的三个坐标分量依次为

$$E_1 = m\cos(\omega t - \beta)\,,\qquad E_2 = n\sin(\omega t - \beta)\,,\qquad E_3 = 0\,, \tag{6-6-63}$$

其中$m \equiv (\vec{m}\cdot\vec{m})^{1/2}$，$n \equiv (\vec{n}\cdot\vec{n})^{1/2}$. 由此易得

$$\frac{{E_1}^2}{m^2} + \frac{{E_2}^2}{n^2} = 1. \tag{6-6-64}$$

可见$\vec{E}$的端点随时间在$x\sim y$面内画出一个椭圆，因此代表椭圆偏振光. 当$m=n$时退化为圆偏振光，当m或n为零时退化为线偏振光.

[选读 6-6-3 完]

6.6.6　光波的多普勒效应

在上述 4 维知识(特别是 4 速U^a和 4 波矢K^a的 3+1 分解)的基础上，狭义相对论中光波的多普勒效应的讨论变得十分简单.

设观者和光源有任意运动状态(其世界线为任意类时线)，4 速各为U^a和V^a(见图 6-41). 光源在p时所发的光被观者在q时收到，默认此光是局域单色平面波(用几何光学近似). 设光子的 4 波矢为K^a，由式(6-6-42)可知发光时V^a测得的角频率为$\omega = (-K^a V_a)|_p$，接收光时U^a测得的角频率为$\omega' = (-K^a U_a)|_q$. 今欲求ω'与ω的关系. 因平直时空有绝对平移概念，将$U^a|_q$和$K^a|_q$平移至p点，由平移保内积便得$\omega' = (-K^a U_a)|_p$. 以下省略下标p，但记住计算在p点进行. 由式(6-6-41)有

$$K^a = \omega V^a + k^a\,,$$

令

$$\gamma \equiv -V^a U_a\,,$$

则

$$U_a = \gamma V_a + \gamma u_a ,$$

其中 γu^a 为 U^a 在 (p, V^a) 的“空间小平面”上的投影，故

$$\omega' = -(\omega V^a + k^a)(\gamma V_a + \gamma u_a) = \gamma(\omega - k^a u_a) .$$

设空间矢量 k^a 与 u^a 夹角为 θ，注意到式(6-6-43)，得

$$\omega' = \gamma\omega(1 - u\cos\theta) , \qquad (6\text{-}6\text{-}65)$$

这就是多普勒效应的定量关系. 若 $\theta = 0$(观者与光源相背而行)，由式(6-6-65)得

$$\omega' = \gamma\omega(1-u) = [(1-u)/(1+u)]^{1/2}\omega < \omega , \qquad (6\text{-}6\text{-}66a)$$

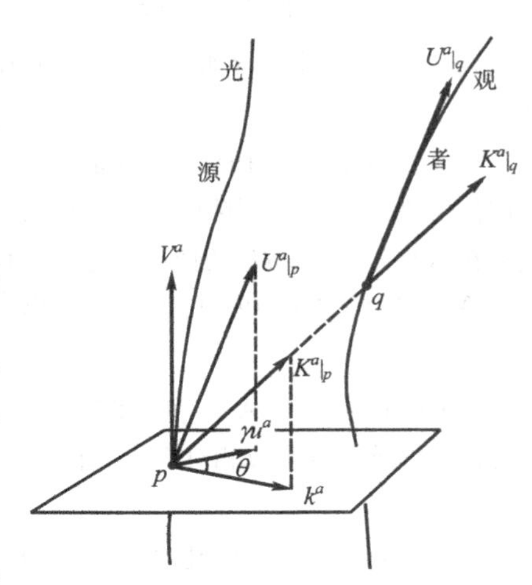

图 6-41　光波多普勒效应讨论用图

即红移；若 $\theta = \pi$(观者正对光源相向而行)，则

$$\omega' = \gamma\omega(1+u) = [(1+u)/(1-u)]^{1/2}\omega > \omega , \qquad (6\text{-}6\text{-}66b)$$

即蓝移；若 $\theta = \pi/2$ (横向运动)，称为横向多普勒效应，频率关系为

$$\omega' = \gamma\omega , \qquad (6\text{-}6\text{-}66c)$$

以上是“光源不动”的多普勒效应.仿此可讨论“观者不动”的多普勒效应(习题).

习　题

~1. 惯性观者 G 和 G'相对速率为 $u = 0.6c$，相遇时把钟读数都调为零. 用时空图讨论：(a) 在 G 所属的惯性参考系看来(以其同时观判断)，当 G 钟读数为 5μs 时，G'钟的读数是多少？(b) 当 G 钟读数为 5μs 时，他实际看见 G'钟的读数是多少？

~2. 远方星体以 $0.8c$ 的速率(匀速直线地)离开我们，我们测得它辐射来的闪光按 5 昼夜的周期变化. 用时空图求星上观者测得的闪光周期.

~3. 把图 6-20 的 oa 段和 oe 段线长分别记作 τ 和 τ'. (a)用两钟的相对速率 u 表出 τ'/τ；(b) 在 $u = 0.6c$ 和 $u = 0.8c$ 两种情况下求出 τ'/τ 的数值.

A　　B　　C

图 6-42　习题 4 用图

4. 惯性质点 A，B，C 排成一直线并沿此线相对运动(见图 6-42)，相对速率 $u_{BA} = 0.6c$，$u_{CA} = 0.8c$，A, B 所在惯性系各为 $\mathscr{R}_A$ 和 $\mathscr{R}_B$. 设 $\mathscr{R}_B$系认为(测得)C 走了 60m，画出时空图并求$\mathscr{R}_A$认为(测得)这一过程的时间.

~5. A, B 是同一惯性系的两个惯性观者，他们互相发射中子，每一中子以相对速率 $0.6c$ 离开中子枪. 设 B 测得 B 枪的中子发射率为 10^4s^{-1}(即每秒发 10^4 个)，求 A 所发中子(根据中子自己的标准钟)测得的 B 枪的中子发射率(要求画时空图求解).

~6. 静止 μ子的平均寿命为 $\tau_0 = 2\times10^{-6}\mathrm{s}$. 宇宙线产生的 μ子相对于地球以 $0.995c$ 的速率匀速直线下落，用时空图求地球观者测得的 (a) μ子的平均寿命；(b) μ子在其平均寿命内所走过的距离.

7. 从惯性系$\mathscr{R}$看来(认为，测得)，位于某地 A 的两标准钟甲、乙指零时开始以速率 $v = 0.6c$ 一同做匀速直线运动，两钟指 1s 时到达某地 B. 甲钟在到达 B 时立即以速率 v 向 A 地匀速返回，乙钟在 B 地停留 1s(按他的钟)后以速率 v 向 A 地匀速返回. 另有丙钟一直呆在 A 地，且当甲、乙离 A 地时也指零，(a)画出甲、乙、丙的世界线；(b)求乙钟返回 A 地时三钟的读数 $\tau_甲$ ，$\tau_乙$ 和 $\tau_丙$.

~8. (单选题) 双子 A, B 静止于某惯性系$\mathscr{R}$中的同一空间点上. A 从某时刻(此时 A, B 年龄相等)开始向东以速率 u 相对于$\mathscr{R}$系做惯性运动，一段时间后 B 以速率 $v > u$ 向东追上 A，则相遇时 A 的年龄

(1) 比 B 大，　(2) 比 B 小，　(3) 与 B 等.

~9. 标准钟 A, B 静止于某惯性系中的同一空间点上. A 钟从某时刻开始以速率 $u = 0.6c$ 匀速直线飞出，2s (根据 A 钟)后以 $u = 0.6c$ 匀速直线返航. 已知分手时两钟皆指零. (1)求重逢时两钟的读数；(2)当 A 钟指 3s 时 A 看见 B 钟指多少?

~10. 地球自转线速率在赤道之值约为每小时 1600km. 甲、乙为赤道上的一对孪生子. 甲乘飞机以每小时 1600km 的速率向西绕赤道飞行一圈后回家与乙重逢(忽略地球和太阳引力场的影响. 由第 7 章可知引力的存在对应于时空的弯曲.). (a)画出地球表面的世界面和甲、乙的世界线(甲相对于地面的运动抵消了地球自转的效应，所以甲是惯性观者.); (b)甲与乙中谁更年轻? (c)两者年龄差多少? (答：约为 10^{-7}s.) 注：本实验已于 1971 年完成，当然不是对人而是对铯原子钟. 见 Hafele and Keating(1972).

~11. 静长 $l = 5\mathrm{m}$ 的汽车以 $u = 0.6c$ 的速率匀速进库，库有坚硬后墙. 为简化问题，假定车头撞墙的信息以光速传播，车身任一点接到信息立即停下. (a)设司库测得在车头撞墙的同时车尾的钟 C_W 指零，求车尾“获悉”车头撞墙这一信息时 C_W 的读数；(b)求车完全停下后的静长 $\hat{l}$ ；(c)用 u 表出新旧静长比 $\hat{l}/l$.

12. 试证命题 6-3-4.

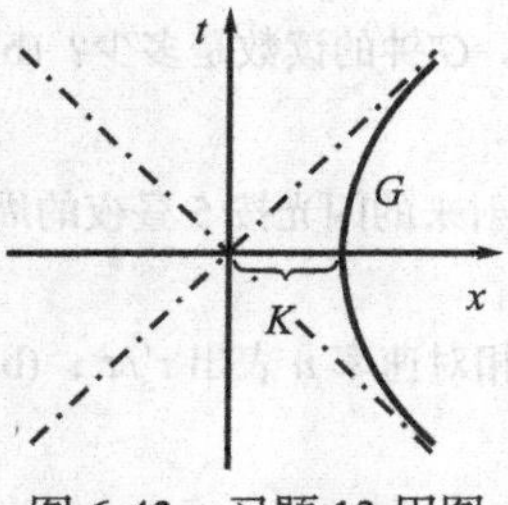

图 6-43　习题 13 用图

~13. 设观者世界线为 $t\sim x$ 面内的双曲线 G (见图 6-43)，满足 $x > 0,\ x^2 - t^2 = K^2$ (K 为常数)，求其 4 加速 A^a 的长度平方 $A^a A_a$. (结论是 $A^a A_a$ 为常数，因此称 G 为匀加速运动观者. 请注意这指的是 4 加速.)

~14. 试证命题 6-6-2.

*15. 设瞬时观者测 F_{ab} 所得电场和磁场分别为 E^a 和 B^a (也记作 $\vec{E}$ 和 $\vec{B}$)，试证：

(a) $F_{ab}F^{ab} = 2(B^2 - E^2)$,

(b) $F_{ab}{}^*F^{ab} = 4\vec{E}\cdot\vec{B}$. 提示：可用惯性坐标基底把 $F_{ab}{}^*F^{ab}$ 写成分量表达式.

注：本题表明，虽然 $\vec{E}$ 和 $\vec{B}$ 都是观者依赖的，$B^2 - E^2$ 和 $\vec{E}\cdot\vec{B}$ 却同观者无关. 事实上，由

F_{ab} 能构造的独立的不变量只有这两个.

~16. 试证命题 6-6-5 (只须证后两个麦氏方程).

~17. 试证瞬时观者测得的电磁场能量密度和 3 动量密度分别为 $T_{00}=(E^2+B^2)/8\pi$ 和 $w_i=-T_{i0}=(\vec{E}\times\vec{B})_i/4\pi$, $i=1,2,3$. 提示：用 T_{ab} 的对称表达式(6-6-28′)可简化 T_{00} 的计算.

18. (a)试证 4 电流密度为 J^a 的电磁场 F_{ab} 的能动张量 F_{ab} 满足 $\partial^a T_{ab}=-F_{bc}J^c$ (由此可知当 $J^a=0$ 时有 $\partial^a T_{ab}=0$)；*(b)试证上式在惯性坐标系中的时间分量反映能量守恒，即郭硕鸿(1995) 40 页式(6.2)；空间分量反映 3 动量守恒，即郭书 220 页式(7.6). 提示：用 4 洛伦兹力表达式(6-6-20)把 $F_{bc}J^c$ 改写为洛伦兹力密度.

19. 试证式(6-6-29)中的 a^a 和 ϕ 满足 $\vec{B}=\vec{\nabla}\times\vec{a}$ 和 $\vec{E}=-\vec{\nabla}\phi-\partial\vec{a}/\partial t$，因而的确是电动力学中的 3 矢势和标势.

20. 仿照 6.6.6 小节的方式讨论“观者不动”的多普勒效应. 你应发现横向多普勒效应的频率关系为 $\omega'=\gamma^{-1}\omega$.

21. 在选读 6-6-1 中，(a)试证 $\nabla_a(\mathrm{d}t)_b=0$，其中 t 为绝对时间，∇_a 为牛顿时空的导数算符[提示：从式(5-7-2)出发.]；(b)设 w^a 为空间矢量(即切于绝对同时面的矢量)，υ^a 为任一 4 维矢量，试证 $\upsilon^a\nabla_a w^b$ 仍为空间矢量[提示：注意 $\nabla_a t$ 是绝对同时面的法余矢.].

第 7 章　广义相对论基础

§7.1　引力与时空几何

相对性原理要求物理规律在所有惯性坐标系中有相同数学表达式，用于狭义相对论就要求物理规律的数学表达式具有洛伦兹协变性．这是一个管定律的定律．因此，在建立狭义相对论物理学时，应该重新审查已有的物理定律，凡符合这个要求的就仍被视为定律，凡不符合这个要求的就要改造，直至符合要求才作为物理定律纳入狭义相对论物理学框架中．首先审查麦氏电磁理论．麦氏方程天生就有洛伦兹协变性(改写为 4 维形式可更清晰地看出，见§6.6)，因而可以不经改造地纳入狭义相对论物理学中．这其实并不奇怪，因为狭义相对论出现的重要原因之一就是麦氏理论与非相对论时空观有矛盾．再来审查牛顿运动定律，以动量守恒律为例．正如§6.3 开头时指出的，牛顿的动量定义 $\vec{p} = m\vec{u}$ 使动量守恒不具备洛伦兹协变性，因而必须修改．只要把动量定义改为 $\vec{p} = m\vec{u}(1-u^2)^{-1/2}$ ，问题便迎刃而解，因此动量守恒可以作为定律被纳入狭义相对论物理学．第三，我们来审查牛顿的万有引力理论．牛顿引力论的基本方程是反映引力势 ϕ 和质量密度 ρ ① 的关系的泊松方程 $\nabla^2\phi = 4\pi\rho$ ，它有伽利略协变性而没有洛伦兹协变性，因而应该修改．从另一角度来看，方程 $\nabla^2\phi = 4\pi\rho$ 有如下形式的解

$$\phi(\vec{r},t) = \iiint \frac{\rho(\vec{r}',\ t)}{|\vec{r}'-\vec{r}|}\mathrm{d}V' ,$$

表明场点 $\vec{r}$ 处 t 时刻的引力势 ϕ 由空间各点在 t 时刻的质量密度 ρ 决定，这意味着引力场以无限速度传播，显然与狭义相对论相悖．可见牛顿引力论必须修改．牛顿万有引力定律形式上与静电库仑定律很相似，既然麦克斯韦能把库仑静电学推广改造为如此漂亮的麦氏电磁理论，看来不难把牛顿引力论改造为狭义相对论框架内的引力理论．然而情况却远非如此简单．关键在于，万有引力定律与库仑定律虽很相似，却存在“符号差别”：电荷有正负两种，同性相斥，异性相吸；质量则只正不负，虽然同性，却只吸不斥．仿照电磁理论，可以构造一个在狭义相对论框架内的引力理论，根据这个理论，在引力场有变化时将出现类似于电磁波的引力波，而且也以光速传播．不幸的是，由于上述符号差别，由引力波带走的能量竟是负的．这意味着系统在辐射引力波时自身能量增加，从而辐射强度变大，

---

① 第 6 章曾分别以 ρ 和 μ 代表电荷密度和质量密度．从本章起电荷密度很少出现，我们按多数文献的习惯改用 ρ 代表质量密度．

由此又会获得更多能量．如此循环，必然导致物理上不可接受的后果．虽然可以通过修改理论克服这一困难，但又出现新的困难．事实上，狭义相对论框架内的引力理论远非一个，但每个理论都有其自身问题．虽然无法绝对否定在狭义相对论框架内建立满意的引力理论的可能性，爱因斯坦却独辟蹊径，于 1915 年成功地创建了革命化的、独立于狭义相对论的崭新引力理论——广义相对论．有趣的是，后人在克服狭义相对论框架内的某种引力理论的困难的努力中，几经修改后得到的竟然也是与爱因斯坦广义相对论完全一样的理论!

有两个重要因素促使爱因斯坦创立广义相对论，它们是引力的“普适性(universality)”和马赫原理．我们只介绍前者．牛顿引力的“普适性”包括两层含义：①任何物体在引力场中都受引力(电中性的物体在静电场中却不受电力，故电力无普适性.)；②引力场中任何两个物体，不论其质量和组分如何，只要初始状态(位置、速度)相同，而且除引力外不受力，以后每一时刻的位置和速度就必然一样．这一结论已被许多越来越精确的实验所证实，它可以表述为：任意两个质点在引力场中的同一点有相同的引力加速度．这虽是司空见惯的结论，但为什么会这样？静电场中的两个点电荷就不这样．设点电荷 q 的质量为 m，所在点场强为 $\vec{E}$，则它所受电场力为 $\vec{f}=q\vec{E}$，它获得的加速度为

$$\vec{a}=\vec{f}/m=(q/m)\vec{E}. \tag{7-1-1}$$

若在同一点放入质量为 m' 的另一点电荷 q'，则其加速度为 $\vec{a}'=(q'/m')\vec{E}$．$\vec{a}'$ 与 $\vec{a}$ 不等，除非两者的荷质比相同．在对引力做类似讨论时，不妨也把“荷”与“质”加以区别．质点的“荷”是其物质含量的量度，决定它在引力场中怎样受力，可称为**引力质量**，记作 m_G；质点的“质”则是其惯性的量度，决定它在力的作用下出现怎样的加速度，可称为**惯性质量**，记作 m_I [即式(7-1-1)中的 m]，[①] 仿照上述讨论不难导出质点在引力场中的引力加速度为 $\vec{a}=(m_G/m_I)\vec{g}$，其中 $\vec{g}$ 是该点的引力场强．如果不同质点有不同的引力荷质比 m_G/m_I，它们在引力场中同一点就不能有相同的引力加速度．然而无数的、一个比一个精确的实验表明比值 m_G/m_I 对任何质点都相同，通过调整引力常量 G 还可使比值为 1 而简写为 $m_G=m_I$．通常把这一事实称为等效原理(详见§7.5)．这是一个极其非同寻常的实验事实，应该引起深思．引力的“荷”与“质”本是两个完全不同的概念，它们为什么相等？牛顿引力论不能回答这个问题．在牛顿引力论中，这是作为实验事实(牛顿理论体系的一个公理)被承认的．难道 $m_G=m_I$ 仅是一种巧合吗？难道就没有更深刻的原因藏在这个事实的背后吗？难道一定不存在一个更优美的理论，其中 $m_G=m_I$ 是可用推

---

① 至今一直在用牛顿引力论讨论问题．在牛顿引力论中，引力质量又分为主动(active)和被动(passive)两种，前者指物体作为引力场源时的质量，决定它产生引力场的强弱；后者指物体作为外引力场中的试探质点的引力质量，决定它在给定引力场中所受引力的强弱．正文的引力质量指被动引力质量．

理证明的吗？对等效原理的思考，加上马赫原理的启发，促使爱因斯坦创立了他的广义相对论.

$m_G = m_I$的事实等价于初始位置和速度相同的、除引力外不受力的任何物体在引力场中都“齐步走”．这种毫无个性的集体行为强烈地暗示着引力是整个时空背景的内禀性质，与其他力有实质性的差别．物理学是研究物理客体运动(演化)规律的学问．物理客体好比演员．正如演员的表演不能没有舞台一样，物理客体的演化也总是在某种舞台(或背景)上进行的，这个舞台(背景)就是时空．在广义相对论创立前，人们默认相对论的背景时空是闵氏时空．闵氏时空是如此简单，以至人们往往不注意(忘记)它的存在．引力场中的“齐步走”现象引起了爱因斯坦对时空背景的注意．假如你看演出时发现某个演员的头顶突然下降了20cm，你会认为他蹲下了．然而，假如台上所有演员的头顶以及桌面、椅面都同时下降20cm，那么最大的可能是舞台台面下降所致．类似地，在引力作用下的“齐步走”现象分明强烈地暗示着引力本身是一种纯时空效应．不妨这样猜测：引力可忽略时，时空是平直的；引力不可忽略时(例如在必须考虑地球或太阳的引力场时)，时空变得弯曲，弯曲情况取决于产生引力场的物质分布．根据这一猜测，引力非常不同于其他力，它特殊到这样一个程度，以至在4维语言中它不再是力而是时空的弯曲！于是，除引力外不受力的质点就应称为自由质点(已经自由到不能再自由的程度)．注意到闵氏时空中自由质点的世界线必为测地线的结论，自然进一步假定弯曲时空中自由质点的世界线也是(该时空的)测地线[①]（自由质点是最简单的质点，测地线是最简单的世界线，自由质点的世界线是测地线的这一假定非常符合美学原则.)．引力的存在不表现为质点受到一个称为“引力”的4维力，而表现为时空的弯曲，它通过改变测地线来改变自由质点的运动方式．以上就是广义相对论最基本的假定．根据这一假定，可以把$m_G = m_I$作为逻辑结论来推出．(现在到了关键的、也可以说是水到渠成的一步．) 设两个自由质点有相同的初始位置和速度，即它们的世界线相交且在交点处切矢相等．由于自由质点的世界线为测地线，而测地线由初始条件(测地线的出发点及在该点的切矢)唯一决定(定理3-3-4)，这两条世界线必然重合．翻译为物理语言，就是引力场中两个初始状态相同的自由质点在以后各时刻的状态必然相同，而这正是$m_G = m_I$的等价表述．可见，一旦认识到引力的实质是时空的弯曲，$m_G = m_I$这一长期以来无法解释的实验事实就是十分自然的结论．广义相对论就这样以其特有的优雅方式首次把引力解释为4维时空的几何效应(首次统一了引力与几何)，这一成功的关键在于补上时间这一维．单凭3维空间是无法把引力解释为几何效应的.

注1　选读8-3-1对“引力就是时空弯曲”的提法还将给出一个更为具体细致

① 忽略该质点的质量对引力场的影响(类似于电学中对试探电荷的处理).

的阐述.

上述讨论表明，广义相对论是独立于狭义相对论框架的物理理论，狭义相对论框架中容不下广义相对论，容不下引力.

用现代语言来表述，广义相对论最基本的假设可以归纳为以下三点(广义相对论的基本假设在不同文献中有不同归纳方式. 此处只是出于教学法考虑的一种讲法.).

(a) 3 维空间中的引力本质上是 4 维时空的弯曲. 就是说，当引力存在时，时空背景不再是闵氏时空 $(\mathbb{R}^4, \eta_{ab})$，而是某种弯曲时空$(M, g_{ab})$，其中 M 是某个 4 维流形，g_{ab} 是 M 上某个非平直的洛伦兹度规场. 这一假设大胆地把物理上的引力认定为纯粹的时空几何效应. 据此，除引力外不受力的质点自然叫做自由质点.

(b) 自由质点的世界线是它所在的弯曲时空(M, g_{ab})的测地线. 在假设(a)的基础上，假设(b)的提出是相当自然的. 当引力不存在时，时空背景是闵氏时空 $(\mathbb{R}^4, \eta_{ab})$，按照§6.3，质点的运动方程为

$$F^a = U^b \partial_b P^a, \tag{7-1-2}$$

其中 ∂_b 是与闵氏度规 η_{ab} 相适配的导数算符. 当引力存在时，一个自然的假设是把上式的 ∂_b 改为与弯曲度规 g_{ab} 相适配的导数算符 ∇_b，并认为自由质点所受 4 力为零，于是其运动方程为

$$0 = U^b \nabla_b (mU^a) = mU^b \nabla_b U^a, \tag{7-1-3}$$

可见自由质点沿测地线运动. 这一命题与引力不存在时的对应命题很类似，区别只在于：引力不存在时，自由质点的世界线是闵氏时空的测地线；引力存在时，自由质点的世界线是弯曲时空的测地线. 这正是广义相对论独立于狭义相对论的一个体现. 在广义相对论中，引力不表现为一种 4 维力出现于运动方程(7-1-2)的左边，它对质点运动的影响体现在把时空变得弯曲并要求自由质点沿弯曲了的时空的测地线运动. 或者说，引力的影响在于把方程(7-1-2)右边的 ∂_b 换成 ∇_b.

(c) 时空的弯曲情况受物质分布的影响，其间的关系由爱因斯坦方程描述[详见§7.7，该节还说明在承认爱因斯坦方程后假设(b)不再是独立假设.].

可以证明，当引力场足够弱、质点速度足够低时，广义相对论力学的计算结果与牛顿力学近似一致，可见牛顿力学可以看作广义相对论力学的弱场低速近似(见 7.8.2 小节). 然而应该说明，尽管计算结果近似一致，两者看问题的观点却有明显区别. 以树上苹果落地为例. 按照牛顿力学，这是由于苹果受地球引力而获得加速度，属于非惯性运动. 但是按照广义相对论，苹果不受 4 维力，所以是自由质点. 地球的效应在于使时空变得弯曲，苹果的世界线是这个弯曲时空中的一条测地线，其 4 加速(定义为 $A^a \equiv U^b \nabla_b U^a$，其中 U^a 为 4 速，∇_b 为与弯曲时空度规适配的导数算符)为零. 就是说，同是苹果落地的运动，牛顿理论认为它有(3 维)

加速度(相对于惯性系)，而广义相对论认为它没有(4 维)加速度. 反之，设苹果静止于地面，牛顿理论认为苹果所受地球引力被地面支撑力所抵消，因此保持静止，其(3 维)加速度为零，处于惯性运动状态；而广义相对论认为苹果只受一个 4 维力(地面的支撑力)，因此其世界线不是测地线，其(4 维)加速度不为零. 读者是否已意识到，当你舒适地坐着阅读本书时，你在因地球的存在而弯曲了的时空中的 4 维加速度并不为零?

把引力的实质归结为时空弯曲的认识是人类智慧的一个伟大胜利. 黎曼在 28 岁时(1854 年)就提出了内禀曲率的概念和计算方法，并在逝世(年仅 40 岁)前的一段时间内致力于寻求把电力和引力统一起来的某种理论. 这一努力未获成功的最重要原因就是他专注于空间及其曲率而没有注意时空及其曲率. 直至 1905 年狭义相对论问世之后，时间和空间才被同等看待(实际上，直到 1908 年 Minkowski 才明确提出时空这一绝对概念，见第14章.)；再过几年后，“引力的实质是时空的曲率”这一划时代认识才伴随着爱因斯坦对广义相对论的构思而逐渐建立起来.

§7.2　弯曲时空中的物理定律

广义相对论认为一切物理现象不过是物理客体在某种弯曲时空背景(M, g_{ab})上的演化. 因此，用广义相对论的观点研究物理，首先就要找出各种物理客体在给定的弯曲时空背景上的演化方程. 由于实际生活和实验室中的引力场太弱，广义相对论同牛顿引力论的区别一般难以察觉，想通过观察或实验来归纳出弯曲时空中的物理定律是没有希望的. 因此，只能根据某些基本原则用假设的方法“猜出”这些定律，其正确性则有待于由它们推出的各种结论的自洽性及其与实验(如果可能的话)结果的一致性来验证. 当然，这种“猜测”是有相当根据的，一个重要根据就是广义协变性原理(principle of general covariance). 爱因斯坦在创立广义相对论时曾提出如下广义协变性原理：物理定律的数学表达式在任意坐标变换下形式不变. 然而，E.Kretschmann 于 1917 年发表文章，认为广义协变性原理的这一表述对物理定律并无约束力，就连牛顿方程也可通过非实质性的改写而具有广义协变性[可参阅 Ohanian(1976)]. 这一质疑引起有关学者(包括爱因斯坦)的热烈讨论，从而出现关于广义协变性原理的各种表述方式. 此处介绍一种既能抓住实质又便于应用的如下表述[见 Wald(1984)P.57, 68]:

广义协变性原理　只有时空度规及其派生量才允许以背景几何量的身份出现在物理定律的表达式中.

注 1　物理客体好比演员，时空几何好比舞台(背景)，给定了某一时空(M, g_{ab})就给定了舞台. 物理定律中当然要出现代表物理客体的物理量(动力学量)，如质点的 4 动量 P^a 和电磁场张量 F_{ab} 等，但定律中也应允许出现反映舞台(背景)的时空几何量，这就是时空度规 g_{ab} 及其派生量(例如与 g_{ab} 适配的导数算符 ∇_a 以及 ∇_a 的 $R_{abc}{}^d$, R_{ab}, R 等). 广义协变性原理的实质是要在物理定律表达式中排除一切(与时空内禀几何无关的)人为因素,例如某坐标系的普通导数算符 ∂_a 或某种人为指定的矢量场 v^a ，因为它们既不是要研究的物理客体，又不是时空背景(M, g_{ab})的内禀因素. 允许某个 ∂_a 出现在物理定律中意味着与 ∂_a 相应的坐标系在所有坐标系中处于与众不同的特殊地位，这正是广义协变性的精神所不允许的.

注 2　广义协变性原理的上述表述特别适合于用抽象指标的教材. 许多不用抽象指标的教材有如下结论：只要物理规律能表为张量等式，就必定具有广义协变性. 例如，设 $\boldsymbol{T}$ 和 $\boldsymbol{S}$ 都是(1, 1)型张量，则等式 $\boldsymbol{T}=\boldsymbol{S}$ 必广义协变，因为它在任意两个坐标系 $\{x^\mu\}$ 和 $\{x'^\mu\}$ 的分量式显然为 $T^\mu{}_\nu=S^\mu{}_\nu$ 和 $T'^\mu{}_\nu=S'^\mu{}_\nu$ ，即分量式在任意坐标变换下形式不变(符合爱因斯坦关于广义协变性的提法). 反之，克氏符 $\Gamma^\sigma{}_{\mu\nu}$ 不服从张量变换律，含克氏符的等式不是张量等式，所以不具备广义协变性. 然而，在用抽象指标的教材中，连克氏符 $\Gamma^c{}_{ab}$ (以及坐标系的 ∂_a 作用于矢量场 v^a 的结果 $\partial_a v^b$)也被视为张量(坐标系依赖的张量)，含 $\Gamma^c{}_{ab}$ 或 $\partial_a v^b$ 的等式仍被视为张量等式，它们之所以没有广义协变性是因为它们不满足本书关于广义协变性的上述表述，因为它们包含了不是 g_{ab} 的派生量的量 $\Gamma^c{}_{ab}$ 或 $\partial_a v^b$ ，从而把 $\Gamma^c{}_{ab}$ 或 $\partial_a v^b$ 所涉及的那个坐标系摆在了与众不同的地位. 总之，两类教材都说含克氏符的等式没有广义协变性，但理由不同(因为广义协变性的表述不同).

在以上讨论的基础上便可提出弯曲时空物理定律必须服从的两个原则：(a)广义协变性原理；(b)在时空度规 g_{ab} 等于闵氏度规 η_{ab} 时，应能回到狭义相对论的相应定律.① 这两个必要性判据虽然不能唯一决定弯曲时空的物理定律，但以它们为指导，加上物理和美学的考虑，在很多情况下能够自然地得出物理定律. 由于广义相对论和狭义相对论的差别无非是背景时空的差别[即(M, g_{ab})与($\mathbb{R}^4$, η_{ab})的差别]，狭义相对论中用4维语言描述物理客体的做法可以自然推广至广义相对论. 例如，质点和光子的世界线仍分别是类时和类光曲线(当然，这实际上已把“光速不变原理”和“质点必亚光速”的实质内涵推广到广义相对论.)；质点的固有时间仍等于它的世界线长度，质点的 4 速 U^a 仍定义为其世界线的单位切矢，4 动量仍定义为 $P^a:=mU^a$(m 为静质量)；质点相对于瞬时观者(p, Z^a)的能量仍定义为 $E:=-P^aZ_a$ ，电磁场仍由 2 形式场 F_{ab} 描述，等等. 为了得出这些物理量服从的定律，在多数情况下只须把狭义相对论相应定律表达式中的所有 η_{ab} 和 ∂_a 分别换

---

① 各种教材对原则(a)的提法一样(虽然对广义协变性原理的表述有所不同)，对原则(b)的提法则至少有两种. 另一种提法是：(b)等效原理. 就导出物理定律的效果而言，两种提法一样. 详见 §7.5.

为 g_{ab} 和 ∇_a. 不妨把这种做法称为“**最小替换法则**”. 易见这样得出的表达式必然服从上述两个原则. 以下是使用这个法则的一些例子：弯曲时空中质点的 4 加速应定义为

$$A^a := U^b \nabla_b U^a, \tag{7-2-1}$$

质点所受 4 力应定义为

$$F^a := U^b \nabla_b P^a. \tag{7-2-2}$$

对于自由质点，$F^a = 0$ (引力不是 4 维力!)，上式成为 $U^b \nabla_b U^a = 0$，即测地线方程，与广义相对论基本假设(b) (见§7.1)一致. 对于电磁场中的质点，其运动方程则为

$$qF^a{}_b U^b = U^b \nabla_b P^a. \tag{7-2-3}$$

请注意，电磁场 F_{ab} 对质点的影响体现在方程的左边(体现为 4 力 $qF^a{}_b U^b$)，而引力场对质点的影响则体现在方程的右边(体现在用 ∇_a 而非 ∂_a 求导). 电磁场 F_{ab} 的运动方程(弯曲时空的麦氏方程)应为

$$\nabla^a F_{ab} = -4\pi J_b, \tag{7-2-4}$$

$$\nabla_{[a} F_{bc]} = 0. \tag{7-2-5}$$

电磁场的能动张量应表为

$$T_{ab} = \frac{1}{4\pi}(F_{ac}F_b{}^c - \frac{1}{4} g_{ab} F_{cd} F^{cd}). \tag{7-2-6}$$

此式在弯曲时空中仍成立的另一重要依据是它满足 $\nabla^a T_{ab} = -F_{bc} J^c$ [参见第 6 章习题 18(a)]，表明电磁场与带电粒子场的总能量、动量和角动量守恒(见 6.6.4 小节末). 读者应能验证这一等式.

由于式(7-2-5)可表为 $\mathrm{d}F = 0$，至少可局域地引入电磁 4 势 $\boldsymbol{A}$ 使 $\boldsymbol{F} = \mathrm{d}\boldsymbol{A}$，故式(7-2-4)可用 $\boldsymbol{A}$ 表为

$$-4\pi J_b = \nabla^a(\nabla_a A_b - \nabla_b A_a) = \nabla^a \nabla_a A_b - \nabla^a \nabla_b A_a. \tag{7-2-7}$$

在狭义相对论中，上式右边第二项为 $-\partial^a \partial_b A_a$，可简单地改写为 $-\partial_b \partial^a A_a$，再由洛伦兹规范条件 $\partial^a A_a = 0$ 便可使式(7-2-7)在狭义相对论中表为

$$\partial^a \partial_a A_b = -4\pi J_b \quad [\text{此即式(6-6-31)}].$$

然而现在 ∇_a 与 ∇_b 有非对易性，要想利用洛伦兹条件 $\nabla^a A_a = 0$ 就要先用式(3-4-4)将式(7-2-7)右边第二项改写为 $-\nabla^a \nabla_b A_a = -\nabla_b \nabla^a A_a - R_b{}^d A_d = -R_b{}^d A_d$，从而使式(7-2-7)成为

$$\nabla^a \nabla_a A_b - R_b{}^d A_d = -4\pi J_b. \tag{7-2-8}$$

有趣的是，如果直接从狭义相对论方程(6-6-31)出发使用最小替换法则，便有

$$\nabla^a \nabla_a A_b = -4\pi J_b, \tag{7-2-9}$$

与式(7-2-8)显然不同. 这个例子表明最小替换法则并非在任何情况下都能导致唯

一的物理定律. 遇到类似情况就要再加其他考虑. 以本例而言, 可以证明, 式(7-2-8)能够导致电荷守恒律 $\nabla_a J^a = 0$(习题 1)而式(7-2-9)不能. 从这一物理考虑出发, 我们选择式(7-2-8)作为电磁 4 势 $\boldsymbol{A}$ 的运动方程. 本例所具有的含糊性来自导数算符的非对易性, 凡含 2 阶或高阶导数(两个或多个 ∇_a 相继作用)的公式在从狭义相对论到广义相对论的过渡中都会遇到这一问题. 读者不妨与以下事实类比: 物理公式在从经典力学向量子力学的过渡中, 算符的非对易性也是含糊性的根源.

[选读 7-2-1]

对无源电磁场, 式(7-2-8)成为

$$\nabla^a \nabla_a A_b - R_b{}^d A_d = 0 . \tag{7-2-8'}$$

受 6.6.5 小节末(选读 6-6-3 前)的启发, 我们讨论上式的、可表为"慢变"振幅 C_b 和"快变"相因子 $\cos\theta$ 之积的电磁波解 $A_b = C_b \cos\theta$, 并关心使用几何光学近似的可能性. 方程(7-2-8′)与闵氏时空中相应方程 $\partial^a \partial_a A_b = 0$ 的区别在于含有曲率项 $R_b{}^d A_d$, 要使几何光学近似成立还需此项可被忽略. 考虑如下三个长度量:

(1) C_b 或 $K^a \equiv \nabla^a \theta$ 刚能显出变化的特征长度 $\tilde{L}$;

(2) 描述时空曲率的"大小"的长度量

$\tilde{R} \equiv [R_{abcd}$ 在某典型局部惯性系(详见§7.5)的典型分量 $R_{\mu\nu\sigma\rho}]^{-1/2}$;

(3) A_b 相对于上述局部惯性系的波长 λ ($\lambda \equiv 2\pi/\omega,\ \omega \equiv -Z^a K_a$).

如果三者满足 $\lambda << \tilde{L}$ 和 $\lambda << \tilde{R}$, 则 C_b 的导数项 $\nabla^a \nabla_a C_b$ 和曲率项 $R_b{}^d A_d$ 都可忽略, 从而近似有

$$(\nabla^a \theta)\, \nabla_a \theta = 0 , \tag{7-2-10}$$

于是 $K^a \equiv \nabla^a \theta$ 仍为类光超曲面 $\mathscr{S} = \{p \in \mathbb{R}^4 \,|\, \theta_p = C\}$ (C = 常数)的类光法矢, K^a 的积分曲线仍为类光测地线(证明与 6.6.5 小节同, 注意 ∇_a 的无挠性保证 $\nabla_a \nabla_b \theta = \nabla_b \nabla_a \theta$.), 光信号仍沿类光测地线传播, 电磁波(光子)相对于 4 速为 Z^a 的观者的角频率仍为

$$\omega = -K_a Z^a , \tag{7-2-11}$$

等等. 可见, 当 $\lambda << \tilde{L}$ 和 $\lambda << \tilde{R}$ 成立时几何光学近似适用. 本书多处(如 9.2.1 小节和 10.2.2 小节)用到这一近似.

弯曲时空中几何光学近似的参考文献为: Wald(1984)P.71; Misner et al.(1973) §22.5; Straumann(1984)P.100~103. **[选读 7-2-1 完]**

[选读 7-2-2]

弯曲时空的麦氏方程(7-2-4)和(7-2-5)还可用外微分算符做如下等价表述:

$$\mathrm{d}\,{}^*\boldsymbol{F} = 4\pi\, {}^*\boldsymbol{J} , \tag{7-2-4'}$$

$$\mathrm{d}\boldsymbol{F} = 0 , \tag{7-2-5'}$$

其中 $^*\boldsymbol{F}$ 是 $\boldsymbol{F} \equiv F_{ab}$ 的对偶微分形式(见§5.6)，仍是 2 形式，$^*\boldsymbol{J}$ 是 1 形式 J_a 的对偶 3 形式. 式(7-2-5′)与(7-2-5)的等价性由外微分定义一望而知，但式(7-2-4′)与(7-2-4)的等价性的证明则略需技巧. 由定义知 $(\mathrm{d}^*F)_{fab} = \mathrm{d}_f(\varepsilon_{abcd}F^{cd}/2) = 3\nabla_{[f}(\varepsilon_{ab]cd}F^{cd})/2$. 因为右边同 ε^{efab} 缩并得 $3\varepsilon^{efab}\varepsilon_{cdab}(\nabla_f F^{cd})/2 = -3\times 4\delta_c{}^e\delta_d{}^f(\nabla_f F^{cd})/2 = -6\nabla_f F^{ef}$，所以 $\varepsilon^{efab}(\mathrm{d}^*F)_{fab} = 6\nabla_f F^{fe}$. 此式再同 ε_{egcd} 缩并得 $-(\mathrm{d}^*F)_{gcd} = \varepsilon_{egcd}\nabla_f F^{fe}$. 由定义式 $^*J_{gcd} \equiv J^e\varepsilon_{egcd}$ 不难看出上式可表为式(7-2-4′)当且仅当式(7-2-4)成立. 可见式(7-2-4′)等价于(7-2-4).

[选读 7-2-2 完]

§7.3 费米移动与无自转观者

读完§7.1 后，不少读者想进一步了解等效原理、爱因斯坦电梯、局部惯性系以及引力同惯性力的关系等问题. 准确理解这些问题需要一些基本概念. 本节介绍其中之一，即无自转观者的概念(爱因斯坦电梯内的观者不但是自由下落的，而且应是无自转的.).

设想你坐飞机漫游世界. 你胸前绑着一根与胸部垂直的短箭，箭头指向体外. 你从固有时刻 τ_1 开始闭目养神，至 τ_2 时睁眼，短箭当然仍与胸部垂直，但它在空间的指向却可能与 τ_1 时不同，因为飞机的运动非常任意. 如果前后两个指向不同，自然说短箭在时间 $\Delta\tau \equiv \tau_2 - \tau_1$ 内"转了方向"，或说它在 $\Delta\tau$ 内发生了转动. 但是，什么叫做"指向不同"？怎样判断指向是否相同？这其实是在问：什么叫做转动？怎样判断是否发生了转动？在牛顿力学中这个问题有明确答案：回转仪飞轮的自转轴(简称"回转仪轴")代表不变的方向[见 Sachs and Wu (1977)P.50, 52]. 如果你手里有一个回转仪，短箭在 τ_1 时与回转仪轴平行而在 τ_2 时与回转仪轴不平行，便可肯定短箭在 $\Delta\tau$ 内发生了转动. 这一无转动判据可推广至广义相对论. 下面翻译为 4 维语言，以 $G(\tau)$代表你的世界线，则短箭在 τ_1 时刻表现为点 $p_1 \equiv G(\tau_1)$ 的一个空间矢量 w^a("空间"一词是指与你在 τ_1 时刻的 4 速 $Z^a|_{p_1}$ 垂直)，为方便起见，设其长度为 1. 随着你的固有时 τ 的流逝，短箭就对应于 $G(\tau)$线上的一个单位长的空间矢量场. 类似地，以长度为 1 的矢量代表回转

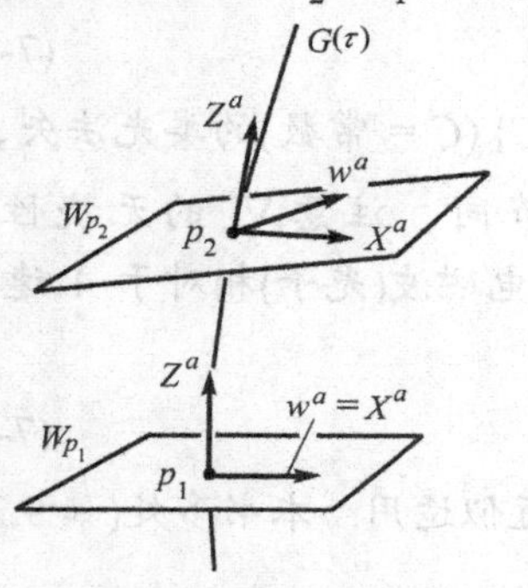

图 7-1　X^a 和 w^a 都是 $G(\tau)$ 的空间矢量场. X^a 代表回转仪轴. 与 X^a 对比可知 w^a 有空间转动.

仪轴的方向，则你手中的回转仪轴对应于 $G(\tau)$上的另一个单位长的空间矢量场 X^a. 刚才的3维描述表明w^a与X^a在点 $p_1 \equiv G(\tau_1)$ 重合而在 $p_2 \equiv G(\tau_2)$ 不重合(见图7-1). 由于认定 X^a 代表无转动方向，故说 w^a 在 $\Delta\tau \equiv \tau_2 - \tau_1$ 内发生了转动. 为了在数学上描述世界线 $G(\tau)$上的转动矢量场 w^a，应先描述无转动矢量场 X^a，因为它是衡量 w^a 转动情况的标准. 作为世界线 $G(\tau)$上的一个无转动空间矢量场，X^a 在数学上有什么特点？一个自然的猜想是：X^a 是 $G(\tau)$上的平移矢量场，然而除特殊情况外这个猜想不正确. 关键在于由点 $p_1 \equiv G(\tau_1)$ 的一个空间矢量 $X^a|_{p_1}$ 决定的平移矢量场一般不是 $G(\tau)$上的空间矢量场[证明：设 X^a沿 $G(\tau)$平移，则 $Z^b\nabla_b(X^aZ_a) = X^aZ^b\nabla_bZ_a = X^aA_a$，其中 ∇_a 是与时空度规 g_{ab} 适配的导数算符，A^a 是 $G(\tau)$的 4 加速. 只要 $G(\tau)$不是测地线，而且 X^a 同 A^a 不正交，则上式右边非零，故 X^aZ_a 沿 $G(\tau)$不是常数，X^aZ_a 不可能在 $G(\tau)$上处处为零.]. 为了描述无转动空间矢量场 X^a 沿 $G(\tau)$的移动性质，费米(Fermi，于 1922 年)和沃克(Walker，于 1923 年)提出物理上很重要的、与协变导数有密切联系而又不同的沿曲线的求导概念，后来称为费米-沃克导数，定义如下：

定义1　设 $G(\tau)$是时空(M, g_{ab})中的类时线①(τ 为固有时)，$\mathscr{T}_G(k,l)$ 代表沿 $G(\tau)$ 的光滑(k, l)型张量场的集合. 映射 $\mathrm{D_F}/\mathrm{d}\tau: \mathscr{T}_G(k,l) \to \mathscr{T}_G(k,l)$ 称为 $G(\tau)$上的**费米-沃克导数算符**(简称费米导数算符)，若它满足如下条件：

(a) 具有线性性；

(b) 满足莱布尼茨律；

(c) 与缩并可交换顺序；

(d)
$$\frac{\mathrm{D_F}f}{\mathrm{d}\tau} = \frac{\mathrm{d}f}{\mathrm{d}\tau} \qquad \forall f \in \mathscr{T}_G(0,0)\,; \tag{7-3-1}$$

(e)
$$\frac{\mathrm{D_F}v^a}{\mathrm{d}\tau} = \frac{\mathrm{D}v^a}{\mathrm{d}\tau} + (A^aZ^b - Z^aA^b)\,v_b \qquad \forall v^a \in \mathscr{T}_G(1,0)\,, \tag{7-3-2}$$

其中 $Z^a \equiv (\partial/\partial\tau)^a$ 代表 $G(\tau)$的 4 速，$A^a \equiv Z^b\nabla_bZ^a$ 代表 $G(\tau)$的 4 加速，$\mathrm{D}v^a/\mathrm{d}\tau$ 是沿曲线 $G(\tau)$的协变导数 $Z^b\nabla_bv^a$ 的另一记号(其中 ∇_b 满足 $\nabla_bg_{ac} = 0$).

注 1　条件(e)明确规定了矢量场的费米导数表达式，与其他条件结合便得 $\mathrm{D_F}/\mathrm{d}\tau$ 对任意张量场的作用结果.

命题 7-3-1　费米导数有以下性质：

(1) 若 $G(\tau)$是测地线，则 $\mathrm{D_F}v^a/\mathrm{d}\tau = \mathrm{D}v^a/\mathrm{d}\tau$；

(2) $\mathrm{D_F}Z^a/\mathrm{d}\tau = 0$；

(3) 若 w^a 是 $G(\tau)$上的空间矢量场(对线上各点 $w^aZ_a = 0$)，则

---

① 我们只讨论 $G(\tau)$为非自相交类时线的情况，否则会遇到因果疑难(见下册第 11 章). 事实上，本书中代表观者的类时线通常都默认为非自相交的.

$$D_F w^a / d\tau = h^a{}_b (D w^b / d\tau)\,, \tag{7-3-3}$$

其中 $h_{ab} = g_{ab} + Z_a Z_b$, $h^a{}_b = g^{ac} h_{cb}$ 是 $G(\tau)$上各点的投影映射. 性质 3 保证空间矢量场的费米导数仍为空间矢量场.

(4) $D_F g_{ab} / d\tau = 0$，等价地有

$$D_F (g_{ab} v^a u^b)/d\tau = g_{ab} v^a D_F u^b / d\tau + g_{ab} u^b D_F v^a / d\tau \qquad \forall v^a, u^b \in \mathscr{F}_G(1,0)\,. \tag{7-3-4}$$

证明 性质(1)由式(7-3-2)显见. 性质(2)由式(7-3-2)和 A^a 的定义易证(利用 $A^a Z_a = 0$). 性质(3)的证明留作习题，性质(4)的证明如下：

$$\begin{aligned} & g_{ab} v^a D_F u^b / d\tau + g_{ab} u^b D_F v^a / d\tau = v_a D_F u^a / d\tau + u_a D_F v^a / d\tau \\ & = v_a (D u^a / d\tau + 2A^{[a} Z^{b]} u_b) + u_a (D v^a / d\tau + 2A^{[a} Z^{b]} v_b) \\ & = v_a D u^a / d\tau + u_a D v^a / d\tau + 4A^{[a} Z^{b]} v_{(a} u_{b)} = D(v_a u^a)/d\tau = D_F (g_{ab} v^a u^b)/d\tau\,, \end{aligned}$$

其中最末一步用到式(7-3-1). □

定义 2 矢量场 v^a 称为沿 $G(\tau)$ **费米-沃克移动的**(Fermi-Walker transported)，若

$$D_F v^a / d\tau = 0.$$

费米-沃克移动简称**费移**.

注 2 费米导数的性质(1)表明沿测地线的费移就是平移；性质(2)表明 $G(\tau)$的 4 速 Z^a 总是沿 $G(\tau)$费移的；由性质(4)可知 $D_F v^a / d\tau = 0 = D_F u^a / d\tau \Rightarrow d(g_{ab} v^a u^b) / d\tau = 0$，这可简述为“费移保内积”，与“平移保内积”类似.

命题 7-3-2 $p \in G$ 及 $v^a \in V_p$ 决定唯一的沿 $G(\tau)$费移的矢量场.

证明 略[可参阅 Sachs and Wu(1977)P.51 及其所引文献]. □

注 3 ①由 Z^a 沿 $G(\tau)$费移及费移保内积可知由空间矢量 $v^a \in V_p$ 决定的沿 $G(\tau)$费移的矢量场 v^a 处处与 Z^a 垂直，因而是空间矢量场. ②点 $p \in G$ 的一个正交归一 4 标架(其第零基矢等于 $Z^a|_p$)的每一基矢依命题 7-3-2 决定一个沿 $G(\tau)$费移的矢量场，且由费移保内积可知这 4 个矢量场在线上每点正交归一. 可见 p 点的一个正交归一 4 标架决定了 $G(\tau)$上唯一的正交归一费移 4 标架场，其中第零个基矢场就是 $G(\tau)$的切矢场 Z^a.

费移有重要物理意义：世界线 $G(\tau)$上的空间矢量场 w^a 无空间转动的充要条件是 w^a 沿线费移，即 $D_F w^a / d\tau = 0$ (理由详见命题 7-3-6). 因此，回转仪轴(看作单位矢量)是沿回转仪世界线费移的空间矢量场. 例如，设$\{t, x, y, z\}$是闵氏时空的一个洛伦兹系，$G(\tau)$是该系的一条 t 坐标线，则该系的坐标基矢 $(\partial/\partial t)^a$，$(\partial/\partial x)^a$，$(\partial/\partial y)^a$，$(\partial/\partial z)^a$ 都沿 $G(\tau)$费移，可见后三个是 $G(\tau)$上的无转动空间矢量场，物理上代表三个回转仪的轴(两两正交). 反之，若(长度不变的)空间矢量场 w^a 沿世

界线 $G(\tau)$做非费移，它就是有空间转动的.

为了讲述命题 7-3-6，先介绍空间转动的定义. 在牛顿力学中，刚体的任意运动可分解为平动和转动. 图 7-2 表示刚体从位形 C_1 变为位形 C_2' 的运动，它可通过两步完成：先平动至位形 C_2，再做一个保持某点 o(称为"基点")不动的转动便到达位形 C_2'. 为描述这一转动，可任取刚体的另一点，其位置在转动中从 a 变为 a'. 正如基点的运动代表刚体的平动那样，a 点的运动(从 a 到 a')代表了刚体的转动. 以 $\vec{w}(t)$ 代表 a 点相对于 o 点的位矢，则刚体的转动体现为 $\mathrm{d}\vec{w}(t)/\mathrm{d}t \neq 0$，从而可用矢量的转动描述. 准确地说，起点 o 不变的矢量 $\vec{w}(t)$ 称为**转动的**，若存在矢量 $\vec{\omega}(t)$ 使

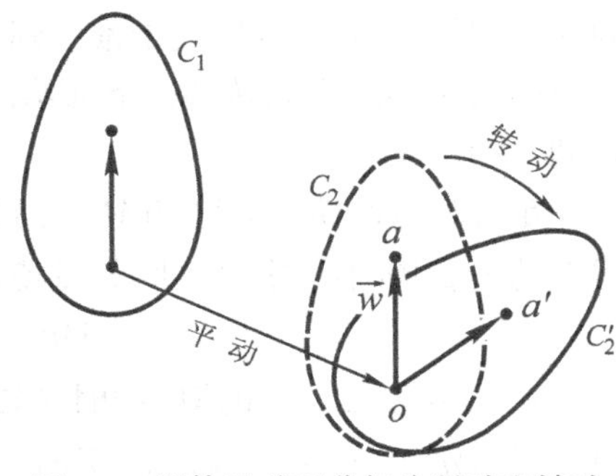

图 7-2　刚体运动可分解为平动和转动

$$\mathrm{d}\vec{w}(t)/\mathrm{d}t = \vec{\omega}(t)\times\vec{w}(t)\,, \tag{7-3-5}$$

其中 $\vec{\omega}(t)$ 称为 $\vec{w}(t)$ 的(**瞬时**)转动**角速度**. 注意到 $\mathrm{d}(\vec{w}\cdot\vec{w})/\mathrm{d}t = 2\vec{w}\cdot\mathrm{d}\vec{w}/\mathrm{d}t = 2\vec{w}\cdot(\vec{\omega}\times\vec{w}) = 0$，可知转动保矢量长度. 从矢量转动的上述定义出发，利用牛顿力学可以证明回转仪轴(看作单位长的矢量)不转动，即其 $\vec{\omega}=0$，故回转仪轴代表无转动方向.

为把矢量转动的上述牛顿定义推广到狭义相对论(并进而推广到广义相对论)，先把式(7-3-5)改写为笛卡儿系(物理上称为伽利略系)的分量形式

$$\mathrm{d}w^i(t)/\mathrm{d}t = \varepsilon^i{}_{jk}\omega^j w^k\,, \tag{7-3-5$'$}$$

并想像基点 o 处(矢量 $\vec{w}$ 的箭尾)有一观者 G. 既然 o 点相对于惯性系静止，推广到狭义相对论时 G 的世界线 $G(\tau)$就应是测地线，$\vec{w}$ 则应是线上的空间矢量场 w^a. 以 $\{t, x^i\}$ 代表他所在的惯性系的坐标，则在 $G(\tau)$上有 $t=\tau$，于是就有转动定义的狭义相对论推广：闵氏时空中类时测地线 $G(\tau)$上的空间矢量场 $w^a(\tau)$称为**转动的**，若 $G(\tau)$上存在空间矢量场 $\omega^a(\tau)$ 使

$$\mathrm{d}w^i(\tau)/\mathrm{d}\tau = \varepsilon^i{}_{jk}\omega^j w^k\,, \tag{7-3-6}$$

其中 w^i, ω^j 分别是 w^a 和 ω^a 在 $\{t, x^i\}$ 系的 i，j 分量. 对 $G(\tau)$上任一点 p，用 W_p 的诱导度规 h_{ab} 把角速度矢量 ω^a 降指标为角速度 1 形式 ω_a，以 Ω_{ab} 代表 ω_a 在 W_p 中的对偶微分形式，即 $\Omega_{ab} \equiv ({}^*\omega)_{ab} = \omega^c\varepsilon_{cab}$ (ε_{cab} 是与 h_{ab} 适配的体元)，则 Ω_{ab} 称为**角速度 2 形式**，用它可把式(7-3-6)改写为

$$\mathrm{d}w^i/\mathrm{d}\tau = -\,\Omega^{ij}w_j\,. \tag{7-3-7}$$

取线上一个正交归一空间 3 标架场 $\{(e_i)^a\}$ 使$(e_3)^a$ 平行于 ω^a，则 $\omega^1=\omega^2=0$，

$\omega^3 \neq 0$，所以可以说 w^a 绕 $(e_3)^a$ 轴转动．另一方面，由 $\Omega_{ab} = \omega^c \varepsilon_{cab}$ 可知 $\{\omega^1 = \omega^2 = 0, \omega^3 \neq 0\}$ 对应于 $\{\Omega_{23} = \Omega_{31} = 0，\Omega_{12} \neq 0\}$，故也可说 w^a 在 1~2 面内转动(一般地说，在 i~j 面内转动是指 Ω_{ab} 的非零分量为 Ω_{ij} 和 Ω_{ji}.)．两种说法对 3 维空间 W_p 等价，但后一说法便于推广到 4 维．现在没有必要再限制在闵氏时空测地线上空间矢量场的空间转动，下面给出任意时空任意类时线上任意矢量场的“时空转动”的定义．

定义3　设 $G(\tau)$是时空(M, g_{ab})中任一观者的世界线(不一定是测地线)，v^a 是线上的矢量场(不一定是空间矢量场)．若 $G(\tau)$上存在 2 形式场Ω_{ab}使

$$\mathrm{D}v^a / \mathrm{d}\tau = -\Omega^{ab} v_b \, , \tag{7-3-8}$$

就说v^a经受以Ω_{ab}为角速度的**时空转动**．或者说，v^a 的时空转动角速度 2 形式是 Ω_{ab}．若 $\mathrm{D}v^a / \mathrm{d}\tau = 0$，就说$v^a$无时空转动．

命题 7-3-3　设 $G(\tau)$上矢量场v^a，u^a 经受相同的时空转动Ω_{ab}，则$v^a u_a$ 在 $G(\tau)$上为常数．

证明

$$\frac{\mathrm{D}}{\mathrm{d}\tau}(v^a u_a) = u_a \frac{\mathrm{D}v^a}{\mathrm{d}\tau} + v_a \frac{\mathrm{D}u^a}{\mathrm{d}\tau} = u_a(-\Omega^{ab} v_b) + v_a(-\Omega^{ab} u_b) = -2\Omega^{ab} v_{(a} u_{b)} = 0 \, ,$$

其中最后一步用到Ω_{ab}的反称性．　□

命题 7-3-3 表明时空转动保持矢量长度(取$v^a = u^a$便可看出)，可见只有长度沿 $G(\tau)$不变的矢量场v^a才可能是经受时空转动的矢量场．反之，可以证明(习题) $G(\tau)$上长度不变(且非零)的矢量场v^a必经受时空转动．

注 4　设 $\vec{\omega}$ 满足式(7-3-5)，3 维矢量 $\vec{\lambda}$ 满足 $\vec{\lambda} \times \vec{w} = 0$ (即存在系数 β 使 $\vec{\lambda} = \beta \vec{w}$)，则 $\vec{\omega}' \equiv \vec{\omega} + \vec{\lambda}$ 也满足式(7-3-5)．这无非反映如下事实：无论 $\vec{w}$ 如何转动，总可认为它在该转动之上叠加一个绕自身的任意转动 $\vec{\lambda} = \beta \vec{w}$，因为矢量“绕自身转动”就是不转．类似地，设$\Omega_{ab}$ 满足式(7-3-8)，2 形式 Λ_{ab} 满足 $\Lambda^{ab} v_b = 0$，则 $\Omega'_{ab} \equiv \Omega_{ab} + \Lambda_{ab}$ 也满足式(7-3-8)．这个 Λ_{ab} 反映了Ω_{ab} 的“规范自由性”，即两个 Ω_{ab} 如果只差一个满足 $\Lambda^{ab} v_b = 0$ 的 Λ_{ab}，对v^a而言就没有实质区别．讨论时可在这些Ω_{ab}中选择最方便的一个(详见选读 7-3-1)．例如，根据定义 3，可以说v^a无时空转动的充要条件是其$\Omega_{ab} = 0$，虽然也存在非零的Ω_{ab}满足 $\mathrm{D}v^a / \mathrm{d}\tau = 0$ (可见这“充要条件”可差到一个规范变换．本节他处某些“充要条件”也如此．)．

因 Z^a 沿 $G(\tau)$费移，故当 $G(\tau)$不是测地线时 $\mathrm{D}Z^a / \mathrm{d}\tau \neq 0$，即 Z^a 经受时空转动．下面找出 Z^a 的时空转动角速度．

命题 7-3-4　$G(\tau)$的 4 速 Z^a 的时空转动角速度 2 形式为 $\tilde{\Omega}_{ab} = A_a \wedge Z_b$，其中 A^a 是 $G(\tau)$的 4 加速．

证明　$-\tilde{\Omega}^{ab}Z_b=-(A^aZ^b-Z^aA^b)Z_b=A^a=\mathrm{D}Z^a/\mathrm{d}\tau$，对比式(7-3-8)可知 Z^a 的时空转动角速度 2 形式为 $\tilde{\Omega}_{ab}$.　□

从 $\tilde{\Omega}_{ab}=A_a\wedge Z_b$ 可知 $\tilde{\Omega}_{ab}$ 代表的时空转动发生在 $Z^a\sim A^a$ 面内，它在以 Z^a 为$(e_0)^a$的正交归一 4 标架的空间分量 $\tilde{\Omega}_{ij}=0$. 这样的时空转动称为**伪转动**[pseudo-rotation，见 Misner et al.(1973) P.170.]. 反之，只有空间分量(即 $\Omega_{0i}=0$, $i=1, 2, 3$)的时空转动Ω_{ab} 称为(纯)**空间转动**，在不会混淆时简称**转动**.

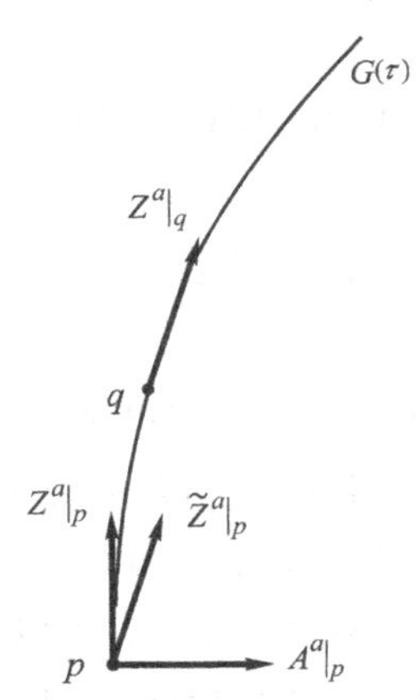

图 7-3　伪转动起因：$G(\tau)$的非测地性使 4 速 Z^a 在从 p 到 q 的过渡中被迫在 Z^a~A^a 面内“转向”

由 $\tilde{\Omega}_{ab}=A_a\wedge Z_b$ 可知 4 加速 $A^a\neq 0$ [$G(\tau)$偏离测地线]是 Z^a 经受伪转动的根本原因(充要条件). 对此可借图 7-3 做一直观解释. 根据定理 3-2-4，由 $A^a=Z^b\nabla_bZ^a$ 知

$$A^a|_p=\lim_{\Delta\tau\to 0}\frac{1}{\Delta\tau}(\tilde{Z}^a|_p-Z^a|_p)\,,$$

其中 $\tilde{Z}^a|_p$ 是 $Z^a|_q$ 沿 $G(\tau)$平移至 p 点的结果，$\Delta\tau\equiv\tau(q)-\tau(p)$. 由图 7-3 可直观地看出：① $G(\tau)$对测地线的偏离使其切矢 Z^a 在从一点 p 到邻点 q 的过渡中被迫“转向”(伪转动)；② 这一伪转动的确发生在 $Z^a\sim A^a$ 面内.

由于 $G(\tau)$上任一空间矢量场 w^a 与 Z^a 正交，Z^a 经受伪转动 $\tilde{\Omega}_{ab}$ 迫使 w^a 也经受这样一个伪转动. 下面证明，w^a 的时空转动扣除这一必不可免的伪转动后必然是纯空间转动.

命题 7-3-5　设 $\tilde{\Omega}_{ab}$ 是 $G(\tau)$的 4 速 Z^a 所经受的伪转动，Ω_{ab} 是 $G(\tau)$上的空间矢量场 $w^a(\neq 0)$ 所经受的时空转动，则 $\hat{\Omega}_{ab}\equiv\Omega_{ab}-\tilde{\Omega}_{ab}$ 是纯空间转动(可以差到一个规范变换).

证明　见选读 7-3-1.　□

命题 7-3-6　观者世界线 $G(\tau)$上的空间矢量场 w^a 无空间转动的充要条件是它沿 $G(\tau)$费移，即 $\mathrm{D_F}w^a/\mathrm{d}\tau=0$.

证明　由 $\hat{\Omega}_{ab}\equiv\Omega_{ab}-\tilde{\Omega}_{ab}$ 及 $\mathrm{D}w^a/\mathrm{d}\tau=-\Omega^{ab}w_b$ 可得

$$-\hat{\Omega}^{ab}w_b=(\mathrm{D}w^a/\mathrm{d}\tau)+\tilde{\Omega}^{ab}w_b\,. \tag{7-3-9}$$

注意到 $\tilde{\Omega}^{ab}=A^aZ^b-Z^aA^b$，上式又可表为

$$\mathrm{D_F}w^a/\mathrm{d}\tau=-\hat{\Omega}^{ab}w_b\,. \tag{7-3-10}$$

因为 $\hat{\Omega}_{ab}$ 代表 w^a 的空间转动，所以 $G(\tau)$上的空间矢量场 w^a 无空间转动的充要条件就是 $\mathrm{D_F}w^a/\mathrm{d}\tau=0$.　□

反之，设 w^a 有空间转动，以 ω_a 代表 $\hat{\Omega}_{ab}$ 的对偶形式(在 $p\in G$ 的 3 维空间 W_p 内谈对偶)，即

$$\hat{\Omega}_{ab}=\omega^c\varepsilon_{cab}\,,\tag{7-3-11}$$

便可把式(7-3-10)改写为

$$\mathrm{D_F}w^a\,/\,\mathrm{d}\tau=-\varepsilon^a{}_{bc}w^b\omega^c\,,\tag{7-3-12}$$

或者，令 ε_{abcd} 代表与 g_{ab} 适配的体元，利用 $\varepsilon_{bcd}=Z^a\varepsilon_{abcd}$ 还可改写为

$$g_{ab}\mathrm{D_F}w^b\,/\,\mathrm{d}\tau=\varepsilon_{abcd}Z^b w^c\omega^d\,,\tag{7-3-12$'$}$$

由式(7-3-11)定义的 ω_a 称为空间矢量场 w^a 的**空间转动角速度**(简称**角速度**). 就是说，非费移的空间矢量场 w^a 可用非零的空间转动角速度 ω^a 描述.

设 $\{(e_i)^a\}$ 是 $G(\tau)$上的一个正交归一的空间 3 标架场. 由于任意二基矢正交，它们有"刚性联系"，可以预期这 3 个基矢有共同的时空转动角速度Ω_{ab}，从而有共同的空间转动角速度 $\hat{\Omega}_{ab}$. 请看如下命题：

命题 7-3-7　$G(\tau)$上任一正交归一的空间 3 标架场 $\{(e_i)^a\}$ 中的 3 个基矢场有共同的空间转动角速度 $\hat{\Omega}_{ab}$(不再有规范自由性).

证明　见选读 7-3-1. □

注 5　①这个共同的 $\hat{\Omega}_{ab}$ 就称为该 3 标架场的空间转动角速度 2 形式，其相应的 ω^a (即满足 $\hat{\Omega}_{ab}=\omega^c\varepsilon_{cab}$ 的 ω^a)称为该 3 标架场的**空间转动角速度矢量**. ②可能会问：设 $(e_1)^a$，$(e_2)^a$ 绕 $(e_3)^a$ 以角速度 ω^a [平行于$(e_3)^a$]转动，则$(e_3)^a$ 不转，故角速度为零. 怎能说三者有相同角速度？答案是：利用"规范自由性"(见注 4)，可以说$(e_3)^a$ 的角速度也是 ω^a (绕自己转就是不转)，所以没有矛盾. 由此也可看出命题 7-3-7 的证明是要利用规范自由性的. 有一点应该强调：当发现空间 3 标架场中的一个基矢[如$(e_3)^a$]不沿线转动时，不能根据命题 7-3-7 断言其他两个基矢也不转动，因为它们可以绕$(e_3)^a$ 转.

注 6　以上讨论表明一个观者由两个要素决定：①世界线 $G(\tau)$；②线上的一个正交归一 4 标架场[满足 $(e_0)^a=Z^a$]. 在若干情况下要素②不起作用，谈及观者时只须明确他的世界线 $G(\tau)$. 因此有些文献把观者等同于世界线[例如 Sachs and Wu(1977)P.41 说(实质内容而非原话)：一个观者是一条有单位切矢的指向未来的类时曲线.]. 然而在许多情况下两个要素同时起作用，在这些情况下应把观者理解为带有确定正交归一 4 标架场[其中$(e_0)^a$ 等于 4 速]的一条世界线 $G(\tau)$，该世界线描写观者(作为质点)的轨道运动，而 3 标架场的空间转动角速度 ω^a 则描写观者自身的转动(简称观者的**自转**). 正如§6.3 之末所讲过的，闵氏时空的惯性观者是指世界线为测地线(4 加速 $A^a=0$)的无自转(3 标架转动角速度 $\omega^a=0$)观者. 这是一类最简单的观者. 类似地，弯曲时空的自由下落($A^a=0$)无自转($\omega^a=0$)观者也是

一类最简单的观者，他们对理解等效原理和局部惯性系有重要作用(详见§7.5). 认清观者的两大要素则对分清惯性力和科氏力大有帮助(详见§7.4).

[选读 7-3-1]

为了证明命题 7-3-5 和 7-3-7，有必要对Ω_{ab}的规范自由性进一步做定量讨论. 设 $G(\tau)$上的空间矢量场 w^a 的时空转动角速度为Ω_{ab}，即

$$\mathrm{D}w^a/\mathrm{d}\tau = -\Omega^{ab}w_b\,, \tag{7-3-13}$$

选 $G(\tau)$上的正交归一 4 标架场使$(e_0)^a = Z^a$，$(e_1)^a = \alpha w^a$(其中α为归一化系数)，则 $\Omega'_{ab} \equiv \Omega_{ab} + \Lambda_{ab}$ 满足式(7-3-13)的充要条件是$\Lambda^{ab}(e^1)_b = 0$. 由此得

$$0 = \Lambda^{ab}(e^1)_b = \Lambda^{\mu\nu}(e_\mu)^a(e_\nu)^b(e^1)_b = \Lambda^{\mu 1}(e_\mu)^a = \Lambda^{01}(e_0)^a + \Lambda^{21}(e_2)^a + \Lambda^{31}(e_3)^a\,,$$

故$\Lambda_{01} = \Lambda_{21} = \Lambda_{31} = 0$. 由于$\Lambda^{ab}(e^1)_b = 0$是对$\Lambda_{ab}$的唯一限制，$\Lambda_{ab}$的其他 3 个分量$\Lambda_{02}$，$\Lambda_{03}$，$\Lambda_{23}$不受任何约束，所以$\Omega_{02}$，$\Omega_{03}$，$\Omega_{23}$可任意选择. 这就是 w^a 的时空转动角速度Ω_{ab}的规范自由性.

命题 7-3-5 证明　选正交归一 4 标架场使$(e_0)^a = Z^a$，$(e_1)^a = \alpha w^a$(α为归一化系数)，由

$$0 = \frac{\mathrm{D}}{\mathrm{d}\tau}(Z^a w_a) = w_a\frac{\mathrm{D}Z^a}{\mathrm{d}\tau} + Z_a\frac{\mathrm{D}w^a}{\mathrm{d}\tau} = -w_a\tilde{\Omega}^{ab}Z_b - Z_a\Omega^{ab}w_b = (\tilde{\Omega}^{ab} - \Omega^{ab})Z_a w_b$$
$$= (\Omega^{ab} - \tilde{\Omega}^{ab})(e^0)_a(e^1)_b\alpha^{-1} = (\Omega^{01} - \tilde{\Omega}^{01})\alpha^{-1}$$

得 $\Omega^{01} = \tilde{\Omega}^{01}$. 利用 Ω^{ab} 的规范自由性可使 $\Omega^{02} = \tilde{\Omega}^{02}$ 及 $\Omega^{03} = \tilde{\Omega}^{03}$. 注意到 $\tilde{\Omega}^{ij} = 0$，便知 $\hat{\Omega}_{ab} \equiv \Omega_{ab} - \tilde{\Omega}_{ab} = \Omega_{ij}(e^i)_a(e^j)_b$ 是纯空间转动. □

命题 7-3-7 证明　以$(\hat{\Omega}_i)_{ab}$代表$(e_i)^a$的空间转动角速度 2 形式. 由

$$0 = \mathrm{D}[(e_1)^a(e_2)_a]/\mathrm{d}\tau = \mathrm{D}[(e_2)^a(e_3)_a]/\mathrm{d}\tau = \mathrm{D}[(e_3)^a(e_1)_a]/\mathrm{d}\tau$$

可知

$$\text{(a)}\ (\hat{\Omega}_1)^{12} = (\hat{\Omega}_2)^{12},\qquad \text{(b)}\ (\hat{\Omega}_2)^{23} = (\hat{\Omega}_3)^{23},\qquad \text{(c)}\ (\hat{\Omega}_3)^{31} = (\hat{\Omega}_1)^{31}, \tag{7-3-14}$$

利用$(\hat{\Omega}_1)^{23}$的自由性可令它等于$(\hat{\Omega}_2)^{23}$，从而使上式(b)发展为$(\hat{\Omega}_1)^{23} = (\hat{\Omega}_2)^{23} = (\hat{\Omega}_3)^{23}$. 类似有$(\hat{\Omega}_1)^{12} = (\hat{\Omega}_2)^{12} = (\hat{\Omega}_3)^{12}$和$(\hat{\Omega}_1)^{31} = (\hat{\Omega}_2)^{31} = (\hat{\Omega}_3)^{31}$，故$(\hat{\Omega}_1)^{ab} = (\hat{\Omega}_2)^{ab} = (\hat{\Omega}_3)^{ab}$. 请读者证明$\hat{\Omega}_{ab}$不再有规范自由性. □

[选读 7-3-1 完]

§7.4 任意观者的固有坐标系

观者的 4 标架只在观者世界线上有定义．若要记录发生在世界线附近的事件(实验结果)，就要设法把这标架向外延伸并形成一个坐标系．我们当然希望此系的坐标基底在世界线上与该观者的 4 标架重合．本节介绍一个满足这一要求的、十分方便的坐标系，叫做观者的**固有**(proper)**坐标系**，它由该观者的两个要素——世界线 $G(\tau)$及线上的正交归一 4 标架场决定．由于我们讨论一般观者，所以 $G(\tau)$不一定是测地线，它可以有任意的 4 加速 $\hat{A}^a$(加 ^ 代表观者的 4 加速，以区别于被观测质点的 4 加速 A^a.)；线上的正交归一空间 3 标架场$\{(e_i)^a\}$也不一定沿 $G(\tau)$费移，它可以有任意的转动角速度 ω^a . 当然 ω^a 和 $\hat{A}^a$ 都是 $G(\tau)$上的空间矢量场，即 $\omega^a Z_a = 0$ 和 $\hat{A}^a Z_a = 0$. 设 $\mu(s)$ 是从 $G(\tau)$上任一点 p 发出、在 p 点与 $G(\tau)$正交的任一类空测地线，其中 s 是等于线长的那个仿射参数，即 $T^a \equiv (\partial/\partial s)^a$ 为单位切矢．令 q 为 $G(\tau)$附近一点，则总有唯一的上述类空测地线 $\mu(s)$ 经过 q [见图 7-4. 若 q 离 $G(\tau)$很远，则可能有不止一条上述测地线经过，也可能没有这样的测地线经过. 好在观者 G 只关心与自己靠近的事件.]. 设经过q的那条类空测地线 $\mu(s)$ 发自G上的p点且 $p=\mu(0)$ ，我们要用这条测地线给q点定义 4 个坐标(称为**固有坐标**)t, x^1, x^2, x^3. 设 V_p 为 p 点的切空间，W_p 为 V_p 中与 $Z^a|_p$ 正交的 3 维子空间，则 $T^a|_p \in W_p$. 把 $T^a|_p$ 简记为 w^a，其在$(e_i)^a$ 的分量记作 w^i，则 q 点的 4 个固有坐标定义为

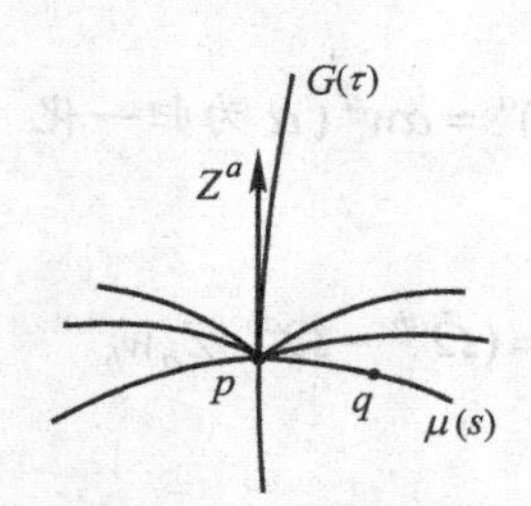

图 7-4　定义 q 点相对于 G 的固有坐标

$$t(q) := \tau_p\,, \qquad x^i(q) := s_q w^i\,, \qquad i=1,2,3\,, \tag{7-4-1}$$

其中 τ_p 是 p(作为 G 上一点)的固有时，s_q 是 $\mu(s)$ 在 q 点的参数值，亦即 $\mu(s)$ 的 pq 段的线长．只要 q 点在 $G(\tau)$附近，就可用式(7-4-1)定义坐标，于是得到观者 G 的固有坐标系$\{t, x^i\}$，其坐标域是 $G(\tau)$ (或其一段)的一个开邻域. 作为最简单的例子，我们指出 4 维闵氏时空中任一洛伦兹坐标系都可看作以该系的 x^0 坐标线为世界线的惯性观者的固有坐标系(请注意，“惯性”一词已要求其 3 标架沿线费移，此处即平移.).

命题 7-4-1　固有坐标系在任一点 $p \in G(\tau)$ 的坐标基矢与观者 $G(\tau)$的正交归一 4 标架一致，因而度规 $g_{ab}|_p$ 在固有坐标系的分量 $g_{\mu\nu}|_p = \eta_{\mu\nu}$.

证明　以 $(e_1)^a$ 代表 p 点的正交归一 4 标架的第 1 基矢，把它看作某一 w^a，由它决定的类空测地线 $\mu_1(s)$ 上各点 q 的固有坐标满足 $x^2 = x^3 = 0$ ，$t=\tau_p$ ，因此是

一条 x^1 坐标线．对此线而言，$x^1(q)=s_q w^1$ 中的 $w^1=1$，故线上各点有 $x^1=s$，于是坐标基矢 $(\partial/\partial x^1)^a|_p=(\partial/\partial s)^a|_p=w^a=(e_1)^a$．同理有 $(\partial/\partial x^2)^a|_p=(e_2)^a$，$(\partial/\partial x^3)^a|_p=(e_3)^a$．此外，不难看出 $G(\tau)$就是固有坐标 t 的坐标线，而且在此线上 $t=\tau$，故 $Z^a|_p=(\partial/\partial t)^a|_p$．这表明 p 点的固有坐标基矢 $\{(\partial/\partial x^\mu)^a\}$重合于 p 点的正交归一 4 标架 $\{Z^a|_p,\ (e_i)^a|_p\}$，因此 $g_{ab}|_p$ 在固有坐标系的分量 $g_{\mu\nu}|_p=\eta_{\mu\nu}$．

□

$g_{\mu\nu}|_p=\eta_{\mu\nu}$ 是固有坐标系的一大优点．当然，这一简单结果对 $G(\tau)$外的点未必成立．

固有坐标系有很多用处，例如可借它定义质点的 3 速和 3 加速．

定义1　设 $\{t,x^i\}$ 是观者 G 的固有坐标系，质点的世界线(至少一段 L)位于 G 的固有坐标域内，则 L 在点 $p\in L$ 相对于观者 G 的 3 **速** u^a 和 **3 加速** a^a 依次定义为

$$u^a:=[\mathrm{d}x^i(t)/\mathrm{d}t]\ (\partial/\partial x^i)^a, \tag{7-4-2}$$

$$a^a:=[\mathrm{d}^2x^i(t)/\mathrm{d}t^2]\ (\partial/\partial x^i)^a, \tag{7-4-3}$$

其中 $x^i(t)$ 是 L 在固有坐标系中以 t 为参数的参数式．

注 1　若 p 是 L 与 G 线的交点，则仿照式(6-3-28)，L 在 p 点相对于观者 G 的 3 速又可定义为

$$u^a:=h^a{}_bU^b/\gamma, \tag{7-4-4}$$

其中 U^a 为 L 的 4 速，$\gamma\equiv -Z^aU_a$，$h_{ab}\equiv g_{ab}+Z_aZ_b$，$h^a{}_b\equiv g^{ac}h_{cb}$．下面证明式(7-4-4)同式(7-4-2)等价．设 τ_L 是质点 L 的固有时，则质点在 p 点的 4 速 $U^a=(\partial/\partial\tau_L)^a$ 可用固有坐标基展开为

$$U^a=(\partial/\partial t)^a\mathrm{d}t/\mathrm{d}\tau_L+(\partial/\partial x^i)^a\mathrm{d}x^i/\mathrm{d}\tau_L,$$

上式中的 $(\partial/\partial t)^a$ 就是 Z^a，其空间投影为零；$(\partial/\partial x^i)^a$ 与 Z^a 正交，其投影等于自身，故

$$h^a{}_bU^b=(\partial/\partial x^i)^a\mathrm{d}x^i/\mathrm{d}\tau_L. \tag{7-4-5}$$

借固有坐标系又可求得 $\gamma\equiv -Z^aU_a$ 的另一表达式：

$$\begin{aligned}\gamma&=-g_{ab}Z^aU^b|_p=-g_{\mu\nu}Z^\mu U^\nu|_p=-\eta_{\mu\nu}(\partial/\partial t)^\mu U^\nu|_p\\&=-\eta_{00}(\partial/\partial t)^0U^0|_p=U^0|_p=\mathrm{d}t/\mathrm{d}\tau_L|_p,\end{aligned} \tag{7-4-6}$$

其中第三步用到命题 7-4-1．由式(7-4-5)、(7-4-6)得 $h^a{}_bU^b/\gamma=(\partial/\partial x^i)^a\mathrm{d}x^i/\mathrm{d}t$，可见式(7-4-4)和(7-4-2)等价．

上面定义的3加速有助于加深对牛顿力学的惯性力和科氏力(及其在闵氏时空和弯曲时空的推广)的理解．根据牛顿力学，非惯性观者 G 在观测质点运动时，牛

顿第二律并不成立．为了形式地保持这一定律，人们引入假想力(fictitious force)的概念．设 G 相对于某惯性系的 3 加速为 $\hat{\vec{a}}$ (加 ^ 代表观者的 3 加速，以区别于被观测质点的 3 加速 $\vec{a}$.)，在他观测时，若认为任一被观测质点 L 都受到一个假想的惯性力 $-m\hat{\vec{a}}$ (其中 m 为该质点的质量)，则考虑惯性力 $-m\hat{\vec{a}}$ 后自由质点的运动方程为 $-m\hat{\vec{a}}=m\vec{a}$ ，因而 L 相对于 G 的 3 加速为 $\vec{a}=-\hat{\vec{a}}$. 这可称为 L 相对于 G 的惯性加速度，乘以 m 就是惯性力(约定观者与被观测质点的世界线有交，观者在交点处观测．)．当 G 还有转动时，为使牛顿第二定律形式成立所必须引进的假想力除惯性力外还有科氏力．但"观者有转动"一词有时会引起混淆，有必要做细致一些的讨论．考虑一个绕自身轴转动的刚性大圆盘，盘边放有转椅，底座固定在盘上(但椅子可绕固定在底座上的转轴旋转)．转椅中的观者将由于盘的转动而做圆周运动(世界线是螺旋线)，这是轨道运动的特例．此外，观者当然还可以利用转椅做自身的转动(与世界线形状无关，由观者固联的正交归一标架沿世界线的移动情况描述．)．观者既然已被视为质点，而质点的运动不能像刚体那样分为转动和平动，"转盘观者的轨道运动是圆周运动"其实就是最确切的提法．然而日常生活中常把质点的圆周运动也称为转动，这就易与标架的转动混淆．偏偏分清轨道运动和标架转动又是分清惯性力和科氏力的关键，因此我们把观者因圆盘转动所造成的圆周运动(轨道运动的特例)同观者利用转椅实现的标架转动分别称为**公转**和**自转**．这同把地球绕日的圆周运动(这时地球视为质点)称为公转而把地球(这时视为刚体)绕地轴的转动称为自转的做法有些类似．当然，在观者的世界线不是螺旋线时，公转一词就远不如轨道运动一词贴切．下面将看到，惯性力和科氏力分别起源于观者的轨道运动和自转．现在以任意时空为背景做定量讨论，其中对闵氏时空所得结论在低速近似下同牛顿力学一致．为简单起见，只讨论任意观者 G 对自由质点 L 的观测．虽然 L 为自由质点，但观者 G 的任意性(包括世界线的非测地性和正交归一空间 3 标架的非费移性)使他测得 L 有惯性加速度和科氏加速度[在牛顿力学中惯性(科氏)力等于惯性(科氏)加速度乘以 L 的质量]，请看如下命题．

命题 7-4-2　设观者 G 的 4 加速为 $\hat{A}^a$ ，自转角速度(即其标架转动的角速度)为 ω^a ，被观测的自由质点 L 与 G 的世界线交于 p 点，L 在 p 点相对于 G 的 3 速为 u^a，则 L 在 p 点相对于 G 的 3 加速为

$$a^a \equiv (\mathrm{d}^2x^i/\mathrm{d}t^2)(e_i)^a = -\hat{A}^a - 2\varepsilon^a{}_{bc}\omega^b u^c + 2(\hat{A}_b u^b)u^a , \tag{7-4-7}$$

其中 $(e_i)^a$ 是观者在 p 点的正交归一空间 3 标架，$\varepsilon_{abc}\equiv Z^d\varepsilon_{dabc}$ ，Z^d 是 G 在 p 点的 4 速，ε_{abcd} 是与时空度规 g_{ab} 相适配的体元．

证明　见选读 7-4-1．　□

下面对式(7-4-7)右边各项的物理意义做一讨论．若 G 为自由下落无自转观者

(对闵氏时空就是惯性观者)，即 $\hat{A}^a = 0$，$\omega^a = 0$，则由式(7-4-7)可知 L 对 G 的 3 加速 $a^a = 0$. 以闵氏时空为例，这无非表明两个惯性运动质点之间只有相对速度而无相对加速度这一简单事实. 反之，若 G 不是自由下落无自转观者，则有以下三种可能：

(a) G 的世界线不是测地线($\hat{A}^a \neq 0$)，但仍是无自转观者($\omega^a = 0$，即其标架场沿世界线费移.). 式(7-4-7)此时成为

$$a^a = -\hat{A}^a + 2(\hat{A}_b u^b) u^a . \tag{7-4-8}$$

以 $\hat{A}$ 和 u 分别代表空间矢量 $\hat{A}^a$ 和 u^a 的长度，θ 代表两者的夹角，则上式右边第二项的长度为 $2\hat{A}\, u^2 \cos\theta \leqslant 2\hat{A} u^2$，故在非相对论近似 $u \ll 1$ 下第二项可忽略. 对闵氏时空，设 G_{I} 是 G 在 p 点瞬时静止的惯性观者(见图 7-5)，$\hat{a}^a$ 是 G 相对于 G_{I} 的 3 加速，则由命题 6-3-6 可知 $\hat{a}^a = \hat{A}^a$. 因为 $-\hat{a}^a$ 在牛顿力学中正是非惯性观者 G 观测质点运动时所应添补的惯性加速度，所以式(7-4-8)右边第一项 $-\hat{A}^a$ 可解释为惯性加速度，第二项则为对惯性加速度的相对论修正项(在牛顿近似 $u \ll 1$ 下为零). 对弯曲时空，可以证明，(留作习题，要用到引理 7-4-3.) 只要把 G_{I} 理解为 G 在 p 点相对静止的自由下落观者，则仍有 $\hat{a}^a = \hat{A}^a$ ($\hat{a}^a$ 是 G 相对于 G_{I} 的 3 加速)，故式(7-4-8)右边第一、二项仍可分别解释为惯性加速度及对它的修正项. 总之，惯性加速度是由观者 G 的 4 加速 $\hat{A}^a$ (取决于其轨道运动)导致的.

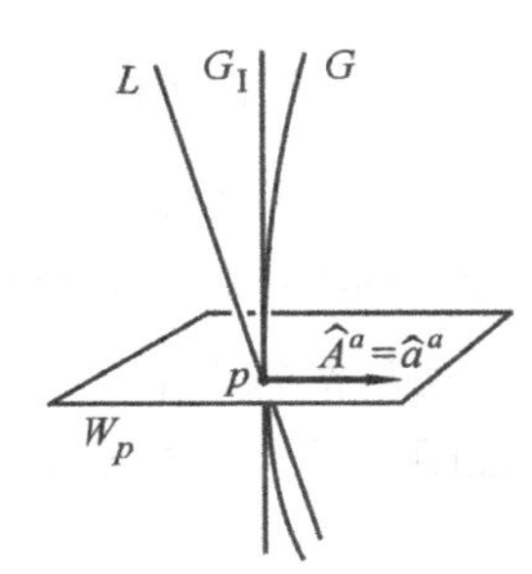

图 7-5　G 相对于瞬时静止惯性观者 G_{I} 的 3 加速 $\hat{a}$ 等于 G 自己的 4 加速 $\hat{A}^a$

(b) G 的世界线是测地线($\hat{A}^a = 0$)，但 G 有自转($\omega^a \neq 0$)，例如固结于自由下落飞船地板上的转椅中转动着的观者. 这时式(7-4-7)成为

$$a^a = -2\varepsilon^a{}_{bc}\omega^b u^c = 2\vec{u} \times \vec{\omega} . \tag{7-4-9}$$

自由质点 L 相对于观者 G 的这一 3 加速完全来自观者的自转($\omega^a \neq 0$)，上式右边与牛顿力学的科氏加速度表达式一样，故在弯曲时空中也称为科氏加速度. 这清楚地表明惯性加速度和科氏加速度的区别：前者源于观者的非测地运动；后者来自观者的自转. 在转盘的情况下，不少力学教材默认转盘观者由于公转而必有相应的自转，并把科氏力归因于观者的公转. 其实转盘观者的自转和公转原则上是独立的. 设观者手执回转仪坐在底座固结于盘边的转椅中，就可适当调节("转动")转椅使自己永远面向回转仪轴所指方向，于是在随盘公转的同时是无自转的，他观测质点时将只有惯性加速度而无科氏加速度!

(c) G 的世界线为非测地线($\hat{A}^a \neq 0$)且有自转($\omega^a \neq 0$)，他观测自由质点时将既有惯性加速度又有科氏加速度.

许多作者把科氏力也作为惯性力的一种，这无非是名称问题，并无不可. 不过，为了突出观者轨道运动和自转运动的区别，笔者更偏爱另一些作者[如 Misner et al.(1973)]所用的名称，即把观者因轨道运动和自转引起的假想力分别叫做惯性力和科氏力.

[选读 7-4-1]

为证明命题 7-4-2，先证明以下引理.

引理 7-4-3　时空度规 g_{ab} 在 $G(\tau)$的固有坐标系的克氏符在 $G(\tau)$上取如下简单形式：

$$\begin{aligned}&\Gamma^0{}_{00} = \Gamma^\sigma{}_{ij} = 0\,, \qquad \Gamma^0{}_{0i} = \Gamma^0{}_{i0} = \Gamma^i{}_{00} = \hat{A}_i\,,\\&\Gamma^i{}_{0j} = \Gamma^i{}_{j0} = -\omega^k \varepsilon_{0kij}\,, \qquad \sigma = 0,\ 1,\ 2,\ 3;\quad i,\ j,\ k = 1,\ 2,\ 3.\end{aligned} \tag{7-4-10}$$

其中 $\hat{A}^a$ 和 ω^a 分别是观者 G 的 4 加速和空间转动角速度，ε_{0kij} 是与 g_{ab} 适配的体元在固有坐标系的分量.

证明　因为观者 G 的正交归一 3 标架$\{(e_i)^a\}$以角速度 ω^a 做空间转动，由§7.3 知

$$(e_0)^b \nabla_b (e_\mu)^a = \mathrm{D}(e_\mu)^a/\mathrm{d}\tau = -\Omega^{ab}(e_\mu)_b\,, \qquad \mu = 0,\ 1,\ 2,\ 3\,, \tag{7-4-11}$$

其中

$$\Omega_{ab} = \hat{A}_a \wedge Z_b + \varepsilon_{abc}\omega^c\,. \tag{7-4-12}$$

由式(5-7-2)知克氏符满足下式：

$$(\partial/\partial x^\nu)^b \nabla_b (\partial/\partial x^\mu)^a = \Gamma^\sigma{}_{\mu\nu}(\partial/\partial x^\sigma)^a\,, \tag{7-4-13}$$

其中$\{(\partial/\partial x^\mu)^a\}$是克氏符 $\Gamma^\sigma{}_{\mu\nu}$ 所在坐标系的坐标基. 现在涉及的是 $G(\tau)$的固有坐标系，而固有坐标基在 $G(\tau)$上与正交归一标架一致，故式(7-4-13)在 $G(\tau)$上又可表为

$$(e_0)^b \nabla_b (e_\mu)^a = \Gamma^\sigma{}_{\mu 0}(e_\sigma)^a\,, \tag{7-4-14}$$

对比式(7-4-11)和(7-4-14)得 $\Gamma^\sigma{}_{\mu 0}(e_\sigma)^a = -\Omega^a{}_b(e_\mu)^b = -\Omega^\sigma{}_\mu(e_\sigma)^a$，因此

$$\Gamma^\sigma{}_{\mu 0} = -\Omega^\sigma{}_\mu\,, \qquad \sigma,\ \mu = 0,\ 1,\ 2,\ 3.$$

把式(7-4-12)改写为分量形式，则上式成为

$$\Gamma^\sigma{}_{\mu 0} = -(\hat{A}^\sigma Z_\mu - Z^\sigma \hat{A}_\mu + Z_\alpha \omega_\rho \varepsilon^{\alpha\rho\sigma}{}_\mu) = -(\hat{A}^\sigma Z_\mu - Z^\sigma \hat{A}_\mu - \omega_\rho \varepsilon^{0\rho\sigma}{}_\mu)\,,$$

其中最末一步用到 $Z_i = 0, Z_0 = -1$. 再用上 $Z^0 = 1$，$\hat{A}^0 = 0 = \hat{A}_0$，便得

$$\Gamma^0{}_{00} = -(\hat{A}^0 Z_0 - Z^0 \hat{A}_0 - \omega_\rho \varepsilon^{0\rho 0}{}_0) = 0\,,$$

$$\Gamma^0{}_{i0} = -(\hat{A}^0 Z_i - Z^0 \hat{A}_i - \omega_\rho \varepsilon^{0\rho 0}{}_i) = \hat{A}_i\,,$$

$$\Gamma^i{}_{00} = -(\hat{A}^i Z_0 - Z^i \hat{A}_0 - \omega_\rho \varepsilon^{0\rho i}{}_0) = \hat{A}_i\,,$$

$$\Gamma^i{}_{j0} = -(\hat{A}^i Z_j - Z^i \hat{A}_j - \omega_\rho \varepsilon^{0\rho i}{}_j) = \omega_k \varepsilon^{0ki}{}_j = -\omega^k \varepsilon_{0kij}, \qquad i,\ j,\ k = 1,\ 2,\ 3.$$

最后证明$\Gamma^\sigma{}_{ij} = 0$. 设$\mu(s)$是由$p \in G$出发的类空测地线(s为线长)，其在p的切矢T^a与Z^a正交，则沿$\mu(s)$有

$$x^0 \equiv t = \tau_p = \text{常数}, \qquad x^i = sT^i, \qquad T^i = \text{常数}, \qquad i = 1,\ 2,\ 3.$$

于是$\mathrm{d}^2 x^\sigma / \mathrm{d}s^2 = 0$，$\sigma = 0,\ 1,\ 2,\ 3$. 故由测地线方程得

$$0 = \frac{\mathrm{d}^2 x^\sigma}{\mathrm{d}s^2} + \Gamma^\sigma{}_{\mu\nu} \frac{\mathrm{d}x^\mu}{\mathrm{d}s}\frac{\mathrm{d}x^\nu}{\mathrm{d}s} = \Gamma^\sigma{}_{ij} \frac{\mathrm{d}x^i}{\mathrm{d}s}\frac{\mathrm{d}x^j}{\mathrm{d}s}, \qquad \sigma = 0,\ 1,\ 2,\ 3.$$

即$0 = \Gamma^\sigma{}_{ij} T^i T^j$ $(i = 1,\ 2,\ 3)$ $\forall$ 单位矢量$T^a \in W_p$，从而$0 = \Gamma^\sigma{}_{ij} w^i w^j$，$\forall\ w^a \in W_p$. 于是在$p$点有$\Gamma^\sigma{}_{ij} = 0$，$i, j = 1,\ 2,\ 3$；$\sigma = 0,\ 1,\ 2,\ 3$. 因$p \in G$为任意，故此式对$G(\tau)$上任一点成立. □

命题 7-4-2 证明　自由质点的世界线为测地线，它在$G(\tau)$的固有坐标系的方程为

$$\frac{\mathrm{d}^2 x^\mu}{\mathrm{d}\tau_L{}^2} + \Gamma^\mu{}_{\nu\sigma} \frac{\mathrm{d}x^\nu}{\mathrm{d}\tau_L}\frac{\mathrm{d}x^\sigma}{\mathrm{d}\tau_L} = 0, \tag{7-4-15}$$

其中测地线仿射参数τ_L是质点L的固有时. 选$t \equiv x^0$为L的另一参数[$G(\tau)$的固有坐标系的坐标时]，并把$\mathrm{d}t / \mathrm{d}\tau_L$记作$\gamma$，则$\dfrac{\mathrm{d}x^\mu}{\mathrm{d}\tau_L} = \dfrac{\mathrm{d}x^\mu}{\mathrm{d}t}\dfrac{\mathrm{d}t}{\mathrm{d}\tau_L} = \gamma \dfrac{\mathrm{d}x^\mu}{\mathrm{d}t}$，故

$$\frac{\mathrm{d}^2 x^\mu}{\mathrm{d}\tau_L{}^2} = \gamma \frac{\mathrm{d}}{\mathrm{d}t}\left(\frac{\mathrm{d}x^\mu}{\mathrm{d}\tau_L}\right) = \gamma \frac{\mathrm{d}}{\mathrm{d}t}\left(\gamma \frac{\mathrm{d}x^\mu}{\mathrm{d}t}\right) = \gamma\left(\gamma \frac{\mathrm{d}^2 x^\mu}{\mathrm{d}t^2} + \frac{\mathrm{d}\gamma}{\mathrm{d}t}\frac{\mathrm{d}x^\mu}{\mathrm{d}t}\right). \tag{7-4-16}$$

令上式中的$\mu = i$ $(=1,\ 2,\ 3)$，得

$$\frac{\mathrm{d}^2 x^i}{\mathrm{d}\tau_L{}^2} = \gamma\left(\gamma a^i + \frac{\mathrm{d}\gamma}{\mathrm{d}t} u^i\right). \tag{7-4-17}$$

令式(7-4-15)中的$\mu = i$，把式(7-4-17)代入得

$$\gamma\left(\gamma a^i + \frac{\mathrm{d}\gamma}{\mathrm{d}t} u^i\right) + \Gamma^i{}_{\nu\sigma} \frac{\mathrm{d}x^\nu}{\mathrm{d}t}\frac{\mathrm{d}x^\sigma}{\mathrm{d}t}\gamma^2 = 0,$$

故

$$\begin{aligned} a^i &= -\gamma^{-1} u^i \mathrm{d}\gamma / \mathrm{d}t - (\Gamma^i{}_{00} + 2\Gamma^i{}_{0j} u^j + \Gamma^i{}_{jk} u^j u^k) \\ &= -\gamma^{-1} u^i \mathrm{d}\gamma / \mathrm{d}t - (\hat{A}^i - 2\omega^k \varepsilon_{0kij} u^j) = -\gamma^{-1} u^i \mathrm{d}\gamma / \mathrm{d}t - \hat{A}^i - 2\varepsilon^i{}_{jk} \omega^j u^k, \end{aligned} \tag{7-4-18}$$

其中第二步用到引理 7-4-3，第三步用到$\varepsilon_{0kij} = \varepsilon_{kij}$. 为求得$\gamma^{-1}\mathrm{d}\gamma / \mathrm{d}t$，令式(7-4-16)的$\mu = 0$，得$\mathrm{d}^2 t / \mathrm{d}\tau_L{}^2 = \gamma \mathrm{d}\gamma / \mathrm{d}t$. 再令式(7-4-15)的$\mu = 0$，得

$$0=\frac{\mathrm{d}^2 t}{\mathrm{d}{\tau_L}^2}+\Gamma^0{}_{\nu\sigma}\frac{\mathrm{d}x^\nu}{\mathrm{d}\tau_L}\frac{\mathrm{d}x^\sigma}{\mathrm{d}\tau_L}=\gamma\frac{\mathrm{d}\gamma}{\mathrm{d}t}+2\Gamma^0{}_{0i}\frac{\mathrm{d}t}{\mathrm{d}t}\frac{\mathrm{d}x^i}{\mathrm{d}t}\gamma^2=\gamma\frac{\mathrm{d}\gamma}{\mathrm{d}t}+2\hat{A}_i u^i\gamma^2,$$

其中第二、三步都用到引理 7-4-3. 由上式得 $-\gamma^{-1}\dfrac{\mathrm{d}\gamma}{\mathrm{d}t}=2\hat{A}_b u^b$，代入式(7-4-18)并改写为抽象指标便得 $a^a=-\hat{A}^a-2\varepsilon^a{}_{bc}\omega^b u^c+2(\hat{A}_b u^b)u^a$. □

[选读 7-4-1 完]

§7.5 等效原理与局部惯性系

闵氏时空的任一惯性坐标系都是全局(整体)定义的(坐标域覆盖整个流形)，所以也叫整体惯性坐标系. 设$\{t, x, y, z\}$是整体惯性坐标系，$G(\tau)$是该系中的任一 t 坐标线，则$\{(\partial/\partial t)^a, (\partial/\partial x)^a, (\partial/\partial y)^a, (\partial/\partial z)^a\}|_p$ 便是 G 上的一个无自转正交归一 4 标架场，这一坐标线连同这个 4 标架场便构成一个惯性观者，而$\{t, x, y, z\}$正是他的固有坐标系. 现在讨论上述概念在多大程度上可推广到弯曲时空. 首先，与闵氏时空惯性观者对应的自然是自由下落(世界线为测地线)的无自转观者. 为考察这种观者的观测结果，讨论著名的爱因斯坦电梯，设地面附近的电梯因缆绳断裂而自由下落，其内部的静止观者(自由下落无自转观者)便有失重感，这是牛顿力学就有的结果. 设他放开手中的苹果，将发现它不像通常那样离手下落，而是处于随遇平衡状态之中. 理由很简单：电梯观者 G 相对于惯性系(地球)有重力加速度 $\vec{g}$，是非惯性观者(这是按牛顿力学的观点，按广义相对论则恰相反.)，故他认为苹果受两个力，一是重力 $m_G\vec{g}$ (m_G是苹果的引力质量)，二是惯性力 $-m_I\vec{g}$ (m_I是苹果的惯性质量)，由于 $m_G=m_I$(这是关键)，合力为零，因此随遇平衡，或说处于失重状态. 假如他是个宇航员，将觉得这苹果与远离各星球(因而时空近似平直)的惯性飞船内的苹果有相同表现. 推而广之，由于 $m_G=m_I$，根据牛顿力学，爱因斯坦电梯内的一切(非引力的①)力学实验都与远离各星球的惯性飞船内的相应实验有相同结果. 这正是把 $m_G=m_I$ 叫做等效原理的理由.

在构思广义相对论的过程中，爱因斯坦又假设性地把这一原理从力学实验推广到一切物理实验，即假设自由下落电梯内的一切(非引力的)物理实验都与远离星球(平直时空)的惯性飞船内的相应实验结果一样，并由此推出光的引力红移、光在引力场中走曲线等结论. 后人把同 $m_G=m_I$ 相应的原理称为**弱等效原理**(weak equivalence principle，WEP.)，把爱因斯坦推广后的原理称为**爱因斯坦等效原理**(Einstein equivalence principle，EEP.). 下面从广义相对论的角度讨论这个原理.

---

① 非引力的实验是指实验室内的物体之间的引力相互作用可以忽略，但室内可存在由室外物体(如地球)产生的引力场.

命题 7-5-1　设 $G(\tau)$是弯曲时空的自由下落无自转观者(例如爱因斯坦电梯观者)，$g_{\mu\nu}$ 是度规 g_{ab} 在 $G(\tau)$的固有坐标系的分量，$\Gamma^\sigma{}_{\mu\nu}$ 是与 g_{ab} 适配的导数算符 ∇_a 在该系的克氏符，则

鸸 $g_{\mu\nu}|_p=\eta_{\mu\nu},\qquad \Gamma^\sigma{}_{\mu\nu}|_p=0\quad(\sigma,\ \mu,\ \nu=0,1,2,3),\qquad \forall\, p\in G.$ (7-5-1)

证明　$g_{\mu\nu}|_p=\eta_{\mu\nu}$ 是命题 7-4-1 的结论(对任何观者的固有坐标系都成立). 引理 7-4-3 在 $G(\tau)$为测地线且相应的观者无自转时给出 $\Gamma^\sigma{}_{\mu\nu}|_p=0\ (\sigma,\ \mu,\ \nu=0,1,2,3)$.

□

以电磁现象为例讨论上述命题的应用. 按照最小替换法则(见§7.2)，麦氏方程和洛伦兹力公式在弯曲时空中的形式为

$$\nabla^a F_{ab}=-4\pi J_b\,,\qquad \nabla_{[a}F_{bc]}=0\quad 和\quad qF^a{}_bU^b=U^b\nabla_bP^a\,,\tag{7-5-2}$$

它们在任一坐标系[现在涉及的是 $G(\tau)$的固有坐标系]的形式则为

$$F^\mu{}_{\nu;\mu}=-4\pi J_\nu\,,\qquad F_{[\nu\sigma;\mu]}=0\quad 和\quad qF^\mu{}_\nu U^\nu=\mathrm{D}P^\mu/\mathrm{d}\tau\,.\tag{7-5-3}$$

由于固有坐标系有 $\Gamma^\sigma{}_{\mu\nu}|_p=0\ \ \forall p\in G$，上式在 G 线上可改写为

$$F^\mu{}_{\nu,\mu}=-4\pi J_\nu\,,\qquad F_{[\nu\sigma,\mu]}=0\quad 和\quad qF^\mu{}_\nu U^\nu=\mathrm{d}P^\mu/\mathrm{d}\tau\,,\tag{7-5-4}$$

而这正是相应定律在闵氏时空整体惯性(洛伦兹)坐标系中的形式. 上述讨论可以推广至其他物理定律，可见自由下落无自转观者的固有坐标系与闵氏时空的整体惯性(洛伦兹)坐标系类似，因此被称为**局部惯性系**或**局部洛伦兹系** (local Lorentz system，local Lorentz frame). 人们常说：物理定律在局部洛伦兹坐标系的形式与它在闵氏时空洛伦兹坐标系的形式相同[Misner et al.(1973)P.207]，从而自由下落无自转观者 G 所做的一切物理实验与平直时空惯性观者的相应实验结果一样(等效). 这正是爱因斯坦等效原理所要求的结论. 不过上述提法不太准确，因为可以肯定的只是 $\Gamma^\sigma{}_{\mu\nu}|_p=0,\ \forall p\in G$，只要偏离 $G(\tau)$，就无法保证 $\Gamma^\sigma{}_{\mu\nu}=0$. 事实上，如果 $\Gamma^\sigma{}_{\mu\nu}$ 在 $G(\tau)$的一个邻域内竟然为零，则 $\forall p\in G$ 有

$$R_{\mu\nu\rho}{}^\sigma|_p=(-2\,\partial_{[\mu}\Gamma^\sigma{}_{\nu]\rho}+2\,\Gamma^\lambda{}_{\rho[\mu}\Gamma^\sigma{}_{\nu]\lambda})|_p=0\,,$$

即 $G(\tau)$线上各点曲率为零，与原来设定的讨论对象(弯曲时空)不符. 问题的实质是，选坐标系只能消除 $G(\tau)$线上的 $\Gamma^\sigma{}_{\mu\nu}$ 而不能消除其曲率(曲率与坐标系无关). 可见"物理定律在局部洛伦兹系的形式与它在闵氏时空洛伦兹系的形式相同"的说法对坐标域中除 $G(\tau)$线外的点未必成立. 然而，观者 G 做实验时偏偏往往要涉及自己世界线的一个"小"的时空邻域 U(例如电梯观者要涉及电梯，见图 7-6.)，于是问题变得不如此简单. 好在时空曲率的效应只有在足够的时空范围内才能有所显示(被实验测出)，只要实验涉及的时空邻域足够小(对电梯而言，只要其尺度

及下落时间足够小.)，实验结果便与平直时空的相应实验近似地不可区分[这同以下的简单例子类似：2 维球面上每点的 $R_{abc}{}^{d}$ 都不为零，但若只关心某点附近一小片球面 ΔS 的情况，就不妨用该点的切平面的一小部分 $\overline{\Delta S}$ 近似代替(见图 7-7). 例如，为测定地球两条经线在北极的夹角，不妨把每条经线的一小段看作直线.]. 在任意弯曲时空中，如果只关心某点的一个足够小的邻域，就可近似使用狭义相对论的物理定律.

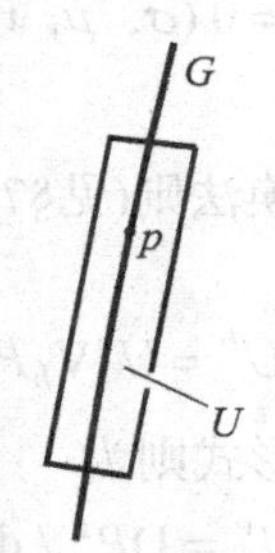

图 7-6 观者做实验时涉及的“小”时空邻域 U

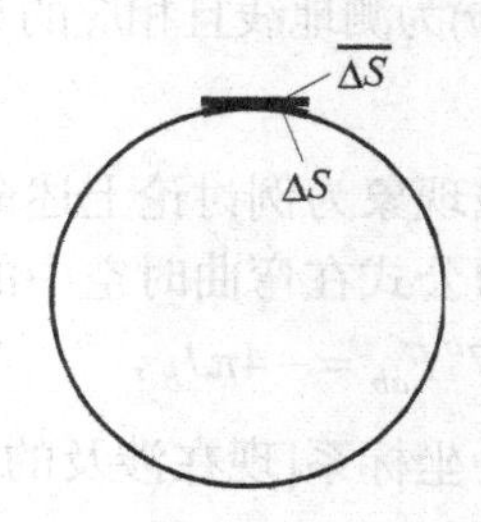

图 7-7 北极附近一小片球面 ΔS 可用切平面的一小部分 $\overline{\Delta S}$ 近似代替

自由下落无自转观者的固有坐标系是弯曲时空中非常类似于闵氏时空惯性坐标系的坐标系，因此叫局部洛伦兹系. 除此之外，在弯曲时空中，只要一个坐标系的克氏符在坐标域中某点 p 为零(即 $\Gamma^{\sigma}{}_{\mu\nu}|_p=0$)，也可被称为 **$p$ 点的一个局部洛伦兹系**.

在牛顿力学中，设飞船在远离星体的空间中作匀加速运动，船内观者(加速观者)将看到离手的苹果在惯性力作用下做反向匀加速运动，就像在地球附近那样. 不难相信，船内的一切(非引力的)力学实验都与地面附近的对应实验结果近似相同，这可看作弱等效原理的另一表述. 据此，人们又常说“加速飞船内的宇航员发现自己置身于引力场中”，“加速度与引力场等效”. 对这两句话应有正确理解. 根据第一句话，初学者常提出这样的问题：既然加速飞船中的宇航员感到有引力，而引力就是时空曲率，船内宇航员岂非觉得自己置身于弯曲时空中？答案是否定的：因为早已约定飞船远离星体，它所在的时空必然近似平直，谁看都一样. 导致以上错误结论的关键在于推理过程中两次用到引力一词，而两次含义不同. 加速宇航员所感到的“引力”其实只是非真实的表观引力，它不由物质产生，不对应于时空弯曲，只因加速宇航员的感觉而得名.

关于等效原理的含义、地位和作用，不同学者有不同看法，其中对等效原理的作用的看法又因对其含义的理解的不同而不同. Misner 等认为“等效原理功能强大. 用它可把所有狭义相对论物理定律推广到弯曲时空.” [Misner et al.(1973) P.386]. 又说(P.207)“把经典力学带进量子力学的运载工具是对应原理. 类似地，平直时空与弯曲时空之间的运载工具是等效原理."而 Synge 对等效原理则持极端相反观点，他在书[Synge(1960)]的序言中写道："我从未懂过这一原理.……它意味着引力场的效应与一个观者的加速度的效应不可分辨吗？如果这样，那是错的.在爱因斯坦理论中，要么存在一个引力场，要么不存在，取决于黎曼张量是否为零. 这是一个绝对的性质，与任何观者的世界线都毫无关系. 时空要么平直，要么弯曲，在本书的若干地方我都不得不煞费苦心地把由时空曲率导致的真实引力效应与那些由观者世界线的弯曲导致的效应区分开来(在多数通常情况下以后者为主). 等效原理在广义相对论的诞生过程中实质上起到接生婆的作用，……我建议我们以适当的荣誉埋葬掉这位接生婆而正视绝对时空这一事实."对等效原理的这一看法也许偏激，但上引段子中的一些提法不失为防止误解的清醒剂. 例如，他关于分清由时空弯曲导致的真引力与平直时空中由于观者世界线的弯曲(非测地线)导致的表观(假)引力的警告就是十分必要的. 下面简述笔者对等效原理的肤浅认识. 第一，爱因斯坦等效原理是爱因斯坦在酝酿广义相对论的过程中对弱等效原理的假设性推广，对广义相对论的诞生起过重要的"接生婆"作用. 这是连 Synge 也同意的. 第二，§7.2 讲过，弯曲时空的物理定律必须遵守两个原则：(a)服从广义协变性原理；(b)当 g_{ab} 等于 η_{ab} 时能回到狭义相对论的相应定律. 这是本书和某些教材的提法. 更多的教材对原则(b)采用另一提法：(b′)服从爱因斯坦等效原理. 由(a)和(b′)可得到他们的最小替代法则："把闵氏时空中洛伦兹坐标系的物理公式中的逗号改为分号(即把偏导数改为协变导数)便给出弯曲时空中局部洛伦兹系的相应物理公式. "可见用爱因斯坦等效原理(配以广义协变性原理)可从狭义相对论的物理定律得到广义相对论的相应定律，因此可以说它是"由狭义相对论通往广义相对论的桥梁". 不过，如本书§7.2 那样不提等效原理而只提"当度规 g_{ab} 为 η_{ab} 时物理定律应回到狭义相对论的相应定律"(并配以广义协变性原理)也同样可得弯曲时空的物理定律(无论用这种提法还是用等效原理都可得到最小替代法则①). 而一旦接受了这些定律(从而建立了广义相对论)，讨论问题时原则上就可以完全不用等效原理(虽然许多作者在讨论许多问题时喜欢用等效原理). 因此，从这个角度来看，"埋葬掉接生婆"对广义相对论似无影响. 第三，对于某些较为复杂的情况(例如弯曲时空中走测地线的带电粒子有无电磁辐射)，"等效原理是否被违反"是长期以来有争论的问题. 笔者认为关键在于"等效原理"在这些情况下的准确含义尚待澄清(另一关键问题则是辐射的定义). 在这个意义上，Synge 说"我从未懂过这一原理"也许未必过分. 第四，除广义相对论外，还存

---

① 然而这一法则在遇到两个导数算符相继作用时出现算符排序的含糊性，为克服这一问题还须借用其他考虑(见§7.2). 因此等效原理"可把所有狭义相对论物理定律推广到弯曲时空"的提法似乎过强. Misner 等对此还有专门讨论[Misner et al.(1973)P.390，391].

在许许多多互不相同的引力理论[详见 Will(1993)]. 所有引力理论可以分为两大类，即度规理论(要求时空具有度规，自由质点的世界线是该度规的测地线，……) 和非度规理论. 广义相对论是当然的度规理论. 还有一种著名的、很有竞争力的度规理论叫 Brans-Dicke 理论，其中描述引力的量除度规场 g_{ab} 外还有标量场 ϕ. 此外还有其他度规理论. 判断哪个引力理论是正确理论的标准当然是实验. 为此需要一个关于引力实验的理论. Dicke 从 20 世纪 60 年代开始从事这种理论的研究，他的开创性成果使人们对等效原理及其意义的理解逐渐加深，并终于意识到应把等效原理摆在考察引力理论(而不只是限于广义相对论)的基础这一重要位置上. 等效原理可分为三个层次，即弱等效原理(WEP)、爱因斯坦等效原理(EEP)和强等效原理(strong equivalence principle, SEP), SEP 与 EEP 的区别在于：EEP(及 WEP)只考虑系统(如电梯)所处的外引力场而不考虑系统中的物体所激发的自引力场，即在引力上只考虑它们的被动方面而忽略其主动方面，而 SEP 则对主动、被动方面都做考虑，讨论对象是“自引力系统”，大到恒星的自引力，小到卡文迪许实验中两个铅球间的引力都在考虑之列. EEP 可以看作 SEP 在自引力可忽略情况下的特例. 这三个等效原理的实验检验对选择引力理论有重要意义. 任何引力理论都满足 WEP(因为有越来越精密的实验证实 WEP，无人愿意创造一个不满足 WEP 的引力理论.)，但对 EEP 和 SEP 则不然. 讨论表明[见 Will(1995), Will (2001).]，如果 EEP 成立，则只有度规理论才可能正确. 这就表明，如果有越来越精密的实验证实 EEP，那么非度规理论就将越来越没有立锥之地. 进一步的讨论还表明[仍见 Will(1981)，Will(1995).]，广义相对论满足 SEP 而其他已知的度规理论(含 Brans-Dicke 理论)都不满足[可惜这一讨论还不等于完全严格的证明，因此上述结论至今仍被称为猜想(conjecture).]. 所以，如果有越来越精密的实验证实 SEP，那么广义相对论很可能就是唯一正确的引力理论. 可见对三个等效原理的实验检验有着非常重要的理论意义，这些实验正以越来越高的精度在进行中.

§7.6　潮汐力与测地偏离方程

命题 7-5-1 只证明了克氏符在自由下落无自转观者的固有坐标系的分量 $\Gamma^{\sigma}{}_{\mu\nu}$ 在该观者世界线上为零. 只要偏离该世界线，$\Gamma^{\sigma}{}_{\mu\nu}$ 就可以非零. 为了看出第二句话的物理效应，我们介绍如下的假想实验. 在自由下落电梯内用 8 个小球摆成一个圆形花样(圆平面与地面垂直)，如图 7-8(a). 先用牛顿力学讨论. 设球 1，2 连线的延线正好过地球中心，开始时各球相对静止. 由于引力场强在球 1 处比在球 2 处略大，球 1 的重力加速度比球 2 的略大，于是两者间的距离渐增. 一段时间后的整个花样将变成如图 7-8(b)，不再是圆形. 设想球 1 是个观者，他将发现球 2

与他的距离随时间增大. 然而，如果无引力地区的惯性飞船内也有 8 个小球摆成圆形花样(而且开始时相对静止)，则球 1(作为观者)不会发现球 2 与他的距离有任何变化. 可见，即使就力学实验而言，电梯与飞船也并非完全等效.

以上是假想实验，但道理与此相类似的现象却可在日常生活中找到. 海水的潮汐现象就是一例. 下面是用牛顿力学对这一现象所做的简化分析，旨在突出本质. 潮汐现象的主要起因是月球，其次是太阳. 忽略太阳的影响可使问题简化而不影响对实质的理解. 地球，作为一个物体，处于月球的引力场中. 假定地球表面被一层海水所覆盖，考虑水面上的 A，B 两点，其连线经过地心. 设某一时刻 A 点离月球最近，则 B 点离月球最远，A，B 点受到的来自月球的引力有所不同，两点就要相互远离，于是 A, B 附近的海面向外鼓起[图 7-9(a)].[①] 随着地球的自转，A 点不再正对月球，海水高度降低. 地球自转半周后，A 点离月球最远[图 7-9(b)]，海水再次鼓起. 可见海水每天都有两次涨潮和退潮. 这种“潮汐现象”其实也不限于海水. 对地面附近自由下落的人来说，头顶和脚底与地心距离不同，也存在把人拉长的力(只考虑地球引力场)，不过这种“潮汐力”很小，不会造成感觉. 如果你在中子星表面自由下落，潮汐力可以大到 10^{11}N 的程度，你将被撕裂而丧生. 注：①中子星是一种主要由中子组成的、密度高达水密度的 10^{14} 倍(!)的星体，高密度导致表面引力场强的变化率奇大，见§9.3. ②按照估算，人体能经受的临界压力或拉力(超过此限则人体破裂)约为 10^7N/m^2.

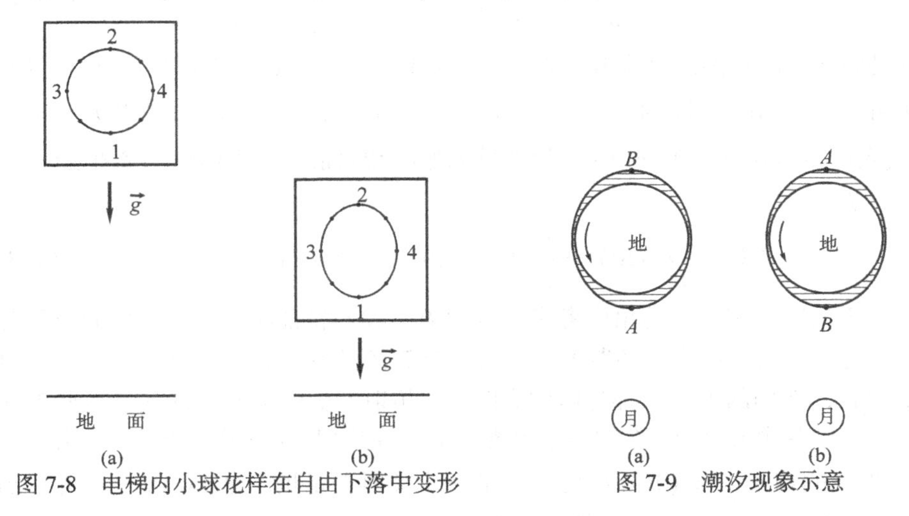

图 7-8　电梯内小球花样在自由下落中变形

图 7-9　潮汐现象示意

以上讨论说明地球和月球引力场中的自由下落物体都受到潮汐力. 其实潮汐现象是引力场的普遍性质. 我们分别用牛顿引力论和广义相对论对潮汐现象做定

① 从地球观者看来，A 点鼓起的原因是两个力的合力：(a)月球引力，(b)地球绕地月共同质心做圆周运动导致的惯性离心力. 两力的合力叫**生潮力**(或**起潮力**).

量讨论.

先用牛顿引力论. 不失一般性，仍以地球附近的爱因斯坦电梯为例. 设电梯内处处放有小球(见图 7-10). 以 $\vec{r}(t)$ 和 $\vec{r}(t)+\vec{\lambda}(t)$ 分别代表两个紧邻小球 1 和 2 相对于笛卡儿系坐标原点 o 的位矢，则 $\vec{\lambda}(t)$ 是球 2 相对于 1 的位矢，故 $\mathrm{d}^2\vec{\lambda}/\mathrm{d}t^2$ 是球 2 相对于 1 的加速度(**潮汐加速度**). 为计算潮汐加速度，可借用引力势 ϕ 和牛顿第二定律写出

$$\frac{\mathrm{d}^2 x^i}{\mathrm{d}\,t^2} = -\left.\frac{\partial\phi}{\partial x^i}\right|_{\vec{r}},$$

及

$$\frac{\mathrm{d}^2(x^i+\lambda^i)}{\mathrm{d}\,t^2} = -\left.\frac{\partial\phi}{\partial x^i}\right|_{\vec{r}+\vec{\lambda}} \cong -\left.\frac{\partial\phi}{\partial x^i}\right|_{\vec{r}} - \left.\frac{\partial}{\partial x^j}\frac{\partial\phi}{\partial x^i}\right|_{\vec{r}}\lambda^j,$$

两式相减得

$$\frac{\mathrm{d}^2\lambda^i}{\mathrm{d}\,t^2} = -\left.\frac{\partial^2\phi}{\partial x^i\partial x^j}\right|_{\vec{r}}\lambda^j,\qquad i=1,\,2,\,3,\tag{7-6-1}$$

这就是牛顿引力论中潮汐加速度的表达式.

用式(7-6-1)可对图 7-8 中两球距离的变化做到心中有数. 取坐标系 $\{x, y, z\}$ 使 z 轴竖直向上，则球 1，2 间的相对加速度的 z 分量为

$$\tilde{a}^z \equiv \frac{\mathrm{d}^2\lambda^z}{\mathrm{d}t^2} = -\frac{\mathrm{d}^2\phi}{\mathrm{d}\,z^2}\lambda^z = -\frac{\mathrm{d}^2\phi}{\mathrm{d}r^2}\lambda^z,\tag{7-6-2}$$

其中 r 是同地心的距离. 地球引力势 $\phi_\oplus = -GM_\oplus/r_\oplus$，故 $\tilde{a}^z = 2GM_\oplus\lambda^z/r_\oplus{}^3$. 设两球初始距离 $\lambda^z = 1\mathrm{m}$，以国际制数值 $G = 6.67\times10^{-11}$，$M_\oplus = 6\times10^{24}$ 及 $r_\oplus = 6.37\times10^6$ 代入得 $\tilde{a}^z = 0.31\times10^{-5}\,\mathrm{m\cdot s^{-2}}$. 设两球初始时相对静止，则两球距离在 $\Delta t = 5\mathrm{s}$ 后的增量为

$$\Delta\lambda^z = \frac{1}{2}\tilde{a}^z(\Delta t)^2 = \frac{1}{2}\times0.31\times10^{-5}\times5^2 \cong 4\times10^{-5}\,\mathrm{m}.\tag{7-6-3}$$

下面再从广义相对论的角度考察潮汐现象. 我们将证明，潮汐效应起因于时空曲率，是时空内禀弯曲的必然表现. 仍以图 7-10 为例. 每一小球可看作一个自由下落观者，他们的世界线都是以固有时 τ 为仿射参数的类时测地线. 这些测地线构成时空中某个开域 U 上的一个**测地线汇**[①] (物理上对应于一个自由下落参考系)，测地线的切矢 $Z^a \equiv (\partial/\partial\tau)^a$ 是 U 上的一个类时矢量场. 令 $\mu_0(s)$ 是一条光滑的横向曲线[②][横向是指 $\mu_0(s)$ 上任一点的切矢都不与过该点的测地线相切]，则线汇中与 $\mu_0(s)$ 相交的每一测地线 $\gamma(\tau)$ 可用 s 标志，即可记作 $\gamma_s(\tau)$，其中 s 是该测地线与

---

① U 内的一个线汇(congruence of curves)是一族曲线，对每一 $p\in U$ 有该族的唯一曲线经过.

② 还应满足某些要求(如非自相交).

$\mu_0(s)$交点的 s 值. 选择各$\gamma_s(\tau)$的固有时初始设定使每一$\gamma_s(\tau)$与$\mu_0(s)$交点的τ为零. 设ϕ_τ是矢量场Z^a对应的单参微分同胚(局部)群的一个元素，以$\mu_\tau(s)$代表曲线$\mu_0(s)$在ϕ_τ映射下的像(见图 7-11). 不同τ值的所有曲线$\mu_\tau(s)$铺成一个子集$\mathscr{S}$，其上每点由两个实数(坐标)τ和s确定，因此是个 2 维子流形. $\mathscr{S}$上的所有测地线构成测地线汇的一个子集，其中每条测地线可用参数 s 标记，所以也称为一个单参测地线族(线汇中的测地线充满时空中的 4 维开域 U, 而这个单参测地线族只铺出一个 2 维面$\mathscr{S}$.). 总之,给定一条横向曲线$\mu_0(s)$就挑出了一个单参测地线族$\{\gamma_s(\tau)\}$. 令$\eta^a\equiv(\partial/\partial s)^a$，则$Z^a$和$\eta^a$便是$\mathscr{S}$上的坐标基矢场，因而对易：

$$0=[Z,\ \eta]^a=Z^b\nabla_b\eta^a-\eta^b\nabla_b Z^a\,, \tag{7-6-4}$$

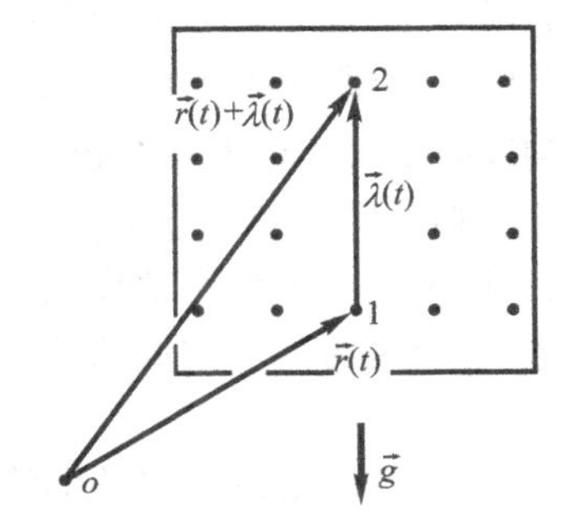

图 7-10　爱因斯坦电梯内处处放置的小球

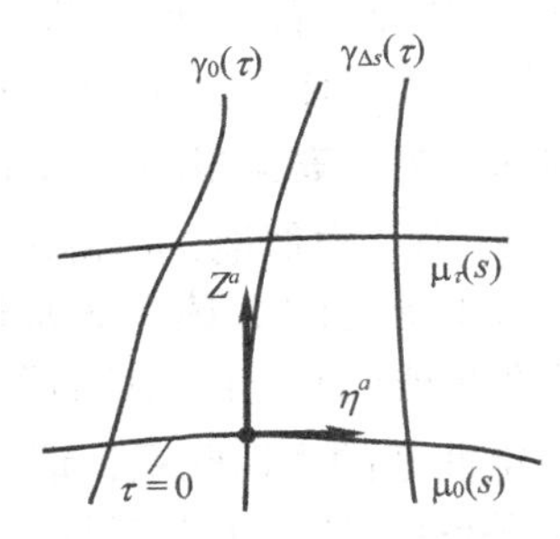

图 7-11　一条横向曲线挑出一个单参测地线族$\{\gamma_s(\tau)\}$，纸面代表该族铺出的 2 维面

其中∇_a可为任意导数算符. 选∇_a与时空度规适配，则

$$Z^b\nabla_b(\eta^a Z_a)=\eta_a Z^b\nabla_b Z^a+Z_a Z^b\nabla_b\eta^a=Z_a Z^b\nabla_b\eta^a$$
$$=Z_a\eta^b\nabla_b Z^a=\tfrac{1}{2}\eta^b\nabla_b(Z_a Z^a)=0\,, \tag{7-6-5}$$

其中第二步是因为 Z^a 是测地线的切矢，第三步用到式(7-6-4)，第五步用到$Z_aZ^a=-1$对各点成立. 式(7-6-5)说明$\eta^a Z_a$沿任一测地线$\gamma_s(\tau)$为常数. 因此，只要开始时选$\mu_0(s)$使它与所有$\gamma_s(\tau)$正交(这总可做到)，则任一$\mu_\tau(s)$都与所有$\gamma_s(\tau)$正交. 这样选定后，$\mathscr{S}$上每点的η^a都可看作过该点的测地观者$\gamma_s(\tau)$的空间矢量，因此从现在起按本书习惯把η^a改记作 w^a. 设Δs为小量，则$\gamma_0(\tau)$和$\gamma_{\Delta s}(\tau)$可分别看作图 7-10 的球 1 和 2 的世界线. 把$\gamma_0(\tau)$称为**基准观者**(fiducial observer)，令$\lambda^a\equiv w^a\Delta s$，则$\lambda^a$可看作图 7-10 的$\vec{\lambda}$，即球 2 相对于基准观者(球 1)的位矢，于是$\tilde{u}^b\equiv Z^a\nabla_a\lambda^b$便可解释为球 2 相对于基准观者的 3 速[注意，它是球 1 世界线$\gamma_0(\tau)$上的空间矢量场，因$Z_b(Z^a\nabla_a\lambda^b)=Z^a\nabla_a(Z_b\lambda^b)-\lambda^b Z^a\nabla_a Z_b=0$，其中第二步用到测地线方程$Z^a\nabla_a Z_b=0$和$\lambda^b$的空间性(即$Z_b\lambda^b=0$).]，类似地

$$\tilde{a}^c \equiv Z^a \nabla_a (Z^b \nabla_b \lambda^c)$$

可解释为球 2 相对于球 1 的 3 加速[亦为 $\gamma_0(\tau)$ 上的空间矢量场]. 考虑单参测地线族的第三条测地线 $\gamma_{\Delta\bar{s}}(\tau)$ (相当于图 7-10 中1，2 联线的延线上的某个邻近小球 $\bar{2}$)，它相对于球 1 的位矢 $\bar{\lambda}^a$ 自然是 $\bar{\lambda}^a = w^a \Delta\bar{s}$，故它的潮汐加速度与球 2 的潮汐加速度之比是常数 $\Delta\bar{s}/\Delta s$. 于是索性甩开具体的球 $2, \bar{2}, \cdots$(甩开 λ^a)而径直用 w^a 定义适用于单参测地线族内与球 1 邻近的所有小球的普适量

$$u^b := Z^a \nabla_a w^b \tag{7-6-6}$$

和

$$a^c := Z^a \nabla_a u^c = Z^a \nabla_a (Z^b \nabla_b w^c)\,, \tag{7-6-7}$$

u^b 和 a^c 都是基准观者 $\gamma_0(\tau)$ 上的空间矢量场. 实际上，w^a 起着该族的位矢的量度单位的作用：族内任一 $\gamma_{\Delta s}(\tau)$ 的位矢等于 w^a 乘以 Δs. 文献中对 w^a 的称谓不很统一，本书称之为**分离矢量**(separation vector)，同 Misner et al.(1973)及 Hawking and Ellis (1973)一致. 类似地，u^b 和 a^c 也起着该族的 3 速和 3 加速的量度单位的作用，分别称为球 1 测得的 **3 速**和 **3 加速**(**潮汐加速度**). 指定一个单参测地线族以及族内一条基准测地线 $\gamma_0(\tau)$，就有确定的 3 速场 u^b 和 3 加速场 a^c. 我们的任务是揭示 a^c 与时空曲率的密切联系，请看如下命题：

命题 7-6-1 任一单参类时测地线族内任一基准测地线 $\gamma_0(\tau)$ 测得的潮汐加速度与时空的曲率张量有如下关系[称为**测地偏离方程**(geodesic deviation equation)]：

$$a^c = -R_{abd}{}^c Z^a w^b Z^d\,. \tag{7-6-8}$$

证明

$$a^c = Z^a \nabla_a (Z^b \nabla_b w^c) = Z^a \nabla_a (w^b \nabla_b Z^c) = w^b Z^a \nabla_a \nabla_b Z^c + (Z^a \nabla_a w^b) \nabla_b Z^c = p^c + q^c\,,$$

$$[\text{第二步用到式(7-6-4)，即}\ [Z,\, w]^b = 0\,.] \tag{7-6-9}$$

其中 $$p^c \equiv w^b Z^a \nabla_a \nabla_b Z^c, \quad q^c \equiv (Z^a \nabla_a w^b) \nabla_b Z^c,$$

而

$$p^c = w^b Z^a \nabla_b \nabla_a Z^c - w^b Z^a R_{abd}{}^c Z^d = w^b \nabla_b (Z^a \nabla_a Z^c) - (w^b \nabla_b Z^a) \nabla_a Z^c$$
$$- R_{abd}{}^c Z^a w^b Z^d = -(Z^b \nabla_b w^a) \nabla_a Z^c - R_{abd}{}^c Z^a w^b Z^d = -q^c - R_{abd}{}^c Z^a w^b Z^d\,,$$

其中第三步用到测地线方程及式(7-6-4). 上式代入式(7-6-9)便得式(7-6-8). □

下面对测地偏离方程再做四点说明.

(1) 测地偏离(deviation)方程(7-6-8)是描写两条相邻("无限邻近")测地线的相对加速度 a^c 的方程，而 a^c 是描写两线分离情况(separation)的分离矢量 w^a 的 2 阶导数. 两线之间当然有所分离($w^a \neq 0$)，分离矢量还可能不断变化($u^a \neq 0$)，但未

必有偏离(a^c 未必非零).[①]

(2) 式(7-6-8)反映 a^c 与时空曲率张量 $R_{abc}{}^d$ 的密切联系：对平直时空 ($R_{abc}{}^d=0$)，a^c 必定为零，因此初始平行的测地线永保平行[仍见(1)后的脚注]. 然而，只要 $R_{abc}{}^d\neq 0$，就存在这样的单参测地线族，其测地偏离(由 a^c 表征)非零，这可以解释为初始平行的测地线后来变得不再平行. “初始平行”的准确含义是 $u^b|_{\tau=0}\equiv Z^a\nabla_a w^b|_{\tau=0}=0$，因为此式表明两邻近测地线开始时($\tau=0$)相对 3 速(借用 u^b 对类时测地线族的物理意义)为零，因而“初始平行”. 然而，只要 $a^c|_{\tau=0}\equiv Z^b\nabla_b u^c|_{\tau=0}\neq 0$，一段时间后 u^b 不再为零，即两线“不再平行”. 正如§3.5 所说的，曲率张量非零的一个等价表述就是存在初始平行后来不平行的测地线.

(3) 克氏符 $\Gamma^\sigma{}_{\mu\nu}$ 依赖于坐标系，选择自由下落无自转观者的固有坐标系可使克氏符在观者世界线上为零(见命题 7-5-1)，由此可解释爱因斯坦电梯观者的失重感. 然而，潮汐加速度 a^c 与黎曼张量 $R_{abc}{}^d$ 直接相联[式(7-6-8)]，作为张量，后者不可能通过选择坐标系而变为零，因此潮汐加速度不能通过坐标变换消除，爱因斯坦电梯观者虽然感觉不到引力(他所在处的“引力场强”为零)，却仍然感觉到潮汐力，这就是从广义相对论角度对图 7-8 的解释. 另一方面，式(7-6-3)的 $\Delta\lambda^z$ 如此之小，至少从一个侧面验证了前面关于“时空曲率效应只有在足够的时空范围内才可有所显示”的说法.

(4) 前面集中注意于类时测地线族，把仿射参数明确选为固有时，把 $\mu_\tau(s)$ 选得与测地线正交，无非是为突出 a^c 是潮汐加速度这一物理意义(更好地与图 7-10 对应). 从纯数学角度讲，测地偏离方程(7-6-8)对类空和类光测地线族也成立，只须把 τ 理解为测地线的仿射参数. 这时 a^c 不再有潮汐加速度的物理解释，分离矢量 η^a 也不一定要选得与 Z^a 正交. 其实测地偏离方程对非洛伦兹号差的度规也成立. 更有甚者，一个没有度规的流形只要有导数算符就可谈及测地线，虽然这时谈正交根本没有意义，但照样有测地偏离方程，即下述命题成立：

命题 7-6-1′　(M,∇_a) 中任一单参测地线族 $\{\gamma_s(\lambda)\}$ 的测地偏离方程为

$$a^c=-R_{abd}{}^cT^a\eta^bT^d\,,\tag{7-6-8′}$$

其中 $R_{abd}{}^c$ 是黎曼张量，$T^a\equiv(\partial/\partial\lambda)^a$ 是基准测地线 $\gamma_0(\lambda)$ 的切矢，η^a 是 $\gamma_0(\lambda)$ 上的分离矢量(定义如前)，$a^c\equiv T^a\nabla_a(T^b\nabla_b\eta^c)$.

证明　与命题 7-6-1 的证明一样. □

---

① 平直时空中存在这样的测地线族，其中基准测地线 $\gamma_0(\tau)$ 上有 $u^b=0$ 和 $a^c=0$ (平行测地线族就如此). 平直时空中也存在这样的测地线族，其 $\gamma_0(\tau)$ 上有 $u^b\neq 0$ [让 $\gamma_0(\tau)$ 附近的测地线与 $\gamma_0(\tau)$ 不平行就可做到]. 然而不存在这样的测地线族，其 $\gamma_0(\tau)$ 上有 $a^c\neq 0$，除非时空不平直.

[选读 7-6-1]

式(7-6-8)的潮汐加速度a^c是用w^a定义的[式(7-6-7)]. 为了与牛顿引力论对应，我们曾引入$\lambda^a \equiv w^a \Delta s$，并认为它对应于图 7-10 的相对位矢$\vec{\lambda}$. 为什么$\lambda^a$可被解释为球 2 相对于球 1 的位矢？设$p$，$q$是平直空间中任意两点，$w'^a$是$p$，$q$间的直线在$p$点的单位切矢，$\Delta s'$是两点间的直线长，则$\lambda^a \equiv w'^a \Delta s'$可称为$q$相对于$p$的位矢(注意$|\lambda^a| = \Delta s'$). 回到弯曲空间的测地偏离问题. 取横向曲线族中的任一条$\mu_\tau(s)$，令$p \equiv \mu_\tau(0)$，$q \equiv \mu_\tau(\Delta s)$($p$，$q$ 两点分别是基准观者和被测质点在τ时刻的表现). 用线长s'对$\mu_\tau(s)$重参数化，即$\mu'_\tau(s') = \mu_\tau(s)$，以$w^a$和$w'^a$分别代表$\mu_\tau(s)$和$\mu'_\tau(s')$在$p$点的切矢，则$w'^a = w^a \mathrm{d}s/\mathrm{d}s'$，故若令$\lambda^a \equiv w^a \Delta s$，则当$\Delta s$很小时有$\lambda^a \equiv w^a \Delta s = w'^a \Delta s'$. 注意到$|w'^a| = 1$，便知$|\lambda^a| = \Delta s'$，与平直空间的位矢对照，不妨说$\lambda^a$是球 2 相对于球 1 的位矢. 在正文的处理中不必引入线长参数s'，因而也没有w'^a，只须关心长度随τ而变的w^a(请注意Δs不随τ而变)，球 1，2 之间的“距离”变化完全体现在$|w^a|$随τ的变化中，用$\lambda^a \equiv w^a \Delta s$定义相对 3 速和相对 3 加速与图 7-10 对应得很好. **[选读 7-6-1 完]**

[选读 7-6-2]

如果给每一$\gamma_s(\tau)$的τ加上一个与s有关的常数，$\mu_\tau(s)$就变得与测地线不正交，可见η^a同Z^a正交与否取决于各测地线固有时的零点设定. 进一步说，如果用任意仿射参数τ'代替固有时τ，情况又如何？因为τ是仿射参数，由定理 3-3-3 可知τ'是仿射参数当且仅当$\tau' = \alpha\tau + \beta$. α，β在每条测地线上当然应是常数(且$\alpha \neq 0$)，但对不同测地线可以不同，即α和β可为s的函数：$\tau' = \alpha(s)\tau + \beta(s)$. 仿射参数的这一改变可看作 2 维流形$\mathscr{S}$上的一个坐标变换$\{\tau, s\} \mapsto \{\tau', s'\}$，其中

$$s' = s, \quad \tau' = \alpha(s)\tau + \beta(s). \tag{7-6-10}$$

以Z'^a和η'^a代表新的坐标基矢，即$Z'^a \equiv (\partial/\partial\tau')^a$, $\eta'^a \equiv (\partial/\partial s')^a$，则不难证明

$$Z'^a = \alpha^{-1} Z^a, \qquad \eta'^a = \eta^a + \nu Z'^a, \tag{7-6-11}$$

其中$\nu(\tau, s) \equiv -(\tau \mathrm{d}\alpha/\mathrm{d}s + \mathrm{d}\beta/\mathrm{d}s)$可看作$\mathscr{S}$上的函数. 因为我们只关心基准测地线$\gamma_0(\tau')$与其邻近测地线$\gamma_{\Delta s}(\tau')$的分离情况，所以$\eta'^a$和$\eta^a$可看作描述同一分离的矢量. 就是说，如果分离矢量$\eta'^a$和$\eta^a$只差$Z'^a$的一个倍数，它们就描述同一分离. 可见分离矢量的选择存在“规范任意性”. 如果坚持用固有时，但允许各测地线有完全任意的零点设定，就相当于式(7-6-10)中的$\alpha = 1$而$\beta(s)$任意. 这时$Z'^a = Z^a$，$\eta'^a = \eta^a + \nu Z^a$，$\nu = -\mathrm{d}\beta/\mathrm{d}s$. 式(7-6-8)可表为

$$a'^c = -R_{abd}{}^c Z'^a \eta'^b Z'^d = -R_{abd}{}^c Z^a (\eta^b + \nu Z^b) Z^d = a^c,$$

(其中用到$R_{abd}{}^c Z^a Z^b Z^d = R_{[ab]d}{}^c Z^{(a} Z^{b)} Z^d = 0$.) 可见零点设定不影响$a^c$的值. 然

而，如果不坚持用固有时，即允许α不为1，则只能做到

$$a'^c = -R_{abd}{}^c Z'^a \eta'^b Z'^d = \alpha^{-2} a^c .$$

这是自然的，因为用τ'代替固有时τ相当于用“坐标钟”代替标准钟，该坐标钟的走时率是标准钟的α^{-1}倍，用该钟测得的“潮汐加速度”与用标准钟的测量结果自然差α^{-2}倍.

[选读 7-6-2 完]

[选读 7-6-3]

测地偏离方程(7-6-8′)的一个解η^b称为所论测地线$\gamma(\lambda)$上的一个**雅可比场**(Jacobi field). 不同的两点$p,q\in\gamma(\lambda)$称为**共轭的**(conjugate)，若$\gamma(\lambda)$上存在一个不恒为零的雅可比场η^b，它在p和q点为零. 这时也说p，q为测地线$\gamma(\lambda)$上的一对**共轭点**(conjugate points). 例如，图 7-13 所示的 2 维球面上的南、北极点s和n就是从s到n的测地线γ(半个大圆)上的一对共轭点. 不难接受如下直观说法：$p,q\in\gamma$是共轭点对，若存在从p到q的、与γ无限邻近而又不同于γ的测地线(例如图中的γ'). “若”字之后的条件的准确含义是：存在从p到q的单参测地线族，其中一条是γ. 上述逻辑关系可明确表为：

存在从p到q的、与γ无限邻近而又不同于γ的测地线

$\Leftrightarrow$ 存在从p到q的单参测地线族，其中一条是γ.

$\Rightarrow$ $p,q\in\gamma$是共轭点对 $\Leftrightarrow$ γ上存在不恒为零的雅可比场，它在p和q点为零.

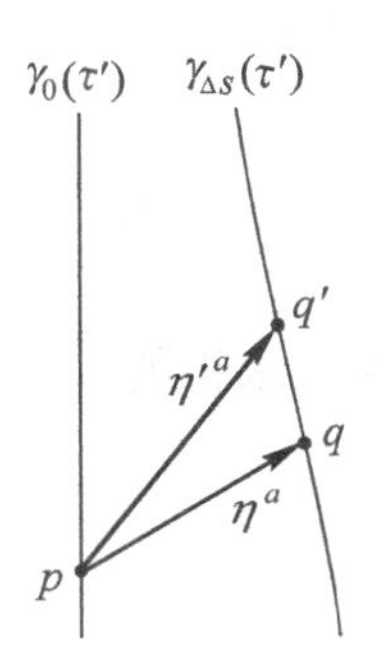

图 7-12 η'^a和η^a描述同一分离情况

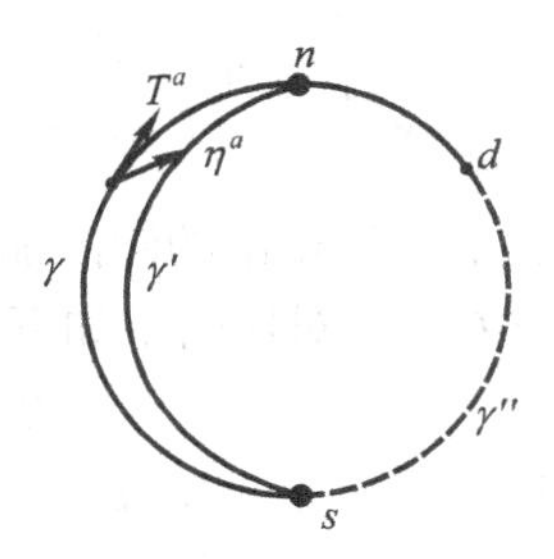

图 7-13 s和n是一对共轭点，s和d不是

这一逻辑关系有助于澄清两个微妙问题，下面用问答方式讲述(约定γ是测地线).

问 设$p,q\in\gamma$是共轭点对，是否一定存在从p到q的、与γ无限邻近而又不同于γ的测地线?

答 否. 因为上述逻辑关系中的$\Rightarrow$不能改为$\Leftrightarrow$. 的确存在这样的情况，其中$p,q\in\gamma$共轭，但就是找不到从p到q的、与γ无限邻近而又不同于γ的测地线

(略).

问　设存在一条过 $p,q\in\gamma$ 而又不同于 γ 的测地线 γ''，可否肯定 p, q 共轭?

答　否. 因为只存在 γ'' 不足以保证 p, q 之间存在单参测地线族，其中一条是 γ. 反例：把图 7-13 的大圆弧 γ 延长至 d 点，把所得的大半个大圆弧记作 $\tilde{\gamma}$，则 $s,d\in\tilde{\gamma}$，而且存在一条过 s, d 而又不同于 $\tilde{\gamma}$ 的测地线 γ''(小半个大圆弧)，但 $s,d\in\tilde{\gamma}$ 不是共轭点对，因为(直观地说)不存在联结 s, d 的与 $\tilde{\gamma}$ "无限邻近"的测地线(γ'' 当然不邻近)，或者(准确地说)不存在满足要求的雅可比场 η^b.

共轭点对在线长问题上的重要意义见§3.3，其在奇性定理证明中的作用见 Wald(1984)P.223~233.　　**[选读 7-6-3 完]**

§7.7　爱因斯坦场方程

既然物质分布产生引力，而引力表现为时空弯曲，一个自然的猜想是时空曲率要受物质分布的影响. 物质分布由能动张量 T_{ab} 描写，因此应存在一个把时空曲率与 T_{ab} 相联系的方程. 考虑到牛顿引力论应是广义相对论的弱场低速近似，测地偏离方程(7-6-8)与牛顿引力论的潮汐力表达式(7-6-1)的对比提供了寻求(猜测)这个方程的重要线索. 由于式(7-6-8)的 a^c 是用 w^a 而非 λ^a 定义的，为便于对比，应把式(7-6-1)的 λ^i 改为 w^i. 设 $\{x^i\}$ 为 3 维欧氏空间的笛卡儿系，则式(7-6-1)可写成

$$a^c = a^i\left(\frac{\partial}{\partial x^i}\right)^c = \left(\frac{\partial}{\partial x^i}\right)^c \frac{\mathrm{d}^2 w^i}{\mathrm{d}t^2} = -\left(\frac{\partial}{\partial x^i}\right)^c w^j \frac{\partial}{\partial x^j}\left(\frac{\partial\phi}{\partial x^i}\right)$$

$$= -\left(\frac{\partial}{\partial x^i}\right)^c w^b\partial_b\left(\frac{\partial\phi}{\partial x^i}\right) = -w^b\partial_b\left[\left(\frac{\partial}{\partial x^i}\right)^c\left(\frac{\partial\phi}{\partial x^i}\right)\right] = -w^b\partial_b\partial^c\phi\ ,$$

这是按牛顿引力论得出的潮汐加速度，应是按广义相对论求得的 a^c 的近似. 因此，上式与式(7-6-8)的对比暗示如下对应关系：

$$R_{abd}{}^{c}Z^aZ^d \leftrightarrow \partial_b\partial^c\phi\ . \tag{7-7-1}$$

上指标 c 与下指标 b 缩并得

$$R_{abd}{}^{b}Z^aZ^d \leftrightarrow \partial_b\partial^b\phi = \nabla^2\phi = 4\pi\rho = 4\pi T_{ad}Z^aZ^d\ ,$$

其中 $\nabla^2\phi = 4\pi\rho$ 是牛顿引力论中的泊松方程，最后一步用到§6.4 开头第 3 点的(a)(把该式的 μ 改为 ρ). 以上对应关系使我们希望下式成立：

$$R_{ad}Z^aZ^d = 4\pi T_{ad}Z^aZ^d\ , \tag{7-7-2}$$

满足上式的最简单假设为

$$R_{ab} = 4\pi T_{ab}\ . \tag{7-7-3}$$

事实上，爱因斯坦最初就是这样假设并公开发表的. 然而，由§6.4 可知能动张量

T_{ab}满足$\partial^a T_{ab}=0$，利用§7.2 的最小替换法则便有$\nabla^a T_{ab}=0$，故式(7-7-3)导致

$$\nabla^a R_{ab}=0, \tag{7-7-3$'$}$$

而这将导致物理上难以接受的推论．由比安基恒等式$\nabla_{[a}R_{bc]d}{}^e=0$缩并得$\nabla_{[a}R_{bc]d}{}^a=0$，因而

$$0=\nabla_a R_{bcd}{}^a+\nabla_c R_{abd}{}^a+\nabla_b R_{cad}{}^a=\nabla_a R_{bcd}{}^a-\nabla_c R_{bd}+\nabla_b R_{cd},$$

用度规把下指标 d 上升并与下指标 b 缩并得

$$0=\nabla_a R_c{}^a-\nabla_c R+\nabla_b R_c{}^b=2\nabla^a R_{ca}-\nabla_c R,$$

所以式(7-7-3′)要求

$$\nabla_c R=0. \tag{7-7-4}$$

这是式(7-7-3′)给标量曲率 R 强加的条件．为说明这一条件的不可接受性，令$T\equiv g^{ab}T_{ab}$，用度规把式(7-7-3)的下指标 b 上升并与下指标 a 缩并得$R=4\pi T$．故式(7-7-4)导致$\nabla_c T=0$，即 T 在整个物质场中为常数．以理想流体为例，由式(6-5-1)(把式中的 μ 改为 ρ，η_{ab} 改为 g_{ab})得

$$T=T_a{}^a=\rho U_a U^a+p\,(\delta_a{}^a+U_a U^a)=-\rho+3p,$$

在牛顿近似下有$\rho>>p$，故$T\cong-\rho$，因而 T 为常数意味着固有能量密度 ρ 在整个流体场中为常数．这与物理上知道的理想流体的情况显然不符．所以式(7-7-3)必须修改．问题出在$\nabla^a T_{ab}=0$而$\nabla^a R_{ab}$不应为零．如果能够找到一个(0, 2)型对称张量 G_{ab}，它既自动满足$\nabla^a G_{ab}=0$，又能在代替 R_{ab} 写成类似于式(7-7-3)的等式后仍导致式(7-7-2)，困难便可克服．爱因斯坦果然找到了这一张量(故称爱因斯坦张量，见§3.4 定义 3 及定理 3-4-8.)，即

$$G_{ab}\equiv R_{ab}-\frac{1}{2}Rg_{ab}, \qquad \nabla^a G_{ab}=0, \tag{7-7-5}$$

他用方程$G_{ab}=8\pi T_{ab}$代替式(7-7-3)，亦即假定

$$R_{ab}-\frac{1}{2}R\,g_{ab}=8\pi T_{ab}. \tag{7-7-6}$$

方程(7-7-6)既与$\nabla^a T_{ab}=0$相容，又可在牛顿近似下($T\cong-\rho$)回到我们希望的式(7-7-2)．首先，由式(7-7-6)得$8\pi T_a{}^a=R_a{}^a-\frac{1}{2}\delta_a{}^a R=R-2R=-R$，即

$$R=-\ 8\pi T, \tag{7-7-7}$$

可见式(7-7-6)导致

$$R_{ab}=8\pi T_{ab}+\frac{1}{2}g_{ab}R=8\pi T_{ab}+\frac{1}{2}g_{ab}(-\ 8\pi T)=8\pi(T_{ab}-\frac{1}{2}g_{ab}T).$$

从而

$$R_{ab}Z^aZ^b = 8\pi(T_{ab}Z^aZ^b - \frac{1}{2}g_{ab}Z^aZ^bT) = 8\pi(\rho + \frac{1}{2}T)$$

$$\cong 8\pi\ (\rho - \frac{1}{2}\rho) = 4\pi\rho = 4\pi T_{ab}Z^aZ^b\ .$$

而这正是式(7-7-2). 于是爱因斯坦把式(7-7-6)作为描述时空曲率与物质场关系的方程，并于 1915 年 11 月发表. 后人称之为**爱因斯坦场方程**，是广义相对论的一个基本假设.

闵氏时空处处有 $R_{abc}{}^d = 0$，故 $G_{ab} = 0$，由爱因斯坦方程知 $T_{ab} = 0$. 然而，没有物质还有物理学吗？实际上，狭义相对论物理学研究各种物理客体的运动及各种相互作用，但却忽略它们之间的引力作用，亦即忽略各物理客体产生的引力场，因此时空近似平直. 可见狭义相对论物理学是广义相对论物理学在引力(时空曲率)可忽略时的近似. 只要引力不可忽略，时空就不能近似看作平直，原则上就不能使用狭义相对论.

$T_{ab} = 0$ 是一类重要的特殊情况，这时的爱因斯坦方程成为

$$R_{ab} - \frac{1}{2}Rg_{ab} = 0\ , \tag{7-7-8}$$

叫做**真空爱因斯坦方程**. 选定坐标系后，里奇张量的分量 $R_{\mu\nu}$ 可由度规分量 $g_{\mu\nu}$ 及其偏导数(直至 2 阶)表出[见式(3-4-21)]，而且 $R_{\mu\nu}$ 对 $g_{\mu\nu}$ 的依赖关系是高度非线性的.[①] 所以式(7-7-8)可看作关于未知函数组 $g_{\mu\nu}$ 的一组非线性 2 阶偏微分方程，每个解 g_{ab} 就是一个真空度规. 闵氏度规自然是方程(7-7-8)的解，但方程(7-7-8)的解却可以是弯曲度规，一个重要例子是施瓦西在爱因斯坦方程发表不到一年后找到的真空度规，详见§8.3 和第 9 章.

不难证明 $T_{ab} = 0$ 时标量曲率 R 为零，因而真空爱因斯坦方程(7-7-8)可简化为

$$R_{ab} = 0, \tag{7-7-8'}$$

这表明真空度规(真空爱因斯坦方程的解) g_{ab} 的黎曼张量等于其外尔张量(见§3.4 定义 2)，一般非零.

$T_{ab} \neq 0$ 的式(7-7-6)称为**有源爱因斯坦方程**，它很像闵氏时空中的有源麦氏方程，但有一个重要区别. 对于麦氏方程，可以在场源(4 电流密度 J^a)指定的前提下对未知量 F_{ab} 求解. 看来，对爱因斯坦方程也可以先指定 T_{ab} (作为已知量)再求解未知量 g_{ab}，然而这里有一个问题：在 g_{ab} 不明确时 T_{ab} 意义不明. 以压强为零的理想流体(尘埃)为例. 所谓给定尘埃这一物质场，就是给定其 4 速场 U^a 和固有密度场 ρ. 尘埃的能动张量 $T_{ab} = \rho U_a U_b$，其中 $U_a \equiv g_{ac}U^c$. 因此，只要 g_{ac} 尚未明确，T_{ab} 就意

① 具体地说，$G_{\mu\nu}$ 对 $g_{\mu\nu}$ 的 2 阶导数的依赖是线性的，对 $g_{\mu\nu}$ 的 1 阶导数的依赖是 2 次的. 更糟的是 $G_{\mu\nu}$ 还含有 $g_{\mu\nu}$ 的逆 $g^{\mu\nu}$ (用于升指标)，当表为 $g_{\mu\nu}$ 的函数时就非常复杂.

义不明. 再者，4 速场 U^a 应该类时且归一，而这两个概念都涉及度规 g_{ab}，在 g_{ab} 为未知量时把 U^a 看作已知量也说不清楚. 可见把 g_{ab} 和 T_{ab} 分别作为未知量和已知量的做法不妥. 爱因斯坦方程与麦氏方程的这一区别的根源是：在麦氏理论中时空背景(闵氏时空)早已约定，给定 4 电流矢量 J^a 也就使方程 $\partial^a F_{ab} = -4\pi J_b$ 的右边 $-4\pi\eta_{bc}J^c$ 成为已知量；对爱因斯坦方程，描述时空背景的 g_{ab} 是待求量，它偏偏不但出现在方程左边而且出现在右边，因此不能简单地认为右边可作为已知量事先给定. 求解爱因斯坦方程时应该把描述物质场的量(对尘埃就是 U^a 和 ρ)与 g_{ab} 一同作为未知量联立求解. §8.4 将给出一个求解实例，那里的物质场是电磁场.

爱因斯坦方程的非线性性使叠加原理不成立，这会导致诸多后果. 例如，方程的两个解之和并非方程的解. 这是与麦氏方程的又一重大区别.

爱因斯坦张量满足 $\nabla^a G_{ab} = 0$ [见式(7-7-5)]，因此爱因斯坦方程蕴含 $\nabla^a T_{ab} = 0$，这一方程包含着关于物质运动的大量信息. 事实上，对理想流体，它就是物质场的运动方程(参见§6.5). 对压强为零的理想流体，即尘埃，由 $\nabla^a T_{ab} = 0$ 可知尘埃粒子的世界线为测地线[参见式(6-5-8)及其后的几句话]. 这一结论还可推广至任何自引力足够弱的足够小的物体[Fock(1939)；Geroch and Jang(1975)]. 可见，§7.1 关于自由粒子世界线为测地线的假设不再是独立假设.

§7.8　线性近似和牛顿极限

7.8.1　线性近似[线性引力论(linearized theory of gravity)]

爱因斯坦场方程的非线性性给求解以及整个广义相对论带来许多困难. 在大多数情况下引力场很弱，这时可用近似处理把场方程变为线性方程，从而使问题大为简化. 在 4 维语言中，弱引力场意味着时空度规 g_{ab} 接近闵氏度规 η_{ab}.[①] 用下式定义 γ_{ab}：

$$g_{ab} = \eta_{ab} + \gamma_{ab}, \tag{7-8-1}$$

则 γ_{ab} “很小”，其含义是 γ_{ab} 在 η_{ab} 的某个洛伦兹坐标系的分量满足 $|\gamma_{\mu\nu}| \ll 1$，以致 $\gamma_{\mu\nu}$ 的 2 阶和高阶项都可忽略. 这一近似条件使 γ_{ab} 可被当作闵氏时空中的某种物理场(类似于电磁场)来处理. 它和一般物理场的区别在于它与 η_{ab} 之和就是时空度规 g_{ab}，从这一角度来说(加之 γ_{ab} “很小”)，γ_{ab} 又可看作对 η_{ab} 的一种微扰. 为了方便和避免混淆，我们约定张量的指标升降一律用 η^{ab} 和 η_{ab}(而不是 g^{ab} 和 g_{ab})进行，只有一个例外，那就是 g^{ab}，它仍代表 g_{ab} 的逆而不是 $\eta^{ac}\eta^{bd}g_{cd}$. 在线性近似下由式(7-8-1)不难得知

① 在线性引力论中通常只讨论背景流形为 $\mathbb{R}^4$ 的时空，即($\mathbb{R}^4$，g_{ab})，因此闵氏度规 η_{ab} 有意义.

$$g^{ab} = \eta^{ab} - \gamma^{ab}, \tag{7-8-2}$$

因为由此可得 $g^{ab}g_{bc} = \delta^a{}_c - (\gamma$ 的 2 阶项). 设 ∂_a 和 ∇_a 分别是与 η_{ab} 和 g_{ab} 适配的导数算符，则由式(3-2-10)知 g_{ab} 在洛伦兹系的克氏符(亦即 ∂_a 与 ∇_a 之“差”)为

$$\Gamma^c{}_{ab} = \frac{1}{2} g^{cd}(\partial_a g_{bd} + \partial_b g_{ad} - \partial_d g_{ab}), \tag{7-8-3}$$

把式(7-8-1)和(7-8-2)代入上式且只保留 γ_{ab} 的 1 阶项得

$$\Gamma^{(1)c}{}_{ab} = \frac{1}{2} \eta^{cd}(\partial_a \gamma_{bd} + \partial_b \gamma_{ad} - \partial_d \gamma_{ab}), \tag{7-8-4}$$

利用 $\Gamma^{(1)c}{}_{ab}$ 本身为 1 阶小这一性质，把上式代入式(3-4-20)可得 g_{ab} 的(降指标)黎曼张量的 1 阶近似(称为**线性黎曼张量**)

$$R^{(1)}_{acbd} = \partial_d \partial_{[a}\gamma_{c]b} - \partial_b \partial_{[a}\gamma_{c]d}, \tag{7-8-5}$$

用 η^{cd} 对上式升指标后缩并可得 g_{ab} 的里奇张量的 1 阶近似(线性里奇张量)

$$R^{(1)}_{ab} = \partial^c \partial_{(a}\gamma_{b)c} - \tfrac{1}{2}\partial^c \partial_c \gamma_{ab} - \tfrac{1}{2}\partial_a \partial_b \gamma, \tag{7-8-6}$$

其中 $\gamma \equiv \gamma^a{}_a = \eta^{ab}\gamma_{ab}$. 由此易得爱因斯坦张量的 1 阶近似(称为**线性爱因斯坦张量**)

$$G^{(1)}_{ab} = R^{(1)}_{ab} - \frac{1}{2}\eta_{ab}R^{(1)} = \partial^c \partial_{(b}\gamma_{a)c} - \frac{1}{2}\partial^c \partial_c \gamma_{ab} - \frac{1}{2}\partial_a \partial_b \gamma - \frac{1}{2}\eta_{ab}(\partial^c \partial^d \gamma_{cd} - \partial^c \partial_c \gamma). \tag{7-8-7}$$

于是

$$\partial^c \partial_{(a}\gamma_{b)c} - \frac{1}{2}\partial^c \partial_c \gamma_{ab} - \frac{1}{2}\partial_a \partial_b \gamma - \frac{1}{2}\eta_{ab}(\partial^c \partial^d \gamma_{cd} - \partial^c \partial_c \gamma) = 8\pi T_{ab} \tag{7-8-8}$$

称为**线性爱因斯坦方程**(linearized Einstein equation). 令

$$\bar{\gamma}_{ab} \equiv \gamma_{ab} - \frac{1}{2}\eta_{ab}\gamma, \tag{7-8-9}$$

则线性爱因斯坦方程又简化为

$$-\frac{1}{2}\partial^c \partial_c \bar{\gamma}_{ab} + \partial^c \partial_{(a}\bar{\gamma}_{b)c} - \frac{1}{2}\eta_{ab}\partial^c \partial^d \bar{\gamma}_{cd} = 8\pi T_{ab}. \tag{7-8-8'}$$

用 $\partial^b \equiv \eta^{bc}\partial_c$ 作用于上式左边，结果为零，可见上式保证 $\partial^b T_{ab} = 0$. 这有重要物理意义，它表明线性引力论中的能动张量的散度为零，从而保证能量、动量、角动量等守恒律在线性引力论(作为一种物理理论)中也成立.

式(7-8-8′)还可简化，为此先复习一个很有启发性的例子. 闵氏时空的麦氏方程 $\partial^a F_{ab} = -4\pi J_b$ 可用电磁 4 势 A_a 表为[见式(6-6-30)]

$$\partial^a \partial_a A_b - \partial_b \partial^a A_a = -4\pi J_b. \tag{7-8-10}$$

设 χ 为任一标量场，则 A_a 的如下变换

$$\tilde{A}_a = A_a + \partial_a \chi \tag{7-8-11}$$

叫规范变换，因为 $\tilde{A}_a$ 与 A_a 对应着相同的 F_{ab}. 选择洛伦兹规范

$$\partial^a A_a = 0 , \tag{7-8-12}$$

则式(7-8-10)简化为

$$\partial^a \partial_a A_b = -\ 4\pi J_b . \tag{7-8-13}$$

在线性引力论中也存在十分类似的规范自由性. 设 ξ^a 是任意无限小矢量场(“无限小”是指 ξ^a 的分量 ξ^μ 足够小，以致其自我乘积或与 $\gamma_{\alpha\beta}$ 的乘积都可看作2阶量而略去.)，γ_{ab} 的如下变换

$$\tilde{\gamma}_{ab} = \gamma_{ab} + \partial_a \xi_b + \partial_b \xi_a \tag{7-8-14}$$

叫**线性引力论的规范变换**，因为由 ∂_a 同 ∂_b 的可交换性不难验证 $\eta_{ab} + \tilde{\gamma}_{ab}$ 与 $\eta_{ab} + \gamma_{ab}$ 有相同的线性黎曼张量. $R^{(1)}_{abcd}$ 的不变性导致 $R^{(1)}_{ab}$ 和 $G^{(1)}_{ab}$ 的不变性. 因此，若 γ_{ab} 是线性爱因斯坦方程(7-8-8)的解，则 $\tilde{\gamma}_{ab}$ 也是. 规范不变性使我们可从众多等价的 γ_{ab} 中选一适当者(即选适当规范)来简化线性爱因斯坦方程(7-8-8). 仿照 A_a 选择洛伦兹规范(7-8-12)的做法，下面将证明在等价类中存在一个子类，其中任一 γ_{ab} 对应的 $\bar{\gamma}_{ab}$ 满足下式：

$$\partial^b \bar{\gamma}_{ab} = 0 \quad \text{(称为线性引力论的\textbf{洛伦兹规范条件})}. \tag{7-8-15}$$

由上式可知这类 $\bar{\gamma}_{ab}$ 的线性爱因斯坦方程(7-8-8′)右边第二、三项为零，于是简化为

$$\partial^c \partial_c \bar{\gamma}_{ab} = -16\pi T_{ab} , \tag{7-8-16}$$

与式(7-8-13)十分相似!下面补证式(7-8-15)总可通过选择 ξ^a 得到满足. 设 $\bar{\gamma}_{ab}$ 不满足式(7-8-15)，欲选 ξ^a 使由式(7-8-14)决定的 $\tilde{\gamma}_{ab}$ 对应的

$$\bar{\tilde{\gamma}}_{ab} = \tilde{\gamma}_{ab} - \frac{1}{2}\eta_{ab}\tilde{\gamma} \quad (\tilde{\gamma} \equiv \eta^{ab}\tilde{\gamma}_{ab})$$

满足式(7-8-15). 由式(7-8-14)出发的简单计算表明 $\partial^b \bar{\tilde{\gamma}}_{ab} = \partial^b \bar{\gamma}_{ab} + \partial^b \partial_b \xi_a$，因此，只要选 ξ_a 满足

$$\partial^b \partial_b \xi_a = -\ \partial^b \bar{\gamma}_{ab} , \tag{7-8-17}$$

便能保证 $\partial^b \bar{\tilde{\gamma}}_{ab} = 0$. 满足式(7-8-17)的 ξ_a 必定存在，因为在惯性坐标系中写为分量形式后就是如下的熟知方程：

$$-\frac{\partial^2 \xi_\mu}{\partial t^2} + \frac{\partial^2 \xi_\mu}{\partial x^2} + \frac{\partial^2 \xi_\mu}{\partial y^2} + \frac{\partial^2 \xi_\mu}{\partial z^2} = -\ \partial^\nu \bar{\gamma}_{\mu\nu} ,$$

在 $\bar{\gamma}_{\mu\nu}$ 给定后，其解不但存在，而且很多.

[选读 7-8-1]

正文中用主动语言介绍了线性引力论的规范变换. 在被动语言中，这一变换是如下的**无限小坐标变换**：

$$x'^{\mu}=x^{\mu}-\xi^{\mu}(x)\quad(\text{括号中的 } x \text{ 是 } x^{\sigma} \text{ 的简写}),\tag{7-8-18}$$

其中$\xi^{\mu}(x)$是四个无限小(任意小)的任意函数. 详见 Misner et al.(1973)P.439-440.

前面从式(7-8-3)推得式(7-8-4)时有一问题应做说明. 以其中的$g^{cd}\partial_a g_{bd}$为例，它可表为

$$g^{cd}\partial_a g_{bd}=(\eta^{cd}-\gamma^{cd})\partial_a\gamma_{bd},\tag{7-8-19}$$

但为何只保留为$\eta^{cd}\partial_a\gamma_{bd}$? 须知$\eta^{cd}$的非对角分量为零而$\gamma^{cd}$的非对角分量可以非零，非零量加零为何也可被忽略? 从微扰论的角度可对此给出解释. 考虑单参度规族$g_{ab}(s)$及单参能动张量族$T_{ab}(s)$(以s为参数)，满足

(a) $G_{ab}(s)=8\pi T_{ab}(s)$[其中$G_{ab}(s)$是$g_{ab}(s)$的爱因斯坦张量];

(b) $g_{ab}(0)=\eta_{ab}$，$T_{ab}(0)=0$;

(c) 存在小量$\varepsilon>0$使$(g_{ab}(\varepsilon),T_{ab}(\varepsilon))$就是所关心的时空的$(g_{ab},T_{ab})$.

此外还要求$g_{ab}(s)$和$T_{ab}(s)$都可做泰勒展开:

$$g_{ab}(s)=\eta_{ab}+sg_{ab}^{(1)}+s^2g_{ab}^{(2)}+\cdots,\tag{7-8-20}$$

$$T_{ab}(s)=sT_{ab}^{(1)}+s^2T_{ab}^{(2)}+\cdots.\tag{7-8-21}$$

把上两式代入$G_{ab}(s)=8\pi T_{ab}(s)$，略去所有s^2及更高阶的项，所得结果便是爱因斯坦方程的线性(1 阶)近似，即式(7-8-7). 而由式(7-8-3)推出式(7-8-4)正是上述计算过程中的一步. 因为式(7-8-19)中的γ^{cd}和$\partial_a\gamma_{bd}$都不含s的 0 阶项，所以$\gamma^{cd}\partial_a\gamma_{bd}$起码为 2 阶小，因而应略去，于是得式(7-8-4).

[选读 7-8-1 完]

7.8.2　牛顿极限

本小节证明牛顿引力论可以看作广义相对论在弱场低速条件下的极限情况. 先对“弱场低速条件”做一解释. 以地球周围的引力场为例，它相应于一个略微弯曲的度规场$g_{ab}=\eta_{ab}+\gamma_{ab}$，其中$\gamma_{ab}$是“小量”. 在图 7-14 中，E 和 D 分别代表地球和地面大炮发出的炮弹的世界线(两者的相对速率$u_{\rm ED}\ll 1$)，μ 代表宇宙射线中某“高速”μ 子的世界线. “高速”是地球观者的看法，μ 子则认为自己不动而 E 在高速运动，总之是两者的相对速率大到接近光速($u_{\mu\rm E}\cong 1$). 作为平直度规场，η_{ab}有许多惯性坐标系，例如以 E 的世界线为一条t坐标线的惯性系$\{t, x^i\}$和以 μ 的世界线为一条t'坐标线的惯性系$\{t', x'^i\}$，两者之间差一个伪转动. 地球、炮弹以及汽车、飞机等相对于$\{t, x^i\}$系的 3 速率都很小，而相对于$\{t', x'^i\}$系

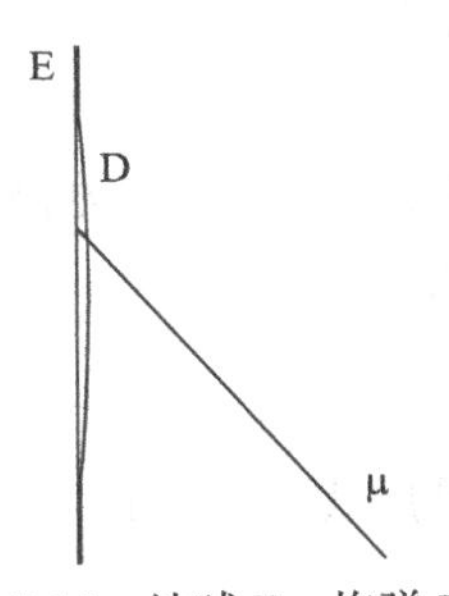

图 7-14 地球 E、炮弹 D 和 μ 子的世界线

的 3 速率都很大. “弱场低速极限”应理解为：存在η_{ab}的惯性坐标系(对上例是指$\{t, x^i\}$)，其中所有关心的物体的坐标速率都很小于1 (因此不能用牛顿理论在$\{t, x^i\}$系中讨论涉及μ子的问题)，而且$|\gamma_{\mu\nu}| \equiv |g_{\mu\nu} - \eta_{\mu\nu}| << 1$.

具体地说，“弱场低速”条件保证存在η_{ab}使$\gamma_{ab} = g_{ab} - \eta_{ab}$为“小量”，而且存在$\eta_{ab}$的惯性坐标系$\{t, x^i\}$，满足：

(1) 引力场源的能动张量T_{ab}在该系可表为

$$T_{ab} \cong \rho(\mathrm{d}t)_a(\mathrm{d}t)_b ; \qquad (7\text{-}8\text{-}22)$$

就是说，T_{ab}在该系中只有时-时分量T_{00} (时-空分量T_{0i}为零是因物体速度很小导致动量密度很小；空-空分量T_{ij}为零表明 3 维应力与质量密度相较可忽略，例如地心的压强p只有密度ρ的10^{-10}倍.)．可见，虽然在广义相对论中物质场的能动张量T_{ab}的各个分量对时空弯曲都有贡献，但在牛顿引力论中(正如人们早已知道的那样)，只有质量密度ρ才对引力场有所贡献.

(2) (a) 引力场源低速运动导致时空几何缓慢变化，故$\partial\bar{\gamma}_{\mu\nu}/\partial t$可忽略；

(b) 物体低速运动导致其 4 速U^a近似等于$\{t, x^i\}$系的观者的 4 速Z^a $[\equiv(\partial/\partial t)^a]$，即$U^a \cong Z^a$.

洛伦兹规范下的线性爱因斯坦方程(7-8-16)在上述近似下可用下法化简：

式(7-8-16)左边的分量$= \partial^\sigma\partial_\sigma\bar{\gamma}_{\mu\nu} = \partial^0\partial_0\bar{\gamma}_{\mu\nu} + \partial^i\partial_i\bar{\gamma}_{\mu\nu} \cong \partial^i\partial_i\bar{\gamma}_{\mu\nu} = \nabla^2\bar{\gamma}_{\mu\nu}$，

其中第三步用到近似条件(2)，∇^2是 3 维坐标系$\{x^i\}$的导数算符$\vec{\nabla}$的平方．而由近似条件(1)可知式(7-8-16)右边的分量当$\mu = \nu = 0$时$\cong -16\pi\rho$，其他分量为零，即

$$\nabla^2\bar{\gamma}_{00} = -16\pi\rho , \qquad (7\text{-}8\text{-}23)$$

$$\nabla^2\bar{\gamma}_{0i} = 0 , \qquad (7\text{-}8\text{-}24)$$

$$\nabla^2\bar{\gamma}_{ij} = 0 . \qquad (7\text{-}8\text{-}24')$$

方程(7-8-24)及(7-8-24′)在无限远表现良好的唯一解$\bar{\gamma}_{0i}$及$\bar{\gamma}_{ij}$为常数,而借助一个规范变换又可把这常数变为零，所以$\bar{\gamma}_{\mu\nu}$的唯一非零分量为$\bar{\gamma}_{00}$，它满足方程(7-8-23). 令

$$\phi \equiv -\frac{1}{4}\bar{\gamma}_{00} , \qquad (7\text{-}8\text{-}25)$$

并把ϕ解释为牛顿引力势，则方程(7-8-23)便成为牛顿引力论中熟知的泊松方程：

$$\nabla^2\phi = 4\pi\rho . \qquad (7\text{-}8\text{-}26)$$

$\bar{\gamma}_{\mu\nu}$的唯一非零分量为$\bar{\gamma}_{00}$的结论也可用张量等式表为

$$\bar{\gamma}_{ab} = \bar{\gamma}_{00}(\mathrm{d}t)_a(\mathrm{d}t)_b = -4\phi\,(\mathrm{d}t)_a(\mathrm{d}t)_b . \qquad (7\text{-}8\text{-}27)$$

于是

$$\bar{\gamma} \equiv \eta^{ab}\bar{\gamma}_{ab} = \bar{\gamma}_{00}\eta^{ab}(\mathrm{d}t)_a(\mathrm{d}t)_b = -\bar{\gamma}_{00} = 4\phi . \tag{7-8-28}$$

而由 $\gamma_{ab} = \bar{\gamma}_{ab} + \eta_{ab}\gamma/2$ 得 $\gamma = \eta^{ab}\gamma_{ab} = \eta^{ab}\bar{\gamma}_{ab} + \eta^{ab}\eta_{ab}\gamma/2 = \bar{\gamma} + 2\gamma$，故 $\gamma = -\bar{\gamma}$，因而

$$\gamma_{ab} = \bar{\gamma}_{ab} - \frac{1}{2}\eta_{ab}\bar{\gamma} . \tag{7-8-29}$$

借用式(7-8-27)、(7-8-28)可把上式改写为

$$\gamma_{ab} = -\phi[4(\mathrm{d}t)_a(\mathrm{d}t)_b + 2\eta_{ab}] . \tag{7-8-30}$$

在上述基础上就可导出牛顿近似下的质点运动方程. 设质点除引力外不受力，则从广义相对论角度看来它的世界线应为测地线，在 η_{ab} 的惯性坐标系中的方程为

$$\frac{\mathrm{d}^2 x^\mu}{\mathrm{d}\tau^2} + \Gamma^\mu{}_{\nu\sigma}\frac{\mathrm{d}x^\nu}{\mathrm{d}\tau}\frac{\mathrm{d}x^\sigma}{\mathrm{d}\tau} = 0 , \tag{7-8-31}$$

其中 τ 是质点的固有时. 牛顿近似下质点 4 速 U^a 所满足的条件 $U^a \cong Z^a$ 保证 $\tau \cong t$ (固有时近似等于坐标时)及 $u^i \equiv \mathrm{d}x^i/\mathrm{d}t \cong 0$ (3 速近似为零)，故 $U^\nu \equiv \mathrm{d}x^\nu/\mathrm{d}t$ 近似为(1, 0, 0, 0). 于是式(7-8-31)可近似表为

$$\frac{\mathrm{d}^2 x^\mu}{\mathrm{d}t^2} = -\Gamma^\mu{}_{00} . \tag{7-8-32}$$

由式(7-8-4)可求得[略去 Γ 右上方的(1)]

$$\Gamma^0{}_{00} = \frac{1}{2}\eta^{00}(\gamma_{00,0} + \gamma_{00,0} - \gamma_{00,0}) = -\frac{1}{2}\frac{\partial\gamma_{00}}{\partial t} \cong 0 ,$$

$$\Gamma^i{}_{00} = \frac{1}{2}\eta^{ij}(\gamma_{j0,0} + \gamma_{0j,0} - \gamma_{00,j}) \cong -\frac{1}{2}\delta^{ij}\gamma_{00,j} = -\frac{1}{2}\frac{\partial\gamma_{00}}{\partial x^i} , \quad i = 1, 2, 3 , \tag{7-8-33}$$

(其中第二步是由于 $\gamma_{j0} = \bar{\gamma}_{j0} + \frac{1}{2}\gamma\eta_{j0} = 0$.) 故式(7-8-32)在 $\mu = 0$ 时给出恒等式，在 $\mu = i$ 时给出 $\frac{\mathrm{d}^2 x^i}{\mathrm{d}t^2} = \frac{1}{2}\frac{\partial\gamma_{00}}{\partial x^i}$ ($i = 1, 2, 3$). 再由式(7-8-29)、(7-8-28)得 $\gamma_{00} = \bar{\gamma}_{00}/2 = -2\phi$，代入上式，注意到式(7-8-25)，得 $\mathrm{d}^2 x^i/\mathrm{d}t^2 = -\partial\phi/\partial x^i$. 而 $\mathrm{d}^2 x^i/\mathrm{d}t^2$ 是质点相对于惯性坐标系 $\{t, x^i\}$ 的 3 加速 $\vec{a}$ 的 i 分量，故上式可表为 3 矢量等式

$$\vec{a} = -\vec{\nabla}\phi . \tag{7-8-34}$$

这正是牛顿引力论中只受引力的质点的运动方程. 式(7-8-26)和(7-8-34)是牛顿引力论的基本方程，可见牛顿引力论可看作广义相对论的弱场低速极限. 由

$$\phi = -\frac{1}{4}\bar{\gamma}_{00} = -\frac{1}{2}\gamma_{00} \tag{7-8-35}$$

得 $g_{00} = \eta_{00} + \gamma_{00} = -(1 + 2\phi)$，或

$$\phi=-\frac{1}{2}(1+g_{00}).\tag{7-8-36}$$

这反映牛顿近似下度规分量 g_{00} 同牛顿引力势的密切联系. 再以图 7-10 的小球 1，2 为例. 选 η_{ab} 的惯性系 $\{t, x, y, z\}$ 使 z 轴竖直向上，则式(7-6-8)中的 $Z^a=(\partial/\partial t)^a$. 注意到式(7-6-7)，可把式(7-6-8)改写为 $\tilde{a}^c=-R_{0b0}{}^c\lambda^b$，其 z 分量为 $\tilde{a}^z=-R_{0z0z}\lambda^z$ (不对 z 求和). 在牛顿近似中对 t 的导数可忽略，故由式(7-8-5)得 $R_{0z0z}=-\frac{1}{2}\partial^2\gamma_{00}/\partial z^2=\partial^2\phi/\partial z^2=\mathrm{d}^2\phi/\mathrm{d}r^2$，因而 $\tilde{a}^z=-(\mathrm{d}^2\phi/\mathrm{d}r^2)\lambda^z$，与式(7-6-2)一致. 这是如下结论的一个验证：广义相对论中由曲率张量按式(7-6-8)决定的潮汐加速度在弱场低速近似下回到牛顿力学按式(7-6-2)决定的潮汐加速度.

§7.9　引 力 辐 射

引力场同电磁场的相似之处使人期望广义相对论存在与电磁辐射类似的引力辐射. 事实上，爱因斯坦方程存在以光速传播的波动解一事从广义相对论诞生不久就已为人所知，然而在相当一段时间内引力波的真实性一直受到怀疑. Eddington 在 1922 年提出如下疑问：引力波解可能只代表时空坐标的波动，因而没有观测效应. 情况从 20 世纪 50 年代开始出现转机. Bondi 及其合作者们借用不依赖于坐标系的手法证明引力波的确携带能量、动量以及系统在发射引力波时质量必然减小，使引力辐射的物理真实性及其可观测性逐渐被普遍接受.

我们先在线性引力近似下对引力辐射问题做一简要讨论. 由 7.8.1 小节可知爱因斯坦方程的线性近似为[见式(7-8-16)]

$$\partial^c\partial_c\bar{\gamma}_{ab}=-16\pi T_{ab},\tag{7-9-1}$$

其中 $\bar{\gamma}_{ab}$ 满足洛伦兹规范条件

$$\partial^a\bar{\gamma}_{ab}=0.\tag{7-9-2}$$

上述规范条件是受电磁场的洛伦兹规范 $\partial^a A_a=0$ 启发而得的. 然而，条件 $\partial^a A_a=0$ 并未把 A_a 完全确定，因为如果令 $A'_a=A_a+\partial_a\chi$，其中 χ 满足 $\partial^a\partial_a\chi=0$，则 A'_a 也满足洛伦兹条件 $\partial^a A'_a=0$. 在讨论电磁辐射时可以利用这一剩余规范自由性来选择 A'_a 使其在某惯性系 $\{x^0\equiv t,\ x^i\}$ 中的 A'_0 在无源($J^a=0$)区为零.[①] 具体做法如下：设 A_a 是满足 $\partial^a A_a=0$ 的任一 4 势，其分量为 $(A_0,\ \vec{a})$. 设 Σ_0 是 $t=t_0$ 的超曲面，对 χ 的初值 $\chi|_{\Sigma_0}$ 及 $\partial\chi/\partial t|_{\Sigma_0}$ 提出如下要求：

① 实际上只能在无源区的这样一些点(例如p)上做到 $A'_0=0$：过p的光锥在p和 Σ_0 之间的部分都在无源区中. 后面说到线性引力论中的无源区时指的也是这个意思.

$$\nabla^2 \chi|_{\Sigma_0} = -\vec{\nabla}\cdot\vec{a}|_{\Sigma_0}\,, \tag{7-9-3}$$

[$\vec{a}|_{\Sigma_0}$ 给定后 $\vec{\nabla}\cdot\vec{a}|_{\Sigma_0}$ 为 Σ_0 上的已知函数，Σ_0 上满足方程(7-9-3)的函数 χ 存在且很多.]

$$\partial\chi/\partial t|_{\Sigma_0} = -A_0|_{\Sigma_0}\,. \tag{7-9-4}$$

令 χ 为方程 $\partial^a\partial_a\chi=0$ 在初始条件式(7-9-3)、(7-9-4)下的解(方程 $\partial^a\partial_a\chi=0$ 在任意指定初值 $\chi|_{\Sigma_0}$ 和 $\partial\chi/\partial t|_{\Sigma_0}$ 下的解的存在唯一性早已在数学上证明). 我们来证明由 χ 和 A_a 按照 $A'_a = A_a + \partial_a\chi$ 构造的 A'_a 在无源区果然满足 $A'_0=0$. 首先，由 $A'_a = A_a+\partial_a\chi$ 可知 A'_0 满足

$$\partial^a\partial_a A'_0 = \partial^a\partial_a A_0 + \partial_0\partial^a\partial_a\chi = \partial^a\partial_a A_0 = -\,4\pi J_0\,, \tag{7-9-5}$$

$$A'_0|_{\Sigma_0} = A_0|_{\Sigma_0} + \partial\chi/\partial t|_{\Sigma_0} = 0 \qquad [\text{其中第二步用到式(7-9-4)}], \tag{7-9-6}$$

$$\partial A'_0/\partial t|_{\Sigma_0} = \partial A_0/\partial t|_{\Sigma_0} + \partial^2\chi/\partial t^2|_{\Sigma_0} = \vec{\nabla}\cdot\vec{a}|_{\Sigma_0} + \nabla^2\chi|_{\Sigma_0} = 0\,. \tag{7-9-7}$$

[其中第三步用到式(7-9-3)，第二步是由于 $0=\partial^a A_a = -\partial A_0/\partial t + \vec{\nabla}\cdot\vec{a}$ 导致 $\partial A_0/\partial t = \vec{\nabla}\cdot\vec{a}$ 以及 $0=\partial^a\partial_a\chi = -\,\partial^2\chi/\partial t^2 + \nabla^2\chi$ 导致 $\partial^2\chi/\partial t^2 = \nabla^2\chi$.] 对无源电磁场，式(7-9-5)成为 $\partial^a\partial_a A'_0=0$，而此方程满足初始条件式(7-9-6)、(7-9-7)的唯一解是 $A'_0=0$. 可见 A'_a 是既满足洛伦兹条件 $\partial^a A'_a=0$ 又满足 $A'_0=0$ 的规范，这称为**辐射规范**(radiation gauge). 线性引力论的情况与此非常类似：洛伦兹规范条件式(7-9-2)并未把 $\bar{\gamma}_{ab}$ 完全确定，因为如果令

$$\gamma'_{ab} = \gamma_{ab} + \partial_a\xi_b + \partial_b\xi_a\,, \tag{7-9-8}$$

其中 ξ_a 满足

$$\partial^b\partial_b\xi_a = 0\,, \tag{7-9-9}$$

则 $\bar{\gamma}'_{ab}$ 也满足方程(7-9-1)和条件式(7-9-2). 仿照电磁场的做法，可以利用这一剩余规范自由性选择 γ'_{ab} 使其在某惯性系 $\{x^0 \equiv t,\ x^i\}$ 的分量在无源区($T_{ab}=0$)满足 $\gamma'=0$，$\gamma'_{0i}=0$，$i=1,2,3$. 为此，从满足式(7-9-2)的任一 γ_{ab} 出发，以 ξ_0 和 $\vec{\xi}$ 分别代表 ξ_a 在该系的时、空分量，要求初值 $\xi_0|_{\Sigma_0}$，$\vec{\xi}|_{\Sigma_0}$，$\partial\xi_0/\partial t|_{\Sigma_0}$，$\partial\xi_i/\partial t|_{\Sigma_0}$ 满足如下方程：

$$2\,(\vec{\nabla}\cdot\vec{\xi} - \partial\xi_0/\partial t)|_{\Sigma_0} = -\,\gamma|_{\Sigma_0}\,, \tag{7-9-10}$$

$$2\,[-\nabla^2\xi_0 + \vec{\nabla}\cdot(\partial\vec{\xi}/\partial t)]_{\Sigma_0} = -\partial\gamma/\partial t|_{\Sigma_0}\,, \tag{7-9-11}$$

$$[(\partial\xi_i/\partial t)+(\partial\xi_0/\partial x^i)]_{\Sigma_0} = -\gamma_{0i}|_{\Sigma_0}\,, \qquad i=1,2,3\,, \tag{7-9-12}$$

$$\left[\nabla^2\xi_i + \frac{\partial}{\partial x^i}\left(\frac{\partial\xi_0}{\partial t}\right)\right]_{\Sigma_0} = -\left.\frac{\partial\gamma_{0i}}{\partial t}\right|_{\Sigma_0}\,, \qquad i=1,2,3\,, \tag{7-9-13}$$

令 ξ_μ $(\mu = 0, 1, 2, 3)$ 为方程 $\partial^b\partial_b\xi_\mu = 0$ 在初始条件式(7-9-10) ~ (7-9-13)下的解，则仿照电磁场的讨论不难证明由 $\xi_a \equiv \xi_\mu(\mathrm{d}x^\mu)_a$ 及 γ_{ab} 按式(7-9-8)构造的 γ'_{ab} 在无源区既满足洛伦兹规范条件 $\partial^a\overline{\gamma}'_{ab} = 0$ 又满足 $\gamma' = 0$ 和 $\gamma'_{0i} = 0$ ，$i = 1$ ，2 ，3 . 从现在起把满足上述条件的 γ'_{ab} 简记为 γ_{ab} . 由 $\gamma = 0$ 可知 $\overline{\gamma}_{ab} = \gamma_{ab}$ ，于是洛伦兹条件 $\partial^a\gamma_{ab} = 0$ 与 $\gamma_{0i} = 0$ 结合导致

$$\partial\gamma_{00}/\partial t = 0 . \tag{7-9-14}$$

从而线性爱因斯坦方程(7-9-1)在无源区给出

$$\nabla^2\gamma_{00} = 0 . \tag{7-9-15}$$

如果在全时空都无源，则方程(7-9-15)在无限远表现良好的解就只能是 γ_{00} = 常数. 可以证明(习题)，通过进一步的规范变换可把 γ_{00} 变为零，同时保留前面所有既得成果. 因此，在这一新规范中有 $\gamma = 0$，$\gamma_{0i} = 0$ $(i = 1, 2, 3)$ 以及 $\gamma_{00} = 0$. 我们就在这一规范下讨论线性引力论的引力辐射. 单色平面波是真空线性爱因斯坦方程 $\partial^c\partial_c\gamma_{ab} = 0$ 的最简单解，它可表为(参见 6.6.5 小节对单色平面电磁波的讨论)

$$\gamma_{ab} = H_{ab}\cos(K_\mu x^\mu) , \tag{7-9-16}$$

其中 H_{ab} 是对称常张量场("常"是指 $\partial_c H_{ab} = 0$)，代表波的振幅，亦称**偏振张量**；K^μ 是常矢量场 K^a(4 波矢)的分量，满足(来自 $\partial^c\partial_c\gamma_{ab} = 0$)

$$K_\mu K^\mu \equiv \eta_{\mu\nu}K^\mu K^\nu = 0 , \tag{7-9-17}$$

即 K^a 是类光矢量场，表明引力波同电磁波一样以光速传播. 把 K^a 做 3 + 1 分解：

$$K^a = \omega(\partial/\partial t)^a + k^a , \tag{7-9-18}$$

则 ω 和 $\vec{k} \equiv k^a$ 可分别解释为波的角频率和 3 波矢，且由式(7-9-17)可知

$$\omega^2 = k^a k_a \equiv k^2 . \tag{7-9-19}$$

式(7-9-16)同洛伦兹条件 $\partial^a\gamma_{ab} = 0$ 结合得

$$H_{\mu\nu}K^\nu = 0 , \qquad \mu = 0 , 1 , 2 , 3 , \tag{7-9-20a}$$

反映单色平面引力波的 4 维振幅 H_{ab} 同时空传播方向 K^a 正交. 式(7-9-16)同 $\gamma_{0\nu} = 0$ 和 $\gamma = 0$ 结合则给出

$$H_{0\nu} = 0 , \qquad \nu = 0 , 1 , 2 , 3 \tag{7-9-20b}$$

和

$$H \equiv \eta^{\mu\nu}H_{\mu\nu} = 0 . \tag{7-9-20c}$$

由 $H_{\mu\nu} = H_{\nu\mu}$ 可知 H_{ab} 至多有 10 个独立分量，但它们还受式(7-9-20)的限制. 式(7-9-20)共含 4 + 4 + 1 = 9 个方程，但式(7-9-20a)中的方程 $H_{0\nu}K^\nu = 0$ 是式(7-9-20b)的结果，式(7-9-20)的 9 个方程中只有 8 个独立. 因此 H_{ab} 只有 $10 - 8 = 2$ 个独立分量，它们在物理上代表平面引力波的两种独立偏振态(偏振模式)，详见选读 7-9-1

之末.

爱因斯坦方程是非线性方程，广义相对论是非线性理论. 虽然在许多情况下可用弱场近似，但在强引力场情况下必须对非线性性给予充分注意，这是引力波与(闵氏时空的)电磁波的重要不同. 麦氏方程是线性方程，叠加原理对电磁场适用，同一空间传播的两列电磁波互不影响. 反之，一般而言，两列引力波之间存在相互作用(散射). Penrose，Khan 和 Szekeres 等对平面引力波的碰撞问题曾做过开拓性研究. 有兴趣的读者可参阅 d'Inverno (1992).

下面简介引力波的发射. 先与电磁波做一对比. 如果系统的带电粒子做变速运动(相对于惯性系)，它便发射电磁波. 众所周知，对辐射场的主要贡献来自电偶极辐射，其次(弱得多)是磁偶极辐射和电四极辐射(两者量级相同). 类似地，在牛顿近似下，如果系统的质点做变速运动，它便发射引力波. 与电偶极矩对应的是**质量偶极矩**(mass dipole moment)

$$\vec{D} = \sum_{\text{质点}P} m_P \vec{r}_P \,, \tag{7-9-21}$$

其中 m_P 和 $\vec{r}_P$ 分别是质点 P 的质量和矢径，上式右边要对系统中的所有质点求和. 由于电偶极辐射的强度正比于电偶极矩对时间的 2 阶导数的平方，可以预期由质量偶极矩贡献的引力辐射强度正比于 $\ddot{\vec{D}}^2$. 然而，由式(7-9-21)可知 $\dot{\vec{D}} = \sum_{\text{质点}P} m_P \dot{\vec{r}}_P$ 等于系统的总动量 $\vec{p}$，而由动量守恒律可知 $\dot{\vec{p}} = 0$，因此 $\ddot{\vec{D}} = 0$，即引力波中不含对应于电偶极辐射的引力偶极辐射. 根据电磁辐射理论，磁偶极辐射的强度正比于磁偶极矩对时间的 2 阶导数的平方. 引力系统与磁偶极矩对应的量为

$$\vec{\mu} = \sum_{\text{质点}P} (P\text{ 的矢径}) \times (P\text{ 贡献的流矢量}) = \sum_{\text{质点}P} \vec{r}_P \times (m_P \vec{u}_P) \,,$$

其中 $\vec{u}_P$ 是质点 P 的速度. 上式右边无非是系统的总角动量. 由角动量守恒律可知 $\dot{\vec{\mu}} = 0$，因此引力波中也不含对应于磁偶极辐射的引力偶极辐射. 简言之，引力波中不含偶极辐射. 只有转而研究四极辐射才会得到非零结果[详见 Misner et al. (1973)P.974~978]. 由于四极辐射在量级上小于偶极辐射，引力系统发射的引力波在量级上弱于条件类似的电磁系统发射的电磁波.

一般认为强引力波的发射源都同剧烈变化的天体物理过程有关，例如星体晚期的急剧的非球对称引力坍缩、超新星爆发(见 9.3.2 小节)[①]以及活动星系核中的剧烈扰动等. 这时引力场不弱，线性近似不适用. 对这些过程的严格处理必然涉及在非球对称情况下求解非线性爱因斯坦方程这一艰巨课题，人们对强引力波的

① 根据 Birkhoff 定理(见 8.3.3 小节)，球对称星体的任何球对称演化(例如坍缩或振荡)无论多么剧烈都不会发射引力波，正如麦氏理论中不存在球对称电磁波那样[电偶极振子在远区的球面波并非球对称电磁波，因为场量 $\vec{E}$ 和 $\vec{B}$ 并无球对称性. 事实上，球对称电磁波相当于电单极矩(monopole)贡献的辐射，麦氏理论中不存在这种辐射.].

发射问题的了解至今还很不完善.

既然广义相对论预言了引力辐射的物理存在性，引力波的探测就成为十分重要的课题. 由于到达太阳系的引力波的波源都很遥远，被探测的引力波完全可以看作平面波，并且弱得使线性近似适用，这使引力波的探测理论比发射理论简单. 然而，引力波的直接探测在实验上有很高难度：微弱的被测对象对探测仪器的灵敏度提出很高要求；探测实验还带有“守株待兔”的味道(随时等待较近处较剧烈的天体过程带来较强的引力波). Weber 于 1966 年在 Maryland 大学开拓性地建立了世界上第一个引力波探测器(一根悬挂着的长 153cm，直径 66cm 的铝棒及其附加装置)，经过数年不懈努力，他宣布在两地探测器上同时测得引力波脉冲. 遗憾的是其他引力波探测者对此都未予认证. 例如，Tyson 的探测器比 Weber 的探测器有更高的灵敏度，却丝毫未收到类似脉冲[见 Ohanian(1976)；刘辽(1987)]. 1987 年 2 月，地球上的天文学家观测到离银河系最近的河外星系“大麦哲伦云”中爆发的一颗超新星(SN1987A，距地球只有 16 万光年.)，国外一个小组于 1987 年宣称接收到来自该超新星的引力辐射，但也未取得世界上其他(为数不多的)引力波探测器的认证. 然而，对脉冲星由于发射引力波对自身运动的影响的观测却异军突起地取得突破性成果. 脉冲星(pulsar)是一种快速自转的中子星(见 9.3.2 小节)，由于某种机制而不断发射电磁波. 如果地球位于波束扫射范围之内，就会按准确周期接收到射电脉冲信号. 由两颗恒星组成的近似孤立的引力系统叫做**双星**，这两颗恒星称为**子星**. 子星围绕系统的质心公转. 根据广义相对论，子星的这种加速运动会因发射引力波而损失能量，后果是轨道变小和公转周期变短. 与剧烈变化的天体物理过程不同，双星系的引力场很弱，可用线性引力论计算其引力波带走的能量及由此导致的轨道周期变化. 要使这些效应能被测量，至少应满足两个条件：①轨道非常小(两子星足够近)，以使广义相对论效应足够明显；②有一种精度很高的轨道周期测量方法. Hulse 和 Taylor 在 1974 年发现的脉冲双星 PSR1913 + 16 正好满足这些条件[脉冲双星(binary pulsar)是指一个子星为脉冲星的双星，PSR 是脉冲星的识别符，1913 和 + 16 分别代表它的赤经和赤纬(角度坐标).]. 该双星的两子星的最大距离只有 10^9m 的量级(约 1 个太阳半径)，一个子星为脉冲星则使条件②得以满足：由于脉冲星所发脉冲的周期被誉为“钟一般地准确”，Taylor 及其合作者们便能以异常高的精度观测，从而推算轨道周期变化率. 经过 4 年来上千次的观测，他们于 1978 年宣布了对轨道周期变化率的观测结果，与线性引力论的四极辐射公式计算的理论值吻合得很好. 这是引力波理论提出 60 年来关于引力波携带能量的第一个定量观测证据，虽然只是间接的证据. 他们后来又对这一脉冲双星继续观测并取得进步，终于获得 1993 年诺贝尔物理奖.

[选读 7-9-1]

下面以一个具体例子介绍广义相对论(不限于线性近似)中的平面引力波 [参

见 Sachs and Wu(1977)]. 设$\{t, x, y, z\}$是闵氏时空$(\mathbb{R}^4, \eta_{ab})$的一个整体惯性系. 令$u \equiv t-z$, $f(u)$和$g(u)$是u的两个任意的光滑函数, 只要求f^2+g^2不恒为零. 设P是坐标x, y和u的如下函数:

$$P(x,\ y,\ u)=\frac{1}{2}f(u)\ (x^2-y^2)+g(u)\,xy\,, \tag{7-9-22}$$

不难验证由下式定义的

$$g_{ab}:=\eta_{ab}+2P(\mathrm{d}u)_a(\mathrm{d}u)_b=\eta_{ab}+2P[(\mathrm{d}t)_a-(\mathrm{d}z)_a][(\mathrm{d}t)_b-(\mathrm{d}z)_b] \tag{7-9-23}$$

是$\mathbb{R}^4$上的一个洛伦兹度规场. 首先, 由上式易见g_{ab}是对称的. 其次, 令

$$K^a \equiv (\partial/\partial t)^a+(\partial/\partial z)^a\,, \tag{7-9-24}$$

则容易验证$g_{ab}K^aK^b=0$, 即K^a以g_{ab}衡量为类光矢量场. 引入$\mathbb{R}^4$上的基底(标架)场

$$\begin{aligned}&(e_1)^a=(\partial/\partial x)^a, \qquad (e_2)^a=(\partial/\partial y)^a, \qquad (e_3)^a=K^a,\\ &(e_4)^a=\tfrac{1}{2}[(\partial/\partial t)^a-(\partial/\partial z)^a]+PK^a\end{aligned} \tag{7-9-25}$$

由直接计算(练习)可知g_{ab}在此基底的分量$g_{\mu\nu}\equiv g_{ab}(e_\mu)^a(e_\nu)^b$排成如下矩阵:

$$(g_{\mu\nu})=\begin{bmatrix}1&0&0&0\\0&1&0&0\\0&0&0&-1\\0&0&-1&0\end{bmatrix}. \tag{7-9-26}$$

矩阵有逆表明g_{ab}非退化, 因而是度规张量场. 不难看出它有洛伦兹号差. 以上讨论表明$(\mathbb{R}^4, g_{ab})$是一个时空, 它与闵氏时空$(\mathbb{R}^4, \eta_{ab})$有相同的底流形$\mathbb{R}^4$而有不同的度规场. 曲率张量的计算表明这是一个弯曲时空(见稍后的命题 7-9-1). 由式(7-9-26)求得逆矩阵, 配上式(7-9-25)的基矢便得

$$\begin{aligned}g^{ab}=&(\partial/\partial x)^a(\partial/\partial x)^b+(\partial/\partial y)^a(\partial/\partial y)^b-(1+2P)(\partial/\partial t)^a(\partial/\partial t)^b\\&+(1-2P)(\partial/\partial z)^a(\partial/\partial z)^b-2P\left[(\partial/\partial t)^a(\partial/\partial z)^b+(\partial/\partial z)^a(\partial/\partial t)^b\right].\end{aligned} \tag{7-9-27}$$

以下的指标升降一律用g^{ab}和g_{ab}.

命题 7-9-1　式(7-9-23)定义的g_{ab}是真空爱因斯坦方程的非平直解.

证明　先用§5.7 的标架法计算g_{ab}的黎曼张量$R_{abc}{}^d$. 第一步, 选用式(7-9-25)的标架. 由式(7-9-26)可知这是刚性标架(虽然非正交归一), §5.7 的具体算法适用. 容易验证其对偶标架为

$$(e^1)_a=(\mathrm{d}x)_a,\quad (e^2)_a=(\mathrm{d}y)_a,\quad (e^3)_a=\frac{1}{2}[(\mathrm{d}t)_a+(\mathrm{d}z)_a]-P(\mathrm{d}u)_a,\quad (e^4)_a=(\mathrm{d}u)_a. \tag{7-9-28}$$

第二步, 由定理 5-7-4 计算联络 1 形式, 发现非零的$\omega_{\mu\nu}$只有如下 4 个:

$$
\begin{aligned}
-\omega_{41} &= \omega_{14} = \omega_{144}\boldsymbol{e}^4 = -(fx+gy)\ \mathrm{d}u\,, \\
-\omega_{42} &= \omega_{24} = \omega_{244}\boldsymbol{e}^4 = -(gx-fy)\ \mathrm{d}u\,.
\end{aligned} \tag{7-9-29}
$$

由式(7-9-26)求逆易见 g^{ab} 在对偶标架的分量 $g^{\mu\nu}$ 亦排成式(7-9-26)右边的矩阵，故由 $\omega_\mu{}^\rho = g^{\rho\nu}\omega_{\mu\nu}$ 可知非零的 $\omega_\mu{}^\rho$ 为

$$
\omega_4{}^1 = \omega_1{}^3 = (fx+gy)\ \mathrm{d}u\,, \qquad \omega_4{}^2 = \omega_2{}^3 = (gx-fy)\ \mathrm{d}u\,. \tag{7-9-30}
$$

第三步是用嘉当第二方程由 $\omega_\mu{}^\rho$ 计算全部曲率 2 形式 $\boldsymbol{R}_\mu{}^\nu$. 由于全部非零 $\omega_\mu{}^\rho$ 由式(7-9-30)表示，有 $\omega_\mu{}^\lambda \wedge \omega_\lambda{}^\rho = 0$，故 $\boldsymbol{R}_\mu{}^\nu = \mathrm{d}\omega_\mu{}^\nu$，于是全部非零 $\boldsymbol{R}_\mu{}^\nu$ 为

$$
\begin{aligned}
\boldsymbol{R}_4{}^1 = \boldsymbol{R}_1{}^3 &= f\ \mathrm{d}x \wedge \mathrm{d}u + g\ \mathrm{d}y \wedge \mathrm{d}u = f\ \boldsymbol{e}^1 \wedge \boldsymbol{e}^4 + g\ \boldsymbol{e}^2 \wedge \boldsymbol{e}^4, \\
\boldsymbol{R}_4{}^2 = \boldsymbol{R}_2{}^3 &= g\ \mathrm{d}x \wedge \mathrm{d}u - f\ \mathrm{d}y \wedge \mathrm{d}u = g\ \boldsymbol{e}^1 \wedge \boldsymbol{e}^4 - f\ \boldsymbol{e}^2 \wedge \boldsymbol{e}^4.
\end{aligned} \tag{7-9-31}
$$

由此可得黎曼张量

$$
\begin{aligned}
R_{abc}{}^d &= R_{ab1}{}^3 (e^1)_c (e_3)^d + R_{ab2}{}^3 (e^2)_c (e_3)^d + R_{ab4}{}^1 (e^4)_c (e_1)^d + R_{ab4}{}^2 (e^4)_c (e_2)^d \\
&= [f\,(e^1)_a \wedge (e^4)_b + g\,(e^2)_a \wedge (e^4)_b]\ [(e^1)_c (e_3)^d + (e^4)_c (e_1)^d] \\
&\quad + [g\,(e^1)_a \wedge (e^4)_b - f\,(e^2)_a \wedge (e^4)_b]\ [(e^2)_c (e_3)^d + (e^4)_c (e_2)^d]\,.
\end{aligned} \tag{7-9-32}
$$

这是非零张量，因为

$$
R_{414}{}^1 = R_{abc}{}^d (e_4)^a (e_1)^b (e_4)^c (e^1)_d = -f
$$

及

$$
R_{424}{}^1 = R_{abc}{}^d (e_4)^a (e_2)^b (e_4)^c (e^1)_d = -g
$$

中至少有一个非零(开始时对 f 和 g 的要求是 f^2+g^2 不恒为零). 这表明 $(\mathbb{R}^4, g_{ab})$ 不是平直时空. 由式(7-9-32)不难求得里奇张量

$$
R_{ac} = R_{abc}{}^b = (f-f)(e^4)_a (e^4)_c = 0\,,
$$
①

可见 g_{ab} 是真空爱因斯坦方程的解. □

为了后面的需要，可由式(7-9-32)导出 R_{abcd} 的表达式，见如下命题：

命题 7-9-2

$$
\begin{aligned}
R_{abcd} &= [f\,(e^1)_a \wedge (e^4)_b + g\,(e^2)_a \wedge (e^4)_b]\ (e^4)_c \wedge (e^1)_d \\
&\quad + [g\,(e^1)_a \wedge (e^4)_b - f\,(e^2)_a \wedge (e^4)_b]\ (e^4)_c \wedge (e^2)_d.
\end{aligned} \tag{7-9-33}
$$

证明　习题. 提示：用 $R_{abcd} = g_{de} R_{abc}{}^e$，注意

$$
g_{de}(e_3)^e \equiv (e_3)_d = g_{3\mu}(e^\mu)_d = g_{34}(e^4)_d = -\ (e^4)_d,
$$

$$
g_{de}(e_1)^e \equiv (e_1)_d = g_{11}(e^1)_d = (e^1)_d\,.
$$
□

鉴于类光矢量场 K^a 对引力波传播的重要性，我们证明如下命题：

① 此式实为 $R_{ac} = -(\partial_1\partial_1 P + \partial_2\partial_2 P)\ (e^4)_a (e^4)_c$，$P$ 取式(7-9-22)的特定形式使 $\partial_1\partial_1 P = f = -\partial_2\partial_2 P$，从而保证 $R_{ac} = 0$.

命题 7-9-3 设 ∇_b 是同 g_{ab} 适配的导数算符，则 $\nabla_b K^a = 0$.

证明 采用式(7-9-25)的标架及其对偶标架(7-9-28)并注意 $K^a = (e_3)^a$. 由式(5-7-4)可知 $\omega_{3\ \ a}^{\ \nu} = -\gamma^{\nu}_{\ \ 3\tau}(e^{\tau})_a$, $\nu = 1, 2, 3, 4$. 因为非零的 $\omega_{\mu\ \ a}^{\ \nu}$ 由式(7-9-30)表示，所以 $\omega_{3\ \ a}^{\ \nu} = 0$, $\nu = 1, 2, 3, 4$. 于是由上式得 $\gamma^{\nu}_{\ \ 3\tau} = 0$, $\nu, \tau = 1, 2, 3, 4$, 从而由式(5-7-1)知

$$(e_\tau)^b \nabla_b (e_3)^a = \gamma^{\nu}_{\ \ 3\tau}(e_\nu)^a = 0, \qquad \tau = 1, 2, 3, 4.$$

由于 $(e_\tau)^b$ 是任一基矢，上式表明 $\nabla_b (e_3)^a = 0$. 注意到 $(e_3)^a = K^a$，便有 $\nabla_b K^a = 0$. □

由命题 7-9-3 得 $K^b \nabla_b K^a = 0$ 及 $\nabla_{(a} K_{b)} = 0$，可见①K^a 的积分曲线是(类光)测地线；②K^a 是 Killing 矢量场.

以上是数学计算结果. 物理地说，上面定义的弯曲时空$(\mathbb{R}^4, g_{ab})$代表一个引力平面波. 由式(7-9-23)可知 P 是决定$(\mathbb{R}^4, g_{ab})$的唯一可供选择的量，因此在研究引力波时首当其冲应该考察的就是函数 $P(x, y, u)$. 为了帮助理解，先看一个简单特例. 设 $f(u)$和 $g(u)$可表为

$$f(u) = F\cos\omega u, \qquad g(u) = G\cos\omega u \qquad (F,\ G \text{ 和 } \omega \text{ 为正的常数}), \tag{7-9-34}$$

则

$$2P(x, y, u) = [F(x^2 - y^2) + 2Gxy]\cos(\omega t - kz) \qquad (\text{其中 } k \equiv \omega). \tag{7-9-35}$$

上式的诱人之处是它很像某种单色平面波. 但应注意，尽管 $(\partial/\partial t)^a$ 和 $(\partial/\partial z)^a$ 用 η_{ab} 衡量分别是类时和类空矢量场，用 g_{ab} 衡量却未必. 而如果 $(\partial/\partial t)^a$ 非类时或非类空，就不能把 t, z 分别看作时间和空间坐标，对式(7-9-35)的波动解释就遇到困难. 幸好可以证明$(\mathbb{R}^4, g_{ab})$中存在这样的时空区域，其中 $(\partial/\partial t)^a$ 和 $(\partial/\partial z)^a$ 用 g_{ab} 衡量分别为类时和类空，因此至少在这种区域中可把式(7-9-35)解释为沿 z 向以光速 $c = 1$ 传播的单色引力平面波. "单色"是指有单一的角频率 ω；"平面"是因为每一时刻 t 的波阵面(等相面)是 z 为常数的平面(时刻 t 的相位 $\theta \equiv \omega t - kz$ 只是 z 的函数)；"引力"是由于 g_{ab} 代表引力场. 以上是 3 维语言. 用 4 维语言的讨论与 6.6.5 小节对电磁波的讨论类似(g_{ab} 及其曲率 R_{abcd} 分别对应于电磁 4 势 A_a 及电磁场 F_{ab})，见图 7-15.

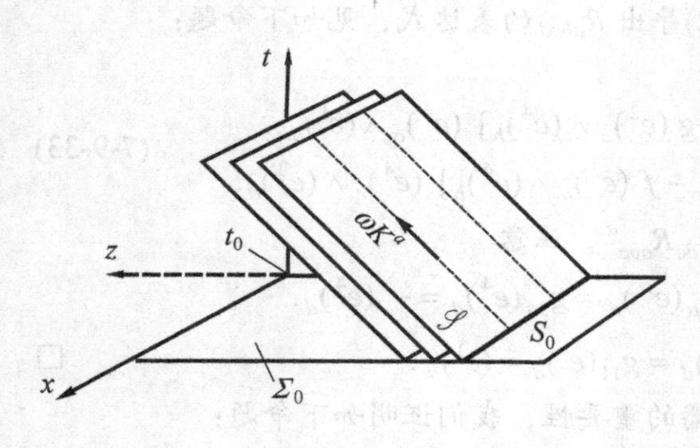

图 7-15 沿 z 轴正向传播的平面引力波的时空图. $\mathscr{S}$ 是时空中的等相面，S_0 是 t_0 时刻的波阵面.

式(7-9-24)定义的 K^a 与 ω 之积 ωK^a 可解释为 4 波矢，因为式(7-9-24)表明 ωK^a 在坐标系 $\{t, x, y, z\}$ 的时间分量和空间分量分别为该系测得的角频率 ω 和 3 波矢 $\vec{k}$：

$$\omega K^0 = \omega, \qquad \omega K^1 = \omega K^2 = 0, \qquad \omega K^3 = k = \omega.$$

K^a(因而 ωK^a)的类光性反映上述引力波的相位 ωu 以光速传播. 设 G_1 和 G_2 是两个惯性观者(以 η_{ab} 衡量)，其空间坐标分别为(x, y, z_1)和(x, y, z_2). 两人在时刻 t_1 一般有不同相位，分别为 $\omega t_1 - kz_1$ 和 $\omega t_1 - kz_2$. 设在一段时间 $t_2 - t_1$ 后 G_2 "获得" G_1 刚才(时刻 t_1)的相位，即

$$\omega t_2 - kz_2 = \omega t_1 - kz_1,$$

我们便说相位值 $\omega t_1 - kz_1$ 在时间 $t_2 - t_1$ 内由 G_1 传到了 G_2，传播速率自然为

$$v = (z_2 - z_1)/(t_2 - t_1) = \omega/k = 1,$$

可见引力波的相位传播速率为光速(这只是坐标速率，更有意义的是几何语言中的相速，4 维语言中波阵面 $\mathscr{S}$ 的类光性保证这一相速是光速.). 图 7-16 是这一讨论的 4 维表述，图中 γ 是类光 4 矢 K^a 的一条积分曲线(类光测地线)，p_1，p_2 是 γ 线与观者 G_1, G_2 的世界线的交点. G_1 在时刻 p_1 的相位值 $\omega t_1 - kz_1$ 被 G_2 在时刻 p_2"获得"：相位沿类光测地线从 p_1 传到了 p_2. 请注意上述物理解释只适用于$(\mathbb{R}^4, g_{ab})$的部分时空区域，$(\partial/\partial t)^a$ 和 $(\partial/\partial z)^a$ 在其中分别为类时和类空. 然而现在可以抽掉观者、坐标等非内禀因素而只留下类光测地线 γ 及其任意两点 p_1，p_2，从而把波动解释推广到全时空. 其实 K^a 所代表的是引力波的全部信息(而不只是相位)的传播方向. 理由如下：作为 Killing 矢量场，K^a 对应的单参微分同胚群是单参等度规群，K^a 的积分曲线正是这个等度规群的轨道. 设 U_2 是 p_2 的任一邻域(见图 7-17)，则必存在 p_1 的邻域 U_1 和等度规映射 $\phi: U_1 \to U_2$ 使 $p_2 = \phi(p_1)$. 因此 U_2 中关于引力波的任何信息都完全一样地(等度规映射的后果)存在于 U_1 中，在这个意义上可以说引力波的所有信息都沿 K^a(因而以光速)传播. 这种基于等度规映射的解释不但适用于式(7-9-34)那样的特例，而且适用于由式(7-9-22)[其中 $f(u)$及 $g(u)$任意]和(7-9-23)定义的 g_{ab}. 于是我们说时空$(\mathbb{R}^4, g_{ab})$存在引力平面波，或把 $(\mathbb{R}^4, g_{ab})$就称为**引力平面波时空**(gravitational plane wave spacetime). Sachs and Wu(1977)还从群论角度通过与闵氏时空中平面电磁波对比为这一平面引力波解释提供了更为深刻的论据. 命题 7-9-3 表明这种引力波的射线相互平行.[①] 当 f 和 g 线性相关时则称$(\mathbb{R}^4, g_{ab})$为**单色引力平面波时空**.

---

① 因此称为**有平行射线的平面波前引力波**，简称 pp 波(plane-fronted gravitational waves with parallel rays). 一般说，凡有满足 $\nabla_a K^b = 0$ 的类光矢量场 K^a 的时空都叫 pp 波，见 Kramer et al.(1980).

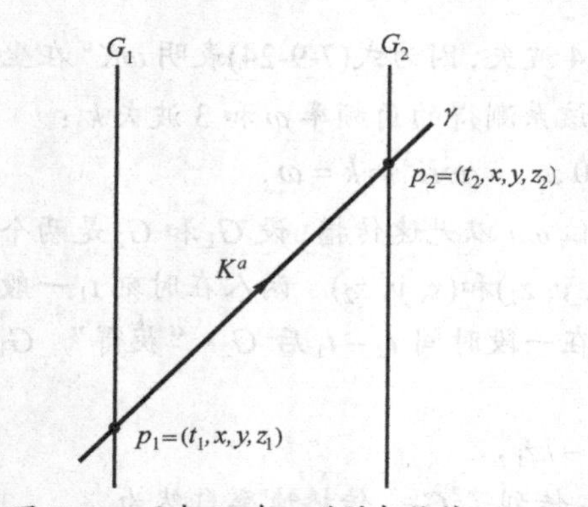

图 7-16　观者 G_1 在 t_1 时的相位值 $\omega t_1 - kz_1$ 经历时间 $t_2 - t_1$ 后传到观者 G_2

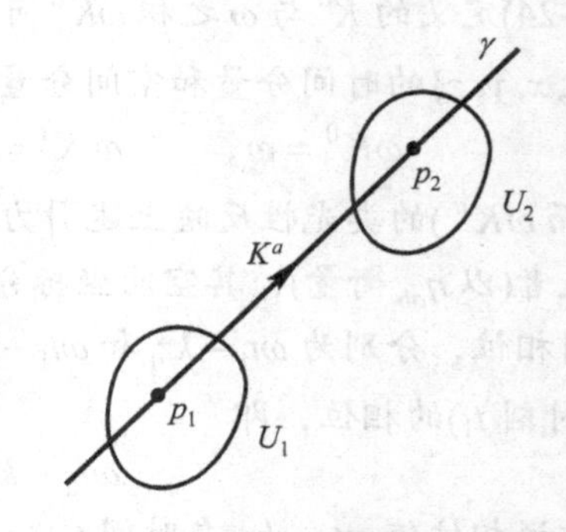

图 7-17　K^a 把引力波在 U_1 的信息如实地传播至 U_2

为进一步理解$(\mathbb{R}^4, g_{ab})$的引力波，我们再补充如下内容(命题 7-9-4、7-9-5 和注 1，2)．急于学习引力波接收机理的读者可跳过这一部分．为了有更大的普适性，以下两个命题中对 $P(x, y, u)$的函数形式不加限制．

命题 7-9-4　以 ∇_a 代表与式(7-9-23)的 g_{ab} 适配的导数算符，则

$$\nabla^a\nabla_a P = (\partial^2 P/\partial x^2) + (\partial^2 P/\partial y^2)\,. \tag{7-9-36}$$

证明　习题． □

注 1　设 $Q(t, x, y, z)$是闵氏时空中的已知函数，则

$$\partial^\mu\partial_\mu P(t, x, y, z) = Q(t, x, y, z) \tag{7-9-37}$$

在数学物理中称为关于待求函数 $P(t, x, y, z)$ 的(有源)波动方程，满足此方程的物理量 $P(t, x, y, z)$代表某种波动．式(7-9-36)左边 $\nabla^a\nabla_a P$ 也可表为 $g^{\mu\nu}\nabla_\mu\nabla_\nu P$，当 $g_{ab}=\eta_{ab}$ 时退化为 $\partial^\mu\partial_\mu P$，可见 $\nabla^a\nabla_a P$ 是 $\partial^\mu\partial_\mu P$ 在弯曲时空的推广，因而式(7-9-36)代表弯曲时空$(\mathbb{R}^4, g_{ab})$中物理量 $P(x, y, u)$ 的某种波动．当 P 取式(7-9-22)的形式时

$$(\partial^2 P/\partial x^2) + (\partial^2 P/\partial y^2) = 0\,,$$

故 $\nabla^a\nabla_a P = 0$，即式(7-9-22)的 $P(x, y, u)$是弯曲时空中无源波动方程的解．加上 $R_{ac} = 0$ (即 g_{ab} 满足真空爱因斯坦方程)，便可看到"弯曲时空$(\mathbb{R}^4, g_{ab})$代表真空中的引力波"的说法的合理性．由此也可(至少部分地)看出把 P 取为式(7-9-22)的形式的用意所在．

命题 7-9-5　$(\mathbb{R}^4, g_{ab})$中的等 u 面是类光超曲面．

证明　由式(7-9-25)得 $K_a = g_{ab}K^b = g_{ab}(e_3)^b$．仿照式(2-6-10a)的推导可得 $g_{ab}(e_3)^b = g_{3\mu}(e^\mu)_a$，故

$$K_a = g_{3\mu}(e^\mu)_a = g_{34}(e^4)_a = -(e^4)_a = -\nabla_a u\,,$$

其中最末一步用到式(7-9-28)．注意到 $\nabla_a u$ 是等 u 面的法余矢，可知其法矢

$\nabla_a u = -K^a$ 为类光. □

注2　在式(7-9-34)的特例中，$\omega u = \omega t - kz$ 代表波的相位，而 ω 为常数，故等 u 面即4维语言中的3维等相面(波阵面) $\mathscr{S}$. $\mathscr{S}$ 为类光超曲面表明式(7-9-34)的引力波以光速传播. 命题7-9-5保证在 $P = P(x, y, u)$ 的一般情况下等 u 面仍是类光超曲面(仍以类光矢量 K^a 为法矢)，因此不妨把 u 看作某种(推广的)相位，而等 u 面是类光超曲面则表明这个一般的 $P(x, y, u)$ 所代表的引力波的相速仍是光速.

下面以上述平面引力波为例介绍引力波接收的机理. 在Weber探测器中，铝棒的每个分子可看作一个观者，铝棒可看作定义于时空$(\mathbb{R}^4, g_{ab})$中的一个子时空的参考系. 由于分子之间存在引力之外的相互作用，分子世界线不是测地线. 不过可以只讨论世界线为测地线的参考系(这种参考系最简单)，因为铝棒参考系对引力波的响应可从测地参考系的响应通过牛顿力学和固体物理学推出[见Weber(1961)]. 测地参考系中相邻观者在时空曲率作用下的相对加速度就是潮汐加速度(见§7.6). 在式(7-9-35)的引力波的作用下，潮汐加速度将周期性地改变大小和方向，从而导致两相邻观者的相对振动. 取测地线 $\gamma(\tau)$ 为基准观者，我们来计算他周围的相邻观者相对于他的潮汐3加速 a^c. 设 $p \in \gamma$，Z^a 是 γ 在 p 点的4速(γ 的单位切矢)，W_p 是 p 点切空间 V_p 中与 Z^a 正交的3维子空间(画在图上就是一个与 Z^a 正交的小平面)，则空间分离矢量 w^a 便代表一个邻近观者(§7.6).① w^a 相应的观者相对于基准观者 $\gamma(\tau)$ 的潮汐加速度 a^c 由测地偏离方程(7-6-8)给出：

$$a^c = -R_{abd}{}^c Z^a w^b Z^d . \tag{7-9-38}$$

$\forall w^b \in W_p$，由上式便可确定一个 $a^c \in W_p$，因此上式定义了一个线性映射 $\psi: W_p \to W_p$. 由“张量面面观”(见§2.4)可知 ψ 可看作 W_p 上的一个(1, 1)型张量，记作 $\psi^c{}_b$，即

$$a^c = \psi^c{}_b w^b . \tag{7-9-39}$$

与式(7-9-38)对比便得

$$\psi^c{}_b = -R_{abd}{}^c Z^a Z^d . \tag{7-9-40}$$

为了计算 $\psi^c{}_b$，可先给 W_p 选择一个方便的正交归一3标架 $\{(E_i)^a\}$：

$$\begin{aligned}(E_1)^a &= (\partial/\partial x)^a + E^{-1} Z_1 K^a, \\ (E_2)^a &= (\partial/\partial y)^a + E^{-1} Z_2 K^a, \\ (E_3)^a &= E^{-1} K^a - Z^a,\end{aligned} \tag{7-9-41}$$

其中 $E \equiv -g_{ab} Z^a K^b > 0$，　$Z_1 \equiv g_{ab} Z^a (\partial/\partial x)^b = Z_b (\partial/\partial x)^b$ (故 Z_1 是 Z_b 的坐标分量而

---

① 更准确地说，w^a 只给出一个“分离方向”，$w^a \Delta s$(其中 Δs 为小量)才确定在该方向上的一个相邻观者，见§7.6.

非标架分量)，$Z_2 \equiv g_{ab}Z^a(\partial/\partial y)^b = Z_b(\partial/\partial y)^b$. 请读者验证：①$\{(E_i)^a\}$以$g_{ab}$衡量的确正交归一；②$(E_3)^a$是$p$点的$K^a$在$W_p$上的投影$h^a{}_bK^b = K^a + Z^aZ_bK^b$做归一化的结果；③$\{(E_i)^a\}$沿测地线平移(因而费移) [证明提示：由$\gamma(\tau)$的测地性及$\nabla_aK^b = 0$可知$E$沿线为常数，由此易证$Z^b\nabla_b(E_3)^a = 0$. 注意到$\nabla_b(\partial/\partial x)^a = -K^a\omega_1{}^3{}_b$，便可证明$Z^b\nabla_b(E_1)^a = 0$.]. 以$\mathscr{S}$代表含点$p\in\gamma$的波阵面(见图 7-18 的类光超曲面)，$\hat{\mathscr{S}}$代表$V_p$中切于$\mathscr{S}$的全体元素构成的3维子空间，$S_p \equiv \hat{\mathscr{S}}\cap W_p = \{w^a \in W_p \,|\, g_{ab}w^aK^b = 0\}$，则$\{(E_1)^a, (E_2)^a\}$是$S_p$的一个基底. 由于画图时总把$V_p$的子空间(例如$W_p$)画成小平面(把$V_p$的子集画成$M$的子集)，故$\hat{\mathscr{S}}$在图 7-18 中与$\mathscr{S}$并无区别. 以上数学设定的物理意义很明确：测地观者$\gamma(\tau)$在时刻p认为引力波沿空间方向$(E_3)^a$传过，2 维波阵面S_p与传播方向$(E_3)^a$正交(见图 7-18). $\psi^c{}_b$在3标架$\{(E_i)^a\}$的分量为

$$\psi^i{}_j = \psi^c{}_b(E^i)_c(E_j)^b = \psi_{cb}(E^i)^c(E_j)^b = \psi_{cb}(E_i)^c(E_j)^b = -R_{abcd}Z^a(E_j)^bZ^c(E_i)^d, \tag{7-9-42}$$

其中用到正交归一标架的性质$(E^i)^c = \delta^{ij}(E_j)^c = (E_i)^c$. 以式(7-9-33)的$R_{abcd}$和式(7-9-41)代入上式，便得$\psi^i{}_j$的矩阵

$$(\psi^i{}_j) = \begin{bmatrix} \alpha & \beta & 0 \\ \beta & -\alpha & 0 \\ 0 & 0 & 0 \end{bmatrix}, \qquad \alpha \equiv -E^2 f, \qquad \beta \equiv -E^2 g. \tag{7-9-43}$$

上式的推导留作习题. 提示：

(1) 注意利用$(e^1)_a(E_2)^a = (e^2)_a(E_1)^a = (e^4)_a(E_1)^a = (e^4)_a(E_2)^a = 0$；

(2) $(e^4)_aZ^a = g_{ab}Z^a(e^4)^b = g_{ab}Z^ag^{43}(e_3)^b = -g_{ab}Z^aK^b = E$，其中$g^{43}$是$g^{ab}$在标架$\{(e^\mu)_a\}$的分量，见式(7-9-26)；

(3) $(e^4)_a(E_3)^a = (e^4)_a[E^{-1}(e_3)^a - Z^a] = -(e^4)_aZ^a = -E$.

现在讨论式(7-9-43)的物理意义. 设$\gamma(\tau)$为基准观者，$p\in\gamma$，Q是正交“小平面”W_p上以p为心、以小量为半径的球面，则球面上每点可看作一个相邻观者在时刻p的表现(见图 7-19). 我们用式(7-9-39)和(7-9-43)讨论在引力波作用下这些相邻观者相对于$\gamma(\tau)$的潮汐 3 加速a^c. 球面上每点对应于一个w^b，设它在正交归一3标架$\{(E_i)^a\}$的分量为w^1, w^2, w^3，则它的3加速的分量排成的列矩阵为

$$\begin{bmatrix} a^1 \\ a^2 \\ a^3 \end{bmatrix} = \begin{bmatrix} \alpha & \beta & 0 \\ \beta & -\alpha & 0 \\ 0 & 0 & 0 \end{bmatrix}\begin{bmatrix} w^1 \\ w^2 \\ w^3 \end{bmatrix}. \tag{7-9-44}$$

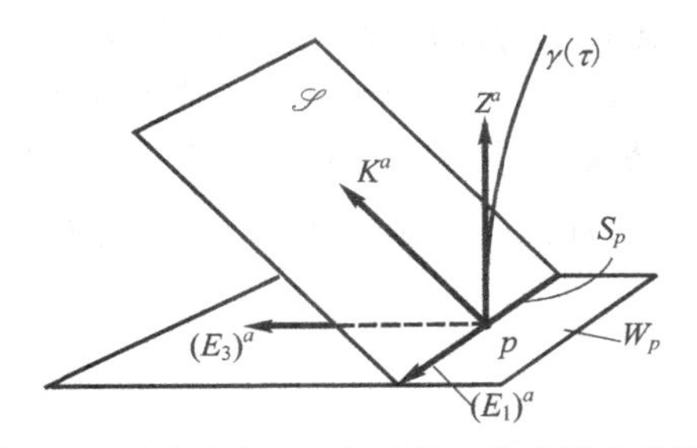

图 7-18　测地观者$\gamma(\tau)$在时刻 p 认为引力波沿$(E_3)^a$传过，波阵面 S_p 与$(E_3)^a$正交

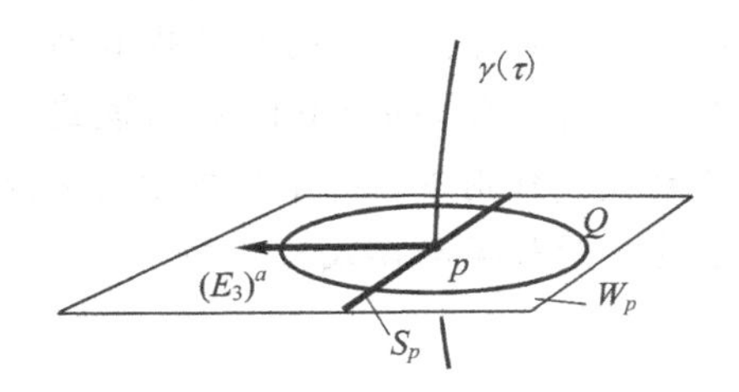

图 7-19　正交面 W_p 上以 p 为心的小球面 Q 的每点代表一个相邻观者在时刻 p 的表现

如果 $w^1 = w^2 = 0$，即 w^a 平行于引力波传播方向$(E_3)^a$，则由式(7-9-44)得 $a^1 = a^2 = a^3 = 0$，可见这种相邻观者根本没有 3 加速. 这是引力波横波性的一种物理表现：位于纵向(与传播方向平行的方向)的相邻观者毫无反应，只有横向相邻观者才有振动. 或者说，所有潮汐加速度都正交于传播方向$(E_3)^a$，因而位于图 7-18 的波阵面 S_p 内. 于是可以只关心横向响应，即把式(7-9-44)简化为

$$\begin{bmatrix} a^1 \\ a^2 \end{bmatrix} = \begin{bmatrix} \alpha & \beta \\ \beta & -\alpha \end{bmatrix} \begin{bmatrix} w^1 \\ w^2 \end{bmatrix}, \tag{7-9-45}$$

即只关心由$(E_1)^a$和$(E_2)^a$支起的 2 维子空间的一个小圆周上各点的响应. 取圆周上 A, B, C, D, E, F, G, H 等 8 个有代表性的点(见图 7-20)，并分别讨论以下两种特殊情况：(a) $\beta \equiv 0$, $\alpha > 0$；(b) $\alpha \equiv 0$, $\beta > 0$. 由简单计算可得表 7-1 和图 7-20 的结果. 图 7-20 所示的变形称为剪切(shear)，详见§14.1.

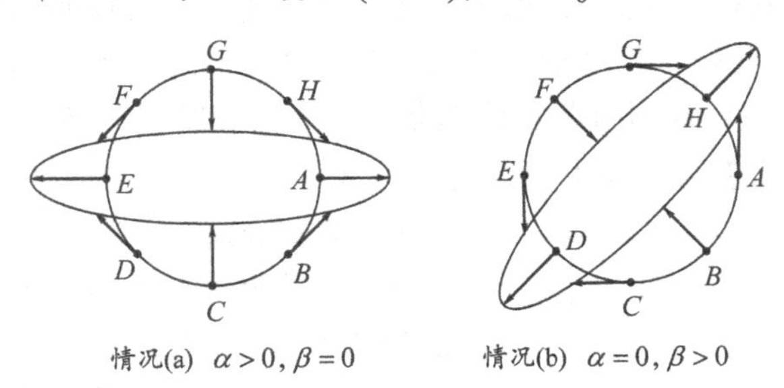

图 7-20　引力波作用下圆周在某一时刻的变形趋势(参见表 7-1)

表 7-1 和图 7-20 只反映圆周在某一特定时刻的潮汐加速度(及其变形趋势). 要把握圆周在一段时间内的变形(振动)情况，就要先给出函数 $f(u)$和 $g(u)$的具体形式. 我们仍只讨论 $f(u) = F\cos(\omega t - kz)$ 和 $g(u) = G\cos(\omega t - kz)$ 的情况. 式(7-9-43)表明，决定潮汐加速度的直接因素是 $E^2 f$ 和 $E^2 g$ 而非 f 和 g. 不过，由 K^a 的测地性可知 E 在测地线 $\gamma(\tau)$ 上为常数，所以潮汐加速度反映的也就是 f 和 g 的值. 又由于测地线 $\gamma(\tau)$ 上的 u 与固有时 τ 有线性关系 $\mathrm{d}u/\mathrm{d}\tau = E$ (证明留作练习)，观者

测得的 $a^i \sim \tau$ 曲线在纵横坐标的适当伸缩后反映引力波的 $f \sim u$ 曲线或 $g \sim u$ 曲线. 考虑上述引力波的两种基本偏振模式: ① $G=0$ [因而 $g(u)\equiv 0$], 称为**模式 +**; ② $F=0$ [因而 $f(u)\equiv 0$], 称为**模式 ×**. 在引力波足够弱的近似情况下, 圆周在这两种模式作用下在一个周期中的振动情况分别如图 7-21(a)、(b)所示. 一般振动可表为这两种振动模式的叠加.

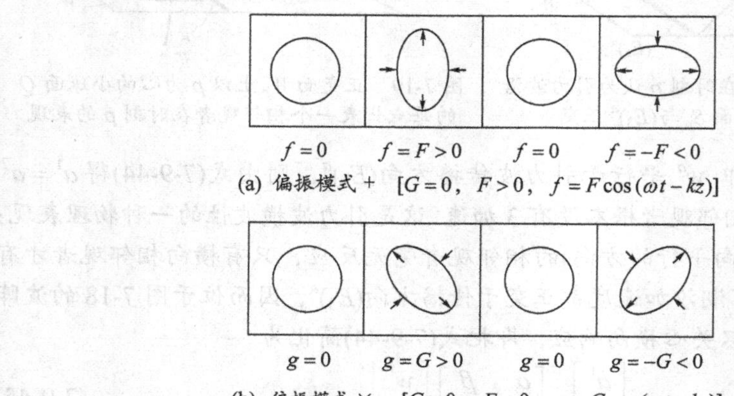

图 7-21 线偏振平面引力波作用下圆周在一个周期内的振动

图 7-20 和 7-21 所显示的引力波对试验粒子的效应与电磁波的效应有所不同. 在指出这种区别之前, 有必要说明一点. 引力波是"曲率的振动的传播", 而曲率导致潮汐加速度, 因此要通过测量一个自由粒子相对于另一个(作为基准的)自由粒子的相对加速度来探测, 已如上述. 电磁波是电磁场的振动的传播, 探测时只须测量一个带电粒子相对于惯性系的加速度, 其表达式比潮汐加速度简单得多, 即 $\vec{a}=(q/m)\vec{E}$. 设被测的是线偏振电磁波, 则与图 7-21 对应的就是简单得多的图 7-22. 现在指出引力波与电磁波的一个区别: 图 7-21 中的任一方格内(实际是指任一时刻)的花样在绕传播方向(过对称中心垂直于纸面的直线)转 180°(及其整数倍)后复原(不变), 而图 7-22 中任一方格内的花样至少要转 360°后才复原. 这一区别体现为引力子与光子有不同的自旋[人们普遍相信广义相对论最终必须同量子理论结合成为一套完整、自洽的量子引力论. 虽然这一理论至今尚未建成, 物理学家仍然经常谈及引力量子化及其量子——**引力子**(graviton). 粗略地说, 引力子与单色平面引力波的联系类似于光子与单色平面电磁波的联系.]. 引力子与光子一样没有静质量, 但两者有不同的自旋. 图 7-21 与 7-22 的上述区别同以下事实有密切联系: 光子的自旋为 1, 而引力子的自旋为 2.

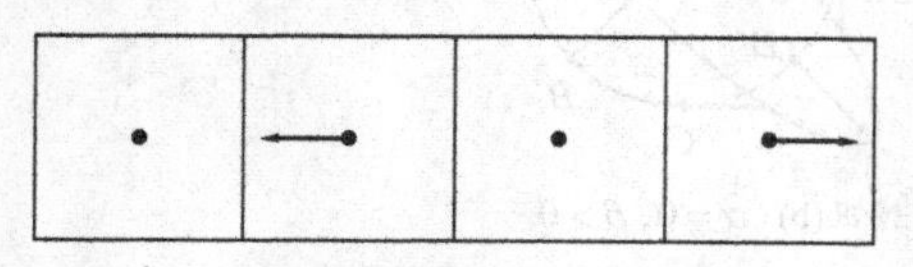

图 7-22 线偏振电磁波作用下带电粒子在一个周期内的振动

[选读 7-9-1 完]

表 7-1　圆周上 8 个点在同一时刻相对于圆心的潮汐加速度 $\vec{a}$ (总体效果见图 7-20)

情况(a)　$\alpha>0,\beta=0$

	A	B	C	D	E	F	G	H
$\begin{bmatrix}w^1\\w^2\end{bmatrix}$	$\begin{bmatrix}1\\0\end{bmatrix}$	$\begin{bmatrix}1/\sqrt{2}\\-1/\sqrt{2}\end{bmatrix}$	$\begin{bmatrix}0\\-1\end{bmatrix}$	$\begin{bmatrix}-1/\sqrt{2}\\-1/\sqrt{2}\end{bmatrix}$	$\begin{bmatrix}-1\\0\end{bmatrix}$	$\begin{bmatrix}-1/\sqrt{2}\\1/\sqrt{2}\end{bmatrix}$	$\begin{bmatrix}0\\1\end{bmatrix}$	$\begin{bmatrix}1/\sqrt{2}\\1/\sqrt{2}\end{bmatrix}$
$\begin{bmatrix}a^1\\a^2\end{bmatrix}=\begin{bmatrix}\alpha & 0\\0 & -\alpha\end{bmatrix}\begin{bmatrix}w^1\\w^2\end{bmatrix}$	$\begin{bmatrix}\alpha\\0\end{bmatrix}$	$\begin{bmatrix}\alpha/\sqrt{2}\\\alpha/\sqrt{2}\end{bmatrix}$	$\begin{bmatrix}0\\\alpha\end{bmatrix}$	$\begin{bmatrix}-\alpha/\sqrt{2}\\\alpha/\sqrt{2}\end{bmatrix}$	$\begin{bmatrix}-\alpha\\0\end{bmatrix}$	$\begin{bmatrix}-\alpha/\sqrt{2}\\-\alpha/\sqrt{2}\end{bmatrix}$	$\begin{bmatrix}0\\-\alpha\end{bmatrix}$	$\begin{bmatrix}\alpha/\sqrt{2}\\-\alpha/\sqrt{2}\end{bmatrix}$
$\vec{a}$	A →	B ↗	C ↑	D ↖	E ←	F ↙	G ↓	H ↘

情况(b)　$\alpha=0,\beta>0$

	A	B	C	D	E	F	G	H
$\begin{bmatrix}w^1\\w^2\end{bmatrix}$	$\begin{bmatrix}1\\0\end{bmatrix}$	$\begin{bmatrix}1/\sqrt{2}\\-1/\sqrt{2}\end{bmatrix}$	$\begin{bmatrix}0\\-1\end{bmatrix}$	$\begin{bmatrix}-1/\sqrt{2}\\-1/\sqrt{2}\end{bmatrix}$	$\begin{bmatrix}-1\\0\end{bmatrix}$	$\begin{bmatrix}-1/\sqrt{2}\\1/\sqrt{2}\end{bmatrix}$	$\begin{bmatrix}0\\1\end{bmatrix}$	$\begin{bmatrix}1/\sqrt{2}\\1/\sqrt{2}\end{bmatrix}$
$\begin{bmatrix}a^1\\a^2\end{bmatrix}=\begin{bmatrix}0 & \beta\\\beta & 0\end{bmatrix}\begin{bmatrix}w^1\\w^2\end{bmatrix}$	$\begin{bmatrix}0\\\beta\end{bmatrix}$	$\begin{bmatrix}-\beta/\sqrt{2}\\\beta/\sqrt{2}\end{bmatrix}$	$\begin{bmatrix}-\beta\\0\end{bmatrix}$	$\begin{bmatrix}-\beta/\sqrt{2}\\-\beta/\sqrt{2}\end{bmatrix}$	$\begin{bmatrix}0\\-\beta\end{bmatrix}$	$\begin{bmatrix}\beta/\sqrt{2}\\-\beta/\sqrt{2}\end{bmatrix}$	$\begin{bmatrix}\beta\\0\end{bmatrix}$	$\begin{bmatrix}\beta/\sqrt{2}\\\beta/\sqrt{2}\end{bmatrix}$
$\vec{a}$	A ↑	B ↖	C ←	D ↙	E ↓	F ↘	G →	H ↗

习　　题

~1. 试证弯曲时空麦氏方程 $\nabla^a F_{ab}=-4\pi J_b$ 蕴含电荷守恒定律，即 $\nabla_a J^a=0$. 注：$\nabla^a F_{ab}=-4\pi J_b$ 等价于式(7-2-8)而非式(7-2-9)，故本题表明式(7-2-8)而非式(7-2-9)可推出电荷守恒.

~2. 试证 $\dfrac{\mathrm{D_F}\omega_a}{\mathrm{d}\tau}=\dfrac{\mathrm{D}\omega_a}{\mathrm{d}\tau}+(A_a\wedge Z_b)\,\omega^b \quad \forall\omega_a\in\mathscr{F}_G(0,1)$.

~3. 试证费米导数性质 3.

4. 试证类时线 $G(\tau)$上长度不变(且非零)的矢量场 v^a 必经受时空转动. 提示：令 $u^a\equiv \mathrm{D}v^a/\mathrm{d}\tau$ ，则 $u_a v^a=0$. 先证：无论 $v_a v^a$ 为零与否，总有 $G(\tau)$上矢量场 v'^a 使 $v'_a v^a=1$. 再验证 v^a 经受以 $\Omega_{ab}\equiv 2\,v'_{[a}u_{b]}$ 为角速度 2 形式的时空转动.

5. 设$\{T, X, Y, Z\}$为闵氏时空的洛伦兹坐标系，曲线 $G(\tau)$的参数表达式为

$$T=A^{-1}\mathrm{sh}A\tau\,,\qquad X=A^{-1}\mathrm{ch}A\tau\,,\qquad Y=Z=0\,,\qquad (\text{其中 } A \text{ 为常数})$$

(a) 试证 $G(\tau)$是类时双曲线(即图 6-42 的 G)，τ 是固有时，A 是 $G(\tau)$的 4 加速 A^a 的长度.

*(b) 试证从$\{T, X, Y, Z\}$系原点 o 出发的与 $G(\tau)$有交的任一半直线 $\mu(s)$ 都与 $G(\tau)$正交.

*(c) 设(b)中的 $\mu(s)$ 的参数 s 是 μ 的线长，随着 $\mu(s)$ 取遍所有从 o 出发并与 $G(\tau)$有交的半直线，便得 $G(\tau)$上的一个空间矢量场 $w^a \equiv (\partial/\partial s)^a$，试证 w^a 沿 $G(\tau)$费移.

*(d) 令 $Z^a \equiv (\partial/\partial\tau)^a$，选 $\{Z^a, w^a, (\partial/\partial Y)^a, (\partial/\partial Z)^a\}$ 为 $G(\tau)$上的正交归一 4 标架场，求出 $G(\tau)$ 的固有坐标系$\{t, x, y, z\}$并指出其坐标域.

答：$T = (A^{-1} + x)\,\text{sh}At,\ X = (A^{-1} + x)\,\text{ch}At,\quad Y = y,\quad Z = z$.

(e) 写出闵氏度规在上述固有坐标系中的线元表达式. 计算闵氏度规在该系的克氏符，验证它满足引理 7-4-3，即式(7-4-10).

6. 设 G 是质点 L 在点 $p \in L$ 的瞬时静止自由下落无自转观者(即 G 的 4 速 Z^a 与 L 的 4 速 U^a 在 p 点相切)，A^a 是 L 在 p 点的 4 加速，a^a 是 L 在 p 点相对于 G 的 3 加速[由式(7-4-3)定义]，试证 $a^a = A^a$. 注：本命题可视为命题 6-3-6 在弯曲时空的推广.

~7. 度规 g_{ab} 叫**里奇平直**的，若 g_{ab} 的里奇张量为零. 试证 4 维洛伦兹度规 g_{ab} 是真空爱因斯坦方程的解的充要条件为 g_{ab} 是里奇平直的.

~8. 设(M, g_{ab})为里奇平直时空(定义见上题)，ξ^a 是其中的一个 Killing 矢量场，试证 $F_{ab} := (\mathrm{d}\xi)_{ab}$ 满足(M, g_{ab})的无源 $(J_a = 0)$ 麦氏方程. 提示：利用 Killing 场 ξ^a 满足的 $\nabla_a\xi^a = 0$ (第 4 章习题 11 的结果).

9. 设 $\xi_\mu(\mu = 0, 1, 2, 3)$ 为方程 $\partial^b\partial_b\xi_\mu = 0$ 在初始条件式(7-9-10)~(7-9-13)下的解，试证由 $\xi_a = \xi_\mu(\mathrm{d}x^\mu)_a$ 及 γ_{ab} 按式(7-9-8)构造的 γ'_{ab} 在无源区既满足洛伦兹规范条件 $\partial^a\overline{\gamma}'_{ab} = 0$ 又满足 $\gamma' = 0$ 和 $\gamma'_{0i} = 0 (i = 1, 2, 3)$. 提示：(1)根据解的唯一性定理，只须证明 $\gamma' = 0$ 和 $\gamma'_{0i} = 0$ 分别是方程 $\partial^c\partial_c\gamma = 0$ 和 $\partial^c\partial_c\gamma'_{0i} = 0$ 的满足初始条件 $\gamma'|_{\Sigma_0} = 0$，$\partial\gamma'/\partial t|_{\Sigma_0} = 0$，$\gamma'_{0i}|_{\Sigma_0} = 0$ 和 $\partial\gamma'_{0i}/\partial t|_{\Sigma_0} = 0$ 的解. (2)由 $\partial^b\partial_b\xi_\mu = 0$ 可得 $\partial^2\xi_\mu/\partial t^2 = \nabla^2\xi_\mu$.

10. 设 γ_{ab} 满足 (a) $\partial^a\overline{\gamma}_{ab} = 0$；(b) $\gamma = 0$；(c) $\gamma_{0i} = 0\ (i = 1, 2, 3)$；(d) $\gamma_{00} =$ 常数. 试找出一个“无限小”矢量场 ξ^a 使 $\tilde{\gamma}_{ab} \equiv \gamma_{ab} + \partial_a\xi_b + \partial_b\xi_a$ 满足

(a) $\partial^a\overline{\tilde{\gamma}}_{ab} = 0$；(b) $\tilde{\gamma} = 0$；(c) $\tilde{\gamma}_{0i} = 0\ (i = 1, 2, 3)$；(d) $\tilde{\gamma}_{00} = 0$.

11. 试证命题 7-9-2.

12. 验证式(7-9-41)后的(1)~(3).

13. 试证式(7-9-43).

14. 试证式(7-9-36)，即 $\nabla^a\nabla_a P = (\partial^2 P/\partial x^2) + (\partial^2 P/\partial y^2)$.

第 8 章　爱因斯坦方程的求解

爱因斯坦方程的求解是广义相对论的重要问题. 许多精确解对广义相对论的研究和发展起到重要作用. 由于爱因斯坦方程是高度非线性的偏微分方程，一般情况下求解(指精确解)非常困难. 然而，在时空度规具有适当对称性(例如有若干独立 Killing 矢量场)时求解变得相对容易. 第一个精确解(也是物理上最重要的解之一)——施瓦西真空解——就是 Schwarzschild (施瓦西)在时空具有静态性和球对称性的前提下、在爱因斯坦方程发表不到一年后求得的.

§8.1　稳态时空和静态时空

定义 1　时空(M, g_{ab})称为**稳态的**(stationary)，若它存在类时 Killing 矢量场. 这时也称 g_{ab} 为稳态度规.

设(M, g_{ab})存在类时 Killing 矢量场ξ^a，其积分曲线的参数为 t，即$\xi^a = (\partial/\partial t)^a$. 选择以 t 为第零坐标(即 $t = x^0$)、以 ξ^a 的积分曲线为 x^0 坐标线的任一坐标系$\{x^\mu\}$(即 ξ^a 的适配坐标系，见§4.2)，以 $g_{\mu\nu}$ 表示 g_{ab} 在该系的分量，则

$$\partial g_{\mu\nu}/\partial t = (\mathscr{L}_\xi g)_{\mu\nu} = 0, \tag{8-1-1}$$

其中第一步用到定理 4-2-2，第二步是由于 ξ^a 为 Killing 场. 式(8-1-1)说明全部 $g_{\mu\nu}$ 都与时间坐标 t 无关，即 $g_{\mu\nu}$ 具有“时间平移不变性”. 这正是“稳态”一词的由来.

反之，若(M, g_{ab})中存在局域坐标系$\{x^\mu\}$使

$$\partial g_{\mu\nu}/\partial t = 0 \qquad (t \equiv x^0 \text{ 是类时坐标}), \tag{8-1-2}$$

则$\xi^a \equiv (\partial/\partial t)^a$是坐标域 O 上的光滑矢量场，而$\{x^\mu\}$正是这一矢量场的适配坐标系，故由定理 4-2-2 有

$$(\mathscr{L}_\xi g)_{\mu\nu} = \partial g_{\mu\nu}/\partial t = 0,$$

因而在 O 上有 $\mathscr{L}_\xi g_{ab} = 0$，可见 $\xi^a \equiv (\partial/\partial t)^a$ 是 O 上的类时 Killing 矢量场. 所以稳态时空也可用坐标语言定义如下：若存在局域坐标系$\{x^\mu\}$(坐标域为 O)使 g_{ab} 的全部分量与类时坐标 x^0 无关，则至少(O, g_{ab})是稳态时空.

直观地说，稳态时空对应于不随时间而变的引力场. 然而时间概念与观者有关. 例如，由于地球引力场在地面比高空较强，如果你(作为观者)在从地面向高空运动的过程中不断测量地球的引力场，你会发现“地球引力场随时间而变”. 这

当然不表明地球引力场不是稳态引力场．可见在借用观者判断引力场的稳态性时需要选择适当的观者(参考系)．如果你设法把自己保持在地球某点上空的固定高度(你的世界线与地球表面世界面的母线平行)，你就会(才会)发现地球引力场“不随时间而变”．就是说，地球引力场相应的时空有如下特点：存在一组特定的类时曲线(重合于类时 Killing 矢量场的积分曲线)，以这些曲线为世界线的观者测得的度规分量不随时间而变．许多时空(例如正在膨胀着的宇宙)不具备这一特点(不存在类时 Killing 矢量场)，定义 1 正是这一特点的数学表述．

例 1 闵氏时空是稳态时空，因为其洛伦兹坐标系 $\{x^\mu\}$ 的第零坐标基矢场 $(\partial/\partial x^0)^a$ 是类时 Killing 矢量场．

例 2 某 2 维时空的度规在某坐标系 $\{t, x\}$ 中可表为 $\mathrm{d}s^2 = -t^{-4}\mathrm{d}t^2 + \mathrm{d}x^2$，$t > 0$．有人认为这不是稳态度规，因其分量 $g_{00} = -t^{-4}$ 与时间坐标 t 有关．然而一个简单的坐标变换 $T = t^{-1}$、$X = x$ 就把线元变为 $\mathrm{d}s^2 = -\ \mathrm{d}T^2 + \mathrm{d}X^2$，这无非是 2 维闵氏度规，当然是稳态的!

例 2 从一个角度说明不从几何角度看问题容易出现误解．稳态性是时空的内禀几何性质，不因坐标系的选择而变．请注意下面两个说法都是错的：

(1) (错!) 若度规的某些坐标分量 $g_{\mu\nu}$ 与该坐标系的类时坐标 t 有关，则时空不是稳态的．

(2) (错!) 例 2 的时空在坐标系 $\{T, X\}$ 中是稳态时空，在坐标系 $\{t, x\}$ 中不是稳态时空．

定义 2 (M, g_{ab})中的矢量场 v^a 称为**超曲面正交的**(hypersurface orthogonal)，若 $\forall p \in M$ 存在与 v^a 处处正交的超曲面 Σ 使 $p \in \Sigma$．

定义 3 时空(M, g_{ab})称为**静态的**(static)，若它存在超曲面正交的类时 Killing 矢量场．这时也称 g_{ab} 为**静态度规**．

可见静态时空必稳态，但反之不然．

命题 8-1-1 设 $\xi^a = (\partial/\partial t)^a$ 是 Killing 矢量场，$\Sigma_0 = \{p \in M \mid t(p) = 0\}$ 是处处与 ξ^a 正交的超曲面，则超曲面 $\Sigma_{t_1} = \{p \in M \mid t(p) = t_1\}$ 也处处与 ξ^a 正交．

证明 习题．提示：$\Sigma_t = \phi_t[\Sigma_0]$，$\phi_t$ 是与 ξ^a 对应的单参等度规群的一个元素，即一个等度规映射． □

设(M, g_{ab})为静态时空，$\xi^a = (\partial/\partial t)^a$ 为类时 Killing 场，Σ_0 为与 ξ^a 正交的超曲面．把 ξ^a 的每条积分曲线与 Σ_0 的交点选作曲线参数的零点，在 Σ_0 上选局域坐标系 $\{x^i\}$．因 Σ_0 上各点有 $\xi^a \neq 0$，故可用 ξ^a 的积分曲线把这 3 个坐标“携带”至 Σ_0 以外(即令 ξ^a 的每条积分曲线上各点的 x^i 都等于该线与 Σ_0 的交点的 x^i)，再把每条积分曲线的参数 t 作为线上每点的类时坐标 x^0(称为 Killing 时间坐标)，便得一个 4 维局域坐标系 $\{t, x^i\}$，它以 ξ^a 的积分曲线为 t 坐标线. 又由于 x^i 坐标线都躺在正交面 Σ_t 上，所以类时坐标基矢 $(\partial/\partial t)^a$ 与类空坐标基矢 $(\partial/\partial x^i)^a$ 正交，因而

$$g_{0i} = g_{ab}(\partial/\partial t)^a(\partial/\partial x^i)^b = 0, \qquad i=1, 2, 3,$$

故 g_{ab} 在此系中的线元表达式简化为

$$ds^2 = g_{00}(x^1,x^2,x^3)dt^2 + g_{ij}(x^1,x^2,x^3)dx^i dx^j \,. \tag{8-1-3}$$

这样的坐标系叫**时轴正交坐标系**(time-orthogonal coordinate system).

设(M, g_{ab})为稳态时空，则类时 Killing 矢量场 ξ^a 的积分曲线对应的参考系叫**稳态参考系**(“对应”是指把积分曲线重新参数化，以固有时 τ 代替 Killing 时间 t 作为参数.). ξ^a 为超曲面正交的稳态参考系叫**静态参考系**. 一个观者称为**稳(静)态观者**，若他是某一稳(静)态参考系的观者. 命题 8-1-1 中定义的 Σ_t 称为静态参考系的**同时面**(simultaneity surface). 应注意此处的“时间” t 是坐标时而不是静态观者的固有时 τ(除非 $g_{00}=-1$)，易证两者间有如下关系： $d\tau = \sqrt{-g_{00}}\,dt$.

静态时空不但有稳态时空所具有的时间平移不变性，而且具有时间反射不变性(不考虑可能出现的某些微妙情况). 设 $\xi^a = (\partial/\partial t)^a$ 是超曲面正交的类时 Killing 矢量场，则时间反射变换是指微分同胚映射 $\phi: M\to M$, 满足 $t(\phi(p)) = -t(p)$， $x^i(\phi(p))=x^i(p)$， $\forall p\in M$. 下面证明这个 ϕ 是等度规映射，因而说静态时空有时间反射不变性.

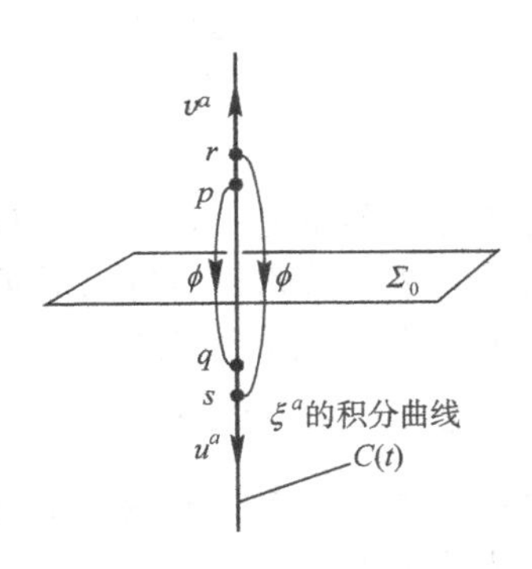

图 8-1　时间反射 $\phi: M\to M$

设 $C(t)$ 是 ξ^a 过 p 的积分曲线，且 $p=C(t_1)$. 由 $x^i(\phi(p)) = x^i(p)$ 可知 $q\equiv\phi(p)$ 也在 $C(t)$上. 先证 $\phi_*[(\partial/\partial t)^a|_p] = -(\partial/\partial t)^a|_q$. 令 $v^a \equiv (\partial/\partial t)^a|_p$ ， $u^a \equiv -(\partial/\partial t)^a|_q$ ， $r\equiv C(t_1+\Delta t)$ ， $s\equiv\phi(r)$ (见图 8-1). 设 f 是 M 上任一光滑函数，则 q 点的矢量 $\phi_* v^a$ 对 f 的作用结果为

$$(\phi_* v)(f) = v(\phi^* f) = \left.\frac{\partial}{\partial t}\right|_{t=t_1}(\phi^* f) = \lim_{\Delta t\to 0}\frac{1}{\Delta t}[(\phi^* f)|_r - (\phi^* f)|_p]$$

$$= \lim_{\Delta t\to 0}\frac{1}{\Delta t}(f|_s - f|_q) = u(f),$$

故 $\phi_* v^a = u^a$， 即 $\phi_*[(\partial/\partial t)^a|_p] = -(\partial/\partial t)^a|_q$. 类似地可证

$$\phi_*[(\partial/\partial x^i)^a|_p] = (\partial/\partial x^i)^a|_q, \qquad i=1, 2, 3.$$

以 $g_{\mu\nu}$ 和 $(\phi^* g)_{\mu\nu}$ 分别代表 g_{ab} 和 $(\phi^* g)_{ab}$ 在 $\{t, x^i\}$ 系的分量，则

$$(\phi^* g)_{00}|_p = [(\phi^* g)_{ab}(\partial/\partial t)^a(\partial/\partial t)^b]|_p$$
$$= [g_{ab}(\phi_* \partial/\partial t)^a(\phi_* \partial/\partial t)^b]|_q$$
$$= [g_{ab}(\partial/\partial t)^a(\partial/\partial t)^b]|_q = g_{00}|_q = g_{00}|_p,$$

最后一步是因 $0=(\mathscr{L}_\xi g)_{\mu\nu} = \partial g_{\mu\nu}/\partial t$，即 $g_{\mu\nu}$ 沿 $C(t)$ 为常数. 类似地有 $(\phi^* g)_{ij}|_p = g_{ij}|_p$，但 $(\phi^* g)_{0i}|_p = -g_{0i}|_p$，幸好 $g_{0i}=0$ (此处用到超曲面正交性)，故 $(\phi^* g)_{\mu\nu}|_p = g_{\mu\nu}|_p$. 注意到 p 的任意性，便知 $(\phi^* g)_{ab} = g_{ab}$，所以 $\phi: M \to M$ 是等度规映射.

[选读 8-1-1]

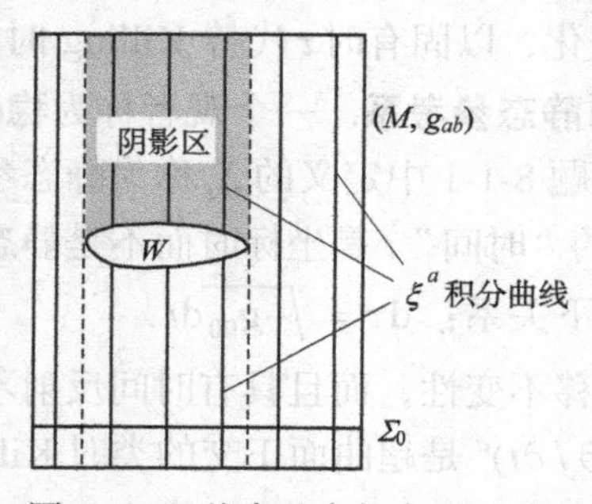

图 8-2　强静态时空挖去 W 后成为弱静态时空

Killing 矢量场的定义严格说来有强、弱之分. 弱定义只关心局域性质，凡满足 Killing 方程 $\nabla_{(a}\xi_{b)}=0$ (等价于 $\mathscr{L}_\xi g_{ab}=0$) 的矢量场 ξ^a 都称为 Killing 矢量场. 这种 ξ^a 可以是不完备的，即其参数 t 的取值范围不是全 $\mathbb{R}$ 而只是 $\mathbb{R}$ 的一个区间. 强定义则还要求 ξ^a 完备. 相应地，稳态和静态时空的定义也分为强、弱两种，视其类时 Killing 场是否完备而定. 在只关心局域问题时不必强调两者的区别，但在涉及全局性问题时，某些结论只当时空满足强条件时才成立. 例如，在强静态时空 (M, g_{ab}) 中挖去区域 W 就成为弱静态时空. 设命题 8-1-1 中的 Σ_0 如图 8-2 所示，则当 t 足够大时 $\Sigma_{t_1} = \{p \in M \mid t(p) = t_1\}$ 失去意义，因为 Killing 场 ξ^a 在"阴影区"内的每条积分曲线的 t 值零点(因而 t 值)并无定义. 可见对静态时空而言命题 8-1-1 有可能只是局域成立.

总之，强、弱之间的关键区别在于 ξ^a 是否完备. ξ^a 完备时可生成单参等度规群，不完备时只能生成单参等度规局部群. 为了简化文字，行文中往往略去局部二字.

[选读 8-1-1 完]

§8.2　球对称时空

先讨论 3 维欧氏空间 $(\mathbb{R}^3, \delta_{ab})$ 中的 2 维球面 (S^2, h_{ab})，其中 h_{ab} 是 δ_{ab} 的诱导度规，在球面坐标系 $\{\theta, \varphi\}$ 中的线元表达式为

$$ds^2 = r^2(d\theta^2 + \sin^2\theta d\varphi^2),$$

其中 r 是球面半径. 不失一般性，我们只讨论单位球面($r=1$)，其线元为

$$ds^2 = d\theta^2 + \sin^2\theta\, d\varphi^2 . \qquad (8\text{-}2\text{-}1)$$

由上式可知

$$\xi_1{}^a \equiv (\partial/\partial\varphi)^a \qquad (8\text{-}2\text{-}2a)$$

是 Killing 矢量场，它反映 (S^2, h_{ab}) 有绕 z 轴旋转的不变性，其积分曲线是球面上的所有纬线(两极的纬线各缩为一个点)，见图 8-3. 从直观想像不难相信 (S^2, h_{ab}) 具有最高对称性，因此应有 3 个独立的 Killing 矢量场. 事实的确如此. 不难验证

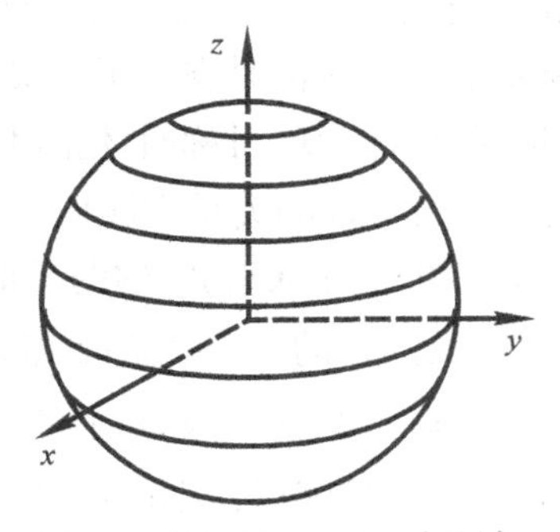

图 8-3　球面上 Killing 矢量场 $(\partial/\partial\varphi)^a$ 的积分曲线

$$\xi_2{}^a \equiv (\partial/\partial\theta)^a \sin\varphi + (\partial/\partial\varphi)^a \cot\theta\cos\varphi \qquad (8\text{-}2\text{-}2b)$$

及

$$\xi_3{}^a \equiv [\xi_1, \xi_2]^a = (\partial/\partial\theta)^a \cos\varphi - (\partial/\partial\varphi)^a \cot\theta\sin\varphi \qquad (8\text{-}2\text{-}2c)$$

也是 Killing 场，而且 $\xi_1{}^a$， $\xi_2{}^a$， $\xi_3{}^a$ 线性独立. 由§4.3 可知，一个 Killing 矢量场对应的单参微分同胚群是单参等度规群，故 (S^2, h_{ab}) 上所有等度规映射的集合是个 3 参数群，与 3 维欧氏空间的转动群 SO(3)同构. 缺乏群论知识的读者对此不必深究，只要知道 SO(3)是这样一个群，它的每个元素是 3 维欧氏空间中保持原点不动的一个转动(详见中册附录 G).

谈及时空对称性时，应注意等度规映射与微分同胚映射的联系和区别. 等度规映射一定是微分同胚映射，但反之不然. 每一光滑矢量场对应于一个单参微分同胚群(以下略去“局域”一词)，所以任意流形 M 都有无数个单参微分同胚群，全部微分同胚映射的集合是一个无限多参数的群，叫 M 上的**微分同胚群**. (M, g_{ab}) 上每一 Killing 矢量场对应于一个单参等度规群，它是 M 上微分同胚群的一个子群. 全部等度规映射的集合称为(M, g_{ab})的**等度规群**(isometry group). 由于 4 维时空最多只有 10 个独立的 Killing 矢量场，其等度规群最多只有 10 个参数. 设 G_1 是 M 上的一个单参微分同胚群，则 $\forall\, p\in M$， G_1 中所有元素作用于 p 所得的点的集合叫 G_1 的、过 p 的一条轨道(见§2.2). 轨道的这一定义可推广到 M 上微分同胚群的任一子群. 不难看出，设 G_3 为 (S^2, h_{ab}) 上的等度规群[与 SO(3)同构]，则 G_3 过任意点 $p\in S^2$ 的轨道都是 S^2 本身.

定义 1　时空(M, g_{ab})称为球对称的(spherically symmetric)，若其等度规群含有一个与 SO(3)同构的子群 G_3，且 G_3 的所有轨道(不动点除外)都是 2 维球面. 这些球面称为**轨道球面**.

注 1　①球对称时空(M, g_{ab})的等度规群可比 SO(3)群大. 例如，闵氏时空的

等度规群有 10 个参数，但它含有与 SO(3)群同构的子群，且其轨道(除了一个不动点外)都是 2 维球面，故闵氏时空是球对称时空. ②确切地说，定义 1 只对**球对称度规场**而不是球对称时空下了定义. 如果时空存在物质场(即 $T_{ab}\neq 0$)，则只当度规场和物质场都为球对称时才把(M, g_{ab})称为**球对称时空**(§8.6 将涉及物质场对称性与度规场对称性的关系问题).

等度规群中与 SO(3)同构的子群 G_3 对应于 3 个独立的 Killing 矢量场 $\xi_1{}^a$，$\xi_2{}^a$，$\xi_3{}^a$. 设 $\mathscr{S}$ 是 G_3 的一个轨道(2 维球面)，则 $\xi_1{}^a$，$\xi_2{}^a$，$\xi_3{}^a$ 从 $\mathscr{S}$ 上任一点出发的积分曲线都躺在 $\mathscr{S}$ 上，故 $\mathscr{S}$ 上任一点的 $\xi_1{}^a$，$\xi_2{}^a$，$\xi_3{}^a$ 都切于 $\mathscr{S}$. 设 $\hat{g}_{ab}$ 是 g_{ab} 在 $\mathscr{S}$ 上诱导的 2 维度规，则由诱导度规的定义可知 $\mathscr{S}$ 上的 $\xi_1{}^a$，$\xi_2{}^a$，$\xi_3{}^a$ 用 $\hat{g}_{ab}$ 衡量也是 Killing 场，可见 $(\mathscr{S}, \hat{g}_{ab})$ 具有由 $\xi_1{}^a$，$\xi_2{}^a$ 和 $\xi_3{}^a$ 代表的最高对称性，因而(证明见选读 8-2-1) $\hat{g}_{ab}$ 只能是标准球面度规 h_{ab}(由 3 维欧氏度规在球面上诱导的度规)，即存在常数 $K>0$ 和坐标系 $\{\theta, \varphi\}$ 使 $\hat{g}_{ab}$ 的线元可表为

$$\mathrm{d}\hat{s}^2 = K(\mathrm{d}\theta^2 + \sin^2\theta\,\mathrm{d}\varphi^2)\ . \tag{8-2-3}$$

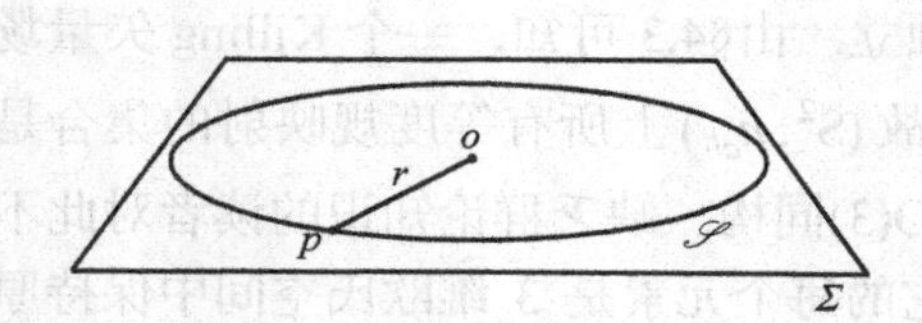

图 8-4　闵氏时空中某惯性系的同时面 Σ 上的一个轨道球面 $\mathscr{S}$(压缩一维)

以闵氏时空为例. 设 Σ 是某惯性系的一个同时面，指定 Σ 中的一组同心 2 球面(见图 8-4)，便在 10 维等度规群中挑出一个同构于 SO(3)的子群 G_3，它过 Σ 中任一点 p(球心 o 除外)的轨道就是 p 点所在的球面 $\mathscr{S}$. 闵氏度规在所选惯性坐标系中的线元为

$$\mathrm{d}s^2 = -\mathrm{d}t^2 + \mathrm{d}r^2 + \mathrm{d}\hat{s}^2,$$

其中

$$\mathrm{d}\hat{s}^2 = r^2(\mathrm{d}\theta^2 + \sin^2\theta\ \mathrm{d}\varphi^2),$$

可见式(8-2-3)的 K 对闵氏时空而言就是所论轨道 2 球面 $\mathscr{S}$ 的半径的平方. 为了弄清 K 在非平直时空中的意义，可以利用 $\mathscr{S}$ 的面积这一几何概念. 设 $\hat{\boldsymbol{\varepsilon}}$ 是 $\mathscr{S}$ 上与 $\hat{g}_{ab}$ 适配的面元，则 $\mathscr{S}$ 的面积为 $A=\int_{\mathscr{S}}\hat{\boldsymbol{\varepsilon}}$，其中 $\hat{\boldsymbol{\varepsilon}}$ 又可用 $\mathscr{S}$ 上的坐标系 $\{\theta, \varphi\}$ 表为 $\hat{\boldsymbol{\varepsilon}}=\sqrt{\hat{g}}\ \mathrm{d}\theta\wedge\mathrm{d}\varphi$，式中的 $\hat{g}$ 是 $\hat{g}_{ab}$ 在 $\{\theta, \varphi\}$ 系的行列式. 由式(8-2-3)读出 $\hat{g}_{ij}$ 后可求得 $\hat{g}=K^2\sin^2\theta$，故 $\hat{\boldsymbol{\varepsilon}}=K\sin\theta\,\mathrm{d}\theta\wedge\mathrm{d}\varphi$，从而

$$A = K\int_0^{2\pi}\mathrm{d}\varphi\int_0^{\pi}\sin\theta\,\mathrm{d}\theta = 4\pi K\ .$$

可见 K 就是球面积除以 4π. 定义

$$r := (A/4\pi)^{1/2}, \tag{8-2-4}$$

并仍称 r 为**半径**，则 $K=r^2$，式(8-2-3)可改写为

$$d\hat{s}^2 = r^2(d\theta^2 + \sin^2\theta d\varphi^2), \tag{8-2-5}$$

这表面上与闵氏时空的 $d\hat{s}^2$ 表达式(8-2-3)一样，而且式中的 r 也叫半径，但在一般情况下半径 r 不一定有“$\mathscr{S}$ 上各点与球心的距离”这样的意义. 事实上，下列三种情况都有可能：①时空流形中根本不存在可被视作 $\mathscr{S}$ 的球心的点. 先看一个简化例子：设 S^1 是流形 $\mathbb{R}\times S^1$(柱面)中的一个圆周，则其“圆心” p 将不在流形 $\mathbb{R}\times S^1$ 上(图 8-5). 类似地，$\mathbb{R}\times S^2$ 中也不存在可被视作 S^2 的球心的点. ②时空中虽存在可被视为 $\mathscr{S}$ 的球心的点，但由于度规弯曲，$\mathscr{S}$ 面与该点的距离并不等于按式(8-2-4)定义的半径 r. ③存在不止一个球心.

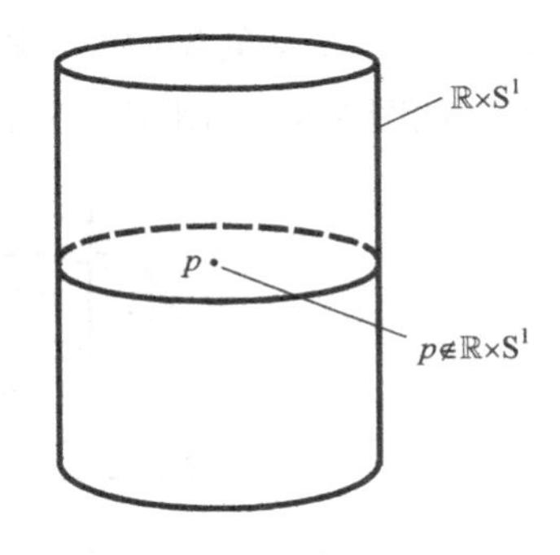

图 8-5　3 维欧氏空间中的圆柱面. 面上任一圆周的圆心 p 都不在柱面上

[选读 8-2-1]

在写出式(8-2-3)前曾默认一个命题：设$(\mathscr{S}, \hat{g}_{ab})$具有由 $\xi_1{}^a$，$\xi_2{}^a$ 和 $\xi_3{}^a$ 代表的最高对称性，则 $\hat{g}_{ab}$ 的线元总可表为式(8-2-3). 现在介绍这个命题的证明思路. 设 $\hat{g}_{ab}$ 在坐标系 $\{\theta, \varphi\}$ 的分量为 $\hat{g}_{11}$，$\hat{g}_{22}$，$\hat{g}_{12}$，则由 $\xi_1{}^a = (\partial/\partial\varphi)^a$ 可知 $\hat{g}_{11}$，$\hat{g}_{22}$，$\hat{g}_{12}$ 不是φ的函数. 写出 $\xi_2{}^a$ 所满足的 $\mathscr{L}_{\xi_2}\hat{g}_{ab} = 0$ 的坐标分量方程组，把 $\hat{g}_{11}(\theta)$，$\hat{g}_{22}(\theta)$，$\hat{g}_{12}(\theta)$ 作为待定函数求解，得 $\hat{g}_{12} = 0$, $\hat{g}_{11} = K$ (常数)，$\hat{g}_{22} = K\sin^2\theta$. 不难验证 $\mathscr{L}_{\xi_3}\hat{g}_{ab} = 0$. 于是命题得证.

[选读 8-2-1 完]

§8.3　施瓦西真空解

8.3.1　静态球对称度规

命题 8-3-1　设静态球对称时空(M, g_{ab})只有一个超曲面正交的类时 Killing 矢量场 ξ^a，[①] 则其等度规群中与 SO(3)同构的子群 G_3 的所有轨道球面必与 ξ^a 正交.

证明　$\phi \in G_3$ 可看作从 M 到 M 的等度规映射. 由于矢量场的类时性、Killing 性以及超曲面正交性都由度规判断，可以相信 $\phi_*\xi^a$ 也是超曲面正交的类时 Killing 矢量场(见第 4 章习题 12). 既然只存在一个这样的矢量场，就有 $\phi_*\xi^a = \xi^a$. 假定 ξ^a 与 G_3 的某个轨道球面 $\mathscr{S}$ 不正交，则它存在切于 $\mathscr{S}$ 的投影 $\hat{\xi}^a$. 总可找到球面

---

① 任意常数乘 ξ^a 当然也是类时 Killing 矢量场，此处所谓“一个”自然是指“一个线性独立的”.

上的一个转动 $\hat{\phi}:\mathscr{S}\to\mathscr{S}$ 使 $\hat{\xi}^a$ 在此转动下有所改变，即 $\hat{\phi}_*\hat{\xi}^a\neq\hat{\xi}^a$. 然而 $\hat{\phi}:\mathscr{S}\to\mathscr{S}$ 可看作某个 $\phi\in G_3\,(\phi: M\to M)$ 限制在 $\mathscr{S}$ 上的结果. 就是说，只要 $\hat{\xi}^a$ 非零，就存在 $\phi\in G_3$ 使 $\phi_*\hat{\xi}^a\neq\hat{\xi}^a$，从而 $\phi_*\xi^a\neq\xi^a$，矛盾于 $\phi_*\xi^a=\xi^a$. □

设 Σ 是与 ξ^a 正交的超曲面，则根据命题 8-3-1，G_3 过 Σ 任一点的轨道球面都躺在 Σ 上，如图 8-6. 利用这一几何特性可使静态线元表达式(8-1-3)进一步简化.

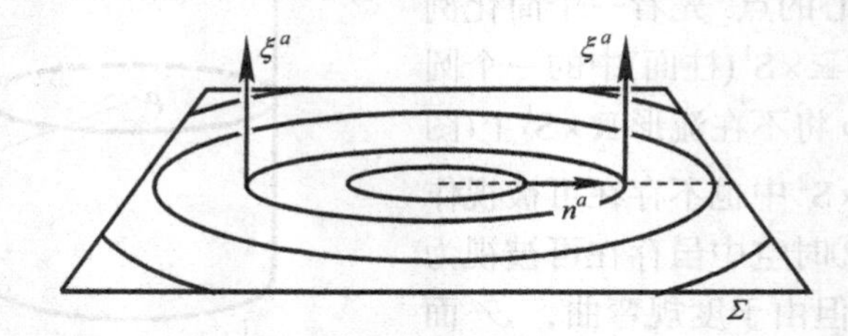

图 8-6　过 Σ 任一点的轨道球面都躺在 Σ 上(压缩一维)
虚线是球面法矢场 n^a 的积分曲线

为此只须说明如何定义等 t 面 Σ 上的 3 维局域坐标系 $\{x^1, x^2, x^3\}$. x^1 可用轨道球面的半径定义：每一点的 x^1 就定义为它所在的轨道球面的半径 r. x^2 和 x^3 则可用如下的“携带法”定义：设 $\mathscr{S}$ 是 Σ 中的某一轨道球面，则它是 Σ 中的(2 维)超曲面，其上有切于 Σ 的归一法矢场 n^a. 由于过 Σ 的任一点都有一个躺在 Σ 上的轨道球面，n^a 是定义在 Σ 上的矢量场，其积分曲线处处与轨道球面正交 (图 8-6 用虚线示出其中一条). 在 $\mathscr{S}$ 上任选球坐标 $\theta,\ \varphi$，就可用 n^a 的积分曲线把这两个坐标“携带”到其他轨道球面(即令每条积分曲线上各点的 θ, φ 值都等于该线与 $\mathscr{S}$ 交点的 θ, φ 值)，Σ 上便有局域坐标系 $\{r, \theta, \varphi\}$. 此坐标系使式(8-1-3)中的 $g_{ij}\mathrm{d}x^i\mathrm{d}x^j$ 取最简单的形式. 由 θ, φ 的上述定义可知法矢场 n^a 的积分曲线与 r 的坐标线重合(只是参数不同)，所以 $g_{ab}(\partial/\partial r)^a(\partial/\partial\theta)^b=0$，$g_{ab}(\partial/\partial r)^a(\partial/\partial\varphi)^b=0$，于是 $g_{ij}\mathrm{d}x^i\mathrm{d}x^j$ 中 $\mathrm{d}r\mathrm{d}\theta$ 及 $\mathrm{d}r\mathrm{d}\varphi$ 项的系数为零. 再考虑到 $g_{ij}\mathrm{d}x^i\mathrm{d}x^j$ 在每一轨道球面的诱导度规都由式(8-2-5)表示，便得

$$g_{ij}\mathrm{d}x^i\mathrm{d}x^j=g_{11}\mathrm{d}r^2+r^2(\mathrm{d}\theta^2+\sin^2\theta\mathrm{d}\varphi^2),$$

因而

$$\mathrm{d}s^2=g_{00}\mathrm{d}t^2+g_{11}\mathrm{d}r^2+r^2(\mathrm{d}\theta^2+\sin^2\theta\mathrm{d}\varphi^2). \tag{8-3-1}$$

根据式(8-1-3)，g_{00} 和 g_{11} 都不是 t 的函数. 考虑到球对称性，可以相信 g_{00} 和 g_{11} 也不是 θ 和 φ 的函数[有兴趣的读者可利用 θ 和 φ 在 $(\partial/\partial r)^a$ 及 $(\partial/\partial t)^a$ 的积分曲线上为常数的性质自行证明]. 把 g_{00} 和 g_{11} 分别记作 $-\mathrm{e}^{2A(r)}$ 和 $\mathrm{e}^{2B(r)}$，则式(8-3-1)成为

$$\mathrm{d}s^2=-\mathrm{e}^{2A(r)}\mathrm{d}t^2+\mathrm{e}^{2B(r)}\mathrm{d}r^2+r^2(\mathrm{d}\theta^2+\sin^2\theta\mathrm{d}\varphi^2). \tag{8-3-2}$$

这就是有唯一静态 Killing 矢量场的球对称度规在上述坐标系 $\{t, r, \theta, \varphi\}$ 中相当一

般的线元表达式．我们强调$\{t, r, \theta, \varphi\}$是 M 中的局域坐标系，是指它的定义域(坐标域)不可能是全流形 M．这是当然的，就连每个轨道球面上的坐标θ, φ也不能在全球面上定义(不能用一个坐标系覆盖整个 S^2，见§2.1)．此外，例如，$(\mathrm{d}r)_a = 0$ 的点也不在$\{t, r, \theta, \varphi\}$的坐标域内(图 9-13 的 $X = T = 0$就是这样的点)．

8.3.2　施瓦西真空解

满足真空爱因斯坦方程的静态球对称度规称为**施瓦西真空解**(Schwarzschild vacuum solution)，简称施瓦西解，在物理上描述一个球对称恒星(如太阳)的外部引力场．第 7 章曾指出真空爱因斯坦方程等价于(见第 7 章习题 7)

$$R_{ab} = 0. \tag{8-3-3}$$

由于静态球对称度规(线元)的一般形式(8-3-2)只含两个待定一元函数 $A(r)$和 $B(r)$，方程的求解变得简单：用这两个函数表出里奇张量 R_{ab}，令其为零并对所得的关于 $A(r)$和 $B(r)$的微分方程求解便可．§5.7 已详细介绍过用正交归一标架计算线元式(8-3-2)的黎曼张量的方法和结果，由此易得 R_{ab} 用 $A(r)$和 $B(r)$的表达式．为了帮助读者掌握用坐标基底计算曲率的方法，此处再用坐标基底法直接计算 R_{ab}．首先计算线元(8-3-2)的克氏符．由式(3-4-19)求得非零克氏符为

$$\begin{aligned}
&\Gamma^0{}_{01} = \Gamma^0{}_{10} = A', \qquad \Gamma^1{}_{00} = A'\mathrm{e}^{2(A-B)}, \qquad \Gamma^1{}_{11} = B',\\
&\Gamma^1{}_{22} = -r\mathrm{e}^{-2B}, \qquad \Gamma^1{}_{33} = -r\sin^2\theta\ \mathrm{e}^{-2B}, \qquad \Gamma^2{}_{12} = \Gamma^2{}_{21} = 1/r,\\
&\Gamma^2{}_{33} = -\sin\theta\cos\theta, \qquad \Gamma^3{}_{13} = \Gamma^3{}_{31} = 1/r, \qquad \Gamma^3{}_{23} = \Gamma^3{}_{32} = \cot\theta,
\end{aligned} \tag{8-3-4}$$

其中 ′ 代表对 r 求导．把式(8-3-4)代入(3-4-21)求得非零(不恒等于零)的 $R_{\mu\nu}$ 为

$$R_{00} = -\mathrm{e}^{2(A-B)}(-A'' + A'B' - A'^2 - 2r^{-1}A'), \tag{8-3-5}$$

$$R_{11} = -A'' + A'B' - A'^2 + 2r^{-1}B', \tag{8-3-6}$$

$$R_{22} = -\mathrm{e}^{-2B}[1 + r(A' - B')] + 1, \tag{8-3-7}$$

$$R_{33} = -\{\mathrm{e}^{-2B}[1 + r(A' - B')] - 1\}\sin^2\theta. \tag{8-3-8}$$

于是 $R_{ab} = 0$便等价于以下 3 个关于待求一元函数 $A(r)$和 $B(r)$的微分方程[式(8-3-7)和(8-3-8)给出同一方程]：

$$-A'' + A'B' - A'^2 - 2r^{-1}A' = 0, \tag{8-3-9}$$

$$-A'' + A'B' - A'^2 + 2r^{-1}B' = 0, \tag{8-3-10}$$

$$-\mathrm{e}^{-2B}[1 + r(A' - B')] + 1 = 0, \tag{8-3-11}$$

方程(8-3-9)减(8-3-10)得

$$A' = -B', \tag{8-3-12}$$

故

$$A = -B + \alpha, \qquad \alpha = \text{常数}. \tag{8-3-13}$$

注意到式(8-3-12)，方程(8-3-11)可改写为只含一个待求函数 $B(r)$的方程

$$1-2rB' = e^{2B}, \tag{8-3-14}$$

其通解为

$$e^{2B} = \left(1+\frac{C}{r}\right)^{-1}, \tag{8-3-15}$$

其中 C 为积分常数. 由直接验证可知式(8-3-13)和(8-3-15)也满足方程(8-3-9)和(8-3-10)，故它们就是待解方程组(8-3-9)~(8-3-11)的通解. 把此二式的 A 和 B 代入线元式(8-3-2)得

$$ds^2 = -\left(1+\frac{C}{r}\right)e^{2\alpha}dt^2 + \left(1+\frac{C}{r}\right)^{-1} dr^2 + r^2(d\theta^2 + \sin^2\theta\, d\varphi^2). \tag{8-3-16}$$

定义新坐标 $\hat{t} := e^{\alpha}t$，得

$$ds^2 = -\left(1+\frac{C}{r}\right)d\hat{t}^2 + \left(1+\frac{C}{r}\right)^{-1} dr^2 + r^2(d\theta^2 + \sin^2\theta\, d\varphi^2). \tag{8-3-17}$$

α 的常数性保证 $(\partial/\partial\hat{t})^a$ 同 $(\partial/\partial t)^a$ 一样是类时 Killing 矢量场. 不妨认为一开始定义坐标系 $\{t, r, \theta, \varphi\}$ 时就把 $\hat{t}$ 选作 Killing 时间坐标，因此式(8-3-17)的 $\hat{t}$ 可索性改写为 t:

$$ds^2 = -\left(1+\frac{C}{r}\right)dt^2 + \left(1+\frac{C}{r}\right)^{-1} dr^2 + r^2(d\theta^2 + \sin^2\theta\, d\varphi^2). \tag{8-3-17'}$$

这就是施瓦西真空解(施瓦西度规). 当 r 足够大时，上式近似回到球坐标系的闵氏线元表达式，可见施瓦西度规是渐近平直的. 然而，式(8-3-16)在 $r\to\infty$ 时却只能趋于

$$ds^2 = -\ e^{2\alpha}dt^2 + dr^2 + r^2(d\theta^2 + \sin^2\theta\, d\varphi^2),$$

由此也可看出一开始就把 $\hat{t}$ 选作时间坐标的好处.

当 r 足够大时，广义相对论的线性近似(见 7.8.1 小节)适用. 又因 $(1+C/r)^{-1} \cong 1-C/r$，故式(8-3-17′)近似给出

$$ds^2 = [-dt^2 + dr^2 + r^2(d\theta^2 + \sin^2\theta\, d\varphi^2)] - \frac{C}{r}(dt^2 + dr^2),$$

上式右边第一项是平直线元，通过坐标变换 $x = r\sin\theta\cos\varphi$，$y = r\sin\theta\sin\varphi$，$z = r\cos\theta$ 可改写为 $[-dt^2 + dx^2 + dy^2 + dz^2]$. 所以 r 很大时的施瓦西度规 g_{ab} 可表为 $g_{ab} = \eta_{ab} + \gamma_{ab}$，其中小量 γ_{ab} 的 00(即 tt)分量 $\gamma_{00} = -C/r$，与式(7-8-35)对比得 $\phi = C/2r$，而由牛顿引力论又知 $\phi = -M/r$ (其中 M 是星体质量)，因此 $C = -2M$，式(8-3-17′)于是可表为

$$ds^2 = -\left(1-\frac{2M}{r}\right)dt^2 + \left(1-\frac{2M}{r}\right)^{-1} dr^2 + r^2(d\theta^2 + \sin^2\theta\, d\varphi^2). \tag{8-3-18}$$

这就是施瓦西真空解的最常见表达式，式中的 M 就称为星体的质量. 对“星体质量”概念的准确理解见选读 9-3-1 及下册第 12 章.

下面做一点更为"物理"的讨论，即讨论一个静态球对称恒星外部的空间几何. 图 8-7 的圆柱面代表静态球对称恒星表面的世界面，柱面外的时空由施瓦西度规描述. 施瓦西时空存在静态参考系，每一等 t 面 Σ_t 可解释为该系在 t 时刻的空间. Σ_t 与圆柱面的交面 S 代表 t 时刻的恒星表面(图中压缩成 1 维圆周). 设 G_1，G_2 是两个有相同 θ, φ 值的静态观者，其世界线与 Σ_t 的交点 p_1，p_2 就代表这两个观者在 t 时刻的位置. Σ_t 中位于 S 以外(星外)的空间几何由施瓦西度规的诱导度规 h_{ab} 描述，相应的线元为

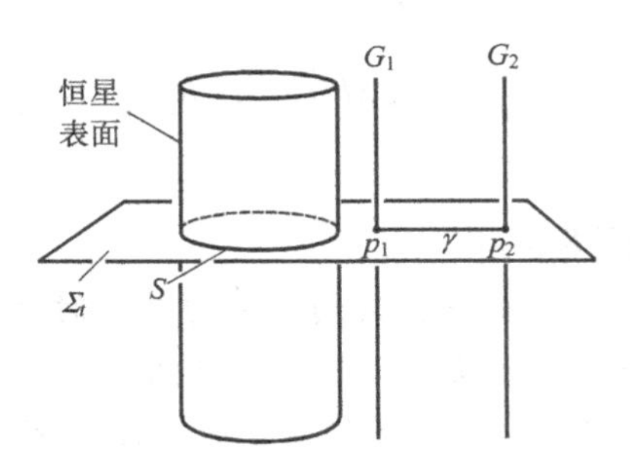

图 8-7　静态观者 G_1, G_2 在 t 时刻的空间距离是 p_1，p_2 之间的测地线 γ (躺在 Σ_t 上)的线长

$$\mathrm{d}\hat{s}^2 = \left(1 - \frac{2M}{r}\right)^{-1} \mathrm{d}r^2 + r^2(\mathrm{d}\theta^2 + \sin^2\theta\, \mathrm{d}\varphi^2) \,. \tag{8-3-19}$$

我们来计算 p_1 与 p_2 之间的空间距离 l. 黎曼空间(度规正定)中两点的距离定义为连接这两点的所有曲线中的最短线的线长.① 不难证明 Σ_t 上从 p_1 到 p_2 的、θ 和 φ 都为常数的曲线 γ 是 p_1，p_2 之间最短的线，其长度(因而 p_1 与 p_2 的距离)为

$$l = \int (h_{ij}\mathrm{d}x^i \mathrm{d}x^j)^{1/2} = \int_{r_1}^{r_2} (1 - 2M/r)^{-1/2}\mathrm{d}r > r_2 - r_1 \,,$$

其中 r_1 和 r_2 分别是 G_1 和 G_2 的 r 坐标. 上式表明 G_1 和 G_2 在任一时刻 t 的空间距离为常数(这是静态观者的性质). l 也称为 G_1 和 G_2 的**固有距离**(proper distance)，它不等于两者的坐标距离 $r_2 - r_1$. 这正是 (Σ_t, h_{ab}) 的非欧性的一种反映.

本章对施瓦西度规的讲解重点在于求解. 第 9 章将再对施瓦西时空做详细讨论.

为便于查找，我们把施瓦西度规在施瓦西坐标系的克氏符和(降指标)黎曼张量的非零分量列出如下，其中 x^0，x^1，x^2，x^3 分别代表 t，r，θ，φ.

$$\left.\begin{aligned}
&\Gamma^0{}_{01} = \Gamma^0{}_{10} = \frac{M}{r^2}(1-2M/r)^{-1}, \qquad \Gamma^1{}_{00} = \frac{M}{r^2}(1-2M/r),\\
&\Gamma^1{}_{11} = -\frac{M}{r^2}(1-2M/r)^{-1},\ \Gamma^1{}_{22} = -r\,(1-2M/r),\ \Gamma^1{}_{33} = -r\,(1-2M/r)\sin^2\theta,\\
&\Gamma^2{}_{12} = \Gamma^2{}_{21} = 1/r,\ \Gamma^2{}_{33} = -\sin\theta\cos\theta,\ \Gamma^3{}_{13} = \Gamma^3{}_{31} = 1/r,\ \Gamma^3{}_{23} = \Gamma^3{}_{32} = \cot\theta,
\end{aligned}\right\} \tag{8-3-20}$$

---

① 准确地说，黎曼空间(度规正定)中两点间的**距离**定义为该两点间所有曲线长度的集合(作为 $\mathbb{R}$ 的子集)的下确界.

$$\left.\begin{aligned}&R_{0101}=-\frac{2M}{r^3},\ R_{0202}=\frac{M}{r}(1-2M/r),\ R_{0303}=\frac{M}{r}(1-2M/r)\sin^2\theta,\\&R_{1212}=-\frac{M}{r}(1-2M/r)^{-1},\ R_{1313}=-\frac{M}{r}(1-2M/r)^{-1}\sin^2\theta,\ R_{2323}=2Mr\sin^2\theta.\end{aligned}\right\}\tag{8-3-21}$$

[选读 8-3-1]

我们曾一再提到“引力就是时空弯曲”. 现在有了稳态时空的概念，对这句话就可给出更为深入、具体的解释. 引力概念最早来自对地球附近物体运动的研究. 当你释放手中的苹果时，它以$|\vec{g}|=9.8\,\mathrm{m\cdot s^{-2}}$向地面加速下落，所以说苹果受到地球引力，或说地球在自己外部产生引力场. 这个如此重要的$|\vec{g}|$在广义相对论中对应于什么？从广义相对论看来，苹果做测地运动，其 4 加速为零. 反之，你(作为稳态观者)虽然觉得自己舒服地坐在椅子上，你的 4 加速却非零. 稳态观者的 4 加速为(见习题 3)

$$A^a=\nabla^a\ln\chi，\quad 其中\ \chi\equiv(-\xi_a\xi^a)^{1/2}，\quad \xi^a\ 是稳态时空的类时\ \text{Killing}\ 场.\tag{8-3-22}$$

因为 4 加速与 4 速正交，所以A^a是稳态观者世界线上的空间矢量场. 这是稳态时空几何本身的一个内禀的矢量场. 牛顿语言中的引力场强$\vec{g}$必定对应于广义相对论的某个内禀几何量，$-A^a$正是这样一个量，所以可以称为稳态时空中的“引力场”(引力加速度场). 下面证明这一称谓同你心目中的地球引力场$|\vec{g}|=9.8\,\mathrm{m\cdot s^{-2}}$的确数值一致. 近似认为地球外有施瓦西度规，则

$$\chi\equiv(-\xi_a\xi^a)^{1/2}=(-g_{00})^{1/2}=(1-2M/r)^{1/2},$$

式(8-3-22)成为

$$A_a=\chi^{-1}\nabla_a\chi=\frac{M}{r^2}(1-2M/r)^{-1}(\mathrm{d}r)_a,$$

因而

$$|A^a|=\sqrt{g_{ab}A^aA^b}=\frac{M}{r^2}(1-2M/r)^{-1}\sqrt{g^{ab}(\mathrm{d}r)_a(\mathrm{d}r)_b}=\frac{M}{r^2}(1-2M/r)^{-1}\sqrt{g^{11}},$$

故

$$|A^a|=\frac{M}{r^2}(1-2M/r)^{-1/2}.\tag{8-3-23}$$

设苹果 G 与稳态观者 G_S 世界线切于 p(见图 8-8). 由于自由下落，G 对应于闵氏时空的惯性观者，由命题 6-3-6 和等效原理可知 G 在 p 时刻相对于 G_S 的 3 加速 a^a 等于 G_S 的(绝对)4 加速 A^a 的负值. 而 a^a 就是$\vec{g}$，把式(8-3-23)改回国际制便有

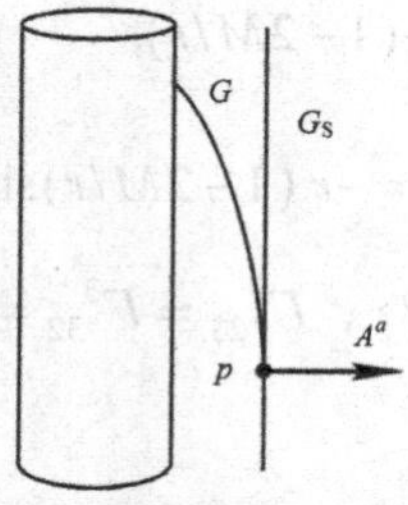

图 8-8 自由下落苹果 G 相对于稳态观者 G_S 的 3 加速 $a^a=-A^a$

$$|\vec{g}|=|A^a|=\frac{GM}{r^2}\left(1-\frac{2GM}{c^2r}\right)^{-1/2} . \quad (8\text{-}3\text{-}24)$$

用于地球表面，以 $M=M_{\oplus}=6\times10^{24}$，$r=r_{\oplus}=6.4\times10^6$，$c=3\times10^8$，$G=6.7\times10^{-11}$ 代入，发现上式右边括号等于 $1-10^{-9}\cong1$，故

$$|\vec{g}|\cong GM_{\oplus}/r_{\oplus}^{\ 2}\cong9.8 .$$

于是我们说稳态时空存在着 $-A^a=-\nabla^a\ln\chi$ 的引力场，它是地球引力场 $\vec{g}$ 的广义相对论表述. 然而又出现新的问题：非稳态时空没有稳态观者，上述意义的引力不存在，“弯曲时空必有引力”的说法如何理解？前已讲过，只要时空弯曲就有测地偏离效应(潮汐效应)，可称为相对引力效应. 这是一种“硬邦邦”的效应，与前一种意义的引力效应不同(在稳态时空中可通过选择自由下落电梯消除第一种意义的引力，却无法消除潮汐效应). 事实上，测地偏离效应才是任何弯曲时空所共有的性质，当谈到“弯曲时空必有引力”时，对非稳态时空只是指自由落体之间的相对引力(潮汐效应). 当时空曲率 $R_{abc}{}^d$ 点点为零时，两种意义的引力效应都不存在，所以说“没有时空弯曲就没有引力”.

[选读 8-3-1 完]

[选读 8-3-2]

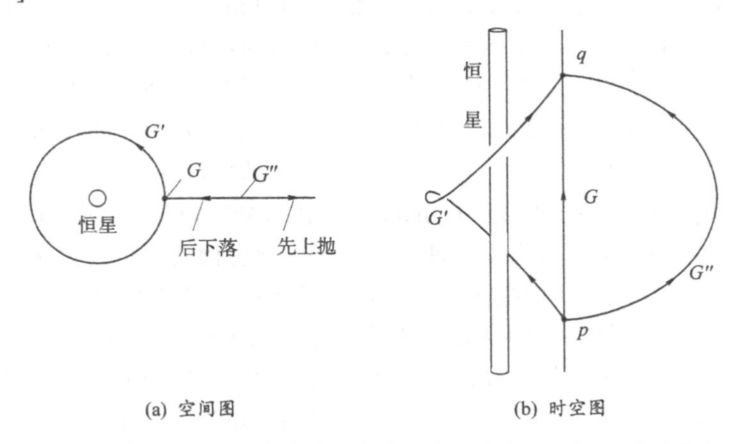

图 8-9　观者 G, G' 和 G'' 在事件 p 分手，在 q 重逢. G' 和 G'' 为测地线，线长关系为 $l_{G'}<l_G<l_{G''}$

设 $\{t, r, \theta, \varphi\}$ 是孤立静态球对称恒星外的施瓦西坐标系，G 是星外静态观者，空间坐标值为 $r=r_G, \theta=\pi/2, \varphi=0$；$G'$ 是在恒星引力作用下绕星作圆周运动的自由观者，其 θ 值永为 $\pi/2$(永在恒星赤道正上方)，其世界线开始时($\tau=0$)与 G 线交于 p，转一圈后复与 G 线交于 q(图 8-9). 由式(8-3-18)易见 $\mathrm{d}t$ 对 G 和 G' 的线元的贡献相等，而 G' 线元还有来自 $\mathrm{d}\varphi$ 的符号相反的贡献 $r^2\sin^2\theta\,\mathrm{d}\varphi^2$，因此 p, q 之间

的 G'线短于 G 线．类时测地线 G'为何竟短于类时非测地线(G 线)？ 首先，“类时测地线长度为极大”是与无限邻近的类时线相较而言的(“局部最长”)，而 G 与 G'并不邻近．其次，的确存在与 G'无限邻近的、长于 G'的类时线，这也不足为怪，因为“类时测地线长度为极大”成立的充要条件是线上不存在共轭点对，而 G'不满足这一条件．事实上，可以相信(根据选读 7-6-3 的共轭点对的定义可以证明)G'上存在无数共轭点对[满足 $\varphi=\varphi_0$ 和 $\varphi=\varphi_0+\pi$(其中 $0\leqslant\varphi_0<\pi$)为一对]．p，q 之间的、没有共轭点对的类时测地线对应于如下物理情况：设自由观者 G''在事件 p 以适当初速被竖直上抛再自由下落(径向测地线)，与 G 线恰重逢于事件 q (见图 8-9)，则其世界线就由于没有共轭点对而至少为局部最长．事实上它比 G 和 G'都长[注意，从式(8-3-18)看出 G'短于 G 的理由不适用于 G''，因其 r 值不等于 G 的 r 值，$\mathrm{d}t$ 对线元的贡献不等．]．

[选读 8-3-2 完]

8.3.3 Birkhoff (伯克霍夫)定理

施瓦西证明了真空爱因斯坦方程的静态球对称解为施瓦西解，已如上述．后来发现静态条件可以取消，因为伯克霍夫在 1923 年证明了以下定理：真空爱因斯坦方程的球对称解必静态．下面简介定理的证明思路．静态球对称线元的一般形式是式(8-3-2)．如果取消静态条件，线元表达式就不如此简单，例如交叉项 $\mathrm{d}t\mathrm{d}r$ 的系数非零．然而，通过适当坐标变换可把线元变得与式(8-3-2)形式一样，唯一区别是式(8-3-2)中的一元函数 $A(r)$和 $B(r)$要改为二元函数 $A(t,r)$和 $B(t,r)$．以 A',B'，$\dot{A}$，$\dot{B}$ 分别代表 $\partial A/\partial r$，$\partial B/\partial r$，$\partial A/\partial t$，$\partial B/\partial t$，通过比 8.3.2 小节的计算略为复杂的求解过程[见 Cameli(1982)；Stephani(1982)]，仍然得到施瓦西线元式(8-3-18)．

Birkhoff 定理是个强有力的定理，它断定非静态物质分布只要保持球对称性(例如急剧收缩、膨胀、径向振荡甚至爆炸的星体)，外部时空几何就仍由施瓦西真空解描述．这为星体演化的研究提供了很大方便(见§9.3 和§9.4)．

Birkhoff 定理同电动力学的下述定理很相似：球对称电荷分布的电磁场(即真空麦氏方程的球对称解)必为静电场．电磁波是时变电磁场在空间的传播，“球对称电磁场必为静电场”表明不存在球对称电磁波(球面电磁波是指波阵面为球面的电磁波，其电磁场并无球对称性，不是球对称电磁波)．类似地，由于引力波不会在稳态引力场中出现(稳态就是“不随时间而变”)，Birkhoff 定理表明不存在球对称引力波．注意到球对称辐射也就是单极辐射，以上结论的等价说法是：不存在单极的电磁和引力辐射．电磁辐射的主要贡献来自偶极辐射．与此不同，由§7.9 可知对引力而言既不存在单极辐射也不存在偶极辐射．引力辐射的主要贡献来自四极辐射．表 8-1 给出了两种辐射的对照．

表 8-1 引力辐射与电磁辐射对照表

	单极辐射	偶极辐射	四极辐射
电磁辐射	无	有(主要)	有
引力辐射	无	无	有(主要)

后来发现 Birkhoff 的原始提法不够准确，修正后的 Birkhoff 定理可表述为：真空爱因斯坦方程的球对称解必为施瓦西度规. 这一提法与原始提法的区别在于延拓后的施瓦西度规在部分时空区域内并非稳态，详见 9.4.3 小节. Petrov 于 1963 年最先对 Birkhoff 定理提出质疑[见 Kramer et al.(1980)P. 157 及其所引文献]，修正后的定理的证明见 Hawking and Ellis(1973)附录 B. 邝志全和梁灿彬[Kuang and Liang(1988)]进一步把定理的球对称性条件减弱为"共形球对称性"而保持定理的结论. 共形一词的定义见§12.1(下册).

§8.4 Reissner-Nordstrom(来斯纳-诺斯特朗)解

8.4.1 电磁真空时空和爱因斯坦-麦克斯韦方程

施瓦西度规描述静态球对称星体外部(真空)的时空弯曲. 不少实际星体带有电荷，其外部时空充满电磁场，并非真空. 除电磁场外没有物质场的时空称为**电磁真空**(electrovac，是 electrovaccum 的简写)**时空**. 电磁真空爱因斯坦方程 $G_{ab}=8\pi T_{ab}$ 中的 T_{ab} 是某种电磁场(我们只讨论无源电磁场)F_{ab} 的能动张量，即

$$T_{ab}=\frac{1}{4\pi}(F_{ac}F_b{}^c-\frac{1}{4}g_{ab}F_{cd}F^{cd})\,, \tag{8-4-1}$$

故电磁真空爱因斯坦方程又可表为

$$G_{ab}\equiv R_{ab}-\frac{1}{2}Rg_{ab}=2\ (F_{ac}F_b{}^c-\frac{1}{4}g_{ab}F_{cd}F^{cd})\,, \tag{8-4-2}$$

其中 F_{ab} 要满足弯曲时空的无源麦氏方程

$$\nabla^a F_{ab}=0\,, \tag{8-4-3a}$$

$$\nabla_{[a}F_{bc]}=0\,, \tag{8-4-3b}$$

这里的 ∇_a 是同度规 g_{ab} 适配的导数算符，而 g_{ab} 又必须满足方程(8-4-2). 可见电磁真空时空由背景流形 M、度规场 g_{ab} 和电磁场 F_{ab} 三要素决定，其中 g_{ab} 和 F_{ab} 应是由式(8-4-2)和(8-4-3)构成的联立方程组的解. 此方程组叫**爱因斯坦-麦克斯韦方程组**. 由式(8-4-1)易证(习题)电磁场能动张量 T_{ab} 的迹 $T\equiv g^{ab}T_{ab}=0$，于是由爱因斯坦方程 $R_{ab}-\frac{1}{2}Rg_{ab}=8\pi T_{ab}$ 易见(习题)标量曲率 $R=0$，因此电磁真空的爱因斯

坦方程简化为

$$R_{ab} = 8\pi T_{ab}. \tag{8-4-4}$$

电磁场 F_{ab} 可按物理性质分为类光电磁场和非类光电磁场两大类. 定义复张量场

$$\Sigma_{ab} := F_{ab} + \mathrm{i}\, {}^*F_{ab}, \tag{8-4-5}$$

其中 ${}^*F_{ab}$ 是 F_{ab} 的对偶微分形式. F_{ab} 称为**类光电磁场**(null electromagnetic field), 若

$$\Sigma_{ab}\Sigma^{ab} = 0, \tag{8-4-6}$$

否则称为**非类光电磁场**(nonnull electromagnetic field). 易证(习题)

$$\Sigma_{ab}\Sigma^{ab} = 2\ (F_{ab}F^{ab} + \mathrm{i}\, F_{ab}\, {}^*F^{ab}), \tag{8-4-7}$$

因此电磁场的类光条件(8-4-6)等价于

$$F_{ab}F^{ab} = 0, \tag{8-4-8a}$$

和

$$F_{ab}\, {}^*F^{ab} = 0. \tag{8-4-8b}$$

p 点的瞬时观者(p, Z^a)测得的电场和磁场按定义为 $E_a := F_{ab}Z^b$ 和 $B_a := -{}^*F_{ab}Z^b$ (参见 6.6.1 小节), 由此可证(见第 6 章习题 15)

$$F_{ab}F^{ab} = 2\ (B^2 - E^2), \tag{8-4-9}$$

$$F_{ab}\, {}^*F^{ab} = 4\vec{E}\cdot\vec{B} \equiv 4g^{ab}E_aB_b. \tag{8-4-10}$$

可见, 虽然 $\vec{E}$ 和 $\vec{B}$ 都与观者有关, $B^2 - E^2$ 和 $\vec{E}\cdot\vec{B}$ 却是两个不变量(即标量场. 事实上, 能由 $\vec{E}$ 和 $\vec{B}$ 构造的独立的不变量只有这两个.). 上两式表明式(8-4-8)等价于

$$B^2 = E^2, \tag{8-4-11a}$$

$$\vec{E}\cdot\vec{B} = 0. \tag{8-4-11b}$$

上两式表明瞬时观者测得的 $\vec{E}$ 和 $\vec{B}$ 长度相等而且彼此正交, 这两点正是闵氏时空的平面电场波的基本特征. 可以证明(见下册附录 D), 设任意时空中有类光电磁场 F_{ab}, 其能动张量为 T_{ab}, 则瞬时观者(p, Z^a)测 F_{ab} 所得的 4 动量密度 $W^a \equiv -T^a{}_bZ^b$ (见§6.4)是指向未来的类光矢量.

8.4.2 Reissner-Nordstrom 解

现在求解静态球对称带电星体的爱因斯坦-麦克斯韦方程组. 根据 8.3.1 小节的讨论, 在静态球对称情况下选择与度规的两个几何特性(静态性和球对称性)相适配的坐标系 $\{x^\mu\} \equiv \{t, r, \theta, \varphi\}$ 可把线元表为如下简单形式[即式(8-3-2)]:

$$\mathrm{d}s^2 = -\ \mathrm{e}^{2\alpha(r)}\mathrm{d}t^2 + \mathrm{e}^{2\beta(r)}\mathrm{d}r^2 + r^2(\mathrm{d}\theta^2 + \sin^2\theta\, \mathrm{d}\varphi^2). \tag{8-4-12}$$

[原式(8-3-2)中的 $A(r)$及 $B(r)$现在易与 4 势 A 及磁场 B 混淆，故改记作$\alpha(r)$和$\beta(r)$.] 这一坐标系不但可简化线元，而且可简化电磁场分量. 静态球对称带电星体产生的电磁场 F_{ab} 也是静态球对称的，其电磁 4 势 A_a 的坐标分量 A_μ 与坐标 t, θ, φ 无关，且无切于轨道球面的分量，即 $A_2 = A_3 = 0$. A_a 有规范自由性：设χ为 r 的任意函数，则 $\tilde{A}_a \equiv A_a + \nabla_a \chi$ 与 A_a 对应于相同的 F_{ab}. 由上式得

$$\tilde{A}_1 = (\partial/\partial r)^a (A_a + \nabla_a \chi) = A_1 + \partial\chi/\partial r .$$

可见对任给的 A_a 总可选适当的$\chi(r)$使 $\tilde{A}_1 = 0$，故可认为 A_a 只有分量 A_0. 再由

$$F_{\mu\nu} = 2\,\nabla_{[\mu} A_{\nu]} = 2\,\partial_{[\mu} A_{\nu]} = \partial_\mu A_\nu - \partial_\nu A_\mu$$

便知非零的 $F_{\mu\nu}$ 只有

$$-F_{01} = F_{10} = \partial_1 A_0 = \mathrm{d}A_0/\mathrm{d}r , \tag{8-4-13}$$

即 F_{ab} 只有一个独立分量 F_{10}，通过求解麦氏方程(8-4-3)可得其形式表达式. 方程(8-4-3b)由于用了 A_a 而自动满足. 方程(8-4-3a)的坐标分量形式为

$$F^{\mu\nu}{}_{;\mu} = 0 , \qquad \nu = 0, 1, 2, 3 . \tag{8-4-14}$$

用推导式(3-4-26)的类似方法可得

$$F^{\mu\nu}{}_{;\mu} = \frac{1}{\sqrt{-g}}\frac{\partial}{\partial x^\mu}\left(\sqrt{-g}\, F^{\mu\nu}\right) + \Gamma^\nu{}_{\sigma\mu} F^{\mu\sigma} = \frac{1}{\sqrt{-g}}\frac{\partial}{\partial x^\mu}\left(\sqrt{-g}\, F^{\mu\nu}\right), \tag{8-4-15}$$

由式(8-4-13)、(8-4-12)可知非零的$\sqrt{-g}F^{\mu\nu}$ 只有 $\sqrt{-g}\,F^{01} = -\sqrt{-g}\,F^{10} = r^2 F_{10} \mathrm{e}^{-(\alpha+\beta)} \sin\theta$，于是式(8-4-14)在 $\nu = 1，2，3$ 时给出恒等式，在 $\nu = 0$ 时给出

$$\frac{\mathrm{d}}{\mathrm{d}r}[r^2 F_{10}(r) \mathrm{e}^{-\alpha(r)-\beta(r)}] = 0 ,$$

其通解为

$$F_{10} = \frac{Q}{r^2}\mathrm{e}^{\alpha+\beta} , \qquad \text{其中 } Q = \text{常数}. \tag{8-4-16}$$

至此，满足麦氏方程的电磁场 F_{ab} 有如下表达式：

$$F_{ab} = -\frac{Q}{r^2}\mathrm{e}^{\alpha+\beta} (\mathrm{d}t)_a \wedge (\mathrm{d}r)_b . \tag{8-4-17}$$

上式尚含待求函数$\alpha(r)$和$\beta(r)$，它们应由爱因斯坦方程(8-4-4)解出. 我们从一开始就有两组待求函数——$\{F_{\mu\nu}(r)\}$ 和$\{\alpha(r), \ \beta(r)\}$，不要以为前者只含于麦氏方程而后者只含于爱因斯坦方程从而可以分别求解. 事实上，两者都出现于两组方程中，可见爱-麦方程是耦合方程(“你中有我，我中有你.”). 现在求解爱因斯坦方程 $R_{ab} = 8\pi T_{ab}$. 为此先计算 F_{ab} 的能动张量 T_{ab}. 由式(8-4-1)和(8-4-12)可得 T_{ab} 的非零坐标分量为

$$T_{00} = F_{10}{}^2\, \mathrm{e}^{-2\beta}/8\pi, \qquad T_{11} = -F_{10}{}^2\, \mathrm{e}^{-2\alpha}/8\pi,$$
$$T_{22} = r^2 F_{10}{}^2\, \mathrm{e}^{-2(\alpha+\beta)}/8\pi, \qquad T_{33} = r^2 F_{10}{}^2\, \mathrm{e}^{-2(\alpha+\beta)} \sin^2\theta/8\pi . \tag{8-4-18}$$

另一方面，里奇张量 R_{ab} 的非零坐标分量 $R_{\mu\nu}$ 的表达式已由式(8-3-5)~(8-3-8)给出，于是爱因斯坦方程(8-4-4)的分量方程 $R_{00}=8\pi T_{00}$ 和 $R_{11}=8\pi T_{11}$ 分别等价于

$$-\mathrm{e}^{2(\alpha-\beta)}(-\alpha''+\alpha'\beta'-\alpha'^2-2r^{-1}\alpha')=F_{10}{}^2\,\mathrm{e}^{-2\beta}, \tag{8-4-19}$$

$$-\alpha''+\alpha'\beta'-\alpha'^2+2r^{-1}\beta'=-F_{10}{}^2\,\mathrm{e}^{-2\alpha}. \tag{8-4-20}$$

由上两式易得 $\alpha'=-\beta'$，与施瓦西解的求解过程所得的式(8-3-12)一样，故也可通过重选 t 而得 $\alpha=-\beta$. 在此前提下，利用式(8-4-16)可知式(8-4-4)的其余两个分量方程 $R_{22}=8\pi T_{22}$ 和 $R_{33}=8\pi T_{33}$ 等价于

$$(r\mathrm{e}^{2\alpha})'=1-Q^2/r^2,$$

于是

$$\mathrm{e}^{2\alpha}=1+\frac{Q^2}{r^2}+\frac{C}{r}, \tag{8-4-21}$$

从而

$$\mathrm{e}^{2\beta}=\left(1+\frac{Q^2}{r^2}+\frac{C}{r}\right)^{-1}. \tag{8-4-22}$$

代入式(8-4-12)便得时空线元

$$\mathrm{d}s^2=-\left(1+\frac{Q^2}{r^2}+\frac{C}{r}\right)\mathrm{d}t^2+\left(1+\frac{Q^2}{r^2}+\frac{C}{r}\right)^{-1}\mathrm{d}r^2+r^2(\mathrm{d}\theta^2+\sin^2\theta\,\mathrm{d}\varphi^2), \tag{8-4-23}$$

把 $\alpha=-\beta$ 代入式(8-4-16)则得

$$F_{10}=\frac{Q}{r^2}. \tag{8-4-24}$$

当 r 足够大时，$Q^2/r^2\ll C/r$，故式(8-4-23)近似成为

$$\mathrm{d}s^2\cong-\left(1+\frac{C}{r}\right)\mathrm{d}t^2+\left(1+\frac{C}{r}\right)^{-1}\mathrm{d}r^2+r^2(\mathrm{d}\theta^2+\sin^2\theta\,\mathrm{d}\varphi^2). \tag{8-4-25}$$

从物理角度考虑，球对称带电恒星在 r 足够大处的引力场应近似服从牛顿引力论，时空度规应与施瓦西度规近似一样，可见 $C=-2M$. 另一方面，星球在 r 足够大时可视为点电荷，它产生的 F_{10} 应等于其电荷除以 r^2，故由式(8-4-24)可知常数 Q 的物理意义是星球的电荷. 于是式(8-4-23)最终可表为

$$\mathrm{d}s^2=-\left(1-\frac{2M}{r}+\frac{Q^2}{r^2}\right)\mathrm{d}t^2+\left(1-\frac{2M}{r}+\frac{Q^2}{r^2}\right)^{-1}\mathrm{d}r^2+r^2(\mathrm{d}\theta^2+\sin^2\theta\mathrm{d}\varphi^2), \tag{8-4-26}$$

这称为 **Reissner-Nordstrom 线元**(简称 **RN 线元**)，描述质量为 M、电荷为 Q 的静态球对称恒星(物体)外部的时空几何，相应的电磁场 F_{ab} 和 4 势 A_a 则为

$$F_{ab}=-\frac{Q}{r^2}(\mathrm{d}t)_a\wedge(\mathrm{d}r)_b,\qquad A_a=-\frac{Q}{r}(\mathrm{d}t)_a. \tag{8-4-27}$$

式(8-4-26)表述的度规 g_{ab} 配以式(8-4-27)表述的电磁场 F_{ab} 就构成爱-麦方程的

RN 解.

我们对 RN 解的电磁场再做一点讨论. 由式(8-4-27)易得 $F_{ab}F^{ab}=-2Q^2/r^4\neq 0$，可见 RN 时空的 F_{ab} 为非类光电磁场. 人们常说 RN 时空的电磁场是静电场. 要理解这一说法，应注意在谈到电场和磁场时要明确对什么观者而言. 下面证明**静态**观者 G 测 RN 解 F_{ab} 所得的电场和磁场分别是静电场和零. G 的 4 速为

$$Z^a=f^{-1/2}(\partial/\partial t)^a \quad [\text{其中 } f\equiv 1-(2M/r)+Q^2/r^2],$$

把对偶坐标基矢 $(\mathrm{d}r)_a$，$(\mathrm{d}\theta)_a$，$(\mathrm{d}\varphi)_a$ 归一化可得 G 的空间正交归一 3 标架：

$$(e^1)_a=f^{-1/2}(\mathrm{d}r)_a,\qquad (e^2)_a=r\,(\mathrm{d}\theta)_a,\qquad (e^3)_a=r\sin\theta\,(\mathrm{d}\varphi)_a,$$

易证 (习题) G 测得的电场 $E_a\equiv F_{ab}Z^b$ 和磁场 $B_a\equiv -{}^*F_{ab}Z^b$ 为 $E_a=\dfrac{Q}{r^2}(e^1)_a$，$B_a=0$，或

$$E^a=\frac{Q}{r^2}(e_1)^a,\qquad B^a=0 \qquad [\text{其中 } (e_1)^a\equiv f^{1/2}(\partial/\partial r)^a]. \tag{8-4-28}$$

可见 RN 时空的静态观者 G 测 F_{ab} 的结果是一个由点电荷 Q 激发的静电场而无磁场. 由此也可印证 F_{ab} 的非类光性. ①

如果事先不假定度规为静态，即一开始就把式(8-4-12)中的 $\alpha(r)$ 和 $\beta(r)$ 改为 $\alpha(t,\ r)$ 和 $\beta(t,\ r)$，则最终所得结果同上述结果一样. [推导过程可参见 Carmeli (1982)]. 这可看作 Birkhoff 定理的某种推广：爱因斯坦方程的电磁真空球对称解必为 RN 解.

§8.5　轴对称度规简介[选读]

许多星体都有自转. 由于自转，原本是球对称的星体的对称性就降格为轴对称性. 此外，轴对称的物质分布不论有无以对称轴为轴的自转都有轴对称性. 从数学上说，度规 g_{ab} 称为**轴对称的**(axisymmetric)，若存在单参等度规群，其轨道(不动点除外)为闭合类空曲线. 可见轴对称时空存在具有闭合积分曲线的类空 Killing 矢量场 ψ^a. 轴对称度规 g_{ab} 称为稳态轴对称的，如果它存在类时 Killing 场 ξ^a 而且 ξ^a 与代表轴对称性的类空 Killing 场 ψ^a 对易：

$$[\xi,\ \psi]^a=0\ . \tag{8-5-1}$$

利用这一对易性可选坐标系 $\{x^0\equiv t, x^1\equiv\varphi, x^2, x^3\}$ 使 $\xi^a=(\partial/\partial t)^a$，$\psi^a=(\partial/\partial\varphi)^a$. 设

① 下册将介绍电磁对偶变换，它只改变说法而不改变实质. 例如，既可说带电静态恒星有电荷无磁荷，也可说它有磁荷无电荷，还可说它既有电荷又有磁荷(且数量灵活，只要两者平方和不变.). 本节讨论 RN 解时采用最常见的说法，即恒星只有电荷而无磁荷，其相应的电磁场只有静电场而无磁场.

$g_{\mu\nu}$ 是 g_{ab} 在该系的分量，则由式(4-2-3)及 ξ^a 和 ψ^a 的 Killing 性得

$$\partial g_{\mu\nu}/\partial t=(\mathscr{L}_\xi g)_{\mu\nu}=0,\qquad \partial g_{\mu\nu}/\partial\varphi=(\mathscr{L}_\psi g)_{\mu\nu}=0\,,\tag{8-5-2}$$

故 $g_{\mu\nu}$ 只能是 x^2, x^3 的函数. 为进一步简化求解过程，我们只讨论满足如下条件的稳态轴对称度规：$\forall\, p\in M$, $\exists$ 过 p 的、与 $\xi^a|_p$ 和 $\psi^a|_p$ 都正交的 2 维面 S(就是说，对 p 点的任一切于 S 的矢量 u^a 有 $g_{ab}u^a\xi^b|_p=g_{ab}u^a\psi^b|_p=0$. 由于 4 维时空的 2 维面不是超曲面，它有不止一个线性独立的法矢，见图 8-10.). 许多重要的稳态轴对称度规都满足这一条件. 在某正交面 S_0 上任选坐标系 $\{x^2,x^3\}$，用 ξ^a 和 ψ^a 的积分曲线把 x^2, x^3 携带至 S_0 面外的任一点(即令 x^2, x^3 在每一积分曲线上为常数)，并设定 Killing 参数 t 和 φ 的零点使 t, φ 在每一正交面 S 上为常数(由类似于命题 8-1-1 的命题可知这总可做到)，便得局部坐标系 $\{x^0\equiv t,\ x^1\equiv\varphi,\ x^2,\ x^3\}$，其 x^0 和 x^1 坐标线分别是 ξ^a 和 ψ^a 的积分曲线，x^2 和 x^3 坐标线躺在正交面 S 上. 于是 g_{ab} 在此系的分量 $g_{\mu\nu}$ 满足

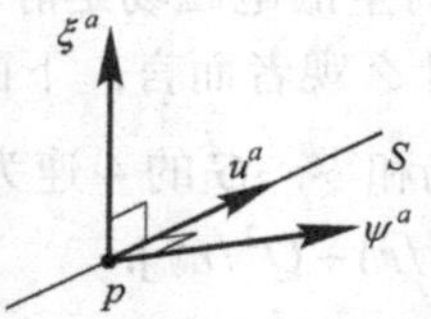

图 8-10 S 是与 ξ^a 和 ψ^a 都正交的两维面(图中压缩一维)

$$g_{02}=g_{20}=g_{ab}\xi^a(\partial/\partial x^2)^b=0,\qquad g_{03}=g_{30}=g_{ab}\xi^a(\partial/\partial x^3)^b=0,$$
$$g_{12}=g_{21}=g_{ab}\psi^a(\partial/\partial x^2)^b=0,\qquad g_{13}=g_{31}=g_{ab}\psi^a(\partial/\partial x^3)^b=0\,.$$

令 $V\equiv-g_{00}=-g_{ab}\xi^a\xi^b$, $W\equiv g_{01}=g_{ab}\xi^a\psi^b$, $X\equiv g_{11}=g_{ab}\psi^a\psi^b$，则线元可表为

$$ds^2=-Vdt^2+Xd\varphi^2+2Wdtd\varphi+g_{22}(dx^2)^2+g_{33}(dx^3)^2+2g_{23}dx^2dx^3\,.\tag{8-5-3}$$

由式(8-5-2)知 V, X, W, g_{22}, g_{33}, g_{23} 都只能是 x^2, x^3 的函数，因此爱因斯坦方程的求解归结为寻找这 6 个二元函数. 然而问题还可进一步简化. 用下式定义函数ρ：

$$\rho^2:=VX+W^2\,,\tag{8-5-4}$$

V, X, W 不是 t, φ 的函数导致 $\xi^a\nabla_a\rho=\partial\rho/\partial t=0$ 和 $\psi^a\nabla_a\rho=\partial\rho/\partial\varphi=0$，即 $\nabla^a\rho$ 与 ξ^a 和 ψ^a 正交，因而切于各 S 面. 在 S_0 面上做两件事：①选ρ为第二坐标 x^2，② 任取一等ρ线并在线上任意定义 1 维坐标 z，再用 $\nabla^a\rho$ 的积分曲线把 z 携带到 S_0 面的其他点. 这样得到的 2 维坐标系 $\{x^2\equiv\rho,\ x^3\equiv z\}$[①] 的坐标基矢 $(\partial/\partial\rho)^a$ 正交于 $(\partial/\partial z)^a$，故 $g_{23}|_{S_0}=0$. 如上所述地用 ξ^a 和 ψ^a 的积分曲线把 x^2, x^3 携带至 S_0 面外，便得坐标系 $\{x^\mu\}$，其中 $x^0\equiv t$, $x^1\equiv\varphi$, $x^2\equiv\rho$, $x^3\equiv z$. 应说明两点：① ρ由式(8-5-4)定义，我们只在 S_0 面上定义 $x^2\equiv\rho$，再把 x^2 携带出面外. 在面外为何也有 $x^2\equiv\rho$？

① 当 $\nabla_a\rho=0$ 时这种定义失效，故坐标域不含 $\nabla_a\rho=0$ 的点.

这是$\xi^a\nabla_a\rho=0$，$\xi^a\nabla_a x^2=0$(携带法的要求) [及相应的$\psi^a\nabla_a\rho=0$，$\psi^a\nabla_a x^2=0$] 以及$(x^2-\rho)|_{S_0}=0$的联合结果. ②由$g_{23}|_{S_0}=0$，$\xi^c\nabla_c g_{23}=0$及$\psi^c\nabla_c g_{23}=0$易见$g_{23}=0$在全坐标域上成立，后两式的证明如下(仅以$\xi^c\nabla_c g_{23}=0$为例)

$$\xi^c\nabla_c g_{23}=\xi^c\nabla_c[g_{ab}(\partial/\partial x^2)^a(\partial/\partial x^3)^b]=\mathscr{L}_\xi[g_{ab}(\partial/\partial x^2)^a(\partial/\partial x^3)^b]$$
$$=g_{ab}[\mathscr{L}_\xi(\partial/\partial x^2)^a](\partial/\partial x^3)^b+g_{ab}(\partial/\partial x^2)^a\mathscr{L}_\xi(\partial/\partial x^3)^b=0,$$

其中最末一步用到$\mathscr{L}_\xi(\partial/\partial x^2)^a=[\xi,\partial/\partial x^2]^a=[\partial/\partial t,\partial/\partial x^2]^a=0$及$\mathscr{L}_\xi(\partial/\partial x^3)^a=0$.

现在令$\Omega^2\equiv g_{22}$，$\Lambda\equiv g_{33}/\Omega^2$，$w\equiv W/V$，则式(8-5-3)可改写为

$$ds^2=-V(dt-wd\varphi)^2+V^{-1}\rho^2d\varphi^2+\Omega^2(d\rho^2+\Lambda dz^2)\,. \tag{8-5-5}$$

于是决定度规分量的二元函数又从 6 个减为 4 个，即$V(\rho,z)$，$w(\rho,z)$，$\Omega(\rho,z)$，$\Lambda(\rho,z)$. 如果待求解的是真空爱因斯坦方程，则式(8-5-5)还可简化为[见 Wald(1984) P. 166]

$$ds^2=-V(dt-wd\varphi)^2+V^{-1}[\rho^2d\varphi^2+e^{2\gamma}(d\rho^2+dz^2)],\qquad \gamma\equiv\tfrac{1}{2}\ln(V\Omega^2)\,. \tag{8-5-6}$$

上式表明待求二元函数又从 4 个减为 3 个，即$V(\rho,z)$，$w(\rho,z)$和$\gamma(\rho,z)$. 上式在$V=1$，$w=\gamma=0$的特例下化为闵氏度规在柱坐标系(t,z,ρ,φ)的线元表达式

$$ds^2=-dt^2+\rho^2d\varphi^2+d\rho^2+dz^2\,.$$

对式(8-5-6)的求解感兴趣的读者可参阅 Kramer et al.(1980)第 18 章. 只想知道求解梗概和结论的读者则可参阅 Wald(1984) P. 166~168.

真空爱因斯坦方程稳态轴对称解的一个重要特例是 Kerr 解，它描述某类不带电的旋转星球的外部时空几何，详见第 13 章.

如果轴对称度规还具有沿对称轴的平移不变性，就称为**柱对称度规** (cylindrically symmetric metric). 准确地说，除了反映轴对称性的 Killing 矢量场$\psi^a=(\partial/\partial\varphi)^a$外，柱对称度规还存在一个反映“沿对称轴的平移不变性”的 Killing 矢量场η^a，满足①$[\eta,\psi]^a=0$；②η^a的积分曲线同胚于$\mathbb{R}$.

对柱对称度规有兴趣的读者可参阅 Kramer et al.(1980)第 20 章.

§8.6　平面对称度规简介[选读]

§8.2 在给出球对称度规的定义前讨论了 3 维欧氏空间中 2 维球面(S^2,h_{ab})的对称性. 与此相仿，在给出平面对称度规的定义前应先重温 2 维欧氏平面$(\mathbb{R}^2,\delta_{ab})$的对称性. §4.1 例(1)已用简单方法找到$(\mathbb{R}^2,\delta_{ab})$的全部(3 个)独立 Killing 矢量场，即反映平移对称性的$\xi_1{}^a\equiv(\partial/\partial x)^a$和$\xi_2{}^a\equiv(\partial/\partial y)^a$以及反映旋转对称性的

$\xi_3{}^a \equiv -y(\partial/\partial x)^a + x(\partial/\partial y)^a$. 用 $\xi_1{}^a$，$\xi_2{}^a$，$\xi_3{}^a$ 可线性组合出无数 Killing 矢量场(注意，组合系数应为常数而不是 $\mathbb{R}^2$ 上的函数)，它们对应的等度规映射构成一个 3 参数等度规群，称为**欧氏群**，记作 E(2) (详见 G.5.5 小节). 仿照球对称度规的定义(见§8.2 定义 1)，可给出平面对称度规的如下定义：

定义 1　时空度规 g_{ab} 称为**平面对称的**(plane symmetric)，若其等度规群含有一个与 E(2)同构的子群 G_3，且 G_3 的所有轨道都是 2 维平面.

Taub(1951)证明了如下定理：真空爱因斯坦方程的平面对称解必为静态度规，其线元形式为

$$ds^2 = \frac{1}{\sqrt{1+kZ}}(-dT^2 + dZ^2) + (1+kZ)(dX^2 + dY^2), \tag{8-6-1}$$

其中 k 为常数. $(-dT^2 + dZ^2)$ 的系数为正表明 T 和 Z 分别为类时和类空坐标. 度规分量不含 T 说明 $(\partial/\partial T)^a$ 是类时 Killing 场，因而度规为静态. Taub 文开始时只要求度规有平面对称性，即只要求有 3 个 Killing 矢量场 $(\partial/\partial X)^a$，$(\partial/\partial Y)^a$ 和 $-Y(\partial/\partial X)^a + X(\partial/\partial Y)^a$，由此就能证出必含第 4 个(额外的) Killing 矢量场 $(\partial/\partial T)^a$. 这与 Birkhoff 定理很像. 不但如此，而且 Taub 定理也犯了一个同 Birkhoff 定理类似的错误：在得出式(8-6-1)的过程中遗漏了与之平权的另一可能性. 事实上，由真空及平面对称性出发可证度规要么如式(8-6-1)，要么如下式：

$$ds^2 = \frac{-1}{\sqrt{1+kZ}}(-dT^2 + dZ^2) + (1+kZ)(dX^2 + dY^2). \tag{8-6-2}$$

上式中 $(-dT^2 + dZ^2)$ 的系数为负，说明 Z 为类时坐标，T 为类空坐标，度规分量不含 T 说明 $(\partial/\partial T)^a$ 为类空 Killing 场，与其他两个类空 Killing 场 $(\partial/\partial X)^a$，$(\partial/\partial Y)^a$ 合起来表明时空是**空间均匀的**(spatially homogeneous)，因为它在空间的 3 个方向(由 T, X 和 Y 轴代表)上有平移不变性. 这个度规没有类时 Killing 矢量场，因而不是静态的. 可见 Taub 定理应修正为：真空爱因斯坦方程的平面对称解要么是静态的，要么是空间均匀的.

Taub 文的另一缺点是式(8-6-1)含有任意常数 k，容易使人误以为式(8-6-1)是一个单参度规族(误以为同施瓦西度规一样. 施瓦西度规的参数 M 的确表明它是一个单参族.). 在 $k \neq 0$ 情况下引入新坐标 $t = k^{-1/3}T$, $z = k^{-4/3}(1+kZ)$,　$x = k^{2/3}X$, $y = k^{2/3}Y$，则式(8-6-1)和(8-6-2)变为

$$ds^2 = z^{-1/2}(-dt^2 + dz^2) + z(dx^2 + dy^2), \tag{8-6-1$'$}$$

$$ds^2 = -z^{-1/2}(-dt^2 + dz^2) + z(dx^2 + dy^2). \tag{8-6-2$'$}$$

这说明在 $k \neq 0$ 情况下式(8-6-1)和(8-6-2)各代表一个度规而非一族度规，在这方面，Taub 度规与施瓦西度规很不一样.

对电磁真空爱因斯坦方程的平面对称解的研究最早可追溯至 1926 年. 但其通解的探求则始于 20 世纪 70 年代. Letelier and Tabensky(1974)在 Patnaik(1970)工作的基础上找到由平面对称电磁场产生的平面对称度规的通解[见 Kramer et al.(1980)]

$$ds^2 = \frac{1}{2}Y'(z)\,(-\mathrm{d}t^2 + \mathrm{d}z^2) + Y^2(z)\ \ (\mathrm{d}x^2 + \mathrm{d}y^2)\,, \tag{8-6-3}$$

其中 $Y'(z) \equiv \mathrm{d}Y/\mathrm{d}z$，而 $Y(z)$由下式隐给出：

$$(Y - A)^2 + 2A^2 \ln(Y + A) = -Cz\ , \qquad A, C \text{ 为常数.} \tag{8-6-4}$$

与式(8-6-3)相应的电磁场 F_{ab} 为非类光无源电磁场，其坐标分量为(把 t，x，y，z 分别认定为 x^0，x^1，x^2，x^3)

$$F_{12} = C_1, \qquad F_{30} = C_2 Y' Y^{-2}/2, \qquad A \equiv 4\pi\,(C_1{}^2 + C_2{}^2)/C, \qquad C_1, C_2 \text{ 为常数.} \tag{8-6-5}$$

当 $F_{ab} = 0$ 时式(8-6-3)简化为式(8-6-1′)[对 $(\nabla_a Y)\nabla^a Y < 0$]或(8-6-2′)[对 $(\nabla_a Y)\nabla^a Y > 0$].

式(8-6-3)代表由平面对称电磁场 F_{ab} 产生的平面对称度规. 所谓平面对称电磁场是指

$$\mathscr{L}_{\xi_i} F_{ab} = 0\,, \qquad i = 1,\ 2,\ 3\,, \tag{8-6-6}$$

其中 $\xi_i{}^a$ 代表反映平面对称性的 3 个 Killing 矢量场，即

$$\xi_1{}^a \equiv (\partial/\partial x)^a\,, \qquad \xi_2{}^a \equiv (\partial/\partial y)^a\,, \qquad \xi_3{}^a \equiv -y\,(\partial/\partial x)^a + x\,(\partial/\partial y)^a\,. \tag{8-6-7}$$

不难验证(习题)式(8-6-5)的 F_{ab} 满足式(8-6-6). 然而，平面对称度规也可由非平面对称的电磁场产生. 只有平移对称性而没有旋转对称性[即式(8-6-6)只对 $i = 1, 2$ 成立]的电磁场称为**半平面对称**(semi-plane symmetric)电磁场(改用“2/3 平面对称”会更贴切). 由这种电磁场产生的平面对称度规的个别特解散见于某些文献中. 李鉴增和梁灿彬 [Li and Liang(1985)]求得由这种半平面对称电磁场产生的平面对称度规的通解，分为以下两类：

$$\text{A 类} \qquad ds^2 = \pm\frac{J(T+Z)}{\sqrt{T}}(-\mathrm{d}T^2 + \mathrm{d}Z^2) + T\,(\mathrm{d}X^2 + \mathrm{d}Y^2)\,, \tag{8-6-8a}$$

$$\text{B 类} \qquad ds^2 = \pm\frac{J(T+Z)}{\sqrt{T+Z}}(-\mathrm{d}T^2 + \mathrm{d}Z^2) + (T+Z)\ \ (\mathrm{d}X^2 + \mathrm{d}Y^2)\,, \tag{8-6-8b}$$

其中 $J(T+Z)$ 是满足 $\dot{J}/J > 0$ 的任意函数($\dot{J} \equiv \partial J/\partial T$).① 与式(8-6-8a)、(8-6-8b)相应的电磁场是半(2/3)平面对称类光无源电磁场. 通解(8-6-3)和(8-6-8)分别对应于

---

① 两个不同函数 $J(T+Z)$按式(8-6-8a)或(8-6-8b)给出的线元可能只差一个坐标变换(即从一个出发通过坐标变换可得另一个)，这样两个线元代表相同几何，因此这样两个函数 $J(T+Z)$称为等价的. 要弄清式(8-6-8a)和(8-6-8b)描写的所有不同几何，就要找到判断任意两个函数 $J(T+Z)$是否等价的判据. 邝志全等找到了这一充要判据[Kuang, Li and Liang (1986)].

非类光、平面对称和类光、半平面对称无源电磁场. 自然要问：由电磁场(不论其对称性如何)产生的平面对称度规除式(8-6-3)和(8-6-8)外还有没有其他？ 邝志全等证明[Kuang, Li and Liang(1987)]：①电磁场产生的平面对称度规只有式(8-6-3)和(8-6-8a)、(8-6-8b)等 3 类(及由它们出发经坐标变换而得的线元)；②平面对称度规(8-6-3)不能由有源电磁场产生；③平面对称度规(8-6-8a)、(8-6-8b)也可由有源电磁场产生，即 A 和 B 类的每一度规既可解释为由无源电磁场产生，也可解释为由有源电磁场产生[这两种解释称为互相对偶的解释(dual interpretation)，两者对应于同一能动张量 T_{ab}.[①]]，两者都是类光电磁场，前者是半(2/3)平面对称的(只有平移对称性而没有旋转对称性)，后者则与前者恰相反，只有旋转对称性而没有平移对称性(即 $\mathscr{L}_{\xi_3} F_{ab}=0$，$\mathscr{L}_{\xi_1} F_{ab}\neq 0$，$\mathscr{L}_{\xi_2} F_{ab}\neq 0$)，也可称为(另一类)半平面对称电磁场，更准确地说是 1/3 平面对称电磁场. 至此，由电磁场产生的平面对称度规终于得以穷尽.

半平面对称电磁场可以产生平面对称度规的事实表明电磁场的对称性可以弱于度规的对称性. 自然要问：度规的对称性可否弱于电磁场的对称性？例如，是否存在由平面对称电磁场产生的半平面对称度规？答案是肯定的：李鉴增和梁灿彬给出了一个具体例子(特解)，见 Li and Liang(1989). 但有关问题还有待进一步探讨.

顺便指出，反映球对称性的 3 个 Killing 场地位均等，不存在由半(2/3 或 1/3)球面对称电磁场产生的球对称度规. 由电磁场产生的球对称度规只能是 RN 度规，其电磁场只能是球对称的无源非类光电磁场.

§8.7 Newman-Penrose 形式(NP formalism)[选读]

除坐标基底法和正交归一标架法之外，相对论还经常用到第三种计算曲率的方法，就是 Newman 和 Penrose 提出的“类光标架法”[Newman and Penrose(1962)]，它可看作刚性标架法的一个变种：所用的不是正交归一标架而是复的[②]“类光标架”. 设 p 是 4 维时空 (M, g_{ab}) 的一点，$\{(e_\mu)^a\}$ 是 p 的一个正交归一标架，定义点 p 的 4 个特殊矢量如下：

$$m^a := \frac{1}{\sqrt{2}}[(e_1)^a - \mathrm{i}\,(e_2)^a], \qquad \bar{m}^a := \frac{1}{\sqrt{2}}[(e_1)^a + \mathrm{i}\,(e_2)^a],$$

① 电磁场的源(尘埃)的能动张量 T'_{ab} 也应与电磁场的能动张量 T_{ab} 一样出现在爱因斯坦方程右边，这使问题变得相当复杂. 一种简化讨论是约定 $T'_{ab}=0$，其物理意义可参见 Tariq and Tupper (1976).

② 把§2.2 定义 2 中的ℝ改为全体复数的集合ℂ，则映射 $v\colon \mathscr{F}_M \to \mathbb{C}$ 称为 $p\in M$ 的复矢量，p 点的切空间 V_p 于是拓展为 n 维复矢量空间(用复数做数乘). 设 u 和 w 是 p 点的实矢量且 $v(f)=u(f)+\mathrm{i}w(f)$，$\forall f\in\mathscr{F}_M$，就说 $v=u+\mathrm{i}w$，并分别称 u，w 为 v 的实部和虚部. 仿此不难定义复张量及其实部和虚部.

$$l^a := \frac{1}{\sqrt{2}}[(e_0)^a - (e_3)^a], \qquad k^a := \frac{1}{\sqrt{2}}[(e_0)^a + (e_3)^a], \tag{8-7-1}$$

则 $g_{ab}m^a m^b = g_{ab}\overline{m}^a \overline{m}^b = g_{ab}l^a l^b = g_{ab}k^a k^b = 0$，即 4 个都是类光矢量. 请注意，$m^a$ 和 $\overline{m}^a$ 都是复矢量，而且互相共轭. 这 4 个矢量构成 p 点的一个基底，称为 p 点的一个**类光标架**(null tetrad). 为与其他标架相区别，本书以 $\{(\varepsilon_\mu)^a\}$ 代表类光标架，并规定其编号为[同 Kramer et al.(1980)一致]

$$(\varepsilon_1)^a \equiv m^a, \qquad (\varepsilon_2)^a \equiv \overline{m}^a, \qquad (\varepsilon_3)^a \equiv l^a, \qquad (\varepsilon_4)^a \equiv k^a. \tag{8-7-2}$$

相应的对偶基矢为

$$(\varepsilon^1)_a \equiv \overline{m}_a, \qquad (\varepsilon^2)_a \equiv m_a, \qquad (\varepsilon^3)_a \equiv -k_a, \qquad (\varepsilon^4)_a \equiv -l_a. \tag{8-7-2'}$$

$(\varepsilon_\mu)^a$ 可看作§5.7 开始时提及的任一基底场 $(e_\mu)^a$ 的特例，但式(8-7-1)的 $(e_\mu)^a$ 则专指正交归一标架，请勿混淆. 不难看出类光标架中任意两个基矢的内积只有以下两对非零：

$$m^a \overline{m}_a \equiv g_{ab}m^a \overline{m}^b = g_{12} = g_{21} = 1, \qquad l^a k_a \equiv g_{ab}l^a k^b = g_{34} = g_{43} = -1,$$

因此度规 g_{ab} 及其逆 g^{ab} 在该标架的分量 $g_{\mu\nu}$ 和 $g^{\mu\nu}$ 组成的矩阵为

$$(g_{\mu\nu}) = \begin{bmatrix} 0 & 1 & 0 & 0 \\ 1 & 0 & 0 & 0 \\ 0 & 0 & 0 & -1 \\ 0 & 0 & -1 & 0 \end{bmatrix} = (g^{\mu\nu}). \tag{8-7-3}$$

与§5.7 一样，$(\varepsilon_\mu)^a$ 和 $(\varepsilon^\mu)_a$ 的编号指标也可用 $g^{\mu\nu}$ 和 $g_{\mu\nu}$ 升降. 把式(5-7-5)用于类光标架得

$$\omega_\mu{}^\nu{}_a = (\varepsilon_\mu)^c \nabla_a (\varepsilon^\nu)_c, \tag{8-7-4}$$

相应的里奇旋转系数为

$$\omega_\mu{}^\nu{}_\rho = (\varepsilon_\mu)^b (\varepsilon_\rho)^a \nabla_a (\varepsilon^\nu)_b.$$

式 (8-7-3) 表明 $\{(\varepsilon_\mu)^a\}$ 是(复)刚性标架，因此有 $\omega_{\mu\nu a} = (\varepsilon_\mu)_b \nabla_a (\varepsilon_\nu)^b$ 及 $\omega_{\mu\nu a} = -\omega_{\nu\mu a}$(即 $\boldsymbol{\omega}_{\mu\nu} = -\boldsymbol{\omega}_{\nu\mu}$)，相应的里奇旋转系数

$$\omega_{\mu\nu\rho} = (\varepsilon_\mu)^b (\varepsilon_\rho)^a \nabla_a (\varepsilon_\nu)_b, \qquad \omega_{\mu\nu\rho} = -\omega_{\nu\mu\rho}. \tag{8-7-5}$$

由于类光标架指标的编号为 1，2，3，4 而非 0，1，2，3，相应的联络 1 形式的编号指标也改为ω_{12}，ω_{13}，ω_{14}，ω_{23}，ω_{24}，ω_{34}. 请注意与类光标架相应的$\omega_{\mu\nu\rho}$是复数，而且服从如下命题：

命题 8-7-1　若把$\omega_{\mu\nu\rho}$下标中的所有 1 和 2 互换(保持 3、4 不变)，便得$\omega_{\mu\nu\rho}$的共轭复数 $\overline{\omega}_{\mu\nu\rho}$，例如 $\omega_{134} = \overline{\omega}_{234}$，$\omega_{342} = \overline{\omega}_{341}$，$\omega_{421} = \overline{\omega}_{412}$，$\omega_{122} = \overline{\omega}_{211}$，$\omega_{344} = \overline{\omega}_{344}$.

证明　由式(8-7-5)得 $\overline{\omega}_{\mu\nu\rho} = (\overline{\varepsilon}_\mu)^b (\overline{\varepsilon}_\rho)^a \nabla_a (\overline{\varepsilon}_\nu)_b$，用此式不难证明本命题. 例

如，

$$\overline{\omega}_{412} = (\overline{\varepsilon}_4)^b (\overline{\varepsilon}_2)^a \nabla_a (\overline{\varepsilon}_1)_b = (\varepsilon_4)^b (\varepsilon_1)^a \nabla_a (\varepsilon_2)_b = \omega_{421} . \qquad \square$$

命题 8-7-1 不但对 $\omega_{\mu\nu\rho}$ 成立，而且对所有带有类光标架指标的量(包括张量)也成立，例如 $\omega_{41}=\overline{\omega}_{42}$，$\omega_{21}=\overline{\omega}_{12}$，$\boldsymbol{R}_{31}=\overline{\boldsymbol{R}}_{32}$，$\boldsymbol{R}_{12}=\overline{\boldsymbol{R}}_{21}$，$\boldsymbol{R}_{34}=\overline{\boldsymbol{R}}_{34}$.

用类光标架法求曲率张量的过程与用正交归一标架法类似，也是先求所选类光标架的全部联络 1 形式 $\boldsymbol{\omega}_{\mu\nu}$ 再求全部曲率 2 形式 $\boldsymbol{R}_{\mu\nu}$. 联络 1 形式的分量 $\omega_{\mu\nu\rho}$ 仍可由式(5-7-19)和(5-7-20)计算，其中的 $(e_\mu)^a$ 现在应理解为 $(\varepsilon_\mu)^a$. 求得全部 $\boldsymbol{\omega}_{\mu\nu}$ 后仍可用嘉当第二方程计算全部 $\boldsymbol{R}_{\mu\nu}$.

命题 8-7-2　嘉当第二结构方程(5-7-8)在类光标架下表现为

$$\boldsymbol{R}_{41} = \mathrm{d}\boldsymbol{\omega}_{41} + \boldsymbol{\omega}_{41} \wedge (\boldsymbol{\omega}_{21} + \boldsymbol{\omega}_{43}), \tag{8-7-6a}$$

$$\boldsymbol{R}_{32} = \mathrm{d}\boldsymbol{\omega}_{32} - \boldsymbol{\omega}_{32} \wedge (\boldsymbol{\omega}_{21} + \boldsymbol{\omega}_{43}), \tag{8-7-6b}$$

$$\boldsymbol{R}_{21} + \boldsymbol{R}_{43} = \mathrm{d}\,(\boldsymbol{\omega}_{21} + \boldsymbol{\omega}_{43}) + 2\boldsymbol{\omega}_{32} \wedge \boldsymbol{\omega}_{41} . \tag{8-7-6c}$$

证明　嘉当第二方程(5-7-8)在有度规 g_{ab} 时可改写为

$$\boldsymbol{R}_{\mu\nu} = \mathrm{d}\boldsymbol{\omega}_{\mu\nu} + \boldsymbol{\omega}_{\mu}{}^{\tau} \wedge \boldsymbol{\omega}_{\tau\nu} = \mathrm{d}\boldsymbol{\omega}_{\mu\nu} + g^{\lambda\tau} \boldsymbol{\omega}_{\mu\lambda} \wedge \boldsymbol{\omega}_{\tau\nu} ,$$

其中 $g^{\lambda\tau}$ 是 g^{ab} 在类光标架的分量. 注意到非零的 $g^{\lambda\tau}$ 只有 $g^{12}=g^{21}=1$ 和 $g^{34}=g^{43}=-1$，便可写出 $\boldsymbol{R}_{\mu\nu}$ 的全部(6 个)独立分量如下：

$$\boldsymbol{R}_{43} = \mathrm{d}\boldsymbol{\omega}_{43} + \boldsymbol{\omega}_{41} \wedge \boldsymbol{\omega}_{23} + \boldsymbol{\omega}_{42} \wedge \boldsymbol{\omega}_{13} , \tag{8-7-7a}$$

$$\boldsymbol{R}_{42} = \mathrm{d}\boldsymbol{\omega}_{42} + \boldsymbol{\omega}_{42} \wedge (\boldsymbol{\omega}_{12} + \boldsymbol{\omega}_{43}), \tag{8-7-7b}$$

$$\boldsymbol{R}_{41} = \mathrm{d}\boldsymbol{\omega}_{41} + \boldsymbol{\omega}_{41} \wedge (\boldsymbol{\omega}_{21} + \boldsymbol{\omega}_{43}), \tag{8-7-7c}$$

$$\boldsymbol{R}_{32} = \mathrm{d}\boldsymbol{\omega}_{32} + \boldsymbol{\omega}_{32} \wedge (\boldsymbol{\omega}_{12} + \boldsymbol{\omega}_{34}), \tag{8-7-7d}$$

$$\boldsymbol{R}_{31} = \mathrm{d}\boldsymbol{\omega}_{31} + \boldsymbol{\omega}_{31} \wedge (\boldsymbol{\omega}_{21} + \boldsymbol{\omega}_{34}), \tag{8-7-7e}$$

$$\boldsymbol{R}_{21} = \mathrm{d}\boldsymbol{\omega}_{21} - \boldsymbol{\omega}_{23} \wedge \boldsymbol{\omega}_{41} - \boldsymbol{\omega}_{24} \wedge \boldsymbol{\omega}_{31} . \tag{8-7-7f}$$

考虑到命题 8-7-1，这 6 个等式其实也不全独立，因为 $\boldsymbol{R}_{31}=\overline{\boldsymbol{R}}_{32}$ 及 $\boldsymbol{R}_{42}=\overline{\boldsymbol{R}}_{41}$ 分别使式(8-7-7e)及(8-7-7b)可由式(8-7-7d)及(8-7-7c)推出. 此外，式(8-7-7a)及(8-7-7f)可分别改写为

$$\boldsymbol{R}_{43} = \mathrm{d}\boldsymbol{\omega}_{43} + \boldsymbol{\omega}_{32} \wedge \boldsymbol{\omega}_{41} + \overline{\boldsymbol{\omega}_{32} \wedge \boldsymbol{\omega}_{41}} = \mathrm{d}\boldsymbol{\omega}_{43} + 2\,\mathrm{Re}\,(\boldsymbol{\omega}_{32} \wedge \boldsymbol{\omega}_{41}), \tag{8-7-7a'}$$

$$\boldsymbol{R}_{21} = \mathrm{d}\boldsymbol{\omega}_{21} + \boldsymbol{\omega}_{32} \wedge \boldsymbol{\omega}_{41} - \overline{\boldsymbol{\omega}_{32} \wedge \boldsymbol{\omega}_{41}} = \mathrm{d}\boldsymbol{\omega}_{21} + 2\,\mathrm{i}\,\mathrm{Im}\,(\boldsymbol{\omega}_{32} \wedge \boldsymbol{\omega}_{41}), \tag{8-7-7f'}$$

上两式合起来等价于式(8-7-6c). 于是式(8-7-7a)~(8-7-7f)等价于(8-7-6a)~(8-7-6c).

□

Newman 和 Penrose 以类光标架为基础创立的整套方法称为 **Newman-Penrose 形式**，简称 **NP 形式**(NP formalism). NP 形式的基本做法是把各种浓缩方程[如方程(8-7-6)]拆开写成多个分量方程，自然出现大量带多个指标的量，如 $\omega_{\mu\nu\rho}$，$R_{\rho\sigma\mu\nu}$ 等. 为了简化方程的外观(以及其他目的)，NP 用各种不带或少带指标的专门符号

代表这些多指标量，分三点介绍如下：

(1) 由于有命题 8-7-1，在 24 个复 $\omega_{\mu\nu\rho}$ 的线性组合中只有 12 个独立复数(与正交归一标架中共有 24 个独立的实 $\omega_{\mu\nu\rho}$ 的事实对照，便会发现这是很自然的.). 以 12 个不带指标的希腊字母代表 $\omega_{\mu\nu\rho}$ 的 12 个独立线性组合，它们是[其中用到式(8-7-5)]

$$\kappa \equiv -\omega_{144} = -m^a k^b \nabla_b k_a, \tag{8-7-8a}$$

$$\rho \equiv -\omega_{142} = -m^a \bar{m}^b \nabla_b k_a, \tag{8-7-8b}$$

$$\sigma \equiv -\omega_{141} = -m^a m^b \nabla_b k_a, \tag{8-7-8c}$$

$$\tau \equiv -\omega_{143} = -m^a l^b \nabla_b k_a, \tag{8-7-8d}$$

$$\nu \equiv \omega_{233} = \bar{m}^a l^b \nabla_b l_a, \tag{8-7-8e}$$

$$\mu \equiv \omega_{231} = \bar{m}^a m^b \nabla_b l_a, \tag{8-7-8f}$$

$$\lambda \equiv \omega_{232} = \bar{m}^a \bar{m}^b \nabla_b l_a, \tag{8-7-8g}$$

$$\pi \equiv \omega_{234} = \bar{m}^a k^b \nabla_b l_a, \tag{8-7-8h}$$

$$\varepsilon \equiv \frac{1}{2}(\omega_{214} - \omega_{344}) = \frac{1}{2}(\bar{m}^a k^b \nabla_b m_a - l^a k^b \nabla_b k_a), \tag{8-7-8i}$$

$$\beta \equiv \frac{1}{2}(\omega_{211} - \omega_{341}) = \frac{1}{2}(\bar{m}^a m^b \nabla_b m_a - l^a m^b \nabla_b k_a), \tag{8-7-8j}$$

$$\gamma \equiv \frac{1}{2}(\omega_{433} - \omega_{123}) = \frac{1}{2}(k^a l^b \nabla_b l_a - m^a l^b \nabla_b \bar{m}_a), \tag{8-7-8k}$$

$$\alpha \equiv \frac{1}{2}(\omega_{432} - \omega_{122}) = \frac{1}{2}(k^a \bar{m}^b \nabla_b l_a - m^a \bar{m}^b \nabla_b \bar{m}_a). \tag{8-7-8l}$$

这 12 个希腊字母称为**自旋系数**(spin coefficients，简称**旋系数**.).

命题 8-7-3　24 个 $\omega_{\mu\nu\rho}$ 可由 12 个旋系数表出如下：

$$\omega_{121} = \bar{\alpha} - \beta,\ \ \omega_{131} = \bar{\lambda},\ \ \omega_{141} = -\sigma,\ \ \omega_{231} = \mu,\ \ \omega_{241} = -\bar{\rho},\ \ \omega_{341} = -(\bar{\alpha} + \beta),$$

$$\omega_{122} = \bar{\beta} - \alpha,\ \ \omega_{132} = \bar{\mu},\ \ \omega_{142} = -\rho,\ \ \omega_{232} = \lambda,\ \ \omega_{242} = -\bar{\sigma},\ \ \omega_{342} = -(\alpha + \bar{\beta}),$$

$$\omega_{123} = \bar{\gamma} - \gamma,\ \ \omega_{133} = \bar{\nu},\ \ \omega_{143} = -\tau,\ \ \omega_{233} = \nu,\ \ \omega_{243} = -\bar{\tau},\ \ \omega_{343} = -(\gamma + \bar{\gamma}),$$

$$\omega_{124} = \bar{\varepsilon} - \varepsilon,\ \ \omega_{134} = \bar{\pi},\ \ \omega_{144} = -\kappa,\ \ \omega_{234} = \pi,\ \ \omega_{244} = -\bar{\kappa},\ \ \omega_{344} = -(\varepsilon + \bar{\varepsilon}).$$

证明　待证的 24 个等式中只有 8 个需要证明(其他都可从旋系数的定义一望而知)，证明如下.

首先，因 $(\varepsilon_3)^a$ 和 $(\varepsilon_4)^a$ 为实矢量，故 ω_{343} 和 ω_{344} 为实数. 其次，由 $\omega_{213} = -\omega_{123} = -\bar{\omega}_{213}$ 可得 $\omega_{213} + \bar{\omega}_{213} = 0$，所以 ω_{213} 为虚数. 同理可知 ω_{214} 亦为虚数. 而 $\varepsilon \equiv \frac{1}{2}(\omega_{214} - \omega_{344}) = \frac{1}{2}(\omega_{434} + \omega_{214})$，故 $\omega_{434} = 2\,\mathrm{Re}\,(\varepsilon) = \varepsilon + \bar{\varepsilon}$，$\omega_{214} = 2\,\mathrm{i}\,\mathrm{Im}\,(\varepsilon) = \varepsilon - \bar{\varepsilon}$. 类

似地有 $\omega_{433}=\gamma+\bar{\gamma}$，$\omega_{213}=\gamma-\bar{\gamma}$. 此外，由$\beta$和$\alpha$的定义又得 $\beta=-\frac{1}{2}(\omega_{121}+\omega_{341})$，$\bar{\alpha}=\frac{1}{2}(\omega_{121}-\omega_{341})$，因而 $\omega_{341}=-(\bar{\alpha}+\beta)$，$\omega_{121}=\bar{\alpha}-\beta$，由此又易得 $\omega_{122}=\bar{\beta}-\alpha$，$\omega_{342}=-(\alpha+\bar{\beta})$. □

(2) 各种公式中经常出现旋系数沿 4 个基矢的导数，特引入以下 4 个求导符号：

$$\delta\equiv m^a\nabla_a,\qquad \bar{\delta}\equiv\bar{m}^a\nabla_a,\qquad \Delta\equiv l^a\nabla_a,\qquad \mathrm{D}\equiv k^a\nabla_a. \tag{8-7-9}$$

(3) 黎曼张量 $R_{abc}{}^d$ 的分量有 4 个指标，应设法用指标较少的符号代表. $R_{abc}{}^d$ 由其“无迹部分”(外尔张量) $C_{abc}{}^d$ 和“有迹部分”(里奇张量) R_{ab} 决定. 由于具有各种对称性，外尔张量只有 10 个实的独立分量，可用 5 个复数 Ψ_0，Ψ_1，Ψ_2，Ψ_3，Ψ_4 代表，定义为

$$\Psi_0:=C_{4141},\quad \Psi_1:=C_{4341},\quad \Psi_2:=\frac{1}{2}(C_{4343}-C_{4312}),\quad \Psi_3:=C_{3432},\quad \Psi_4:=C_{3232}, \tag{8-7-10}$$

其中 $C_{\mu\nu\rho\sigma}$ 是 C_{abcd} 在类光标架的分量. 里奇张量 R_{ab} 由于对称性 $R_{ab}=R_{ba}$ 而只有 10 个实的独立分量，它在类光标架的 10 个独立分量 R_{44}，R_{43}，R_{42}，R_{41}，R_{33}，R_{32}，R_{31}，R_{22}，R_{21}，R_{11} 中有 6 个为复数，4 个为实数. R_{44}，R_{43}，R_{33} 的实数性是显见的，R_{21} 也是实数，因为 $R_{21}=R_{12}=\bar{R}_{21}$. 由这 4 个实数的线性组合可定义如下 4 个实数：

$$\Phi_{00}:=\frac{1}{2}R_{44},\quad \Phi_{11}:=\frac{1}{4}(R_{21}+R_{43}),\quad \Phi_{22}:=\frac{1}{2}R_{33},\quad R:=2(R_{21}-R_{43}). \tag{8-7-11a}$$

第四个实数 R 其实就是标量曲率[易证标量曲率的确等于 $2(R_{21}-R_{43})$]. 由 R_{ab} 的 6 个复分量 R_{42}，R_{41}，R_{32}，R_{31}，R_{22}，R_{11} 则可定义 6 个复数

$$\Phi_{01}:=\frac{1}{2}R_{41},\quad \Phi_{10}:=\frac{1}{2}R_{42},\quad \Phi_{02}:=\frac{1}{2}R_{11},\quad \Phi_{20}:=\frac{1}{2}R_{22},$$

$$\Phi_{12}:=\frac{1}{2}R_{31},\quad \Phi_{21}:=\frac{1}{2}R_{32}. \tag{8-7-11b}$$

以上 10 个数除 R 外可排成一个 3×3“共轭对称”矩阵$[\Phi_{\lambda\tau}]$(满足 $\Phi_{\lambda\tau}=\bar{\Phi}_{\tau\lambda}$，$\lambda,\tau=0,1,2$)：

	0	1	2
0	$\frac{1}{2}R_{44}$	$\frac{1}{2}R_{41}$	$\frac{1}{2}R_{11}$
1	$\frac{1}{2}R_{42}$	$\frac{1}{4}(R_{21}+R_{43})$	$\frac{1}{2}R_{31}$
2	$\frac{1}{2}R_{22}$	$\frac{1}{2}R_{32}$	$\frac{1}{2}R_{33}$

3 个独立的复对角元与 3 个实对角元及实数 R 合起来正好代表 R_{ab} 的 10 个实独立分量.

NP 形式中包含 3 个非常有用的方程组，即 (A)NP 方程组；(B)比安基恒等式；(C)对易关系式. 分别介绍如下.

(A) NP 方程组

以 Φ_{00}, …, Φ_{22}, R 等 10 个量以及 Ψ_0, Ψ_1, Ψ_2, Ψ_3, Ψ_4 表达 $\boldsymbol{R}_{41}$, $\boldsymbol{R}_{32}$, $\boldsymbol{R}_{21}$, $\boldsymbol{R}_{43}$, 以 12 个旋系数表达 ω_{41}, ω_{32}, ω_{21}, ω_{43}, 便可把式(8-7-6)重新表述为如下的 18 个方程，称为 NP **方程组**:

$$\mathrm{D}\rho-\bar{\delta}\kappa=(\rho^2+\sigma\bar{\sigma})+\rho(\varepsilon+\bar{\varepsilon})-\bar{\kappa}\tau-\kappa(3\alpha+\bar{\beta}-\pi)+\Phi_{00}, \tag{8-7-12a}$$

$$\mathrm{D}\sigma-\delta\kappa=\sigma(\rho+\bar{\rho})+\sigma(3\varepsilon-\bar{\varepsilon})-\kappa(\tau-\bar{\pi}+\bar{\alpha}+3\beta)+\Psi_0, \tag{8-7-12b}$$

$$\mathrm{D}\tau-\Delta\kappa=\rho(\tau+\bar{\pi})+\sigma(\bar{\tau}+\pi)+\tau(\varepsilon-\bar{\varepsilon})-\kappa(3\gamma+\bar{\gamma})+\Psi_1+\Phi_{01}, \tag{8-7-12c}$$

$$\mathrm{D}\alpha-\bar{\delta}\varepsilon=\alpha(\rho+\bar{\varepsilon}-2\varepsilon)+\beta\bar{\sigma}-\bar{\beta}\varepsilon-\kappa\lambda-\bar{\kappa}\gamma+\pi(\varepsilon+\rho)+\Phi_{10}, \tag{8-7-12d}$$

$$\mathrm{D}\beta-\delta\varepsilon=\sigma(\alpha+\pi)+\beta(\bar{\rho}-\bar{\varepsilon})-\kappa(\mu+\gamma)-\varepsilon(\bar{\alpha}-\bar{\pi})+\Psi_1, \tag{8-7-12e}$$

$$\mathrm{D}\gamma-\Delta\varepsilon=\alpha(\tau+\bar{\pi})+\beta(\bar{\tau}+\pi)-\gamma(\varepsilon+\bar{\varepsilon})-\varepsilon(\gamma+\bar{\gamma})+\tau\pi-\nu\kappa+\Psi_2+\Phi_{11}-R/24, \tag{8-7-12f}$$

$$\mathrm{D}\lambda-\bar{\delta}\pi=(\rho\lambda+\bar{\sigma}\mu)+\pi^2+\pi(\alpha-\bar{\beta})-\nu\bar{\kappa}-\lambda(3\varepsilon-\bar{\varepsilon})+\Phi_{20}, \tag{8-7-12g}$$

$$\mathrm{D}\mu-\delta\pi=(\bar{\rho}\mu+\sigma\lambda)+\pi\bar{\pi}-\mu(\varepsilon+\bar{\varepsilon})-\pi(\bar{\alpha}-\beta)-\nu\kappa+\Psi_2+R/12, \tag{8-7-12h}$$

$$\mathrm{D}\nu-\Delta\pi=\mu(\pi+\bar{\tau})+\lambda(\bar{\pi}+\tau)+\pi(\gamma-\bar{\gamma})-\nu(3\varepsilon+\bar{\varepsilon})+\Psi_3+\Phi_{21}, \tag{8-7-12i}$$

$$\Delta\lambda-\bar{\delta}\nu=-\lambda(\mu+\bar{\mu})-\lambda(3\gamma-\bar{\gamma})+\nu(3\alpha+\bar{\beta}+\pi-\bar{\tau})-\Psi_4, \tag{8-7-12j}$$

$$\delta\rho-\bar{\delta}\sigma=\rho(\bar{\alpha}+\beta)-\sigma(3\alpha-\bar{\beta})+\tau(\rho-\bar{\rho})+\kappa(\mu-\bar{\mu})-\Psi_1+\Phi_{01}, \tag{8-7-12k}$$

$$\delta\alpha-\bar{\delta}\beta=(\mu\rho-\lambda\sigma)+\alpha\bar{\alpha}+\beta\bar{\beta}-2\alpha\beta+\gamma(\rho-\bar{\rho})+\varepsilon(\mu-\bar{\mu})-\Psi_2+\Phi_{11}+R/24, \tag{8-7-12l}$$

$$\delta\lambda-\bar{\delta}\mu=\nu(\rho-\bar{\rho})+\pi(\mu-\bar{\mu})+\mu(\alpha+\bar{\beta})+\lambda(\bar{\alpha}-3\beta)-\Psi_3+\Phi_{21}, \tag{8-7-12m}$$

$$\delta\nu-\Delta\mu=(\mu^2+\lambda\bar{\lambda})+\mu(\gamma+\bar{\gamma})-\bar{\nu}\pi+\nu(\tau-3\beta-\bar{\alpha})+\Phi_{22}, \tag{8-7-12n}$$

$$\delta\gamma-\Delta\beta=\gamma(\tau-\bar{\alpha}-\beta)+\mu\tau-\sigma\nu-\varepsilon\bar{\nu}-\beta(\gamma-\bar{\gamma}-\mu)+\alpha\bar{\lambda}+\Phi_{12}, \tag{8-7-12o}$$

$$\delta\tau-\Delta\sigma=(\mu\sigma+\bar{\lambda}\rho)+\tau(\tau+\beta-\bar{\alpha})-\sigma(3\gamma-\bar{\gamma})-\kappa\bar{\nu}+\Phi_{02}, \tag{8-7-12p}$$

$$\Delta\rho-\bar{\delta}\tau=-(\rho\bar{\mu}+\sigma\lambda)+\tau(\bar{\beta}-\alpha-\bar{\tau})+\rho(\gamma+\bar{\gamma})+\nu\kappa-\Psi_2-R/12, \tag{8-7-12q}$$

$$\Delta\alpha-\bar{\delta}\gamma=\nu(\rho+\varepsilon)-\lambda(\tau+\beta)+\alpha(\bar{\gamma}-\bar{\mu})+\gamma(\bar{\beta}-\bar{\tau})-\Psi_3. \tag{8-7-12r}$$

注 1 嘉当第二方程(8-7-6)包含 3 个复的(0, 2)型反称张量方程，每个方程又相当于 6 个复的分量方程，改写为复的 NP 方程自然是 18 个.

下面举例说明 NP 方程的证明. 先以式(8-7-12a)为例，它其实是式(8-7-6a)的第四、二分量方程的重新表述. R_{abcd} 在类光标架的分量 R_{4241} 可表为

$$R_{4241}=(\varepsilon_4)^a(\varepsilon_2)^b R_{ab41}=(\varepsilon_4)^a(\varepsilon_2)^b[(\mathrm{d}\omega_{41})_{ab}+\omega_{41a}\wedge(\omega_{21b}+\omega_{43b})],$$

其中第二步用到式(8-7-6a). 因$(\omega_{41})_b = \sigma(\varepsilon^1)_b + \rho(\varepsilon^2)_b + \tau(\varepsilon^3)_b + \kappa(\varepsilon^4)_b$，故

$$\begin{aligned}(\varepsilon_4)^a(\varepsilon_2)^b(\mathrm{d}\omega_{41})_{ab} &= (\varepsilon_4)^a(\varepsilon_2)^b(\nabla_a\omega_{41b} - \nabla_b\omega_{41a}) \\ &= -\sigma\overline{\sigma} + \rho(\varepsilon - \overline{\varepsilon}) + \mathrm{D}\rho - \rho^2 + \overline{\kappa}\tau - \kappa\pi + \kappa(\alpha + \overline{\beta}) - \overline{\delta}\kappa .\end{aligned}$$

最末一步繁而不难，留作练习. 推算中经常用到$\omega_\mu{}^\nu{}_\rho$的降指标运算，为此要借用g^{ab}在类光标架的分量$g^{\nu\sigma}$的表达式(8-7-3). 由于式(8-7-3)的矩阵很简单，计算十分方便. 例如

$$\omega_4{}^1{}_2 = g^{1\mu}\omega_{4\mu 2} = g^{12}\omega_{422} = \omega_{422} .$$

此外，

$$(\varepsilon_4)^a(\varepsilon_2)^b[\omega_{41a} \wedge (\omega_{21b} + \omega_{43b})] = \kappa(\omega_{212} + \omega_{432}) - \rho(\omega_{214} + \omega_{434}) = 2\kappa\alpha - 2\rho\varepsilon ,$$

因而

$$R_{4241} = (\mathrm{D}\rho - \overline{\delta}\kappa) - (\rho^2 + \sigma\overline{\sigma}) - \rho(\varepsilon + \overline{\varepsilon}) + \overline{\kappa}\tau + \kappa(3\alpha + \overline{\beta} - \pi) . \qquad (8\text{-}7\text{-}13)$$

另一方面，由Φ_{00}的定义及$R_{\mu\nu} = R_{\mu\sigma\nu}{}^\sigma$得

$$\begin{aligned}\Phi_{00} &\equiv \frac{1}{2}R_{44} = \frac{1}{2}R_{4\mu 4}{}^\mu = \frac{1}{2}(R_{414}{}^1 + R_{424}{}^2 + R_{434}{}^3) \\ &= \frac{1}{2}(R_{4142} + R_{4241} - R_{4344}) = R_{4241},\end{aligned} \qquad (8\text{-}7\text{-}14)$$

对比式(8-7-13)和(8-7-14)便得式(8-7-12a). 可见式(8-7-12a)无非是式(8-7-6a)的一个分量方程，只是由于把代表曲率分量的Φ_{00}写在右边而使初学者不易看出这一实质. 下面再以较复杂的式(8-7-12f)为例介绍推证过程. 它是式(8-7-6c)的第4，3分量方程的重新表述. 首先，

$$R_{4321}+R_{4343}=(\varepsilon_4)^a(\varepsilon_3)^b(R_{ab21}+R_{ab43}) = (\varepsilon_4)^a(\varepsilon_3)^b[(\mathrm{d}\omega_{21})_{ab}+(\mathrm{d}\omega_{43})_{ab}+2\omega_{32a}\wedge\omega_{41b}],$$

其中第二步用到式(8-7-6c). 经冗长而直接的计算得

$$R_{4321} + R_{4343} = 2[(\mathrm{D}\gamma - \Delta\varepsilon) - \alpha(\tau + \overline{\pi}) - \beta(\overline{\tau} + \pi) + \gamma(\varepsilon + \overline{\varepsilon}) + \varepsilon(\gamma + \overline{\gamma}) - \tau\pi + \nu\kappa] . \qquad (8\text{-}7\text{-}15)$$

另一方面，由定义式(8-7-10)知$\Psi_2 = (C_{4343} - C_{4312})/2$. 把外尔张量的定义[式(3-4-14)]用于$n = 4$得

$$C_{abcd} = R_{abcd} - \frac{1}{2}[(g_{ac}R_{db} - g_{ad}R_{cb}) - (g_{bc}R_{da} - g_{bd}R_{ca})] + \frac{1}{6}R(g_{ac}g_{db} - g_{ad}g_{cb}) .$$

注意到式(8-7-3)，得$C_{4343} = R_{4343} - R_{34} - R/6$，$C_{4312} = R_{4312}$，因而

$$\Psi_2 = \frac{1}{2}(R_{4343} - R_{4312}) - \frac{1}{2}R_{34} - \frac{1}{12}R . \qquad (8\text{-}7\text{-}16)$$

而从式(8-7-10)知$\Phi_{11} = (R_{12} + R_{43})/4$及$R = 2(R_{12} - R_{34})$，故

$$2(\Psi_2 + \Phi_{11} - R/24) = R_{4343} - R_{4312} = R_{4321} + R_{4343} . \qquad (8\text{-}7\text{-}17)$$

由式(8-7-17)和(8-7-15)可知式(8-7-12f)成立.

总之，18 个 NP 方程无非是嘉当第二结构方程在类光标架的具体体现，其特点是把浓缩的式(8-7-6)中的所有取和逐次写出，从而便于实际计算. NP 方程虽然个数众多，但所有方程都只涉及一阶导数，求解并不困难. 利用选择类光标架的自由性[有 6 个实参量可供选择，见 Kramer et al.(1980) P. 45] 还可使 NP 方程尽量简化.

(B) 比安基恒等式

第 3 章早已从黎曼张量 $R_{abc}{}^d$ 的定义证明了它满足比安基恒等式 $\nabla_{[a}R_{bc]d}{}^e=0$. 为便于应用，可借 NP 类光标架把它表为分量方程组，见 Kramer et al.(1981) P. 86~87.

(C) 对易关系式

计算黎曼张量先要选定基底场 $\{(e_\mu)^a\}$. 若选坐标基底，则任意两个基矢场必然对易，即 $[\partial/\partial x^\mu,\partial/\partial x^\nu]^a=0$. 然而非坐标基底却不如此简单. 基底 $\{(e_\mu)^a\}$ 中的任意两个基矢场 $(e_\mu)^a$ 和 $(e_\nu)^a$ 的对易子可用式(3-1-13)表为

$$[e_\mu,e_\nu]^a=(e_\mu)^b\nabla_b(e_\nu)^a-(e_\nu)^b\nabla_b(e_\mu)^a\,, \tag{8-7-18}$$

其中 ∇_a 是任一无挠导数算符. 把计算黎曼张量时所指定的那个导数算符(联络)选做上式的 ∇_a，则由式(5-7-1)便得

$$[e_\mu,e_\nu]^a=-2\,\gamma^\sigma{}_{[\mu\nu]}(e_\sigma)^a\,, \tag{8-7-19}$$

其中 $\gamma^\sigma{}_{\mu\nu}$ 是由式(5-7-1)定义的联络系数，与联络 1 形式 $\omega_\mu{}^\nu{}_a$ 的关系由式(5-7-4)给出. 式(8-7-19)就是用标架法计算黎曼张量时的**对易关系**(commutation relation). 下面讨论它在 NP 形式中的具体表达式. 借用度规(之逆)在类光标架的分量 $g^{\mu\nu}$ 可把式(5-7-4)改写为

$$-\gamma^\sigma{}_{\mu\nu}=g^{\sigma\beta}\omega_{\mu\beta\nu}\,, \tag{8-7-20}$$

故式(8-7-19)用于类光标架成为

$$[\varepsilon_\mu,\varepsilon_\nu]^a=g^{\sigma\beta}(\omega_{\mu\beta\nu}-\omega_{\nu\beta\mu})(\varepsilon_\sigma)^a\,. \tag{8-7-21}$$

分别取 $\mu\nu$ 为 34，14，13，21，则上式在作用于实函数时具体化为如下 4 个对易关系式(若再取 $\mu\nu$ 为 24 和 23，所得结果分别是取 14 和 13 的结果的复数共轭，不独立.)：

$$\Delta\mathrm{D}-\mathrm{D}\Delta=(\gamma+\bar\gamma)\mathrm{D}+(\varepsilon+\bar\varepsilon)\Delta-(\tau+\bar\pi)\bar\delta-(\bar\tau+\pi)\delta\,, \tag{8-7-22a}$$

$$\delta\mathrm{D}-\mathrm{D}\delta=(\bar\alpha+\beta-\bar\pi)\mathrm{D}+\kappa\Delta-\sigma\bar\delta-(\bar\rho+\varepsilon-\bar\varepsilon)\delta\,, \tag{8-7-22b}$$

$$\delta\Delta-\Delta\delta=-\bar\nu\mathrm{D}+(\tau-\bar\alpha-\beta)\Delta+\bar\lambda\bar\delta+(\mu-\gamma+\bar\gamma)\delta\,, \tag{8-7-22c}$$

$$\bar\delta\delta-\delta\bar\delta=(\bar\mu-\mu)\mathrm{D}+(\bar\rho-\rho)\Delta-(\bar\alpha-\beta)\bar\delta-(\bar\beta-\alpha)\delta\,. \tag{8-7-22d}$$

作用于实函数 f 时，式(8-7-22a)给出一个实等式，(8-7-22d)给出一个虚等式，(8-7-22b)和(8-7-22c)各给出一个复等式，故式(8-7-22)相当于 6 个实等式. 为证式(8-7-22a)，只须证明它两边作用于任一(复)标量场 f 给出相同的标量场. 由式(8-7-9)得

$$
\begin{aligned}
(\Delta \mathrm{D}-\mathrm{D}\Delta)f &= (l^b\nabla_b k^a - k^b\nabla_b l^a)\nabla_a f = [l,k]^a\nabla_a f \\
&= [\varepsilon_3,\varepsilon_4]^a\nabla_a f = g^{\sigma\beta}(\omega_{3\beta4}-\omega_{4\beta3})(\varepsilon_\sigma)^a\nabla_a f \\
&= g^{\sigma\beta}(\omega_{3\beta4}-\omega_{4\beta3})(\varepsilon_\sigma)^a\nabla_a f \\
&= [g^{12}(\omega_{324}-\omega_{423})(\varepsilon_1)^a + g^{21}(\omega_{314}-\omega_{413})(\varepsilon_2)^a \\
&\quad + g^{34}(\omega_{344}-\omega_{443})(\varepsilon_3)^a + g^{43}(\omega_{334}-\omega_{433})(\varepsilon_4)^a]\nabla_a f \\
&= \{(-\pi-\bar\tau)m^a + (-\bar\pi-\tau)\bar m^a - [-(\varepsilon+\bar\varepsilon)-0]l^a - [0-(\gamma+\bar\gamma)]k^a\}\nabla_a f \\
&= (\gamma+\bar\gamma)\,\mathrm{D}f + (\varepsilon+\bar\varepsilon)\,\Delta f - (\tau+\bar\pi)\,\bar\delta f - (\bar\tau+\pi)\,\delta f\,,
\end{aligned}
$$

于是式(8-7-22a)得证. 其他 3 式的证明仿此.

为帮助初学者掌握用 NP 形式求解爱因斯坦方程的方法，本书给出两个求解实例，分别见 8.8.2 小节和选读 8-9-1.

§8.8 用 NP 形式求解爱因斯坦-麦克斯韦方程举例[选读]

8.8.1 NP 形式中的麦氏方程与爱因斯坦方程

由于有反称性，电磁场张量 F_{ab} 在类光标架的复分量中至多只有 6 个独立，不妨取为 F_{43}，F_{42}，F_{41}，F_{32}，F_{31}，F_{21}. 但它们还满足如下关系：

$$F_{43}=\bar F_{43},\qquad F_{42}=\bar F_{41},\qquad F_{32}=\bar F_{31},\qquad F_{21}=-F_{12}=-\bar F_{21},$$

可见 6 者中 F_{43} 和 F_{21} 各为实数和虚数(两者之和是个复数)，其他 4 者相当于两个独立复数(可取为 F_{41} 和 F_{23})，因此在 NP 形式中以 3 个复数 Φ_0，Φ_1 和 Φ_2 代表，其定义为

$$\Phi_0 := F_{41} = F_{ab}k^a m^b\,, \tag{8-8-1a}$$

$$\Phi_1 := \frac{1}{2}(F_{43}+F_{21}) = \frac{1}{2}F_{ab}(k^a l^b + \bar m^a m^b)\,, \tag{8-8-1b}$$

$$\Phi_2 := F_{23} = F_{ab}\bar m^a l^b\,. \tag{8-8-1c}$$

无源麦氏方程

$$\nabla^a F_{ab} = 0\,, \tag{8-8-2a}$$

$$\nabla_{[a}F_{bc]} = 0 \tag{8-8-2b}$$

在 NP 形式中具有如下表达式：

$$\mathrm{D}\Phi_1 - \bar\delta\Phi_0 = (\pi-2\alpha)\Phi_0 + 2\rho\Phi_1 - \kappa\Phi_2\,, \tag{8-8-3a}$$

$$\mathrm{D}\Phi_2 - \bar{\delta}\Phi_1 = -\lambda\Phi_0 + 2\pi\Phi_1 + (\rho - 2\varepsilon)\Phi_2\,, \tag{8-8-3b}$$

$$\delta\Phi_1 - \Delta\Phi_0 = (\mu - 2\gamma)\Phi_0 + 2\tau\Phi_1 - \sigma\Phi_2\,, \tag{8-8-3c}$$

$$\delta\Phi_2 - \Delta\Phi_1 = -\nu\Phi_0 + 2\mu\Phi_1 + (\tau - 2\beta)\Phi_2\,. \tag{8-8-3d}$$

仅以式(8-8-3a)为例给出证明如下：

$$\begin{aligned}2\mathrm{D}\Phi_1 = k^c\nabla_c[F_{ab}(k^a l^b + \bar{m}^a m^b)] = F_{ab}k^a k^c\nabla_c l^b + F_{ab}l^b k^c\nabla_c k^a + k^a l^b k^c\nabla_c F_{ab}\\ + F_{ab}\bar{m}^a k^c\nabla_c m^b + F_{ab}m^b k^c\nabla_c\bar{m}^a + \bar{m}^a m^b k^c\nabla_c F_{ab}\,.\end{aligned} \tag{8-8-4}$$

上式右边第一、二项分别为

$$\begin{aligned}F_{ab}k^a k^c\nabla_c l^b &= F_{4\nu}(\varepsilon^\nu)_b(\varepsilon_4)^c\nabla_c(\varepsilon_3)^b = F_{4\nu}g^{\nu\mu}\omega_{\mu 34}\\ &= F_{41}g^{12}\omega_{234} + F_{42}g^{21}\omega_{134} + F_{43}g^{34}\omega_{434} = \pi\Phi_0 + \bar{\pi}\bar{\Phi}_0 + F_{43}\omega_{344}\,;\end{aligned}$$

$$F_{ab}l^b k^c\nabla_c k^a = -\bar{\kappa}\bar{\Phi}_2 - \kappa\Phi_2 - F_{43}\omega_{344},$$

故式(8-8-4)右边一、二项之和为 $\pi\Phi_0 + \bar{\pi}\bar{\Phi}_0 - \kappa\Phi_2 - \bar{\kappa}\bar{\Phi}_2$. 类似地，式(8-8-4)右边四、五项之和为 $-\kappa\Phi_2 + \bar{\kappa}\bar{\Phi}_2 - \bar{\pi}\bar{\Phi}_0 + \pi\Phi_0$，因而

$$2\mathrm{D}\Phi_1 = 2\,(\pi\Phi_0 - \kappa\Phi_2) + k^a l^b k^c\nabla_c F_{ab} + \bar{m}^a m^b k^c\nabla_c F_{ab}\,.$$

用类似方法还可求得

$$\bar{\delta}\Phi_0 = 2\,(\alpha\Phi_0 - \rho\Phi_1) + k^a m^b \bar{m}^c\nabla_c F_{ab}\,.$$

故

$$\mathrm{D}\Phi_1 - \bar{\delta}\Phi_0 = (\pi - 2\alpha)\Phi_0 + 2\rho\Phi_1 - \kappa\Phi_2 + \frac{1}{2}(k^a l^b k^c + \bar{m}^a m^b k^c - 2k^a m^b \bar{m}^c)\nabla_c F_{ab}\,. \tag{8-8-5}$$

令 $G \equiv (k^a l^b k^c + \bar{m}^a m^b k^c - 2k^a m^b \bar{m}^c)\nabla_c F_{ab}$，则欲证式(8-8-3a)只须证 $G = 0$. 为此当然要用麦氏方程. 由式(8-7-3)可知

$$g^{ac} = m^a\bar{m}^c + \bar{m}^a m^c - l^a k^c - k^a l^c, \tag{8-8-6}$$

故麦氏方程 $\nabla^a F_{ab} = 0$ 可表为 $(m^a\bar{m}^c + \bar{m}^a m^c - l^a k^c - k^a l^c)\nabla_c F_{ab} = 0$，与 k^b 缩并得

$$\begin{aligned}0 &= [m^a k^b \bar{m}^c + \bar{m}^a k^b m^c - (l^a k^b k^c + k^a k^b l^c)]\nabla_c F_{ab}\\ &= [m^a k^b \bar{m}^c - (m^a \bar{m}^b k^c + k^a m^b \bar{m}^c) + k^a l^b k^c)]\nabla_c F_{ab}\\ &= [-m^b k^a \bar{m}^c - (-m^b \bar{m}^a k^c + k^a m^b \bar{m}^c) + k^a l^b k^c)]\nabla_c F_{ab} = G,\end{aligned}$$

其中第二步是因为 $\nabla_{[c}F_{ab]} = 0$ 导致 $\bar{m}^{[a}k^b m^{c]}\nabla_c F_{ab} = 0$ 和 $l^{[a}k^b k^{c]}\nabla_c F_{ab} = 0$，第三步来自 $F_{ab} = -F_{ba}$. 式(8-8-3)的其他 3 个方程仿此得证.

由式(7-2-6)得(习题)

$$\begin{aligned}&T_{11} = \frac{1}{2\pi}\Phi_0\bar{\Phi}_2, \quad T_{12} = T_{21} = \frac{1}{2\pi}\Phi_1\bar{\Phi}_1, \quad T_{13} = T_{31} = \frac{1}{2\pi}\bar{\Phi}_2\Phi_1,\\ &T_{14} = T_{41} = \frac{1}{2\pi}\Phi_0\bar{\Phi}_1, \quad T_{22} = \frac{1}{2\pi}\Phi_2\bar{\Phi}_0, \quad T_{23} = T_{32} = \frac{1}{2\pi}\Phi_2\bar{\Phi}_1,\end{aligned} \tag{8-8-7}$$

$$T_{24}=T_{42}=\frac{1}{2\pi}\bar{\Phi}_0\Phi_1,\quad T_{33}=\frac{1}{2\pi}\Phi_2\bar{\Phi}_2,\quad T_{34}=T_{43}=\frac{1}{2\pi}\Phi_1\bar{\Phi}_1,\quad T_{44}=\frac{1}{2\pi}\Phi_0\bar{\Phi}_0\,.$$

再由爱因斯坦方程的分量形式 $R_{\mu\nu}=8\pi T_{\mu\nu}$ 及式(8-7-11a)和(8-7-11b)便得曲率张量的代表量 Φ_{00}，…，Φ_{22} 和电磁场张量的代表量 Φ_0，Φ_1，Φ_2 的如下简明关系：

$$\begin{aligned}&\Phi_{00}=2\Phi_0\bar{\Phi}_0,\qquad \Phi_{01}=2\Phi_0\bar{\Phi}_1,\qquad \Phi_{02}=2\Phi_0\bar{\Phi}_2,\\&\Phi_{11}=2\Phi_1\bar{\Phi}_1,\qquad \Phi_{12}=2\Phi_1\bar{\Phi}_2,\qquad \Phi_{22}=2\Phi_2\bar{\Phi}_2.\end{aligned}\tag{8-8-8}$$

这就是电磁真空时空的爱因斯坦方程在 NP 形式中的表达式，可统一表为如下的代数方程组：

$$\Phi_{\lambda\tau}=2\Phi_\lambda\bar{\Phi}_\tau,\qquad \lambda,\ \tau=0,\ 1,\ 2\,.\tag{8-8-9}$$

8.4.1 小节曾引入复量 Σ 以定义类光电磁场. 不难证明(习题) $\Sigma_{ab}\Sigma^{ab}$ 可用类光标架中的电磁场分量 Φ_0，Φ_1，Φ_2 按下式表述：

$$\Sigma_{ab}\Sigma^{ab}=16(\Phi_0\Phi_2-\Phi_1{}^2)\,,\tag{8-8-10}$$

于是电磁场的类光条件又可等价地表为

$$\Phi_0\Phi_2-\Phi_1{}^2=0\,.\tag{8-8-11}$$

8.8.2　柱对称条件下爱因斯坦-麦克斯韦方程求解一例

本小节以具体例子介绍用 Newman-Penrose 形式求解爱因斯坦–麦克斯韦方程的全过程[见 Liang(1995)]. 设所求度规在某坐标系 $\{t, z, \varphi, \rho\}$ 中的线元取如下形式：

$$\mathrm{d}s^2=\mathrm{e}^\xi(-\mathrm{d}t^2+\mathrm{d}\rho^2)+\mathrm{e}^\eta\mathrm{d}z^2+\mathrm{e}^{\eta+\chi}\mathrm{d}\varphi^2\,,\tag{8-8-12}$$

其中 ξ,η 和 χ 是 t 和 ρ 的待定函数而与 z,φ 无关. 由上式显见 $(\partial/\partial z)^a$ 和 $(\partial/\partial\varphi)^a$ 是互相对易的 Killing 矢量场. 设 $(\partial/\partial\varphi)^a$ 有闭合积分曲线，则式(8-8-12)代表柱对称度规，见§8.5.

令 $v=t+\rho,\quad u=t-\rho$，则式(8-8-12)变为

$$\mathrm{d}s^2=-\ \mathrm{e}^\xi\mathrm{d}u\,\mathrm{d}v+\mathrm{e}^\eta\mathrm{d}z^2+\mathrm{e}^{\eta+\chi}\mathrm{d}\varphi^2\,,\tag{8-8-13}$$

上式中的 ξ,η 和 χ 应看作新坐标 u 和 v 的函数. 把正交的坐标基底场

$$\{(\partial/\partial t)^a,\ (\partial/\partial\rho)^a,\ (\partial/\partial z)^a,\ (\partial/\partial\varphi)^a\}$$

归一化可得正交归一标架场

$$\begin{aligned}&(e_0)^a=\mathrm{e}^{-\xi/2}\,(\partial/\partial t)^a\,,\qquad (e_3)^a=\mathrm{e}^{-\xi/2}\,(\partial/\partial\rho)^a\,,\\&(e_1)^a=\mathrm{e}^{-\eta/2}\,(\partial/\partial z)^a\,,\qquad (e_2)^a=\mathrm{e}^{-(\eta+\chi)/2}(\partial/\partial\varphi)^a\,.\end{aligned}\tag{8-8-14}$$

从上述正交归一标架场出发借助于式(8-7-1)可方便地构成类光标架场

$$m^a=\frac{1}{\sqrt{2}}[\mathrm{e}^{-\eta/2}(\partial/\partial z)^a-\mathrm{i}\,\mathrm{e}^{-(\eta+\chi)/2}(\partial/\partial\varphi)^a]\,,\tag{8-8-15a}$$

$$\bar{m}^a = \frac{1}{\sqrt{2}}[\mathrm{e}^{-\eta/2}(\partial/\partial z)^a + \mathrm{i}\,\mathrm{e}^{-(\eta+\chi)/2}(\partial/\partial\varphi)^a], \tag{8-8-15b}$$

$$l^a = \frac{1}{\sqrt{2}}\ \mathrm{e}^{-\xi/2}[(\partial/\partial t)^a - (\partial/\partial\rho)^a] = \sqrt{2}\ \mathrm{e}^{-\xi/2}(\partial/\partial u)^a, \tag{8-8-15c}$$

$$k^a = \frac{1}{\sqrt{2}}\ \mathrm{e}^{-\xi/2}[(\partial/\partial t)^a + (\partial/\partial\rho)^a] = \sqrt{2}\ \mathrm{e}^{-\xi/2}(\partial/\partial v)^a. \tag{8-8-15d}$$

用式(5-7-19)[式中的 $(e_\mu)^a$ 应理解为 $(\varepsilon_\mu)^a$]和(5-7-20)或其他方法算出全部 $\omega_{\rho\mu\nu}$，便可由式(8-7-8)求得全部(12 个)复的旋系数如下：

$$\kappa = \tau = \nu = \pi = \beta = \alpha = 0, \tag{8-8-16a}$$

$$\rho = -\frac{\sqrt{2}}{4}\mathrm{e}^{-\xi/2}\left(2\frac{\partial\eta}{\partial v} + \frac{\partial\chi}{\partial v}\right), \tag{8-8-16b}$$

$$\mu = \frac{\sqrt{2}}{4}\mathrm{e}^{-\xi/2}\left(2\frac{\partial\eta}{\partial u} + \frac{\partial\chi}{\partial u}\right), \tag{8-8-16c}$$

$$\varepsilon = \frac{\sqrt{2}}{4}\mathrm{e}^{-\xi/2}\frac{\partial\xi}{\partial v}, \tag{8-8-16d}$$

$$\sigma = \frac{\sqrt{2}}{4}\mathrm{e}^{-\xi/2}\frac{\partial\chi}{\partial v}, \tag{8-8-16e}$$

$$\lambda = -\frac{\sqrt{2}}{4}\mathrm{e}^{-\xi/2}\frac{\partial\chi}{\partial u}, \tag{8-8-16f}$$

$$\gamma = -\frac{\sqrt{2}}{4}\mathrm{e}^{-\xi/2}\frac{\partial\xi}{\partial u}. \tag{8-8-16g}$$

求解爱因斯坦-麦克斯韦方程本身就是默认电磁场是唯一的物质场(“电磁真空”). 电磁场能动张量 T_{ab} 的无迹性导致标量曲率 R 为零，注意到式(8-8-16a)，便知 NP 方程取如下形式：

$$\mathrm{D}\rho = \rho(\rho + 2\varepsilon) + \sigma^2 + \Phi_{00}, \tag{8-8-17a}$$

$$\mathrm{D}\sigma = 2\sigma(\rho + \varepsilon) + \Psi_0, \tag{8-8-17b}$$

$$0 = \Psi_1 + \Phi_{01}, \tag{8-8-17c}$$

$$0 = \Phi_{10}, \tag{8-8-17d}$$

$$0 = \Psi_1, \tag{8-8-17e}$$

$$\mathrm{D}\gamma - \Delta\varepsilon = -4\varepsilon\gamma + \Psi_2 + \Phi_{11}, \tag{8-8-17f}$$

$$\mathrm{D}\lambda = \lambda(\rho - 2\varepsilon) + \sigma\mu + \Phi_{20}, \tag{8-8-17g}$$

$$\mathrm{D}\mu = \mu(\rho - 2\varepsilon) + \sigma\lambda + \Psi_2, \tag{8-8-17h}$$

$$0 = \Psi_3 + \Phi_{21}, \tag{8-8-17i}$$

$$\Delta\lambda = -2\lambda(\mu + \gamma) - \Psi_4, \tag{8-8-17j}$$

$$0 = -\Psi_1 + \Phi_{01}, \tag{8-8-17k}$$
$$0 = \mu\rho - \lambda\sigma - \Psi_2 + \Phi_{11}, \tag{8-8-17l}$$
$$0 = -\Psi_3 + \Phi_{21}, \tag{8-8-17m}$$
$$-\Delta\mu = \mu(\mu + 2\gamma) + \lambda^2 + \Phi_{22}, \tag{8-8-17n}$$
$$0 = \Phi_{12}, \tag{8-8-17o}$$
$$-\Delta\sigma = \sigma(\mu - 2\gamma) + \lambda\rho + \Phi_{02}, \tag{8-8-17p}$$
$$\Delta\rho = \rho(2\gamma - \mu) - \sigma\lambda - \Psi_2, \tag{8-8-17q}$$
$$0 = -\Psi_3 . \tag{8-8-17r}$$

我们只限于讨论无源电磁场的情况，故麦氏方程在式(8-8-16a)成立时取如下形式：

$$\mathrm{D}\Phi_1 - \bar{\delta}\Phi_0 = 2\rho\Phi_1, \tag{8-8-18a}$$
$$\mathrm{D}\Phi_2 - \bar{\delta}\Phi_1 = -\lambda\Phi_0 + (\rho - 2\varepsilon)\Phi_2, \tag{8-8-18b}$$
$$\delta\Phi_1 - \Delta\Phi_0 = (\mu - 2\gamma)\Phi_0 - \sigma\Phi_2, \tag{8-8-18c}$$
$$\delta\Phi_2 - \Delta\Phi_1 = 2\mu\Phi_1 . \tag{8-8-18d}$$

注意到爱因斯坦方程组(8-8-9)，可知式(8-8-17d)和(8-8-17o)导致$\Phi_1 = 0$或$\Phi_0 = \Phi_2 = 0$. 由电磁场的类光性条件$\Phi_0\Phi_2 - {\Phi_1}^2 = 0$可知，$\Phi_0 = \Phi_2 = 0$的电磁场只能为非类光电磁场，而$\Phi_1 = 0$的电磁场则既可类光又可非类光. 此处只讨论$\Phi_1 = 0$的非类光电磁场，就是说，我们只限于寻求$\Phi_1 = 0$的非类光电磁场解(这时必有$\Phi_0 \neq 0$和$\Phi_2 \neq 0$)，麦氏方程(8-8-18)在此情况下简化为

$$\bar{\delta}\Phi_0 = 0, \tag{8-8-19a}$$
$$\mathrm{D}\Phi_2 = -\lambda\Phi_0 + (\rho - 2\varepsilon)\Phi_2, \tag{8-8-19b}$$
$$-\Delta\Phi_0 = (\mu - 2\gamma)\Phi_0 - \sigma\Phi_2, \tag{8-8-19c}$$
$$\delta\Phi_2 = 0 . \tag{8-8-19d}$$

所谓求解爱-麦方程组，就是求出满足该方程组的度规函数$\xi(t, \rho)$，$\eta(t, \rho)$，$\chi(t, \rho)$及电磁场函数Φ_0和Φ_2的函数形式. 它们出现在下列 3 组方程中(互相耦合)：①麦氏方程(8-8-19)；②爱因斯坦方程$\Phi_{\lambda\tau} = 2\Phi_\lambda\bar{\Phi}_\tau$ $(\lambda, \tau = 0, 1, 2)$；③ NP方程(8-8-17). 以下是求解过程.

式(8-8-19d)导致

$$\frac{\partial\Phi_2}{\partial z} - \mathrm{i}\ \mathrm{e}^{-\chi/2}\frac{\partial\Phi_2}{\partial\varphi} = 0, \tag{8-8-20}$$

但由此还不能说$\partial\Phi_2/\partial z = \partial\Phi_2/\partial\varphi = 0$，因为$\Phi_2$为复值函数. 设$\Phi_2 = C\mathrm{e}^{\mathrm{i}\theta}$，其中$C$和$\theta$为实值函数，则

$$\Phi_{22} = 2\Phi_2\bar{\Phi}_2 = 2C^2 . \tag{8-8-21}$$

因为μ, γ, λ都同z和φ无关，式(8-8-17n)表明C同z, φ无关，于是式(8-8-20)给出

$$\left(\frac{\partial}{\partial z}-\mathrm{i}\,\mathrm{e}^{-\chi/2}\frac{\partial}{\partial\varphi}\right)\mathrm{e}^{\mathrm{i}\theta}=0\,,$$

从而
$$\frac{\partial\theta}{\partial z}=\frac{\partial\theta}{\partial\varphi}=0\,,$$

即 Φ_2 的确与 z, φ 无关．类似地可由式(8-8-19a)、(8-8-17a)和爱因斯坦方程 $\Phi_{00}=2\Phi_0\bar{\Phi}_0$ 得知 Φ_0 也与 z, φ 无关．另一方面，式(8-8-19b)和(8-8-19c)可表为

$$-4\frac{\partial\Phi_2}{\partial v}=\left(2\frac{\partial\xi}{\partial v}+2\frac{\partial\eta}{\partial v}+\frac{\partial\chi}{\partial v}\right)\Phi_2-\frac{\partial\chi}{\partial u}\Phi_0\,, \tag{8-8-22}$$

$$-4\frac{\partial\Phi_0}{\partial u}=\left(2\frac{\partial\xi}{\partial u}+2\frac{\partial\eta}{\partial u}+\frac{\partial\chi}{\partial u}\right)\Phi_0-\frac{\partial\chi}{\partial v}\Phi_2\,. \tag{8-8-23}$$

为易于求解，只讨论 $\partial\chi/\partial u=0$ 的情况．只要在这一简化条件下有解，我们便求得一个精确解．当然事先无法肯定这种情况一定有解，因此这是一种试探性求解法．这时只须关心 $\partial\chi/\partial v\neq 0$ 的情况，因为 $\partial\chi/\partial u=\partial\chi/\partial v=0$ 将使线元式(8-8-13)局部看来与平面对称线元无异，而由“半平面对称”(局部看来就是柱对称)的电磁场产生的平面对称度规已被李鉴增和梁灿彬所穷尽[Li and Liang(1985)]．条件 $\partial\chi/\partial u=0$ 带来许多简化，例如它导致 $\lambda=0$，而且方程(8-8-22)现在可被积分而得

$$\Phi_2(u,\ v)=a(u)\ \mathrm{e}^{-(2\xi+2\eta+\chi)/4}\,, \tag{8-8-24}$$

其中 $a(u)$ 是 u 的任意复值函数，且 $a(u)\neq 0$（否则 $\Phi_2=0$，与讨论前提相悖.），于是由爱因斯坦方程 $\Phi_{22}=2\Phi_2\bar{\Phi}_2$ 得

$$\Phi_{22}(u,\ v)=2|a(u)|^2\ \mathrm{e}^{-(2\xi+2\eta+\chi)/2}\,. \tag{8-8-25}$$

待解的麦氏方程现在只余一个，即式(8-8-23)，且被简化为

$$-4\frac{\partial\Phi_0}{\partial u}=2\left(\frac{\partial\xi}{\partial u}+\frac{\partial\eta}{\partial u}\right)\Phi_0-\chi' a(u)\ \mathrm{e}^{-(2\xi+2\eta+\chi)/4}\,, \tag{8-8-26}$$

其中 $'$ 代表对一元函数求导(对上式便是 $\chi'\equiv\mathrm{d}\chi/\mathrm{d}v$)．条件 $\partial\chi/\partial u=0$ 也使 NP 方程得以简化，例如方程(8-8-17g)现在成为

$$-\Phi_{20}=\frac{1}{4}\ \mathrm{e}^{-\xi}\chi'\frac{\partial\eta}{\partial u}\,, \tag{8-8-27}$$

这说明 Φ_{20} 为实数，因而 $\Phi_{02}=\Phi_{20}$．注意到 $a(u)\neq 0$（否则电磁场为零），式(8-8-27)和(8-8-9)、(8-8-24)结合便得

$$\Phi_0(u,\ v)=-\frac{1}{8\bar{a}(u)}\chi'\frac{\partial\eta}{\partial u}\mathrm{e}^{(-2\xi+2\eta+\chi)/4}\,. \tag{8-8-28}$$

上式对 u 求偏导并代入式(8-8-26)得

$$-2\,|a|^2=\left[-\bar{a}^{-1}\bar{a}'\frac{\partial\eta}{\partial u}+\frac{\partial^2\eta}{\partial u^2}+\left(\frac{\partial\eta}{\partial u}\right)^2\right]\mathrm{e}^{\eta+\chi/2}\,. \tag{8-8-29}$$

现在再看 NP 方程组(8-8-17). 方程(g)已经用掉. 借用式(8-8-16)和(8-8-27)不难验证方程(p)已自动满足. $\Phi_1=0$ 的假定导致 $\Phi_{01}=\Phi_{10}=\Phi_{12}=\Phi_{21}=\Phi_{11}=0$，于是方程(d)和(o)成为恒等式，方程(c)变得与(k)等价而且等价于(e)，它们无非表明时空的外尔张量的分量

$$\Psi_1=0\,. \tag{8-8-30}$$

同理，方程(i)、(m)和(r)等价且给出

$$\Psi_3=0\,. \tag{8-8-31}$$

$\lambda=0$ 则使方程(j)和(l)大为简化并分别给出

$$\Psi_4=0\,, \tag{8-8-32}$$

和

$$\Psi_2=\mu\rho\,. \tag{8-8-33}$$

把方程(l)[即式(8-8-33)]和(b)留到最后确定 Ψ_2 和 Ψ_0(无须求解)，则 NP 方程组(8-8-17)的待解方程只余(a)、(f)、(h)、(n)和(q) 5 个，注意到 $\Phi_{11}=0$，$\lambda=0$ 和式(8-8-33)，它们取如下形式：

$$\mathrm{D}\rho=\rho(\rho+2\varepsilon)+\sigma^2+\Phi_{00}\,, \tag{8-8-34}$$

$$\mathrm{D}\gamma-\Delta\varepsilon=-4\varepsilon\gamma+\mu\rho\,, \tag{8-8-35}$$

$$\mathrm{D}\mu=2\mu(\rho-\varepsilon)\,, \tag{8-8-36}$$

$$-\Delta\mu=\mu(\mu+2\gamma)+\Phi_{22}\,, \tag{8-8-37}$$

$$\Delta\rho=2\rho(\gamma-\mu)\,. \tag{8-8-38}$$

方程(8-8-36)与(8-8-38)等价并等价于

$$\frac{\partial^2\eta}{\partial u\partial v}=-\frac{\partial\eta}{\partial u}\left(\frac{\partial\eta}{\partial v}+\frac{1}{2}\chi'\right),$$

它可被积分而得

$$\eta(u,\ v)=-\frac{1}{2}\chi+\ln[g(v)-f(u)]\,, \tag{8-8-39}$$

其中 $g(v)$和 $f(u)$是任意函数. 于是方程(8-8-35)成为

$$\frac{\partial^2\xi}{\partial u\partial v}=-\frac{1}{2}(g-f)^{-2}f'g'\,,$$

它可被积分而得

$$\xi(u,\ v)=-\frac{1}{2}\ln(g-f)+F(u)+G(v)\,, \tag{8-8-40}$$

其中 $F(u)$和 $G(v)$是任意函数. 把式(8-8-39)和(8-8-40)代入式(8-8-13)得

$$\mathrm{d}s^2=-\ (g-f)^{-1/2}\mathrm{e}^{F+G}\mathrm{d}u\,\mathrm{d}v+(g-f)\ (\mathrm{e}^{-\chi/2}\mathrm{d}z^2+\mathrm{e}^{\chi/2}\mathrm{d}\varphi^2)\,. \tag{8-8-41}$$

用下式定义新坐标 $\tilde{u}$ 和 $\tilde{v}$：$\mathrm{d}\tilde{u}=\mathrm{e}^{F(u)}\mathrm{d}u$，$\mathrm{d}\tilde{v}=\mathrm{e}^{G(v)}\mathrm{d}v$，则

$$\mathrm{d}s^2=-\ (g-f)^{-1/2}\mathrm{d}\tilde{u}\,\mathrm{d}\tilde{v}+(g-f)\ (\mathrm{e}^{-\chi/2}\mathrm{d}z^2+\mathrm{e}^{\chi/2}\mathrm{d}\varphi^2)\,, \tag{8-8-42}$$

若取 $F(u)=G(v)=0$，则由式(8-8-41)可知

$$ds^2 = -(g-f)^{-1/2}\mathrm{d}u\mathrm{d}v + (g-f)(\mathrm{e}^{-\chi/2}\mathrm{d}z^2 + \mathrm{e}^{\chi/2}\mathrm{d}\varphi^2)\,. \tag{8-8-42'}$$

式(8-8-42)和(8-8-42′)代表同一线元(两者的差别只是坐标记号由 $\tilde{u}$, $\tilde{v}$ 改为 u, v, 是非实质性差别.)，可见取 $F(u) = G(v) = 0$ 不会丢解. 今后就用这一选择，即以式(8-8-42′)为线元.

现在尚余 3 个待解方程，即式(8-8-29)、(8-8-34)和(8-8-37)，待定函数则是 $g(v)$，$f(u)$，$\chi(v)$和 $a(u)$. 方程(8-8-37)等价于

$$\frac{\partial^2\eta}{\partial u^2} - \frac{\partial\xi}{\partial u}\frac{\partial\eta}{\partial u} + \frac{1}{2}\left(\frac{\partial\eta}{\partial u}\right)^2 + 2\,|a|^2\,\mathrm{e}^{-(\eta+\chi/2)} = 0\,. \tag{8-8-43}$$

借助于式(8-8-39)和(8-8-40)(其中 $F = U = 0$)可把上式改写为

$$f'' = 2\,|a(u)|^2\,. \tag{8-8-44}$$

式(8-8-39)则使方程(8-8-29)成为

$$\bar{a}^{-1}\bar{a}'f' = f'' - 2\,|a|^2 = 0\,, \tag{8-8-45}$$

其中第二步用到式(8-8-44). 上式表明要么 $a' = 0$ 要么 $f' = 0$，但由式(8-8-44)知后者导致 $a = 0$，这不允许，故只有 $a' = 0$，即 $a =$ 常数. 于是式(8-8-44)可被积分而得

$$f' = 2A^2u + c_1\,,\quad f = A^2u^2 + c_1u + c_2\,,\quad \text{其中 } A \equiv |a|\,,\quad c_1,\ c_2 \text{ 为积分常实数.} \tag{8-8-46}$$

现在考虑最后一个待解麦氏方程，即式(8-8-34). 由式(8-8-28)、(8-8-39)、(8-8-40)和(8-8-9)得

$$\Phi_{00} = (32\,|a|^2)^{-1}(g-f)^{-1/2}\chi'^2 f'^2\,, \tag{8-8-47}$$

代入式(8-8-34)，经计算可知式(8-8-34)等价于

$$8\,g''(v)\,\chi'^{-2}(v) + g(v) = f(u) - (4\,|a|^2)^{-1} f'^2(u)\,. \tag{8-8-48}$$

上式左边不是 u 的函数，右边不是 v 的函数，因而左右两边等于常数，记作 K，即

$$8\,g''(v)\,\chi'^{-2}(v) + g(v) = K\,, \tag{8-8-49}$$

$$f(u) - (4A^2)^{-1} f'^2(u) = K\,. \tag{8-8-50}$$

把式(8-8-44)代入式(8-8-50)得

$$K = c_2 - (4A^2)^{-1}c_1\,, \tag{8-8-51}$$

于是线元式(8-8-42′)可以表为

$$\begin{aligned} ds^2 = &-[g(v) - A^2u^2 - c_1u - c_2]^{-1/2}\mathrm{d}u\mathrm{d}v \\ &+[g(v) - A^2u^2 - c_1u - c_2](\mathrm{e}^{-\chi(v)/2}\mathrm{d}z^2 + \mathrm{e}^{\chi(v)/2}\mathrm{d}\varphi^2), \end{aligned} \tag{8-8-52}$$

其中 A，c_1 和 c_2 为任意常数，$g(v)$和$\chi(v)$是两个颇为任意的函数，但两者之间的关系满足式(8-8-48)，其中的 K 以式(8-8-51)的形式依赖于所选常数 A，c_1 和 c_2.

结论：选定常数 A，c_1 和 c_2 后，任一满足式(8-8-49)的实函数对$(g(v),\ \chi(v))$通过式(8-8-52)决定一个柱对称度规，其相应的物质场是由满足式(8-8-28)和(8-8-24)的复值函数对(Φ_0,Φ_2)所描写的柱对称非类光电磁场．满足式(8-8-49)的实函数对$(g(v),\ \chi(v))$很多，例如在选 c_1 和 c_2 为零后 $K=0$，以下 3 个函数对都满足 $K=0$ 时的式(8-8-49)：

(1) $g(v)=\sin v,\quad \chi(v)=2\sqrt{2}\,v$．

(2) $g(v)=\ln v,\quad \chi(v)=4\sqrt{2}\,(\ln v)^{1/2}$．

(3) $g(v)=v^{1/\alpha},\quad \chi(v)=(2/\alpha)\sqrt{2(\alpha-1)}\ln v$，其中 $\alpha\in(1,\ \infty)$．本例构成爱因斯坦-麦克斯韦方程的柱对称解族的一个单参子族(以 α 为参数)，其中最简单的一个成员是由 $\alpha=2$ 刻画的解，即 $g(v)=v^{1/2},\quad \chi(v)=\sqrt{2}\ln v$．

由满足式(8-8-28)和(8-8-24)的复值函数对(Φ_0,Φ_2)描写的电磁场 F_{ab} 也可用其在坐标基底$\{(\partial/\partial t)^a,\ (\partial/\partial\rho)^a,\ (\partial/\partial z)^a,\ (\partial/\partial\varphi)^a\}$的非零分量表出：

$$F_{tz}=-F_{zt}=-a_1\mathrm{e}^{-\chi/4}(1-\frac{1}{4}u\chi'),\tag{8-8-53a}$$

$$F_{\rho z}=-F_{z\rho}=a_1\mathrm{e}^{-\chi/4}(1+\frac{1}{4}u\chi'),\tag{8-8-53b}$$

$$F_{t\varphi}=-F_{\varphi t}=-a_2\mathrm{e}^{\chi/4}(1+\frac{1}{4}u\chi'),\tag{8-8-53c}$$

$$F_{\rho\varphi}=-F_{\varphi\rho}=a_2\mathrm{e}^{\chi/4}(1-\frac{1}{4}u\chi'),\tag{8-8-53d}$$

其中 $F_{tz}\equiv F_{ab}(\partial/\partial t)^a(\partial/\partial z)^b$，其他类似；$a_1,\ a_2\in\mathbb{R}$ 分别是复数 a 的实、虚部．不难验证由式(8-8-53)构成的 F_{ab} 满足无源麦氏方程 $\nabla^aF_{ab}=0$ 和 $\nabla_{[a}F_{bc]}=0$，且由 F_{ab} 按式(8-4-1)构成的能动张量 T_{ab} 满足爱因斯坦方程 $T_{ab}=R_{ab}/8\pi$，其中 R_{ab} 是度规(8-8-52)的里奇张量．

§8.9 Vaidya 度规和 Kinnersley 度规

8.9.1 从施瓦西度规到 Vaidya 度规

施瓦西真空解在施瓦西坐标系$\{t,r,\theta,\varphi\}$的线元为

$$\mathrm{d}s^2(\text{施})=-\left(1-\frac{2M}{r}\right)\mathrm{d}t^2+\left(1-\frac{2M}{r}\right)^{-1}\mathrm{d}r^2+r^2(\mathrm{d}\theta^2+\sin^2\theta\,\mathrm{d}\varphi^2)\quad(r>2M).$$

从施瓦西坐标系$\{t,r,\theta,\varphi\}$出发作坐标变换$\{t,r,\theta,\varphi\}\mapsto\{u,r,\theta,\varphi\}$，其中

$$u\equiv t-r_*,\qquad r_*\equiv r+2M\ln\left(\frac{r}{2M}-1\right)\quad[r_*\text{称为}\textbf{乌龟}\text{(tortoise)}\textbf{坐标}],\tag{8-9-1}$$

则施瓦西线元变为如下形式：

$$ds^2(\text{施}) = -(1-2Mr^{-1})\,du^2 - 2du\,dr + r^2(d\theta^2 + \sin^2\theta\, d\varphi^2)$$
$$= [-du^2 - 2du\,dr + r^2(d\theta^2 + \sin^2\theta\, d\varphi^2)] + 2Mr^{-1}du^2 \,. \tag{8-9-2}$$

上式右边方括号内又可改写为 $-dt^2 + dr^2 + r^2(d\theta^2 + \sin^2\theta\, d\varphi^2)$，这无非是平直线元，故

$$ds^2(\text{施}) = ds^2(\text{平}) + 2Mr^{-1}du^2 \,. \tag{8-9-3}$$

只要将上式的常数 M 换成坐标 u 的函数 $m(u)$，就得到如下的新线元[称为 **Vaidya(外狄亚)线元**]：

$$ds^2(\text{Vai}) = ds^2(\text{平}) + 2m(u)\,r^{-1}du^2$$
$$= -[1-2m(u)\,r^{-1}]\,du^2 - 2du\,dr + r^2(d\theta^2 + \sin^2\theta\, d\varphi^2) \,. \tag{8-9-4}$$

以 g_{ab} 代表 Vaidya 度规，则由上式可读出它在 $\{u, r, \theta, \varphi\}$ 系的全部非零分量

$$g_{uu} = -[1-2m(u)r^{-1}]\,,\quad g_{ur} = g_{ru} = -1\,,\quad g_{\theta\theta} = r^2\,,\quad g_{\varphi\varphi} = r^2\sin^2\theta\,, \tag{8-9-5}$$

故由 $g_{ab} = g_{\mu\nu}(dx^\mu)_a(dx^\nu)_b$ 得 Vaidya 度规的抽象指标表达式

$$\begin{aligned} g_{ab} = &-[1-2m(u)r^{-1}](du)_a(du)_b - (du)_a(dr)_b - (dr)_a(du)_b \\ &+ r^2(d\theta)_a(d\theta)_b + r^2\sin^2\theta\,(d\varphi)_a(d\varphi)_b \,. \end{aligned} \tag{8-9-6}$$

不难验证 g_{ab} 之逆为

$$\begin{aligned} g^{ab} = &-\left(\frac{\partial}{\partial u}\right)^a\left(\frac{\partial}{\partial r}\right)^b - \left(\frac{\partial}{\partial r}\right)^a\left(\frac{\partial}{\partial u}\right)^b + \left[1-\frac{2m(u)}{r}\right]\left(\frac{\partial}{\partial r}\right)^a\left(\frac{\partial}{\partial r}\right)^b \\ &+\frac{1}{r^2}\left(\frac{\partial}{\partial \theta}\right)^a\left(\frac{\partial}{\partial \theta}\right)^b + \frac{1}{r^2\sin^2\theta}\left(\frac{\partial}{\partial \varphi}\right)^a\left(\frac{\partial}{\partial \varphi}\right)^b \,. \end{aligned} \tag{8-9-7}$$

有了度规就可计算其爱因斯坦张量 $G_{ab} \equiv R_{ab} - Rg_{ab}/2$，从而由爱因斯坦方程 $G_{ab} = 8\pi T_{ab}$ 求得其能动张量 T_{ab}，以便看清这一度规与什么物质场相伴随. Vaidya 度规的非零分量已由式(8-9-5)表出，其逆矩阵的非零分量则为

$$g^{rr} = 1-2m(u)r^{-1}\,,\quad g^{ur} = g^{ru} = -1\,,\quad g^{\theta\theta} = r^{-2}\,,\quad g^{\varphi\varphi} = (r\sin\theta)^{-2}\,, \tag{8-9-8}$$

代入式(3-2-10′)得非零克氏符为

$$\begin{aligned} &\Gamma^u{}_{uu} = -mr^{-2}, \qquad \Gamma^u{}_{\theta\theta} = r, \qquad \Gamma^u{}_{\varphi\varphi} = r\sin^2\theta\,, \\ &\Gamma^r{}_{uu} = -\dot{m}r^{-1} + mr^{-3}(r-2m), \qquad \Gamma^r{}_{ur} = \Gamma^r{}_{ru} = mr^{-2}, \\ &\Gamma^r{}_{\theta\theta} = 2m - r, \qquad \Gamma^r{}_{\varphi\varphi} = (2m-r)\sin^2\theta\,, \\ &\Gamma^\theta{}_{r\theta} = \Gamma^\theta{}_{\theta r} = r^{-1}, \qquad \Gamma^\theta{}_{\varphi\varphi} = -\sin\theta\cos\theta\,, \\ &\Gamma^\varphi{}_{r\varphi} = \Gamma^\varphi{}_{\varphi r} = r^{-1}, \qquad \Gamma^\varphi{}_{\theta\varphi} = \Gamma^\varphi{}_{\varphi\theta} = \cot\theta\,, \end{aligned} \tag{8-9-9}$$

其中 $\dot{m} \equiv dm(u)/du$. 代入式(3-4-21)便知里奇张量 R_{ab} 的非零分量只有一个，即

$$R_{uu} = -2\dot{m}r^{-2}\,, \tag{8-9-10}$$

故
$$R_{ab}=-2\dot{m}r^{-2}(\mathrm{d}u)_a(\mathrm{d}u)_b\,. \tag{8-9-11}$$
由上式又得 $R=g^{uu}R_{uu}=0$，故 $G_{ab}=R_{ab}$，于是由爱因斯坦方程 $G_{ab}=8\pi T_{ab}$ 得
$$T_{ab}=-\frac{\dot{m}}{4\pi r^2}(\mathrm{d}u)_a(\mathrm{d}u)_b\,. \tag{8-9-12}$$
令
$$k_a\equiv-(\mathrm{d}u)_a\,,\qquad k^a\equiv g^{ab}k_b=-g^{ab}(\mathrm{d}u)_b\,, \tag{8-9-13}$$
则由式(8-9-7)易见
$$k^a=(\partial/\partial r)^a\,, \tag{8-9-14}$$
故 $k^ak_a=0$，可见 k^a 是类光矢量场. 现在式(8-9-12)又可表为
$$T_{ab}=-\frac{\dot{m}}{4\pi r^2}k_ak_b\,. \tag{8-9-12$'$}$$
上式在 $\dot{m}<0$ 时可看作如下形式的能动张量的特例：
$$T_{ab}=\Phi^2k_ak_b\quad(\Phi^2\text{是一个正定函数}). \tag{8-9-15}$$
什么物质场才有上式所示的能动张量？可以证明(见下册附录 D)，无源类光电磁场(满足 $F_{ab}F^{ab}=0$)的能动张量可以表为式(8-9-15)的形式，其中
$$\Phi^2\equiv E^2/2\pi\quad(E\text{ 为某正交归一标架测得的电场}). \tag{8-9-16}$$
类光电磁场可看作许多沿类光方向 k^a 运动的光子组成的物质场. 此外，其他静质量为零的沿 k^a 向运动的粒子(例如无质量标量粒子以及中微子[①])组成的物质场也有式(8-9-15)的能动张量形式. 这类物质场称为**纯辐射场**(pure radiation field). 总之，能动张量可表为式(8-9-15)的物质场分为两类：①无源类光电磁场；②纯辐射场. 两者的区别在于前者存在 2 形式场 F_{ab}，满足无源麦氏方程及 $T_{ab}=F_{ac}F_b{}^c/4\pi$. 可以证明(见选读 8-9-1)与式(8-9-12′)相应的物质场不服从无源麦氏方程，因此 Vaidya 度规的物质场是纯辐射场而非类光电磁场.

与施瓦西度规相比较，Vaidya 度规主要有以下三点不同. ①前者的质量参数 M 为常数而后者的 m 是 u 的函数. ②前者是真空爱因斯坦方程 $G_{ab}=0$ 的解而后者是有源爱因斯坦方程 $G_{ab}=8\pi T_{ab}$ 的解，其中 T_{ab} 代表纯辐射场. ③通过对 Killing 方程求通解可以证明，前者有 4 个独立 Killing 矢量场，其中一个类时，因而是稳态度规；后者只有 3 个独立 Killing 矢量场(就是反映球对称性的那 3 个)，由于缺少类时 Killing 场，Vaidya 解不是稳态度规. Vaidya 度规的上述 3 个特点之间存在密切联系. 如果把 m 仍解释为球对称恒星的质量，把 u 解释为它的固有时(8.9.3 小节将看到这种解释的合理性)，那么 m 是 u 的函数(特点①)就表明恒星的质量随时间以变化率 $\dot{m}$ 改变. 为什么变？因为它不断向外发射零质量粒子 (特点②) (为方

① 过去认为中微子静质量为零，故有此说. 现在比较普遍地相信中微子的静质量非零，若按此信念，则中微子不再被纳入本例.

便起见也称为“光子”，虽然它们不是电磁场的量子)，从而不断带走能量. 计算(见选读 8-9-2)表明，单位时间内流到无限远的能量正好等于 $-\dot{m}$，即等于恒星能(质)量 m 的减小率(默认 $\dot{m}<0$ ①)，符合能量守恒律. 正是 m 随时间而变的特征才使得 Vaidya 度规不是稳态度规(特点③). 鉴于上述特点，Vaidya 本人把这种恒星称为“发光星(shining star)”，虽然所发的“光”不是光子而是静质量非零的其他粒子. 自然要问：施瓦西度规所描述的静态恒星难道就不发光？恒星当然要发光，问题是，为了求解简单，施瓦西把恒星所发出的(因而自身浸泡于其中的)光子的能动张量加以忽略(当作真空)，这才有众所周知的、简单异常而又用途广大的施瓦西真空解. 可见“施瓦西真空解描述静态球对称恒星外部度规场”这一熟知的物理解释也不过是一种近似的说法.

[选读 8-9-1]

作为 NP 形式的另一个应用实例，我们用类光标架再次计算 Vaidya 度规的黎曼张量. 第一步是选择适当的类光标架 $\{(\varepsilon_\mu)^a\}$. Vaidya 度规 g_{ab} 的表达式(8-9-6)亦可表为

$$\begin{aligned} g_{ab} = & -h(\mathrm{d}u)_a(\mathrm{d}u)_b - (\mathrm{d}u)_a(\mathrm{d}r)_b - (\mathrm{d}r)_a(\mathrm{d}u)_b \\ & + r^2(\mathrm{d}\theta)_a(\mathrm{d}\theta)_b + r^2\sin^2\theta\,(\mathrm{d}\varphi)_a(\mathrm{d}\varphi)_b, \end{aligned} \tag{8-9-17}$$

其中

$$h \equiv 1-\frac{2m(u)}{r}. \tag{8-9-18}$$

对上式做如下改写将带来重要启发：

$$\begin{aligned} g_{ab} = & -(\mathrm{d}u)_a\left[\frac{1}{2}h(\mathrm{d}u)_b+(\mathrm{d}r)_b\right]-\left[\frac{1}{2}h(\mathrm{d}u)_a+(\mathrm{d}r)_a\right](\mathrm{d}u)_b \\ & +\{r[(\mathrm{d}\theta)_a - \mathrm{i}\sin\theta\,(\mathrm{d}\varphi)_a]/\sqrt{2}\}\{r[(\mathrm{d}\theta)_b + \mathrm{i}\sin\theta\,(\mathrm{d}\varphi)_b]/\sqrt{2}\} \\ & +\{r[(\mathrm{d}\theta)_a + \mathrm{i}\sin\theta\,(\mathrm{d}\varphi)_a]/\sqrt{2}\}\{r[(\mathrm{d}\theta)_b - \mathrm{i}\sin\theta\,(\mathrm{d}\varphi)_b]/\sqrt{2}\}. \end{aligned} \tag{8-9-19}$$

与类光标架 $\{(\varepsilon_\mu)^a\}$ 的一般表达式

$$g_{ab} = g_{\mu\nu}(\varepsilon^\mu)_a(\varepsilon^\nu)_b = -k_a l_b - l_a k_b + \bar{m}_a m_b + m_a \bar{m}_b \tag{8-9-20}$$

对比可以“读出” m_a，$\bar{m}_a$，l_a 和 k_a 如下：

$$\begin{aligned} & k_a = -(\mathrm{d}u)_a, \qquad l_a = -\frac{1}{2}h\,(\mathrm{d}u)_a - (\mathrm{d}r)_a, \\ & m_a = \frac{r}{\sqrt{2}}[(\mathrm{d}\theta)_a - \mathrm{i}\sin\theta\,(\mathrm{d}\varphi)_a], \qquad \bar{m}_a = \frac{r}{\sqrt{2}}[(\mathrm{d}\theta)_a + \mathrm{i}\sin\theta\,(\mathrm{d}\varphi)_a], \end{aligned} \tag{8-9-21}$$

---

① 作为爱因斯坦方程的解，参数 $m(u)$ 的导数可正可负(当然还可为零)，但为使这个解在物理上能被解释为某种可接受的物质场[满足式(8-9-15)]相应的度规，就得要求 $\dot{m}<0$.

相应的 m^a，$\overline{m}^a$，l^a 和 k^a 为

$$k^a = (\partial/\partial r)^a, \qquad l^a = (\partial/\partial u)^a - \frac{1}{2}h\,(\partial/\partial r)^a,$$

$$m^a = \frac{1}{\sqrt{2}r}[(\partial/\partial\theta)^a - \mathrm{i}\sin^{-1}\theta\,(\partial/\partial\varphi)^a], \quad \overline{m}^a = \frac{1}{\sqrt{2}r}[(\partial/\partial\theta)^a + \mathrm{i}\sin^{-1}\theta\,(\partial/\partial\varphi)^a]. \tag{8-9-21$'$}$$

请读者验证这一类光标架的确满足

$$g_{ab}m^a m^b = g_{ab}\overline{m}^a\overline{m}^b = g_{ab}l^a l^b = g_{ab}k^a k^b = 0, \quad g_{ab}m^a\overline{m}^b = 1, \quad g_{ab}l^a k^b = -1.$$

由式(5-7-19)[式中的 $(e_\mu)^a$ 应理解为 $(\varepsilon_\mu)^a$]和(5-7-20)或其他方法算出全部 $\omega_{\rho\mu\nu}$，便可由式(8-7-8)求得全部(12 个)旋系数如下：

$$\kappa = \sigma = \nu = \tau = \lambda = \pi = \varepsilon = 0, \tag{8-9-22a}$$

$$\rho = -\frac{1}{r}, \quad \mu = -\frac{1}{2r}\left[1 - \frac{2m(u)}{r}\right], \quad \gamma = \frac{m}{2r^2}, \quad \beta = -\alpha = \frac{1}{2\sqrt{2}\,r}\cot\theta. \tag{8-9-22b}$$

利用式(8-9-22a)可把 NP 方程简化为如下形式：

$$\mathrm{D}\rho = \rho^2 + \Phi_{00}, \tag{8-9-23a}$$
$$0 = \Psi_0, \tag{8-9-23b}$$
$$0 = \Psi_1 + \Phi_{01}, \tag{8-9-23c}$$
$$\mathrm{D}\alpha = \alpha\rho + \Phi_{10}, \tag{8-9-23d}$$
$$\mathrm{D}\beta = \beta\overline{\rho} + \Psi_1, \tag{8-9-23e}$$
$$\mathrm{D}\gamma = \Psi_2 + \Phi_{11} - R/24, \tag{8-9-23f}$$
$$0 = \Phi_{20}, \tag{8-9-23g}$$
$$\mathrm{D}\mu = \overline{\rho}\mu + \Psi_2 + R/12, \tag{8-9-23h}$$
$$0 = \Psi_3 + \Phi_{21}, \tag{8-9-23i}$$
$$0 = -\Psi_4, \tag{8-9-23j}$$
$$\delta\rho = \rho(\overline{\alpha} + \beta) - \Psi_1 + \Phi_{01}, \tag{8-9-23k}$$
$$\delta\alpha - \overline{\delta}\beta = \mu\rho + (\alpha\overline{\alpha} + \beta\overline{\beta} - 2\alpha\beta) - \Psi_2 + \Phi_{11} + R/24, \tag{8-9-23l}$$
$$-\overline{\delta}\mu = -\Psi_3 + \Phi_{21}, \tag{8-9-23m}$$
$$-\Delta\mu = \mu^2 + \mu(\gamma + \overline{\gamma}) + \Phi_{22}, \tag{8-9-23n}$$
$$-\Delta\beta = \gamma(-\overline{\alpha} - \beta) - \beta(\gamma - \overline{\gamma} - \mu) + \Phi_{12}, \tag{8-9-23o}$$
$$0 = \Phi_{02}, \tag{8-9-23p}$$
$$\Delta\rho = -\rho\overline{\mu} + \rho(\gamma + \overline{\gamma}) - \Psi_2 - R/12, \tag{8-9-23q}$$
$$\Delta\alpha = \alpha(\overline{\gamma} - \overline{\mu}) + \gamma\overline{\beta} - \Psi_3. \tag{8-9-23r}$$

用式(8-9-22b)代入方程组(8-9-23)便可容易地解得代表外尔张量的 5 个复数 $\Psi_0 \sim \Psi_4$ 以及代表里奇张量的 4 个实数 Φ_{00}，Φ_{11}，Φ_{22}，R 和 3 个独立复数 Φ_{01}，Φ_{02}，Φ_{12}，

其中非零者只有两个:

$$\Psi_2 = -m(u)/r^3, \tag{8-9-24}$$

$$\Phi_{22} = -\dot{m}(u)/r^2 . \tag{8-9-25}$$

注意到式(8-7-11a)，特别是其中的$\Phi_{22} = R_{33}/2$，可知 Vaidya 度规的里奇张量为

$$R_{ab} = R_{33}(\varepsilon^3)_a(\varepsilon^3)_b = R_{33}(-k_a)(-k_b) = 2\Phi_{22}k_a k_b = -2\dot{m}(u)\, r^{-2}(\mathrm{d}u)_a(\mathrm{d}u)_b , \tag{8-9-26}$$

与用坐标基底法[式(3-4-21)]求得的 R_{ab}[见式(8-9-11)]一致.

利用上述结果还可补证 Vaidya 度规相应的物质场不是电磁场. 电磁场 F_{ab} 在 NP 形式中由复数Φ_0，Φ_1，Φ_2代表，它们与里奇张量的代表量$\Phi_{00},\cdots$，Φ_{22}的关系是式(8-8-8). 因为$\Phi_{00},\cdots,\Phi_{22}$中只有$\Phi_{22}$非零，式(8-8-8)给出

$$\Phi_0 = \Phi_1 = 0 , \qquad \Phi_2 = A\mathrm{e}^{\mathrm{i}\alpha} , \tag{8-9-27}$$

其中 $A \equiv \sqrt{-\dot{m}(u)/2}\, r^{-1}$，$\alpha$是坐标的实函数. 代入无源麦氏方程(8-8-3)，发现其中的式(a)、(c)为恒等式，(b)、(d)则分别导致

$$\frac{\partial\alpha}{\partial r} = 0 , \qquad -\frac{1}{\sin\theta}\frac{\partial\alpha}{\partial\varphi} - \mathrm{i}\frac{\partial\alpha}{\partial\theta} = \cot\theta . \tag{8-9-28}$$

第一式表明 $\alpha = \alpha(u,\theta,\varphi)$，第二式的虚、实部分别给出 $\partial\alpha/\partial\theta = 0$ [因而 $\alpha = \alpha(u,\varphi)$] 和 $\partial\alpha/\partial\varphi = -\cos\theta$，两者互相矛盾. 可见 Vaidya 度规的物质场不是电磁场，从而只能是纯辐射场.

[选读 8-9-1 完]

8.9.2 Kinnersley(金纳斯里)度规

Vaidya 度规是施瓦西度规的推广，而 Kinnersley(1969)定义的新度规则是 Vaidya 度规的推广. 下面介绍这一度规. 设 $L(u)$是 4 维闵氏时空($\mathbb{R}^4$, η_{ab})中的任意光滑类时曲线(想像为某个火箭的世界线)，u 是固有时(此处用 u 而不是τ代表固有时，用意将自明.). 仿照 Kinnersley，以λ^a (而不是本书惯用的 U^a)代表$L(u)$的 4 速，即 $\lambda^a \equiv (\partial/\partial u)^a$. 设 p 是 $\mathbb{R}^4$ 的任一点，则 p 的过去光锥面与 L 有且仅有一个交点，[①] 记作 q (见图 8-11). 以 $\{X^\mu\}$ 代表闵氏时空的任一惯

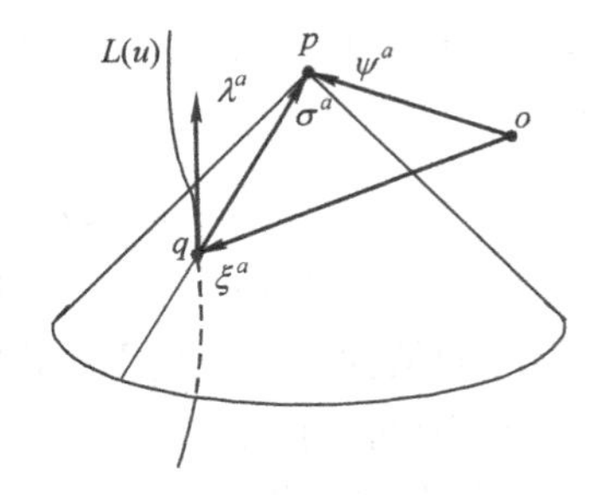

图 8-11　每一时空点 p 在类时线 $L(u)$ 上确定一点 q

① 当 $L(u)$渐近类光(例如第 6 章习题 13 中的双曲线)时例外. Kinnersley(1969)不讨论这一例外情形.

性坐标系，λ^μ 代表 λ^a 在该系的分量，ψ^a，ξ^a 代表 p，q 点在该系的位矢，即 $\psi^a \equiv \psi^\mu (\partial/\partial X^\mu)^a|_p$，$\xi^a \equiv \xi^\mu(\partial/\partial X^\mu)^a|_q$，其中 $\psi^\mu \equiv X^\mu(p)$，$\xi^\mu \equiv X^\mu(q)$. u 和 λ^a 本来只是定义在 $L(u)$上的标量场和矢量场，但其定义域可自然延拓至全 $\mathbb{R}^4$：$\forall p \in \mathbb{R}^4$，有唯一的 $q \in L$，因而可定义 $u(p) := u(q)$，$\lambda^\mu(p) := \lambda^\mu(q)$ [通过定义 $\lambda^a|_p$ 的坐标分量 $\lambda^\mu(p)$ 来定义 $\lambda^a|_p$，即 $\lambda^a|_p := \lambda^\mu(q)(\partial/\partial X^\mu)^a|_p$.]. 由此可知矢量场 λ^a 的每条积分曲线 $C(u)$在坐标系 $\{X^\mu\}$ 的参数式为

$$X^\mu(u) = \xi^\mu(u) + \sigma^\mu \quad (\text{常数 } \sigma^\mu \text{ 满足 } \eta_{\mu\nu}\sigma^\mu\sigma^\nu = 0). \tag{8-9-29}$$

[因为上式代表的曲线的切矢在 $\{X^\mu\}$ 系的分量 $\mathrm{d}X^\mu(u)/\mathrm{d}u = \mathrm{d}\xi^\mu(u)/\mathrm{d}u = \lambda^\mu$. 当 $\sigma^\mu = 0$ 时上式退化为 $L(u)$的参数式 $X^\mu(u) = \xi^\mu$.] 这表明任一点 p 的 λ^a 都满足

$$\lambda^a \partial_a u = (\partial/\partial u)^a \partial_a u = 1. \tag{8-9-30}$$

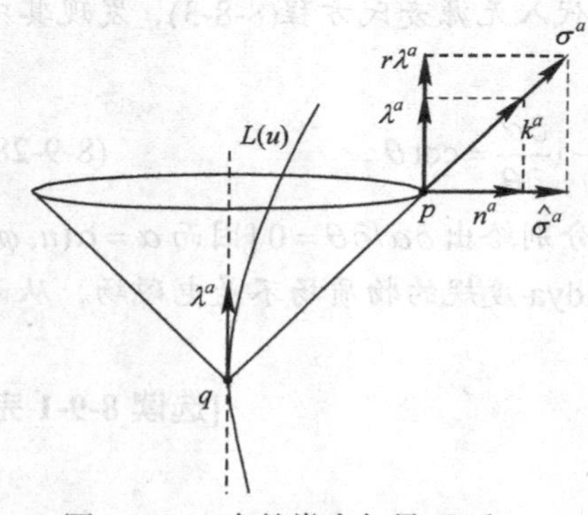

图 8-12　p 点的类光矢量σ^a (和 k^a) 的“3 + 1分解”

对 p 点定义矢量 $\sigma^a|_p := \psi^a - \xi^a$，由图 8-11 可知 $\sigma^a|_p$ 类光，故 σ^a 构成类光矢量场，它是类光超曲面族(以 L 上各点为锥顶的未来光锥面形成的族)的法矢场.

既然每点 p 都有类时矢量 $\lambda^a|_p$ 和类光矢量 $\sigma^a|_p$，就可把 $\sigma^a|_p$ 以 $\lambda^a|_p$ 为“时间”方向做“3 + 1 分解”，就是说，把 σ^a 分解为一个与 λ^a 平行的分量(记作 $r\lambda^a$)和一个与 λ^a 垂直的分量(记作 $\hat{\sigma}^a$)之和，即(见图 8-12)

$$\sigma^a = r\lambda^a + \hat{\sigma}^a. \tag{8-9-31}$$

以 $\lambda_a \equiv \eta_{ab}\lambda^b$ 缩并上式两边，注意到 $\lambda^a\lambda_a = -1$ 以及 $\hat{\sigma}^a$ 与 λ^a 正交，便得

$$r = -\lambda_a \sigma^a. \tag{8-9-32}$$

再令

$$k^a \equiv r^{-1}\sigma^a, \qquad n^a \equiv r^{-1}\hat{\sigma}^a, \tag{8-9-33}$$

则　(a) $k^a = \lambda^a + n^a$，　(b) $\lambda_a k^a = -1$，　(c) $\eta_{ab}n^a n^b = 1$.　(8-9-34)

k^a 可看作σ^a 的某种“归一化”：k^a 的时间分量λ^a 和空间分量 n^a 的长度都为 1.

既然σ^a (因而 k^a)是以 L 上各点为锥顶的各个未来光锥面的法矢场，$k_a \equiv \eta_{ab}k^b$ 就是这些超曲面的法余矢. 另一方面，这些超曲面是等 u 面又表明 $\partial_a u$ 是它们的法余矢，于是 k_a 与 $\partial_a u$ 最多只差一个因子，即 $k_a = \alpha\,\partial_a u$，与式(8-9-34b)及(8-9-30)结合得$\alpha = -1$，故

$$k_a = -(\mathrm{d}u)_a. \tag{8-9-35}$$

基于以上讨论，Kinnersley 就在 $\mathbb{R}^4$ 上定义了后来以其姓氏命名的度规. 这一度规可用抽象指标表为

$$g_{ab} := \eta_{ab} + 2m(u)\,r^{-1}k_a k_b = \eta_{ab} + 2m(u)\,r^{-1}(\mathrm{d}u)_a(\mathrm{d}u)_b\,, \tag{8-9-36}$$

其中 $m(u)$是 u 的函数. 由于现在 $\mathbb{R}^4$[抠掉 $L(u)$]上有两个度规(η_{ab}和 g_{ab})，对指标升降问题(以及其他涉及度规的问题)就要格外留意. λ^a，σ^a，k^a 等原来就是作为矢量(有上指标)定义的，意义明确. 我们约定，凡由指标升降获得的张量(如λ_a，σ_a，k_a)一律都是用η_{ab}升降的结果. 凡涉及用 g_{ab} 升降的张量将明确地把 g_{ab} 写出，例如 $g_{ab}\lambda^b$，它不等于 $\lambda_a(\cong\eta_{ab}\lambda^b)$①.

先讨论 $L(u)$是η_{ab}的测地线(简记作η测地线)的简单情况. 这时 Kinnersley 度规(8-9-36)归结为 Vaidya 度规($\dot m\neq 0$时)或施瓦西度规($\dot m = 0$时). 为看出这点，只须选适当坐标系$\{u, r, \theta, \varphi\}$写出 g_{ab} 的线元并与式(8-9-4)比较. 把每点本来就有的 u 和 r 选作$\{u, r, \theta, \varphi\}$系的前两个坐标，坐标$\theta$和$\varphi$则尚待定义. 设$\{T, X, Y, Z\}$是$\eta_{ab}$的惯性坐标系，其空间坐标原点($X = Y = Z = 0$)的世界线与测地线$L(u)$重合，则$\lambda^a$在该系的分量为$\lambda^\mu = (1, 0, 0, 0)$ (见图 8-13)，故式(8-9-32)的 r 满足

$$r = -\eta_{\mu\nu}\sigma^\mu\lambda^\nu = -\eta_{00}\sigma^0\lambda^0 = \sigma^0\,.$$

另一方面，图 8-13 的 3 维平面 Σ_p 可看作时刻p的全空间，由图可知

$\sigma^0 =$ 直线段 qa 之长 $=$ 直线段 ap 之长，

所以 $r = \sigma^0$表明p点的r值就是p与测地线 $L(u)$的空间距离. 在Σ_p上以 a 为原点、r 为径向坐标建立球坐标系$\{r, \theta, \varphi\}$，其中θ，φ由下式定义：

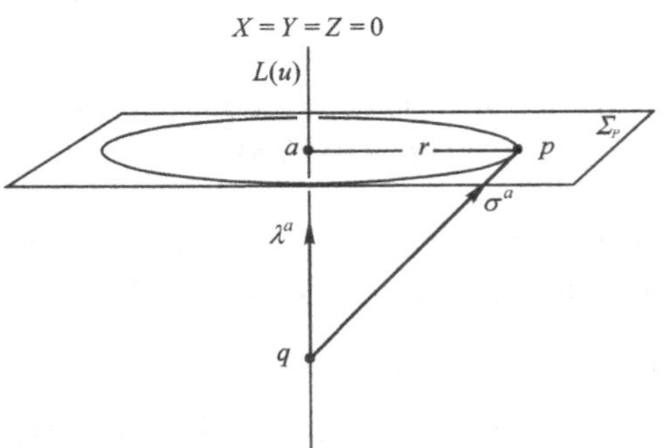

图 8-13　选测地线 $L(u)$为惯性系$\{T, X, Y, Z\}$空间坐标原点的世界线

$$X = r\sin\theta\cos\varphi\,,\qquad Y = r\sin\theta\sin\varphi\,,\qquad Z = r\cos\theta\,.$$

此$\{r, \theta, \varphi\}$与u结合便得到所要的4维坐标系$\{u, r, \theta, \varphi\}$. 此系的$u, r$与$\{T, X, Y, Z\}$系的 T 有如下关系：$T = u + r$，故 η_{ab} 在此系的线元为 $-\mathrm{d}u^2 - 2\mathrm{d}u\mathrm{d}r + r^2(\mathrm{d}\theta^2 + \sin^2\theta\,\mathrm{d}\varphi^2)$，因此 Kinnersley 度规 g_{ab}的线元为

$$\mathrm{d}s^2 = -[1 - 2m(u)r^{-1}]\,\mathrm{d}u^2 - 2\mathrm{d}u\mathrm{d}r + r^2(\mathrm{d}\theta^2 + \sin^2\theta\,\mathrm{d}\varphi^2)\,, \tag{8-9-37}$$

与式(8-9-4)形式一样. 可见 Kinnersley 度规(8-9-36)在 $L(u)$是η测地线的情况下归结为 Vaidya 度规($\dot m\neq 0$时)或施瓦西度规($\dot m = 0$时). Kinnersley 的真正推广是在

① 但 $g_{ab}k^b$ 却等于 $k_a(=\eta_{ab}k^b)$，因为由式(8-9-36)得 $g_{ab}k^b = \eta_{ab}k^b + 2mr^{-1}(\mathrm{d}u)_a(\mathrm{d}u)_b k^b$，而 $k^b(\mathrm{d}u)_b = k^b\partial_b u = 0$ (按照 u 的定义，在 k^b的积分曲线上 u 为常数).

$L(u)$不是η测地线的情况，下面详加讨论.

8.9.3　Kinnersley 度规(详细讨论)

当 $L(u)$不是η测地线时 $L(u)$的 4 加速$\lambda^b\partial_b\lambda^a$非零($\partial_b$是与$\eta_{ab}$适配的导数算符)，并与4速$\lambda^a$正交. 仿照Kinnersley，以$\dot{\lambda}^a$代表4加速$\lambda^b\partial_b\lambda^a$，则$\eta_{ab}\lambda^a\dot{\lambda}^b=0$. 我们仍想选择适当坐标系$\{u, r, \theta, \varphi\}$表示 Kinnerslay 度规. u, r的定义与$L(u)$是测地线时一样，只是 r 的几何意义现在略有不同. 设p是任一时空点，则它决定$L(u)$上的唯一q点. 过q作切于$L(u)$的η测地线 G_q，它所决定的惯性参考系记作$\mathscr{R}_q$. 以Σ_p和Σ_q代表$\mathscr{R}_q$系的两张同时面，它们分别含p和q. 仿照 8.9.2 小节的讨论可知由式(8-9-32)确定的r代表p点与 G_q 的空间距离(见图 8-14). 以 G_p代表$\mathscr{R}_q$系中过p的惯性观者，则r亦可看作 G_p与 $L(u)$在时刻Σ_q的空间距离(即图中 p'与 q 的距离). 在电动力学中称Σ_q为与Σ_p相应的“推迟时刻”(retarded time)(请注意，Σ_p其实“迟于”Σ_q，但习惯上称Σ_q为推迟时刻.)，故r所代表的是G_p与$L(u)$的推迟距离.

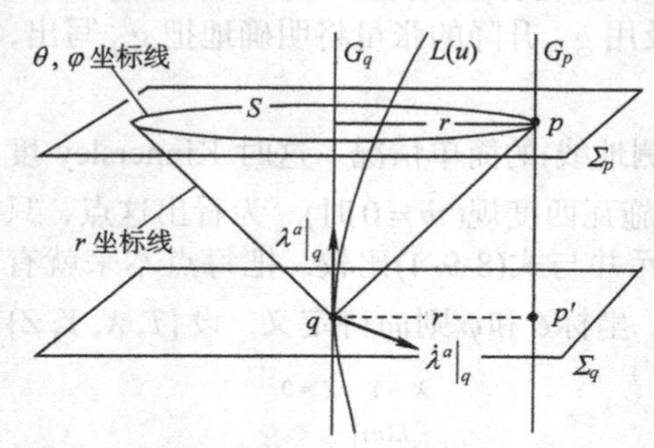

图 8-14　p点的r值代表观者G_p与火箭$L(u)$的推迟距离

下面介绍$\{u, r, \theta, \varphi\}$系中$\theta$和$\varphi$坐标的定义. L上任一点q决定一个瞬时静止惯性观者G_q和一个瞬时静止惯性参考系$\mathscr{R}_q$. 按下列要求在$\mathscr{R}_q$内定义一个瞬时静止惯性坐标系$\{X^\mu\}\equiv\{T, X, Y, Z\}$：①以 G_q为空间坐标原点($X=Y=Z=0$)的世界线，②以q为线上$T=0$的点，③Z轴与$\dot{\lambda}^a|_q$同向(X轴方向仍有任意性). 以此系的Z轴为极轴在q点的未来光锥面(含p点)上用下式定义θ和φ坐标：

$$X=r\sin\theta\cos\varphi,\qquad Y=r\sin\theta\sin\varphi,\qquad Z=r\cos\theta. \tag{8-9-38}$$

因为 4 加速$\dot{\lambda}^a$的方向随q点沿L线的移动而连续变化，所以在定义θ和φ时要不断旋转指向北极的方向，以保证它在任何时刻都与$\dot{\lambda}^a$保持一致.

在此基础上经一番计算(详见选读 8-9-2)便可求得 Kinnerslay 度规g_{ab}在$\{u, r, \theta, \varphi\}$系的全体非零分量：

$$g_{uu}=-1-2a(u)\,r\cos\theta+r^2(f^2+g^2\sin^2\theta)+2m(u)\,r^{-1},\quad g_{ur}=g_{ru}=-1,$$
$$g_{u\theta}=g_{\theta u}=-r^2 f,\quad g_{u\varphi}=g_{\varphi u}=-r^2 g\sin^2\theta,\quad g_{\theta\theta}=r^2,\quad g_{\varphi\varphi}=r^2\sin^2\theta,$$
$$\tag{8-9-39a}$$

式中

$$f \equiv a(u)\sin\theta + b(u)\sin\varphi - c(u)\cos\varphi\,, \qquad g \equiv [b(u)\cos\varphi + c(u)\sin\varphi]\cot\theta\,, \tag{8-9-39b}$$

其中的

$$a(u) \equiv |\dot{\lambda}^a(u)| \equiv [\eta_{ab}\dot{\lambda}^a(u)\dot{\lambda}^b(u)]^{1/2} \text{①} \tag{8-9-39c}$$

是 $L(u)$的 4 加速的大小，b 和 c 描写 $\dot{\lambda}^a$ 的方向随时间(指 u)的变化率，详见选读 8-9-2. 若 $L(u)$有一段为类时双曲线(见第 6 章习题 13)，则该段内 $a=$ 常数，$b=c=0$.

计算还给出 Kinnersley 度规的里奇张量 R_{ab} 和标量曲率 R，分别为

$$R_{ab} = -2r^{-2}(\dot{m} + 3ma\cos\theta)\,k_a k_b\,, \qquad R = 0, \tag{8-9-40}$$

故其相应的 T_{ab} 为

$$T_{ab} = -\frac{1}{4\pi r^2}(\dot{m} + 3ma\cos\theta)\,k_a k_b\,. \tag{8-9-41}$$

与式(8-9-12′)类似，上式对应的物质场也是纯辐射场而不是电磁场，它由非光子的零质量粒子组成，但为方便起见也称之为“光子”.

如前说述，当$L(u)$是η 测地线及 $\dot{m} \neq 0$ 时 Kinnersley 度规归结为 Vaidya 度规. 借助于 $L(u)$还可对 Vaidya 度规的物理意义做更形象的解释. 解释时要注意一点：$\mathbb{R}^4$ 上有度规场η_{ab} 和 g_{ab}(Vai)，前面谈及测地线、4 加速、……时都用η_{ab} 及其适配导数算符 ∂_a 判断. 不妨这样想像：某恒星在闵氏时空中以 $L(u)$为世界线作测地运动(惯性运动). 由于不断发射粒子，自身质(能)量不断减小($\dot{m}<0$). 恒星的 4 动量以及周围辐射场的能动张量 T_{ab} 共同激发引力场，使时空变得弯曲，时空几何由 g_{ab}(Vai) 描述[但不能问及“世界线用 g_{ab}(Vai) 判断是否测地线”一类的问题，因为 g_{ab}(Vai) 在线上无定义($r=0$).]. 由于测地线 $L(u)$“不偏不倚”(各向同性)，g_{ab}(Vai) 有球对称性，但 $\dot{m} \neq 0$ 使它失去稳态性. 这一形象的物理解释还可推广到 Kinnersley 度规 g_{ab}(Kin). 现在 $L(u)$不是η 测地线，其辐射不再各向同性，因而不宜再看作恒星的世界线，于是把恒星改为火箭. 这一火箭以非各向同性的方式不断向外发射“光子”(一定程度上类似于真实火箭不断喷气)，因此文献中称之为光子火箭(photon rocket). 火箭因发射“光子”而受到的反冲(recoil)使自身的能量和 3 动量不断变化，前者体现为 $\dot{m}<0$，后者使 3 动量的时变率非零. 改用 4 维语言，以 P^a 代表火箭的 4 动量，则 $P^a = m\lambda^a$，故其时变率为 $\dot{P}^a = \dot{m}\lambda^a + m\dot{\lambda}^a$，其中 $\dot{P}^a \equiv \lambda^b\partial_b P^a$，第一、二项分别代表能量、3 动量的时变率. 上式在 q 点的瞬时静止惯性系 $\{X^\mu\}$ 的分量式为

$$\dot{P}^\mu = \dot{m}\lambda^\mu + m\dot{\lambda}^\mu\,, \tag{8-9-42}$$

因为对 q 点有

① 请注意本书的 $a(u)$从定义起就与 Kinnersley (1969)及 Bonnor(1994)差一负号.

$$\lambda^\mu=(1,0,0,0)\,,\quad \dot{\lambda}^\mu=(0,0,0,a)\quad (\text{因 } Z \text{ 轴与 } \dot{\lambda}^a \text{ 同向}), \tag{8-9-43}$$

所以

$$\text{火箭能量的增加率}=\dot{P}^0=\dot{m}\lambda^0=\dot{m}\,, \tag{8-9-44a}$$

$$\text{火箭动量的 } i \text{ 分量的增加率}=\dot{P}^i=m\dot{\lambda}^i=(0,0,ma)\,. \tag{8-9-44b}$$

现在证明这种由反冲导致的火箭能、动量增加率恰好等于火箭发射的“光子”在单位时间内带到无限远的能、动量乘以−1. 为此应计算从图 8-14 中的球面 S 流出去的能、动量. 设 $\{X^\mu\}$ 是 q 点的瞬时静止惯性系，则 $\{(e_\mu)^a\}\equiv\{(\partial/\partial X^\mu)^a\}$ 是 $\mathbb{R}^4$ 上的正交归一 4 标架场. §6.4 指出 $T^{0j}(=-T_{0j})$ 是能流密度的 j 分量，故 $T^{0j}(e_j)^a$ 是能流密度矢量，所以

$$\text{单位时间流出 } S \text{ 面的能量}=\int_S T^{0j}(e_j)^a n_a \mathrm{d}S=\int_S T^{0j}n_j\mathrm{d}S\,, \tag{8-9-45}$$

其中 $n_a\equiv\eta_{ab}n^b$，而 n^b 则是球面 S 的外向单位法矢，即式(8-9-33)的 n^a. 再者，§6.4 还指出 $T^{ij}(e_i)^a(e_j)^b$ 是 3 动量流密度张量，它与任一空间单位矢缩并就给出沿该向的 3 动量流密度矢量，所以

$$\text{单位时间流出 } S \text{ 面的 3 动量}=\int_S T^{ij}(e_i)^a(e_j)^b n_b\mathrm{d}S=\int_S T^{ij}(e_i)^a n_j\mathrm{d}S\,, \tag{8-9-46}$$

$$\text{单位时间流出 } S \text{ 面的 3 动量的 } i \text{ 分量}=\int_S T^{ij}n_j\mathrm{d}S\,. \tag{8-9-47}$$

式(8-9-45)和(8-9-47)可综合表为

$$\text{单位时间流出 } S \text{ 面的 4 动量的} \mu \text{ 分量}=\int_S T^{\mu\nu}n_\nu\mathrm{d}S\,. \tag{8-9-48}$$

由 q 的瞬时静止惯性系 $\{X^\mu\}$ 以及坐标 θ,φ 的定义可知对 S 面上任一点有(参见图 8-14 和 8-12)

$$\lambda^\mu=(1,0,0,0)\quad \text{及}\quad n^\mu=(0,\ \sin\theta\cos\varphi,\ \sin\theta\sin\varphi,\ \cos\theta), \tag{8-9-49}$$

代入 $k^a=\lambda^a+n^a$ 得

$$k^\mu=(1,\ \sin\theta\cos\varphi,\ \sin\theta\sin\varphi,\ \cos\theta)\,, \tag{8-9-50}$$

所以 $k^\mu n_\mu=1$，与式(8-9-41)结合便得

$$T^{\mu\nu}n_\nu=-\frac{1}{4\pi r^2}(\dot{m}+3ma\cos\theta)\,k^\mu k^\nu n_\nu=-\frac{1}{4\pi r^2}(\dot{m}+3ma\cos\theta)\,k^\mu\,, \tag{8-9-51}$$

于是

$$\begin{aligned}\text{单位时间流出 } S \text{ 面的能量}&=-\frac{1}{4\pi r^2}\int_S(\dot{m}+3ma\cos\theta)\,k^0\mathrm{d}S\\&=-\frac{1}{4\pi r^2}\int_0^{2\pi}\mathrm{d}\varphi\int_0^{\pi}(\dot{m}+3ma\cos\theta)\,r^2\sin\theta\,\mathrm{d}\theta=-\dot{m}\,,\end{aligned} \tag{8-9-52a}$$

单位时间流出 S 面的 3 动量的第 3 分量 $= -\dfrac{1}{4\pi r^2}\int_S(\dot m + 3ma\cos\theta)\,k^3 \mathrm{d}S$

$$= -\frac{1}{4\pi r^2}\int_0^{2\pi}\mathrm{d}\varphi\int_0^{\pi}(\dot m + 3ma\cos\theta)\cos\theta\, r^2\sin\theta\,\mathrm{d}\theta = -ma\,. \qquad (8\text{-}9\text{-}52\text{b})$$

类似可得

$$\text{单位时间流出 } S \text{ 面的动量的第 } 1, 2 \text{ 分量} = 0. \qquad (8\text{-}9\text{-}52\text{c})$$

式(8-9-52)在 $r\to\infty$ 时照样成立，与式(8-9-44)比较便证明了待证结论，即火箭的能、动量增加率恰好等于它发射的“光子”在单位时间内带到无限远的能、动量乘以-1.

基于以上物理解释，不妨称 Kinnersley 解为“任意加速质点解”[Kramer et al. (1980)]，或说 Kinnersley 度规代表“任意加速质点的引力场”. 不过应该注意：①“加速质点”是指火箭的 4 加速 $\dot\lambda^a \equiv \lambda^b\partial_b\lambda^a$ 非零($a\neq 0$)，而这 4 加速是以 η_{ab} 衡量的. 为何不用 g_{ab} 衡量？答案是：火箭世界线的 $r=0$，g_{ab} 在线上失去意义(奇异)，根本不能用它衡量火箭世界线上的任何量. ②这“加速质点的引力场”是由质点(火箭)及其所发出的“光子”共同激发的，g_{ab} 对应的 T_{ab} 是火箭外部纯辐射场的能动张量.

以上关于 Kinnersley 度规的讨论还存在若干微妙问题，兹列出以下三个：

(1) 在计算流出球面 S 的能量和动量时，凡涉及度规之处都是默默地用 η_{ab} 进行的，而 Kinnersley 时空的度规应是 Kinnersley 度规 g_{ab}，上述计算的合法性自然应该受到质疑. Bonnor(1994)对此曾给出如下回答(大意而非直译)：g_{ab} 与 η_{ab} 的差别仅在于含 mr^{-1} 的一项. 添加此项将对式(8-9-51)中的 n_ν 的归一化产生影响，但这对积分的贡献在 S 趋于无限大时趋于零. 所以，忽略含 mr^{-1} 的项看来不会影响计算结果.

(2) 在物理学家所知道的物质场中，任何观者在任何时刻测得的能量密度 T_{00} 都不小于零(这称为弱能量条件，详见附录 D). 设 (p, Z^a) 为任一瞬时观者，则由式(8-9-45)得

$$T_{00} = T_{ab}Z^aZ^b = -\frac{1}{4\pi r^2}(k_aZ^a)^2(\dot m + 3ma\cos\theta)\,.$$

当 $a=0$ 时(Vaidya)，只须令 $\dot m<0$ 便可保证 $T_{00}>0$. 但 $a\neq 0$ 的情况却不如此简单，关键是 $\cos\theta$ 可正可负. 不过，只要默认 $m>0$，就不难看出 $T_{00}\geqslant 0$ 等价于 $-\dot m/3m \geqslant a\cos\theta$. 因此，为使 T_{00} 对任何 θ 值都非负，除要求 $\dot m<0$ 外还应要求 $a\leqslant -\dot m/3m$. 可以认为这是能量条件对 Kinnersley 度规的两个参数 m 和 a 的关系的某种限制.

(3) Bonnor(1994)指出，既然火箭做加速运动，它应该发射引力波，而引力波将携带能、动量至无限远. 然而前已证明，在不考虑引力波的前提下，单由“光

子”带到无限远的能、动量已经恰好满足平衡要求，即恰好等于火箭的能、动量增加率乘以−1．这暗示引力波带到无限远的能、动量为零．于是出现一个佯谬：Kinnersley 时空到底有无引力辐射？针对这一问题，Damour et al.(1994)及 Dain et al.(2002)用非常不同的手法对 Kinnersley 时空的引力辐射做了研究，基本结论是：点状加速火箭及其周围的“光子”都发射引力辐射，两者带到无限远的能、动量互相抵消，总体说来 Kinnersley 时空没有引力辐射(由引力波带到无限远的能、动量为零).

[选读 8-9-2]

现在给出式(8-9-39)的详细推导过程．由式(8-9-36)可知 g_{ab} 和 η_{ab} 在 $\{u,r,\theta,\varphi\}$ 系的全部分量中只有 uu 分量不同．具体说，若分别以 $g_{uu}, g_{ur}, \cdots, g_{\varphi\varphi}$ 和 ${}^0g_{uu}, {}^0g_{ur}, \cdots, {}^0g_{\varphi\varphi}$ 代表 g_{ab} 和 η_{ab} 在 $\{u,r,\theta,\varphi\}$ 系的分量，则

$$g_{uu} = {}^0g_{uu} + 2mr^{-1},\quad g_{ur} = {}^0g_{ur},\quad g_{u\theta} = {}^0g_{u\theta},\quad g_{u\varphi} = {}^0g_{u\varphi},$$
$$g_{rr} = {}^0g_{rr},\ g_{r\theta} = {}^0g_{r\theta},\ g_{r\varphi} = {}^0g_{r\varphi},\ g_{\theta\theta} = {}^0g_{\theta\theta},\ g_{\theta\varphi} = {}^0g_{\theta\varphi},\ g_{\varphi\varphi} = {}^0g_{\varphi\varphi}, \tag{8-9-53}$$

因此只须计算 ${}^0g_{uu}, {}^0g_{ur}, \cdots, {}^0g_{\varphi\varphi}$.

我们来对 $\mathbb{R}^4$ 的任一点 p 计算 ${}^0g_{uu}|_p, {}^0g_{ur}|_p, \cdots, {}^0g_{\varphi\varphi}|_p$．$p$ 点在 L 线上决定一点 q，正文已借 q 定义了一个瞬时静止惯性坐标系 $\{X^\mu\} \equiv \{T, X, Y, Z\}$．把 $\sigma^\mu = \psi^\mu - \xi^\mu$ 中的 ψ^μ 改记作 X^μ 得 $X^\mu = \sigma^\mu + \xi^\mu$，再利用式(8-9-33)使得两系的坐标变换关系

$$X^\mu = \sigma^\mu + \xi^\mu = rk^\mu(u,\theta,\varphi) + \xi^\mu(u), \tag{8-9-54}$$

其中 k^μ 代表 k^a 在 $\{X^\mu\}$ 系的分量[凡以 $\mu, \nu, \ldots$ 或 $0, 1, \cdots$ 为指标的量都代表某张量在 $\{X^\mu\}$ 系(而非 $\{u,r,\theta,\varphi\}$ 系)的分量.] 因为 $\{X^\mu\}$ 是惯性坐标系，η_{ab} 在 $\{X^\mu\}$ 系的分量自然等于 $\eta_{\mu\nu}$，利用坐标变换式(8-9-54)便可写出 η_{ab} 在 $\{u,r,\theta,\varphi\}$ 系的各分量的表达式．首先

$$\begin{aligned}{}^0g_{uu} &= \eta_{\mu\nu}\frac{\partial X^\mu}{\partial u}\frac{\partial X^\nu}{\partial u} = \eta_{\mu\nu}(r\dot{k}^\mu + \dot{\xi}^\mu)(r\dot{k}^\nu + \dot{\xi}^\nu) \\ &= r^2\eta_{\mu\nu}\dot{k}^\mu\dot{k}^\nu + 2r\eta_{\mu\nu}\dot{k}^\mu\dot{\xi}^\nu + \eta_{\mu\nu}\dot{\xi}^\mu\dot{\xi}^\nu,\end{aligned}$$

其中顶上加点代表对 u 的导数(或偏导数)，例如 $\dot{\xi}^0 \equiv \mathrm{d}\xi^0/\mathrm{d}u$，$\dot{k}^1 \equiv \partial k^1/\partial u$．因为曲线 $L(u)$ 的参数式是 $X^\mu(u) = \xi^\mu(u)$，所以 $\dot{\xi}^\mu \equiv \mathrm{d}\xi^\mu/\mathrm{d}u$ 等于 $L(u)$ 的切矢 λ^a 在 $\{X^\mu\}$ 系的分量 λ^μ，注意到 $\eta_{\mu\nu}\lambda^\mu\lambda^\nu = -1$ 便得

$${}^0g_{uu} = -1 + 2r\eta_{\mu\nu}\dot{k}^\mu\lambda^\nu + r^2\eta_{\mu\nu}\dot{k}^\mu\dot{k}^\nu. \tag{8-9-55a}$$

其次

$$^0g_{ur}=\eta_{\mu\nu}\frac{\partial X^\mu}{\partial u}\frac{\partial X^\nu}{\partial r}=\eta_{\mu\nu}(r\dot{k}^\mu+\dot{\xi}^\mu)\,k^\nu=r\eta_{\mu\nu}\dot{k}^\mu k^\nu+\eta_{\mu\nu}\lambda^\mu k^\nu=-1,\qquad(8\text{-}9\text{-}55\text{b})$$

其中 $\eta_{\mu\nu}\dot{k}^\mu k^\nu=0$ 可由 $\eta_{\mu\nu}k^\mu k^\nu=0$ 推出，$\eta_{\mu\nu}\lambda^\mu k^\nu=-1$ 则来自 $\lambda_a k^a=-1$. 用类似方法可求得 η_{ab} 在 $\{u,r,\theta,\varphi\}$ 系的其他分量的表达式：

$$^0g_{u\theta}=r^2\eta_{\mu\nu}\dot{k}^\mu k^\nu{}_{,\theta}+r\eta_{\mu\nu}\lambda^\mu k^\nu{}_{,\theta},\qquad(8\text{-}9\text{-}55\text{c})$$

$$^0g_{u\varphi}=r^2\eta_{\mu\nu}\dot{k}^\mu k^\nu{}_{,\varphi}+r\eta_{\mu\nu}\lambda^\mu k^\nu{}_{,\varphi},\qquad(8\text{-}9\text{-}55\text{d})$$

$$^0g_{rr}=\eta_{\mu\nu}k^\mu k^\nu=0,\qquad(8\text{-}9\text{-}55\text{e})$$

$$^0g_{r\theta}=r\eta_{\mu\nu}k^\mu k^\nu{}_{,\theta}=0\quad(\text{第二个等号来自 }\eta_{\mu\nu}k^\mu k^\nu=0),\qquad(8\text{-}9\text{-}55\text{f})$$

$$^0g_{r\varphi}=r\eta_{\mu\nu}k^\mu k^\nu{}_{,\varphi}=0\,(\text{同上理}),\qquad(8\text{-}9\text{-}55\text{g})$$

$$^0g_{\theta\theta}=r^2\eta_{\mu\nu}k^\mu{}_{,\theta}\,k^\nu{}_{,\theta},\qquad(8\text{-}9\text{-}55\text{h})$$

$$^0g_{\theta\varphi}=r^2\eta_{\mu\nu}k^\mu{}_{,\theta}\,k^\nu{}_{,\varphi},\qquad(8\text{-}9\text{-}55\text{i})$$

$$^0g_{\varphi\varphi}=r^2\eta_{\mu\nu}k^\mu{}_{,\varphi}\,k^\nu{}_{,\varphi},\qquad(8\text{-}9\text{-}55\text{j})$$

欲求以上各式的最终形式，必须计算 k^μ 对 u，θ 和 φ 的偏导数，即 $\dot{k}^\mu$，$k^\mu{}_{,\theta}$ 和 $k^\mu{}_{,\varphi}$. 为求 $k^\mu{}_{,\theta}$ 和 $k^\mu{}_{,\varphi}$ 只须关心以固定的 q 点为顶点的未来光锥面($u=$ 常数)上的 k^μ，这时式(8-9-50)成立，再次列出如下(并赋予新式号)：

$$k^\mu=(1,\ \sin\theta\cos\varphi,\ \sin\theta\sin\varphi,\ \cos\theta),\qquad(8\text{-}9\text{-}56\text{a})$$

于是

$$k^\mu{}_{,\theta}=(0,\ \cos\theta\cos\varphi,\ \cos\theta\sin\varphi,\ -\sin\theta),\qquad(8\text{-}9\text{-}56\text{b})$$

$$k^\mu{}_{,\varphi}=(0,\ -\sin\theta\sin\varphi,\ \sin\theta\cos\varphi,0),\qquad(8\text{-}9\text{-}56\text{c})$$

因而

$$\eta_{\mu\nu}k^\mu{}_{,\theta}k^\nu{}_{,\theta}=1,\quad \eta_{\mu\nu}k^\mu{}_{,\theta}k^\nu{}_{,\varphi}=0,\quad \eta_{\mu\nu}k^\mu{}_{,\varphi}k^\nu{}_{,\varphi}=\sin^2\theta.\qquad(8\text{-}9\text{-}56\text{d})$$

此外，$\lambda^\mu=(1,0,0,0)$ 还导致

$$\eta_{\mu\nu}\lambda^\mu k^\nu{}_{,\theta}=\eta_{\mu\nu}\lambda^\mu k^\nu{}_{,\varphi}=0.\qquad(8\text{-}9\text{-}56\text{e})$$

现在剩下最复杂的一步，即计算 $\dot{k}^\mu$.

设 p，$\tilde{p}$ 是两个相邻时空点，它们的 r，θ，φ 值对应相等，u 值依次为 u 和 $u+\mathrm{d}u$. 以 q，$\tilde{q}$ 分别代表 p，$\tilde{p}$ 在 $L(u)$线上对应的点，则 $k^a|_p$ 从 q 指向 p，$k^a|_{\tilde{p}}$ 从 $\tilde{q}$ 指向 $\tilde{p}$. 记 $k^a\equiv k^a|_p$，$\chi^a\equiv k^a|_{\tilde{p}}$，则

$$\dot{k}^\mu|_p=\lim_{\mathrm{d}u\to 0}\frac{\chi^\mu-k^\mu}{\mathrm{d}u},\qquad(8\text{-}9\text{-}57)$$

其中 k^μ 和 χ^μ 分别是 k^a 和 χ^a 在 q 点的瞬时静止惯性坐标系 $\{X^\mu\}\equiv\{T,X,Y,Z\}$ 的分量. k^μ 已表为式(8-9-56a)，关键是如何求 χ^μ. 以 $\{\tilde{X}^\mu\}\equiv\{\tilde{T},\tilde{X},\tilde{Y},\tilde{Z}\}$ 代表 $\tilde{q}$ 点

的瞬时静止惯性坐标系[按式(8-9-38)所在段的要求定义，只须改 q 为 $\tilde{q}$.]，则 χ^a 在 $\{\tilde{X}^\mu\}$ 系的分量为

$$\tilde{\chi}^\mu = (1,\ \sin\theta\cos\varphi,\ \sin\theta\sin\varphi,\ \cos\theta)\,. \tag{8-9-58}$$

欲从 $\tilde{\chi}^\mu$ 求得 χ^μ，应先弄清 $\{\tilde{X}^\mu\}$ 系与 $\{X^\mu\}$ 系的关系. 根据要求，$\{X^\mu\}$ 系的 Z 轴应与 $\dot{\lambda}^a|_q$ 同向，$\{\tilde{X}^\mu\}$ 系的 $\tilde{Z}$ 轴应与 $\dot{\lambda}^a|_{\tilde{q}}$ 同向. 请注意，$\{\tilde{X}^\mu\}$ 与 $\{X^\mu\}$ 是两个不同惯性参考系 $\mathscr{R}_{\tilde{q}}$ 和 $\mathscr{R}_q$ 内的惯性坐标系，因为 T 坐标线 G_q 与 $\tilde{T}$ 坐标线 $G_{\tilde{q}}$ [过 $\tilde{q}$ 切于 $L(u)$ 线的 η 测地线]一般不平行. 但既然都是惯性坐标系，总可通过适当的平移和洛伦兹变换把一个变到另一个. 这一变换可由以下 3 步组成：①用一个平移把 $\{X^\mu\}$ 系的原点(指 $T=X=Y=Z=0$ 的点)从 q 移至 $\tilde{q}$，得坐标系 $\{X'^\mu\}$. ②用 $T'\sim Z'$ 面内的一个伪转动把 $\{X'^\mu\}$ 系变为 $\{\hat{X}^\mu\}$ 系(其中 $\hat{T}$ 轴与 $\tilde{T}$ 轴平行)，它与 $\{\tilde{X}^\mu\}$ 系一样是惯性参考系 $\mathscr{R}_{\tilde{q}}$ 内的惯性坐标系，只是 $\hat{Z}$ 轴一般与 $\dot{\lambda}^a|_{\tilde{q}}$ 不同向，这正是它与 $\{\tilde{X}^\mu\}$ 系的关键区别. ③对 $\{\hat{X}^\mu\}$ 系施行一个空间转动 R 使之变到 $\{\tilde{X}^\mu\}$，其中 $\tilde{Z}$ 轴与 $\dot{\lambda}^a|_{\tilde{q}}$ 同向. 此 R 又可看作两个转动 R_1 和 R_2 的相继作用(复合映射)，其中 R_1 是绕 $\hat{X}$ 轴的转动，结果是 $\hat{Z}$ 轴转到一个新位置(记作 $\tilde{\tilde{Z}}$，见图 8-15)，它是以 $\hat{Y}$ 为轴、以 $\tilde{Z}$ 为母线的圆锥与 $\hat{Y}\sim\hat{Z}$ 面的交线，设为此要转的角度为 $b\mathrm{d}u$；R_2 是绕 $\hat{Y}$ 轴的转动，结果是 $\tilde{\tilde{Z}}$ 轴转到与 $\tilde{Z}$ 轴重合，设为此要转的角度为 $c\mathrm{d}u$.[①] 这三步过程可以表为

$$\{T,X,Y,Z\}\xrightarrow{\text{平移}}\{T',X',Y',Z'\}\xrightarrow{\text{伪转动}}\{\hat{T},\hat{X},\hat{Y},\hat{Z}\}\xrightarrow{\text{空间转动 }R}\{\tilde{T},\tilde{X},\tilde{Y},\tilde{Z}\}\,. \tag{8-9-59}$$

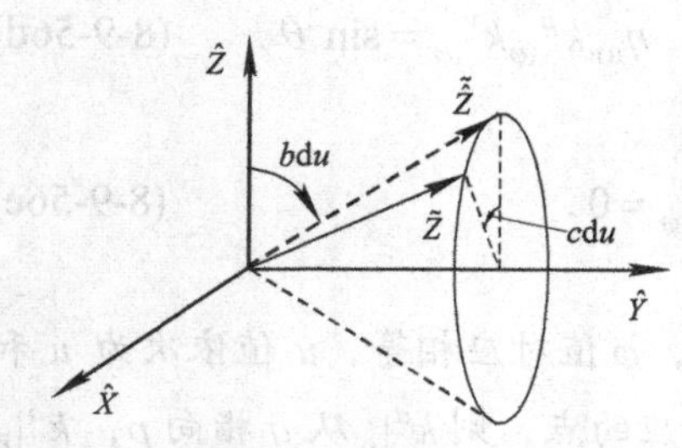

图 8-15　先绕 $\hat{X}$ 轴转 $b\mathrm{d}u$，再绕 $\hat{Y}$ 轴转 $c\mathrm{d}u$，就把 $\hat{Z}$ 轴转到 $\tilde{Z}$ 轴

空间转动 R 的必要性来自我们要求 θ,φ 的极轴(Z 轴)总与 $\dot{\lambda}^a$ 同向. 若 $\dot{\lambda}^a|_{\tilde{q}}$ 与 $\dot{\lambda}^a|_q$ 平行(意味着 $\dot{\lambda}^a$ 的方向在这 $\mathrm{d}u$ 时间内无变化)，则因 $T'\sim Z'$ 面内的伪转动保持 X'，Y'，Z' 轴的方向，故伪转动后无须再做空间转动就能保证 $\hat{Z}$ 轴与 $\dot{\lambda}^a|_{\tilde{q}}$ 同向，因此 $b=c=0$. 反之，只要 $\dot{\lambda}^a|_{\tilde{q}}$ 与 $\dot{\lambda}^a|_q$ 不平行，则 $\hat{Z}$ 轴便不与 $\dot{\lambda}^a|_{\tilde{q}}$ 同向，故必须转动适当角度 $b\mathrm{d}u$ 和 $c\mathrm{d}u$ 以达到 $\tilde{Z}$ 轴与 $\dot{\lambda}^a|_{\tilde{q}}$ 同向的要求. 可见 b 和 c 的确反映了 4 加速 $\dot{\lambda}^a$ 的

① 经两步转动后的 X 轴仍未必与 $\tilde{X}$ 轴重合，但这不成问题，因为各点的瞬时静止惯性系的 X 轴的选法本来就存在灵活性，当初就应有这种"先见之明"，即按照转后的 X 轴来选 $\tilde{X}$ 轴.

方向的变化率.

有了以上认识就可从 $\tilde{\chi}^\mu$ 的表达式(8-9-58)出发计算 χ^μ，从而代入式(8-9-57)以求得 $\dot{k}^\mu$. 既然空间坐标系 $\{\hat{X},\hat{Y},\hat{Z}\}$ 与 $\{\tilde{X},\tilde{Y},\tilde{Z}\}$ 以空间转动 R 相联系，就可把 χ^a 在两系的分量 $\hat{\chi}^i$ 及 $\tilde{\chi}^i$ 表为列矩阵并写出如下等式：

$$\begin{bmatrix}\hat{\chi}^1\\ \hat{\chi}^2\\ \hat{\chi}^3\end{bmatrix}=R\begin{bmatrix}\tilde{\chi}^1\\ \tilde{\chi}^2\\ \tilde{\chi}^3\end{bmatrix}, \tag{8-9-60}$$

其中 $R=R_2R_1$ 是由转角 $b\mathrm{d}u$ 和 $c\mathrm{d}u$ 描述的 3×3 矩阵. 由图 8-15 及附录 G 得

$$\begin{aligned}R=R_2R_1&=\begin{bmatrix}\cos(c\mathrm{d}u) & 0 & \sin(c\mathrm{d}u)\\ 0 & 1 & 0\\ -\sin(c\mathrm{d}u) & 0 & \cos(c\mathrm{d}u)\end{bmatrix}\begin{bmatrix}1 & 0 & 0\\ 0 & \cos(b\mathrm{d}u) & -\sin(b\mathrm{d}u)\\ 0 & \sin(b\mathrm{d}u) & \cos(b\mathrm{d}u)\end{bmatrix}\\ &=\begin{bmatrix}\cos(c\mathrm{d}u) & \sin(b\mathrm{d}u)\sin(c\mathrm{d}u) & \cos(b\mathrm{d}u)\sin(c\mathrm{d}u)\\ 0 & \cos(b\mathrm{d}u) & -\sin(b\mathrm{d}u)\\ -\sin(c\mathrm{d}u) & \sin(b\mathrm{d}u)\cos(c\mathrm{d}u) & \cos(b\mathrm{d}u)\cos(c\mathrm{d}u)\end{bmatrix}.\end{aligned}$$

由于 $\mathrm{d}u$ 最终要趋于零，可取 $\cos(b\mathrm{d}u)\cong\cos(c\mathrm{d}u)\cong1$，$\sin(b\mathrm{d}u)\cong b\mathrm{d}u$，$\sin(c\mathrm{d}u)\cong c\mathrm{d}u$，再略去含 $(\mathrm{d}u)^2$ 的 2 阶小项，得

$$R=\begin{bmatrix}1 & 0 & c\mathrm{d}u\\ 0 & 1 & -b\mathrm{d}u\\ -c\mathrm{d}u & b\mathrm{d}u & 1\end{bmatrix}. \tag{8-9-61}$$

把上式及由式(8-9-58)给出的 $\tilde{\chi}^i$ 代入式(8-9-60)得

$$\begin{aligned}\begin{bmatrix}\hat{\chi}^1\\ \hat{\chi}^2\\ \hat{\chi}^3\end{bmatrix}&=\begin{bmatrix}1 & 0 & c\mathrm{d}u\\ 0 & 1 & -b\mathrm{d}u\\ -c\mathrm{d}u & b\mathrm{d}u & 1\end{bmatrix}\begin{bmatrix}\sin\theta\cos\varphi\\ \sin\theta\sin\varphi\\ \cos\theta\end{bmatrix}\\ &=\begin{bmatrix}\sin\theta\cos\varphi+c\mathrm{d}u\cos\theta\\ \sin\theta\sin\varphi-b\mathrm{d}u\cos\theta\\ -c\mathrm{d}u\sin\theta\cos\varphi+b\mathrm{d}u\sin\theta\sin\varphi+\cos\theta\end{bmatrix}.\end{aligned} \tag{8-9-62a}$$

由于空间转动不影响 4 矢量的 0 分量，故

$$\hat{\chi}^0=\tilde{\chi}^0=1\quad[\text{第二步用到式(8-9-58)}], \tag{8-9-62b}$$

与式(8-9-62a)结合便有全部 $\hat{\chi}^\mu$. 然而式(8-9-57)所要的是 χ^μ. 由式(8-9-59)可知 $\{\hat{X}^\mu\}$ 系与 $\{X^\mu\}$ 系以一个平移和一个伪转动相联系，而平移不会改变 4 矢量的分量，故只须考虑伪转动的影响. 因为 $\{\hat{X}^\mu\}$ 系相对于 $\{X^\mu\}$ 系以速率 $\upsilon\equiv a\mathrm{d}u$ 沿 Z 轴正向平动，而 $\mathrm{d}u\to0$ 保证 $\gamma\equiv(1-\upsilon^2)^{-1/2}\to1$，故由 $\gamma\cong1$ 的洛伦兹变换得

$$\chi^0 = \hat{\chi}^0 + (a\mathrm{d}u)\hat{\chi}^3,\ \chi^1 = \hat{\chi}^1,\ \chi^2 = \hat{\chi}^2,\ \chi^3 = \hat{\chi}^3 + (a\mathrm{d}u)\hat{\chi}^0 . \tag{8-9-63}$$

把式(8-9-62)的 $\hat{\chi}^\mu$ 代入上式给出

$$\begin{aligned}
&\chi^0 = 1 + (a\mathrm{d}u)(-c\mathrm{d}u\sin\theta\cos\varphi + b\mathrm{d}u\sin\theta\sin\varphi + \cos\theta) \cong 1 + a\mathrm{d}u\cos\theta,\\
&\chi^1 = \sin\theta\cos\varphi + c\mathrm{d}u\cos\theta,\ \chi^2 = \sin\theta\sin\varphi - b\mathrm{d}u\cos\theta,\\
&\chi^3 = (-c\mathrm{d}u\sin\theta\cos\varphi + b\mathrm{d}u\sin\theta\sin\varphi + \cos\theta) - a\mathrm{d}u .
\end{aligned} \tag{8-9-64}$$

把上式及式(8-9-56a)代入(8-9-57)便得(写成行矩阵以省篇幅)

$$\dot{k}^\mu = (a\cos\theta,\ c\cos\theta,\ -b\cos\theta,\ -c\sin\theta\cos\varphi + b\sin\theta\sin\varphi + a) . \tag{8-9-65}$$

最后，把式(8-9-56b,c)及上式代入式(8-9-55)以求得 η_{ab} 在 $\{u, r, \theta, \varphi\}$ 系的全部分量，再代入式(8-9-53)便得 Kinnersley 度规 g_{ab} 在 $\{u, r, \theta, \varphi\}$ 系的全部分量，结果便是式(8-9-39)，它们与 Kinnersley(1969)的式(13)、(14)实质一致，某些正负号的区别来自两个原因：①本书号差与该文不同；②本书的 a 和 c 分别对应于该文的 $-a$ 和 $-c$.

[选读 8-9-2 完]

§8.10　坐标条件，广义相对论的规范自由性

8.10.1　坐标条件

真空爱因斯坦方程

$$G_{ab} = 0 \tag{8-10-1}$$

是张量方程．为了求解，可选择适当坐标系并改写为分量方程组

$$G_{\mu\nu}(x) = 0,\qquad \mu,\ \nu = 0,\ 1,\ 2,\ 3, \tag{8-10-2}$$

其中 $G_{\mu\nu}(x)$ 的 x 表明每个 $G_{\mu\nu}$ 都是 4 个坐标的函数．因

$$G_{\mu\nu}(x) = R_{\mu\nu}(x) - \frac{1}{2}R(x)g_{\mu\nu}(x),$$

而 $R_{\mu\nu}(x)$ 和 $R(x)$ 可由 $g_{\mu\nu}(x)$ 及其偏导数表出，故式(8-10-2)可看作关于未知函数 $g_{\mu\nu}(x)$ 的偏微分方程组．又因 $g_{\mu\nu} = g_{\nu\mu}$，故 $g_{\mu\nu}(x)$ 中只含 10 个独立待定函数．另一方面，由于式(8-10-2)对 μ, ν 有对称性，它也只含10个代数上独立的偏微分方程．在适当的边界条件下，由10个独立方程决定10个独立函数是合理的．然而事情并非如此简单．曲率张量 $R_{abc}{}^d$ 满足比安基恒等式 $\nabla_{[a}R_{bc]d}{}^e = 0$，由它可得 $\nabla_a G^a{}_b = 0$ [式(3-4-17)]，写成分量后相当于 4 个关于函数 $g_{\mu\nu}(x)$ 的微分恒等式

$$G^\mu{}_{\nu;\mu} = 0, \tag{8-10-3}$$

因此独立方程只有 10 − 4 = 6 个．10 个待定函数 $g_{\mu\nu}(x)$ 只须满足 6 个独立微分方

程，它们岂非太自由了吗？ 事实的确如此. 关键在于式(8-10-2)是张量方程 $G_{ab}=0$ 的分量方程组，待求函数组 $g_{\mu\nu}(x)$ 是度规张量 g_{ab} 的坐标分量，若函数组 $g_{\mu\nu}(x)$ 是方程组(8-10-2)的解，则它配以坐标基矢所得的张量 g_{ab} 满足张量方程 $G_{ab}=0$，所以由 $g_{\mu\nu}(x)$ 出发按张量分量变换律求得的新函数组 $g'_{\mu\nu}(x')$ 也是方程组(8-10-2)的解. $g_{\mu\nu}$(作为 x 的函数)和 $g'_{\mu\nu}$(作为 x' 的函数)一般说来有不同的函数形式，因此 $g_{\mu\nu}(x)$ 与 $g'_{\mu\nu}(x')$ 是方程组(8-10-2)的两组不同解. 可见，边界条件只能把方程组(8-10-2)的解确定到“差一个坐标变换”的程度，就是说，能确定唯一的时空几何，但不能确定到使用哪个坐标系(这是很合理的：坐标系的选择本来就有任意性，如果连用哪个坐标系也能确定，那倒是奇怪了.). 例如，施瓦西解(8-3-18)由以下 10 个函数 $g_{\mu\nu}(x)$ 构成：

$$g_{00}(r)=-(1-2M/r),\quad g_{11}(r)=(1-2M/r)^{-1},\quad g_{22}(r)=r^2,\quad g_{33}(r,\theta)=r^2\sin^2\theta,$$
$$g_{01}=g_{02}=g_{03}=g_{12}=g_{13}=g_{23}=0\,. \tag{8-10-4}$$

用下式定义新的坐标系(**各向同性坐标系**) $\{t',\ r',\ \theta',\ \varphi'\}$：

$$t=t',\qquad r=r'(1+M/2r')^2,\qquad \theta=\theta',\qquad \varphi=\varphi', \tag{8-10-5}$$

则式(8-3-18)成为

$$\begin{aligned}\mathrm{d}s^2=&-[(1-M/2r')/(1+M/2r')]^2\mathrm{d}t'^2\\&+(1+M/2r')^4[\mathrm{d}r'^2+r'^2(\mathrm{d}\theta'^2+\sin^2\theta'\mathrm{d}\varphi'^2)],\end{aligned} \tag{8-10-6}$$

它代表的 10 个函数 $g'_{\mu\nu}(x')$ 与式(8-10-4)不同，例如 $g'_{00}(r')=-[(1-M/2r')/(1+M/2r')]^2$ 对自变量 r' 的依赖关系显然有别于 $g_{00}(r)$ 对自变量 r 的依赖关系. 但由 $g'_{\mu\nu}(x')$ 求得的 $R'_{\mu\nu}$ 也为零，可见式(8-10-6)和(8-3-18)都是真空爱因斯坦方程 $G_{\mu\nu}=0$ 满足相同边界条件(球对称)的解，代表相同几何. 这就是“边界条件不足以决定唯一解，但可确定唯一几何”的一个例子.

由于坐标变换涉及(由老坐标表达新坐标的) 4 个任意函数，可以说广义协变性为方程组(8-10-2)提供了 4 个“自由度”. 如果要去掉这种不确定性，就得指定某个具体坐标系，即对函数组 $g_{\mu\nu}(x)$指定 4 个附加方程，这 4 个方程合称**坐标条件**(coordinate condition). 下列 4 个方程就是坐标条件的一个例子：

$$g_{00}=-1,\qquad g_{0i}=0\qquad (i=1,\ 2,\ 3), \tag{8-10-7}$$

满足这一条件的坐标叫高斯法坐标(详见选读 8-10-1). 坐标条件的另一例子是要求坐标 x^σ 满足如下的 4 个方程：

$$g^{ab}\nabla_a\nabla_b x^\sigma=0\quad(\sigma=0,\ 1,\ 2,\ 3). \tag{8-10-8}$$

计算表明[见温伯格(1972)中译本 P. 183~185]上列方程等价于如下 4 个方程：

$$g^{\mu\nu}\Gamma^{\lambda}{}_{\mu\nu}=0 \quad (\lambda=0,1,2,3). \tag{8-10-8'}$$

式(8-10-8)或(8-10-8′)称为**谐和坐标条件**，因为满足 $g^{ab}\nabla_a\nabla_b f=0$ 的函数 f 称为谐和函数(harmonic function). 式(8-10-8′)更清楚地表明这一坐标条件的确是关于函数组 $g_{\mu\nu}(x)$ 的附加方程.

坐标条件显然不是广义协变方程，因为它的任务正是挑选特殊坐标系以消除由爱因斯坦方程的广义协变性导致的 $g_{\mu\nu}(x)$ 的不确定性. 坐标条件还应满足如下要求：从任一组函数 $g_{\mu\nu}(x)$ 出发，总可通过坐标变换使所得的 $g'_{\mu\nu}(x')$ 满足坐标条件.

[选读 8-10-1]

高斯法坐标系是借用测地线定义的坐标系. 设Σ是时空(M,g_{ab})中的任一类空超曲面，n^a是Σ上的单位法矢场，$\{x^i\}$是Σ上某一开域$U\subset\Sigma$的任一 3 维坐标系. U中任一点p及其单位法矢$n^a|_p$(法于Σ)决定唯一的测地线$\gamma(t)$ [约定$t(p)=0$]，它同Σ正交. 虽然U中各点发出的这些测地线有可能相交(见图 8-16)或出现其他不理想情况，但可证明，只要U取得合适，则M中必有含U的开子集N，对其中任一点q存在唯一的$p\in U$使q位于从p发出的测地线$\gamma(t)$上. 定义$x^i|_q\equiv x^i|_p$并把$\gamma(t)$在q的参数值$t(q)$选作q的第零坐标，则坐标系$\{t,\ x^i\}$(以N为坐标域)称为**高斯法坐标系**(Gaussian normal coordinate system). 下面证明高斯法坐标满足式(8-10-7). 注意到

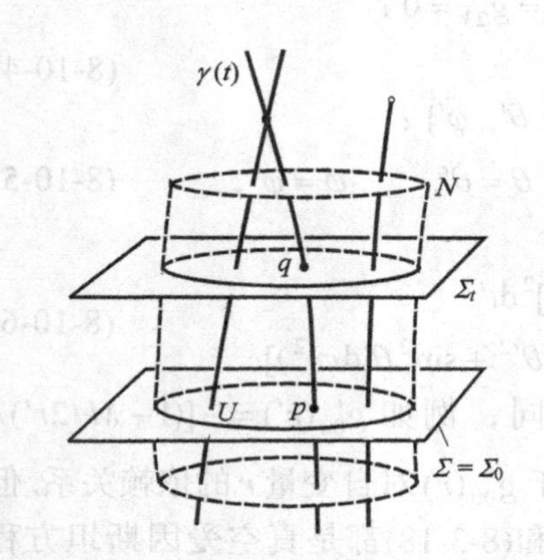

图 8-16　由Σ出发构造高斯法坐标系，其坐标域为N

测地线$\gamma(t)$是t坐标线，其切矢$(\partial/\partial t)^a$是第零坐标基矢，便有

$$g_{00}=g_{ab}(\partial/\partial t)^a(\partial/\partial t)^b\ .$$

又因$(\partial/\partial t)^a|_p=n^a|_p$，故$g_{00}|_p=(n_a n^a)|_p=-1$. 因为切矢$(\partial/\partial t)^a$沿测地线$\gamma(t)$平移，而平移保内积，所以

$$g_{00}|_q=[(\partial/\partial t)_a(\partial/\partial t)^a]_q=[(\partial/\partial t)_a(\partial/\partial t)^a]_p=-1, \qquad \forall q\in N\ . \tag{8-10-9}$$

以Σ_t代表t为常数的超曲面，则x^i坐标线由于t为常数而躺在Σ_t上，故 3 个空间坐标基矢$(\partial/\partial x^i)^a$处处切于$\Sigma_t$. 因为$g_{0i}=g_{ab}(\partial/\partial t)^a(\partial/\partial x^i)^b$，欲证$g_{0i}=0\ (i=1,2,3)$只须证明测地线$\gamma(t)$与任一$\Sigma_t$正交. 由$\gamma(t)$的构造可知这对$\Sigma_0\equiv\Sigma$无疑正确，即$g_{0i}|_p=0$，因此只须证明$g_{0i}\equiv(\partial/\partial t)_a(\partial/\partial x^i)^a$沿$\gamma(t)$为常数，而下式表明的确如此：

$$(\partial/\partial t)^b \nabla_b[(\partial/\partial t)_a (\partial/\partial x^i)^a] = (\partial/\partial t)_a (\partial/\partial t)^b \nabla_b (\partial/\partial x^i)^a$$
$$= (\partial/\partial t)_a (\partial/\partial x^i)^b \nabla_b (\partial/\partial t)^a = (\partial/\partial x^i)^b \nabla_b[(\partial/\partial t)_a (\partial/\partial t)^a]/2$$
$$= (\partial/\partial x^i)^b \nabla_b g_{00}/2 = 0,$$

其中第一步用到测地线方程，第二步用到坐标基矢的对易性，第三步用到莱布尼茨律，最末一步用到式(8-10-9).　**[选读 8-10-1 完]**

下面讨论有源爱氏方程 $G_{\mu\nu} = 8\pi T_{\mu\nu}$.设物质场有 N 个分量，则通常要满足 N 个方程(如运动方程). 若方程互相独立(不独立时见例 2)，与爱氏方程结合便得 $10+N$ 个方程，似乎可决定 $10+N$ 个函数.然而，10 个 $g_{\mu\nu}$ 自动满足 $G^{\mu}{}_{\nu;\mu}=0$，物质场运动方程又自动导致 $T^{\mu}{}_{\nu;\mu}=0$,故 $G^{\mu}{}_{\nu;\mu}-8\pi T^{\mu}{}_{\nu;\mu}$ 自动为零,即有微分恒等式

$$G^{\mu}{}_{\nu;\mu} = 8\pi T^{\mu}{}_{\nu;\mu}, \quad \nu = 0,1,2,3, \tag{8-10-10}$$

它会“冲掉” 4 个方程, 补上 4 个坐标条件, 恰好可决定 $10+N$ 个待求函数.

例 1　设物质场是理想流体, 则其分量是指固有密度 ρ 、压强 p 和 4 速分量 U^{μ}, 故 $N=6$ ；要满足的方程包括: (a)物态方程 $f(\rho, p)=0$, 其中 f 代表某个函数关系[见式(9-3-20)前], (b)能动张量零散度条件 $\nabla^a T_{ab}=0$, [①] (c) 4 速归一化条件 $g_{\mu\nu}U^{\mu}U^{\nu}=-1$. 总共也是 $1+4+1=6$ 个, 故上面的一般性讨论适用.

例 2　设物质场是无源电磁场, 以 4 势 A_a 为场量, 只须满足运动方程

$$\nabla^a \nabla_a A_b - \nabla^a \nabla_b A_a = 0, \quad \text{[式(7-2-7)的特例]} \tag{8-10-11}$$

所以场量与方程个数(皆指分量)都是 $N=4$. 然而上述 4 个方程中只有 3 个独立, 因为 A_a (或任何 4 形式)满足微分恒等式(仿照第 7 章习题 1 的证明可证)

$$\nabla^b \nabla^a (\nabla_a A_b - \nabla_b A_a) = 0, \quad (\text{即 } \nabla^b \nabla^a F_{ab} = 0) \tag{8-10-12}$$

它“冲掉” 1 个方程, 使式(8-10-11)成了“三缺一”. 这是 A_a 的规范自由性所致, 补上洛伦兹条件 $\nabla^a A_a = 0$ (选定规范)便可纳入上面的一般性讨论. 指定规范条件类似于对 $g_{\mu\nu}$ 指定坐标条件. 事实上, 后者也是一种规范选择, 详见下小节.

最后应说明, 对偏微分方程组, “只要方程数等于待求函数数, 给定适当边界条件就有唯一解”的提法远不如对常微分方程组那样有意义, 这里有不少说不清楚的事情. 本小节只可看作示意性讨论(说明坐标条件的必要性), 不宜过于当真.

---

① 由 §6.5 可知闵氏时空中理想流体能动张量的零散度条件 $\partial^a T_{ab}=0$ 蕴涵流体的运动方程, 即式(6-5-7)和(6-5-8), 共 $1+3=4$ 个方程. 对弯曲时空, 条件 $\nabla^a T_{ab}=0$ 也导致类似的 4 个方程.

8.10.2　广义相对论的规范自由性

以上讨论也可改用几何语言陈述，即不谈分量方程组 $G_{\mu\nu}=8\pi T_{\mu\nu}$ 而讨论张量方程 $G_{ab}=8\pi T_{ab}$．以真空场方程 $G_{ab}=0$ 为例．可以证明如下命题(见稍后)：设 $\phi: M\to M$ 是微分同胚，$R_{ab}[g]$ 是度规 g_{ab} 的里奇张量，则

$$\phi_*(R_{ab}[g])=R_{ab}[\phi_* g]\,. \tag{8-10-13}$$

由此易得 $G_{ab}[g]=0\Leftrightarrow G_{ab}[\phi_* g]=0$．这表明 g_{ab} 是 $G_{ab}=0$ 的解当且仅当 $\phi_* g_{ab}$ 也是. 可见边界条件只能把爱因斯坦方程的解 g_{ab} 确定到差一个微分同胚的程度. 这其实是前面关于边界条件只能把 $g_{\mu\nu}$ 确定到“差一个坐标变换”这一被动提法的等价主动提法(参阅选读 4-1-1). 在被动提法中，同一度规场 g_{ab} 在不同坐标系的分量 $g_{\mu\nu}$ 和 $g'_{\mu\nu}$ 代表相同的(局域)几何；在主动提法中，设ϕ: $M\to M$ 是微分同胚，则 g_{ab} 和 $\tilde{g}_{ab}\equiv\phi_* g_{ab}$ 代表相同几何. 为避免误解，先考虑两个流形 M 和 $\tilde{M}$. 若存在微分同胚映射ϕ: $M\to\tilde{M}$，则 M 与 $\tilde{M}$ 就“像得不能再像”. 再考虑两个时空(更一般地，两个广义黎曼空间) (M,g_{ab}) 和 $(\tilde{M},\tilde{g}_{ab})$. 如果存在微分同胚映射 ϕ: $M\to\tilde{M}$ 且 $\phi_* g_{ab}=\tilde{g}_{ab}$，则这两个时空也就“像得不能再像”，即它们有相同几何，用 (M,g_{ab}) 能描述的现象都可用 $(\tilde{M},\tilde{g}_{ab})$ 做等价描述. 例如，设 M 中 p 点有两个矢量 u^a 和 v^b，则 $\tilde{M}$ 中 $\phi(p)$ 点也有两个相应的矢量 $\phi_* u^a$ 和 $\phi_* v^b$，而且 $\phi_* u^a$ 与 $\phi_* v^b$ 的内积 $\tilde{g}_{ab}|_{\phi(p)}(\phi_* u)^a(\phi_* v)^b$ 等于 u^a 与 v^b 的内积 $g_{ab}|_p u^a v^b$，因为

$$g_{ab}|_p\, u^a v^b=(\phi^*\tilde{g})_{ab}|_p\, u^a v^b=\tilde{g}_{ab}|_{\phi(p)}\,(\phi_* u)^a(\phi_* v)^b$$

还可证明 $\phi_* u^a$ 与 $\phi_* v^b$ 的张量积对应于 u^a 与 v^b 的张量积，即 $(\phi_* u^a)(\phi_* v^b)=\phi_*(u^a v^b)$，等等. 总之，“$p$ 点有什么，$\phi(p)$ 点就有什么；在 p 能做什么，在 $\phi(p)$ 也能做什么，而且结果一样(在 ϕ_* 下对应).”不妨通俗地说“ϕ_* 能把 (M,g_{ab}) 中的任一台戏搬到 $(\tilde{M},\tilde{g}_{ab})$ 去唱”(“易地唱戏”). 这一讨论也适用于 $\tilde{M}=M$ 的情况. 设 M 有度规场 g_{ab} 及微分同胚ϕ: $M\to M$，则根据 (M,g_{ab}) 与 $(\tilde{M},\phi_* g_{ab})$“像得不能再像”的讨论，可知 (M,g_{ab}) 与 $(M,\phi_* g_{ab})$ 在几何上等价. 然而应该注意，这时 M 中一点 p 有两个度规 $g_{ab}|_p$ 和 $\phi_* g_{ab}|_p$，设 u^a，v^a 为点 p 的矢量，所谓 (M,g_{ab}) 与 $(M,\phi_* g_{ab})$ 等价并非指 $g_{ab}|_p u^a v^b=(\phi_* g)_{ab}|_p u^a v^b$ (这只当ϕ为等度规映射时成立)，而是指 $g_{ab}|_p u^a v^b=(\phi_* g)_{ab}|_{\phi(p)}(\phi_* u)^a(\phi_* v)^b$，即“把 p 点的整台戏搬到$\phi(p)$去唱”. 举一个应用例子. 以 $R_{abc}{}^d$ 和 $\tilde{R}_{abc}{}^d$ 分别代表 g_{ab} 和 $\tilde{g}_{ab}\equiv\phi_* g_{ab}$ 的黎曼张量场，

假定已知 $R_{abc}{}^d|_p$ 而欲求 $\tilde{R}_{abc}{}^d|_{\phi(p)}$. 如果懂得"易地唱戏"，只须用 ϕ_* 把 $R_{abc}{}^d|_p$ 推前到 $\phi(p)$. 说得细致些就是，在计算 $R_{abc}{}^d|_p$ 时我们已做了如下操作：先求出与 g_{ab} 适配的 ∇_a，再由 $(\nabla_a\nabla_b-\nabla_b\nabla_a)\omega_c=R_{abc}{}^d\omega_d$ 求得 $R_{abc}{}^d|_p$. 这一操作好比"唱了一台戏". 为求 $\tilde{R}_{abc}{}^d|_{\phi(p)}$，本来也要做类似操作：先求出与 $\tilde{g}_{ab}$ 适配的 $\tilde{\nabla}_a$，再由 $(\tilde{\nabla}_a\tilde{\nabla}_b-\tilde{\nabla}_b\tilde{\nabla}_a)\omega_c=\tilde{R}_{abc}{}^d\omega_d$ 求得 $\tilde{R}_{abc}{}^d|_{\phi(p)}$. 但事实上不必这样再做一遍，因为我们相信，只要用 ϕ_* 把在 p 点对 g_{ab}(及其派生量)的操作结果推前到 $\phi(p)$ 点，一定等于在 $\phi(p)$ 点对 $\tilde{g}_{ab}$(及其派生量)的操作结果，即相信

$$\phi_*(R_{abc}{}^d|_p)=\tilde{R}_{abc}{}^d|_{\phi(p)}\,. \tag{8-10-14}$$

对 R_{ab}，R，G_{ab}，……等一切由 g_{ab} 决定的量(全部几何量)都有类似关系，可见前面的式(8-10-13)成立. 如果愿意，读者也可用直接计算验证式(8-10-14)，提示：先验证与 $\tilde{g}_{ab}$ 适配的 $\tilde{\nabla}_a$ 满足

$$\tilde{\nabla}_a(\phi_*T)=\phi_*(\nabla_aT)\quad\text{(其中 }T\text{ 为任意型张量场)}. \tag{8-10-15}$$

总之，在上述"易地唱戏"的意义上可以说 M 上度规场 g_{ab} 与 ϕ_*g_{ab}(当 ϕ 为微分同胚时)描述相同几何，或说 g_{ab} 与 ϕ_*g_{ab} 等价. 可见度规场与几何之间并非一一对应，而是一种几何对应于度规场的一个等价类 $\{g_{ab}\}$. 这与电磁理论中 4 势 A_a 的规范变换不改变电磁场 F_{ab} 类似，因此把" g_{ab} 变为 ϕ_*g_{ab} 不改变几何"的这一性质称为广义相对论的**规范自由性**(gauge freedom). 具有规范自由性是广义相对论的一个重要特点，可以说这一物理理论天生就有规范自由性(正如用 4 势表述的电磁理论天生就有规范自由性那样). 这一规范自由性在深入学习广义相对论时有重要意义. 例如，见下册第 14, 15 章. "规范变换"和"规范不变性"等概念最早来自电磁理论，后来逐渐成为理论物理中非常重要的概念. 大致说来，不改变实质的变换都可称为规范变换(gauge transformation)，相应的不变性(自由性)则称为规范不变性(自由性). 为便于处理，讨论具体问题时也可选定某种规范，这种做法称为"规范固定(gauge fixing)". 对广义相对论而言，选定坐标系就是一种规范固定. 可见坐标条件的指定无非是一种规范固定. 本书至今涉及的规范变换除电磁 4 势的变换外主要的还有两种：①线性引力论中的规范变换[式(7-8-14)]，②广义相对论中的规范变换(在主动语言中是指微分同胚变换 ϕ: $M\to M$，在被动语言中是指坐标变换.). 其实①不过是②的一种无限小形式，理由如下. 线性引力论中的规范变换是指

$$\gamma_{ab} \mapsto \tilde{\gamma}_{ab} = \gamma_{ab} + \partial_a \xi_b + \partial_b \xi_a \quad (\text{其中 } \xi^a \text{ 是“无限小”矢量场}),$$

变换前后的度规 $g_{ab} = \eta_{ab} + \gamma_{ab}$ 和 $\tilde{g}_{ab} = \eta_{ab} + \tilde{\gamma}_{ab}$ 的差别为

$$\tilde{g}_{ab} - g_{ab} = \partial_a \xi_b + \partial_b \xi_a . \tag{8-10-16}$$

引进矢量场 λ^a 和实数 t 以便把 ξ^a 表为 $\xi^a = t\lambda^a$ (其中 t 为与 ξ^a 同阶的小量,即一阶小量), 则由李导数公式得 $\mathscr{L}_\lambda \eta_{ab} = \partial_a \lambda_b + \partial_b \lambda_a$, 而

$$\mathscr{L}_\lambda \eta_{ab} = \mathscr{L}_\lambda (g_{ab} - \gamma_{ab}) \cong \mathscr{L}_\lambda g_{ab} \quad (\text{第二项因是二阶小而被略去}),$$

故

$$\partial_a \lambda_b + \partial_b \lambda_a \cong \mathscr{L}_\lambda g_{ab} \cong (\phi_t^* g_{ab} - g_{ab})/t . \tag{8-10-17}$$

与式(8-10-16)对比得 $\phi_t^* g_{ab} - g_{ab} \cong \tilde{g}_{ab} - g_{ab}$, 故 $\tilde{g}_{ab} \cong \phi_t^* g_{ab}$, 可见变换后的新度规 $\tilde{g}_{ab}$ 与原度规 g_{ab} 在一级近似下只差到一个微分同胚.

我们关心的当然不仅是时空几何, 而且还有物理. 以下是一般结论: 设物理理论由流形 M 及其上若干个张量场 $T^{(i)}$ 描述(例如, 对电磁真空时空, $T^{(i)}$ 至少包括 g_{ab} 和 F_{ab} .), 则 $(M, T^{(i)})$ 与 $(M, \tilde{T}^{(i)})$ 描述相同物理当且仅当存在微分同胚 $\phi : M \to M$ 使 $\tilde{T}^{(i)} = \phi_* T^{(i)}$.

习 题

~1. 试证命题 8-1-1.

~2. 设 $\gamma(r)$ 是图 8-7 中 Σ_t 上从 p_1 到 p_2 的、θ 和 φ 都为常数的曲线(以径向坐标 r 为曲线参数), 试证 $\gamma(r)$ 是(非仿射参数化的)测地线. 提示: 用式(5-7-2).

~3. 设 ξ^a 是稳态时空的类时 Killing 矢量场, $\chi \equiv (-g_{ab}\xi^a\xi^b)^{1/2}$.

(a) 试证 χ 在 ξ^a 的积分曲线上为常数;

(b) 试证稳态观者的 4 加速 $A^a = \nabla^a(\ln\chi)$. 提示: 利用 Killing 方程 $\nabla^{(a}\xi^{b)} = 0$ 和(a)的结果.

~4. 试证: (a) 电磁场能动张量的迹为零, 即 $T \equiv g^{ab}T_{ab} = 0$; (b) 电磁真空时空的标量曲率 $R = 0$.

~5. 试证式(8-4-7)和(8-4-28).

6. 设 F_{ab} 是任意时空中的 2 形式场, ${}^*F_{ab}$ 是 F_{ab} 的对偶 2 形式场, $\alpha \in [0, 2\pi]$ 为常实数, 则 $F'_{ab} \equiv F_{ab}\cos\alpha - {}^*F_{ab}\sin\alpha$ 称为 F_{ab} 的、角度为 α 的一个**对偶转动**(duality rotation).

(a) 试证 F_{ab} 为无源电磁场当且仅当 F'_{ab} 为无源电磁场[证明很易. 若用麦氏方程的外微分表达式(7-2-7′)和(7-2-8′)甚至一望便知.].

(b) 试证电磁场 F_{ab} 和 F'_{ab} 有相同能动张量. 提示: 用 T_{ab} 的对称表示式(6-6-24′)可简化证明.

(c) 令 $M \equiv 2F_{ab}F^{ab}$, $N \equiv 2F_{ab}{}^*F^{ab}$, $M' \equiv 2F'_{ab}F'^{ab}$, $N' \equiv 2F'_{ab}{}^*F'^{ab}$, 试证

$$M' = M\cos 2\alpha - N\sin 2\alpha, \qquad N' = M\sin 2\alpha + N\cos 2\alpha .$$

(d) 令 $\Sigma_{ab} \equiv F_{ab} + \mathrm{i}\,{}^*F_{ab}$, $\Sigma_{ab} \equiv F'_{ab} + \mathrm{i}\,{}^*F'_{ab}$, 则 $K \equiv \Sigma_{ab}\Sigma^{ab}$ 和 $K' \equiv \Sigma'_{ab}\Sigma'^{ab}$ 为复标量场, 故在每一时空点的 K 和 K' 相当于复平面上的两个矢量. 试用(c)的结果证明矢量 K' 是矢量 K 逆时针转 2α 角的结果(即 $|K| = |K'|$, K' 与 K 的辐角差为 2α.).

(e) 设 $(\vec{E}, \vec{B})$ 和 $(\vec{E}', \vec{B}')$ 是瞬时观者分别测 F_{ab} 和 F'_{ab} 所得的电场和磁场, 试证

$$\vec{E}' = \vec{E}\cos\alpha + \vec{B}\sin\alpha, \qquad \vec{B}' = -\vec{E}\sin\alpha + \vec{B}\cos\alpha .$$

注：对偶转动的进一步物理意义见本书中册及 Jackson(1975).

7. n 维时空称为**爱因斯坦时空**，若 $R_{ab}=Rg_{ab}/n$，其中 g_{ab}，R_{ab} 和 R 分别为度规、里奇张量和标量曲率. 试证电磁真空时空(其中电磁场非零)不是爱因斯坦时空. 注：由第 3 章习题 17 可知任意 2 维时空必为爱因斯坦时空.

8. 考虑 Taub 的平面对称真空解(8-6-1′).

(a) 写出静态观者的 4 速用坐标基矢的表达式；

(b) 设两静态观者的空间坐标分别为(x, y, z_1)和(x, y, z_2)，求他们间的空间距离.

9. 试证式(8-6-5)的 F_{ab} 有平面对称性，即 $\mathscr{L}_{\xi_i}F_{ab}=0$ $(i=1,\ 2,\ 3)$，其中 $\xi_1{}^a\equiv(\partial/\partial x)^a$，$\xi_2{}^a\equiv(\partial/\partial y)^a$，$\xi_3{}^a\equiv-y(\partial/\partial x)^a+x(\partial/\partial y)^a$ 是反映度规(8-6-3)平面对称性的 Killing 场.

*10. 推出有源麦氏方程在 NP 形式中的表达式. 答案：在式(8-8-3)的每式右边各加一项，依次为 $-4\pi J_4$，$-4\pi J_2$，$-4\pi J_1$，$-4\pi J_3$ $(J_1, J_2, J_3, J_4$ 是 J_a 在类光标架的分量).

*11. 试证式(8-8-7)和(8-8-10).

第 9 章　施瓦西时空

第 8 章前 3 节已对静态球对称度规及施瓦西真空解做过讨论，该章的重点在于求解．鉴于施瓦西解的非常重要性，本章拟对与之关系密切的若干问题做进一步讨论：第 1 节讨论施瓦西时空的类时和类光测地线；第 2 节介绍爱因斯坦早年用施瓦西真空解提出的对广义相对论的三大实验验证，即引力红移、水星近日点进动和星光在太阳引力场中的偏折；第 3 节讨论球对称恒星内部的时空几何、物理状态以及球对称恒星的演化；第 4 节详细分析施瓦西时空的延拓理论．

§9.1　施瓦西时空的测地线

以 $\gamma(\tau)$表示类时(光)测地线．对类时测地线，τ 代表固有时；对类光测地线，τ 代表某一选定仿射参数．欲求 $\gamma(\tau)$的参数表达式 $x^\mu(\tau)$，一般应求解如下微分方程组：

$$\frac{\mathrm{d}^2 x^\mu}{\mathrm{d}\tau^2}+\Gamma^\mu{}_{\nu\sigma}\frac{\mathrm{d}x^\nu}{\mathrm{d}\tau}\frac{\mathrm{d}x^\sigma}{\mathrm{d}\tau}=0, \qquad \mu=0, 1, 2, 3. \tag{9-1-1}$$

由于各未知函数 $x^\mu(\tau)$及其导数在各方程中互相耦合，求解一般并不简单．但若时空有数量足够的 Killing 矢量场，就可利用定理 4-3-3 巧妙地求得 $x^\mu(\tau)$．施瓦西时空就是一例．在应用这一定理前，还可利用施瓦西时空的球对称性对所讨论的测地线的坐标表示作一简化．

命题 9-1-1　设 $\gamma(\tau)$是施瓦西时空的一条类时或类光测地线，则总可这样选择施瓦西坐标，使 $\gamma(\tau)$的 θ 值永为 $\pi/2$，换句话说，使 $\gamma(\tau)$永在“赤道面”内．

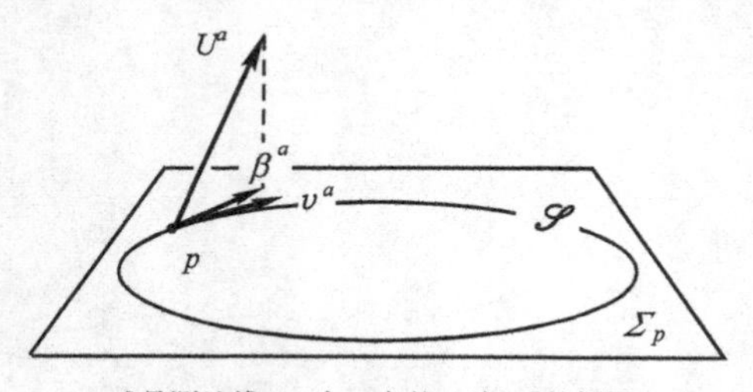

(a) β^a 是测地线 $\gamma(\tau)$在 p 点的 4 速 U^a 的投影．v^a 是 β^a 切于轨道球面的分量

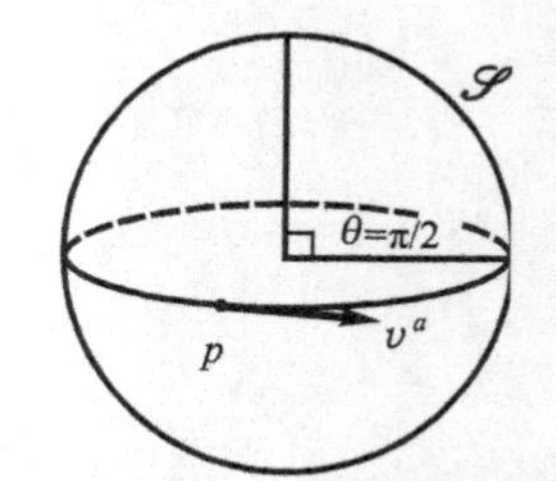

(b) 轨道球面 $\mathscr{S}$ 上 p 点及矢量 v^a 决定唯一测地线(大圆)

图 9-1　命题 9-1-1 证明用图

证明　$\forall p\in\gamma(\tau)$，过 p 的轨道球面 $\mathscr{S}$ (见 § 8.2 定义 1)必躺在过 p 的等 t 面 Σ_p

上[图 9-1(a)]. 施瓦西系的 θ, φ 坐标的选择存在相当任意性，如能这样选 θ, φ，使某点 $p\in\gamma(\tau)$ 的 θ 值为 $\pi/2$ 且 p 的 4 速 $U^a\equiv(\partial/\partial\tau)^a$ 的 θ 分量为零，注意到施瓦西线元式(8-3-18)在变换 $\theta\mapsto\pi-\theta$ 下的不变性保证南北半球关于赤道的对称性，便知整条 $\gamma(\tau)$线有 $\theta(\tau)=\pi/2$. 因此只须证明对 θ, φ 的这种选法确实可以做到. 因测地线与等 t 面不总是正交(否则成为静态观者世界线，就不是测地线)，故总可在 $\gamma(\tau)$上取点 p，其 U^a 在 Σ_p 上的投影 $\beta^a\neq 0$. 过 p 的轨道球面 $\mathscr{S}\subset\Sigma_p$. 若 β^a 有切于 $\mathscr{S}$ 的分量 v^a，则 (p,v^a) 决定 $\mathscr{S}$ 上的唯一测地线，即大圆[见图 9-1(b)]，就以此大圆为赤道定义 $\mathscr{S}$ 上的坐标 θ, φ；若 β^a 没有切于 $\mathscr{S}$ 的分量 v^a[即 $\gamma(\tau)$是径向测地线]，则选 $\mathscr{S}$ 上的任一过 p 的大圆为赤道. 用 § 8.3 的“携带”法将 $\mathscr{S}$ 上的 θ, φ 坐标携带出去所得的施瓦西坐标系{t, r, θ, φ}便满足刚才的要求，即① $\theta(p)=\pi/2$；② $(\partial/\partial\tau)^a|_p$ 在坐标基矢 $(\partial/\partial\theta)^a|_p$ 的分量 $\mathrm{d}\theta/\mathrm{d}\tau|_p$ 为零. □

关于一点 $p\in\gamma(\tau)$ 满足①、②保证全线必有 $\theta(p)=\pi/2$ 的结论也可做如下的定量证明：由施瓦西线元的 $\Gamma^\sigma{}_{\mu\nu}$ 表达式(8-3-20)可知式(9-1-1)中 $\mu=2$ 的方程为

$$\frac{\mathrm{d}^2\theta}{\mathrm{d}\tau^2}+\frac{2}{r}\frac{\mathrm{d}r}{\mathrm{d}\tau}\frac{\mathrm{d}\theta}{\mathrm{d}\tau}-\sin\theta\cos\theta\left(\frac{\mathrm{d}\varphi}{\mathrm{d}\tau}\right)^2=0\,. \tag{9-1-2}$$

因为测地线 $\gamma(\tau)$事先给定，选定坐标系后其 $t(\tau)$, $r(\tau)$, $\theta(\tau)$, $\varphi(\tau)$就都是确定的函数. 为证明全线有 $\theta(p)=\pi/2$，只须注意式(9-1-2)是关于 $\theta(\tau)$的 2 阶常微分方程，而 $\theta(\tau)=\pi/2$ 是满足初始条件 $\theta(p)=\pi/2$ 和 $\mathrm{d}\theta/\mathrm{d}\tau|_p=0$ 的唯一解.

根据命题 9-1-1，总可选施瓦西坐标使所论测地线 $\gamma(\tau)$的参数表达式为

$$t=t(\tau),\qquad r=r(\tau),\qquad \theta=\pi/2,\qquad \varphi=\varphi(\tau)\,.$$

设 $U^a\equiv(\partial/\partial\tau)^a$ 为 $\gamma(\tau)$的切矢，定义 $\kappa:=-g_{ab}U^aU^b$，则 $\kappa=\begin{cases}1\ (\text{对类时测地线})\\ 0\ (\text{对类光测地线})\end{cases}$，

且

$$\begin{aligned}-\kappa&=g_{ab}\left(\frac{\partial}{\partial\tau}\right)^a\left(\frac{\partial}{\partial\tau}\right)^b=g_{00}\left(\frac{\mathrm{d}t}{\mathrm{d}\tau}\right)^2+g_{11}\left(\frac{\mathrm{d}r}{\mathrm{d}\tau}\right)^2+g_{22}\left(\frac{\mathrm{d}\theta}{\mathrm{d}\tau}\right)^2+g_{33}\left(\frac{\mathrm{d}\varphi}{\mathrm{d}\tau}\right)^2\\&=-\left(1-\frac{2M}{r}\right)\left(\frac{\mathrm{d}t}{\mathrm{d}\tau}\right)^2+\left(1-\frac{2M}{r}\right)^{-1}\left(\frac{\mathrm{d}r}{\mathrm{d}\tau}\right)^2+r^2\left(\frac{\mathrm{d}\varphi}{\mathrm{d}\tau}\right)^2,\end{aligned} \tag{9-1-3}$$

其中最后一步用到 $\theta=\pi/2$. 注意到 $(\partial/\partial t)^a$ 和 $(\partial/\partial\varphi)^a$ 是 Killing 矢量场，可先利用定理 4-3-3 定义测地线 $\gamma(\tau)$上的两个常量

$$E:=-g_{ab}\left(\frac{\partial}{\partial t}\right)^a\left(\frac{\partial}{\partial\tau}\right)^b=-g_{00}\frac{\mathrm{d}t}{\mathrm{d}\tau}=\left(1-\frac{2M}{r}\right)\frac{\mathrm{d}t}{\mathrm{d}\tau}, \tag{9-1-4}$$

$$L := g_{ab}\left(\frac{\partial}{\partial\varphi}\right)^a\left(\frac{\partial}{\partial\tau}\right)^b = g_{33}\frac{\mathrm{d}\varphi}{\mathrm{d}\tau} = r^2\frac{\mathrm{d}\varphi}{\mathrm{d}\tau}, \tag{9-1-5}$$

再把式(9-1-4)、(9-1-5)代入式(9-1-3)得

$$-\kappa = -\left(1-\frac{2M}{r}\right)^{-1}E^2 + \left(1-\frac{2M}{r}\right)^{-1}\left(\frac{\mathrm{d}r}{\mathrm{d}\tau}\right)^2 + \frac{L^2}{r^2}. \tag{9-1-6}$$

这方程只含未知函数 $r(\tau)$及其 1 阶导数，原则上可以求解. 把求得的 $r(\tau)$代入方程(9-1-4)、(9-1-5)，原则上便可解出未知函数 $t(\tau)$和 $\varphi(\tau)$，从而得到 $\gamma(\tau)$的参数表达式.

下面讨论两个常量 E 和 L 的物理意义. 设 $\gamma(\tau)$为类时测地线，则它代表自由质点的世界线. 设质点的质量为 m，则 $U^a \equiv (\partial/\partial\tau)^a$ 及 $P^a \equiv mU^a$ 分别是它的 4 速和 4 动量. 设 p 为 $\gamma(\tau)$上一点，G 为过 p 点的静态观者，G 在 p 的 4 速为 Z^a (见图 9-2)，$\xi^a = (\partial/\partial t)^a$ 为静态 Killing 矢量场，则由 $Z^aZ_a = -1$ 可知

$$Z^a = \chi^{-1}\xi^a, \tag{9-1-7}$$

其中 $\chi \equiv (-\xi^b\xi_b)^{1/2}$. 由式(6-3-33)可知 $-Z_aP^a$ 是观者 G 对质点做当时当地观测(local measurement)得到的能量值，过去记作 E，现在为避免混淆改记作 $E_{当}$. 式(9-1-4)定义的 E 可改写为

$$E = -\xi_aU^a = -\frac{1}{m}\xi_aP^a = -\frac{\chi}{m}Z_aP^a = \frac{\chi}{m}E_{当}, \tag{9-1-8}$$

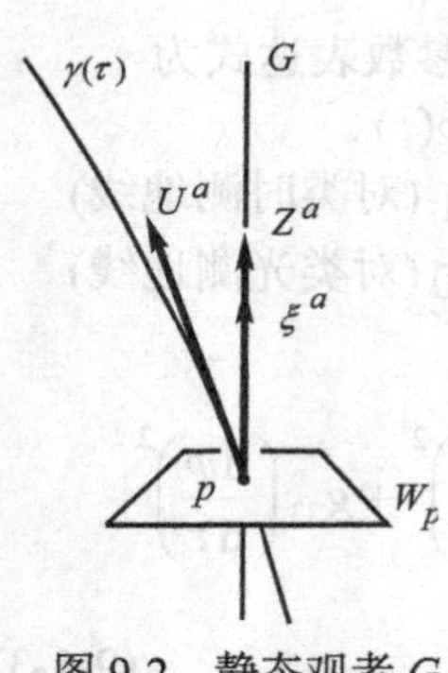

图 9-2　静态观者 G 对自由下落质点 $\gamma(\tau)$的当时当地测量

可见 $E \neq E_{当}$. 如果测地线 $\gamma(\tau)$伸向无限远，则因 $r\to\infty$ 时 $E \to E_{当}/m$，故 E 可解释为无限远的静态观者对该质点做当时当地测量所得的单位质量的能量. 既然 E 在 $\gamma(\tau)$上为常量，$E_{当}$在 $\gamma(\tau)$上就不是常量，即在自由质点运动过程中守恒的是 E 而不是 $E_{当}$. 于是可物理地把 E 解释为自由质点每单位质量所具有的总能量(包括引力势能). 反之，$E_{当}$是静态观者 G 做当时当地测量所得的能量，它不包括引力势能，沿测地线并非守恒量. 这可做如下物理解释：自由质点虽然除引力外不受力，但在运动过程中引力对它做了功，故不考虑引力势能的能量 $E_{当}$不是常量. 类似地，若 $\gamma(\tau)$是类光测地线，则 E 可解释为光子的总能量乘以 $\hbar^{-1}$.

[选读 9-1-1]

对于不伸向无限远的类时测地线 $\gamma(\tau)$(例如绕日转动的地球)，E 当然仍是常量，但已找不到与无限远观者的直接联系. 虽然有些文献仍称之为无限远观者测得的能量，但本书作者更倾向于如下看法：“某观者测得的某量”中“测得”一词的

最清晰的含义是当时当地测量，而这要求观者与质点(世界线)相交. 当质点世界线不伸到无限远时，若要附加“无限远观者测得的”之类的定语，就应明确约定一个间接测量方案(例如借助于发到无限远的光). 但在不少情况下难以找到一种自然的间接测量方案，不伸向无限远的类时测地线的 E 也许就是一例. 我们倾向于把 E 就称为以该测地线为世界线的质点的**能量**而不加定语[见 Wald(1984)]. 它有能量的量纲，甚至在物理上可以被解释为 $E_{当}$ 与引力势能之和，因此对能量一词当之无愧. 但它不是哪个观者测得的能量，“无限远观者测得的”之类的定语是否有蛇足之嫌?

[选读 9-1-1 完]

再讨论常量 L 的物理意义. 设 p 为类时测地线 $\gamma(\tau)$上任一点，Z^a 是 p 点的静态观者的 4 速，把 p 点的坐标基矢归一化便得 p 点切空间 V_p 的一个正交归一 4 标架:

$$(e_0)^a \equiv (1-2M/r)^{-1/2}(\partial/\partial t)^a = Z^a\,,\qquad (e_1)^a \equiv (1-2M/r)^{1/2}(\partial/\partial r)^a\,,$$
$$(e_2)^a \equiv r^{-1}(\partial/\partial\theta)^a\,,\qquad (e_3)^a \equiv r^{-1}(\partial/\partial\varphi)^a\,,$$

其对偶标架为

$$(e^0)_a = (1-2M/r)^{1/2}(\mathrm{d}t)_a\,,\qquad (e^1)_a = (1-2M/r)^{-1/2}(\mathrm{d}r)_a\,,$$
$$(e^2)_a = r(\mathrm{d}\theta)_a\,,\qquad (e^3)_a = r(\mathrm{d}\varphi)_a\,.$$

以 W_p 代表 V_p 中与 Z^a 正交的 3 维子空间，则以上两式中的$\{(e_1)^a, (e_2)^a, (e_3)^a\}$和$\{(e^1)_a, (e^2)_a, (e^3)_a\}$分别是 W_p 的正交归一 3 标架及其对偶标架. 以下的 3 维语言都相对于静态参考系而言. 设 U^a 为自由质点 $\gamma(\tau)$在 p 点的 4 速，$u^a \in W_p$ 是其 3 速，则其 3 动量为 $p^a \equiv \gamma m u^a$，其中 m 为质点的质量，$\gamma \equiv -U^a Z_a$. 仿照欧氏空间中质点角动量 $\vec{j}$ 的定义 $\vec{j} := \vec{r}\times\vec{p}$，把 $\gamma(\tau)$代表的自由质点的角动量定义为 $j^a := \varepsilon^a{}_{bc}\gamma m r^b u^c$,其中 $r^b \equiv r(e_1)^b$. 我们来证明由式(9-1-5)定义的 $|L|$ 就是 $\gamma(\tau)$代表的单位质量自由质点的角动量的大小. 注意到 r^b 沿径向，可知 u^c 的径向分量对 j^a 无贡献，因此

$$j_a = \gamma m \varepsilon_{abc} r^b u^3 (e_3)^c = \gamma m \varepsilon_{213}\, r u^3 (e^2)_a = -\gamma m r u^3 (e^2)_a\,,$$
$$|j| = |\gamma m r u^3| = |\gamma m r u^a (e^3)_a| = |\gamma m r^2 u^a (\mathrm{d}\varphi)_a| = |m r^2 U^a (\mathrm{d}\varphi)_a|$$
$$= |m r^2 (\partial/\partial\tau)^a (\mathrm{d}\varphi)_a| = m\,|r^2 \mathrm{d}\varphi/\mathrm{d}\tau| = m\,|L|\,,\qquad (9\text{-}1\text{-}9)$$

其中第四步用到 U^a 的分解式$U^a = \gamma(Z^a + u^a)$ 及 $Z^a (e^3)_a = 0$，最后一步用到式(9-1-5). 可见 L (的绝对值)是单位质量自由质点相对于静态参考系的 3 角动量的大小，简称单位质量的角动量. 类似地，若 $\gamma(\tau)$是类光测地线，则 L 是光子的角动量乘以 $\hbar^{-1}$.

§9.2 广义相对论的经典实验验证

爱因斯坦创立广义相对论的原始动机基本上是纯理论的. 然而，任何物理理论问世后都要面对实验验证的问题. 爱因斯坦很早就从广义相对论出发借助于施瓦西真空解做了三个有可能与实验对比的重要预言(后人称为三大经典验证). 最早的一个(1907 年)是光波的引力红移，其他两个分别是水星近日点的进动和星光在太阳引力场中的偏折. 近日点进动的计算结果与早已存在的观测数据吻合，星光偏折的预言很快也取得观测的支持. 然而，由于缺乏精度足够的实验技术测量极端微弱的广义相对论效应(包括引力红移)，广义相对论的实验研究从 20 世纪 10 年代末期起的 45 年中进展缓慢，几乎止步不前. 从 20 世纪 60 年代开始，由于科技的进步及天文观测的新发现，广义相对论的实验验证进入全盛时期，既有对星光偏折和引力红移的精度更高的验证，又有一系列全新的实验. 可以说，广义相对论通过了迄今的所有实验检验，虽然精度和难度更高的许多实验还有待进行. 本节只讨论爱因斯坦提出的三个经典实验验证. 关于相对论引力理论的实验验证的过去、现在和未来，可参阅 Ni Wei tou (倪维斗)(2005).

9.2.1 引力红移

本小节先讨论稳态时空的引力红移，再把施瓦西时空作为特例得出红移具体表达式. 在几何光学近似下可认为光信号沿类光测地线传播(见 §7.2 末)，且 4 波矢为 K^a 的光子相对于 4 速为 Z^a 的观者的角频率为[见式(7-2-11)] $\omega = -K_a Z^a$.

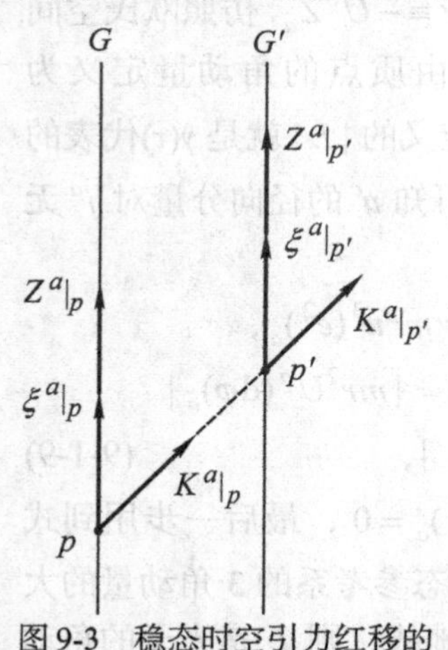

图 9-3 稳态时空引力红移的推导. G 和 G'是稳态观者

设 G 和 G'是任意稳态时空中任意稳态参考系的两个观者，G 在 p 时发出的光子在 p'时到达 G' (见图 9-3). 以 Z^a 代表观者的 4 速，K^a 代表光子的 4 波矢，则光子在 p 和 p'时相对于稳态观者的角频率分别为

$$\omega = -(K_a Z^a)|_p , \qquad \omega' = -(K_a Z^a)|_{p'} . \tag{9-2-1}$$

稳态观者世界线重合于 Killing 场 ξ^a 的积分曲线，故 $\xi^a = \chi Z^a$，χ 可由 $Z^a Z_a = -1$ 求得为 $\chi = (-\xi^b \xi_b)^{1/2}$，于是式(9-2-1)成为 $\omega = [(-K_a \xi^a)\chi^{-1}]|_p$ 和 $\omega' = [(-K_a \xi^a)\chi^{-1}]|_{p'}$. 注意到光子世界线为测地线，其切矢为 K^a，而 ξ^a 是 Killing 场，由定理 4-3-3 可知 $K_a \xi^a$ 在线上为常数，即 $(K_a \xi^a)|_p = (K_a \xi^a)|_{p'}$. 于是由

式(9-2-1)得①

$$\frac{\omega'}{\omega}=\frac{\chi}{\chi'} \quad 或 \quad \frac{\lambda'}{\lambda}=\frac{\chi'}{\chi}, \tag{9-2-2}$$

其中 λ 和 λ' 分别是与 ω 和 ω' 对应的波长，$\chi' \equiv (-\xi^b\xi_b)^{1/2}|_{p'}$. 下面以施瓦西时空的静态观者为特例给出定量结果. 设 $\{t, r, \theta, \varphi\}$ 为施瓦西坐标，则反映静态性的类时 Killing 场为 $\xi^a=(\partial/\partial t)^a$，故

$$\chi^2=-\xi^b\xi_b=-g_{ab}\left(\frac{\partial}{\partial t}\right)^a\left(\frac{\partial}{\partial t}\right)^b=-g_{00}=1-\frac{2M}{r},$$

代入式(9-2-2)得

$$\lambda'/\lambda=(1-2M/r')^{1/2}(1-2M/r)^{-1/2}. \tag{9-2-3}$$

当 $r'>r$ (即光源比接收者靠近恒星)时，有 $\lambda'>\lambda$，可见接收者接到的光波波长比发射时要长，这就是红移. 可以认为两个稳态观者 G 和 G' 之间没有相对运动，所以可把这红移解释为纯粹起因于引力场(时空弯曲)，故称**引力红移**(gravitational redshift)，$\chi\equiv(-\xi^b\xi_b)^{1/2}$ 因而称为(引力)**红移因子**.

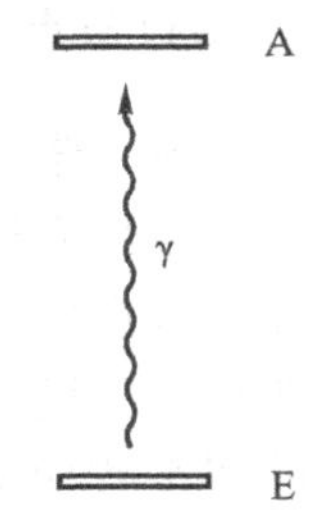

图 9-4　用穆斯堡尔效应测量地面附近的引力红移

红移的程度可用相对红移量(简称**红移**) $z\equiv(\lambda'-\lambda)/\lambda$ 描写. 计算表明，从太阳表面发出的光到达地球时(把太阳作为引力场源)，相对红移量约只有 2×10^{-6}. 为了加大红移，可测量从白矮星发来的光. 白矮星是一种密度比普通恒星高得多的星体(详见 9.3.2 小节)，由于密度高，其周围的引力场比太阳周围引力场强得多. 白矮星来光的红移可达太阳来光红移的几十倍. 在广义相对论发表后，人们曾几次测过白矮星来光的红移，但结果还不足以确证理论的预言. 第一次成功的高精度引力红移实验是 Pound 和 Rebka 等在 1960 年利用穆斯堡尔效应完成的. 穆斯堡尔在 1960 年发现，某些原子核(如 ^{57}Fe)在特定条件下可以发出谱线宽度很窄(很尖锐)的 γ 射线，含有这种原子核的晶体又能对这种频率的 γ 射线做选择性甚高的共振吸收. 假定这种 γ 射线的频率不论由于什么原因而有微小变化，它被这种晶体吸收的程度就显著降低. 这就为测出由地球引力场造成的极其微弱的引力红移提供了强有力的手段. 把两块这样的晶体分置于地球表面的不同高度处，较低的一块(图 9-4 中的 E)作为发射体，较高的一块(见图中的 A)作为接收体. 虽然根据两者高度差(12.5m)算得的红移只有 1.36×10^{-15}，但 A 对 E 所发 γ 射线的吸收率仍然由于 γ 射线的微弱引力红移而有所下降. 为了确认这一下降并测出下降的数量，可令 A 以某一常速率向 E 运动，利用由于多普勒效应出现的"蓝移"(波长

① 稳态时空中的两点 p, p' 之间可有不止一条类光测地线[见 Sachs and Wu(1977)习题 7.3.2]. 式(9-2-2)表明红移只取决于 p, p' 点而与类光测地线无关.

减小)抵消引力红移. 当速率调至某一适当值时(仅为 $3\times10^{-7}\,\text{m/s}$), 吸收率达到最大值. 由此便可测得引力红移的数值. 本实验的精确度很高(相对不确定度约为1%), 所得结果同理论值符合得很好. 后来还有更精确的实验验证[可参阅Will(1993)].

9.2.2 水星近日点进动

按照牛顿力学, 行星的轨道是以太阳为一个焦点的椭圆. 然而观测结果与此略有歧离. 以最靠近太阳的水星为例, 虽然它在每一周期中的轨道很接近椭圆, 但两个相邻周期的两个"椭圆"的长轴并不重合, 表现在它的近日点(perihelion)的微小改变上. 随着时间的推移, 由于积累效应, "椭圆"的长轴(因而近日点)绕太阳的缓慢转动变得可以观测. 这现象叫近日点的**进动**(precession). 在广义相对论问世前, 早已测得水星近日点的进动率约为每世纪 5600″ (″代表弧秒). 人们对此曾深入研究并找出许多可能原因(包括其他行星的影响), 发现所有这些因素造成的进动率为每世纪 5557″, 还有每世纪 43″无法解释. 这就是著名的"43秒问题". 爱因斯坦根据广义相对论认为水星是在由太阳造成的弯曲时空中的自由质点, 通过对施瓦西时空的类时测地线的近似计算自然导出水星的轨道不是闭合曲线、其近日点的进动率恰为每世纪 43″的结论. 这一结果大大加强了人们对广义相对论的信心. 下面介绍广义相对论对近日点进动的推证.

设太阳系只有太阳和水星并略去水星的引力场, 即只讨论水星在太阳引力场(外引力场)作用下的运动. 先用牛顿引力论讨论. 令太阳和水星的质量分别为 M 和 m, 则水星的引力势能为

$$U(r) = -Mm/r \quad (\text{本书用几何单位制, 其中 } G=1.). \tag{9-2-4}$$

取球坐标系使水星轨道在赤道面上($\theta=\pi/2$, 这总可做到, 见§9.1.), 则水星的速度 $\vec{u}$ 只有径向分量 $u_r = \mathrm{d}r/\mathrm{d}t$ 和切向分量 $u_\varphi = r\mathrm{d}\varphi/\mathrm{d}t$, 故动能为 $m\left(u_r{}^2+u_\varphi{}^2\right)/2$. 由机械能守恒律有

$$\frac{1}{2}m(u_r{}^2+u_\varphi{}^2)+U(r)=A, \tag{9-2-5}$$

其中常数 A 为总机械能. 设水星单位质量角动量大小为 $|L|$, 则

$$L = ru_\varphi = r^2\mathrm{d}\varphi/\mathrm{d}t, \tag{9-2-6}$$

由式(9-2-4)、(9-2-5)、(9-2-6)出发经计算得

$$\left(\frac{\mathrm{d}r}{\mathrm{d}\varphi}\right)^2 + r^2 = \frac{2Mr^3}{L^2}+\frac{2Ar^4}{mL^2}. \tag{9-2-7}$$

令 $\mu \equiv r^{-1}$, 则 $\mu \neq 0$, 故上式成为

$$\left(\frac{\mathrm{d}\mu}{\mathrm{d}\varphi}\right)^2+\mu^2=\frac{2A}{mL^2}+\frac{2M}{L^2}\mu\,. \tag{9-2-8}$$

对 φ 求导得 $\frac{\mathrm{d}\mu}{\mathrm{d}\varphi}\left(\frac{\mathrm{d}^2\mu}{\mathrm{d}\varphi^2}+\mu-\frac{M}{L^2}\right)=0$，因此要么 $\frac{\mathrm{d}\mu}{\mathrm{d}\varphi}=0$ (圆轨道)；要么

$$\frac{\mathrm{d}^2\mu}{\mathrm{d}\varphi^2}+\mu=\frac{M}{L^2}\,. \tag{9-2-9}$$

上式的解为

$$\mu(\varphi)=\frac{M}{L^2}[1+e\cos(\varphi-\varphi_0)]\,, \tag{9-2-10}$$

其中 e 和 φ_0 为积分常数. 不失一般性，取 $\varphi_0=0$，则

$$\mu(\varphi)=\frac{M}{L^2}(1+e\cos\varphi)\,. \tag{9-2-11}$$

这是圆锥截线方程，e 是偏心率，把式(9-2-11)及其导数代回式(9-2-8)便得

$$e^2=1+2AL^2/mM^2\,. \tag{9-2-12}$$

当 $0\leqslant e<1$ 时为椭圆，$\mathrm{d}\mu/\mathrm{d}\varphi=0$ (圆轨道)已作为 $e=0$ 的特例含于其中.

然而广义相对论却给出略微不同的结果. 令 $\kappa=1$ (类时测地线)，将式(9-1-6)除以 $(\mathrm{d}\varphi/\mathrm{d}\tau)^2$，利用式(9-1-5)经计算得

$$\left(\frac{\mathrm{d}r}{\mathrm{d}\varphi}\right)^2-\frac{E^2r^4}{L^2}+r^2\left(1+\frac{r^2}{L^2}\right)\left(1-\frac{2M}{r}\right)=0\,. \tag{9-2-13}$$

仍设 $\mu\equiv r^{-1}$，则上式化为

$$\left(\frac{\mathrm{d}\mu}{\mathrm{d}\varphi}\right)^2+\mu^2=\frac{1}{L^2}(E^2-1)+\frac{2M}{L^2}\mu+2M\mu^3\,. \tag{9-2-14}$$

对 φ 求导得

$$\frac{\mathrm{d}^2\mu}{\mathrm{d}\varphi^2}+\mu=\frac{M}{L^2}+3M\mu^2\,, \tag{9-2-15}$$

与式(9-2-9)对比发现净多一项 $3M\mu^2$ (广义相对论修正项)，因而难于求解. 幸好水星的 r 比太阳的 M 大得多，即 $M/r\ll 1$，故修正项 $3M\mu^2=(3M/r)\mu\ll\mu$，① 可设法求近似解. 牛顿引力论中的解式(9-2-11)可看作零级近似，为明确起见记作 $\mu_0(\varphi)$，即

$$\mu_0(\varphi)=\frac{M}{L^2}(1+e\cos\varphi)\,, \tag{9-2-16}$$

把这零级近似解代入式(9-2-15)右边第二项后所得方程可看作一级近似解 $\mu_1(\varphi)$ 应

---

① 做数量计算时最好改回国际单位制，即补上物理常数 G 和 c. 由附录 A 可知 M/r 实为 $(GM/c^2)/r$. 太阳质量 M 对应的 $GM/c^2\cong 1.5\mathrm{km}$，水星近日点与太阳的距离则约为 $5\times 10^7\,\mathrm{km}$，故 $(GM/c^2)/r\ll 1$.

满足的方程，即

$$\frac{d^2\mu_1}{d\varphi^2}+\mu_1=\frac{M}{L^2}+3M\mu_0^2=\frac{M}{L^2}+\frac{3M^3}{L^4}(1+2e\cos\varphi+e^2\cos^2\varphi). \tag{9-2-17}$$

不难验证其解为

$$\mu_1(\varphi)=\mu_0(\varphi)+\frac{3M^3}{L^4}\left[1+e\varphi\sin\varphi+e^2\left(\frac{1}{2}-\frac{1}{6}\cos 2\varphi\right)\right]. \tag{9-2-18}$$

我们关心的是近日点．对 $\mu_0(\varphi)$而言，近日点的 φ 值为 $0, 2\pi, \cdots$． $\mu_1(\varphi)$的表达式虽与 $\mu_0(\varphi)$有诸多不同，但如果没有 $e\varphi\sin\varphi$ 项，近日点的 φ 值并无改变．只有 $e\varphi\sin\varphi$ 项能使水星偏离闭合轨道，从而出现近日点的进动，而且进动角随 φ 值的增加而增加(有积累效应)． 于是在只关心近日点进动时可略去式(9-2-18)方括号中除 $e\varphi\sin\varphi$ 外的各项而写为[其中 $\mu_0(\varphi)$已用式(9-2-16)代入]

$$\mu_1(\varphi)=\frac{M}{L^2}\left[1+e\left(\cos\varphi+\frac{3M^2}{L^2}\varphi\sin\varphi\right)\right], \tag{9-2-19}$$

因 $M/L^2\sim\mu$ [见式(9-2-16)]，故 $M^2/L^2\sim M\mu=M/r\ll 1$．令

$$\varepsilon\equiv 3M^2/L^2, \tag{9-2-20}$$

则 $\cos\varepsilon\varphi\cong 1$， $\sin\varepsilon\varphi\cong\varepsilon\varphi$，于是由式(9-2-19)得

$$\frac{1}{r(\varphi)}\cong\mu_1(\varphi)\cong\frac{M}{L^2}[1+e\cos(\varphi-\varepsilon\varphi)]. \tag{9-2-21}$$

这表明水星的轨道近似为椭圆．式(9-2-21)右边虽仍是周期函数，但周期已不像式(9-2-16)那样为 2π． 近日点是 r 最小的点，即 $\cos(\varphi-\varepsilon\varphi)=1$的点. $\varphi=0$ 当然是近日点；但当 $\varphi=2\pi$ 时

$$\cos(\varphi-\varepsilon\varphi)=\cos(2\pi-2\pi\varepsilon)\neq 1.$$

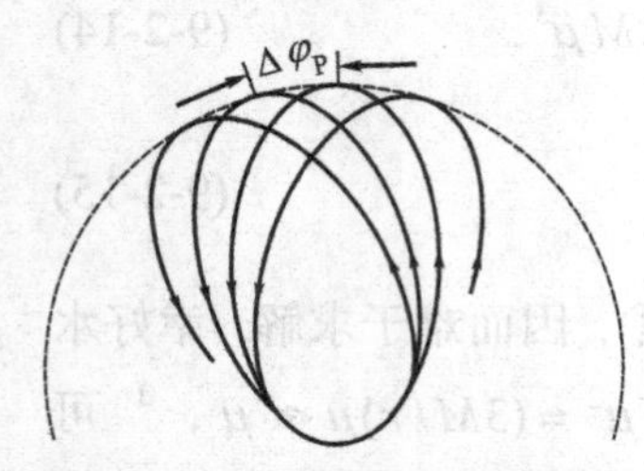

图 9-5 水星近(远)日点每周期进动角 $\Delta\varphi_P$ (明显夸大)

设 $\hat{\varphi}$ 为满足 $\cos(\hat{\varphi}-\varepsilon\hat{\varphi})=1$ 而又最接近 2π 的 φ 值，则不难验证(略去高阶小量 $2\pi\varepsilon^2$)

$$\hat{\varphi}\cong 2\pi+2\pi\varepsilon. \tag{9-2-22}$$

可见水星近日点在每周期内的进动角为(见图 9-5)

$$\Delta\varphi_P\cong 2\pi\varepsilon=6\pi M^2/L^2. \tag{9-2-23}$$

以上讨论其实对任何行星都适用．代入具体数据可得水星近日点的进动率为 43″/世纪.

9.2.3 星光偏折

远方恒星射到地面的光线经过太阳附近时要受太阳引力场影响而弯曲，这是广义相对论的一个重要预言．本小节介绍这一预言的导出．在 4 维语言中，光子的世界线是类光测地线．令式(9-1-6)的 $\kappa=0$ ，用类似于式(9-2-13)的推导方法，

不难推出

$$\left(\frac{\mathrm{d}r}{\mathrm{d}\varphi}\right)^2-\frac{E^2r^4}{L^2}+r^2\left(1-\frac{2M}{r}\right)=0\,. \tag{9-2-24}$$

仍设 $\mu\equiv r^{-1}$，则上式化为

$$\left(\frac{\mathrm{d}\mu}{\mathrm{d}\varphi}\right)^2+\mu^2=\frac{E^2}{L^2}+2M\mu^3\,. \tag{9-2-25}$$

对 φ 求导得

$$\frac{\mathrm{d}^2\mu}{\mathrm{d}\varphi^2}+\mu=3M\mu^2\,. \tag{9-2-26}$$

当 $M=0$ 时(平直时空)，方程(9-2-26)的通解为

$$\mu(\varphi)=\frac{1}{l}\sin(\varphi+\alpha)\,, \tag{9-2-27}$$

其中 l 和 α 为积分常数. 设 $\varphi=0$ 时光子在无限远，即 $\mu(0)=1/r(0)=0$，则 $\alpha=0$，故

$$\mu(\varphi)=\frac{1}{l}\sin\varphi\,. \tag{9-2-28}$$

这是 2 维欧氏空间中用极坐标 $\{r,\ \varphi\}$ 表示的直线方程. 要看出这点，取 $r=0$ 为笛卡儿坐标系 $\{x,\ y\}$ 的原点，则

$$x=r\cos\varphi\,, \tag{9-2-29}$$

$$y=r\sin\varphi=\frac{1}{\mu}\sin\varphi=l=\text{常数}, \tag{9-2-30}$$

其中第三步用到式(9-2-28). 可见光子的空间轨迹是与原点距离为 l 的直线(见图 9-6). 注意，r 和 φ 沿该直线都在变化(不变的是 y). 由于 r 的取值范围为 $(0,\ \infty)$，式(9-2-29)表明 x 的取值范围是 $(-\infty,\ \infty)$. 要讨论星光偏折当然不能取 $M=0$. 但因 $M/r\ll 1$，求一级近似解 $\mu_1(\varphi)$便足够. 把式(9-2-28)的 $\mu(\varphi)$看作零级近似解 $\mu_0(\varphi)$代入式(9-2-26)右边便得 $\mu_1(\varphi)$满足的微分方程

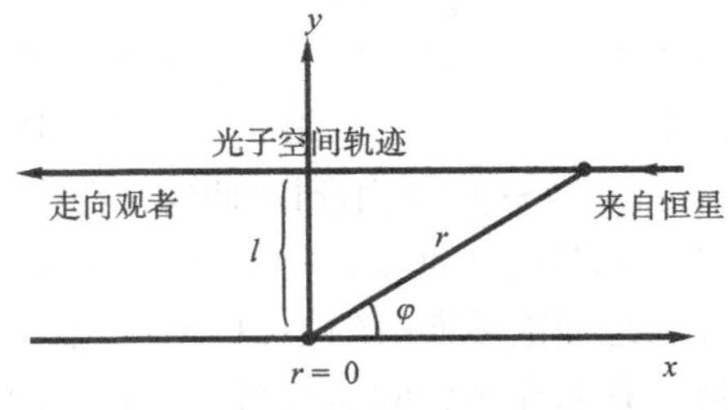

图 9-6　平直时空中光子的空间轨迹

$$\frac{\mathrm{d}^2\mu_1}{\mathrm{d}\varphi^2}+\mu_1(\varphi)=\frac{3M}{l^2}\sin^2\varphi\,. \tag{9-2-31}$$

不难验证下式是方程(9-2-31)的解

$$\mu_1(\varphi)=\frac{1}{l}\sin\varphi+\frac{M}{l^2}(1-\cos\varphi)^2\,. \tag{9-2-32}$$

由上式知 $\mu_1(0)=0$，即 $r(0)=\infty$，说明光子的 φ 坐标为零时离太阳无限远(远方恒星的 r 可看作 ∞)，但式(9-2-32)与(9-2-28)的不同表明光子经过太阳附近又离太阳而去时的“去向”不同：由式(9-2-28)知 $\mu(\pi)=0$，表明光子远离“太阳”(这“太阳”的 $M=0$)而去时 φ 坐标为 π；而由式(9-2-32)却有 $\mu_1(\pi)\neq 0$，我们预期它沿一个与 π 略有差别的方向 $\pi+\beta$ 远离太阳而去(见图 9-7)，即 $\mu_1(\pi+\beta)=0$. 为求偏折角 β，把 $\varphi=\pi+\beta$ 代入式(9-2-32)并利用 $\mu_1(\pi+\beta)=0$ 得

$$0=\mu_1(\pi+\beta)=\frac{1}{l}\sin(\pi+\beta)+\frac{M}{l^2}[1-\cos(\pi+\beta)]^2\,.$$

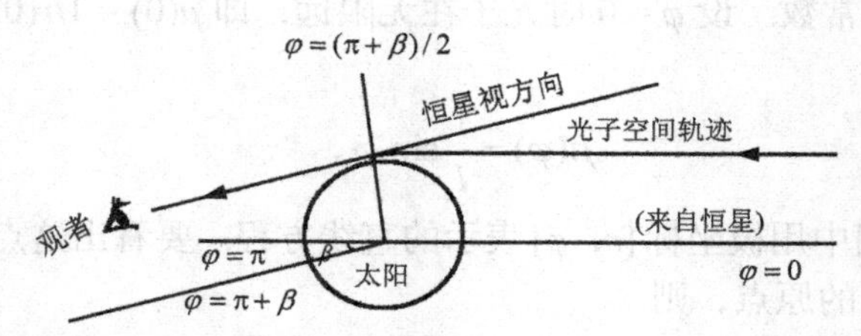

图 9-7　太阳使时空弯曲，星光的空间轨迹受偏折，偏折角 β 明显夸大

β 很小导致 $\sin(\pi+\beta)\cong-\beta$，$\cos(\pi+\beta)\cong-1$，代入上式便得

$$\beta\cong 4M/l\,. \tag{9-2-33}$$

上式表明偏折角 β 随 l 的减小而增大. l 的最小值等于太阳半径. 以此为 l 值代入式(9-2-33) [补上物理常数 G 和 c 后的式(9-2-33)成为 $\beta\cong 4GM/lc^2$] 求得 $\beta=1.75''$. 这就是广义相对论对星光偏折角的定量预言. 为了用观测验证这一预言，可设法拍摄当星光被太阳偏折时恒星的视位置，并与半年后(或前)当地球转到太阳另一侧时摄得的恒星真实位置比较. 然而观测恒星的视位置并不容易，因为太阳离地球比所要观测的恒星近得多，在太阳的光芒中根本无法看见星光(“大白天看星星”!). 于是想到利用日全食. 日全食时，阳光被位于太阳与地球之间的月球所遮挡，但远方星体的光却可以“绕过”太阳到达地球. 在第一次世界大战后不久，就有两支考察队从英国出发分别到巴西和非洲对 1919 年 3 月 29 日的日全食进行观测，两队观测的结果分别是理论预期值的 1.13 ± 0.07 倍和 0.92 ± 0.17 倍. 这被认为是对理论的重要支持，它们在多数欧美报纸的公布引起了对战争厌倦的公众的注意，并使爱因斯坦名声显赫. 但爱因斯坦对此反应平静. 他对自己的理论是如此相信(基于其优雅性和内部自洽性)，以致曾说过“如果观测结果竟与理论背

离，我将对全能的上帝感到遗憾.”一类的话. 然而，后来对巴西考察队结果的独立分析认为观测值只是理论值的 1.0 至 1.3 倍，不如原来乐观. 后来又有多次对日全食的观测，但仍不能认为是对广义相对论的完全肯定的支持. 关键在于用牛顿引力论也能预言星光被太阳偏折，只是偏折角约为广义相对论预言值之半，因此还很难说观测结果对广义相对论还是对牛顿引力论更有利[详见 Will(1993)].

§9.3　球对称恒星及其演化

9.3.1　静态球对称恒星内部解

本小节讨论静态球对称星体的内部时空度规和内部状态. 星内物质场可相当精确地看作理想流体，其能动张量为

$$T_{ab} = (\rho + p)U_a U_b + p g_{ab} \, . \tag{9-3-1}$$

星体为静态意味着星内每一随动观者都可看作静态观者，其 4 速 U^a 与静态 Killing 矢量场 $\xi^a = (\partial/\partial t)^a$ 平行. 仍选用施瓦西坐标系，则线元仍可用式(8-3-2)表示. 由 $U^a U_a = -1$ 及 $\xi^a \xi_a = g_{00} = -\mathrm{e}^{2A}$ 得

$$U^a = \mathrm{e}^{-A}(\partial/\partial t)^a \qquad 及 \qquad U_a = -\mathrm{e}^{A}(\mathrm{d}t)_a \, , \tag{9-3-2}$$

故由式(9-3-1)可得 T_{ab} 的非零坐标分量如下：

$$T_{00} = T_{ab}(\partial/\partial t)^a(\partial/\partial t)^b = \rho\,\mathrm{e}^{2A} \, , \qquad T_{11} = T_{ab}(\partial/\partial r)^a(\partial/\partial r)^b = p\,\mathrm{e}^{2B} \, ,$$

$$T_{22} = T_{ab}(\partial/\partial \theta)^a(\partial/\partial \theta)^b = p r^2 \, , \qquad T_{33} = T_{ab}(\partial/\partial \varphi)^a(\partial/\partial \varphi)^b = p r^2 \sin^2\theta \, ,$$

爱因斯坦方程组 $R_{\mu\nu} - R g_{\mu\nu}/2 = 8\pi T_{\mu\nu}$ 可改写为 $R^\mu{}_\nu - R\delta^\mu{}_\nu/2 = 8\pi T^\mu{}_\nu$，注意到 $g^{\mu\nu}$ 只有对角分量，得

$$T^0{}_0 = g^{00}T_{00} = -\rho, \quad T^1{}_1 = g^{11}T_{11} = p, \quad T^2{}_2 = g^{22}T_{22} = p, \quad T^3{}_3 = g^{33}T_{33} = p \, . \tag{9-3-3}$$

另一方面，由式(8-3-5)~(8-3-8)的非零 $R_{\mu\nu}$ 出发可求得

$$R = 2\mathrm{e}^{-2B}[-A'' + A'B' - A'^2 + 2r^{-1}(B' - A') - r^{-2}] + 2r^{-2} \, ,$$

进而求得非零的 $R^\mu{}_\nu - R\delta^\mu{}_\nu/2$ 如下：

$$R^0{}_0 - \frac{1}{2}R\delta^0{}_0 = -\mathrm{e}^{-2B}(2B' r^{-1} - r^{-2}) - r^{-2} \, ,$$

$$R^1{}_1 - \frac{1}{2}R\delta^1{}_1 = \mathrm{e}^{-2B}(2A' r^{-1} + r^{-2}) - r^{-2} \, ,$$

$$R^2{}_2 - \frac{1}{2}R\delta^2{}_2 = \mathrm{e}^{-2B}[A'' - A'B' + A'^2 + (A' - B') r^{-1}] \, ,$$

$$R^3{}_3 - \frac{1}{2}R\delta^3{}_3 = \mathrm{e}^{-2B}[A'' - A'B' + A'^2 + (A' - B') r^{-1}] \, ,$$

与式(9-3-3)一同代入 $R^\mu{}_\nu - R\delta^\mu{}_\nu/2 = 8\pi T^\mu{}_\nu$，便知它只含如下 3 个独立方程：

$$-8\pi\rho = -e^{-2B}(2B' r^{-1} - r^{-2}) - r^{-2}, \tag{9-3-4}$$

$$8\pi p = e^{-2B}(2A' r^{-1} + r^{-2}) - r^{-2}, \tag{9-3-5}$$

$$8\pi p = e^{-2B}[A'' - A'B' + A'^2 + (A' - B')\, r^{-1}]. \tag{9-3-6}$$

方程(9-3-4)可改写为

$$8\pi\rho r^2 = 2r\,e^{-2B}B' - e^{-2B} + 1 = 1 - \frac{d}{dr}(re^{-2B}),$$

故可积分得

$$re^{-2B(r)} = r - 2m(r) + C, \tag{9-3-7}$$

其中 C 为积分常数，函数 $m(r)$ 定义为

$$m(r) := 4\pi\int_0^r \rho(x)x^2 dx. \tag{9-3-8}$$

若 $C \neq 0$，则由式(9-3-7)和(9-3-8)可知 $r \to 0$ 时 $e^{-2B} \to \infty$，但 $e^{-2B} = g^{11}$，在星体中心$(r=0)$ $g^{11} = \infty$ 不合理，故 $C = 0$. 于是由式(9-3-7)知

$$g_{11}(r) = e^{2B(r)} = \left[1 - \frac{2m(r)}{r}\right]^{-1}. \tag{9-3-9}$$

设星体半径为 R，则当 $r > R$ 时度规应为施瓦西真空解[见式(8-3-18)]. 内、外度规在星体表面$(r = R)$应该连续，把 $r = R$ 代入式(9-3-9)得

$$g_{11}(R) = \left[1 - \frac{2m(R)}{R}\right]^{-1},$$

另一方面，由施瓦西真空解得

$$g_{11}(R) = \left(1 - \frac{2M}{R}\right)^{-1},$$

两式对比并利用式(9-3-8)得

$$M = m(R) = 4\pi\int_0^R \rho(r)r^2 dr. \tag{9-3-10}$$

[选读 9-3-1]

式(9-3-10)表面看来与牛顿力学中星体质量 M 与密度 $\rho(r)$ 的关系一样. 然而问题并非如此简单. 由于静态参考系在时刻 t 的空间 Σ_t 有非欧几何 h_{ab}(类似于 8.3.2 小节末的讨论)，其 3 维固有体元(即与 h_{ab} 相适配的体元)为

$$\varepsilon = \sqrt{h}\, dr \wedge d\theta \wedge d\varphi = \left[1 - \frac{2m(r)}{r}\right]^{-1/2} r^2 \sin\theta\ dr \wedge d\theta \wedge d\varphi,$$

因此计算积分时不能像在 3 维欧氏空间那样用 $r^2 \sin\theta\, dr \wedge d\theta \wedge d\varphi$ 作体元. 而式

(9-3-10)中的 M 却正是以 $r^2\sin\theta\,\mathrm{d}r\wedge\mathrm{d}\theta\wedge\mathrm{d}\varphi$ 为体元对 $\rho(r)$ 求积分的结果. 从数学角度看，在 3 维非欧空间 $(\Sigma_t,\ h_{ab})$ 中以 $r^2\sin\theta\mathrm{d}r\wedge\mathrm{d}\theta\wedge\mathrm{d}\varphi$ 为体元求得的积分(9-3-10)有点不伦不类，然而这并不意味着式(9-3-10)中的 M 是个不伦不类的量. 实际上，作为施瓦西解的唯一参数，M 的物理意义非常明确：它是施瓦西时空的总质量(总能量)，包括引力势能(详见第 12 章). 然而，$\rho(r)$是星内静态观者做当时当地观测所得的能量密度，包含星内每一粒子(主要是核子)的静能密度和星体的内能(热能、压缩能，等等)密度，唯独不含引力势能. 这同§9.1 关于 E 和 $E_{当}$的差别的讨论类似：观者的当时当地测量结果不包含引力场对能量的贡献. 因此包含引力势能的 M 本来就不应等于不包含引力场的贡献的 $\rho(r)$的积分 $\int\rho(r)\,\varepsilon$. 请特别注意

$$\int\rho(r)\,\varepsilon=\int\rho(r)\left[1-\frac{2m(r)}{r}\right]^{-1/2}r^2\sin\theta\ \mathrm{d}r\wedge\mathrm{d}\theta\wedge\mathrm{d}\varphi$$
$$=4\pi\int_0^R\rho(r)\left[1-\frac{2m(r)}{r}\right]^{-1/2}r^2\mathrm{d}r$$
$$\overset{!!!}{\neq}4\pi\int_0^R\rho(r)\ r^2\mathrm{d}r=M\,.$$

$\rho(r)$不含引力场贡献的事实与另一事实——引力场能的非定域性——有密切关系. 所谓引力场能的非定域性，简单说就是引力场能密度没有意义：不存在这样一个量，它可以被合理地解释为引力场的能量密度(注意与以下事实对比：电磁场能密度意义明确并有具体表达式.)，详见第 12 章. 然而，引力场能非定域性的结论不表明引力场本身没有能量. 长期、曲折的努力的一个重要结果是：对渐近平直时空(物理上对应于孤立引力体系)可以定义总能量的概念，它包含连同引力场在内的一切能量的贡献. 把这一定义用于参数为 M 的施瓦西时空，发现 M 正是该时空(作为渐近平直时空)的总能量.

[选读 9-3-1 完]

把式(9-3-9)代入方程(9-3-5)得

$$\frac{\mathrm{d}A}{\mathrm{d}r}=\frac{m(r)+4\pi pr^3}{r\ [r-2m(r)]}\,. \tag{9-3-11}$$

在牛顿近似下，①静态参考系的 3 维空间可近似看作欧氏空间，有 $1\cong g_{11}=[1-2m(r)/r]^{-1}$，故 $m(r)\ll r$；② $p\ll\rho$ 导致 $pr^3\ll\rho r^3\sim m(r)$，因而式(9-3-11)近似为

$$\frac{\mathrm{d}A}{\mathrm{d}r}\cong\frac{m(r)}{r^2}\,. \tag{9-3-12}$$

而球对称情况下的牛顿引力势ϕ满足

$$\frac{\mathrm{d}\phi}{\mathrm{d}r}=\frac{m(r)}{r^2}, \tag{9-3-13}$$

可见A是牛顿引力势在静态球对称弯曲时空中的(某种意义上的)对应量. 式(9-3-13)其实是牛顿引力论的泊松方程$\nabla^2\phi=4\pi\rho$在球对称情况下的表现. 球对称时$\nabla^2\phi=4\pi\rho$成为

$$\frac{1}{r^2}\frac{\mathrm{d}}{\mathrm{d}r}\left(r^2\frac{\mathrm{d}\phi}{\mathrm{d}r}\right)=4\pi\rho,$$

积分得

$$r^2\frac{\mathrm{d}\phi}{\mathrm{d}r}=4\pi\int_0^r\rho(x)x^2\mathrm{d}x=m(r),$$

此即式(9-3-13).

至此, 待解的 3 个方程中只剩方程(9-3-6)尚未触及. 把式(9-3-9)、(9-3-11)代入式(9-3-6), 原则上便可求解, 但运算颇为复杂. 借用如下事实(证明见选读 9-3-2)可简化运算: 在方程(9-3-4)、(9-3-5)已满足的前提下, 方程(9-3-6)等价于

$$(\partial/\partial r)^b\nabla^aT_{ab}=0. \tag{9-3-6'}$$

由式(9-3-1)得

$$\nabla^aT_{ab}=U_aU_b\nabla^a(\rho+p)+(\rho+p)(U^a\nabla_aU_b+U_b\nabla_aU^a)+\nabla_bp.$$

注意到$(\partial/\partial r)^b$同U^b正交, 可知式(9-3-6′)等价于

$$0=(\partial/\partial r)^b\nabla^aT_{ab}=(\rho+p)(\partial/\partial r)^bU_a\nabla^aU_b+(\partial/\partial r)^b\nabla_bp, \tag{9-3-14}$$

而

$$(\partial/\partial r)^b\nabla_bp=\mathrm{d}p/\mathrm{d}r, \tag{9-3-15}$$

$$(\partial/\partial r)^bU_a\nabla^aU_b=-U_bU^a\nabla_a(\partial/\partial r)^b=\mathrm{e}^A(\mathrm{d}t)_b\mathrm{e}^{-A}(\partial/\partial t)^a\nabla_a(\partial/\partial r)^b$$
$$=(\mathrm{d}t)_b\Gamma^\sigma{}_{10}(\partial/\partial x^\sigma)^b=\Gamma^0{}_{10}=\mathrm{d}A/\mathrm{d}r,$$

其中第三步用到式(5-7-2)(克氏符的等价定义), 第五步用到式(8-3-4). 把上式和式(9-3-15)代入式(9-3-14)便得

$$\frac{\mathrm{d}p}{\mathrm{d}r}=-(p+\rho)\frac{\mathrm{d}A}{\mathrm{d}r}. \tag{9-3-16}$$

再用式(9-3-11)得

$$\frac{\mathrm{d}p}{\mathrm{d}r}=-(\rho+p)\frac{m(r)+4\pi pr^3}{r[r-2m(r)]}. \tag{9-3-17}$$

这就是著名的 **OV 流体静力学平衡方程**(Oppenheimer-Volkoff equation), 其牛顿近似为

$$\frac{\mathrm{d}p}{\mathrm{d}r}\cong-\frac{\rho m(r)}{r^2}, \tag{9-3-18}$$

其中用到$p\ll\rho$, $m(r)\ll r$及$pr^3\ll\rho r^3\sim m(r)$. 上式是牛顿力学中熟知的流体静

力学平衡方程，可借助图 9-8 简单导出. 由于球对称性，薄球层中任一体元 $\mathrm{d}V$ 所受的来自星球的引力(自引力)指向球心. 另一方面，$\mathrm{d}V$ 又受到来自压强梯度 $\mathrm{d}p/\mathrm{d}r<0$ 的外向力，当它与自引力相等[满足式(9-3-18)]时星球处于流体静力学平衡.

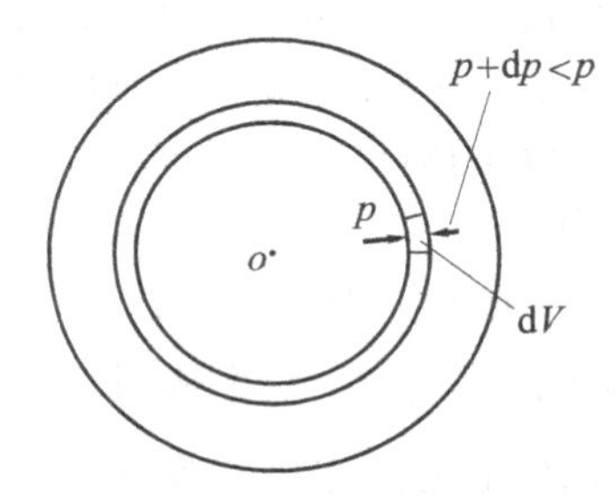

图 9-8 压强梯度使体元 dV 受力与自引力平衡，由此可推出式(9-3-18)

综上所述，静态球对称星体内部的时空度规为

$$\mathrm{d}s^2=-\ \mathrm{e}^{2A(r)}\mathrm{d}t^2+\left[1-\frac{2m(r)}{r}\right]^{-1}\mathrm{d}r^2+r^2(\mathrm{d}\theta^2+\sin^2\theta\ \mathrm{d}\varphi^2),\qquad(9\text{-}3\text{-}19)$$

其中函数 $m(r)$由式(9-3-8)定义，函数 $A(r)$要满足方程(9-3-11). 流体静力学平衡的充要条件是式(9-3-17).

球对称星体的内部状态由 $A(r)$，$m(r)$，$p(r)$和 $\rho(r)$等 4 个函数决定，它们必须满足的方程只有(9-3-8)、(9-3-11)和(9-3-17)三个. 要确定星体内部状态还须指定第 4 个方程，称为物态方程，简单说就是能量密度 ρ 和压强 p 的关系 $f(p,\rho)=0$ (其中 f 代表某个函数关系)[①] 指定物态方程后就只剩 3 个待定函数 $A(r)$，$m(r)$和 $p(r)$，它们必须满足微分方程(9-3-11)、(9-3-17)以及来自式(9-3-8)的

$$\frac{\mathrm{d}m(r)}{\mathrm{d}r}=4\pi\rho(r)r^2.\qquad(9\text{-}3\text{-}20)$$

这 3 个方程都是 1 阶常微分方程，一旦知道初始条件 $A(0)$，$m(0)$和 $p(0)$后便有确定解. 由式(9-3-8)可知 $m(0)=0$，所以 $m(0)$ 不用(也不能任意)指定. 指定 $A(0)$ (后面还要调整)和 $p_0\equiv p(0)$后，对上述 3 个微分方程从 $r=0$ 起积分，直至 $p=0$ 为止[只要物态方程满足如下合理要求：对所有 $p\geqslant0$ 有 $\rho\geqslant0$，则 OV 方程(9-3-17)自动保证压强 p 由里向外单调下降.]，$p=0$ 处就是星球表面，相应的 r 值就是星球半径 R，而 $m(R)$就是星球总质(能)量 M (包括引力势能!). 有了 R 后还要反过来修改 $A(0)$

① 一般地说，压强 p 不但是密度 ρ 的函数，而且依赖于星体的比熵(即每个核子的平均熵)和化学组成. 只当比熵和化学组成在星体内部处处相同时 p 才只是 ρ 的函数，物态方程才可表为 $f(p,\rho)=0$. 普通恒星(包括太阳)的比熵并非处处相同. 然而，后面要讨论的白矮星和中子星内可认为比熵处处为零，正文的讨论有助于对这些“非普通星体”的研究.

值(加一常数)以保证在星球表面与球外真空解的联结条件得到满足，即

$$e^{2A(R)}=1-2M/R\,, \tag{9-3-21}$$

因此，一个指定的 p_0 值就决定一组函数 $A(r)$，$m(r)$和 $p(r)$，星体的内部状态和度规就全盘定局．对于真实的物态方程，式(9-3-17)等难于求得精确解，因此需要数值解法．然而，对理想化的物态方程却可解析地求得积分．最简单也最有用的一种理想化是如下的物态方程：$\rho=$ 常数. 这是很特别的物态方程——能量密度 ρ 与压强无关．这虽然不是一个很好的恒星模型，但仍不失为压强不太大的小恒星的一级近似．这时式(9-3-8)成为

$$m(r)=4\pi\rho\, r^3/3\,. \tag{9-3-22}$$

上式对广义相对论及牛顿引力论都成立．对牛顿引力论，方程(9-3-18)在 ρ 为常数时简化为 $\dfrac{\mathrm{d}p}{\mathrm{d}r}=-\dfrac{4\pi}{3}\rho^2 r$，在初值 p_0 指定后的唯一解为 $p(r)=-\dfrac{2}{3}\pi\rho^2 r^2+p_0$，恒星半径 R 则可由 $p(R)=0$ 确定：

$$0=p(R)=-\frac{2}{3}\pi\rho^2 R^2+p_0\,,$$

于是 p_0 又可用 R 表出：

$$p_0=\frac{2}{3}\pi\rho^2 R^2\,, \tag{9-3-23}$$

故 $p(r)$亦可用 R 表为

$$p(r)=\frac{2}{3}\pi\rho^2(R^2-r^2)\,. \tag{9-3-24}$$

在牛顿引力论不成立时，就要求解 OV 方程(9-3-17)．施瓦西于 1916 年求得其解为(因此均匀密度星内度规叫**施瓦西内解**)

$$p(r)=\rho\;\frac{(1-2M/R)^{1/2}-(1-2Mr^2/R^3)^{1/2}}{(1-2Mr^2/R^3)^{1/2}-3\;(1-2M/R)^{1/2}}\,, \tag{9-3-25}$$

相应的中心压强为

$$p_0=p(0)=\rho\;\frac{1-(1-2M/R)^{1/2}}{3\;(1-2M/R)^{1/2}-1}\,. \tag{9-3-26}$$

不难证明(习题)，当 $R\gg M$ 时式(9-3-26)近似回到牛顿引力论的式(9-3-23).

令 $Y\equiv(1-2M/R)^{1/2}$，则式(9-3-26)成为

$$p_0=\frac{\rho\;(1-Y)}{3Y-1}\,, \tag{9-3-27}$$

由 $\mathrm{d}p_0/\mathrm{d}Y<0$ 可知 p_0 随 M/R 增大而增大．这是容易理解的，因为 M 越大时自引力越强，为抗衡自引力所需的压强梯度越大，在 R 一定时中心压强 p_0 就要越大．反之，若 M 一定而 R 变小，则为了产生所需压强梯度也要有更大的 p_0. 当 M/R 大到

使 $Y=1/3$ 时 $p_0\to\infty$，这表明无论中心压强多大也无法维持平衡，可见静态均匀密度星的 M/R 有一上限，由 $Y=1/3$ 知此上限为

$$(M/R)_{\max}=4/9. \tag{9-3-28}$$

当然，普通恒星的 M/R 远小于这一上限. 为了做数值估算，宜对 M 补上常数 G/c^2，即用 GM/c^2 代替 M. 以太阳为例，$GM_\odot/c^2\cong 1.5\ \text{km}$，$R_\odot\cong 7\times 10^5\text{km}$，故

$$\frac{GM_\odot/c^2}{R_\odot}\cong 2\times 10^{-6}\ll\frac{4}{9}.$$

由式(9-3-22)得 $M=4\pi\rho R^3/3$，与式(9-3-28)联立消去 R 后得

$$M_{\max}=\frac{4}{9}\frac{1}{\sqrt{3\pi\rho}}. \tag{9-3-29}$$

这就是密度为 ρ 的均匀密度星的最大允许质量(请注意，在牛顿引力论中不存在最大允许质量这一问题). 广义相对论中质量上限的存在并非均匀密度星的特有结论. 可以证明，只要假定 $\rho(r)\geqslant 0$ 及 $\mathrm{d}\rho/\mathrm{d}r\leqslant 0$，则任何半径为 R 的球对称静态星的质量都不能超过 $4R/9$.

顺便一提，§8.10 曾强调指出，在求解有源爱因斯坦方程时，应把反映物质场的函数同度规分量合在一起联立求解. 该节曾以尘埃作为特例，指出共有 15 个待求函数 $g_{\mu\nu}(x)$，$\rho(x)$，$U^\mu(x)$ 和 15 个待解方程. 如果物质场为 $p\neq 0$ 的理想流体，则还有第 16 个待求函数 $p(x)$，为此需要指定物态方程作为第 16 个方程. 本节的讨论为该节的讲法提供了一个实例.

[选读 9-3-2]

令 $H_{ab}\equiv 8\pi T_{ab}-G_{ab}$，则 H_{ab} 在坐标系 $\{t,r,\theta,\varphi\}$ 中只有对角分量. 方程(9-3-4)、(9-3-5)成立等价于 $H_{00}=H_{11}=0$. 下面证明在方程(9-3-4)、(9-3-5)成立的前提下方程(9-3-6)同方程(9-3-6′)等价. 注意到 $\nabla^a G_{ab}=0$，有

$$8\pi(\partial/\partial r)^b\nabla^a T_{ab}=(\partial/\partial r)^b\nabla^a H_{ab}=\nabla^a[(\partial/\partial r)^b H_{ab}]-H_{ab}\nabla^a(\partial/\partial r)^b. \tag{9-3-30}$$

因为 $(\partial/\partial r)^b H_{ab}=H_{a1}=H_{11}(\mathrm{d}r)_a=0$，上式右边第一项为零. 令 ∂_a 为坐标系 $\{t, r, \theta, \varphi\}$ 的普通导数算符，则上式成为

$$8\pi(\partial/\partial r)^b\nabla^a T_{ab}=-H^a{}_b\left[\partial_a\left(\frac{\partial}{\partial r}\right)^b+\Gamma^b{}_{ac}\left(\frac{\partial}{\partial r}\right)^c\right]=-H^a{}_b\Gamma^b{}_{a1}$$

$$=-(H^2{}_2\Gamma^2{}_{21}+H^3{}_3\Gamma^3{}_{31})=-2H^2{}_2/r,$$

其中最后一步用到 $H^2{}_2=H^3{}_3$ 及 $\Gamma^2{}_{21}=\Gamma^3{}_{31}=1/r$. 可见 $H^2{}_2=0$ [即式(9-3-6)]等价于 $(\partial/\partial r)^b\nabla^a T_{ab}=0$.

[选读 9-3-2 完]

9.3.2　恒星演化

本小节介绍球对称恒星的形成和演化过程. 当密度不十分高时，引力场不十分强，牛顿引力论近似适用. 广义相对论只在本小节的最后部分才是不可或缺的. 恒星的前身是一团密度不匀的气体(主要是氢). 密度较大处有较强引力，吸引来更多气体，逐渐形成一个球对称气团. 气团中任一薄球层(见图 9-8)内的任一体元所受的来自气团的引力(自引力)都指向球心，因此整个气团在自引力作用下收缩. 这是引力势能转化为热能的过程，因此温度 T 不断升高. 根据经典理想气体的压强公式

$$p = knT \quad (k\text{ 为玻尔兹曼常数，}n\text{ 为数密度．}), \tag{9-3-31}$$

气团中的压强 p 随 T 不断增大,因此任一薄球层由于压强梯度 $\mathrm{d}p/\mathrm{d}r$ [见式(9-3-18)]导致的外向力也越大，看来当温度足够高时有可能遏止收缩. 然而在没有能源的情况下这是不可能的：由于气团温度比周围高，它不断向外辐射能量. 如果收缩停止，温度(因而压强)就要下降，薄球层内外的压强差也就抗衡不了自引力. 从能量角度看它也必须不断收缩，以使引力势能(的一部分)不断转化为辐射出去的能量. 经过一段时间的缓慢收缩，气团中心的温度和密度终于高到足以点燃热核反应的程度. 中心附近(一个称为星核的中心球)的氢经热核聚变而成氦(与氢弹爆炸的反应相同)，同时释放巨大能量，使由于辐射而损失的能量得以补充(无须再依靠引力势能转化而来)，气团就不再收缩而达到平衡. 这时的气团开始成为一颗恒星. 气团内任一点的压强梯度值 $\mathrm{d}p/\mathrm{d}r$ 满足稳定平衡条件(9-3-18). 太阳就是普通恒星的一例. 它已在这种靠星核内部烧氢变氦而维持的稳定状态中度过了约 45 亿年，大约还能保持这种状态 50 亿年. 总有一天星核内的氢全部变为氦，只有周围的一薄层氢仍在燃烧，星体内部的情况可由图 9-9 粗略表示. 当星核的温度尚未达到点燃氦的核聚变的程度时，情况与先前的星核尚未达到点燃氢的情况类似：氦球在自引力作用下再次收缩，同时变热. 这使周围薄层的氢燃烧加剧，从而导致星球外部膨胀和冷却，变成一颗**红巨星**(red giant). “红”是由于表面温度降低，“巨”则因膨胀得名. 氦球收缩导致的高温高密可能达到点燃氦的聚变反应(烧氦变碳或氧)的程度，所释放的能量再次使星核达到稳定平衡. 这种靠氦燃烧维持的平衡的持续期远短于氢燃烧的持续期. 当氦烧成碳(或氧)时星核再度收缩. 恒星的晚年命运因质量而异. 对于质量较小的恒星(包括太阳)，星核的收缩不能提供足够温度使碳发生核聚变，靠核能维持平衡已不再可能. 还有没有什么力量足以抗衡自引力？经典物理学中不存在这样的力量. 遏

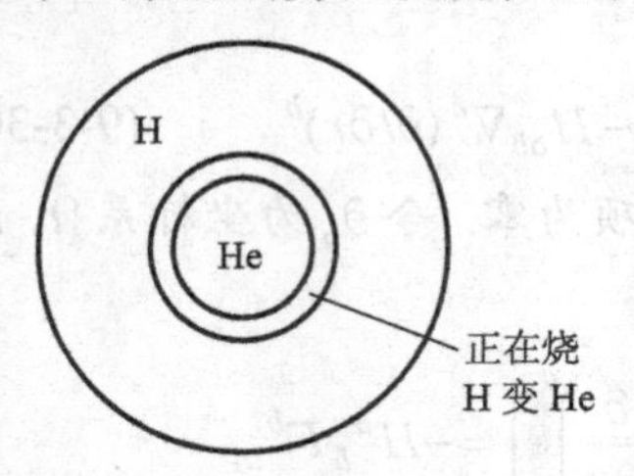

图 9-9　星核内部氢烧完后略况

止自引力收缩必须有足够的压强梯度[在牛顿引力论中体现为式(9-3-18)，在广义相对论中为式(9-3-17)]．星体由氢、氦及其他元素组成．星内的高温使这些元素的原子处于电离状态．按照经典物理学，这一离子和电子的组合可看作理想气体，由式(9-3-31)可知，在给定密度下要获得高压就要有高温，由于星体不断辐射能量，除核反应外没有任何机制可以提供能量以维持高温．然而，根据量子物理学，即使是绝对零度下的系统也有可能存在可观的压强．以电子气为例．在经典物理学中，电子的平均动能为 $3kT/2$，$T=0$ 时平均动能为零，所有电子都处于能量为零的状态．然而，根据量子物理学，电子服从泡利不相容原理，一个能级至多可被两个电子占据(它们的自旋反向，故为两种不同状态.)．因此，在 $T=0$ 时，电子一方面要“挤”进能量尽可能低的状态；另一方面，由于每一能态只许存在两个电子，众多电子必须占满由能量为零开始直至能量为某值 E_F 的所有状态(只有能量大于 E_F 的态全部空着)．E_F 叫**费米能**(fermi energy)，其值随密度的增加而增大．这就表明，即使处于绝对零度，电子气中的电子也不像经典物理断言的那样完全没有运动，它们具有并非起因于热运动(而是起因于不相容原理)的动能，这种动能对压强和能量密度都有贡献．$T=0$ 的电子气叫(完全)**简并电子气**(degenerate electron gas)，由上述原因引起的压强叫**电子简并压**(electron degenerate pressure)．在普通密度下，费米能 E_F 很小(例如常见金属中电子气的 E_F 只有几个电子伏)，相应的电子简并压微不足道．但简并压在高密情况下的作用却很可观．星核在氢、氦烧完后的再次收缩造成的高密度使电子具有很高的费米能 E_F．虽然星核内的温度 T 用通常标准衡量很高，但因 E_F 很大，有 $kT \ll E_F$，因此电子由于热运动对压强 p 的贡献远小于电子由于不相容原理和高 E_F 而具有的动能对 p 的贡献．在这个意义上与 $T=0$ 的情况没有太大差别．所以这时星内的电子可看作简并电子气，其简并压有可能抵消自引力，使星体保持平衡，永不收缩．这种靠电子简并压支撑的稳定星体称为**白矮星**(white dwarf)．“矮”是指比普通恒星小得多，“白”则由表面温度很高得名．一个孤立的星体一旦演化为白矮星就不再有重要的演化过程．因为温度比外界高，它将不断辐射能量．由于没有能源，辐射导致温度下降，直至与周围温度相等，因而再也不被看见(许多文献称此为“黑矮星”，即“black dwarf”.)．白矮星的存在性早已为天文观测所证实，天狼星 B 是人类发现的第一颗白矮星．直观地想，质量越大的星体自引力越强，只有质量足够小的星体才能靠电子简并压支撑而成白矮星．钱德拉塞卡最先求得白矮星的质量上限 $M_{Ch} \cong 1.3M_\odot$ [参见 Chandrasekhar(1939)]．这一工作以及他一生对天体物理学的贡献使他于 1983 年获得诺贝尔物理奖．选读 9-3-3 将简介钱氏质量上限的推导过程．

星体在演化过程中会因抛出物质而使质量减小．当说到白矮星满足 $M<M_{Ch}$ 时，M 是指剩余质量．据估算，初始质量小于 $6\sim8M_\odot$ 的星体都将经过红巨星阶

段并抛出大量物质而成为质量约为$0.5\sim0.6M_\odot$的白矮星.

如果 $M>M_{\mathrm{Ch}}$，则电子简并压不足以维持星体平衡，星核内部的核聚变反应将一级级继续，直至烧成铁和镍. 这是结合得最紧的原子核(核子的平均结合能最大)，不可能因核聚变而放能. 于是星核在自引力作用下急剧收缩，密度和温度急剧增大. 这时自引力很强，牛顿近似[式(9-3-18)]不再适用，必须使用广义相对论的式(9-3-17). 对给定的$\rho(r)>0$，式(9-3-17)右边总大于式(9-3-18)右边(指绝对值)，因此在广义相对论中为达到平衡所需的中心压强更大，平衡更难实现. 在如此高温高密下，高能光子可将铁-镍原子核打碎成中子、质子或轻核(光分裂)，电子也将同质子反应(逆β衰变)而成中子和中微子(后者溢出星体). 于是中子在星核内占了绝大部分. 中子也是费米子，也服从泡利不相容原理. 在达到核密度($\sim10^{17}\,\mathrm{kg\cdot m^{-3}}$)时中子的费米能$E_{\mathrm{F}}$ (除以玻尔兹曼常数k)大大高于星内温度T，[①] 因而可以看作简并中子气(即认为$T\cong0$)，其简并压也有可能抵消自引力，使星体达到稳定平衡. 这种靠中子简并压支撑的稳定星体称为**中子星**(neutron star). 由于中子星内的密度达到甚至超过核密度，人们对这种条件下的物态方程的了解远不如在较低密度时确切，这给中子星质量上限的计算带来困难. 不同文献给出不同结果，只能大概说中子星的质量上限为$2M_\odot$(或$2\sim3M_\odot$). 由于达到核密度，不妨认为中子星是一个“超大型原子核”. 中子星比白矮星小得多，典型中子星半径只有 10km 的量级，而白矮星的半径约在 3 千至 2 万公里之间. 中子星是一种非常特别(且复杂)的天体，它有各种“极端”(超常)表现：高达核密度的密度、异乎寻常的强磁场(高达 10^{12} 高斯)、甚高速的旋转(频率从1 Hz 至近 1000Hz)、离光速不远的高声速、超流的内部……. 人们至今还难于对它了解得很透彻.

中子星的第一个理论模型是 Oppenheimer 和 Volkoff 于 1939 年发表的. 由于文章没有给出可观测的物理效应，对中子星的研究冷落了 28 年. 中子星的存在从 1967 年发现脉冲星开始得到证实. 脉冲星是一种在地球上测到的周期性电磁脉冲信号的信号源，周期约为 1s 或更小，其唯一可信的解释是：这是一颗旋转着的中子星，其表面的强磁场导致磁偶极辐射，辐射的方向性同中子星的旋转的结合使地球收到电磁脉冲信号 (1967 年发现的脉冲星的电磁脉冲是射电脉冲). 只有中子星(半径很小且表面引力很强)才能在如此高角速的旋转中免于“散架”.

星核在形成中子星之前的收缩非常急剧，所以称为**引力坍缩**(gravitational collapse). 正在急剧坍缩的星核一旦达到足够的密度并被中子简并压所遏制，其强大的能量将表现为向外的冲击波并迫使外层物质向四周飞出，形成能量极大的**超新星爆发**(supernova explosion). 著名的两个超新星遗址——蟹状星云和船帆状星云——中都发现了脉冲星，这对上述理论是重要支持. 我国古代文献对超新星

① 更准确的说法是：由于放出大量高能中微子，在中子星形成几秒钟后有 $E_{\mathrm{F}}\gg kT$.

爆发事件有过极其丰富的记录，其中宋史志卷九关于公元1054年(北宋期间)观测到的超新星(SN1054)的记录特别受到现代国际同行的重视[其中一页的照片可在Misner et al.(1973)的扉页中找到]. 蟹状星云正是SN1054的遗迹. 地球上最近一次观测到的肉眼可见的超新星爆发是在1987年(SN1987a). 该超新星位于银河系的近邻星系——大麦哲伦云，距地球约为16万光年. 超新星爆发的详细机制仍是一个正在深入研究的课题.

如果球对称恒星在抛出物质后的质量仍高于中子星质量上限($\sim 2M_\odot$)，就没有任何力量可以阻止它的引力坍缩，它将无限制地缩为密度和曲率都无限大的"奇点"，并形成施瓦西黑洞(见§9.4).

[选读9-3-3]

本选读介绍电子简并压公式及白矮星质量上限的推导. 先讨论电子简并压. 设x，y，z是电子的空间坐标，k_x，k_y，k_z是电子动量的3个坐标分量，则$\{x, y, z; k_x, k_y, k_z\}$是6维相空间的坐标. 相空间可分为许多量子相格$\mathrm{d}x\mathrm{d}y\mathrm{d}z\mathrm{d}k_x\mathrm{d}k_y\mathrm{d}k_z$(每个相格相当于一个能级)，相格的体积为$h^3$($h$为普朗克常数). 故

$$\mathrm{d}x\mathrm{d}y\mathrm{d}z\mathrm{d}k_x\mathrm{d}k_y\mathrm{d}k_z = h^3 . \qquad (9\text{-}3\text{-}32)$$

令$k \equiv (k_x{}^2 + k_y{}^2 + k_z{}^2)^{1/2}$，则动量空间中$k$值在$(k, k+\mathrm{d}k)$范围内的点组成一个体积为$4\pi k^2\mathrm{d}k$的球壳，位置在$\mathrm{d}x\mathrm{d}y\mathrm{d}z$内、$k$值在$(k, k+\mathrm{d}k)$内的状态在相空间中的代表点则组成体积为$4\pi k^2\mathrm{d}k\mathrm{d}x\mathrm{d}y\mathrm{d}z$的壳层. 既然每个量子相格体积为$h^3$，壳层内就有$4\pi k^2\mathrm{d}k\mathrm{d}x\mathrm{d}y\mathrm{d}z/h^3$个相格. 因为每个相格对应于一个能级，而每个能级至多由两个电子占领，壳层内的电子数不会超过$8\pi k^2\mathrm{d}k\mathrm{d}x\mathrm{d}y\mathrm{d}z/h^3$. 对$T=0$的完全简并电子气，$E \leqslant E_\mathrm{F}$的每一能级有两个电子，$E > E_\mathrm{F}$的所有能级全都空着，因此

$$\text{单位体积中 } k \text{ 值在 } (k, k+\mathrm{d}k) \text{ 内的电子数 } f(k)\mathrm{d}k = \begin{cases} 8\pi k^2\mathrm{d}k/h^3, & k < k_\mathrm{F} \\ 0\quad , & k > k_\mathrm{F} \end{cases} , \qquad (9\text{-}3\text{-}33)$$

其中k_F是同E_F相应的**费米动量**. 于是电子的数密度(单位体积中不论什么动量的电子数)

$$n_\mathrm{e} = \int_0^{k_\mathrm{F}} \frac{8\pi k^2\mathrm{d}k}{h^3} = \frac{8\pi}{3h^3}k_\mathrm{F}{}^3 . \qquad (9\text{-}3\text{-}34)$$

星内的质量密度ρ主要来自核子的贡献. 设核子的数密度和质量分别为n_N和m_N，则$\rho = n_\mathrm{N}m_\mathrm{N}$. 令$\mu \equiv n_\mathrm{N}/n_\mathrm{e}$(对于氢已烧完的星体，$\mu \cong 2.$)，则

$$\rho = \mu n_\mathrm{e} m_\mathrm{N} , \qquad (9\text{-}3\text{-}35)$$

其中n_e由式(9-3-34)表出. 欲得物态方程还须计算简并压强$p_{\text{简}}$. 压强是单位面积上

的压力，即该面的左侧物质对右侧物质的力，亦即两侧之间在单位时间内交换的动量(力的定义就是动量变化率 $\mathrm{d}\vec{k}/\mathrm{d}t$). 这动量交换是由从左侧穿过该面进入右侧以及从右侧穿过该面进入左侧的电子所导致(每个电子带有一定动量). 因此，压强等于单位时间内通过单位面积的电子的动量的矢量和. 设 $\mathrm{d}\sigma$ 是星内空间的一个面元，法矢为 $\vec{n}$ (见图 9-10). 先考虑动量为 $\vec{k}$ 的电子，相应速度为 $\vec{u}$，即 $\vec{k}=(1-u^2)^{-1/2}m_\mathrm{e}\vec{u}$ (其中 $u^2\equiv\vec{u}\cdot\vec{u}$). 以 $\mathrm{d}\sigma$ 为底、u 为母线长作一斜柱体，母线与 $\vec{k}$ 平行. 设 θ 为 $\vec{n}$ 与 $\vec{k}$ 的夹角，则柱体的体积等于 $u\cos\theta\mathrm{d}\sigma$，由式(9-3-33)可知位于柱体内部、$k$ 值在$(k,\ k+\mathrm{d}k)$内的电子数为 $f(k)u\cos\theta\mathrm{d}\sigma\mathrm{d}k$. 至今尚未涉及 $\vec{k}$ 的方向. 以面元 $\mathrm{d}\sigma$ 中一点 q 为球心作一球面，把右半球面分为许多面元，每个面元对应于一个元立体角，其中以 $\vec{k}$ 为轴的一个记作 $\mathrm{d}\Omega_{\vec{k}}$. 由于整个球面对应的立体角为 4π，位于柱体内、动量大小在$(k,\ k+\mathrm{d}k)$内且方向限于 $\mathrm{d}\Omega_{\vec{k}}$ 内的电子数只有 $f(k)u\cos\theta\ \mathrm{d}\sigma\mathrm{d}k\mathrm{d}\Omega_{\vec{k}}/4\pi$. 这些电子(带着动量)在单位时间内穿过 $\mathrm{d}\sigma$，因此单位时间内穿过 $\mathrm{d}\sigma$ 的、满足上述条件[①大小在$(k, k+\mathrm{d}k)$内；②方向在 $\mathrm{d}\Omega_{\vec{k}}$ 内]的电子总动量的法向分量为

$$[f(k)u\cos\theta\ \mathrm{d}\sigma\mathrm{d}k\mathrm{d}\Omega_{\vec{k}}/4\pi]\ k\cos\theta=f(k)uk\cos^2\theta\,\mathrm{d}\sigma\mathrm{d}k\mathrm{d}\Omega_{\vec{k}}/4\pi\ .$$

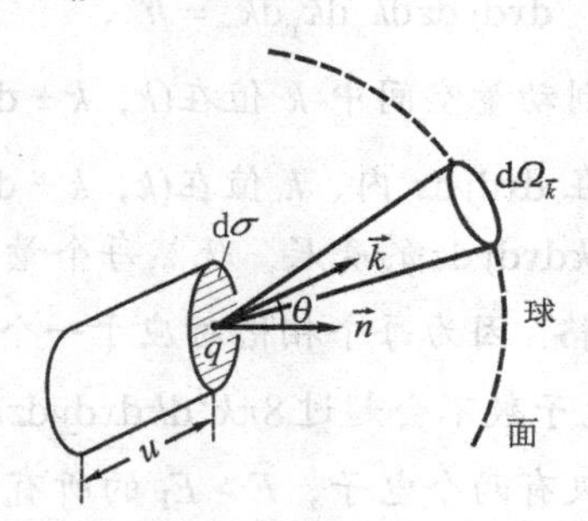

图 9-10　位于斜柱体内的电子在单位时间内穿过面元 $\mathrm{d}\sigma$，由此可计算 $\mathrm{d}\sigma$ 所在处的压强

于是单位时间内流过单位面积的所有电子(不论其 $\vec{k}$ 的大小和方向如何)的总动量，亦即 $\mathrm{d}\sigma$ 所在处的简并压强为

$$p_{简}=\frac{1}{4\pi}\int_{球面}\cos^2\theta\,\mathrm{d}\Omega_{\vec{k}}\int_0^\infty f(k)u(k)k\mathrm{d}k=\frac{8\pi}{3h^3}\int_0^{k_\mathrm{F}}k^3u(k)\mathrm{d}k\ ,\qquad(9\text{-}3\text{-}36)$$

其中第二步用到式(9-3-33). 利用 $k=(1-u^2)^{-1/2}m_\mathrm{e}u$ 可把式(9-3-36)改写为

$$p_{简}=\frac{8\pi}{3h^3}\int_0^{k_\mathrm{F}}\frac{k^4\mathrm{d}k}{(k^2+{m_\mathrm{e}}^2)^{1/2}}\ .\qquad(9\text{-}3\text{-}37)$$

再用式(9-3-34)把式(9-3-35)改写为

$$k_F = h\left(\frac{3\rho}{8\pi\mu m_N}\right)^{1/3}, \tag{9-3-38}$$

代入式(9-3-37)便可求得物态方程的显表达式. 这个方程颇为复杂，但可通过对两个极端情况的讨论而得到有用的结论. 当 $m_e >> k_F$ 时 $u_F << 1$，电子运动可用牛顿力学描述，这称为非相对论情况；当 $m_e << k_F$ 时 $u_F \cong 1$，电子运动必须用狭义相对论描述，这称为极端(狭义)相对论情况. 非相对论条件 $m_e >> k_F$ 和极端相对论条件 $m_e << k_F$ 又可分别表为 $\rho << \rho_C$ 和 $\rho >> \rho_C$，其中**临界密度** ρ_C 由 $m_e = k_F$ 定义，可用式(9-3-38)求得为

$$\rho_C = 8\pi\mu m_N m_e^3/(3h^3). \tag{9-3-39}$$

改写为国际制形式(补 c^3)并代入具体数值(取 $\mu = 2$)得

$$\rho_C = 8\pi\mu m_N m_e^3 c^3/(3h^3) \cong 2\times 10^9\,\mathrm{kg\cdot m^{-3}},$$

可见临界密度 ρ_C 约为水密度的 2×10^6 倍. 对 $\rho << \rho_C$ (非相对论情况)，式(9-3-37)近似给出

$$p_{简} = \frac{8\pi k_F^5}{15h^3 m_e}, \tag{9-3-40}$$

以式(9-3-38)代入并代入国际制具体数值得

$$p_{简} = \frac{1}{20}\left(\frac{3}{\pi}\right)^{2/3}\frac{h^2}{m_e m_N^{5/3}}\left(\frac{\rho}{\mu}\right)^{5/3} = 10^7\left(\frac{\rho}{\mu}\right)^{5/3} \quad (国际制). \tag{9-3-41}$$

在极端相对论情况下式(9-3-37)近似给出

$$p_{简} = \frac{2\pi k_F^4}{3h^3}, \tag{9-3-42}$$

以式(9-3-38)代入上式，改写为国际制形式(补 c)并代入具体数值得

$$p_{简} = \left(\frac{3}{\pi}\right)^{1/3}\frac{hc}{8m_N^{4/3}}\left(\frac{\rho}{\mu}\right)^{4/3} = 1.24\times 10^{10}\left(\frac{\rho}{\mu}\right)^{4/3} \quad (国际制). \tag{9-3-43}$$

式(9-3-41)和(9-3-43)可统一表为

$$p_{简} = K\rho^\gamma, \qquad K = 常数, \qquad \gamma = 常数. \tag{9-3-44}$$

物态方程为(9-3-44)的天体叫**多层球**(polytrope). 由简并电子气组成的星体在两种极端情况下都是多层球(但在两种极端情况之间则不是)，其中，对非相对论情况有 $\gamma = 5/3$；对极端相对论情况有 $\gamma = 4/3$. 设星体为多层球，用式(9-3-8)把流体静力学平衡条件式(9-3-18)改写为

$$\frac{\mathrm{d}}{\mathrm{d}r}\left[\frac{r^2}{\rho(r)}\frac{\mathrm{d}p(r)}{\mathrm{d}r}\right] = -4\pi\rho(r)\,r^2, \tag{9-3-45}$$

由此出发利用纯计算技巧可得 [见温伯格(1972)中译本 P.356~358] 星体半径 R 和质量 M 对中心密度 ρ_0 的依赖关系

$$R = a_\gamma \rho_0{}^{(\gamma-2)/2}, \tag{9-3-46}$$

$$M = b_\gamma \rho_0{}^{(3\gamma-4)/2}, \tag{9-3-47}$$

其中常数 a_γ 和 b_γ 同 γ 有关，对 $\gamma = 5/3$ 和 $\gamma = 4/3$ 分别为

$$\begin{aligned} a_{5/3} &= 6.3\times10^{8}\,\mu^{-5/6}, \quad & b_{5/3} &= 1.7\times10^{26}\,\mu^{-5/2}; \\ a_{4/3} &= 5.3\times10^{10}\,\mu^{-2/3}, \quad & b_{4/3} &= 11.6\times10^{30}\,\mu^{-2}. \end{aligned} \tag{9-3-48}$$

在此基础上就可进一步讨论白矮星. 当星体质量 M 足够小时，$\rho_0 << \rho_C$，式(9-3-41)对星内处处适用，整个星球内的电子气组成 $\gamma = 5/3$ 的多层球. 当中心简并压等于为保持平衡所需的中心压强时星体平衡. 平衡时的半径 R 与质量 M 的关系可由式(9-3-46)、(9-3-47) (取 $\gamma = 5/3$)和(9-3-48)看出

$$R \propto M^{-1/3}. \tag{9-3-49}$$

可见 $\gamma = 5/3$ 的白矮星的半径随质量增大而减小. 这与生活经验以及由行星得来的经验相悖，稍后将对此做一粗略解释. 若式(9-3-49)恒成立，则电子简并压可支持任何质量的星体，因为只要把 M 值代入式(9-3-49)便可求得一个平衡的星体半径 R. 然而，当质量 M 足够大时中心压强将大到电子的(狭义)相对论效应非考虑不可的程度，星体不可再看作 $\gamma = 5/3$ 的多层球，式(9-3-49)不再成立. 事实上，由于 ρ_0 随 M 增加而增加，中心附近的电子首先达到极端相对论性的程度，星内出现一个可看作 $\gamma = 4/3$ 的多层球的核心球，进而逐渐扩大到整个星体. 由式(9-3-47)[①]可知当 $\gamma = 4/3$ 时 M 同 ρ_0 无关，与 $\gamma = 5/3$ 的情况十分不同. 当整个星体可看作 $\gamma = 4/3$ 的多层球时，由式(9-3-48)可知这个同 ρ_0 无关的 M 值(记作 M_{Ch})为

$$M_{\text{Ch}} = b_{4/3} = 5.8\times(2\times10^{30})\,\mu^{-2} \quad (\text{国际制}).$$

注意到在国际制中 $M_\odot = 2\times10^{30}$，有

$$M_{\text{Ch}} = \frac{5.8}{\mu^2} M_\odot. \tag{9-3-50}$$

式(9-3-47)是在流体静力学平衡的条件下导出的，如果质量大于 M_{Ch}，星体就不能平衡. 事实上，由式(9-3-49)和(9-3-44)可知上述结论可以如下理解：作为粗略计算，假定星内密度均匀，则由式(9-3-23)可知为保持平衡所需的中心压强

$$p_{\text{引}} \propto M^2 R^{-4}, \tag{9-3-51}$$

把 p_0 改记为 $p_{\text{引}}$ 旨在强调这是为抗衡自引力所需的中心压强. 由式(9-3-44)知简并电子气所能提供的简并压强 $p_{\text{简}} \propto M^\gamma R^{-3\gamma}$，于是

① 这时仍有 $p << \rho$ 和 $m(r) << r$，因此牛顿公式(9-3-18)以及由它导出的式(9-3-45)~(9-3-48)仍适用.

$$P_{引}/p_{简} \propto M^{2-\gamma}R^{3\gamma-4} = \begin{cases} M^{1/3}R, & 对\ \gamma = 5/3 \quad (a) \\ M^{2/3}, & 对\ \gamma = 4/3 \quad (b) \end{cases} \tag{9-3-52}$$

设星体内的电子气处于非相对论情况($\gamma = 5/3$)且 $M < M_{Ch}$，则由式(9-3-52a)知存在 R 值使 $p_{引}/p_{简}=1$，星体半径等于此 R 值时平衡. 若 M 略有增大，则 $p_{引}/p_{简}>1$，自引力略大于简并压力，星体将收缩至较小半径而重获平衡(这可看作对“质量越大的白矮星半径越小”这一结论的具体解释). 然而，如果 M 大到使全星球为 $\gamma = 4/3$，则由式(9-3-52b)可知 $p_{引}/p_{简}$ 同 R 无关. 在这种极端情况下只有 M 等于某一适当值 M_{Ch} 时才能平衡. 若 $M < M_{Ch}$，则 $p_{引}/p_{简}<1$，即简并压大于自引力，R 将变大直至退出极端相对论情况. 反之，若 $M > M_{Ch}$，则 $p_{引}/p_{简}>1$，星体将收缩，越缩越使 γ 更精确地等于 4/3，$p_{引}/p_{简}$ 就不因 R 变小而改变，于是星体只能继续收缩而不能在电子简并压支撑下平衡. 可见 M_{Ch} 的确是白矮星(其特点就是靠电子简并压支撑而达平衡)的质量上限. 由于白矮星内部一般为氦、碳或氧，可取 $\mu = 2$，代入式(9-3-50)便得 $M_{Ch} = 1.45M_{\odot}$. 以上仅是简化的讨论. 更准确的讨论和计算给出略小于此值的 M_{Ch}，例如 $M_{Ch} = 1.3M_{\odot}$. **[选读 9-3-3 完]**

§9.4 Kruskal 延拓和施瓦西黑洞

施瓦西真空度规在施瓦西坐标系的线元为

$$ds^2 = -\left(1-\frac{2M}{r}\right)dt^2 + \left(1-\frac{2M}{r}\right)^{-1}dr^2 + r^2(d\theta^2 + \sin^2\theta\, d\varphi^2)\,. \tag{9-4-1}$$

当 $r = 2M$ 时， $g_{11} = \infty$ (无意义)；当 $r = 0$ 时，g_{00} 和 g_{11} 都无意义. 人们称这些能使 $g_{\mu\nu}$ 变得无意义(或退化)的点为**奇点**(singularity)，并说 $g_{\mu\nu}$ 在奇点处存在**奇性**. 英语文献中奇点和奇性是同一个词，即 singularity. 但在汉语陈述中往往愿意把“奇性”这一性质与奇性出现的“地点”相区别，于是要用奇性和奇点两个词. ① 奇点的出现有两个原因：①度规张量 g_{ab} 在该点表现良好，只是由于坐标系选择不当而使 g_{ab} 在该系的某些分量在该点表现不好，这叫**坐标奇点**(coordinate singularity)，可通过选择适当坐标系消除；②度规张量 g_{ab} 本身在该点表现不好(是奇异的)，这叫**真奇点**(true singularity)或**时空奇点**(spacetime singularity)，是真正棘手的问题，也是广义相对论的老大难问题. 后面将看到，$r = 2M$ 处的奇性只是坐标奇性，时空奇性只在 $r = 0$ 处存在. 令 $r_S \equiv 2M$ (叫**施瓦西半径**)并把常数 G 和 c 补上，得

① 然而“奇点”的“点”字有时会引起误解，因为 $r = 0$(或 $r = 2M$)在 4 维语言中代表一张超曲面而不是一个点.

$$r_S = 2GM/c^2 \cong 3M/M_{\odot} \quad (\text{km}).$$

太阳的 $r_S \cong 3\text{km}$，远小于太阳半径，而施瓦西外解不适用于太阳内部，故对太阳(以及普通星体)根本没有奇性问题. 然而，对于经历引力坍缩成为黑洞的球对称星体(Birkhoff 定理保证其外部时空几何由施瓦西度规描述)，奇性问题却有重要意义.

9.4.1 时空奇点(奇性)的定义

奇点(奇性)概念与物理量的发散性有密切联系，它在广义相对论问世前早已存在，然而广义相对论的时空奇性问题却比任何其他物理理论的奇点问题困难得多(从定义起就困难). 关键在于，在任何非广义相对论的理论中，背景时空是早已给定的(例如闵氏时空)，只要所关心的物理场在某时空点发散(或无意义)，就说该点是该物理场的奇点. 例如，在 3 维语言中，点电荷的静电场强 $\vec{E} = Q\,\vec{r}/4\pi r^3$ 在 $r=0$ 处没有意义(或说 $r \to 0$ 时 $E \to \infty$)，所以就说这个点是静电场 $\vec{E}$ 的奇点，或说 $\vec{E}$ 在 $r=0$ 点有奇性. 然而广义相对论则不同. 我们关心的是时空奇性，即度规场的奇性，于是度规场在这个问题上身兼背景场和物理场的双重角色(既是舞台又是演员). 仿照静电场奇点的定义方法，似乎可对时空奇点给出如下定义："时空 $(M,\ g_{ab})$ 叫奇异的，若 $\exists\, p \in M$ 使 g_{ab} 在 p 点无意义(或发散)，p 点叫时空奇点." 然而，时空本身按定义就是一个配以洛伦兹度规的 4 维流形 M，度规 g_{ab} 在 M 的各点不但应有意义，而且要表现良好，如连续或若干阶可微等. 如果 M 中存在点 p 使 $g_{ab}|_p$ 无意义，p 点本来就不属于时空(不是合格的时空点)，所以真正的时空应是 $(M',\ g_{ab})$，其中 M' 是把 p 点开除后的结果，即 $M' \equiv M - \{p\}$. 例如，若以 $(M,\ g_{ab})$ 代表施瓦西时空，则应明确所有 $r=0$ 的点都不属于 M. 看来时空奇性的定义可修改为："时空叫奇异的，若其中某些区域已被删去." 但是问题在于如何判断"某些区域已被删去". 下面介绍一个巧法. 以闵氏时空为例. 设 $\gamma(\lambda)$ 是 $(\mathbb{R}^4,\ \eta_{ab})$ 中不可延伸的任一测地线(指已延伸到向两端都不可再延伸的程度)，则其仿射参数 λ 总可从 $-\infty$ 至 $+\infty$ 取值[指 $\gamma(\lambda) \in \mathbb{R}^4$，$\forall\, \lambda \in (-\infty,\ \infty)$]. 但若删去 $\gamma(\lambda)$ 的一点 p，就会在 $\mathbb{R}^4$ 中留下一个"洞"，成为 $M' \equiv \mathbb{R}^4 - \{p\}$，导致 $\gamma(\lambda)$ 分裂为两条测地线 $\gamma'(\lambda)$ 和 $\gamma''(\lambda)$，其仿射参数 λ 的取值范围[即曲线映射 γ' 和 γ'' 的定义域]分别是 $(-\infty,\ \lambda_p)$ 和 $(\lambda_p,\ \infty)$，我们说 $\gamma'(\lambda)$ 和 $\gamma''(\lambda)$ 都是不完备的测地线. 一般地说，$(M,\ g_{ab})$ 中一条不可延伸的测地线称为**不完备测地线**(incomplete geodesic)，若其仿射参数的取值范围不等于 $(-\infty,\ \infty)$. 不完备测地线的存在在很大程度上可以看作是时空某些区域被删去(因而有"洞")的标志. 于是可考虑这样的定义："若时空存在一条(或一条以上)不完备测地线，就称它为奇异时空." 然而这个定义有个严重的缺点，就是"打击面"过宽. 一个本来并不奇异的时空，如果人为地挖去一点，按上述定义就成了奇异时空，这是不希望的. 克服这个缺点的办法是在定义

中加上一个限制：所讨论的时空必须是不可延拓的，即不能通过添加某些点使它变得更大. [①] 人为挖去若干点的时空不是不可延拓的，所以不满足这个定义. 再从物理上是否奇异的角度审查上述定义. 如果不可延拓时空中存在一条不完备类时测地线，从物理上看的确非常奇异：它代表的自由下落观者在有限时间内(根据自己的标准钟)竟会在时空中消失(或在有限时间的过去不曾在时空中存在过)! 类似地，不完备类光测地线在物理上也是奇异的，因为类光测地线代表光子的世界线. 然而，类空测地线不是任何粒子的世界线，似乎没有理由认为只存在不完备类空测地线的时空是物理上奇异的. 于是改用如下定义[见 Hawking and Ellis(1973)]：

定义 1　若不可延拓时空中存在一条(或一条以上)不完备的类时或类光测地线，就称它为**奇异时空**(singular spacetime)，或说它有**时空奇点**(**奇性**).

然而定义 1 仍有缺点. 例如，存在这样的时空[见 Geroch(1968)]，它没有任何不完备测地线，但却有一条奇怪的(已做了最大延拓的)非测地类时线，其线长有限，其 4 加速(的大小)有界. 这表明飞船内沿此曲线旅行的观者经有限时间后竟会在时空中消失(线长有限和 4 加速有界保证飞船只需有限燃料就可走完这条曲线，而这样的飞船原则上存在.)! 这样的时空在物理上是奇怪得足以称为奇异时空的，可惜按定义 1 它却不是. 这说明该定义存在“打击面”过窄的缺点. 定义 1 的另一缺点是时空有“洞”的直观说法与存在不完备测地线并不总一致. 例如，存在这样的测地不完备时空(含有不完备的类时、类光、类空测地线)，其背景流形是紧致的，因而是无“洞”的(根据定理 1-3-9，紧致流形中任何点序列都有聚点，因而流形无“洞”.)，见 Wald(1984). 虽然定义 1 存在这样那样的缺点，但仍不失为首选定义. Hawking 和 Penrose 的奇性定理(1965~1970 年)的证明中用的就是这个定义(下册附录对奇性定理将有粗浅介绍). 后面将看到做了最大延拓的施瓦西时空仍存在许多不完备的类时和类光测地线(其存在性都与删去 $r=0$ 有关)，因此施瓦西时空是奇异时空，$r=0$ 处存在时空奇性(因而 $r=0$ 的点都不属于施瓦西时空).

许多奇异时空在沿不完备测地线趋于奇点时都有“曲率发散性”. 曲率是张量，其分量同基底有关，正常的张量在不好的基底下的分量也会发散，因此在谈及曲率发散性时先要给出明确且有实质性意义的定义. 首先可考虑由 $R_{abc}{}^{d}$，g_{ab} 及 ∇_a 构成的各种标量[例如 R，$R_{ab}R^{ab}$，$R_{abcd}R^{abcd}$，$R_{abcd}R^{cdef}R_{ef}{}^{ab}$，$(\nabla^c R^{ab})\nabla_c R_{ab}$]及其多项式. 如果这些量中有一个沿不完备测地线发散，就说时空存在 **s.p.曲率奇性**(s.p.curvature singularity)，其中 s. p. 是 scalar polynomial(标量多项式)的缩写. 然而

① 准确的数学定义是：时空(M, g_{ab})叫不可延拓的，若不存在时空 (M', g'_{ab}) 使(M, g_{ab})与 (M', g'_{ab}) 的真子集之间存在等度规映射.

也存在这样的时空，其标量多项式全部为零但 $R_{abc}{}^d \neq 0$(类似于类光矢量自我缩并为零而矢量自身非零). 因此还应考虑曲率发散性的另一种定义：若 $R_{abc}{}^d$ 及其协变导数在沿测地线平移的任一标架场的分量中至少有一个发散，就说时空存在 **p.p. 曲率奇性**，其中 p. p. 代表 parallelly propagated basis (平移基底). s. p. 曲率奇性蕴含 p. p. 曲率奇性，反之不然. 在肯定时空存在至少一条不完备的类时或类光测地线后，就可说时空是奇异的，然后再检查沿这些不完备测地线有无曲率发散性，这有三种可能：①有 s. p. 曲率奇性；②没有 s. p. 曲率奇性却有 p. p. 曲率奇性；③没有曲率奇性(没有曲率发散性). Taub-NUT 时空就是没有曲率奇性的奇异时空的例子[见 Hawking and Ellis(1973) § 5.8 和 P.261]. 另一方面，某些时空虽然存在曲率发散性，但只当“趋于无限远”时才发散，这种时空不应视为奇异时空. 可见，不用测地不完备性而只用曲率发散性定义时空奇性不妥.

9.4.2 Rindler 度规的坐标奇点

如果你能找到一个坐标系使施瓦西度规在该系的分量在 $r = 2M$ 处表现正常，便可断定 $r = 2M$ 只是坐标奇性. 这是判断坐标奇点的充分性判据. 可惜在一般情况下寻找这种“好”坐标系并非易事，不存在“旱涝保收”的方法. 幸好施瓦西度规在 $r = 2M$ 的奇性只涉及 4 维线元中的前两维，而在 2 维时空中寻找“好”坐标系的问题远比 4 维时空容易. 本小节先介绍一个虽然简单却很有启发性的例子. 考虑 2 维 **Rindler 时空**，其度规在坐标系 $\{t, x\}$ 中的线元表达式为

$$ds^2 = -x^2 dt^2 + dx^2 . \tag{9-4-2}$$

度规分量的行列式 $g = -x^2$ 在 $x = 0$ 处为零，因此矩阵 $(g_{\mu\nu})$ 无逆(退化)，可见 $g_{\mu\nu}$ 在 $x = 0$ 处存在奇性. 欲证这是坐标奇性. 首先，注意 x 的取值范围不应包含 $x = 0$. 相对论有个基本约定，即背景流形必须为连通流形，因此 x 的范围既可取 $x > 0$ 也可取 $x < 0$，但不可取二者的结合. 不失一般性，取 $x > 0$，即限定 t，x 的取值范围为

$$-\infty < t < \infty, \qquad 0 < x < \infty . \tag{9-4-3}$$

寻找“好”坐标系以断定 $x = 0$ 处的奇性是坐标奇性的方法基于以下事实：2 维时空中每点只有两个类光方向(而 4 维时空则有无数)，因此(局域地看)过每点只有两条类光测地线，于是全时空的类光测地线可分为两族. 如果发现某些类光测地线不完备，就应怀疑所给时空是否曾被删去某些区域. 如能证明这些被删区域可以补上，即所给时空可以延拓，且 $x = 0$ 是延拓后的时空中的一点，便可断定 $x = 0$ 的奇性只是坐标奇性. 下面是具体做法.

设 $\eta(\lambda)$ 是 Rindler 时空的一条类光测地线，λ 为仿射参数，则其切矢

$$(\partial/\partial\lambda)^a = (\partial/\partial t)^a \mathrm{d}t/\mathrm{d}\lambda + (\partial/\partial x)^a \mathrm{d}x/\mathrm{d}\lambda$$

满足

$$0 = g_{ab}(\partial/\partial\lambda)^a(\partial/\partial\lambda)^b = g_{00}(\mathrm{d}t/\mathrm{d}\lambda)^2 + g_{11}(\mathrm{d}x/\mathrm{d}\lambda)^2 = -x^2(\mathrm{d}t/\mathrm{d}\lambda)^2 + (\mathrm{d}x/\mathrm{d}\lambda)^2,$$

因而对 $\eta(\lambda)$ 有

$$\mathrm{d}t/\mathrm{d}x = \pm 1/x, \qquad t = \pm\ln x + c \qquad (c \text{ 为积分常数}), \tag{9-4-4}$$

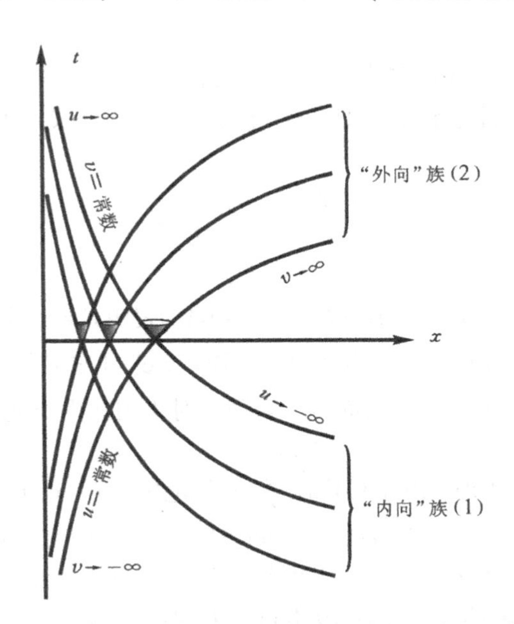

图 9-11　2 维 Rindler 时空中类光测地线的“内向”族 (1) 和“外向”族 (2) 在坐标系$\{t, x\}$的表现

其中正号和负号分别代表“外向”族和“内向”族类光测地线(此处的“外向”和“内向”只为陈述方便引入，可任选一族为外向，另一族为内向.)，而不同 c 值则用以区分同一族中的不同线. 于是 $t+\ln x$ 和 $t-\ln x$ 分别在每一“内向”和“外向”类光测地线上为常数. 用下式定义坐标 v 和 u:

$$v := t + \ln x, \qquad u := t - \ln x, \tag{9-4-5}$$

则 v 在每一“内向”类光测地线上为常数，u 在每一“外向”类光测地线上为常数. 由式(9-4-5)得

$$t = \frac{1}{2}(v+u), \qquad x = \mathrm{e}^{\frac{1}{2}(v-u)}, \tag{9-4-6}$$

微分后代入式(9-4-2)得

$$\mathrm{d}s^2 = -\mathrm{e}^{v-u}\mathrm{d}v\mathrm{d}u. \tag{9-4-7}$$

可见 $0 = g_{vv} = g_{ab}(\partial/\partial v)^a(\partial/\partial v)^b$，这表明坐标基矢 $(\partial/\partial v)^a$ 为类光矢量. 同理，$(\partial/\partial u)^a$ 也是类光矢量. 因此称 v ,u 为类光坐标. 坐标 t 和 x 的取值范围[见式(9-4-3)]

对应于υ和u的下列取值范围(见图 9-11):

$$-\infty<\upsilon<\infty, \qquad -\infty<u<\infty. \tag{9-4-8}$$

这似乎表明所有类光测地线都是完备的，其实不然，因为υ和u并非仿射参数. 仿射参数可借类时 Killing 矢量场$(\partial/\partial t)^a$求得. 根据定理 4-3-3，下面定义的E沿任一类光测地线$\eta(\lambda)$为常数

$$E:=-g_{ab}(\partial/\partial t)^a(\partial/\partial\lambda)^b=-g_{00}\mathrm{d}t/\mathrm{d}\lambda=x^2\mathrm{d}t/\mathrm{d}\lambda, \tag{9-4-9}$$

其中λ为仿射参数. 注意到u在任一“外向”类光测地线上为常数，把式(9-4-6)代入式(9-4-9)得

$$\mathrm{d}\lambda=\frac{\mathrm{e}^{-u}}{2E}\mathrm{e}^{\upsilon}\mathrm{d}\upsilon, \qquad \lambda=\frac{\mathrm{e}^{-u}}{2E}\int\mathrm{e}^{\upsilon}\mathrm{d}\upsilon=\frac{\mathrm{e}^{-u}}{2E}\ \mathrm{e}^{\upsilon}+c_1, \qquad c_1=\text{常数}. \tag{9-4-10}$$

定义

$$V:=\mathrm{e}^{\upsilon}. \tag{9-4-11}$$

因$\mathrm{e}^{-u}/2E$及c_1为常数，λ为仿射参数，式(9-4-10)表明$V\equiv\mathrm{e}^{\upsilon}$也是“外向”类光测地线的仿射参数(见定理 3-3-3). 由式(9-4-8)和$V\equiv\mathrm{e}^{\upsilon}$可知$V$的取值范围是$(0,\infty)$，可见“外向”类光测地线是不完备的. 同理，对“内向”类光测地线，

$$U:=-\mathrm{e}^{-u} \tag{9-4-12}$$

是仿射参数. 由式(9-4-8)、(9-4-12)知U的取值范围是$(-\infty,0)$，故“内向”类光测地线也是不完备的. 这是否表明 Rindler 时空是奇异时空、$x=0$处存在时空奇性？不，关键在于 Rindler 时空并非不可延拓时空而是某个更大时空删去某些区域的结果. 要确信这一结论，先由式(9-4-11)、(9-4-12)导出

$$\mathrm{d}V\mathrm{d}U=\mathrm{e}^{\upsilon-u}\mathrm{d}\upsilon\mathrm{d}u, \tag{9-4-13}$$

再代入式(9-4-7)得

$$\mathrm{d}s^2=-\mathrm{d}V\mathrm{d}U. \tag{9-4-14}$$

新坐标V，U的取值范围

$$0<V<\infty, \qquad -\infty<U<0 \tag{9-4-15}$$

是由原始坐标x的取值范围$0<x<\infty$导出的，然而现在没有必要死守这一范围，因为由式(9-4-14)可知度规在坐标系$\{V,U\}$中的唯一非零分量$g_{VU}=-1/2$十分正常，即使V，U取值超出式(9-4-15)的范围，线元式(9-4-14)照样表现良好，根本不存在什么奇点. 假如一开始就把线元式(9-4-14)放你面前而不提及以前的所有内容，你自然认为其V，U取值毫无约束，即可在$(-\infty,\infty)$内任意取值. 这样，我们通过引入新坐标V，U而实现了对 Rindler 度规的定义域的延拓. $x=0$代表的是延拓后的定义域中的点(V轴的正半轴，见图 9-12.)，度规在这些点表现正常，只是度规在原始坐标系$\{t,x\}$中的分量在这些点表现不好. 其实这也很自然，$x=0$本来就不属于原始坐标系的坐标域(“擦边在外”)，当初称$x=0$处有奇性只不过是把原始坐标系不适当地用到了坐标域之外. 所以$x=0$处的奇性只是坐标奇性. 如果进一

步用下式定义坐标 T, X:

$$T := (V+U)/2 \ , \qquad X := (V-U)/2 \ , \qquad (9\text{-}4\text{-}16)$$

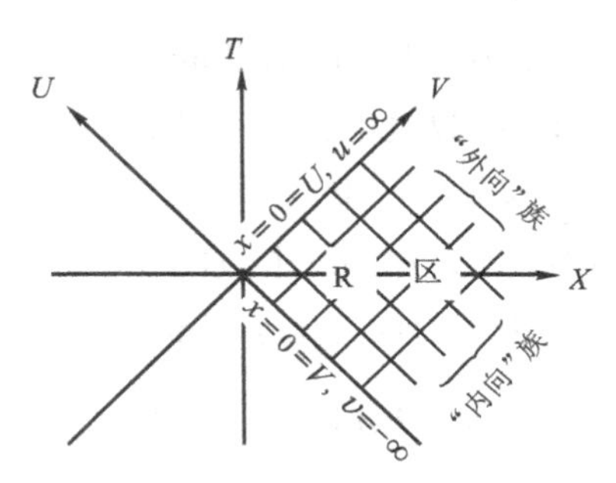

图 9-12　2 维 Rindler 时空是 2 维闵氏时空的一个子时空(R 区)

则由式(9-4-14)得 $ds^2 = -dT^2 + dX^2$，可见 Rindler 度规其实是平直度规，[①] 只是其真面目被原始坐标 t, x 所遮盖. 由式(9-4-2)定义的 Rindler 时空无非是 2 维闵氏时空的一个子时空[一个由式(9-4-15)定义的象限，见图 9-12 的 R 区]. 图 9-12 的闵氏时空是图 9-11 的 Rindler 时空的最大延拓. 由 $x^2 = e^{v-u} = -VU$ 可知图 9-12 中 $V=0$ 及 $U=0$ 的两条直线都对应于 $x=0$，这正是前面所讲的"$x=0$ 不属于原始坐标域(擦边在外)"的具体表现. 虽然图 9-11 中的两族类光测地线与图 9-12 中 R 区的两族类光测地线外观不同，但本质一样. 这再次说明，对同一时空，由于所用坐标系不同，时空图可以千差万别.

9.4.3　施瓦西时空的 Kruskal 延拓

作为微分方程，爱因斯坦方程是局域性的(给定流形一点及其任一邻域就可谈及微分方程). 方程的每个解代表一个度规，至于该度规定义在怎样一个流形上(这是个整体问题)，则只能在求解后讨论. 以原始施瓦西线元式(9-4-1)为例. 前已指出该线元在 $r=0$ 和 $r=2M$ 处存在奇性. 由于背景流形必须连通，r 的范围既可取 $r>2M$ 也可取 $0<r<2M$，但不可取二者之并. 不妨取定 $r>2M$，再设法证明 $r=2M$ 是坐标奇点. 证明的方法与 Rindler 情况十分类似. Rindler 线元式(9-4-2)不但是 2 维的，而且存在类时 Killing 矢量场 $(\partial/\partial t)^a$，即度规分量不含 t，这进一步使寻求"好"坐标系的任务大为简化. 不妨把完成任务的方法归结为如下的程序:

$$ds^2 = -x^2 dt^2 + dx^2 = x^2(-dt^2 + x^{-2}dx^2) \ .$$

定义 x 的函数 $x_*(x)$ 使满足 $dx_* = x^{-1}dx$，则 $ds^2 = x^2(-dt^2 + dx_*^2)$. 令 $v := t + x_*$,

---

① 与闵氏度规最多只差到一个微分同胚，因而等价(有相同几何，见 8.10.2. 小节).

$u := t - x_*$，即 $t = (v+u)/2$，$x_* = (v-u)/2$，则 $-\mathrm{d}t^2 + \mathrm{d}x_*{}^2 = -\mathrm{d}v\mathrm{d}u$. 故

$$\mathrm{d}s^2 = -x^2\mathrm{d}v\mathrm{d}u = -\mathrm{e}^{v-u}\mathrm{d}v\mathrm{d}u = -\mathrm{d}V\mathrm{d}U \,,$$

其中 $V = \mathrm{e}^v$，$U := -\mathrm{e}^{-u}$. 施瓦西度规也有 Killing 矢量场 $(\partial/\partial t)^a$，等价地，其线元式(9-4-1)前两维(记作 $\mathrm{d}\hat{s}^2$)的系数也不含 t，所以上述程序同样适用：

$$\mathrm{d}\hat{s}^2 = -(1-2M/r)\mathrm{d}t^2 + (1-2M/r)^{-1}\mathrm{d}r^2$$

$$= (1-2M/r)\,[-\mathrm{d}t^2 + (1-2M/r)^{-2}\mathrm{d}r^2] = (1-2M/r)\,(-\mathrm{d}t^2 + \mathrm{d}r_*{}^2)\,, \qquad (9\text{-}4\text{-}17)$$

其中
$$\mathrm{d}r_* := (1-2M/r)^{-1}\mathrm{d}r\,, \qquad (9\text{-}4\text{-}18)$$

取
$$r_* := r + 2M\ln\left(\frac{r}{2M} - 1\right), \qquad (9\text{-}4\text{-}19)$$

r_* 就是式(8-9-1)的乌龟坐标. 令

$$v := t + r_*\,, \qquad u := t - r_* \qquad \text{或}\ t = (v+u)/2, \qquad r_* = (v-u)/2\,, \qquad (9\text{-}4\text{-}20)$$

则 v 和 u 的取值范围是

$$-\infty < v, u < \infty\,. \qquad (9\text{-}4\text{-}21)$$

由式(9-4-20)得 $-\mathrm{d}t^2 + \mathrm{d}r_*{}^2 = -\mathrm{d}v\,\mathrm{d}u$，故

$$\mathrm{d}\hat{s}^2 = -(1-2M/r)\,\mathrm{d}v\mathrm{d}u\,. \qquad (9\text{-}4\text{-}22)$$

令
$$V := \mathrm{e}^{\beta v}, \quad U := -\mathrm{e}^{-\beta u} \quad (\beta\ \text{为待定常数}), \qquad (9\text{-}4\text{-}23)$$

则 V 和 U 的取值范围是

$$0 < V < \infty, \qquad -\infty < U < 0\,, \qquad (9\text{-}4\text{-}24)$$

且
$$\mathrm{d}v\mathrm{d}u = \beta^{-2}\mathrm{e}^{\beta(u-v)}\mathrm{d}V\mathrm{d}U\,,$$

故
$$\mathrm{d}\hat{s}^2 = -\beta^{-2}\left(\frac{r-2M}{r}\right)\mathrm{e}^{\beta(u-v)}\mathrm{d}V\mathrm{d}U\,.$$

上式右边的因子 $\mathrm{e}^{\beta(u-v)}$ 可用式(9-4-20)表为 $\mathrm{e}^{\beta(u-v)} = \mathrm{e}^{-2\beta r_*}$，用式(9-4-19)表出 $-2\beta r_*$，代入整理得

$$\mathrm{e}^{\beta(u-v)} = \mathrm{e}^{-2\beta r}\left(\frac{2M}{r-2M}\right)^{4\beta M}.$$

故
$$\mathrm{d}\hat{s}^2 = -\beta^{-2}\left(\frac{r-2M}{r}\right)\mathrm{e}^{-2\beta r}\left(\frac{2M}{r-2M}\right)^{4\beta M}\mathrm{d}V\mathrm{d}U\,.$$

有可能使上式奇异的情况是 $r=0$ 和 $r-2M=0$，后者可通过选

$$\beta = 1/4M \qquad (9\text{-}4\text{-}25)$$

而消除：

$$\mathrm{d}\hat{s}^2 = -\beta^{-2}\frac{2M}{r}\mathrm{e}^{-2\beta r}\mathrm{d}V\mathrm{d}U = -\frac{32M^3}{r}\mathrm{e}^{-r/2M}\mathrm{d}V\mathrm{d}U\,. \qquad (9\text{-}4\text{-}26)$$

上式表明度规分量在 $r=2M$ 处不再奇异，故可把 V，U 的取值范围延拓至 $V\leqslant 0$

和 $U \geqslant 0$ 的区域. 与 Rindler 情况不同的是，式(9-4-26)表明 $r=0$ 仍是奇点，故 r 的范围只能限于 $r>0$，可见 V 和 U 的取值并非毫无限制，它们的搭配必须满足 $r>0$ 的条件. 再令

$$T := \frac{1}{2}(V+U), \qquad X := \frac{1}{2}(V-U), \tag{9-4-27}$$

并补上后两维，便得施瓦西度规在 Kruskal 坐标系 $\{T, X, \theta, \varphi\}$ 中的线元表达式

$$\mathrm{d}s^2 = \frac{32M^3}{r}\mathrm{e}^{-r/2M}(-\mathrm{d}T^2 + \mathrm{d}X^2) + r^2(\mathrm{d}\theta^2 + \sin^2\theta\, \mathrm{d}\varphi^2). \tag{9-4-28}$$

上式表明施瓦西度规可以定义在一个比原来定义域($r>2M$)大得多的流形上. 一般地说，时空 $(\tilde{M}, \tilde{g}_{ab})$ 称为时空 (M, g_{ab}) 的一个**延拓**(extension)，若 $M \subset \tilde{M}$ 且 $\tilde{g}_{ab}|_p = g_{ab}|_p$，$\forall p \in M$. 现在所得到的原始施瓦西时空的延拓称为 **Kruskal 延拓** [Kruskal(1960)]. 在这一延拓中，坐标 T，X 可取遍 $r>0$ 所允许的一切值. 线元式(9-4-28)中的 r 应看作坐标 T 和 X 的函数，此函数由下式定义(不难由新旧坐标的关系证明)：

$$\left(\frac{r}{2M} - 1\right)\mathrm{e}^{r/2M} = X^2 - T^2. \tag{9-4-29}$$

由于有球对称性，可以只画前两维的时空图(见图 9-13)，把图中的每点想像为一个 S^2(2 维球面)就得到 4 维时空. 式(9-4-28)的因子 $-\mathrm{d}T^2 + \mathrm{d}X^2$ 表明，在以 T，X 为坐标轴的 2 维施瓦西时空图中，(径向)类光曲线都是 $\pm 45°$ 斜直线. 这为讨论提供很大方便.

由式(9-4-29)可知 $r=$ 常数　对应于 $X^2 - T^2 =$ 常数，即 T~X 面中的双曲线($r=2M$ 时为一对斜直线)，补上后两维就是旋转双曲面(4 维流形中的超曲面)，其中两个特例很重要：

(1) $r=0$ 对应于 $X^2 - T^2 = -1$. 可见 Kruskal 延拓的限制范围 $r>0$ 也可用坐标表为

$$X^2 - T^2 > -1. \tag{9-4-30}$$

不难证明任一 $r \to 0$ 的径向类光或类时测地线都不完备. 由计算又知标量场 $R_{abcd}R^{abcd}$ 在这些测地线上的值当 $r \to 0$ 时趋于 ∞(与 $r \to 2M$ 时 $R_{abcd}R^{abcd}$ 趋于有限值明显不同)，因而存在 s.p.曲率奇性，这暗示时空不能再延拓至 $r=0$ 及其以外($r<0$)，说明 $r=0$ 是时空奇点，Kruskal 延拓是施瓦西时空的**最大延拓**(maximal extension). 图 9-13(a)的阴影部分，不属于延拓后的时空. 两条锯齿状双曲线代表时空奇性 $r=0$ 所在处("奇点"在 4 维时空中不是一个点). 图中的时空范围是 $\mathbb{R}^2$ 的一个开子集，同胚于 $\mathbb{R}^2$，而 2 维球面的拓扑结构是 S^2，所以最大延拓的 4 维施瓦西时空的拓扑结构是 $\mathbb{R}^2 \times S^2$. 请特别注意图 9-13 中阴影区外每个点都代表一个 S^2，两个不同的点代表两个不同的 S^2，尤其是，例如 p 和 p' 点，它们并非是同一

S^2上的两点，亦非代表同一个S^2，而是每点各代表一个S^2.

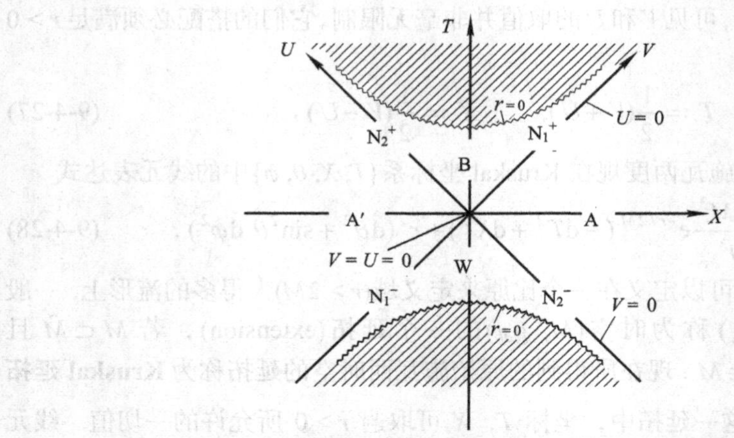

(a) A 和 A′代表两个无因果联系的渐近平直区．B 为黑洞区，W 为白洞区．
N_1^+ 和 N_2^+ 是黑洞的事件视界．锯齿状曲线代表奇性所在处(不属于时空)

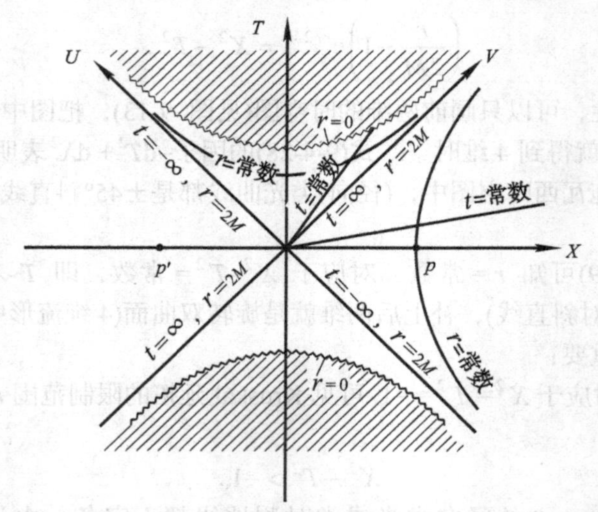

(b) 双曲线上 r = 常数，过原点直线上 t = 常数，两条过原点的 45°斜直线上 $r = 2M, t = \pm\infty$.

图 9-13　施瓦西时空的 Kruskal 最大延拓

(2) $r = 2M$ 对应于 $X^2 - T^2 = 0$，即 $T = \pm X$，在 2 维图中代表两条过原点的 45°斜直线[图 9-13(a)的 N_1 和 N_2]，在 4 维时空中是两个 3 维面(类光超曲面)，它们把时空分成 4 个开区域：A 区由 $X > 0$ 及 $X^2 > T^2$ (即 $V > 0, U < 0$)表征，由式(9-4-29)可知 A 区相当于 $r > 2M$ 的时空区，是原始的$\{t, r\}$坐标系的坐标域，也是 Kruskal 延拓的出发区(“根据地”)．把图 9-13(a)的流形看作前面关于延拓时空的一般定义中的 $\tilde{M}$，其度规 $\tilde{g}_{ab}$ 由线元式(9-4-28)描述；把 A 区看作流形 M，其度规 g_{ab} 由线元式(9-4-1)描述. 线元式(9-4-28)无非是式(9-4-1)做坐标变换的结果，两者在 A 区内代表相同度规场 g_{ab}，故 $(\tilde{M}, \tilde{g}_{ab})$ 的确是(A, g_{ab}) (原始的施瓦西时空)的一个延拓. B，W 和 A′ 三区都是从 A 区出发做延拓的产物. A 区的边界点满足 $V=0$ 或 $U=0$，而由式(9-4-20)及 V，U 的定义又得 $t=2M[\ln V-\ln(-U)]$，可见 A 区的点在趋于边界时 $t\to\pm\infty$ [见图 9-13(b)]，说明 t 在两条斜直线上没有定义，这正是施瓦西线元(9-4-1)在 $r=2M$ 处表现奇异的原因(两线不属于坐标系 $\{t, r\}$ 的坐标域,恰恰是擦边在外.).

坐标 t 在 B、W 和 A′ 三区尚未定义. 注意到 A 区中坐标 V，U 与坐标 t，r_* 的关系

$$V=\exp[(r_*+t)/4M], \qquad U=-\exp[(r_*-t)/4M], \tag{9-4-31}$$

可反过来用 V，U 依以下关系定义其他三区的 t 坐标：

B 区　$V=\exp[(r_*+t)/4M], \quad U=\exp[(r_*-t)/4M]$；

W 区　$V=-\exp[(r_*+t)/4M], \quad U=-\exp[(r_*-t)/4M]$；　(9-4-31′)

A′区　$V=-\exp[(r_*+t)/4M], \quad U=\exp[(r_*-t)/4M]$；

其中

$$r_*\equiv r+2M\ln|r/2M-1|. \tag{9-4-32}$$

把线元式(9-4-28)用于 B，W，A′ 区并借式(9-4-31′)、(9-4-32)改写为以 t，r 表出的线元,结果仍为式(9-4-1),其中 r 的范围对 B,W 区为 $0<r<2M$,对 A′ 区为 $r>2M$. 可见 A，A′ 区和 B，W 区的度规就是原始施瓦西线元式(9-4-1)分别限于 $r>2M$ 和 $0<r<2M$ 的结果. 4 个区中坐标 T，X 与 t，r 的关系如下：

A 区
$$T=(r/2M-1)^{1/2}e^{r/4M}\operatorname{sh}(t/4M),$$
$$X=(r/2M-1)^{1/2}e^{r/4M}\operatorname{ch}(t/4M); \tag{9-4-33}$$

B 区
$$T=(1-r/2M)^{1/2}e^{r/4M}\operatorname{ch}(t/4M),$$
$$X=(1-r/2M)^{1/2}e^{r/4M}\operatorname{sh}(t/4M); \tag{9-4-34}$$

W 区
$$T=-(1-r/2M)^{1/2}e^{r/4M}\operatorname{ch}(t/4M),$$
$$X=-(1-r/2M)^{1/2}e^{r/4M}\operatorname{sh}(t/4M); \tag{9-4-35}$$

A′ 区
$$T=-(r/2M-1)^{1/2}e^{r/4M}\operatorname{sh}(t/4M),$$
$$X=-(r/2M-1)^{1/2}e^{r/4M}\operatorname{ch}(t/4M); \tag{9-4-36}$$

逆变换为

A，B，W，A′ 区
$$(r/2M-1)\,e^{r/2M}=X^2-T^2, \tag{9-4-37}$$

A，A′ 区
$$t/2M=2\operatorname{th}^{-1}(T/X), \tag{9-4-38}$$

B、W 区
$$t/2M=2\operatorname{th}^{-1}(X/T). \tag{9-4-39}$$

本小节开始时讲过，根据式(9-4-1)，一方面不允许取 $r=2M$，另一方面也不允许既取 $r>2M$ 又取 $0<r<2M$(否则不连通). 但有了 Kruskal 延拓就不同. 这一

延拓表明施瓦西度规在 A，B 区及其交界 N_1^+(在其上 $r=2M$，$t=\infty$)都有定义，$A\cup N_1^+\cup B$ 是一个连通流形. 由 A 区中任一点出发的“内向”(指 r 值不断减小)的、指向未来的类光曲线将不可避免地穿越 N_1^+ 进入 B 区(但类时线允许以 N_1^+ 为渐近面走向无限远). 反之，B 区中任一点发出的指向未来的类时或类光曲线都不可能穿越 N_1^+ 进入 A 区，它们的必然归宿是掉进奇点(奇点不属于时空，“掉进奇点”的准确含义是指该世界线的 r 值越来越小，无限逼近于 0. 对类时测地线，掉进奇点意味着它所代表的自由下落观者从固有时达到某值开始从时空中消失，这实在奇得不可思议.). 这表明 N_1^+ 是个“有进无出”的“单向膜”，A 区中的任何物体(连同光子)一旦穿过它而进入 B 区就永远不能回到 A 区(只能掉进奇点). 因此 B 区叫**黑洞**(black hole)，N_1^+ 叫**事件视界**(event horizon). 考虑到图 9-13 中的每点代表一个 2 维球面，可知黑洞是个 4 维时空区域，而事件视界则是个(3 维)类光超曲面(事件视界是类光超曲面的证明留作习题. 见习题11的提示.). A′ 区由 $X<0$ 及 $X^2>T^2$ 表征，它也有 $r>2M$，事实上它与 A 区有完全一样的性质，包括它与黑洞 B 的关系也类似于 A 区与 B 区的关系，故 N_2^+ 是 A′ 区的事件视界. 但 A′ 与 A 区之间没有任何因果联系：从 A 出发的任一类时或类光曲线都不能进入 A′ 区，反之亦然. 在这个意义上也常把 A 与 A′ 区称为两个(互相不关联的)“宇宙”. W 区由 $T<0$ 及 $X^2<T^2$ 表征，它也有 $r<2M$. W 区与 A(或 A′)区也只有“一膜之隔”，这“膜”就是类光超曲面 N_2^-(或 N_1^-). N_2^- 和 N_1^- 都是“有出无进”的“单向膜”，W 区中任一指向未来的类时或类光曲线都将穿越 N_2^-(或 N_1^-)而进入 A(或 A′)区. 既然 B 区叫黑洞，W 区自然叫**白洞**(white hole).

以上是在全时空为真空的前提下得到的施瓦西最大延拓. 虽然这一延拓包含了黑洞、白洞、事件视界以及两个全同“宇宙”等诱人术语，其物理存在性(真实性)却还须另做讨论. 从初值问题的角度考虑，整个时空存在的可能性很小，但其中的一部分(包括 A，B 区及其间的事件视界的一部分)却很有意义，详见 9.4.6 小节.

作为本小节的结束，我们讨论最大延拓施瓦西时空的 Killing 矢量场. 延拓前的时空有 4 个独立的 Killing 矢量场，其中 3 个反映球对称性，见 § 8.2 的 ${\xi_1}^a$，${\xi_2}^a$，${\xi_3}^a$；第 4 个反映静态性，即 $\xi^a=(\partial/\partial t)^a$. ${\xi_1}^a$，${\xi_2}^a$，${\xi_3}^a$ 对最大延拓的施瓦西时空仍是反映球对称性的 Killing 场. 由于坐标 t 在 A，A′，B，W 四区中都有定义，且在每区用坐标 t，r 写出的线元都是原始施瓦西形式，故各区的 $\xi^a=(\partial/\partial t)^a$ 仍是 Killing 场. 注意，ξ^a 在 B 和 W 区不是类时而是类空，因为由线元式(9-4-1)知 $r<2M$ 导致 $g_{ab}(\partial/\partial t)^a(\partial/\partial t)^b>0$. 除 ${\xi_1}^a$，${\xi_2}^a$，${\xi_3}^a$ 和 ξ^a 外不存在其他独立的 Killing 矢量

场，故 B 和 W 区不是静态时空区. $(\partial/\partial t)^a$ 在类光超曲面 N_1 和 N_2 上无意义，因坐标 t 在其上无意义($t=\pm\infty$). 然而可用坐标基矢 $(\partial/\partial V)^a$ 和 $(\partial/\partial U)^a$ 在 A 区把 ξ^a 表为

$$\xi^a=(\partial/\partial t)^a=\frac{1}{4M}[V(\partial/\partial V)^a-U(\partial/\partial U)^a], \tag{9-4-40}$$

由于 $(\partial/\partial V)^a$ 和 $(\partial/\partial U)^a$ 在 N_1 和 N_2 上有定义，可用上式定义 N_1 和 N_2 上的矢量场 ξ^a，并验证它是类光 Killing 矢量场. 于是在全流形上有第 4 个 C^∞ 的 Killing 矢量场 ξ^a，而且它同其他 3 个独立 Killing 矢量场正交. 可见最大延拓的施瓦西时空的对称性由 4 个 Killing 场描写，前 3 个反映球对称性，第 4 个(指 ξ^a)在 A 和 A′ 区为类时，在 B 和 W 区为类空，而在 N_1 和 N_2 上为类光. 由此可知 Birkhoff 定理的原始提法“真空爱因斯坦方程的球对称解必为静态度规”中的“静态”改为“施瓦西”的必要性(见 8.3.3 小节)：施瓦西度规不一定是静态度规. 从几何角度看，Birkhoff 定理的实质是：若度规满足真空爱因斯坦方程且具有反映球对称性的 3 个 Killing 场，则它必有第 4 个(额外的，并非事先指定的)Killing 矢量场 ξ^a，它既可为类时，也可为类空甚至类光，视所论时空点而定.

9.4.4　施瓦西时空的无限红移面

设事件视界以外的静态观者 G 和 G' 的径向坐标分别为 r 和 $r'(>r)$，G 向 G' 发光，由式(9-2-3)便可求得红移 $z\equiv(\lambda'-\lambda)/\lambda$. 若把 r' 固定，则 z 是 r 的函数，满足 $\mathrm{d}z(r)/\mathrm{d}r<0$ 以及 $\lim\limits_{r\to 2M}z(r)=\infty$. 因此超曲面 $r=2M$ 亦称**无限红移面**(surface of infinite redshift). 然而，不应说“无限红移面所发的光到达观者 G' 时有无限红移”，因为超曲面 $r=2M$ (事件视界) 上任一点发出的外向类光测地线都只能躺在视界上而不能到达 G'.

施瓦西时空(指 A 区)只有一个静态参考系(只有一个超曲面正交的 Killing 矢量场，即 ξ^a.)，然而却有无限多个稳态参考系. 这是因为 ξ^a 和类空 Killing 场 $(\partial/\partial\varphi)^a$ 的线性组合 $\tilde{\xi}^a\equiv\xi^a+\beta(\partial/\partial\varphi)^a$ (其中 β 为常数)仍是 Killing 场，$\tilde{\xi}^a$ 在其为类时的区域就对应于稳态参考系. 式(9-2-2)对任一稳态参考系都适用，只须把式中的 ξ^a 理解为 $\tilde{\xi}^a$. 无限红移面对应于 $-\tilde{\xi}^a\tilde{\xi}_a=0$，因此依赖于所涉及的稳态参考系. 事实上，如果愿意，连闵氏时空也可找到存在无限红移面的稳态参考系. 由于施瓦西时空中静态参考系是唯一的，不加说明时的无限红移面就是指 $-\xi^a\xi_a=0$ 的面(与事件视界重合)，“红移因子”就是指

$$\chi=(-\xi^a\xi_a)^{1/2}=(1-2M/r)^{1/2}.$$

9.4.5 嵌入图[选读]

不少文献、教材和科普著作喜欢用嵌入图(见图 9-14)来直观描述施瓦西黑洞. 本小节对嵌入图做一介绍. 为了由浅入深,先讨论静态球对称恒星的嵌入图. 式(9-3-19)代表静态球对称恒星内部的度规, 它在任一等 t 面 Σ_t 上的诱导线元为

$$\mathrm{d}s^2=\left(1-\frac{2m(r)}{r}\right)^{-1}\mathrm{d}r^2+r^2(\mathrm{d}\theta^2+\sin^2\theta\ \mathrm{d}\varphi^2)\,. \tag{9-4-41}$$

以 R 代表恒星半径, 若令 $m(r)$在 $r\geqslant R$ 时取常值 $M\equiv m(R)$, 则上式对恒星内外都适用. 这是一个弯曲线元. 由于球对称性, 可只考虑 Σ_t 中 $\theta=\pi/2$ 的截面(记作 S), 其诱导线元为

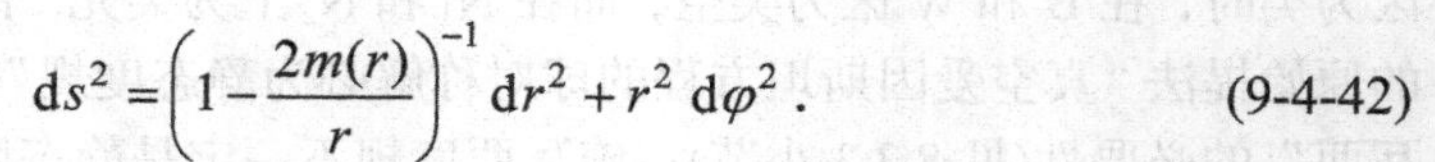

$$\mathrm{d}s^2=\left(1-\frac{2m(r)}{r}\right)^{-1}\mathrm{d}r^2+r^2\ \mathrm{d}\varphi^2\,. \tag{9-4-42}$$

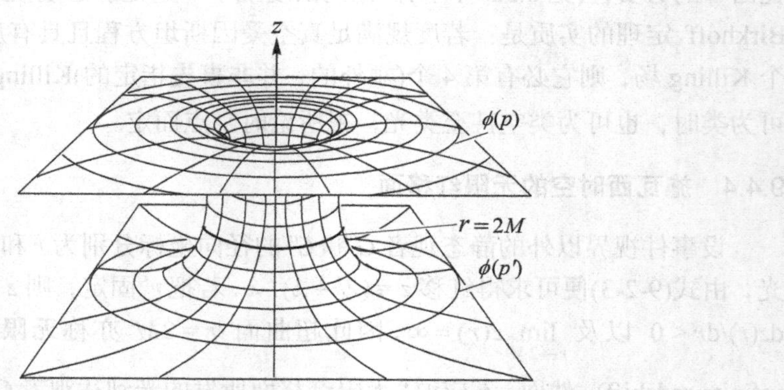

图 9-14 最大延拓施瓦西时空的嵌入图($T=0$, 压缩掉一维)

以 g_{ab} 代表这个线元对应的度规, 则(S, g_{ab})是 2 维黎曼空间. 为了直观地表现其内禀弯曲情况, 可把它镶嵌进高一维的欧氏空间($\mathbb{R}^3, \delta_{ab}$)中, 即考虑嵌入映射 $\phi: S\to\mathbb{R}^3$, 利用 $\phi[S]$ 在 $\mathbb{R}^3$ 中的外部弯曲情况直观地反映(S, g_{ab})的内禀弯曲情况. 图 9-15 就是把(S, g_{ab})嵌进($\mathbb{R}^3, \delta_{ab}$)的嵌入图. 由图看出, 越是远离恒星中心, 空间弯曲越是轻微, 当 $r\to\infty$ 时趋于平直. 但是, 这个图是怎么画出的? 根据什么原则画图才有此等功效?

3 维欧氏度规 δ_{ab} 在柱坐标系 $\{z, r, \varphi\}$ 的线元表达式为

$$\mathrm{d}s^2=\mathrm{d}z^2+\mathrm{d}r^2+r^2\ \mathrm{d}\varphi^2\,. \tag{9-4-43}$$

在 S 上取一径向元线段, 首末点 p, p' 的 r 值之差为 $\mathrm{d}r$ (见图 9-16 左). 若把这线段平移至 S 上 r 值不同之处, 则新旧两线段虽然 $\mathrm{d}r$ 相同, 但线长一般不等[见式(9-4-42)]. 这是(S, g_{ab})内禀弯曲的一种重要表现. 令 $q\equiv\phi(p)$, $q'\equiv\phi(p')$, 只要画

图时保证元段 qq' 与 pp' 线长相等，则 $\phi[S]$ 在 $\mathbb{R}^3$ 中的外部弯曲情况就反映(S, g_{ab}) 的上述内禀弯曲性. 这就是嵌入图的绘制原则. 据此便可找到曲面 $\phi[S]$ 的方程，从而画出 $\phi[S]$. 作为 $\mathbb{R}^3$ 中的超曲面，$\phi[S]$ 的方程可以表为 $f(z, r)=0$ (轴对称性使 f 不含 φ)，对应于一元函数 $z=z(r)$，它代表 $\phi[S]$ 上任一点的 z 值对 r 值的依从关系. 于是 $\phi[S]$ 上任一元线段的线长为

$$\mathrm{d}s^2=\mathrm{d}z^2+\mathrm{d}r^2+r^2\,\mathrm{d}\varphi^2=\{[\mathrm{d}z(r)/\mathrm{d}r]^2+1\}\mathrm{d}r^2+r^2\,\mathrm{d}\varphi^2\,. \tag{9-4-44}$$

与式(9-4-42)对比得

$$\left[\frac{\mathrm{d}z(r)}{\mathrm{d}r}\right]^2+1=\left(1-\frac{2m(r)}{r}\right)^{-1},\qquad \text{即}\quad \frac{\mathrm{d}z(r)}{\mathrm{d}r}=\sqrt{\frac{2m(r)}{r-2m(r)}}\,, \tag{9-4-45}$$

约定 $z(0)=0$, 则

$$z(r)=\int_0^r\sqrt{\frac{2m(r')}{r-2m(r')}}\,\mathrm{d}r'\quad (\text{对 } 0<r<\infty), \tag{9-4-46}$$

因为对 $r\geqslant R$ 有 $m(r)=M$ ，所以

$$z(r)=\sqrt{8M\,(r-2M)}+C\quad (\text{对 } r\geqslant R), \tag{9-4-47}$$

其中

$$C\equiv-\sqrt{8M\,(R-2M)}+\int_0^R\sqrt{\frac{2m(r)}{r-2m(r)}}\,\mathrm{d}r \tag{9-4-48}$$

为常数. 虽然对 $r<R$ 的点 $z(r)$取决于 $m(r)$的函数形式，但 $r>2m(r)$保证 $z(r)$是单调常增函数，而式(9-4-47)则表明 $\phi[S]$ 在 $r>R$ 时为旋转抛物面. 于是有图 9-15 那样的嵌入图(对 $r<R$ 只是定性地画出). 请注意，嵌入图的背景欧氏空间 $(\mathbb{R}^3, \delta_{ab})$ 只是为表现 $\phi[S]$ 而人为引入的，真正有物理意义的点只是 $\phi[S]$ 上的点(不要以为"草帽里"可以装入什么东西).

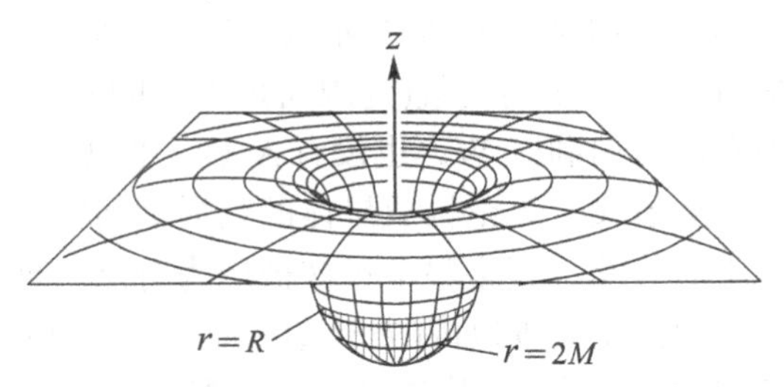

图 9-15　静态球对称恒星的嵌入图(压缩掉一维)

现在就不难理解图 9-14，它其实是施瓦西解的 Kruskal 延拓(见图 9-13)中 $T=0$ (因而 $t=0$)的"全空间" Σ_0 的嵌入图，Σ_0 包含图 9-13 中位于 X 轴的所有点(每点代表一个球面 S^2). 仿照上述推导可知嵌入图中超曲面 $\phi(\Sigma_0)$ (图中压缩一维)是由方程

$$z(r)=\pm\sqrt{8M\,(r-2M)} \tag{9-4-49}$$

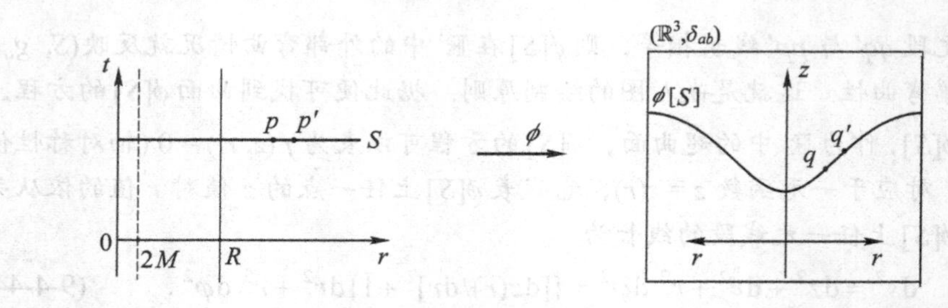

图 9-16 从静态球对称恒星时空中的 S 面到 $(\mathbb{R}^3, \delta_{ab})$ 的嵌入映射

决定的旋转抛物面(由于渐近平直，它向上下两侧发展为两个近似于平面的曲面.). 因为 Σ_0 中任一点的 r 值都大于等于 $2M$，所以嵌入图中不存在 $r<2M$ 的点. 整个"空间"被 $r=2M$ 的点组成的圆周(其实是球面，称为喉，即 throat.)分为上下两半，分别对应于图 9-13 (b)中 X 轴上 $X>0$ 和 $X<0$ 两部分. 例如，图 9-13(b)的 p 和 p' 点分别对应于图 9-14 的圆周(球面) $\phi(p)$ 和 $\phi(p')$. 有必要再次提醒读者，嵌入图中只有那张旋转抛物面才代表 $t=0$ 时的"全空间" Σ_0，面外各点并无物理意义.

9.4.6 球对称恒星的引力坍缩和施瓦西黑洞

如 9.3.2 小节所述，演化后期的球对称恒星要想维持内部流体静力学平衡[满足式(9-3-17)]，其质量必须小于中子星质量上限. 初始质量大于这一上限的恒星如果不能在演化中抛出足够质量从而成为稳定的白矮星或中子星，就根本没有稳定状态可言，只能不断坍缩而成黑洞. 根据 Birkhoff 定理(见 8.3.3 小节)，星外时空必有施瓦西度规，因此可用时空图 9-17 描述. 图中无阴影部分与图 9-13 的相应部分全同，但阴影部分则由星内度规(爱因斯坦方程的非真空解)描述，因此球对称坍缩星的时空根本没有白洞区 W，也没有 A′ 区，但黑洞区 B 以及 A 区的一部分在此情况下却有重要意义. 无论构成星体的物质如何坚实，只要星体表面越过事件视界，就只能不断收缩，直至整个星体被压为奇点. 理由很简单：星体表面任一点的世界线都必须位于光锥以内(类时)，因而与 T 轴的夹角必须小于 45°(注意，图 9-13 和 9-17 中±45°斜直线代表径向类光测地线). 施瓦西坐标只能覆盖 $r>2M$ (或 $0<r<2M$)的时空区域，因而不能表现恒星晚期坍缩为施瓦西黑洞的全过程，特别是不能表现全过程中最关键的一步——星体表面缩进事件视界以内. 如果要用施瓦西坐标描写恒星坍缩，则只能画成图 9-18. 由于施瓦西坐标系(关键在坐标 t)在 $r=2M$ 处没有定义，此图实际上只是把两个图(分别表现为 $r>2M$ 和 $0<r<2M$)拼在一起的结果. 图的右边($r>2M$)容易使人误以为坍缩星表面永远处于事件视界 $r=2M$ 以外，这种误解来自把 $t=\infty$ 混同于"永远"(知道芝诺佯谬的读者可注意坐标时间 t 同"阿基里斯时间"的类似性). 由图 9-13b 可知星体表面

与 $r=2M$ 的交点(见图 9-17 的 p)对应于 $t=\infty$，但星体表面的观者在 p 点的固有时 τ 却是有限值，他从此进入黑洞并在很短的 $\Delta\tau$ 内掉入奇点(对 $M=3M_\odot$ 的黑洞，$\Delta\tau$ 约为 2×10^{-5} s.).

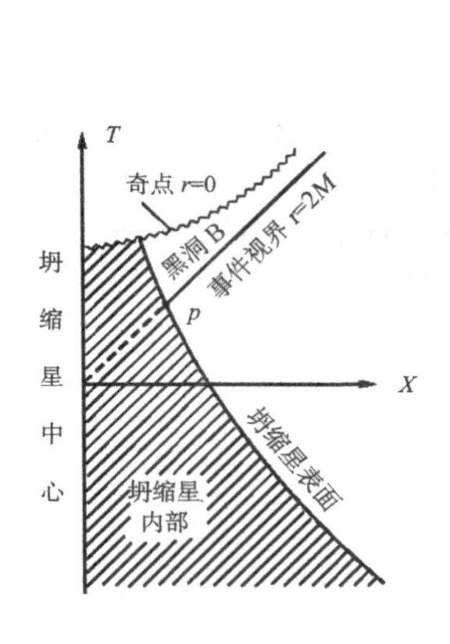

图 9-17　用 Kruskal 坐标描述大质量恒星晚期坍缩. 施瓦西真空解只适用于星体表面以外，无阴影的 B 区代表坍缩造成的黑洞

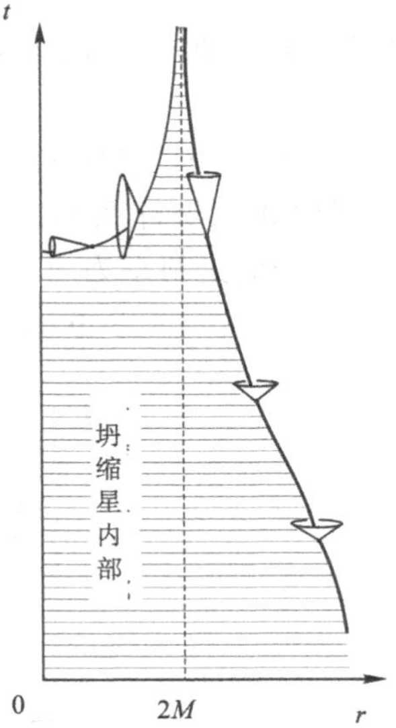

图 9-18　用施瓦西坐标描述恒星晚期坍缩. 虽然星体表面要到 $t\to\infty$ 才缩至 $r=2M$，却不表明它永远处于视界以外，因为坐标时趋于无穷不代表“永远”

恒星坍缩成黑洞的过程可以更形象地用另一坐标系——内向 Eddington 坐标系 $\{v, r, \theta, \varphi\}$——表示，它虽不像 Kruskal 系那样能覆盖最大延拓的施瓦西时空，但能覆盖 A 区和 B 区(而不像施瓦西坐标系那样只能覆盖 4 个区中的任一个). 该系的 r，θ，φ 与施瓦西系的对应坐标相同，$v:=t+r_*$. 施瓦西系的前两维线元

$$\mathrm{d}\hat{s}^2=-(1-2M/r)\,\mathrm{d}t^2+(1-2M/r)^{-1}\mathrm{d}r^2 \tag{9-4-50}$$

在内向 Eddington 系成为

$$\mathrm{d}\hat{s}^2=-(1-2M/r)\,\mathrm{d}v^2+2\,\mathrm{d}v\,\mathrm{d}r\,. \tag{9-4-51}$$

由上式知非零分量 $g_{vv}=-(1-2M/r)$，$g_{vr}=1$ 及行列式 $g=-1$ 在 $r=2M$ 处皆表现良好，故 $r=2M$ 不再是奇点. 再考虑到 $v\in(-\infty,\infty)$ 对应于 $V\in(0,\infty)$，可知 $\{v, r\}$ 能覆盖图 9-13 的 A，B 区. $g_{rr}=0$ 和 $g_{vv}=-(1-2M/r)$ 还表明内向 Eddington 系 $\{v, r, \theta, \varphi\}$ 的坐标基矢 $(\partial/\partial r)^a$ 为类光矢量而 $(\partial/\partial v)^a$ 为类时(对 A 区)或类空(对 B 区)矢量. 设 $\eta(\lambda)$ 是 A，B 区内任一径向类光测地线，则由式(9-4-51)有

$$0=-\left(1-\frac{2M}{r}\right)\left(\frac{\mathrm{d}v}{\mathrm{d}\lambda}\right)^2+2\,\frac{\mathrm{d}v}{\mathrm{d}\lambda}\frac{\mathrm{d}r}{\mathrm{d}\lambda}=\frac{\mathrm{d}v}{\mathrm{d}\lambda}\left[-\left(1-\frac{2M}{r}\right)\frac{\mathrm{d}v}{\mathrm{d}\lambda}+2\frac{\mathrm{d}r}{\mathrm{d}\lambda}\right],$$

说明径向类光测地线分为两族，分别由以下条件表征：

(1) $$\mathrm{d}\upsilon/\mathrm{d}\lambda = 0, \quad \text{即} \quad \upsilon = \text{常数}; \tag{9-4-52}$$

(2) $$-\left(1-\frac{2M}{r}\right)\frac{\mathrm{d}\upsilon}{\mathrm{d}\lambda}+2\ \frac{\mathrm{d}r}{\mathrm{d}\lambda}=0, \quad \text{故} \quad \frac{\mathrm{d}\upsilon}{\mathrm{d}r}=\frac{2\,r}{r-2M}. \tag{9-4-53}$$

第一族类光测地线在$\upsilon \sim r$图中为水平直线，不够直观. 定义$\tilde{t} := \upsilon - r$，则由式(9-4-51)得

$$\mathrm{d}\hat{s}^2 = -\ (1-2M/r)\ \mathrm{d}\tilde{t}^2 + (4M/r)\ \mathrm{d}\tilde{t}\,\mathrm{d}r + \ (1+2M/r)\,\mathrm{d}r^2\,. \tag{9-4-54}$$

两族类光测地线在坐标系$\{\tilde{t},\ r\}$中的表现如图 9-19：族(1) (内向族)的方程为$\mathrm{d}\tilde{t}/\mathrm{d}r = -1$，因而是斜率为−1 的平行直线族；族(2) (外向族)的方程则为

$$\mathrm{d}\tilde{t}/\mathrm{d}r = (r+2M)/(r-2M)\,,$$

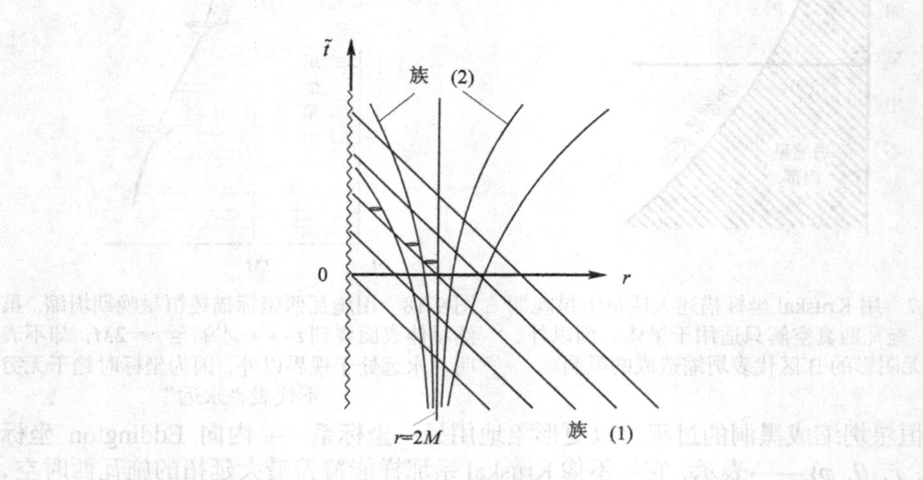

图 9-19　2 维施瓦西时空两族类光测地线在$\{\tilde{t}, r\}$坐标系的表现

其表现颇为特别：除一条为竖直线($r = 2M$)外都是曲线，在竖直线以右的线的r值随仿射参数λ的增大而增大(真正外向)，但在竖直线以左的线的r值却随λ增大而减小(实际上内向，但仍属外向族.). 这一怪事反映了黑洞的重要特征：$r = 2M$是事件视界，在视界以内($r < 2M$)的任何光子都不能穿越视界而到达洞外($r > 2M$)，它们的r值只能不断减小至零. 由两族类光测地线可方便地画出各点的光锥，这对分析质点的运动大有帮助，因为质点的世界线为类时线，线上每点的切矢必须限于该点的光锥之内. 由此可知事件视界外的质点可穿越视界进入黑洞，而一旦进入就无法退出，只能掉入奇点. 把图 9-19 以$\tilde{t}$轴为对称轴旋转便得 3 维时空图(见图 9-20)，再补上坍缩星表面的世界管(图中的炮弹形)，就可形象表现坍缩为黑洞的星体的外部时空几何. 为便于理解，讨论以下假想实验(“假想”包括忽略潮汐力的后果). 设某观者坐着燃料充足的飞船做黑洞探险. 如果他不开动发动机，飞

船将自由下落，必然穿过事件视界进入黑洞并葬身奇点. 如果他在到达视界前“悬崖勒马”，掉转船头，开足马力(即在 r 尚未小到 $2M$ 时就让 r 重新变大)，是可以安全返航并提交探险报告的. 然而，如果他多走一步到达视界(须知当他的世界线与视界相交时他并无特殊感觉)，就将“一失足成千古恨”，因为由视界上的光锥可知一到视界就无法逆转，就连向远方朋友打个无线电话也传不出去，因为在视界上所发出的“外向”光子只能沿视界竖直向上(r 值保持为 $2M$).

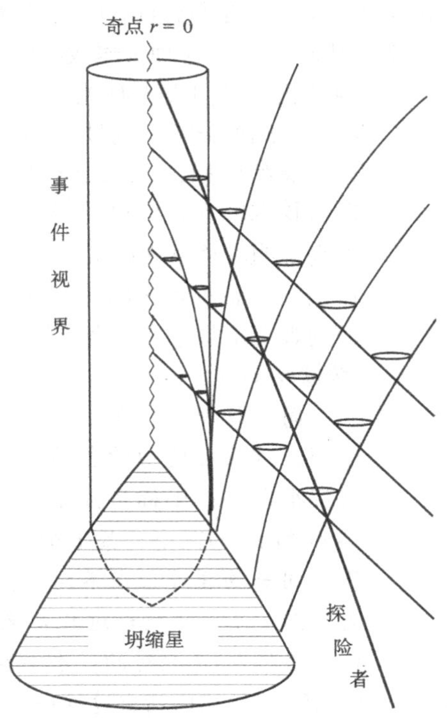

图 9-20　$\{\bar{t}, r\}$ 系中恒星坍缩为黑洞的时空图. 黑洞探险者在到达视界前如不掉转船头势必掉入奇点

下面再讨论坍缩星的外观. 图 9-21 示出星体表面所发的外向光子到达外部静态观者的情况. 由于视界以内的星体表面所发光子不能到达视界以外，外部观者似乎会看到星体逐渐变小，忽然消失. 然而细观图 9-21 可知情况并非如此. 由于视界以外的外向光子世界线越靠近视界越陡，在视界上完全竖直(躺在视界上)，外部观者将永远(无论其固有时 τ' 为多大)收到视界外的星体表面所发的光. 他会感到星体的收缩越来越慢，星体越来越趋于某一大小，[①] 即感到星体半径以越来

① 稍后将看到外部观者收到的光波存在越来越严重的红移. 因此，只有假定(理论上)观者对任何波长和强度的光都能感受，他才会有正文中的感觉.

越小的速率趋于 $2M$ 并将“冻结”在这一大小. 这种现象也称为引力场中的钟慢效应. 第 6 章曾指出，在比较钟速时首先要确定比较的具体办法(约定一个明确的“比钟”方案). 在图 9-21 的情况下，光子世界线就成为选择比钟方案的关键：我们约定把两条相邻的径向光子世界线在星体表面观者和外部观者世界线上分别定出的固有时间 $\Delta\tau$ 和 $\Delta\tau'$ 作为比较对象. 计算表明(见选读 9-4-2) $\Delta\tau' > \Delta\tau$，而且若 $\Delta\tau_2 = \Delta\tau_1$ 则 $\Delta\tau_2' > \Delta\tau_1'$，即 $\Delta\tau'/\Delta\tau$ 随 τ 增加而增加，所以外部观者认为星体表面的标准钟不但比自己的钟慢，而且越走越慢(请注意，这种“认为”是时空几何以及刚才所约定的比钟方案的共同结果). 这种钟慢效应的另一表现就是红移. 把两条相邻径向类光测地线看作两个相邻波峰的世界线，$\Delta\tau$ 和 $\Delta\tau'$ 便分别是星体表面观者和外部观者测得光波的周期，$\Delta\tau' > \Delta\tau$ 便说明外部观者收到的光波有较大波长，即有红移；而 $\Delta\tau'/\Delta\tau$ 随 τ 增加而增加则说明红移越来越甚. 不过这种红移与 9.2.1 小节讨论的稳态观者之间的红移有所不同，因为星体表面的观者不是稳态观者，详见选读 9-4-2.

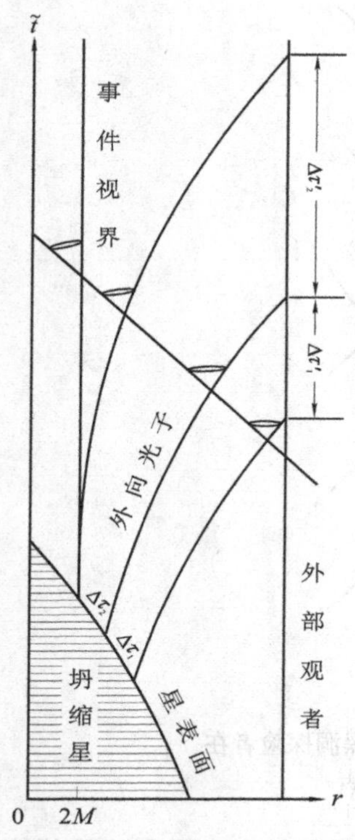

图 9-21　外部观者原则上可永远收到视界外的星体表面所发的光. $\Delta\tau_1' > \Delta\tau_1$ 表明存在红移；$\Delta\tau_2 = \Delta\tau_1$ 而 $\Delta\tau_2' > \Delta\tau_1'$ 表明红移越来越甚

[选读 9-4-1]

同一物理过程在不同坐标系中有如此不同的时空图，这往往使初学者感到困惑不解. 问题的实质其实很简单：坐标系按定义无非是从流形的某个开集 O 到 $\mathbb{R}^n$ 的某个开集 V 的映射，时空图是指 V 中的图. 同一物理过程在不同坐标系中当然可有不同的时空图. 不妨说物理过程是绝对的，而时空图(由于涉及坐标系)是相对的. 本书在第一次介绍时空图时(6.1.5 小节)就已指出过这一问题.

由式(9-4-54)可知坐标基矢 $(\partial/\partial\tilde{t})^a$ 与 $(\partial/\partial r)^a$ 并不正交. 图 9-19 把 $\tilde{t}$ 轴和 r 轴画成正交，是因为时空图是 $\mathbb{R}^n$ 的开集 V 中的图，并不直接反映时空度规，因而不反映矢量的正交性. 图 9-19 所表达的只是：所有竖直线都是 r 为常数的线，所有水平线都是 $\tilde{t}$ 为常数的线. 只有这样，由 $\mathrm{d}\tilde{t}/\mathrm{d}r = -1$ 和 $\mathrm{d}\tilde{t}/\mathrm{d}r = (r+2M)/(r-2M)$ 刻划的两族类光测地线才表现为图中的两族线.

[选读 9-4-1 完]

[选读 9-4-2]

为简化讨论，考虑最简单的恒星模型，即均匀密度的无压强球对称星(尘埃云). 由于压强梯度为零，星体表面每点的世界线都是径向类时测地线. 图 9-22 示出星体表面某事件 p 所发光子到达外部观者(事件 p')的情况，Z^a 和 $\tilde{Z}^a$ 分别代表 p 点的径向自由下落观者和静态观者的4速，Z'^a 代表外部静态观者在 p' 点的4速. 设 λ，$\tilde{\lambda}$ 和 λ' 分别是 Z^a，$\tilde{Z}^a$ 和 Z'^a 测同一光子所得的波长，则由式(9-2-2)可知

$$\frac{\lambda'}{\tilde{\lambda}}=\frac{\chi'}{\chi}, \tag{9-4-55}$$

其中

$$\chi\equiv(-\xi^a\xi_a)^{1/2}\Big|_p=\left[1-\frac{2M}{r(p)}\right]^{1/2}, \qquad \chi'\equiv(-\xi^a\xi_a)^{1/2}\Big|_{p'}=\left[1-\frac{2M}{r(p')}\right]^{1/2}. \tag{9-4-56}$$

然而前面提到的 $\Delta\tau'>\Delta\tau$ 所对应的红移却是指 $(\lambda'-\lambda)/\lambda$. 在式(9-4-55)的基础上，欲求 λ'/λ 只须求 $\tilde{\lambda}/\lambda$. 这时问题只涉及 p 点，可用同狭义相对论相同的手法处理(见§7.2和§7.5). 这实质上就是多普勒频移问题，允许直接使用式(6-6-66a)，式中的 γ 可求之如下：

$$\gamma\equiv-g_{ab}Z^a\tilde{Z}^b=-g_{ab}(\partial/\partial\tau)^a\chi^{-1}(\partial/\partial t)^b=\chi^{-1}E\,.$$

(其中 E 是以 Z^a 为切矢的类时测地线的能量.) 再由 $\gamma=(1-u^2)^{-1/2}$ 求得 Z^a 相对于 $\tilde{Z}^a$ 的3速率 $u=\sqrt{E^2-\chi^2}/E$，代入式(6-6-66a)便得

$$\frac{\tilde{\lambda}}{\lambda}=\frac{E+\sqrt{E^2-\chi^2}}{\chi}. \tag{9-4-57}$$

上式表明，当 p 点无限趋近事件视界时，观者 Z^a 和 $\tilde{Z}^a$ 测得的波长之间存在无限(多普勒)红移. 式(9-4-55)和(9-4-57)结合便可求得 λ'/λ：

$$\frac{\lambda'}{\lambda}=\frac{\chi'(E+\sqrt{E^2-\chi^2})}{\chi^2}. \tag{9-4-58}$$

上式可看作多普勒红移与引力红移的结合. 借用此式还可补证本选读前一段所给的结论——对图 9-21 有 $\Delta\tau'>\Delta\tau$ 以及 $\Delta\tau'/\Delta\tau$ 随 τ 增加而增加. 因为 $\Delta\tau$ 和 $\Delta\tau'$ 可分别解释为光波在发射和接收时的周期，所以

$$\frac{\Delta\tau'}{\Delta\tau}=\frac{\chi'(E+\sqrt{E^2-\chi^2})}{\chi^2}>\frac{\chi'}{\chi^2}E>E, \tag{9-4-59}$$

式中 E 为坍缩星表面一点的世界线(测地线)的能量，即

$$E=-g_{ab}(\partial/\partial t)^a(\partial/\partial\tau)^b=-\chi g_{ab}\tilde{Z}^a(\partial/\partial\tau)^b=\chi\gamma\,,$$

其中 $\gamma\equiv-g_{ab}\tilde{Z}^a(\partial/\partial\tau)^b$. 把该测地线反向延至 $r=\infty$，则 $\chi=1$ 而 γ 仍大于(等于)1，故 $E\geqslant1$，由式(9-4-59)便知 $\Delta\tau'>\Delta\tau$，而且 χ 减小时 $\Delta\tau'/\Delta\tau$ 增大，可见 $\Delta\tau'/\Delta\tau$ 随 τ 增加而增加. 就是说，随着星体的坍缩，其表面所发的光到达外部观者时红移

越来越甚.　　　　　　　　　　　　　　　　　　　　　　　　　　　**[选读 9-4-2 完]**

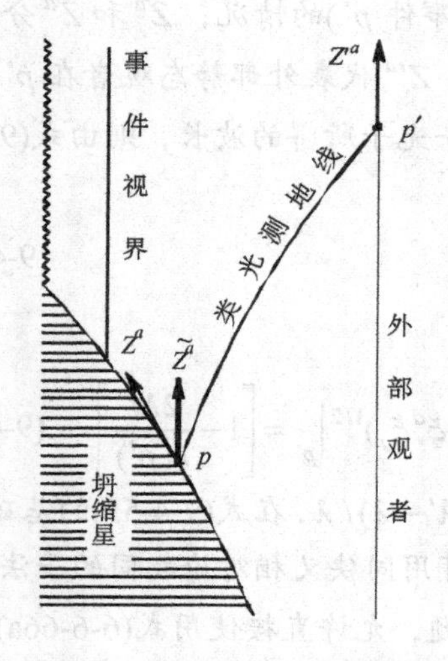

图 9-22　Z'^a 和 $\tilde{Z}^a$ 测得波长的关系为引力红移; Z^a 和 $\tilde{Z}^a$ 测得波长的关系为多普勒红移

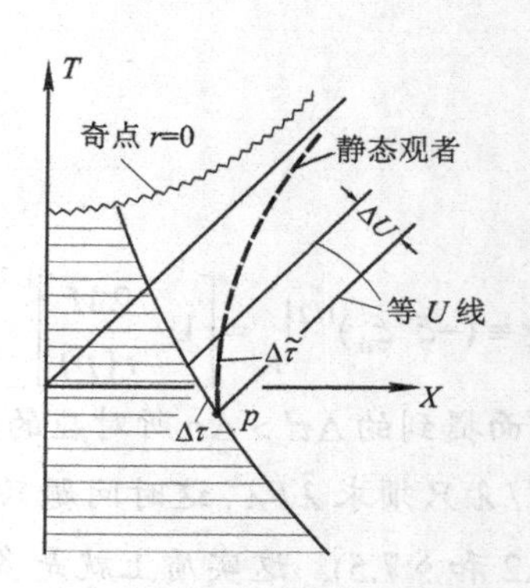

图 9-23　推导式(9-4-58)的另一方法(见习题 15)

习　题

~1. 考虑 Taub 的平面对称静态时空，其线元为式(8-6-1′)，试借助 Killing 矢量场写出类时测地线 $\gamma(\tau)$的参数表达式 $t(\tau)$，$x(\tau)$，$y(\tau)$，$z(\tau)$所满足的解耦方程(参考 § 9.1).

2. 用牛顿引力论借图 9-8 直接推出式(9-3-18).

~3. 试证 OV 流体静力学平衡方程(9-3-17)可改写为

$$\left[1-\frac{2m(r)}{r}\right]^{1/2}\frac{\mathrm{d}p}{\mathrm{d}r}=-(\rho+p)\,g\,,\tag{9-4-60}$$

其中 g 代表流体质点的 4 加速 $U^b\nabla_b U^a$ 的大小.

注　在牛顿近似下 $[1-2m(r)/r]^{1/2}\cong 1$，$p\cong 0$，式(9-4-60)成为 $\mathrm{d}p/\mathrm{d}r\cong-\rho g$.而 $g\cong m(r)/r^2$，故得式(9-3-18)，即 $\mathrm{d}p/\mathrm{d}r\cong-\rho m(r)/r^2$.

~4. 试证当 $R>>M$ 时式(9-3-26)近似回到牛顿引力论的式(9-3-23).

~5. 求闵氏时空中 Rindler 坐标 t，x 与洛伦兹坐标 T，X 的关系.

~6. Rindler 时空的类时 Killing 矢量场 $(\partial/\partial t)^a$ 是闵氏时空的哪个 Killing 矢量场?

~7. 求施瓦西时空中静态观者的 4 加速的长度 $A\equiv(A^aA_a)^{1/2}$. 提示：可借用第 8 章习题 3 的结论，即 $A_a=\nabla_a\ln\chi$.

~8. 把图 9-13(a)的 N_1(或 N_2)所代表的径向类光测地线简称为 N_1 (或 N_2)，试证：(1)坐标 V(或 U)是类光测地线 N_1(或 N_2)的仿射参数；(2)坐标 r 是除 N_1 和 N_2 外的径向类光测地线的仿射参数.

~9. 引入与 Kruskal 坐标类似的坐标消除下列线元的坐标奇性 $r=R$：

$$ds^2 = -(1 - r^2/R^2)\,dt^2 + (1 - r^2/R^2)^{-1}dr^2 + r^2(d\theta^2 + \sin^2\theta\,d\varphi^2), \qquad R = \text{常数}.$$

10. 试证最大延拓施瓦西时空有 s.p.曲率奇性. 提示：利用式(8-3-21).

11. 试证图 9-13(a)的 N_1 是类光超曲面. 提示：只须证明其法矢 n^a 类光. 请注意 N_1 的方程为 $U=0$，故 $n_a \equiv \nabla_a U$ 是其法余矢.

12. 试由式(9-4-50)推出式(9-4-51)，再推出式(9-4-54).

~13. 写出施瓦西度规在外向 Eddington 坐标系$\{u, r, \theta, \varphi\}(u \equiv t - r_*)$的线元表达式.

*14. 试证用 $(\partial/\partial V)^a$ 和 $(\partial/\partial U)^a$ 定义的 ξ^a [见式(9-4-40)]在 N_1 和 N_2 上是类光 Killing 矢量场.

*15. 把图 9-21 改画为图 9-23. 试通过计算图中的 $\Delta\tau'/\Delta\tau$ 给出式(9-4-58)的另一推导. 提示：(1) $U \equiv -e^{(r_*-t)/4M}$ 在每条外向类光测地线上为常数. 先后沿外部静态观者世界线和星面自由下落观者世界线求得同一 dU 的两个表达式(分别含 $d\tau'$ 和 $d\tau$)，在两式之间画等号便得式(9-4-58). (2)在写出用 $d\tau$ 表出 dU 的式子时要用到以能量 E 表达 $dt/d\tau$ 和 $dr/d\tau$ 的公式，这可借 §9.1 的手法求得.

第10章 宇 宙 论

§10.1 宇宙运动学

10.1.1 宇宙学原理

宇宙是古老而神奇的话题．中外先哲们几乎无不对此作过思考和探索并得出过自己的结论．然而，宇宙论只有在广义相对论诞生之后才真正算得上一门科学．从广义相对论看来，宇宙是“无所不包”的最大时空，其大尺度的弯曲情况与物质分布的关系服从爱因斯坦方程．

在物理学的众多分支中，宇宙论在如下意义上是最为特殊的分支：它的研究对象独一无二——我们的宇宙．没有任何“其他宇宙”可资对比，无法像研究其他学科分支那样一而再地做实验，因为宇宙的演化过程“只此一次”．只能通过大量观测积累数据，通过构造模型来解释观测结果、推断过去和预言未来．存在许多宇宙模型，本章只介绍公认度最高的一种．由于取得巨大成功，它也常被称为宇宙学的**标准模型**(standard model)．标准模型也存在这样那样的问题，因此近20多年来不断被修改．特别是1998年的观测表明当今宇宙正在加速膨胀，这一惊人事实更使标准模型非作相当程度的修改不可．一个新的标准宇宙模型正在形成之中，虽然还有许多问题尚待深入探讨．本章的前3节讲的主要是标准模型，§10.4介绍对标准模型的一个重要修改——在极早期宇宙中插入“暴涨”阶段，§10.5则简略介绍新标准模型，重点放在“暗能量”问题．宇宙论一直是一个十分活跃的研究课题，这使本章不得不带有如下特点：即使介绍的是定稿时最新的认识和数据，在本书出版时它也可能过时．关心宇宙论最新进展的读者只能查阅最新文献．

标准模型(以及许多其他模型)的一个基本假设是如下的**宇宙学原理**(cosmological principle)：每一时刻的宇宙空间在大尺度下是均匀且各向同性的．所谓空间均匀，是指空间各点的物理情况一样，没有一个空间点比另一空间点更特殊．这在普通尺度下当然不对——宇宙中某些地方有恒星而另一些地方没有．事实上，宇宙中的物质分布呈现“结团”现象：物质集聚成恒星，恒星集聚成**星系**(galaxy) (一个星系约含10^6~10^{13}颗恒星．银河系只是很普通的一个星系，含千亿颗恒星．)，某些星系又集聚成大小不一的**星系团**(cluster of galaxies)．此外还有**超星系团**(supercluster)……．然而，距离达到10^{10}光年的多方面观测使人们相信宇宙在很大的尺度下($>3\times10^8$光年，也称宇观尺度，足以容纳许多星系团)是均匀的，质量密度点点相等. 这里的密度是指宇观尺度下的平均密度，即在宇观小体积内(但已包含许多星系或星系团)"抹匀"后的密度. "抹匀"是物理学的惯用手法. 例如，从微观尺度看来，物质并非连续分布(主要集中于原子核)，但从宏观尺度看却可认为物质连续分布并定义宏观密度，如果宏观密度在某范围内点点相等，就说该范围内物质分布是均匀的. 这里的"点"指"宏观点"，即宏观小而微观大(包含大量分子)的体积. 所谓各向同性，是指存在这样的参考系，其中任一观者向四面八方看到的物理情况相同，没有一个方向特殊. 这在普通尺度下也不对：至少我们在某一方向看到恒星而在另一方向则看不到. 然而人们倾向于相信在宇观抹匀之后确实存在这样的各向同性参考系.

宇观尺度下空间均匀和各向同性的假设是爱因斯坦于 1917 年用广义相对论研究宇宙时提出的. 当时的观测资料尚少，他主要是为简化讨论而提出这一假设[马赫原理对假设的提出也起了作用，见 Peebles(1993)P.10.~16.]. 后来，随着观测和理论的发展，宇宙学原理受到越来越多的观测支持.

宇宙学原理是关于宇宙空间的性质的原理. 在非相对论物理学中，空间一词非常简单，在相对论中则不然. 问题在于，时空是绝对对象而空间和时间则与人为分法有关，对同一时空可以通过不同的 3+1 分解得到不同的时间和空间. 要给"空间均匀"一个准确的表述，应先对"空间"给出明确的定义. 在非相对论物理学中，每个绝对同时面 Σ 就是某一时刻的全空间(见图 6-10)，因而空间概念十分简单(是绝对的)；在狭义相对论中，每一惯性系$\{t, x, y, z\}$的等 t 面 Σ_t 称为该系在该时刻的全空间. 在上述两种情况下，时空都被等 t 面所"分层"，(含义是：对任一时空点 p 有且仅有一个等 t 面 Σ_t 使 $p\in\Sigma_t$.) 区别在于前者的分层是绝对的，[只有一种分法，见图 10-1(a)]而后者的分层是相对的[不同惯性系有不同的分层法，见图 10-1(b)]. 后者的分层(对每一惯性系而言)还有两个特点：① 每层都是一张类空超曲面；②所有层的集合 $\{\Sigma_t\}$ 是一个单参族，即任一实数值 t 对应着唯一的一层 Σ_t ，而 t 的物理意义正是该层对应的惯性坐标时刻，所以一个层也叫一个"时刻". 在广义相对论中，由于弯曲时空不存在整体惯性系，用惯性系对时空分层的做法不再适用，索性规定具有上述两个特点的任何分层方式(即任一单参类空超曲面族)都允许，每层代表一个"时刻" [图 10-1(c)]. 这是相对论中空间和时间概念具有相当任意性的反映. 如果时空具有一定的对称性，则与这种对称性相适配的分层对讨论更为方便. 其实，作为弯曲时空在曲率为零时的特例，闵氏时空的分层也是相当任意的，用惯性系的同时面分层的方式之所以被普遍采用，正是因为它与时空的内在对称性相适配.

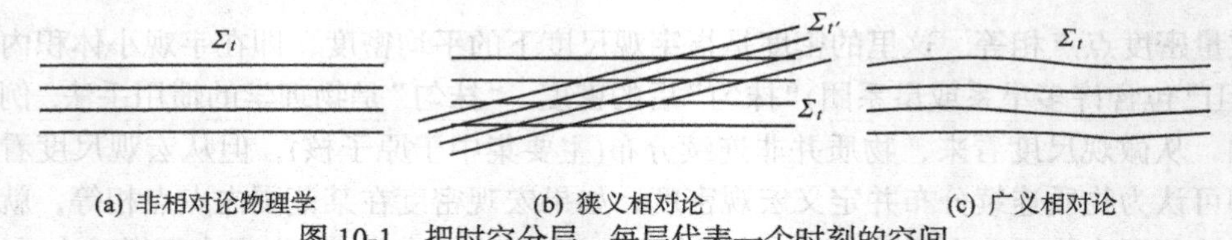

图 10-1 把时空分层，每层代表一个时刻的空间

时空的空间均匀性和各向同性性是时空内在对称性的反映. 空间均匀性是指存在这样一种分层方式，每层中各点的几何和物理情况全同(因此每层称为一个均匀面). 这种分层方式就是与内在对称性适配的方式. 其他分层方式虽然也允许，但未能保证每层都是均匀面，因而不方便. 如无特别声明，在宇宙论中谈及空间时都指均匀面. 空间各向同性性是对参考系而言的. 如果时空存在一个参考系，其中每个观者在每一时刻都无法用局域实验发现他的任一空间方向(同他的世界线正交的方向)有别于其他空间方向，就说时空具有空间各向同性性.

10.1.2 宇宙的空间几何

本小节证明满足宇宙学原理的3维空间只有3种可能几何，从而大大简化讨论.

宇宙学原理假定宇宙在物理上和几何上都是空间均匀和各向同性的. 为便于讨论宇宙的空间几何，我们先用数学语言给出几何上的空间均匀性和各向同性性的明确定义.

定义 1 时空(M, g_{ab})称为**空间均匀的**(spatially homogeneous)，若存在把 M 分层的单参类空超曲面族$\{\Sigma_t\}$使得对任意t和任意 $p, q \in \Sigma_t$ 存在 h_{ab} (由 g_{ab} 在 Σ_t 上诱导的度规)的等度规映射 $\phi : \Sigma_t \to \Sigma_t$ 使 $\phi(p) = q$ (见图 10-2). 每一 Σ_t 称为一张**均匀面**(surface of homogeneity).

定义 2 时空(M, g_{ab})中的参考系称为**各向同性**(isotropic)**参考系**，若对其中任一观者(4 速为 Z^a)世界线上任一点 p 以及 p 点任意两个等长的空间矢量 ${w_1}^a$ 和 ${w_2}^a$ 存在 g_{ab} 的等度规映射 $\psi : M \to M$ 使 $\psi(p) = p$， $\psi_* Z^a = Z^a$， $\psi_* {w_1}^a = {w_2}^a$ (见图 10-3). 各向同性参考系内的观者称为**各向同性观者**. 存在各向同性参考系的时空

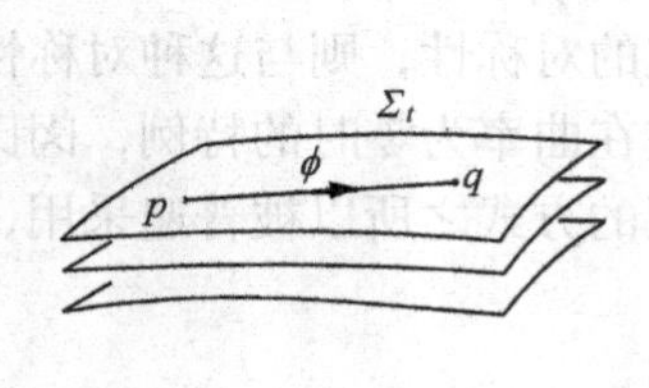

图 10-2 空间均匀性定义用图

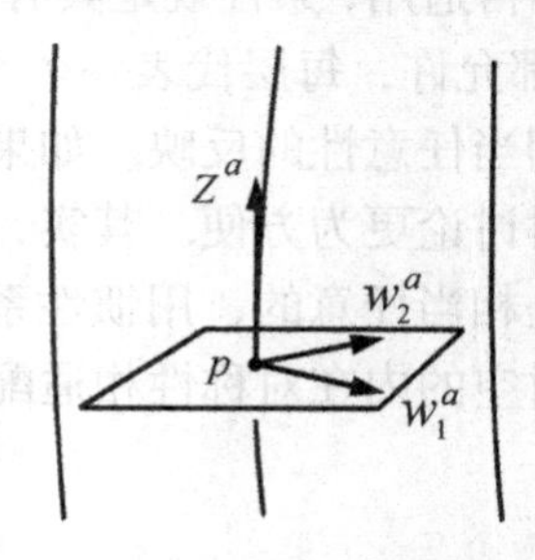

图 10-3 各向同性观者定义用图

称为**各向同性时空**.

在宇宙这个浩瀚的“大海”中，一个星系如同“沧海之一粟”，被处理为宇宙时空中的一条世界线. 不妨猜想每个星系都是一个各向同性观者(观测表明这一猜想基本属实但略有歧离). 今后谈到星系时如无特别说明就是指各向同性观者.

如果时空既空间均匀又各向同性，自然要问它的各向同性参考系 $\mathscr{R}$ 与它的均匀面 Σ_t 之间的关系，我们当然希望 $\mathscr{R}$ 的观者世界线与 Σ_t 正交. 然而这对闵氏时空未必成立，因为任一惯性参考系都是各向同性参考系，任一惯性系的同时面族都是均匀面族,而一个惯性系的观者世界线当然与另一惯性系的同时面不正交. 但是，只要空间均匀和各向同性时空有唯一的均匀面族，正交性就一定成立. 请看如下命题：

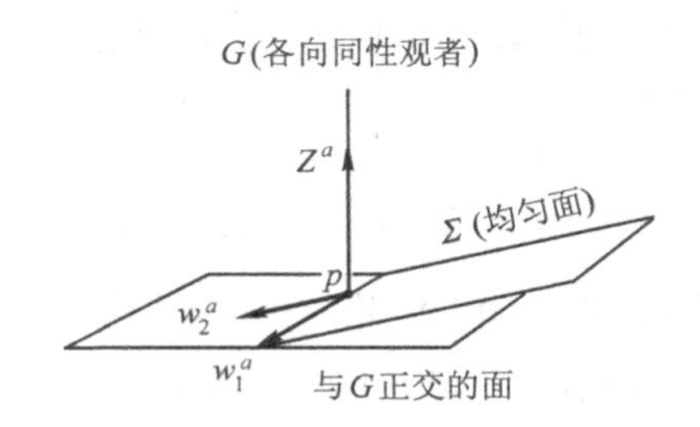

图 10-4　命题 10-1-1 证明用图

命题 10-1-1　若空间均匀且各向同性时空有唯一的均匀面族，则均匀面必定处处与各向同性观者世界线正交.

证明[选读]　设 p 是各向同性观者 G 世界线上一点，Σ 是含 p 的均匀面，它与 G 在 p 点的 4 速 Z^a 不正交(见图 10-4). 设 V_p 是 p 点的 4 维切空间，$W_p \subset V_p$ 是与 Z^a 正交的 3 维子空间，则 W_p 的元素就是 p 点的空间矢量(对 G 而言). 令 $w_1{}^a \in W_p$ 为切于 Σ 的矢量(这种矢量很多)，$w_2{}^a \in W_p$ 为不切于 Σ 的矢量. 设 ψ 是等度规映射，则 Σ 是均匀面导致 $\psi[\Sigma]$ 是均匀面(读者可从定义 1 出发自证)，$\psi(p)=p$ 导致 $\psi[\Sigma]$ 和 Σ 都含 p 点，于是由均匀面族的唯一性可知 $\psi[\Sigma]=\Sigma$. 因“曲线切矢的像等于曲线像的切矢”，故 $w_1{}^a$ 切于 Σ 导致 $\psi_* w_1{}^a$ 切于 $\psi[\Sigma]$，于是 $\psi_* w_1{}^a$ 切于 Σ，因而不等于 $w_2{}^a$，可见不存在等度规映射 ψ 使 $\psi(p)=p$ 和 $\psi_* w_1{}^a = w_2{}^a$，与 G 为各向同性观者矛盾. □

在接受宇宙学原理这一假设的同时，人们还默认(假定)宇宙的均匀面族是唯一的，因此各向同性观者世界线与均匀面正交. 这一各向同性参考系称为**宇宙静系**. 我们可以一劳永逸地对宇宙时空做一种“正交 3+1 分解”，每一均匀面代表一个时刻的全空间，每一(与均匀面正交的)各向同性观者世界线代表一个空间点的全部历史. 下面讨论任一时刻的空间(均匀面 Σ_t)的 3 维几何.

命题 10-1-2 设 h_{ab} 是宇宙时空度规 g_{ab} 在均匀面 Σ_t 上的诱导度规，$\hat{R}_{abc}{}^d$ 是 h_{ab} 的曲率张量，$\hat{R}_{abcd} \equiv h_{de}\hat{R}_{abc}{}^e$，则存在常数 K 使

$$\hat{R}_{abcd} = 2Kh_{c[a}h_{b]d}. \tag{10-1-1}$$

证明 设 $\Lambda_p(2)$ 是把 Σ_t 看作独立的 3 维流形时点 $p \in \Sigma_t$ 的全体 2 形式的集合，令 $\hat{R}_{ab}{}^{cd} \equiv h^{ce}\hat{R}_{abe}{}^d$，则 $\forall Y_{cd} \in \Lambda_p(2)$ 有 $\hat{R}_{ab}{}^{cd}Y_{cd} \in \Lambda_p(2)$，故 $\hat{R}_{ab}{}^{cd}$ 是从 $\Lambda_p(2)$ 到 $\Lambda_p(2)$ 的线性映射. 由定理 5-1-3 可知 $\Lambda_p(2)$ 是 3 维矢量空间，故 $\hat{R}_{ab}{}^{cd}$ 对应于 3×3 矩阵 L. 由曲率张量的对称性 $\hat{R}_{abcd} = \hat{R}_{cdab}$ 可知矩阵 L 是对称的(证明见选读 10-1-1)，因而可对角化. 选基底使 L 为对角矩阵，由各向同性性以及均匀面族的唯一性可以证明对角元相等(见选读 10-1-1)，故 L 只能是 3×3 单位矩阵 I 的某一倍数，记此倍数为 $2K$，则

$$L = 2KI, \qquad K \in \mathbb{R}. \tag{10-1-2}$$

单位矩阵 I 对应于从 $\Lambda_p(2)$ 到 $\Lambda_p(2)$ 的恒等映射，而由

$$\delta_a{}^{[c}\delta_b{}^{d]}Y_{cd} = \delta_a{}^c\delta_b{}^dY_{[cd]} = \delta_a{}^c\delta_b{}^dY_{cd} = Y_{ab}$$

看出这一恒等映射可表为 $\delta_a{}^{[c}\delta_b{}^{d]}$，故矩阵等式(10-1-2)可改写为张量等式

$$\hat{R}_{ab}{}^{cd} = 2K\delta_a{}^{[c}\delta_b{}^{d]}. \tag{10-1-3}$$

上式对 Σ_t 的任一点成立，而空间均匀性则要求 K 为常数. 用 $h_{ce}h_{df}$ 与上式两边缩并，注意到 $h_{ce}h_{df}\hat{R}_{ab}{}^{cd} = \hat{R}_{abef}$，便得式(10-1-1). □

[选读 10-1-1]

现在补证正文中用到的结论，即 $\hat{R}_{ab}{}^{cd}$ 对应于对称矩阵. 暂时撇开 $\Lambda_p(2)$ 而讨论一个带正定度规 g_{ab} 的 n 维矢量空间 V. 设 $L^a{}_b$ 是 V 上的(1,1)型张量，满足 $L_{ab}=L_{ba}$ (其中 $L_{ab} \equiv g_{ac}L^c{}_b$)，则 $L^a{}_b$ 在 V 的任一正交归一基底(及其对偶基底)的分量 $L^\mu{}_\nu$ 等于 L_{ab} 在同一基底的分量 $L_{\mu\nu}$ (因 $L^\mu{}_\nu = g^{\mu\sigma}L_{\sigma\nu} = \delta^{\mu\sigma}L_{\sigma\nu} = L_{\mu\nu}$)，于是对称性 $L_{ab} = L_{ba}$ 保证 $(L^\mu{}_\nu)$ 为对称矩阵. 为把此结果用于矢量空间 $\Lambda_p(2)$，还须先给 $\Lambda_p(2)$ 定义正定度规. $\forall X_{ab}, Y_{ab} \in \Lambda_p(2)$ 定义内积 $(X, Y) := X^{ab}Y_{ab}$，其中 $X^{ab} \equiv h^{ac}h^{bd}X_{cd}$，就相当于在 $\Lambda_p(2)$ 上定义了度规(h_{ab} 的正定性保证此度规的正定性). 于是 $\hat{R}_{abcd} = \hat{R}_{cdab}$ 相当于刚才的 $L_{ab} = L_{ba}$，故 $\hat{R}_{ab}{}^{cd}$ 对应的 3×3 矩阵 L 是对称矩阵，因而可对角化. 现在进一步证明 3 个对角元相等. 因为每个对角元无非是相应的特征矢量的特征值，所以只须证明如下命题：

命题 10-1-3 设 Y_{ab} 和 Y'_{ab} 是 $\hat{R}_{ab}{}^{cd}$ 的任意两个特征矢，λ 和 λ' 是相应的特征值，即

$$\hat{R}_{ab}{}^{cd}Y_{cd} = \lambda Y_{ab}, \qquad \hat{R}_{ab}{}^{cd}Y'_{cd} = \lambda' Y'_{ab}, \tag{10-1-4}$$

则各向同性性以及均匀面族的唯一性保证 $\lambda' = \lambda$.

证明 (Σ_t, h_{ab}) 是3维黎曼空间. 以 W_p 代表 $p \in \Sigma_t$ 的切空间, 则 $(W_p, h_{ab}|_p)$ 是带正定度规的 3 维矢量空间, $\Lambda_p(2)$ 无非是此空间上全体 2 形式的集合. 把 $Y_{ab} \in \Lambda_p(2)$ 的对偶形式(1 形式)记作 w_c, 则由式(5-6-1)得 $w_c = Y^{ab}\hat{\varepsilon}_{abc}/2$ (其中 $\hat{\varepsilon}_{abc}$ 是与 h_{ab} 适配的体元). 用 h^{cd} 对 w_c 升指标得 p 点的空间矢量 $w^a = \hat{\varepsilon}^{abc}Y_{bc}/2$, 同理有 $w'^a = \hat{\varepsilon}^{abc}Y'_{bc}/2$. 不失一般性, 设空间矢量 w'^a 和 w^a 等长, 则由各向同性的定义可知存在 g_{ab} 的等度规映射 $\psi: M \to M$ 使 $\psi(p) = p$, $\psi_* w^a = w'^a$. 再由均匀面族的唯一性可知 $\psi[\Sigma_t] = \Sigma_t$, 由此不难证明把 ψ 的定义域限制在 Σ_t 后所得的映射 $\psi: \Sigma_t \to \Sigma_t$ 是 h_{ab} 的等度规映射, 即 $\psi^* h_{ab} = h_{ab}$, 从而 $\psi^*\hat{\varepsilon}_{cab} = \hat{\varepsilon}_{cab}$, $\psi^*\hat{R}_{ab}{}^{cd} = \hat{R}_{ab}{}^{cd}$. 由 Y_{ab} 与 w_c 互为对偶形式易得 $Y_{ab} = \hat{\varepsilon}_{cab}w^c$, 于是

$$\psi^* Y_{ab} = \psi^*(\hat{\varepsilon}_{cab}w^c) = \hat{\varepsilon}_{cab}\psi_* w^c = \hat{\varepsilon}_{cab}w'^c = Y'_{ab}. \tag{10-1-5}$$

另一方面, 由式(10-1-4)得

$$\psi^*(\hat{R}_{ab}{}^{cd}Y_{cd}) = \psi^*(\lambda Y_{ab}). \tag{10-1-6}$$

$$\text{式(10-1-6)左边} = \hat{R}_{ab}{}^{cd}\psi^* Y_{cd} = \hat{R}_{ab}{}^{cd}Y'_{cd} = \lambda' Y'_{ab}, \tag{10-1-7}$$

其中第一步用到 $\psi^*\hat{R}_{ab}{}^{cd} = \hat{R}_{ab}{}^{cd}$, 第二步用到式(10-1-5), 第三步用到式(10-1-4).

$$\text{式(10-1-6)右边} = \lambda\psi^* Y_{ab} = \lambda Y'_{ab}. \tag{10-1-8}$$

式(10-1-6)、(10-1-7)和(10-1-8)联合给出 $\lambda' = \lambda$. □

[选读 10-1-1 完]

[选读 10-1-2]

前面在讨论 Σ_t 的几何时, 我们先利用各向同性性证明 $\forall p \in \Sigma_t$ 有 $K \in \mathbb{R}$ 使式(10-1-1)对 p 点成立, 再利用空间均匀性说明 K 在 Σ_t 上为常数. 然而, 不用空间均匀性也可证明 K 为常数, 证明如下: 以 ∇_a 代表与 h_{ab} 适配的导数算符, 则比安基恒等式[式(3-4-8)]与式(10-1-1)结合给出 $0 = \nabla_{[e}R_{ab]cd} = 2h_{c[a}h_{b|d|}\nabla_{e]}K$. 以 $h^{ad}h^{cb}$ 作用于上式两边得 $\nabla_e K = 0$ (证明中用到 Σ_t 的维数 $n \geqslant 3$), 可见 K 在 Σ_t 上为常数. 这一讨论表明, 在只关心 Σ_t 的几何时, 无需空间均匀性也可得出命题 10-1-2 的结论.

[选读 10-1-2 完]

广义黎曼空间(M, g_{ab})叫**常曲率空间**(space of constant curvature), 若存在常数 K 使其黎曼张量满足

$$R_{abcd} = 2K g_{c[a}g_{b]d}. \tag{10-1-1'}$$

由下册附录 J 的一个命题可知: ①常曲率空间有最高对称性, 即其等度规群(可能只是局部群)的维数(亦即独立 Killing 矢量场的个数)是 $n(n+1)/2$, 其中 n 是空间的

维数. ②流形维数、度规号差及 K 值相同的两个常曲率空间是(局域)等度规的(即有相同的局域几何). 式(10-1-1)表明宇宙的均匀面 (Σ_t, h_{ab}) 是常曲率空间.[①] 因此,若能列出任意实数 K 相应的度规 h_{ab},便能穷尽 Σ_t 的各种可能的(局域)空间几何. 空间有最高对称性的特点使人们立即想到平直度规,因为对平直度规有 $\hat{R}_{ab}{}^{cd}=0$,自然满足 $K=0$ 情况下的式(10-1-3). 于是 $K=0$ 时的空间线元可借笛卡儿坐标表为

$$\mathrm{d}l^2=\mathrm{d}x^2+\mathrm{d}y^2+\mathrm{d}z^2\,. \tag{10-1-9}$$

当然,$K\neq 0$ 时 $\hat{R}_{ab}{}^{cd}\neq 0$,因此 $K\neq 0$ 时 h_{ab} 不可能平直. 既然度规有最高对称性,除平直度规外自然想到球对称度规. 通常的球对称度规是指 3 维欧氏空间 $(\mathbb{R}^3,\ \delta_{ab})$ 中的 2 维球面上由 δ_{ab} 诱导的 2 维度规,其线元可表为 $\mathrm{d}\theta^2+\sin^2\theta\,\mathrm{d}\varphi^2$. 现在要找的是 3 维球对称度规,它应是 4 维欧氏空间 $(\mathbb{R}^4,\ \delta_{ab})$ 中 3 维球面上由 δ_{ab} 诱导的度规. 设 x, y, z, w 是 4 维欧氏空间的笛卡儿坐标,则其中的 3 维球面(记作 $S_{\bar{R}}$)的方程为

$$x^2+y^2+z^2+w^2=\bar{R}^2\,, \tag{10-1-10}$$

其中常数 $\bar{R}$ 代表球面半径. 仿照 3 维欧氏空间的做法,用下式定义 4 维欧氏空间的球坐标 R, ψ, θ, φ:

$$\begin{aligned} x&=R\sin\psi\sin\theta\cos\varphi,\\ y&=R\sin\psi\sin\theta\sin\varphi,\\ z&=R\sin\psi\cos\theta,\\ w&=R\cos\psi, \end{aligned} \tag{10-1-11}$$

则 4 维欧氏线元可表为

$$\mathrm{d}s^2=\mathrm{d}x^2+\mathrm{d}y^2+\mathrm{d}z^2+\mathrm{d}w^2=\mathrm{d}R^2+R^2[\mathrm{d}\psi^2+\sin^2\psi(\mathrm{d}\theta^2+\sin^2\theta\mathrm{d}\varphi^2)]\,.$$

由式(10-1-10)和(10-1-11)可知在半径为 $\bar{R}$ 的 3 维球面 $S_{\bar{R}}$ 上有 $R=\bar{R}$, $\mathrm{d}R=0$,故 $S_{\bar{R}}$ 上的、由 4 维欧氏线元诱导出的 3 维线元为

$$\mathrm{d}l^2=\bar{R}^2[\mathrm{d}\psi^2+\sin^2\psi(\mathrm{d}\theta^2+\sin^2\theta\,\mathrm{d}\varphi^2)]\,. \tag{10-1-12}$$

由上式出发计算 $S_{\bar{R}}$ 的曲率张量(习题),得 $\hat{R}_{ab}{}^{cd}=2\bar{R}^{-2}\delta_a{}^{[c}\delta_b{}^{d]}$,即 3 维球面 $S_{\bar{R}}$ 的曲率张量满足 $K=\bar{R}^{-2}$ 的式(10-1-3). $\bar{R}^{-2}$ 可取任意正实数,故各种半径的 3 维球面穷尽了 $K>0$ 的常曲率空间局域几何. 为求得全部 $K<0$ 的常曲率空间,考虑 4 维闵氏时空的、由如下方程

---

① 由命题 10-1-3 的证明可知各向同性性和均匀面族唯一性是保证 $\hat{R}_{ab}{}^{cd}$ 对应的矩阵 L 有相同对角元[因而 (Σ_t, h_{ab}) 是常曲率空间]的充分条件. 其实均匀面族唯一性也是必要条件,因为存在人为例子(略),当只有各向同性性而没有均匀面族唯一性时 (Σ_t, h_{ab}) 不是常曲率空间.

$$t^2 - x^2 - y^2 - z^2 = \bar{\xi}^2 \tag{10-1-13}$$

(其中 t，x，y，z 是洛伦兹坐标，$\bar{\xi}$ 为常数)定义的 3 维旋转双曲面 (记作 $S_{\bar{\xi}}$，压缩两维后如图 10-5)，用下式定义双曲坐标 ξ，ψ，θ，φ：

$$\begin{aligned} x &= \xi\,\mathrm{sh}\psi\sin\theta\cos\varphi, \\ y &= \xi\,\mathrm{sh}\psi\sin\theta\sin\varphi, \\ z &= \xi\,\mathrm{sh}\psi\cos\theta, \\ t &= \xi\,\mathrm{ch}\psi, \end{aligned} \tag{10-1-14}$$

则 4 维闵氏线元可表为

$$\begin{aligned} \mathrm{d}s^2 &= -\mathrm{d}t^2 + \mathrm{d}x^2 + \mathrm{d}y^2 + \mathrm{d}z^2 \\ &= -\mathrm{d}\xi^2 + \xi^2[\mathrm{d}\psi^2 + \mathrm{sh}^2\psi(\mathrm{d}\theta^2 + \sin^2\theta\,\mathrm{d}\varphi^2)]\,. \end{aligned} \tag{10-1-15}$$

从式(10-1-14)可知在由式(10-1-13)定义的 3 维双曲面 $S_{\bar{\xi}}$ 上有 $\xi = \bar{\xi}, \mathrm{d}\xi = 0$，故 $S_{\bar{\xi}}$ 上的由 4 维闵氏线元诱导的 3 维线元为

$$\mathrm{d}l^2 = \bar{\xi}^2[\mathrm{d}\psi^2 + \mathrm{sh}^2\psi(\mathrm{d}\theta^2 + \sin^2\theta\mathrm{d}\varphi^2)]\,. \tag{10-1-16}$$

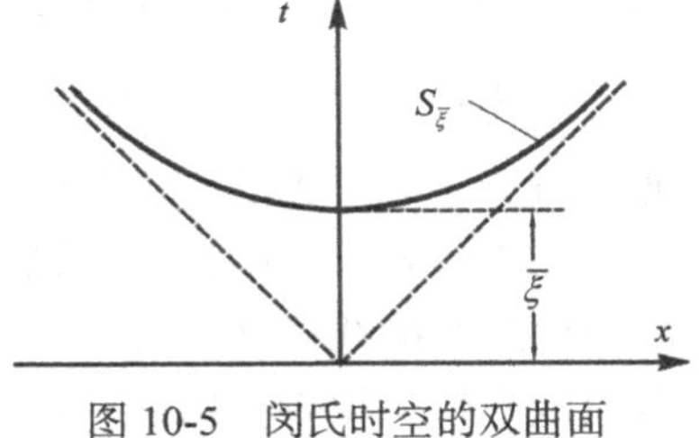

图 10-5　闵氏时空的双曲面(只画两维)

由上式出发计算 $S_{\bar{\xi}}$ 的曲率张量(练习)，得

$$\hat{R}_{ab}{}^{cd} = -2\bar{\xi}^{-2}\delta_a{}^{[c}\delta_b{}^{d]}, \tag{10-1-17}$$

即 3 维双曲面 $S_{\bar{\xi}}$ 的曲率张量满足 $K = -\bar{\xi}^{-2}$ 的式(10-1-3). $\bar{\xi}^{-2}$ 可取任意正实数，故各种参数 $\bar{\xi}$ 的 3 维双曲面穷尽了 $K<0$ 的常曲率空间局域几何.

小结　由宇宙学原理可知宇宙在任一瞬间(即任一均匀面)的局域空间几何只有以下 3 种可能情况：

(a) 3 维球面度规，其线元可用球坐标 ψ，θ，φ 表为

$$\mathrm{d}l^2 = K^{-1}[\mathrm{d}\psi^2 + \sin^2\psi\,(\mathrm{d}\theta^2 + \sin^2\theta\,\mathrm{d}\varphi^2)], \qquad K>0\,. \tag{10-1-18}$$

(b) 3 维平直度规，其线元可用笛卡儿坐标 x，y，z 表为

$$\mathrm{d}l^2 = \mathrm{d}x^2 + \mathrm{d}y^2 + \mathrm{d}z^2 \quad (\text{对应于 } K=0 \text{ 的情况}), \tag{10-1-19}$$

若改用球坐标 ψ，θ，φ，则上式可表为与式(10-1-18)更类似的形式：

$$\mathrm{d}l^2 = \mathrm{d}\psi^2 + \psi^2(\mathrm{d}\theta^2 + \sin^2\theta\,\mathrm{d}\varphi^2)\,. \tag{10-1-19$'$}$$

(c) 3 维双曲面度规，其线元可用双曲坐标 ψ，θ，φ 表为

$$\mathrm{d}l^2 = -K^{-1}[\mathrm{d}\psi^2 + \mathrm{sh}^2\psi\,(\mathrm{d}\theta^2 + \sin^2\theta\,\mathrm{d}\varphi^2)], \qquad K<0\,. \tag{10-1-20}$$

关于宇宙在空间上是否有限的问题，在人类文明史中一直存在两种相反意见，两者交替占上风，占上风的总时间几乎一样长. 现在，当我们明确宇宙的空间几何只有上述 3 种可能性时，问题就变得十分明确. 在可能性(a)中，宇宙空间是 3 维球面(“封闭宇宙”)，其体积有限，因此是有限宇宙. 空间虽然有限，但却“无

边”，因为球面没有边界. 在可能性(b)和(c)中，宇宙空间是 3 维欧氏空间或 3 维双曲面(“开放宇宙”)，其体积为无限，因此是无限宇宙. 然而，我们的宇宙到底属于 3 种中的哪一种? 这个问题将在§10. 3 和§10. 5 中讨论.

有必要说明一点. 常曲率空间的定义只要求度规满足式(10-1-1′)而未对底流形的整体拓扑结构提出要求. 以宇宙的均匀面 (Σ_t, h_{ab}) 为例. 对 $K>0$ 的情况，从式(10-1-1)可得的结论只是：h_{ab} 一定是 3 球面度规[满足式(10-1-18)]，但不能肯定整个 Σ_t 就是一个 3 球面(因为无论从球面上挖去某些点还是把球面上的某些点认同都不改变其局域几何). 然而，利用宇宙学原理可以排除绝大多数的人为改变整体拓扑的做法. 虽然还不能完全排除，但从物理角度可认为它们都不够自然，于是才得出关于宇宙空间整体几何的如下结论：$K>0$ 时 Σ_t 为 3 球面(封闭宇宙)，$K=0$ 和 $K<0$ 时 Σ_t 分别是欧氏空间和旋转双曲面(开放宇宙).

10.1.3 Robertson-Walker (罗伯逊–沃克) 度规

宇宙时空度规 g_{ab} 应是这样的度规，它在每一均匀面 Σ_t 上的诱导度规为 Σ_t 按照 10.1.2 小节得到的 h_{ab} (对应于线元 $\mathrm{d}l^2$). 可以引入方便的坐标系把 g_{ab} 写成简洁的线元表达式. 先指出一个结论：任意两个各向同性观者的世界线介于任意两张均匀面之间的线段必定等长. 从物理上不难接受这一结论，因为所有各向同性观者应该平权，很难相信存在这样两个各向同性观者，他们的世界线介于两张均匀面之间的线段竟然长度不等. 选读 10-1-3 还将对这一结论给出严格证明. 现在介绍坐标系. 在均匀面 Σ_0 上选(局部)坐标 $x^1 \equiv \psi$，$x^2 \equiv \theta$，$x^3 \equiv \varphi$ (在 3 种几何下 ψ，θ，φ 的含义已明于 10.1.2 节)，用各向同性观者世界线把这些空间坐标携带至 Σ_0 外，即每条世界线各点由相同的 ψ，θ，φ 刻画. 调节每一各向同性观者的标准钟的初始设定使它们在与 Σ_0 面的交点上指零，把每一时空点的时间坐标 t 定义为过该点的各向同性观者的固有时 τ，便得宇宙时空的一个坐标系 $\{t, x^i\}$[称为 **Robertson-Walker(或 RW)坐标系**]. 这显然是各向同性参考系的一个共动坐标系. 还应说明，这样定义的时间坐标 t 与均匀面族(单参类空超曲面族) $\{\Sigma_t\}$ 的参数 t 可以不等(因为后者原则上可以很任意)，但为避免混淆，从现在起约定把 $\{\Sigma_t\}$ 的参数 t 选得与时间坐标 t 一样，就是说，均匀面 Σ_t 上每点的时间坐标都是 t. 这样定义的坐标系有两大优点：①等 t 面与均匀面重合(因此均匀面也称同时面)，代表宇宙在时刻 t 的全空间；②各向同性观者世界线是 t 坐标线，且其上的坐标时 t 等于固有时 τ，这称为**宇宙时**. 如无特殊声明，在宇宙论中提到的“时间”都指宇宙时. 优点②使坐标基矢 $(\partial/\partial t)^a$ 等于各向同性观者的 4 速 Z^a，从而

$$g_{00} = g_{ab}(\partial/\partial t)^a(\partial/\partial t)^b = g_{ab}Z^aZ^b = -1\,;$$

优点①使 3 个空间坐标基矢 $(\partial/\partial x^i)^a$ 都切于均匀面，因而都与坐标基矢 $(\partial/\partial t)^a$ 正

交，于是

$$g_{0i}=g_{ab}(\partial/\partial t)^a(\partial/\partial x^i)^b=0,\qquad i=1,2,3;$$

又因为 h_{ab} 是 g_{ab} 的诱导度规，所以

$$g_{ij}=g_{ab}(\partial/\partial x^i)^a(\partial/\partial x^j)^b=h_{ab}(\partial/\partial x^i)^a(\partial/\partial x^j)^b=h_{ij},\qquad i,\ j=1,2,3,$$

其中第二步用到诱导度规的定义(见 § 4.4 定义 5). 请注意，h_{ij} 一般来说是 t 和 x^i 的函数，宜记作 $h_{ij}(t,x)$ (括号中的 x 代表 x^1,x^2,x^3). 利用均匀面族的唯一性可以证明(见选读 10-1-4) $h_{ij}(t,x)$ 可以写成“分离变量”的形式，即

$$h_{ij}(t,x)=a^2(t)\hat{h}_{ij}(x),\tag{10-1-21}$$

其中 $a(t)$ 只是 t 的函数，$\hat{h}_{ij}(x)$ 只是 x^i 的函数. 于是 4 维宇宙度规 g_{ab} 在上述坐标系的线元为

$$\mathrm{d}s^2=-\mathrm{d}t^2+a^2(t)\,\hat{h}_{ij}(x)\mathrm{d}x^i\mathrm{d}x^j,\tag{10-1-22}$$

其中 $\hat{h}_{ij}(x)$ 视空间几何属何种情况而定. 先看最简单的情况(b). 这时空间度规平直，所以 $\hat{h}_{ij}(x)=\delta_{ij}$，式(10-1-22)对情况(b)可表为

$$\mathrm{d}s^2=-\mathrm{d}t^2+a^2(t)\,(\mathrm{d}x^2+\mathrm{d}y^2+\mathrm{d}z^2)\quad[\text{情况(b)}].\tag{10-1-23b}$$

改用球坐标 $\psi,\ \theta,\ \varphi$，其中 $\psi\equiv(x^2+y^2+z^2)^{1/2}$，则为

$$\mathrm{d}s^2=-\mathrm{d}t^2+a^2(t)[\mathrm{d}\psi^2+\psi^2(\mathrm{d}\theta^2+\sin^2\theta\,\mathrm{d}\varphi^2)]\quad[\text{情况(b)}].\tag{10-1-23b$'$}$$

至于 $a(t)$ 的函数形式，则要留待爱因斯坦方程决定(见 10.2.3 小节). 类似地，式(10-1-18)和(10-1-20)右边在与 $-\mathrm{d}t^2$ 相加前也要乘以待定函数 $a^2(t)$. 既然式(10-1-18)的 K^{-1} 和式(10-1-20)的 $-K^{-1}$ 都是正实数，不如把它们吸收进 $a^2(t)$ 中. 于是式(10-1-22)用于情况(a)和(c)的结果为

$$\mathrm{d}s^2=-\mathrm{d}t^2+a^2(t)[\mathrm{d}\psi^2+\sin^2\psi(\mathrm{d}\theta^2+\sin^2\theta\,\mathrm{d}\varphi^2)]\quad[\text{情况(a)}],\tag{10-1-23a}$$

$$\mathrm{d}s^2=-\mathrm{d}t^2+a^2(t)\,[\mathrm{d}\psi^2+\mathrm{sh}^2\psi\,(\mathrm{d}\theta^2+\sin^2\theta\,\mathrm{d}\varphi^2)]\quad[\text{情况(c)}].\tag{10-1-23c}$$

注 1 式(10-1-23b)描述的 4 维时空是弯曲的[除非 $a(t)$ 为常数，而小节 10.2.3 表明 $a(t)$ 不是常数.]，平直的只是时空中的每个 3 维均匀面. 因此，情况(b)对应的是有平直空间几何的弯曲时空.

对情况(a)、(b)、(c)分别定义 r 如下：

$$r\equiv\begin{cases}\sin\psi, & [\text{情况(a)}]\\ \psi, & [\text{情况(b)}],\\ \mathrm{sh}\psi, & [\text{情况(c)}]\end{cases}\tag{10-1-24}$$

则式(10-1-23a)、(10-1-23b′)和(10-1-23c)可合并为

$$\mathrm{d}s^2=-\mathrm{d}t^2+a^2(t)\left[\frac{\mathrm{d}r^2}{1-kr^2}+r^2(\mathrm{d}\theta^2+\sin^2\theta\,\mathrm{d}\varphi^2)\right],\tag{10-1-25}$$

其中　$k \equiv \begin{cases} +1, & [\text{情况(a)}] \\ 0, & [\text{情况(b)}] \\ -1, & [\text{情况(c)}] \end{cases}$　(注意 k 同 K 的类似性和区别).

式(10-1-23)或(10-1-25)称为 **Robertson-Walker 度规**，简称 **RW 度规**. 以上讨论表明，只用宇宙学原理(加上均匀面族唯一性的默认)就可把宇宙的时空几何确定到 RW 度规的程度. 这一度规只有两个尚待确定的因素：① k 的取值，即确定我们的宇宙属于 3 种情况中的哪一种(这将在 10.3.2 小节讨论)；② $a(t)$的具体函数形式，这须由爱因斯坦方程确定，见 10.2.3 小节.

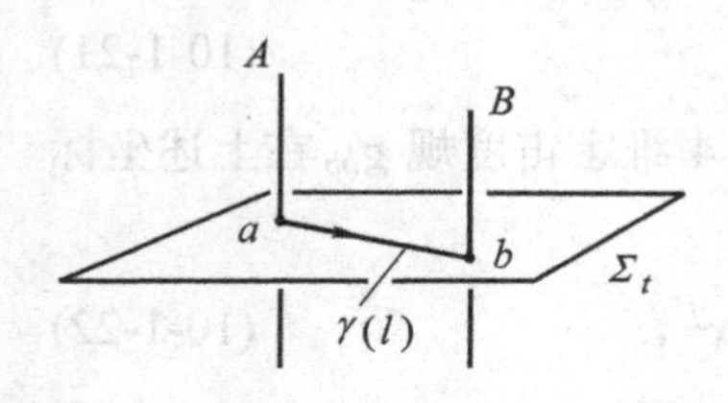

图 10-6　a，b 是星系 A，B 在时刻 t 的表现，测地线 $\gamma(l)$ 的线长是 A，B 在时刻 t 的距离

在结束本节之前，我们来说明 $a(t)$的物理意义. 设 h_{ab} 是 RW 度规在均匀面 Σ_t 上的诱导度规，则 $(\Sigma_t,\ h_{ab})$ 是 3 维黎曼空间. 设 a，b 分别是星系 A，B 与 Σ_t 的交点，$\gamma(l)$是 a，b 间的、躺在 Σ_t 上的测地线(见图 10-6)，则其线长便是 a 与 b (作为 Σ_t 上两点)的距离，在物理上就解释为星系 A，B 在时刻 t 的距离(亦称固有距离)，记作 $D_{AB}(t)$. 以 l_1 和 l_2 分别代表测地线 $\gamma(l)$在 a，b 点的参数值，由线长公式可知

$$D_{AB}(t) = \int_{l_1}^{l_2} \sqrt{h_{ab}(\partial/\partial l)^a (\partial/\partial l)^b}\,\mathrm{d}l\,.$$

令 $\hat{h}_{ab} \equiv a^{-2}(t)\,h_{ab}$，约定 $a(t)$只取正值，则

$$D_{AB}(t) = a(t)\hat{D}_{AB}\,, \tag{10-1-26}$$

其中

$$\hat{D}_{AB} \equiv \int_{l_1}^{l_2} \sqrt{\hat{h}_{ab}(\partial/\partial l)^a (\partial/\partial l)^b}\,\mathrm{d}l\,. \tag{10-1-27}$$

由上式及式(10-1-25)知 $\hat{D}_{AB}$ 只取决于星系 A，B 而与时间无关，式(10-1-26)则表明 $a(t)$是以 $\hat{D}_{AB}$ 为单位在时刻 t 测 A，B 的距离所得的值，反映任意两星系的距离随时间的变化情况，因此称为宇宙的**尺度因子**(scale factor). 若星系 A，B 的空间坐标分别为$(r_A,\ \theta,\ \varphi)$和$(r_B,\ \theta,\ \varphi)$，则可取参数 l 为 r 而把式(10-1-26)具体表为

$$D_{AB}(t) = a(t)\int_{r_A}^{r_B} \mathrm{d}r/\sqrt{1-kr^2}\,. \tag{10-1-28}$$

上式的积分在 $k = 1, 0, -1$ 三种情况下都不难用显式表出. 注意到式(10-1-25)中的 $-\mathrm{d}t^2$ 在国际制中为$-c^2\mathrm{d}t^2$，有长度量纲，可知在 $k = \pm 1$ 的情况下(那时 r 无量纲)$a(t)$有长度量纲[$k = 0$ 时 $a(t)$的量纲则可任意选择，取决于对式(10-1-23b)中的 x，y，z 的量纲的选择.] 在 $k = +1$ 时宇宙封闭，还可问及宇宙在任一时刻 t 的体积(3 维球“面”的体积)，它显然同 $a(t)$有关. 由式(10-1-23a)可知空间诱导度规 h_{ab} 的适配体元为

$$\hat{\varepsilon} = a^3 \sin^2\psi \sin\theta \, \mathrm{d}\psi \wedge \mathrm{d}\theta \wedge \mathrm{d}\varphi ,$$

故全空间(整个 3 球“面”)的体积为

$$V = \int \hat{\varepsilon} = a^3 \int_0^{2\pi} \mathrm{d}\varphi \int_0^{\pi} \sin\theta \mathrm{d}\theta \int_0^{\pi} \sin^2\psi \mathrm{d}\psi = 2\pi^2 a^3 . \tag{10-1-29}$$

可见 $a^3(t)$正比于封闭宇宙在时刻 t 的体积，$a(t)$就是封闭宇宙在时刻 t 的半径.

[选读 10-1-3]

现在补证 10.1.3 小节开头指出的结论，即证明如下命题：

命题 10-1-3 在默认宇宙学原理以及宇宙有唯一均匀面族的前提下，任意两个各向同性观者的世界线介于两张均匀面之间的线长相等.①

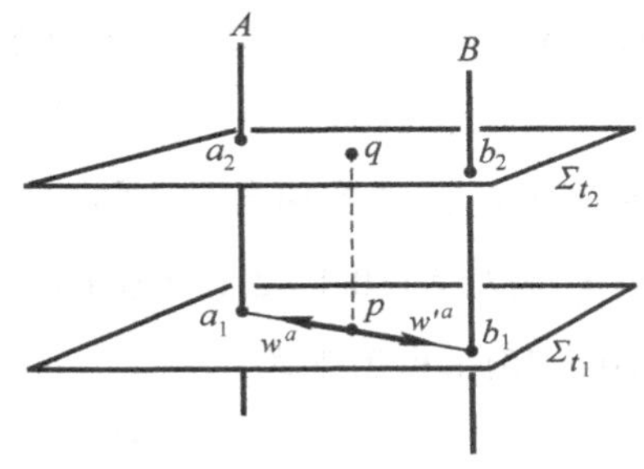

图 10-7 各向同性观者 A，B 介于两张均匀面之间的固有时间相等

证明 设各向同性观者 A,B 与均匀面 Σ_{t_1}，Σ_{t_2} 的4个交点依次为 a_1,a_2,b_1,b_2 (图 10-7). 黎曼空间有个定理，保证空间任一点都有一个称为凸邻域的邻域，其中任意两点之间存在唯一的在域内的测地线. (Σ_{t_1}, h_{ab}) 是 3 维黎曼空间，暂时假定 b_1 在 a_1 的凸邻域内，则域内有测地线 $\gamma(l)$从 a_1 到 b_1，其中 l 是线长. 设 p 是 γ 的中点，即 $l_{a_1 p} = l_{pb_1}$，令 $w^a \equiv -w'^a \equiv -(\partial/\partial l)^a|_p$，则 w^a 和 w'^a 都为单位长，故由各向同性的定义可知存在等度规映射 $\psi: M \to M$ 使 $\psi(p) = p$，$\psi_* w^a = w'^a$. 由均匀面族的唯一性可知 $\psi[\Sigma_{t_1}] = \Sigma_{t_1}$. 因为各向同性观者世界线正交于均匀面，所以各向同性观者在 ψ 下的像仍是各向同性观者. 又因为测地线及其线长都是以度规衡量的，故等度规映射 ψ 满足 $\psi[\gamma_{pa_1}] = \gamma_{pb_1}$，因而 $\psi[a_1] = b_1$，而这又进一步保证 $\psi[A] = B$. 设过 p 的各向同性观者世界线交 Σ_{t_2} 于 q，以 τ 代表该线的固有时，则

$$\tau(q) - \tau(p) = \tau(\psi(q)) - \tau(\psi(p)) = \tau(\psi(q)) - \tau(p) ,$$

(第一步是因为等度规映射保线长.) 于是 $\psi(q) = q$，再由均匀面族的唯一性便得 $\psi[\Sigma_{t_2}] = \Sigma_{t_2}$. 综上结论便知 $\psi[A_{a_1 a_2}] = B_{b_1 b_2}$，因而线段 $A_{a_1 a_2}$ 与 $B_{b_1 b_2}$ 等长. 利用凸邻域之间的交叠区通过“接力”不难证明即使 b_1 不在 a_1 的凸邻域内也有相同结论. □

[选读 10-1-3 完]

[选读 10-1-4]

现在补证式(10-1-21)，即 $h_{ij}(t,x)$可以写成“分离变量”的形式. 设 Σ_{t_1} 和 Σ_{t_2} 是

① 若均匀面族不唯一，则可举出本命题结论的反例.

均匀面，G 为各向同性观者，$p_1 \equiv G \cap \Sigma_{t_1}$，$p_2 \equiv G \cap \Sigma_{t_2}$，可用坐标分别表为 $p_1 = (t_1, x_G{}^i)$ 和 $p_2 = (t_2, x_G{}^i)$．令 $X^a|_{p_1}$ 和 $Y^a|_{p_1}$ 是 p_1 点的互相等长的空间矢量，坐标分量分别为 X^i 和 Y^i，即 $X^a|_{p_1} = X^i(\partial/\partial x^i)^a|_{p_1}$，$Y^a|_{p_1} = Y^i(\partial/\partial x^i)^a|_{p_1}$，则

$$h_{ij}(t_1, x_G)X^iX^j = h_{ij}(t_1, x_G)Y^iY^j. \tag{10-1-30}$$

因 G 是各向同性观者，故有等度规映射 $\psi: M \to M$ 使 $\psi(p_1) = p_1$，$\psi_*(X^a|_{p_1}) = Y^a|_{p_1}$．由均匀面族的唯一性可知 ψ 诱导的坐标变换 $t, x^i \mapsto t', x'^i$ 满足

$$t' = t, \quad x'^i = f^i(x), \qquad i = 1, 2, 3 \ (\text{括号内的}\ x\ \text{代表}\ x^1, x^2, x^3), \tag{10-1-31}$$

而且 $x_G{}^i = f^i(x_G)$．由式(4-1-7)得

$$Y^i = X^j(\partial f^i/\partial x^j)|_{x_G}. \tag{10-1-32}$$

再考虑 p_2 点的空间矢量 $X^a|_{p_2} \equiv X^i(\partial/\partial x^i)^a|_{p_2}$ 和 $Y^a|_{p_2} \equiv Y^i(\partial/\partial x^i)^a|_{p_2}$．因实数 X^i 和 Y^i 满足式(10-1-32)，故 $\psi_*(X^a|_{p_2}) = Y^a|_{p_2}$，因而 $X^a|_{p_2}$ 和 $Y^a|_{p_2}$ 等长．可见从式(10-1-30)推出了下式：

$$h_{ij}(t_2, x_G)X^iX^j = h_{ij}(t_2, x_G)Y^iY^j. \tag{10-1-33}$$

再设 $X^a|_{p_1}$ 与 $Y^a|_{p_1}$ 不等长(且 $Y^a|_{p_1} \neq 0$)．因 h_{ij} 正定，故有 $\lambda \in \mathbb{R}$ 使

$$h_{ij}(t_1, x_G)X^iX^j = \lambda^2 h_{ij}(t_1, x_G)Y^iY^j = h_{ij}(t_1, x_G)(\lambda Y^i)(\lambda Y^j),$$

因而 $$h_{ij}(t_2, x_G)X^iX^j = h_{ij}(t_2, x_G)(\lambda Y^i)(\lambda Y^j) = \lambda^2 h_{ij}(t_2, x_G)Y^iY^j,$$

所以对任意非零(X^1, X^2, X^3)和(Y^1, Y^2, Y^3)有

$$\frac{h_{ij}(t_1, x_G)X^iX^j}{h_{ij}(t_2, x_G)X^iX^j} = \frac{h_{ij}(t_1, x_G)Y^iY^j}{h_{ij}(t_2, x_G)Y^iY^j}. \tag{10-1-34}$$

上式表明比值与(X^1, X^2, X^3)及(Y^1, Y^2, Y^3)无关，只取决于 t_1，t_2 和 $x_G{}^i$，故存在函数 $\omega(t_1, t_2, x_G)$ 使

$$h_{ij}(t_1, x_G)X^iX^j = \omega(t_1, t_2, x_G)\, h_{ij}(t_2, x_G)X^iX^j. \tag{10-1-35}$$

进一步，对任意(X^1, X^2, X^3)和(Y^1, Y^2, Y^3)还有

$$h_{ij}(t_1, x_G)(X^i + Y^i)(X^j + Y^j) = \omega h_{ij}(t_2, x_G)(X^i + Y^i)(X^j + Y^j),$$

$$h_{ij}(t_1, x_G)(X^i - Y^i)(X^j - Y^j) = \omega\, h_{ij}(t_2, x_G)(X^i - Y^i)(X^j - Y^j),$$

因而 $$h_{ij}(t_1, x_G)X^iY^j = \omega(t_1, t_2, x_G)\, h_{ij}(t_2, x_G)X^iY^j,$$

于是有 $h_{ij}(t_1, x_G) = \omega(t_1, t_2, x_G)\, h_{ij}(t_2, x_G)$．注意到 G 为任一各向同性观者，便可把上式的 x_G 改作 x，从而有

$$h_{ij}(t_1, x) = \omega(t_1, t_2, x)\, h_{ij}(t_2, x). \tag{10-1-36}$$

最后，证明 ω 其实与 x 无关，即 $\omega(t_1, t_2, x)$可改写为 $\omega(t_1, t_2)$. 取等度规映射 $\psi: M \to M$ 使其诱导的坐标变换满足式(10-1-31). 宇宙度规 g_{ab} 在新坐标系 $\{t', x'^i\}$ 的线元为

$$ds^2 = -dt'^2 + h_{ij}(t', x')\,dx'^i dx'^j = -dt^2 + h_{ij}(t, x')\,(\partial f^i/\partial x^k)\,(\partial f^j/\partial x^l)\,dx^k dx^l\,,$$

与原坐标系的线元 $ds^2 = -dt^2 + h_{ij}(t, x)\,dx^k dx^l$ 对比得

$$h_{ij}(t, x')\,(\partial f^i/\partial x^k)\,(\partial f^j/\partial x^l) = h_{kl}(t, x)\,. \tag{10-1-37}$$

令 t 分别为 t_1 和 t_2 便得

$$h_{ij}(t_1, x')\,(\partial f^i/\partial x^k)\,(\partial f^j/\partial x^l) = h_{kl}(t_1, x)\,. \tag{10-1-38}$$

$$h_{ij}(t_2, x')\,(\partial f^i/\partial x^k)\,(\partial f^j/\partial x^l) = h_{kl}(t_2, x)\,. \tag{10-1-39}$$

由式(10-1-36)可知

$$\text{式(10-1-38)左边} = \omega(t_1, t_2, x')\,h_{ij}(t_2, x')\,(\partial f^i/\partial x^k)\,(\partial f^j/\partial x^l)\,,$$

$$\text{式(10-1-38)右边} = \omega(t_1, t_2, x)\,h_{kl}(t_2, x)\,.$$

对比两边，注意到式(10-1-39)，便得 $\omega(t_1, t_2, x) = \omega(t_1, t_2, x')$，因而 ω 与 x 无关. 于是式(10-1-36)简化为 $h_{ij}(t_1, x) = \omega(t_1, t_2)\,h_{ij}(t_2, x)$. 令 t_2 固定而 t_1 变动(并改记作 t)，便得

$$h_{ij}(t, x) = \omega(t, t_2)\,h_{ij}(t_2, x)\,. \tag{10-1-40}$$

令 $\hat{h}_{ij}(x) \equiv h_{ij}(t_2, x)$， $a^2(t) \equiv \omega(t, t_2)$， 便有 $h_{ij}(t, x) = a^2(t)\hat{h}_{ij}(x)$， 此即待证的式(10-1-21).

[选读 10-1-4 完]

§10.2 宇宙动力学

10.2.1 哈勃定律

美国天文学家 Slipher 在 20 世纪初期观测了 41 个河外星系的光谱，发现其中的36个存在红移[设 λ 和 λ' 分别是发光时和光到达地球时的波长，则 $z \equiv (\lambda' - \lambda)/\lambda$ 简称**红移**.]. 把红移归因于多普勒效应，便可得出“这 36 个星系离银河系退行而去”、因而“宇宙膨胀”的结论(因为太阳绕银河系中心转动，其他 5 个星系的光谱的蓝移可被解释为太阳正好与它们相向运动所致.). 天文学家迄今已测量了数以万计的星系光谱，除极少数(发自很近的星系)外都是红移. 这为宇宙膨胀的论断提供了坚实的观测基础. 美国天文学家哈勃(Hubble)从 1923 年开始测量河外星系同我们的距离(这比 z 的测定困难得多)，发现红移 z 与距离 D 有正比关系，而 z 在低速时又等于退行速率 u [对式(6-6-66a)做泰勒展开并保留 1 阶项得 $z \cong u$]，于

是在 1929 年发表了如下定律(**哈勃定律**):

$$u_0 = H_0 D_0 \quad (\text{下标 0 代表“当今”}), \tag{10-2-1}$$

其中 H_0 是同星系无关的数，叫**哈勃常数**(Hubble constant). 今天，用 RW 度规不难从理论上推出哈勃定律. 定义两个星系的相对速率为 $u(t) := \mathrm{d}D(t)/\mathrm{d}t$ [其中 $D(t)$ 是它们在时刻 t 的距离]，则由式(10-1-26)易得

$$u(t) = \hat{D}\frac{\mathrm{d}a(t)}{\mathrm{d}t} = \frac{\dot{a}(t)}{a(t)}D(t), \qquad \dot{a}(t) \equiv \mathrm{d}a(t)/\mathrm{d}t . \tag{10-2-2}$$

定义**哈勃参数**(Hubble parameter)

$$H(t) := \dot{a}(t)/a(t), \tag{10-2-3}$$

则

$$u(t) = H(t)\,D(t). \tag{10-2-4}$$

上式说明，对给定时刻 t，任意两个星系之间的退行速率正比于两者的距离. 以 t_0 代表当今时刻，以 H_0 简记 $H(t_0)$(即哈勃常数)，便有

$$u(t_0) = H_0 D(t_0). \tag{10-2-1$'$}$$

这便是哈勃定律[式(10-2-1)]. 应注意哈勃参数 $H(t)$同哈勃常数 $H_0 \equiv H(t_0)$ 的区别：前者与时间 t 有关，后者是前者的当今值. 因为观测表明 $H_0 > 0$，由式(10-2-1′)可知只要 $D(t_0) \neq 0$ 就有 $u(t_0) > 0$，即任一星系观测另一星系时都发现它离自己退行而去[哈勃只测出其他星系离我们银河系退行而去，式(10-2-1′)则肯定任一对星系之间都在互相远离.]. 可见，我们测得所有星系离我们退行而去并不表明银河系是宇宙膨胀的中心. 作为比喻，考虑一个布满蚂蚁的气球. 当气球膨胀时，每一蚂蚁都看到其他蚂蚁离它退行而去. 没有一只蚂蚁是特殊的. 同气球膨胀一样，宇宙的膨胀也没有中心.

由式(10-2-1)可知，当 D 足够大时，u 可以大于光速. 这同相对论并无矛盾. 相对论的基本原则(之一)是“质点世界线是类时曲线”(这是绝对的、毫不含混的提法)，只有采用适当的速率定义才等价于“质点速率小于光速”(这是相对的提法). 在记住“相对论中任何质点的速率都小于光速”的同时，必须记住这句话中的“质点速率”是指式(6-3-28)定义的由观者对质点做当时当地测量所得的速率. 如果这观者是闵氏时空的惯性观者，这速率也就是质点相对于该观者所在惯性系的速率. 然而，速率的定义很多，只要与上述速率定义不等价，超光速就未必违背相对论. 星系退行速率就是一例. 退行速率 u 的定义是星系距离对宇宙时间的导数，这虽然很有物理意义，很可以称为速率，却不是某观者对某星系做当时当地测量所得的速率，这样定义的速率大于光速并不与相对论矛盾，并不导致谬误. 事实上，在推导 RW 度规的过程中早已承认每一星系的世界线是类时曲线，因此早已遵守前面提及的相对论基本原则. 据此，如果任何观者(不一定各向同性观者)对任一星系做当时当地测量，所得速率肯定小于光速.

10.2.2 宇宙学红移

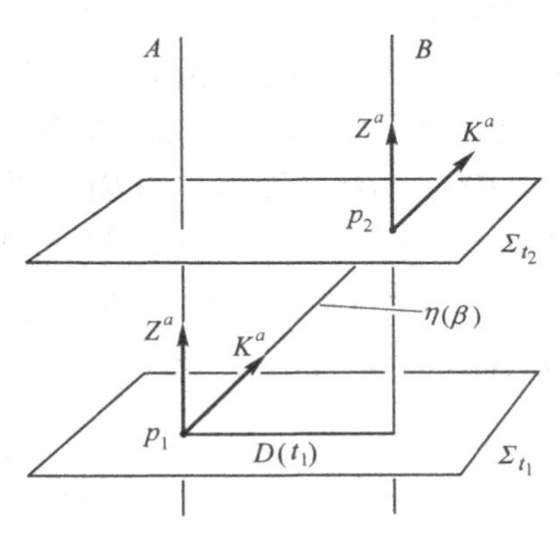

图 10-8 宇宙学红移的推导. $\eta(\beta)$是类光测地线

哈勃把宇宙学红移解释为平直时空的多普勒红移，并由此得出星系退行的结论. 根据广义相对论，宇宙物质的存在必然导致时空弯曲，宇宙学红移其实是弯曲时空的效应. 哈勃观测的星系与我们的距离从宇宙学角度来看很小，时空曲率的效应在这个范围内没有明显表现，近似看作多普勒红移并无不可. 然而，对距离足够大的星系的红移现象应该在弯曲时空的基础上解释. 在几何光学近似下(见选读 7-2-1)可认为光信号沿类光测地线传播. 设星系 A 在 p_1 时发出的光子沿类光测地线 $\eta(\beta)$(β 为仿射参数)运动，在 p_2 时被星系 B 收到(见图 10-8). 光子在 p_1 点相对于观者 A 的角频率 $\omega_1=-g_{ab}Z^aK^b|_{p_1}$，其中 Z^a 是 A 的 4 速，$K^b=(\partial/\partial\beta)^b$ 是光子的 4 波矢. 注意到 Z^a 与 RW 坐标系$\{t,r,\theta,\varphi\}$的坐标基矢 $(\partial/\partial t)^a$ 一致以及

$$K^b=(\partial/\partial t)^b(\mathrm{d}t/\mathrm{d}\beta)+(\partial/\partial x^i)^b(\mathrm{d}x^i/\mathrm{d}\beta),$$

可知 $\omega_1=\mathrm{d}t/\mathrm{d}\beta|_{p_1}$. 同理，该光子在 p_2 相对于观者 B 的角频率 $\omega_2=\mathrm{d}t/\mathrm{d}\beta|_{p_2}$. 宇宙学红移可借助于 $\eta(\beta)$所满足的测地线方程

$$\frac{\mathrm{d}^2x^\mu}{\mathrm{d}\beta^2}+\Gamma^\mu{}_{\nu\sigma}\frac{\mathrm{d}x^\nu}{\mathrm{d}\beta}\frac{\mathrm{d}x^\sigma}{\mathrm{d}\beta}=0,\qquad \mu=0,1,2,3 \tag{10-2-5}$$

求得，其中 x^0，x^1，x^2，x^3 依次代表 t,r,θ,φ. 由式(10-1-25)求得非零克氏符

$$\Gamma^0{}_{11}=a\dot{a}(1-kr^2)^{-1},\qquad \Gamma^0{}_{22}=a\dot{a}r^2,\qquad \Gamma^0{}_{33}=a\dot{a}r^2\sin^2\theta,$$

$$\Gamma^1{}_{01}=\Gamma^1{}_{10}=\dot{a}/a,\qquad \Gamma^1{}_{11}=kr(1-kr^2)^{-1},$$

$$\Gamma^1{}_{22}=-r(1-kr^2),\quad \Gamma^1{}_{33}=-r(1-kr^2)\sin^2\theta,$$

$$\Gamma^2{}_{02}=\Gamma^2{}_{20}=\Gamma^3{}_{03}=\Gamma^3{}_{30}=\dot{a}/a,\qquad \Gamma^2{}_{12}=\Gamma^2{}_{21}=\Gamma^3{}_{13}=\Gamma^3{}_{31}=1/r,$$

$$\Gamma^2{}_{33}=-\sin\theta\cos\theta,\qquad \Gamma^3{}_{23}=\Gamma^3{}_{32}=\cot\theta.$$

由此易证各向同性观者的世界线是测地线[习题. 利用克氏符的上述表达式及式(5-7-2)几乎可一望而知.]. 令式(10-2-5)的 $\mu=2,3$，得

$$\frac{\mathrm{d}^2\theta}{\mathrm{d}\beta^2}+2\frac{\dot{a}}{a}\frac{\mathrm{d}t}{\mathrm{d}\beta}\frac{\mathrm{d}\theta}{\mathrm{d}\beta}+\frac{2}{r}\frac{\mathrm{d}r}{\mathrm{d}\beta}\frac{\mathrm{d}\theta}{\mathrm{d}\beta}-\sin\theta\cos\theta\left(\frac{\mathrm{d}\varphi}{\mathrm{d}\beta}\right)^2=0,$$

$$\frac{\mathrm{d}^2\varphi}{\mathrm{d}\beta^2}+2\frac{\dot{a}}{a}\frac{\mathrm{d}t}{\mathrm{d}\beta}\frac{\mathrm{d}\varphi}{\mathrm{d}\beta}+\frac{2}{r}\frac{\mathrm{d}r}{\mathrm{d}\beta}\frac{\mathrm{d}\varphi}{\mathrm{d}\beta}+2\cot\theta\frac{\mathrm{d}\theta}{\mathrm{d}\beta}\frac{\mathrm{d}\varphi}{\mathrm{d}\beta}=0. \tag{10-2-6}$$

选择坐标系使$\theta(p_1)=\theta_0$，$\varphi(p_1)=\varphi_0$，并使$K^a|_{p_1}$在$(\partial/\partial\theta)^a$和$(\partial/\partial\varphi)^a$的分量为零，便可保证整条测地线$\eta(\beta)$有$\theta=\theta_0$和$\varphi=\varphi_0$．就是说，对任一给定测地线$\eta(\beta)$，总可通过重选$\theta$，$\varphi$坐标使之成为径向测地线[因为$\eta(\beta)$事先给定，选定坐标系后其$t(\beta)$，$r(\beta)$，$\theta(\beta)$，$\varphi(\beta)$就都是确定的函数．欲证$\theta(\beta)=\theta_0$和$\varphi(\beta)=\varphi_0$只须注意式(10-2-6)是关于$\theta(\beta)$和$\varphi(\beta)$的2阶联立方程组，而$\theta(\beta)=\theta_0$和$\varphi(\beta)=\varphi_0$是满足初始条件$\theta(p_1)=\theta_0$，$\varphi(p_1)=\varphi_0$，$\mathrm{d}\theta/\mathrm{d}\beta|_{p_1}=0$，$\mathrm{d}\varphi/\mathrm{d}\beta|_{p_1}=0$的唯一解.]．再令式(10-2-5)的$\mu=0$，得

$$\frac{\mathrm{d}^2 t}{\mathrm{d}\beta^2}+\frac{a\dot{a}}{1-kr^2}\left(\frac{\mathrm{d}r}{\mathrm{d}\beta}\right)^2=0\,.$$

由K^a的类光性得

$$\left(\frac{\mathrm{d}t}{\mathrm{d}\beta}\right)^2=\frac{a^2}{1-kr^2}\left(\frac{\mathrm{d}r}{\mathrm{d}\beta}\right)^2, \tag{10-2-7}$$

两式联立得$\dfrac{\mathrm{d}^2 t}{\mathrm{d}\beta^2}+\dfrac{\dot{a}}{a}\left(\dfrac{\mathrm{d}t}{\mathrm{d}\beta}\right)^2=0$．令$\omega=\mathrm{d}t/\mathrm{d}\beta$，则$\dfrac{\mathrm{d}\omega}{\mathrm{d}\beta}+\dfrac{\omega}{a}\dfrac{\mathrm{d}a}{\mathrm{d}\beta}=0$，从而解得

$$\omega=\omega_0\,a^{-1}\quad(\omega_0\text{为积分常数}). \tag{10-2-8}$$

由于ω可解释为过$\eta(\beta)$上任一点的各向同性观者测得的光子角频率，上式可解释为：随着宇宙的膨胀，宇宙中每一光子(相对于各向同性观者)的波长都正比地拉长(红移)．把式(10-2-8)用于p_1，p_2点得

$$\frac{\omega_2}{\omega_1}=\frac{a(t_1)}{a(t_2)}\,, \tag{10-2-9}$$

故相对红移量

$$z=\frac{\lambda_2-\lambda_1}{\lambda_1}=\frac{\omega_1}{\omega_2}-1=\frac{a(t_2)}{a(t_1)}-1\,. \tag{10-2-10}$$

若A，B的距离足够小，则由光子世界线的类光性及图10-8知$t_2-t_1\cong D(t_1)$，略去泰勒展开的高阶项得

$$a(t_2)\cong a(t_1)+\dot{a}(t_1)(t_2-t_1)\cong a(t_1)+\dot{a}(t_1)D(t_1)\,,$$

故

$$z=[(\dot{a}(t_1)/a(t_1)]\,D(t_1)=H(t_1)\,D(t_1)\,. \tag{10-2-11}$$

其中第二步用到式(10-2-3)．令$t_2(\cong t_1)$为t_0，上式便是哈勃的观测结果.

注1　习题3给出推导式(10-2-8)的另一方法，其特点是直接用类光测地线方程的矢量形式$K^a\nabla_a K^b=0$而不是其分量形式(10-2-5)．式(10-2-8)还可通过纯几何式的讨论导出(用到测地线切矢与Killing场的缩并沿测地线为常数)，详见Wald (1984) P. 103~104.

10.2.3 尺度因子的演化

把 Robertson-Walker 度规的爱因斯坦张量 G_{ab} 写成用 $a(t)$ 表达的形式，再写出宇宙的内容物的能动张量 T_{ab}，便可由爱因斯坦方程 $G_{ab}=8\pi T_{ab}$ 得到尺度因子 $a(t)$ 的微分方程，从而求得宇宙的演化方式．宇宙的内容物(contents)可分为两大类：静质量非零的粒子构成的内容物称为**物质**(matter，汉语亦称实物)；静质量为零的粒子构成的内容物称为**辐射**(radiation)．对物质(实物)提供主要贡献的是各个星系，对辐射提供主要贡献的是 1965 年发现的、充满宇宙的微波背景电磁辐射(详见 10.3.1 小节)．用宇观尺度衡量，每个星系可看作一个质点(“沧海之一粟”)，所有星系组成理想流体，流体的压强可忽略(相当于星系的无规运动可忽略)，因而可近似为尘埃，一个星系近似就是尘埃中的一个“颗粒”，因此其世界线是测地线(见§6.5)．而式(10-2-5)后已指出各向同性观者世界线是测地线，可见星系可近似看作各向同性观者．宇宙中的全部物质(整个尘埃)的能动张量可表为

$$T_{ab}\,(\text{物质})=\rho_{\mathrm{M}}U_aU_b\,,$$

其中 U^a 是各向同性观者的 4 速，ρ_{M} 是各向同性观者测得的物质能量密度．另一方面，所有辐射也可看作一种特殊的理想流体，其 4 速等于各向同性观者的 4 速 U^a，因而所有辐射的能动张量可表为

$$T_{ab}(\text{辐射})=\rho_{\mathrm{R}}U_aU_b+p(g_{ab}+U_aU_b)\,,$$

其中 ρ_{R} 及 p 分别是各向同性观者测得的辐射能量密度和辐射压强，满足 $p=\rho_{\mathrm{R}}/3$．综合上述两点可知宇宙的总能动张量可近似表为

$$T_{ab}=\rho U_aU_b+p(g_{ab}+U_aU_b)\,, \tag{10-2-12}$$

其中 ρ 是尘埃(星系)和辐射的总能量密度．在实际宇宙中，除星系外还有其他形式的物质，但从宇宙学原理出发可以相信它们的能动张量也取式(10-2-12)的形式，因而也可认为式(10-2-12)已包含了它们的贡献．总之，在标准模型中，宇宙的内容物只有物质和辐射两种，物质的特征是 $p\cong 0$，辐射的特征是 $p=\rho/3$，式(10-2-12)包含了所有物质和辐射的贡献．空间均匀性的假设要求 ρ 和 p 都不是空间坐标的函数．

RW 线元[式(10-1-25)]的 t, r, θ, φ 是各向同性观者的共动坐标，由式(10-2-12)求得 T_{ab} 在此系的非零分量为

$$T_{00}=\rho,\qquad T_{ij}=pg_{ij}\,, \tag{10-2-13}$$

其中非零的 g_{ij} 只有

$$g_{11}=a^2(1-kr^2)^{-1},\qquad g_{22}=a^2r^2,\qquad g_{33}=a^2r^2\sin^2\theta\,.$$

另一方面，根据式(10-1-25)，爱因斯坦张量 G_{ab} 在该系的非零分量又可用 $a(t)$ 表为(计算留作练习)

$$G_{00}=3(\dot{a}^2+k)/a^2\ ,\tag{10-2-14}$$

$$G_{ij}=-\left(\frac{2\ddot{a}}{a}+\frac{\dot{a}^2+k}{a^2}\right)g_{ij}\ .\tag{10-2-15}$$

于是爱因斯坦方程的分量形式 $G_{00}=8\pi T_{00}$ 和 $G_{ij}=8\pi T_{ij}$ 可表为

$$3(\dot{a}^2+k)/a^2=8\pi\rho \quad (\text{称为 } \textbf{Friedmann 方程}),\tag{10-2-16}$$

$$2\ddot{a}/a+(\dot{a}^2+k)/a^2=-8\pi p\ ,\tag{10-2-17}$$

式(10-2-16)和(10-2-17)就是决定尺度因子 $a(t)$ 的基本方程．由此两方程易得

$$3\ddot{a}=-4\pi a(\rho+3p)\ ,\tag{10-2-18}$$

微分式(10-2-16)并与式(10-2-18)联立消去 $\ddot{a}$ 得

$$\dot{\rho}+3(\rho+p)\dot{a}/a=0\ .\tag{10-2-19}$$

因为式(10-2-17)可由式(10-2-16)和(10-2-19)导出，方程组(10-2-16)、(10-2-17)同方程组(10-2-16)、(10-2-19)等价．因为 $\rho>0,\ p\geqslant 0$，由式(10-2-18)可知 $\ddot{a}<0$．这表明宇宙或则膨胀($\dot{a}>0$)或则收缩($\dot{a}<0$)，除个别时刻($\dot{a}>0$ 与 $\dot{a}<0$ 之间的过渡时刻)外不会出现 $\dot{a}=0$，因而不会处于静态．既然观测表明当今宇宙正在膨胀[$\dot{a}(t_0)>0$]，由 $\ddot{a}<0$ 可知 $\dot{a}(t)>\dot{a}(t_0)\ \forall t<t_0$，而且 t 越小则 $\dot{a}(t)$ 越大．这就表明，如果逆着时间回溯，宇宙将以越来越大的速率缩小，在某一时刻(选作 $t=0$)达到 $a(0)=0$．这一时刻的密度为无限大，称为**大爆炸奇点**(big bang singularity)．“大爆炸”一词并不贴切．普通爆炸是正常(非奇异)的、早已明确的时空背景中的一个事件，爆炸之前有一个炸弹(爆炸事件在炸弹世界线的未来端点)，爆炸之后每一碎片是时空中的一条世界线．宇宙“大爆炸”与此十分不同．首先，它对应于一个时空奇性(存在无限趋近于它的不完备类时测地线，物质密度和由时空曲率构成的某些标量在趋于它时发散．)，不能向过去延拓．不妨这样直观地想：宇宙中的粒子开始时挤在“要多小有多小”的空间中，任何两个粒子随着宇宙的膨胀而不断相互远离．其次，与炸弹爆炸后的碎片不可能充满全空间不同，大爆炸后的物质在每一时刻都均匀充满整个宇宙空间．粒子之间距离的增大是空间膨胀的表现．

为了定量求解方程(10-2-16)和(10-2-19)，先讨论两个极端情况：①T_{ab} 完全来自物质(尘埃)的贡献(称为**尘埃宇宙**)；②T_{ab} 完全来自辐射的贡献(称为**辐射宇宙**)．尘埃宇宙有 $p=0$，对式(10-2-19)积分得

$$\rho_{\mathrm{M}}a^3=\text{常数}.\tag{10-2-20}$$

这是自然的，因为任一共动体积随 a 增大而按 a^3 增大，而体积内的尘埃粒子数(因而能量)不变，故密度按 a^{-3} 减小．辐射宇宙有 $p=\rho_{\mathrm{R}}/3$，对式(10-2-19)积分得

$$\rho_{\mathrm{R}}a^4=\text{常数}.\tag{10-2-21}$$

这是因为任一共动体积内的光子数不变而每一光子的频率(能量)由于红移而按 a^{-1}

减小[见式(10-2-8)]. 既然 ρ 与 a 的关系分别为 $\rho_{\mathrm{M}} \propto a^{-3}$ 和 $\rho_{\mathrm{R}} \propto a^{-4}$，尽管当今宇宙很接近于物质为主，在 a 足够小时总是以辐射为主的(不过早期宇宙尚无星系，只有粒子). 下面分别在这两个极端情况下求解方程(10-2-16)和(10-2-19).

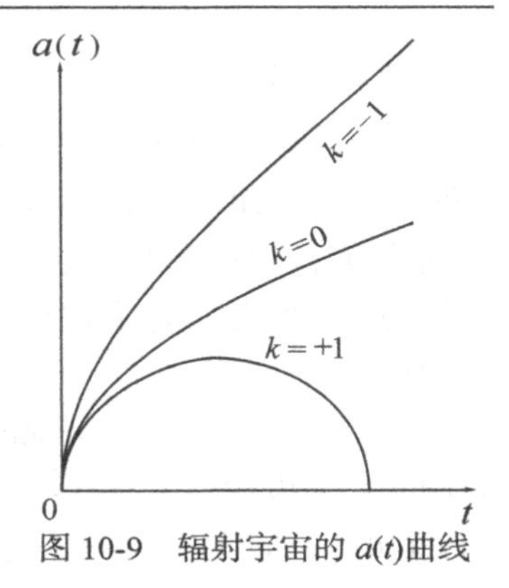

图 10-9 辐射宇宙的 $a(t)$曲线

对辐射宇宙，式(10-2-19)已积分为式(10-2-21)，故只须在其基础上求解方程(10-2-16). 令

$$B^2 \equiv 8\pi\rho a^4/3\,, \tag{10-2-22}$$

则由式(10-2-21)知 B 为常数(约定 $B>0$). 方程(10-2-16)可改写为

$$\dot{a}^2(t) = B^2 a^{-2}(t) - k\,. \tag{10-2-23}$$

借助变量替换 $b(t) \equiv a^2(t)$ 可在 $a(0)=0$ 的初始条件下求得方程的特解 $a^2(t) = 2Bt - kt^2$，因而在 3 种情况下分别有

情况 a $(k=+1)$, $$a^2(t) = 2Bt - t^2\,, \tag{10-2-24a}$$

情况 b $(k=0)$, $$a^2(t) = 2Bt\,, \tag{10-2-24b}$$

情况 c $(k=-1)$, $$a^2(t) = 2Bt + t^2\,. \tag{10-2-24c}$$

3 种情况的 $a(t)$曲线示于图 10-9. 由于在 a 很小时以辐射为主，图中 3 条曲线在原点附近的表现有重要意义. 由式(10-2-24)或图 10-9 可知 $t=0$ 时 $a=0$，这就是大爆炸奇点. 由式(10-2-23)可知在 a 足够小时 k 可忽略，因此 3 种情况的曲线在奇点附近近似相同.

对物质(尘埃)宇宙，式(10-2-19)已积分为式(10-2-20)，故只须在式(10-2-20)基础上求解方程(10-2-16). 令

$$A \equiv 8\pi\rho a^3/3\,, \tag{10-2-25}$$

则由式(10-2-20)知 A 为常数. 方程(10-2-16)可改写为

$$\dot{a}^2(t) = \frac{A}{a(t)} - k\,. \tag{10-2-26}$$

为便于求解，引入新变量

$$\hat{t}(t) \equiv \int_0^t \mathrm{d}t'/a(t')\,, \tag{10-2-27}$$

以 a' 记 $\mathrm{d}a/\mathrm{d}\hat{t}$，则式(10-2-26)成为

$$a'^2(\hat{t}) = Aa(\hat{t}) - ka^2(\hat{t})\,. \tag{10-2-28}$$

上式在 3 种情况下满足初始条件 $a(0)=0$ 的特解分别为

情况 a $(k=+1)$， $a = A(1-\cos\hat{t})/2$， $t = A(\hat{t} - \sin\hat{t})/2$， (10-2-29a)

情况 b $(k=0)$，　　$a=(9A/4)^{1/3}t^{2/3}$，　　(10-2-29b)

情况 c $(k=-1)$，　　$a=A(\text{ch}\hat{t}-1)/2$，　$t=A(\text{sh}\hat{t}-\hat{t})/2$．　　(10-2-29c)

3 种情况的 $a(t)$曲线大致也如图 10-9,不另画出. 尘埃宇宙解由前苏联的 Friedmann (弗里德曼)于 1922 年最先得出，大大早于哈勃(1929)和 Robertson 及 Walker(1935)的发现，不少文献把标准宇宙模型也称为 Friedmann-Robertson- Walker 模型(FRW 模型).

以上是对两个极端情况的定量讨论. 实际宇宙既含实物又含辐射，定量求解有困难，但可做以下定性讨论. 首先，观测表明当今宇宙正在膨胀，即 $\dot{a}(t_0)>0$，由式(10-2-18)知 $\dot{a}$ 越向过去越大,故 $t<t_0$ 的 $a(t)$曲线向上凸起 (图 10-9 中的 $k=0$, -1 曲线以及 $k=1$ 曲线的左半段.)，因而会在 $t<t_0$ 的某时刻与 t 轴相交(前已约定选此时刻为 $t=0$)，这同图 10-9 定性一致. 再看 $t>t_0$ 的情况. 把式(10-2-19)改写为

$$d(\rho a^3)/da=-3pa^2, \tag{10-2-30}$$

因右边恒为负，上式表明 ρa^3 随 a 增而减，故 ρ 至少按 a^{-3} 减小. 把式(10-2-16)改写为

$$3(\dot{a}^2+k)=8\pi\rho a^2, \tag{10-2-31}$$

则右边在 a 增加时至少按 a^{-1} 减小. 上式表明 $\dot{a}$ 随 a 的变化情况与 k 值有关. 对 $k=0$ 有 $\dot{a}^2=8\pi\rho a^2/3$，故 $\dot{a}^2$ 随 a 增大而减小，在 $a\to\infty$ 时趋于零. 注意到 $\dot{a}(t_0)>0$，可知 $\dot{a}(t)$ 恒为正，即 a 随 t 不断增长，只是 $a(t)$曲线的斜率不断下降并在 $a\to\infty$ (因而 $t\to\infty$)时趋于零，与图 10-9 中 $k=0$ 曲线的定性表现一致. 若 $k=-1$，则式(10-2-31)成为 $\dot{a}^2=(8\pi\rho a^2/3)+1$，情况与 $k=0$ 类似，只是现在 $a(t)$曲线的斜率在 $a\to\infty$ $(t\to\infty)$时趋于 1(而不是 0). 这与图 10-9 中 $k=-1$ 曲线的定性表现一致. 若 $k=+1$，则式(10-2-31)成为 $\dot{a}^2=(8\pi\rho a^2/3)-1$，表明 $\dot{a}^2$ 随 a 增加而减小，当 $8\pi\rho a^2/3$ 减至 1 时 $\dot{a}^2$ 减至零. 以 a_C 代表满足 $8\pi\rho a^2/3=1$ 的 a 值，则它代表临界状态：在 a 从 $a(t_0)$起增至 a_C 的过程中，$\dot{a}$ 从 $\dot{a}(t_0)>0$ 起不断减小，当 a 增至 a_C 时(相应的 t 记作 t_C) $\dot{a}$ 减至零. 由于式(10-2-18)要求 $\ddot{a}$ 恒为负,即 $\dot{a}$ 随 t 增加而减小，因此 $\dot{a}$ 从 $t>t_C$ 开始变为负数，即 a 从 $t>t_C$ 开始随 t 增加而减小，直至为零. a_C 显然是 $a(t)$的极大值. 这与图 10-9 中 $k=1$ 曲线的定性表现一致. 可见，实际宇宙的 $a(t)$仍可用图 10-9 大致描述.

[选读 10-2-1]

严格说来还应补证 a_C 和 t_C 都为有限值. 令 $f(a)\equiv a\dot{a}^2$，则由 $\dot{a}^2=(8\pi\rho a^2/3)-1$ 得

$$f(a)=(8\pi\rho a^3/3)-a=f_1(a)-f_2(a),$$

其中 $f_1(a) \equiv 8\pi\rho a^3$，$f_2(a) = a$．由式(10-2-30)可知 $f_1(a)$ 的图像是斜率为负的曲线，而 $a>0$ 和 $\rho>0$ 则保证它在第一象限内，故必与代表 $f_2(a)$ 的斜率为 1 的过原点直线交于一点．由 $a\dot{a}^2 = f_1(a) - f_2(a)$ 可知此交点的 a 值就是 a_C，可见 a_C 有限．以 ρ_C 代表与 a_C 相应的 ρ 值，则 $\dot{a}^2 = (8\pi\rho a^2/3) - 1$ 给出 $\rho_C = 3/8\pi a_C{}^2 > 0$，配以 $p \geqslant 0$，由式(10-2-18)便知 $\ddot{a}_C < 0$，这就保证 t_C 有限，即 a 不会在 $t \to \infty$ 时才增至 a_C．

[选读 10-2-1 完]

既然宇宙有起始时刻($t=0$)，就可谈及宇宙今天的年龄，它等于 $t_0 - 0 = t_0$．设 $D(t)$ 是任选的两个星系的距离，以 D_0 简记 $D(t_0)$，粗略认为膨胀一直以当今速率 u_0 进行(见图 10-10 中的直线)，则 $t_0 \cong D_0/u_0 = D_0/H_0D_0 = H_0{}^{-1}$． H_0 的实测值约为(20km/s)/百万光年，故 $t_0 \cong H_0{}^{-1} \cong 135$ 亿年．但由图 10-10 知 $t_0 < H_0{}^{-1}$（t_0 与 $H_0{}^{-1}$ 的定量关系见习题 4)，可见 t_0 小于 135 亿年．[①] 由于种种原因，H_0 不易测准．哈勃当年测得的 H_0 约为上引值的 8 倍，于是 t_0 小于 17 亿年．这是无法接受的，因为从放射性元素的相对丰度估计的地球年龄约为 46 亿年．更有甚者，恒星的年龄在 20 世纪 30 年代被错误地估为 10^4 亿年，这就使小于 17 亿年的宇宙年龄更加无法接受．这导致人们对大爆炸理论的疑惑，许多宇宙理论应运而生．直至 20 世纪 50 年代末发现 H_0 值大约只有哈勃所测值的 1/8 后，这一笼罩在大爆炸理论头上的阴云才得以驱散．

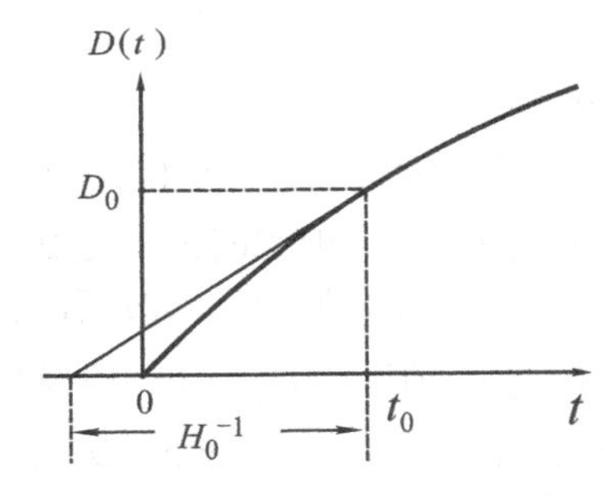

图 10-10 宇宙年龄 $t_0 < H_0{}^{-1}$

提高哈勃常数 H_0 的测量精度对宇宙论的研究至关紧要．长期来各种测量结果的最大值约为最小值的 2.5 倍，通常认为

$$H_0 = 100\,h \ \text{km}\cdot\text{sec}^{-1}\cdot\text{Mpc}^{-1}, \tag{10-2-32}$$

其中 h 满足 $0.4 \lesssim h \lesssim 1$，反映测量结果之间的出入，$1\,\text{Mpc} = 10^6\,\text{pc}$，pc 是天文学常用距离单位 parsec (即 parallax second)的缩写，汉语称为**秒差距**，$1\,\text{pc} \cong 3.26$ 光年．近几年来用各种方法测量 H_0 值的结果日趋接近，最新数据为[Spergel et al. (2003)]

$$H_0 = 71\ \text{km}\cdot\text{s}^{-1}\cdot\text{Mpc}^{-1}, \qquad \text{更准确地就是}\ h = 0.71\begin{cases}+0.04\\-0.03\end{cases}. \tag{10-2-33}$$

本章开始时说过宇宙是“无所不包”的最大时空．对这句话应做补充说明．用

① 然而，1999 年对 Ia 类超新星的观测发现当今宇宙并非如图 10-10 那样减速膨胀而是如图 10-13 所示的加速膨胀(详见 10.3.3 小节)，结果是 $t_0 > H_0{}^{-1}$．本书定稿时的最新结果为 $t_0 \cong 137$ 亿年．

RW 度规描述的宇宙只是"抹匀"后的宇宙，它只反映宇宙在宇观尺度下的行为. 如果关心较小尺度下的局部表现，就要根据该局部的物质分布情况选择适当度规描述. 例如，一个近似孤立的球对称恒星周围的时空几何应由施瓦西度规描述. 宇宙虽然是无所不包的最大时空，但 RW 度规并不反映其局部(小于宇观尺度)区域的时空几何.

10.2.4 宇宙学常数和爱因斯坦静态宇宙

爱因斯坦早在 1917 年就用爱因斯坦方程讨论宇宙. 限于当时关于宇宙不变的普遍哲学理念，他一开始就企图找到一个描述静态宇宙的时空度规. 可惜爱因斯坦方程容不得静态解，因为静态意味着 $\dot{a}=0$，方程(10-2-16)、(10-2-17)于是成为

$$3k=8\pi\rho a^2 \tag{10-2-16$'$}$$

和

$$k=-8\pi p a^2, \tag{10-2-17$'$}$$

它们在物理条件 $\rho>0$ 和 $p\geqslant 0$ 下显然互不相容. 爱因斯坦早已看出爱因斯坦方程没有静态解，但当时的他是如此坚信静态宇宙，以至为了获取静态解而不惜修改自己的方程. 他假定修改后的方程取 $\tilde{G}_{ab}=8\pi T_{ab}$ 的形式，考虑到 T_{ab} 的性质，可知 $\tilde{G}_{ab}$ 必须满足 $\tilde{G}_{ab}=\tilde{G}_{ba}$ 以及 $\nabla^a\tilde{G}_{ab}=0$，而由 g_{ab} 及其一、二阶导数构成的满足这两个要求的 $\tilde{G}_{ab}$ 只能取 G_{ab} 和 g_{ab} 的线性组合的形式(证略)，因此他在 1917 年发表了如下的修改后的爱因斯坦方程

$$G_{ab}+\Lambda g_{ab}=8\pi T_{ab}, \tag{10-2-34}$$

其中常数 Λ 叫**宇宙学常数**①(cosmological constant，简称宇宙常数). 上式可改写为

$$G_{ab}=8\pi(T_{ab}-\Lambda g_{ab}/8\pi). \tag{10-2-35}$$

下面说明这一新方程的确容许静态解. 为便于讨论，可形式地把 $T_{ab}-\Lambda g_{ab}/8\pi$ 看作新的"能动张量"，从而把式(10-2-35)仍看作无 Λ 项的爱因斯坦方程. 为区分起见，把原来记作 T_{ab} 的能动张量改记作 $\bar{T}_{ab}$，把新能动张量记作 T_{ab} (即 $T_{ab}=\bar{T}_{ab}-\Lambda g_{ab}/8\pi$)，于是以 T_{ab} 为能动张量的、(形式上)无 Λ 项的爱因斯坦方程可表为

$$G_{ab}=8\pi T_{ab}=8\pi(\bar{T}_{ab}-\Lambda g_{ab}/8\pi). \tag{10-2-36}$$

当时的物质模型只有实物(尘埃)而无辐射，即 $\bar{T}_{ab}$ 中只含 $\bar{\rho}$ 而不含 $\bar{p}$，所以 $\bar{T}_{ab}=\bar{\rho}U_aU_b$，因而 $\bar{T}_{00}=\bar{\rho}$，$\bar{T}_{ij}=0$，由式(10-2-13)可知新能动张量 T_{ab} 的 ρ 和 p 分别满足

① 爱因斯坦假定 Λ 很小，使得在除宇宙学问题外的一切问题中 Λ 项所起的作用都可忽略[有关讨论见 Rindler(1982)].

$$\rho = T_{00} = \bar{T}_{00} - \Lambda g_{00}/8\pi = \bar{\rho} + \Lambda/8\pi\,, \tag{10-2-37}$$

$$pg_{ij} = T_{ij} = \bar{T}_{ij} - \Lambda g_{ij}/8\pi = -\Lambda g_{ij}/8\pi\,, \qquad \text{即} \quad p = -\Lambda/8\pi\,. \tag{10-2-38}$$

这表明 Λ 项的引入相当于在宇宙中加进压强 p 为负的“物质”(只要选 $\Lambda > 0$)，从而使式(10-2-16′)和(10-2-17′)的联立不再无解. 现在由式(10-2-17′)和(10-2-38)得

$$k = a^2\Lambda\,, \tag{10-2-39}$$

由式(10-2-16′)和(10-2-37)得

$$3k = (8\pi\bar{\rho} + \Lambda)\,a^2\,. \tag{10-2-40}$$

两式相减得

$$2k = 8\pi\bar{\rho}a^2\,. \tag{10-2-41}$$

条件 $\bar{\rho} > 0$ 导致 $k > 0$，因而

$$k = +1\,, \tag{10-2-42a}$$

从而式(10-2-39)和(10-2-41)分别给出

$$\Lambda = a^{-2}\,, \tag{10-2-42b}$$

$$a^2 = 1/4\pi\bar{\rho}\,. \tag{10-2-42c}$$

式(10-2-42)便是加进 Λ 项后的唯一静态解，式(10-2-42a)说明这个解的空间几何是球面几何，相应的 4 维线元是

$$ds^2 = -dt^2 + a^2[d\psi^2 + \sin^2\psi\,(d\theta^2 + \sin^2\theta\,d\varphi^2)]\,,$$
$$\text{其中 } a^2 = \Lambda^{-1} = \text{常数}. \tag{10-2-43}$$

这叫做**爱因斯坦静态宇宙度规**. 上式虽然是静态解，但却是个不稳定的静态解，一经微扰就变为膨胀或收缩. 文献指出[Peebles(2002)]，爱因斯坦当时并未写出关于 $a(t)$的微分方程，因此并未发现这一不稳定性.

由于坚信静态宇宙，爱因斯坦在 1922 年对 Friedmann 的文章审稿时写了否定意见，并对 Friedmann 写给他的申明观点的信未予理会. 1923 年，爱因斯坦在听取了 Friedmann 的同事 Krutkov 向他重申 Friedmann 的意见后觉得有理，便给杂志社寄去一张便条，承认自己审稿有误，并肯定 Friedmann 结果的正确性. 他对自己引入宇宙常数深感后悔，曾说过这是他一生中最大的失策. 然而，问题并不因他放弃 Λ 项而就此完结，宇宙常数 Λ 的地位在历史上几起几落，直至今天(详见 10.3.3 小节).

§ 10.3 宇宙的热历史

10.3.1 宇宙演化简史

前已说过，a 足够小的宇宙以辐射为主. 向实物为主的转变大约发生在 $t = 10^{11}\,\text{s}$，即大爆炸后的数千年. 本小节介绍根据标准模型勾勒出来的宇宙从大爆

炸至今的演化简史. 讨论中不可避免地涉及高能物理的某些基本知识, 对此缺乏了解的读者最好先阅读一点有关读物. 为了不过多涉及高能物理、热力学和量子统计学, 我们只做较粗略的介绍[更准确、细致的讨论见温伯格(1972); Kolb and Turner(1990).]. 由于宇宙无所不包, 没有外界, 其演化可看作绝热膨胀. 早期宇宙以辐射为主, 温度 T 同尺度因子 a 的关系不难求得. 由式(10-2-21)知辐射宇宙的能量密度 ρ 与 a^{-4} 成正比, 而由辐射的量子统计学又知 ρ 与 T^4 成正比, ① 于是 $T\propto a^{-1}$. 另一方面, 式(10-2-23)的 k 在 a 足够小时可以忽略, 故其解为 $a=(2Bt)^{1/2}$, 与 $T\propto a^{-1}$ 结合便得 $Tt^{1/2}=$常量. 此常量在国际制的数值约为 10^{10}, 故

$$T=10^{10}\big/\sqrt{t}\quad (T\text{ 和 }t\text{ 的单位分别为 K 和 s}). \tag{10-3-1}$$

这就是早期宇宙(辐射为主时)的温度 T 和时间 t 的近似关系式. 由此可知 $t=0$ (大爆炸)时 $T=\infty$, 可见宇宙的演化是从温度无限高的大爆炸奇点开始的、温度不断下降的绝热膨胀过程.

1. 大爆炸奇点

宇宙的演化始于大爆炸奇点($t=0,\ T=\infty$). 时空奇点是最棘手的问题之一. 许多物理量在趋近奇点时趋于无限大, 一切物理定律在奇点处失效. 1965 年以前, 多数物理学家不相信时空奇点的存在, 曾经提出过避免奇点的各种理由. Penrose 和 Hawking 从 1965 至 1970 年先是分别地后是合作地借用整体微分几何证明了一系列奇点定理, 断言只要某些合理条件得到满足, 时空奇点(包括大质量恒星晚期坍缩及宇宙起源的大爆炸奇点)就不可避免(下册附录对奇点定理有定性介绍). 重要的是这些条件中不含对称性要求. 这曾一度使许多相对论学家不得不承认奇点的存在, 对奇点的各种深入研究也应运而生. 不过, 由于不相信物理量会无限变大, 应该换一角度看待奇点定理: 与其说奇点定理证明了奇点的存在性, 不如说它表明经典广义相对论在奇点附近(那里时空曲率很大)的不适用性. 众所周知, 物理学在 20 世纪初期发生过两大革命——相对论的诞生和量子论的创立. 从认识时空结构和引力本质这一角度来看, 广义相对论是十分革命的理论. 但是从另一重要角度看来它却"很不革命", 因为它并不遵守量子理论的基本原则. 量子论认为任一可观测量不能有确定值(除非系统处于该量的本征态), 对测量结果只能做概率性预言. 然而在广义相对论中所有可观测量(如度规)都有确定值(用世界线描述粒子的历史就是默认粒子在每一时刻有确定位置). 国际理论物理学界现在把不考虑量子效应的理论称为经典理论, 因此把爱因斯坦的广义相对论称为经典广

---

① 对电磁辐射, 由黑体辐射定律可知 $\rho\propto T^4$, 考虑到其他粒子的贡献, ρ 与 T 应有 $\rho=(\pi^2/30)N_{\rm eff}T^4$ 的关系, 其中 $N_{\rm eff}$ 是由静能远小于 kT (k 为玻尔兹曼常数)的粒子的种类数决定的数. 可见只当 $N_{\rm eff}$ 为常数时有 $\rho\propto T^4$.

义相对论. [①] 既然奇点定理表明时空曲率足够大时经典广义相对论失效，极早期宇宙就应存在一个临界时刻$t_C > 0$，经典广义相对论在时段$[0, t_C]$内不成立，应代之以一个全新的关于引力的量子理论(称为**量子引力论**，即 quantum gravity). 虽然许多前沿学者致力于创立这门新理论，并且不断取得进展，但至今仍未建立起完整的理论来. 在量子引力论尚未建立的今天，我们无法考虑奇点及其极近处(时段$[0, t_C]$内)的问题而只能从临界时刻t_C开始讨论. 如何估计这一t_C值?由于问题涉及时空、引力和量子论，t_C应取决于基本常量c，G和$\hbar$，而由c，G，$\hbar$组成的有时间量纲的"唯一"量是**普朗克时间**$t_P \equiv (G\hbar / c^5)^{1/2} \sim 10^{-43}\text{s}$，因此就取$t_P$作为临界时刻$t_C$，即认为经典广义相对论适用与否的粗略界限就是$t_P$(详见选读10-3-1). 我们只能讨论$t_P \sim 10^{-43}\text{s}$以后的演化史.

[选读 10-3-1]

可以这样说，时空曲率在时段$[0, t_C]$内是如此之大，以致经典广义相对论不能成立. 然而这句话需要解释. 首先，什么是时空曲率的大小(magnitude)?曲率是张量，它的大小通常是指由它(及度规)所构成的标量值，例如标量曲率$R \equiv g^{ab}R_{ab}$以及标量$\mathscr{R} \equiv R^{ab}R_{ab}$. 早期宇宙以辐射为主，而电磁辐射(类光电磁场)的能动张量的迹$T = 0$，由爱因斯坦方程可知其$R = 0$. 因此我们以$\mathscr{R} \equiv R^{ab}R_{ab}$代表早期宇宙的时空曲率的大小. 第二，当$\mathscr{R}$大到什么程度时经典广义相对论失效?我们希望找到一条界线，即一个临界值$\mathscr{R}_C$，使得在非常粗略的意义上可以说，当$\mathscr{R} < \mathscr{R}_C$时可用经典广义相对论而当$\mathscr{R} > \mathscr{R}_C$时不能. 最保险的办法是利用量子引力论去找这条界线，可惜目前还没有这一理论. 退一步的办法是通过微扰手段获取某种信息，它会告诉我们$\mathscr{R}_C$的大致量级. 还有一种虽然可能粗略但却最为省事的办法，即量纲分析法. $\mathscr{R}$在国际制的量纲为L^{-4}[由附录 A 式(A-7)可推得]，而由c，G，$\hbar$组成的有长度量纲的"唯一"量是**普朗克长度**$l_P \equiv (G\hbar/c^3)^{1/2} \sim 10^{-35}\text{m}$，于是人们普遍接受$\mathscr{R}_C \sim l_P^{-4}$(~代表同量级).

总之，由量纲分析可粗略认为$\mathscr{R}_C \sim l_P^{-4}$. 然而量纲分析又给出$t_C \sim t_P$. 自然要问：暂时假定经典广义相对论适用，当宇宙演化至t_P时，其$\mathscr{R}$值真的与$\mathscr{R}_C \sim l_P^{-4}$有相同量级吗?从式(10-2-5)后面的克氏符表达式出发可求得 RW 宇宙的里奇张量的非零分量为

---

① 请注意现在对"经典物理学"的界定已与20世纪的前半部分有所不同. 当时把相对论(狭义及广义)和量子力学列入"近代物理学"而把此前的物理学称为"经典物理学". 随着研究的深入(特别是认识到广义相对论必须同量子论结合以后)，人们逐渐把"经典"一词变为"非量子"的同义语，而把不考虑量子效应的广义相对论称为经典广义相对论，以便同量子引力论区别. "经典物理学"的这一新的界定标准已相当普遍地在国际理论物理学界得到公认. 与此相比，某些读者对"经典"一词的理解是不是太"经典"了?

$$R_{00}=-3\ddot{a}/a\,,\qquad R_{11}=(1-kr^2)^{-1}(a\ddot{a}+2\dot{a}^2+2k)\,,$$

$$R_{22}=r^2(a\ddot{a}+2\dot{a}^2+2k)\,,\qquad R_{33}=r^2\sin^2\theta\,(a\ddot{a}+2\dot{a}^2+2k)\,,$$

由此得

$$\mathscr{R}\equiv R^{\mu\nu}R_{\mu\nu}=9\,(\ddot{a}/a)^2+3\,a^{-4}(a\ddot{a}+2\dot{a}^2+2k)^2\,. \tag{10-3-2}$$

因为极早期宇宙以辐射为主，而且在 a 如此小的情况下可取 $k=0$，故由式(10-2-24b)得 $a(t)=(2Bt)^{1/2}$，求导发现 $-\ddot{a}/a=(\dot{a}/a)^2=(1/4)\,t^{-2}$，代入式(10-3-2)得 $\mathscr{R}=0.75\,t^{-4}$，改回国际制(补 c)，便得 t 时刻的 $\mathscr{R}$ 值为 $\mathscr{R}(t)=0.75\,c^{-4}t^{-4}$. 注意到 $l_{\text{P}}=ct_{\text{P}}$，便有

$$\mathscr{R}(t_{\text{P}})=0.75\,l_{\text{P}}^{-4}\sim l_{\text{P}}^{-4}\,.$$

即 t_{P} 时的曲率 $\mathscr{R}(t_{\text{P}})$ 与 $\mathscr{R}_{\text{C}}\sim l_{\text{P}}^{-4}$ 同量级，可见经典广义相对论在时段 $[0,10^{-43}\text{s}]$ 内不适用.

[选读 10-3-1 完]

2. 早期宇宙的热平衡

虽然经典广义相对论大致从 $t=10^{-43}$s 开始有效，但在 10^{-43}s 后的一小段时间内温度奇高，高能物理学对如此高能的领域还显得力不从心. 大致地说，宇宙主要由能量极高的正反粒子对组成，包括夸克(quark)、轻子(lepton)、传递相互作用的规范玻色子(gauge boson，如光子)以及目前尚未确证其存在性甚至尚未认识的粒子. 高能粒子之间的频繁相互作用使它们共处于一个热平衡态中，可比喻为“一锅充分搅拌的基本粒子汤”. 以光子γ 为例，它不像在当今宇宙那样可通行无阻地走很长路程，其“平均自由时间”由于与其他粒子的频繁碰撞(包括被散射、吸收和再发射)而十分短暂. 虽然宇宙也在快速膨胀，但在可觉察出宇宙膨胀的一段时间内光子已与其他粒子碰撞过非常多次. 不但光子，就连中微子在极早期宇宙的一段时间内也如此. 总之，虽然宇宙不断膨胀，但在宇宙(特别是早期宇宙)的大部分历史中粒子之间的相互作用率远大于宇宙膨胀率(直观说就是“搅拌”的快慢远超过“锅”的膨胀快慢)，因此在早期宇宙的多数时段内可实现多种粒子的局域热平衡.

根据量子统计学，温度为 T 的辐射中的辐射粒子的平均能量约等于 kT，其中 k 是玻尔兹曼常数(勿与区分三种空间几何的 k 相混). 这一结论也近似适用于静能远小于 kT 的实物粒子，它们以接近光速的速率运动，可近似视为辐射粒子，与辐射粒子统称为**相对论性粒子**. 例如，$T=10^{11}$K 时 $kT\cong 10$ MeV，而电子 e 的静能约为 0.5MeV，故在 $T=10^{11}$K 时电子是相对论性粒子. 根据量子场论，两个光子可转化为某种粒子的正反粒子对(“对产生”)，一对正反粒子也可转化为两个光子(“对湮灭”). 这两种过程当然都要满足能量守恒律. 光子在室温下的平均能量 kT 远小于电子静能，因此两个光子变为正、负电子对($2\gamma\to \text{e}+\text{e}^+$)的可能性几乎为零. 然而在 $T=10^{11}$K 的高温下这种“对产生”的“速率”很大(约与光子密度成正比). e 与 e^+相遇又可湮灭为两个光子($\text{e}+\text{e}^+\to 2\gamma$)，湮灭“速率”正比于

(e, e^+)对的密度. 因此, 达到平衡时, (e, e^+)对的密度与能量大于电子静能 m_e 的光子对的密度大致相等. 反之, 由于质子 p 和中子 n 的静能约为 m_e 的 1840 倍, 即使在 $T = 10^{11}$K 的高温下 $(p, \overline{p})$ 和 $(n, \overline{n})$ 的密度也几乎为零($\overline{p}$ 和 $\overline{n}$ 分别代表反质子和反中子).

3. 物质与反物质的不对称性

在 $t = 0.01$s 、$T = 10^{11}$K 时, 由于 $kT >> m_e$ 及 $kT << m_p$, 存在大量(与 γ 的数量同量级)的 (e, e^+) 而几乎没有 $(p, \overline{p})$ 和 $(n, \overline{n})$. 因此宇宙的内容物为: 大量的中微子 ν 和反中微子 $\overline{\nu}$; 大量的光子 γ ; 大量的 (e, e^+) (每种粒子的数密度大致相同)以及少量的质子 p 和中子 n . 在更早的时候, 例如当 $T >> 10^{13}$K 时, 由于 $kT > m_p$, 曾经存在过大量的 $(p, \overline{p})$ 和 $(n, \overline{n})$, 只当温度降至 $kT < m_p$ 时才因湮灭而消失. 既然 p, $\overline{p}$ 和 n, $\overline{n}$ 成对湮灭, 为何还残留少量 p 和 n? 我们知道必有少量 p 和 n 是因为我们知道当今宇宙中的实物无不由 p 和 n 组成, 宇宙中的反粒子为数甚少. 就是说, 当今宇宙存在着关于粒子和反粒子(物质和反物质)的不对称性, 承认这一事实就只能承认在 $t = 0.01$s 前除大量 $(p,\overline{p})$ 和 $(n,\overline{n})$ 之外还有少量不成对的 p 和 n. 到 $kT < m_p$ 时, p 与 $\overline{p}$, n 与 $\overline{n}$ 成对湮灭, 只剩下少量的 p 和 n(都是重子). 据估计, 宇宙中重子(baryon)与光子的数密度之比 n_b / n_γ 仅为 10^{-10} 的量级, 但它偏不为零. 若再追问重子和反重子的这种不对称性的来源, 则只有两个可能答案: ① 宇宙一开始就存在偏爱粒子(而不是反粒子)的不对称性(这显然不够自然); ②宇宙开始时重子和反重子一样多, 只是在极早期演化中出现偏爱重子的不对称性. 如果坚信重子数守恒, 后一种可能便不成立. 幸好 20 世纪 70 年代开始出现的电、弱、强大统一理论(GUT)认为在能量很高时重子数可不守恒. 理论表明, 重子数不守恒加上极早期膨胀中对热平衡态的短暂偏离可以从原本关于粒子和反粒子是对称的宇宙中产生出过剩的 p 和 n 来. 虽然大统一理论由于未能取得预期的实验支持而仍有待探讨, 但有理由相信迟早会有某种成功的大统一理论解决上述宇宙学疑难.

4. 中微子的退耦

在 $t = 1$s、$T = 10^{10}$K 时, $kT \cong 1$MeV 仍大于 m_e, 故仍存在大量的 (e, e^+). 然而, 由于温度和密度与前相比已明显降低, 中微子(及反中微子, 下同) 与其他粒子的相互作用率远小于宇宙膨胀率, 它们的平均自由时间显著变长, 近似成为与其他粒子无相互作用的自由粒子, 就不再与其他粒子共处热平衡中. 这称为中微子的**退耦**(decoupling). 中微子退耦时间和温度分别记作 $t_{\nu d}$ 和 $T_{\nu d}$. 它们退耦后虽然也像其他粒子那样充满宇宙, 而且由于对总能动张量仍有贡献而对宇宙的演化有影响, 但它们在除此而外的各方面都与宇宙的其他组分互不关联, 两者独立演化. 这些大量的中微子一直存在至今, 作为一个独立的粒子系统, 其当今温度约为 2K，可惜由于同测量仪器的相互作用太微弱而难以被探测.

5. 原初核合成

观测表明当今宇宙的氦约占宇宙总质量的 1/4. 除早期宇宙的原初核合成外，这一氦丰度无法用任何过程解释(恒星内部的核反应虽不断生成氦，但其值只占上述丰度的一小部分.). 原初核合成涉及的温度段约在 10^{10}K 至(稍低于)10^9K 之间. 温度高于这一段时，即使质子和中子结合为氦核也会被高能光子所击碎(“光分裂”). 由于这一温度段内涉及的物理知识早已在地球上的实验室内得到确证，人们对原初核合成理论有足够的信心. 因为核子数密度较低以及宇宙快速膨胀导致反应时间很短(约 10^2s)，原初核合成中只有快速的两粒子反应可以发生. 首先是质子同中子结合成为氘核 ^{2}H，多余的能量和动量由一个光子带走 $(p+n\to {}^2H+\gamma)$，继而是一系列后续反应而生成 ^{3}H(氚核)，^{3}He 和 ^{4}He，如

$$^2H+n\to {}^3H+\gamma,\quad {}^2H+p\to {}^3He+\gamma,\quad {}^2H+{}^2H\to {}^3He+n,$$

$$^2H+{}^3H\to {}^4He+n,\quad {}^3He+{}^3He\to {}^4He+2p.$$

由于不存在质量数为 5 的稳定核素，反应链至此中断. ^{4}He 作为主要产物逐渐积累，直至数量足够时核反应才得以继续，结果是在 ^{4}He 基础上生成的很少一点 ^{7}Li. 由于不存在质量数为 8 的稳定核素，反应链至此终结. 整个反应链必须经过的第一步是质子同中子结合为氘核. 氘核的结合能比氦核的结合能小得多，氦核在温度低到 3×10^9 K 时就可保持稳定，而氘核在这一温度下刚刚形成便会破裂，因此真正有意义的核合成过程在温度略小于 10^9K 时才由于通过了“氘关卡”而开始发生，产物是大量的 ^{4}He 和微量的 ^{2}H，^{3}He 和 ^{7}Li (^{3}H 不稳定，很快衰变为 ^{3}He.). 若以 ^{4}He 的产量为单位，则 ^{2}H 和 ^{3}He 的产量约为 10^{-5}，而 ^{7}Li 约为 10^{-10}. 至于今天宇宙中各种比 ^{7}Li 更重的元素，主要是后来在恒星内部的核反应以及超新星爆发中形成的. 恒星内部之所以能跳过 $A = 5$ 和 8 的元素而生成重元素，是由于强大的自引力使核心球的密度很高，并且有足够的反应时间使三粒子碰撞过程得以发生.

原初核合成产生的氦丰度密切依赖于核合成结束前中子和质子的数密度之比 n_n / n_p(理由稍后便知). 这可由以下讨论求得. 中微子退耦前，中子和质子可通过以下弱作用过程互相转换：$p+e\leftrightarrow n+\nu_e$，$p+\bar{\nu}_e\leftrightarrow n+e^+$. 因为中子质量略大于质子质量($m_n - m_p \cong 2.5\, m_e$)，质子变中子的过程比其逆过程较难发生. 例如，由于 $m_p + m_e \cong m_n - 1.5m_e < m_n$，从能量守恒知道一个静止质子和一个静止电子不能变为一个哪怕是静止的中子，但反过来却没有这个问题. 当然，在温度高达 10^{10}K 以上时电子能量远大于其静能 m_e，因而 $p+e\to n+\nu_e$ 可以发生，但无论如何，其发生的概率总小于逆过程的概率，因此在正反向过程达到统计平衡时 n_n / n_p 应小于 1，定量关系由玻尔兹曼公式

$$n_n / n_p = e^{-\Delta m / kT} \tag{10-3-3}$$

给出，其中$\Delta m \equiv m_n - m_p$．当温度降至$T_{\gamma d} \cong 10^{10}$K时中微子退耦，上述n，p互变的弱作用过程基本停止，n_n / n_p便在数值$e^{-\Delta m / kT_{\gamma d}}$上大致冻结．以上讨论略去了自由中子的自发衰变$n \to p + e + \bar{\nu}_e$，因为其半衰期(约10 min)远大于$T_{\gamma d}$时的宇宙年龄($t_{\gamma d} \cong 1$s)．但到氦合成时宇宙年龄($t \cong 10^2$s)已占中子半衰期的可观部分，因此$n_n / n_p$比其冻结值$e^{-\Delta m / kT_{\gamma d}}$略低，约为1/7弱一点．以$N_n$和$N_p$分别代表总中子数和总质子数，暂令$\sigma \equiv N_n / N_p$，则总核子数$N = N_n + N_p = (\sigma + 1) N_p$，其中全部中子都与同数量的质子结合成氦，故氦中所含核子数为$N_{He} = 2N_n = 2\sigma N_p$，因此原初核合成产生的氦丰度(以质量计)为

$$Y = \frac{N_{He}}{N} = \frac{2\sigma N_p}{(\sigma + 1) N_p} = \frac{2\sigma}{\sigma + 1},$$

即

$$Y = 2\left(\frac{n_n}{n_p}\right)\left(1 + \frac{n_n}{n_p}\right)^{-1}, \tag{10-3-4}$$

以$n_n / n_p \cong 1/7$代入得$Y \cong 0.25$．除原初核合成外，恒星内部的核反应也产生^{4}He(虽然比原初核合成的产量少得多)，因此有必要从观测到的氦丰度推断原初氦丰度(原初核合成结束时的丰度)．近年来确定的原初氦丰度约为0.23，与上述理论值(0.25)接近．其他产物(^{2}H，^{3}He和^{7}Li)的丰度虽然很小，但对验证理论也很重要．定量计算原初核合成产物丰度还要用到一个重要的物理参量η，定义为宇宙中重子与光子数密度之比(即$\eta \equiv n_b / n_\gamma$)．$\eta^{-1}$代表每个重子周围的光子数，它通过影响光分裂的难易而影响核合成的开始时刻，从而影响产物的丰度．^{4}He的丰度只微弱地依赖于η，然而^{2}H，^{3}He和^{7}Li的丰度却对η相当敏感．计算表明，只要假定η值在$3.4\times10^{-10} \sim 5\times10^{-10}$之内，即

$$\eta \equiv n_b / n_\gamma \cong (3.4 \sim 5)\times 10^{-10}, \tag{10-3-5}$$

则上述4种产物的理论丰度都能与观测丰度符合．这不仅是对核合成理论的有力支持，而且也给η这个十分重要的物理参量划出了一个相当明确(而且狭窄)的范围，从而构成对宇宙论的又一重要贡献．

原初核合成理论的另一重要贡献是把中微子的种类数N_ν确定为3，即确认中微子只有3种(因而轻子只有3代)．这本是粒子物理学的问题，用宇宙论对此给出结论的简史可从1976年谈起．当时国际物理界的状况有如下特点：①已有迹象表明除第一、二代轻子e和μ(及其相应的中微子ν_e和ν_μ)外还存在第三代轻子(因而有第三种中微子)；②当时的加速器无法对N_ν给出有意义的限制；③许多物理学家倾向

于相信 N_ν 的数值会随加速器能量增大而增大；④ 很少有粒子物理学家相信宇宙论的研究对粒子物理学能有什么帮助．然而，Steigman 等却独辟蹊径，指出中微子种类的增加会使宇宙原初核合成的主要产物 ^{4}He 的丰度增加，因而 ^{4}He 的观测丰度应能对 N_ν 给出一个上限．基本思路如下：式(10-2-16)的 k 在 a 很小时可忽略，与 $H \equiv \dot{a}/a$ 结合得 $H^2 = 8\pi\rho/3$．中微子种类较多导致 ρ 较大，由上式知 H 较大，即宇宙膨胀较快，导致中微子提前退耦，即 $t_{\nu d}$ 较小，因而退耦温度 $T_{\nu d}$ 较大. 由式(10-3-3)知这又导致 n_n/n_p "冻结"在较大数值上，因而 ^{4}He 丰度较高．他们当时给出的上限是 $N_\nu \leqslant 7$ (发表于 1977 年)．该文展示了"宇宙论可对粒子物理学提出重要限制、宇宙是高能加速器的重要补充"这样一种新认识. 后来许多学者沿此方向继续研究，把 N_ν 一再缩小．1990 年，Walker 等五人已给出 $N_\nu \leqslant 3.3$，与欧洲核子研究中心(CERN) 1990 年发表的用加速器得到的结果 $N_\nu = 3$ 一致．详见 Steigman(1991).

6. 宇宙微波背景辐射

宇宙在原初核合成后较长一段时间内没有重大事件发生，直到 $t \cong 10^{13}\,\text{s} \cong 4\times 10^5$ 年. 这时 $T \cong 3000\text{K}$ (或 4000K)，在这种温度下，原子核与电子开始在电磁作用下结合为中性原子(此前的电子仍有足够能量挣脱核的电磁束缚)，宇宙中的实物开始从电离状态(等离子体)向中性状态迅速转化. 在电离状态时，光子与带电粒子(特别是自由电子)有频繁的相互作用(如康普顿散射)，因此同实物粒子处于热平衡. 然而光子与中性原子几乎没有相互作用，因此在带电粒子结合为中性原子后宇宙变得透明(光子的平均自由时间大大长于宇宙当今年龄)，光子从实物粒子的热平衡"大家庭"中退耦而出并自成独立系统．在退耦前夕，这些光子由于与实物粒子达到热平衡(类似于恒温箱中的光子与箱壁粒子的热平衡)，其能量密度按波长的分布满足黑体辐射曲线，可由如下的普朗克公式描述：

$$\mathrm{d}u = \frac{8\pi hc}{\lambda^5}(\mathrm{e}^{hc/kT\lambda} - 1)^{-1}\mathrm{d}\lambda\,, \tag{10-3-6}$$

其中 $\mathrm{d}u$ 代表单位体积中波长在 $(\lambda, \lambda+\mathrm{d}\lambda)$ 范围内的光子的能量，T 为温度，h 和 k 分别为普朗克和玻尔兹曼常数. 退耦后的光子虽然不再与实物粒子达到热平衡，其能量按波长的分布仍满足普朗克公式，只是式中的温度 T 随尺度因子 a 的增大而反比下降．下面对其理由做一简单说明．退耦后，设 a 增大一个因子 α，即 $a' = \alpha a$，则单位体积光子数减为 α^{-3} 倍. 每一光子的能量又因红移而减为 α^{-1} 倍[见式(10-2-8)]．因此单位体积中波长在 $(\lambda, \lambda+\mathrm{d}\lambda)$ 内(指尺度因子为 a 时)的那些光子的能量降为 $\mathrm{d}u' = \alpha^{-4}\mathrm{d}u = \dfrac{8\pi hc}{\alpha^4\lambda^5}(\mathrm{e}^{hc/kT\lambda} - 1)^{-1}\mathrm{d}\lambda$，改用新波长 $\lambda' = \alpha\lambda$ 表示则为

$$\mathrm{d}u' = \frac{8\pi hc}{\lambda'^5}(\mathrm{e}^{hc/kT'\lambda'} - 1)^{-1}\mathrm{d}\lambda'\,, \qquad \text{其中 } T' \equiv \alpha^{-1}T\,. \tag{10-3-7}$$

可见在尺度因子增至 a' 时能量密度按波长的分布仍由普朗克公式描述，只是相应

于一个较低的温度 T'. 估算表明退耦后的光子系统的当今温度 $T_0 \sim 3\text{K}$ (早期曾估为 10K 或 5K). 就是说，当今宇宙由大量背景光子所均匀充满(各星系都“沐浴”在无处不在的光子气中)，它们的能量密度按波长的分布由 $T\sim 3\text{K}$ 的那条黑体辐射曲线描述. 辐射能量主要集中在微波波段(能量密度最大值约在波长为 0.1cm 处)，因此称为**宇宙微波背景辐射**(cosmic microwave background radiation). 美国无线电工程师 Penzias 和 Wilson 因在 1965 年意外地测到这种各向同性辐射而获 1978 年诺贝尔物理奖. 他们其实只在一个波长(7.35cm)上测到信号(即只测到曲线上的一点). 假定这是黑体辐射，则经过此点的黑体辐射曲线对应的温度为 3.5K. 美国的迪克(Dicke)等马上指出这是大爆炸的遗迹(“化石”)，是他们正准备探测的宇宙背景辐射. 然而当时也有若干文章对此给出非大爆炸遗迹的解释. 要确定这是大爆炸遗迹必须满足两个条件：① 能谱分布是黑体辐射曲线；② 有高度的各向同性[各个方向测得强度(或折合为温度)相等]. 由此引起人们对曲线其他点以及各向同性性的测量. 不久(1967)就证实非各向同性性不超过千分之 1 至 3，对波长大于 0.3cm 的许多点的测量结果都同 $T \cong 3\text{K}$ 的黑体辐射曲线吻合. 波长小于 0.3cm 的辐射易被大气吸收，宜用气球或人造卫星在大气层外观测. 美国国家宇航局(NASA)的宇宙背景探测者 COBE (Cosmic Background Explorer)卫星从 1989 年开始以高精度对宽广的波段做了测量并得到非常完美的黑体辐射曲线，图 10-11 是首次发表

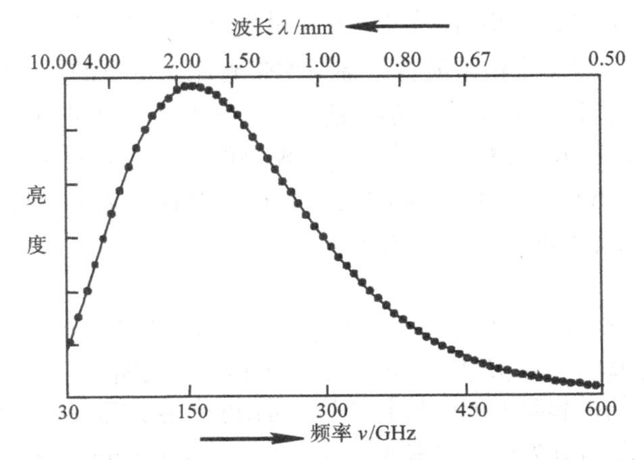

图 10-11　COBE 测得的宇宙背景辐射曲线(根据 1990 年发表的图画出),① 相应的黑体温度为 $T \cong 2.735\text{ K}$

① 本图亮度 B_ν 是指单位时间内通过单位面积、单位立体角、在单位频率内的能量，单位为 $\text{J}\cdot\text{s}^{-1}\cdot\text{m}^{-2}\cdot\text{sr}^{-1}\cdot\text{Hz}^{-1}$，即 焦耳·秒$^{-1}$·米$^{-2}$·(球面度)$^{-1}$·(赫兹)$^{-1}$. 式(10-3-6)的 u 对应的亮度不是 B_ν 而是 B_λ，即单位时间内通过单位面积、单位立体角、在单位波长内的能量，单位为 $\text{J}\cdot\text{s}^{-1}\cdot\text{m}^{-2}\cdot\text{sr}^{-1}\cdot\text{m}^{-1}$. 对同一温度 T，$B_\nu\sim\nu$ (或 $B_\nu\sim\lambda$)曲线的峰值频率(波长)不等于 $B_\lambda\sim\lambda$ (或 $B_\lambda\sim\nu$)曲线的峰值频率(波长). 对 $T=2.73$，$B_\nu\sim\nu$ 和 $B_\lambda\sim\lambda$ 曲线的峰值波长分别约为 1.6 和 1mm.

(1990)的结果，被认为是人类在自然界中观测到的最完美的黑体谱. COBE 对背景辐射的各向同性性也给出了更精确的测量结果. 把温度 T (作为角度的函数)用球谐函数展开，除常数项 T_0 外，最低级的两个球谐函数依次称为**偶极矩**(dipole moment)和**四极矩**(quadrupole moment)，它们是非各向同性性的主要表现. 以 T_1, T_2 分别代表偶极矩及四极矩非各向同性度的幅值，COBE 的测量结果为 $T_1/T_0 \sim 10^{-3}$ 和 $T_2/T_0 \sim 10^{-5}$. 前者可合理地解释为地球相对于各向同性参考系有微小速率的结果：地球绕太阳运动，太阳相对于银河系中心运动，银河系相对于各向同性参考系又有"本动速度"，因此地球相对于各向同性参考系有微小的速度. 根据定义，只有各向同性观者才能测得各向同性性，因此地球观者测背景辐射得到微小的非各向同性性是理所当然的. 分析表明这种非各向同性性的一阶近似正好表现为偶极矩 [直观地说，地球在背景辐射海中穿行，它感到的前方辐射应强于后方，对应于偶极非各向同性.]. 因此，COBE (及此前的地面天文学家)测得的约千分之一的偶极非各向同性性不但合理，而且还可反过来确定地球相对于各向同性系(宇宙静系)的准确速率，结果为 $350\ \text{km} \cdot \text{s}^{-1}$. 扣除这一非各向同性性之后，应该说光子退耦时的非各向同性度(以四极矩为主)只有 10^{-5} 左右. 这一微小的非各向同性度对理解宇宙的大尺度结构(星系等)的形成至关紧要(见稍后的 7)，它在 1992 年首次被 COBE 测出就成了各国报纸的头条新闻. 由于星系发出的光要经历一定时间才到达地球(见图 10-8)，通过对发光星系及类星体的观测可以获得比 t_0 更早时期的宇宙信息. 然而宇宙微波背景辐射携带着比此更早的信息(早到光子退耦时期，那时还没有星系.)，这对宇宙学的研究有重要价值. 微波背景辐射的观测结果被认为是对标准模型的最有力支持. 标准模型的一个强劲对手——稳恒态宇宙模型(steady state model)——的一大缺点正是难以对背景辐射给出有说服力的解释，因而在 1965 年后实际上退出历史舞台.

7. 结构形成

标准模型的基本前提是大尺度空间均匀性和各向同性性. 在小一点的尺度下宇宙呈现有层次的结构：存在恒星、星系、星系团和超星系团. 一个被普遍接受的想法是：今天的复杂结构起源于极早期宇宙中非常微弱的**密度涨落**(亦称**扰动**) $\delta\rho/\rho$，其中 ρ 为平均密度，$\delta\rho$ 为该点的密度与 ρ 之差. 引力对密度涨落有放大作用：如果某处 $\delta\rho/\rho > 0$ (密度大于平均密度)，则该处的物质在引力作用下收缩，从而导致更高的密度涨落. Jeans 在 1902 年就对静态流体建立了这方面的理论，Lifschitz 于 1946 年给出了膨胀宇宙中密度涨落被放大的理论. 在此基础上曾经出现过各种关于结构形成的模型. 早期(20 世纪 70 年代)的模型由于认为宇宙中的物质主要由重子组成而导致严重困难. 后来出现了非重子暗物质的概念(详见 10.3.2 小节)，以此为基础的两种结构形成理论(分别称为**热暗物质模型**和**冷暗物质模型**)先后问世[详见

Longair(1998)；简明介绍见俞允强(1997)]. 在热暗物质模型中，结构的形成是“自上而下”的：先形成超星系团，再逐级破裂为星系团和星系. 反之，在冷暗物质模型中，结构的形成是“自下而上”的：先形成星系，然后逐级形成星系团和超团. 至于原初扰动的起因，过去只能作为初始条件来指定. 在暴涨宇宙模型(基本思想是在极早期曾有过一次为时极短的指数式急剧加速膨胀，详见 10.4.3 小节) 已被普遍接受的今天，原初扰动完全可由暴涨模型提供. 冷暗物质模型已经取得很大成功. 可以说，以暴涨提供的原初扰动为“种子”的冷暗物质模型是当今被广泛接受的结构形成理论，甚至有人认为应将它列为现代宇宙论的第 4 个基石(前 3 个是公认的：宇宙膨胀、微波背景辐射和原初核合成.). 然而不同学者的评价还不尽相同.

最后，为帮助读者记住宇宙演化史的几个关键时期，我们很粗略地列出表 10-1.

应该说明，在关于宇宙演化过程的上述描述中，我们对 $t = 1\text{s}$ 以后的认识可以说是相当可靠的，然而对 $t < 1\text{s}$ 的早期宇宙的描述却没有如此高的可信度，因为那个时期留下的任何“化石”都含有不确定因素.

10.3.2　暗物质

RW 度规只存在 $k = 1$，$k = 0$ 和 $k = -1$ 三种可能性，前者为封闭宇宙，后两者为开放宇宙. 我们的宇宙到底是三种中的哪一种？是封闭的还是开放的？答案当然与天文观测密切相关. 本小节介绍某些理论讨论和天文观测结果.

由 $H \equiv \dot{a}/a$ 和式(10-2-16)得 $H^2 = 8\pi\rho/3 - k/a^2$，补上物理常数 G 和 c (补法见附录 A)则为

$$H^2 = 8\pi G\rho/3 - kc^2/a^2 . \tag{10-3-8}$$

定义**临界密度**(critical density)

$$\rho_C := 3H^2/8\pi G, \tag{10-3-9}$$

则

$$\rho = \rho_C + 3kc^2/8\pi Ga^2 . \tag{10-3-10}$$

表 10-1　宇宙演化大事记

t	T	kT	要　　点
0.01s	10^{11}K	10MeV	大量 ν (及 $\bar{\nu}$)，γ，(e, e^+)与少量 p, n 共处热平衡中
1s	10^{10}K	1MeV	ν (及 $\bar{\nu}$)退耦；大量 γ，(e, e^+)与少量 p，n 共处热平衡中
14s	3×10^9K	0.3MeV	(e, e^+)迅速湮灭
>100s	$<10^9$K	<0.1MeV	1. 原初核合成. 产物有 ^{4}He(占 1/4)，H(占 3/4)和微量的 ^{2}H，^{3}He，^{7}Li； 2. (e, e^+)全部湮灭，余少量电子以平衡质子电荷
10^5 年	3000K	0.3eV	中性原子合成，光子退耦成背景辐射
10^9 年			结构形成

可见 $k=0$ 对应于 $\rho=\rho_C$，$k=\pm1$ 对应于 $\rho \gtrless \rho_C$. 就是说，若宇宙的质量密度 ρ 大于临界密度 ρ_C，则为封闭宇宙($k=1$)，否则为开放宇宙. 对这一结论可做如下直观理解：大爆炸时各种粒子以高初速四散飞出，在引力作用下速率渐减. 如果引力够强，它们的速率会渐减至零并开始掉头加速，最终又聚到一起(对应于先膨胀后收缩的宇宙)；如果引力不足，它们虽然不断减速，却永不掉头(对应于永远膨胀的宇宙). 这好比从地面发射的火箭，在初速小于某临界值时最终要掉头加速落地，否则一去不返. 引力的强弱取决于宇宙的质量密度 ρ，因此可以预期存在一个临界值 ρ_C，当且仅当 $\rho>\rho_C$ 时为封闭宇宙. 定义密度参数

$$\Omega := \rho/\rho_C , \tag{10-3-11}$$

则 Ω 可理解为以 ρ_C 为单位的密度，故可说当且仅当 $\Omega>1$ 时为封闭宇宙. 但应注意 ρ_C 本身也是 t 的函数. 由式(10-3-11)和(10-3-9)知 Ω 可表为

$$\Omega = 8\pi G\rho/3H^2 . \tag{10-3-12}$$

若能测得哈勃参数及质量密度的当今值 H_0 和 ρ_0，由上式便可判断宇宙是否封闭. 暂时假定星系是宇宙内容物的主要存在形式. 设星系的当今数密度为 n，星系的平均质量为 $\bar{M}$，则 $\rho_0=n\bar{M}$. 设宇宙空间中单位体积的光度为 $\mathscr{L}$ (称为**光度密度**，即 luminosity density)，星系的平均光度为 $\bar{L}$，则 $\mathscr{L}=n\bar{L}$，代入式 $\rho_0=n\bar{M}$ 得

$$\rho_0=\mathscr{L}\bar{M}/\bar{L} , \tag{10-3-13}$$

其中 $\bar{M}/\bar{L}$ 叫星系的**平均质光比**(average mass-to-light ratio). 以 ρ_{C0} 和 Ω_0 分别代表 ρ_C 和 Ω 的当今值，则

$$\Omega_0=\frac{\rho_0}{\rho_{C0}}=\frac{8\pi G}{3{H_0}^2}\mathscr{L}\frac{\bar{M}}{\bar{L}} , \tag{10-3-14}$$

其中第二步用到式(10-3-9)和(10-3-13). $\mathscr{L}$ 已有较可靠的观测值. 把 $\mathscr{L}$ 和 H_0 的观测值代入上式便可得到 Ω_0 与平均质光比 $\bar{M}/\bar{L}$ 的关系. 实际测量是对星系进行的，测得的只是该星系的质光比 M/L，只有当星系有相当代表性时以 M/L 作为 $\bar{M}/\bar{L}$ 代入式(10-3-14)才能给出较好结果. 不同星系的质量差别很大(可差到好几个量级)，而质光比的差别则小得多. 这是用式(10-3-14)代替式(10-3-12) (用于 $t=t_0$)的一个优点. 下面介绍测量旋涡星系(spiral galaxy，如银河系)质量的动力学方法(利用质量的引力效应). 在旋涡星系中，恒星除无规运动外还有以星系的引力为向心力的绕星系中心的转动(轨道运动). 为简化讨论，设星系有球对称性. 由牛顿引力论知

$$\upsilon^2(r)=GM(r)/r , \tag{10-3-15}$$

其中 $\upsilon(r)$ 是离中心为 r 处的恒星的轨道运动速率，$M(r)$ 是星系在半径 r 以内的质量. $\upsilon(r)$ 曲线称为星系的**转动曲线**(rotation curve)，许多星系的转动曲线都已被测

出. 以 R 代表星系光度消失处的 r，则 $M(R)$代表星系的发光物质的质量. 以这样测得的质光比代入式(10-3-14)便得到发光物质对 Ω_0 的贡献

$$\Omega_0\,(\text{发光物质})<1\% \quad (\text{倾向于 } 0.5\%). \tag{10-3-16}$$

这表明发光物质贡献的质量密度还不到临界密度的百分之一，然而 $M(R)$远不能代表星系的全部质量. 如果 $r=R$ 外没有质量，则由式(10-3-15)可知 $v(r)$ 曲线应从 $r=R$ 开始按 $r^{-1/2}$ 的规律下降. 然而大量旋涡星系的转动曲线呈现如下共性：先从星系中心陡然升起，然后近似地水平延伸，直至 R 以外很远处无法测量为止，① 如图 10-12 所示. 这表明旋涡星系在发光部分之外有一个半径比 R 大得多的球状"暗晕"["dark halo"，由不发光的**暗物质**(dark matter)组成.]，其质量约为发光部分的 3~10 倍. 除旋涡星系外还有其他星系，例如椭圆星系. 有证据表明椭圆星系也有数量可观的暗物质.

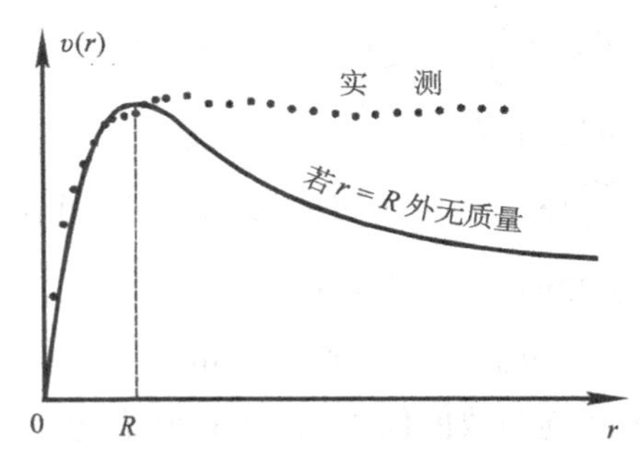

图 10-12 星系的转动曲线(示意)

鉴于星系同星系之间存在大量空间，其中很可能有大量物质，人们还用类似的动力学方法对星系团做过测量[假定维里定理成立，则有类似于式(10-3-15)的公式.]. 结果为

$$\Omega_0\,(\text{星系团}) \cong 10\,\% \sim 30\,\%\,. \tag{10-3-17}$$

这就证实星系团中除星系外还有大量暗物质. 由于上式的得出依赖于某些尚未完全证实的假设，更由于宇宙中只有大约 5%的星系存在于大的星系团中，我们还不能肯定宇宙的 Ω_0 可由式(10-3-17)表示(虽然还有不少旁证)，但至少可以肯定宇宙中的暗物质在质量上大大超过发光物质. 暗物质的存在本来不值得惊讶，人们很容易举出暗物质的例子：行星、暗淡的小恒星、白矮星、中子星、黑洞、瓦解了的星系以及星际和星系际稀薄气体……它们都由重子(主要是质子和中子)组成. 然而原初核合成理论对当今宇宙重子物质的质量密度给出如下限制：

$$\Omega_{\mathrm{b}0}h^2 = 3.7\times 10^7\eta\,, \tag{10-3-18}$$

① 曲线的每一点是由对恒星或中性气云所发射线的频移测量得到的，这些恒星和气云起到试探粒子的作用. 当 r 比 R 大到一定程度时就找不到试探粒子.

[其中 h 是以 $100\ \text{km}\cdot\text{sec}^{-1}\cdot\text{Mpc}^{-1}$ 为单位测量哈勃常量 H_0 所得的数(见 10.2.3 小节末)，$\eta \equiv n_{\text{b}}/n_\gamma$.] 这就使问题变得复杂．先对上式给出推导．以 n_{b0} 代表当今重子(主要是核子)的数密度，$m_{核}$ 代表每个核子的质量，则当今重子物质的质量密度 $\rho_{\text{b0}} = n_{\text{b0}} m_{核}$，它对应的 $\Omega_{\text{b0}} \equiv \rho_{\text{b0}}/\rho_{\text{C0}}$ 可由式(10-3-9)求得

$$\Omega_{\text{b0}} = \frac{n_{\text{b0}} m_{核}}{3{H_0}^2/8\pi G}. \tag{10-3-19}$$

或

$$\Omega_{\text{b0}} {H_0}^2 = 8\pi G m_{核} n_{\text{b0}}/3 = 8\pi G m_{核} n_{\gamma 0} \eta/3, \tag{10-3-20}$$

其中 $n_{\gamma 0}$ 代表当今宇宙的光子数密度，可由微波背景辐射公式(10-3-6)求得．该式的 $\text{d}u$ 是波长在 $(\lambda, \lambda+\text{d}\lambda)$ 范围内的背景光子能量密度，而在此波长范围内的每一光子的能量为 $E = hc/\lambda$，所以此波长范围内的光子数密度为

$$\text{d}n_\gamma = \frac{\text{d}u}{E} = \frac{8\pi}{\lambda^4}(\text{e}^{hc/kT\lambda} - 1)^{-1}\text{d}\lambda, \tag{10-3-21}$$

积分上式便得到包括各种波长的光子在内的数密度

$$n_\gamma = \int_0^\infty \frac{8\pi}{\lambda^4}(\text{e}^{hc/kT\lambda} - 1)^{-1}\text{d}\lambda = 2\times 10^7\ T^3\quad 个/\text{m}^3. \tag{10-3-22}$$

以当今背景辐射温度 $T \cong 2.728\ \text{K}$ 代入上式得

$$n_{\gamma 0} \cong 4.1\times 10^8\quad 个/\text{m}^3, \tag{10-3-23}$$

以此 $n_{\gamma 0}$ 值和 G，$m_{核}$ 在国际制的数值代入式(10-3-20)右边；把式(10-2-32)的 H_0 改用国际制单位表示(即 $H_0 = 3.2\times 10^{-18} h$)并代入式(10-3-20)左边，便得式(10-3-18)．该式含有来自 h 和 η 的双重不确定性，把 $3.4\times 10^{-10} < \eta < 5\times 10^{-10}$，$0.5 < h < 0.7$ 代入式(10-3-18)得

$$2.3\,\% < \Omega_{\text{b0}} < 5.1\,\%\ . \tag{10-3-24}$$

上式带来两方面问题．一方面，把 $2.3\,\% < \Omega_{\text{b0}}$ 与 Ω_0(发光物质)$\cong 0.5\,\%$ 对比可知由重子组成的物质中只有一小部分发光，因而肯定存在大量的重子暗物质．天文学家的任务是要为这些暗物质的“栖身之地”开出清单，这方面的观测已有不少成果，还有待进一步深入进行．另一方面，把 $\Omega_{\text{b0}} < 5.1\,\%$ 与式(10-3-17)对比则会发现宇宙中的暗物质的大部分由非重子组成．虽然把式(10-3-17)推广到全宇宙的可靠性还有待进一步研究，但已有多方面旁证，因此至少应该严肃对待非重子暗物质问题．何况不考虑非重子暗物质的结构形成理论必然失败(见 10.3.1 小节末)的结论也已表明非重子暗物质的非常重要性．但是，非重子暗物质远不如重子暗物质容易想像．对非重子暗物质的候选者的探究已成为当代热门课题，而且方兴未艾．为了构成对 Ω_0 的贡献，非重子暗物质大约应为稳定(或寿命很长)的非重子粒子．背景光子数量虽大，但因静质量为零，对 Ω_0 的贡献微不足道．中微子如果

有静质量的话，将是很明显的候选者．从1997年起人们开始倾向于相信至少某些中微子有静质量(量级约 0.1eV)，这些中微子(作为非重子热暗物质，“热”是指退耦时仍高速运动)对Ω_0的贡献约为0.3%~15%．进一步的候选者涉及理论虽有预言、目前尚未观测到的有静质量的非重子粒子，它们曾活跃于温度甚高的极早期宇宙并随温度下降而退耦(退耦时速度已不高)，其中稳定的或寿命很长的粒子还应作为背景遗迹留存至今(冷暗物质，“冷”是指粒子以低速运动.).

如果认为式(10-3-17)代表宇宙中所有物质(包括可视物质和暗物质)对Ω_0的贡献，就应得出宇宙远非封闭的结论．然而，1981年提出的暴涨模型(详见§10.4)认为Ω_0很有可能非常接近于(甚至等于)1，某些测量和分析也支持这一数值．现在暴涨模型已被广泛接受，如何协调$\Omega_0 \cong 1$和式(10-3-17)？在1998年之前，为了同$\Omega_0 \cong 1$不矛盾，一般认为星系(团)的分布远不能代表宇宙中物质分布的全貌，除了与星系(团)相伴随的成团物质外，还可能有约80%的物质比较不成团地、甚至是光滑地分布于宇宙之中．请注意，我们的讨论至今一直采用无Λ项的爱因斯坦方程．由于对宇宙常数Λ值的测量在1998年取得重要进展，人们相信应该从有Λ项的爱因斯坦方程出发讨论宇宙学问题，与无Λ项的爱因斯坦方程的主要区别在于Ω_0除包括来自物质(含可视物质、重子暗物质和非重子暗物质)的贡献Ω_{M0}外还包括来自宇宙常数Λ的贡献$\Omega_{\Lambda 0}$，而且倾向于相信前、后者的贡献大致上为“三七开”，合效应是$\Omega_0 \cong 1$．详见10.3.3小节．[①]

此外，正如10.3.1小节末所指出的，暗物质(尤其是冷暗物质)的研究对结构形成理论也有重大意义．不考虑暗物质的任何结构形成理论都逃脱不了失败的命运.

10.3.3 宇宙学常数问题

自从爱因斯坦在1917年首次引入宇宙常数项后，Λ的必要性在历史上曾经几起几落，数度浮沉．虽然爱因斯坦从1923年起就放弃Λ，但是直至20世纪50年代末它仍然受到许多人的青睐，原因之一是哈勃对H_0的早期测量结果严重偏大，而$\Lambda > 0$的存在可使过大的H_0不导致过小的宇宙年龄．下面定性说明个中原委．由式(10-2-35)可知Λ的存在相当于宇宙多了一个“能动张量”$-\Lambda g_{ab}/8\pi$，与理想流体能动张量

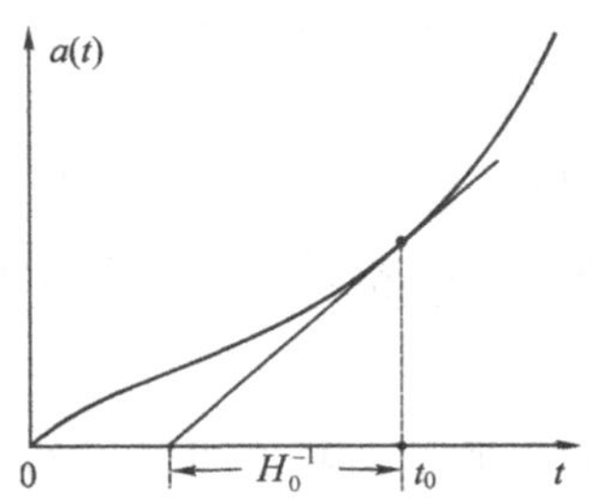

图 10-13 $\Lambda > 0$模型的$a(t)$曲线．宇宙年龄$t_0 > H_0^{-1}$

① 1988 年的重要进展是发现当今宇宙正在加速膨胀．当时把它与存在Λ项等同看待．然而用Λ项解释加速膨胀也存在重大困难，于是又出现其他解释．加速膨胀的形成机制已成为当今宇宙论乃至整个基本物理学的一个重大疑难问题，称为“暗能量”问题，见§10.5.

$$T_{ab}=(\rho+p)U_aU_b+pg_{ab}$$

对比可知它相当于一个满足物态方程 $-\rho=p=-\Lambda/8\pi$ 的“理想流体”. 如果只有它的贡献，则式(10-2-18)成为 $3\ddot{a}=a\Lambda$，对 $\Lambda>0$ 就有 $\ddot{a}>0$. 可见，与物质场相反，正的宇宙常数 Λ 使宇宙的膨胀加速，它所起到的不是引力作用而是斥力作用. 在宇宙的早期，辐射及物质的能量密度 ρ 很大，引力超过斥力，膨胀是减速的. ρ 随宇宙膨胀而变小，小到引力与斥力平衡时(注意，Λ 不变)膨胀匀速进行. ρ 的进一步减小则导致引力小于斥力，于是宇宙加速膨胀. 选择适当模型可使当今宇宙处于加速膨胀阶段，因此测得的 H_0^{-1} 不是大于 t_0 而是小于 t_0 (见图 10-13). 年龄矛盾靠正的宇宙常数 Λ 有望解决或得以缓和.

然而情况到了 20 世纪 50 年代末又开始出现转机. 一方面，H_0 的新测量值降至哈勃当年测得值的约 1/8；另一方面，近代恒星理论的建立又使恒星年龄比 20 世纪 30 年代的估计小了很多，于是 20 世纪 30 年代的年龄矛盾不复存在，Λ 再次变得不再必需. 此后，在经历了第 3 个浮沉(略)之后的今天，Λ 的必要性却又一次摆在我们面前. 关键之一在于近代物理发现“真空不空”：根据量子场论，处于真空态的场仍有很大的能量密度，叫做**真空能量密度**(vacuum energy density)，记作 ρ_{vac}，ρ_{vac} 的主要来源之一是各种已知场(例如电子场)的真空涨落(虚的正反粒子对的不断产生和湮灭)，其对 ρ_{vac} 的贡献以复杂的方式依赖于所有已知粒子的质量和相互作用强度. 真空定义为量子场的基态，是能量取最低值(而非零值)的状态. 由基态的洛伦兹不变性(对任何观者都一样，因而不存在一个特殊的 U^a)可知真空的能动张量只能取如下形式

$$(T_{ab})_{\text{vac}}=-\rho_{\text{vac}}\,g_{ab}\,, \tag{10-3-25}$$

其中 ρ_{vac} 为常数. 所以真空可看作一种特殊的理想流体，其压强 p_{vac} 和固有能量密度 ρ_{vac} 都是常数，而且满足如下的物态方程

$$p_{\text{vac}}=-\rho_{\text{vac}}\,. \tag{10-3-26}$$

这一物态方程亦可通过如下思考得以印证：考虑一个体积为 V 的正在绝热膨胀(或压缩)的真空容器，由热力学第一定律可知其内能的变化 $\mathrm{d}(\rho_{\text{vac}}V)=\rho_{\text{vac}}\mathrm{d}V$ 等于其压强所做的功 $-p_{\text{vac}}\,\mathrm{d}V$，因而 $p_{\text{vac}}=-\rho_{\text{vac}}$. 在不涉及引力的物理学中，$\rho_{\text{vac}}$ 不会带来任何测量效应. 系统能量的测量只能通过测定它在某过程中的能量差(或测定两系统的能量差)来进行，因此能量可看作某种“相对量”，即相对于某一基准而言的量. 通常总以真空作为测定能量的基准，这等价于把真空的能量规定为零. 然而，在涉及引力时情况有根本性改变：爱因斯坦方程认定一切能量密度(ρ_{vac} 也不例外)都是时空弯曲的根源，用于宇宙这个时空，则 ρ_{vac} 有其“绝对”意义：它的非零性导致宇宙时空的弯曲，这种“绝对性”的后果是不能采用把真空选为能量

基准来消除 ρ_{vac} 的影响．因此在宇宙论中 ρ_{vac} 的非零问题必须认真对待．通常把真空涨落的贡献等价地看作一个宇宙常数项的贡献，即认为爱因斯坦方程中存在 $\Lambda \equiv 8\pi\rho_{\text{vac}}$ 的宇宙常数项，于是宇宙常数问题再度回归．下面估算 ρ_{vac} 的量级．先考虑质量为 m 的粒子在势场 $V = Kx^2/2$ 中的运动(谐振子)．按照经典物理学，当粒子静止于 $x=0$ 处时动能、势能都为零，因而总能为零．这一状态称为基态．然而，在量子力学中情况有所不同：不确定原理屏除了粒子(波函数)既有确定位置(比如 $x=0$)又有确定速度(比如为零)的可能性，其结果是谐振子的基态能量取非零值 $E_0 = \hbar\omega/2$ (其中 $\omega = k/m$ 为角频率)，称为**零点能**．现在进而考虑量子场论．一个相对论量子场可看作具有各种可能频率的谐振子的集合体．以最简单的标量场为例，当它处于真空态时，它的零点能取如下非零值

$$E_0 = \sum_i \frac{1}{2}\hbar\omega_i\,, \tag{10-3-27}$$

其中取和遍及所有可能的 3 波矢 $\vec{k}$．为求 E_0 可把系统放在体积为 L^3 的方盒内对 $\hbar\omega_i/2$ 取和，然后令 L 趋于∞．加上周期性边界条件，令第 i 个模式的波长为 $\lambda_i = L/n_i$ (其中 n_i 为整数)，注意到 $k_i = 2\pi/\lambda_i$，可知处于 $(k_i, k_i + \mathrm{d}k_i)$ 范围内的 k_i 的分立值共有 $L\,\mathrm{d}k_i/2\pi$ 个．于是式(10-3-27)可改写为

$$E_0 = \frac{\hbar L^3}{2(2\pi)^3}\int \omega_{\vec{k}}\,\mathrm{d}^3\vec{k} = \frac{\hbar L^3}{2(2\pi)^3}\int \sqrt{k^2 + m^2/\hbar^2}\;\mathrm{d}^3\vec{k}\,, \tag{10-3-28}$$

其中用到 ${\omega_{\vec{k}}}^2 = k^2 + m^2/\hbar^2$．上式两边同除以 L^3 并令 $L\to\infty$ 便得基态(真空)能量密度

$$\rho_{\text{vac}} \equiv \lim_{L\to\infty}\frac{E_0}{L^3} = \frac{\hbar}{4\pi^2}\int_0^\infty \sqrt{k^2 + m^2/\hbar^2}\;k^2\mathrm{d}k\,. \tag{10-3-29}$$

这一积分显然发散，因为它包含这么一项，该项在 $k\to\infty$ 时以 k^4 的方式趋于无限(紫外发散)．把积分上限取至 $k=\infty$ 意味着承认上述场论对任意高能情况适用，然而，事实上当能量(因而 k)超过某值(以 $k_{\max}$ 代表)时上述场论失效，因此计算 ρ_{vac} 时应该来个高能截断，其结果为

$$\rho_{\text{vac}} = \frac{\hbar}{4\pi^2}\int_0^{k_{\max}} \sqrt{k^2 + m^2/\hbar^2}\;k^2\mathrm{d}k = \hbar\frac{{k_{\max}}^4}{16\pi^2}\,. \tag{10-3-30}$$

通常认为普朗克能量 $E_{\text{P}} \sim 10^{19}\,\text{GeV}$ 相应的 k 可取作 $k_{\max}$，即 $k_{\max} = E_{\text{P}}\hbar^{-1}$，故上式可改写为 $\rho_{\text{vac}} \sim {E_{\text{P}}}^4/16\pi^2\hbar^3$．由量纲考虑可知真空质量密度(仍记作 ρ_{vac})在国际制的公式为

$$\rho_{\text{vac}} \sim {E_{\text{P}}}^4/16\pi^2\hbar^3c^5 \quad (\text{转换法则见附录 A})\,, \tag{10-3-30$'$}$$

而 $E_{\text{P}} \sim 10^{19}\,\text{GeV}$ 相当于 $E_{\text{P}} \sim 1.6\times10^9\,\text{J}$，代入上式得

$$\rho_{\text{vac}} \sim 10^{94}\ \text{kg}\cdot\text{m}^{-3}\ . \tag{10-3-31}$$

不可思议的是，天文学家用多种测量手段得到的Λ上限竟然只有上式给出的$8\pi\rho_{\text{vac}}$的10^{-120}倍！一种貌似可行的补救措施是假定爱因斯坦方程在考虑ρ_{vac}的贡献前就已存在一个宇宙常数[称为“裸”(“bare”)宇宙常数]，它与$8\pi\rho_{\text{vac}}$之和恰好为零. 然而，宇宙中存在种类繁多的量子场(粒子)，每种场对ρ_{vac}提供不尽相同的贡献，它们之间的相互作用也对ρ_{vac}有所贡献，很难相信所有这些贡献的总和竟然如此凑巧地与“裸”Λ的贡献恰相抵消. 虽然许多学者提出过许多解决矛盾的方案，但人们普遍认为问题尚未解决. 这就是存在了30多年之久的著名的宇宙常数问题. 这可以称为**物理学家的宇宙常数问题**. 天文学家则更为关心如何用观测确定非零的Λ项是否果真存在. Λ的存在对宇宙的演化应有影响. 在爱因斯坦方程中添加Λ项后，方程(10-2-16)和(10-2-17)相应改为

$$3(\dot{a}^2+k)/a^2 = 8\pi\rho + \Lambda\ , \tag{10-3-32}$$

$$2\ddot{a}/a + (\dot{a}^2+k)/a^2 = -8\pi p + \Lambda\ , \tag{10-3-33}$$

把式(10-3-32)用于当今时刻t_0便有

$$H_0{}^2 = \frac{8\pi\rho_0}{3} + \frac{\Lambda}{3} - \frac{k}{a_0{}^2}\ , \tag{10-3-34}$$

仿照Ω_0的定义方式，定义

$$\Omega_{\Lambda 0} := \Lambda/3H_0{}^2\ , \tag{10-3-35}$$

则式(10-3-34)可改写为

$$1 = \Omega_{\text{M}0} + \Omega_{\Lambda 0} - k/a_0{}^2 H_0{}^2\ . \tag{10-3-36}$$

($\Omega_{\text{M}0}$代表物质对Ω_0的贡献，注意当今辐射的贡献可忽略.) 应能通过观测回答如下问题：为了确保上式成立，是否需要一个非零的$\Omega_{\Lambda 0}$？如果是，$\Omega_{\Lambda 0}$应为何值？这就是**天文学家的宇宙常数问题**. 宇宙演化的速度$\dot{a}$和加速度$\ddot{a}$取决于代表引力的Ω_{M}和代表斥力的Ω_Λ的力量对比. 天文学家早已习惯于对减速度$-\ddot{a}$做无量纲化处理，他们关心的是如下定义的(无量纲)**减速参量**(deceleration parameter)的当今值

$$q_0 := -\left(\frac{a}{\dot{a}^2}\ddot{a}\right)_{t_0}\ . \tag{10-3-37}$$

考虑到当今的$\rho+3p \cong \rho$，把式(10-3-32)、(10-3-33)的当今值(并取$p=0$)代入式(10-3-37)得

$$q_0 = \frac{1}{2}\Omega_{\text{M}0} - \Omega_{\Lambda 0}\ . \tag{10-3-38}$$

上式直观地反映“$\Omega_{\text{M}0}$导致减速、正的$\Omega_{\Lambda 0}$导致加速”的事实. 对q_0的直接测量

已有数十年的历史．关键困难之一是如何选择适当的测量对象(距离指示物)．成团的星系曾被用作测量对象，但存在缺点——它们自身的演化给测量带来不确定因素．我们需要的是对演化不敏感的距离指示物．后来发现 Ia 型(亦记作 1a 型)超新星(type Ia supernova)可以充当理想的距离指示物，以此为对象的测量已成为近年来的活跃研究课题，新的结果不断涌现．1998 年开始发表的对大批高红移 Ia 型超新星的观测结果[例如 Riess et al.(1998); Perlmutter et al.(1999)]尤其令人瞩目，在国际上引起强烈反响．这些结果以很高的置信度表明：①宇宙常数 Λ 非零，而且为正；②当今宇宙正在加速(而不像过去以为的减速)膨胀($\Omega_{\Lambda 0}$ 的影响超过 $\Omega_{M0}/2$ 的影响，导致减速参量 $q_0<0$.)．更有甚者，把这些结果与微波背景辐射的非各向同性度的观测结果相结合还进一步给出如下定量结果：

$$\Omega_{M0}=0.25^{+0.18}_{-0.12}\,,\qquad \Omega_{\Lambda 0}=0.63^{+0.17}_{-0.23}\,,\tag{10-3-39}$$

这表明：① $\Omega_{M0}+\Omega_{\Lambda 0}\cong 1$，因而[根据式(10-3-36)] $k\cong 0$，即当今宇宙接近平直，与 § 10.4 要讲的暴涨模型的预言一致；② $\Omega_{\Lambda 0}$ 非但不是可有可无，而且占主导地位，Ω_{M0} 与 $\Omega_{\Lambda 0}$ 的比例大致是“三七开”．虽然以上结果在当时还不是完全肯定的，但已引起了国际性的高度重视．有人甚至认为 1998 年发现宇宙正在加速膨胀是 20 世纪最重要的发现之一．§10.5 还将进一步介绍由这一加速膨胀带来的“暗能量”问题．

上述结果还取得如下的侧面支持：虽然冷暗物质(CDM)模型是结构形成理论中最成功的模型，但基于 $\Omega_{M0}=1$ 的 CDM 模型不能与观测结果定量吻合．反之，基于 $\Omega_{M0}\cong 0.3$，$\Omega_{\Lambda 0}\cong 0.7$ 的 ΛCDM 模型(加 Λ 表示考虑 Λ)却与观测结果吻合得很好．

$\Omega_{\Lambda 0}$ 约占 $\Omega_{M0}+\Omega_{\Lambda 0}$ 中的七成，在这个意义上可说它对应于一个大的宇宙常数 Λ (大到从前一直未曾相信过的程度)．然而，拿这个 Λ 同 $8\pi\rho_{vac}$ 相比，则仍有 $\Lambda/8\pi\rho_{vac}\sim 10^{-120}$，在这个意义上又可说 Λ 是离奇地小．虽然小，却又偏偏不为零，这就(至少在某种意义上说)使物理学家的宇宙常数问题难上加难．有些物理学家曾经相信在超对称理论中费米子与玻色子的真空能量密度由于等值异号而精确抵消，从而“解释了”过去关于 $\Omega_{\Lambda 0}\cong 0$ 的观测事实．然而现在却要说明它们并不绝对抵消，在基本抵消后还留有“小尾巴”($\Omega_{\Lambda 0}\cong 0.7$)，其量级只有抵消前的 10^{-120} 倍．一种怎样的物理机制能起到如此微妙的作用?

本节主要参考文献：Carroll et al.(1992)；Sahni et al. (1999)；Turner(1999).

§10.4　标准模型的疑难和克服

10.4.1　粒子视界

为介绍第一个疑难，先讲解粒子视界的概念.

设 p 是各向同性观者 G 的世界线上的一点. 问：是否存在这样的粒子(各向同性观者，下同.)，它在任一时刻所发的光信号都不与 G 交于 p？由于宇宙起源于大爆炸奇点，初学者往往会想像如图 10-14 那样的时空图，从而得出否定答案. 然而图 10-14 以及上述否定答案都是错的. 以最简单的情况(b)($k=0$)为例，这时 RW 线元为

$$ds^2 = -dt^2 + a^2(t)(dx^2 + dy^2 + dz^2)\,. \qquad (10\text{-}4\text{-}1)$$

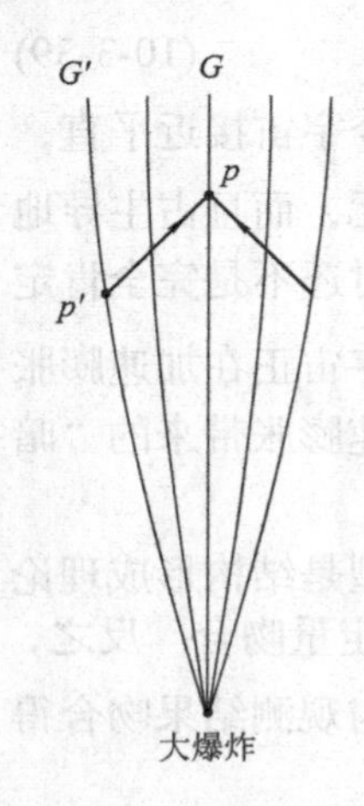

图 10-14　根据此图，任一粒子世界线上总有一点(例如 G'上的 p')，它发出的类光测地线可到 p 点. 可惜**此图是错的**

引入新坐标

$$\hat{t}(t) \equiv \int_0^t dt'/a(t')\,, \qquad (10\text{-}4\text{-}2)$$

则　$$ds^2 = a^2(\hat{t})(-d\hat{t}^2 + dx^2 + dy^2 + dz^2)\,. \qquad (10\text{-}4\text{-}3)$$

上式与平直线元只差一个正的因子 $a^2(\hat{t})$. 以 η_{ab} 和 g_{ab} 分别代表平直度规和式(10-4-3)的度规，则 $g_{ab} = a^2\eta_{ab}$. 在微分几何中，若一个度规场等于另一度规场乘以一个处处为正的函数，就说这两个度规场有共形联系(详见下册 § 12.1)，因此 g_{ab} 同 η_{ab} 有共形联系. 又因 η_{ab} 为平直度规，故 g_{ab} 称为共形平直度规. 由于 $g_{ab} = a^2\eta_{ab}$，任一矢量 v^a 用 g_{ab} 衡量是类时的($g_{ab}v_a v_b < 0$)当且仅当用 η_{ab} 衡量是类时的. 对类空和类光性也有类似结论. 再者，可以证明(见下册第 12 章)，一条类光曲线用 g_{ab} 衡量是测地线当且仅当用 η_{ab} 衡量是测地线(但对类空和类时曲线这结论不成立！). 因此，在只关心因果问题时，式(10-4-3)和平直线元给出同样结果. 上述问题就是一个应用实例. 但现在要特别注意新坐标 $\hat{t}$ 的取值范围. 把式(10-2-24b)和(10-2-29b)代入式(10-4-2)得

$$\hat{t}(t) \propto \begin{cases} t^{1/2}, & \text{(对辐射宇宙)} \\ t^{1/3}, & \text{(对物质宇宙)} \end{cases} \qquad (10\text{-}4\text{-}4)$$

由 t 的取值范围 $(0,\ \infty)$ 知 $\hat{t}$ 的取值范围为 $(0,\ \infty)$，由式(10-4-2)知 $t=0$ 时 $\hat{t}=0$. 注意到闵氏时空的惯性坐标时间 $\hat{t}$ 的取值范围为 $(-\infty,\ \infty)$，可知 $k=0$ 的 RW 时空只对应于“半个”闵氏时空(见图 10-15). 由图可知对 G 上一点 p 而言，的确存在粒

子 G''，其世界线上任一点所发的光都不能到达 p. 设 Σ_p 是过 p 的均匀面(p 时刻的“全宇宙空间”)，每一粒子的世界线与 Σ_p 的交点就代表该粒子在宇宙时刻 t_p 的表现. Σ_p 可分为两个子集(见图10-16)，凡可被 G 在 t_p 时看见的粒子都属于子集 1，否则属于子集 2. 这两个子集的分界面(2维面)称为观者 G 在时刻 p 的**粒子视界**(particle horizon)，在不会混淆时可简称视界. [①] 以上只讨论了 $k=0$ 的情况. 在 a 足够小时方程(10-2-16)中含 k 的一项可以忽略，既然 $k=0$ 情况有视界，$k=\pm 1$ 的情况在 a 足够小时也有视界. 在 $k=+1$ 的情况下空间几何为 3 球面，空间体积在每一时刻都为有限值，因此还可提出如下有趣问题：对某一指定时刻 t，在视界范围以内的体积(图 10-16 中的子集 1)占该时刻全空间体积的百分之多少？对 $k=+1$ 的物质宇宙的定量计算及结果见 Kolb and Turner(1990)P.83. 此处只介绍一个关键结论：$k=+1$ 的物质宇宙膨胀至最大时粒子视界开始消失(此后任一时刻都不再有粒子视界). 然而，$k=+1$ 的辐射宇宙从大爆炸开始到大挤压为止都存在粒子视界，见习题 8.

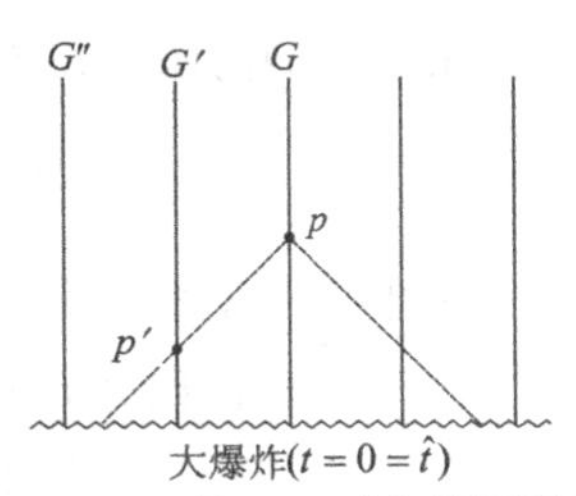

图 10-15　$k=0$ 的RW时空的因果关系可用“半个”闵氏时空描述. 大爆炸奇点在图中表现为一张“水平面”. 有些粒子(如 G'')不能被 G 在 p 时看见

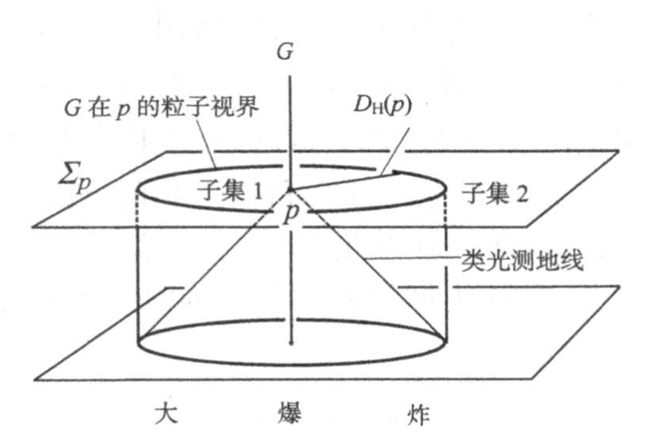

图 10-16　G 在 p 点的粒子视界是一个 2 维面. 视界内的粒子都可被 G 在时刻 t_p 看见

① 广义相对论中存在不止一种视界概念. 最常用的是事件视界，定义如下：设 (M, g_{ab}) 是任一时空，G 是其中的一个观者. 把 M 分为两个子集，凡可被 G 看见的事件(时空点)都属于子集 1，否则属于子集 2. 所谓“可被 G 看见”是指该点发出的指向未来的类光测地线中至少有一条与 G 的世界线相交. 两个子集的分界面(超曲面)称为**观者 G 的事件视界**(例如图 9-14 的 H). 图 9-13(a)的 N_1 是 A 区中任一静态观者的事件视界. 在宇宙论研究早期对视界的理解尚不清晰，致使文献中出现不少混淆. Rindler 在 1956 年首先对此做了澄清. 正文关心的是不同于事件视界的粒子视界.

时刻 t_p 的粒子视界上任一点与 p 的距离 $D_{\rm H}(t_p)$ 叫**视界(固有)半径**或**视界距离**．由式(10-1-28)和(10-2-6)不难证明(习题)

$$D_{\rm H}(t_p)=a(t_p)\int_0^{t_p}\mathrm{d}t/a(t)\,. \qquad (10\text{-}4\text{-}5)$$

对 $k=0$ 的辐射宇宙和物质宇宙，由式(10-2-24b)和(10-2-29b)分别有 $a(t)\propto t^{1/2}$ 和 $a(t)\propto t^{2/3}$，代入上式积分并改写为国际制形式(补 c)得

$$D_{\rm H}(t)=2ct \quad (\text{对辐射宇宙}), \qquad (10\text{-}4\text{-}6)$$

$$D_{\rm H}(t)=3ct \quad (\text{对物质宇宙}). \qquad (10\text{-}4\text{-}7)$$

10.4.2 标准模型的疑难

标准模型在取得辉煌成功的同时也存在若干疑难．这些疑难只涉及极早期宇宙，即大爆炸后远小于 1s 的时段．我们重点介绍两个．

视界疑难 微波背景辐射的观测表明宇宙早在光子退耦时就非常均匀和各向同性．对此的自然解释是此前各种粒子的频繁相互作用起到“充分自我搅拌”的作用．然而粒子视界的存在却给这种解释带来严重困难．由于当今宇宙存在粒子视界，我们在原则上能观测到(与观测手段的先进程度无关)的只是整个宇宙的一部分，称为**当今可观测宇宙**(the presently observable universe)或**当今可视宇宙**(the presently visible universe)．准确地说，以 $G_{银}$ 代表银河系观者(我们)，$D_{\rm H}(t_0)$ 代表 $G_{银}$ 在 t_0 时刻的视界距离，则在 t_0 时刻与 $G_{银}$ 的距离小于 $D_{\rm H}(t_0)$ 的所有各向同性观者(粒子)的世界线构成的时空子集就是 $G_{银}$ 的当今可观测宇宙，其当今半径自然等于 $D_{\rm H}(t_0)$．讨论对象既然是当今可观测宇宙，谈及其半径时为何还要在前面加“当今”二字?这是因为宇宙在不断膨胀，当今可观测宇宙的半径(记作 $D_{今可观}$)是 t 的函数，应记作 $D_{今可观}(t)$[注意，$D_{今可观}(t)$并非 t 时刻的可观测宇宙的半径，而是当今可观测宇宙在 t 时刻的半径.]，只有它的当今值 $D_{今可观}(t_0)$才等于 $D_{\rm H}(t_0)$ (见图 10-17)．此值可借式(10-4-7)大致估出：

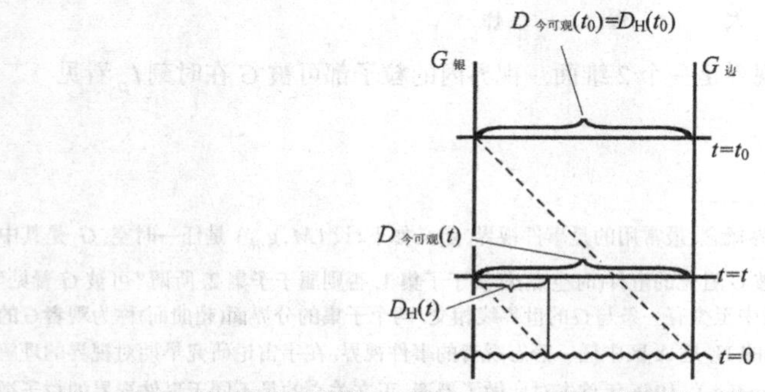

图 10-17　当今可观测宇宙的半径 $D_{今可观}$是 t 的函数，其当今值 $D_{今可观}(t_0)\cong 3\times 10^{26}$m

$$D_{\text{今可观}}(t_0)=D_{\mathrm{H}}(t_0)\cong 3ct_0\cong 3\times(3\times 10^8)\times(3\times 10^{17})\cong 3\times 10^{26}\ \ \mathrm{m}\,.$$

随着时间往过去推移，$D_{\text{今可观}}(t)$ 和 $D_{\mathrm{H}}(t)$ (指 $G_{\text{银}}$在 t 时刻的视界距离)都在缩小. $D_{\text{今可观}}(t)$可看作 $G_{\text{银}}$与当今可观测宇宙边缘的各向同性观者 $G_{\text{边}}$的空间距离，而任意两个各向同性观者之间的空间距离正比于 a[式(10-1-26)]，故

$$D_{\text{今可观}}(t)\propto\ a(t)\,. \tag{10-4-8}$$

光子退耦后成为独立体系，由式(10-3-7)可知背景辐射的温度T_γ与a成反比，因而$D_{\text{今可观}}(t)$与$T_\gamma(t)$成反比. 注意到光子退耦温度$T_\gamma(t_{\gamma\mathrm{d}})\cong 4000\mathrm{K}$以及当今背景辐射温度$T_\gamma(t_0)\cong 2.7\mathrm{K}$，便得

$$D_{\text{今可观}}(t_{\gamma\mathrm{d}})=D_{\text{今可观}}(t_0)\,T_\gamma(t_0)/T_\gamma(t_{\gamma\mathrm{d}})\cong 3\times 10^{26}\times 2.7/4000\cong 2\times 10^{23}\ \ \mathrm{m}\,.$$

另一方面，因$t_{\gamma\mathrm{d}}\cong 10^{13}\mathrm{s}$，由式(10-4-6)可知当时的视界距离为

$$D_{\mathrm{H}}(t_{\gamma\mathrm{d}})\cong 2\times(3\times 10^8)\times 10^{13}=6\times 10^{21}\ \mathrm{m}\,,$$

说明当今可观测宇宙在光子退耦时的半径约为当时视界距离的33倍. 根据粒子视界的定义，某一时刻的空间中距离大于 D_{H} 的两个粒子必定不曾有过相互作用，因为其中任一粒子所发的任何信号在此时刻之前都不能到达另一粒子. 若要通过相互作用达到均匀和各向同性，除非当今可观测宇宙在$t_{\gamma\mathrm{d}}$前曾小于视界范围. 然而这是不可能的，因为由式(10-4-6)和(10-4-7)可知$D_{\mathrm{H}}\propto t$而由式(10-4-8)和(10-2-24b)或(10-2-29b)可粗略认为$D_{\text{今可观}}(t)\propto t^{1/2}$或$D_{\text{今可观}}(t)\propto t^{2/3}$，可见$D_{\text{今可观}}(t)>D_{\mathrm{H}}(t)$的程度越是早期越是严重. 例如，在$t=10^{-43}\mathrm{s}$时，由式(10-3-1)可知$T(10^{-43}\mathrm{s})\cong 3\times 10^{31}\mathrm{K}$，由式(10-4-8)及粗略关系$T\propto a^{-1}$可知

$$D_{\text{今可观}}(10^{-43}\mathrm{s})=D_{\text{今可观}}(t_0)\ T(t_0)/T(10^{-43}\mathrm{s})\cong 3\times 10^{26}\times 2.7/3\times 10^{31}\cong 3\times 10^{-5}\mathrm{m}\,,$$

而$t=10^{-43}\mathrm{s}$时的视界距离可由式(10-4-6)求得为

$$D_{\mathrm{H}}(10^{-43}\mathrm{s})=2\times(3\times 10^8)\times 10^{-43}\cong 6\times 10^{-35}\mathrm{m}\,,$$

说明当今可观测宇宙在$t=10^{-43}\mathrm{s}$时的半径是视界距离的10^{29}倍! 以上讨论表明当今可观测宇宙在早期根本不可能充分“自我搅拌”(前面关于早期宇宙热平衡的讨论其实只适用于粒子视界以内). 这就是标准模型的**视界疑难**(horizon problem)，亦称**均匀性疑难**.

下面再介绍同微波背景辐射的观测有直接联系的对视界疑难的另一表述[见Guth(1983)；Blau and Guth(1987)]. 在测量微波背景辐射的各向同性时，发现两个背对背天线测得的等效温度在很高精度上相等. 这两个天线接收到的是光子退耦时$(t=t_{\gamma\mathrm{d}})$的两地(称为微波源1和2)发来的辐射(见图10-18). 设$D_{12}(t_{\gamma\mathrm{d}})$是$t_{\gamma\mathrm{d}}$时源1和2的固有距离，则上述测量结果表明宇宙在$t_{\gamma\mathrm{d}}$时至少在$D_{12}(t_{\gamma\mathrm{d}})$的尺度内是均匀的. 然而由计算(见选读10-4-1)可知$t_{\gamma\mathrm{d}}$时的视界距离$D_{\mathrm{H}}(t_{\gamma\mathrm{d}})$只有$D_{12}(t_{\gamma\mathrm{d}})$

的 1/75，表明源 1 和 2 之间不可能有过热接触．那么，它们怎么会有如此相同的温度呢? 或者说，怎么解释这种长程均匀性?

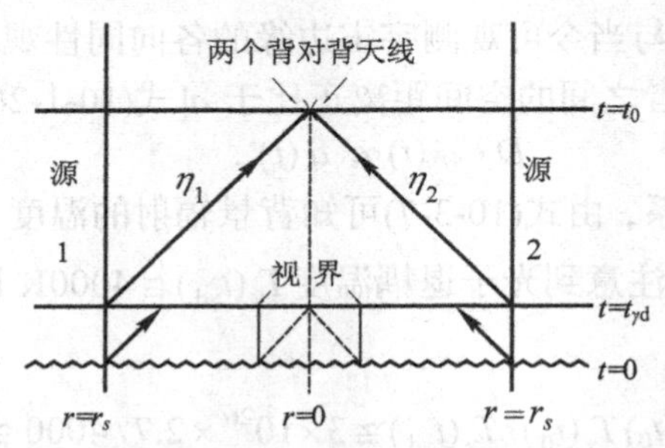

图 10-18 (示意图，不按比例) 两个背对背天线接收到的是光子退耦时($t=t_{\gamma d}$)从两地(源 1 和 2)发来的微波辐射．很难解释两天线测得的温度如此精确地相等，因为从源 1(或 2)发出的光在 $t_{\gamma d}$ 之前远未到达对方

除了可观测宇宙一词外，文献中还常出现**观测宇宙**(the observed Universe)的术语，这是指当今实际上已观测到的那部分宇宙．星系(及类星体)离我们越远，它们发来的光的红移 z 就越大，因此常用红移描述距离．天文学家测得的最远的星系(和类星体)的红移 z 早已达到 1 的量级(1999 年的文献给出了关于 $z=5$ 的类星体和 $z=6.68$ 的星系的测量结果)．仍用 $z=u$ 的近似(u 为该星系的退行速率)，与哈勃定律 $u=H_0D_0$ 结合便得 $D_0=zH_0^{-1}$，注意到 z 为 1 的量级，可知观测宇宙的大小 D_0 可由数值 H_0^{-1} 标志，其量级也是 10^{26}m [与可观测宇宙 $D_{今可观}(t_0)$量级相同，但应注意是两个不同概念.]．H_0^{-1} 称为**哈勃长度**(Hubble length)．利用选读 10-4-1 的估算法还可看出"微波源 1"与我们的当今距离 $a(t_0)r_s$ 也有 H_0^{-1} 的量级(虽然它的红移 z 已达约 1000)．这更说明用哈勃长度描述观测宇宙的大小是恰当的．

[选读 10-4-1]

现在给出 $N\equiv D_{12}(t_{\gamma d})/D_{\rm H}(t_{\gamma d})=75$ 的证明．为简化计算，设 $k=0$，且在涉及 $a(t)$时一律取 $a(t)=\beta t^{2/3}$ (其中 β 为常数)，即默认以物质为主．设天线所在处的径向坐标 $r=0$，源 1(和 2)的 r 为 $r_{\rm S}$，则把 $k=0$ 的式(10-1-25)用于径向类光测地线 η_1 得 $r_{\rm S}=\int_{t_{\gamma d}}^{t_0}{\rm d}t/a(t)$．由式(10-1-28)得

$$
\begin{aligned}
D_{12}(t_{\gamma d})&=2a(t_{\gamma d})\,r_{\rm S}=2a(t_{\gamma d})\int_{t_{\gamma d}}^{t_0}{\rm d}t/a(t)\\
&=2a(t_{\gamma d})\int_{t_{\gamma d}}^{t_0}{\rm d}t/\beta t^{2/3}=6\beta^{-1}a(t_{\gamma d})\,(t_0^{\ 1/3}-t_{\gamma d}^{\ \ 1/3}).
\end{aligned}
\tag{10-4-9}
$$

另一方面，由式(10-4-5)得

$$D_{\rm H}(t_{\gamma d}) = a(t_{\gamma d})\int_0^{t_{\gamma d}} {\rm d}t/a(t) = a(t_{\gamma d})\int_0^{t_{\gamma d}} {\rm d}t/\beta t^{2/3} = 3\beta^{-1}a(t_{\gamma d})\,t_{\gamma d}{}^{1/3}\,. \quad (10\text{-}4\text{-}10)$$

因此

$$N \equiv \frac{D_{12}(t_{\gamma d})}{D_{\rm H}(t_{\gamma d})} = 2\left[\left(\frac{t_0}{t_{\gamma d}}\right)^{1/3} - 1\right].$$

以T_γ代表微波背景辐射的温度，由$T_\gamma \propto a^{-1}$及$a \propto t^{2/3}$得

$$T_\gamma(t_{\gamma d})/T_\gamma(t_0) = (t_0/t_{\gamma d})^{2/3},$$

故

$$N = 2\left[\left(\frac{T_\gamma(t_{\gamma d})}{T_\gamma(t_0)}\right)^{1/2} - 1\right].$$

以$T_\gamma(t_0) = 2.7$和$T_\gamma(t_{\gamma d}) = 4000$代入得$N = 75$. 由于用了两个简化假设(即$k = 0$和$a \propto t^{2/3}$)，以上计算仍嫌粗糙. 为提高可信度，Guth (1983)在附录中取消上述两点简化，从非常一般的条件出发做了精确得多的估算. 结果更为严重：$N > 90$.

[选读 10-4-1 完]

平直性疑难 根据标准模型，Ω值与1的偏离会随时间的向后推移而被严重地放大. 以$\varepsilon(t) \equiv |1 - \Omega^{-1}(t)|$作为$\Omega$与1的偏离程度的某种反映，得

$$\varepsilon(t) = |(\rho - \rho_{\rm C})/\rho| = 3|k|/8\pi\rho(t)a^2(t), \quad (10\text{-}4\text{-}11)$$

其中第二步用到式(10-3-10). 上式说明$k = 0$时$\varepsilon(t) = 0$，否则

$$\varepsilon \propto (\rho a^2)^{-1} = \begin{cases}(\rho a^4)^{-1}a^2 \propto a^2, & \text{(辐射为主)}\\ (\rho a^3)^{-1}a \propto a. & \text{(物质为主)}\end{cases} \quad (10\text{-}4\text{-}12)$$

由式(10-3-1)知$t = 10^{-43}$s时的温度$T(10^{-43}{\rm s}) \cong 3\times10^{31}$K，故由$a$与$T$的近似反比关系知$a(t_0) \cong 10^{31}a(10^{-43}{\rm s})$，于是由式(10-4-12)知$\varepsilon(t_0)$是$\varepsilon(10^{-43}{\rm s})$的$10^{31}$~$10^{62}$倍，进一步的估算结果约为$\varepsilon(t_0) = 10^{60}\varepsilon(10^{-43}{\rm s})$，可见宇宙膨胀对$\varepsilon$值有惊人的放大作用. 由于$\Omega(t_0)$的量级为1且$\Omega(t_0) > 0.1$，故$\varepsilon(t_0) < 10$，因而$\varepsilon(10^{-43}{\rm s}) \cong 10^{-59}$，即$1 - \Omega^{-1}(10^{-43}{\rm s}) \cong \pm10^{-59}$，于是

$$\Omega(10^{-43}{\rm s}) \cong (1 \mp 10^{-59})^{-1} \cong 1 \pm 10^{-59}. \quad (10\text{-}4\text{-}13)$$

如果那时的Ω比式(10-4-13)的大值略大一点点，宇宙将在尚未演化至今就已收缩为大挤压奇点；反之，如果那时的Ω比式(10-4-13)的小值略小，宇宙的膨胀将快到无法形成恒星和星系. 为了形成今天这样的宇宙，更确切地说，为了能有今天这样一个量级为1的Ω值，在10^{-43}s时的Ω值必须被异常精确地“微调”到与1如此接近，只在小数点后第59位才有非零的数. 为什么会这样凑巧？这种微调是

怎么造成的？由于 $\Omega=1$ 对应于宇宙在空间上平直，上述问题也可表述为：极早期宇宙为什么会被微调到如此不可思议地接近平直？这就是**平直性疑难**(flatness problem)，亦称**微调疑难**(fine-tuning problem). [①]

平直性疑难还可用熵的概念做另一表述. 熵是广延量，可以谈及宇宙的任一共动体积内的熵. 以 $k=+1$ 的情况为例. 体元 $a^3\sin^2\psi\sin\theta\,\mathrm{d}\psi\mathrm{d}\theta\mathrm{d}\varphi$ 在 ψ，θ，φ 的某一范围内的积分都可看作一个共动体积，以下谈及共动体积时就以 a^3 为代表[由式(10-1-29)可知 $a^3(t)$ 乘以 $2\pi^2$ 等于宇宙在时刻 t 的体积]. 宇宙在其大部分历史中都能维持其内容物的局域热平衡，由热力学第一、二定律可以证明[见 Kolb and Turner (1990) P.65~66]任一共动体积内的熵不随时间而变. 熵的这一性质使它成为研究宇宙膨胀的一个非常有用的基准量. 对这一重要常数值可做如下估算. 设 S 是 a^3 内的熵[称为**特征熵**，见 Guth(1983).]，则熵密度定义为 $s\equiv Sa^{-3}$. 熵密度的当今值 s_0 可由物理讨论求得，此处只引用冯麟保(1994)式(6-54)的结果[讨论过程还可参阅 Kolb and Turner (1990)和 Blau and Guth (1987)]:

$$s(t_0)\cong 3\times10^9\,\mathrm{m}^{-3}\,{}^{②}. \tag{10-4-14}$$

把式(10-4-11)改写为 $\dfrac{\Omega-1}{\Omega}=\dfrac{3k}{8\pi\rho a^2}$，再利用 $s=Sa^{-3}$ 和式(10-3-12)并改写为国际制形式(补 c^2)便得特征熵表达式

$$S=\left[\frac{k\,c^2}{H^2(\Omega-1)}\right]^{3/2}s\,. \tag{10-4-15}$$

以 H，Ω 和 s 的当今值代入上式便可求得常数 S: H_0 可取 $(10^{10}\text{年})^{-1}$，$k/[\Omega(t_0)-1]$ 可取作 >1，$s(t_0)$ 可取为 $3\times10^9\,\mathrm{m}^{-3}$，代入式(10-4-15)便得 $S>10^{87}$. 这是一个大得非同寻常的熵值. 在标准模型中，S 值只能作为初始条件给定. 除非有特殊理由，此初始值应为 1 的量级. $S>10^{87}$ 这样大的熵值实在不可思议. 宇宙为何竟有如此巨大的熵？这就是平直性疑难的另一表述，又称**熵疑难**.

视界疑难与平直性疑难有一个共性：它们都可归结为“初始条件问题”. 如果硬性规定宇宙的“初始条件”，两个疑难都可“解决”. 对视界疑难的答案是：宇宙从一开始(“天生”)就是均匀和各向同性的；对平直性疑难的答案是：宇宙的 Ω 值一开始就如此不可思议地接近于 1(宇宙从一开始就有 $>10^{87}$ 那样大的熵值). 类似地还可列出其他两个疑难. 第一，当今宇宙为何存在物质与反物质的不

---

① 如果假定宇宙从一开始就有 $\Omega=1$，则它将保持 $\Omega=1$ 至今. 然而这种可能性极小. RW 线元原本是对任何实数 K 定义的(见 10.1.2 小节)，后来引进分立参数 k，它只能取 1，0，−1 三个值. $k=1$ 和 $k=-1$ 分别代表 $K>0$ 和 $K<0$，占领了实数轴上除 0 以外的所有点，而 $k=0$ 则只是实数轴上测度为零的一点.

② 在玻尔兹曼常数取为 1 的单位制中能量与温度同量纲，故熵 S 无量纲，熵密度 s 的单位为 m^{-3}.

对称性?对此也可这样回答：因为宇宙一开始就存在偏爱物质的不对称性．第二，当今宇宙在较小尺度上呈现出结构(恒星、……)，解释这种结构的必要前提是极早期宇宙存在过适当的密度涨落谱$\delta\rho/\rho$．标准模型对这个问题的回答也只能是：宇宙一开始就有如此适当的密度涨落谱．然而这种“初始条件”式的回答终究很不自然(说穿了就是：我们最终所得到的不过是我们最初所强加的.)，并且容易带上宗教色彩．后来，主要是由于粒子物理学家的介入，上述问题以及标准模型的一些其他疑难才得到满意得多的解决.

10.4.3　暴涨模型及其对视界、平直性疑难的解决

粒子物理学家大约从20世纪70年代中期开始逐渐介入宇宙论的研究．大统一理论预言的重子数不守恒性使物质-反物质不对称性问题有望解决.然而大统一理论也导致新的宇宙学问题：用这一理论与标准模型所做的估算认为极早期宇宙必产生过某些特殊的非相对论性粒子，其中一种叫**磁单极子**(magnetic monopole)．它们的密度虽然随宇宙膨胀而减小，但对Ω_0的贡献仍比Ω_0的观测值高出10^{11}的量级，这就是**磁单极疑难**．美国粒子物理学家Guth提出的暴涨模型[Guth (1981)]成功地解决了标准模型的视界疑难及平直性疑难,对磁单极疑难至少也起到缓解作用.虽然这一理论除其宝贵的暴涨思想外已被其他暴涨理论所代替,但至少从教学法的角度看，对Guth的原始暴涨理论做适当介绍还是有所裨益的.

根据大统一理论[例如SU(5)理论]，在能量足够高(高于临界值$T_C \cong 10^{14}\,\text{GeV}$)时，① 电、弱、强相互作用是统一的．我们之所以看到它们表现得如此不同，只是因为我们接触到的能量(包括能量最高的加速器提供的能量)大大低于T_C．然而，甚早期宇宙曾涉及高于T_C的能量．当$T > T_C$时，内部对称性使电、弱、强相互作用表现为一种统一的作用；当T降至T_C以下时，内部对称性自发破缺，强作用与电弱作用才表现得很不相同．当温度下降至约10^2GeV时，电弱统一的内部对称性也破缺，电磁作用和弱作用表现为不同的相互作用．$T_C \cong 10^{14}\,\text{GeV}$称为大统一临界温度．大统一理论中存在Higgs场，这是一种标量场，与传递弱作用的中间玻色子W^+，W^-和Z^0都有耦合(从而使它们获得质量)．Higgs场ϕ的有效势$V(\phi)$可解释为能量密度．适当选择SU(5)大统一理论的自由参数可使$V(\phi)$具有如下性质[见图10-19，Higgs场ϕ其实具有多个分量(“内部”分量)，但在图中(及讨论中)把ϕ简化成1维.]：①$V(\phi)$在$T > T_C$时有一极小值(设其出现在$\phi = 0$处)，由于真

① 温度T和能量E可按$E = kT$建立一一对应关系.用能量单位描述温度时,实际上是指它对应的能量.1eV的能量对应的温度为$T = \frac{E}{k} = \frac{1.6\times10^{-19}\,\text{J}}{1.38\times19^{-23}\,\text{J/K}} = 1.16\times10^4\,\text{K}$，故$10^{14}$GeV的能量对应的温度$T = (10^{14}\times10^9)\times1.16\times10^4\,\text{K} = 1.16\times10^{27}\,\text{K}$.因此$T_C \cong 10^{14}\,\text{GeV}$意即$T_C \cong 10^{27}\,\text{K}$.请注意本脚注中的等式是量的等式而非数的等式.

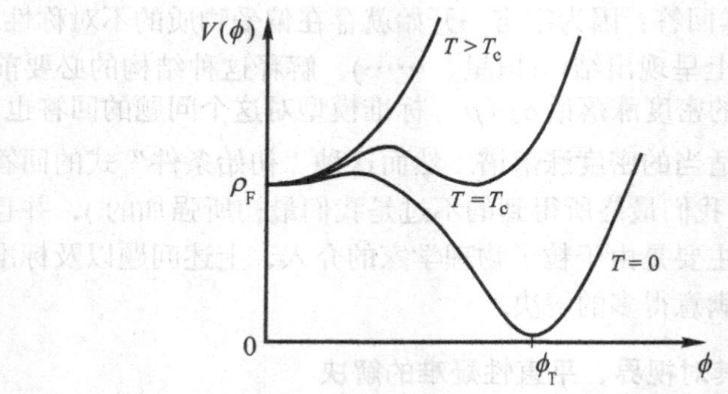

图 10-19 Higgs 场的有效势 $V(\phi)$ 曲线(简化示意图)

空定义为能量极小的状态，故 $\phi=0$ 是真空态；② $V(\phi)$ 在 $T=T_{\mathrm{C}}$ 时有两个极小值，两者 V 值相等，其中一个出现在 $\phi=0$ 处；③ $V(\phi)$ 在 $T<T_{\mathrm{C}}$ 时有两个极小值，其一出现在 $\phi=0$，其二出现在 $\phi=\phi_{\mathrm{T}}$，而且 $V(\phi_{\mathrm{T}})<V(0)$，$\phi=\phi_{\mathrm{T}}$ 和 $\phi=0$ 分别称为**真真空**(true vacuum)**态**和**假真空**(false vacuum)**态**. 当今宇宙的 ϕ 场在 $T\cong 0$ 曲线的真真空态 $\phi=\phi_{\mathrm{T}}$ 附近做微小涨落，其真空能量密度相应于一个宇宙常数 Λ，虽然其观测值从天文学的角度看来很大，但与用 E_{P} 估算的真空能量密度相比只有约 10^{-120} 倍，因此 Guth 假定 $T\cong 0$ 的曲线有 $V(\phi_{\mathrm{T}})\cong 0$. 反之，假真空却是一种很特殊的物质状态，它有很大的常数能量密度，记作 ρ_{F}，其值正比于大统一理论的临界能量 E_{C} 的 4 次方[估算真空能量密度时通常用所论范畴的最高能量的 4 次方，所以现在要把式(10-3-30′)的 E_{P} 换为 $E_{\mathrm{C}}=kT_{\mathrm{C}}$.]. 于是

$$\rho_{\mathrm{F}}\sim(10^{14}\,\mathrm{GeV})^4\hbar^{-3}c^{-5}\cong 10^{76}\,\mathrm{kg\cdot m^{-3}}. \tag{10-4-16}$$

(把一个大质量恒星压成质子般大小方可得到如此巨大的能量密度.) 暴涨模型的一大优点是对初始条件要求很低，它的主要要求是甚早期宇宙中含有某些温度高于 T_{C} 的小区域，并且正在膨胀. 这些区域中的 ϕ 场处于真空态，即 $\phi=0$ (见图 10-19). 当 T 随该区域的膨胀降至 T_{C} 及其以下时，$V(\phi)$ 出现两个极小值，分别相应于真、假真空，ϕ 场从 T_{C} 起进入假真空态. 由于假真空比真真空有较高能量，它只是一个亚稳态，ϕ 场终将通过量子隧道效应穿越 $V(\phi)$ 曲线中两个极小值间的势垒而变为真真空态，这对应于一阶相变(从对称相 $\phi=0$ 变为对称破缺相 $\phi=\phi_{\mathrm{T}}$). 考虑到大统一理论的某些未知参数值，同冷却率相比较，相变产生得非常缓慢，即 ϕ 场在 $T<T_{\mathrm{C}}$ 时要在假真空态滞留一段时间才通过相变进入真真空态(这种在相变前发生的“过冷”现象在凝聚态物理中十分普遍，例如水能过冷至冰点以下 20 多度才发生相变而成冰.). 不难选择大统一理论的参数使区域过冷到接近 $T=0$ 而仍处于假真空态. 在这段时间内，由于假真空的能量密度 ρ_{F} [式(10-4-16)]甚大于当时的辐射的能量密度，总密度 $\rho\cong\rho_{\mathrm{F}}$. 我们最关心的是过冷情况下尺度因子 a 的演化. 假定区域内为均匀且各向同性[放弃这一假定似乎也有相同结果，

见 Blau and Guth (1987).]. 同标准模型一样，过冷期间的函数 $a(t)$ 也应通过方程(10-2-16)和(10-2-19)获得. $\rho \cong \rho_F$ = 常数 及 $p=-\rho$ [见式(10-3-26)]使方程(10-2-19)自动满足. 令

$$\chi \equiv (8\pi G \rho_F /3)^{1/2} \cong 10^{34}\text{s}^{-1}, \tag{10-4-17}$$

由于 a 很小时 k 可忽略[见式(10-2-23)]，方程(10-2-16) (补上 G)简化为

$$\frac{\dot{a}}{a} = \chi = \text{常数}, \tag{10-4-18}$$

(由此可知 χ 无非是过冷期间的哈勃参数.) 其解满足

$$a(t) \propto \mathrm{e}^{\chi t}. \tag{10-4-19}$$

上式说明这段时间内 a 随 t 按指数规律以很小的时间常数 $\chi^{-1}=10^{-34}\text{s}$ 急剧增长(χ^{-1} 很小来自 ρ_F 很大),大大超过标准模型中 a 的增长速率,故称**暴涨**(inflation) [准确含义是：对时段 t_2-t_1，令 $Z\equiv a(t_2)/a(t_1)$，则 $Z_{\text{暴}} >> Z_{\text{标}}$.]. 对暴涨的原因也可从另一角度理解. 由式(10-2-18)得

$$\ddot{a} = -4\pi a\ (\rho+3p)/3. \tag{10-4-20}$$

在标准模型中 $\rho+3p>0$，故 $\ddot{a}<0$，即膨胀是减速的. 这是因为普通理想流体的压强 p 和能量密度 ρ 都为非负值，它们都起吸引作用. 然而，假真空对应于压强为负的理想流体，其物态方程为 $p=-\rho_F<0$，代入式(10-4-20)得 $\ddot{a}=8\pi a\ \rho_F/3>0$，可见膨胀加速，其原因就在于负压强的排斥作用超过了能量密度的吸引作用，使净作用表现为很强的斥力而非引力. 暴涨过程大约持续了 10^{-32}s 或更长一点时间，即起于 $t_C \cong 10^{-34}\text{s}$ (t_C 对应于大统一临界温度 T_C，即 $T_C=10^{10}/\sqrt{t_C}=10^{27}\text{K}$)而止于 $t_F \cong 10^{-32}\text{s}$. 对称性破缺的相变在这一阶段之末发生. 宇宙中每个经历过暴涨的区域的 ϕ 场都先后从假真空态转入真真空态，每个处于真真空态的区域称为一个**泡**(bubble). 由于真假真空存在能量差，假真空的巨大能量在相变过程中得以释放(叫做**潜热**，类似于水冻成冰时所释放的潜热.)，区域被重新加热(reheating)到接近 T_C，从此以标准模型(辐射为主)的膨胀率继续膨胀. 暴涨模型的一大优点是宇宙在暴涨后的表现对初始条件的细节很不敏感. 只要暴涨前的宇宙满足某些不难满足的要求，它就能演化为今天的样子. 这是标准模型所不可比拟的. 不过暴涨模型不是一个与标准模型相竞争的对手，它只在极早期宇宙一段很短时间内插入一个暴涨过程，在这段时间以外 a 的演化规律同标准模型一样. 它的引入既保持了标准模型的全部优点，又克服了标准模型的若干困难，是很有吸引力的一种模型. 下面介绍暴涨模型对标准模型的疑难的克服.

造成视界疑难的关键是当今可观测宇宙的早期尺度比视界范围大得多. 例如，在 $t=10^{-43}\text{s}$ 时 $D_{\text{今可观}} \cong 10^{-5}\text{m} >> D_H \cong 10^{-34}\text{m}$，两者比值约为 10^{29}，然而这 $D_{\text{今可观}} \cong 10^{-5}\text{m}$ 是在不考虑暴涨的前提下求得的. 由于从 $t_C \cong 10^{-34}\text{s}$ 至 $t_F \cong 10^{-32}\text{s}$ 有过暴

涨，$t_{\rm C}\cong10^{-34}$s 以前的 $D_{今可观}$ 值应比不考虑暴涨的值(10^{-5}m)小得多. 然而，暴涨前任一时刻的视界距离 $D_{\rm H}$ 却与用标准模型求得的一样. 设暴涨使尺度因子 a 增大 Z 倍，则只要 $Z>10^{29}$，视界疑难便告消失. 由式(10-4-19)得

$$Z={\rm e}^{\chi(t_{\rm F}-t_{\rm C})}, \tag{10-4-21}$$

其中 $\chi=10^{34}{\rm s}^{-1}$，$t_{\rm F}-t_{\rm C}\cong10^{-32}{\rm s}-10^{-34}{\rm s}\cong10^{-32}{\rm s}$，代入上式得 $Z\cong{\rm e}^{100}\cong10^{43}>>10^{29}$，可见在暴涨前有 $D_{今可观}<<D_{\rm H}$. 可观测宇宙当时只是视界范围内的一个小区域，域内各点自然有因果联系，因而有充分的相互作用，在暴涨前就已达到均匀和各向同性. 这个小区域在暴涨期间急速变大，然后再按标准模型膨胀为今天的可观测宇宙. 均匀性和各向同性性在暴涨和正常膨胀中得到保持，视界疑难不复存在.

再看用另一陈述所表达的视界疑难(见图 10-18). 读者可从决定视界距离 $D_{\rm H}$ 的式(10-4-5)出发证明，由于 a 在 $t_{\rm C}$ 至 $t_{\rm F}$ 的期间内有过倍数为 Z 的暴涨，视界距离 $D_{\rm H}$ 也近似有这一倍数的暴涨，即 $D_{\rm H}(t_{\rm F})/D_{\rm H}(t_{\rm C})\cong Z$. 此后(从 $t_{\rm F}$ 至今)的 $D_{\rm H}(t)$ 一直比 $D_{今可观}(t)$ 大出很多(见图 10-20)，于是视界疑难不复存在.

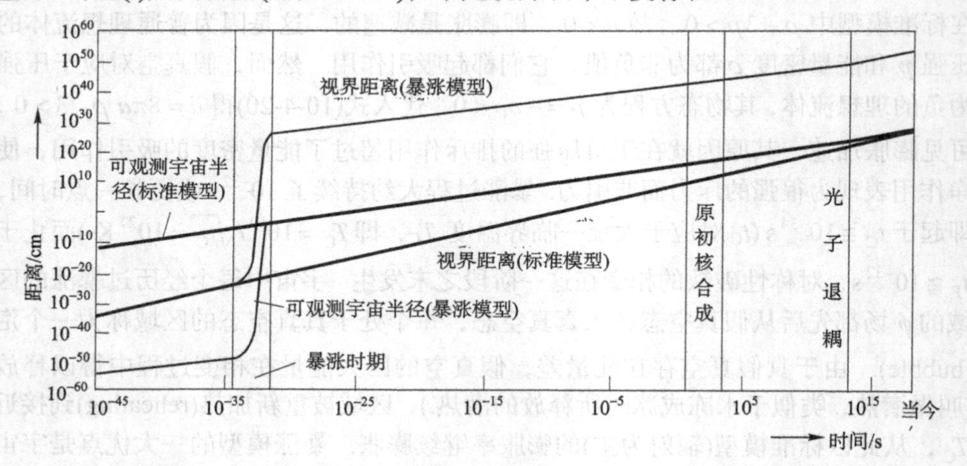

图 10-20　视界距离和可观测宇宙大小在两种模型中的演化曲线[参见 Guth and Steinhardt (1984)]
[图中“可观测宇宙(暴涨模型)”中的可观测宇宙仍指标准模型的当今可观测宇宙]

在标准模型中，ρa^3 或 ρa^4 是常数，由此导致 Ω 与 1 的偏离程度 $\varepsilon(t)$ 按 a 甚至 a^2 的方式被迅速放大[式(10-4-12)]，这是平直性疑难的根源. 在暴涨模型中，暴涨期间的能量密度 $\rho\cong\rho_{\rm F}$ 为常数，由式(10-4-11)知 $\varepsilon(t)$ 不但不被放大，反而按 a^{-2} 的方式急剧缩小. a 的暴涨导致 ε 缩小的量级很可能比正常膨胀导致 ε 增大的量级还大得多，对 Ω (10^{-43}s) 的极不自然的要求[式(10-4-13)]不再必要，平直性疑难于是不复存在. 更有甚者，只要上述“很可能”果真成立，而且 ε 在开始时不

是离奇地大[这种假设比式(10-4-13)的假设要自然得多]，今天的ε值就必定非常接近于零，以至

$$\Omega(t_0)=1\pm O(10^{-\mathrm{Big}}) \quad (\mathrm{Big}\text{代表一个大数}), \qquad (10\text{-}4\text{-}22)$$

即$\Omega(t_0)$非常接近于1. 这不但消除了平直性疑难(宇宙开始时不必特殊微调)，而且给出了“宇宙今天的空间几何非常接近平直”的猜测. 至此，宇宙空间是否封闭的问题虽然还没有完全确定的答案，但暴涨模型告诉我们，当今宇宙很可能非常接近临界状态($k=0$)，它是如此“擦边”，以至我们还不能完全肯定它是准确地处于临界状态还是在临界状态的哪一侧.

平直性疑难的另一表述(熵疑难)则可用重加热过程中熵的大量增长来解释. 由于暴涨结束时的重加热使暴涨区的温度重新增至接近T_C(暴涨开始的温度)，暴涨前后的熵密度s近似相等. 因为暴涨使a猛增至Z倍，暴涨后的特征熵S'便近似等于暴涨开始时的特征熵S的Z^3倍. 只要$Z>10^{29}$，S'便可大于10^{87}. 若取$Z\sim10^{43}$，则重加热过程(一种高度非绝热过程)竟可把特征熵提高10^{129}倍!

从大统一理论出发的研究表明，磁单极数密度的下限反比于大统一相变时的视界距离D_H的3次方. 在标准模型中，相变发生于$t_C\cong10^{-34}\,\mathrm{s}$(瞬时发生，没有冷却过程.)；在Guth的暴涨模型中，相变发生于$t_F\cong10^{-32}\mathrm{s}$，由于$D_H$也有约$Z$倍的暴涨，即$D_H(t_F)\cong ZD_H(t_C)$，磁单极数密度的下限降为标准模型的$Z^{-3}$倍，因而磁单极的超大量产生问题得到缓解. 但是，Guth的暴涨模型不能告诉我们在相变中产生了多少磁单极，因此不能肯定它已解决了磁单极疑难. Linde (1982a, b) 和Albrecht and Steinhardt (1982)分别提出的“新暴涨模型”对这一疑难给出了明确得多的解决. Guth 的暴涨模型(现在称为原始暴涨模型)还有其自身的致命弱点，即所谓的“体面退出问题 (graceful exit problem)”. 为解决或躲开这一问题的各种努力都遭失败，只有其宝贵思想——宇宙甚早期有过一次短暂而剧烈的暴涨——应予保留. 多种不同的暴涨模型先后问世，其中前苏联学者Linde在1983年提出的混沌暴涨模型(chaotic inflation model)备受推崇. 在这一模型中既没有相变也没有过冷，它涉及一个有质量的标量场ϕ，由于量子涨落，其值在早期宇宙的某些区域甚大(与Planck质量$M_P\cong10^{19}\,\mathrm{GeV}$同数量级)，其能动张量类似于正的宇宙常数那样起排斥作用，从而导致尺度因子a在一段时间内出现准指数式的膨胀，即暴涨. 暴涨过后恢复正常膨胀. 当今的观测宇宙只是当时的一个区域演化至今的一个部分. 由于这一暴涨，平直性、均匀性和磁单极疑难都迎刃而解. 混沌暴涨模型在克服以往暴涨模型的困难的同时保存了它们的全部优点，而且还有自身独特的优点(略).

Guth 在1981年提出暴涨模型时，多数天文学家的反应是：这想法虽然有吸引力，但其对$\Omega_0\cong1$的预言与观测结果相去太远，因为当时Ω_{M0}的观测值只有

5%~10%. 然而 Ω_{M0} 的观测值随着观测手段的进步而一路攀升，并曾在 1990 年被认为达到 1 的程度(后来发现这不大可能)，现在大致公认的是 $\Omega_{M0} \cong 0.25$. 不过人们早就注意到 Ω_{M0} 很可能并非 Ω_0 的唯一来源，例如 Ω_Λ 只要非零也对 Ω_0 有所贡献，因此 $\Omega_{M0} < 1$ 与 $\Omega_0 \cong 1$ 不一定有矛盾. ΛCDM (带 Λ 的冷暗物质结构形成模型，其中 $\Omega_{M0} \cong 0.3, \Omega_{\Lambda 0} \cong 0.7$) 的巨大成功加强了人们对 $\Omega_\Lambda > 0$ 的信心. 1996 年后从微波背景辐射的非各向同性性中发现支持 $\Omega_0 \cong 1$ 的有力证据，1998 年起对高红移 Ia 类超新星的观测表明当今宇宙正在加速膨胀，以及暴涨模型能给出 ΛCDM 所需的原初扰动谱，……，所有这一切都使暴涨模型深得人心，就连对此模型一向持怀疑态度的天文学家也不得不开始认真看待. 有人甚至认为过去 15 年宇宙学的两个主导观念就是暴涨和冷暗物质[Turner (1999)]. 可以说，暴涨思想现在已经成为(新)标准模型中不可或缺的组成部分. 然而也应指出，由于 § 10.5 要介绍的暗能量及其对基本物理学的严厉挑战，也有学者对暴涨思想不以为然.

§ 10.5 暗能量和“新标准宇宙模型”

10.5.1 暗能量问题

1998 年的超新星观测所发现的、当今宇宙正在加速膨胀的结论(10.3.3 小节末)现在已被普遍接受，然而加速膨胀的原因却一直使人深感困惑. 虽然用宇宙常数 $\Lambda > 0$ 可对它做出解释，但 Λ 值比粒子物理学的预言值小如此多个量级却又偏不为零的结论使“物理学家的宇宙常数问题”变得更为棘手. 于是人们纷纷寻求对加速膨胀的其他可能解释. 加速膨胀的形成机制已经成为当今宇宙论乃至整个基本物理学的一个至关重要的疑难问题，现在被称为“暗能量(dark energy)”问题.

暗能量是指对宇宙加速膨胀应负责任的宇宙内容物. 在牛顿引力论中，一切物质都只能导致引力而不会导致斥力，因此加速膨胀无法解释. 但广义相对论与此不同. 根据爱因斯坦方程，无论能量密度 ρ 还是压强 p 都对引力场有贡献，当压强 $p<0$ 而且 $|p|$ 大到可以与 ρ 比拟时，就会出现斥力效应. 通常的宇宙内容物，即物质($p \cong 0$)和辐射($p=\rho/3>0$)都不满足这一要求，但正的宇宙常数 Λ (或真空能动张量)却恰好满足，因为其 $p=-\rho<0$，从而有可能导致加速膨胀，可见宇宙常数 Λ 是暗能量的一个重要候选者. 但是导致加速膨胀的原因也不是非 Λ 莫属. 凡具有以下 3 个特征的“理想流体”都可充当暗能量的候选者：①不发光(因而暗)；②压强 p 和能量密度 ρ 满足 $p\sim-\rho$ (不是非等不可)的关系；③空间分布近似均匀(至少在星系团的尺度上不表现出集聚现象，否则将在星系团尺度上有所显示，然而观测从未发现这种迹象：暗能量是在整个宇宙这一大尺度上被发现的.). 应该指出，暗能量是在原来的标准宇宙模型中不存在的一种宇宙内容物，它既不是

物质($p\cong 0$)也不是辐射($p=\rho/3>0$). 但由于暗能量的第②个特征，它更像辐射而不像物质(因 p 与 ρ 可比拟). 按照通常理解，物质和辐射都具有能量，能量是一种属性而不是内容物本身. 然而英语文献中常用 energy 作为 radiation 的代名词，例如汉语中说“一对正反质子湮灭后成为两个光子(辐射)”，而英语中常把这句话说成是“物质湮灭后变成能量”，这里的能量(energy)已被当作辐射(光子)的同义语. 据此，甚至可以说“宇宙内容物中既有物质又有能量”(其实物质也有能量，但这句话中“能量”一词分明是狭义地专指辐射.). 于是可以说暗能量的第②个特征使它更像能量而不像物质(more“energy-like”than“matter-like”). 再加上特征①(不发光)，就产生了“暗能量”一词. 上述解释同时也澄清了暗能量与暗物质的区别：暗物质是不发光的物质($p\cong 0$)，暗能量则既非物质，亦非能量(虽然更像能量)，而是具有上述 3 个特征的宇宙内容物，是原来的标准模型始料未及的一种宇宙内容物.

除了当今宇宙加速膨胀这一重要观测结果之外，暗能量存在的可信性还来自如下事实：①对宇宙微波背景辐射的非各向同性性的最新测量结果表明宇宙是空间平直的，即 $\Omega_0\cong 1$(与暴涨理论的预言一致)；②新近发展的、不依赖于质量~光度关系的物理观测表明物质(主要是暗物质)对 Ω_0 的贡献为 $\Omega_{M0}\cong 0.33$ [Turner (2002)] (此外还有用其他方法的观测结果. 新近文献中关于 Ω_{M0} 值的报导不尽相同，约从 0.25 至 0.33.)，可见当今宇宙中竟有约七成的内容物没有下落，这是人们相信暗能量存在的另一重要原因.

虽然真空能量(正的宇宙常数 Λ)是暗能量的第一候选者，但这至少存在两个严重疑难：①宇宙常数问题：为何测得的非零 Λ 比粒子物理学的理论值小如此多个量级？②**巧合性问题**(the coincidence problem)：物质密度 ρ_M 和辐射密度 ρ_R 随尺度因子 a 的增大分别按 $\rho_M\propto a^{-3}$ 和 $\rho_R\propto a^{-4}$ 的规律减小，而宇宙常数 Λ 相应的 ρ_Λ 不随时间而变，故

$$\frac{\Omega_\Lambda}{\Omega_M}=\frac{\rho_\Lambda}{\rho_M}\propto a^3, \qquad \frac{\Omega_\Lambda}{\Omega_R}=\frac{\rho_\Lambda}{\rho_R}\propto a^4. \tag{10-5-1}$$

可见，在早期宇宙中 Ω_Λ 可被 Ω_R (及 Ω_M)所忽略而在晚期宇宙中 Ω_Λ 占压倒地位. 从 $\Omega_{\Lambda 0}=0.7$，$\Omega_{M0}=0.3$ (以及 $\Omega_{R0}=5\times 10^{-5}$)出发的计算表明[Carroll (2003)]，Ω_Λ 在早期的很长时段内近似为 0 (变化甚慢)，在晚期的很长时段内近似为 1(变化也甚慢)，只在这两个时段之间有这么一个很短的时段，Ω_Λ 在此时段内从 0 猛增至 1(见图 10-21). $\Omega_{\Lambda 0}=0.7$ 说明当今($t=t_0$)宇宙正处在这一急速转变时段中(这一时段的特点是 $\Omega_{\Lambda 0}$ 与 Ω_{M0} 量级相同，谈不上以谁为主导.). 为什么我们今天恰好处于这一短暂的转变时段之内(why now)? 这就是所谓的巧合性疑难. 巧合性疑难也可从另一角度陈述. 既然 $\rho_\Lambda/(\rho_M+\rho_R)$ 随 a 按 $a^3\sim a^4$ 的速率增大，为使

$\rho_{\Lambda 0}/(\rho_{\mathrm{M0}}+\rho_{\mathrm{R0}})\sim 1$，极早期宇宙的 $\rho_\Lambda/(\rho_{\mathrm{M}}+\rho_{\mathrm{R}})\cong\rho_\Lambda/\rho_{\mathrm{R}}$ 必定出奇地小[$\rho_\Lambda/\rho_{\mathrm{R}}\sim 10^{-\mathrm{B}}$(其中B为100的量级)]. 因此，为保证今天有 $\rho_{\Lambda 0}/\rho_{\mathrm{M0}}\sim 1$，对极早期宇宙的初始条件必须做过极其精密的微调(只要当初有非常微小的偏离，今天的宇宙就完全不是我们看到的样子.). 这可称为宇宙的**微调疑难**(fine-tuning problem).

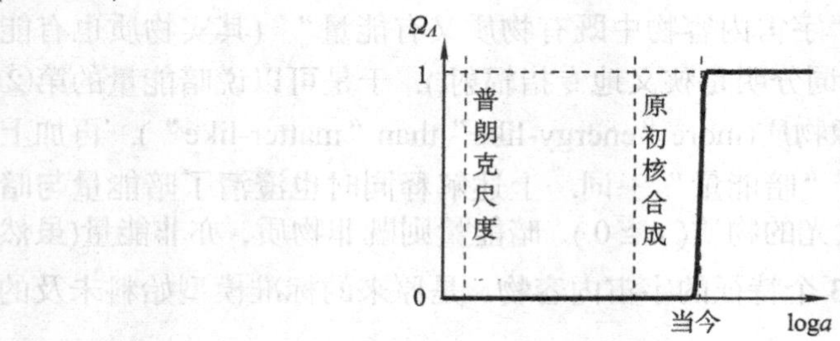

图 10-21　Ω_Λ 在包含当今的短时段内从 0 猛增至 1

针对以上疑难，人们又从粒子物理学出发提出了称为**动力学暗能量**(dynamical dark energy)的多种方案. 与宇宙常数不同，动力学暗能量可以随时间缓慢变化(动力学演化)，只是在每一时段内非常类似于某个宇宙常数 Λ，可定量地用 $w\equiv p/\rho$ 刻画. 此式其实是宇宙中任一种内容物(作为理想流体)的物态方程：对物质有 $w\cong 0$，对辐射有 $w=1/3$，对宇宙常数有 $w=-1$. 对动力学暗能量，w 可取量级为 1 的其他负值，而且可随时间而变. 由 $3\ddot{a}=-4\pi a(\rho+3p)$ [式(10-2-18)]可知 $\ddot{a}>0\Leftrightarrow w<-1/3$，可见满足 $w<-1/3$ 的内容物都可充当暗能量. 目前已经存在不计其数的动力学暗能量方案，而且还在层出不穷. 此处只简介其中很重要的一大类(称为 quintessence 理论)中的一种版本，着重说明它能消除微调疑难. 这种理论认为极早期宇宙那次暴涨中的标量场 ϕ 在暴涨后仍有影响. 这个 ϕ 场的能量密度 ρ_ϕ 和压强 p_ϕ 分别为 $\rho_\phi=\dot{\phi}^2/2+V(\phi)$ 和 $p_\phi=\dot{\phi}^2/2-V(\phi)$. 当 $\dot{\phi}^2<<V(\phi)$ (ϕ 场变化足够慢)时便有 $\rho_\phi\cong -p_\phi$，在暴涨期间近似等价于一个(很大的)宇宙常数. 暴涨结束时 ϕ 场随时间急剧变化，其能量绝大部分转化为重子，ρ_ϕ 变得很小于 ρ_{M}. 只要适当选择 $V(\phi)$ 的函数形式，就可保证 ρ_ϕ 随 a 足够缓慢地减小，于是在足够长时间后 ρ_ϕ 将重新超过 ρ_{M}，这就能解释当今观测到的(小而非零的)宇宙常数. 不但如此，适当选择 $V(\phi)$ 还可取得如下优异效果：求解所得的 $\rho_\phi(z)$ 曲线(其中 z 为红移，代表距离的远近或时间的早晚)在当今($z=0$)的表现与 ρ_ϕ 在 z 很大时(早期)的初值无关，就是说，即使所选初值改变许多个量级，曲线在当今的表现并无改变(见图 10-22). 于是微调疑难不复存在. quintessence 的含义是古哲学的第 5 原质(前 4 种是空气、水、火、土.). 今天的基本粒子是夸克、轻子和中间玻色子，若把非重子暗物质列为第 4 种，则不妨说刚才讨论的 ϕ 场是第 5 种，quintessence

于是得名. 暗物质和暗能量的一个重要区别是前者倾向于成团而后者均匀分布, 但近来人们发现两者存在"你中有我, 我中有你"的迹象, 把两者统一起来成为一个对象的想法颇受青睐. 统一后就只有一种暗分量, 因此这种统一理论又被称为 quartessence (第四原质)理论.

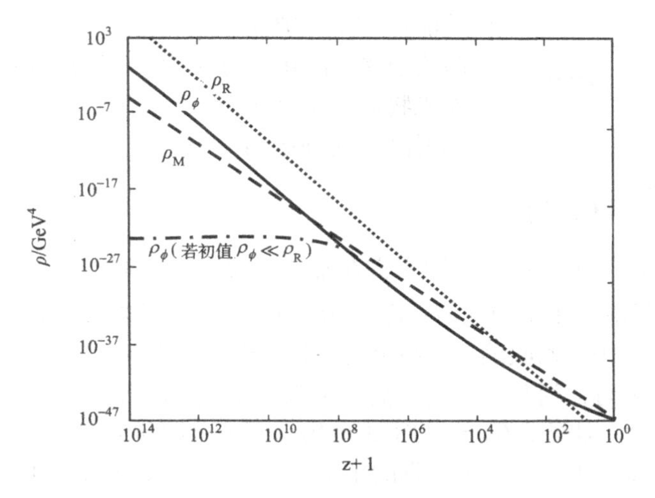

图 10-22 ρ_ϕ曲线的当今表现与其初值无关

定量地看, 要从加速膨胀得出暗能量存在的结论就要用到式(10-2-18), 而此式是爱因斯坦方程的产物. 如果在涉及整个宇宙这样大的尺度上爱因斯坦方程不再适用, 则暗能量问题可以不复存在. 于是对暗能量问题还存在第三种回答: 在涉及整个宇宙时爱因斯坦方程不再适用. 然而寻求一种取而代之的理论远非易事, 因为这种理论必须在较小的尺度下给出与广义相对论相同的结果, 而且要与关于宇宙的各种观测数据相吻合(例如要给出原初核合成的轻原子的、与观测一致的丰度.).

此外, 也不能完全排除下述可能性: 宇宙其实正在减速膨胀, 只是由于对超新星观测结果做出了错误的解释, 才误以为宇宙正在加速膨胀. 也有人沿着这一方向开展研究, 此处从略.

本书将交稿时笔者在网上读到一文[Kolb et al.(2005)], 该文对宇宙加速膨胀提出了一种既不依靠暗能量又无须对引力理论做修改的、基于暴涨宇宙论的解释.

10.5.2 新标准宇宙模型

自从 1981 年引入暴涨机制以来, 原始的标准宇宙模型已被做了多处修改, 一个新的标准宇宙模型正在形成之中, 虽然还有许多问题尚待深入探讨. 目前看来, 新标准模型至少具有以下特点.

(1) $\Omega_0 \cong 1$(宇宙在空间上平直)，$q_0 < 0$ (宇宙正在加速膨胀).

(2) 宇宙的极早期有过一次虽然极为短暂但却影响深远的暴涨阶段(见 10.4.3 小节). 在此期间由量子涨落造成的密度不均匀性正好为冷暗物质结构形成理论提供所需的原初扰动("种子").

(3) 当今宇宙内容物
- 暗能量(约占 70%)
- 暗物质(约占 30%，其中绝大部分是冷暗物质.)
- 发光物质(约占 0.5%)
- 辐射(约占 0.005%)

10.5.3　宇宙的命运(未来)

我们当然关心宇宙的命运，即宇宙在 t_0 (当今)之后的演化方式. 在原始的标准模型中，命运只取决于空间几何：若 $k=0$ 或 $k=-1$，宇宙将永远(减速)膨胀；若 $k=1$，宇宙将从膨胀转而收缩，最终缩为大挤压奇点. 在新标准模型中，由于暗能量的存在，命运与空间几何的这种简单关系不复成立(两者脱钩)，宇宙的命运问题变得相当复杂. 即使是 $\Omega_0 = 1$ 的宇宙也仍有多种可能命运[密切依赖于 w 值及其演化 $w(t)$]. 例如，①若暗能量是真的宇宙常数 $\Lambda > 0$，则随着时间的推移，Ω_{M} 终将被 Ω_Λ 所忽略，宇宙将愈来愈接近指数式膨胀(暴涨)，即愈来愈接近 de Sitter 宇宙(详见下册附录)，直至永远(不是真宇宙常数的动力学暗能量演化至晚期也可能类似于一个占主导地位的正宇宙常数，也会导致同样结果.). ②若暗能量是动力学暗能量且随时间减弱得足够快以致宇宙有朝一日回到物质为主的状况($\Omega_{\mathrm{M}} \gg \Omega_{\text{暗能量}}$)，则其演化类似于原标准模型中 $k=0$、物质为主的曲线(指在 t 足够大时的该曲线)，即减速膨胀，直至永远. ③若动力学暗能量逐渐演化为 $\rho < 0$，$p > 0$ 的状态(类似于一个负的宇宙常数)，则宇宙还可能从膨胀转而收缩. 此外，在某些条件下还会出现这样的命运：当 t 趋于某一有限值时 $a(t)$竟然趋于无限大("Big Rip").

10.5.4 "黑暗物理学"的光明前途

如前所述，我们对暗能量的存在性还刚刚开始认识，对暗能量的了解仍然少得可怜；我们对暗物质虽然稍有认识，但对其中的绝大多数——非重子暗物质——的了解仍然非常肤浅. 这说明我们对宇宙中绝大多数内容物还很不了解. 人们有一种感觉：随着研究的不断深入，我们似乎对宇宙的了解竟然愈来愈少. 是的，物理学正在受到以暗能量为代表的严重疑难(包括宇宙常数问题)的挑战. 有人甚至认为 21 世纪之初的暗能量疑难类似于 20 世纪之初的黑体辐射疑难. 然而，出人意料的实验结果往往是科学进步的重要动力. 正如黑体辐射疑难的解决需要引入全新的观念(量力观念)和放弃旧观念那样，许多人相信暗能量的挑战终将导致基本物理学(及天文学)的突破性进展．鉴于天文观测对宇宙论研究的异乎寻常的重要性，天文学家已经制定了雄心勃勃的进一步的观测计划．例如[Schubnell (2003)]，他们要用人造卫星去发现并以史无前例的高精度观测多达数千个的高红移(遥远)Ia 型超新星，企图由此测出宇宙年龄的 70%以上的膨胀历史(从今天向过去回溯)，他们还要以很高的精度测定暗能量的(或说宇宙的)物态方程 $w\,(\equiv p/\rho)$ 及其随时间的演化，这种测量结果有助于区分各种不同的暗能量模型，因而意义重大．如此等等，不一而足．另一方面，理论物理学家和天体物理学家正在对暗能量进行着不断深入和广泛的理论攻坚战．有理由相信，在观测天文学家和理论物理学家的联手猛攻下，暗能量之谜总有一天会云开雾散，水落石出，与之相伴的很可能还有基本物理学的某种突破性进展．恐怕可以说：“黑暗物理学的前途是光明的”．

本节主要参考文献：Carroll (2003)；Peebles and Ratra (2002)；Schubnell (2003)；Sahni (2004)及其所引文献．

习　题

~1. 试验证度规(10-1-12)的曲率张量 $\hat{R}_{abc}{}^{d}$ 满足 $\hat{R}_{ab}{}^{cd}=2\bar{R}^{-2}\delta_a{}^{[c}\delta_b{}^{d]}$．

2. 试证各向同性观者的世界线是测地线．提示：利用式(10-2-5)后的克氏符表达式及式(5-7-2)几乎一望而知．

3. 试用如下步骤导出宇宙学红移公式(10-2-8)：

(a) 证明沿任一类光测地线 $\eta(\beta)$（β 为仿射参数)有 $\mathrm{d}\omega/\mathrm{d}\beta=-K^aK^b\nabla_aZ_b$，其中

$$K^a\equiv(\partial/\partial\beta)^a,\qquad Z^a\equiv(\partial/\partial t)^a,\qquad \omega\equiv-g_{ab}Z^aK^b\,.$$

(b) 证明 $\nabla_aZ_b=(\dot{a}/a)\,h_{ab}$，其中 h_{ab} 是由 g_{ab} 在均匀面上的诱导度规，$\dot{a}\equiv\mathrm{d}a/\mathrm{d}t$．

提示：先证明 ∇_aZ_b 是空间张量场，即 $Z^a\nabla_aZ_b=0=Z^b\nabla_aZ_b$，再证明待证等式两边作用于 $(\partial/\partial x^i)^a(\partial/\partial x^j)^b\ (i,j=1,2,3)$ 得相同结果．

(c) 利用(a)、(b)的结果推出 $\mathrm{d}\omega/\omega=-\mathrm{d}a/a$，从而得式(10-2-8)．

4. 宇宙当今年龄是宇宙从 $a=0$ 演化至 $a_0\equiv a(t_0)$ 所需的时间．给定任一 a 值都可谈及宇宙的尺度因子演化至该值所需的时间，称为该 a 值相应的宇宙年龄，因此年龄 t 可看作 a 的函数．

(a) 从式(10-2-29)和(10-2-25)出发证明 $\Lambda=0$ 的物质宇宙的年龄函数由以下三式给出：

对 $\Omega_0=1$，
$$t=\frac{2}{3}H_0{}^{-1}\left(\frac{a}{a_0}\right)^{3/2},$$

对 $\Omega_0>1$，

$$t = H_0^{-1}\left\{\frac{\Omega_0}{2(\Omega_0-1)^{3/2}}\cos^{-1}\left[1-2(1-\Omega_0^{-1})\frac{a}{a_0}\right]-\frac{1}{\Omega_0-1}\left[\Omega_0\frac{a}{a_0}-(\Omega_0-1)\left(\frac{a}{a_0}\right)^2\right]^{1/2}\right\},$$

对 $\Omega_0<1$，

$$t = H_0^{-1}\left\{\frac{-\Omega_0}{2(1-\Omega_0)^{3/2}}\operatorname{ch}^{-1}\left[1-2(1-\Omega_0^{-1})\frac{a}{a_0}\right]+\frac{1}{1-\Omega_0}\left[\Omega_0\frac{a}{a_0}+(1-\Omega_0)\left(\frac{a}{a_0}\right)^2\right]^{1/2}\right\}.$$

(b) 由以上三式导出 $\Omega_0=1$，$\Omega_0>1$ 和 $\Omega_0<1$ 三种情况下当今宇宙年龄 t_0 的表达式.

~5. 试证含 Λ 项的爱因斯坦方程即使无物质场($T_{ab}=0$)也不允许平直度规解. 提示：从含 Λ 项的爱因斯坦方程出发求得 R 与 T 的关系，以此消去方程中的 R，便发现 $T_{ab}=0$ 时 R_{ab} 不能为零.

6. 试证 $k=-1$ 和 $k=+1$ 的 RW 度规也是(局部)共形平直的.

提示：用式(10-4-2)定义 $\hat{t}$，把式(10-1-17a)和(10-1-17b)的线元改用坐标 $\hat{t},\psi,\theta,\varphi$ 表出，再分别对 $k=-1$ 和 $k=+1$ 的情况做如下坐标变换 $(\hat{t},\psi)\mapsto(\tilde{t},\tilde{r})$：

对 $k=-1$，令
$$\tilde{t}=\mathrm{e}^{\hat{t}}\operatorname{ch}\psi,\qquad \tilde{r}=\mathrm{e}^{\hat{t}}\operatorname{sh}\psi,$$

对 $k=+1$，令

$$\tilde{t}=\tan\frac{1}{2}(\hat{t}+\psi)+\tan\frac{1}{2}(\hat{t}-\psi),\quad \tilde{r}=\tan\frac{1}{2}(\hat{t}+\psi)-\tan\frac{1}{2}(\hat{t}-\psi),$$

则线元分别取如下的明显共形平直形式：

对 $k=-1$，
$$\mathrm{d}s^2=a^2(t(\hat{t}))\,\mathrm{e}^{-2\hat{t}}[-\mathrm{d}\tilde{t}^2+\mathrm{d}\tilde{r}^2+\tilde{r}^2(\mathrm{d}\theta^2+\sin^2\theta\,\mathrm{d}\varphi^2)],$$

对 $k=+1$，

$$\mathrm{d}s^2=\frac{a^2(t(\hat{t}))}{4}(\cos\hat{t}+\cos\psi)^2[-\mathrm{d}\tilde{t}^2+\mathrm{d}\tilde{r}^2+\tilde{r}^2(\mathrm{d}\theta^2+\sin^2\theta\,\mathrm{d}\varphi^2)].$$

~7. 设 p 为各向同性观者 G 世界线上的一点，试证 G 在 t_p 时刻的视界距离满足式(10-4-5). 提示：利用式(10-1-28)和(10-2-7).

*~8. (a) 设 $\eta(\beta)$ 是径向($\mathrm{d}\theta/\mathrm{d}\beta=\mathrm{d}\varphi/\mathrm{d}\beta=0$)类光测地线，$p_1=(t_1,\psi_1,\theta,\varphi)$ 和 $p_2=(t_2,\psi_2,\theta,\varphi)$ 是 η 上任意两点，试证对 $k=1,\ 0,\ -1$ 三种情况都有

$$\psi_2-\psi_1=\int_{t_1}^{t_2}\mathrm{d}t/a(t).$$

(b) 对 $k=1$ 的宇宙，从大爆炸奇点发出的任一径向光线在膨胀着的 3 球面上沿大圆弧前进. 试证：(b1) 对物质宇宙，该光线在 3 球面膨胀至最大时刚走完半个大圆，在 3 球面又缩为一点(大挤压)时刚走完一个大圆. 因此，在球面膨胀至最大时任一各向同性观者只要向各个方向看去，总能看到任一各向同性粒子发来的光，表明他的粒子视界从膨胀至最大时开始消失[参见 Wald (1984) P. 106]. (b2) 对辐射宇宙，该光线在 3 球面又缩为一点(大挤压)时刚刚走完半个大圆. 因此，任一各向同性观者的任一时刻都存在粒子视界.

附录 A 几何与非几何单位制的转换

讨论单位制时应注意量和数的区别. 除了量的等式(quantity equation)之外，更为常用的是数的等式(numerical-value equation). 数的等式的形式取决于单位制，因此在记忆物理公式时应同时记住它在什么单位制中成立. 由于相对论经常涉及真空光速和引力常量，把它们的数值都取为 1(即 $c = G = 1$)可以简化大量公式，与此相应的单位制叫做**几何单位制**(system of geometrized units). 然而在计算物理量的数值时几何单位就嫌不便. 现在介绍物理公式在几何制和非几何制(以国际制为例)之间的转换法则.

为避免混淆，我们用粗体和非粗体字母分别代表量和数(仅限于本附录中). 非几何单位制通常取时间 $\boldsymbol{T}$、长度 $\boldsymbol{L}$ 和质量 $\boldsymbol{M}$ 为力学领域的基本量. 在几何单位制中，由于 $c = G = 1$，时间、长度和质量三者的单位只有一个可任意选择，因此可认为基本量只有一个，例如可选时间为基本量，并选 s (秒)为其单位(基本单位). 然而，$c = 1$ 的实质是以光速作为速度单位，所以可认为速度 $\boldsymbol{V}$ 也是几何制的基本量，光速是基本单位. 同理，$G = 1$ 暗示引力常量 $\boldsymbol{G}$ 也是几何制的基本量. 所以也可认为几何制有 3 个基本量，即 $\boldsymbol{T}$, $\boldsymbol{V}$ 和 $\boldsymbol{G}$. 事实上，同一单位制的基本量的个数存在灵活性，可根据具体场合的需要选择. 设 $\boldsymbol{A}$ 为任一量，其数值在国际制与几何制中分别为 A 和 A'，则两者之比

$$\chi \equiv A' / A \tag{A-1}$$

称为量 $\boldsymbol{A}$ 在两制之间的**转换因子**(conversion factor). χ 之所以不等于 1，是因为 $\boldsymbol{T}$, $\boldsymbol{L}$ 和 $\boldsymbol{M}$ 的单位在两制中有所不同. $\boldsymbol{T}$, $\boldsymbol{L}$ 和 $\boldsymbol{M}$ 的国际制单位分别是 s, kg 和 m. 在几何制中，唯一肯定的是 $c = G = 1$，至于 $\boldsymbol{T}, \boldsymbol{L}, \boldsymbol{M}$ 的单位，则尚有一定灵活性. 为便于两制间的比较，我们约定几何制中的时间单位也为 s. 在此约定下便可由 $c = G = 1$ 确定 $\boldsymbol{L}$ 和 $\boldsymbol{M}$ 的几何制单位，不再有灵活性(见选读 A-1). 根据量纲分析，导出单位随基本单位改变而改变的依从关系由量纲式给出：

$$[A] = [T]^{\tau}[L]^{\lambda}[M]^{\mu} . \tag{A-2}$$

在只关心几何制与国际制(或高斯制)之间的转换时，时间单位在两制中相同使上式的 $[T]^{\tau}$ 可被略去：

$$[A] = [L]^{\lambda}[M]^{\mu} . \tag{A-3}$$

量纲式所描述的是导出单位随基本单位的改变而改变的依从关系. 例如，只要把上式中的$[L]$和$[M]$分别看作基本量 $\boldsymbol{L}$ 和 $\boldsymbol{M}$ 的单位的改变倍数，则$[A]$代表导出量 $\boldsymbol{A}$ 的单位的相应改变倍数. 在这种理解中$[A]$，$[L]$和$[M]$都代表数，式(A-3)要理解为

数的等式. $\boldsymbol{L}$，$\boldsymbol{M}$ 单位的改变导致速度 $\boldsymbol{V}$ 和引力常量 $\boldsymbol{G}$ 的单位的相应改变，依从关系为

$$[V]=[L], \qquad [G]=[L]^3[M]^{-1}, \tag{A-4}$$

上式同式(A-3)结合得

$$[A]=[V]^{\lambda+3\mu}[G]^{-\mu}. \tag{A-5}$$

设从国际制变到几何制时 $\boldsymbol{L}$，$\boldsymbol{M}$ 单位的改变倍数分别为$[L]$，$[M]$，则 $\boldsymbol{V}$，$\boldsymbol{G}$ 单位的改变倍数为式(A-4)的$[V]$,$[G]$,而 $\boldsymbol{A}$ 单位的改变倍数则为式(A-5)的$[A]$,与式(A-1)对比可知 $\chi=[A]$. 光速和真实引力常量的数值在国际制中分别为 c 和 G，在几何制中皆为 1，故$[V]=1/c$，$[G]=1/G$，代入式(A-5)得$[A]=c^{-\lambda-3\mu}G^{\mu}$. 因此

$$\chi=c^{-\lambda-3\mu}G^{\mu}. \tag{A-6}$$

式(A-1)和(A-6)表明，欲由 $\boldsymbol{A}$ 在几何制中的数值 A' 求得它在国际制中的数值 A，只须知道量 $\boldsymbol{A}$ 关于基本量 $\boldsymbol{L}$ 和 $\boldsymbol{M}$ 的量纲指数 λ 和 μ，而这很易推出或查得.

例 1　试由施瓦西半径在几何制的表达式 $r'_S=2M'$ 求它在国际制的表达式.

解　设 $\boldsymbol{A}$ 是这样一个量，它在国际制中的数定义为 $A\equiv r_S/M$，则它在几何制中的数为 $A'\equiv r'_S/M'=2$. 由 $[A]=[L][M]^{-1}$ 可得 $\lambda=1$，$\mu=-1$，由式(A-6)又得 $\chi=c^2G^{-1}$，再由 $\chi\equiv A'/A$ 便得 $A'=c^2G^{-1}A$，故 $r_S/M\equiv A=c^{-2}GA'=2c^{-2}G$，因而施瓦西半径的国际制表达式为 $r_S=2GM/c^2$.　　　　**[解毕]**

例 2　求观者 4 速 Z'^a 在几何制中的类时归一条件 $Z'^aZ'_a=-1$ 的国际制形式.

解　$Z'^aZ'_a=-1$ 等价于 $g'_{\mu\nu}(\mathrm{d}x'^{\mu}/\mathrm{d}\tau')(\mathrm{d}x'^{\nu}/\mathrm{d}\tau')=-1$. 选 x^{μ}，x^{ν} 为长度坐标，则由 $\mathrm{d}s^2=g_{\mu\nu}\mathrm{d}x^{\mu}\mathrm{d}x^{\nu}$ 知 $[g_{\mu\nu}]=1$，$[\mathrm{d}x^{\mu}/\mathrm{d}\tau]=[T]^{-1}[L]$，故对量 $\mathbf{d}x^{\mu}/\mathbf{d}\tau$ 有 $\lambda=1$，$\mu=0$，$\chi=c^{-1}$，

$$g'_{\mu\nu}(\mathrm{d}x'^{\mu}/\mathrm{d}\tau')(\mathrm{d}x'^{\nu}/\mathrm{d}\tau')=c^{-2}g_{\mu\nu}(\mathrm{d}x^{\mu}/\mathrm{d}\tau)(\mathrm{d}x^{\nu}/\mathrm{d}\tau),$$

因而 $g_{\mu\nu}(\mathrm{d}x^{\mu}/\mathrm{d}\tau)(\mathrm{d}x^{\nu}/\mathrm{d}\tau)=-c^2$，即 $Z^aZ_a=-c^2$.　　　　**[解毕]**

例 3　10.2.2 小节用到光子角频率的几何制表达式 $\omega'=\mathrm{d}t'/\mathrm{d}\beta'$ (β 是光子世界线的仿射参数). 求其国际制形式.

解　先弄清 β 的量纲. 光子的 4 波矢 $K'^a=(\partial/\partial\beta')^a$. 由 $K'^a=\omega'(\partial/\partial t')^a+k'^a$ 可知$[K^a]=[k^a]$，[①] 而 $k^a=k^i(\partial/\partial x^i)^a$，其中 k^i 为 3 波矢分量，$[k^i]=[L]^{-1}$，因而 $[K^i]=[L]^{-1}$，故$[\beta]=[L]^2$. 式 $\omega'=\mathrm{d}t'/\mathrm{d}\beta'$ 可改写为 $\omega'\mathrm{d}\beta'/\mathrm{d}t'=1$. 令 $A'\equiv\omega'\mathrm{d}\beta'/\mathrm{d}t'$，则$[A]=[T]^{-2}[L]^2$，故 $\lambda=2$，$\mu=0$，$\chi=c^{-2}$，$A'=c^{-2}A$，即 $\omega'\mathrm{d}\beta'/\mathrm{d}t'=c^{-2}\omega\mathrm{d}\beta/\mathrm{d}t$，

① 矢量的量纲可定义为它作用于无量纲标量场所得实数(量)的量纲. 依次推广可定义对偶矢量和张量的量纲.

所以$\omega = c^2 \mathrm{d}t/\mathrm{d}\beta$. **[解毕]**

在广义相对论中经常出现张量 g_{ab}, $R_{abc}{}^{d}$, R_{ab} 和 R 等. 在涉及单位变换时就要知道它们的量纲. 为便于变换, 先证明如下结论(量纲式中指标可以不平衡):

$$(1)[g_{ab}] = [L]^2, \quad (2)[\nabla_a \omega_b] = [\omega_b], \quad (3)[R_{abc}{}^{d}] = 1, \tag{A-7}$$

$$(4)[R_{abcd}] = [L]^2, \quad (5)[R_{ac}] = 1, \quad (6)[R] = [L]^{-2}.$$

证明

(1) 因 $\mathrm{d}s^2 = g_{\mu\nu}\mathrm{d}x^\mu \mathrm{d}x^\nu$ 的实质是 $g_{ab} = g_{\mu\nu}(\mathrm{d}x^\mu)_a(\mathrm{d}x^\nu)_b$, 故 $[g_{ab}] = [\mathrm{d}s^2] = [L]^2$ (对此不甚理解的读者也可从分量的角度来考虑. 当 x^μ, x^ν 都为长度坐标时, 由 $\mathrm{d}s^2 = g_{\mu\nu}\mathrm{d}x^\mu \mathrm{d}x^\nu$ 及 $[\mathrm{d}s^2] = [L]^2$ 可知 $[g_{\mu\nu}] = 1$. 再由 $g_{ab} = g_{\mu\nu}(\mathrm{d}x^\mu)_a(\mathrm{d}x^\nu)_b$ 便知 $[g_{ab}] = [L]^2$. 应该注意的是, 与 $[g_{ab}]$ 的绝对性不同, $[g_{\mu\nu}]$ 依赖于所涉及的坐标的量纲.).

(2) $[\nabla_a \omega_b] = [\partial_a \omega_b] = [(\mathrm{d}x^\mu)_a(\mathrm{d}x^\nu)_b \partial\omega_\nu/\partial x^\mu] = [(\mathrm{d}x^\nu)_b][\omega_\nu] = [\omega_b]$.

(3) $\nabla_a\nabla_b\omega_c - \nabla_b\nabla_a\omega_c = R_{abc}{}^{d}\omega_d$. 考虑到 $[\nabla_a\nabla_b\omega_c] = [\omega_c]$, 便有 $[R_{abc}{}^{d}\omega_d] = [\omega_d]$, 从而 $[R_{abc}{}^{d}] = 1$.

(4) $[R_{abcd}] = [g_{de}R_{abc}{}^{e}] = [L]^2$.

(5) $[R_{ac}] = [g^{bd}R_{abcd}] = [L]^{-2}[L]^2 = 1$.

(6) $[R] = [g^{ac}R_{ac}] = [L]^{-2}$. □

例 4 试由爱因斯坦方程的几何制形式 $R'_{ab} - R'g'_{ab}/2 = 8\pi T'_{ab}$ 求出其国际制形式.

解 为简单起见(又不失一般性), 以理想流体为例. 理想流体的能动张量为

$$T'_{ab} = (\rho' + p')\,U'_a U'_b + p'g'_{ab}.$$

由于相加项量纲相同, 只须考虑方程 $R'_{ab} = 8\pi p'g'_{ab}$ 如何变换. 因 $[R_{ab}] = 1$, 故 $R'_{ab} = R_{ab}$. 又因 $[pg_{ab}] = [M][L]^{-1}[T]^{-2}\cdot[L]^2 = [M][L][T]^{-2}$, 故对量 $\boldsymbol{pg}_{ab}$ 而言有 $\lambda = \mu = 1$, $\chi = c^{-4}G$, 因而 $p'g'_{ab} = c^{-4}Gpg_{ab}$, 于是 $R_{ab} = 8\pi c^{-4}Gpg_{ab}$. 可见爱因斯坦方程的国际制形式为

$$R_{ab} - \frac{1}{2}Rg_{ab} = 8\pi G T_{ab}/c^4. \tag{A-8}$$

[解毕]

以上只讨论了力学领域的单位转换问题, 其中的非几何制虽然以国际制为例, 但对高斯制同样适用. 然而, 当涉及电磁领域时, 就要补上第 4 个基本量, 国际制与高斯制的区别就显露出来. 国际制的第 4 个基本量是电流 $\boldsymbol{I}$, 基本单位是安培; 高斯制的第 4 个基本量是介电常量 $\boldsymbol{\varepsilon}$, 基本单位是真空介电常量 $\boldsymbol{\varepsilon}_0$ (因而数

$\varepsilon_0=1$). 相应地，涉及电磁量的几何制公式也有两种形式，不妨称之为“几何国际制”和“几何高斯制”形式. 除基本要求 $c=G=1$ 外，几何高斯制还要求 $\varepsilon_0=1$，几何国际制则约定电流的单位为安培. 为同国际文献接轨，本书凡涉及电磁量的公式都采用几何高斯制形式. 不涉及电磁量的公式在两种几何制中形式相同. 不难看出前面的方法对从几何高斯制到高斯制的转换以及从几何国际制到国际制的转换都适用. 例如，读者不难将 RN 线元的几何高斯制形式

$$ds'^2=-\left(1-\frac{2M'}{r'}+\frac{Q'^2}{r'^2}\right)dt'^2+\left(1-\frac{2M'}{r'}+\frac{Q'^2}{r'^2}\right)^{-1}dr'^2+r'^2(d\theta'^2+\sin^2\theta' d\varphi'^2) \tag{A-9}$$

转换为如下的高斯制形式：

$$ds^2=-\left(1-\frac{2GM}{c^2r}+\frac{GQ^2}{c^4r^2}\right)c^2dt^2+\left(1-\frac{2GM}{c^2r}+\frac{GQ^2}{c^4r^2}\right)^{-1}dr^2+r^2(d\theta^2+\sin^2\theta d\varphi^2). \tag{A-10}$$

为便于参考，我们把本书中涉及电磁量的部分公式的几何国际制形式列在下面(去掉式号的 * 便得该式相应的几何高斯制形式在本书的式号)：

$$\partial^a F_{ab}=-\varepsilon_0{}^{-1}J_b, \tag{6-6-10*}$$

$$\vec\nabla\cdot\vec E=\rho/\varepsilon_0,\qquad \vec\nabla\times\vec E=-\partial\vec B/\partial t,\qquad \vec\nabla\cdot\vec B=0,\qquad \vec\nabla\times\vec B=\mu_0\vec j+\partial\vec E/\partial t. \tag{6-6-12*}$$

$$T_{ab}=\varepsilon_0(F_{ac}F_b{}^c-\frac14\eta_{ab}F_{cd}F^{cd}). \tag{6-6-28*}$$

$$T_{ab}=\frac{\varepsilon_0}{2}(F_{ac}F_b{}^c+{}^*F_{ac}{}^*F_b{}^c), \tag{6-6-28'*}$$

$$T_{00}=\frac{\varepsilon_0}{2}(E^2+B^2),\qquad w_i=-T_{i0}=\varepsilon_0(\vec E\times\vec B)_i,\qquad i=1,2,3, \quad \text{(原式无编号)}$$

$$ds^2=-\left(1-\frac{2M}{r}+\frac{Q^2}{4\pi\varepsilon_0 r^2}\right)dt^2+\left(1-\frac{2M}{r}+\frac{Q^2}{4\pi\varepsilon_0 r^2}\right)^{-1}dr^2+r^2(d\theta^2+\sin^2\theta\, d\varphi^2), \tag{8-4-26*}$$

$$F_{ab}=-\frac{Q}{4\pi\varepsilon_0 r^2}(dt)_a\wedge(dr)_b \quad 或 \quad A_a=-\frac{Q}{4\pi\varepsilon_0 r}(dt)_a. \tag{8-4-27*}$$

式(8-8-7)中所有 $1/2\pi$ 改为 $2\varepsilon_0$，式(8-8-8)和(8-8-9)中所有系数 2 改为 $8\pi\varepsilon_0$. 第 8 章习题 10 的 $-2\pi J_\mu$ 改为 $-\frac12\varepsilon_0 J_\mu$.

[选读 A-1]

本选读对几何制做进一步的介绍(仍只限于力学领域). 问：几何制中长度 $\boldsymbol{L}$ 和质量 $\boldsymbol{M}$ 的单位(作为量)是多大？选择 $\boldsymbol{T}$, $\boldsymbol{V}$, $\boldsymbol{G}$ 为基本量对回答这一问题带来方便. $\boldsymbol{L}$ 和 $\boldsymbol{M}$ 关于这 3 个基本量的量纲式为

$$[L]=[T][V], \qquad [M]=[T][V]^3[G]^{-1}. \tag{A-11}$$

以$L_{几}$和$L_{国}$分别代表用几何制和国际制长度单位测同一长度所得的数，则$L_{几}/L_{国}=[L]$. 注意到时间单位在几何制和非几何制中相同，光速在几何制和非几何制中的数值分别为1和$c=3\times10^8$，可知$[L]=1/c$，于是上式给出$L_{国}=cL_{几}$. 可见

$$几何制长度单位 = c\times 国际制长度单位 = 3\times10^8\text{m}. \tag{A-12}$$

类似地，由式(A-11)第二式及$[G]=1/G$(其中数$G=6.67\times10^{-11}$)得

$$几何制质量单位 = \frac{c^3}{G}\times 国际制质量单位 = \frac{(3\times10^8)^3}{6.67\times10^{-11}}\times\text{kg}=4\times10^{35}\text{kg}. \tag{A-13}$$

反之，当问题不涉及$\boldsymbol{V}$和$\boldsymbol{G}$的单位改变时，把几何制看作只有一个基本量$\boldsymbol{T}$又有许多好处. 这时可把时间、长度和质量这三类原本不同的量看作同一类量，认同的"钥匙"是把1s，3×10^8m和4×10^{35}kg这三个量视为相等，即

$$1\text{s}=3\times10^8\text{m}=4\times10^{35}\text{kg}, \tag{A-14}$$

从而使所有量要么没有单位，要么以s[或s的"幂函数"(其实是量)]为单位. 例如，①地球相对于银河系中心的速率$v\cong10^{-3}$，这一数值($\ll1$)强烈表明地球速率之低，使得地球观者对宇宙的观测结果可被看作银河系中心的(假想)观者的观测结果. ②地日距离在几何制中约为480s，直观地表明光从太阳到地球要走8min. ③地球的半径和质量在几何制中分别为$R_\oplus\cong2\times10^{-2}$s和$M_\oplus\cong1.5\times10^{-11}$s，$M_\oplus << R_\oplus$表明地球表面的引力场弱到使牛顿理论在绝大多数情况下很好地成立. **[选读A-1完]**

几何单位制对广义相对论十分方便. 不涉及引力的量子理论则经常使用**自然单位制**(system of natural units)，其中$c=\hbar=1$. 往往还根据涉及的领域而把第3个物理常数设为1，例如在经常涉及热力学时选k(玻尔兹曼常数)为1，在经常涉及原子物理时选m_e(电子质量相应的数)为1，在经常涉及核物理时选m_p或m_n(质子或中子质量相应的数)为1，在涉及引力时(如量子引力理论)选$G=1$. $G=c=\hbar=1$的单位制又称**普朗克单位制**. 下面讨论普朗克制与国际制之间的转换. 与几何制相比，普朗克制在$G=c=1$之外又加上$\hbar=1$的限制，使得时间(因而所有量)的单位不再有任选的自由，因此要从式(A-2)[而不是(A-3)]出发，并把式(A-4)改为

$$[V]=[T]^{-1}[L], \qquad [G]=[T]^{-2}[M]^{-1}[L]^3. \tag{A-15}$$

式(A-2)和(A-15)结合得

$$[A]=[V]^{\lambda+3\mu}[G]^{-\mu}[T]^{\lambda+\mu+\tau}. \tag{A-16}$$

不难证明由光速、引力常量和约化普朗克常量构成的有时间量纲的"唯一"量是普朗克时间$\boldsymbol{t}_P$，它在国际制的数值为$t_P=(G\hbar/c^5)^{1/2}\sim10^{-43}(\text{s})$，其中$c$，$G$和$\hbar$分别是光速、引力常量和约化普朗克常量的国际制数值. 这3个量在普朗克制中的

数值皆为 1，故$[V]=1/c$，$[G]=1/G$，$[T]=1/t_P$. 设$\tilde{\chi}$是量$\boldsymbol{A}$在国际制和普朗克制间的转换因子，则由式(A-16)得

$$\tilde{\chi}=c^{-\lambda-3\mu}G^{\mu}t_P^{-(\lambda+\mu+\tau)}=c^{-\lambda-3\mu}G^{\mu}(G\hbar/c^5)^{-(\lambda+\mu+\tau)/2}. \tag{A-17}$$

例 5　光子能量$\boldsymbol{E}$与频率ν的关系在普朗克制的形式为$E'=2\pi\nu'$，求其国际制形式.

解　设$\boldsymbol{A}\equiv\boldsymbol{E}/\nu$，则$[A]=[E][\nu]^{-1}=[T]^{-1}[M][L]^2$，故$\tau=-1$，$\mu=1$，$\lambda=2$，代入式(A-17)得

$$\tilde{\chi}=c^{-5}G\,(G\hbar/c^5)^{-1}=\hbar^{-1}.$$

因而$A'=\tilde{\chi}A=\hbar^{-1}A$，即$E'/\nu'=\hbar^{-1}E/\nu$. 于是由$E'/\nu'=2\pi$得$E/\nu=2\pi\hbar$，或$E=2\pi\hbar\nu$. 　　[解毕]

例 6　由光速、引力常量和约化普朗克常量构成的有质量量纲的“唯一”量是普朗克质量$\boldsymbol{m}_P$，它在普朗克制的数值为$m'_P=1$，求它在国际制的数值m_P.

解　由$[m_P]=[M]$知$\tau=\lambda=0$, $\mu=1$，代入(A-17)得$\tilde{\chi}=c^{-3}G\,(G\hbar/c^5)^{-1/2}=(\hbar c/G)^{-1/2}$，故$m'_P=\tilde{\chi}m_P=(\hbar c/G)^{-1/2}m_P$，于是由$m'_P=1$便得$m_P=(\hbar c/G)^{1/2}$. 以国际制数值$\hbar=10^{-34}$，$c=3\times10^8$, $G=6.67\times10^{-11}$代入得$m_P=2.1\times10^{-8}\,\text{kg}$. [解毕]

习　题

1. 质点的能量、质量和动量关系的几何制形式为$E'^2=m'^2+p'^2$，求其国际制形式.

2. 试由流体静力学方程的几何制表达式$dp'/dr'=-\rho'm'/r'^2$求其国际制表达式.

3. 非相对论流体动力学的欧拉方程的几何制形式为$-\nabla p'=\rho'[\partial\vec{u}'/\partial t'+(\vec{u}'\cdot\nabla)\vec{u}']$，求其国际制形式.

4. 试证几何制公式$U'^a=\gamma(Z'^a+u'^a)$ [式(6-3-30)]和$\omega'=-K'^a Z'_a$ [式(6-6-42)]在国际制中有相同形式.

5. 某些文献[如 Sachs and Wu (1977)]的几何制用$c=1=8\pi G$定义(时间单位仍为 s). 求长度和质量在该制中的单位(解此题时宜将引力常量看作几何制的基本量之一).

6. 由光速、引力常量和约化普朗克常量构成的有长度量纲的“唯一”量是普朗克长度$\boldsymbol{l}_P$，它在普朗克制的数值为$l'_P=1$，求它在国际制的数值l_P.

惯例与符号

关于惯例的说明

(1) 本书从§2.6 开始采用抽象指标记号代表张量．例如，v^a代表矢量，其中拉丁字母 a 与常用记号 $\vec{v}$ 中的$\rightarrow$的作用类似，称为抽象指标．不要把v^a理解为矢量v的第 a 个分量．涉及分量时以希腊字母作为指标(称为具体指标)，例如v^μ代表矢量v^a的第μ个分量．只有一种情况例外：4 维时空中一个矢量v^a有 3 个空间分量，我们沿用多数文献的惯例，以v^i (其中$i=1,2,3$)代表v^a的第 i 个分量．这虽然违反了"拉丁字母代表抽象指标"的约定，但会带来许多方便．为了不与抽象指标$a,b,c,d,e,\cdots$相混淆，我们只用拉丁字母中从 i 起的若干字母(常用的是 i，j，k)作为空间分量的编号，实践表明通常不会产生混淆．关于指标问题，详见§2.6.

(2) 本书对 4 维时空的度规采用 $-+++$的号差惯例.

(3) 不同文献对黎曼张量$R_{abc}{}^d$和里奇张量 R_{ab} 有不同的定义惯例．本书采用的惯例与 Wald (1984)一致.

符号一览表

$\{\ \}$	集合．首次出现于§1.1．例：$X=\{1, 4, 5.6\}$代表由实数 1，4 及 5.6 构成的集合.
$\mathbb{R}$	全体实数的集合．首次出现于§1.1.
$\mathbb{N}$	全体自然数的集合．首次出现于§1.3.
S^n	n维球面.
$\forall x$	对任一 x．首次出现于§1.1.
$\exists$	存在．首次出现于§1.1.
$\in$	属于．首次出现于§1.1．例：$x\in X$代表"x 属于集 X"，即 x 是集 X 的元素.
$\notin$	不属于．首次出现于§1.1.
$\subset$	含于．首次出现于§1.1．例：$A\subset X$代表"A 含于集 X"，即 A 是集 X 的子集.
$\cup$	并(见§1.1 定义 2).
$\cap$	交(见§1.1 定义 2).
$-$	集合之差．例：$A-B$代表集合 A 与 B 的差集(见§1.1 定义 2).
$-A$	A 的补集(见§1.1 定义 2).

$\varnothing$	空集．首次出现于§1.1.
$:=$	定义为．首次出现于§1.1.
$\equiv$	恒等或代表．首次出现于§1.1．例：$A \equiv B \cup C$ 意为“以 A 代表 $B \cup C$”.
$\cong$	近似等于.
$\Rightarrow$	蕴含(可推出)．例：命题 $A \Rightarrow$ 命题 B　代表由命题 A 可推出命题 B.
$\Leftrightarrow$	等价.
$\times$	卡氏积(见§1.1 定义 3).
$\square$	(置于行末，表示证明完毕或略去证明.)
$\mathbb{R}^n$	以 n 个有序实数 $(x^1, \cdots, x^n)$ 为元素的集合，即 $\mathbb{R}^n = \mathbb{R} \times \cdots \times \mathbb{R}$ (共 n 个 $\mathbb{R}$).
$\otimes$	张量积(见§2.4 定义 2).
$: \to$	映射．首次出现于§1.1．例：$f: X \to Y$ 代表“由集 X 到集 Y 的映射”.
$f[A]$	设 $f: X \to Y$, $A \subset X$，则 A 在 f 作用下的像记作 $f[A]$，以区别于 $x \in X$ 在 f 下的像 $f(x)$.
$\mapsto$	映射的像．例：设 $f: X \to Y$, $x \in X$, $y \in Y$，则 $x \mapsto y$ 代表“x 的像是 y”.
$\circ$	复合映射．首次出现于§1.1．例：$\phi \circ \psi$ 代表映射 ψ 和 ϕ 的复合映射(先 ψ 后 ϕ).
$(X, \mathscr{T})$	以 X 为底集、$\mathscr{T}$ 为拓扑的拓扑空间(见§1.2 定义 2 及其后的一段).
$\mathscr{T}_{\mathrm{u}}$	通常拓扑(见§1.2 例 3).
C^r	r 阶导函数存在并连续.
C^∞	光滑(即任意阶导函数存在).
$\bar{A}$	集 A 的闭包(见§1.2 定义 8).
$\mathrm{i}(A)$	集 A 的内部(见§1.2 定义 9).
$\dot{A}$ 或 ∂A	集 A 的边界(见§1.2 定义 10).
T_2 空间	豪斯多夫空间(见§1.3 定义 3).
$\dim V$	V 的维数.
V^*	矢量空间 V 的对偶空间．首次出现于§2.3.
V_p	流形中一点 p 的切空间．首次出现于§2.2.
$V_p{}^*$	矢量空间 V_p 的对偶空间.
$\vec{E}$	3 维(空间)矢量(字母上加箭头而不用粗体，粗体另有用处，见后面的 $\boldsymbol{\omega}$.).
e_μ 或 $(e_\mu)^a$	所选基底 $\{(e_\mu)^a\}$ 中的第 μ 个基矢.
$e^{\mu*}$ 或 $(e^\mu)_a$	基底 $\{(e_\mu)^a\}$ 的第 μ 个对偶基矢.

$\partial/\partial x^\mu$ 或 $(\partial/\partial x^\mu)^a$	第 μ 个坐标基矢．首次出现于§2.2 例 2.
$\mathrm{d}x^\mu$ 或 $(\mathrm{d}x^\mu)_a$	第 μ 个对偶坐标基矢．首次出现于式(2-3-8)后.
$\mathscr{T}_V(k,l)$	矢量空间 V 上全体 (k,l) 型张量的集合．首次出现于§2.4 例 1 后.
$\mathscr{F}_M$ 或 $\mathscr{F}$	流形 M 上全体光滑函数的集合(见§2.1 定义 5).
$\mathscr{T}_M(k,l)$	流形 M 上全体光滑 (k,l) 型张量场的集合．首次出现于§3.1 定义 1.
$\tilde{A}$	矩阵 A 的转置矩阵.
$[u,v]$	矢量场 u 和 v 的对易子(见§2.2 定义 10).
C	缩并．例：设 $T\in\mathscr{T}_V(2,2)$，则 $\mathrm{C}_2^1 T$ 代表 T 的第一上指标与第二下指标的缩并．首次出现于§2.4 注 2．用抽象指标表示则为 $\mathrm{C}_2^1 T \equiv T^{ab}{}_{ca}$.
δ 或 δ_{ab}	欧氏度规(见§2.5 定义 8).
η 或 η_{ab}	闵氏度规(见§2.5 定义 10).
$\delta^a{}_b$	恒等映射．首次出现于式(2-6-4)所在段.
$g(u,v)$	度规张量 g 作用于矢量 u 和 v 的结果．首次出现于§2.5 定义 1．与 $g_{ab}u^a v^b$ 同义.
$T_{(abc)}$	对指标 a，b，c 做全对称化处理[定义见式(2-6-13)].
$T_{[abc]}$	对指标 a，b，c 做全反称化处理[定义见式(2-6-14)].
∇_a	导数算符(见§3.1 定义 1).
∂_a	某坐标系的普通导数算符[定义见式(3-1-9)]．在狭义相对论中又专指惯性坐标系的普通导数算符，满足 $\partial_a\eta_{bc}=0$.
$\Gamma^a{}_{bc}$	导数算符在某坐标系的克氏符(见§3.1 定义 2).
$\Gamma^\mu{}_{\nu\sigma}$	克氏符 $\Gamma^a{}_{bc}$ 在所在坐标系的分量，也简称克氏符.
exp	指数映射(定义见选读 3-3-1).
ϕ^*	映射 ϕ 诱导的拉回映射(见§4.1 定义 1 和 3).
ϕ_*	映射 ϕ 诱导的推前映射(见§4.1 定义 2 和 4).
$\mathscr{L}_v T^{\cdots}{}_{\cdots}$	张量场 $T^{\cdots}{}_{\cdots}$ 沿矢量场 v^a 的李导数(见§4.2 定义 1).
$\boldsymbol{\omega}$	微分形式(场) (用粗体以省略下标)．例如，$\boldsymbol{\varepsilon}$ 是体元(n 形式场) $\varepsilon_{a_1\cdots a_n}$ 的粗体简写.
${}^*\boldsymbol{\omega}$	$\boldsymbol{\omega}$ 的对偶微分形式(见§5.6 定义 1).
$\Lambda(l)$	矢量空间 V 上全体 l 形式的集合．首次出现于定理 5-1-2 后.
$\Lambda_M(l)$	流形 M 上全体 l 形式场的集合．首次出现于§5.1 定义 3 前一行.
$\Lambda_p(l)$	p 点的(即 V_p 上的)全体 l 形式的集合．首次出现于§5.6 开头.
d	外微分算符(见§5.1 定义 3)．例：$\mathrm{d}\boldsymbol{\omega}$ 代表微分形式场 $\boldsymbol{\omega}$ 的外微分.
$\wedge$	楔形积(见§5.1 定义 2).

$\boldsymbol{\omega}_\mu{}^\nu$　　联络 1 形式．也记作 $\omega_\mu{}^\nu{}_a$．首次出现于式(5-7-4).

$\boldsymbol{R}_\mu{}^\nu$　　曲率 2 形式，也记作 $R_{ab\mu}{}^\nu$．首次出现于式(5-7-7).

$\mathscr{R}$　　参考系．首次出现于 6.1.1 小节.

$\dfrac{\mathrm{D}}{\mathrm{d}\tau}$　　沿曲线 $G(\tau)$ 的协变导数．例：$\dfrac{\mathrm{D}v^a}{\mathrm{d}\tau}$ 与 $T^b\nabla_b v^a$ 同义[T^b 代表 $G(\tau)$ 的切矢].

$\dfrac{\mathrm{D_F}}{\mathrm{d}\tau}$　　沿曲线 $G(\tau)$ 的费米导数(见§7.3 定义 1).

Re　　取实部.

Im　　取虚部.

$(\varepsilon_\mu)^a$　　类光标架中的第 μ 个基矢．首次出现于§8.7.

参 考 文 献

陈省身, 陈维桓. 1983. 微分几何讲义. 北京: 北京大学出版社

冯麟保. 1994. 宇宙学引论. 北京: 科学出版社

Guth A H and Steinhardt P J. 1984. 刘汝良译. 爆胀宇宙. 科学美国人 (Scientific American). 1984 年第 9 期: 50-62

郭硕鸿. 1995. 电动力学. (第二版). 北京: 高等教育出版社

Kline M. 李宏魁译. 1997. 数学: 确定性的丧失. 长沙: 湖南科学技术出版社

刘辽. 1987. 广义相对论. 北京: 高等教育出版社

熊金城. 1981. 点集拓扑讲义. 北京: 人民教育出版社

俞允强. 1997. 广义相对论引论 (第二版). 北京: 北京大学出版社

周光炯, 严宗毅, 许世雄, 章克本. 1992. 流体力学(上册). 北京: 高等教育出版社

Abraham R and Marsden J. 1967. *Foundations of Mechanics*. New York: W A Benjamin, INC

Albrecht A. and Steinhardt P J. 1982. Cosmology for grand unified theories with radiatively induced symmetry. *Phys Rev Lett*, **48**: 1220-1223

Bergmann P G. 1976. *Introduction to the theory of relativity*. New York: Dover Publications INC.

Blau S and Guth A. 1987. Inflationary cosmology. in: *Three Hundred Years of Gravitation*. ed. S Hawking and W Israel. Cambridge: Cambridge University Press

Bonnor W B. 1994. The Photon Rocket. *Class Quantum Grav*,**11**: 2007-2012

Carmeli M. 1982. *Classical Fields*: *General Relativity and Gauge Theory*. New York: John Wiley and Sons

Carroll S. 2003. Why is the universe accelerating. arXiv: astro-ph/0310342 v2

Carroll S, Press W and Turner E. 1992. The cosmological constant. *Annu Rev Astron Astrophys*, **30**: 499-542

Chandrasekhar S. 1939. *An Introduction to the Study of Stellar Structure*. Chicago: University of Chicago Press

Chillingworth D. 1976. *Differential Topology with a View to Applications*. London: Pitman Publishing

Dain S, Moreschi O M and Gleiser R J. 2002. Photon rockets and the Robinson-Trautman geometry. arXiv: gr-qc/0203064 v1

Damour T and DARC-CNRS. 1994. Photon rockets and gravitational radiation. arXiv: gr-qc/9412063 v1

d'Inverno R A. 1992. *Introducing Einstein's Relativity*. Oxford: Clarendon Press

Fock V A. 1939. Sur le mouvement des masses finies d'Apres la theorie de gravitation Einsteinienne. *J Phys U S S R*, **1**: 81-116

Geroch R P. 1968. What is a singularity in general relativity. *Ann Phys* **48**: 526-540

Geroch R P and Jang P S. 1975. Motion of a body in general relativity. *J Math Phys*, **16**: 65-67

Guth A H. 1981. Inflationary universe: a possible solution to the horizon and flatness problems. *Phys Rev*, D**23**: 347-356

Guth A H. 1983. Speculations on the origin of the matter, energy and entropy of the universe. In: *Asymptotic Realms of Physics*: *Essays in Honor of Francis E Low*, ed. A H Guth, K Huang and R L Jaffe. Cambidge: MIT Press

Hafele J C and Keating R E. 1972. Around-the-world atomic clocks: predicted relativistic time gains. *Science*, **177**: 166-167; Around-the-world atomic clocks: observed relativistic time gains. *Science*, **177**: 168-170

Hawking S W and Ellis G F R. 1973. *The Large Scale Structure of Space-Time*. Cambridge: Cambridge University Press

Jackson J D. 1962,1975,1998. *Classical Electrodynamics*. New York: John Wiley and Sons, Inc

Kinnersley W. 1969. Field of an arbitrarily accelerating point mass. *Phys Rev*,**186**: 1335-1336

Kolb E W, Matarrese S Notari A and Riotto A. 2005. Primordial inflation explains why the universe is accelerating today. arXiv: hep-th/0503117v1

Kolb E W and Turner M S. 1990. *The Early Universe*, Redwood City: Addison-Wesley Publishing Company

Komar A. 1959. Covariant conservation laws in general relativity. *Phys Rev*. **113**: 934-936

Kramer D, Stephani H, Lerlt E and MacCallum M. 1980. *Exact Solutions of Einstein's Field Equations*. Cambridge:

Cambridge University Press

Krauss L M and Turner M S. 1999. Geometry and destiny. arXiv: astro-ph/9904020 v1.

Kruskal M D. 1960. Maximal extension of Schwarzschild metric. *Phys Rev*, **119**: 1743-1745

Kuang Zhiquan, Li Jianzeng and Liang Canbin. 1986. Gauge freedom of plane-symmetric line elements with semi- plane-symmetric null electromagnetic fields. *Phys Rev*, D**34**: 2241-2245

Kuang Zhiquan, Li Jianzeng, and Liang Canbin. 1987. Completion of plane-symmetric metrics yielded by electromagnetic fields. *Gen Rela Grav*, **19**: 345-350

Kuang Zhiquan and Liang Canbin. 1988. Birkhoff and Taub theorems generalized to metrics with conformal symmetries. *J Math Phys*, **29**: 2475-2478

Letelier P S and Tabensky R R. 1974. The general solution to Einstein-Maxwell equations with plane symmetry. *J Math. Phys*, **15**: 594

Li Jianzeng and Liang Canbin. 1985. An extension of the plane-symmetric electrovac general solution to Einstein equations. *Gen Rela Grav*, **17**: 1001-1013

Li Jianzeng and Liang Canbin. 1989. Static semi-plane-symmetric metrics yielded by plane-symmetric electromagnetic fields. *J Math Phys*, **30**: 2915-2917

Liang Canbin. 1995. A family of cylindrically symmetric solutions to Einstein-Maxwell equations. *Gen Rela Grav*, **27**: 669-677

Linde A D. 1982a. A new inflationary universe scenario: A possible solution of the horizon, flatness, homogeneity, isotropy and primordial monopole problems. *Phys Lett*, **108B**: 389-393

Linde A D. 1982b. Coleman-Weinberg thoery and the new inflationary universe scenario. *Phys Lett*, **114B**: 431-435

Longair M S. 1998. Galaxy formation. Berlin: Springer-Verlag

Misner C, Thorne K and Wheeler J. 1973. *Gravitation*. San Francisco: W H Freeman and Company

Newman E T and Penrose R. 1962. An approach to gravitational radiation by a method of spin coefficients. *J Math Phys*, **3**: 566

Ni Wei tou. 2005. Empirical foundations of relativistic gravity. arXiv: gr-qc/0504116

Ohanian H C. 1976. *Gravitation and Spacetime*. New York: W W Norton and Company Inc

Patnaik S. 1970. Einstein-Maxwell fields with plane symmetry. *Proc Camb Phil Soc*, **67**: 127

Peebles P J E. 1993. *Principles of physical cosmology*. Princeton: Princeton University Press

Peebles P J E and Ratra B. 2002. The cosmological and dark energy. arXiv: astro-ph/0207347 v2

Penrose R. 1964. Conformal treatment of infinity. In: *Relativity, Groups and Topology*, ed C DeWitt and B DeWitt. New York: Gordon and Breach

Perlmutter S, et al. 1999. Measurements of Ω and Λ from 42 high-redshift supernovae. *Astrophys J*, **517**: 565-586

Riess A G, et al. 1998. Observational evidence from supernovae for an accelerating universe and a cosmological constant. *Astron J*, **116**: 1009-1038

Rindler W. 1982. *Introduction to Special Relativity*. Oxford: Clarendon Press

Sachs R K and Wu H. 1977. *General Relativity for Mathematicians*. New York, Beijing: Springer-Verlag, World Publishing Corporation

Sahni V. 2004. Dark Matter and dark energy. arXiv: astro-ph/0403324 v3

Sahni V and Starobinsky A. 1999. The case for a positive cosmological Λ-term. *Astro-ph / 9904398*

Schubnell M. 2003. Probing dark energy in the accelerating universe with SNAP. arXiv: astro-ph/0308404 v1

Schutz B F. 1980. *Geometrical Methods of Mathematical Physics*. Cambridge: Cambridge University Press

Speergel D N. 2003. First year Wilkinson microwave anisotropy probe. (WMAP) observations: determination of cosmological parameters. arXiv: Astro-ph/0302209 v3

Spivak M. 1970, 1979. *A Comprehensive Introduction to Differential Geometry*(vol **1**) Berkeley: Publish or Perish INC

Steigman G. 1991. Big-bang nucleosynthesis comes of age. In: *The Birth and Early Evolution of Our Universe*. ed Nilsson J S, Gustafsson B and Skagerstam B S. Singapore: World Scientific

Stephani H. 1982. General Relativity: *An Introduction to the Theory of the Gravitational Field*. Cambridge: Cambridge University Press

Straumann N. 1984. *General Relativity and Relativistic Astrophysics*. Berlin: Springer-Verlag

Synge J L. 1956. *Relativity*：*The Special Theory*

Synge J L. 1960. *Relativity*：*The General Theory*. Amsterdam：North-Holland Publishing Company

Tariq N and Tupper B O J. 1976. Einstein-Maxwell metrics admitting a dual interpretation. *J Math Phys*, **17**: 292-296

Taub H. 1951. Empty space-times admitting a three parameter group of motions. *Ann Math*, **53**: 472

Turner M S. 1999. Dark matter, dark energy and fundamental physics. *Astro-ph/9912211*

Turner M S. 2002. The case for Ω_M=0.33 ± 0.035. arXiv：astro-ph/0106035 v2

Wald R M. 1977. *Space*，*Time*，*and Gravity*：*The Theory of the Big Bang and Black Holes*. Chicago: The University of Chicago Press

Wald R M. 1984. *General Relativity*. Chicago：The University of Chicago Press

Weber J. 1961. *General Relativity and Gravitational Waves*. New York：Wiley-Interscience

Weinberg S. 1972. *Gravitation and Cosmology*：*Principles and Applications of The General Theory of Relativity*. New York：John Wiley：邹振隆，张历宁等译. 1980. 引力论和宇宙论：广义相对论的原理和应用. 北京：科学出版社

Will C M. 1981，1993. *Theory and Experiment in Gravitational Physics*. Cambridge：Cambridge University Press

Will C M. 1995. Stable clocks and general relativity. arXiv：gr-qc/9504017 v1

Will C M. 2001. The confrontation between general relativity and experiment. http//www. livingreviews. org/lrr-2001-4

索　引

D

H

J

K

L

R

S

T

W

X

其他

《现代物理基础丛书·典藏版》书目

1. 现代声学理论基础　马大猷　著
2. 物理学家用微分几何（第二版）　侯伯元　侯伯宇　著
3. 计算物理学　马文淦　编著
4. 相互作用的规范理论（第二版）　戴元本　著
5. 理论力学　张建树　等　编著
6. 微分几何入门与广义相对论（上册·第二版）　梁灿彬　周　彬　著
7. 微分几何入门与广义相对论（中册·第二版）　梁灿彬　周　彬　著
8. 微分几何入门与广义相对论（下册·第二版）　梁灿彬　周　彬　著
9. 辐射和光场的量子统计理论　曹昌祺　著
10. 实验物理中的概率和统计（第二版）　朱永生　著
11. 声学理论与工程应用　何　琳　等　编著
12. 高等原子分子物理学（第二版）　徐克尊　著
13. 大气声学（第二版）　杨训仁　陈　宇　著
14. 输运理论（第二版）　黄祖洽　丁鄂江　著
15. 量子统计力学（第二版）　张先蔚　编著
16. 凝聚态物理的格林函数理论　王怀玉　著
17. 激光光散射谱学　张明生　著
18. 量子非阿贝尔规范场论　曹昌祺　著
19. 狭义相对论（第二版）　刘　辽　等　编著
20. 经典黑洞和量子黑洞　王永久　著
21. 路径积分与量子物理导引　侯伯元　等　编著
22. 全息干涉计量——原理和方法　熊秉衡　李俊昌　编著
23. 实验数据多元统计分析　朱永生　编著
24. 工程电磁理论　张善杰　著
25. 经典电动力学　曹昌祺　著
26. 经典宇宙和量子宇宙　王永久　著
27. 高等结构动力学（第二版）　李东旭　编著
28. 粉末衍射法测定晶体结构（第二版·上、下册）　梁敬魁　编著
29. 量子计算与量子信息原理　Giuliano Benenti　等　著
　　——第一卷：基本概念　王文阁　李保文　译

30. 近代晶体学（第二版） 张克从 著
31. 引力理论（上、下册） 王永久 著
32. 低温等离子体 B. M. 弗尔曼 И. M. 扎什京 编著
——等离子体的产生、工艺、问题及前景 邱励俭 译
33. 量子物理新进展 梁九卿 韦联福 著
34. 电磁波理论 葛德彪 魏 兵 著
35. 激光光谱学 W. 戴姆特瑞德 著
——第 1 卷：基础理论 姬 扬 译
36. 激光光谱学 W. 戴姆特瑞德 著
——第 2 卷：实验技术 姬 扬 译
37. 量子光学导论（第二版） 谭维翰 著
38. 中子衍射技术及其应用 姜传海 杨传铮 编著
39. 凝聚态、电磁学和引力中的多值场论 H. 克莱纳特 著 姜 颖 译
40. 反常统计动力学导论 包景东 著
41. 实验数据分析（上册） 朱永生 著
42. 实验数据分析（下册） 朱永生 著
43. 有机固体物理 解士杰 等 著
44. 磁性物理 金汉民 著
45. 自旋电子学 翟宏如 等 编著
46. 同步辐射光源及其应用（上册） 麦振洪 等 著
47. 同步辐射光源及其应用（下册） 麦振洪 等 著
48. 高等量子力学 汪克林 著
49. 量子多体理论与运动模式动力学 王顺金 著
50. 薄膜生长（第二版） 吴自勤 等 著
51. 物理学中的数学方法 王怀玉 著
52. 物理学前沿——问题与基础 王顺金 著
53. 弯曲时空量子场论与量子宇宙学 刘 辽 黄超光 编著
54. 经典电动力学 张锡珍 张焕乔 著
55. 内应力衍射分析 姜传海 杨传铮 编著
56. 宇宙学基本原理 龚云贵 编著
57. B介子物理学 肖振军 著